ELEKTROCHEMISCHE KINETIK

# ELEKTROCHEMISCHE KINETIK

VON

DR. KLAUS J. VETTER

FRITZ-HABER-INSTITUT DER MAX-PLANCK-GESELLSCHAFT
BERLIN-DAHLEM

APL. PROFESSOR FÜR PHYSIKALISCHE CHEMIE
AN DER FREIEN UNIVERSITÄT BERLIN

MIT 342 ABBILDUNGEN

Springer-Verlag Berlin Heidelberg GmbH

1961

ISBN 978-3-642-86548-0 ISBN 978-3-642-86547-3 (eBook)
DOI 10.1007/978-3-642-86547-3


Ursprünglich erschienen bei Springer-Verlag Berlin Heidelberg New York 1961
Softcover reprint of the hardcover 1st edition 1961

# Vorwort

Obgleich die Kinetik von Elektrodenprozessen ein bekanntes Gebiet der Elektrochemie und der physikalischen Chemie ist, lag über dieses Wissensgebiet weder in Deutschland noch im Ausland ein zusammenfassendes Buch vor. Die Lehrbücher der Elektrochemie oder der physikalischen Chemie widmen der mit der Überspannung verbundenen Kinetik von Elektrodenprozessen meist nur wenige Seiten oder sogar nur wenige Zeilen. Eine Ausnahme macht bisher nur die letzte (2.) Auflage des „Lehrbuchs der Elektrochemie“ von KORTÜM, in der dieses Gebiet ausführlicher und nach modernen Gesichtspunkten behandelt wird. Im allgemeinen wird die Ausbildung von Potentialdifferenzen in elektrolytischen Zellen fast ausschließlich auf thermodynamischer Grundlage besprochen. Dieser Standpunkt erscheint unhaltbar, denn er entspricht der Behandlung chemischer Reaktionen nur mit Hilfe des Massenwirkungsgesetzes. Als Ursache hierfür ist die oft noch übliche, stark veraltete und daher sehr unbefriedigende Konzeption der Elektrodenkinetik anzusehen. Damit dürfte auch zusammenhängen, daß sogar vielen Physikochemikern die Elektrochemie als ein sehr undurchsichtiges Wissensgebiet erscheint.

Die elektrochemische Kinetik hat mit Beginn unseres Jahrhunderts wesentliche Impulse durch die Arbeiten von TAFEL und später von BUTLER, VOLMER und FRUMKIN mit seinen Mitarbeitern erhalten. Diese sehr wichtigen Untersuchungen wurden jedoch fast nur an der Wasserstoffelektrode durchgeführt. Eine allgemeine Kinetik der Elektrodenprozesse wurde im wesentlichen erst im letzten Jahrzehnt entwickelt. Heute kann, wenn von der Kristallisationsüberspannung abgesehen wird, von einer gewissen Abrundung unseres Wissens gesprochen werden.

Wegen der schnellen Weiterentwicklung unserer Kenntnisse ist der hier behandelte Stoff allerdings nur als Grundlage anzusehen. Auch mußten gelegentlich noch nicht vollständig gesicherte Vorstellungen in das Buch aufgenommen werden. Der Verfasser hofft, daß er hierbei eine Auswahl getroffen hat, die sich später als richtig herausstellen wird.

Bei dem Bestreben, mit möglichst wenigen Begriffen auszukommen, wurden einige Begriffe bewußt vermieden, z. B. die „elektromotorische Kraft“ (EMK). Die EMK gibt die Reaktionsaffinität, also die freie Reaktionsenthalpie $\Delta G$ der Zelle, nicht in kcal, sondern in Volt (Elektronenvolt) an. Es erscheint ungewöhnlich, bei einem Wechsel der Maßeinheit für den gleichen Begriff einen neuen Namen einzuführen. Die Tatsache, daß der Begriff der EMK in dem vorliegenden Buch, auch im thermodynamischen Teil, an keiner Stelle benötigt wurde, bestätigt seine Überflüssigkeit. Der veraltete Begriff der „Depolarisation“ wurde ebenfalls vermieden. Dieser Begriff setzt voraus, daß jede Potentialausbildung kinetisch auf der Einstellung des Potentials einer Wasserstoffelektrode entsprechenden Druckes beruht. Diese thermodynamisch nicht widerlegbare Annahme, die den direkten Elektronenaustausch bei Redoxelektroden ignoriert, hat die Entwicklung der elektrochemischen Kinetik sicherlich sehr verzögert.

Entsprechend der Handhabung in der Elektrostatik wird die Zellspannung gegen die Bezugselektrode (Normalwasserstoffelektrode) als (elektrisches) Potential bezeichnet. Auf eine weitere grundsätzliche Schwierigkeit sei noch hingewiesen. Prinzipiell muß die Stromdichte $i$, wenn sie als $\log i$ auftritt, eine dimensionslose Zahl sein. Trotzdem dürfte bei der ohnehin notwendigen Nennung der Stromdichteeinheiten die in diesem Buch verwendete Schreibweise eindeutig sein. Gegebenenfalls mag sich der Leser die im Logarithmus stehende Stromdichte durch die Einheitsstromdichte dividiert denken.

Da die Ausarbeitung des Manuskriptes trotz intensiver Bemühungen mehrere Jahre dauerte, war es unmöglich, die Literatur in allen Teilen des Buches bis zum gleichen Zeitpunkt zu berücksichtigen. Im allgemeinen konnten die Arbeiten bis einschließlich 1955, in den letzten Buchabschnitten bis 1958 und in einzelnen Fällen auch spätere Arbeiten berücksichtigt werden. Der Verfasser hat sich bemüht, möglichst alle zitierten Arbeiten durchzusehen. Hierbei konnten wiederholt auftretende falsche oder irreführende Hinweise korrigiert werden. Bei dem Umfang der vorliegenden Literatur kann es allerdings vorgekommen sein, daß wichtige Arbeiten versehentlich nicht erfaßt oder unrichtig zitiert wurden. Für Hinweise auf solche Fehler sowie auf alle anderen Irrtümer und Druckfehler wäre der Verfasser sehr dankbar.

Herrn Dr. D. Berndt bin ich zu besonderem Dank verpflichtet für seine Hilfe bei der Abfassung des Manuskriptes, die in einer kritischen Durchsicht mit vielen Verbesserungsvorschlägen, der Nachrechnung aller Gleichungen und der Kontrolle der Rückverweisungen bestand. Ebenfalls bin ich Herrn Dr. J. Bardeleben und Herrn Dipl.-Chem. G. Klein für die zusätzliche Durchsicht einiger Kapitel dankbar. Fräulein E. Brandt habe ich besonders zu danken für die Anfertigung zahlreicher Abbildungsvorlagen, für die Kontrolle der Literaturhinweise und für die gemeinsam mit Herrn Dr. D. Berndt durchgeführte Durchsicht der Korrekturen. Dem Springer-Verlag danke ich für die Berücksichtigung meiner Wünsche bei der Drucklegung des Buches.

Berlin-Dahlem, im Dezember 1960

K. J. Vetter

# Inhalt

# Einleitung

Zwischen zwei sich berührenden Phasen (häufig Metall/Elektrolytlösung), die eine gewisse elektrische Leitfähigkeit besitzen, bildet sich im allgemeinen eine Differenz der elektrischen Potentiale beider Phasen aus. Der Ausbildung einer derartigen Potentialdifferenz liegt ein Übergang von elektrischen Ladungen, also von Ionen oder Elektronen, zugrunde, die unter Auflösung der Bindung an die Stoffe der einen Phase und darauf folgendem Eingehen einer neuen Bindung an die Stoffe der anderen Phase reagieren. Mit der Ausbildung der Potentialdifferenz ist somit eine Reaktion verbunden, die aber nicht rein chemischer sondern „elektrochemischer" Natur ist und als *Durchtrittsreaktion* bezeichnet wird (§ 46).

Wie bei der rein chemischen Reaktion gibt es auch bei der elektrochemischen Reaktion zwei verschiedene Betrachtungsweisen, die thermodynamische und die kinetische. Der Einstellung von chemischen Gleichgewichten ist hier die Ausbildung von Gleichgewichtspotentialdifferenzen analog, und es befaßt sich daher die elektrochemische Thermodynamik mit dem Verhalten und der Größe dieser Gleichgewichts-Potentialdifferenzen. Im Gegensatz oder in Ergänzung hierzu behandelt die elektrochemische Kinetik die Aufklärung der Einzelvorgänge und deren Geschwindigkeit ganz in Analogie zur chemischen Reaktionskinetik. Neben der Betrachtung der Gleichgewichtspotentiale sind hier vor allem die Untersuchungen von Überspannungen bei Stromfluß durch die Phasengrenze wichtig. Sie entsprechen im analogen chemischen Fall den Reaktionsgeschwindigkeitsuntersuchungen. Im ersten Teil wird eine kurz gefaßte Einführung in die elektrochemische Thermodynamik gegeben und dann ausführlicher, dem Thema des Buches entsprechend, auf die kinetischen Erscheinungen und Gesetzmäßigkeiten übergegangen.

# 1. Elektrochemische Thermodynamik

## A. Begriffe und Definitionen

### § 1. Elektrode, Zelle

Es ist schwierig, den Begriff der Elektrode exakt zu definieren. Nach dem allgemeinen Sprachgebrauch besteht im einfachsten Fall eine Elektrode aus einem Metall, das in eine Elektrolytlösung eintaucht und mit dieser daher in leitender Berührung steht. Als Beispiele seien Cu in $CuSO_4$-Lösung oder Platin in $H_2$- und $H^+$-ionenhaltigem Elektrolyten genannt. Unter Umständen befindet sich zwischen Metall und Elektrolyt noch eine Deckschicht oder im Elektrolyten ein Bodenkörper, an dem die Lösung gesättigt ist. Statt des Bodenkörpers, der fest oder flüssig ist, kann auch eine gasförmige Phase noch mit dem Elektrolyten in Berührung stehen. Der Elektrolyt enthält dann dieses Gas in gelöstem Zustand. Als Beispiel für eine Elektrode mit Bodenkörper sei die Kalomelelektrode genannt. Diese besteht aus Quecksilber, das in Berührung mit einer KCl-Lösung steht, die Kalomel als Bodenkörper (Aufschwemmung oder Deckschicht) enthält und infolgedessen an $Hg_2Cl_2$ gesättigt ist. Die Stromzuführung erfolgt durch einen Platindraht, der in das Quecksilber eingeführt wird. Hierbei könnte die Frage auftreten, ob die Platinableitung mit zur Elektrode zu rechnen ist. Wie besonders aus § 2 hervorgeht, müssen zur näheren Bezeichnung einer bestimmten Elektrode alle ihre Bestandteile genannt werden. Als Kriterium einer Elektrode kann vielleicht angesehen werden, daß sie aus mehreren hintereinander geschalteten leitenden Phasen besteht, von denen die eine Endphase aus einem Metall und die andere aus einem Elektrolyten besteht.

Eine *galvanische Zelle* oder *Kette* oder *Element* besteht aus zwei Elektroden, deren beide Elektrolytlösungen aneinander grenzen. Damit ist eine leitende Verbindung zwischen beiden Elektroden hergestellt. Als Beispiel sei das Daniell-Element genannt. Es besteht aus einer Kupfersulfatlösung, in die ein Kupferstab, und aus einer Zinksulfatlösung, in die ein Zinkstab taucht. Beide Lösungen sind über ein Diaphragma in leitender Verbindung.

Die Bezeichnung für eine galvanische Zelle erfolgt in der Weise, daß die Zusammensetzung der einzelnen Phasen in der Reihenfolge ihrer Schaltung hintereinander hingeschrieben wird, wobei die Phasengrenze durch einen senkrechten Strich angedeutet wird. Für das Daniell-Element z. B. wäre zu schreiben:

$$Cu/1\ m\ CuSO_4//1\ m\ ZnSO_4/Zn$$

Mit dem Doppelstrich wird das Diaphragma bezeichnet.

## § 2. Elektroden- und Zellspannung

Wie einführend gesagt, bildet sich an der Grenze zweier Phasen bei ausreichender Leitfähigkeit eine elektrische Potentialdifferenz aus, die als die Elektrodenspannung dieser Elektrode Metall/Elektrolyt bezeichnet wird. Ist die Elektrode aus mehr als zwei hintereinander geschalteten Phasen zusammengesetzt, so ist die Elektrodenspannung die Differenz der elektrischen Potentiale der beiden Endphasen (Metall und Elektrolyt)*.

Entsprechend ist die Zellspannung $\varepsilon$ einer galvanischen Zelle** die Differenz der elektrischen Potentiale beider Endphasen. Wesentlich ist hierbei, daß diese Endphasen aus dem gleichen Material (Metall) bestehen.

* Vgl. § 45 bezüglich der noch nicht ermittelten absoluten Größe.

** Für Zellspannung $\varepsilon$ einer nicht stromdurchflossenen Zelle wird vielfach die alte Bezeichnung „elektromotorische Kraft“ (EMK) gebraucht, die jedoch im vorliegenden Buch nicht verwendet werden soll. Vgl. auch E. Lange: Z. Elektrochem. **55**, 83 (1951); **56**, 104 (1952).

Um das zu erreichen, muß somit mindestens an eine der zunächst aus verschiedenen Metallen bestehenden Elektrodenableitungen das Metall der anderen Ableitung angelötet sein. Bei dem Daniell-Element muß also z. B. entweder ein Cu-Draht am Zn oder ein Zn-Draht am Cu befestigt sein. Die Zellspannung ist dann die der Messung zugängliche Potentialdifferenz der beiden Cu- bzw. Zn-Drähte. Praktisch wird die Gleichheit im Material der Metallausführungen einer Zelle auch dann erreicht, wenn die noch verschiedenen Elektrodenmetalle direkt einem Meßinstrument zugeführt werden, da zumindest im Instrument beide Metalle in das gleiche (meistens Kupfer) übergehen müssen. Die entsprechenden Kontaktstellen (Lötstellen) werden hierdurch in die Instrumentenklemmen oder in das Instrument selbst verlegt.

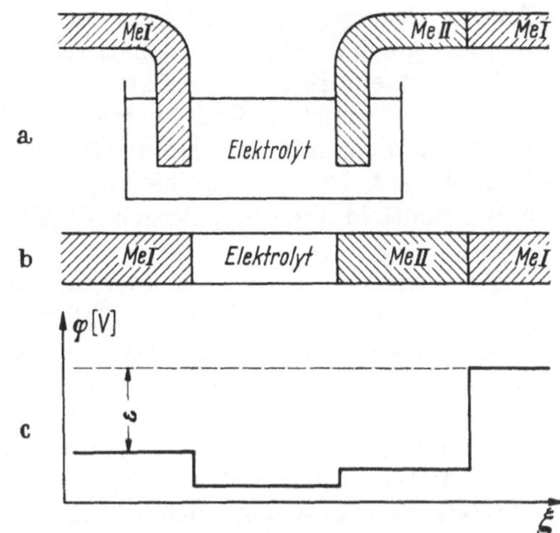


Abb. 1. Schematischer Potentialverlauf in einer galvanischen Zelle. $\varepsilon$ = Zellspannung. Große und Vorzeichen der Potentialsprunge $\Delta\varphi$ sind beliebig angenommen

Die einfachste vollständige galvanische Zelle oder Kette, wie sie schematisch in den Abb. 1a und 1b dargestellt ist, enthält mindestens drei Sprünge im elektrischen Potential $\varphi$, so wie es schematisch die Abb. 1c wiedergibt. Die Potentialdifferenz Metall I/Metall II darf bei theoretischen Überlegungen nicht vernachlässigt werden, worauf LANGE u. NAGEL[1] aufmerksam gemacht haben.

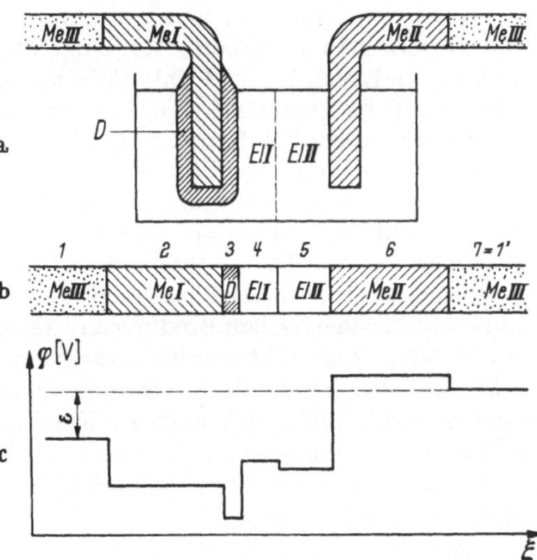


Abb. 2. Schematischer Potentialverlauf in einer komplizierteren galvanischen Zelle. $\varepsilon$ = Zellspannung. Größe und Vorzeichen der Potentialsprünge $\Delta\varphi$ sind beliebig angenommen

Hierbei kann über das Vorzeichen der Potentialsprünge und über ihre absolute Größe keine Aussage gemacht werden, worauf später

[1] LANGE, E.: Hdb. Exp.-Physik **12**, **2**, 263ff. (1933), spez. S. 298; LANGE, E., u. K. NAGEL: Z. Elektrochem. **42**, 50 (1936).

(§ 45) noch ausführlich eingegangen werden soll. Nur die Differenz $\Delta\,\varphi = \varepsilon =$ Zellspannung ist der Messung zugänglich.

Im allgemeinen Fall besteht auch noch zwischen den verschiedenen Elektrolytlösungen El I und El II der beiden Elektroden eine Potentialdifferenz, wie es die Abb. 2 schematisch darstellt.

Dort ist ein Beispiel gewählt worden, in dem eine Deckschicht D das Elektrodenmetall Me I überzieht und die Elektrodenmetalle Me I und Me II nicht mit dem Metall Me III des Anschlußkabels (z. B. Cu) identisch sind. Die galvanische Kette oder Zelle besteht in diesem Fall aus 6 Potentialdifferenzen, die sich additiv zur Zellspannung $\varepsilon$ zusammensetzen.

*Das Potential $\varepsilon$ einer Elektrode kann nur gegen eine Vergleichselektrode gemessen werden.* $\varepsilon$ ist dann die Zellspannung dieser Elektrodenkette. Als Vergleichs- oder Bezugselektrode wird auf Vorschlag von NERNST allgemein die Normalwasserstoffelektrode (§ 16) verwendet, die definitionsgemäß das Potential $\varepsilon_h = 0$ hat. Das Potential $\varepsilon_h$ auf die Normalwasserstoffelektrode bezogen wird durch den Index $h$ gekennzeichnet. Ist das Potential der Elektrode gegenüber dem Wert dieser Vergleichselektrode positiv, so hat auch $\varepsilon_h$ einen positiven Wert, ist es dagegen negativ, so erhält auch $\varepsilon_h$ einen negativen Wert*.

## § 3. Inneres und äußeres Potential, Oberflächenpotential

In dem vorangegangenen Paragraphen wurde das elektrische Potential $\varphi$ ohne nähere Erläuterung eingeführt. $\varphi$ wird nach SCHOTTKY u. ROTHE[1] und auch LANGE[2,3] als *Galvani*-Potential oder inneres Potential bezeichnet. Es ist das elektrische Potential im Innern einer Phase gegenüber einem unendlich fernen Punkt im ladungsfreien Vakuum. Um eine Ladung $e$ aus demUnendlichen in das Innere der Phase zu überführen, würde nach dieser Definition die elektrische Energie $e \cdot \varphi$ benötigt. Der Versuch läßt sich allerdings nur in Gedanken ausführen, denn er setzt folgendes voraus. Die Ladung $e$ muß so klein sein, daß sie die Ladungsverteilung im Innern der Phase nicht wesentlich stört, und auf die Ladung dürfen keine chemischen Bindungskräfte, die eigentlich auch elektrischer Natur sind[4], ausgeübt werden. Besonders die zweite Voraussetzung ist sehr einschränkend, da in der Thermodynamik die Trennung von „chemischer“ und „elektrischer“ Energie nicht möglich ist. Aber nur unter dieser Voraussetzung haben die drei hier zu besprechenden Potentialarten einen Sinn, worauf später (§ 45) noch ausführlich eingegangen werden wird.

---

* In der amerikanischen Literatur war früher die entgegengesetzte Vorzeichengebung gebräuchlich. Seit 1952 hat sich jedoch die amerikanische Electrochemical Society der „europäischen“ Vorzeichenwahl angeschlossen; vgl. J. Electrochem. Soc. **99**, 25C (1952), auch E. LANGE: Z. Elektrochem. **56**, 104 (1952).

[1] SCHOTTKY, W., u. H. ROTHE: Hdb. Exp.-Physik Bd. 13, 2, 145ff., 1928.

[2] LANGE, E., u. K. P. MISCENKO: Z. physik. Chem. A **149**, 1 (1930). — LANGE, E.: Hdb. Exp.-Physik Bd. 12, 2, 261, 1933, spez. S. 269/270.

[3] LANGE, E.: Z. Elektrochem. **55**, 76 (1951); **56**, 94 (1952).

[4] SCHOTTKY, W.: Phys. Z. **15**, 872 (1914); SCHOTTKY, W., u. H. ROTHE: Hdb. Exp.-Physik Bd. **13**,**2**, S. 25—28, 145ff., 253ff. (1928).

Das *Volta*-Potential oder äußere Potential $\psi$ ist nach SCHOTTKY u. ROTHE[1,2,3] so definiert, daß zur Überführung der Ladung $e$ aus dem Unendlichen bis an die Oberfläche der Phase die Energie $e \cdot \psi$ benötigt wird. $\psi$ wird also durch Überschußladungen auf der Oberfläche hervorgerufen. Um den Einfluß der Influenzkräfte, die bei der Annäherung an die leitende Phase auftreten, auszuschalten, hat SCHOTTKY[4] $\psi$ so eingeführt, daß die Probeladung $e$ der Oberfläche nur bis auf einen Abstand von $10^{-4}$ cm genähert wird, da bis zu diesem Abstand die Wirkung der Influenzkräfte vernachlässigbar klein ist*. Wenn kein Überschuß an Ladungen eines Vorzeichens auf der Oberfläche vorhanden ist, so hat das Volta-Potential den Wert $\psi = 0$[1-3].

Nach GRAHAME[5] kann das Volta-Potential $\psi$ auch als das Potential eines Hohlraumes im Metall angesehen werden, der einen kleinen Zugang von außen hat. Durch diesen Zugang kann die Probeladung vom Unendlichen bis in den Hohlraum gebracht werden. Hierbei wird die Annahme eines Oberflächenabstandes von $10^{-4}$ cm vermieden.

Das Galvani-Potential (inneres Potential) unterscheidet sich von dem Volta-Potential (äußeres Potential) nur dann, wenn zwischen dem Innern und der Oberfläche noch eine Potentialdifferenz besteht. Das Auftreten derartiger Potentialdifferenzen kann theoretisch erwartet werden und ist auch in einigen Fällen bekannt. Eine derartige Potentialdifferenz wird nach SCHOTTKY u. ROTHE[1] und E. LANGE[2,3] als *Oberflächenpotential* $\chi$ bezeichnet. Es tritt auf, wenn an der Oberfläche Dipole, z. B. des Lösungsmittels ($H_2O$), ausgerichtet sind oder wenn an der Oberfläche des Metalls der Schwerpunkt der positiven Ladung (Metallionen) nicht genau mit dem der negativen Ladung (Elektronen) übereinstimmt. Auch die Adsorption von Ionen und Dipolmolekeln oder die Adsorption von Atomen und Molekeln, in denen ein Dipol influenziert werden kann, führt zu einer Dipolschicht an der Oberfläche und damit zu einem Oberflächenpotential $\chi$. Das Oberflächenpotential $\chi$ ist demzufolge gleich dem Galvani-Potential $\varphi$, wenn das Volta-Potential $\psi = 0$ ist, wenn also keine Überschußladung an der Oberfläche vorhanden ist.

Es besteht daher definitionsgemäß die Beziehung

$$\varphi = \psi + \chi \tag{1.1}$$

zwischen den drei elektrischen Potentialgrößen.

## § 4. Galvani-Spannung

Die Galvani-Spannung $\varphi_{1,2}$ zwischen den Phasen 1 und 2 ist gleich der Differenz des inneren Potentials $\varphi$ beider Phasen, also

$$\varphi_{1,2} = {}_1\varphi - {}_2\varphi . \tag{1.2}$$

---

[1] Siehe Fußnote 1 S. 4.

[2] Siehe Fußnote 2 S. 4.

[3] Siehe Fußnote 3 S. 4.

[4] Siehe Fußnote 4 S. 4.

* Bei $10^{-4}$ cm ist dieser Energieanteil etwa 0,01 eV.

[5] GRAHAME, D. C.: Chem. Rev. **41**, 441 (1947).

Die Zellspannung ist, da sie die Differenz der inneren Potentiale der beiden aus dem gleichen Metall bestehenden Endphasen ist, somit auch eine Galvani-Spannung. Es ist

$$\varepsilon = \Delta\varphi = {}_1\varphi - {}_{1'}\varphi$$

und im Beispiel, Abb. 2, ist $\varepsilon = {}_1\varphi_{Me\,3} - {}_7\varphi_{Me\,3}$.

Die Zellspannung $\varepsilon$ ist also gleich der Summe aller Galvani-Spannungen $\varphi_{i,i+1}$ zwischen aufeinanderfolgenden Phasen unter Beachtung der Vorzeichen, also

$$\varepsilon = \sum \varphi_{i,i+1}. \tag{1.3}$$

Diese Beziehung geht sofort aus der Darstellung des inneren Potentials in Abb. 1 und 2 hervor. Die einzelnen Galvani-Potentialdifferenzen waren der Messung bisher nicht zugänglich. Die Summe $\varepsilon$, Gl. (1.3), die Zellspannung, läßt sich dagegen bestimmen.

## § 5. Volta-Spannung

Unter der Volta-Spannung $\psi_{1,2}$ versteht man die Differenz der äußeren Potentiale $\psi$ der beiden Phasen 1 und 2. Es ist daher

$$\psi_{1,2} = {}_1\psi - {}_2\psi. \tag{1,4}$$

Bei einer vollständigen galvanischen Zelle mit gleichen Endphasen (Metallen) 1 und 1′ ist ${}_1\psi - {}_{1'}\psi = {}_1\varphi - {}_{1'}\varphi = \varepsilon$, da wegen des gleichen Materials beider Endphasen ${}_1\chi = {}_{1'}\chi$ sein muß. Folglich ist auch

$$\varepsilon = {}_1\psi - {}_{1'}\psi = \Sigma\psi_{i,i+1}, \tag{1.5}$$

wie durch Einsetzen von Gl. (1.1) in (1.2) und (1.3) sofort zu sehen ist.

Die Beziehung (1.5) kann im Gegensatz zur Gl. (1.3) experimentell geprüft werden, da die Volta-Spannung der Messung zugänglich ist (§ 45).

## § 6. Gleichgewichtspotentiale

Zur Einstellung der elektrochemischen Potentialdifferenz zwischen zwei Phasen ist ein Übergang von elektrisch geladenen Teilchen, also Ionen oder Elektronen, in der einen oder anderen Richtung notwendig. Die Richtung hängt hierbei von dem Anfangszustand ab. Beim Gleichgewichtspotential kommt diese Reaktion äußerlich, also makroskopisch zum Stillstand, so wie es auch analog bei der Einstellung eines chemischen Gleichgewichtes ist. Kinetisch liegen die Dinge aber so, daß *mit Erreichen des Gleichgewichtspotentials nicht die Geschwindigkeit der ersten Reaktion null wird, sondern daß diese durch eine genau gleich schnelle entgegengesetzt ablaufende Reaktion kompensiert wird.* Im molekularen Geschehen ist also ein ständiger Austausch von Ladungen in beiden Richtungen vorhanden, obwohl makroskopisch die Reaktion am Gleichgewichtspotential völlig zum Stehen gekommen ist.

Die notwendige und hinreichende Bedingung für das Vorliegen eines Gleichgewichtspotentials ist:

1. Kein elektrochemischer oder chemischer Umsatz an der Phasengrenze.

2. Das Potential muß sich sowohl von höheren als auch von niedrigeren Werten aus einstellen.

Selbstverständliche Folgerung aus Bedingung 1 ist, daß kein äußerer Strom durch die Phasengrenze fließt, weil dieser nach dem Faradayschen Gesetz mit einem äquivalenten Umsatz verknüpft ist. Auch eine zunächst rein chemisch erscheinende Reaktion an der Phasengrenze wie z. B. das Auflösen eines Metalles unter Wasserstoffentwicklung oder die katalytische Hydrierung einer organischen Substanz am Platinkontakt sind elektrochemischer Natur und dürfen nicht ablaufen.

Bedingung 2 muß deshalb erfüllt sein, weil das Aufhören eines elektrochemischen Umsatzes und eine damit verbundene Einstellung eines konstanten Potentials infolge einer praktisch vollständigen Reaktionshemmung nach Bedingung 1 allein ein Gleichgewichtspotential vortäuschen könnte. In diesem Fall wäre aber Bedingung 2 nicht erfüllt. In der chemischen Reaktionskinetik liegt ein entsprechender Parallelfall bei einem Gemisch von Wasserstoff, Sauerstoff und Wasserdampf bei Zimmertemperatur in Abwesenheit irgendwelcher Katalysatoren vor. Trotz experimentell nicht nachweisbarer Reaktionsgeschwindigkeit liegt hier kein Gleichgewicht vor.

Beim Gleichgewichtspotential muß also ein echtes elektrochemisches Gleichgewicht an der Phasengrenze vorliegen, so daß dieses Gleichgewichtspotential thermodynamisch bei Kenntnis der freien Reaktionsenthalpie $\Delta G$ berechnet werden kann. Für Einzelpotendialdifferenzen an einer Phasengrenze sind diese $\Delta G$-Werte jedoch bisher noch nicht mit genügender Genauigkeit bekannt (§ 45).

Das Potential einer Elektrode kann nur gegen das einer Vergleichselektrode in Beziehung gesetzt werden, für die jetzt allgemein die Normalwasserstoffelektrode (§ 16) verwendet wird. Eine galvanische Kette gibt als Zellspannung das sog. Gleichgewichtspotential $\varepsilon_0$ der Elektrode, wenn an allen Phasengrenzen (entsprechend Abb. 1 und 2) das elektrochemische Gleichgewicht eingestellt ist. Es ist aus der freien Reaktionsenthalpie $\Delta G$ der stets elektrisch neutralen Zellreaktion berechenbar und thermodynamisch definiert.

## § 7. Elektroden- und Zellreaktion

Wird eine galvanische Zelle (vgl. § 1) mit den beiden Polen einer Stromquelle ausreichender Spannung (eventuell über einen Widerstand) verbunden, so fließt durch diese Zelle ein Strom, der einen elektrochemischen Umsatz zur Folge hat. Dieser Umsatz wird mit *Elektrolyse* bezeichnet.

Die Gesamtreaktion, die zusammen an beiden Elektroden abläuft, ist die *Zellreaktion*. Wenn z. B. Kupfer in Kupfersulfatlösung gegen eine von Wasserstoff umspülte Pt-Elektrode (Wasserstoffelektrode), die sich in wasserstoffionenhaltiger Lösung befindet, geschaltet ist, so läuft die Zellreaktion $Cu + 2H^+ \rightarrow Cu^{2+} + H_2$ ab, wenn der positive Strom durch den Elektrolyten vom Kupfer zum Platin fließt. Diese Zellreaktion ist maßgebend für die thermodynamisch definierte Gleichgewichtsspannung $\varepsilon_0$ dieser Zelle.

Die Zellreaktion wird hierbei in die Elektrodenreaktionen unterteilt, die an jeder Elektrode als Bruttoreaktionen ablaufen. Bei dem Beispiel geht an der $Cu/CuSO_4$-Elektrode Kupfer nach $Cu \rightarrow Cu^{2+} + 2e^-$ in Lösung, und an der Wasserstoffelektrode entwickelt sich Wasserstoff nach $2H^+ + 2e^- \rightarrow H_2$. Durch Addition beider Elektrodenreaktionen folgt die oben angegebene prinzipiell elektrisch immer neutrale Zellreaktion.

Die gesamte Elektrode kann aus mehreren hintereinander geschalteten Phasen bestehen. An jeder dieser Phasengrenzen findet dann eine Elektrodeneinzelreaktion statt, deren Addition die Elektrodenreaktion ergibt. Alle diese Reaktionen sind als Bruttovorgänge zu betrachten, die sich kinetisch aus einer Folge von Einzelreaktionen zusammensetzen können.

## § 8. Anodischer und kathodischer Strom, Faradaysches Gesetz

Ein Strom, der durch eine galvanische Zelle fließt, zeichnet sich nicht nur durch seine Stärke $I$, sondern auch durch seine Richtung aus. Geht positive Elektrizität vom Metall in den Elektrolyten über, so ist die Elektrode als *Anode* geschaltet und der Strom wird als *anodisch* bezeichnet. Bei entgegengesetzter Richtung des Elektrizitätsüberganges fließt ein *kathodischer* Strom. Die Elektrode ist hier *Kathode*. Abb. 3 gibt diese Richtung der Elektrizitätsbewegung durch die Phasengrenze nochmals wieder. Bei einem kathodischen Strom geht somit positive Elektrizität vom Elektrolyten in das Metall oder negative Ladung in umgekehrter Richtung durch die Phasengrenze. Ein anodischer Strom hat eine anodische und ein kathodischer Strom eine kathodische Elektrodenreaktion zur Folge.

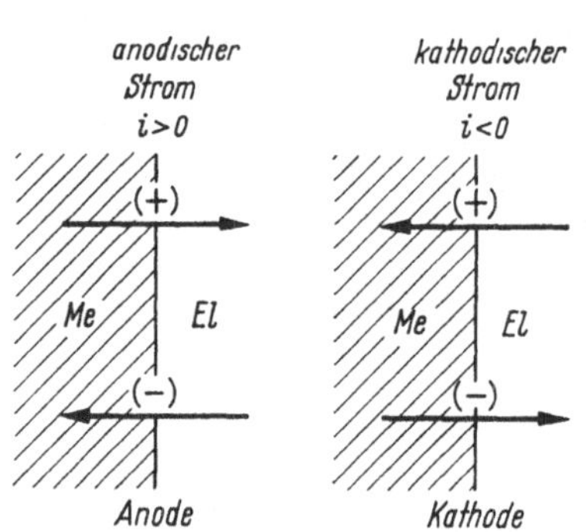


Abb. 3. Definition von anodischem und kathodischem Strom mit Vorzeichenerklärung

In einer galvanischen Zelle wird beim Fließen eines Stromes die eine Elektrode zur Anode und die andere zur Kathode. Es findet somit gleichzeitig in der Zelle eine anodische und eine kathodische Elektrodenreaktion statt*.

Definitionsgemäß soll ein anodischer Strom $I$ (Amp.) und eine *anodische* Stromdichte $i$ ($A/cm^2$) *positiv* und ein kathodischer Strom $I$ (Amp.) und eine *kathodische* Stromdichte $i$ ($A/cm^2$) *negativ* gerechnet werden.

Jeder Strom $I$ bewirkt an der Elektrode einen elektrochemischen Umsatz $M$ (in Gramm), der streng proportional der hindurchgegangenen Elektrizitätsmenge $I \cdot t$ (1. Faradaysches Gesetz) und dem Äquivalent-

* Der Begriff einer anodischen oder kathodischen Elektrodenreaktion hat nur etwas mit der Stromrichtung, nichts aber mit dem Potential der Elektrode zu tun. An einem Akkumulator, der entladen wird, ist z. B. der positive Pol die Kathode und der negative Pol die Anode. Bei der Aufladung ist es umgekehrt.

gewicht $A$ der umgesetzten Substanzen ist (2. Faradaysches Gesetz). Das *Faradaysche Gesetz* lautet also

$$\boxed{M = \frac{A}{F} \cdot I \cdot t\,.} \tag{1.6}$$

Der Faktor $F$ in Gl. (1.6) ist die Elektrizitätsmenge, die für den Umsatz von einem Äquivalent benötigt wird. $F$ wird 1 *Faraday* genannt und hat den Wert

1 Faraday $= F = 96494$ int. Coulb./Äquiv.-Gew.*

Zwischen der Loschmidtschen Zahl $N_L$, der Elementarladung $e_0$ eines Elektrons und einem Faraday $F$ besteht die Beziehung $F = N_L \cdot e_0$. Ein Faraday ist also die Ladung von „1 Mol Elementarladungen“.

## § 9. Überspannung, Polarisation

Beim Durchgang eines Stromes durch die Elektrode nimmt deren Potential $\varepsilon(i)$ einen vom stromlosen Ruhewert $\varepsilon(0)$ verschiedenen Wert an. Wenn keinerlei Störung auf die Einstellung des Gleichgewichtspotentials (§ 6) einwirkt, ist der stromlose Potentialwert das Gleichgewichtspotential $\varepsilon_0$. *Die Abweichung des Elektrodenpotentials $\varepsilon$ vom Gleichgewichtswert $\varepsilon_0$ ist die Überspannung $\eta$.*

$$\boxed{\eta = \varepsilon - \varepsilon_0 = \text{Überspannung}} \tag{1.7}$$

Für diese Definition ist die Ursache der Abweichung unwesentlich.

Wenn im einfachsten Fall nur eine Elektrodenreaktion abläuft, wirkt keine Störung auf die Einstellung des Gleichgewichtspotentials ein. Das stromlose Potential ist dann $\varepsilon_0$. Eine anodische Stromdichte ($i > 0$) bewirkt eine *positive anodische* Überspannung und eine kathodische Stromdichte ($i < 0$) eine *negative kathodische* Überspannung. Die *Überspannung $\eta$ ist eine Funktion der Stromdichte $i$.*

Wenn gleichzeitig mehrere Elektrodenreaktionen ablaufen, kommt es zur Ausbildung eines Mischpotentials $\varepsilon_M$ (§ 176), das von den Gleichgewichtspotentialen der beteiligten Reaktionen im stromlosen Fall abweicht. Ein Strom bewirkt auch hier eine Änderung des Potentials $\varepsilon(i)$ gegenüber dem stromlosen Potential $\varepsilon(0) = \varepsilon_M$. Diese Änderung $\eta$ ist die Polarisation

$$\boxed{\eta = \varepsilon(i) - \varepsilon(0) = \text{Polarisation.}} \tag{1.8}$$

Die *Polarisation ist ebenfalls eine Funktion der Stromdichte.* Für den Fall, daß $\varepsilon(0) = \varepsilon_0$ ist, sind Polarisation und Überspannung gleich**.

* Nach LANDOLT-BORNSTEIN, Zahlenwerte und Funktionen, Springer-Verlag, 6. Aufl. 1950, Bd. 1, 1, S. 33/34 ist $F = 96489$ abs. Amp. sec/Äquiv.-Gew. (Chem. Skala) bzw. $F = 96515$ abs. Amp. sec/Äquiv.-Gew. (Phys. Skala). 10 abs. Amp. sec = 1 e. m. E. Chemische Atomgewichtsskala: $M = 16{,}0000$ für natürlich vorkommendes O-Isotopengemisch. Physikalische Atomgewichtskala: $M = 16{,}0000$ für das $O^{16}$-Isotop.

** Diese Unterscheidung zwischen Polarisation und Überspannung wird bisher in der elektrochemischen Literatur oftmals nicht so streng oder auch gar nicht angewendet. Im vorliegenden Buch soll dieser Unterschied jedoch streng befolgt werden.

## § 10. Austauschstromdichte

Am Gleichgewichtspotential $\varepsilon_0$ kann definitionsgemäß (§ 6) kein äußerer Strom fließen und es darf auch keine elektrochemische Reaktion an der Phasengrenze stattfinden. Makroskopisch herrscht also vollständige Ruhe. Im molekularen Geschehen findet jedoch, wie schon im § 6 gesagt, ein ständiger Austausch von Ladungsträgern (Ionen oder Elektronen) durch die Phasengrenze statt. Dieser Austausch entspricht einer anodischen und einer genau gleich großen kathodischen Stromdichte, die sich gegenseitig im Gleichgewichtspotential kompensieren, so daß nach außen kein Strom fließt und keine makroskopische Reaktion abläuft (§ 17, 24, 49 u. 51, Abb. 45 u. 46).

Der *Betrag der Größe dieser sich gegenseitig kompensierenden Stromdichten am Gleichgewichtspotential wird mit Austauschstromdichte* $i_0$ *bezeichnet.* $i_0$ ist definitionsgemäß eine positive Größe und ist ein Maß für die Geschwindigkeit der Einstellung von Gleichgewichtspotentialen und für deren Störempfindlichkeit. Der Begriff der Austauschstromdichte $i_0$ wurde von DOLIN, ERSHLER u. FRUMKIN[1] eingeführt, aber bevorzugt erst von GERISCHER[2] und VETTER[3] in der elektrochemischen Kinetik verwendet. Seitdem wird diese Größe allgemein benutzt.

# B. Gleichgewichtspotentiale $\varepsilon_0$

Es werden *drei verschiedene Arten* von Gleichgewichtspotentialen unterschieden:

1. *Metallionenpotentiale,* bei denen Ionen des gleichen Metalls in verschiedenen Bindungszuständen in beiden Phasen enthalten sind und miteinander im Gleichgewicht stehen.

2. *Redoxpotentiale* (Oxydations-Reduktions-Potentiale), bei denen die beiden Phasen miteinander Elektronen austauschen und die Elektronen beider Phasen im Gleichgewicht stehen.

3. *Donnan- und Membranpotentiale,* bei denen in beiden Phasen mehrere Ionenarten vorhanden sind, von denen mindestens eine Art durch die Phasengrenze hindurchtreten kann und mindestens eine andere Art am Durchtritt durch die Phasengrenze gehindert ist (mechanisch: semipermeables Diaphragma; chemisch gebunden: Ionenaustauscher). Die durchtrittsfähigen Ionenarten müssen sich in beiden Phasen im gleichen Bindungszustand befinden.

Im folgenden Abschnitt sollen diese drei Arten von Gleichgewichtspotentialen in ihrer Konzentrationsabhängigkeit und anderen Eigenschaften behandelt werden.

---

[1] DOLIN, P., B. ERSHLER u. A. FRUMKIN: Acta physicochim. USSR **13**, 779 (1940).

[2] GERISCHER, H.: Z. Elektrochem. **54**, 362 (1950); **55**, 98 (1951); **59**, 604 (1955).

[3] VETTER, K. J.: Z. physik. Chem. **194**, 284 (1950); Z. Elektrochem. **55**, 121 (1951); **59**, 596 (1955).

## a) Thermodynamische Beziehungen zwischen Zellspannung und Energie

### § 11. Freie Reaktionsenthalpie und Zellspannung

Die Gleichgewichtszellspannung $\varepsilon_0$ kann aus der reversiblen Reaktionsarbeit, also der Änderung der freien Enthalpie $\Delta G$ bei Ablauf der Zellreaktion (§ 7) berechnet werden. Fließt ein kleiner Strom durch die galvanische Zelle, sei es durch Anlegen einer äußeren Spannung oder durch Schluß des Stromkreises über einen ausreichend großen Widerstand, so läuft die Zellreaktion mit einem dem Faradayschen Gesetz entsprechenden Umsatz ab. Als Beispiel soll wieder das Daniell-Element (§ 1) in der Schreibweise

$$Cu/Cu^{2+} \cdot aq/Zn^{2+} \cdot aq/Zn$$

gewählt werden. Die Zellreaktion ergibt sich durch Addition der beiden Elektrodenreaktionen (§ 7) für den gleichen Umsatz an Elektronen. Im vorliegenden Fall ist also

$$\begin{array}{ll} Cu \rightarrow Cu^{2+} + 2e^- & \text{(anod.)} \\ Zn^{2+} + 2e^- \rightarrow Zn & \text{(kath.)} \\ \hline Cu + Zn^{2+} \rightarrow Cu^{2+} + Zn & \text{(neutral)} \end{array}$$

Aus dieser Aufteilung der elektrisch immer neutralen Zellreaktion ist die *Elektrodenreaktionswertigkeit*[1] $n$ zu ermitteln, deren Kenntnis für die Berechnung des Potentials unerläßlich ist. $n$ ist die Anzahl der in den Elektrodenreaktionen ausgetauschten Mole an Elektronen. Hier ist $n = 2$.

Das Vorzeichen der Zellspannung $\varepsilon_0 = \Delta\varepsilon$ soll für die folgende Ableitung so gewählt werden, daß das Potential der linken Elektrode $\varphi_l$ auf das Potential der rechten Elektrode als Bezugselektrode $\varphi_r = \varphi_B$ bezogen wird. Es soll also

$$\varepsilon_0 = \Delta\varepsilon = \varphi_l - \varphi_r = \varphi_l - \varphi_B$$

gelten. Dementsprechend soll die Richtung der Zellreaktion so gewählt werden, daß ein positiver Strom $I$ durch die linke Elektrode (also nicht die Bezugselektrode) fließt. Diese Festlegung bedeutet nach § 8 einen positiven Stromfluß vom Cu durch den Elektrolyten zum Zn im vorliegenden Fall (links nach rechts) und entspricht der Reaktionsrichtung, die durch die Pfeile angegeben wird.

Um die Zellspannung $\varepsilon_0$ mit der freien Reaktionsenthalpie $\Delta G$ der Zellreaktion in Pfeilrichtung in Beziehung setzen zu können, muß ein vollständiger Formelumsatz betrachtet werden. Die hierzu auf Grund des Faradayschen Gesetzes benötigte Elektrizitätsmenge ist das $n$-fache eines Faraday $F$, also

$$Q = I \cdot t = n \cdot F.$$

Die Stromstärke $I$, mit der die Zellreaktion abläuft, kann beliebig klein gewählt werden. Sie muß so klein sein, daß keine beobachtbare Abweichung der Zellspannung $\varepsilon$ von der Gleichgewichtsspannung $\varepsilon_0$ auftritt. Ein positiver Strom im angegebenen Sinne bedeutet aber einen

[1] Lange, E.: Z. Elektrochem. **56**, 94 (1952).

Transport positiver Elektrizität im äußeren Stromkreis vom Potential der rechten auf das Potential der linken Elektrode. Es wird daher beim Fließen des Stromes nach einem Formelumsatz eine Energie der Größe $Q \cdot \varepsilon_0 = nF \cdot \varepsilon_0$ in die Zelle überführt sein, wenn $\varepsilon_0$ das Potential der linken bezogen auf die rechte Elektrode ist. Bei negativem Potential $\varepsilon_0$ wird die entsprechende Energie frei ($\Delta G < 0$).

Da die Stromstärke immer so klein gehalten werden kann, daß praktisch das Gleichgewichtspotential $\varepsilon_0$ bestehen bleibt, so ist daraus zu folgern, daß alle Teilvorgänge in der Zelle praktisch mit beliebiger Annäherung im Gleichgewicht bleiben. Die Zellreaktion läuft somit reversibel im thermodynamischen Sinne ab, und die in die Zelle übergeführte Energie $nF \cdot \varepsilon_0$ muß als eine Erhöhung der freien Enthalpie $G$ der ganzen galvanischen Zelle aufgefaßt werden. Die Änderung der freien Enthalpie $\Delta G$ mit Ablauf der Zellreaktion um einen Formelumsatz ist also

$$\Delta G = n \cdot F \cdot \varepsilon_0 \tag{1.9}$$

und damit die Zellspannung $\varepsilon_0$ in Volt

$$\boxed{\varepsilon_0 = \frac{\Delta G}{nF} = \frac{\Delta G\,(\text{kcal})}{n \cdot 23{,}06\,(\text{kcal/Volt})}} \tag{1.10}$$

Ein Faraday $F$ in kcal/Volt ist unter Verwendung der Jouleschen Konstante von 0,239 cal/Watt · sec = 0,239 cal/Coulb · Volt

$$F = 0{,}239 \cdot 96{,}500 = 23{,}060 \text{ kcal/Volt*)}$$

Das Vorzeichen in Gl. (1.10) wird gelegentlich auch negativ angegeben. Es hängt von der Übereinkunft über die Stromrichtung in der Zelle ab, die für die Ableitung von Gl. (1.10) verwendet wird, denn mit Änderung der Stromrichtung ändert sich die Richtung der Zellreaktion und damit auch das Vorzeichen von $\Delta G$. Außerdem hängt das Vorzeichen in Gl. (1.10) von der Wahl der Zellspannung als $\varepsilon_0 = \Delta\varepsilon = \varphi_l - \varphi_r$ oder als $\varepsilon_0 = \Delta\varepsilon = \varphi_r - \varphi_l$ ab. Die folgende Aufstellung

| Nr | Zellspannung | Strom-richtung | Strom durch „Elektrode“ | Gl. (1,10) | Bezugs-elektrode |
|---|---|---|---|---|---|
| 1 | $\varepsilon_0 = \varphi_l - \varphi_r = \varphi_l - \varphi_B$ | $\xrightarrow{+}$ | anod. | $\varepsilon_0 = +\Delta G/nF$ | rechts |
| 2 | $\varepsilon_0 = \varphi_r - \varphi_l = \varphi_r - \varphi_B$ | $\xrightarrow{+}$ | kath. | $\varepsilon_0 = -\Delta G/nF$ | links |
| 3 | $\varepsilon_0 = \varphi_l - \varphi_r = \varphi_l - \varphi_B$ | $\xleftarrow{+}$ | kath. | $\varepsilon_0 = -\Delta G/nF$ | rechts |
| 4 | $\varepsilon_0 = \varphi_r - \varphi_l = \varphi_r - \varphi_B$ | $\xleftarrow{+}$ | anod. | $\varepsilon_0 = +\Delta G/nF$ | links |

gibt diese Verhältnisse wieder. Die Pfeilrichtung zeigt die Richtung des positiven Stromes innerhalb des Elektrolyten an.

Im Falle 1 und 3 ist die Bezugselektrode rechts, im Falle 2 und 4 links. Mit „Elektrode“ wird hier im Gegensatz zur „Bezugselektrode“ die Elektrode bezeichnet, deren Potential auf das der Bezugselektrode zur Angabe der Zellspannung bezogen werden soll. Dann ist, wie aus der Aufteilung entnommen werden kann, das Vorzeichen des Stromes, der durch die „Elektrode“ fließt, identisch mit dem Vorzeichen in der

* 1 eV (Elektronenvolt) entspricht einer Energie von 23,06 kcal/Mol.

Gl. (1.10). Fließt ein anodischer Strom ($i > 0$) (§ 8), so gilt $\varepsilon_0 = \varepsilon - \varepsilon_B = + \Delta G/nF$. Im Falle einer kathodischen Stromrichtung ($i < 0$) (§ 8) ist $\varepsilon_0 = \varepsilon - \varepsilon_B = - \Delta G/nF$. Da sich mit der Stromrichtung die Zellreaktion und damit das Vorzeichen von $\Delta G$ ändert, wird in jedem Fall der gleiche Zellspannungswert $\varepsilon_0 = \varepsilon - \varepsilon_B$ *vollständig unabhängig von der zufällig gewählten Stromrichtung und der räumlichen bzw. bildlichen Elektrodenanordnung erhalten.*

Setzt man anstelle von $\Delta G$ die Summe der *chemischen Potentiale* $\mu_j$ der an der Bruttoreaktion beteiligten Substanzen $S_j$ ein, ergibt sich nach Gl. (1.10) die Zellspannung

$$\varepsilon_0 = \frac{1}{nF} \sum \nu_j \cdot \mu_j \qquad (1.11)$$

Hierin sind $\nu_j$ die *stöchiometrischen Faktoren* der Stoffe $S_j$ in der Bruttoreaktions- oder Zellreaktionsgleichung mit positiven $\nu_j$ der sich bildenden (rechts) und negativen $\nu_j$ der verbrauchten Substanzen (links).

Gl. (1.11) ist in gleicher Weise auch für die Elektrodenreaktion anzuwenden und ergäbe dann das Absolutpotential an der Phasengrenze. Die chemischen Potentiale der Einzelionen sind jedoch nicht mit genügender Genauigkeit bekannt. Hierüber wird im § 45 bei der Abhandlung des Absolutpotentials genauer diskutiert werden.

Die Messung von Gleichgewichtspotentialen $\varepsilon_0$ an galvanischen Ketten ist unter Verwendung von Gl. (1.11) eine der einfachsten Methoden zur Bestimmung chemischer Potentiale $\mu$. Voraussetzung ist hierbei, daß die chemischen Potentiale der in der Zellreaktion auftretenden Substanzen bis auf den einen zu bestimmenden Wert bekannt sind.

Als Beispiel sei eine Bestimmung des chemischen Potentials von festem AgCl angegeben. Es sollen hierfür eine Ag/AgCl-Elektrode und eine Wasserstoffelektrode [$Pt(H_2)/H^+$, $H_2$] verwendet werden, die sich beide in Salzsäure gleicher Konzentration, z. B. 1 m HCl, befinden. Die Zelle wäre daher zu schreiben:

$$Ag/AgCl,\ 1\ m\ HCl//1\ m\ HCl,\ H_2/Pt(H_2)\,.$$

Die Zellreaktion ist bei einem anodischen Strom für die Ag/AgCl-Elektrode und bei einer Elektrodenreaktionswertigkeit $n = 1$*

$$Ag + HCl \rightarrow AgCl + \frac{1}{2} H_2\,.$$

Die Zellspannung $\varepsilon_0$ ist nach Gl. (1.11)

$$\varepsilon_0 = \frac{1}{F} \left(\mu_{AgCl} + \frac{1}{2} \cdot \mu_{H_2} - \mu_{Ag} - \mu_{HCl}\right), \qquad (1.12)$$

da $n = 1$, $\nu_{AgCl} = +1$, $\nu_{H_2} = +\frac{1}{2}$, $\nu_{Ag} = -1$ und $\nu_{HCl} = -1$ entsprechend ihren Definitionen sind. Wenn $\mu_{H_2}$, $\mu_{HCl}$ und $\mu_{Ag}$ bekannt sind, so kann aus der Messung der Zellspannung $\varepsilon_0$ der Wert von $\mu_{AgCl}$ ermittelt werden. Für $\mu_{HCl}$ ist das chemische Potential von gasförmigem HCl beim HCl-Partialdruck der Salzsäure (1 m) zu verwenden.

---

* Es hätte für das Beispiel genau so gut auch der doppelte Umsatz $n = 2$ verwendet werden konnen.

Auch die freien Bildungsenthalpien* lassen sich durch Potentialmessungen bestimmen. Wird die Zelle

$$Ag/AgCl, HCl(c_1)//HCl(c_1), Cl_2/Pt$$

verwendet, so läßt sich aus der Zellspannung $\varepsilon_0$ die freie Bildungsenthalpie $\Delta G$ des festen AgCl aus den Elementen ermitteln. Die genannte Zelle besteht aus einer Silber-Silberchlorid- und einer Chlorelektrode in gleicher Salzsäure. Bei einer vorgegebenen Elektrodenreaktionswertigkeit $n = 1$ läuft bei anodischem Strom durch die Ag/AgCl-Elektrode die Zellreaktion

$$Ag + \frac{1}{2} Cl_2 \rightarrow AgCl$$

ab**. $\varepsilon_0$ ist daher nach Gl. (1.11)

$$\varepsilon_0 = \frac{1}{F} \cdot \left(\mu_{AgCl} - \mu_{Ag} - \frac{1}{2} \cdot \mu_{Cl_2}\right) = \frac{1}{F} \cdot \Delta G,$$

da der Klammerausdruck gerade die freie Bildungsenthalpie $\Delta G$ ist.

## § 12. Temperaturabhängigkeit der Zellspannung und Wärmeentwicklung in der galvanischen Zelle (Peltier-Effekt)

Die Temperaturabhängigkeit der Zellspannung $\varepsilon_0$ ergibt sich nach Gl. (1.10) zu

$$\left(\frac{\partial \varepsilon_0}{\partial T}\right)_p = \frac{1}{n \cdot F} \cdot \left(\frac{\partial \Delta G}{\partial T}\right)_p. \tag{1.13}$$

Der Temperaturkoeffizient der freien Reaktionsenthalpie ist auf Grund der allgemeinen thermodynamischen Beziehungen

$$\left(\frac{\partial \Delta G}{\partial T}\right)_p = -\Delta S \tag{1.14}$$

gleich der negativen Entropieänderung bei Ablauf der Zellreaktion.

Dieser Temperaturkoeffizient von $\varepsilon_0$ steht in einem wichtigen Zusammenhang mit der Wärmeentwicklung bzw. dem Wärmeverbrauch der arbeitenden stromdurchflossenen Zelle. Eine galvanische Zelle, die von einem so kleinen Strom durchflossen wird, daß die reversible Gleichgewichtszellspannung mit beliebig guter Annäherung eingestellt bleibt, verbraucht oder entwickelt an allen Phasengrenzen zusammengenommen eine bestimmte Wärmemenge pro Zellreaktionsumsatz. Hierbei kann die im Elektrolyten bei Stromfluß entwickelte Joulesche Wärmemenge $I \cdot Q \cdot R$ durch Verkleinerung der Stromstärke $I$ beliebig klein gehalten werden, so daß diese Wärmemenge vernachlässigt werden kann und soll.

Diese Wärmeentwicklung bzw. dieser Wärmeverbrauch werden als *Peltier-Effekt* bezeichnet. Er wird hervorgerufen durch eine Differenz zwischen der Reaktionsenthalpie $\Delta H$ und der freien Reaktionsenthalpie $\Delta G$. Bei einer reversibel verlaufenden Zellreaktion wird die negative

---

* Wie sie z. B. aus den Werten in J. D'ANS, E. LAX: Taschenbuch für Chemiker und Physiker, 2. Aufl. 1949, S. 312ff. nach $\Delta G = \Delta H - T \cdot \Delta S$ (dort $\Delta H = \Delta I$) zu berechnen sind.

** Siehe Fußnote * S. 13.

Reaktionsenthalpie $-\Delta H$ als Energie abgegeben. Diese Energie $-\Delta H$ ist jedoch nicht gleich der Energie, die im äußeren Stromkreis auf Grund der Zellspannung $\varepsilon_0$ in Arbeit (z. B. durch einen Elektromotor) oder in Joulesche Wärme umgewandelt wird. Dieser Wert ist vielmehr die freie Reaktionsenthalpie $-\Delta G$. Ist nun $\Delta H < \Delta G$, wird also bei der Reaktion mehr Energie frei als in äußere Arbeit umgewandelt wird, so muß der Energieüberschuß $\Delta G - \Delta H$ bei isothermer Versuchsführung von der Zelle abgeführt werden, da sich die Zelle sonst entsprechend erwärmen würde. Ist dagegen $\Delta H > \Delta G$, wird also mehr Energie in Arbeit umgewandelt als bei der Reaktion frei wird, so tritt Abkühlung der Zelle ein oder es muß Wärme von außen zugeführt werden, um die Temperatur der Zelle konstant zu halten. Die Wärmeentwicklung der reversiblen Zelle ist also

$$W = \Delta G - \Delta H\,.$$

Bei einem Wärmeverbrauch ist $W < 0$.

Thermodynamisch ist auf Grund der Beziehung $\Delta H = \Delta G + T \cdot \Delta S$ die entwickelte Wärmemenge

$$W = \Delta G - \Delta H = -T \cdot \Delta S \qquad (1.15)$$

oder mit Gl. (1.14) und (1.13)

$$W = T \cdot \left(\frac{\partial \Delta G}{\partial T}\right)_p = n \cdot F \cdot T \cdot \left(\frac{\partial \varepsilon_0}{\partial T}\right)_p. \qquad (1.16)$$

Diese Gleichung gilt auch für jede einzelne Elektrode, wenn statt der Zellspannung die Galvani-Spannung $\Delta \varphi$ und statt der Zellreaktion die Elektrodenreaktion zugrunde gelegt wird, wie noch dargelegt werden soll. Gl. (1.16) konnte zuerst von H. JAHN[1] und später von einer Reihe anderer Autoren[2], darunter besonders E. LANGE u. Mitarb., bestätigt werden.

Eine Bestätigung der in § 11 und 12 bisher gemachten thermodynamischen Aussagen konnte aber auch erfolgreich durch Anwendung der Gleichung von GIBBS-HELMHOLTZ

$$\Delta H = \Delta G - T \cdot \left(\frac{\partial \Delta G}{\partial T}\right)_p \qquad (1.17)$$

erhalten werden. Wird in die Gleichung von GIBBS-HELMHOLTZ für $\Delta G = nF \cdot \varepsilon_0$ [Gl. (1.9)] gesetzt, so ergibt sich

$$\Delta H = n \cdot F \cdot \left[\varepsilon_0 - T \cdot \left(\frac{\partial \varepsilon_0}{\partial T}\right)_p\right]. \qquad (1.18)$$

Ein Vergleich von kalorisch und durch Potentialmessung ($\varepsilon_0$, $d\varepsilon_0/dT$) bestimmter $\Delta H$-Werte bestätigt Gl. (1.18) ausgezeichnet. In Tab. 1 sind einige Beispiele angegeben. Zur Veranschaulichung der Vorzeichengebung und der Größe der Elektrodenreaktionswertigkeit $n$ ist für die Richtung der Zellreaktion und die Reihenfolge der Elektroden der Kette keine bestimmte Ordnung gewählt worden. Die Größe von $\Delta G$ und $\Delta H$

[1] JAHN, H.: Z. physik. Chem. 18, 399 (1895).

[2] LANGE, E.: Hdb. d. Exp. Physik, Lpz. 1933, Bd. 12, 2, S. 327—353.

bezieht sich auf die hingeschriebene Zellreaktion. $\Delta H$(kalor.) sind zum Vergleich Werte aus kalorimetrischen Messungen.

Tabelle 1. *Elektrochemische Anwendung der Gibbs-Helmholtzschen Gleichung* (1.18)

| | $n$ | $\varepsilon_0$ (Volt) | $d\varepsilon_0/dT$ (mv/grad) | $\Delta G$ (kcal) | $\Delta H$ (kcal) | |
|---|---|---|---|---|---|---|
| | | | | | nach Gl. (1.18) | kalor |
| $Ag/AgCl, HCl(aq), PbCl_2/Pb$<br>$PbCl_2 + 2Ag \rightarrow Pb + 2AgCl$ | 2 | +0,4900 | —0,186 | +22,61 | +25,17 | +24,17 |
| $Hg/Hg_2Cl_2, HCl(aq), AgCl/Ag$<br>$AgCl + Hg \rightarrow Ag + 1/2 Hg_2Cl_2$ | 1 | +0,0455 | +0,388 | + 1,05 | — 1,28 | — 1,90 |
| $Pb/PbCl_2, HCl(aq), Hg_2Cl_2/Hg$<br>$Pb + Hg_2Cl_2 \rightarrow PbCl_2 + 2Hg$ | 2 | —0,5356 | —0,145 | —24,72 | —22,72 | —20,10 |
| $Ag/AgCl, NaCl(aq), TlCl/Tl$<br>$Ag + TlCl \rightarrow AgCl + Tl$ | 1 | +0,7790 | —0,047 | +17,98 | +18,29 | +18,20 |
| $Pb/PbJ_2, KJ(aq), AgJ/Ag$<br>$2AgJ + Pb \rightarrow 2Ag + PbJ_2$ | 2 | —0,2135 | +0,173 | — 9,85 | —12,23 | —12,20 |
| $Cl_2(Pt)/HCl, AgCl/Ag$<br>$AgCl \rightarrow Ag + 1/2 Cl_2$ | 1 | +1,1362 | —0,595 | +26,20 | +30,28 | +30,09 |

## § 13. Das elektrochemische Potential $\eta_j$

Mit Vorteil kann in vielen Fällen statt des chemischen Potentials $\mu_j$ das von GUGGENHEIM[1, 2] eingeführte elektrochemische Potential $\eta_j$ verwendet werden. Wie $\mu_j$ ist auch $\eta_j$ als partielle molare Größe (z. B. $\partial G/\partial n_j$) gegeben, jedoch wird bei der Bildung von $\eta_j$ noch die reversible elektrische Arbeit $z_j F \cdot \varphi$ berücksichtigt. Das *elektrochemische Potential* ist daher definitionsgemäß

$$\eta_j = \mu_j + z_j F \cdot \varphi \,. \tag{1.19}$$

Hierin ist $\varphi$ das (innere) Galvani-Potential (§ 3 u. 4) der betreffenden Phase und $z_j$ die Ladung der Molekelart $S_j$ in Elementareinheiten unter Berücksichtigung des Vorzeichens. Für ungeladene Stoffe ist daher $z_j = 0$ und somit $\eta_j = \mu_j$. $F$ ist wieder die Faradaysche Zahl.

Bei einem eingestellten chemischen Gleichgewicht ist die freie Reaktionsenthalpie $\Delta G = 0$, also $\Sigma\, \nu_j \mu_j = 0$. Eine ganz analoge Beziehung tritt bei der Einstellung eines elektrochemischen Gleichgewichtes zwischen Phase 1 und 2 auf. Dieses Gleichgewicht liegt vor, wenn sich eine Gleichgewichts-Galvani-Spannung $\varepsilon_0 = {}_1\varphi - {}_2\varphi$ zwischen beiden Phasen ausgebildet hat. Hier gilt dann*

$$\Sigma\, \nu_j \eta_j = 0 \,. \tag{1.20}$$

Die reversible elektrochemische Reaktionsarbeit muß also gleich null sein. Die stöchiometrischen Faktoren der Reaktionsprodukte sind

[1] GUGGENHEIM, E. H.: J. Phys. Chem. **33**, 842 (1929).

[2] Siehe auch: F. G. DONNAN, A. HAAS, A Comentary of the Scientific Writtings of J. W. GIBBS, New Haven 1936, Bd. I (Thermodynamics), S. 199. — LANGE, E.: Hdb. Exp. Physik, Bd. 12, 2, 270, 1933. — LANGE, E.: Z. Elektrochem. **55**, 76 (1951). — BRÖNSTED, J. N.: Z. physik. Chem. **143**, 301 (1929).

* SCHOTTKY, W., u. H. ROTHE: Hdb. Exp.-Physik, Bd. **13,2**, S. 18 (1928) geben Gl. (1.20) schon in der Form $\Sigma\nu_j(\mu_j + z_j F \cdot \varphi) = 0$ an.

hierbei wieder positiv, die der reagierenden Stoffe negativ. Gl. (1.20) ist zunächst nur für die Reaktion an einer Phasengrenze anzuwenden, wobei sich die Potentialdifferenz zwischen diesen beiden Phasen ergibt.

Eine Anwendung von Gl. (1.20) auf alle hintereinander geschalteten Phasengrenzen einer galvanischen Zelle ergibt erst durch Addition aller Einzelpotentialdifferenzen die Gleichgewichtszellspannung. Gl. (1.11) und Gl. (1.20) sind also in der Art ihrer Anwendung nicht äquivalent, wenn sie auch beide zu den gleichen Ergebnissen führen.

Während bei der Berechnung der Potentialdifferenz nach Gl. (1.11) leicht Vorzeichenfehler unterlaufen können, führt die formale Anwendung von Gl. (1.20) in jedem Fall auf das richtige Vorzeichen der Potentialdifferenz. Außerdem können die Bruttovorgänge an den einzelnen Phasengrenzen bei Verwendung von Gl. (1.20) besser und übersichtlicher berücksichtigt werden. Ist jedoch die Zellreaktion klar und übersichtlich, so ist Gl. (1.11) für die Berechnung der Zellspannung $\varepsilon_0$ einfacher.

Zur Erläuterung von Gl. (1.20) soll das Beispiel aus § 11 mit der Zellreaktion $Ag + HCl(aq) \rightarrow AgCl + {}^1/_2\, H_2$ nochmals nach Gl. (1.20) behandelt werden. Diese Zellreaktion tritt bei einer Zelle auf, die aus einer Silberchlorid- und einer Wasserstoff-Elektrode besteht und mit

$$Ag/AgCl,\ HCl\,(c_1)//HCl\,(c_1),\ H_2/Pt(H_2)/Ag$$

zu bezeichnen ist. Das Phasenschema dieser Zelle ist in Anlehnung an E. LANGE[1] in Abb. 4 wiedergegeben. Die einzelnen Phasen sind von 1—5 durchnumeriert worden. Die Nummer der Phase wird als Index vor das Symbol geschrieben, z. B. ${}_1\varphi$, ${}_2\mu_j$ oder ${}_3\eta_j$. Die Doppelpfeile in

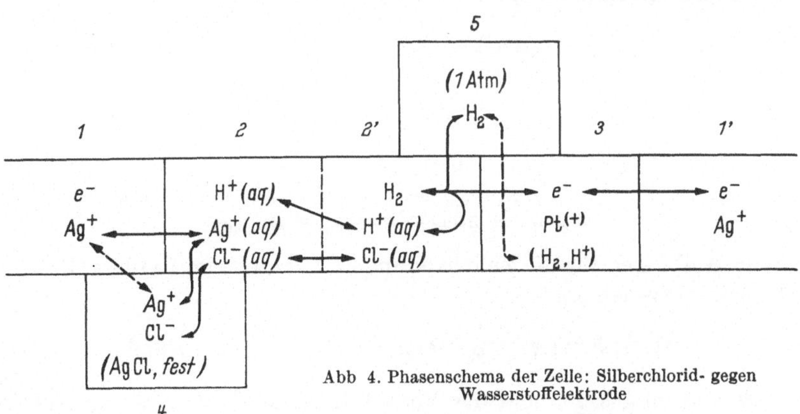


Abb 4. Phasenschema der Zelle: Silberchlorid- gegen Wasserstoffelektrode

Abb. 4 geben die Gleichgewichte an, die für die Bestimmung der Gleichgewichtspotentialdifferenzen thermodynamisch verwendet werden sollen. Sie geben somit einen gewissen detaillierteren Weg der Zellreaktion vor. In einigen Fällen kann auch ein anderer Weg genommen werden, wie z. B. der gestrichelte Phasenübergang 1 ↔ 4, der selbstverständlich zur

[1] LANGE, E.: Z. Elektrochem. **40**, 655 (1934); auch Z. Elektrochem. **55**, 76 (1951).

gleichen Gesamtspannung der Zelle führt. Welcher Weg tatsächlich abläuft, soll und kann bei dieser thermodynamischen Betrachtung nicht Gegenstand der Untersuchung sein, da die thermodynamischen Beziehungen prinzipiell unabhängig von einem Reaktionsweg und damit von der Kinetik der Reaktion sind. Die Aufklärung der kinetischen Vorgänge an der Elektrode soll in den späteren Abschnitten des Buches diskutiert werden.

Nach Gl. (1.19) bestehen die folgenden Beziehungen an den einzelnen Phasengrenzen:

1,2 $${}_1\eta_{Ag^+} - {}_2\eta_{Ag^+} = 0 = {}_1\mu_{Ag^+} - {}_2\mu_{Ag^+} + F \cdot ({}_1\varphi - {}_2\varphi) \qquad (1.21\,a)$$

2,4 $${}_2\eta_{Ag^+} - {}_4\eta_{Ag^+} = 0 = {}_2\mu_{Ag^+} - {}_4\mu_{Ag^+} + F \cdot ({}_2\varphi - {}_4\varphi) \qquad (1.21\,b)$$

2,4 $${}_2\eta_{Cl^-} - {}_4\eta_{Cl^-} = 0 = {}_2\mu_{Cl^-} - {}_4\mu_{Cl^-} - F \cdot ({}_2\varphi - {}_4\varphi) \qquad (1.21\,c)$$

2',5 $$\tfrac{1}{2} \cdot {}_{2'}\eta_{H_2} - \tfrac{1}{2} \cdot {}_5\eta_{H_2} = 0 = \tfrac{1}{2} \cdot {}_{2'}\mu_{H_2} - \tfrac{1}{2} \cdot {}_5\mu_{H_2} \qquad (1.21\,d)$$

2',3 $${}_{2'}\eta_{H^+} + {}_3\eta_{e^-} - \tfrac{1}{2} \cdot {}_{2'}\eta_{H_2} = 0 = {}_{2'}\mu_{H^+} + {}_3\mu_{e^-} - \tfrac{1}{2} \cdot {}_{2'}\mu_{H_2} + F \cdot ({}_{2'}\varphi - {}_3\varphi) \qquad (1.21\,e)$$

3,1' $${}_{1'}\eta_{e^-} - {}_3\eta_{e^-} = 0 = {}_{1'}\mu_{e^-} - {}_3\mu_{e^-} - F \cdot ({}_{1'}\varphi - {}_3\varphi) \,. \qquad (1.21\,f)$$

Zwischen der Phase 2 und 2' soll kein Diffusionspotential $\varepsilon_D = {}_2\varphi - {}_{2'}\varphi$ bestehen (§ 28). Es soll also $\varepsilon_D = 0$ vorausgesetzt werden. Da auch ${}_2\mu_{H^+} = {}_{2'}\mu_{H^+}$ und ${}_2\mu_{Cl^-} = {}_{2'}\mu_{Cl^-}$ wegen der gleichen Konzentration der Salzsäure in 2 und 2' angenommen werden kann, ergibt sich durch Addition aller Gl. (1.21 a—f)

$${}_1\mu_{Ag^+} - ({}_4\mu_{Ag^+} + {}_4\mu_{Cl^-}) + ({}_2\mu_{H^+} + {}_2\mu_{Cl^-}) - \tfrac{1}{2} \cdot {}_5\mu_{H_2} + {}_{1'}\mu_{e^-} + F \cdot ({}_1\varphi - {}_{1'}\varphi) = 0 \,.$$

Da

$${}_1\mu_{Ag^+} + {}_{1'}\mu_{e^-} = {}_1\mu_{Ag^+} + {}_1\mu_{e^-} = \mu_{Ag} \qquad {}_4\mu_{Ag^+} + {}_4\mu_{Cl^-} = \mu_{AgCl}$$

und

$${}_2\mu_{H^+} + {}_2\mu_{Cl^-} = \mu_{HCl(aq)} = \mu_{HCl(g)}$$

ist, so ergibt sich für die Zellspannung $\varepsilon_0$ die bereits im § 11 aus Gl. (1.11) abgeleitete Beziehung

$$\varepsilon_0 = {}_1\varphi - {}_{1'}\varphi = \frac{1}{F}\left(\mu_{AgCl} + \tfrac{1}{2} \cdot \mu_{H_2} - \mu_{Ag} - \mu_{HCl}\right) \,. \qquad (1.12)$$

Wie schon gesagt, liegt der Vorteil dieser Methode nicht so sehr bei einer Berechnung der Zellspannung als vielmehr bei der Möglichkeit zur Aufteilung in die Einzelpotentialdifferenzen. Wenn auch diese Größen wegen der Unkenntnis der $\mu$-Werte von Ionen und des Oberflächenpotentials $\chi$ der Metalle nicht absolut zu berechnen sind, so lassen sie doch Rückschlüsse auf Konzentrations- und Stromabhängigkeit zu. Für die theoretische Behandlung der Überspannungen ist diese Betrachtungsweise daher wichtig, und sie wird in diesem Zusammenhang noch öfter in Beispielen verwendet werden.

## § 14. Druckabhängigkeit der Gleichgewichts-Zellspannung

Die Druckabhängigkeit der Zellspannungen ist besonders bei Gaselektrodenketten von großer Wichtigkeit. Eine Gaselektrode besteht aus einem unangreifbaren Metall, das in einen Elektrolyten eintaucht, in dem ein Gas unter einem bestimmten Partialdruck gelöst ist. Außerdem muß der Elektrolyt noch ein Oxydations- oder ein Reduktionsprodukt dieses Gases gelöst enthalten. Zunächst soll ein allgemeiner Ausdruck für die Druckabhängigkeit von $\varepsilon_0$ hergeleitet werden, der dann in späteren Kapiteln angewendet werden wird.

Es ist von der Thermodynamik her bekannt, daß die Druckabhängigkeit der freien Reaktionsenthalpie $\Delta G$ gleich der Volumenänderung bei einem Formelumsatz

$$\left(\frac{\partial \Delta G}{\partial p}\right)_T = \Delta V \tag{1.22}$$

ist. Durch Einsetzen von Gl. (1.9) $\Delta G = n \cdot F \cdot \varepsilon_0$ ergibt sich

$$\left(\frac{\partial \varepsilon_0}{\partial p}\right)_T = \frac{\Delta V}{nF}. \tag{1.23}$$

Für das Potential der Wasserstoffelektrode gegen die Ag/AgCl-Elektrode als Beispiel ergibt sich hieraus folgende Druckabhängigkeit. Die Zelle sei $Pt(H_2)/H_2$, HCl//HCl, AgCl/Ag mit der Zellreaktion $H_2 + 2\,AgCl \rightarrow$ $\rightarrow 2\,HCl + 2\,Ag$. Die Elektrodenreaktionswertigkeit ist hierbei $n = 2$. Die Volumenänderung ist, abgesehen von Volumenänderungen der festen und flüssigen Phasen, die vernachlässigt werden sollen, $\Delta V = -RT/p$, so daß nach Gl. (1.23)

$$\left(\frac{\partial \varepsilon_0}{\partial p}\right)_T = -\frac{RT}{2F} \cdot \frac{1}{p} \tag{1.24}$$

wird. Durch Integration dieser Differentialgleichung ergibt sich

$$\varepsilon_0 = E - \frac{RT}{2F} \ln p_{H_2} \tag{1.25}$$

als Abhängigkeit vom Wasserstoffdruck. Diese Druckabhängigkeit konnte in einem großen Bereich ($10^{-2}$ bis $10^3$ Atm.) bestätigt werden.[1–3]

## § 15. Konzentrationsabhängigkeit von Gleichgewichts-Zellspannungen (allgemein)

Die reversible Zellspannung $\varepsilon_0$ hängt nicht nur vom Druck und von der Temperatur in der beschriebenen Weise ab, sondern nach einer der wichtigsten elektrochemischen Beziehungen auch von den Konzentrationen $c_j$ (genauer Aktivitäten $a_j$) der an der Zellreaktion beteiligten Stoffe $S_j$. Als Zelle soll eine beliebige Elektrode gegen die Normalwasserstoffelektrode gewählt werden. Die Zellreaktion setzt sich aus den

[1] Hainsworth, W. R., H. J. Rowley u. D. A. MacInnes: J. Am. Soc. **46**, 1437 (1924).
[2] Romann, R., W. Chang: Bull. Soc. Chim. **51**, 932 (1932).
[3] Vetter, K. J., u. D. Otto: Z. Elektrochem. **60**, 1072 (1956).

Elektrodenreaktionen beider Elektroden

$$(-\nu_1)\cdot S_1 + (-\nu_2)\cdot S_2 + \cdots \leftrightharpoons \nu_l \cdot S_l + \cdots \nu_q \cdot S_q + n\cdot e^- \quad (1.26)$$

und

$$n\mathrm{H}^+ + n\cdot e^- \leftrightharpoons \tfrac{n}{2}\,\mathrm{H}_2 \quad (1.26')$$

additiv zusammen. Die stöchiometrischen Faktoren $\nu_j$ der (oxydierten Substanzen (auf der rechten Seite) sollen positiv und die $\nu_j$-Werte der reduzierten Substanzen (auf der linken Seite) negativ sein. $j$ ist die allgemeine Laufzahl aller Substanzen $S_j$ von 1 über $l$ bis $q$.

Die Gleichgewichtszellspannung $\varepsilon_0$ hängt nach der allgemeinen Beziehung Gl. (1.19) $\Delta G = n\cdot F\cdot \varepsilon_0$ von der freien Reaktionsenthalpie der Zellreaktion ab. $\Delta G$ und damit $\varepsilon_0$ folgen nach Gl. (1.11) aus der Summe der chemischen Potentiale $\mu_j$ der beteiligten Substanzen $S_j$. Das chemische Potential $\mu_j$ ist jedoch noch von der Konzentration $c_j$ (genauer Aktivität $a_j$) nach

$$\mu_j = \bar{\mu}_j + RT\cdot \ln a_j \quad (1.27)$$

abhängig.

Durch Einsetzen von Gl. (1.27) in Gl. (1.11)

$$\varepsilon_0 = \frac{1}{nF}\sum \nu_j\,\mu_j \quad (1.11)$$

folgt die *Nernstsche Gleichung*

$$\boxed{\varepsilon_0 = E_0 + \frac{RT}{nF}\cdot \sum \nu_j \cdot \ln a_j\,.} \quad (1.28)$$

Die Elektrodenreaktionswertigkeit $n$ kann aus der Aufteilung der Zellreaktion nach Gl. (1.26) entnommen werden. Die Größe $E_0$ ist hierin für den konstanten Ausdruck

$$E_0 = \frac{1}{2F}\,\bar{\mu}_{\mathrm{H}_2} - \frac{1}{F}\,\bar{\mu}_{\mathrm{H}^+} + \frac{RT}{F}\ln\frac{\sqrt{p_{\mathrm{H}_2}}}{a_{\mathrm{H}^+}} + \frac{1}{nF}\cdot \Sigma\,\nu_j\cdot\bar{\mu}_j$$

gesetzt worden, der für eine Normalwasserstoffelektrode mit $p_{\mathrm{H}_2} = 1$ Atm. und $a_{\mathrm{H}^+} = 1$ ($p_\mathrm{H} = 0$) in

$$E_0 = \frac{\bar{\mu}_{\mathrm{H}_2}}{2F} - \frac{\bar{\mu}_{\mathrm{H}^+}}{F} + \frac{1}{nF}\cdot \Sigma\,\nu_j\cdot\bar{\mu}_j$$

übergeht. *$E_0$ ist das für jede Elektrode charakteristische Normalpotential.* Im folgenden wird die Gl. (1.28) noch auf spezielle Elektroden angewendet, so daß an dieser Stelle keine Beispiele genannt werden sollen.

Wiederholt trat in den letzten Abschnitten der Faktor $RT/F$ auf. Die Dimension dieses Ausdruckes ist eine Spannung und hat bei 25° C den Wert*

$$\frac{RT}{F} = \frac{1{,}986\cdot 298}{0{,}239\cdot 96494}\cdot 10^3 = 25{,}6\ \mathrm{mV}\,.$$

$RT/F$ steht vielfach als Faktor vor dem natürlichen Logarithmus. Eine Umrechnung auf den dekadischen Logarithmus ergibt als Faktor

$$2{,}303\cdot RT/F = 59{,}2\ \mathrm{mV}$$

* 0,239 · 96494 = 23060 cal/Volt = 1 Elektronenvolt.

bei 25° C*. Es ist einer der wichtigsten Zahlenwerte in der Elektrochemie.

## § 16. Die Normalwasserstoffelektrode als Bezugselektrode

Da die absolute Größe der Potentialdifferenz (Galvani-Spannung) zwischen dem Elektrolyten und dem Metall einer Elektrode bisher nicht ermittelt werden konnte, mußte das Potential einer Elektrode auf eine bestimmte Gegenelektrode, die Bezugselektrode, bezogen werden. Als Bezugselektrode wird allgemein nach einem Vorschlag von W. NERNST die Normalwasserstoffelektrode verwendet, die vereinbarungsgemäß das Potential $\varepsilon_h = 0$ hat. Elektroden, die bei Zusammenschalten mit einer Normalwasserstoffelektrode (hierbei müssen die beiden Elektrolytlösungen in Berührung miteinander sein) ein positives Potential aufweisen, haben einen positiven Wert $\varepsilon_h > 0$, die ein negatives Potentialaufweisen, haben dagegen einen negativen Wert $\varepsilon_h < 0$**. Zur Kennzeichnung, daß sich das Potential auf die Normalwasserstoffelektrode bezieht,wird vielfach der Index *h* oder *H* verwendet.

Die Normalwasserstoffelektrode besteht aus einem platinierten Pt-Blech, das in eine Säure der Wasserstoffionen-Aktivität 1 Mol/l eintaucht und von Wasserstoff von 1 Atm. Druck umspült (Blasen) wird (Abb. 11).

Die Elektrodenreaktion (Bruttoreaktion) dieser Elektrode in der Schreibweise $H^+$(aq) ($a = 1$), $H_2$ (1 Atm.)/Pt($H_2$) ist

$$2H^+(\mathrm{aq}) + 2e^- \leftrightharpoons H_2 .$$

# b) Metallionenpotentiale

## § 17. Verschiedene Arten von Metallionen-Elektroden

Die einfachste Metallionen-Elektrode besteht aus einem Metall, das in eine Lösung eintaucht, die die Ionen dieses Metalls enthält. Als Beispiel sei Ag in $AgNO_3$-Lösung genannt. Eine derartige Elektrode wird als *Elektrode erster Art* bezeichnet. Das Potential ist hierbei von der Konzentration der Metallionen im Elektrolyten abhängig, wie im § 15 abgeleitet wurde. Die Schreibweise für das vorliegende Beispiel ist

$$\mathrm{Ag/AgNO_3}(c) + \mathrm{aq}// \;.\;.\;.\;.\; \text{Bezugselektrode.}$$

Eine andere Art von Metallionen-Elektroden besteht aus einem Metall, das in einen Elektrolyten taucht, der mit den Ionen dieses Metalls eine schwerlösliche Verbindung bildet, die das Metall als Oberflächenschicht bedeckt oder die als Bodenkörper im Elektrolyten auftritt. Als Beispiel sei die Silberchlorid-Elektrode angeführt. Sie besteht aus Ag, das mit AgCl überzogen ist und in eine KCl-Lösung taucht. Hier hängt das Potential von der Chlorionen-Konzentration ab. Eine solche Elektrode wird *Elektrode zweiter Art* genannt. Sie wird symbolisch

$$\mathrm{Ag/AgCl, KCl}(c) + \mathrm{aq}// \;.\;.\;.\;.\; \text{Bezugselektrode}$$

geschrieben.

---

* Der Wert bei 20° C ist 58,2 mV.

** In der älteren amerikanischen Literatur ist die Vorzeichengebung meistens entgegengesetzt, vgl. Fußnote *, S. 4.

Eine weitere Variationsmöglichkeit für eine Metallionen-Elektrode besteht darin, daß die Konzentration (genauer Aktivität) der Metallionen im Metall durch Legierungsbildung verändert wird. Als Beispiel hierfür wäre die Kaliumamalgam-Elektrode in KCl-Lösung zu nennen, die in der symbolischen Schreibweise durch

$$KHg_x/KCl(c) + aq// \ldots \text{Bezugselektrode}$$

auszudrücken ist.

## § 18. Das Entstehen der Potentialdifferenz. Kinetische und thermodynamische (Nernstsche) Vorstellungen

Die Ausbildung der Potentialdifferenz Metall/Elektrolyt beruht bei einem Metallionenpotential auf dem Übergang (Durchtritt) von Metallionen vom Metall in den Elektrolyten oder in umgekehrter Richtung. Dieser Durchtritt von Metallionen durch die elektrolytische Doppelschicht findet in beiden Richtungen gleichzeitig statt. Der Umfang dieses Umsatzes ist jedoch im allgemeinen nicht in beiden Richtungen gleich und hängt von der Größe der Potentialdifferenz Metall/Elektrolyt und damit vom Elektrodenpotential ab.

Wenn kein Strom durch den äußeren Stromkreis fließt und die Metallauflösung schnell gegenüber der -abscheidung ist, wird das Metall gegen den Elektrolyten negativ aufgeladen. Das Potential des Metalls gegen den Elektrolyten wird also negativer. Dadurch wird die Metallauflösung verlangsamt und die Metallabscheidung beschleunigt. Das Potential wird daher solange negativer werden, bis der Gleichgewichtswert $\varepsilon_0$ erreicht ist, bei dem Metallauflösung und -abscheidung gleich schnell sind.

Ist das Potential des Metalls negativer als das Gleichgewichtspotential, so ist die Metallabscheidung schneller als die Metallauflösung. Die eintretende positive Aufladung des Metalls verschiebt das Potential zu positiveren Werten, bis auch in diesem Fall das Gleichgewichtspotential erreicht wird, bei dem beide Vorgänge gleich schnell ablaufen.

Wenn kein äußerer Strom fließt, stellt sich also immer das Gleichgewichtspotential $\varepsilon_0$ als stabiler Endwert ein. Da die Abscheidungsgeschwindigkeit von der Konzentration der Metallionen im Elektrolyten abhängt, wird der Wert des Gleichgewichtspotentials von dieser Konzentration mitbestimmt (vgl. § 15, Nernstsche Gleichung). In § 51 werden diese Vorstellungen eingehender behandelt.

Bevor mit Hilfe der Elektrodenkinetik nähere Vorstellungen über die Ausbildung der Potentialdifferenz Metall-Elektrolyt entwickelt waren, wurde dieser Vorgang nach Nernst thermodynamisch erklärt. Danach haben die Metalle eine gewisse Tendenz, ihre Ionen unter Solvatation in Lösung zu schicken. Diese Tendenz wird durch einen Lösungsdruck oder eine Lösungstension, die für jedes Metall einen charakteristischen Wert hat, ausgedrückt. Diesem Druck steht von der Elektrolytseite aus der osmotische Druck der gelösten, solvatisierten Metallionen entgegen. Durch die Verschiedenheit der beiden Drucke kommt es nun zur Ausbildung einer Potentialdifferenz. Wären beide Drucke gleich groß, so wäre bereits alles ohne Potentialdifferenz im Gleichgewicht. Im Fall der Abb. 5a ist die Lösungstension größer als der osmotische

Druck, so daß positive Metallionen unter Zurücklassung der negativen Gegenladung (Elektronen) in den Elektrolyten übergehen. Durch die hierdurch ausgebildete Potentialdifferenz (Abb. 5a) wird der Lösungsdruck verkleinert, bis bei weiterer Steigerung der Potentialdifferenz beide Drucke, die verkleinerte Lösungstension und der osmotische Druck, gleich werden und somit ein Gleichgewicht mit einem bestimmten Gleichgewichtspotential erreicht wird.

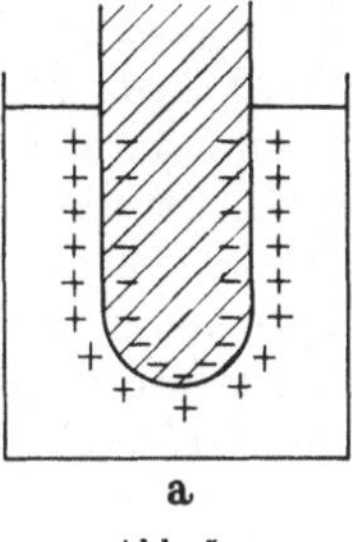

Abb. 5a

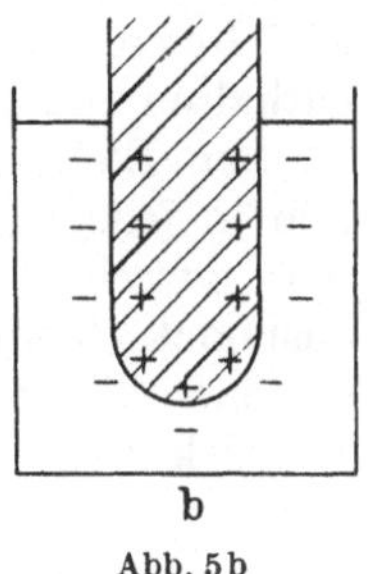

Abb. 5b

Im Fall 5b ist die Lösungstension kleiner als der osmotische Druck. Hier gehen solange Ionen aus dem Elektrolyten auf das Metall über, unter Ausbildung der in Abb. 5b gezeigten Ladungsverhältnisse, bis die entstehende Potentialdifferenz auch hier die beiden Drucke gleich groß werden läßt. Der Potentialabfall vollzieht sich in beiden Fällen nach NERNST innerhalb der an der Oberfläche entstandenen elektrischen Doppelschicht. Das Vorzeichen sowie die Größe der Ladungen sind unbekannt. Ihre Kenntnis würde auf eine Kenntnis der Größe des absoluten Nullpotentials (§ 45) hinauslaufen.

## § 19. Konzentrationsabhängigkeit der Metallionenpotentiale

Die Konzentrationsabhängigkeit der Metallionenpotentiale bezogen auf die Normalwasserstoffelektrode ergibt sich aus der Nernstschen Gleichung, Gl. (1.28), § 15. Als Zelle muß eine Metallionenelektrode gegen die Normalwasserstoffelektrode verwendet werden. Symbolisch ist daher für die Zelle zu schreiben

$$\mathrm{Me/Me^{z+}(aq)//H^+(aq)},\ a = 1,\ \mathrm{H_2(1\ Atm)/Pt(H_2)}\,.$$

Die Zellreaktion der genannten galvanischen Kette ist

$$\mathrm{Me} + z\mathrm{H^+\,(aq)} \rightarrow \mathrm{Me^{n+}\,(aq)} + \frac{z}{2}\,\mathrm{H_2}\,. \tag{1.29}$$

Sie ergibt sich durch Addition der Elektrodenreaktion der Wasserstoffelektrode $n\mathrm{H^+} + ne^- \rightarrow \frac{n}{2}\,\mathrm{H_2}$ mit der Elektrodenreaktion der Metallionenelektrode

$$\mathrm{Me} \rightarrow \mathrm{Me^{z+}} + z\cdot e^- \tag{1.30}$$

mit der Elektrodenreaktionswertigkeit $n = z$. Gl. (1.30) entspricht der allgemeinen Gl. (1.26) mit

$$\nu_{\mathrm{Me}} = -1 \quad \text{und} \quad \nu_{\mathrm{Me}^{z+}} = +1\,.$$

Hiermit folgt aus der allgemeinen Nernstschen Gleichung (1.28) die spezielle *Nernstsche Gleichung* (1.31)

$$\boxed{\varepsilon_0 = E_0 + \frac{RT}{zF}\ln\frac{a_{\mathrm{Me}^{z+}}}{a_{\mathrm{Me}}}} \tag{1.31}$$

*der Metallionenelektrode.* $E_0$ ist das *Normalpotential.*

Voraussetzung für die Gültigkeit von Gl. (1.31) ist, daß innerhalb des Elektrolyten keine Potentialdifferenzen auftreten, und daß die Einstellung des $H_2/H^+$-Potentials an der Me-Elektrode und die Abscheidung von $Me^+$-Ionen als Me am Pt vollständig gehemmt sind. Genau genommen müßten daher die Me-Elektrode und die vom Wasserstoff umspülte Pt-Elektrode in denselben Elektrolyten eintauchen, der die $Me^+$-Ionen der Aktivität $a_{Me^+}$ und $H^+$-Ionen der Aktivität $a_{H^+} = 1$ Mol/l enthalten und mit $H_2$ bei 1 Atm. gesättigt sein muß.

Den Elektrolyten kann man durch ein Diaphragma so teilen, daß sich in jedem Teil ein Elektrodenmetall (Me oder Pt) befindet. Wenn sich zwischen den beiden Elektrolytteilen keine Potentialdifferenz ausbildet, bleibt entsprechend Abb. 2c (S. 3) die Zellspannung $\varepsilon_0$ bestehen. Da wegen der vorausgesetzten vollständigen Hemmungen die Me-Elektrode auf $H_2$ und $H^+$ nicht ansprechen soll, können im Elektrodenraum der Me-Elektrode die $H_2$ und $H^+$-Konzentrationen verändert werden, ohne daß $\varepsilon_0$ sich ändert, wenn die Aktivität der Metallionen bestehen bleibt. Es kann also z. B. $H_2$ ganz entfernt werden. Entsprechend können, unter Beibehaltung des $H_2$-Druckes und der Aktivität der $H^+$-Ionen $a_{H^+} = 1$, aus dem Elektrodenraum der Wasserstoffelektrode die Metallionen entfernt werden, ohne daß $\varepsilon_0$ sich ändert.

Man kann also die oben vorausgesetzte totale Hemmung bestimmter Reaktionen dadurch erreichen, daß man die betreffenden Substanzen durch ein Diaphragma von dem anderen Elektrodenraum fernhält. Wenn an der Trennungsfläche der beiden Elektrolyte (Diaphragma) keine Potentialdifferenz $\Delta\varphi$ auftritt*, stellt sich das reversible Gleichgewichtspotential $\varepsilon_0$ der Zelle ein. Die Zelle ist thermodynamisch allerdings nicht mehr ganz reversibel, da allmählich Diffusion der Stoffe durch das Diaphragma hindurch stattfindet. Die Größe der Potentialdifferenz Elektrolyt/Elektrolyt wird in einem späteren Kapitel (§ 30—32) behandelt werden.

Die Aktivität des reinen Metalls soll $a_{Me} = 1$ gesetzt werden**, so daß das Potential eines reinen Metalls in der Lösung seiner Ionen gegen die Normalwasserstoffelektrode nach Gl. (1.31) durch

$$\varepsilon_0 = E_0 + \frac{RT}{zF} \ln a \tag{1.32}$$

gegeben wird. $a$ soll hierin die Aktivität der Metallionen sein. $z$ ist die Wertigkeit und $E_0$ das Normalpotential dieser $Me/Me^{z+}$-Elektrode. Wie man aus Gl. (1.32) entnehmen kann, ist $E_0$ das Potential des Metalls Me in einer Lösung, in der die Ionen $Me^{z+}$ mit der Aktivität 1 Mol/l enthalten sind. Stoffe, die in der Elektrodenreaktionsgleichung nicht enthalten sind, haben nach Gl. (1.32) auf das Metallionenpotential keinen unmittelbaren Einfluß, sie können nur mittelbar durch eine Veränderung des Aktivitätskoeffizienten wirken. Die Nernstsche Gleichung für das Metallionenpotential [Gl. (1.32)] konnte in allen untersuchten Fällen bestätigt werden.

* Die Verwirklichung wird später diskutiert werden (§ 33).

** Die Definition der Aktivität des Metalls unterscheidet sich von der der Ionenaktivität in Lösung.

## § 20. Das Normalpotential $E_0$ der Metallionenelektroden

Das Normalpotential $E_0$ auf Grund der Definition nach Gl. (1.31) bzw. (1.32) ist eine charakteristische Größe des Metalls und seiner Wertigkeitsstufe. Tabelle 2 gibt diese Werte für eine größere Zahl von Metallen in wäßriger Lösung an. Die Metalle sind hierbei nach dem Wert ihres Normalpotentials angeordnet. Die unedelsten Metalle haben die negativsten und die edelsten die positivsten Werte. Die Reihenfolge der Elemente in Tab. 2 stellt die Spannungsreihe der chemischen Elemente dar, die schon von VOLTA in allerdings noch nicht so vollständiger Form aufgestellt wurde.

Tabelle 2. *Normalpotentiale von Metallionen-Elektroden bei 25° C in wäßriger Lösung*[1]

| Elektrode | $E_{0,h}$ | Elektrode | $E_{0,h}$ |
|---|---|---|---|
| $Au/Au^{+}$ | etwa +1,68 | $Ga/Ga^{3+}$ | —0,53 |
| $Au/Au^{3+}$ | +1,50 | $Cr/Cr^{3+}$ | —0,74 |
| $Pd/Pd^{2+}$ | +0,987 | $Zn/Zn^{2+}$ | —0,763 |
| $Ag/Ag^{+}$ | +0,7991 | $V/V^{2+}$ | etwa —1,18 |
| $Hg/Hg_2^{2+}$ | +0,789 | $Mn/Mn^{2+}$ | —1,18 |
| $Cu/Cu^{+}$ | +0,521 | $Zr/Zr^{4+}$ | —1,53 |
| $Cu/Cu^{2+}$ | +0,337 | $Ti/Ti^{2+}$ | —1,63 |
| $Bi/BiO^{+}$ | +0,32 | $Al/Al^{3+}$ | —1,66 |
| $As/HAsO_2$ | +0,247 | $Be/Be^{2+}$ | —1,85 |
| $H_2/H^{+}$ | 0 | $Mg/Mg^{2+}$ | —2,37 |
| $Fe/Fe^{3+}$ | —0,036 | $Ce/Ce^{3+}$ | —2,48 |
| $Pb/Pb^{2+}$ | —0,126 | $Na/Na^{+}$ | —2,714 |
| $Sn/Sn^{2+}$ | —0,136 | $Ca/Ca^{2+}$ | —2,87 |
| $Ni/Ni^{2+}$ | —0,250 | $Sr/Sr^{2+}$ | —2,89 |
| $Co/Co^{2+}$ | —0,277 | $Ba/Ba^{2+}$ | —2,90 |
| $Tl/Tl^{+}$ | —0,3363 | $Rb/Rb^{+}$ | —2,925 |
| $In/In^{3+}$ | —0,342 | $K/K^{+}$ | —2,925 |
| $Cd/Cd^{2+}$ | —0,403 | $Li/Li^{+}$ | —3,045 |
| $Fe/Fe^{2+}$ | —0,440 | | |

Metallionenelektroden von Metallen mit einem negativen $E_0$-Wert haben somit bei Metallionenkonzentrationen, deren Aktivität nicht stark von 1 abweicht, ein negatives Potential gegen die Wasserstoffelektrode in starker saurer Lösung. Bei Kurzschluß der Elektroden [Me, Pt ($H_2$)] fließt daher ein Strom, der $H_2$ entwickelt und Metall auflöst. Der gleiche Vorgang kann auch am Metall selbst stattfinden, das sich dabei unter Wasserstoffentwicklung auflöst (§ 176). Ein derartiges Metall wird als „unedel" bezeichnet. Bei den Alkali- und Erdalkalimetallen ist diese Tendenz zur Auflösung unter Wasserstoffentwicklung sehr groß. Sie lösen sich in allen wäßrigen Lösungen so schnell, daß eine Bestimmung des Normalpotentials dieser Metalle nur unter Anwendung besonderer Methoden möglich ist.

Die Ermittlung der Normalpotentiale dieser so unedlen Metalle wurde in der Weise durchgeführt, daß zunächst die Zellspannung einer Metall-Metallamalgamkette in nichtwäßrigem Lösungsmittel bestimmt und

[1] LATIMER, W. M.: Oxydation Potentials, Prentice-Hall, Inc. Englewood Cliffs, N. J. 1952, 2. Aufl., S. 340ff.

darauf das Potential dieses Metallamalgams in wäßriger Metallsalzlösung gemessen wurde. Für Kalium haben LEWIS und KEYES[2] die Zellspannung

$$(-)\ K/KJ \text{ in } C_2H_5NH_2/KHg_x(0{,}221\,\%)\ (+)$$

zu $-$ 1,0478 Volt bestimmt. Mit dem Wert von $-$ 2,1236 Volt der Kette

$$(-)\ KHg_x(0{,}221\,\%)/KCl\ (1{,}0168\text{ m}) \text{ in } H_2O,\ AgCl/Ag\ (+)$$

nach ARMBURSTER und CRENSHAW[3] ergibt sich daraus für

$$(-)\ K/KCl\ (1{,}0168\text{ m}) \text{ in } H_2O,\ AgCl/Ag\ (+)$$

eine Zellspannung von $\varepsilon = -3{,}1714$ Volt. Das Normalpotential der Ag/AgCl, KCl ($a = 1$)-Elektrode bezogen auf die Normalwasserstoffelektrode beträgt $\varepsilon_h = +0{,}2225$ Volt (vgl. § 23). Die Aktivität $a_{KCl} = \sqrt{a_{K^+} \cdot a_{Cl^-}}$ der 1,0168 m KCl-Lösung ergibt sich mit einem mittleren Aktivitätskoeffizienten $f_\pm = \sqrt{f_{K^+} \cdot f_{Cl^-}} = 0{,}605$ zu $a_{KCl} = 0{,}615$ Mol/l, so daß das Potential der Ag/AgCl-Elektrode in dieser Lösung $\varepsilon_h = +0{,}2350$ Volt beträgt und das Potential der Kaliumelektrode $\varepsilon_h = -2{,}9364$ Volt ist. Aus diesem Wert bei $a_{KCl} = 0{,}615$ Mol/l folgt als Normalpotential nach Gl. (1.32) $E_0 = -2{,}9239$ Volt. In gleicher Weise konnten die Normalpotentiale der anderen Alkali- und Erdalkalimetalle bestimmt werden.

## § 21. Konzentrationszellen mit Überführung

Das Potential einer Metallionenelektrode bezogen auf eine Vergleichselektrode (z. B. die Normalwasserstoffelektrode) hängt von der Aktivität (Konzentration) der gelösten Metallionen ab, wie aus Gl. (1.32) folgt. Werden zwei Elektroden aus dem gleichen Metalle Me, aber mit verschiedenen Elektrolytkonzentrationen $c_2 \neq c_3$ dieser Metallionen $Me^{z+}$ mit den Elektrolyten zusammengeschaltet, so haben die beiden gleichen Elektrodenmetalle entsprechend der Abb. 6c verschiedene Potentiale. Die Elektrolyte sollen hierbei über ein poröses Diaphragma, das die Mischung und Diffusion weitgehend verhindert, in elektrolytisch leitender Verbindung stehen.

Die auftretende Potentialdifferenz $\varepsilon = {}_1\varphi - {}_{1'}\varphi$ setzt sich nach Abb. 6 aus drei Anteilen

$$\varepsilon = ({}_1\varphi - {}_2\varphi) + ({}_2\varphi - {}_3\varphi) + ({}_3\varphi - {}_{1'}\varphi)$$

an den drei Phasengrenzen zusammen. Abb. 6 soll nichts über die Vorzeichen aussagen. Das in Gl. (1.32) angegebene Metallionenpotential gegen die Normalwasserstoffelektrode setzt voraus, daß keine Potentialdifferenz an der Phasengrenze Elektrolyt/Elektrolyt auftritt. Demzufolge ist im vorliegenden Fall

$$({}_1\varphi - {}_2\varphi) + ({}_3\varphi - {}_{1'}\varphi) = \frac{RT}{zF} \cdot \ln \frac{a_2}{a_3} = \varepsilon - ({}_2\varphi - {}_3\varphi)\,.$$

Die Zellspannung der Konzentrationskette ist also

$$\varepsilon = \frac{RT}{zF} \cdot \ln \frac{a_2}{a_3} + \varepsilon_D \tag{1.33}$$

[2] LEWIS, G. N., u. F. G. KEYES: J. Am. Soc. 34, 119 (1912).
[3] ARMBURSTER, M. H., u. J. L. CRENSHAW: J. Am. Soc. 56, 2525 (1934).

mit $\varepsilon_D$ = Flüssigkeitsdiffusionspotential (§ 28—33) als Potentialdifferenz Elektrolyt (2)/Elektrolyt (3).

Thermodynamisch läßt sich die Zellspannung $\varepsilon$ durch Berechnung der Änderung der freien Enthalpie $\Delta G$ nach Stromdurchgang von $z \cdot F$ Coulb auf Grund von Gl. (1.10) ermitteln. Das Volumen des Elektrolyten soll so groß vorausgesetzt werden, daß ein Stromdurchgang von $z \cdot F$ Coulb keine nennenswerte Konzentrationsänderung im Elektrolyten hervorruft. Um $\Delta G$ berechnen zu können, muß zunächst die Zellreaktion mit dem elektrochemischen Umsatz formuliert werden. Bei der in Abb. 6 eingetragenen Stromrichtung wird das Metall Me der Phase 1 aufgelöst und die gleiche Menge des gleichen Metalls an Phase 1' abgeschieden. Im Gesamten wird somit weder Metall aufgelöst noch abgeschieden. Es findet aber eine Überführung von Metallsalz aus dem Elektrolyten (3) in den Elektrolyten (2) statt. Bei dieser Überführung wird eine reversible Verdünnungsarbeit frei ($a_2 < a_3$) bzw. muß eine reversible Arbeit zur Konzentrierung ($a_2 > a_3$) aufgewendet werden.

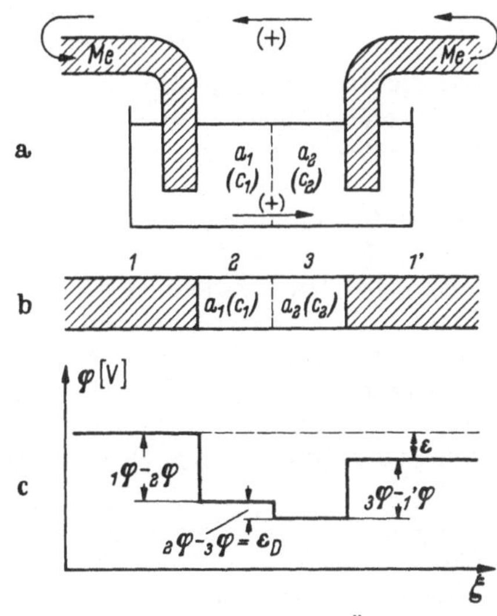


Abb. 6. Konzentrationskette mit Überführung

Zur Berechnung von $\Delta G$ muß infolgedessen die überführte Menge an Metallsalz bestimmt werden. Ein Strom von $z \cdot F$ Coulb löst 1 Mol $Me^{z+}$ im Elektrolyten (2) elektrochemisch auf und scheidet die gleiche Menge aus dem Elektrolyten (3) ab, wie es aus der Aufstellung (Abb. 6) zu entnehmen ist. Andererseits werden infolge des Stromflusses durch das Diaphragma $Me^{z+}$-Ionen von (2) nach (3) und Anionen von (3) nach (2) in der angegebenen Menge überführt. Diese

| | Elektrolyt (2) | | Elektrolyt (3) | |
|---|---|---|---|---|
| | $Me^{z+}$ | $A^{z-}$ | $Me^{z+}$ | $A^{z-}$ |
| Umsatz nach dem Faraday-Gesetz | $+1$ | 0 | $-1$ | 0 |
| Stromüberführung durch das Diaphragma | $-t_+$ | $+t_-$ | $+t_+$ | $-t_-$ |
| Gesamtumsatz | $+(1-t_+)$ | $= +t_-$ | $-(1-t_+)$ | $= -t_-$ |

Mengen werden durch die Überführungszahlen $t_+$ der Kationen und $t_-$ der Anionen bestimmt*, wobei die Beziehung $t_+ + t_- = 1$ gilt. Aus der Aufstellung folgt als Zellreaktion, daß $t_-$ Mole des binären Salzes MeA von der Konzentration $c_3$ auf die Konzentration $c_2$ gebracht werden.

* Entsprechend der Definition der Überführungszahlen (vgl. auch § 29).

Die freie Reaktionsenthalpie $\Delta G$ für diese Zellreaktion ist

$$\Delta G = t_- \cdot ({}_2\mu_{Me^+} - {}_3\mu_{Me^+}) + t_- \cdot ({}_2\mu_{A^-} - {}_3\mu_{A^-}) .$$

Mit $\mu_j = \bar{\mu}_j + RT \cdot \ln a_j$ folgt hieraus

$$\Delta G = t_- \cdot RT \cdot \ln \frac{{}_2a_{Me^+} \cdot {}_2a_{A^-}}{{}_3a_{Me^+} \cdot {}_3a_{A^-}} = 2 \cdot t_- \cdot RT \cdot \ln \frac{a_2}{a_3} * . \quad (1.34)$$

Mit Gl. (1.10) $\varepsilon = \Delta G/nF$ ergibt sich die Zellspannung zu

$$\boxed{\varepsilon = \varphi_2 - \varphi_3 = 2t_- \frac{RT}{zF} \cdot \ln \frac{a_2}{a_3} .} \quad (1.35)$$

Da die Überführung der Metallionen von dem einen in den anderen Elektrolyten für die Potentialbildung wesentlich ist, führt die beschriebene Zelle die ergänzende Bezeichnung „*mit Überführung*"**.

Fügt man einen großen Überschuß an Fremdelektrolyt in gleicher Konzentration auf beiden Seiten des Diaphragmas hinzu, so vereinfacht sich Gl. (1.35), da die Überführungszahl der auf das Elektrodenpotential ansprechenden Metallionen $t_+ \to 0$ geht. Jetzt werden praktisch nur die Ionen des Fremdelektrolyten überführt, deren Konzentrationen auf beiden Seiten gleich sein sollen und deren Werte entsprechend der Voraussetzung durch die Überführung praktisch nicht verändert werden sollen. Als Zellreaktion läuft daher die Konzentrierung oder Verdünnung eines vollständigen Mols MeA ab. Gl. (1.35) geht infolgedessen in

$$\varepsilon = \frac{RT}{zF} \cdot \ln \frac{a_2}{a_3} \quad (1.36)$$

über.

Durch Zusatz des Fremdelektrolyten geht somit in Gl. (1.33) das Diffusionspotential $\varepsilon_D$ nach null, wenn der Fremdelektrolyt in ausreichend großem Überschuß vorhanden ist.

## § 22. Konzentrationszellen ohne Überführung

In einer Konzentrationszelle ohne Überführung stehen die beiden Elektrolyte nicht in direkter Verbindung, so daß eine Ionenüberführung bei Stromfluß nicht möglich ist. Die leitende Verbindung wird durch ein Metall hergestellt (Abb. 7). Die Konzentrationszelle ohne Überführung besteht also eigentlich aus zwei gegeneinander geschalteten Elektrodenketten gleicher Art, nur mit verschieden konzentrierten Elektrolyten. Die eine Elektrode jeder Kette spricht auf die Metallionen und die andere auf die Anionen als eine Elektrode zweiter Art an, wie es die Abb. 7 in einem Beispiel wiedergibt. Die ersten Arbeiten mit derartigen Zellen wurden von MacInnes u. Parker[1] durchgeführt. Als

* Die Aktivität eines binären Salzes ist $a = \sqrt{a_A \cdot a_K}$.

** Die Überführung der Ionen durch die Phasengrenze Elektrolyt(2)/Elektrolyt(3) kann nur in einer gewissen Näherung als thermodynamisch reversibel angesehen werden. Die Ionen befinden sich an der Phasengrenze nicht im Gleichgewicht, so daß Diffusion stattfindet. Vgl. hierzu § 28—33.

[1] MacInnes, D.A., u. K. Parker: J. Am. Soc. 37, 1445 (1915).

Beispiele für Zellen ohne Überführung seien zur weiteren Erläuterung genannt

$Ag/AgCl, KCl\ (c_1)/K(Hg)_x/KCl\ (c_2), AgCl/Ag$

$Pt(H_2)/H_2SO_4\ (c_1), Hg_2SO_4/Hg/Hg_2SO_4, H_2SO_4\ (c_2)/Pt(H_2)$ .

Für die Berechnung der Zellspannung $\varepsilon$ einer Elektrodenkette der beschriebenen Art ohne Überführung muß ebenfalls die Zellreaktion festgelegt werden. Im allgemeinsten Fall sollen beide Elektrolyte die Substanz $Me_{\nu_+}A_{\nu_-}$ in verschiedenen Konzentrationen $c_1$ und $c_2$ enthalten. Je eine Elektrode spricht auf die $Me^{z+}$-Ionen und je eine Elektrode auf die $A^{z-}$-Ionen konzentrationsrichtig nach der Nernstschen Gleichung an. Um ein Mol $Me_{\nu_+}A_{\nu_-}$ im Elektrolyten (1) zu bilden und aus dem Elektrolyten (2) abzuscheiden, werden $nF$ Coulb benötigt. Die Elektrodenreaktionswertigkeit ist somit $n = \nu_+ \cdot z_+ = -\nu_- \cdot z_-$. Dieser Vorgang entspricht der thermodynamisch reversiblen Überführung von 1 Mol $Me_{\nu_+}A_{\nu_-}$ von der Konzentration $c_2$ zur Konzentration $c_1$.

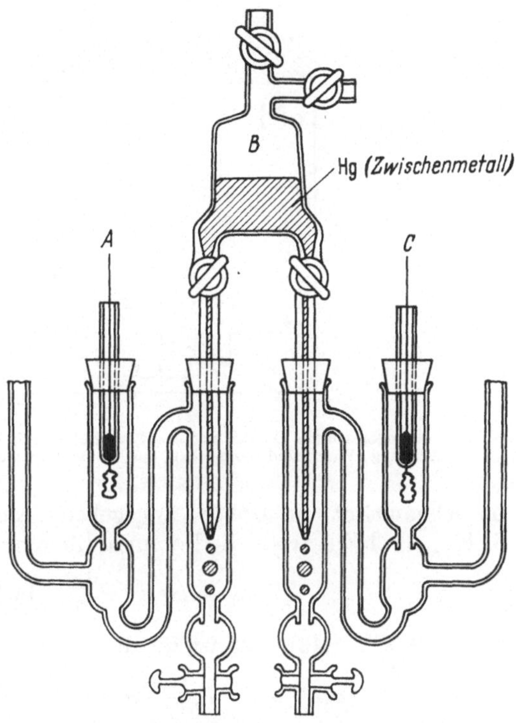


Abb. 7. Konzentrationskette ohne Überfuhrung [nach D. A. MacInnes u. K. Parker: J. Am. Soc. **37**, 1445 (1915)]

Die freie Reaktionsenthalpie dieser Konzentrationsänderung ist

$$\Delta G = (\nu_+ + \nu_-) \cdot RT \cdot \ln \frac{a_1}{a_2} *,$$

so daß sich bei der Elektrodenreaktionswertigkeit $n$ die Zellspannung für die *Konzentrationskette ohne Überführung* nach Gl. (1.10) zu

$$\boxed{\varepsilon = (\nu_+ + \nu_-) \cdot \frac{RT}{nF} \cdot \ln \frac{a_1}{a_2}} \tag{1.37}$$

ergibt.

* Die mittlere Aktivität $a$ eines Elektrolyten $Me_{\nu_+}A_{\nu_-}$ ist durch $a^{\nu_+ + \nu_-} = a_+^{\nu_+} \cdot a_-^{\nu_-}$ definiert.

Im Falle des KCl ($\nu_+ = 1$, $\nu_- = 1$, $n = 1$) hat der Faktor $(\nu_+ + \nu_-)/n$ in Gl. (1.37) den Wert 2 und bei $H_2SO_4$ ($\nu_+ = 2$, $\nu_- = 1$, $n = 2$) den Wert 1,5.

Gl. (1.37) läßt sich auch mit Hilfe von Gl. (1.32) verstehen. Der Potentialverlauf in einer Konzentrationszelle nach dem ersten Beispiel

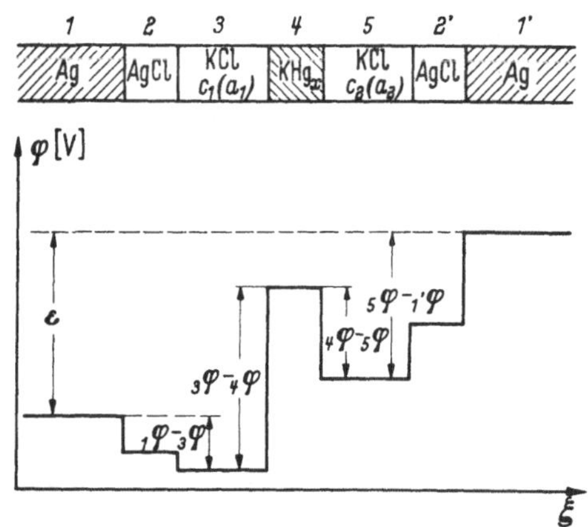


Abb. 8. Schematische Darstellung des Potentialverlaufs in einer Konzentrationszelle ohne Überführung (Werte und Vorzeichen, soweit nicht feststehend, willkurlich angenommen)

ist schematisch in Abb. 8 angegeben. Nach Gl. (1. 32) ist für die $K(Hg)_x$/KCl-Elektrode die Potentialdifferenz

$$\varphi_3 - \varphi_5 = -\frac{RT}{F} \cdot \ln \frac{{}_3a_{K^+}}{{}_5a_{K^+}} \tag{1.38}$$

und nach Gl. (1.43), § 23 ist für die Ag/AgCl, KCl-Elektrode

$$\begin{aligned}(\varphi_1 - \varphi_3) + (\varphi_5 - \varphi_{1'}) &= -\frac{RT}{F} \cdot \ln \frac{{}_3a_{Cl^-}}{{}_5a_{Cl^-}} = \\ &= \varphi_1 - \varphi_{1'} - (\varphi_3 - \varphi_5) = \varepsilon - (\varphi_3 - \varphi_5)\,.\end{aligned} \tag{1.39}$$

Aus Gl. (1.38) und (1.39) folgt

$$\varepsilon = -\frac{RT}{F} \cdot \ln \frac{{}_3a_{K^+} \cdot {}_3a_{Cl^-}}{{}_5a_{K^+} \cdot {}_5a_{Cl^-}} = -2 \cdot \frac{RT}{F} \cdot \ln \frac{{}_3a_{KCl}}{{}_5a_{KCl}} = -2\frac{RT}{F} \cdot \ln \frac{a_1}{a_2} \tag{1.40}$$

da die Aktivität $a_{KCl} = \sqrt{a_{K^+} \cdot a_{Cl^-}}$ zu setzen ist*.

Die Messung der Zellspannung $\varepsilon$ an derartigen Konzentrationsketten ohne Überführung ergibt thermodynamisch einwandfrei die Aktivitäten und ist eine der besten Methoden zur Bestimmung von mittleren Aktivitätskoeffizienten $f_\pm$.

## § 23. Elektroden zweiter Art

Eine Definition dieser Elektrodenart wurde bereits im § 17 gegeben. Das Elektrodenmetall steht mit einem schwerlöslichen Salz seiner Ionen

* Das Vorzeichen ist hier dem Vorzeichen in Gl. (1.37) entgegengesetzt, da das Vorzeichen davon abhängt, ob die Außenelektroden (hier Ag/AgCl, KCl) auf die Kationen (1.37) oder auf die Anionen (1.40) ansprechen.

im Gleichgewicht. Die Anionen dieser Verbindung sind im Elektrolyten in Form eines löslichen Salzes enthalten. Von der Konzentration dieser Anionen allein hängt das Potential der Elektrode zweiter Art ab. Symbolisch kann sie allgemein durch

$$\mathrm{Me/MeA,\ KA//\ldots}$$

dargestellt werden. Fließt ein anodischer Strom durch die Elektrode, so läuft die Elektrodenreaktion

$$\mathrm{Me} + \mathrm{A}^- \rightarrow \mathrm{MeA} + e^- \tag{1.41}$$

mit der Elektrodenreaktionswertigkeit $n = 1$ ab. Das Potential ist also nach Gl. (1.28) mit dem stöchiometrischen Faktor $\nu_{\mathrm{A}^-} = -1$ für eine Elektrode mit der Reaktion (1.41)

$$\varepsilon_0 = E_0 - \frac{RT}{F} \cdot \ln a_{\mathrm{A}^-}, \tag{1.42}$$

da die Logarithmen von $a_{\mathrm{Me}}$ und $a_{\mathrm{MeA}}$ als konstante Werte in $E_0$ hineingenommen werden können.

Die gebräuchlichsten Elektroden zweiter Art sind die *Silberchlorid-*, die *Kalomel-*, die *Quecksilbersulfat-* und die *Quecksilberoxyd-Elektrode.* Sie werden häufig bei den Messungen von Elektrodenpotentialen als Vergleichselektroden verwendet.

Die *Silberchlorid-Elektrode*[1] besteht aus einem Ag-Draht, der anodisch in KCl chloriert wurde und so mit einer festhaftenden AgCl-Schicht überzogen ist. Die Konstruktion einer derartigen Elektrode zeigt Abb. 9.

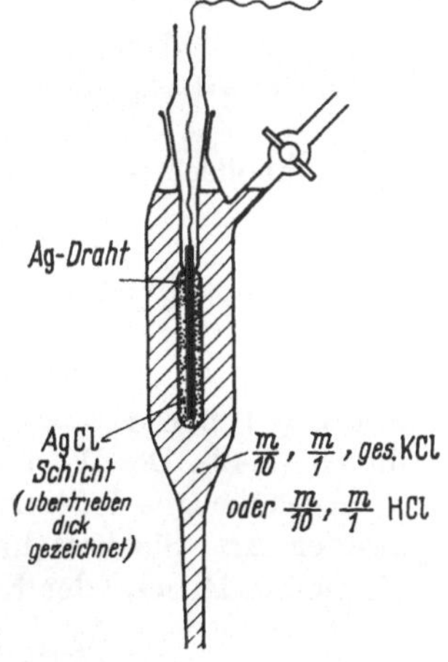

Abb. 9. Silberchloridelektrode

Der so chlorierte Ag-Draht wird in eine gesättigte oder 1 m bzw. 0,1 m KCl-Lösung eingetaucht. Symbolisch wird die Silberchlorid-Elektrode

$$\mathrm{Ag/AgCl,\ KCl}\ (c = \ldots)//\ldots.$$

geschrieben. Die anodische Elektrodenreaktion ist

$$\mathrm{Ag} + \mathrm{Cl}^- \rightarrow \mathrm{AgCl} + e^-$$

mit $n = 1$ und $\nu_{\mathrm{Cl}^-} = -1$, so daß das Potential nach Gl. (1.28) bzw. Gl. (1.42)

$$\varepsilon = E_0 - \frac{RT}{F} \ln a_{\mathrm{Cl}^-} \tag{1.43}$$

ist.

Gl. (1.43) kann auch unter Verwendung der Nernstschen Gleichung (1.32) $\varepsilon_0 = E_0 + (RT/zF) \cdot \ln a$ und Berechnung der Metallionenaktivität $a$ aus dem Löslichkeitsprodukt $P = a_{\mathrm{Ag}^+} \cdot a_{\mathrm{Cl}^-}$ abgeleitet werden. Die Metallionenaktivität $a_{\mathrm{Ag}^+} = P/a_{\mathrm{Cl}^-}$ in die Nernstsche

[1] Brown, A. S.: J. Am. Soc. **56**, 646 (1934) verwendet die Silberchloridelektrode und beschreibt ihre Herstellung.

Gleichung (1.32) eingesetzt, ergibt

$$\varepsilon = E_{0,\mathrm{Ag}} + \frac{RT}{F} \cdot \ln P - \frac{RT}{F} \cdot \ln a_{\mathrm{Cl}^-} . \tag{1.43a}$$

Das Normalpotential $E_{0,h}$ der Ag/AgCl-Elektrode steht somit mit dem Normalpotential $E_{0,\mathrm{Ag}}$ der $\mathrm{Ag/Ag^+}$-Elektrode und dem Löslichkeitsprodukt der schwer löslichen Substanz AgCl in der Beziehung

$$E_{0,\mathrm{Ag/AgCl}} = E_{0,\mathrm{Ag}} + \frac{RT}{F} \cdot \ln P_{\mathrm{AgCl}} = +0{,}2225 \text{ Volt}^2 .$$

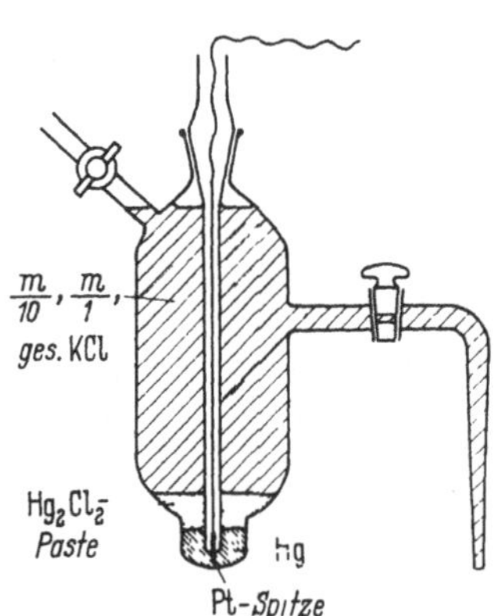

Abb. 10. Kalomelelektrode

Mit $E_{0,\mathrm{Ag}} = +0{,}799$ Volt berechnet sich ein Löslichkeitsprodukt von $P = 1{,}8 \cdot 10^{-10}$ ($\mathrm{Mol^2/l^2}$) bei 25° C.

Ganz entsprechend verhält sich Ag, das in Bromid- bzw. Jodid-Lösungen mit AgBr bzw. AgJ überzogen ist. Da die Löslichkeitsprodukte dieser Substanzen noch kleiner als das des AgCl sind, liegen die Normalpotentiale bei negativeren Werten. Für die *Silberbromid*elektrode ist $E_{0,\mathrm{Ag/AgBr}} = +0{,}0711$ Volt[3] und für die *Silberjodid*elektrode $E_{0,\mathrm{Ag/AgJ}} = -0{,}1522$ Volt[4] bei 25° C.

Die *Kalomelelektrode* besteht aus Hg, das mit einer Aufschwemmung von Kalomel $\mathrm{Hg_2Cl_2}$ in KCl-Lösung bedeckt ist, so wie es die Abb. 10 zeigt. Symbolisch ist die Kalomelelektrode durch

$$\mathrm{Pt/Hg/Hg_2Cl_2,\ KCl}\ (c = \ldots)// \ldots .$$

zu beschreiben. Als anodische Elektrodenreaktion läuft

$$\mathrm{Hg + Cl^- \rightarrow 1/2\,Hg_2Cl_2} + e^-$$

mit $n = 1$ und $\nu_{\mathrm{Cl}^-} = -1$ ab. Für das Potential gilt daher ebenfalls die Gl. (1.42). Der Wert für das Normalpotential ist $E_0 = +0{,}2681$ Volt[5].

Auch die *Quecksilbersulfatelektrode* ist eine viel verwendete Elektrode zweiter Art. Sie besteht aus Hg, das mit einer Aufschwemmung von $\mathrm{Hg_2SO_4}$ in $\mathrm{H_2SO_4}$ oder $\mathrm{K_2SO_4}$ überschichtet ist. Sie ist mit

$$\mathrm{Pt/Hg/Hg_2SO_4,\ H_2SO_4}\ (c = \ldots)// \ldots .$$

---

[2] HITCHCOCK, D. J.: J. Am. Soc. **50**, 2076 (1928). — HARNED, H. S., u. R. W. EHLERS: J. Am. Soc. **54**, 1350 (1932). — ROBERTS, E. J.: J. Am. Soc. **52**, 3877 (1930). — LINHART, G. A.: J. Am. Soc. **41**, 1175 (1919). — NONHABEL, G.: Phil. Mag. (7) **2**, 1085 (1926). — SCATCHARD, G.: J. Am. Soc. **47**, 641 (1925). — CARMODY, W. R.: J. Am. Soc. **54**, 188 (1932). — PRENTISS, S. S., u. G. SCATCHARD: Chem. Rev. **13**, 139 (1933). — BROWN, A. S.: J. Am. Soc. **56**, 646 (1934).

[3] KESTON, A. S.: J. Am. Soc. **57**, 1671 (1935). — HARNED, H. S., A. S. KESTON u. J. G. DONELSON: J. Am. Soc. **58**, 989 (1936). — HARNED, H. S., u. J. G. DONELSON: J. Am. Soc. **59**, 1280 (1937).

[4] OWEN, B. B.: J. Am. Soc. **57**, 1526 (1935).

[5] RANDALL, M., u. L. E. YOUNG: J. Am. Soc. **50**, 989 (1928).

zu beschreiben. Die anodische Elektrodenreaktion ist hier

$$2\,Hg + SO_4^{2-} \rightarrow Hg_2SO_4 + 2e^-$$

mit $n = 2$. Dementsprechend ist das Potential dieser Elektrode mit $\nu_{SO_4^{2-}} = -1$

$$\varepsilon_0 = E_0 - \frac{RT}{2F} \ln a_{SO_4^{2-}} \tag{1.44}$$

mit einem Normalpotential von $E_0 = +0{,}6141$ Volt[6] bei Berücksichtigung der Dissoziation des $HSO_4^-$-Ions.

Eine Elektrode zweiter Art ist auch die *Antimonelektrode*, die für die $p_H$-Messung verwendet wird. Das Antimon ist hier mit einer oxydischen oder hydroxydischen Schicht überzogen. Die Elektrode kann etwa durch

$$Sb/Sb_2O_3,\ H^+(aq)//\ .\ .\ .\ .\quad \text{oder}\quad Sb/Sb(OH)_3,\ H^+(aq)//\ .\ .\ .\ .$$

beschrieben werden. Die anodische Elektrodenreaktion wäre dann

$$2\,Sb + 3\,H_2O \rightarrow Sb_2O_3 + 6\,H^+ + 6e^-$$

mit $n = 6$ oder

$$Sb + 3\,H_2O \rightarrow Sb(OH)_3 + 3\,H^+ + 3e^-$$

mit $n = 3$. Beide Elektrodenreaktionen ergeben eine Potentialabhängigkeit[7] von

$$\varepsilon_0 = E_0 + \frac{RT}{F} \ln a_{H^+} = E_0 - 2{,}30 \frac{RT}{F}\, p_H\,. \tag{1.45}$$

Auch gemischte Oxyhydrate, gleichgültig ob in der drei- oder fünfwertigen Sb-Stufe, geben diese Potentialabhängigkeit.

## c) Redoxpotentiale (Oxydations-Reduktionspotentiale)

### § 24. Die Entstehung von Redoxpotentialen

Die Einstellung von Metallionenpotentialen wird durch den Austausch von Metallionen zwischen Metall und Elektrolyt ermöglicht. Im Gegensatz hierzu stellen sich die Redoxpotentiale durch den Austausch von Elektronen zwischen Metall und Elektrolyt ein. Um ein thermodynamisch definiertes Gleichgewichts-Redoxpotential zu erhalten, ist es unbedingt erforderlich, daß kein Übergang von Metallionen vom Metall zum Elektrolyten und umgekehrt stattfindet. Der Lösungs- bzw. Abscheidungsvorgang von Metallionen muß vollständig gehemmt sein, mit anderen Worten das Metall muß völlig unangreifbar sein.

Damit sich ein Redoxpotential an dem unangreifbaren Metall, z. B. Platin, ausbilden kann, muß der Elektrolyt zwei Stoffe enthalten, die gegenseitig durch Aufnahme bzw. Abgabe von Elektronen vom bzw. an das Metall ineinander übergehen können, z. B. $Fe^{3+}$- und $Fe^{2+}$-Ionen. Diese Stoffe können dann ihrerseits noch mit weiteren Stoffen im chemischen Gleichgewicht stehen.

[6] HENDERSON, W. E., u. G. STEGEMAN: J. Am. Soc. **40**, 84 (1918). — HARNED, H. S., u. W. J. HAMER: J. Am. Soc. **57**, 33 (1935). — LA MER, V. K., u. E. L. CARPENTER: J. Phys. Chem. **40**, 287 (1936). — SHRAWDER, J., u. I. A. COWPERTHWAITE: J. Am. Soc. **56**, 2340 (1934).

[7] ROBERTS, E. J., u. F. FENWICK: J. Am. Soc. **50**, 2125 (1928). — PARKS, L. R., u. N. C. BEARD: J. Am. Soc. **54**, 856 (1932).

Die Ausbildung einer bestimmten Potentialdifferenz an den Phasengrenzen zwischen Metall und Elektrolyt ist so zu verstehen, daß mit einer gewissen potentialabhängigen Geschwindigkeit (Stromdichte) Elektronen vom Metall an den oxydierten Stoff (hier $Fe^{3+}$) abgegeben werden und gleichzeitig das Metall vom reduzierten Stoff (hier $Fe^{2+}$) mit einer bestimmten Geschwindigkeit Elektronen aufnimmt. Bei dem Potential, bei dem das Metall in der Zeiteinheit gleich viele Elektronen aufnimmt wie abgibt, fließt makroskopisch durch die Elektrodenoberfläche kein Strom. Es ist das Gleichgewichts-Redoxpotential eingestellt, das ein Maß für die Stärke des Oxydationsmittels, hier der $Fe^{3+}$-Ionen ist.

Ist bei einem bestimmten Potential der Teilstrom der Elektronenabgabe größer als der entgegengesetzte der Elektronenaufnahme, so wird sich bei äußerer Stromlosigkeit das Metall stärker positiv gegenüber dem Elektrolyten aufladen. Hierdurch wird die Abgabe der Elektronen erschwert und die Aufnahme erleichtert. Der Teilstrom der Elektronenabgabe wird verkleinert, der der Elektronenaufnahme vergrößert werden. Das Potential wird also solange ansteigen, bis beide Teilströme entgegengesetzt gleich geworden sind. War dagegen anfänglich das Potential so hoch, daß die Elektronenaufnahme größer war, so wird in analoger Weise das Potential bis zum Ausgleich beider Teilströme fallen. Es stellt sich daher eine für die Stoffe charakteristische Potentialdifferenz zwischen Metall und Elektrolyt ein, die unter Einbeziehung der Potentialdifferenzen an den anderen Phasengrenzen (auch der Bezugselektrode) der ganzen galvanischen Zelle als Redoxpotential bezeichnet wird. Diese Vorgänge werden durch Abb. 45 später (§ 49) ausführlicher erläutert.

Da die Abgabegeschwindigkeit von Elektronen durch das Metall noch von der Konzentration der elektronenaufnehmenden Substanz ($Fe^{3+}$) und die Aufnahmegeschwindigkeit von der Konzentration der elektronenabgebenden Substanz ($Fe^{2+}$) abhängen wird, ist es verständlich, daß das Redoxpotential von den Konzentrationen dieser Substanzen abhängt.

Wichtig ist, daß für die Ausbildung eines Redoxpotentials die intermediäre Bildung von atomarem Wasserstoff nicht notwendig ist.

## § 25. Konzentrationsabhängigkeit der Redoxpotentiale

Die anodische Elektrodenbruttoreaktion, die zur Ausbildung eines Redoxpotentials führt, besteht darin, daß eine gewisse Gruppe von Stoffen $S_j$ unter Abgabe von $n$ Elektronen ($n \cdot e^-$) an das Metall andere Stoffe $S_j$ in einem bestimmten stöchiometrischen Verhältnis bildet. Als Elektrodenreaktion ist also anzusetzen

$$(-\nu_1) S_1 + (-\nu_2) S_2 + \cdots \rightleftarrows \nu_l S_l + \cdots + \nu_q S_q + n \cdot e^- . \quad (1.46)$$

Das Gleichgewichtspotential $\varepsilon_0$ wird dann durch die *Nernstsche Gleichung* in der bereits früher (§ 15) abgeleiteten Form Gl. (1.28)

$$\boxed{\begin{gathered} \varepsilon_0 = E_0 + \frac{RT}{nF} \sum \nu_j \cdot \ln a_j \\ (\nu_j > 0 \text{ oxyd. } S_j;\ \nu_j < 0 \text{ red. } S_j) \end{gathered}} \quad (1.47)$$

angegeben.

Hierin sind die *stöchiometrischen Faktoren* $\nu_j$ der *reduzierten Substanzen* $S_j$, die sich *auf der linken Seite* von Gl. (1.46) befinden, negativ zu rechnen, was bereits durch das negative Vorzeichen ausgedrückt werden soll. Die stöchiometrischen Faktoren $\nu_j$ der *oxydierten Substanzen* $S_j$ auf der *rechten Seite* von Gl. (1.46) sollen positiv in Gl. (1.47) eingesetzt werden. Gl. (1.47) ist zu summieren über alle Stoffe $S_j$ der Elektrodenbruttoreaktion (1.46) mit den Aktivitäten $a_j$ (Konzentrationen $c_j$).

Gl. (1.47) sei noch an zwei Beispielen erläutert. Die Elektrodenbruttoreaktion der $Fe^{3+}/Fe^{2+}$-Redoxelektrode ist $Fe^{2+} \rightleftharpoons Fe^{3+} + e^-$, so daß hier $\nu_{Fe^{2+}} = -1$, $\nu_{Fe^{3+}} = +1$ und $n = 1$ sind. Das Gleichgewichtspotential hat daher nach Gl. (1.47) die Konzentrationsabhängigkeit

$$\varepsilon_0 = E_0 + \frac{RT}{F} \ln \frac{a_{Fe^{3+}}}{a_{Fe^{2+}}}. \tag{1.48}$$

Beim Permanganat/Mangano-Redoxpotential ergibt sich aus der Elektrodenreaktionsgleichung $Mn^{2+} + 4H_2O \rightarrow MnO_4^- + 8H^+ + 5e^-$ für $\nu_{Mn^{2+}} = -1$, $\nu_{H_2O} = -4$, $\nu_{MnO_4^-} = +1$, $\nu_{H^+} = +8$ und eine Elektrodenreaktionswertigkeit $n = 1$. Als Gleichgewichtspotential folgt

$$\varepsilon_0 = E_0 + \frac{RT}{5F} \ln \frac{a_{MnO_4^-} \cdot a_{H^+}^8}{a_{Mn^{2+}} \cdot a_{H_2O}^4}, \tag{1.49}$$

$a_{H_2O}$ ist bei verdünnten Lösungen sehr nahe bei $a_{H_2O} \approx 1$*.

Der Wert $E_0$ ist das *Normalredoxpotential* und hat einen für jedes Redoxsystem charakteristischen Wert. In Tab. 3 sind die Normalredoxpotentiale für eine Reihe von Systemen auf das Normalwasserstoffpotential bezogen angegeben. Hierbei sind die Redoxsysteme mit den positivsten Normalpotentialen die stärksten Oxydations- und die mit den negativsten $E_0$-Werten die stärksten Reduktionsmittel.

Abweichend von der sonst üblichen Aufteilung sind auch die Gaselektroden $H^+/H_2$, $O_2/OH^-$ und $Cl_2/Cl^-$ sowie die weiteren Halogenelektroden $Br_2/Br^-$ und $J_2/J^-$ aufgenommen worden. Entsprechend der Definition der Redoxpotentiale (Elektronenübergang) gehören diese Elektroden ebenfalls zu den Redoxelektroden. Dem Partialdruck an $H_2$ bzw. $O_2$ oder $Cl_2$ über der flüssigen Phase im Gasraum entspricht eine bestimmte Konzentration dieser Gase im gelösten Zustand im Elektrolyten, so daß sowohl diese Konzentration (Aktivität) in der Lösung als auch der Partialdruck über der Lösung für die Charakterisierung der Elektrode und die Berechnung des Potentials nach der Nernstschen Formel verwendet werden können. Der Unterschied gegenüber den anderen Redoxelektroden ist kein qualitativer sondern nur ein quantitativer, da bei den als Gaselektroden bezeichneten Elektroden bei einer verhältnismäßig kleinen Konzentration ($10^{-2}$ bis $10^{-3}$ Mol/l) bereits ein Partialdruck von der Größenordnung 1 Atm. über der Lösung auftritt.

* Die Aktivität $a_{H_2O}$ des Lösungsmittels Wasser kann durch die Wasserdampfpartialdrucke der Lösung $p_{H_2O}$ und des reinen Wassers $p_{0,H_2O}$ nach $a_{H_2O} = p_{H_2O}/p_{0,H_2O}$ bestimmt werden.

Tabelle 3. Normalredoxpotentiale bei 25° C in wäßriger Lösung[1]

| Elektrode | Elektrodenreaktion | $n$ | $E_{0,h}$ |
|---|---|---|---|
| $F^-/F_2$ | $2F^- \rightarrow F_2 + 2e^-$ | 2 | +2,87 |
| $Ag^+/Ag^{2+}$ | $Ag^+ \rightarrow Ag^{2+} + e^-$ | 1 | +1,98 |
| $Co^{2+}/Co^{3+}$ | $Co^{2+} \rightarrow Co^{3+} + e^-$ | 1 | +1,82 |
| $H_2O/H_2O_2$ | $2H_2O \rightarrow H_2O_2 + 2H^+ + 2e^-$ | 2 | +1,77 |
| $MnO_2/MnO_4^-$ | $MnO_2 + 2H_2O \rightarrow MnO_4^- + 4H^+ + 3e^-$ | 3 | +1,695 |
| $PbSO_4/PbO_2$ | $PbSO_4 + 2H_2O \rightarrow PbO_2 + SO_4^{2-} + 4H^+ + 2e^-$ | 2 | +1,685 |
| $Ce^{3+}/Ce^{4+}$ | $Ce^{3+} \rightarrow Ce^{4+} + e^-$ | 1 | +1,61 |
| $Br_2/BrO_3^-$ | $1/2\,Br_2 + 3H_2O \rightarrow BrO_3^- + 6H^+ + 5e^-$ | 5 | +1,52 |
| $Mn^{2+}/MnO_4^-$ | $Mn^{2+} + 4H_2O \rightarrow MnO_4^- + 8H^+ + 5e^-$ | 5 | +1,51 |
| $Mn^{2+}/Mn^{3+}$ | $Mn^{2+} \rightarrow Mn^{3+} + e^-$ | 1 | +1,51 |
| $Pb^{2+}/PbO_2$ | $Pb^{2+} + 2H_2O \rightarrow PbO_2 + 4H^+ + 2e^-$ | 2 | +1,455 |
| $Cl^-/Cl_2$ | $2Cl^- \rightarrow Cl_2 + 2e^-$ | 2 | +1,3595 |
| $Cr^{3+}/Cr_2O_7^{2-}$ | $2Cr^{3+} + 7H_2O \rightarrow Cr_2O_7^{2-} + 14H^+ + 6e^-$ | 6 | +1,33 |
| $Tl^+/Tl^{3+}$ | $Tl^+ \rightarrow Tl^{3+} + 2e^-$ | 2 | +1,25 |
| $Mn^{2+}/MnO_2$ | $Mn^{2+} + 2H_2O \rightarrow MnO_2 + 4H^+ + 2e^-$ | 2 | +1,23 |
| $H_2O/O_2$ | $2H_2O \rightarrow O_2 + 4H^+ + 4e^-$ | 4 | +1,229 |
| $J_2/JO_3^-$ | $1/2\,J_2 + 3H_2O \rightarrow JO_3^- + 6H^+ + 5e^-$ | 5 | +1,195 |
| $Br^-/Br_2$ | $2Br^- \rightarrow Br_2(\text{fl}) + 2e^-$ | 2 | +1,0652 |
| $NO/N_2O_4$ | $2NO + 2H_2O \rightarrow N_2O_4 + 4H^+ + 4e^-$ | 4 | +1,03 |
| $VO^{2+}/V(OH)_4^+$ | $VO^{2+} + 3H_2O \rightarrow V(OH)_4^+ + 2H^+ + e^-$ | 1 | +1,00 |
| $NO/HNO_2$ | $NO + H_2O \rightarrow HNO_2 + H^+ + e^-$ | 1 | +1,00 |
| $NO/NO_3^-$ | $NO + 2H_2O \rightarrow NO_3^- + 4H^+ + 3e^-$ | 3 | +0,96 |
| $HNO_2/NO_3^-$ | $HNO_2 + H_2O \rightarrow NO_3^- + 3H^+ + 2e^-$ | 2 | +0,94 |
| $Hg_2^{2+}/Hg^{2+}$ | $Hg_2^{2+} \rightarrow 2Hg^{2+} + 2e^-$ | 2 | +0,920 |
| $N_2O_4/NO_3^-$ | $N_2O_4 + 2H_2O \rightarrow 2NO_3^- + 4H^+ + 2e^-$ | 2 | +0,80 |
| $Fe^{2+}/Fe^{3+}$ | $Fe^{2+} \rightarrow Fe^{3+} + e^-$ | 1 | +0,771 |
| Hydrochinon/Chin. | Hydrochinon → Chinon + $2H^+ + 2e^-$ | 2 | +0,6994 |
| $H_2O_2/O_2$ | $H_2O_2 \rightarrow O_2 + 2H^+ + 2e^-$ | 2 | +0,682 |
| $MnO_4^{2-}/MnO_4^-$ | $MnO_4^{2-} \rightarrow MnO_4^- + e^-$ | 1 | +0,564 |
| $HAsO_2/H_3AsO_4$ | $HAsO_2 + 2H_2O \rightarrow H_3AsO_4 + 2H^+ + 2e^-$ | 2 | +0,559 |
| $J^-/J_2$ | $2J^- \rightarrow J_2 + 2e^-$ | 2 | +0,5355 |
| $Fe(CN)_6^{4-}/Fe(CN)_6^{3-}$ | $Fe(CN)_6^{4-} \rightarrow Fe(CN)_6^{3-} + e^-$ | 1 | +0,36 |
| $Cu^+/Cu^{2+}$ | $Cu^+ \rightarrow Cu^{2+} + e^-$ | 1 | +0,153 |
| $Sn^{2+}/Sn^{4+}$ | $Sn^{2+} \rightarrow Sn^{4+} + 2e^-$ | 2 | +0,15 |
| $Ti^{3+}/TiO^{2+}$ | $Ti^{3+} + H_2O \rightarrow TiO^{2+} + 2H^+ + e^-$ | 1 | +0,1 |
| $H_2/H^+$ | $H_2 \rightarrow 2H^+ + 2e^-$ | 2 | 0 |
| $V^{2+}/V^{3+}$ | $V^{2+} \rightarrow V^{3+} + e^-$ | 1 | —0,255 |
| $Ti^{2+}/Ti^{3+}$ | $Ti^{2+} \rightarrow Ti^{3+} + e^-$ | 1 | etwa —0,37 |
| $Cr^{2+}/Cr^{3+}$ | $Cr^{2+} \rightarrow Cr^{3+} + e^-$ | 1 | —0,41 |
| $H_3PO_2/H_3PO_3$ | $H_3PO_2 + H_2O \rightarrow H_3PO_3 + 2H^+ + 2e^-$ | 2 | —0,50 |
| $Fe(OH)_2/Fe(OH)_3$ | $Fe(OH)_2 + OH^- \rightarrow Fe(OH)_3 + e^-$ | 1 | —0,56 |
| $H_2PO_2^-/HPO_3^{2-}$ | $H_2PO_2^- + 3OH^- \rightarrow HPO_3^{2-} + 2H_2O + 2e^-$ | 2 | —1,57 |

## § 26. Die Wasserstoffelektrode

In § 16 wurde bereits die Normalwasserstoffelektrode als heute allgemein verwendete Bezugselektrode erläutert. Sie ist ein Spezialfall der allgemeinen Wasserstoffelektrode, deren Potential an einem unangreifbaren Metall als ein Redoxpotential zwischen den $H^+$-Ionen und dem $H_2$ in der Lösung aufzufassen ist. Hierbei wird meist nicht die

[1] LATIMER, W. M.: Oxydation Potentials, Prentice-Hall, Inc. Englewood Cliffs, N. J., 1952, 2. Aufl., S. 340ff.

Konzentration des Wasserstoffs in der Lösung, sondern der mit dieser Lösung im Gleichgewicht befindliche $H_2$-Partialdruck über der Lösung (oder in hindurchperlenden Blasen) genannt, da der Partialdruck $p_{H_2}$ der $H_2$-Aktivität $a_{H_2}$ proportional ist.

Die Wasserstoffelektrode besteht aus einem unangreifbaren Metall (z. B. Pt), das in den Elektrolyten der Wasserstoffionen-Aktivität $a_{H^+}$ eintaucht und von Wasserstoff des Partialdruckes $p_{H_2}$ in Form von

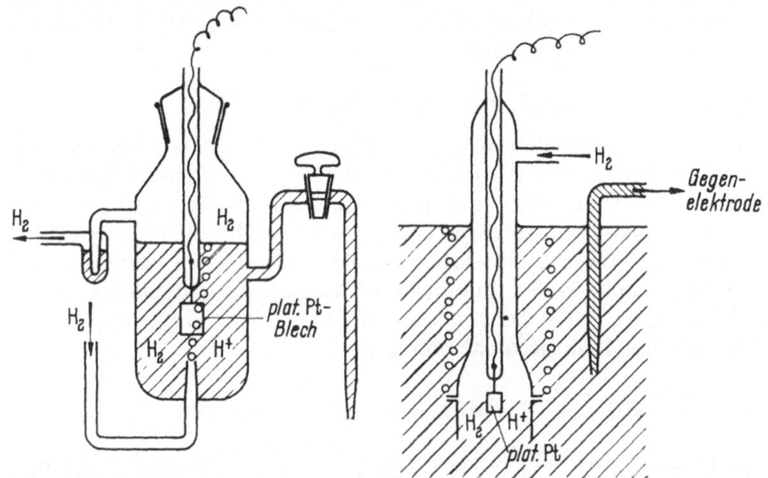


Abb. 11. Wasserstoffelektroden

Blasen umspült wird, so wie es die Abb. 11 zeigt. Der Wasserstoff sowie der Elektrolyt dürfen keine oxydierenden oder reduzierenden Substanzen enthalten, da sich sonst das reversible Wasserstoffpotential nicht einstellt.

Das Potential der so definierten Wasserstoffelektrode, deren Elektrodenbruttoreaktion in saurer Lösung $H_2 \rightarrow 2H^+ + 2e^-$ ist, hat auf Grund der allgemeinen Nernstschen Gleichung (1.47) mit $\nu_{H^+} = +2$, $\nu_{H_2} = -1$ und $n = 2$ und der Gl. (1.23) bzw. (1.25) den Wert

$$\varepsilon_0 = \frac{RT}{F} \ln \frac{a_{H^+}}{\sqrt{p_{H_2}}}, \tag{1.50}$$

da das Normalpotential der Wasserstoffelektrode definitionsgemäß $E_0 = 0$ ist. Durch den $p_H$-Wert der Lösung $p_H = -\log a_{H^+}$ ausgedrückt, ist das Wasserstoffpotential

$$\varepsilon_0 = -2{,}303 \frac{RT}{F} (p_H + \tfrac{1}{2} \cdot \log p_{H_2}) . \tag{1.51}$$

Die Messung des Redoxpotentials der Wasserstoffelektrode bei $p_{H_2} = 1$ Atm. kann somit zur Bestimmung des $p_H$-Wertes einer Lösung verwendet werden.

Ein Unterschied der Wasserstoffelektrode gegenüber den anderen Redoxelektroden besteht darin, daß sich der Wasserstoff in atomarer

Form mehr oder weniger stark in den Elektrodenmetallen zu lösen vermag. Die stärkste Löslichkeit besitzt der Wasserstoff in Palladium. Man könnte daher das Elektrodenmetall auch als eine Wasserstoff-Metall-legierung ansehen und sie dementsprechend als Metallionenelektrode einordnen. Aber auch an Metallen, in denen eine Auflösung des Wasserstoffs nicht feststellbar ist, stellt sich das Wasserstoffpotential ein, so daß ihre Einreihung in die Redoxelektroden doch gerechtfertigt erscheint. Die Einstellung des Elektrodenpotentials über eine Reaktion in einer adsorbierten Oberflächenschicht muß auch bei anderen Redoxpotentialen[1] angenommen werden.

## § 27. Organische Redoxpotentiale

Bei den organischen Redoxpotentialen handelt es sich im wesentlichen um Redoxsysteme, deren oxydierte und reduzierte Stufen organische Substanzen sind, die sich um zwei Wasserstoffatome unterscheiden. Das bekannteste System dieser Art bildet die Chinhydron- oder genauer die Chinon-Hydrochinon-Redoxelektrode. Sie besteht aus einer Elektrolytlösung, in der Chinon und Hydrochinon aufgelöst sind und in die Platin (oder ein anderes unangreifbares Metall) eintaucht.

Als Elektrodenbruttoreaktion läuft

$$\mathrm{HO{-}C_6H_4{-}OH} \rightleftharpoons \mathrm{O{=}C_6H_4{=}O} + 2\mathrm{H}^+ + 2e^-$$

(oder kürzer $H_2Q \rightleftharpoons Q + 2H^+ + 2e^-$) ab. Das Gleichgewichts-Redoxpotential $\varepsilon_0$ der Chinon-Hydrochinon-Elektrode ist daher mit $\nu_Q = +1$, $\nu_{H_2Q} = -1$, $\nu_{H^+} = +2$ und $n = 2$

$$\varepsilon_0 = E_0 + \frac{RT}{2F} \ln \frac{[Q][H^+]^2}{[H_2Q]} = E_0 + \frac{RT}{2F} \ln \frac{[Q]}{[H_2Q]} + \frac{RT}{F} \ln [H^+] . \qquad (1.52)$$

Diese Abhängigkeit von der Chinon- und Hydrochinonkonzentration wurde auf das Genaueste von LA MER u. BAKER[1] bestätigt gefunden. Das Normalredoxpotential hat den Wert $E_0 = +0{,}6994$ Volt. Wird statt einer getrennten Zugabe von Chinon und Hydrochinon die Molekülverbindung zwischen beiden im Molverhältnis 1:1, das Chinhydron, verwendet, so liegt eine Chinhydronelektrode vor. Bei der Auflösung des Chinhydrons ($H_2Q_2$) dissoziiert dieses fast vollständig[2] in Chinon und Hydrochinon. Es ist also hierbei das Konzentrationsverhältnis $[Q]/[H_2Q] = 1$, so daß das erste logarithmische Glied in Gl. (1.52) null wird. Somit hängt das Potential $\varepsilon_0$ der Chinhydronelektrode nur noch vom $p_H$-Wert der Lösung $p_H = -\log a_{H^+}$ nach

$$\varepsilon_0 = E_0 - 2{,}30 \cdot \frac{RT}{F} \cdot p_H \qquad (1.53)$$

---

[1] VETTER, K. J.: Z. Elektrochem. **55**, 121 (1951).

[1] LA MER, V. K., u. L. E. BAKER: J. Am. Soc. **44**, 1954 (1922).

[2] Die Dissoziationskonstante ist bei 25° C in Wasser $K = [Q] \cdot [H_2Q]/[H_2Q_2] = 0{,}289$ nach F. S. GRANGER, J. M. NELSON: J. Am. Soc. **43**, 1407 (1921). Weitere Bestimmungen s. R. LUTHER u. A. LEUBNER: J. prakt. Chem. **85**, 314 (1912); S. P. L. SORENSEN, M. SORENSEN, K. LINDERSTRÖM: Ann. Chim. (9) **16**, 283 (1921); E. BIILMANN: Ann. Chim. (9) **15**, 109 (1921).

ab. Der $p_H$-Wert kann daher durch Messen des Potentials eines Platinbleches, das in die zu untersuchende Lösung eintaucht, bestimmt werden, nachdem in der Lösung etwas Chinhydron aufgelöst wurde.

Die Chinhydronelektrode ist zuerst von F. HABER u. R. RUSS[3] untersucht worden. Ihre Anwendungsmöglichkeit für die Bestimmung des $p_H$-Wertes hat jedoch erst E. BIILMANN[4] erkannt. Hierbei dürfen stärkere Oxydations- oder Reduktionsmittel nicht in der Lösung enthalten sein, da diese das Chinhydron oxydieren bzw. reduzieren können, wodurch das Verhältnis $[Q]/[H_2Q] \neq 1$ werden würde. Diese Stoffe können auch Anlaß zu einem zweiten Elektrodenprozeß und damit zur Mischpotentialbildung (§ 176) geben. In beiden Fällen würde das Potential verfälscht werden. Erfahrungsgemäß kann die Lösung aber Sauerstoff bei kleineren $p_H$-Werten enthalten, ohne daß es zu einer wesentlichen Störung des Potentials und somit der $p_H$-Messung kommt. Für $p_H$-Messungen bei $p_H > 8$ ist die Chinhydronelektrode nicht mehr brauchbar, da sich hier das Chinhydron chemisch verändert und leicht durch Spuren von Sauerstoff oxydiert werden kann, wie zuerst LA MER u. PARSONS[5] feststellten. Außerdem ist die Chinhydronelektrode einem *Salzfehler* unterworfen, der bei Gegenwart anderer Stoffe, vorwiegend Ionen, auftritt und auf verschiedene Einflüsse der Ionen und der sonstigen gelösten Moleküle auf die Aktivitätskoeffizienten $f_Q$ und $f_{H_2Q}$ zurückzuführen ist. Hierbei wird das Verhältnis $f_Q/f_{H_2Q} \neq 1$ und daraus folgt $a_Q/a_{H_2Q} \neq 1$, obwohl $[Q]/[H_2Q] = 1$ bestehen bleibt. Diesen Salzfehler haben F. HOVORKA u. W. C. DEARING[6] ausführlich untersucht. BIILMANN u. JENSEN[7] fanden, daß der Salzfehler in gesättigter Chinhydronlösung am kleinsten ist.

Bei der *Abhängigkeit* des Redoxpotentials organischer Substanzen *vom $p_H$-Wert* ist in vielen Fällen die Abdissoziation oder Anlagerung von Wasserstoffionen von Bedeutung. Diese Erscheinungen treten prinzipiell auch beim Chinon-Hydrochinon-Redoxsystem auf, allerdings erst bei einem so großen $p_H$-Wert ($p_H > 9$), bei dem bereits die Chinon-Hydrochinon-Lösungen durch Luftoxydation und anderweitige chemische Veränderungen für die $p_H$-Messung unbrauchbar sind. Trotzdem sollen die durch die Dissoziation hervorgerufenen Einflüsse an diesem Beispiel als einfachstem Vertreter seiner Stoffklasse behandelt werden.

Das Hydrochinon $H_2Q$ dissoziiert in genügend alkalischer Lösung zunächst in die Ionen $H^+ + HQ^-$ und schließlich in $2H^+ + Q^{2-}$. Die Konzentrationen der Hydrochinon-Anionen $HQ^-$ und $Q^{2-}$ ergeben sich aus den Dissoziationsgleichgewichten

$$K_1 = \frac{[H^+]\cdot[HQ^-]}{[H_2Q]} \quad \text{und} \quad K_2 = \frac{[H^+]\cdot[Q^{2-}]}{[HQ^-]}. \tag{1.54}$$

Wenn bei einem bestimmten $p_H$-Wert das Hydrochinon $H_2Q$ praktisch vollständig in $H^+$ und $HQ^-$, aber erst unwesentlich in $Q^{2-}$ dissoziiert ist,

[3] HABER, F., u. R. RUSS: Z. physik. Chem. **47**, 257 (1904).
[4] BIILMANN, E.: Bull. Soc. Chim. **41**, 213 (1927).
[5] LA MER, V. K., u. T. R. PARSONS: J. biol. Chem. **57**, 613 (1923).
[6] HOVORKA, F., u. W. C. DEARING: J. Am. Soc. **57**, 446 (1935).
[7] BIILMANN, E., u. A. L. JENSEN: Bull. Soc. Chim. **41**, 151 (1927).

läuft statt der elektrochemischen Bruttoreaktion $H_2Q \leftrightharpoons Q + 2H^+ + 2e^-$ jetzt im wesentlichen die Bruttoreaktion

$$HQ^- \leftrightharpoons Q + H^+ + 2e^-$$

mit $\nu_Q = +1$, $\nu_{HQ^-} = -1$, $\nu_{H^+} = +1$ und $n = 2$ ab, die auf die Potentialabhängigkeit

$$\varepsilon_0 = E_0' + \frac{RT}{2F} \ln \frac{[Q]}{[HQ^-]} + \frac{RT}{2F} \cdot \ln [H^+] \quad (1.55)$$

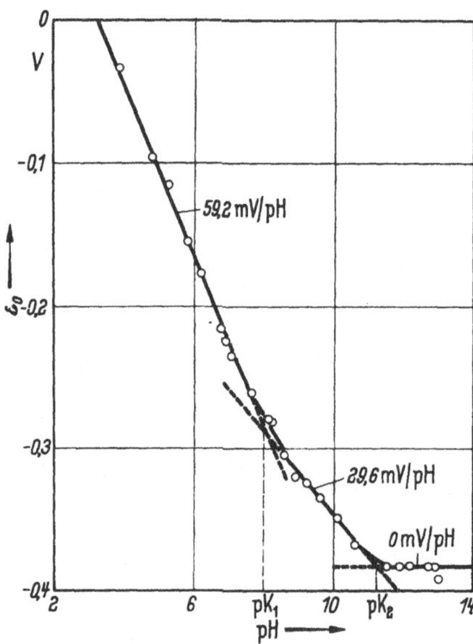


Abb. 12. $p_H$-Abhängigkeit des Redoxpotentials von $\beta$-Anthrachinonsulfonat und seiner reduzierten Form in äquimolekularer Konzentration bei 25° C [nach CONANT, KAHN, FIESER, KURTZ: J. Am. Soc. **44**, 1382 (1922)]

nach Gl. (1.46) und (1.47) führt. Pro $p_H$-Werteinheit ändert sich das Potential hier nur noch um 29.6 mV bei 25° C.

Wird der $p_H$-Wert noch weiter vergrößert, so findet schließlich eine vollständige Dissoziation in $2H^+ + Q^{2-}$ statt, so daß als Elektrodenbruttoreaktion

$$Q^{2-} \leftrightharpoons Q + 2e^-$$

mit $\nu_Q = +1$, $\nu_{Q^{2-}} = -1$, $\nu_{H^+} = 0$ und $n = 2$ abläuft, der das $p_H$-unabhängige Gleichgewichtspotential [nach Gl. (1.46) und (1.47)]

$$\varepsilon_0 = E_0'' + \frac{RT}{2F} \ln \frac{[Q]}{[Q^{2-}]} \quad (1.56)$$

entspricht. Hier darf das Potential keine Abhängigkeit von der Wasserstoffionenkonzentration mehr zeigen.

Abb. 12 zeigt die von CONANT, KAHN, FIESER u. KURTZ[8] am $\beta$-Anthrachinonsulfonat und seiner reduzierten Form bestimmte $p_H$-Abhängigkeit des Redoxpotentials. Die den drei Gleichungen (1.52), (1.55) und (1.56) entsprechenden Neigungen sind deutlich zu erkennen. Eine genaue Ableitung ergibt die allgemeine Beziehung für das Potential

$$\varepsilon_0 = E_0 + \frac{RT}{2F} \ln \frac{[Ox]}{[Red]} + \frac{RT}{2F} \ln([H^+]^2 + K_1 [H^+] + K_1 K_2) \,. \quad (1.57)$$

Die ausgezogene Kurve in Abb. 12 ist nach Gl. (1.57) berechnet worden.

Es kann natürlich in anderen Fällen auch noch der oxydierte Zustand dissoziieren. Die verschiedenen hierbei auftretenden Möglichkeiten haben W. M. CLARK[9] und L. MICHAELIS[10] ausführlich diskutiert. Auch eine Anlagerung von Wasserstoffionen kann die $p_H$-Abhängigkeit verändern,

[8] CONANT, J. B., H. M. KAHN, L. F. FIESER u. S. S. KURTZ: J. Am. Soc. **44**, 1382 (1922).

[9] CLARK, W. M.: Hygienic Laboratory Bull. **151**, 11 (1928).

[10] MICHAELIS, L.: Chem. Rev. **16**, 243 (1935).

wie es an der Methylenblau/Leukomethylenblau-Redoxelektrode beobachtet wird[11, 12].

In der Gl. (1.57) für das Redoxpotential ist neben dem $p_H$-Wert auch das Verhältnis der Konzentrationen der oxydierten und der reduzierten Stufe $[Q]/[H_2Q]$ enthalten. Beim Auflösen der chinoiden und der reduzierten Substanz bildet sich jedoch noch durch Disproportionierung in mehr oder weniger großer Menge ein Stoff, dessen Oxydationsstufe zwischen dem der beiden genannten Substanzen liegt. Es handelt sich hierbei um das Semichinon (HQ). Zwischen Q, $H_2Q$ und HQ besteht nach der Reaktionsgleichung $H_2Q + Q \leftrightharpoons 2\,HQ$ das Gleichgewicht

$$K = \frac{[HQ]^2}{[H_2Q]\cdot[Q]}. \tag{1.58}$$

Ist diese Gleichgewichtskonstante ausreichend groß und stellt sich das chemische Gleichgewicht [Gl. (1.58)] genügend schnell ein, so wird sich bei einer oxydativen Titration des Hydrochinons zunächst stark bevorzugt Semichinon bilden. Erst wenn praktisch alles Hydrochinon zum Semichinon aufoxydiert ist, wird die Weiteroxydation zum Chinon beginnen. In diesem Falle würde also die Oxydation deutlich in zwei Stufen erfolgen. Ist $K$ dagegen klein, so ist die Bildung von Semichinon neben Hydrochinon und Chinon von ganz untergeordneter Bedeutung, so daß bei einer Oxydation des Hydrochinons als Reaktionsprodukt auch am Anfang schon im wesentlichen Chinon auftritt.

Bei einer oxydativen Titration von 1 Mol Hydrochinon steigt unter Bildung von Chinon bzw. Semichinon das Redoxpotential an. Für eine Gleichgewichtskonstante [Gl. (1.58)] $K \ll 1$ wird nur sehr wenig Semichinon gebildet, so daß das Redoxpotential $\varepsilon_0$ in Abhängigkeit von den hinzugegebenen Oxydationsäquivalenten $a$ durch die Beziehung Gl. (1.59)

$$\varepsilon_0 = E_0 + \frac{RT}{2F}\cdot\ln\frac{a}{2-a} \tag{1.59}$$

gegeben ist. Bei Berücksichtigung des Gleichgewichtes Gl. (1.58), also besonders bei $K \gg 1$, ist nach L. MICHAELIS[10] das Redoxpotential $\varepsilon_0$ als Funktion der Oxydationsäquivalente $a$

$$\varepsilon_0 = E_0 + \frac{RT}{2F}\cdot\ln\frac{a}{2-a} + \frac{RT}{2F}\cdot\ln\frac{a-1\pm\sqrt{(a-1)^2+4a(2-a)/K}}{1-a\pm\sqrt{(a-1)^2+4a(2-a)/K}}. \tag{1.60}$$

Den Verlauf von $\varepsilon_0$ in Abhängigkeit von $a$ zeigt die in Abb. 13 wiedergegebene Kurvenschar für verschiedene $K$-Werte. Es ist deutlich der Übergang von einer einstufigen zweiwertigen in eine zweistufige, jeweils einwertige Oxydation zu erkennen.

Beim Chinon-Hydrochinon-Redoxsystem ist diese Gleichgewichtskonstante $K$ so klein, daß experimentell keine Abweichung von der einstufigen zweiwertigen Oxydationskurve auftritt. Anders ist es bei stärker substituierten Chinonen oder chinoiden Substanzen, wie z. B. α-Oxy-

---

[11] CLARK, M., B. COHEN and H. D. GIBBS: Publ. Health Rep. **40**, 1131 (1925); CLARK, M.: J. Washington Acad. Sci. **10**, 255 (1920).

[12] VETTER, K. J., J. BARDELEBEN: Z. Elektrochem. **61**, 135 (1957).

phenazin[13] und Durochinon (Tetramethylbenzochinon)[14]. Hier sind größere Konzentrationen an Semichinonen mit der oxydierten und reduzierten Komponente im Gleichgewicht.

Aus dem Auftreten größerer Gleichgewichtskonzentrationen an Semichinonen bei der Titration, die sich in einer zweistufigen Titrationskurve (Abb. 13) bemerkbar macht, wurde vielfach geschlossen, daß die Oxydation reaktionskinetisch über die Semichinonstufe verläuft. Dieser Schluß ist jedoch nicht zu begründen. Die Oxydation könnte z. B. nach dem Mechanismus $H_2Q \rightarrow Q^{2-} + 2H^+$, $Q^{2-} \rightarrow Q + 2e^-$ unter Umgehung der Zwischenstufe HQ verlaufen. Als Bruttoreaktion würde ebenfalls die der Gl. (1.52) zugrunde liegende Reaktion $H_2Q \rightarrow Q + 2H^+ + 2e^-$ auftreten. Die Bildung von Semichinon nach $H_2Q + Q \rightarrow 2HQ$ in der Gleichgewichtskonzentration ist hiervon vollständig unabhängig. Da es sich bei der Untersuchung der *Titrationskurven* (Abb. 13) um die Diskussion von rein thermodynamisch definierten Gleichgewichtszuständen handelt, ist eine *Deutung des Reaktionsweges nicht möglich* und kann daher auf dieser Grundlage nicht versucht werden. Thermodynamisch kann z. B. nicht zwischen den Reaktionsweg $H_2Q \rightarrow Q^{2-} + 2H^+$, $Q^{2-} \rightarrow Q + 2e^-$, $Q + H_2Q \rightarrow 2HQ$ und der direkten Reaktion $H_2Q \rightarrow HQ + H^+ + e^-$ zur Bildung von HQ unterschieden werden.

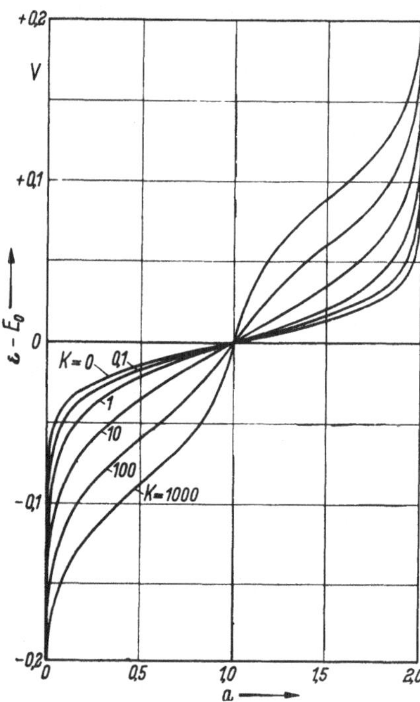


Abb. 13. Potentiometrische oxydative Titrationskurven von Hydrochinonen unter Semichinonbildung nach Gl. (1.60) [MICHAELIS, L.: Chem. Rev. **16**, 243 (1935)]. Potential $\varepsilon - E_0$ in Abhängigkeit von den Oxydationsäquivalenten $a$ für verschiedene Semichinonkonstanten $K = [HQ]^2/[Q] \cdot [H_2Q]$. $a = 2$: vollständige Aufoxydation

Über eine ausführliche kinetische Untersuchung auf der Grundlage von Überspannungsmessungen wird später (§ 125) berichtet werden.

Reversible Redoxpotentiale konnten an organischen Systemen vorwiegend bei Chinonen, Chinoniminen, Diiminen, Indigokörpern und bei Thiazinen, wie z. B. Methylenblau[11], festgestellt werden, worauf M. v. STACKELBERG[15] hinweist. Offenbar muß das organische Molekül eine konjugierte Doppelbindung mit endständigen O-Atomen oder NH-

[13] MICHAELIS, L., E. S. HILL u. M. P. SCHUBERT: Biochem. Z. **255**, 66 (1932). — MICHAELIS, L.: Chem. Rev. **16**, 243 (1935), speziell S. 261.

[14] MICHAELIS, L., M. P. SCHUBERT, R. K. REBER, J. A. KERCK u. S. GRANICK: J. Am. Soc. **60**, 1678 (1938).

[15] STACKELBERG, M. v., u. P. WEBER: Z. Elektrochem. **56**, 806 (1952).

Gruppen aufweisen, wie

O=C—C=C—C=O
| | | |

Diese Gruppe geht dann bei der Reduktion in

HO—C=C—C=C—OH
| | | |

über. Die Anlagerung von Elektronen und Protonen an ein O-Atom (oder NH-Gruppe) geht anscheinend wesentlich besser als an ein C-Atom, wie z. B. bei Aldehyden und Ketonen.

## d) Diffusionspotentiale (keine Gleichgewichtspotentiale)

### § 28. Die Ursache für das Auftreten von Diffusionspotentialen

Diffusions- oder Flüssigkeitspotentiale, besser und genauer -Potentialdifferenzen, bilden sich in der Berührungszone von zwei verschiedenen, aneinander grenzenden Elektrolytlösungen aus. Die Ausbildung derartiger Potentialdifferenzen zwischen verschiedenen Elektrolytlösungen hat ihre *Ursache in der verschiedenen Größe der Ionenbeweglichkeiten* und damit der Diffusionskoeffizienten der gelösten Ionen. In der Berührungszone der Elektrolyte besteht ein Konzentrationsgefälle (genauer ein Aktivitätsgefälle $da/d\xi$), das Anlaß zu einer Diffusion der einzelnen Ionenarten gibt. Bei unabhängiger Diffusion aller Ionen werden die Größen $D_j \cdot \partial a_j/\partial \xi$ im allgemeinen verschieden sein, da die Diffusionskonstanten $D_j$ und auf Grund der verschiedenen Konzentrationen auch die Differentialquotienten $\partial a_j/\partial \xi$ der einzelnen Ionensorten verschieden sind. Der durch diese Ionendiffusion hervorgerufene Ladungstransport an positiven und negativen Ladungen wird sich daher im allgemeinen nicht aufheben. Es müßte also ein äußerer Strom von bestimmter Größe durch die Berührungsfläche der Elektrolyte fließen. Da hier der stromlose Fall betrachtet werden soll, muß sich in der Berührungszone eine Feldstärke durch Aufladung ausbilden, die auf die Wanderung der Ionen des einen Ladungsvorzeichens hemmend und auf die des anderen beschleunigend wirkt. Die Potentialdifferenz muß so groß sein, daß gerade der positive und negative Ladungstransport gleich groß wird. Dann fließt durch die Grenzfläche kein äußerer Strom. Die hierfür benötigte Potentialdifferenz ist das Diffusionspotential $\varepsilon_D$.

### § 29. Allgemeiner Ansatz für das Diffusionspotential

Wie gesagt, bildet sich bei der Berührung von zwei verschiedenen Elektrolytlösungen eine Berührungszone aus, in der sich eine stetige Änderung der Konzentrationen $c_j$ oder auch der Aktivitäten $a_j$ aller Ionenarten $S_j$ von dem Wert $c_{j,1}$ bzw. $a_{j,1}$ im Elektrolyten 1 auf den Wert $c_{j,2}$ bzw. $a_{j,2}$ im Elektrolyten 2 bei Durchschreiten dieser Zone vollzieht. Wird nun nach D. A. MacInnes[1] eine dünne Schicht der Dicke $d\xi$ aus

[1] MacInnes, D. A.: The Principles of Electrochemistry. New York 1939, S. 220ff.

dieser Berührungszone herausgegriffen, so ändern sich in dieser Schichtdicke die Konzentrationen $c_j$ um die differentielle Größe $dc_j = c_j(\xi + d\xi) - c_j(\xi)$ mit dem entsprechenden Vorzeichen. Die dazugehörigen Überführungszahlen $t_j(\xi) = \frac{u_j \cdot c_j(\xi)}{\Sigma u_j c_j(\xi)}$ sind im allgemeinen ebenfalls eine Funktion von $\xi$, da sich die Zusammensetzung $(c_j(\xi))$ des Elektrolyten von 1 nach 2 ändert*. In der dünnen Schicht $d\xi$ kann aber $t_j$ als konstant angesehen werden.

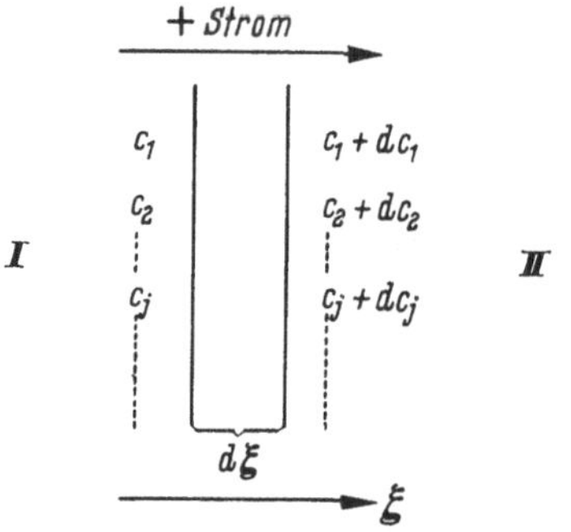

Abb. 14. Zur Ableitung des Diffusionspotentials

Wird ein für die linke Seite (Elektrolyt I) anodischer Strom (wie in Abb. 14 eingezeichnet) durch die Schicht $d\xi$ geschickt, so findet, entsprechend den Überführungszahlen $t_j$, ein Transport von Ionen statt. Bei Durchgang von 1 Faraday (= F Coulb.) wandern $t_j/z_j$ Mole der Ionenart $S_j$ von I nach II bei positiver und von II nach I bei negativer Ladungszahl $z_j$. Hierbei tritt infolge der Aktivitätsänderung der Ionen bei der Verdünnung $(-dc_j)$ oder Konzentrierung $(dc_j)$ eine Änderung der freien Enthalpie $dG$ auf, aus der sich nach Gl. (1.9), § 11 die Potentialdifferenz $d\varepsilon = {}_1\varphi - {}_2\varphi$ ergibt.

$dG$ ist über alle Ionenarten summiert

$$dG = \Sigma \frac{t_j}{z_j} \cdot d\mu_j = RT \cdot \Sigma \frac{t_j}{z_j} \cdot d \ln a_j \,, \tag{1.63}$$

da das chemische Potential $\mu_j$ der Ionen

$$\mu_j = \bar{\mu}_j + RT \cdot \ln a_j \tag{1.64}$$

ist. Hieraus folgt

$$d\varepsilon = \frac{RT}{F} \cdot \Sigma \frac{t_j}{z_j} \, d \ln a_j \,. \tag{1.65}$$

Durch Integration über die ganze Berührungszone ergibt sich das gesamte Diffusionspotential $\varepsilon_D = \varphi_I - \varphi_{II}$ zu

$$\boxed{\varepsilon_D = \frac{RT}{F} \cdot \Sigma \int_{a_{j,1}}^{a_{j,2}} \frac{t_j}{z_j} \cdot d \ln a_j} \,. \tag{1.66}$$

Hierin ist $t_j(\xi)$ eine Funktion von $a_j$ und damit von $\ln a_j$, da $a_j(\xi)$ eine Funktion von $\xi$ ist.

* $u_j$ sind die Ionenbeweglichkeiten in $cm^2 \, sec^{-1} \, Volt^{-1}$, also die Wanderungsgeschwindigkeiten $w_j$ (cm/sec) im Einheitsfeld Volt/cm. Statt $u_j$ können in die Definitionsgleichung der Überführungszahl $t_j$ auch die Ionenäquivalentleitfähigkeiten $\Lambda_j$ ($cm^2 \cdot \Omega^{-1}$) eingesetzt werden, so daß $t_j = \Lambda_j c_j / \Sigma \Lambda_j c_j$ ist.

Um die Integration durchführen zu können, müssen gewisse Näherungen angewendet und Bedingungen über den Aufbau der Berührungszone vorausgesetzt werden[2].

## § 30. Diffusionspotential bei verschiedenen Konzentrationen gleicher gelöster Substanzen

Für den Fall, daß sich die beiden Elektrolyten I und II nur in der Konzentration der gleichen gelösten Substanz unterscheiden, läßt sich Gl. (1.66) leicht integrieren. Unter den vorliegenden Bedingungen hat die Überführungszahl $t_j(\xi)$ an jeder Stelle $\xi$ der Berührungszone praktisch den gleichen Wert, da im allgemeinen $t_j$ wenig von der Konzentration unabhängig ist. Gl. (1.66) vereinfacht sich daher zu

$$\varepsilon_D = \frac{RT}{F} \cdot \sum \frac{t_j}{z_j} \cdot \int_{a_{j,1}}^{a_{j,2}} d \ln a_j = \frac{RT}{F} \cdot \sum \frac{t_j}{z_j} \cdot \ln \frac{a_{j,2}}{a_{j,1}}. \qquad (1.67)$$

Ist das Verhältnis der mittleren Ionenaktivitäten* $a_2/a_1 \approx a_{j,2}/a_{j,1}$, was für die 1,1-wertigen Ionen angenähert zutreffen dürfte, so geht Gl. (1.67) in die Form

$$\boxed{\varepsilon_D = \varphi_1 - \varphi_2 = \sum \frac{t_j}{z_j} \cdot \frac{RT}{F} \ln \frac{a_2}{a_1}} \qquad (1.68)$$

über.

Für einen *z,z-wertigen Elektrolyten* ergibt Gl. (1.68) die bekannte Form (Henderson-Gleichung) für die Größe des Diffusionspotentials

$$\boxed{\varepsilon_D = \varphi_1 - \varphi_2 = \frac{u_+ - u_+}{u_+ + u_-} \cdot \frac{RT}{zF} \ln \frac{a_2}{a_1}}, \qquad (1.69)$$

da hier $t_+ = u_+/(u_+ + u_-)$, $t_- = u_-/(u_+ + u_-)$ und $z_+ = +z$, $z_- = -z$ sind. Gl. (1.69) ist auch nach Gl. (1.33) und (1.35), § 21, aus der Zellspannung einer Konzentrationszelle mit Überführung zu erhalten. Hierbei ergibt sich ein Faktor $1 - 2t_- = (u_+ - u_-)/(u_+ + u_-)$.

Da hier $t_j$ als unabhängig von der Konzentration angesehen werden kann, ist die räumliche Ausdehnung der Berührungszone und die Konzentrationsverteilung in dieser ohne Einfluß auf das Diffusionspotential, wie aus Gl. (1.67) zu ersehen ist und auch experimentell bestätigt werden konnte[1]. Da schon Gl. (1.66) eine Näherung darstellt, sind erst recht Gl. (1.67), (1.68) und (1.69) Näherungen.

---

[2] HARNED, H. S.: J. Phys. Chem. **30**, 433 (1926). — TAYLOR, P. B.: J. Phys. Chem. **31**, 1478 (1927). — GUGGENHEIM, E. A.: Phil. Mag. **22**, 983 (1936).

* Da die Einzelionenaktivitaten nicht bestimmbar sind, konnen in Naherung immer nur die mittleren Ionenaktivitaten fur eine Berechnung herangezogen werden.

[1] SCATCHARD, G., u. T. F. BUEHRER: J. Am. Soc. **53**, 574 (1931). — FERGUSON, A. L., K. VAN LENTE u. R. HITZENS: J. Am. Soc. **54**, 1285 (1932). — SZÁBO, Z.: Z. physik. Chem. A. **174**, 33 (1935).

Experimentell konnte die Gl. (1.69) von H. JAHN[2], und später von A. S. BROWN u. D. A. MACINNES[3] und T. SHEDLOWSKY u. D. A. MACINNES[4] bestätigt werden.

## § 31. Diffusionspotential im allgemeinsten Fall

Bei der allgemeinen Integration von Gl. (1.66) kommt es sehr auf den Konzentrationsverlauf in der Berührungszone an[1], da die Überführungszahl $t_j$ sehr wesentlich von dem Verhältnis der Konzentrationen $c_j$ abhängt. Für eine Integration müssen daher vereinfachende Voraussetzungen gemacht werden. Im folgenden sollen die unter verschiedenen Voraussetzungen durchgeführten genäherten Integrationen von Gl. (1.66) nach HENDERSON und nach PLANCK behandelt werden.

### α) *Gleichung nach* HENDERSON

P. HENDERSON[2] macht für die Integration von Gl. (1.66) folgende Voraussetzung. Die Zusammensetzung des Elektrolyten in derBerührungszone soll überall so sein, daß er *durch Mischen der Elektrolyten I und II entstanden sein kann**. Hierbei soll mit $x$ der Anteil am Elektrolyten II $(0 < x < 1)$ bezeichnet werden. Der Anteil am Elektrolyten I ist dann $1 - x$. Eine derartige Verteilung der Konzentrationen wird z. B. dadurch erhalten, daß der *Konzentrationsverlauf* innerhalb der Berührungszone *für jede Ionenart linear* von $c_{j,1}$ nach $c_{j,2}$ ansteigt oder abfällt.

An einer bestimmten Stelle der Berührungszone, an der der Mischungsanteil für II den Wert $x$ hat, ist dann $c_j = x \cdot c_{j,2} + (1 - x) \cdot c_{j,1} = c_{j,1} + (c_{j,2} - c_{j,1}) \cdot x$. Wenn $c_j$ die Konzentration an Äquivalenten und $u_j$ die Ionenbeweglichkeit** ist, so wird die Überführungszahl $t_j$ in Abhängigkeit von $x$

$$t_j = \frac{c_j u_j}{(1 - x) \cdot \Sigma c_{j,1} u_j + x \cdot \Sigma c_{j,2} u_j} . \tag{1.70}$$

Wenn als weitere Voraussetzung angenommen wird, daß die Aktivitätskoeffizienten $a_j/c_j = f_j$ und die Ionenbeweglichkeiten $u_j$ unabhängig von $x$ sind, läßt sich die Integration von Gl. (1.66) leicht durchführen. Die Konstanz von $f_j$ und $u_j$ kann mit einer gewissen Näherung dann als erfüllt angesehen werden, wenn sich die ionale Konzentration $\Sigma z_j^2 c_j$ durch die ganze Berührungszone nicht zu sehr ändert. Es wird dann

$$d \ln a_j = \frac{\partial \ln a_j}{\partial c_j} \cdot \frac{\partial c_j}{\partial x} \cdot dx = \frac{c_{j,2} - c_{j,1}}{c_j} \cdot dx . \tag{1.71}$$

---

[2] JAHN, H.: Z. physik. Chem. **33**, 545 (1900).

[3] BROWN, A. S., u. D. A. MACINNES: J. Am. Soc. **57**, 1356 (1935).

[4] SHEDLOWSKY, T., u. D. A. MACINNES: J. Am. Soc. **59**, 503 (1937).

[1] Siehe z. B. E. A. GUGGENHEIM: J. Am. Soc. **52**, 1315 (1930).

[2] HENDERSON, P.: Z. physik. Chem. **59**, 118 (1907); **63**, 325 (1908). Siehe auch J. J. HERMANS: Rec. trav. chim. **57**, 1373 (1938); **58**, 99 (1939).

* Das ist insofern eine Einschränkung als z. B. durch Mischen eines Elektrolyten I aus $HCl + KCl$ mit einem Elektrolyten II aus $HCl + KNO_3$ bei Vorgabe der $NO_3^-$-Konzentration alle anderen Konzentrationen $[H^+]$, $[Cl^-]$, $[K^+]$ und das Mischungsverhältnis $x/(1 - x)$ festgelegt sind.

** Statt der Ionenbeweglichkeit $u_j$ kann in Gl. (1.70) auch die Ionenäquivalentleitfähigkeit $\Lambda_j$ verwendet werden.

Gl. (1.70) und (1.71) in Gl. (1.66) eingesetzt ergibt

$$\varepsilon_D = \frac{RT}{F} \cdot \int_0^1 \sum \frac{1}{z_j} \cdot \frac{u_j \cdot (c_{j,2} - c_{j,1})}{\sum c_{j,1} u_j + x \cdot \sum u_j (c_{j,2} - c_{j,1})} \cdot dx. \tag{1.72}$$

Durch Integration folgt hieraus die *Hendersonsche Gleichung*

$$\varepsilon_D = \varphi_1 - \varphi_2 = \frac{\sum \frac{u_j}{z_j} \cdot (c_{j,2} - c_{j,1})}{\sum u_j \cdot (c_{j,2} - c_{j,1})} \cdot \frac{RT}{F} \cdot \ln \frac{\sum u_j \cdot c_{j,2}}{\sum u_j \cdot c_{j,1}} \tag{1.73}$$

in welche nach $\Sigma u_j c_{j,2} / \Sigma u_j c_{j,1} = \varkappa_2/\varkappa_1$ die Leitfähigkeiten $\varkappa_1$ und $\varkappa_2$ der beiden Elektrolytlösungen eingeführt werden können.

*β) Gleichung nach* Planck

Für die Integration von Gl. (1.66) hat M. Planck[3] eine andere Voraussetzung verwendet als P. Henderson. Er nimmt an, daß der Übergang vom Elektrolyten I in II innerhalb einer konvektionslosen Schicht verläuft, an deren Grenzen sich die Elektrolyte I und II anschließen. Eine derartige Bedingung wird z. B. bei Verwendung eines porösen Diaphragmas erhalten, an dessen beiden Seiten die Elektrolyte I bzw. II durch Rühren ständig erneuert und dadurch deren Konzentrationen konstant gehalten werden. Innerhalb der Poren des Diaphragmas stellt sich nach einiger Zeit ein stationäres Konzentrationsgefälle ein, das für die folgende Diskussion als erreicht angesehen werden soll. Allgemein wird sich hierbei nicht ein linearer Konzentrationsabfall einstellen, sondern eine Konzentrationsverteilung, wie sie schematisch in Abb. 15 dargestellt wird. Zur weiteren Vereinfachung werden nur einwertige Ionen angenommen. Auch hier wird Konstanz von $f_j$ durch die ganze Berührungszone (Diaphragma) vorausgesetzt.

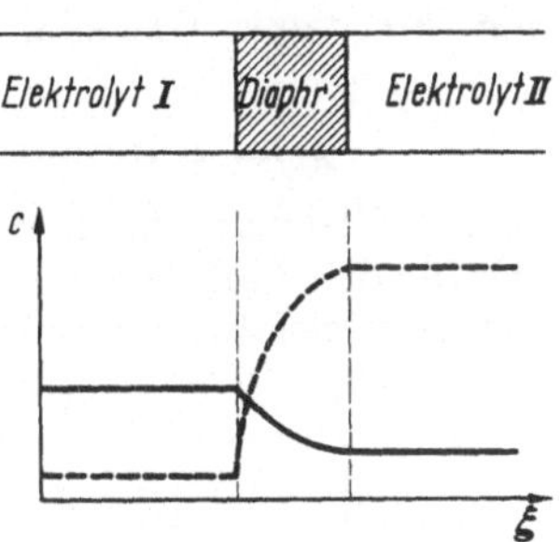

Abb. 15. Voraussetzung für die Integration von Gl. (1.66) nach Planck

Der Wert von $\varepsilon_D$ kann hierbei nicht in expliziter Form dargestellt werden. Die Ableitung soll wegen ihrer Kompliziertheit nicht gebracht werden[4]. Es ist

$$\varepsilon_D = \varphi_1 - \varphi_2 = \frac{RT}{F} \ln A\,, \tag{1.74a}$$

$$\frac{U_2 - A \cdot U_1}{A\, V_2 - V_1} = \frac{\ln \frac{c_2}{c_1} + \ln A}{\ln \frac{c_2}{c_1} - \ln A} \cdot \frac{c_2 - A \cdot c_1}{A \cdot c_2 - c_1} \tag{1.74b}$$

$$U = \sum u_j^+ \cdot c_j^+\,; \quad V = \sum u_j^- \cdot c_j^- \tag{1.74c}$$

[3] Planck, M.: Ann. Physik (3) **39**, 161 (1890); (3) **40**, 561 (1890); s. auch H. A. Fales u. W. C. Vosburgh: J. Am. Soc. **40**, 1291 (1918). — Hermans, J. J.: Rec. trav. chim. **57**, 1373 (1938).

[4] Siehe die Originalliteratur [3] oder z. B. D. A. MacInnes: The Principles of Electrochemistry. New York 1939. Anhang S. 461—465.

$A$ in Gl. (1.74a) ergibt sich aus der impliziten Gl. (1.74b) nach Einsetzen der Größen $U$ und $V$ Gl. (1.74c).

Sowohl die Methode nach HENDERSON als auch die nach PLANCK machen wesentliche vereinfachende Voraussetzungen, die den berechneten Wert von $\varepsilon_D$ entsprechend ungenau werden lassen. Eine ausführliche Diskussion der Werte beider Gleichungen (1.73) und (1.74) ist von A. C. CUMMING u. E. GILCRIST[5] durchgeführt worden. Nach einer *graphischen Methode* von MACINNES[6] ist es auch möglich, das Diffusionspotential nach Gl. (1.66) unter Benutzung der bekannten Werte für die Überführungszahlen $t_j$ und für die Aktivitäten mit einer besseren Näherung zu berechnen. Im Einzelnen soll hierauf nicht eingegangen werden, sondern auf die ausführliche Behandlung dieser Methode durch MACINNES verwiesen werden.

Experimentell konnten durch eine Reihe von Arbeiten die behandelten Gleichungen für $\varepsilon_D$ bestätigt werden. Hier sind zu nennen LEWIS, BRIGHTON u. SEBASTIAN[7], die nach einer statischen Methode arbeiteten, während LAMB u. LARSEN[8], MACINNES u. YEH[9] und SCATCHARD[10] eine Berührungszone im fließenden Elektrolyten verwendeten. ROBERTS u. FENWICK[11] und LEKHANI[12] haben diese Methode noch variiert. Weitere Untersuchungen liegen von BJERRUM[13], MEYERS u. ACREE[14], GHOSH[15] und CHLOUPEK, DANEŠ u. DANESVA[16] vor.

## § 32. Diffusionspotential bei speziellen Bedingungen

Die Gleichung nach HENDERSON, Gl. (1.73), vereinfacht sich wesentlich für den Fall, daß *zwei $z^+,z^-$-wertige Elektrolyte gleicher Konzentration mit einem gleichen Ion* in Berührung kommen, wie z. B. $HCl(c_1)//HNO_3(c_1)$ oder $CuCl_2(c_1)//ZnCl_2(c_1)$ oder auch $HCl(c_1)//KCl(c_1)$. In diesem Fall wird

$$\boxed{\varepsilon_D = \varphi_1 - \varphi_2 = \frac{RT}{z_v F}\cdot\ln\frac{u_2^+ + u_2^-}{u_1^+ + u_1^-} = \frac{RT}{z_v F}\cdot\ln\frac{\Lambda_2}{\Lambda_1}}\,. \qquad (1.75)$$

$\Lambda_1$ bzw. $\Lambda_2$ sind die Äquivalentleitfähigkeiten der Elektrolyte I und II und $z_v$ die Ladungszahl des variierten Ions mit Vorzeichen. In den

[5] CUMMING, A. C., u. E. GILCRIST: Trans. Faraday Soc. **9**, 174 (1913).

[6] MACINNES, D. A.: The Principles of Electrochemistry. S. 237—243. New York 1939. — MACINNES, D. A., u. L. G. LONGSWORTH: Cold Spring Harbor Symposia on Quantitative Biology **4**, 18 (1936). Siehe auch D. A. MACINNES: J. Am. Soc. **41**, 1086 (1919). — SCATCHARD, G.: J. Am. Soc. **47**, 696 (1925). — GUGGENHEIM, E. A.: J. Am. Soc. **52**, 1315 (1930). — PLETTIG, V.: Ann. Physik **5**, 735 (1930).

[7] LEWIS, G. N., T. B. BRIGHTON u. R. L. SEBASTIAN: J. Am. Soc. **39**, 2245 (1917).

[8] LAMB, A. B., u. A. T. LARSON: J. Am. Soc. **42**, 229 (1920).

[9] MACINNES, D. A., u. Y. L. YEH: J. Am. Soc. **43**, 2563 (1921).

[10] SCATCHARD, G.: J. Am. Soc. **47**, 696 (1925). — SCATCHARD, G., u. T. F. BUEHRER: J. Am. Soc. **53**, 574 (1936).

[11] ROBERTS, E. J., u. F. FENWICK: J. Am. Soc. **49**, 2787 (1927).

[12] LAKHANI, J. V.: J. Chem. Soc. **1932**, 179.

[13] BJERRUM, N.: Z. Elektrochem. **17**, 58 (1911).

[14] MEYERS, C. N., u. S. F. ACREE: Am. Chem. J. **50**, 396 (1913).

[15] GHOSH, D. N.: J. Indian Chem. Soc. **12**, 15 (1935).

[16] CHLOUPEK, J. B., V. Z. DANEŠ u. B. A. DANESVA: Coll. Czech. Chem. Comm. **5**, 469; 527 (1933).

angegebenen Beispielen ist $z_v = -1$ bzw. $+2$ oder $+1$. Auch diese Gleichung wird nach HENDERSON benannt. Die Form von Gl. (1.75) mit $\Lambda$ ist von LEWIS u. SARGENT[1] gegeben worden.

Liegen gleiche Elektrolyte in verschiedener Konzentration (wie § 30) vor, so geht Gl. (1.73) in Gl. (1.68) und unter Annahme eines $z,z$-wertigen Elektrolyten in Gl. (1.69) über, wie sofort zu erkennen ist. Auch aus der Planckschen impliziten Fassung Gl. (1.74) läßt sich Gl. (1.69) ableiten. Nach Einsetzen der Größen $U = u^+ \cdot c$ und $V = u^- \cdot c$ in Gl. (1.74) folgt für

$$\frac{\ln \frac{c_2}{c_1} + \ln \Lambda}{\ln \frac{c_2}{c_1} - \ln \Lambda} = \frac{u^+}{u^-} = \frac{\ln \frac{c_2}{c_1} + \varepsilon_D \cdot \frac{F}{RT}}{\ln \frac{c_2}{c_1} - \varepsilon_D \cdot \frac{F}{RT}}$$

und daraus für $\varepsilon_D$ der Ausdruck nach Gl. (1.69).

## § 33. Unterdrückung des Diffusionspotentials

In vielen Fällen müssen bei elektrochemischen Untersuchungen Elektroden mit verschiedenen Elektrolyten zu einer Zelle vereinigt werden. Das Auftreten der schwer berechenbaren und schwer meßbaren Diffusionspotentiale stört dabei häufig. Es wird daher vielfach eine Methode angewandt, die das Diffusionspotential sehr weitgehend verkleinert, so daß es praktisch vernachlässigt werden kann. Diese Methode besteht darin, daß zwischen die beiden Elektrolyte der Elektroden eine konz. KCl-Lösung (auch konz. $KNO_3$- oder $NH_4NO_3$-Lösung), die sog. „*Salzbrücke*" geschaltet wird, so daß z. B. eine Zelle der Art

$$\mathrm{Hg} / \mathrm{Hg_2Cl_2}, \mathrm{HCl}(c) // \text{ges. KCl } (4{,}2\ \mathrm{m}) // 0{,}1\ \mathrm{m\ KCl}, \mathrm{Hg_2Cl_2} / \mathrm{Hg}$$

gebildet wird. Durch das Dazwischenschalten der Salzbrücke wird im vorliegenden Beispiel, wenn $c = 0{,}1$ m ist, das Diffusionspotential von 28,2 mV auf 1,1 mV bei Verwendung von 3,5 m KCl gesenkt[1].

Nach der Hendersonschen Gleichung, Gl. (1.73), wird dann das Diffusionspotential $c$ m HCl//4,2 m KCl

$$\varepsilon_D = \frac{4{,}2\,(u_{\mathrm{K}^+} - u_{\mathrm{Cl}^-}) - c\,(u_{\mathrm{H}^+} - u_{\mathrm{Cl}^-})}{4{,}2\,(u_{\mathrm{K}^+} + u_{\mathrm{Cl}^-}) - c\,(u_{\mathrm{H}^+} + u_{\mathrm{Cl}^-})} \cdot \frac{RT}{F} \cdot \ln \frac{4{,}2\,(u_{\mathrm{K}^+} + u_{\mathrm{Cl}^-})}{c\,(u_{\mathrm{H}^+} + u_{\mathrm{Cl}^-})}\,. \qquad (1.76)$$

Wenn $c \ll 4{,}2$ m ist, hat der Zähler des vor dem Logarithmus stehenden Bruches praktisch den Wert Null, da $u_{\mathrm{K}^+} \approx u_{\mathrm{Cl}^-}$ ist. Daher ist in diesem Fall auch $\varepsilon_D \approx 0$. Eine ausführliche Diskussion des hier auftretenden Diffusionspotentials gibt J. J. HERMANS[2]. Alle Salze, für die $u^+ \approx u^-$ ist, wie auch z. B. $KNO_3$, können für die Salzbrücke verwendet werden.

---

[1] LEWIS, G. N., u. L. W. SARGENT: J. Am. Soc. **31**, 363 (1909). — MACINNES, D. A., u. Y. L. YEH: J. Am. Soc. **43**, 2563 (1921). — MARTIN, F. D., u. R. F. NEWTON: J. phys. Chem. **39**, 485 (1935).

[1] GUGGENHEIM, E. A.: J. Am. Soc. **52**, 1315 (1930); auch FALES, H. A. u. W. C. VOSBURGH: J. Am. Soc. **40**, 1291 (1918). — FERGUSON, A. L., K. VAN LENTE u. R. HITCHENS: J. Am. Soc. **54**, 1285 (1932).

[2] HERMANS, J. J.: Rec. trav. chim. **58**, 99 (1939).

## e) Donnan- und Membranpotentiale

### § 34. Vorstellungen über die Entstehung von Donnan-Potentialen an semipermeablen Membranen (Diaphragmen) und an Ionenaustauscher-Oberflächen

Zwischen zwei aneinandergrenzenden verschiedenen Elektrolyten bildet sich auch im Gleichgewichtszustand aller gelösten Stoffe eine Potentialdifferenz aus, wenn die Phasengrenze nicht für alle Ionen permeabel ist. Eine derartige Potentialdifferenz wird nach F. G. DONNAN benannt, der die Gesetzmäßigkeiten dieser Potentiale und Ionengleichgewichte als erster bereits ausführlich untersucht hat[1].

Bei beliebig vorgegebenen Lösungen werden sich die Konzentrationen der durchtrittsfähigen Ionen durch die Phasengrenze hindurch so lange verändern, bis die Konzentrationen des gleichen Ions in beiden Elektrolytlösungen im Gleichgewicht sind. Nur die nicht durchtrittsfähigen Ionen, für die die Phasengrenze nicht permeabel ist, behalten zwangsläufig die am Anfang bereits vorgegebenen Konzentrationen. Die Undurchdringlichkeit der Phasengrenze für bestimmte Ionen kann zwei wesentlich verschiedene Ursachen haben. Erstens kann sich an der Phasengrenze eine Membran mit sehr feinen Poren befinden, die für Ionen und auch Moleküle oberhalb einer bestimmten Größe nicht mehr passierbar sind. Hier ist der Durchtritt rein mechanisch verhindert. Dieser Fall wird bei großen organischen Ionen und bei kolloidalen geladenen Teilchen auftreten. Es liegt dann eine *semipermeable Membran* vor, die für das Lösungsmittel und die meisten kleineren Ionen durchlässig ist[2].

Als zweiter Grund für eine Semipermeabilität der Phasengrenze besteht die Möglichkeit, daß gewisse Ionen so fest an die eine Phase gebunden sind, daß sie die Phasengrenze nicht überschreiten und prinzipiell nicht an einem Austausch zwischen den beiden Phasen teilnehmen können. Derartige Ionen treten in Ionenaustauschern als ionogene Gruppe homöopolar an das molekulare Netzwerk des Ionenaustauschers gebunden auf. Die eine Phase befindet sich als Lösung innerhalb des Netzwerkes, die andere Phase wird von der Lösung außerhalb des Netzwerkes gebildet. Für die gelösten Ionen stellt sich zwischen beiden Phasen ein Gleichgewicht ein. Die am Netzwerk homöopolar gebundenen Ionen können dagegen nicht in die Außenlösung übertreten und nehmen an dieser Gleichgewichtseinstellung nicht teil. Der bei der Einstellung des Gleichgewichts zwischen Ionenaustauscher- und Außenlösung auftretende Austausch von Ionen ist die charakteristische Eigenschaft der „*Ionenaustauscher*". Als molekulares Netzwerk kommen hier im wesentlichen hochpolymere vernetzte organische Substanzen in Frage, die ionogene Gruppen, z. B. Carboxyl-, Sulfo- oder Aminogruppen, tragen. Aber auch viele Silikate wirken mit ihrem ebenfalls hochpolymeren vernetzten Si—O-Gitter als Ionenaustauscher. Abb. 16 zeigt den Aufbau

---

[1] DONNAN, F. G.: Z. Elektrochem. **17**, 572 (1911). — DONNAN, F. G., u. E. A. GUGGENHEIM: Z. physik. Chem. A **162**, 346 (1932).

[2] BOLAM, T. R.: Die Donnan-Gleichgewichte und ihre Anwendung auf chemische, physiologische und technische Prozesse. Koll.-chem. Beih. **39**, 140—258 (1934).

eines Ionenaustauschers am Beispiel eines Kationenaustauschers. Die Linien sollen das untereinander homöopolar an Hauptvalenzen gebundene molekulare Netzwerk darstellen, an dem die ionogenen Gruppen (○) sitzen, die im vorliegenden Fall negativ geladen sind. Die hier positiv geladenen Gegenionen (●) sind frei beweglich im Elektrolyten zwischen dem Netzwerk und können gegen andere positive Ionen ausgetauscht werden. Die Vorstellungen von DONNAN[1] über die Auswirkung semipermeabler Phasengrenzen wurden zuerst von K. H. MEYER u. SIEVERS[3] und gleichzeitig T. TEORELL[4] auf die Ionenaustauscher übertragen.

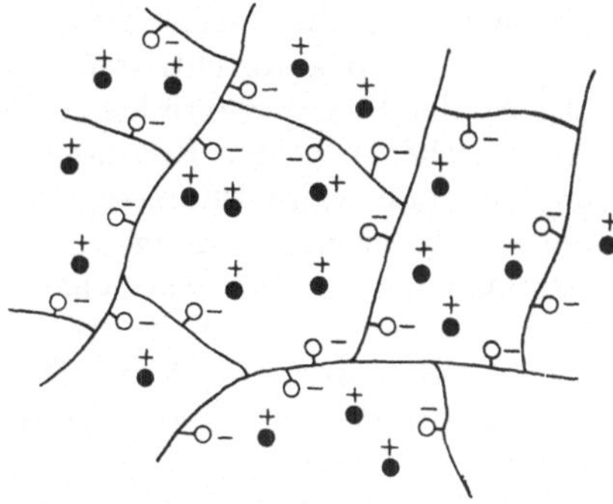

Abb. 16. Kationenaustauscher. ○⁻ = festgebundene ionogene Gruppen, ●⁺ = austauschbare solvatisierte Kationen, ∼ = Netzwerk

Zur Erklärung der Potentialdifferenz zwischen zwei Phasen mit semipermeabler Phasengrenze soll Abb. 17 dienen. Beide Phasen (1) und (2) enthalten gleiche Arten durchtrittsfähiger Kationen ($K^+$) und Anionen ($A^-$). Die eine Phase [hier (1)] enthält zusätzlich die nicht durchtrittsfähigen Ionen $R^-$*. Da innerhalb der beiden Phasen elektrische Neutralität herrschen muß, ist die Summe der Äquivalentkonzentrationen an positiven und negativen Ionen in jeder Phase gleich, also

$$[K^+]_1 = [A^-]_1 + [R^-] \qquad (1.77)$$
$$[K^+]_2 = [A^-]_2 \,.$$

Die Forderung der Elektroneutralität führt also dazu, daß innerhalb der Phase (1) die Konzentrationen der durchtrittsfähigen Kationen und Anionen um $[R^-]$ voneinander verschieden sein müssen, also $[K^+]_1 > [A^-]_1$. Diese Bedingung ist im Gleichgewicht aber nur erfüllbar, wenn $[K^+]_1 > [K^+]_2$ und $[A^-]_1 < [A^-]_2$ ist. Hierbei wird vorausgesetzt, daß die Aktivitätskoeffizienten in beiden Phasen gleich sind. Die Folge dieser Konzentrationsdifferenzen zwischen beiden Phasen ist die Entstehung einer Potentialdifferenz.

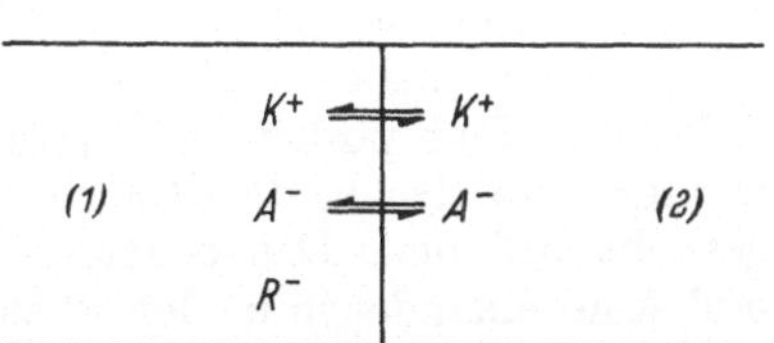


Abb. 17. Phasenschema mit semipermeabler Phasengrenze. Entstehung von Donnan-Potentialen

Wird angenommen, daß zunächst keine Potentialdifferenz existiert, so würden Kationen von (1) nach (2) und Anionen von (2) nach (1) diffun-

[3] MEYER, K. H., u. J. F. SIEVERS: Helv. chim. Acta **19**, 649 (1936); **19**, 665 (1936); **19**, 987 (1936).

[4] TEORELL, T.: Proc. Soc. exp. Biol. Med. **33**, 282 (1935).

* Hier negativ gewählt. Das Zeichen R für diese Ionenart (Kolloide, ionogene Gruppen in Ionenaustauschern) ist von dem englischen Wort "resin" für Ionenaustauscher abgeleitet.

dieren. Beide Vorgänge haben eine negative Aufladung von Phase (1) gegenüber Phase (2) zur Folge. Durch diese Potentialdifferenz werden beide Vorgänge verlangsamt, bis sie schließlich bei einer definierten Potentialdifferenz, dem *Donnan-Potential*, in ihrer Geschwindigkeit gleich dem Gegenvorgang geworden sind.

Das Donnan-Potential führt somit dazu, daß trotz der Konzentrationsdifferenz $[K^+]_1 - [A^-]_1 = [R^-]$, der ständige statistische Austausch durch die Phasengrenze in beiden Richtungen $(1) \rightarrow (2)$ und $(2) \rightarrow (1)$ für jede durchtrittsfähige Ionenart gleich schnell ist. Es findet also an der Phasengrenze kein makroskopischer Umsatz trotz ständigen Austausches in beiden Richtungen statt. Die Donnan-Potentialdifferenz ist daher eine wahre thermodynamische Gleichgewichtspotentialdifferenz und die Konzentrationsverteilung in beiden Phasen im Sinne des Verteilungssatzes ein thermodynamisches Gleichgewicht. Im Gegensatz hierzu stehen die Verhältnisse bei einem Diffusionspotential zwischen zwei Elektrolyten. Hier findet Diffusion durch die Phasengrenze in einer Richtung statt, so daß kein thermodynamischer Gleichgewichtszustand vorliegt.

## § 35. Die Größe der Donnan-Potentialdifferenz

Das *Donnan-Gleichgewicht*, welches die Beziehung der Konzentration bzw. Aktivitäten aller Ionen in beiden Phasen angibt, und die Größe der Potentialdifferenz zwischen beiden Phasen, das *Donnan-Potential*, wurde nach den allgemeinen thermodynamischen Prinzipien von W. Gibbs[1] zunächst von F. G. Donnan[2] ohne Berücksichtigung der Aktivitätskoeffizienten $f_j$ abgeleitet. Später haben E. Hückel[3] unter Beachtung von $f_j$ und der Lösungsmittelaktivität und darauf F. G. Donnan u. E. A. Guggenheim[4] eine genaue Thermodynamik dieser Gleichgewichte und Potentiale gegeben[5].

### *α) Bei einem 1,1-wertigen Elektrolyten*

Das Kation sei mit K, das Anion mit A und die nicht durchtrittsfähige Komponente in der Phase (1) mit R bezeichnet (vgl. Abb. 17). R kann $z_R$-fach positiv oder negativ geladen sein. Es soll angenommen werden, daß sich beide Elektrolyte (1) und (2) miteinander im Gleichgewicht befinden. Das bedeutet, daß die durchtrittsfähigen Ionen K und A miteinander in beiden Phasen im Gleichgewicht sind. Die elektrochemischen Potentiale ${}_1\eta$ und ${}_2\eta$ dieser Ionen müssen also nach Gl. (1.20), § 13, in beiden Phasen gleich sein. Es ist daher anzusetzen[6]:

$$ {}_1\eta_K = {}_1\mu_K + F \cdot {}_1\varphi = {}_2\eta_K = {}_2\mu_K + F \cdot {}_2\varphi \tag{1.78a} $$

$$ {}_1\eta_A = {}_1\mu_A - F \cdot {}_1\varphi = {}_2\eta_A = {}_2\mu_A - F \cdot {}_2\varphi \,. \tag{1.78b} $$

[1] Gibbs, W.: Collected Works, Bd. I, S. 83.
[2] Donnan, F. G.: Z. Elektrochem. **17**, 572 (1911).
[3] Hückel, E.: Kolloid-Z. **36** (Zsigmondy-Festband), 204 (1925).
[4] Donnan, F. G., u. E. A. Guggenheim: Z. phys. Chem. A **162**, 346 (1932).
[5] Zusammenfassende Darstellung: F. Helfferich, Ionenaustauscher, Bd. 1, Grundlagen, Verlag Chemie, Weinheim/Bergstr. 1959, S. 130ff., 336ff.
[6] Ähnlich einer Darstellung von E. Lange u. J. Schücker: Z. Elektrochem. **57**, 22 (1953).

Durch Addition beider Gleichungen ergibt sich

$$ {}_1\mu_K + {}_1\mu_A = {}_2\mu_K + {}_2\mu_A \,. \tag{1.79}$$

Wird für das chemische Potential die thermodynamische Beziehung [Gl. (1.27)] $\mu_j = \bar{\mu}_j + RT \ln a_j$ in Gl. (1.79) eingesetzt, so folgt unter der Voraussetzung, daß die chemischen Normalpotentiale $\bar{\mu}_j$ des gleichen Stoffes $S_j$ in beiden Phasen gleich sind, das *Donnan-Gleichgewicht*

$$ \boxed{{}_1a_K \cdot {}_1a_A = {}_2a_K \cdot {}_2a_A} \,. \tag{1.80}$$

Die *Donnan-Potentialdifferenz* $\varepsilon_d = {}_1\varphi - {}_2\varphi$ ergibt sich durch Einsetzen der Beziehung für $\mu_j$ in Gl. (1.78a) und (1.78b) zu

$$ \varepsilon_d = \frac{RT}{F} \ln \frac{{}_2a_K}{{}_1a_K} = \frac{RT}{F} \ln \frac{{}_1a_A}{{}_2a_A} \,. \tag{1.81}$$

Eine weitere Voraussetzung für die Einstellung der Gleichgewichtskonzentrationen im Donnan-Gleichgewicht ist die *Elektroneutralitätsbedingung* für den vorliegenden Fall, Abb. 17

$$ {}_1c_K + z_R \cdot c_R = {}_1c_A \tag{1,82a}$$

$$ {}_2c_K = {}_2c_A \,. \tag{1.82b}$$

Hierin ist $c_R$ die molare Konzentration der nicht durchtrittsfähigen Ionen und $z_R$ deren Wertigkeit unter Berücksichtigung des Ladungsvorzeichens. Bei Ionenaustauschern ist $c_R$ die Festionenkonzentration, eine der wesentlichsten Größen zur Charakterisierung dieser Stoffe.

Die Aktivitäten ${}_1a_K$ und ${}_1a_A$ in der Phase 1 sind bei Vorgabe von $a = \sqrt{{}_2a_K \cdot {}_2a_A}$ in Phase 2 durch Gl. (1.80) und (1.82a) bestimmt. Unter Verwendung der Aktivitätskoeffizienten $f = a/c$ ergibt sich nach Einsetzen von Gl. (1.82a) und (1.82b) in Gl. (1.80)

$$ {}_1c_K \cdot ({}_1c_K + z_R c_R) \cdot {}_1f_K \cdot {}_1f_A = {}_2c^2 \cdot {}_2f_K \cdot {}_2f_A $$

bzw.

$$ {}_1c_A \cdot ({}_1c_A - z_R c_R) \cdot {}_1f_K \cdot {}_1f_A = {}_2c^2 \cdot {}_2f_K \cdot {}_2f_A \,. $$

Da der mittlere Aktivitätskoeffizient $f_\pm = \sqrt{f_K \cdot f_A}$ ist, folgt für die Gleichgewichtskonzentrationen bzw. -aktivitäten in der Phase 1 mit der Festionenkonzentration $c_R$ unter der vereinfachenden Annahme ${}_1f_K = {}_1f_A = {}_1f_\pm$

$$ {}_1a_K = {}_1c_K \cdot {}_1f_\pm = \sqrt{\left(\frac{1}{2} z_R c_R \cdot {}_1f_\pm\right)^2 + {}_2a^2} - \frac{1}{2} z_R c_R \cdot {}_1f_\pm \tag{1.83a}$$

$$ {}_1a_A = {}_1c_A \cdot {}_1f_\pm = \sqrt{\left(\frac{1}{2} z_R c_R \cdot {}_1f_\pm\right)^2 + {}_2a^2} + \frac{1}{2} z_R c_R \cdot {}_1f_\pm \,. \tag{1.83b}$$

Durch Einsetzen von Gl. (1.83a) und Gl. (1.83b) in Gl. (1.81) ergibt sich für das Donnan-Potential*

$$ \boxed{\varepsilon_d = \frac{RT}{F} \cdot \ln\left(\sqrt{1 + \left(\frac{z_R c_R \cdot {}_1f_\pm}{2 \cdot {}_2a}\right)^2} + \frac{z_R \cdot c_R \cdot {}_1f_\pm}{2 \cdot {}_2a}\right)} \,. \tag{1.84}$$

* Es gilt $\dfrac{\sqrt{B^2 + {}_2a^2} + B}{{}_2a} = \dfrac{{}_2a}{\sqrt{B^2 + {}_2a^2} - B}$ mit $B = \frac{1}{2} z_R c_R \cdot {}_1f_\pm$.

Die Konzentrationsverteilung der Ionen, für die die Phasengrenze permeabel ist, stellt Abb. 18 für negative Festionen ($z_R < 0$) dar. Eine derartige Verteilung tritt also an der Phasengrenze eines Kationenaustauschers auf. Ist $z_R$ positiv, so sind nur die Indices K und A in Abb. 18 zu vertauschen. Es liegt dann die prinzipielle Konzentrationsverteilung an der Phasengrenze eines Anionenaustauschers vor.

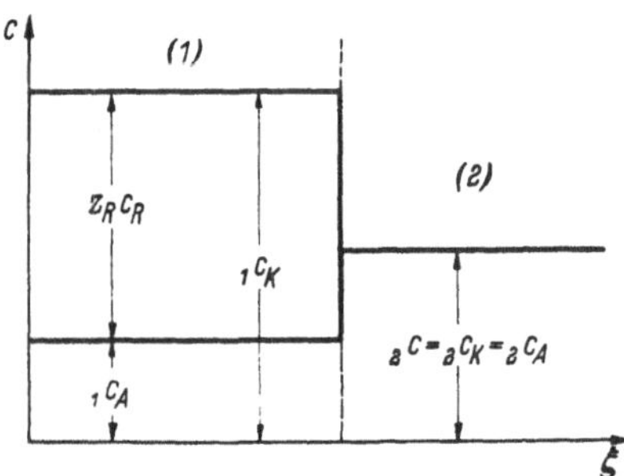


Abb. 18. Konzentrationsverteilung bei negativen Festionen in Phase 1 (Kationenaustauscher)

Aus Gl. (1.84) folgt für positive Festionen $z_R > 0$ eine positive Donnan-Potentialdifferenz $\varepsilon_d > 0$ und für negative Festionen $z_R < 0$ ein negatives Donnan-Potential $\varepsilon_d < 0$ gegen die festionenfreie Phase.

Für den Fall, daß $|z_R| \cdot c_R \cdot {}_1f_\pm \gg {}_2a$ wird, also bei sehr großer Festionenkonzentration $c_R$ gegenüber der Konzentration des festionenfreien Elektrolyten, vereinfacht sich Gl. (1.84) zu

$$\varepsilon_d = \pm \frac{RT}{F} \ln \frac{|z_R| \cdot c_R \cdot {}_1f_\pm}{{}_2a}. \tag{1.85}$$

Das positive Vorzeichen gilt für $z_R > 0$ und das negative für $z_R < 0$. Die Konzentrationen der Ionen, die das gleiche Vorzeichen haben wie die Festionen, sind in diesem Fall in der Phase (1) so klein, daß sie vollständig vernachlässigt werden können. Auf Grund der Elektroneutralitätsbedingung [Gl. (1.82a)] ist daher die Konzentration der beweglichen Gegenionen in Phase (1) nahezu gleich der Konzentration der nicht durchtrittsfähigen Festionen ($|z_R| \cdot c_R \approx c_K$ bzw. $c_A$). Die Konzentrationen $_1c_K$ bzw. $_1c_A$ der Gegenionen sind also praktisch unabhängig von der Elektrolytkonzentration $_2c$ in der Phase (2), wie es aus Abb. 19 hervorgeht.

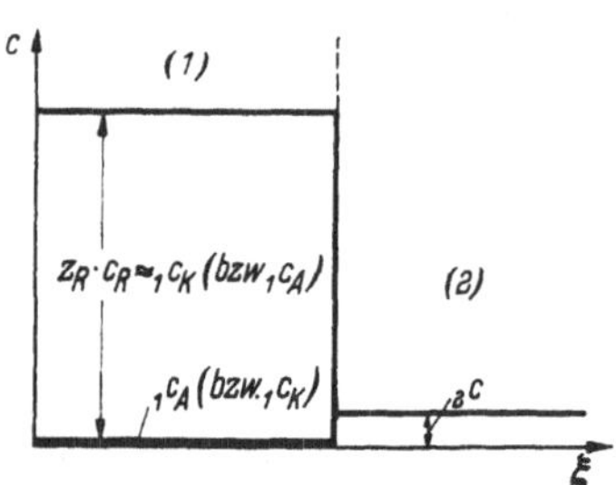


Abb. 19. Konzentrationsverteilung bei sehr großer Festionenkonzentration

## β) Bei einem $z_K$, $z_A$-wertigen Elektrolyten

$z_K > 0$ und $z_A < 0$ seien die Anzahl der Ladungen der Kationen und Anionen, für die die Phasengrenze permeabel ist. Dann besteht auch hier für jede Ionenart in beiden Phasen ein Gleichgewicht, bei dem die elektrochemischen Potentiale $\eta_j$ in beiden Phasen

$${}_1\eta_j = {}_2\eta_j$$

sind. Statt der Gl. (1.78a) und (1.78b) gelten jetzt

$${}_1\eta_K = {}_1\mu_K + z_K \cdot F \cdot {}_1\varphi = {}_2\eta_K = {}_2\mu_K + z_K \cdot F \cdot {}_2\varphi \tag{1.86a}$$

$${}_1\eta_A = {}_1\mu_A + z_A \cdot F \cdot {}_1\varphi = {}_2\eta_A = {}_2\mu_A + z_A \cdot F \cdot {}_2\varphi \tag{1.86b}$$

mit $z_K > 0$ und $z_A < 0$. Hieraus folgt unter Elimination von ${}_1\varphi$ und ${}_2\varphi$

$$z_A \cdot {}_1\mu_K - z_K \cdot {}_1\mu_A = z_A \cdot {}_2\mu_K - z_K \cdot {}_2\mu_A \tag{1.87}$$

anstelle der Gl. (1.79). Unter Beachtung der Beziehung $\mu_j = \overline{\mu}_j + RT \ln a_j$ ergibt sich das *Donnan-Gleichgewicht*

$$\boxed{\begin{gathered} {}_1a_K^{-z_A} \cdot {}_1a_A^{+z_K} = {}_2a_K^{-z_A} \cdot {}_2a_A^{+z_K} \\ \text{mit } z_K > 0, z_A < 0 \end{gathered}}\ . \tag{1.88}$$

Die *Donnan-Potentialdifferenz* $\varepsilon_d = {}_1\varphi - {}_2\varphi$ folgt aus Gl. (1.86) zu

$$\begin{gathered} \varepsilon_d = \frac{RT}{z_K F} \ln \frac{{}_2a_K}{{}_1a_K} = \frac{RT}{z_A F} \ln \frac{{}_2a_A}{{}_1a_A} \\ (z_K > 0,\ z_A < 0)\,. \end{gathered} \tag{1.89}$$

Die explizite Darstellung der Gleichgewichtskonzentrationen in der festionenhaltigen Phase und die der Donnan-Potentialdifferenz im allgemeinsten Fall, so wie es die Gl. (1.83) und (1.84) für den 1,1-wertigen Elektrolyten angeben, ist nicht möglich. Wohl aber kann die Donnan-Potentialdifferenz für den Fall angegeben werden, daß die Konzentration der Ionen in der festionenfreien Phase (2) sehr klein gegen die Festionenkonzentration ist. Hier muß wegen der *Elektroneutralitätsbedingung*

$$\begin{gathered} z_K \cdot {}_1c_K + z_A \cdot {}_1c_A + z_R \cdot c_R = 0 \\ z_K \cdot {}_2c_K + z_A \cdot {}_2c_A = 0 \end{gathered} \tag{1.90}$$

und auf Grund der vorausgesetzten hohen Festionenkonzentration

$$z_K \cdot {}_1c_K \ll z_R \cdot c_R \approx |z_A| \cdot {}_1c_A \text{ bei } z_R > 0 \tag{1.91a}$$

oder

$$|z_A| \cdot {}_1c_A \ll |z_R| \cdot c_R \approx z_K \cdot {}_1c_K \text{ bei } z_R < 0 \tag{1.91b}$$

gelten. Die *Donnan-Potentialdifferenz* erhält man durch Einsetzen in Gl. (1.89)

$$\varepsilon_d = \frac{RT}{z_K \cdot F} \cdot \ln \left| \frac{z_K \cdot {}_2a_K}{z_R \cdot c_R \cdot {}_1f_K} \right| \quad \text{für } z_R < 0 \tag{1.92a}$$

und

$$\varepsilon_d = \frac{RT}{z_A \cdot F} \cdot \ln \left| \frac{z_A \cdot {}_2a_A}{z_R \cdot c_R \cdot {}_1f_A} \right| \quad \text{für } z_R > 0\ . \tag{1.92b}$$

### *γ) Bei Elektrolyten mit mehreren gleichwertigen* ($z_K, z_A$) *gelösten Substanzen*

In der festionenfreien Phase (2) sollen mehrere $z_K$, $z_A$-wertige Substanzen gelöst sein. Zur Vereinfachung möge von den Ionen mit dem Ladungsvorzeichen der Festionen in Phase (1) nur eine Art vorhanden sein. Liegen also z. B. negative Festionen $z_R < 0$ (Kationenaustauscher) vor, so sei nur eine Anionenart in Phase (2) enthalten. Es sollen dagegen mehrere Kationenarten in der Konzentration ${}_2c_j$ auftreten. Die Fragestellung lautet jetzt: wie ist die Gleichgewichtsverteilung der Konzentrationen ${}_1c_j$ dieser Kationen in der festionenhaltigen Phase (1) und welchen Wert hat das Donnan-Potential $\varepsilon_d$.

Für jede Ionenart $S_j$ besteht die Gleichheit des elektrochemischen Potentials ${}_1\eta_j = {}_2\eta_j$ in beiden Phasen, also

$$ {}_1\eta_j = {}_1\mu_j + z_j \cdot F \cdot {}_1\varphi = {}_2\eta_j = {}_2\mu_j + z_j \cdot F \cdot {}_2\varphi \,. \qquad (1.93)$$

Somit gilt für jede Ionenart $S_j$

$$\varepsilon_d = {}_1\varphi - {}_2\varphi = \frac{1}{z_j F} \cdot ({}_2\mu_j - {}_1\mu_j) = \frac{RT}{z_j \cdot F} \cdot \ln \frac{{}_2a_j}{{}_1a_j}\,, \qquad (1.94)$$

wobei sich der Index $j$ auf die einzelnen Kationenarten $S_j$ bezieht*. Da es nur ein Donnan-Potential $\varepsilon_d$ an der Phasengrenze gibt, muß das Verhältnis ${}_2a_j/{}_1a_j$ für alle Kationen wegen der gleichen Ladungszahlen $z_j$ konstant sein.

Werden nunmehr zwei durchtrittsfähige gleichwertige Kationenarten $S_j$ und $S_m$ betrachtet, so gilt wegen der Konstanz ${}_2a_j/{}_1a_j = {}_2a_m/{}_1a_m$ das Austauschgleichgewicht

$$\frac{{}_2c_j \cdot {}_1c_m}{{}_1c_j \cdot {}_2c_m} = K = \frac{{}_1f_j \cdot {}_2f_m}{{}_2f_j \cdot {}_1f_m}\,. \qquad (1.95)$$

Da bei gleichwertigen Ionen $S_j$ und $S_m$ die Aktivitätskoeffizienten $f_j$ und $f_m$ in beiden Phasen nahezu gleich sind, ist das Verhältnis der Konzentrationen $c_j/c_m$ in der festionenhaltigen Phase (1) nahezu gleich dem in der festionenfreien Phase (2). Geringe Unterschiede treten auf, wenn die Konstante K in Gl. (1.95) vom Wert 1 abweicht. Aus diesem Grunde kann eine Anreicherung der einen oder anderen Ionenart in Phase (1) gegenüber Phase (2) eintreten. Für die Berechnung der Größe der Aktivitäten ${}_1a_j$ bzw. der Konzentrationen ${}_1c_j$ und des Verhältnisses ${}_1a_j/{}_2a_j$ bzw. ${}_1c_j/{}_2c_j$ und damit für die Berechnung des Donnan-Potentials $\varepsilon_d$ nach Gl. (1.94) ist außerdem noch die Elektroneutralitätsbedingung

$$\sum z_{\mathrm{K}} \cdot {}_2c_j + z_{\mathrm{A}} \cdot {}_2c_{\mathrm{A}} = 0 \quad \text{und} \quad \sum z_{\mathrm{K}} \cdot {}_1c_j + z_{\mathrm{A}} \cdot {}_1c_{\mathrm{A}} + z_{\mathrm{R}} \cdot c_{\mathrm{R}} = 0 \qquad (1.96)$$

(hier $z_{\mathrm{R}} < 0$) heranzuziehen.

Zur Erläuterung dieser Verhältnisse sei die *Entsalzung von Wasser* durch ein *Gemisch von Kationen- und Anionenaustauschern* etwas näher beschrieben. Die Kationenaustauscher müssen hierbei im regenerierten Zustand $H^+$-Ionen als Gegenionen der negativen Festionen enthalten. Die Anionenaustauscher haben in diesem Zustand $OH^-$-Gegenionen bei positiven Festionen. Die festionenfreie Phase (2), das zu entsalzende Wasser, sei z. B. eine neutral reagierende ($p_{\mathrm{H}} = 7$) NaCl-Lösung. Das Verhältnis $c_{\mathrm{Na^+}}/c_{\mathrm{H^+}}$ und damit $a_{\mathrm{Na^+}}/a_{\mathrm{H^+}}$ ist in diesem Fall recht groß, so daß bis zum gleichen Verhältnis $Na^+$-Ionen vom Kationenaustauscher unter Abgabe von $H^+$-Ionen aufgenommen werden. Es werden also praktisch im vorliegenden Beispiel alle $H^+$-Ionen des Austauschers gegen $Na^+$-Ionen ausgetauscht.

Das Verhältnis $c_{\mathrm{Cl^-}}/c_{\mathrm{OH^-}}$ und damit $a_{\mathrm{Cl^-}}/a_{\mathrm{OH^-}}$ ist entsprechend groß, so daß in gleicher Weise $OH^-$-Ionen des Anionenaustauschers gegen $Cl^-$-Ionen der Lösung [Phase (2)] ausgetauscht werden. Die von den beiden

* Gl. (1.94) gilt auch für alle Anionen ($z_j < 0$).

Ionenaustauschern abgegebenen $H^+$- und $OH^-$-Ionen vereinigen sich zu Wasser, das an die Stelle des zuvor gelösten NaCl tritt. Es kann auf diese Weise recht reines Wasser (Leitfähigkeitswasser) erhalten werden. Nicht ionogene Stoffe werden hierbei an sich nicht entfernt, jedoch können geringe Konzentrationen durch Adsorption an der großen Oberfläche dem Wasser entzogen werden.

Es ist noch interessant zu diskutieren, wie weit eine derartige Entsalzung gehen kann. Sie kann nur bis zur Einstellung des Gleichgewichts

$$\frac{a_{\mathrm{Na}^+}}{a_{\mathrm{H}^+}} = \frac{{}_{\mathrm{R}}a_{\mathrm{Na}^+}}{{}_{\mathrm{R}}a_{\mathrm{H}^+}} \quad \text{also ungefähr} \quad \frac{c_{\mathrm{Na}^+}}{c_{\mathrm{H}^+}} \approx \frac{{}_{\mathrm{R}}c_{\mathrm{Na}^+}}{{}_{\mathrm{R}}c_{\mathrm{H}^+}} \tag{1.97}$$

gehen. Die Größen ${}_{\mathrm{R}}a$ und ${}_{\mathrm{R}}c$ beziehen sich auf den Ionenaustauscher*. Werden die beiden Ionenaustauscher bis zur Hälfte ihrer Kapazität ausgenutzt, also bis zum Verhältnis ${}_{\mathrm{R}}c_{\mathrm{Na}^+}/{}_{\mathrm{R}}c_{\mathrm{H}^+} = 1$ bzw. ${}_{\mathrm{R}}c_{\mathrm{Cl}^-}/{}_{\mathrm{R}}c_{\mathrm{OH}^-} = 1$, so werden nach Gl. (1.96) auch $c_{\mathrm{Na}^+}/c_{\mathrm{H}^-} \sim 1$ bzw. $c_{\mathrm{Cl}^-}/c_{\mathrm{OH}^-} \sim 1$ in der Lösung zurückbleiben. Bei $p_{\mathrm{H}} = 7$ würden diese Verhältnisse eine Reinigung des Wassers bis auf $10^{-7}$ Mol NaCl/l bedeuten.

*δ) Bei Elektrolyten mit mehreren verschiedenwertigen gelösten Substanzen*

Die Verteilung der Konzentration in der festionenhaltigen Phase (Ionenaustauscher) bei Anwesenheit *mehrerer verschiedenwertiger Anionen oder Kationen in der festionenfreien Phase* (2) (Lösung) soll im folgenden behandelt werden. Es gilt wiederum die Gl. (1.93) und für die Donnan-Potentialdifferenz Gl. (1.94).

Für zwei Ionenarten $S_j$ und $S_m$ ergibt sich bei zweimaliger Anwendung von Gl. (1.93) für $j$ und $m$ und Elimination der Potentialdifferenz ${}_1\varphi - {}_2\varphi$ das Austauschgleichgewicht für verschiedenwertige Ionen. Es ist

$$z_j\,({}_1\mu_m - {}_2\mu_m) = z_m\,({}_1\mu_j - {}_2\mu_j)\,.$$

Hieraus folgt

$$\left(\frac{{}_1a_m}{{}_2a_m}\right)^{z_j} = \left(\frac{{}_1a_j}{{}_2a_j}\right)^{z_m} \quad \text{oder} \quad \frac{{}_1c_m^{z_j} \cdot {}_2c_j^{z_m}}{{}_2c_m^{z_j} \cdot {}_1c_j^{z_m}} = K\,. \tag{1.98}$$

Die Gleichgewichtskonstante $K$ setzt sich wieder wie in Gl. (1.95) aus den Aktivitätskoeffizienten zusammen.

Für den Fall, daß $z_j$ und $z_m$ das gleiche und $z_{\mathrm{R}}$ das zu diesen entgegengesetzte Vorzeichen hat, daß also z. B. $S_j$ und $S_m$ Kationen in einem Kationenaustauscher sind, ist prinzipiell eine Anreicherung der Ionen im Austauscher (Phase 1) ${}_1c_m/{}_2c_m > 1$ und ${}_1c_j/{}_2c_j > 1$ vorhanden, wenn angenähert $\mathrm{K} = 1$ [Gl. 1.98)] angenommen wird. Unter dieser Voraussetzung ist

$$\frac{{}_1c_m}{{}_2c_m} = \left(\frac{{}_1c_j}{{}_2c_j}\right)^{z_m/z_j} \text{(für K = 1)}\,. \tag{1.99}$$

Aus Gl. (1.99) folgt, daß die Ionen gleichen Vorzeichens mit der größeren Ladung stärker im Ionenaustauscher angereichert werden als die mit der kleineren Wertigkeit. Höherwertige Ionen werden also bei

* Index R nach der englischen Bezeichnung *resin* für Ionenaustauscher.

Ionenaustauschern auf Grund der Ausbildung einer Donnan-Potentialdifferenz gegenüber niederwertigeren bevorzugt aufgenommen, was experimentell vielfach bestätigt wurde und wovon besonders in der analytischen Chemie[1] Gebrauch gemacht wird.

Besonders bei kleinen Gesamtkonzentrationen der Lösung [Phase (2)] gegenüber der Festionenkonzentration im Ionenaustauscher [Phase (1)] kann es eintreten, daß ein prozentual kleiner Gehalt der Lösung an höherwertigeren Ionen fast 100%ig im Ionenaustauscher auftritt und somit im gewissen Sinne selektiv vom Ionenaustauscher aufgenommen wird.

Die Donnan-Potentialdifferenz ist durch Gl. (1.94) gegeben. Haben die Konzentrationen der verschiedenen Ionen in der Lösung [Phase (2)] solche Werte, daß im Ionenaustauscher vorwiegend eine Ionenart $S_k$ enthalten ist, so muß aus Elektroneutralitätsgründen die Äquivalentkonzentration dieser Ionen angenähert gleich der Festionenkonzentration $|z_k| \cdot {}_1c_k \approx \approx |z_R| \cdot c_R$ sein. ${}_1c_k$ und damit ${}_1a_k$ dieser Ionen sind somit praktisch festgelegt, so daß für die Donnan-Potentialdifferenz in diesem Fall nach Gl. (1.94) angenähert der Wert

$$\varepsilon_d = \frac{RT}{z_k \cdot F} \cdot \ln {}_2a_k - \frac{RT}{z_k \cdot F} \cdot \ln \frac{|z_R|}{|z_k|} \cdot c_R \cdot {}_1f_\pm \qquad (1.100)$$

folgt. Die Ionen $S_k$ können also unter Umständen bestimmend für die Donnan-Potentialdifferenz sein, auch wenn ein großer Überschuß an niederwertigeren Ionen $S_j$ mit $|z_j| < |z_k|$ in der Lösung enthalten ist.

## § 36. Membranpotentiale an Ionenaustauschern

Die Potentiale an Membranen, die auf Grund einer gewissen Porenweite semipermeable Eigenschaften haben (Diaphragmen), sind reine Donnan-Potentiale und wurden bereits in § 35 behandelt. Andere Verhältnisse treten an Membranen aus Ionenaustauschern auf. Auch derartige Membranen haben eine gewisse Semipermeabilität. Maßgebend ist hier mehr die Ladung der Ionen und nicht so sehr ihre Größe. Diese Membranen und ihre Membranpotentiale spielen in der Physiologie eine außerordentlich große Rolle. Ihr Studium ist aufbauend auf den grundlegenden Arbeiten von T. Teorell[1] und K. H. Meyer u. J. F. Sievers[2],

[1] Myers, R. J., J. W. Eastes u. J. D. Urquhart: Ind. Eng. Chem. **33**, 1270 (1941). — Cosgrove, J. D., u. J. D. H. Strickland: J. chem. Soc. **1950**, 1845. — Duncan, J. F., u. B. A. J. Lister: Disc. Faraday Soc. **7**, 104 (1949). — Lowen, W. K., R. W. Stoenner, W.-J. Argersinger jr., A. W. Davidson u. D. N. Hume: J. Am. Soc. **73**, 2666 (1951). — Boyd, G. E., J. Schubert u. A. W. Adamson: J. Am. Soc. **69**, 2828 (1947). — Walton, H. F.: J. Phys. Chem. **47**, 371 (1943). — Renold, A.: Koll.-Beihefte **43**, 1 (1936). — Kunin, R., u. R. J. Myers: Ion Exchange Resins. S. 122, 123. New York 1951. — Nachod, F. C.: Ion Exchange. S. 13, 57, 175. New York 1949. — Helfferich, F.: Ionenaustauscher, Bd. 1, Grundlagen, Verlag Chemie, Weinheim/Bergstr. 1959. Umfangreiche Anwendungen und Literatur bei O. Samuelson. Ion Exchanges in Analytical Chemistry. John Wiley and Sons, New York 1952.

[1] Teorell, T.: Proc. Soc. Exp. Biol. **33**, 282 (1935).

[2] Meyer, K. H., u. J. F. Sievers: Helv. Chim. Acta **19**, 649, 665, 987 (1936). — Meyer, K. H., H. Hauptmann u. J. F. Sievers: Helv. Chim. Acta **19**, 948 (1936). — Meyer, K. H., u. P. Bernfeld: Helv. Chim. Acta **28**, 962, 972, 980 (1945). — Zusammenfassende Arbeit von E. Manegold u. K. Kalauch: Kolloid-Z. **86**, 186 (1939), die auch die Bezeichnung Membranpotential näher definieren.

besonders von G. MANECKE[3], K. F. BONHOEFFER u. Mitarb.[4], R. SCHLÖGL[5], F. HELFFERICH[6] sowie G. SCHMID[7] fortgeführt worden.

Das gesamte Membranpotential $\varepsilon_M$ der betrachteten Art setzt sich additiv aus 3 Potentialdifferenzen (Galvani-Spannungen) zusammen, wie es die Abb. 20 schematisch zeigt. An den beiden Oberflächen der Ionenaustauscher-Membran bilden sich Donnan-Potentialdifferenzen $\varepsilon_d = \varphi_{1,2}$ und $\varepsilon_d = \varphi_{2,3}$ bei der Einstellung des Donnan-Gleichgewichts nach § 35 aus. Sind die Konzentrationen $c_1$ und $c_3$ ungleich, so sind auch die Konzentrationen unmittelbar an den Oberflächen innerhalb des Austauschers auf Grund der Donnan-Gleichgewichte verschieden. Durch die Membran hindurch müssen sich diese Konzentrationsdifferenzen ausgleichen. Es besteht daher in der Membran ein Konzentrationsgefälle, das zu einer Diffusionspotentialdifferenz $\varepsilon_D$ führt und von einer (meist geringfügigen) Diffusion begleitet ist. Das Membranpotential ist infolgedessen kein reines Gleichgewichtspotential. In gewissen Grenzfällen jedoch, wenn die Außenkonzentration *$c_1$ und $c_3$ klein gegenüber der Konzentration* $c_R$ der Festionen sind, wird das Diffusionsglied $\varepsilon_D$ vernachlässigbar klein, so daß sich $\varepsilon_M$ einer Gleichgewichtspotentialdifferenz nähert.

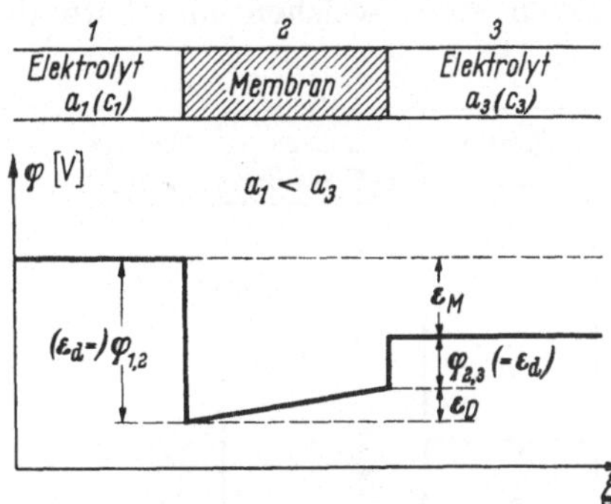


Abb. 20. Schematischer Verlauf des Potentials durch eine Ionenaustauscher-Membran (Kationenaustauscher)

Das Membranpotential $\varepsilon_M$ ist daher

$$\varepsilon_M = \varphi_{1,2} + \varepsilon_D + \varphi_{2,3} \tag{1.101}$$

nach Abb. 20 und dem zuvor Gesagten. Für einen *1,1-wertigen Elektrolyten* werden die Größen der Donnan-Potentialdifferenzen $\varphi_{1,2}$ und $\varphi_{2,3}$ durch Gl. (1.84) angegeben. Das Membranpotential $\varepsilon_M$ ist daher

$$\begin{aligned}\varepsilon_M &= \frac{RT}{F}\cdot\left(\ln\frac{a_1}{a_3} + \ln\frac{\sqrt{4a_3^2 + (z_R c_R f'_\pm)^2} + z_R c_R f'_\pm}{\sqrt{4a_1^2 + (z_R c_R f_\pm)^2} + z_R c_R f_\pm}\right) + \varepsilon_D = \\ &= \frac{RT}{F}\cdot\left(\ln\frac{a_3}{a_1} + \ln\frac{\sqrt{4a_1^2 + (z_R c_R f_\pm)^2} - z_R c_R f_\pm}{\sqrt{4a_3^2 + (z_R c_R f'_\pm)^2} - z_R c_R f'_\pm}\right) + \varepsilon_D = \\ &= \frac{1}{2}\cdot\frac{RT}{F}\cdot\ln\frac{(x_1 - A)(x_3 + A')}{(x_1 + A)(x_3 - A')} + \varepsilon_D\end{aligned} \tag{1.102}$$

mit $x = \sqrt{4a^2 + (A^2, A'^2)}$, $A = z_R c_R f_\pm$, $A' = z_R c_R f'_\pm$.

[3] MANECKE, G., u. K. F. BONHOEFFER: Z. Elektrochem. **55**, 475 (1951). MANECKE, G.: Z. Elektrochem. **55**, 672 (1951); Z. physik. Chem. **201**, 193 (1952).

[4] BONHOEFFER, K. F., L. MILLER u. U. SCHINDEWOLF: Z. physik. Chem. **198**, 270 (1951). — BONHOEFFER, K. F., u. U. SCHINDEWOLF: Z. physik. Chem. **198**, 281 (1951).

[5] SCHLÖGL, R., u. F. HELFFERICH: Z. Elektrochem. **56**, 644 (1952). — SCHLÖGL, R.: Z. Elektrochem. **57**, 195 (1953).

[6] HELFFERICH, F.: Z. Elektrochem. **56**, 947 (1952); Ionenaustauscher, Bd. 1, Grundlagen, Verlag Chemie, Weinheim/Bergstr. 1959.

[7] SCHMID, G.: Z. Elektrochem. **54**, 424 (1950); **55**, 229, 295, 684 (1951); **56**, 181 (1952). — SCHMID, G., u. H. SCHWARZ: Z. Elektrochem. **56**, 35 (1952).

Alle drei Formen sind identisch. Die erste Form ist besser für Anionenaustauscher ($z_R > 0$) und die zweite für Kationenaustauscher ($z_R < 0$) zu verwenden. $f_\pm$ ist der mittlere Aktivitätskoeffizient für die Konzentration im Ionenaustauscher unmittelbar an der Phasengrenze 1,2 (Abb. 21) und $f'_\pm$ an der Phasengrenze 2,3. Die Konzentrationsverteilung in der Membran hat den in Abb. 21 schematisch dargestellten Verlauf. Die Konzentrationen der Anionen und Kationen, die in der Außenlösung gleich sind, weichen innerhalb der Membran voneinander ab, denn zur Erhaltung der Neutralität muß für einen 1,1-wertigen Elektrolyten gelten:

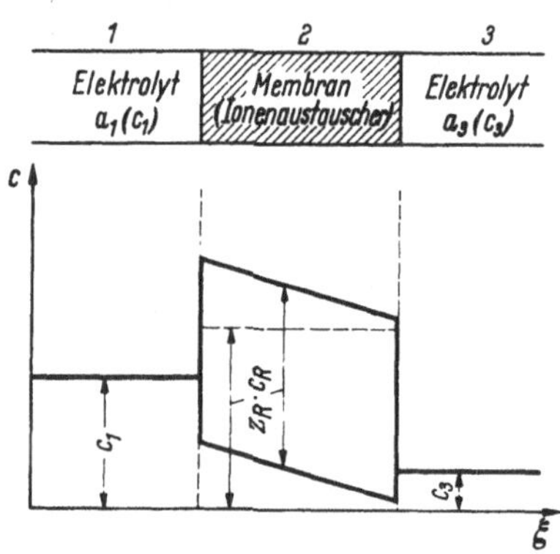


Abb. 21. Konzentrationsverlauf in einer Ionenaustauscher-Membran bei $c_1 \neq c_3$. Für Kationenaustauscher: obere Kurve ${}_2c_K$, untere Kurve ${}_2c_A$. Für Anionenaustauscher umgekehrt

$$ {}_2c_A - {}_2c_K = z_R \cdot c_R = \text{konst}\,. \qquad (1.103)$$

Ist die *Austauschkapazität* der Membran $|z_R| \cdot c_R \gg c_1, c_3$, so wird auf Grund des Donnan-Gleichgewichtes die Konzentration der „austauschenden" Ionen innerhalb des Austauschers $c_2 \approx |z_R| \cdot c_R$ sein. Die Konzentration der Gegenionen ist in diesem Fall $c'_2 \approx c^2/|z_R| \cdot c_R$ [vgl. Gl. (1.80)], wenn $c$ die Konzentration in der Außenlösung ist. Die Konzentration der Gegenionen ist daher im Austauscher dann sehr klein und folglich ist auch das Konzentrationsgefälle dieser Ionenart innerhalb des Austauschers entsprechend klein. Nach Gl. (1.103) muß aber $\partial c_K/\partial \xi = \partial c_A/\partial \xi$ sein. Das Konzentrationsgefälle der „austauschenden" Ionen ist also wie das der Gegenionen sehr gering. Die Diffusionspotentialdifferenz $\varepsilon_D$ wird infolgedessen vernachlässigbar klein. Auch das 2. Glied in der Klammer von Gl. (1.102) geht in der ersten Fassung nach null, wenn $z_R > 0$ (Anionenaustauscher) ist und in der zweiten Fassung, wenn $z_R < 0$ (Kationenaustauscher) ist. Das *Membranpotential* $\varepsilon_M$ vereinfacht sich also für den Fall $|z_R|\, c_R \gg c_1, c_3$ zu

$$\varepsilon_M = \pm \frac{RT}{F} \cdot \ln \frac{a_1}{a_3} \qquad (1.104)$$
$$|z_R|\, c_R \gg c_1, c_3$$
(+ Anionen-, − Kationenaustauscher)

Das Membranpotential entspricht in diesem Fall der reversiblen Verdünnungsarbeit und nimmt den Wert einer Konzentrationskette ohne Überführung an.

Für den anderen Extremfall, in dem die Austauschkapazität $|z_R| \cdot c_R \ll c_1, c_3$ ist, ergibt sich aus Gl. (1.102) als Näherung für das Membranpotential

$$\varepsilon_M = \frac{RT}{F} \cdot \frac{z_R \cdot c_R}{2} \cdot \left(\frac{f'_\pm}{a_3} - \frac{f_\pm}{a_1}\right) + \varepsilon_D\,. \qquad (1.105)$$

Der erste Ausdruck geht mit wachsender Außenkonzentration nach null. Das Membranpotential $\varepsilon_M$ geht daher in das Diffusionspotential $\varepsilon_D$ über. *Die Größe des Membranpotentials liegt also im allgemeinen Fall zwischen dem einer Konzentrationskette und dem reinen Diffusionspotential.*

MEYER u. SIEVERS[8] haben das Diffusionspotential $\varepsilon_D$ durch die Hendersonsche Formel [Gl. (1.73)] ausgedrückt, und bei Nichtberücksichtigung der Aktivitätskoeffizienten die Beziehung

$$\varepsilon_M = \frac{RT}{F} \cdot \Big( \underbrace{U \cdot \ln \frac{x_3 - A \cdot U}{x_1 - A \cdot U}}_{\text{(HENDERSON)}} + \underbrace{\frac{1}{2} \cdot \ln \frac{(x_1 - A)(x_3 + A)}{(x_1 + A)(x_3 - A)}}_{\text{(DONNAN)}} \Big) \qquad (1.106)$$

$$\text{mit } U = \frac{u_K - u_A}{u_K + u_A}, \quad x = \sqrt{4c^2 + A^2}, \quad A = z_R \cdot c_R$$

für das *gesamte Membranpotential* erhalten. Für ein Verhältnis $c_1/c_3 = 2$ der Außenkonzentration eines 1,1-wertigen Elektrolyten haben MEYER u. SIEVERS nach der von ihnen angegebenen Gl. (1.106) Kurvenscharen für die Funktion $\varepsilon_M = \varepsilon(c_1/z_R c_R)$ mit dem Verhältnis der Beweglichkeiten der Ionen $u_+/u_-$ als Parameter berechnet. Diese Kurven[9] sind in Abb. 22 wiedergegeben.

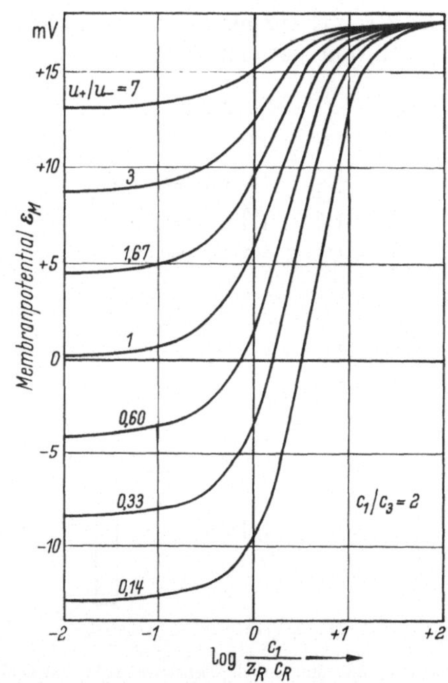


Abb. 22. Membranpotential $\varepsilon_M$ als Funktion von $c_1/z_R c_R$ bei $c_1/c_3 = 2$ mit $u_+/u_-$ als Parameter [nach K. H. MEYER, J. F. SIEVERS: Helv. Chim. Acta **19**, 649 (1936)]

Die Kurvenscharen können für die experimentelle Bestimmung von $z_R \cdot c_R$ und $u_+/u_-$ eines Ionenaustauschers durch Messen des Membranpotentials bei einem Konzentrationsverhältnis $c_1/c_3 = 2$ und Variation der Konzentrationen $c_1$ (und damit auch $c_3$) verwendet werden.

K. F. BONHOEFFER, M. KAHLWEIT u. H. STREHLOW[10] haben Messungen an *flüssigen Membranen mit Ionenaustauscher-Eigenschaften* durchgeführt. Sie verwendeten hierbei das mit Wasser nicht mischbare Chinolin als Membran in wäßriger Elektrolytlösung. Als phasengebundenes Ion wurde das in Chinolin gut, in Wasser schlecht

[8] MEYER, K. H., u. J. F. SIEVERS: Helv. Chim. Acta **19**, 649, 665, 987 (1936).

[9] Siehe auch K. H. MEYER u. H. MARK: Makromolekulare Chemie, 2. Aufl. S. 897. Leipzig 1950.

[10] BONHOEFFER, K. F., M. KAHLWEIT u. H. STREHLOW: Z. Elektrochem. **57**, 614 (1953).

lösliche Chininhydrochlorid verwendet, das in beiden Phasen aufgelöst war. Die Ionen des Chinins im Chinolin wirkten hierbei als Festionen. Die an derartigen Membranen gemessenen Potentialdifferenzen folgten im wesentlichen den angegebenen Gesetzmäßigkeiten an festen Ionenaustauschern. Infolge der Beweglichkeit des Chinins innerhalb der Chinolinphase mußte hierbei berücksichtigt werden, daß die Festionenkonzentration nicht durch die ganze Membran hindurch konstant ist. Derartige Membranen dürften in physiologischer Hinsicht außerordentlich interessant sein.

## § 37. Potentiale an Membransystemen

Technisch interessant sind die an Membransystemen auftretenden Spannungen und sonstige elektrochemische Vorgänge, wie sie von G. MANECKE[1] untersucht wurden. Eine Anordnung von Kationen- und Anionenaustauscher-Membranen in abwechselnder Reihenfolge, die durch Elektrolytlösungen in ebenfalls abwechselnd größerer und kleinerer Konzentration getrennt sind, haben zunächst A. BETHE u. TH. TOROPOFF[2] und später E. MANEGOLD u. K. KALAUCH[3] beschrieben. Aber erst durch die Verwendung von Ionenaustauscher-Membranen großer Austauschkapazitäten, wie sie von G. MANECKE hierfür angewendet wurden, haben Membransysteme technische Bedeutung erlangt. Eine Anordnung der beschriebenen Art zeigt die Abb. 23a. A bedeutet Anionen-, K Kationenaustauscher-Membran. In die beiden äußeren Lösungen führen Metallelektroden, die entweder auf die Anionen oder die Kationen des Elektrolyten mit einem stabilen Gleichgewichtspotential ansprechen müssen. Bei einer KCl-Lösung wären hierfür also z.B. Ag/AgCl-Elektroden zu verwenden. In Abb. 23b ist der Potentialverlauf in einem solchen *Membranakkumulator* angegeben. Hierbei wurde angenommen, daß $c_1 > c_2$ ist. Die einzelnen Membranpotentiale $\varepsilon_M$ addieren sich zur Gesamtspannung $\varepsilon$ des Akkumulators, wie aus der Abb. 23 zu ersehen ist. Im vorliegenden Beispiel sind die Potentialdifferenzen an den Metallober-

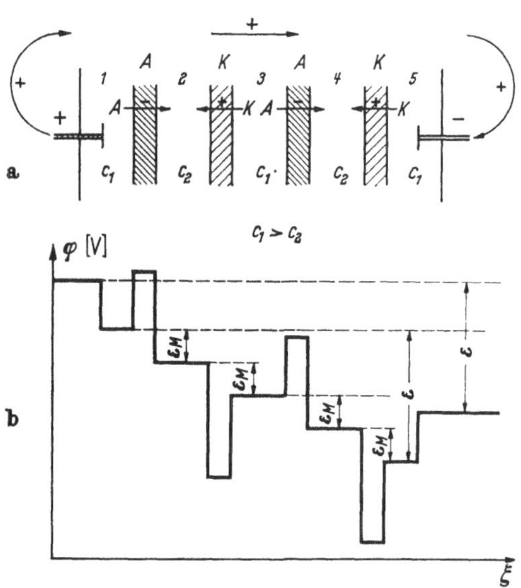


Abb. 23. Anordnung und Potentialverlauf in einem Membran-Akkumulator nach G. MANECKE: Z. physik. Chem. **201**, 1 (1952)

[1] MANECKE, G.: Z. physik. Chem. **201**, 1 (1952).
[2] BETHE, A., u. TH. TOROPOFF: Z. physik. Chem. **88**, 686 (1914); **89**, 597 (1915).
[3] MANEGOLD, E., u. K. KALAUCH: Kolloid-Z. **86**, 313 (1939).

flächen gleich, so daß sie sich gegenseitig kompensieren. Allgemein sind jedoch diese Potentialdifferenzen noch zu berücksichtigen.

Eine derartige Anordnung ist nicht nur eine Spannungs- bzw. Stromquelle, sondern sie kann auch zur Speicherung elektrischer Energie, also als Akkumulator verwendet werden. Hierbei findet eine Überführung des gelösten Salzes von den verdünnten in die konzentrierten Lösungen und bei der Stromentnahme von den konzentrierten in die verdünnten Elektrolytlösungen statt. Bei großer Austauschkapazität und im Verhältnis hierzu kleiner Elektrolytkonzentration enthalten die Kationenaustauscher praktisch nur bewegliche Kationen und die Anionenaustauscher im gleichen Maße nur bewegliche Anionen (Abb. 19). Der Elektrizitätstransport bei Stromfluß erfolgt daher im ersten Fall fast nur durch die Kationen und im anderen Fall fast nur durch Anionen, da erfahrungsgemäß[4] das Verhältnis $u_K/u_A$, das experimentell mit Hilfe von Gl. (1.106) zu ermitteln ist, auch innerhalb der Ionenaustauscher die Größenordnung 1 behält. Bei Stromschluß findet ein Transport an Ionen statt, dessen Richtung in Abb. 23a angegeben ist und der einem Ausgleich der Konzentrationen $c_1$ und $c_2$ entspricht. Wird ein Strom in umgekehrter Richtung hindurchgeschickt (Ladung des Akkumulators), so findet eine Konzentrierung der Elektrolytlösungen 1, 3, 5 bei einem Abfall der Konzentrationen in 2 und 4 statt.

Eine weitere wichtige Anwendung dieser Anordnung ist die *Entsalzung von Wasser* (z. B. Meerwasser), die allerdings erst wirtschaftlich bei Verwendung von Ionenaustauschermembranen mit großer Austauschkapazität werden kann[5]*.

## § 38. Die Glaselektrode

Die Glaselektrode dient zur elektrochemischen Bestimmung des $p_H$-Wertes von Elektrolytlösungen und wurde erstmalig von M. Cremer[1] als $p_H$-Meßelektrode angegeben und auf Grund der ausführlichen Untersuchung von F. Haber u. Z. Klemensiewicz[2] in die Meßtechnik eingeführt. Sie besteht aus einem sehr dünnen Glaskölbchen von meistens 1 bis 3 cm Durchmesser und einer Wanddicke der Glasmembran von 0,01 bis 0,001 mm. Das Kölbchen ist mit einer Bezugslösung bekannten $p_H$-Wertes gefüllt, in die ein Ableitelektrodenmetall eintaucht, das mit der Bezugslösung ein definiertes Potential bildet, wie es die Abb. 24 zeigt. Der dünnwandige Glaskolben wird in die zu messende Elektrolytlösung eingetaucht, die ihrerseits in elektrolytischer Verbindung mit

[4] Nach G. Manecke u. K. F. Bonhoeffer: Z. Elektrochem. **55**, 475 (1951); Manecke, G.: Z. physik. Chem. **201**, 193 (1952).

[5] Diskussionsbemerkungen G. Manecke u. G. E. Boyd: Z. Elektrochem. **57**, 161 (1953).

* Die reversible Arbeit fur die Überfuhrung eines Salzes der Konzentration $c_0$ in eine sehr große Losungsmenge der gleichen Konzentration ist gleich der osmotischen Arbeit $p \cdot \Delta V = 2n \cdot RT$ fur ein binäres Salz. Hierin ist $n$ die Zahl der Mole Salz. Für eine 0,55 molare NaCl(Meerwasser)-Lösung werden daher minimal $1100 \cdot RT/\mathrm{m}^3 = 630$ kcal/m³ = 0,73 kWh/m³ benötigt.

[1] Cremer, M.: Z. Biol. **47**, 562 (1906).

[2] Haber, F., u. Z. Klemensiewicz: Z. physik. Chem. **67**, 385 (1909).

einer anderen Bezugselektrode, z. B. Kalomel- oder Silberchloridelektrode steht. Aus der Zellspannung dieser Kette kann der $p_H$-Wert der zu messenden Lösung bestimmt werden. Eine ausführliche Darstellung der Glaselektrode in Theorie und Praxis hat L. KRATZ[3] gegeben.

An der Glasmembran stellt sich zwischen den beiden Elektrolytlösungen innerhalb und außerhalb des Kölbchens eine Potentialdifferenz ein. Dieses Membranpotential $\varepsilon_M = \varphi_i - \varphi_a$ (Index $i$ = Innenlösung, $a$ = Außenlösung) hat auf Grund experimenteller Ergebnisse im $p_H$-Bereich von 1 bis 9 die Größe

$$\varepsilon_M = \frac{RT}{F} \cdot \ln \frac{{}_a a_{H^+}}{{}_i a_{H^+}} = 2{,}30 \cdot \frac{RT}{F} \cdot ({}_i p_H - {}_a p_H) \,. \qquad (1.107)$$

Bei kleinerem oder größerem $p_H$-Wert treten Abweichungen vom linearen Verlauf dieser Funktion $\varepsilon(p_H)$ auf. In Lösungen von $p_H > 9$ spricht die Glasmembran mit wachsendem $p_H$-Wert immer stärker auf andere Kationen ($Na^+$, $K^+$, $NH_4^+$ usw.) an[4], wodurch eine exakte $p_H$-Messung nicht mehr möglich ist. Außerdem wird in stark alkalischen Lösungen das Glas langsam gelöst[5]. In stark sauren Lösungen von $p_H < 1$ wird der Einfluß des $p_H$-Wertes auf das Membranpotential $\varepsilon_M$, wie in starken alkalischen Lösungen ($p_H > 9$), geringer als nach Gl. (1.107) folgen würde[4]. Wie DOLE[6] nachwies, ist jedoch dieser Säurefehler im Gegensatz zum Alkalifehler unabhängig von den Anionen oder Kationen.

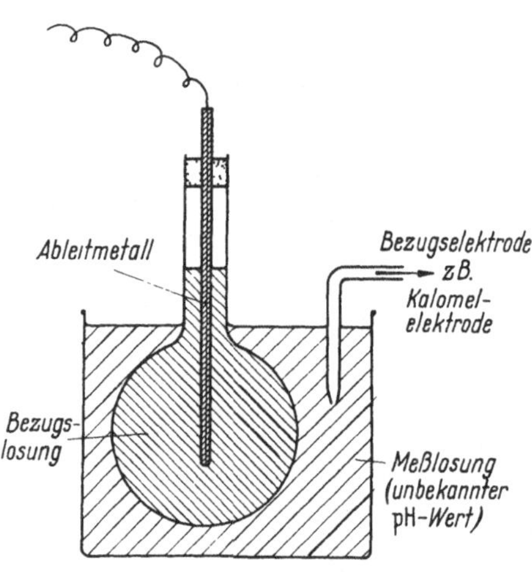


Abb. 24. Schematischer Aufbau einer Glaselektrodenkette

Die Glaselektrode ist vollständig unempfindlich gegen oxydierende und reduzierende Substanzen wie es schon W. S. HUGHES[7] nachwies. Diese Erkenntnis gab den eigentlichen Anstoß zu ihrer praktischen Verwendung. Auch zeigt die Glaselektrode keine Beeinflußbarkeit durch die üblichen Elektrodengifte, wie z. B. As-, S-, $CN^-$-haltige Substanzen, hochmolekulare organische Stoffe. Ebenfalls bewirkt die Anwesenheit von

[3] KRATZ, L.: Die Glaselektrode und ihre Anwendungen. D. Steinkopff, Frankfurt a. M. 1950, 2. Aufl.

[4] MACINNES, D. A., u. M. DOLE: Ind. Eng. Chem. Anal. Ed. **1**, 57 (1929); J. gen. Physiol. **12**, 805 (1929); J. Am. Soc. **52**, 29 (1930); besonders D. A. MACINNES u. D. BELCHER: J. Am. Soc. **53**, 3315 (1931). — DOLE, M.: J. Am. Soc. **53**, 4260 (1931); **54**, 2120, 3095 (1932); J. phys. Chem. **36**, 1570 (1932). — DOLE, M.: Die Glaselektrode, Methoden, Anwendung und Theorie. New York 1941.

[5] DOLAN, R. F., u. S. R. SCHOLES: J. Amer. Ceram. Soc. **23**, 91 (1940).

[6] DOLE, M.: J. Am. Soc. **54**, 2120, 3095 (1952). — DOLE, M., R. M. ROBERTS u. C. E. HOLLEY JR.: J. Am. Soc. **63**, 725 (1941); Glastechn. Ber. **20**, 158 (1942).

[7] HUGHES, W. S.: J. Am. Soc. **44**, 2860 (1922).

Schwermetall- und Edelmetallsalzen keinen Potentialfehler gegenüber Gl. (1.107)[8]. Sie ist daher universell für die $p_H$-Messung verwendbar.

Die Lösung in dem Glaskölbchen muß einen stabilen $p_H$-Wert besitzen, d. h. sie muß möglichst gepuffert sein, und sie muß mit dem Ableitmetall unter Umständen als Elektrode 2. Art eine gut definierte, stabile Potentialdifferenz bilden. Als die gebräuchlichsten und zuverlässigsten Zusammenstellungen seien genannt: Standardacetat*($p_H$=4,62) oder 0,1 n HCl, beide mit Chinhydronzusatz und Pt-Ableitung und 0,1 n HCl (auch andere $Cl^-$-Ionenkonzentration) mit einer Ag/AgCl-Ableitung (Silberdraht mit AgCl überzogen).

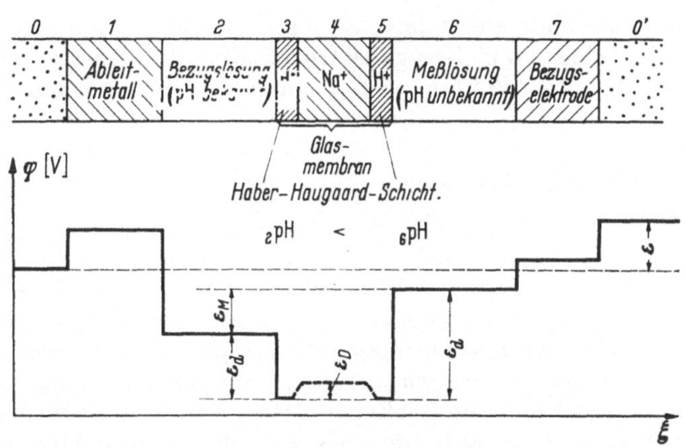


Abb. 25. Phasenschema einer Glaselektrodenkette und der wahrscheinliche schematische Potentialverlauf (Vorzeichen und Größe der Potentialsprunge meistens unbekannt)

Die Vorgänge, die zur Bildung des hier auftretenden Membranpotentials $\varepsilon_M$ führen, sind noch nicht vollständig geklärt. Von den verschiedenen Theorien, die teilweise nicht sehr unterschiedlich in ihren eigentlichen Grundlagen sind, ist die *Ionenaustauschtheorie* von K. Horovitz[9] die wahrscheinlichste. In Arbeiten des letzteren sowie von D. A. MacInnes, M. Dole und G. Haugaard[10] ist ein quantitativer Austausch der $Na^+$-Ionen des Glases mit den $H^+$-Ionen der Elektrolytlösungen wenigstens in einer dünnen Oberflächenschicht festgestellt worden. Auf Grund der Überführungsversuche von G. Haugaard[11] wird andererseits der Leitungsmechanismus in der Glasmembran nur durch die $Na^+$-Ionen

[8] Kratz, L.: Die Glaselektrode und ihre Anwendung. D. Steinkopff Frankfurt a. M.: 1950, S. 75.

* Unter einer Standardacetatlösung wird eine Lösung von 0,1 m Essigsäure + + 0,1 m Na-Acetat verstanden.

[9] Horovitz, K.: Z. Physik **15**, 369 (1923); Nature **127**, 440 (1931).

[10] Horovitz, K., u. J. Zimmermann: Sitzber. Akad.Wiss.Wien **134**, 355 (1925).— MacInnes, D. A., u. M. Dole: J. Am. Soc. **52**, 29 (1930). — Haugaard, G.: Kemisk Maanedsblad **17**, 33 (1936); Tidsskr. Kjemi Bergvesen **17**, 87 (1937); Compt. rend. Lab. Carlsberg Sér. chim. **22**, 199 (1938); Glastechn. Ber. **17**, 104 (1939); J. phys. Chem. **45**, 148 (1941).

[11] Haugaard, G.: Compt. rend. Lab. Carlsberg Sér. chim. **22**, 199 (1938); Glastechn. Ber. **16**, 370 (1938); J. phys. Chem. **45**, 148 (1941).

und nicht durch $H^+$-Ionen bewirkt. Bei Ersatz der $Na^+$-Ionen durch $H^+$-Ionen wird der Widerstand größer. Diese Beobachtungen führen zu einem etwas modifizierten *Haberschen Dreischichtenaufbau*[2] der Glaselektrodenmembran. Es werden zwei äußere Schichten, in denen die $Na^+$-Ionen durch $H^+$-Ionen ausgetauscht sind, und eine im wesentlichen unveränderte innere Glasschicht, die $Na^+$-Ionenleitfähigkeit aufweist, angenommen. Für die beiden äußeren Schichten gelten die Gesetze für den Ionenaustausch, so daß die Potentialdifferenzen Lösung/Ionenaustauschschicht Donnan-Potentiale sind (§§ 34, 35). Der Aufbau einer Glaselektrodenkette wäre daher im Phasenschema wie in Abb. 25 darzustellen.

Die Potentialdifferenzen ${}_0\varphi - {}_2\varphi = \varepsilon_{0,2}$ und ${}_6\varphi - {}_{0'}\varphi = \varepsilon_{6,0'}$ hängen nur von den Ableit- und Bezugselektroden ab und sollen hier nicht diskutiert werden. Der Wert $\varepsilon_{0,2} + \varepsilon_{6,0'}$ kann experimentell durch Überbrücken der Glaselektrode mit einer konz. KCl-Lösung (Stromschlüssel) gemessen werden.

Die Größen $\varepsilon_{2,3}$ und $\varepsilon_{5,6}$ sind Donnan-Potentiale nach der Beziehung Gl. (1.94)

$$\varepsilon_{2,3} = {}_2\varphi - {}_3\varphi = \frac{RT}{F} \cdot \ln \frac{{}_3a_{H^+}}{{}_2a_{H^+}} \qquad \varepsilon_{5,6} = {}_5\varphi - {}_6\varphi = \frac{RT}{F} \cdot \ln \frac{{}_6a_{H^+}}{{}_5a_{H^+}}.$$

Solange ${}_2a_{H^+} \ll {}_3a_{H^+}$ und ${}_6a_{H^+} \ll {}_5a_{H^+}$ sind, solange also der $p_H$-Wert nicht zu klein (negativ) wird, können ${}_3a_{H^+}$ unabhängig von ${}_2a_{H^+}$ und ${}_5a_{H^+}$ unabhängig von ${}_6a_{H^+}$ angesehen werden. Dann ist ${}_3c_{H^+} \approx |z_R| \cdot {}_3c_R$ und ${}_5c_{H^+} \approx |z_R| \cdot {}_5c_R$. Die Austauschkapazitäten ${}_3c_R$ und ${}_5c_R$ werden angenähert gleich sein, da es sich um chemisch gleiche Schichten handelt. Infolgedessen kann ${}_3a_{H^+} \approx {}_5a_{H^+}$ gesetzt werden*, und es wird

$$\varepsilon_{2,3} + \varepsilon_{5,6} = \frac{RT}{F} \cdot \ln \frac{{}_6a_{H^+}}{{}_2a_{H^+}} = 2{,}30 \cdot \frac{RT}{F} \cdot ({}_2p_H - {}_6p_H). \tag{1.108}$$

Am ungeklärtesten sind die Potentialdifferenzen $\varepsilon_{3,4}$ und $\varepsilon_{4,5} = -\varepsilon_{5,4}$. Da die Schichten 3 und 5 in ihren Ionenkonzentrationen und sonstigen Eigenschaften angenähert gleich sein werden, ist es plausibel, wenn

$$\varepsilon_{3,4} = \varepsilon_{5,4} = -\varepsilon_{4,5}, \quad \text{also} \quad \varepsilon_{3,4} + \varepsilon_{4,5} = 0 \tag{1.109}$$

gesetzt wird, ganz gleich, welche Ursache für die Bildung dieser Potentialdifferenzen verantwortlich gemacht werden soll. Wahrscheinlich ist die Ausbildung eines Diffusionspotentials $\varepsilon_D$ in der Art der Flüssigkeitsdiffusionspotentiale (§ 27 bis 32), da sowohl die $H^+$-Ionen als auch die $Na^+$-Ionen in der Glasmembran gewisse Beweglichkeiten haben. Aus Gl. (1.108) und (1.109) ergibt sich schließlich das ganze Membranpotential

$$\varepsilon_M = \varepsilon_{2,3} + \varepsilon_{3,4} + \varepsilon_{4,5} + \varepsilon_{5,6}$$

zu dem in Gl. (1.107) angegebenen experimentellen Wert.

Gl. (1.107) stimmt in der $p_H$-Abhängigkeit im angegebenen $p_H$-Bereich im allgemeinen gut mit den experimentellen Ergebnissen überein. Sie

* Dieses entspricht der Haberschen Annahme [Z. physik. Chem. **67**, 385 (1909)] von Grenzschichten mit gleichen $H^+$-Ionenkonzentrationen.

muß aber meist noch um ein konstantes additives Glied $\varepsilon_{as}$ erweitert werden. $\varepsilon_{as}$ wird nach W. S. HUGHES[12] *Asymmetriepotential* genannt, das bereits von M. CREMER beobachtet wurde und von einer Reihe anderer Autoren eingehend untersucht wurde[13]. Bei gleicher Wahl der Ableit- und Bezugselektroden sowie gleichem inneren und äußeren $p_H$-Wert ist die gemessene Zellspannung das Asymmetriepotential $\varepsilon = \varepsilon_{as}$. Die Ursache für das Auftreten eines Asymmetriepotentials dürfte in verschiedenen Austauschkapazitäten $c_R$ der inneren und der äußeren Quellschicht zu suchen sein. Gl. (1.108) und (1.109) würden sich hierbei um ein additives Glied ändern.

Die Ursache für die Abweichung des Glaselektrodenpotentials von der Beziehung Gl. (1.107) in *stark sauren Elektrolyten* mit $p_H < 1$ wäre nach Gl. (1.83) und (1.84) für ${}_2a_{H^+} > c_R \cdot f_{\pm}$ auf ein Auftreten von Anionen in der Quellschicht zurückzuführen, das ein Abweichen des Donnan-Potentials von Gl. (1.108) und in schwer übersehbarer Weise eine Änderung von $\varepsilon_{3,4}$ bzw. $\varepsilon_{4,5}$ zur Folge hat. Auf letzteres wurde in der Literatur bisher nicht Rücksicht genommen.

In *alkalischer Lösung* mit $p_H > 9$ werden schließlich auf Grund des Donnan-Gleichgewichtes $a_{Me^+} \cdot {}_Ra_{H^+}/a_{H^+} \cdot {}_Ra_{Me^+} = K$ neben $H^+$-Ionen in steigendem Maße Metallionen des Elektrolyten in die Austauschschicht aufgenommen, so daß ${}_Ra_{H^+}$ kleiner als im Bereich $p_H = 1$ bis 9 wird. Die Größe von $K$ ist für den $p_H$-Wert des Beginns der Alkaliabhängigkeit maßgebend. Auf diese Verkleinerung von ${}_Ra_{H^+}$ in alkalischer Lösung ist der experimentell beobachtete Alkalifehler zurückzuführen.

## § 39. Die Membranelektrode

Als Membranelektrode soll eine Meßkette bezeichnet werden, die in gleicher Weise wie die Glaselektrode auf den Konzentrationsunterschied bestimmter Kationen oder Anionen in der Innen- oder Außenlösung anspricht. So hatten bereits K. HOROVITZ, H. SCHILLER und J. ZIMMERMANN[1] ein konzentrationsrichtiges Ansprechen von Glaselektroden besonderer Glassorten auf $Na^+$-, $K^+$-, $Ag^+$-, $Zn^{++}$-, $Cu^{++}$-Ionen entsprechend Gl. (1.107) festgestellt. Auch andere Autoren bestätigen

[12] HUGHES, W. S.: J. Chem. Soc. **1928**, 491.

[13] KERIDGE, P. M. T.: Biochem. J. **19**, 611 (1925). — ELDER JR., L. W.: J. Am. Soc. **51**, 3266 (1929). — MACINNES, D. A., u. M. DOLE: J. Am. Soc. **52**, 29 (1930). — ZIRKLER, J.: Z. physik. Chem. **155**, 75 (1931); Z. Physik **77**, 126 (1932). — KAHLER, H., u. F. DE EDS: J. Am. Soc. **53**, 2998 (1931). — MACINNES, D. A., u. D. BELCHER: Ind. Eng. Chem. Anal. Ed. **5**, 199 (1933). — HAUGAARD, G.: Compt. rend. Lab. Carlsberg **20**, Nr. 9, 1 (1934); Biochem. Z. **274**, 231 (1934); Tidsskr. Kjemi Bergvesen **17**, 53 (1937); Compt. rend. Lab. Carlsberg Sér. chim. **22**, 199 (1938). — YOSCHIMURA H.: J. Biochem. **23**, 91 (1936); Bull. Chem. Soc. Japan **12**, 359, 443 (1937). — DALLEMAGUE, M. J.: Biochem. Z. **291**, 159 (1937). — BRÄUER, W.: Diss. Leipzig 1940; Glastechn. Ber. **19**, 268 (1941); Z. Elektrochem. **47**, 638 (1941). — KRATZ, L.: Glastechn. Ber. **20**, 15 (1942).

[1] HOROVITZ, K.: Z. Physik **15**, 369 (1923); Z. physik. Chem. **115**, 424 (1925); Sitzber. Akad. Wiss. Wien **134**, 335 (1925). — HOROVITZ, K., u. J. ZIMMERMANN: Sitzber. Akad. Wiss. Wien **134**, 355 (1925). — SCHILLER, H.: Ann. Physik **74**, 105 (1924).

diese Ergebnisse, wie G. Trümpler[2] und B. v. LENGYEL, J. VINCZE[3] für $Na^+$-Ionen und G. BUCHBÖCK[4] für die $Ag^+$-Ionen. Der Mechanismus dürfte hierbei der gleiche sein wie bei der auf den $p_H$-Wert ansprechenden Glaselektrode. Statt der dort durch Austausch aufgenommenen $H^+$-Ionen werden hier die entsprechenden Metallionen in der Austauschschicht enthalten sein.

So konnten C. E. MARSHALL u. Mitarb.[5] an Zeolithmembranen, M. R. J. WYLLIE u. H. W. PATNODE[6] an Membranen aus Ionenaustauscherkörnern, die durch eine neutrale Stützsubstanz zusammengehalten wurden, und G. MANECKE[7] mit Hilfe von synthetischen hochaktiven Ionenaustauschermembranen durch Messen des Membranpotentials eine *Methode zur Bestimmung der Konzentration (Aktivität) von Alkali-Ionen* angeben. U. SCHINDEWOLF u. K. F. BONHOEFFER[8] haben diese Methode nicht nur auf einwertige, sondern auch auf zweiwertige Metallionen erweitert und auf die Bestimmung von Dissoziationsgleichgewichten an Polyphosphaten angewendet. Das Membranpotential wird hierbei durch Gl. (1.102) bzw. (1.104), (1.105) oder (1.106) wiedergegeben. Besonders unter der Bedingung der Gl. (1.104) $a \ll |z_R| \cdot c_R$ ist eine einfache Auswertung möglich.

## C. Elektrolytische Doppelschicht und Elektrokapillarität

### § 40. Theorie der elektrolytischen Doppelschicht

An der Phasengrenze zweier Substanzen, in der vorliegenden Betrachtung vorwiegend Metall/Elektrolyt, bildet sich im allgemeinen eine elektrische Potentialdifferenz aus, wie es in den vorangehenden Kapiteln beschrieben wurde. Zur Ausbildung dieser Potentialdifferenz muß nach HELMHOLTZ[1] die eine Phase eine positive und die andere Phase eine negative Ladung an der Phasengrenze tragen, wie es die Platten eines geladenen Kondensators aufweisen. An der Phasengrenze müssen danach eine positiv und eine negativ geladene Schicht in einem gewissen Abstand auftreten, die zusammen die elektrolytische „Doppelschicht" bilden[2]. Das Bild der Doppelschicht nach HELMHOLTZ ist genau das eines Plattenkondensators, wie es in Abb. 26a dargestellt wird.

---

[2] TRÜMPLER, G.: Z. Elektrochem. **30**, 103 (1924).
[3] v. LENGYEL, B., u. J. VINCZE: Glastechn. Ber. **18**, 273 (1940).
[4] BUCHBÖCK, G.: Z. physik. Chem. **156**, 232 (1931).
[5] MARSHALL, C. E., u. W. BERGMANN: J. Am. Soc. **63**, 1911 (1941); J. Phys. Chem. **46**, 52 (1942). — MARSHALL, C. E., u. C. A. KRINBILL: J. Am. Soc. **64**, 1814 (1942); J. Phys. Chem. **46**, 1077 (1942). — MARSHALL, C. E.: J. Phys. Chem. **48**, 67 (1944). — MARSHALL, C. E., u. A. D. AYERS: J. Am. Soc. **70**, 1297 (1948).
[6] WYLLIE, M. R. J., u. H. W. PATNODE: J. physic. Coll. Chem. **54**, 204 (1950).
[7] MANECKE, G.: Z. Elektrochem. **55**, 672 (1951).
[8] SCHINDEWOLF, U., u. K. F. BONHOEFFER: Z. Elektrochem. **57**, 216 (1953).

[1] HELMHOLTZ, H. v.: Wied. Ann. **7**, 337 (1879); Monatsber. Preuß. Akad. Wiss. Nov. 1881.
[2] Einen ausführlichen Überblick der Theorie der elektrolytischen Doppelschicht hat D. C. GRAHAME: Chem. Rev. **41**, 441 (1947) gegeben.

A. GOUY[3] hat die Vorstellung von HELMHOLTZ über die Struktur der Doppelschicht dahingehend erweitert, daß er die Schichten nicht als starr, sondern als diffus annahm, denn durch die Wärmebewegung der Ionen muß eine starre Doppelschicht ständig zerstreut werden. Als treibende Kraft für die Zerstreuung tritt der osmotische Druck der betreffenden Ionen auf, der infolge der höheren Konzentration in der Doppelschicht größer ist als im Lösungsinneren. Dieser osmotische Druck stellt sich nach D. L. CHAPMAN[4] mit der elektrostatischen Kraftwirkung ins Gleichgewicht. Für die Ladungsdichte $\varrho$ (Coulb./cm$^3$) und das elektrische Potential $\varphi$ bestehen zwei Bestimmungsgleichungen. Sind $\Delta\varphi$ die Potentialdifferenz gegenüber dem Elektrolytinneren, $c_j$ die Konzentrationen und $z_j$ die Ladungen (in Elementarladungen) der Ionen unter Beachtung des Vorzeichens, so ist die Raumladungsdichte $\varrho$ gleich*

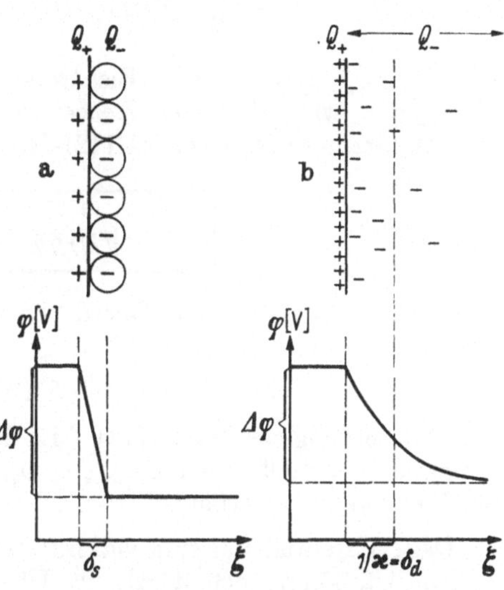


Abb. 26. Ladungsverteilung und Potentialverlauf in der Doppelschicht. a) nach HELMHOLTZ (starr); b) nach GOUY u. CHAPMAN (diffus)

$$\varrho = F \cdot \sum z_j \cdot c_j \cdot \exp\left(-\frac{z_j F}{RT}\Delta\varphi\right). \tag{1.110}$$

Gleichzeitig muß die Poissonsche Gleichung

$$\frac{\partial^2\varphi}{\partial x^2} + \frac{\partial^2\varphi}{\partial y^2} + \frac{\partial^2\varphi}{\partial z^2} = -\frac{4\pi}{D}\cdot\varrho$$

mit $D$ = Dielektrizitätskonstante und $x$, $y$, $z$ = Ortskoordinaten erfüllt sein, so daß für $\Delta\varphi$ die Differentialgleichung

$$\frac{\partial^2\varphi}{\partial x^2} + \frac{\partial^2\varphi}{\partial y^2} + \frac{\partial^2\varphi}{\partial z^2} = -\frac{4\pi F}{D}\sum z_j \cdot c_j \cdot \exp\left(-\frac{z_j \cdot F}{RT}\cdot\Delta\varphi\right) \tag{1.111}$$

besteht.

Dieselbe Gleichung verwenden DEBYE und HÜCKEL[5] für die Ladungsverteilung in der Ionenwolke zur Berechnung der Aktivitäten in Elek-

---

[3] GOUY, A.: J. phys. (4) **9**, 457 (1910); Compt. rend. **149**, 654 (1909); Ann. phys. **7**, 129 (1917).

[4] CHAPMAN, D. L.: Phil. Mag. (6) **25**, 475 (1913); s. auch K. F. HERZFELD: Physik. Z. **21**, 28 (1920).

* Für einen 1,1-wertigen Elektrolyten wäre also $\varrho = -F\cdot c\cdot[\exp(F\cdot\Delta\varphi/RT) - \exp(-F\cdot\Delta\varphi/RT)]$.

[5] DEBYE, P., u. E. HÜCKEL: Physik. Z. **24**, 185 (1923).

trolytlösungen. Für $z_j\, F\, \Delta\varphi / R\,T \ll 1$ geht Gl. (1.111) in

$$\begin{aligned}\frac{\partial^2\varphi}{\partial x^2} + \frac{\partial^2\varphi}{\partial y^2} + \frac{\partial^2\varphi}{\partial z^2} &= -\frac{4\pi F}{D}\cdot\left(\sum z_j c_j - \sum z_j^2 c_j\cdot\frac{F}{RT}\,\Delta\varphi\right) = \\ &= \frac{4\pi F^2}{DRT}\cdot\sum z_j^2 c_j\cdot\Delta\varphi = \varkappa^2\cdot\Delta\varphi\end{aligned} \tag{1.112}$$

über, da $\sum z_j c_j = 0$ ist (Elektroneutralitätsbedingung). Die Größe $\Gamma = \sum z_j^2 c_j$ wird als *ionale Konzentration* des Elektrolyten bezeichnet. Zur Abkürzung wird in Gl. (1.112) der reziproke Abstand $\varkappa$

$$\boxed{\varkappa = \sqrt{\frac{4\pi F^2}{DRT}\cdot\sum z_j^2 c_j}} \tag{1.113}$$

eingeführt. Für die ebene Oberfläche mit $\partial^2\varphi/\partial y^2 = \partial^2\varphi/\partial z^2 = 0$ ergibt sich die Lösung

$$\Delta\varphi = \zeta\cdot\exp(-\varkappa\cdot x) \tag{1.114}$$

der Differentialgleichung (1.112). $\zeta$ ist das Potential der diffusen Doppelschicht an der Stelle $x = 0$ bzw. $\xi = \delta_s$, der größtmöglichen Annäherung der Ionen an die Oberfläche[6].

Das $\zeta$-Potential, das eine charakteristische Größe der diffusen Doppelschicht ist, kann noch durch die Überschußelektrizitätsmenge $Q_e$ im Elektrolyten ausgedrückt werden. Es ist

$$\begin{aligned}Q_e &= \int\limits_0^\infty \varrho\, dx = -\frac{D}{4\pi}\cdot\varkappa^2\cdot\int\limits_0^\infty \Delta\varphi\, dx \\ &= -\frac{D\varkappa^2\cdot\zeta}{4\pi}\cdot\int\limits_0^\infty \exp(-\varkappa\cdot x)\, dx = -\frac{D\cdot\varkappa}{4\pi}\cdot\zeta\,,\end{aligned}$$

also das $\zeta$-Potential

$$\zeta = -\frac{4\pi}{D\cdot\varkappa}\cdot Q_e\,. \tag{1.115}$$

Nach Einsetzen dieses Ausdrucks in Gl. (1.114) folgt

$$\Delta\varphi = -\frac{4\pi}{D\cdot\varkappa}\cdot Q_e\cdot\exp(-\varkappa\cdot x) \tag{1.116}$$

mit der Größe $\varkappa$ nach Gl. (1.113).

In Abb. 27 ist der Konzentrationsverlauf für einen speziellen Fall bei einem 1,1-wertigen Elektrolyten in Abhängigkeit vom Abstand $x = \xi - \delta_s$ mit dem Potentialverlauf $\varphi = \varphi(x)$ dargestellt. Wie aus Abb. 27 und Gl. (1.114) bzw. (1.116) zu ersehen ist, entspricht $1/\varkappa$ ungefähr der Ausdehnung $\delta_d$ der diffusen Doppelschicht. Mit wachsender

[6] Die allgemeine Lösung für $z_j F\cdot\zeta/R\,T \gg 1$ ist von E. J. W. Verwey u. J. Th. G. Overbeck: Theory of Stability of Lyophobic Colloids, Amsterdam 1948, S. 24, behandelt worden.

Konzentration $c$ und größerer Wertigkeit $z_j$ der Ionen nimmt also nach Gl. (1.113) die Ausdehnung der diffusen Doppelschicht stark ab.

Die *Kapazität der diffusen Doppelschicht* $C_d$* ist nach Gl. (1.115) und (1.113) für $z_j F \cdot \zeta / RT \ll 1$ [Gl. (1.112)]

$$\boxed{C_d = -\frac{dQ_e}{d\zeta} = \frac{D}{4\pi} \cdot \varkappa = \sqrt{\frac{D \cdot F^2}{4\pi RT} \cdot \sum z_j^2 c_j}} \qquad (1.117)$$

und somit von der Konzentration des Elektrolyten stark abhängig. Bei der Doppelschichtkapazität werden die *differentielle* Kapazität

$$C_d = -\frac{dQ_e}{d\varepsilon} \qquad (1.118)$$

und die *integrale* Kapazität

$$K_d = -\frac{Q_e}{\varepsilon - \varepsilon_{max}} \qquad (1.119)$$

unterschieden. Zwischen beiden Kapazitäten besteht auf Grund der Definitionsgleichungen (1.118) und (1.119) die Beziehung

$$C_d = K_d + (\varepsilon - \varepsilon_{max}) \cdot \frac{dK_d}{d\varepsilon}. \qquad (1.120)$$

$\varepsilon_{max}$ ist das Potential des elektrokapillaren Maximums, bei dem $Q_e = 0$ ist (§ 42). Beim elektrokapillaren Maximum $\varepsilon = \varepsilon_{max}$ ist nach Gl. (1.120) $C_d = K_d$. Aus Kapazitätsmessungen mit Wechselstrom wird $C_d$ bestimmt.

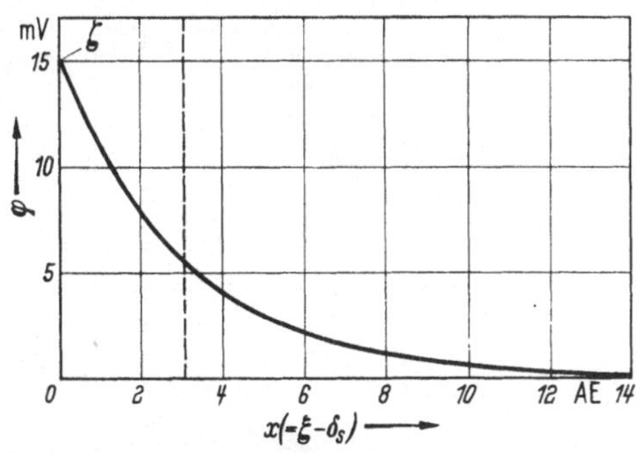


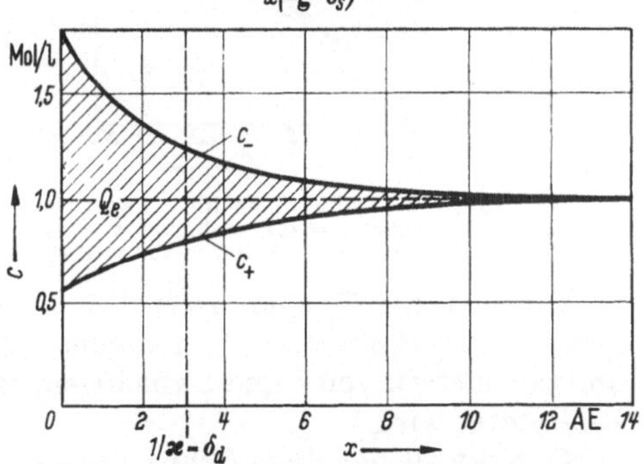


Abb. 27. Konzentrations- und Potentialverlauf in der diffusen Doppelschicht für einen 1,1-wertigen Elektrolyten bei $c = 1$ Mol/l und $\zeta = +15$ mV (ohne Berücksichtigung des Aktivitätskoeffizienten). Temp. = 25° C $x = 0$ bzw. $\xi = \delta_s$ kleinstmöglicher Abstand von der Oberfläche

Bei der Ableitung von Gl. (1.117) wird $z_j F \cdot \zeta / RT \ll 1$ vorausgesetzt, so daß der angegebene Kapazitätswert $C_d = K_d$ die Werte am elektrokapillaren Maximum $\zeta = 0$ darstellt. Für beliebige $\zeta$-Potentiale konnte GRAHAME[7] Gl. (1.111) für einen $z,z$-wertigen Elektrolyten integrieren. Als differentielle Kapazität $C_d$ der

---

* Das Symbol $C_d$ für die Kapazitat der diffusen Doppelschicht ist nicht mit dem gleichen Symbol fur die Diffusionskapazität des komplexen Diffusionswiderstandes (§ 62) zu verwechseln. $D$ ist hier die Dielektrizitätskonstante.

[7] GRAHAME, D. C.: Chem. Rev. **41**, 441 (1947), spez. S. 474, Gl. (47).

diffusen Doppelschicht ergibt sich

$$\boxed{C_d = z F \cdot \sqrt{\frac{D \cdot c}{2 \pi R T}} \cdot \cosh\left(\frac{zF}{2RT} \cdot \zeta\right)} \tag{1.121}$$

Für unsymmetrische Valenztypen folgt eine kompliziertere Gesetzmäßigkeit[8].

V. Freise[9] hat die Theorie der diffusen Doppelschicht von Gouy und Chapman durch Berücksichtigung des Eigenvolumens der hydratisierten Ionen in Analogie zur Eigen-Wickeschen Theorie[10] der starken Elektrolyte erweitert. Abb. 28 zeigt die von Freise berechneten Kapazitäten $C_d$ der diffusen Doppelschicht.

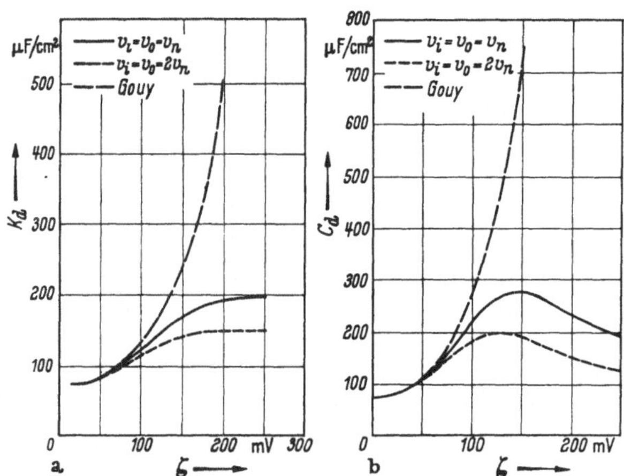


Abb. 28. a) Integrale und b) differentielle Kapazität der diffusen Doppelschicht nach V. Freise bei 0,1 molarer 1,1-Lösung. $v_i$ = Ionenvolumen, $v_0$ = Volumen der Lösungsmittelteilchen, $v_n$ = Normalvolumen = Volumen von vierfach assoziierten Wassermolekeln

Diese Werte $C_d$ sind wesentlich höher als sie experimentell für die Doppelschichtkapazität $C_D$ gefunden wurden. Der Wert von $C_D$ müßte außerdem stark von $c$ und $z$ abhängen, was ebenfalls experimentell nicht beobachtet wird.

O. Stern[11] hat diese Schwierigkeiten dadurch behoben, daß er eine Kombination der Anschauungen von Helmholtz und von Gouy-Chapman verwendete. Die Tatsache, daß sich die Ladung der diffusen Doppelschicht (Index $d$) nach Gouy-Chapman nur bis auf einen kleinstmöglichen Abstand $\delta_s$ den Gegenionen in der anderen (festen) Phase nähern können, bewirkt die Ausbildung einer Helmholtzschen starren Doppelschicht (Index $s$) dieser Dicke. $\delta_s$ dürfte etwa der Radius eines hydratisierten Ions sein (einige AE). Die Kapazität $C_s$ dieser

[8] Grahame, D. C.: J. Chem. Phys. **21**, 1054 (1953).
[9] Freise, V.: Z. Elektrochem. **56**, 822 (1952).
[10] Eigen, M., u. E. Wicke: Naturwiss. **38**, 453 (1951). — Wicke, E., u. M. Eigen: Z. Elektrochem. **56**, 551 (1952); Naturwiss. **39**, 545 (1952); Z. Naturforsch. **8a**, 161 (1953).
[11] Stern, O.: Z. Elektrochem. **30**, 508 (1924).

*Helmholtzschen starren Doppelschicht* ist dann mit der Kapazität $C_d$ der *diffusen Doppelschicht* nach D. C. GRAHAME[12] in Serie zu schalten, so daß die Beziehung

$$\frac{1}{C_D} = \frac{1}{C_s} + \frac{1}{C_d} \qquad (1.122)$$

gelten muß. $C_D$ ist die Kapazität der gesamten Sternschen Doppelschicht. Der Potentialverlauf $\Delta\varphi(\xi)$ in einer derartigen Schicht ist in Abb. 29 dargestellt. D. C. GRAHAME[12, 13] hat umfangreiche Messungen über diese Aufteilung von $C_D$ in $C_s$ und $C_d$ durchgeführt, die in § 41 wiedergegeben werden.

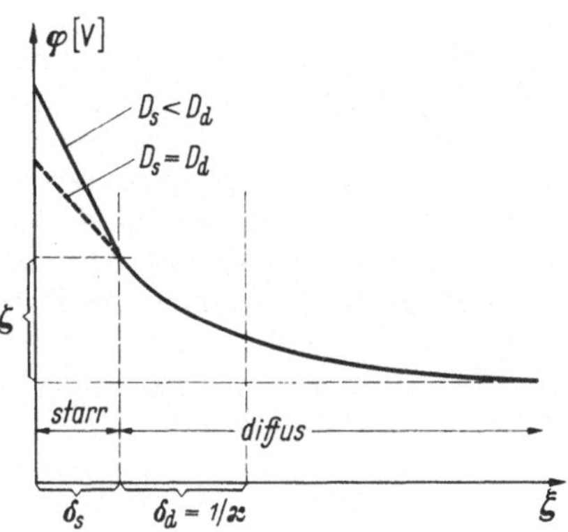


Abb. 29. Aufteilung der Doppelschicht nach STERN in einen starren und einen diffusen Anteil fur die Dielektrizitatskonstanten $D_s < D_d$ und $D_s = D_d$ bei gleicher $Q_e$ in beiden Fallen

Der Potentialabfall in der gesamten Doppelschicht setzt sich also nach Abb. 29 aus einem im allgemeinen großen Anteil innerhalb der starren Doppelschicht und einem Anteil in der diffusen Doppelschicht, der als $\zeta$-Potential bezeichnet wird, zusammen. Dieses $\zeta$-Potential hat in der Elektrodenkinetik für die elektrokinetischen* und die elektrokapillaren Erscheinungen eine große Bedeutung.

Nach O. STERN[11] ist noch eine weitere Komplikation im Bilde der Doppelschicht zu berücksichtigen. Neben der Ausbildung eines starren Anteils auf Grund des minimal möglichen Ionenabstandes von der Oberfläche muß noch die gerichtete spezifische Adsorption von Dipolmolekeln

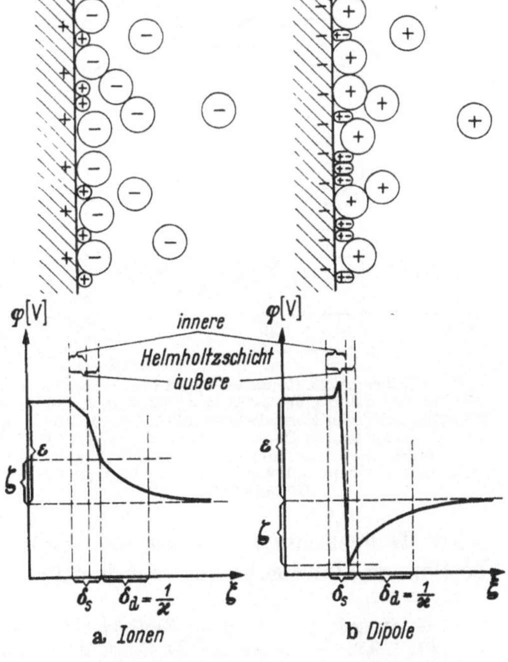


Abb. 30. Potentialverlauf in der Doppelschicht bei Dipol- bzw. Ionenadsorption nach STERN. a) in Richtung des Feldes, b) entgegengesetzt dem Felde

[12] GRAHAME, D. C.: Chem. Rev. **41**, 441 (1947).

[13] GRAHAME, D. C.: J. Am. Soc. **71**, 2975 (1949); J. Chem. Phys. **18**, 903 (1950).

* Elektrophorese, Elektroosmose, Strömungspotential.

und Ionen berücksichtigt werden. Sie führt zu einer Verkleinerung oder Vergrößerung des Potentialunterschiedes $\varepsilon - \zeta$ in der starren Doppelschicht, so wie es die Abb. 30 zeigt. D. C. GRAHAME[12, 13] unterscheidet hierbei eine *innere* Helmholtzsche Doppelschicht als Folge der Adsorption teilweise dehydratisierter Ionen und Dipole und eine *äußere* Helmholtzsche Doppelschicht, die durch den minimalen Abstand $\delta_s$ der solvatisierten Ionen gegeben ist. Es kann vorkommen, daß die innere Doppelschicht, die durch die adsorbierten Ionen oder Dipole an der Oberfläche hervorgerufen wird, bereits eine größere Potentialdifferenz erzeugt, als dem Potential $\varepsilon$ entspricht. Abb. 30b zeigt diesen Fall. Hier müssen dann die beweglichen Ladungen im Metall und in der diffusen Doppelschicht umgekehrt gegenüber Abb. 30a geladen sein.

Hierbei ist zu berücksichtigen, daß die Adsorption von Dipolen und Ionen vom Potentialunterschied $\varepsilon$ abhängt. O. STERN hat auch hierfür einen Ausdruck unter Verwendung der Adsorptionsenergie angegeben.

## § 41. Experimentelle Werte der Doppelschichtkapazität

Die Doppelschichtkapazität hat sowohl am blanken Pt, als auch am Hg und anderen glatten Metalloberflächen eine Größe von etwa 10 bis 40 $\mu$F/cm². Der Wert hängt von der Elektrolytkonzentration und seiner Zusammensetzung und von dem Potential $\varepsilon$ ab. Platiniertes Pt hat dagegen bis zu einem Faktor 1000 größere Doppelschichtkapazitäten bei Bezug auf die geometrische Oberfläche.

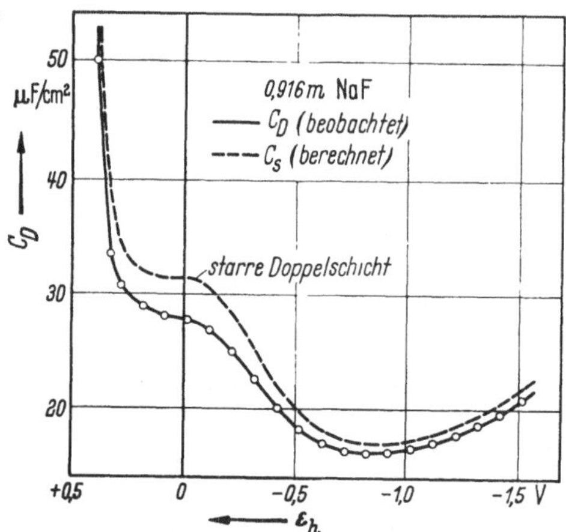


Abb. 31. Differentielle Kapazität $C_D$ an Quecksilber in 0,916 m NaF-Lösung bei 25° C in Abhängigkeit vom Potential $\varepsilon_h$ (gegen Normalwasserstoffelektrode). Kapazität $C_s$ der starren Doppelschicht nach Gl. (1.121) und (1.122) berechnet. Bei $\varepsilon_h = -0{,}192$ Volt (elektrokapillares Maximum) wurde $\zeta = 0$ gesetzt (D. C. GRAHAME[2])

Genau ist bisher nur die Doppelschichtkapazität an der Quecksilberoberfläche untersucht worden. Besonders hat hier D. C. GRAHAME[1, 2] den Einfluß der Konzentration in Abhängigkeit vom Potential sehr gründlich ermittelt und die von ihm aufgestellte Beziehung Gl. (1.121) experimentell bestätigt. GRAHAME konnte die konzentrationsunabhängige Kapazität $C_s$ der Helmholtzschen Doppelschicht von der der diffusen Doppelschicht $C_d$ getrennt bestimmen. Voraussetzung war hierfür, daß ein Elektrolyt verwendet

[1] GRAHAME, D. C.: Chem. Rev. **41**, 441 (1947); J. Am. Soc. **71**, 2975 (1949); **74**, 1207 (1952). — GRAHAME, D. C., u. B. A. SODERBERG: J. Chem. Phys. **22**, 449 (1954). — GRAHAME, D. C.: Proc. CITCE, Bern 1951, **3**, 330 (1952).

[2] GRAHAME, D. C.: J. Am. Soc. **76**, 4819 (1954).

wurde, der nicht oder nur so wenig adsorbiert wird, daß er keinen nennenswerten Beitrag zu einer konzentrationsabhängigen inneren Helmholtz-Schicht liefert*. NaF-Lösung zeigte diese Eigenschaft.

Nach Gl. (1.121) ist die Kapazität $C_d$ der diffusen Doppelschicht um so größer, je größer die Elektrolytkonzentration $c$ ist, so daß sie sich in der Hintereinanderschaltung mit der konstanten Kapazität $C_s$ nach Gl. (1.122) bei wachsendem $c$ immer weniger in der Gesamtkapazität $C_D$ bemerkbar macht. Mit steigendem $c$ geht $C_D \to C_s$. GRAHAME hat daher aus den gemessenen Werten der Gesamtkapazität $C_D$ in 0,916 m NaF-Lösung mit Hilfe von Gl. (1.121) und (1.122) die Kapazität $C_s$ der starren Helmholtzschen Doppelschicht berechnet. Abb. 31 zeigt die gemessenen $C_D$- und berechneten $C_s$-Werte in Abhängigkeit vom Potential $\varepsilon_h$. In Gl. (1.121) geht das $\zeta$-Potential der diffusen Doppelschicht ein, daß am gemessenen Potential $\varepsilon_h = -0{,}192$ Volt des elektrokapillaren Maximums $\zeta = 0$ ist.

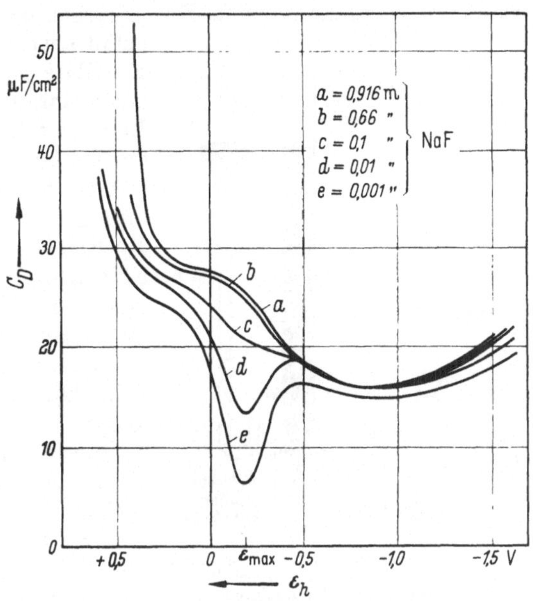

Abb. 32. Differentielle Kapazitat $C_D$ an Quecksilber bei 25° C in Abhängigkeit vom Potential $\varepsilon_h$ (nach GRAHAME[2]). Nach Gl. (1.121) und (1.122) auf Grund der $C_s$-Werte (Abb. 31) berechnete $C_D$-Werte unterscheiden sich nur geringfügig (vielfach garnicht) von den gemessenen Werten. Elektrokapillares Maximum $\varepsilon_{max}$ mit $\zeta = 0$ bei $\varepsilon_h = -0{,}192$ Volt

Mit Hilfe der so ermittelten $C_s$-Werte der Abb. 31 hat GRAHAME wiederum unter Verwendung von Gl. (1.121) und (1.122) die differentiellen Doppelschichtkapazitäten $C_D$ für andere Konzentrationen der NaF-Lösung berechnet. Abb. 32 zeigt die nahezu identischen berechneten und gemessenen Werte. Die gute Übereinstimmung mit den berechneten Werten bestätigt gleichzeitig die Gl. (1.122) mit der ihr zugrunde liegenden Aufteilung in starre und diffuse Doppelschicht, sowie Gl. (1.121) mit der konzentrations- und potentialabhängigen Ladungsverteilung in der diffusen Doppelschicht.

Die scharfen Minima der differentiellen Doppelschichtkapazität in verdünnten Lösungen beim $\zeta$-Potential $\zeta = 0$ (elektrokapillares Maximum) wurden in gleicher Weise wie in Abb. 32 auch schon von VORSINA und FRUMKIN[3] beobachtet und gedeutet.

* Wesentlich ist, daß eine Adsorption dieser Substanz so schwach ist, daß sie die adsorbierten Wassermolekel nicht verdrängen kann.

[3] VORSINA, M., u. A. N. FRUMKIN: Acta physicochim. USSR 18, 242 (1943).

## § 42. Elektrokapillarität

Die Oberflächenspannung $\sigma$ an der Phasengrenze Metall/Elektrolytlösung ist eine Funktion des Potentials $\varepsilon$. Diese Erscheinung wurde zuerst von LIPPMANN[1] quantitativ untersucht und wird Elektrokapillarität genannt. Für die Messung der Oberflächenspannung in Abhängigkeit vom Potential ist das Lippmannsche Kapillarelektrometer gebräuchlich, das schematisch in Abb. 33 wiedergegeben ist.

In den Elektrolyten taucht ein Rohr, das in einer nach unten enger werdenden Kapillare endet. Durch Heben oder Senken des Hg-Niveaugefäßes wird der untere Meniskus in der Kapillare so verschoben, daß er mit einer Marke bei Beobachtung mit einer Lupe zur Deckung kommt. Die Höhe der Hg-Säule ist dann proportional der Oberflächenspannung. Die Elektrolytlösung muß so beschaffen sein, daß die Hg-Elektrode sehr leicht polarisierbar ist, d. h. daß schon ein sehr kleiner kaum meßbarer Strom ausreicht, um das Potential der Hg-Elektrode stark zu verändern. Der Elektrolyt darf daher keine Hg-Salze oder andere kathodisch abscheidbare Kationen und auch keine oxydierbaren oder reduzierbaren Substanzen enthalten (ideal polarisierbare Elektrode).

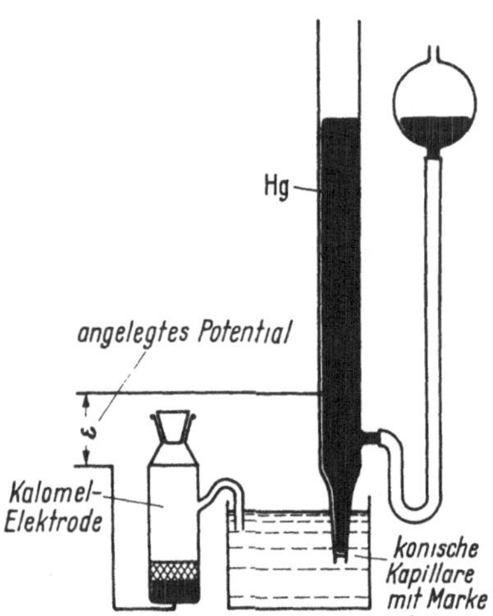


Abb. 33. Apparatur zur Messung des Elektrokapillareffektes am Quecksilber (Lippmannsches Kapillarelektrometer)

Bei Veränderung des angelegten Potentials $\varepsilon$ geht die Oberflächenspannung $\sigma$ durch ein Maximum, das das elektrokapillare Maximum genannt wird. Die Abhängigkeit $\sigma = f(\varepsilon)$ wird durch die Elektrokapillarkurve wiedergegeben. Ausführliche und genaue Messungen haben besonders M. GOUY[2], F. KRÜGER u. H. KRUMREICH[3], F. A. KOENIG[4] und D. C. GRAHAME[5] durchgeführt. Abb. 34 zeigt einige Elektrokapillarkurven. Eine zusammenfassende Darstellung aller elektrokapillaren Erscheinungen ist von A. FRUMKIN[6] und F. A. KOENIG[7] gegeben worden.

Die Theorie dieser Elektrokapillarkurven ist von LIPPMANN und HELMHOLTZ[8] und von GIBBS u. a.[9] auf thermodynamischer Grundlage

[1] LIPPMANN, G.: Pogg. Ann. **149**, 547 (1878); Ann. Chim. Phys. **5**, 494 (1875); **12**, 265 (1877); J. phys. radium (2) **2**, 116 (1883).

[2] GOUY, M.: Ann. chim. phys. (7) **29**, 145 (1903); (8) **8**, 291 (1906); (8) **9**, 75 (1906); (9) **6**, 5 (1916).

[3] KRÜGER, F., u. H. KRUMREICH: Z. Elektrochem. **19**, 617 (1913).

[4] KOENIG, F. A.: Z. physik. Chem. A **154**, 454 (1931); A **157**, 96 (1931).

[5] GRAHAME, D. C.: Chem. Rev. **41**, 441 (1947).

[6] FRUMKIN, A.: Erg. exakt. Naturwiss. **7**, 235 (1928).

[7] KOENIG, F. A.: Handb. Exp. Phys. Bd. 12, 2, S. 376. Leipzig 1933.

[8] LIPPMANN, G.: Pogg. Ann. **149**, 547 (1873). — HELMHOLTZ, H. v.: Wiss. Abh. Phys. Techn. Reichsanst. **1**, 925 (1897). — PLANCK, M.: Ann. Physik **44**, 413 (1891).

entwickelt worden[6, 7]. Die ersteren[8] verwendeten hierbei eine elektrostatische Betrachtungsweise und die letzteren[9] die Gibbssche Adsorptionstheorie. Die Beeinflussung der Oberflächenspannung $\sigma$ durch das angelegte Potential $\varepsilon$ ist auf die abstoßenden Kräfte der elektrischen Beladung der elektrolytischen Doppelschicht (§ 40 und 41) zurückzuführen. Die Oberflächenkräfte im ungeladenen Zustand der Metalloberfläche haben die Tendenz, eine möglichst kleine Oberfläche zu bilden. Die elektrische Beladung der Oberfläche, sei es nun positive oder negative Elektrizität, zeigt dagegen infolge ihrer Abstoßung die Tendenz, sich über eine möglichst große Oberfläche auszudehnen, also die Oberfläche zu vergrößern. Dieser Einfluß wirkt der Oberflächenspannung entgegen, und zwar unabhängig vom Vorzeichen der Ladung und um so stärker, je größer die Oberflächenladung ist. Die Oberflächenspannung $\sigma$ ($\text{erg} \cdot \text{cm}^{-2}$) wird um die Energie pro cm² verkleinert, die zur Aufladung des Doppelschichtkondensators der Kapazität $C_D$ benötigt wird. Bei einer Potentialänderung $d\varepsilon$ ist diese Energie $dE = -d\sigma = \varepsilon \cdot C_D \cdot d\varepsilon = Q \cdot d\varepsilon$, wenn $Q$ die Ladungsdichte pro cm² auf der Metalloberfläche ist. Hieraus ergibt sich, wie von den genannten Autoren auch exakt abgeleitet werden konnte[8, 9], die Lippmann-Helmholtzsche Gleichung der Elektrokapillarität

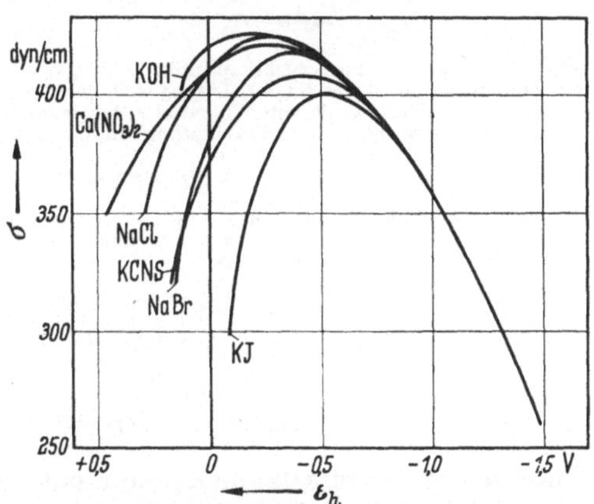


Abb. 34. Oberflächenspannung $\sigma$ des Quecksilbers im Kontakt mit wäßrigen Salzlösungen in Abhängigkeit vom Potential $\varepsilon_h$ (gegen Normalwasserstoffelektrode) bei 18° C (GRAHAME[8])

$$\boxed{\frac{d\sigma}{d\varepsilon} = -Q} \tag{1.123}$$

Aus Gl. (1.123) ergibt sich durch Differentiation

$$\frac{d^2\sigma}{d\varepsilon^2} = -\frac{dQ}{d\varepsilon} = C_D \tag{1.124}$$

die differentielle Doppelschichtkapazität $C_D$. In Abb. 35 sind die aus der Elektrokapillarkurve erhaltenen (integralen) Doppelschichtkapazitäten $C_D$ mit den direkt bestimmten Werten verglichen.

---

[9] GIBBS, J. W.: Collected Works, Bd. 1, S. 336. New York: Longmans, Green and Comp. 1928. — THOMSON, J. J.: The Application of Dynamics to Physics and Chemistry. S. 191. London u. New York 1888. — WARBURG, E.: Wied. Ann. **41**, 1 (1890). — GOUY, G.: Ann. phys. (9) **7**, 129 (1917). — FRUMKIN, A.: Z. physik. Chem. **103**, 55 (1923); Z. Physik **35**, 792 (1926). — GRAHAME, D. C.: Chem. Rev. **41**, 441 (1947). — GRAHAME, D. C., u. R. WHITNEY: J. Am. Soc. **64**, 1548 (1942).

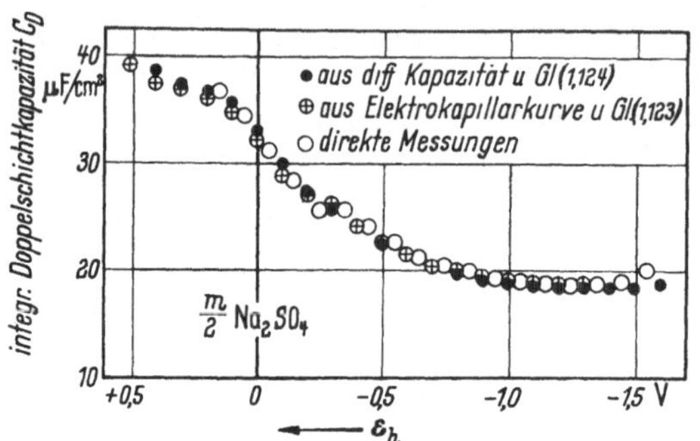


Abb. 35. Integrale Doppelschichtkapazität $C_D = Q/(\varepsilon - \varepsilon_{max})$ am Quecksilber in 0,5 m $Na_2SO_4$-Lösung nach verschiedenen Methoden in Abhängigkeit vom Potential $\varepsilon_h$ bestimmt (GRAHAME[5]). a) aus der nach Gl. (1.124) bestimmten differentiellen Kapazität $C_D$ nach $(\varepsilon - \varepsilon_{max})^{-1} \cdot \int_{\varepsilon_{max}}^{\varepsilon} C_D \cdot d\varepsilon$ berechnet. b) aus der Elektrokapillarkurve nach Gl. (1.123) (Werte von GOUY[2]) und c) aus direkter Bestimmung der Ladung fallender Hg-Tropfen

Für das Maximum der Elektrokapillarkurven (Abb. 34) folgt nach der Lippmann-Helmholtzschen Gl. (1.123) die Ladungsdichte auf der Metalloberfläche zu $d\sigma/d\varepsilon = -Q = 0$. Am Potential $\varepsilon_{max}$ des elektrokapillaren Maximums verschwindet also die Überschußladung auf der Metalloberfläche.

Bei einer potentialunabhängigen Doppelschichtkapazität $C_D$ folgt aus Gl. (1.123) durch Integration

$$\sigma - \sigma_{max} = -\int_{\varepsilon_{max}}^{\varepsilon} Q \cdot d\varepsilon = -C_D \cdot \int_{\varepsilon_{max}}^{\varepsilon} (\varepsilon - \varepsilon_{max})\, d\varepsilon$$

$$\sigma = \sigma_{max} - \frac{1}{2} \cdot C_D \cdot (\varepsilon - \varepsilon_{max})^2 . \tag{1.125}$$

Unter dieser Voraussetzung ist die Elektrokapillarkurve eine Parabel mit dem Scheitel am elektrokapillaren Maximum $\varepsilon_{max}$. Für 1 m $KNO_3$-Lösung konnten F. KRÜGER und H. KRUMREICH[3] und F. A. KOENIG[4] sehr genau parabolische Kurven finden.

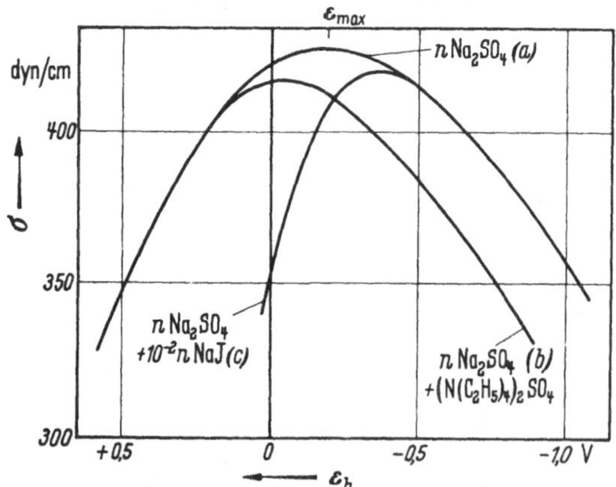


Abb. 36. Elektrokapillarkurven an Quecksilber in kapillarinaktivem (a), kationenkapillaraktivem (b) und anionenkapillaraktivem (c) Elektrolyten

Ohne weitere Zusatzannahmen sollte erwartet werden, daß an der Quecksilberoberfläche die $\sigma_{max}$- und $\varepsilon_{max}$-Werte des elektrokapillaren Maximums unabhängig vom Elektrolyten sind, da dieses Maximum durch das Verschwinden einer Überschußladung auf der Metalloberfläche zu erklären ist. Die experimentellen Ergebnisse konnten jedoch diese einfache Beziehung nicht bestätigen wie z. B. Abb. 34 zeigt. Zur Erklärung der Abweichung von der Parabelform und der Maxima in verschiedenen Elektrolyten zog bereits GOUY[10] eine *spezifische Adsorption* bestimmter Kationen oder

[10] GOUY, M.: Ann. chim. phys. (7) **29**, 145 (1903); (8) **8**, 291 (1906); (8) **9**, 75 (1906).

Anionen im Elektrolyten heran, die aufgrund ihrer Wirkung als kapillaraktive Ionen bezeichnet werden. Abb. 36 zeigt nach Messungen von GOUY[10] die Wirkung eines Zusatzes von $J^-$-Ionen *(kapillaraktives Anion)* bzw. von $N(C_2H_5)_4^+$-Ionen *(kapillaraktives Kation)* zum 1 n $Na_2SO_4$-Grundelektrolyten auf die Elektrokapillarkurve. Abb. 215 und 216 zeigen

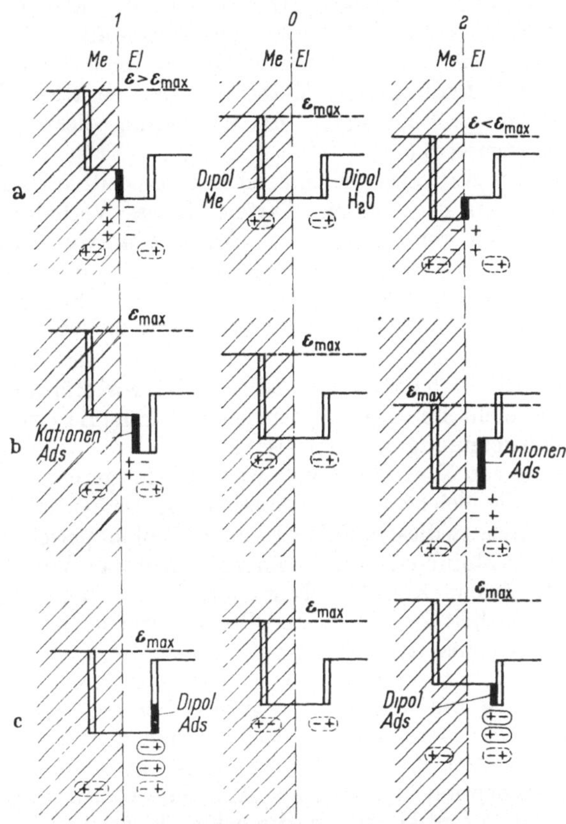


Abb. 37. Schematische Potential- und Ladungsverteilung in der elektrolytischen Doppelschicht. a) Ohne Ionen- oder Molekel(Dipol)-Adsorption. 0 = ladungsfreie Elektrode ($\varepsilon_{max}$); 1 = positive Ladung auf dem Metall ($\varepsilon > \varepsilon_{max}$); 2 = negative Ladung auf dem Metall ($\varepsilon < \varepsilon_{max}$). b) Verschiebung von $\varepsilon_{max}$ bei Ionenadsorption, alle Falle ladungsfrei. 0 = ohne Adsorption, 1 = Kationenadsorption, 2 = Anionenadsorption. c) Verschiebung von $\varepsilon_{max}$ bei Dipoladsorption, alle Fälle ladungsfrei. 0 = ohne Adsorption, 1 und 2 entgegengesetzte Dipolausrichtung

ebenfalls einen derartigen Einfluß verschiedener Anionen ($Cl^-$, $Br^-$, $J^-$) bzw. Kationen auf die Elektrokapillarkurve. Aber auch die *Adsorption von Neutralmolekülen* übt, wie Messungen von FRUMKIN[6, 11], NIKOLAJEWA u. JOFA[12] und ANDREJEWA[13] an verschiedenen aliphatischen Verbindungen (Hexyl-, Cetylalkohol, Mycistin-, Palmitinsäure) zeigen, einen ähnlichen Einfluß auf die Elektrokapillarkurven aus (Abb. 219).

[11] FRUMKIN, A. N.: Z. Physik **35**, 792 (1926).

[12] NIKOLAJEWA, N. W., A. N. FRUMKIN u. S. A. JOFA: J. phys. Chem. USSR **26**, 1326 (1952).

[13] ANDREJEWA, E. P.: J. phys. Chem. USSR **29**, 699 (1955).

Zur Deutung dieses Verhaltens soll die Abb. 37 herangezogen werden. Bei ungestörtem kapillaren Maximum $\varepsilon_{max}$, $\sigma_{max}$, wie z. B. in Kurve a, Abb. 36, wird angenommen, daß Fall a0 vorliegt. Auf der Elektrolytseite besteht eine Dipoldoppelschicht von adsorbiertem Wasser und auf der Metallseite eine Dipoldoppelschicht, die darauf zurückzuführen ist, daß die Oberfläche der positiven Metallionen nicht exakt mit der der negativen Metallelektronen zusammenfallen wird. Bei einem positiveren Potential $\varepsilon > \varepsilon_{max}$ kommt noch eine Ionendoppelschicht (a1) mit den positiven Ladungen im Metall und den negativen im Elektrolyten zu (a0) hinzu. Für $\varepsilon < \varepsilon_{max}$ ist die Ladung dieser Ionendoppelschicht entgegengesetzt (a2).

Kapillaraktive Kationen verschieben $\varepsilon_{max}$ zu positiveren und kapillaraktive Anionen zu negativeren Werten. Dieses Verhalten kann mit Abb. 37b gedeutet werden. Bei der Adsorption von Kationen (b1) tritt eine Ionendoppelschicht nur im Elektrolyten auf, wenn sowohl im Metall als auch im Elektrolyten kein Ladungsüberschuß vorliegen soll. Durch diese Ionendoppelschicht tritt eine Verschiebung des Potentials $\varepsilon_{max}$ ein, wie es aus Abb. 37, b1 zu ersehen ist. Bei Adsorption von Anionen liegen die Verhältnisse der Abb. 37, b2 vor. Für die Ausbildung dieser Doppelschicht im Elektrolyten ist eine Energie erforderlich, die die Oberflächenspannung $\sigma_{max}$ herabsetzt.

Die Wirkung von Neutralmolekeln wird auf eine gerichtete Adsorption zurückgeführt, die gleichzeitig eine Ausrichtung der vorhandenen Dipolmomente bedeutet. In diesem Fall wird eine Dipoldoppelschicht ausgebildet, deren Potentialdifferenz sich in einer gleich großen Verschiebung von $\varepsilon_{max}$ bemerkbar macht (Abb. 37c). Erst nach dieser Potentialverschiebung ist die Ladungsfreiheit der Metall- und Elektrolytphase eingestellt.

Infolge der elektrostatischen Abstoßung wird die Adsorption kapillaraktiver Kationen mit positiver werdendem Potential zurückgedrängt. Für kapillaraktive Anionen gilt das gleiche bei negativer werdendem Potential. Bei Kationenadsorption geht daher der positive Ast und bei Anionenadsorption der negative Ast der Elektrokapillarkurve in die Kurve ohne Adsorption über, wie aus Abb. 34, 36, 215 und 216 zu entnehmen ist. Das Potential, an dem die beiden Kurven zusammenlaufen, ist das *Desorptionspotential* der kapillaraktiven Substanz.

Der Wert des Potentials $\varepsilon_{max}$ für das Maximum der Elektrokapillarkurve wird von OEL u. STREHLOW[14] als *Lippmann*-Potential* bezeichnet und ist identisch mit dem Potential $\varepsilon_N$ (§ 43) einer ladungsfreien Elektrode nach FRUMKIN[15, 16]. An Hg in kapillarinaktiven Elektrolyten wie z. B. NaF, $K_2CO_3$, NaOH oder $Na_2SO_4$[17] hat $\varepsilon_{h, max}$ den Wert

$$\varepsilon_{h.\,max} = -0{,}194 \text{ Volt}^{18}$$

* Im Gegensatz zum Billiter-Potential $\varepsilon_B$ (§ 44).

14 OEL, H., u. H. STREHLOW: Naturwiss. **39**, 478 (1952).

15 FRUMKIN, A.: Physik. Z. Sowjetunion **4**, 239 (1933).

16 Zusammenfassend in A. FRUMKIN: Z. Elektrochem. **59**, 807 (1955).

17 Vgl. hierzu D. C. GRAHAME: Chem. Rev. **41**, 441 (1947), Tab. 1.

18 Nach genauen Messungen von D. C. GRAHAME, R. P. LARSEN u. M. A. POTH: J. Am. Soc. **71**, 2978 (1949), D. C. GRAHAME, E. M. COFFIN, J. I. CUMMINGS u. M. A. POTH: J. Am. Soc. **74**, 1207 (1952).

gegen die Normalwasserstoffelektrode*. $\varepsilon_{h,max}$ ist stark von der Adsorption an der Oberfläche abhängig, wie zuvor gezeigt wurde.

Wie aus Untersuchungen an anderen flüssigen Metallen in kapillarinaktiven Elektrolyten folgt, ist das Potential $\varepsilon_{max}$ des elektrokapillaren Maximums eine charakteristische Konstante des Metalls. Diese Untersuchungen wurden an Amalgamen[19, 4], an Gallium[20] oberhalb seines Schmelzpunktes bei 29,7° C und an geschmolzenen Metallen in Salzschmelzen[21, 22] ausgeführt. Sie zeigen alle die charakteristische Form des Maximums. Für Gallium wurde $\varepsilon_{h,max} = -0{,}62$ Volt bei 36° C gefunden. In Tab. 4 für die Lippmann-Potentiale $\varepsilon_N$ sind diese Werte enthalten.

## § 43. Lippmann-Potentiale ladungsfreier Elektroden

Als *Lippmann-Potential* wird[1] das Potential angesehen, bei dem die *Metallphase keine Überschußladung* enthält und dementsprechend auch die *Elektrolytphase elektroneutral* ist (Abb. 37b und c). Das bedeutet allerdings noch nicht, daß sich *im* Metall oder *im* Elektrolyten keine *Dipoldoppelschichten* ausgebildet haben können. Infolgedessen bedeutet „Ladungsfreiheit" noch nicht, daß die absolute Potentialdifferenz $\Delta\varphi = 0$ ist. Zunächst sollen die experimentellen Methoden zur Bestimmung von Lippmann-Potentialen behandelt werden.

### α) *Experimentelle Methoden der Bestimmung von $\varepsilon_N$*

**1. Elektrokapillares Maximum.** Die Oberflächenspannung $\sigma$ hat beim Lippmann-Potential $\varepsilon_N$ einen Maximalwert. Bei flüssigen Metallen ist $\varepsilon_N = \varepsilon_{max}$ daher aus der Elektrokapillarkurve (§ 42) zu ermitteln.

**2. Kontaktwinkel.** An festen Elektrodenmetallen kann die Oberflächenspannung des Metalls im Elektrolyten nicht aus einer Kapillardepression (oder Steighöhe) in Kapillaren, also aus einer Elektrokapillarkurve, ermittelt werden. MÖLLER[2] und KABANOW u. FRUMKIN[3, 4, 5, 6]

---

* Meistens wird der Wert $\varepsilon_{max} = -0{,}48$ Volt gegen die Normalcalomelelektrode angegeben.

[19] ROTHMUND, V.: Z. physik. Chem. **15**, 1 (1894). — GOUY, M.: Ann. chim. phys. (9) **6**, 5 (1916). — CHRISTIANSEN, C.: Ann. Phys. **16**, 382 (1905). — FRUMKIN, A., u. A. GORODETZKAJA: Z. physik. Chem. **136**, 451 (1928). — FRUMKIN, A., u. F. J. CIRVES: J. Phys. Chem. **34**, 74 (1930). — FRUMKIN, A.: Coll. Symp. VII, 99 (1930). — KARPACHEW, S., and A. STROMBERG: J. phys. Chem. USSR **13**, 1831 (1939).

[20] FRUMKIN, A., u. A. GORODETZKAJA: Z. physik. Chem. **136**, 215 (1928). — MURTAZAJEW, A., u. A. GORODETZKAJA: Acta physicochim. USSR **4**, 75 (1936).

[21] HEVESY, G. v., u. R. LORENZ: Z. physik. Chem. **74**, 443 (1910). — LUGGIN, H.: Z. physik. Chem. **16**, 677 (1895). — VINING, A.: Ann. chim. phys. [8] **9**, 272 (1906).

[22] KARPACHEW, S., u. A. STROMBERG: Acta physicochim. USSR **12**, 523 (1940); **16**, 331 (1942). — KARPACHEW, S., V. KOCHERGIN u. E. JORDAN: J. phys. Chem. USSR **22**, 521 (1948).

[1] Das „Lippmann-Potential" wurde von H. OEL u. H. STREHLOW: Naturwiss. **39**, 478 (1952); Z. Physik. Chem. (N. F.) **1**, 241 (1954); **4**, 89 (1955) nach dem Entdecker der elektrokapillaren Erscheinungen [LIPPMANN, G.: Pogg. Ann. **149**, 547 (1873)] zur Unterscheidung gegenüber den „Billiter-Potentialen" (§ 44) benannt.

[2] MÖLLER, H. G.: Ann. Physik (4) **27**, 665 (1908); Z. physik. Chem. **65**, 226 (1909).

[3] KABANOW, B., u. A. FRUMKIN: Z. physik. Chem. **165**, 433 (1933); **166**, 316 (1933).

[4] FRUMKIN, A., A. GORODETZKAJA, B. KABANOW u. N. NEKRASSOW: Physik. Z. Sowjet. **1**, 255 (1932).

bestimmten die Oberflächenspannung $\sigma$ an verschiedenen Metallen durch Messung des Kontaktwinkels anhaftender Gasblasen und stellten hierbei ebenfalls ein Maximum $\sigma_{max}$ fest, dessen dazugehöriges Potential als Lippmann-Potential $\varepsilon_N$ (Tab. 4) anzusehen ist.

**3. Minimum der Doppelschichtkapazität.** Aus dem Minimum der differentiellen Doppelschichtkapazität kann auch an festen Elektroden auf den Wert $\varepsilon_N$ geschlossen werden. VORSINA u. FRUMKIN[7] und später GRAHAME[8, 9] haben experimentell am Hg eine Übereinstimmung des Potentialwertes des elektrokapillaren Maximums mit dem Minimum der Kapazität festgestellt. Diese Methode wurde dann von BORISOWA, ERSHLER u. FRUMKIN auf Pb[10, 11, 12], Cd[11] und Tl[11] und von AJASJAN[13] auf Fe zur Ermittlung von $\varepsilon_N$ angewendet.

**4. Tropfelektrode.** Eine tropfende Hg-Elektrode nimmt in einem Elektrolyten, der keine durchtrittsfähigen Ionen und auch keine oxydierbaren oder reduzierbaren Substanzen enthält, das Potential $\varepsilon_N$ an. Untersuchungen dieser Art wurden zuerst von PASCHEN[14] durchgeführt. Bei strengstem Ausschluß der genannten störenden Substanzen wurde von ERDEY-GRUZ u. SZARVAS[15] und GRAHAME u. Mitarb.[8] sogar bei recht langsamer Tropfgeschwindigkeit eine gute Übereinstimmung mit dem Wert $\varepsilon_{max}$ beobachtet. Bei nicht so sorgfältiger Beachtung der Reinheit der Lösung bzw. bei Zusatz von Hg-Salzen stellten PASCHEN[14] und PALMAER[16] eine Annäherung an $\varepsilon_{max}$ erst bei schneller Tropfgeschwindigkeit fest. Nach GRAHAME u. Mitarb.[8] ist das Potential der Tropfelektrode bis auf 1 mV dem $\varepsilon_{max}$-Wert gleich.

Wesentlich für die Ausbildung einer ladungsfreien Elektrode scheint nicht so sehr die Abwesenheit von durchtrittsfähigen Ionen oder von oxydierbaren und reduzierbaren Substanzen zu sein als vielmehr die Abwesenheit eines Durchtrittsstromes*. Der Wert dieses Dnrchtrittsstromes muß offenbar unterhalb einer gewissen Grenze liegen. So zeigen Tropfelektroden aus Tl-Amalgamin $Tl^+$-Lösungen geringer Konzentration**

[5] GORODETZKAJA, A. W., u. B. KABANOW: J. phys. Chem. USSR **4**, 529 (1933); Physik. Z. Sowjet. **5**, 418 (1934).

[6] KABANOW, B., u. N. IVANISHENKO: Acta physicochim. USSR **6**, 701 (1937).

[7] VORSINA, M., u. A. N. FRUMKIN: Dokl. Akad. Nauk USSR **24**, 918 (1939); Acta physicochim. USSR **18**, 242 (1943); **18**, 341 (1943).

[8] GRAHAME, D. C., R. P. LARSEN u. M. A. POTH: J. Am. Soc. **71**, 2978 (1949). — GRAHAME, D. C., E. M. COFFIN, J. I. CUMMINGS u. M. A. POTH: J. Am. Soc. **74**, 1207 (1952).

[9] GRAHAME, D. C.: Chem. Rev. **41**, 441 (1947).

[10] BORISOWA, T., B. V. ERSHLER u. A. N. FRUMKIN: J. phys. Chem. USSR **22**, 925 (1948).

[11] BORISOWA, T., u. B. V. ERSHLER: J. phys. Chem. USSR **24**, 337 (1950).

[12] FRUMKIN, A. N.: Z. Elektrochem. **59**, 807 (1955).

[13] AJASJAN, E. O.: Dokl. Akad. Nauk USSR **100**, 473 (1955).

[14] PASCHEN, F.: Wied. Ann. **41**, 42, 177, 186, 801, 899 (1890); **43**, 568 (1891).

[15] ERDEY-GRUZ, T., u. P. SZARVAS: Z. physik. Chem. **177**, 277 (1936).

[16] PALMAER, W.: Z. physik. Chem. **59**, 129 (1907).

* Wie aus einer Diskussion von FRUMKIN mit OEL u. STREHLOW: Z. Elektrochem. **59**, 818 (1955) hervorgeht.

** Durch Variation der $Tl^+$-Konzentration wurde das Elektrodenpotential als Gleichgewichtspotential verändert und der fließende Strom beobachtet. Die Stromumkehr ($i = 0$) entspricht dem Potential der „ladungsfreien" Elektrode.

nach FRUMKIN u. CIRVES[17] im Falle der Stromlosigkeit das von FRUMKIN u. GORODETZKAJA[18] bestimmte Potential $\varepsilon_{max}$ an dem gleichen System.

**5. Festigkeitsmaximum der Oberfläche.** An festen Metallen kann auch die Ermittlung der Härte der Oberfläche in Abhängigkeit vom Potential nach REHBINDER u. WENSTRÖM[19] zur Bestimmung von $\varepsilon_N$ führen. Am Maximum der Oberflächenspannung dürfte die Ausbildung von Mikrorissen und damit zusammenhängender Oberflächenverformungen die größte Energie benötigen, so daß beim Potential $\varepsilon_N$ ein Maximum der Härte zu erwarten ist. REHBINDER u. WENSTRÖM verwendeten ein Pendel, das durch den Abrieb des Metalls an stark aufgerauhten Glaskugeln gedämpft wurde. In Abänderung dieser Methode untersuchten BOCKRIS u. PARRY-JONES[20] die Reibung in Abhängigkeit vom Potential unter Verwendung glatter Kugeln. BOWDEN u. YOUNG[21] fanden zuvor an Pt ein Maximum der Reibung, das mit $\varepsilon_{max}$ aus Kontaktwinkelmessungen von GORODETZKAJA u. KABANOW[5] übereinstimmt. Nach PFÜTZENREUTHER u. MASING[22] zeigt die nichtelastische Streckung von Drähten und Folien eine Abhängigkeit vom Potential. Beim Au wird ein deutliches Minimum (größte Festigkeit) gefunden. In Gegenwart einer Ionendoppelschicht ($\zeta$-Potential) wird eine coulombsche Abstoßung der „reibenden" Oberflächen*** in atomaren Dimensionen auftreten, die bewirkt, daß das Gleiten auf einem sehr dünnen Flüssigkeitsfilm vor sich geht.

**6. Minimum der Adsorption.** Bei der Ausbildung einer Ionendoppelschicht muß sich die Zusammensetzung der Lösung geringfügig ändern. Diese Adsorption hat sich nach Messungen von FRUMKIN, SLYGIN u. Mitarb.[23] als potentialabhängig mit einem Minimum bei $\varepsilon_N$ erwiesen. Die Methode ist besonders an platiniertem Pt und aktivierter Kohle, aber auch an Ag mit großen Oberflächen anwendbar, da sonst der Effekt zu klein ist.

**7. $\zeta$-Potentialumkehr.** Eine Ionendoppelschicht, die mit dem Auftreten eines $\zeta$-Potentials verbunden ist, muß beim Potential $\varepsilon_N$ die Umkehr eines elektrophoretischen Effektes zur Folge haben. BALASCHOWA u. FRUMKIN[24] haben die Ablenkung eines Pt-Drähtchens, das sich in

[17] FRUMKIN, A. N., u. F. CIRVES: J. Phys. Chem. **34**, 74 (1930).

[18] FRUMKIN, A. N., u. A. GORODETZKAJA: Z. physik. Chem. **136**, 451 (1928).

[19] REHBINDER, P., u. E. WENSTROM: Acta physicochim. USSR **19**, 36 (1944); Dokl. Akad. Nauk USSR **68**, 329 (1949); J. phys. Chem. USSR **26**, 12 (1952); **26**, 1847 (1952).

[20] BOCKRIS, J. O'M., u. R. PARRY-JONES: Nature (London) **171**, 930 (1953).

[21] BOWDEN, F. P., u. L. YOUNG: Research **3**, 235 (1950).

[22] PFUTZENREUTHER, A., u. G. MASING: Z. Metallk. **42**, 361 (1951).

*** Ähnlich wie die Behinderung der Koagulation kolloidaler Teilchen beim Vorhandensein eines ausreichend großen $\zeta$-Potentials beliebigen Vorzeichens.

[23] SLYGIN, A., A. FRUMKIN u. V. MEDWEDOWSKY: Acta physicochim. USSR **4**, 911 (1936).— FRUMKIN, A., u. A. SLYGIN: Acta physicochim USSR **5**, 819 (1936).— KUCHINSKY, E., R. BURSTEIN u. A. FRUMKIN: Acta physicochim. USSR **12**, 795 (1940).

[24] BALASCHOWA, N., u. A. FRUMKIN: Dokl. Akad. Nauk USSR **20**, 449 (1938).

verdünnter Säure befand, durch ein elektrisches Feld beobachtet. Diese Ablenkung muß wie die Bewegung der Teilchen bei der Elektrophorese gedeutet werden. Die Umkehr dieser Ablenkung bzw. Bewegung, die an Pt bei $\varepsilon_h = +0{,}15$ bis 0,18 Volt $= \varepsilon_N$ beobachtet wurde, muß mit $\zeta = 0$ gedeutet werden.

### *β) Zur Deutung des Lippmann-Potentials*

In der folgenden Tab. 4 werden Potentiale an verschiedenen Metallen angegeben, die nach den genannten Methoden ermittelt wurden und die als Lippmann-Potentiale $\varepsilon_N$ angesehen werden. Die Werte sind im wesentlichen den Zusammenstellungen von FRUMKIN[25] und OEL u. STREHLOW[26] entnommen.

Aus Tab. 4 ist zu erkennen, daß die Metalle recht verschiedene Lippmann-Potentiale $\varepsilon_N$ haben und daß die verschiedenen Methoden beim gleichen Metall innerhalb der z. T. sehr hohen Genauigkeit den gleichen $\varepsilon_N$-Wert ergeben.

Die Theorie der *Elektrokapillarität* (§ 42) besagt, daß beim Potential $\varepsilon_{max}$ keine Überschußladung im Elektrolyten und im Metall vorhanden ist. Das Verschwinden der Überschußladung im Elektrolyten bedeutet aber, daß $\zeta = 0$ wird. Die Methode der Ermittlung des *Kontaktwinkels* (2) ist nur eine andere experimentelle Bestimmungsart der Oberflächenspannung $\sigma$ und führt ebenfalls zu $\varepsilon_{max}$, wie es an den flüssigen Metallen Hg und Ga (Tab. 4) überprüft werden konnte.

Beim $\zeta$-Potential $\zeta = 0$ nimmt die *Kapazität* der diffusen Doppelschicht $C_d$ nach Gl. (1.121) ein Minimum an, wie aus der Differentiation dieser Gleichung folgt. Damit hat unter Beachtung von Gl. (1.122) $1/C_D = 1/C_s + 1/C_d$ auch die Doppelschichtkapazität $C_D$ bei $\zeta = 0$ ein Minimum.

Bei einer *Tropfelektrode* wird die Oberfläche Metall/Elektrolyt ständig mit der Zeit vergrößert. Da kein Ladungstransport durch die Phasengrenze möglich sein soll*, müssen alle Ladungen an der sich neu bildenden Oberfläche durch den äußeren Stromkreis fließen. Wenn dieser Strom gleich null ist, bedeutet es, daß für den Aufbau der Potentialdifferenz an der neuen Phasengrenze kein Ladungstransport erforderlich ist. Es liegt somit bei dem betreffenden Potential $\varepsilon_N$ eine ladungsfreie Elektrode vor. In dem Fall, daß experimentell nicht das Potential $\varepsilon_N$, sondern der äußere Strom $i = 0$ vorgegeben ist**, kann sich nur das Potential $\varepsilon_N$ einstellen, da die Elektrode von keiner Seite die erforderlichen Ladungen für ein anderes Potential erhält.

Für die *Festigkeitsmessungen*, wie Härteprüfung, äußere Reibung und Verformung des Metalls, können nur die bereits genannten Gründe für die Übereinstimmung des gefundenen Maximums bzw. Minimums mit dem Potential $\varepsilon_N$ angegeben werden. In einigen Fällen konnte eine experi-

[25] FRUMKIN, A.: Z. Elektrochem. **59**, 807 (1955).

[26] OEL H. J., u. H. STREHLOW: Z. physik. Chem. (N. F.) **4**, 89 (1955).

* Die experimentelle Bedingung ist, daß die Durchtrittsstromdichte ausreichend klein, also $i_D = 0$ sein soll.

** Stromlose Potentialmessung.

Tabelle 4. *Lippmann-Potentiale $\varepsilon_N$ ladungsfreier Elektroden an verschiedenen Metallen*
(gegen Normalwasserstoffelektrode)

| Metall | $\varepsilon_{h,N}$ (Volt) | Methode | Lit. |
|---|---|---|---|
| Cadmium | —0,90 | Kapazität | 11 |
| | —0,70 | Festigkeit | 19 |
| Thallium | —0,82 | Kapazität | 11 |
| | —0,69 | Festigkeit | 19 |
| Thalliumamalgam | —0,65 | Elektrokapillarität | 18 |
| | —0,65 | Tropfelektrode | 17 |
| | —0,65 | Kontaktwinkel | 5 |
| Blei | —0,67 | Kapazität | 10, 11, 12 |
| | —0,62 | Festigkeit | 19 |
| Zink | —0,63 | Festigkeit | 19 |
| Gallium | —0,62 | Elektrokapillarität | 18 |
| | —0,61 | Kontaktwinkel | 5 |
| Eisen | —0,37 | Kapazität | 13 |
| Quecksilber | —0,194 | Elektrokapillarität | 8 |
| | —0,194 | Tropfelektrode | 8 |
| | —0,19 | Kontaktwinkel | 5 |
| | —0,190 | Kapazitat | 9 |
| Kohlenstoff | —0,07 | Festigkeit | 19 |
| | 0 bis +0,2 | Adsorption | 23 |
| Silber | +0,05 | Adsorption | 23 |
| | +0,02 | Kontaktwinkel | 5 |
| Platin | +0,27 | Kontaktwinkel | 5 |
| | +0,25 | Festigkeit | 21 |
| | +0,17 | $\zeta$-Potential | 24 |
| | +0,11 | Adsorption | 23 |
| Gold | +0,3 | Festigkeit | 22 |
| Tellur | +0,61 | Festigkeit | 19 |

mentelle Übereinstimmung mit den Resultaten anderer Methoden festgestellt werden (Tab. 4).

Der Überschuß der *Adsorption* von Ionen eines bestimmten Vorzeichens entspricht dem Aufbau einer elektrischen Ladung auf der Elektrolytseite, der im Falle der Elektroneutralität des ganzen Elektrodensystems auch eine Ansammlung der entgegengesetzt gleich großen Ladung auf der Metallseite folgen muß. Das Potential, bei dem diese Überschußadsorption null wird, entspricht somit dem der ladungsfreien Elektrode $\varepsilon_N$.

Die *Umkehr elektrophoretischer Effekte* entspricht einem $\zeta$-Potential $\zeta = 0$ und damit der ladungsfreien Elektrode.

Aus allen diesen Messungen kann mit FRUMKIN[25] und auch OEL u. STREHLOW[26] gefolgert werden, daß das Lippmann-Potential $\varepsilon_N$ einer ladungsfreien Elektrode entspricht. Ladungsfrei bedeutet hier, daß weder die Metallphase noch die Elektrolytphase entgegengesetzt geladene

Überschußladungen tragen. Hiermit ist noch nicht gesagt, daß die Potentialdifferenz zwischen beiden Phasen verschwindet, da noch Dipoldoppelschichten vorhanden sein können.

### *γ) Kein Absolutpotential*

Nach der Entdeckung und genaueren Untersuchung der Elektrokapillarität glaubte man mit der Deutung von $\varepsilon_{max} = \varepsilon_N$ als Potential einer ladungsfreien Elektrode auch das Bezugspotential einer Hg-Elektrode mit der absoluten Potentialdifferenz $\Delta\varphi = 0$ zwischen beiden Phasen gefunden zu haben*. Aus der Tatsache jedoch, daß sich das Potential $\varepsilon_{max}$ des elektrokapillaren Maximums in Gegenwart oberflächenaktiver Stoffe in beide Richtungen verschieben kann, ist mit FRUMKIN[27] zu schließen, daß $\varepsilon_{max}$ noch nicht einem absoluten Nullpotential $\Delta\varphi = 0$ zwischen Hg und $H_2O$ entspricht. Bei dieser Auffassung wäre kein Raum für eine Verschiebung des Nullpotentials mit der Adsorption oberflächenaktiver Substanzen, denn es kann nur einen Potentialwert $\varepsilon_h$ am Hg geben, bei dem $\Delta\varphi = 0$ ist.

Trotz der nicht bestrittenen Ladungsfreiheit am Lippmann-Potential muß noch mit recht wesentlichen Dipoldoppelschichten auf beiden Seiten gerechnet werden. Die Ebene der Phasengrenze der Metallionen im Metall muß nicht exakt mit der der Elektronen übereinstimmen. Schon eine

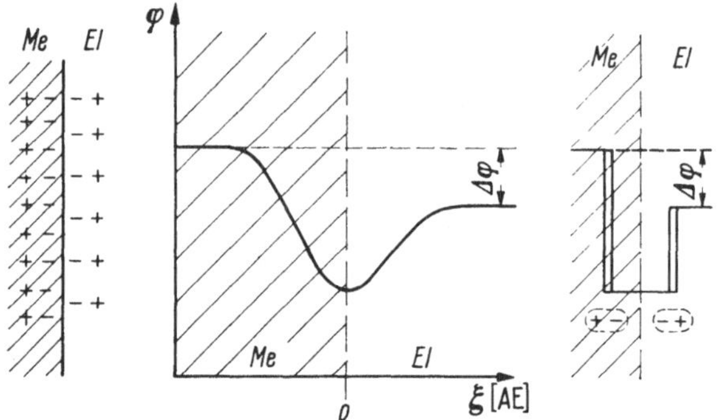


Abb. 38. Ausbildung von Dipoldoppelschichten am elektrokapillaren Maximum (ladungsfreie Elektrode). Schematische Darstellung mit beliebigen Vorzeichen und Werten

geringfügige Überlappung führt zu einer recht wesentlichen *Dipoldoppelschicht im Metall,* wie es die Abb. 38 schematisch darstellt. Außerdem muß auch mit einer *gerichteten Adsorption der* $H_2O$-*Molekel* (bei wäßrigen Elektrolyten) gerechnet werden. Das Dipolmoment des $H_2O$ führt in diesem Fall zu einer Dipoldoppelschicht auf der Elektrolytseite (Abb. 38), wobei die Wassermolekel mit der negativen Seite auf das Metall gerichtet sein werden. Hierdurch bleibt trotz Ladungsfreiheit eine Potentialdifferenz $\Delta\varphi \neq 0$ (Abb. 37 u. 38) bestehen.

* Diese Auffassung ist leider auch heute noch in verschiedenen Lehrbüchern zu finden.

[27] FRUMKIN, A.: Ergebn. exakt. Naturwiss. **7**, 235 (1928); Z. physik. Chem. **103**, 55 (1923).

Die *Adsorption von Dipolmolekülen* (Abb. 37c) oder die *spezifische Adsorption von Ionen* (Abb. 37b) verändern diese Dipoldoppelschichten, besonders auf der Elektrolytseite. Auch eine Verdrängung der Wassermolekel durch andere Substanzen dürfte von wesentlichem Einfluß sein. Hierdurch muß sich die Größe der absoluten Potentialdifferenz $\Delta\varphi$ der ladungsfreien Elektrode verschieben, wie aus Abb. 37 hervorgeht. Diese Verschiebung ist aber gleichbedeutend mit der experimentell beobachteten Verschiebung von $\varepsilon_{max}$. Auf die absolute Größe von $\Delta\varphi$ kann somit aus dem Lippmann-Potential $\varepsilon_N = \varepsilon_{max}$ nicht geschlossen werden[27].

## § 44. Billiter-Potentiale

Neben den Lippmann-Potentialen $\varepsilon_N$ werden nach zum Teil recht ähnlichen Methoden, sogar an den gleichen Metallen, die von OEL u. STREHLOW[1] als *Billiter-Potentiale* bezeichneten charakteristischen Potentiale $\varepsilon_B$ gefunden. Diese Potentiale sind besonders wegen ihrer experimentellen Unabhängigkeit von der Metallart sehr interessant. Die Deutung dieser Potentiale ist jedoch noch umstritten[2].

### α) *Experimentelle Bestimmungsmethoden*

Von BILLITER[3, 4] wurden in zahlreichen Publikationen Versuche nach einer Eintauchmethode beschrieben, die BILLITER für eine Methode zur Bestimmung des Absolutpotentials hielt, was sicher nicht zutreffend ist. Trotzdem sind die Ergebnisse von großem theoretischem Interesse. Die Eintauchmethode ist im Prinzip der Tropfelektrode (§ 43) sehr ähnlich. Eine kleine trockene Metallelektrode $T$, die über ein Galvanometer $G$ mit einer großen Elektrode $B$ aus dem gleichen Metall in leitender Verbindung steht, wird schnell in den Elektrolyten El eingetaucht, in dem sich bereits die große Elektrode $B$ befindet (Abb. 39). Der Elektrolyt enthält Ionen des Elektrodenmetalls in hydratisierter bzw. komplex gebundener Form, oder auch ein Redoxsystem. Hierdurch wird ein reversibles Metallionen- bzw. Redoxpotential zwischen der Elektrode $B$ und dem Elektrolyten vorgegeben, das durch Veränderung der Konzentrationen variiert werden kann. Beim Eintauchen der kleinen Tauchelektrode $T$ in den Elektrolyten wird im allgemeinen

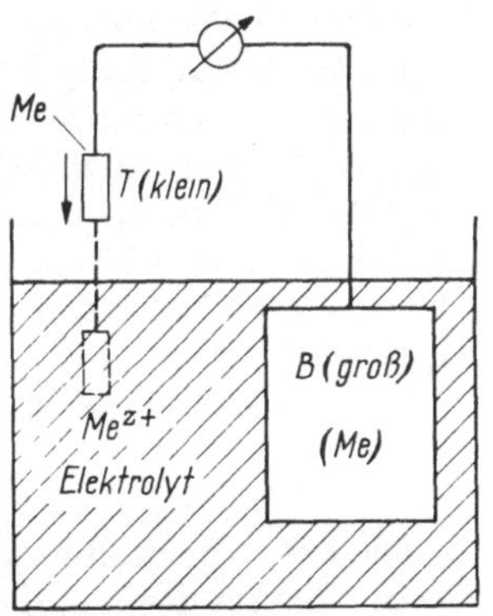


Abb. 39. Schematische Versuchsanordnung zur Bestimmung von Billiter-Potentialen $\varepsilon_B$ mit der Tauchelektrode

[1] OEL, H., u. H. STREHLOW: Naturwiss. **39**, 478 (1952).

[2] FRUMKIN, A. N.: Z. Elektrochem. **59**, 807 (1955).

[3] BILLITER, J.: Ann. Physik **11**, 902, 937 (1903); Z. physik. Chem. **45**, 307 (1903); **48**, 513, 542 (1904); Z. Elektrochem. **8**, 638 (1902); **12**, 281 (1906); **14**, 624 (1908); **15**, 439 (1909).

[4] Zusammenfassende Darstellungen: BILLITER, J.: Mh. Chem. **53/54**, 813 (1929); Trans. electrochem. Soc. **57**, 351 (1930). — ABEL, E.: Österr. Chemiker Ztg. **51**, 217 (1950).

am Galvanometer ein Stromstoß beobachtet, der im Falle des vorgegebenen reversiblen Potentials $\varepsilon > \varepsilon_B$ von $B$ nach $T$ und im Falle $\varepsilon < \varepsilon_B$ von $T$ nach $B$ (Richtung des positiven Stromes) fließt. Beim Potential $\varepsilon_B$, dem Billiter-Potential, tritt eine Umkehr des Stromes auf.

Der Wert des Potentials $\varepsilon_B$ ergab sich bereits nach BILLITER[4] zu

$$\varepsilon_{h,B} = +0{,}475 \text{ Volt}$$

*unabhängig vom Metall* (Ag, Pt, Hg). Neuere Messungen unter besseren Versuchsbedingungen von PATRICK u. LITTLER[5] und OEL u. STREHLOW[6, 7] an Au, Pt, Ag, Hg, Cu und Bi bestätigten diesen Wert, der sich als unabhängig von der Art des Metalls ergab.

Auch eine Schabmethode nach BENNEWITZ u. Mitarb.[8], bei der durch Schaben im Elektrolyten ständig eine neue Oberfläche geschaffen wird, ergibt eine Umkehr des Stromes etwa bei $\varepsilon_B$. Ebenfalls zu $\varepsilon_B$ führen die Versuche von BILLITER bei Erzeugung neuer Oberflächen durch Dehnung[4].

OEL u. STREHLOW[6] stellten fest, daß das Billiter-Potential $\varepsilon_B = +0{,}475$ V unabhängig vom Zusatz stark oberflächenaktiver Substanzen ist, die auf das Lippmann-Potential einen großen Einfluß ausüben. Am Hg war ohne Einfluß auf $\varepsilon_B$, ob die zur Vorgabe des Potentials erforderliche $Hg^+$-Aktivität durch Komplexbindung mit Thioharnstoff oder mit Triäthanolamin erhalten wurde, oder ob das Potential in Form eines Chinhydron-Redoxpotentials vorgegeben wurde.

Besonders auffällig ist, daß am Hg sowohl ein Billiter- als auch ein Lippmann-Potential gemessen werden kann. Obwohl die Tropfelektrode ($\varepsilon_N$) im Prinzip auch eine Tauchelektrode ist, sehen OEL u. STREHLOW[5, 6, 7] den prinzipiellen Unterschied darin, daß für die Bestimmung des Billiter-Potentials $\varepsilon_B$ eine reversible Elektrode mit ausreichend großer Austauschstromdichte notwendig ist, während für die Bestimmung des Lippmann-Potentials keine Elektrodenreaktion ablaufen darf. Die Austauschstromdichte soll hier extrem klein sein (vgl. § 43 $\beta$).

### $\beta$) *Theoretische Deutung*

Die experimentell festgestellte Unabhängigkeit des Billiter-Potentials $\varepsilon_B$ von der Art des Metalls bedeutet nach § 2, daß die absolute Potentialdifferenz $\Delta\varphi$ an der Phasengrenze Metall/Elektrolyt beim Billiter-Potential sich so ändert, wie das chemische Potential $\mu_e$ der Elektronen dieses Metalls. $\mu_e$ ist dabei als identisch mit dem Fermi-Potential anzusehen. Abb. 40 erläutert diese Potentiale in schematischer Darstellung. Es ist

$$\Delta\varphi_1 - \Delta\varphi_2 = \varphi_1 - \varphi_2 = \Delta\varphi_{1,2} = -(\mu_{e1} - \mu_{e2}) \cdot F\,. \qquad (1.123)$$

OEL u. STREHLOW[6, 7] nehmen zur Deutung des Billiter-Potentials an, daß im ersten Moment nach der Berührung der Metalloberfläche mit dem

[5] PATRICK, W. A., u. C. L. LITTLER: J. Phys. Chem. **54**, 1016 (1950).
[6] OEL, H. J., u. H. STREHLOW: Z. physik. Chem. (N. F.) **1**, 241 (1954).
[7] OEL, H. J., u. H. STREHLOW: Z. physik. Chem. (N. F.) **4**, 89 (1955).
[8] BENNEWITZ, K., u. J. SCHULZ: Z. physik. Chem. **124**, 115 (1926). — BENNEWITZ, K., u. I. BIGALKE: Z. physik. Chem. **154**, 113 (1931).

Elektrolyten noch gar keine Wechselwirkung auftritt, so daß der Potentialabfall auf der Elektrolytseite noch Null ist und $\Delta\varphi$ der Abb. 40 nur in der Dipoldoppelschicht des Metalls* auftritt. Insbesondere soll sich noch nicht die Dipoldoppelschicht auf Grund der Adsorption der Wassermoleküle ausgebildet haben**. Abb. 41 gibt diese Verhältnisse schematisch wieder.

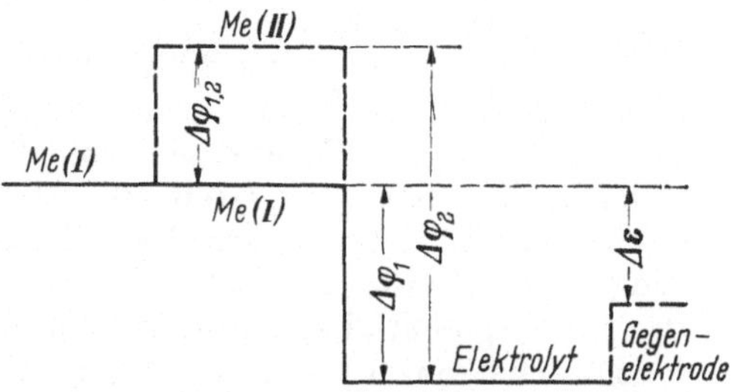


Abb. 40. Potentialsprung Metall/Elektrolyt bei konstantem Potentialwert $\Delta\varepsilon = \varepsilon_B$ des Metalls gegen eine Bezugselektrode fur zwei verschiedene Metalle Me(I) und Me(II) in schematischer Darstellung

Mit dem Aufbau einer Dipoldoppelschicht durch Orientierung der Wassermolekel infolge Adsorption an der Metalloberfläche*** würde sich das Potential entsprechend Abb. 41 b bis zum Wert $\varepsilon_N$ senken. Da bei einer Versuchsanordnung zur Messung von Billiter-Potentialen das Potential durch durchtrittsfähige Ionen bzw. Elektronen stabilisiert wird, ist dieser Potentialabfall bis $\varepsilon_N$ jedoch nicht möglich. Vielmehr werden mit der Ausbildung der Wasserdipolschicht Metallionen bzw. Elektronen durch

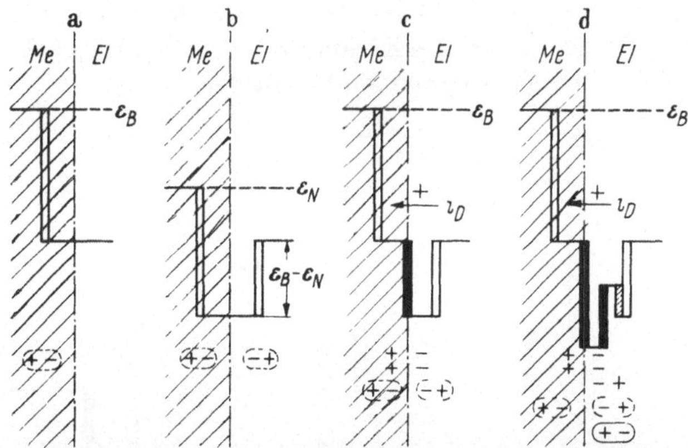


Abb. 41. Schematische Darstellung des Aufbaus der Doppelschicht beim Billiter-Potential $\varepsilon_B$. a) Ladungsfreier Zustand am Anfang. b) Einstellung eines Lippmann-Potentials $\varepsilon_N$ im Fall $i_D = 0$ nach Ausbildung der Wasserdipolschicht. c) Nach Ausbildung der Wasserdipolschicht und Potentialausgleich durch Aufbau einer Ionendoppelschicht ($i_D$ groß genug). d) Weitere Komplikationen durch Ionen(Anionen)- und Dipoladsorption

die Phasengrenze treten und eine Ionendoppelschicht entsprechender Größe aufbauen, so daß das thermodynamisch vorgegebene Potential

* Der Schwerpunkt der Atomkernladung weicht in Oberflächennähe vom Schwerpunkt der Elektronenladung trotz Elektroneutralität ab.

** Siehe hierzu die Erwiderung von A. N. FRUMKIN: Z. Elektrochem. **59**, 807 (1955).

*** Die Adsorption dürfte als eine elektrolytseitige Hydratation der Metallionen der Metalloberfläche anzusehen sein.

erhalten bleibt (Abb. 41 c). Diese Ionendoppelschicht könnte auch durch einen Strom über den äußeren Stromkreis mit dem Widerstand $R_a$ aufgebaut werden. Wenn jedoch der Durchtrittwiderstand $R_D \ll R_a$ ist, was vorausgesetzt werden soll*, ist dieser äußere Strom vernachlässigbar klein. Von diesen Vorgängen in der Doppelschicht wäre daher äußerlich nichts zu bemerken.

Bei dieser Deutung des Billiter-Potentials müßte $\varepsilon_B$ das Potential der „ladungsfreien" Elektrode bei Abwesenheit einer Adsorptionsdipoldoppelschicht (des Wassers) sein, so daß die gesamte absolute Potentialdifferenz $\Delta\,\varphi_1$ bzw. $\Delta\,\varphi_2$ (Abb. 40) auf die Dipolschicht der Metalloberfläche zurückzuführen wäre. Diese Potentialdifferenz müßte sich allerdings beim Wechsel des Elektrodenmetalls wie in Abb. 40 ändern, wobei das Billiterpotential $\varepsilon_B$ konstant bleiben würde.

Die Differenz $\varepsilon_N - \varepsilon_B$ wäre dann der Potentialabfall in der Dipoldoppelschicht des Wassers. Diese Differenz hat für jedes Metall einen anderen Wert, da die Bindungsenergien der Oberflächenatome entsprechend den verschiedenen spezifischen Hydratationsenergien vom Metall abhängen. Die Folge davon ist, daß das Lippmann-Potential $\varepsilon_N$ im Gegensatz zum Billiter-Potential $\varepsilon_B$ für jedes Metall einen speziellen Wert hat (Tab. 4).

Hiermit ist auch verständlich, daß eine weitere Adsorption von oberflächenaktiven Stoffen keinen Einfluß auf das Potential $\varepsilon_B$ im adsorptionsfreien Anfangszustand hat, wie es OEL u. STREHLOW[6] beobachteten (Abb. 41 d). Auch die Art des Komplexbildners ist für $\varepsilon_B$ belanglos, wenn nur der Durchtrittswiderstand $R_D$ klein genug ist.

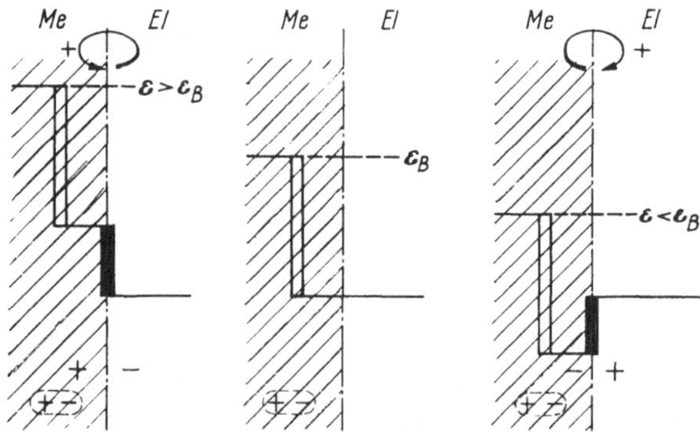


**Abb. 42. Schematische Darstellung der Stromumkehr im äußeren Stromkreis zur Messung des Billiter-Potentials. Aufbau einer Ionendoppelschicht vor Ausbildung der Wasserdipolschicht (vgl. Abb. 41)**

Eine Schwierigkeit besteht bei dieser Deutung allerdings noch. Der äußere Strom, der sich am Billiter-Potential im Vorzeichen umkehrt, muß bereits zum Aufbau einer Ionendoppelschicht führen, bevor sich eine Wasserdipolschicht auszubilden beginnt. Der äußere Strom wird aber nur dann fließen, wenn der Durchtrittswiderstand $R_D$ *vor* Ausbildung

* Der äußere Widerstand setzt sich aus den Elektrolyt- und Leitungswiderständen und dem Durchtrittswiderstand der großen Gegenelektrode zusammen.

der Wasserdipolschicht noch *recht groß* ist. Die Erfüllung dieser Forderung ist bisher noch nicht experimentell geprüft worden. Da der Durchtrittswiderstand stark vom Aufbau der gesamten Doppelschicht abhängen wird, wäre eine derartige Erscheinung durchaus diskutabel. Abb. 42 erläutert die Stromumkehr unter dieser Voraussetzung. Mit dem Beginn des Ausbaus der Wasserdipolschicht müßte dieser Durchtrittswiderstand sehr stark sinken.

Im Endzustand wäre die Billiter-Elektrode mit $\varepsilon_B$ somit keine ladungsfreie Elektrode, wie aus Abb. 41 hervorgeht. Auch eine absolute Potentialdifferenz $\Delta\varphi = 0$ kann entsprechend der gegebenen Deutung und § 43 nicht vorliegen. Nur die Wasser- oder Adsorptionsdipolschichten werden nach dieser Vorstellung durch eine Ionendoppelschicht gerade kompensiert. Die Metalldipolschicht bleibt jedoch bestehen und wäre gleich der absoluten Potentialdifferenz am Billiter-Potential.

## § 45. Absolutpotential

### *α) Theoretische Grundlagen zur Berechnung*

Wie bereits früher (§ 2) hervorgehoben wurde, kann über die Größe der Einzelgalvanipotentialdifferenz $\Delta\varphi$ an einer Phasengrenze nichts gesagt werden, da es bisher trotz vieler Versuche noch nicht möglich war, diese Größe sicher und eindeutig zu messen. Auch beim Lippmann-Potential $\varepsilon_N$ einer ladungsfreien Elektrode (§ 43) und beim Billiter-Potential (§ 44) ist das Absolutpotential $\Delta\varphi \neq 0$. Es soll hier zunächst der Weg aufgezeigt werden, mit Hilfe welcher Größen eine Berechnung der absoluten Galvanipotentialdifferenz $\Delta\varphi$ an einer Phasengrenze möglich sein sollte.

Zunächst wurde von Guggenheim[1] die sinnvolle Existenz einer Einzelpotentialdifferenz an einer Phasengrenze überhaupt bestritten, da es mit thermodynamischen Methoden nicht möglich ist, das für elektrochemische Reaktionen maßgebende thermodynamische elektrochemische Potential (§ 13) $\Delta\eta = \Delta\mu + zF\cdot\Delta\varphi$ in den rein „chemischen" Anteil $\Delta\mu$ und den „elektrischen" Anteil $zF\cdot\Delta\varphi$ aufzuteilen. Eine physikalische Aufteilung auf nicht thermodynamischer, also atomistischer Grundlage erscheint aber trotzdem sinnvoll, worauf E. Lange[2] und später H. Strehlow[3] besonders hinwiesen.

Die elektrostatische Potentialdifferenz $\Delta\varphi$ soll definiert werden durch die Energie, die aufgewendet werden muß, um die Einheitsladung vom Inneren der einen Phase in das Innere der anderen zu transportieren. Hierbei soll die Einheitsladung so beschaffen sein, daß auf sie nur elektrostatische und keine „chemischen Kräfte" einwirken. Diese chemischen Kräfte und Energien, die ihrer Natur nach schließlich auch elektrischer Art sind, wie die van der Waalsschen Kräfte, die Austauschenergien, aber auch die Gitterenergien von Ionenkristallen sollen zu den „chemischen

[1] Guggenheim, E. A.: J. Phys. Chem. **33**, 842 (1929); **34**, 1758 (1930). Siehe auch D. C. Grahame: Chem. Rev. **41**, 441 (1947), spez. S. 487—494.

[2] Lange, E.: Handb. Exp. Phys. Bd. **12**, 2, S. 265 (§ 2), (1933).

[3] Strehlow, H.: Z. Elektrochem. **56**, 119 (1952).

Energien" gerechnet werden. Das elektrische Potential (Galvani-Potential) $\varphi$ einer Phase soll der Mittelwert des in atomaren Bereichen schwankenden Potentials sein. $\varphi$ ist über makroskopische Bereiche im Innern einer Phase konstant.

In Analogie hierzu ist z. B. die Aufteilung des mittleren Aktivitätskoeffizienten $f_{\pm}$ in die ionalen Aktivitätskoeffizienten $f_{+}$ und $f_{-}$ thermodynamisch nicht möglich. Mit Hilfe der auf atomistischen Vorstellungen gegründeten Debye-Hückelschen Theorie können aber $f_{+}$ und $f_{-}$ und erst aus ihnen $f_{\pm}$ berechnet werden. Auch hier werden die gleichen Unterschiede zwischen elektrostatischen und „chemischen" Kräften gemacht und auch allgemein anerkannt.

Im Folgenden sollen die prinzipiellen Möglichkeiten zur Berechnung der Gleichgewichtspotentialdifferenz $\Delta\varphi$ auf atomistischer Grundlage diskutiert werden*. Hierbei soll vorausgesetzt werden, daß nur eine Ionenart (oder Elektronen) die Einstellung des Gleichgewichtspotentials hervorruft. Diese Bedingung bedeutet, daß in den beiden aneinandergrenzenden Phasen diese Ionenart vorhanden ist und daß nur diese Ionen (Elektronen) durch die Phasengrenze hindurchtreten können. Im Gleichgewichtsfall muß das elektrochemische Potential $\eta$ dieser Ionenart in beiden Phasen gleich sein, also

$$\Delta\eta = 0 = \Delta\mu + zF\,\Delta\varphi\,. \tag{1.124}$$

Die Galvanipotentialdifferenz $\Delta\varphi = \varphi_{\mathrm{Me}} - \varphi_{\mathrm{El}}$, das *Absolutpotential*, ergibt sich daraus zu

$$\Delta\varphi = -\frac{\Delta\mu}{zF} = +\frac{\mu_{\mathrm{El}} - \mu_{\mathrm{Me}}}{zF} \tag{1.125}$$

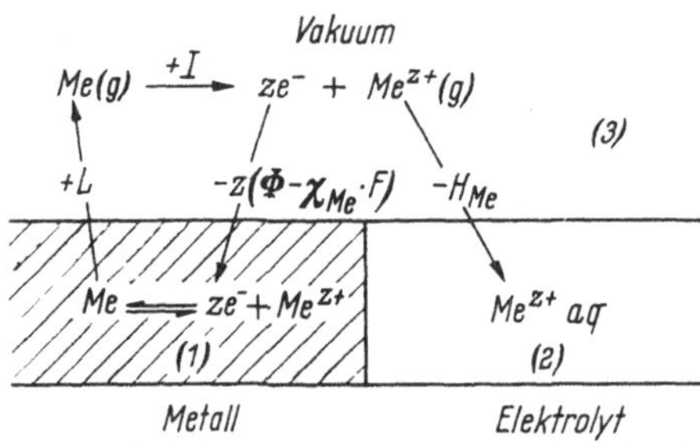


Abb. 43. Berechnung der chemischen Reaktionsenthalpie $\Delta H$ für $Me^{z+}$ (Metall) $\to Me^{z+}\cdot$ aq einer Metallionenelektrode. $L$ = Sublimationsenthalpie, $I$ = Ionisationsenthalpie, $H_{\mathrm{Me}+}$ = Hydratationsenergie, $\Phi$ = Elektronenaustrittsarbeit, $\chi_{\mathrm{Me}}$ = Oberflächenpotential des Metalls

Die Berechnung von $\Delta\varphi$ läuft also auf eine Bestimmung von $\Delta\mu = \mu_{\mathrm{Me}} - \mu_{\mathrm{El}}$ des potentialbestimmenden Ions in beiden Phasen hinaus.

Hierzu soll der in Abb. 43 dargestellte Prozeß verwendet werden. Die Änderung des chemischen Potentials $\mu$ der Metallionen $Me^{z+}$ einer *Metallionenelektrode* bei Ablauf der Reaktion

$$Me^{z+}(\mathrm{Metall}) \to Me^{z+}\cdot \mathrm{aq} \tag{1.126}$$

kann in die Reaktionsenthalpie $\Delta H$ und die Reaktionsentropie $\Delta S$ zerlegt werden. Es ist

$$\mu_{\mathrm{El}} - \mu_{\mathrm{Me}} = \Delta H - T\cdot\Delta S\,. \tag{1.127}$$

* Vgl. hierzu die ausführliche Diskussion von H. STREHLOW: Z. Elektrochem. **56**, 119 (1952).

$T \cdot \Delta S$ ist nach § 12 die negative Peltierwärme, also die Wärmemenge, die bei Ablauf der anodischen Metallauflösung am Gleichgewichtspotential $\varepsilon_0$ verbraucht wird. Dieser Wert ist der experimentellen Bestimmung ohne prinzipielle Schwierigkeiten zugänglich*. Daher soll in Abb. 43 nur die Berechnung der Enthalpieänderung $\Delta H = H_{El} - H_{Me}$ des anodischen Vorganges diskutiert werden.

Das Metall soll bei diesem Gedankenexperiment in das Vakuum unter Aufwendung der Sublimationsenthalpie $L$ sublimiert werden, dann sollen die Metallatome ionisiert werden (Ionisationsenthalpie $I$), die hierbei frei werdenden $z$ Elektronen in das Metall zurückgeführt werden [frei werdende „chemische" Energie $z \cdot H_e = z(\Phi - \chi_{Me} \cdot F)$] und die Metallionen $Me^{z+}$ aus dem Vakuum in den Elektrolyten unter Gewinnung der Hydratationsenergie $H_{Me^+}$ überführt werden. Die Enthalpieänderung ist hierbei

$$\Delta H = L + I - z \cdot H_e - H_{Me^+} = L + I - z(\Phi - \chi_{Me} \cdot F) - H_{Me^+} . \quad (1.128)$$

Da nur die „chemischen" Energien zu betrachten sind, dürfen keine „elektrischen" Energien berücksichtigt werden, die beim Übergang der Ionen und Elektronen in das Vakuum oder in umgekehrter Richtung auftreten. Demzufolge ist von der Elektronenaustrittsarbeit $\Phi$ die elektrostatische Energie $\chi_{Me} \cdot F$ abzuziehen, die durch das Oberflächenpotential $\chi_{Me}$ des Metalls verursacht wird. Die rein chemische Austrittsenergie des Elektrons ist also nur

$$H_e = \Phi - \chi_{Me} \cdot F . \quad (1.129)$$

Aus Gl. (1.125), (1.127) und (1.128) folgt für das Absolutpotential an der Phasengrenze Metall/Elektrolyt

$$\boxed{\Delta \varphi = \varphi_{Me} - \varphi_{El} = \frac{L + I - z \cdot \Phi - H_{Me^+}}{zF} + \chi_{Me} - \frac{T \cdot \Delta S}{zF}} \quad (1.130)$$

mit $H_{Me^+}$ = Hydratationsenergie,
$\Phi$ = Elektronenaustrittsenthalpie (kcal/Mol),
$I$ = Ionisationsenthalpie der Metallatome,
$L$ = Sublimationsenthalpie des Metalls,
$\chi_{Me}$ = Oberflächenpotential des Metalls,
$-T \cdot \Delta S = -T \cdot (S_{El} - S_{Me})$ = Peltierwärme.

Zur Berechnung des Absolutpotentials $\Delta \varphi = \varphi_{Me} - \varphi_{El}$ einer *Redoxelektrode* mit der Reaktion $S_r \rightarrow S_o + e^-$ kann ganz ähnlich wie bei der Metallionenelektrode verfahren werden. Auch hier gelten Gl. (1.125) mit $z = -1$ (Elektron) und (1.127) $\Delta \mu = \Delta H - T \cdot \Delta S$, wobei unter $\Delta \mu$ die freie Reaktionsenthalpie des anodischen Umsatzes $S_r \rightarrow S_o + e^-$ zu verstehen ist**. Abb. 44 zeigt den Reaktionsweg für die Berechnung von $\Delta H$.

* Die Bestimmung muß am Gleichgewichtspotential reversibel durchgeführt werden, kann aber auch durch ein Überspannungsglied $zF \cdot \eta$ [vgl. Gl. (2.9) und (2.35)] korrigiert werden.

** $\Delta \mu = {}_{Me}\mu_e - {}_{El}\mu_e$ kann auch auf die Elektronen im Metall und im Elektrolyten (gebunden an $S_r$) bezogen werden.

Die reduzierte Substanz $S_r$ muß unter Aufwendung der Hydratationsenergie $H_r$ dehydratisiert werden und ins Vakuum überführt werden. Dort wird unter Aufwendung der Ionisierungsenergie $I$ ein Elektron von $S_r$ abgespalten und in das Metall unter Gewinnung der chemischen Energie $\Phi - F \cdot \chi_{Me} = H_e$ überführt. Unter Hydratation wird schließlich $S_o$ in den Elektrolyten zurückgebracht. Hierbei tritt im ganzen eine Enthalpieänderung

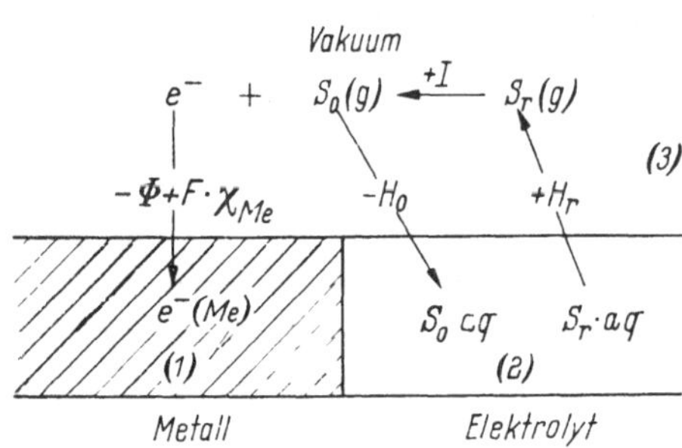


Abb. 44. Berechnung der chemischen Reaktionsenthalpie $\Delta H$ fur $S_r \cdot aq \rightarrow S_o \cdot aq + e^-$ (Metall). $H_r$, $H_o$ = Hydratationsenergien fur $S_r$, $S_o$, $I$ = Ionisationsenthalpie von $S_r$, $\Phi$ = Elektronenaustrittsarbeit, $\chi_{Me}$ = Oberflachenpotential des Metalls

$$\Delta H = H_r + I - H_o - \Phi + F \cdot \chi_{Me} \tag{1.131}$$

auf. Wiederum waren nur „chemische" Energien zu berücksichtigen.

Aus Gl. (1.125), (1.127) und (1.131) folgt die absolute Potentialdifferenz Metall/Elektrolyt für *Redoxelektroden*

$$\boxed{\Delta \varphi = \varphi_{Me} - \varphi_{El} = \frac{H_r + I - H_o - \Phi}{F} + \chi_{Me} - \frac{T \cdot \Delta S}{F}} \tag{1.132}$$

mit $H_r$, $H_o$ = Hydratationsenergien von $S_r$, $S_o$,
$I$ = Ionisationsenthalpie der Ionen im Vakuum $S_r \rightarrow S_o + e^-$,
$\Phi$ = Elektronenaustrittsenthalpie (kcal/Mol),
$\chi_{Me}$ = Oberflächenpotential des Metalls,
$-T \cdot \Delta S$ = Peltierwärme.

*β) Versuche zur Ermittlung*

In Gl. (1.130) und (1.132) sind die Größen $L$ und $I$ sehr genau bekannt. Auch die Peltierwärme $T \cdot \Delta S$ kann mit ausreichender Genauigkeit bestimmt werden. Nicht so genau und sicher sind die Austrittsarbeiten $\Phi$ bekannt, da diese Größen stark von der Oberflächenbeschaffenheit ($\chi_{Me}$) abhängen.

Schwierig ist die Ermittlung der Hydratationsenergien von Ionen. Diese Werte sind nur für neutrale Substanzen, also für die Summe von Kation und Anion, genau zu erfassen. Die Aufteilung dieser Summe in die Einzelwerte für Kation und Anion war bisher experimentell nicht möglich. Theoretische Untersuchungen über diese Aufteilung wurden von Fajans[4], Webb[5], Bernal u. Fowler[6], Klein u. Lange[7], Eley u. Evans[8],

[4] Fajans, K.: Naturwiss. **9**, 729 (1921).
[5] Webb, T.: J. Am. Soc. **48**, 2589 (1926).
[6] Bernal, J. D., u. R. H. Fowler: J. Chem. Phys. **1**, 515 (1933).
[7] Klein, O., u. E. Lange: Z. Elektrochem. **43**, 570 (1937).
[8] Eley, D. D., u. M. G. Evans: Trans. Faraday Soc. **34**, 1039 (1938).

Latimer u. Mitarb.[9], Verwey[10], van Arkel u. de Boer[11], Gurney[12] und Strehlow[3] gemacht*. Die Größenordnung der Hydratationsenergien liegt bei 100 bis 500 kcal/Mol. Eine bei diesen Werten als geringfügig zu bezeichnende Unsicherheit in der Aufteilung von vielleicht $\pm 10$ kcal/Mol bedeutet $\pm 0{,}4$ Volt, so daß hier bereits eine wesentliche Fehlerquelle für eine Berechnung des Absolutpotentials liegt. Die genaue Kenntnis einer *einzigen* Ionenhydratationsenergie würde diese Schwierigkeit beseitigen.

Über die Oberflächenpotentiale $\chi_{Me}$ der Metalle ist nichts bekannt. Auch deshalb war es bisher nicht möglich, das Absolutpotential zu ermitteln. Außerdem liegen für das chemische Potential $\mu_e$ der Elektronen in einem Metall keine absoluten Werte vor.

Einige Versuche zur Berechnung von Einzelelektrodenpotentialen durch Gapon[13] und Bagchi[14] bringen keinen Fortschritt. Latimer, Pitzer u. Slansky[9] sowie Makishima[15] rechnen ohne Berücksichtigung von $\chi_{Me}$ und kommen somit nicht zu wahren Absolutwerten. Die Elektroden am Lippmann-Potental (§ 43) und auch am Billiter-Potential (§ 44) haben entgegen früher gelegentlich vertretenen Annahmen nicht die Potentialdifferenz $\Delta\varphi = 0$, wie bereits ausgeführt wurde.

Allerdings war nach Strehlow[3] und Verwey[16] die ungefähre Berechnung des *Oberflächenpotentials* $\chi_{H_2O}$ *Wasser/Gas* möglich. Bei Einführung der Volta-Potentialdifferenz $\Delta\psi = \psi_{Me} - \psi_{El} = \Delta\varphi - \Delta\chi$ nach Gl. (1.1) (§ 3) geht Gl. (1.130) in die Beziehung

$$\chi_{El} = \chi_{H_2O} = \Delta\psi - \frac{L + I - z\cdot\Phi - H_{Me^+} + T\cdot\Delta S}{zF} \qquad (1.133)$$

über. $\Delta\psi = \psi_{1,2}$ wurde von Klein u. Lange[7] aus der Elektrodenkette

$$\underset{1}{\mathrm{Me}} \,/\, \underset{2}{\mathrm{Me}^+}\cdot \mathrm{aq} \,/\, \underset{3}{\mathrm{Hg}^+}\cdot \mathrm{aq} \,/\, \underset{4}{\mathrm{Hg}} \,/\, \underset{1}{\mathrm{Me}}$$

mit der Zellspannung [Gl. (1.5)]

$$\varepsilon = \psi_{1,2} + \psi_{2,3} + \psi_{3,4} + \psi_{4,1}$$

---

[9] Latimer, W. M., K. S. Pitzer u. C. M. Slansky: J. Chem. Phys. **7**, 108 (1939).

[10] Verwey, E. J. W.: Chem. Weekblad **37**, 530 (1940); Rec. Trav. chim. **61**, 127 (1942).

[11] Arkel, A. E. van, u. J. H. de Boer: Chemische Bindung als elektrostatische Erscheinung. Leipzig (1931)

[12] Gurney, R. W.: Ions in Solution. Cambridge 1936.

* Eine ausführliche Übersicht wird von H. Strehlow[3] gegeben.

[13] Gapon, E. N.: Dokl. Akad. Nauk USSR **56**, 707 (1947); J. phys. Chem. USSR **20**, 1209 (1946).

[14] Bagchi, S. N.: J. Indian chem. Soc. **27**, 195 (1950); Z. Elektrochem. **56**, 116 (1952).

[15] Makishima, S.: Z. Elektrochem. **41**, 697 (1935).

[16] Verwey, E. J. W.: Rec. Trav. chim. **61**, 564 (1942).

berechnet. Dabei wurde $\psi_{2,3} = 0$ gesetzt*, $\psi_{3,4}$ durch Volta-Potentialmessungen bestimmt und $\psi_{4,1}$ als Differenz der experimentellen Elektronenaustrittsarbeiten $\Phi_1 - \Phi_4$ verwendet. So ergibt sich mit verschiedenen Kationen nach STREHLOW[3] und VERWEY[16] ein Oberflächenpotential des Wassers von etwa

$$\chi_{H_2O} = -0{,}45 \text{ Volt}.$$

Das negative Vorzeichen bedeutet eine Ausrichtung der Wasserdipole mit der positiven Seite nach außen.

# 2. Theorie der Überspannung

## § 46. Problemstellung in der Elektrodenkinetik

Zur Einführung in die Problemstellung der elektrochemischen Kinetik sollen einige Beispiele besprochen werden. Dabei handelt es sich um Reaktionen, deren Ablauf durch elektrochemische Untersuchungen aufgeklärt werden konnte.

Die *Elektrodenbruttoreaktion* (§ 7), die durch chemische Analyse des elektrochemischen Umsatzes an einer stromdurchflossenen Elektrode ermittelt werden kann, setzt sich im allgemeinen aus einer Folge von Teilreaktionen zusammen, wie es auch bei chemischen Reaktionen der Fall ist. Der Unterschied zur chemischen Bruttoreaktion ist nur, daß mindestens *eine* der Teilreaktionen der Elektrodenbruttoreaktion *eine Durchtrittsreaktion* ist, bei der ein Ladungsträger (Elektron oder Ion) von der einen Phase in die andere Phase durch die elektrolytische Doppelschicht unter Überwindung einer potentialabhängigen Aktivierungsenergie hindurchtritt. Als Beispiel für eine derartige, aufgeklärte Reaktionsfolge sei die von VETTER und MANECKE[1] untersuchte $Mn^{4+}/Mn^{3+}$-Redoxelektrode genannt, deren sehr einfache Elektrodenbruttoreaktion $Mn^{4+} + e^- \rightarrow Mn^{3+}$ (kathodische Richtung) sich aus der Reaktionsfolge

| | |
|---|---|
| $Mn^{3+} + e^- \rightarrow Mn^{2+}$ | Durchtrittsreaktion |
| $Mn^{2+} + Mn^{4+} \rightarrow 2Mn^{3+}$ | chem. Reaktion |
| $Mn^{4+} + e^- \rightarrow Mn^{3+}$ | Elektrodenbruttoreaktion |

zusammensetzt.

Als Beispiel einer Metallionenelektrode soll die von H. GERISCHER[2] in ihrem Mechanismus aufgeklärte komplexe $Cd/Cd(CN)_4^{2-}$-Elektrode mit der Elektrodenbruttoreaktion $Cd + 4CN^- \rightarrow Cd(CN)_4^{2-} + 2e^-$ (anodische Richtung) angegeben werden. Die Reaktion setzt sich bei nicht zu großer

* Nach O. KLEIN u. E. LANGE: Z. Elektrochem. **43**, 570 (1937) hat sich experimentell $d\Delta\psi/d\ln c = d\Delta\varphi/d\ln c$ erwiesen. Hieraus folgt wegen $\varphi = \psi + \chi$ [Gl. (1.1)] $d\Delta\chi/d\ln c = 0$, also die Unabhängigkeit des Oberflächenpotentials von der Konzentration.

[1] VETTER, K. J., u. G. MANECKE: Z. physik. Chem. **195**, 337 (1950).

[2] GERISCHER, H.: Z. Elektrochem. **57**, 604 (1953); Z. physik. Chem. (N. F.) **2**, 79 (1954).

Cyanidkonzentration aus der Folge

| | |
|---|---|
| $2CN^- \rightarrow (CN)_2^{2-}$ | chemische Reaktion |
| $Cd(Me) + (CN)_2^{2-} \rightarrow Cd(CN)_2 + 2e^-$ | Durchtrittsreaktion |
| $Cd(CN)_2 + 2CN^- \rightarrow Cd(CN)_4^{2-}$ | chemische Reaktion |
| $Cd(Me) + 4CN^- \rightarrow Cd(CN)_4^{2-} + 2e^-$ | Elektrodenbruttoreaktion |

zusammen.

Der Volmer-Tafelsche Mechanismus[3] der Wasserstoffelektrode, deren Elektrodenbruttoreaktion $2H^+ + 2e^- \rightarrow H_2$ (kathodische Richtung) ist, besteht aus den Folgereaktionen

| | |
|---|---|
| $(2\times)\ H^+(aq) + e^- \rightarrow H_{ads}$ | Durchtrittsreaktion |
| $2H_{ads} \rightarrow H_2$ | chemische Reaktion |
| $2H^+(aq) + 2e^- \rightarrow H_2$ | Elektrodenbruttoreaktion |

Hier muß die Durchtrittsreaktion zweimal nebeneinander ablaufen, wenn die Rekombinationsreaktion nur einmal durchlaufen wird.

*Eine* Aufgabe der Elektrodenkinetik ist es, die *Folge der Teilreaktionen*, die zusammen die chemisch-analytisch bestimmbare Elektrodenbruttoreaktion ergibt, aufzuklären, wie es bereits in den angegebenen Beispielen geschehen ist. Eine *weitere* Aufgabe ist die Ermittlung der *Geschwindigkeit von Elektrodenreaktionen.* Diese Geschwindigkeit ist dem Faradayschen Gesetz entsprechend der Stromdichte $i$ proportional. Zur Lösung dieser beiden Fragen muß die Abhängigkeit der Stromdichte und damit der Reaktionsgeschwindigkeit vom Elektrodenpotential, von den Konzentrationen $c_j$ der beteiligten Stoffe $S_j$ und von anderen Variablen, z. B. der Temperatur, festgestellt werden.

Besonders aus der Abhängigkeit der Gesamtstromdichte $i$ vom Elektrodenpotential $\varepsilon$ und den Konzentrationen $c_j$ sind wesentliche Erkenntnisse über die Teilreaktionen zu erhalten. Diese Gesamtstromdichte $i$ setzt sich additiv aus der positiven anodischen Teilstromdichte $i_+ (> 0)$ und der immer negativ gerechneten kathodischen Teilstromdichte $i_- (< 0)$ zusammen (§ 8 und 10). Maßgebend für die Abhängigkeit des Stromes von Potential und Konzentration sind die außerordentlich wichtigen Größen: *Austauschstromdichte* $i_0$, *Durchtrittsfaktor* $\alpha$, *elektrochemische Reaktionsordnungen* $z_{o,j}$, $z_{r,j}$, *Diffusionsgrenzstromdichten* $i_d$, *Reaktionsgrenzstromdichten* $i_r$ sowie die *stöchiometrischen Faktoren* $\nu_j$, die *Elektrodenreaktionswertigkeit* $n$ der Bruttoreaktion und die *Durchtrittswertigkeit* $z$.

Wie in der chemischen Reaktionskinetik ist auch in der Elektrodenkinetik der langsamste Teilvorgang für die Geschwindigkeit (Stromdichte) der Gesamtreaktion ausschlaggebend. Es ist also der am stärksten gehemmte Vorgang für die Größe und Art der Überspannung $\eta = \varepsilon - \varepsilon_0$ maßgebend. Den *vier* Möglichkeiten für die gehemmte Reaktionsart entsprechend wird die Gesamtüberspannung nach Abzug etwaiger mitgemessener ohmscher Spannungsabfälle in *Durchtritts-*, *Diffusions-*, *Reaktions-* und *Kristallisationsüberspannung* unterteilt.

[3] ERDEY-GRUZ, T., u. M. VOLMER: Z. physik. Chem. **150 A,** 203 (1930). — TAFEL, J.: Z. physik. Chem. **50,** 641 (1905).

## § 47. Verschiedene Überspannungsarten

Das Potential $\varepsilon$ einer stromdurchflossenen Elektrode weicht von dem sich bei Stromlosigkeit einstellenden Gleichgewichtspotential $\varepsilon_0$ ab. Diese Differenz [Gl. (1.7), § 9]

$$\boxed{\eta = \varepsilon - \varepsilon_0} \tag{2.1}$$

ist auf Grund der Definition in § 9 die *Überspannung* $\eta$, deren Einführung auf NERNST und CASPARI[1] zurückgeht. Vorausgesetzt wurde hierbei, daß sich bei Stromlosigkeit tatsächlich das Gleichgewichtspotential $\varepsilon_0$ einstellt, was nur dann der Fall sein kann, wenn nur *eine* Elektrodenreaktion im vorliegenden Potentialbereich abläuft. Diese Voraussetzung soll hier bei der gesamten Diskussion der Überspannung (§ 47 bis § 85) gemacht werden. Die Behandlung mehrerer gleichzeitig ablaufender Elektrodenreaktionen führt auf den Begriff des Mischpotentials (§ 176).

Ein anodischer, also positiver Strom bewirkt immer eine positive Überspannung und entsprechend ein kathodischer (negativer) Strom eine negative Überspannung $\eta$.

Die Ursache für das Auftreten der stromdichteabhängigen Überspannung ist, wie schon gesagt, eine Hemmung im Ablauf der Elektrodenbruttoreaktion (§ 7). Im allgemeinen Fall setzt sich eine Elektrodenbruttoreaktion aus einer Folge von Teilreaktionen zusammen. Mindestens eine dieser Teilreaktionen besteht aus einem Durchtritt von Ladungsträgern (Elektronen oder Ionen) durch die elektrolytische Doppelschicht an der Phasengrenze und wird daher *Durchtrittsreaktion* genannt[2]. Die Geschwindigkeit dieser Durchtrittsreaktion ist von der Potentialdifferenz in der Doppelschicht abhängig. Eine „*chemische Reaktion*" ist eine Teilreaktion, deren Geschwindigkeit nicht vom Potential, sondern nur von den Konzentrationen abhängig ist*.

Schließlich tritt bei Metallionenpotentialen noch eine weitere Teilreaktion auf. Hier findet noch ein Einbau der in der Durchtrittsreaktion abgeschiedenen ad-Atome in das Kristallgitter bzw. der entgegengesetzte Ausbau aus diesem Gitter unter Bildung von ad-Atomen statt. Dieser Vorgang ist eine *Kristallisationsreaktion.*

Zu diesen drei Arten von Teilreaktionen einer Elektrodenbruttoreaktion kommt noch ein Transportvorgang hinzu, der die Stoffe, die bei Ablauf der Bruttoreaktion an der Elektrodenoberfläche gebildet bzw. verbraucht werden, von der Oberfläche abführt bzw. an sie heranbringt. Dieser Stofftransport, der unerläßlich für den Ablauf einer Elektrodenbruttoreaktion ist, muß durch *Diffusion* von der bzw. an die Oberfläche vor sich gehen, da nur im Innern des gesamten Elektrolyten ein ausreichender Vorrat der Stoffe vorhanden ist, die auf Grund der Faradayschen Gesetze umgesetzt werden. Es muß daher ein Konzentrations- oder genauer Aktivitätsgradient vor der Oberfläche auftreten.

---

1 CASPARI, W. A.: Z. physik. Chem. **30**, 89 (1899).

2 VETTER, K. J.: Z. Elektrochem. **56**, 797 (1952), spez. S. 798.

* Eine „chemische Reaktion" hat eine potentialunabhängige Geschwindigkeitskonstante.

Dementsprechend werden nach BONHOEFFER, GERISCHER und VETTER[3] vier verschiedene Arten der Überspannung unterschieden. Ist nur die Durchtrittsreaktion gehemmt, alle anderen vorausgehenden oder folgenden Teilreaktionen nicht, so tritt nur *Durchtrittsüberspannung* $\eta_D$ auf, da der Durchtritt des Ladungsträgers durch die elektrolytische Doppelschicht gehemmt ist.

Ist eine chemische Teilreaktion gehemmt, deren Geschwindigkeitskonstante definitionsgemäß unabhängig vom Potential ist, so liegt bei Stromfluß *Reaktionsüberspannung* $\eta_r$ vor. Hierbei kann die chemische Reaktion sowohl homogen im Elektrolyten als auch heterogen an der Oberfläche ablaufen.

Wenn dagegen der Stofftransport zu bzw. von der Oberfläche der weitaus langsamste Vorgang ist, so tritt bei Stromfluß reine *Diffusionsüberspannung* $\eta_d$ auf.

Eine Hemmung des Einbaus oder Ausbaus der ad-Atome in das bzw. aus dem Kristallgitter führt zur *Kristallisationsüberspannung* $\eta_k$.

Sind mehrere Reaktionen vergleichbar langsam, so überlagern sich die entsprechenden Überspannungen zur Gesamtüberspannung.

Die Summe von Diffusions- und Reaktionsüberspannung soll mit *Konzentrationsüberspannung* $\eta_c$ bezeichnet werden. Die in der Literatur noch üblichen Begriffe, wie Aktivierungsüberspannung und Widerstandspolarisation werden später (§ 85 bzw. § 86) näher erläutert. In den folgenden Kapiteln werden zunächst die verschiedenen Überspannungsarten gesondert theoretisch behandelt. Darauf soll die theoretische und experimentelle Aufteilung der Gesamtüberspannung in die genannten Anteile untersucht werden.

*Die Durchtrittsreaktion nimmt in der elektrochemischen Kinetik eine zentrale Stellung ein, da nur von ihr unmittelbar das Elektrodenpotential abhängt.* Nur mittelbar durch Beeinflussung dieser Durchtrittsreaktion kommt ein Einfluß anderer Größen auf das Potential zustande. Diese Erkenntnis muß als Leitgedanke für alle Untersuchungen und Diskussionen auf elektrochemisch-kinetischem Gebiet verwendet werden.

## A) Durchtrittsüberspannung

### § 48. Definition der Durchtrittsreaktion und der Durchtrittsüberspannung $\eta_D$

Im folgenden Abschnitt A) soll die Geschwindigkeit des gehemmten Durchtritts von Ladungsträgern durch die elektrolytische Doppelschicht, also damit die Geschwindigkeit der Durchtrittsreaktion in Abhängigkeit vom Potential der Elektrode und von den Konzentrationen behandelt werden. Sind die durchtretenden Ladungsträger Elektronen, so liegt eine Redoxelektrode vor. Wenn die Ladungsträger dagegen Metallionen sind, so handelt es sich um Metallionenelektroden. Eine Hemmung der Durchtrittsreaktion führt auf die Durchtrittsüberspannung $\eta_D$.

[3] VETTER, K. J.: Z. physik. Chem. **194**, 199 (1950); **194**, 284 (1950), spez. S. 286.

Die Behandlung der Durchtrittsüberspannung $\eta_D$ geht auf J. A. V. BUTLER[1] und T. ERDEY-GRUZ, M. VOLMER[2] zurück und wurde von den letzteren auf die Entladungsreaktion der kathodischen Wasserstoffentwicklung $H^+ + e^- \rightarrow H$, den sog. „Volmerschen Mechanismus“ der Wasserstoffüberspannung, angewendet. Bevor die Durchtrittsüberspannung näher diskutiert werden kann, muß ausführlich erklärt werden, was unter der Durchtrittsreaktion zu verstehen ist.

Bei einer *Redoxelektrode* werden gleichzeitig an der gleichen Oberfläche Elektronen vom Metall aufgenommen und abgegeben, so wie es durch die Pfeile in Abb. 45 dargestellt wird. Die Länge der Pfeile soll hierin ein Maß für die Ladungsmenge sein, die in Form von Elektronen durch die Phasengrenze in der einen oder anderen Richtung pro Flächen- und Zeiteinheit hindurchgeht. Die Pfeillängen sind daher ein Maß für zwei gegeneinander laufende Stromdichten, eine *anodische Teilstromdichte* $i_+$ und eine *kathodische Teilstromdichte* $i_-$. Die anodische Teilstromdichte $i_+$ ist als anodischer Strom eine positive (§ 8) und $i_-$ als kathodischer Strom eine negative Größe, so daß die gesamte, durch die Doppelschicht hindurchtretende Stromdichte

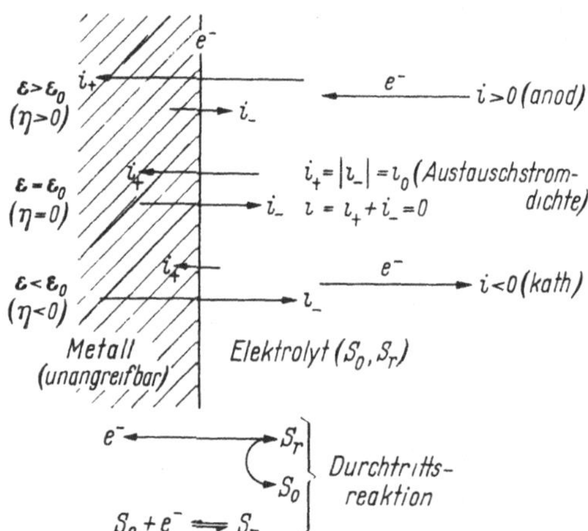

Abb. 45. Der Ladungsaustausch an einer Redoxelektrode

$$i = i_+ + i_- \tag{2.2}$$

ist. Die anodische Teilstromdichte $i_+$ wird, wie in § 49 näher begründet werden wird, mit steigendem Elektrodenpotential größer, während der Betrag von $i_-$ dabei kleiner wird. Dieses Verhalten ist ebenfalls in Abb. 45 dargestellt.

Die Durchtrittsreaktion besteht bei einer Redoxelektrode, die hier zugrunde gelegt wird, in einer Abgabe eines Elektrons von einer reduzierten Substanz $S_r$ an das unangreifbare Elektrodenmetall unter Bildung eines oxydierten Stoffes $S_o$, also $S_r \rightarrow S_o + e^-$ (anodische Reaktionsrichtung), z. B. $Fe^{2+} \rightarrow Fe^{3+} + e^-$. Umgekehrt findet bei der Durchtrittsreaktion in kathodischer Richtung die Aufnahme eines Elektrons aus dem Elektrodenmetall durch die oxydierte Substanz $S_o$ unter Bildung des reduzierten Stoffes $S_r$, also $S_o + e^- \rightarrow S_r$, z. B. $Fe^{3+} + e^- \rightarrow Fe^{2+}$, statt. Das Elektrodenpotential dieser Durchtrittsreaktion wird unmittelbar durch die Größe der Konzentrationen $c_o$, $c_r$ der Substanzen $S_o$, $S_r$, sowie durch die Stromdichte $i$ bestimmt. Unter Umständen sind die

[1] BUTLER, J. A. V.: Trans. Faraday Soc. **19**, 734 (1924); **28**, 379 (1932).
[2] ERDEY-GRUZ, T., u. M. VOLMER: Z. physik. Chem. **150 A**, 203 (1930).

Substanzen $S_o$ und $S_r$, die das Elektron aufnehmen oder abgeben, nur in sehr kleiner Konzentration neben vorwiegend vorhandenen Stoffen $S_j$ des Redoxsystems im Elektrolyten enthalten. Die Stoffe $S_o$ und $S_r$ müssen allerdings, wenn nur Durchtrittsüberspannung auftreten soll, auch bei Stromfluß mit den Substanzen $S_j$ im Gleichgewicht stehen. Es ist möglich, daß $S_o$ und $S_r$ neben den Stoffen $S_j$ wegen ihrer kleinen Konzentrationen als vollständig unbedeutend erscheinen oder sogar unbekannt sind, solange die Kinetik des Redoxpotentials noch nicht aufgeklärt ist. So kann z. B. $S_o$ bzw. $S_r$ ein noch nicht vollständig hydratisierter Stoff $S_j$ sein. Das Wasserstoffatom H in adsorbiertem Zustand ist ein derartiger Stoff $S_r$ und das Wasserstoffion $H^+(aq)$ in einem bestimmten Hydratationszustand der Stoff $S_o$. Für die Ausbildung eines Redoxpotentials ist also die Existenz der beiden Stoffe $S_o$ und $S_r$, die sich prinzipiell um ein Elektron nach $S_o + e^- \leftrightarrows S_r$ unterscheiden müssen, unerläßlich.

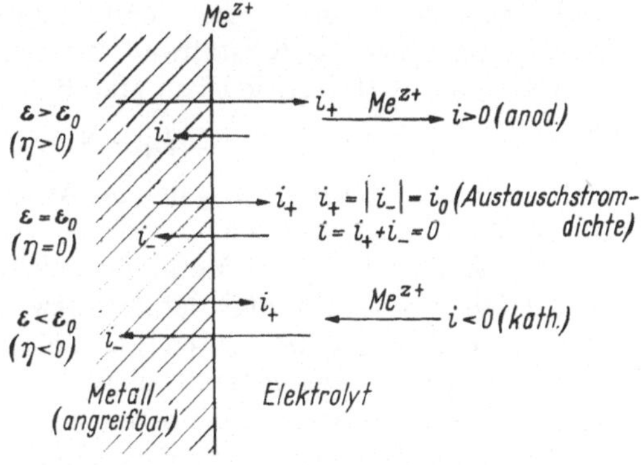

Abb. 46. Der Ladungsaustausch an einer Metallionenelektrode

Bei einer *Metallionenelektrode* treten in der entsprechend definierten Durchtrittsreaktion Metallionen $Me^{z+}$ durch die Doppelschicht unter Auflösung der Bindung an das Metall und Eingehen einer neuen Bindung an den Elektrolyten als anodischer Teilstrom $i_+$. In entgegengesetzter Richtung läuft die gleiche Durchtrittsreaktion dann mit der kathodischen Teilstromdichte $i_-$ ab, wie durch die Pfeile in Abb. 46 gezeigt wird. Die Bindung der Metallionen an den Elektrolyten kann unter Solvatation oder auch unter Komplexbildung erfolgen, wobei allerdings die Solvatation im weiteren Sinne ebenfalls als Komplexbildung mit dem Lösungsmittel betrachtet werden kann. Im Elektrolyten muß daher eine Substanz $S_r$ existieren, an die das Metallion $Me^{z+}$ unter Bildung des Komplexes $S_o$ gebunden wird. $S_r$ ist also ein Komplexbildner, z. B. $(CN)_2^{2-}$ wie im Beispiel des § 46 oder ein Wasserassoziat $(H_2O)_x$. $S_o$ ist dann das gebildete Metallkomplexion, also z. B. $Cd(CN)_2$ oder ein mehr oder weniger vollständig hydratisiertes Metallion $Me^{z+}(aq)$*.

Auf der Metallseite muß der letzte Bildungszustand $S_M$ des Metallions an das Metall betrachtet werden, von dem aus dieses Metallion nach

---

* $S_o$ ist in vollständiger Analogie zur Redoxelektrode die Substanz, die durch einen anodischen, also oxydierenden (daher Index $o$) Strom primär entsteht, während die Substanz $S_r$ bei einem kathodischen, also reduzierenden (daher Index $r$) Strom aus $S_o$ zunächst gebildet wird.

$S_M + S_r \rightarrow S_o$ mit der Stromdichte $i_+$ anodisch in Lösung geht. In entgegengesetzter Richtung gibt der Komplex $S_o$ ein Metallion $Me^{z+}$ an das Metall unter Bildung von $S_M$ ab. W. LORENZ[3] bezeichnet diese Metallatome $S_M$ in ihrem letzten bzw. ersten Bildungszustand als *ad-Atome*. Der Zustand $S_M$ wird im allgemeinen nicht ein normaler Zustand der Metallionen in einem ungestörten Gitterplatz an der Metalloberfläche sein. $S_M$ wird vielmehr ein weniger stabil gebundener Metallionenzustand sein, wie z. B. der an einer Stufe oder an einer Wachstumsstelle (Halbkristallage), oder der eines Einzelions auf einer geschlossenen Netzebene, Auf die Prozesse, die der Durchtrittsreaktion folgen oder ihr vorausgehen, sind nach M. VOLMER[4] die Vorstellungen von I. N. STRANSKI[5] und W. KOSSEL[6] über das Kristallwachstum anzuwenden (§ 76).

Die Durchtrittsreaktion von Metallionenelektroden ist also mit

$$S_M + S_r \leftrightarrows S_o$$

zu bezeichnen. Hierin ist $S_M$ das ad-Atom, $S_r$ der Komplexbildner und $S_o$ der Metallionenkomplex.

Dem Zustand $S_M$ bei Metallionenelektroden würde bei den Redoxelektroden ein bestimmter letzter bzw. erster Elektronenzustand $S_e$ entsprechen. Wegen der guten Leitfähigkeit der Metalle wird jedoch dieser „ad-Elektronenzustand" unabhängig von der Reaktionsgeschwindigkeit der Durchtrittsreaktion sein und daher in die Potential-Stromdichte-Beziehung nicht eingehen. Bei Halbleitern dürfte allerdings dieser An- oder Abstransport der Elektronen eine recht wesentliche Bedeutung erlangen.

## § 49. Durchtrittsüberspannung an Redoxelektroden

### α) *Potentialabhängigkeit der Aktivierungsenergien*

Die Behandlung der Durchtrittsüberspannung an Redox- und Metallionenelektroden ist sehr ähnlich. Es erscheint aber trotzdem wegen gewisser Unterschiede praktischer, sie getrennt durchzuführen. Im folgenden soll daher zunächst die *Durchtrittsüberspannung an Redoxelektroden* theoretisch behandelt und hierbei der einfachste Fall mit $S_r \leftrightarrows S_o + e^-$ als Durchtrittsreaktion, ohne vorausgehende oder folgende chemische Reaktion, diskutiert werden. Die Komplikationen, die beim Auftreten mehrerer verschiedener, hintereinander ablaufender Durchtrittsreaktionen an einem Redoxsystem auftreten, werden später (§ 53) behandelt.

Die Ursache für die hier zu diskutierende Hemmung der Durchtrittsreaktion ist, wie bei allen gehemmten Reaktionen, eine entsprechend große Aktivierungsenergie $E_+$ der anodischen und $E_-$ der kathodischen

[3] LORENZ, W.: Z. physik. Chem. **202**, 275 (1953); Z. Elektrochem. **57**, 382 (1953).

[4] ERDEY-GRUZ, T., u. M. VOLMER: Z. physik. Chem. **157 A**, 165 (1931).

[5] STRANSKI, I. N.: Z. physik. Chem. **136**, 259 (1928) und folgende Arbeiten. Zusammenfassend in O. KNACKE, I. N. STRANSKI: Erg. exakt. Naturw. **26**, 383 (1952).

[6] KOSSEL, W.: Nachr. Ges. Wiss. Göttingen, math.-physik. Kl. **1927**, 135.

Reaktion. Bei einer chemischen Reaktion ist die Aktivierungsenergie eine im wesentlichen konstante Größe; bei einer elektrochemischen Reaktion, also einer Durchtrittsreaktion, hängen dagegen $E_+$ und $E_-$ stark vom Potential $\varepsilon$ der Elektrode ab.

Für das Verständnis der Beziehung zwischen Strom (Reaktionsgeschwindigkeit) und Potential (Durchtrittsüberspannung) ist daher die Kenntnis der Potentialabhangigkeit der Aktivierungsenergien $E_+$ und $E_-$ außerordentlich wichtig. Die beim Ablauf einer Durchtrittsreaktion auftretenden Energien sind schematisch in Abb. 47 dargestellt. Kurve 1 soll die potentielle Energie eines Elektrons darstellen, das aus dem Elektrolyten mit einem $S_o/S_r$-Redoxsystem in das ladungsfreie Vakuum überführt wird. Die Kurve 1 würde durchlaufen werden, wenn an Stelle der metallischen Phase in Abb. 47 das Vakuum an den Elektrolyten angrenzen würde. Die Energiewerte werden in Abb. 47 auf das Elektron im Vakuum bezogen. Der Gesamtvorgang $S_r \rightarrow S_o + e^-$ (Vakuum) kann in die folgenden Teilvorgänge mit den entsprechenden Reaktionsenthalpien aufgeteilt werden (§ 45):

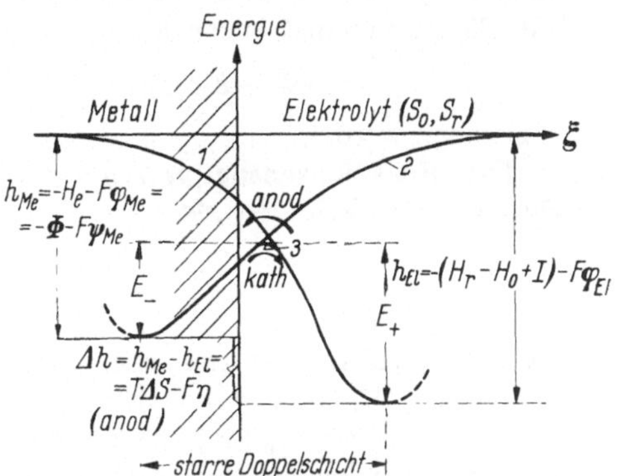


Abb. 47. Schematische Darstellung der Energien bei Ablauf der Durchtrittsreaktion an Redoxelektroden. $\Phi$ = Elektronenaustrittsenthalpie (eV), $\psi$ = Voltapotentiale (eV), $H_r$, $H_o$ = Hydratationsenergien der Stoffe $S_r$ und $S_o$, $\varphi_{\text{Me}}$, $\varphi_{\text{El}}$ = Galvani-Potentiale (eV) der Metall- bzw. der Elektrolytphase, $I$ = Ionisationsenthalpie des nicht hydratisierten Stoffes $S_r \rightarrow S_o + e^-$, $E_+$, $E_-$ = Aktivierungsenergien (+ = anod., − = kath), $T \cdot \Delta S$ = Peltierwarme (§ 12), $\varepsilon_0$ = Gleichgewichtspotential

| | |
|---|---|
| Dehydratation von $S_r \rightarrow S_r'$ | $H_r$, |
| Ionisation $S_r' \rightarrow S_o' + e^-$ | $I$, |
| Hydratation $S_o' \rightarrow S_o$ | $-H_o$, |
| Überwindung des Galvani-Potentials $\varphi_{\text{El}}$ | $+F\,\varphi_{\text{El}}$. |

Hierin sind $H_r$ und $H_o$ die als positive Größen gerechneten Hydratationsenergien von $S_r$ bzw. $S_o$, $I$ die Ionisierungsenthalpie des dehydratisierten $S_r'$ zu $S_o'$ (im Vakuum) und $\varphi_{\text{El}}$ das Galvani-Potential des Elektrolyten bezogen auf $\varphi_{\text{Vak}} = 0$. Die gesamte elektrochemische Reaktionsenthalpie für die Abspaltung eines Elektrons von $S_r \cdot$ aq unter Bildung von $S_o \cdot$ aq und Überführung des Elektrons in das ladungsfreie Vakuum wäre also $H_r - H_0 + I + F \cdot \varphi_{\text{El}}$, so daß das Energieniveau $h_{\text{El}}$ des am $S_0 \cdot$ aq angelagerten Elektrons bezogen auf das Elektron im Vakuum

$$h_{\text{El}} = -H_r + H_0 - I - F \cdot \varphi_{\text{El}} \tag{2.3}$$

ist.

Kurve 2 gibt den schematischen Verlauf der potentiellen Energie eines Elektrons bei Überführung aus dem Vakuum in das Innere des Metalls oder umgekehrt wieder. Die Kurve 2 würde also durchlaufen werden, wenn an Stelle des Elektrolyten das Vakuum an das Metall grenzen würde. Die hierbei auftretende elektrochemische Enthalpieänderung setzt sich aus einem „chemischen" Anteil $H_e$ und einem elektrischen Anteil $-F\,\varphi_{\mathrm{Me}}$ zusammen, so daß sich als Energieniveau des an das Metall gebundenen Elektrons

$$h_{\mathrm{Me}} = -H_e - F\cdot\varphi_{\mathrm{Me}} \tag{2.4}$$

ergibt.

Unter $H_e$ soll die chemische Enthalpie* für die Abdissoziation eines Mols Elektronen vom Metall verstanden werden. $h_{\mathrm{Me}}$ kann auch durch die Elektronenaustrittsenthalpie $\Phi$ und das Volta-Potential $\psi_{\mathrm{Me}}$ nach

$$h_{\mathrm{El}} = -\Phi - F\cdot\psi_{\mathrm{Me}} = -(\Phi - F\cdot\chi_{\mathrm{Me}}) - F\cdot\varphi_{\mathrm{Me}} \tag{2.5}$$

angegeben werden.

Die Reaktionsenthalpie $\Delta h = h_{\mathrm{Me}} - h_{\mathrm{El}}$ für die gesamte anodische Durchtrittsreaktion ist also

$$\begin{aligned}\Delta h &= H_r - H_o + I - H_e - F(\varphi_{\mathrm{Me}} - \varphi_{\mathrm{El}})\\ &= \Delta H - F(\Delta\varphi_0 + \eta)\,.\end{aligned} \tag{2.6}$$

$\Delta h$ setzt sich aus der rein chemischen Reaktionsenthalpie $\Delta H = H_r - H_o + I - H_e$ [vgl. Gl. (1.131), § 45] und einem elektrischen Anteil $-F\cdot\Delta\varphi = -F(\Delta\varphi_0 + \eta)$ zusammen, wenn $\Delta\varphi_0$ die absolute Potentialdifferenz im Gleichgewicht und $\eta$ die Überspannung ist.

Diese absolute Potentialdifferenz $\Delta\varphi_0$ ist nach Gl. (1.125) bzw. (1.9)

$$F\cdot\Delta\varphi_0 = {}_{\mathrm{Me}}\mu_e - {}_{\mathrm{El}}\mu_e = \Delta G = \Delta H - T\cdot\Delta S\,. \tag{2.7}$$

Somit wird

$$\Delta H - F\cdot\Delta\varphi_0 = T\cdot\Delta S \tag{2.8}$$

und die elektrochemische Reaktionsenthalpie* Gl. (2.6) für die anodische Reaktionsrichtung

$$\boxed{\Delta h = T\cdot\Delta S - F\cdot\eta\,.} \tag{2.9}$$

Die elektrochemische Enthalpiedifferenz am Gleichgewichtspotential $\varepsilon = \varepsilon_0$ ist daher gleich der negativen Peltierwärme $W = -T\cdot\Delta S$ (§ 12) und beträgt nach experimentellen Feststellungen größenordnungsmäßig bis zu $\pm 10$ kcal/Mol oder $\pm 0{,}4$ eV.

Bei Überlagerung der Kurven 1 und 2 in Abb. 47 besteht in der Nähe des Schnittpunktes die Möglichkeit für einen Übergang zwischen beiden Energiekurven. Für den Durchtritt eines Elektrons durch die Doppelschicht wird daher nicht die volle Energie für den Austritt ins Vakuum benötigt, sondern der Übergang wird sich etwa auf der Kurve 3 vollziehen. Die für den anodischen bzw. kathodischen Vorgang beim vorliegenden Potential $\varepsilon$ benötigten Aktivierungsenergien $E_+$ bzw. $E_-$ sind in Abb. 47 eingezeichnet.

Diese Aktivierungsenergien sind vom Potential $\varepsilon$ abhängig. Der Durchtritt eines Elektrons aus dem Elektrolyten in das Metall (anodisch)

* Unter *chemischer* Enthalpie soll die Enthalpie ohne Berücksichtigung eines elektrostatischen Energieanteils, der bei Überwindung einer elektrischen Potentialdifferenz auftreten kann, verstanden werden. Im Gegensatz hierzu soll eine *elektrochemische* Enthalpie diesen additiven Anteil enthalten.

ist um so schneller, je positiver das Metall gegenüber dem Elektrolyten ist und umgekehrt, was ohne weiteres verständlich ist. Ein kathodischer Vorgang wird dementsprechend mit negativerem Potential des Metalls schneller, während der anodische langsamer wird. Die Veränderung der Reaktionsgeschwindigkeit mit der Potentialänderung ist dabei auf die genannte Änderung der Aktivierungsenergien $E_+$ und $E_-$ zurückzuführen.

Die Hemmung der Durchtrittsreaktion muß im Ladungsdurchgang durch die starre Doppelschicht (§ 40) liegen. Infolgedessen kann sich auch nur eine Änderung der Potentialdifferenz $\Delta\varphi_s$ in der starren Doppelschicht auf die Aktivierungsenergien auswirken. Der Einfluß dieser Potentialdifferenz $\Delta\varphi_s$ auf die Aktivierungsenergien $E_+$ und $E_-$ soll durch Abb. 48 veranschaulicht werden[1,2]. Die gestrichelte Kurve stellt die Energie bei Ablauf der Durchtrittsreaktion dar, wenn die Potentialdifferenz $\Delta\varphi_s = 0$ ist, und entspricht der Energiekurve der Abb. 47. Nach Anlegen der Potentialdifferenz $\Delta\varphi_s$ (im Beispiel $\Delta\varphi_s = \varphi_{Me} - \varphi_{El} > 0$) überlagert sich die elektrische Energiekurve 2 (Strich-Punkt) von der Größe $z \cdot F \cdot \Delta\varphi(\xi) = -F \cdot \Delta\varphi(\xi)$ $(z = -1$, Elektronen) der rein „chemischen" Energiekurve 1 zur ausgezogenen elektrochemischen Energiekurve 3 in Abb. 48. Hierbei erniedrigt sich die anodische Aktivierungsenergie um $\alpha \cdot F \cdot \Delta\varphi_s$, während sich die kathodische Aktivierungsenergie um $(1-\alpha) F \cdot \Delta\varphi_s$ erhöht. Die Potentialabhängigkeit der Aktivierungsenergien wird also durch

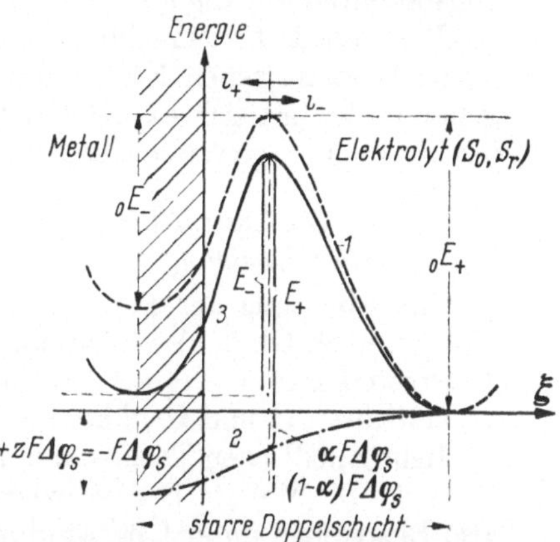


Abb. 48. Darstellung der Potentialabhängigkeit der anodischen ($E_+$) und der kathodischen ($E_-$) Aktivierungsenergien von der Potentialdifferenz $\Delta\varphi_s$ in der starren Doppelschicht bei Redoxelektroden. Ausgezogene Kurve $\Delta\varphi_s > 0$; gestrichelte Kurve $\Delta\varphi_s = 0$

$$E_+ = {}_0E_+ - \alpha F \cdot \Delta\varphi_s$$
$$E_- = {}_0E_- + (1-\alpha) F \cdot \Delta\varphi_s \qquad (2.10)$$

näherungsweise* beschrieben.

Gl. (2.10) kann auch durch das Elektrodenpotential $\varepsilon$ (z. B. $\varepsilon_h$) ausgedrückt werden, das sich auf eine Bezugselektrode bezieht. Dann ist $\varepsilon = \Delta\varphi + \varepsilon^*$, worin $\varepsilon^*$ das Potential dieser Elektrode bezogen auf die Vergleichselektrode ist, wenn die Potentialdifferenz in der Phasengrenze $\Delta\varphi = 0$ ist (absolutes Nullpotential). Dabei ist zu beachten, daß der starren Doppelschicht noch eine diffuse Doppelschicht vorgelagert ist,

[1] Ähnlich der Darstellung des Potentialverlaufs bei Überspannungsänderung nach H. Eyring, S. Glasstone u. K. J. Laidler: J. Chem. Phys. **7**, 1053 (1939).

[2] Vetter, K. J.: Z. Elektrochem. **59**, 596 (1955).

* In dieser anschaulich-geometrischen Darstellung wird näherungsweise vorausgesetzt, daß der Abstand $\xi$ des Energiemaximums und die Funktion $f(\xi)$ in $\varphi = f(\xi) \cdot \Delta\varphi_s$ unabhängig von $\Delta\varphi_s$ sind.

in der eine Potentialdifferenz $\zeta$ auftritt. $\Delta\varphi$ ist daher aus $\Delta\varphi = \Delta\varphi_s + \zeta$ zusammengesetzt, so daß die Potentialdifferenz der starren Doppelschicht $\Delta\varphi_s = \varepsilon - \zeta - \varepsilon^*$ ist. Aus Gl. (2.10) folgt damit

$$\begin{aligned} E_+ &= {}_hE_+ - \alpha \cdot F \cdot (\varepsilon_h - \zeta) \\ E_- &= {}_hE_- + (1-\alpha) \cdot F \cdot (\varepsilon_h - \zeta) \end{aligned} \tag{2.11}$$

für die Potentialabhängigkeit der Aktivierungsenergien. $\zeta$ ist die Potentialdifferenz in der diffusen Doppelschicht. ${}_hE_+$ und ${}_hE_-$ beziehen sich auf das Potential $\varepsilon_h - \zeta = 0$. ${}_hE_+$ und ${}_hE_-$ sind von dem gewählten Bezugspotential abhängig.

Der von T. ERDEY-GRUZ u. M. VOLMER[3] eingeführte Faktor $\alpha$ mit einem Wert zwischen Null und Eins ($0 < \alpha < 1$) wird *Durchtrittsfaktor*[4] genannt. Er hat sich experimentell als eine potentialunabhängige Größe innerhalb eines gewissen Potentialbereiches ergeben.

### *β) Die Durchtrittsüberspannung an Redoxelektroden unter Vernachlässigung des ζ-Potentials (Fremdelektrolytüberschuß)*

Zur Ableitung der Potentialabhängigkeit der Gesamtstromdichte $i$, die sich nach Gl. (2.2) additiv aus der anodischen und der kathodischen Teilstromdichte $i = i_+ + i_-$ zusammensetzt, sind zunächst diese Teilstromdichten $i_+$ und $i_-$ näher zu diskutieren.

Beim anodischen Teilstrom läuft die Durchtrittsreaktion in Richtung $S_r \rightarrow S_0 + e^-(\text{Me})$ ab. Der reduzierte Stoff $S_r$ in der Konzentration $c_r$ gibt also Elektronen unter Überwindung der Aktivierungsenergie $E_+ = {}_hE_+ - \alpha F(\varepsilon_h - \zeta)$ [Gl. (2.11)] an das Elektrodenmetall unter Bildung des Stoffes $S_0$ ab. Die Geschwindigkeit dieses Vorganges und damit die Stromdichte $i_+$ müssen daher proportional der Konzentration $c_r$ unmittelbar vor der Oberfläche und proportional einem Boltzmann-Faktor $\exp(-E_+/RT)$ sein, der der Aktivierungsenergie Rechnung trägt. Da im vorliegenden Fall die Potentialdifferenz in der diffusen Doppelschicht $\zeta = 0$ gesetzt werden soll, ergibt sich für die anodische Teilstromdichte $i_+$

$$\begin{aligned} i_+ &= k'_+ \cdot c_r \cdot \exp\left(-\frac{E_+}{RT}\right) = k'_+ \cdot c_r \cdot \exp \cdot \left(-\frac{{}_hE_+}{RT}\right) \cdot \exp\left(+\frac{\alpha F}{RT}\varepsilon_h\right) \\ &= k_+ \cdot c_r \cdot \exp\left(\frac{\alpha F}{RT}\varepsilon\right) \end{aligned} \tag{2.12a}$$

$k_+$ enthält nach $k_+ = k'_+ \cdot \exp(-{}_hE_+/RT)$ die Aktivierungsenergie ${}_hE_+$ beim Bezugspotential und ist daher vom gewählten Bezugspotential abhängig. Da $\zeta = 0$ gesetzt wird, ist die Konzentration $c_r$ nicht vom Potential abhängig [vgl. Gl. (2.18)]. In die Konstanten $k'_+$ bzw. $k_+$ geht aber noch eine Größe ein, die die Elektronenaufnahmebereitschaft des Metalls angibt und die wegen der guten Elektronenleitfähigkeit der Metalle als unabhängig von Potential $\varepsilon$ und Strom $i$ angesehen werden

[3] ERDEY-GRUZ, T., u. M. VOLMER: Z. physik. Chem. **150 A**, 203 (1930). Auch bei J. A. V. BUTLER: Trans. Faraday Soc. **19**, 729 (1924); **19**, 734 (1924) wird von einer Aufteilung der Energie $F \cdot \Delta\varphi_s$ in zwei additive Größen [entsprechend $\alpha \cdot F \cdot \Delta\varphi$ und $(1-\alpha) F \cdot \Delta\varphi$] gesprochen. Es tritt also schon hier sinngemäß der Durchtrittsfaktor $\alpha$ auf.

[4] VETTER, K. J.: Z. Naturforsch. **7a**, 328 (1952).

soll*. Sie soll deshalb in $k'_+$ als charakteristische Konstante des Metalls bereits enthalten sein.

Beim kathodischen Teilstrom läuft die Durchtrittsreaktion in Richtung $S_o + e^-(\text{Me}) \rightarrow S_r$ ab. Hier übernimmt der oxydierte Stoff $S_o$ in der Konzentration $c_o$ ein Elektron aus dem Metall unter Überwindung der Aktivierungsenergie $E_- = {}_hE_- + (1-\alpha)F\cdot\varepsilon_h$ [Gl. (2.11)] und Bildung des Stoffes $S_r$. Die dieser Geschwindigkeit entsprechende kathodische Teilstromdichte $i_-$ muß proportional der Konzentration $c_o$ und der Abgabebereitschaft des Metalls für Elektronen, also proportional einer gewissen Elektronenkonzentration in Oberflächennähe sein. Diese Größe soll wieder als konstant* angenommen und in die Konstante $k'_-$ aufgenommen werden, so daß sich für $\zeta = 0$

$$
\begin{aligned}
i_- &= -k'_- \cdot c_o \cdot \exp\left(-\frac{E_-}{RT}\right)\\
&= -k'_- \cdot c_o \cdot \exp\left(-\frac{{}_hE_-}{RT}\right)\cdot \exp\left(-\frac{(1-\alpha)F}{RT}\varepsilon_h\right) \qquad (2.12\,\text{b})\\
&= -k_- \cdot c_o \cdot \exp\left(-\frac{(1-\alpha)F}{RT}\varepsilon\right)
\end{aligned}
$$

ergibt.

Die Gesamtstromdichte $i = i_+ + i_-$ ist nach Gl. (2.12a, b)

$$
\boxed{i = k_+ \cdot c_r \cdot \exp\left(\frac{\alpha F}{RT}\varepsilon\right) - k_- \cdot c_o \cdot \exp\left(-\frac{(1-\alpha)F}{RT}\varepsilon\right)} \qquad (2.13)
$$

Diese Gleichung für die Stromspannungsabhängigkeit bei reiner Durchtrittsüberspannung in Gegenwart eines großen Fremdelektrolytüberschusses ($\zeta = 0$)** wurde zuerst von T. Erdey-Gruz u. M. Volmer[1] für den speziellen Fall der Wasserstoffelektrode mit $c_r = [\text{H}]$ und $c_o = [\text{H}^+]$ angegeben. Eyring, Glasstone u. Laidler[2] forderten die allgemeine Gültigkeit der Gl. (2.13) für Redoxelektroden, die später von Vetter[3] zur Beschreibung der gesamten Stromdichtepotentialkurvenan Redoxelektroden verwendet wurde. Horiuti und Polanyi[4] haben Gl. (2.13) einer quantentheoretischen Überprüfung unterzogen. Gurney[5] und auch Fowler konnten das Auftreten des Durchtrittsfaktors $0 < \alpha < 1$ mit der Beziehung $d\ln i/d\varepsilon = F/\gamma RT$ bei $\gamma > 1$ (also $\alpha < 1$) auf quantentheoretischer Grundlage herleiten.

---

* Bei Halbleitern als Elektrodenmaterial kann diese Voraussetzung nicht gemacht werden.

** Bei Fremdelektrolytüberschuß wird $\zeta$ sehr klein, wie auf S. 70 ausführlich behandelt wird.

[1] Erdey-Gruz, T., u. M. Volmer: Z. physik. Chem. **150 A**, 203 (1930). — Erdey-Gruz, T., u. H. Wick: Z. physik. Chem. **162 A**, 53 (1932). — Volmer, M., u. H. Wick: Z. physik. Chem. **172 A**, 429 (1935). — Butler, J. A. V.: Trans. Faraday Soc. **28**, 379 (1932).

[2] Eyring, H., S. Glasstone u. K. J. Laidler: J. Chem. Phys. **7**, 1053 (1939).

[3] Vetter, K. J.: Z. physik. Chem. **194**, 284 (1950); Z. Elektrochem. **55**, 121 (1951).

[4] Horiuti, J., u. M. Polanyi: Acta physicochim. USSR **2**, 505 (1935).

[5] Gurney, R. W.: Proc. Roy. Soc. **134** A, 137 (1931); später hat auch R. H. Fowler: Trans. Faraday Soc. **28**, 368 (1932) diese Ableitung bestätigt.

Der Gl. (2.13) kann unter Verwendung der *Austauschstromdichte* $i_0$ noch eine andere Form gegeben werden. Wird in Gl. (2.12a) oder (2.12b) statt des Potentials $\varepsilon$ der Gleichgewichtswert $\varepsilon_0$ eingesetzt, so gehen die Teilstromdichten $i_+$ bzw. $i_-$ in die Austauschstromdichte $i_0$ über. Für $i_0$ folgt also die Beziehung

$$i_0 = k_+ \cdot c_r \cdot \exp\left(\frac{\alpha F}{RT}\varepsilon_0\right) = k_- \cdot c_o \cdot \exp\left(-\frac{(1-\alpha)F}{RT}\varepsilon_0\right). \quad (2.14)$$

Bei Division von Gl. (2.13) durch die entsprechenden Ausdrücke der Gl. (2.14) ergibt sich unter Beachtung der Definition für die Überspannung $\eta = \varepsilon - \varepsilon_0$ die sehr wichtige Beziehung

$$\boxed{i = i_0\left[\exp\left(\frac{\alpha F}{RT}\eta\right) - \exp\left(-\frac{(1-\alpha)F}{RT}\eta\right)\right]} \quad (2.15)$$

*Die Gültigkeit dieser Beziehung setzt voraus, daß $c_o$ und $c_r$ unabhängig von Stromdichte und Potential sind,* also reine Durchtrittsüberspannung vorliegt.

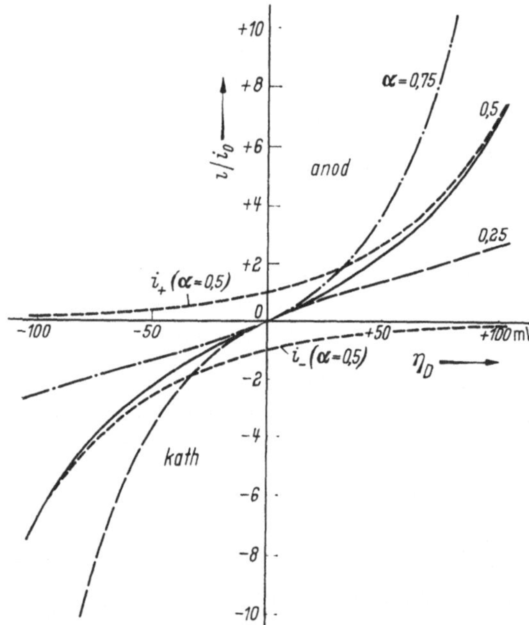


Abb. 49. Die Durchtrittsüberspannung $\eta_D$ in Abhängigkeit von der Stromdichte $i$ in Einheiten der Austauschstromdichte $i_0$ für verschiedene Durchtrittsfaktoren $\alpha$ = 0,25; 0,50; 0,75 und die Überspannungsabhängigkeit der Teilstromdichten $i_+/i_0$ bzw. $i_-/i_0$ für $\alpha$ = 0,5 (Temp. 25° C) nach Gl. (2.15)

Die Beziehung zwischen Stromdichte und Durchtrittsüberspannung [Gl. (2.15)] läßt sich also durch zwei Größen, die Austauschstromdichte $i_0$ und den Durchtrittsfaktor $\alpha$ angeben. Abb. 49 zeigt die Stromdichte $i$ in Form von $i/i_0$ als Funktion der Überspannung $\eta$ für verschiedene $\alpha$-Werte berechnet. Bemerkenswert ist, daß alle Kurven in der Nähe des

Gleichgewichtspotentials (etwa $\eta = \pm 10$ mV) übereinander fallen und somit unabhängig von $\alpha$ sind (§ 54, Polarisationswiderstand). Für $\alpha = 0{,}5$ ist die Kurve anodisch und kathodisch symmetrisch. Die Unsymmetrie der anodischen und kathodischen Äste der Überspannungskurve läßt sich also durch $\alpha$ darstellen, während die Neigung der Kurve am Gleichgewichtspotential $\eta = 0$ nur durch die Austauschstromdichte festgelegt ist.

In logarithmischer Darstellung wird der Verlauf der Funktion $\log|i/i_0| = f(\eta)$ in Abb. 50 gezeigt.

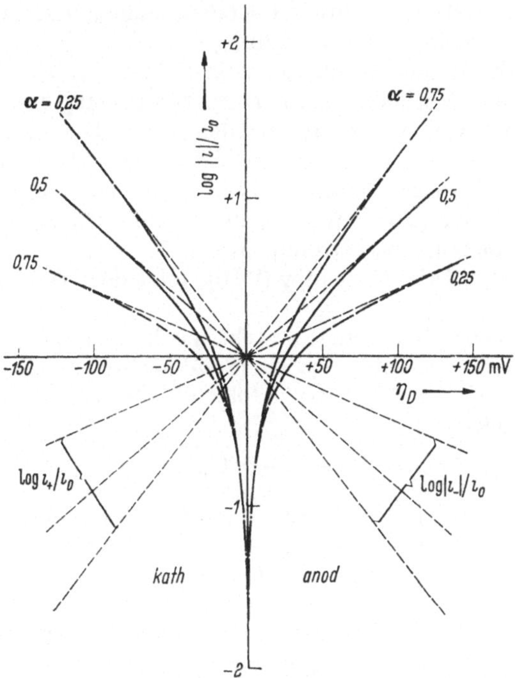


Abb. 50. $\log|i/i_0|$ in Abhängigkeit von der Durchtrittsüberspannung $\eta_D$ nach Abb. 49 und Gl. (2.15) für verschiedene Durchtrittsfaktoren $\alpha = 0{,}25$; $0{,}50$; $0{,}75$. Gestrichelt: $\log i_+/i_0$ bzw. $\log|i_-|/i_0$ für verschiedene $\alpha$ (Temp. 25° C)

Für größere anodische und kathodische Durchtrittsüberspannungen $|\eta_D| \gg RT/F$ kann je nach dem Vorzeichen des Stromes das erste oder das zweite Glied in Gl. (2.15) vernachlässigt werden, so daß sich die anodischen bzw. kathodischen Stromdichten

$$i = i_0 \cdot \exp\left(\frac{\alpha F}{RT}\eta\right)$$

$$\boxed{\begin{gathered}\eta = -\frac{RT}{\alpha F}\ln i_0 + \frac{RT}{\alpha F}\ln i \\ (\eta = a + b\log i) \\ \eta_D \gg RT/F \text{ anodisch}\end{gathered}} \qquad (2.16\,\text{a})$$

bzw.

$$i = -i_0 \cdot \exp\left(-\frac{(1-\alpha)F}{RT}\eta\right)$$

$$\boxed{\begin{array}{c} \eta = \dfrac{RT}{(1-\alpha)F}\ln i_0 - \dfrac{RT}{(1-\alpha)F}\ln|i| \\ (\eta = a + b\log|i|) \\ |\eta| \gg RT/F \text{ kathodisch} \end{array}} \tag{2.16b}$$

ergeben. Bei großen Durchtrittsüberspannungen besteht also eine aus Abb. 50 ersichtliche lineare Beziehung zwischen Überspannung $\eta_D$ und dem Logarithmus der Stromdichte $\ln|i|$ bzw. $\log|i|$, die als ein Kriterium für das Vorliegen einer Durchtrittsüberspannung bei Beachtung der Größe von $\alpha$ gewertet werden kann. Die Gleichungen (2.16) $\eta = a + b\log i$ werden als „*Tafelsche Gleichungen*“[6] und die Geraden in Abb. 50 als „*Tafelsche Geraden*“ bezeichnet. Die Verlängerung dieser Geraden nach Gl. (2.16) in Abb. 50 bis zum Gleichgewichtspotential $\eta = 0$ ergibt die Austauschstromdichte $i_0$. Aus der Neigung der Geraden, dem $b$-Wert der Tafel-Gleichung (2.16), folgt der Wert des Durchtrittsfaktors $\alpha$.

Eine einfache Beziehung besteht noch zwischen den Teilstromdichten $i_+$ und $i_-$. Sowohl nach Gl. (2.15) als auch nach Gl. (2.23) unter Berücksichtigung des $\zeta$-Potentials folgt für das Verhältnis $i_+/i_-$ der einfache Ausdruck[7]

$$\frac{i_+}{i_-} = -\exp\left(\frac{F}{RT}\eta\right). \tag{2.17}$$

Es folgt daraus unabhängig vom $\alpha$-Wert, daß bei einer Überspannung $\eta_D = 59{,}2$ mV $= 2{,}303 \cdot RT/F$ bei 25° C das Verhältnis $i_+/|i_-| = 10$ ist. Bei $\eta_D = \pm 59{,}2$ mV beträgt der Gegenstrom also noch 10% und bei $\eta_D = \pm 2 \cdot 59{,}2$ mV $= \pm 118{,}4$ mV nur noch 1%. Hieraus ist zu ersehen, von welchen Durchtrittsüberspannungen ab der Gegenstrom zu vernachlässigen ist und die Gln. (2.16) gelten.

Die bei diesen Betrachtungen benutzte Voraussetzung $\zeta \approx 0$ ist nun noch zu prüfen. Für einen 1,1-wertigen Elektrolyten mit $c = 1$ Mol/l ist nach Gl. (1.121) die Kapazität der diffusen Doppelschicht etwa 250 $\mu$F/cm². Das $\zeta$-Potential kann hiermit bei einer gesamten Doppelschichtkapazität von etwa 6 bis 7 $\mu$F/cm² wahre Oberfläche zu etwa 25 mV pro Volt Potentialabfall in der starren Doppelschicht mit Hilfe von Gl. (1.122) $1/C_D = 1/C_s + 1/C_d$ abgeschätzt werden*. Die Änderung des $\zeta$-Potentials beträgt hier also nur etwa 2,5% der Änderung des Elektrodenpotentials,

[6] TAFEL, J.: Z. physik. Chem. **50**, 641 (1905). TAFEL hat diese Form jedoch nicht für eine Durchtrittshemmung, sondern für die Hemmung der H-Atomrekombination (mit $\alpha = 2$) theoretisch erhalten. Erst von M. VOLMER wurde diese Beziehung für die Wasserstoffüberspannung mit dem experimentellen Wert $\alpha = 0{,}5$ theoretisch gedeutet (Volmerscher Mechanismus der $H_2$-Überspannung).

[7] Eine derartige Beziehung haben J. HORIUTI u. M. IKUSIMA: Proc. Imp. Acad. (Tokyo) **15**, 39 (1939) allgemein für einen $n$-fach geladenen Übergangskomplex bei der Wasserstoffelektrode hergeleitet. Hier ist $n = 1$.

* Reihenschaltung eines großen ($C_d$) und kleinen ($C_s \approx C_D$) Kondensators.

so daß das $\zeta$-Potential als angenähert konstant betrachtet werden kann und sein Einfluß als angenähert konstanter Faktor in den Konstanten $k_+$ und $k_-$ enthalten ist.

Je höher die Konzentration oder genauer die ionale Konzentration $\Sigma z_j^2 c_j$ des Elektrolyten ist, um so kleiner wird nach Gl. (1.121) das $\zeta$-Potential und damit der prozentuale Fehler, der bei der Näherung $\zeta = 0$ gemacht wurde. Bei einem Fremdelektrolytüberschuß von $c = 1$ Mol/l ist, wie die Berechnung zeigt, der Einfluß des $\zeta$-Potentials schon recht gering. Der Einfluß des $\zeta$-Potentials macht sich auch in einer geringen Verfälschung der Neigung der Tafelgeraden ($\alpha$-Wert) nach Gl. (2.26) bemerkbar.

### *γ) Die Durchtrittsüberspannung an Redoxelektroden mit Berücksichtigung des ζ-Potentials*

Die Berücksichtigung des $\zeta$-Potentials der diffusen Doppelschicht in der Theorie des gehemmten Ladungsüberganges (Durchtrittsreaktion)[1] geht auf A. Frumkin[2] und S. Lewina u. W. Sarinsky[3] zurück. Die Ausbildung des $\zeta$-Potentials hat zwei Auswirkungen auf die Stromdichte-Überspannungsbeziehung. Die Änderung des Potentials $\varepsilon$ der Elektrode entspricht nicht voll der Änderung der Potentialdifferenz $\Delta\varphi_s$ in der starren Doppelschicht, und außerdem führt das $\zeta$-Potential, je nach dem Vorzeichen, auf eine Anreicherung oder Verarmung der Stoffe $S_o$ und $S_r$, so daß die Konzentrationen $c_o'$ und $c_r'$ unmittelbar vor der Oberfläche gegenüber den Werten $c_o$ und $c_r$ im Lösungsinneren verändert sind.

Die Verarmung oder Anreicherung von $S_o$ bzw. $S_r$ in der Grenzfläche zwischen starrer und diffuser Doppelschicht ergibt sich entsprechend der Gleichung für die Überschußladungsdichte Gl. (1.110) und Abb. 27 zu

$$c_o' = c_o \cdot \exp\left(-\frac{z_o F}{RT}\zeta\right), \tag{2.18a}$$

$$c_r' = c_r \cdot \exp\left(-\frac{z_r F}{RT}\zeta\right). \tag{2.18b}$$

Hierin sind $c_o'$, $c_r'$ die Konzentrationen unmittelbar vor der Oberfläche, $c_o$, $c_r$ die Konzentrationen im Lösungsinneren, $z_o$, $z_r$ die Ladungen der Stoffe $S_o$, $S_r$ in Elementarladungen unter Berücksichtigung des Vorzeichens. Ein positives $\zeta$-Potential hat also eine Anreicherung von Anionen ($z < 0$) und Verarmung von Kationen ($z > 0$) zur Folge. Es sei jedoch betont, daß dieser Effekt noch keine spezifische Adsorption von $S_o$ bzw. $S_r$ ist. Eine genauere Theorie müßte mit V. Freise[4] in Gl. (2.18) auch den Raumbedarf der Ionen und Lösungsmittelmolekel nach der

---

[1] Erdey-Gruz, T., u. M. Volmer: Z. physik. Chem. **150 A**, 203 (1930). — Erdey-Gruz, T., u. H. Wick: Z. physik. Chem. **162 A**, 53 (1932). — Butler, J. A. V.: Trans. Faraday Soc. **19**, 729 (1924); **19**, 734 (1924); **28**, 379 (1932).

[2] Frumkin, A.: Z. physik. Chem. **164 A**, 121 (1933).

[3] Lewina, S., u. W. Sarinsky: Acta physicochim. USSR **6**, 491 (1937); **7**, 485 (1937).

[4] Freise, V.: Z. Elektrochem. **56**, 822 (1952).

Theorie von EIGEN u. WICKE[5] berücksichtigen, was hier jedoch nicht ausgeführt werden soll.

Die anodische Teilstromdichte $i_+$ ergibt sich aus Gl. (2.12a) durch Ersetzen der Konzentration $c_r$ durch die Größe $c_r'$ der Gl. (2.18b) und des Potentials $\varepsilon$ durch den Wert $\varepsilon - \zeta$, der jetzt der Potentialdifferenz $\Delta\varphi_s = \varepsilon - \zeta - \varepsilon^*$ in der starren Doppelschicht nach Gl. (2.11) entspricht*. Es ist daher

$$\begin{aligned} i_+ &= k_+ \cdot c_r \cdot \exp\left(-\frac{z_r F}{RT}\zeta\right) \cdot \exp\left(\frac{\alpha F}{RT}(\varepsilon - \zeta)\right) \\ &= k_+ \cdot c_r \cdot \exp\left(-\frac{(z_r + \alpha)F}{RT}\zeta\right) \cdot \exp\left(\frac{\alpha F}{RT}\varepsilon\right). \end{aligned} \tag{2.19a}$$

Für die kathodische Teilstromdichte folgt in gleicher Weise allerdings noch unter Berücksichtigung der Beziehung

$$z_o - z_r = 1\,, \tag{2.20}$$

die besagt, daß sich entsprechend der Definition der Durchtrittsreaktion die Ladungen der Stoffe $S_o$ und $S_r$ nur um 1 Elektron unterscheiden dürfen,

$$\begin{aligned} i_- &= -k_- \cdot c_o \cdot \exp\left(-\frac{z_o F}{RT}\zeta\right) \cdot \exp\left(-\frac{(1-\alpha)F}{RT}(\varepsilon - \zeta)\right) \\ &= -k_- \cdot c_o \cdot \exp\left(-\frac{(z_o - 1 + \alpha)F}{RT}\zeta\right) \cdot \exp\left(-\frac{(1-\alpha)F}{RT}\varepsilon\right) \\ &= -k_- \cdot c_o \cdot \exp\left(-\frac{(z_r + \alpha)F}{RT}\zeta\right) \cdot \exp\left(-\frac{(1-\alpha)F}{RT}\varepsilon\right). \end{aligned} \tag{2.19b}$$

Die gesamte Strom-Durchtrittsüberspannungsbeziehung einer Redoxelektrode ergibt sich bei $i = i_+ + i_-$ zu

$$\begin{aligned} i = \exp\left(-\frac{(z_r + \alpha)F}{RT}\zeta\right) \cdot \Big[ & k_+ \cdot c_r \cdot \exp\left(+\frac{\alpha F}{RT}\varepsilon\right) - \\ & - k_- \cdot c_o \cdot \exp\left(-\frac{(1-\alpha)F}{RT}\varepsilon\right)\Big]. \end{aligned} \tag{2.21}$$

Gl. (2.21) läßt sich auch noch in eine der Gl. (2.15) entsprechende Form unter Verwendung der Austauschstromdichte $i_0$ überführen. $i_0$ ergibt sich aus Gl. (2.19a, b) durch Ersetzen von $\varepsilon$ durch das Gleichgewichtspotential $\varepsilon_0$ und von $\zeta$ durch den $\zeta$-Potentialwert $\zeta_0$ am Gleichgewichtspotential $\varepsilon_0$. Es ist also

$$\begin{aligned} i_0 &= k_+ \cdot c_r \cdot \exp\left(-\frac{(z_r + \alpha)F}{RT}\zeta_0\right) \cdot \exp\left(\frac{\alpha F}{RT}\varepsilon_0\right) = \\ &= k_- \cdot c_o \cdot \exp\left(-\frac{(z_r + \alpha)F}{RT}\zeta_0\right) \cdot \exp\left(-\frac{(1-\alpha)F}{RT}\varepsilon_0\right). \end{aligned} \tag{2.22}$$

---

[5] EIGEN, M., u. E. WICKE: Naturwis. 38, 453 (1951). — WICKE, E., u. M. EIGEN: Z. Elektrochem. 56, 551 (1952); Naturwiss. 39, 545 (1952); Z. Naturforsch. 8a, 161 (1953).

* $\varepsilon^*$ = abs. Nullpotential der Elektrode. Werte unbekannt. Vgl. S. 105 und § 45.

Durch Division von Gl. (2.21) durch die entsprechenden Ausdrücke der Gl. (2.22) folgt

$$\boxed{\begin{aligned} i = i_0 \cdot \exp\left[-\frac{(z_r+\alpha)F}{RT}(\zeta-\zeta_0)\right] \times \\ \times\left[\exp\left(\frac{\alpha F}{RT}\eta\right)-\exp\left(-\frac{(1-\alpha)F}{RT}\eta\right)\right]\end{aligned}}. \tag{2.23}$$

Gl. (2.23) entspricht der Gl. (2.15) bei Berücksichtigung des $\zeta$-Potentials, das nach den Ausführungen in § 40 eine Funktion des Elektrodenpotentials $\varepsilon$ und damit der Überspannung $\eta$ ist.

Für kleine $\zeta$-Potentiale ist nach Abb. 28 die Kapazität $C_d$ der diffusen Doppelschicht fast unabhängig vom $\zeta$-Wert. Da die Kapazitäten $C_d$ und $C_s$ der diffusen und starren Doppelschicht nach GRAHAME[6] in Hintereinanderschaltung die Gesamtdoppelschicht-Kapazität $C_D$ ergeben [Gl. (1.122)], verhalten sich die Potentialdifferenzen $\Delta\varphi$, $\Delta\varphi_s$, $\zeta$ wie die entsprechenden reziproken Kapazitäten $1/C_D$, $1/C_s$, $1/C_d$. Es kann daher in Näherung

$$\frac{\Delta\varphi}{\zeta}=\frac{C_d}{C_D}=\frac{\eta}{\zeta-\zeta_0} \tag{2.24}$$

gesetzt werden. Die Abweichung des $\zeta$-Potentials vom Wert $\zeta_0$ am Gleichgewichtspotential $\varepsilon_0$ ist also

$$\zeta-\zeta_0\approx\frac{C_D}{C_d}\eta\,, \tag{2.25}$$

solange $\zeta$ klein bleibt.

Gl. (2.25) in Gl. (2.23) eingesetzt ergibt dann

$$i = i_0\cdot\left[\exp\left(\frac{\alpha^* F}{RT}\eta\right)-\exp\left(-\frac{(1-\alpha^*)F}{RT}\eta\right)\right]$$

$$\text{mit}\qquad \alpha^*=\alpha\cdot\left[1-\left(1+\frac{z_r}{\alpha}\right)\cdot\frac{C_D}{C_d}\right]. \tag{2.26}$$

Gl. (2.26) hat die gleiche Form wie Gl. (2.15). Der „*effektive Durchtrittsfaktor*" $\alpha^*$ unterscheidet sich von dem wahren Wert nur um eine kleine Korrektur, da die Bedingung, daß $\zeta$ klein sein soll, im allgemeinen gleichzeitig $C_D/C_d \ll 1$ bedeutet. Für den in § 49 $\beta$ angenommenen 1,1-wertigen Elektrolyten der Konzentration $c = 1$ Mol/l ist $C_D/C_d = 6\,\mu\text{F}/250\,\mu\text{F} \approx 1/40$, so daß hier $\alpha^*$ gegenüber $\alpha$ um etwa 5 bis 10% verfälscht erscheint.

Die Tafelsche Gleichung $\eta = a + b\log|i|$ [vgl. Gl. (2.16)] gilt nach Gl. (2.26) auch bei Auftreten nicht zu großer $\zeta$-Werte. Die Gl. (2.17) behält dagegen ohne Beschränkung auf kleine $\zeta$-Werte nach Gl. (2.23) ihre Gültigkeit.

## § 50. Durchtrittsüberspannung an komplizierteren Redoxelektroden mit vor- oder nachgelagertem, eingestelltem chemischem Gleichgewicht

Die bisher verwendeten oxydierten bzw. reduzierten Stoffe $S_o$ bzw. $S_r$, die sich um ein Elektron unterscheiden, werden bei komplizierteren

[6] GRAHAME, D. C.: Chem. Rev. **41**, 441 (1947).

Redoxsystemen* mit verschiedenen Stoffen $S_j$ im vor- oder nachgelagerten chemischen Gleichgewicht stehen. Die Berücksichtigung derartiger, eingestellter Gleichgewichte wurde, wie im folgenden ausgeführt, von K. J. VETTER[1] eingeführt. Die Einstellung dieser chemischen Gleichgewichte muß auf Grund der Voraussetzung für das *alleinige Auftreten von Durchtrittsüberspannung* $\eta_D$ so schnell erfolgen, daß die verwendete Stromdichte $i$ diese Einstellung nicht nennenswert stört. *Es muß daher mit eingestellten thermodynamischen Gleichgewichten gerechnet werden.* Unter diese Gleichgewichte fallen z. B. auch die Hydratationsgleichgewichte.

Diese vor- bzw. nachgelagerten Gleichgewichte sind entsprechend den ihnen zugrunde liegenden Bruttoreaktionsgleichungen durch das Massenwirkungsgesetz auszudrücken. Die Bruttoreaktionsgleichung sei allgemein

$$z_{o,1} \cdot S_1 + z_{o,2} \cdot S_2 + \cdots \leftrightharpoons (-z_{o,l}) \cdot S_l + \cdots + (-z_{o,q}) \cdot S_q + S_o \qquad (2.27\,\text{a})$$

bzw.

$$z_{r,1} \cdot S_1 + z_{r,2} \cdot S_2 + \cdots \leftrightharpoons (-z_{r,l})\, S_l + \cdots + (-z_{r,q}) \cdot S_q + S_r. \qquad (2.27\,\text{b})$$

$z_{o,j}$ bzw. $z_{r,j}$ sind die stöchiometrischen Faktoren** der Stoffe $S_j$ bezüglich des oxydierten Stoffes $S_o$ bzw. des reduzierten Stoffes $S_r$. Sie haben auf der linken Seite positives und auf der rechten Seite negatives Vorzeichen. Der Index $j$ ist die Laufzahl von 1 über $l$ bis $q$ bei der Durchnumerierung der Stoffe $S_j$. Hierbei können $S_j$ sowohl Stoffe sein, die in der Elektrodenbruttoreaktion auftreten, als auch Stoffe, die nur katalytisch auf die Geschwindigkeit der Elektrodenreaktion einwirken aber nicht in der Elektrodenbruttoreaktion enthalten sind.

Entsprechend diesen Bruttoreaktionsgleichungen sind die vor- bzw. nachgelagerten Gleichgewichte durch die Gleichgewichtskonstanten $K'_o$ und $K'_r$ (Massenwirkungsgesetz) darzustellen. Es ist***

$$K'_o = a_o \cdot \prod a_j^{-z_{o,j}}, \qquad (2.28\,\text{a})$$

$$K'_r = a_r \cdot \prod a_j^{-z_{r,j}}. \qquad (2.28\,\text{b})$$

Bei einem Fremdelektrolytüberschuß tritt hier eine weitere Vereinfachung ein. Die Aktivitätskoeffizienten $f_j = a_j/c_j$ der Stoffe $S_j$ werden im wesentlichen durch die Fremdelektrolytkonzentration gegeben, während der Einfluß der in niedrigerer Konzentration vorhandenen Stoffe $S_j$, $S_o$ und $S_r$ als unbedeutend und daher $f_j$ als unabhängig von $c_j$ angesehen werden kann. Die Aktivitätskoeffizienten können

* Zum Beispiel das Permanganat/Mangano-Redoxsystem mit der Elektrodenbruttoreaktion $Mn^{2+} + 4\,H_2O \leftrightharpoons MnO_4^- + 8\,H^+ + 5\,e^-$, worin $Mn^{2+}$, $H_2O$, $MnO_4^-$ und $H^+$ derartige Stoffe $S_j$ sind. Die Stoffe $S_o$ und $S_r$ sind in diesem Beispiel noch unbekannt, sie können mit einem der Stoffe $S_j$ identisch sein.

[1] VETTER, K. J.: Z. physik. Chem. **194**, 284 (1950); Z. Elektrochem. **55**, 121 (1951). — VETTER, K. J., u. G. MANECKE: Z. physik. Chem. **195**, 270 (1950); vgl. auch K. J. VETTER: Z. Elektrochem. **59**, 596 (1955).

** $z_{o,j}$, $z_{r,j}$ treten in dem Geschwindigkeitsansatz als *elektrochemische Reaktionsordnungen* auf.

*** Das mathematische Zeichen $\prod$ bedeutet das Produkt aus allen Faktoren bei Variation von $j$ als Laufzahl von 1 über $p$ bis $q$. Im speziellen Fall ist daher

$$\prod a_j^{z_{o,j}} = a_1^{z_{o,1}} \cdot a_2^{z_{o,2}} \cdot a_3^{z_{o,3}} \cdot \ldots \cdot a_l^{z_{o,l}} \cdot \ldots \cdot a_q^{z_{o,q}}.$$

also in der entsprechenden $z_{o,j}$- bzw. $z_{r,j}$-Potenz mit in die Gleichgewichtskonstante hineingerechnet werden, so daß sich neue, für diese Fremdelektrolytkonzentration geltende Gleichgewichtskonstanten $K_o$ und $K_r$ bilden lassen. Dem Massenwirkungsgesetz kann infolgedessen unter Verwendung der Konzentrationen $c_j$ die Form

$$c_o = K_o \cdot \prod c_j^{z_{o,j}} \tag{2.29a}$$

bzw.

$$c_r = K_r \cdot \prod c_j^{z_{r,j}} \tag{2.29b}$$

gegeben werden. Einzelne stöchiometrische Faktoren $z_{o,j}$ bzw. $z_{r,j}$ können den Wert null haben. Es bedeutet, daß dieser Stoff $S_j$ in Gl. (2.27a, b) nicht enthalten ist.

Nach Einsetzen von Gl. (2.29a, b) in Gl. (2.13) ergibt sich für die Stromspannungskurve eines komplizierteren Redoxpotentials die von K. J. Vetter[1] angegebene Gleichung

$$\boxed{\begin{aligned} i = {} & k_+ \cdot K_r \cdot \prod c_j^{z_{r,j}} \exp\left(\frac{\alpha F}{RT}\,\varepsilon\right) - \\ & - k_- \cdot K_o \cdot \prod c_j^{z_{o,j}} \exp\left(-\frac{(1-\alpha)F}{RT}\,\varepsilon\right) \end{aligned}}\,. \tag{2.30}$$

Hierin treten die von K. J. Vetter eingeführten *elektrochemischen Reaktionsordnungen* $z_{r,j}$ und $z_{o,j}$ auf, die dem gleichnamigen Begriff der chemischen Reaktionsordnung äquivalent sind. Dabei haben die anodische ($z_{r,j}$) und die kathodische ($z_{o,j}$) Teilreaktion wie die gegenläufigen Bruttoreaktionen in der chemischen Reaktionskinetik ihre eigenen Ordnungen. *Die Bestimmung dieser Reaktionsordnungen hat für die Aufklärung des Reaktionsmechanismus in der Elektrochemie die gleiche wichtige Bedeutung wie in der chemischen Kinetik.*

Für jede Substanz $S_j$ der Elektrodenbruttoreaktion, aber auch für andere Substanzen $S_j$ im Elektrolyten mit katalytischem Einfluß gibt es immer eine *anodische* ($z_{r,j}$) und eine *kathodische* ($z_{o,j}$) *elektrochemische Reaktionsordnung*, die unter Umständen den Wert null haben kann. Der Wert null bedeutet, daß die Stromdichte $i_+$ bzw. $i_-$ von der Konzentration $c_j$ eines bestimmten Stoffes $S_j$ unabhängig ist. Dieses Ergebnis ist genauso wichtig wie ein anderer Zahlenwert von $z_{o,j}$ oder $z_{r,j}$. Nur aus der experimentellen Bestimmung der elektrochemischen Reaktionsordnungen $z_{r,j}$ und $z_{o,j}$, kann weitgehend hypothesenfrei auf die Reaktionsfolge geschlossen werden.

Für die Austauschstromdichte $i_0$ am Gleichgewichtspotential $\varepsilon_0$ [vgl. Gl. (2.14)] folgt[1]

$$\begin{aligned} i_0 &= k_+ \cdot K_r \cdot \prod c_j^{z_{r,j}} \exp\left(\frac{\alpha F}{RT}\,\varepsilon_0\right) = \\ &= k_- \cdot K_o \cdot \prod c_j^{z_{o,j}} \exp\left(-\frac{(1-\alpha)F}{RT}\,\varepsilon_0\right). \end{aligned} \tag{2.31}$$

Gl. (2.15) bleibt damit trotz der Einführung dieser vor- bzw. nachgelagerten Gleichgewichte auch für diesen Fall bestehen. Ebenfalls gilt die Tafelsche Beziehung Gl. (2.16a, b) für die Abhängigkeit der Überspannung von log $i$.

## § 51. Durchtrittsüberspannung an Metallionenelektroden

### α) *Potentialabhängigkeit der Aktivierungsenergien*

Die Ursache für das Auftreten der Überspannung an Metallionenelektroden ist auch hier eine Hemmung des Übergangs des Ladungsträgers von dem Elektrodenmetall in den Elektrolyten und umgekehrt. Die Ladungsträger sind jedoch nicht Elektronen, wie beim Redoxpotential, sondern $z$-fach positiv geladene Metallionen $Me^{z+}$. Die Hemmung beruht auch hier auf dem Auftreten von Aktivierungsenergien sowohl in anodischer ($E_+$) als auch in kathodischer Richtung ($E_-$). Da jedoch die Ladung des durchtretenden Ladungsträgers (Metallion) das entgegengesetzte Vorzeichen hat, folgt auch eine andere Potentialabhängigkeit.

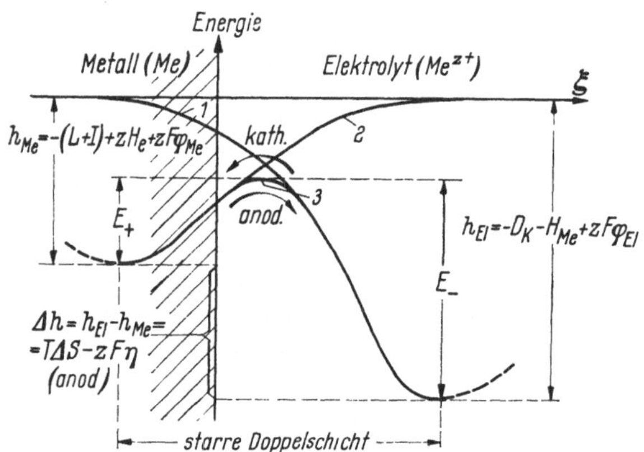


Abb. 51. Schematische Darstellung der Energien bei Ablauf der Durchtrittsreaktion an Metallionenelektroden. $D_K$ = Komplexdissoziationsenthalpie, $H_{Me}$ = Hydratationsenergie, $I$ = Ionisationsenthalpie des Metallatoms, $L$ = Sublimationsenthalpie des Metalls, $H_e$ = chemische Elektronenaustrittsenthalpie, $\varphi_{Me}$ und $\varphi_{El}$ = Galvanipotentiale vom Metall bzw. Elektrolyten ($\varphi_{Vak} = 0$), $\Delta h$ = elektrochemische Reaktionsenthalpie, $T \cdot \Delta S$ = Peltierwärme, $\eta$ = Überspannung

In Abb. 51 sind analog der Abb. 47 die beim Ablauf der Durchtrittsreaktion $S_M + S_r \leftrightharpoons S_o$ (§ 49) auftretenden Energien schematisch dargestellt. Kurve 1 ist die potentielle Energie eines Metallions $Me^{z+}$, das aus dem Elektrolyten, der im allgemeinen Fall noch einen Komplexbildner $S_r$ (§ 48) enthält, in das ladungsfreie Vakuum überführt wird. Hierbei soll bei $\xi = 0$ die Elektrolytoberfläche an das Vakuum (links) grenzen und $\xi$ der Abstand von der Oberfläche sein. Die Energiewerte werden in Abb. 51 auf das freie Metallion im Vakuum bezogen. Der Gesamtvorgang $S_o \to S_r + Me^{z+}$ (Vakuum) mit $S_o$ = Metallionenkomplex der Durchtrittsreaktion und $S_r$ = Komplexbildner der Durchtrittsreaktion (§ 48) kann in die folgenden Teilvorgänge mit den entsprechenden Reaktionsenthalpien aufgeteilt werden:

| | |
|---|---|
| Dissoziation $S_o \to S_r + Me^{z+} \cdot aq$ | $D_K$ |
| Dehydratation $Me^{z+} \cdot aq \to Me^{z+}$ | $H_{Me}$ |
| Überwindung des Galvani-Potentials $\varphi_{El}$ | $-zF \cdot \varphi_{Me}$ |

Hierin ist $D_K$ die Dissoziationsenthalpie bei der Dissoziation des potentialbestimmenden Metallionenkomplexes $S_o$ der Durchtrittsreaktion in den Komplexbildner $S_r$ und das hydratisierte Metallion $Me^{z+} \cdot aq$. $S_o$ und $S_r$ liegen dabei in einem definierten Hydratationszustand vor. $H_{Me}$ ist die als positive Größe gerechnete Hydratationsenergie und $\varphi_{El}$ das Galvani-Potential des Elektrolyten bezogen auf $\varphi_{Vak} = 0$. Das Energieniveau $h_{El}$ des komplexgebundenen Metallions bezogen auf das Metallion im Vakuum folgt aus der elektrochemischen Reaktionsenthalpie des Vorgangs $S_r + Me^{z+}(Vak) \rightarrow S_o$ (anodisch) pro Mol $Me^{z+}$ zu

$$h_{El} = -D_K - H_{Me} + zF \cdot \varphi_{El} . \tag{2.32}$$

Kurve 2 in Abb. 51 gibt dagegen den schematischen Verlauf der potentiellen Energie des Metallions $Me^{z+}$ bei Überführung aus dem Vakuum (jetzt rechte Seite in Abb. 51 mit $\xi > 0$) in das Innere des Metalls wieder. Die hierbei auftretende elektrochemische Enthalpieänderung* $h_{Me}$ ist dem Energieniveau der Metallionen im Metall gleich und kann aus den Enthalpieänderungen der folgenden Teilvorgänge zusammengesetzt werden:

Elektronenaustritt $e^-_{Me} \rightarrow e^-_{Vak}$

nach Gl. (2.4) u. Gl. (2.5) $\quad H_e + F \cdot \varphi_{Me} = \Phi + F \cdot \psi_{Me}$

Rekombination

$Me^{z+} + z \cdot e^- \rightarrow Me$ (Vakuum) $\quad -I$

Kondensation des Metalldampfes $\quad -L$

Hierin ist $I$ die Ionisationsenthalpie des Metalldampfes, $L$ die Sublimationsenthalpie des Metalls, $\varphi_{Me}$ das Galvani-Potential und $\psi_{Me}$ das Volta-Potential bezogen auf $\varphi_{Vak} = 0$ bzw. $\psi_{Vak} = 0$, $\Phi$ die Elektronenaustrittsenthalpie und $H_e$ die chemische Enthalpie für die Abdissoziation eines Mols Elektronen vom Metall. $h_{Me}$ ergibt sich pro Mol $Me^{z+}$ zu

$$h_{Me} = -(L + I) + z \cdot H_e + zF \cdot \varphi_{Me} = -(L + I) + z\Phi + zF \cdot \psi_{Me} . \tag{2.33}$$

Die Reaktionsenthalpie für die gesamte Durchtrittsreaktion in anodischer Reaktionsrichtung (Metallauflösung) ist

$$\Delta h = h_{El} - h_{Me} = I + L - D_K - H_{Me} - zH_e - zF \cdot (\varphi_{Me} - \varphi_{El}) . \tag{2.34}$$

$\Delta h$ setzt sich auch hier wieder aus der rein chemischen Reaktionsenthalpie* $\Delta H = I + L - D_K - H_{Me} - zH_e$ und dem elektrischen Anteil $-zF \cdot (\varphi_{Me} - \varphi_{El}) = -zF \cdot \Delta\varphi$ zusammen, worin $\Delta\varphi$ die Galvani-Potentialdifferenz zwischen Metall und Elektrolyt ist.

Weiter ist $\Delta H = \Delta G + T \cdot \Delta S$, wobei $\Delta G = -({}_{Me}\mu_{Me^{z+}} - {}_{El}\mu_{Me^{z+}}) = +zF \cdot \Delta\varphi_0$ für die Gleichgewichts-Galvani-Potentialdifferenz $\Delta\varphi_0$ nach Gl. (1.125) bestimmend ist. Hiermit wird

$$\begin{aligned} \Delta h = \Delta H - zF \cdot \Delta\varphi = T \cdot \Delta S + \Delta G - zF \cdot \Delta\varphi = \\ = T \cdot \Delta S - zF(\Delta\varphi - \Delta\varphi_0) . \end{aligned}$$

Da sich die Galvani-Potentialdifferenz $\Delta\varphi$ von dem Gleichgewichtswert $\Delta\varphi_0$ um die Überspannung $\eta$ nach $\Delta\varphi = \Delta\varphi_0 + \eta$ unterscheidet,

* Vgl. Fußnote * S. 104.

folgt schließlich wie bei den Redoxelektroden eine der Gl. (2.9) äquivalente Beziehung

$$\boxed{\Delta h = T \cdot \Delta S - zF \cdot \eta} \tag{2.35}$$

für die elektrochemische Reaktionsenthalpie in anodischer Richtung, die gleich der negativen Peltierwärme (§ 12, vgl. § 49 $\alpha$) ist.

In der Nähe des Schnittpunktes der Kurven 1 und 2 in Abb. 51 besteht die Möglichkeit für einen Übergang zwischen beiden Kurven, so daß sich die Durchtrittsreaktion über die Energiekurve 3 (in Abb. 51) vollzieht. Die bei der vorliegenden Potentialdifferenz $\Delta\varphi$ auftretenden Aktivierungsenergien sind für die anodische Reaktionsrichtung $E_+$ und für die kathodische Richtung $E_-$.

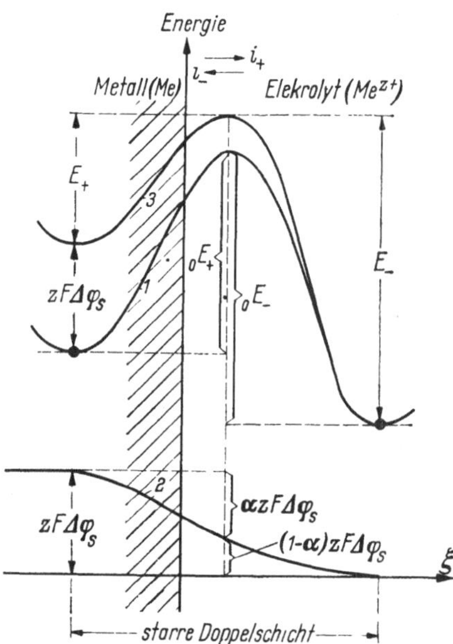


**Abb. 52. Darstellung der Potentialabhängigkeit der anodischen ($E_+$) und der kathodischen ($E_-$) Aktivierungsenergien von der Potentialdifferenz $\Delta\varphi_s$ in der starren Doppelschicht bei Metallionenelektroden. Kurve 3 $\Delta\varphi_s > 0$; Kurve 1 $\Delta\varphi_s = 0$**

Diese Aktivierungsenergien sind wie bei der Redoxelektrode vom Potential abhängig. Der Durchtritt eines Metallions vom Metall in den Elektrolyten (anodisch) ist um so schneller, je positiver das Metall ist, da hierbei die Aktivierungsenergie $E_+$ um so kleiner wird. Die kathodische Aktivierungsenergie $E_-$ wird dagegen dabei um so größer und der kathodische Teilvorgang der Metallabscheidung um so langsamer. Die Änderung der Reaktionsgeschwindigkeiten und damit der Teilstromdichten mit dem Potential ist daher wie bei den Redoxelektroden auf die Änderung der Aktivierungsenergien $E_+$ und $E_-$ zurückzuführen.

Wie bei den Redoxelektroden kann sich auch hier nur eine Änderung der Potentialdifferenz $\Delta\varphi_s$ in der starren Doppelschicht (§ 40) auf die Aktivierungsenergien auswirken, da in der Durchtrittsreaktion nur der Ladungsdurchtritt durch die starre Doppelschicht als gehemmt angesehen werden soll. Abb. 52, die der Abb. 48 ähnelt, veranschaulicht die Abhängigkeit der Aktivierungsenergien $E_+$ und $E_-$ von $\Delta\varphi_s = \Delta\varphi - \zeta$ in der starren Doppelschicht für die Metallionenelektrode[1]. Die Kurve 1 stellt den Energieverlauf der in Abb. 51 gezeigten Art für $\Delta\varphi_s = 0$ innerhalb der starren Doppelschicht dar. Es ist also die Kurve für die „chemische Energie“. Bei $\Delta\varphi_s \neq 0$ überlagert sich dieser chemischen

[1] Ähnlich der Darstellung von H. Eyring, S. Glasstone u. K. J. Laidler: J. Chem. Phys. 7, 1053 (1939).

Energie noch die „elektrische" Energie $zF \cdot \Delta\varphi(\xi)$, die in Kurve 2 als Funktion des Oberflächenabstandes $\xi$ dargestellt ist. Die additive Überlagerung der beiden Kurven 1 und 2 führt zur Energiekurve 3, die den Verlauf der „elektrochemischen" Energie in Abhängigkeit von $\xi$ bei einer Potentialdifferenz $\Delta\varphi_s > 0$ angibt. Hierbei erniedrigt sich die anodische Aktivierungsenergie um $\alpha \cdot zF \cdot \Delta\varphi_s$, während sich die kathodische Aktivierungsenergie um $(1 - \alpha) \cdot zF \cdot \Delta\varphi_s$ erhöht, wie aus Abb. 52 abzulesen ist. Die Potentialabhängigkeit der Aktivierungsenergien wird somit näherungsweise durch die Beziehung

$$\begin{aligned} E_+ &= {}_0E_+ - \alpha zF \cdot \Delta\varphi_s \\ E_- &= {}_0E_- + (1 - \alpha) zF \cdot \Delta\varphi_s , \end{aligned} \tag{2.36}$$

beschrieben, die der Gl. (2.10) für die Redoxelektrode entspricht.

Auch hier können $E_+$ und $E_-$ durch das Elektrodenpotential $\varepsilon$ (z. B. $\varepsilon_h$) ausgedrückt werden, das sich auf eine Bezugselektrode bezieht. Ist $\varepsilon^*$ das absolute Nullpotential dieser Elektrode (S. 105) bezogen auf die Vergleichselektrode, so ist $\Delta\varphi = \varepsilon - \varepsilon^*$ und $\Delta\varphi_s = \varepsilon - \zeta - \varepsilon^*$. $\zeta$ ist die Potentialdifferenz in der diffusen Doppelschicht. Nach Einsetzen von $\Delta\varphi_s = \varepsilon_h - \zeta - \varepsilon^*$ in Gl. (2.36) ergibt sich schließlich

$$\begin{aligned} E_+ &= {}_hE_+ - \alpha zF(\varepsilon_h - \zeta) \\ E_- &= {}_hE_- + (1 - \alpha) zF(\varepsilon_h - \zeta) \end{aligned} \tag{2.37}$$

für die Potentialabhängigkeit der Aktivierungsenergien. ${}_hE_+$ und ${}_hE_-$ beziehen sich auf das Potential $\varepsilon_h - \zeta = 0$. Der Wert von ${}_hE_+$ und ${}_hE_-$ hängt damit von der gewählten Bezugselektrode und noch allgemeiner vom Bezugspotential ab, das z. B. auch ein bestimmtes Gleichgewichtspotential der Elektrode selbst sein kann.

Die Größe $\alpha$ mit einem Wert von $0 < \alpha < 1$ ist der *Durchtrittsfaktor* und wurde bei den Redoxelektroden besprochen[2]. $\alpha$ hat sich experimentell als eine potentialunabhängige Größe innerhalb eines gewissen Potentialbereiches ergeben. Die Größe $z$ ist die „*Durchtrittswertigkeit*", die sich von der *Elektrodenreaktionswertigkeit* $n$ unterscheiden kann.

### β) Die Durchtrittsüberspannung an Metallionenelektroden unter Vernachlässigung des ζ-Potentials (Fremdelektrolytüberschuß)

Zur Ableitung der Potentialabhängigkeit der Gesamtstromdichte $i$ muß wie in § 49 β verfahren werden. $i$ setzt sich additiv aus der anodischen Teilstromdichte $i_+$ und der kathodischen Teilstromdichte $i_-$ zusammen [Gl. (2.2)], die zunächst getrennt besprochen werden.

Der anodische Teilvorgang besteht in dem Austritt eines Metallions aus der Metalloberfläche unter Auflösung der Bindung an das Metall und Eingehen einer neuen Bindung in der Elektrolytlösung. Das Metallion muß also eine Bindung mit einer Substanz $S_r$ der Elektrolytlösung unter Bildung der Substanz $S_o$ eingehen*. Zu Beginn dieser Reaktion soll sich das Metallion in der Oberfläche des Metalls in einem Zustand $S_M$ befinden,

[2] Vetter, K. J.: Z. Naturforsch. **7a**, 328 (1952).

* $S_r$ kann z. B. $(H_2O)_x$ und $S_o = Me(H_2O)_x^{z+}$ sein.

der verschieden sein kann von dem normalen Bindungszustand eines Oberflächenatoms in einer ungestörten äußeren Netzebene. Das Metallion im Zustand $S_M$ wird sich vielmehr an einer bevorzugten Stelle der Oberfläche befinden. Derartige Zustände werden von W. LORENZ[1] *ad-Atome* genannt. Es läuft in anodischer Richtung die Reaktion $S_M + S_r \rightarrow S_o$ ab, deren Geschwindigkeit wie bei jeder bimolekularen Einzelreaktion den Konzentrationen $c_M$ und $c_r$ der reagierenden Stoffe $S_M$ und $S_r$ proportional ist. $c_M$ muß als eine Oberflächenkonzentration angesehen werden. Die anodische Teilstromdichte $i_+$ ist auf Grund des Faradayschen Gesetzes proportional dieser Geschwindigkeit und somit ebenfalls proportional $c_M$ und $c_r$. Außerdem muß $i_+$ proportional einem Boltzmann-Faktor $\exp(-E_+/RT)$ sein, der die Aktivierungsenergie $E_+$ berücksichtigt. Da im vorliegenden Abschnitt *β)* das $\zeta$-Potential der diffusen Doppelschicht $\zeta = 0$ gesetzt werden soll, ist die Konzentration $c_r$ des Stoffes $S_r$ unmittelbar vor der Oberfläche gleich der Konzentration im Innern der Lösung [Gl. (1.110) bzw. (2.18)]. Für die anodische Teilstromdichte $i_+$ ergibt sich also

$$\begin{aligned} i_+ &= k'_+ \cdot c_M \cdot c_r \cdot \exp\left(-\frac{E_+}{RT}\right) = \\ &= k'_+ \cdot c_M \cdot c_r \cdot \exp\left(-\frac{{}_hE_+}{RT}\right) \cdot \exp\left(\frac{\alpha z F}{RT}\,\varepsilon\right) = \\ &= k_+ \cdot c_M \cdot c_r \cdot \exp\left(\frac{\alpha z F}{RT}\,\varepsilon\right). \end{aligned} \tag{2.38a}$$

Für $E_+$ wurde dabei die Beziehung Gl. (2.37) eingesetzt. $k_+$ enthält nach $k_+ = k'_+ \cdot \exp(-{}_hE_+/RT)$ die Aktivierungsenergie ${}_hE_+$ beim Bezugspotential und ist daher vom gewählten Bezugspotential abhängig.

Beim kathodischen Teilstrom läuft die Durchtrittsreaktion in der entgegengesetzten Richtung, also $S_o \rightarrow S_M + S_r$ ab. Diese Reaktion entspricht einer monomolekularen Zerfallsreaktion und ist in ihrer Geschwindigkeit proportional der Konzentration $c_o$, deren Wert gleich dem im Innern der Lösung ist, da $\zeta = 0$ angenommen wird. Es soll weiter vorausgesetzt werden, daß die Aufnahmebereitschaft der Oberfläche für ein $Me^{z+}$-Ion in den ad-Zustand $S_M$ in Näherung konstant ist. Dann kann für $i_-$ unter Berücksichtigung des Boltzmann-Faktors $\exp(-E_-/RT)$ mit der Aktivierungsenergie $E_-$ und der Gl. (2.37) der Ausdruck

$$\begin{aligned} i_- &= -k'_- \cdot c_o \cdot \exp\left(-\frac{E_-}{RT}\right) = \\ &= -k'_- \cdot c_o \cdot \exp\left(-\frac{{}_hE_-}{RT}\right) \cdot \exp\left(-\frac{(1-\alpha) z F}{RT}\,\varepsilon\right) = \\ &= -k_- \cdot c_o \cdot \exp\left(-\frac{(1-\alpha) z F}{RT}\,\varepsilon\right) \end{aligned} \tag{2.38b}$$

angesetzt werden. $k_-$ enthält nach $k_- = k'_- \cdot \exp(-{}_hE_-/RT)$ die Aktivierungsenergie ${}_hE_-$ am Bezugspotential und ist wie $k_+$ vom Bezugspotential abhängig. Außerdem ist in $k'_-$ und damit auch in $k_-$ die als

[1] LORENZ, W.: Z. Elektrochem. **57**, 382 (1953); Naturw. **40**, 576 (1953); Z. physik. Chem. **202**, 275 (1953). Auch K. J. VETTER: Z. Elektrochem. **56**, 931 (1952).

konstant angesehene Aufnahmebereitschaft der Oberfläche für ad-Atome enthalten*.

Die Gesamtstromdichte $i = i_+ + i_-$ ist daher nach Gl. (2.38a, b)

$$i = k_+ \cdot c_M \cdot c_r \cdot \exp\left(\frac{\alpha z F}{RT}\varepsilon\right) - k_- \cdot c_o \cdot \exp\left(-\frac{(1-\alpha) z F}{RT}\varepsilon\right). \tag{2.39}$$

Diese Gleichung, die die vollständige Stromspannungsabhängigkeit bei reiner Durchtrittsüberspannung und bei großem Fremdelektrolytüberschuß ($\zeta \approx 0$)** unter Berücksichtigung von $c_M$ darstellt, wurde von H. GERISCHER[2] und danach in vorliegender Form von K. J. VETTER[3] angegeben. Erst in diesen Arbeiten wurde die Konzentration $c_r$ des Komplexbildners berücksichtigt. Gl. (2.39) geht zurück auf die grundlegende Arbeit von J. A. V. BUTLER[4], der als erster einen Durchtrittsmechanismus für die kinetische Einstellung der Metallionenpotentiale diskutierte. Nach Einführung des Faktors $\alpha$, der jetzt Durchtrittsfaktor genannt wird, durch T. ERDEY-GRUZ u. M. VOLMER[5] bei der Wasserstoffüberspannung, haben ebenfalls T. ERDEY-GRUZ u. M. VOLMER[6] auf den Einfluß der Eigenschaften der Metalloberfläche, die durch das Kristallwachstum und die Keimbildung hervorgerufen werden, aufmerksam gemacht. Diesen Eigenschaften wird in Gl. (2.39) durch Aufnahme der Konzentration $c_M$ Rechnung getragen, die sinngemäß in den Ausführungen von O. ESSIN[7] enthalten und später auch bei R. AUDUBERT[8] zu finden sind. Auch M. LOSCHKAREW u. O. ESSIN[9] haben durch Diskussion des Einflusses der Keimbildung auf die reine Durchtrittsüberspannung zur Entwicklung von Gl. (2.39) beigetragen. W. ROITER, W. JUZA, E. POLUJAN[10] und W. LORENZ[11] wenden ähnliche, etwas einfachere Beziehungen ohne Berücksichtigung von $c_M$ an.

Unter der Voraussetzung, daß nur reine Durchtrittshemmung auftritt, daß also die Größen $c_M$, $c_o$, $c_r$ unabhängig von der Stromdichte $i$ sind, kann der Gl. (2.39) noch eine andere, übersichtlichere Form unter Verwendung der *Austauschstromdichte* $i_0$ gegeben werden. Beim Gleichgewichtspotential $\varepsilon_0$ wird $i_+ = |i_-| = i_0$, so daß sich die anodische und

* Das wird im allgemeinen zutreffen, wenn der Bedeckungsgrad mit ad-Atomen klein gegen Eins ist.

** Bei Fremdelektrolytüberschuß wird $\zeta$ sehr klein, wie aus § 40 folgt.

[2] GERISCHER, H.: Z. Elektrochem. **57**, 604 (1953); Z. physik. Chem. **202**, 292 (1953). — GERISCHER, H., u. W. VIELSTICH: Z. physik. Chem. (N. F.) **3**, 16 (1955).

[3] VETTER, K. J.: Z. Elektrochem. **59**, 596 (1955).

[4] BUTLER, J. A. V.: Trans. Faraday Soc. **19**, 729 (1924); auch **19**, 734 (1924) für Redoxelektroden.

[5] ERDEY-GRUZ, T., u. M. VOLMER: Z. physik. Chem. **A 150**, 203 (1930).

[6] ERDEY-GRUZ, T., u. M. VOLMER: Z. physik. Chem. **A 157**, 165 (1931).

[7] ESSIN, O.: Z. physik. Chem. **A 171**, 341 (1934).

[8] AUDUBERT, R.: J. Physique Radium **3** [8], 81 (1942); Disc. Faraday Soc. **1**, 72 (1947). Die alte Arbeit von R. AUDUBERT: J. Chim. Phys. **21**, 351 (1924) enthält auch sinngemäß nicht den für die Durchtrittsreaktion charakteristischen Faktor $\alpha$, der bei BUTLER[4] sinngemäß auftritt.

[9] LOSCHKAREW, M., u. O. ESSIN: Acta physicochim. USSR. **8**, 189 (1938).

[10] ROITER, W., W. JUZA u. E. POLUJAN: Acta physicochim. USSR. **10**, 389 (1939); **10**, 845 (1939).

[11] LORENZ, W.: Z. Elektrochem. **58**, 912 (1954).

kathodische Stromdichte gerade aufheben und der Gesamtstrom $i = i_+ + i_- = 0$ resultiert. Nach Ersetzen des allgemeinen Potentials $\varepsilon$ durch den Gleichgewichtswert $\varepsilon_0$ in Gl. (2.38a) und (2.38b) gehen $i_+$ und $i_-$ in die Austauschstromdichte $i_0$ über, so daß sich für diese die Beziehungen

$$i_0 = k_+ \cdot c_M \cdot c_r \cdot \exp\left(\frac{\alpha z F}{RT}\varepsilon_0\right) = k_- \cdot c_o \cdot \exp\left(-\frac{(1-\alpha)zF}{RT}\varepsilon_0\right) \quad (2.40)$$

ergeben. Nach Division von Gl. (2.39) durch die entsprechenden Ausdrücke der Gl. (2.40) ergibt sich bei Beachtung der Überspannungsdefinition $\eta = \varepsilon - \varepsilon_0$ die wichtige Beziehung

$$\boxed{i = i_0 \cdot \left[\exp\left(\frac{\alpha z F}{RT}\eta\right) - \exp\left(-\frac{(1-\alpha)zF}{RT}\eta\right)\right]}, \quad (2.41)$$

die sich von Gl. (2.15) für Redoxelektroden nur um den Wertigkeitsfaktor $z$ = *Durchtrittswertigkeit* unterscheidet.

Diese Gleichung wurde schon von W. Roiter, W. Juza, E. Polujan[10] mit $\alpha = 0{,}5$ verwendet und allgemein von W. Lorenz[11], H. Gerischer[2] und K. J. Vetter[3] diskutiert. W. W. Lossew[12] hat unter Verwendung des radioaktiven Zn-Isotops $Zn^{65}$ an der $Zn(Hg)/Zn^{2+}$-Elektrode (§ 160 $\beta$) unmittelbar den Nachweis geführt, daß sich die Gesamtstromdichte $i$ additiv aus einer anodischen ($i_+$) und einer kathodischen ($i_-$) Teilstromdichte zusammensetzt und durch Gl. (2.41) beschrieben wird.

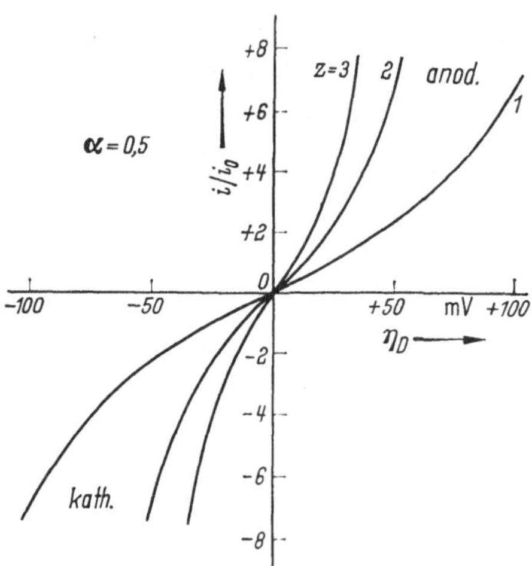


Abb. 53. Die Durchtrittsüberspannung $\eta_D$ an Metallionenelektroden [nach Gl. (2.41)] in Abhängigkeit von der Stromdichte $i$ (in Einheiten der Austauschstromdichte $i_0$) für $\alpha = 0{,}5$ und verschiedene Durchtrittswertigkeiten $z$ (Temp. 25° C)

Die Abhängigkeit der Stromdichte $i$ von der reinen Durchtrittsüberspannung $\eta$ läßt sich also auch hier durch zwei Größen, die Austauschstromdichte $i_0$ und den Durchtrittsfaktor $\alpha$ angeben. Die Durchtrittswertigkeit $z$ wird im allgemeinen bekannt sein. In Abb. 49 wurde die Funktion Gl. (2.41) für verschiedene $\alpha$-Werte bei $z = 1$ dargestellt. Abb. 53 zeigt $i/i_0$, also die Stromdichte in Einheiten der Austauschstromdichte für $\alpha = 0{,}5$ (symmetrisch im anodischen und kathodischen Ast) bei verschiedenen Durchtrittswertigkeiten $z$. Wie noch später gezeigt werden wird, ist die Neigung der Stromdichteüberspannungskurven im Gleichgewichtspotential auch hier nicht von $\alpha$, sondern nur von $i_0$ und $z$ abhängig.

[12] Lossew, W. W.: Doklad. Akad. Nauk. USSR **100**, 111 (1955).

In Abb. 54 ist die Durchtrittsüberspannung $\eta_D$ wiederum für verschiedene $z$-Werte und $\alpha = 0{,}5$ in Abhängigkeit von der Stromdichte $i$ (in willkürlichen Einheiten) dargestellt. In allen drei Kurven für $z = 1$, 2 und 3 ist die Austauschstromdichte so gewählt, daß die Überspannung bei kleinen Werten für alle $z$ die gleiche ist. Es ist also der Durchtrittswiderstand (§ 54) $(d\eta/di)_{\eta=0}$ in allen drei Fällen gleich groß. Bei anfänglich übereinstimmender Überspannung steigt $\eta$ mit Stromerhöhung um so langsamer, je größer die Durchtrittswertigkeit $z$ der Metallionen ist. In halblogarithmischer Darstellung der Stromdichte in Abhängigkeit von der Überspannung ergeben sich ähnliche Kurven, wie sie in Abb. 50 gezeigt wurden.

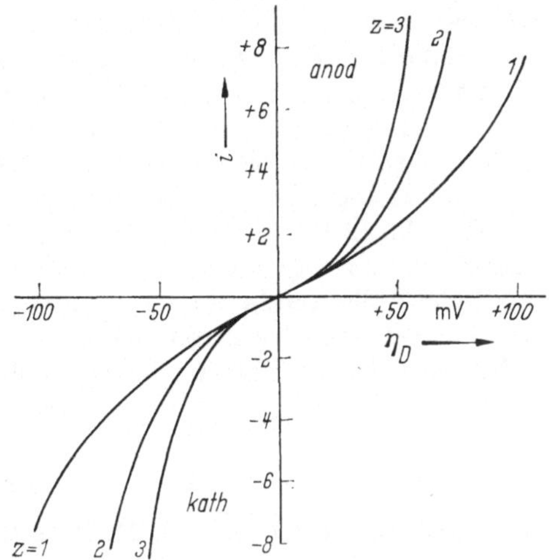


Abb. 54. Die Durchtrittsüberspannung $\eta_D$ an Metallionenelektroden [nach Gl. (2.41)] in Abhängigkeit von der Stromdichte $i$ (willkürliche Einheiten) für $\alpha = 0{,}5$ und verschiedene Durchtrittswertigkeiten $z$. Durchtrittswiderstand $d\eta/di$ = konst (durch Wahl von $i_0$) (Temp. 25° C)

Der Gleichung (2.41) kann auch die Form

$$\begin{aligned} i &= i_0 \cdot \exp\left(\frac{\alpha z F}{RT}\eta\right) \cdot \left[1 - \exp\left(-\frac{zF}{RT}\eta\right)\right] = \\ &= -i_0 \cdot \exp\left(-\frac{(1-\alpha) z F}{RT}\eta\right) \cdot \left[1 - \exp\left(\frac{zF}{RT}\eta\right)\right] \end{aligned} \tag{2.42}$$

gegeben werden. Sowohl in Gl. (2.41) als auch in Gl. (2.42) ist sofort zu erkennen, daß für größere anodische bzw. kathodische Durchtrittsüberspannungen $|\eta_D| \gg RT/zF$ je nach Vorzeichen des Stromes das erste oder das zweite Glied in Gl. (2.41) zu vernachlässigen ist bzw. die eckige Klammer in der ersten oder der zweiten Form von Gl. (2.42) gleich Eins wird. Für große anodische Überspannungen $\eta \gg RT/zF$ ergibt sich also

$$i = i_0 \cdot \exp\left(\frac{\alpha z F}{RT}\eta\right)$$

$$\boxed{\begin{gathered} \eta = -\frac{RT}{\alpha z F} \cdot \ln i_0 + \frac{RT}{\alpha z F} \ln i \\ (\eta = a + b \cdot \log i) \end{gathered}} \quad \begin{gathered} \eta_D \gg RT/zF \\ \text{anodisch} \end{gathered} \tag{2.43a}$$

und für große kathodische Überspannungen

$$i = -i_0 \cdot \exp\left(-\frac{(1-\alpha) z F}{RT}\eta\right)$$

$$\boxed{\begin{gathered} \eta = \frac{RT}{(1-\alpha) z F} \ln i_0 - \frac{RT}{(1-\alpha) z F} \ln |i| \\ (\eta = a + b \cdot \log |i|) \end{gathered}} \quad \begin{gathered} |\eta_D| \gg RT/zF \\ \text{kathodisch}\,. \end{gathered} \tag{2.43b}$$

Bei der Durchtrittsüberspannung an Metallionenelektroden werden also ebenfalls „*Tafelsche Gleichungen*" $\eta = a + b \cdot \log i$ erhalten, die in der Darstellung von $\log i$ gegen $\eta$ Geraden wie in Abb. 50 ergeben. Aus der Neigung dieser „Tafelschen Geraden" folgt der Wert von $b = 2{,}303\,RT/\alpha zF$ bzw. $b = -2{,}303\,RT/(1-\alpha)zF$, aus dem $\alpha z$ ermittelt werden kann. Bei 25° C hat $b$ die Größe $b = 59{,}2/\alpha z$ bzw. $b = -59{,}2/(1-\alpha)z$ mV. Aus der geradlinigen Verlängerung dieser logarithmischen Kurve bis $\eta = 0$ ergibt sich der Logarithmus der Austauschstromdichte $i_0$ genauso wie bei den Redoxelektroden.

Die Gln. (2.43a, b) geben nicht nur den Näherungswert für große Überspannungen $|\eta| \gg RT/zF$, sondern sind genaue Ausdrücke für die anodische Teilstromdichte $i_+ = i_0 \cdot \exp(\alpha zF\eta/RT)$, Gl. (2.43a) und für die kathodische Teilstromdichte $i_- = -i_0 \cdot \exp[-(1-\alpha)zF\eta/RT]$, Gl. (2.43b). Durch Division beider Gleichungen folgt die der Gl. (2.17) entsprechende Gleichung für das Verhältnis

$$\frac{i_+}{i_-} = -\exp\left(\frac{zF}{RT}\eta\right), \tag{2.44}$$

die zuerst von J. Horiuti u. M. Ikusima[13] noch allgemeiner abgeleitet wurde.

### γ) *Die Durchtrittsüberspannung an Metallionenelektroden mit Berücksichtigung des ζ-Potentials*

Bei Berücksichtigung des $\zeta$-Potentials der diffusen Doppelschicht müssen statt der Konzentrationen $c_o$ und $c_r$ die Konzentrationen $c_o'$ und $c_r'$ nach Gl. (2.18a, b) an der Grenze starre/diffuse Doppelschicht in die Gln. (2.38a, b), Gl. (2.39) und Gl. (2.40) eingesetzt werden. Außerdem ist für das Potential $\varepsilon$ in diesen Gleichungen der Wert $\varepsilon - \zeta$ zu verwenden, so wie es in § 49 $\gamma$ für die Redoxelektrode durchgeführt wurde. Hierbei ergibt sich für Gl. (2.38a)

$$\begin{aligned} i_+ &= k_+ \cdot c_M \cdot c_r \cdot \exp\left(-\frac{z_r F}{RT}\zeta\right) \cdot \exp\left(\frac{\alpha zF}{RT}(\varepsilon - \zeta)\right) = \\ &= k_+ \cdot c_M \cdot c_r \cdot \exp\left(-\frac{(z_r + \alpha z)F}{RT}\zeta\right) \cdot \exp\left(\frac{\alpha zF}{RT}\varepsilon\right) \end{aligned} \tag{2.45a}$$

und für Gl. (2.38b) unter Berücksichtigung der Beziehung $z_o - z_r = z$

$$i_- = -k_- \cdot c_o \cdot \exp\left(-\frac{(z_r + \alpha z)F}{RT}\zeta\right) \cdot \exp\left(-\frac{(1-\alpha)zF}{RT}\varepsilon\right). \tag{2.45b}$$

$z_o$ ist die Ladung des Komplexes $S_o$, $z_r$ die des Komplexbildners $S_r$ und $z$ die des durchtretenden Metallions $Me^{z+}$ (Durchtrittswertigkeit) in Elementarladungen.

Aus Gl. (2.45a, b) folgt für die gesamte Durchtrittsstromdichte $i = i_+ + i_-$

$$\begin{aligned} i = \exp\left(-\frac{(z_r + \alpha z)F}{RT}\zeta\right) \cdot \Big[&k_+ \cdot c_M \cdot c_r \cdot \exp\left(\frac{\alpha zF}{RT}\varepsilon\right) - \\ &- k_- \cdot c_o \cdot \exp\left(-\frac{(1-\alpha)zF}{RT}\varepsilon\right)\Big] \end{aligned} \tag{2.46}$$

---

[13] Horiuti, J., u. M. Ikusima: Proc. Imp. Acad. (Tokyo) **15**, 39 (1939).

an Stelle von Gl. (2.39), die nur den Ausdruck in der eckigen Klammer wiedergibt.

Für die Austauschstromdichte $i_0$ wird ein in gleicher Weise erweiterter Ausdruck durch Ersetzen des Potentials $\varepsilon$ durch das Gleichgewichtspotential $\varepsilon_0$ und des $\zeta$-Potentials durch den Wert $\zeta_0$ am Gleichgewichtspotential erhalten. So ergibt sich statt Gl. (2.40)

$$\begin{aligned} i_0 &= k_+ \cdot c_M \cdot c_r \cdot \exp\left(-\frac{(z_r + \alpha z)F}{RT}\zeta_0\right) \cdot \exp\left(\frac{\alpha z F}{RT}\varepsilon_0\right) = \\ &= k_- \cdot c_o \cdot \exp\left(-\frac{(z_r + \alpha z)F}{RT}\zeta_0\right) \cdot \exp\left(-\frac{(1-\alpha)zF}{RT}\varepsilon_0\right). \end{aligned} \tag{2.47}$$

Durch Division von Gl. (2.46) durch die entsprechenden Glieder der Gl. (2.47) folgt an Stelle von Gl. (2.41) die erweiterte Beziehung

$$\boxed{\begin{aligned} i = i_0 \cdot \exp&\left[-\frac{(z_r + \alpha z)F}{RT} \cdot (\zeta - \zeta_0)\right] \times \\ &\times \left[\exp\left(\frac{\alpha z F}{RT}\eta\right) - \exp\left(-\frac{(1-\alpha)zF}{RT}\eta\right)\right] \end{aligned}}\,. \tag{2.48}$$

Für kleine $\zeta$-Potentiale, die bei größeren Fremdelektrolytkonzentrationen auftreten, ist die Kapazität $C_d$ der diffusen Doppelschicht fast unabhängig vom Potential, so daß die Gl. (2.25) $\zeta - \zeta_0 \approx (C_D/C_d) \cdot \eta$ mit $C_D$ = gesamte Doppelschichtkapazität in Näherung gilt. Hiermit ergibt sich die der Gl. (2.26) sehr ähnliche Beziehung

$$\begin{aligned} i &= i_0 \cdot \left[\exp\left(\frac{\alpha^* z F}{RT}\eta\right) - \exp\left(-\frac{(1-\alpha^*)zF}{RT}\eta\right)\right] \\ \alpha^* &= \alpha \cdot \left[1 - \left(1 + \frac{z_r}{\alpha z}\right) \cdot \frac{C_D}{C_d}\right] \end{aligned} \tag{2.49}$$

für die Metallionenelektrode als Näherungsformel für kleinere $\zeta$-Potentiale mit dem *effektiven Durchtrittsfaktor* $\alpha^*$.

Da die Komplexbildner $S_r$ vielfach Anionen oder neutrale Substanzen [z. B. $(CN^-)_x$, $(OH^-)_x$, $(H_2O)_x$, $(NH_3)_x$ usw.], aber selten Kationen sind, wird im allgemeinen $z_r/\alpha z \leqq 0$ sein. Bei einem 1,1-wertigen Elektrolyten der Konzentration 1 Mol/l mit dem ungefähren Wert $C_D/C_d \sim 1/40$ (s. Beispiel in § 49 $\gamma$) wird der Fehler von $\alpha$ bei experimenteller Bestimmung von $\alpha^*$ meistens kleiner als 2 bis 3% sein.

## § 52. Die Durchtrittsüberspannung an komplizierteren Metallionenelektroden mit vor- bzw. nachgelagertem, eingestelltem chemischem Gleichgewicht

### *α) Ohne Berücksichtigung des ζ-Potentials*

Für Redoxelektroden wurde dieses Problem bereits in § 50 behandelt. Die dort diskutierten Ergebnisse sind weitgehend auf die Metallionenelektroden zu übertragen. Der Unterschied ist nur, daß in der zugrunde gelegten Gleichung für die Stromspannungsbeziehung an Redoxelektroden [Gl. (2.13)] zwei Konzentrationen $c_o$ und $c_r$ auftreten, während in der entsprechenden Gl. (2.39) für Metallionenelektroden noch eine weitere Konzentration $c_M$ enthalten ist. Es sind hier also nicht zwei, sondern drei vor- bzw. nachgelagerte chemische Gleichgewichte im allgemeinsten Fall zu berücksichtigen, denn auch die Substanz $S_M$, die sog. ad-Atome, kann noch durch chemische Reaktion mit anderen Stoffen $S_j$ im Gleichgewicht stehen*. Zu den Bruttoreaktionsgleichungen (2.27 a) und (2.27 b) ist also allgemein noch eine Bruttoreaktionsgleichung mit dem Index $M$

$$z_{M,1} S_1 + z_{M,2} S_2 + \cdots \leftrightarrows (-z_{M,l}) S_l + \cdots + (-z_{M,q}) S_q + S_M \tag{2.50}$$

hinzuzufügen, deren Gleichgewicht auf das Massenwirkungsgesetz

$$K'_M = a_M \cdot \prod a_j^{-z_{M,j}} \tag{2.51}$$

führt. Die Konzentration $c_M$ der ad-Atome kann allgemein durch Auflösen von Gl. (2.51) nach $a_M$ erhalten werden. Wenn die Aktivitätskoeffzienten mit in die Konstante $K_M$ hineingenommen werden, ergibt sich für $c_M$

$$c_M = K_M \cdot \prod c_j^{z_{M,j}} . \tag{2.52}$$

Gl. (2.52) entspricht den Gln. (2.29 a) und (2.29 b) für die Redoxelektrode,

$$c_o = K_o \cdot \prod c_j^{z_{o,j}} \tag{2.29 a}$$

$$c_r = K_r \cdot \prod c_j^{z_{r,j}} \tag{2,29 b}$$

die für den vorliegenden Fall übernommen werden können.

Besonders bei Metallionenelektroden, bei denen das Metallion im Elektrolyten komplex gebunden ist, tritt der jetzt zu behandelnde Fall deutlich hervor. Die in der Durchtrittsreaktion $S_r + S_M \leftrightarrows S_o$ auftretenden Stoffe $S_r$ und $S_o$ sind nicht immer die in großer Konzentration im Elektrolyten vorhandenen Stoffe $S_j$. $S_o$ und $S_r$ können vielmehr Substanzen sein, die mit diesen Stoffen $S_j$ (Komplex und Komplexbildner der Bruttoreaktion) im eingestellten chemischen Gleichgewicht stehen, z. B. ein anderer Komplex, der nur in geringer, aber doch durch $c_j$ in definierter Konzentration vorhanden ist. Dabei soll auch jede Hydratisierung als eine derartige Komplexbildung, also als ein vor- bzw. nachgelagertes chemisches Gleichgewicht angesehen werden.

Zur Reaktion Gl. (2.50) seien ebenfalls noch einige Erläuterungen gebracht. Die Substanzen $S_j$ mit einer von null verschiedenen elektrochemischen Reaktionsordnung $z_{M,j} \neq 0$ werden im allgemeinen Stoffe im Metall sein, für die vermutlich immer $z_{o,j} = 0$ und $z_{r,j} = 0$ sein werden. Bei einer festen oder flüssigen Legierung zwischen dem Metall Me, das die ad-Atome bildet, und anderen Metallen können sich Molekülverbindungen ausbilden, die dann in der Legierung als Hauptbestandteil des Metalls Me vorliegen. Für diese Molekülverbindungen $S_j$ und die ad-Atome $S_M$ würde das Gleichgewicht Gl. (2.52) anzuwenden sein. Weiter kann z. B. in einer Legierung das Metall Me dimer als $S_{Me} = Me_2^{2z+}$ vorkommen, während die ad-Atome nur $Me^{z+}$ sind. Dann wäre die Beziehung Gl. (2.52) in der Form $c_M = K_M \cdot c_{Me}^{1/2}$ zu schreiben. Der stöchio-

* Besonders in einer flüssigen Legierung.

metrische Faktor, der in dem Geschwindigkeitsansatz als elektrochemische Reaktionsordnung auftritt, wäre also $z_{M,\mathrm{Me}} = +0{,}5$. Die durchtretenden ad-Atome könnten aber z. B. auch aus einem dimeren Ion $\mathrm{Me}_2^{2z+}$ (z. B. $\mathrm{Hg}_2^{2+}$) bestehen, das mit monomeren $\mathrm{Me}^{z+}$-Ionen innerhalb der Legierung im Gleichgewicht steht. In diesem Fall wäre $c_M = K_M \cdot c^{\circ}_{\mathrm{Me}}$ also $z_{M,\mathrm{Me}} = +2$.

Andererseits könnten neutrale Stoffe $S_j$ des Elektrolyten mit Oberflächenionen des Metalls auf der Oberfläche eine Verbindung eingehen, die dann die durchtretende metallionenhaltige Substanz darstellt, die somit bereits eine komplexe Form haben würde. Auch hier würde ein vor- bzw. nachgelagertes Gleichgewicht* mit definierten Ordnungen $z_{M,j}$ auftreten.

Beispiele zur Erläuterung der anderen beiden Gleichgewichte Gl. (2.29a) und (2.29b) werden im experimentellen Teil gebracht.

Nach Einsetzen von Gl. (2.29a, b) und Gl. (2.52) in die Gl. (2.39) ergibt sich die Stromspannungsabhängigkeit

$$\boxed{\begin{aligned} i = {} & k_+ \cdot K_M \cdot K_r \cdot \prod c_j^{z_{M,j} + z_{r,j}} \cdot \exp\left(\frac{\alpha z F}{RT}\,\varepsilon\right) - \\ & - k_- \cdot K_o \cdot \prod c_j^{z_{o,j}} \cdot \exp\left(-\frac{(1-\alpha) z F}{RT}\,\varepsilon\right) \end{aligned}}\;. \tag{2.53}$$

Die Größen $z_{M,j} + z_{r,j}$ treten hierin als *anodische* und $z_{o,j}$ als *kathodische Reaktionsordnungen* bezüglich der Stoffe $S_j$ im Elektrolyten und im Elektrodenmetall auf**. Nach Einführung derartiger Reaktionsordnungen in die elektrochemische Kinetik durch K. J. VETTER[1] bei Redoxelektroden hat H. GERISCHER[2] die Anwendung dieser Größen auf die Metallionenelektrode mit einer der Gl. (2.53) ähnlichen Beziehung erweitert und experimentell geprüft.

Für die Austauschstromdichte $i_0$ am Gleichgewichtspotential folgt

$$\begin{aligned} i_0 &= k_+ \cdot K_M \cdot K_r \cdot \prod c_j^{z_{M,j} + z_{r,j}} \cdot \exp\left(\frac{\alpha z F}{RT}\,\varepsilon_0\right) = \\ &= k_- \cdot K_o \cdot \prod c_j^{z_{o,j}} \cdot \exp\left(-\frac{(1-\alpha) z F}{RT}\,\varepsilon_0\right) \end{aligned} \tag{2.54}$$

bei $\zeta = 0$ (großer Fremdelektrolytüberschuß), so daß auch hier Gl. (2.41) für die Beziehung zwischen Stromdichte $i$, Überspannung $\eta$, Austauschstromdichte $i_0$ und Durchtrittsfaktor $\alpha$ gilt.

### β) *Mit Berücksichtigung des ζ-Potentials*

Eine Berücksichtigung des $\zeta$-Potentials ergibt die gleichen Korrekturen, die bereits im § 51 γ für den Fall der Abwesenheit von vor- bzw.

* Ein derartiges Gleichgewicht konnte als ein Adsorptionsgleichgewicht angesehen werden.

** Wie schon gesagt, wird meistens $z_{r,j} = 0$ bei $z_{M,j} \neq 0$ (Substanz $S_j$ im Metall) und $z_{M,j} = 0$ bei $z_{r,j} \neq 0$ (Substanz $S_j$ im Elektrolyten) sein.

[1] VETTER, K. J.: Z. physik. Chem. **194**, 284 (1950); Z. Elektrochem. **55**, 121 (1951).

[2] GERISCHER, H.: Z. Elektrochem. **57**, 604 (1953); Z. physik. Chem. **202**, 292 (1953); Z. physik. Chem. (N. F.) **3**, 16 (1955).

nachgelagerten Gleichgewichten abgeleitet wurden, wie im folgenden gezeigt wird. Für die Konzentrationen $c_j'$ aller Stoffe $S_j$ an der Grenze starre/diffuse Doppelschicht im Elektrolyten gelten nach Gl. (2.18a, b) die Beziehungen

$$c_j' = c_j \cdot \exp\left(-\frac{z_j F}{RT}\zeta\right), \tag{2.55}$$

in der $c_j$ die Konzentrationen im Elektrolyten sind. Bei dieser Konzentrationsänderung innerhalb der diffusen Doppelschicht ist durch die ganze Schicht hindurch das elektrochemische Potential $\eta_j = \mu_j + z_j F\varphi$ für alle Stoffe konstant. Besteht an jeder Stelle der diffusen Doppelschicht noch ein eingestelltes chemisches Gleichgewicht auf Grund der Bruttoreaktion entsprechend Gl. (2.27a, b) für die Stoffe $S_o$ und $S_r$, so muß auch für diese Stoffe die Beziehung $\eta_o = \mu_o + z_o F\varphi =$ konst. und $\eta_r = \mu_r + z_r F\varphi =$ konst. durch die diffuse Doppelschicht hindurch bestehen. Dieser Konstanz von $\eta_o$ und $\eta_r$ entsprechen aber die bereits im § 49 $\gamma$, Gl. (2.18a, b) verwendeten Beziehungen

$$\begin{aligned} c_o' &= c_o \cdot \exp\left(-\frac{z_o F}{RT}\zeta\right) \\ c_r' &= c_r \cdot \exp\left(-\frac{z_r F}{RT}\zeta\right). \end{aligned} \tag{2.56a, b}$$

Werden die Beziehungen für $c_o$ und $c_r$ Gl. (2.29a, b) wie im § 52 $\alpha$ von den Redoxelektroden übernommen, so ergibt sich für $c_o'$ und $c_r'$ nach Einsetzen in Gl. (2.56a, b)

$$\begin{aligned} c_o' &= K_o \cdot \prod c_j^{z_{o,j}} \cdot \exp\left(-\frac{z_o F}{RT}\zeta\right) \\ c_r' &= K_r \cdot \prod c_j^{z_{r,j}} \cdot \exp\left(-\frac{z_r F}{RT}\zeta\right). \end{aligned} \tag{2.57a, b}$$

Die Konzentration $c_M$ kann dagegen nicht von der Größe des $\zeta$-Potentials abhängen*.

Gl. (2.57a, b) und Gl. (2.52) in Gl. (2.39) an die Stelle von $c_o$, $c_r$ und $c_M$ eingesetzt ergeben die Stromspannungsbeziehung

$$\begin{aligned} i = {} & k_+ \cdot K_M \cdot K_r \cdot \prod c_j^{z_{M,j} + z_{r,j}} \cdot \exp\left(-\frac{z_r F}{RT}\zeta\right) \cdot \exp\left[\frac{\alpha z F}{RT}(\varepsilon - \zeta)\right] - \\ & - k_- \cdot K_o \cdot \prod c_j^{z_{o,j}} \cdot \exp\left(-\frac{z_o F}{RT}\zeta\right) \cdot \exp\left[-\frac{(1-\alpha) z F}{RT}(\varepsilon - \zeta)\right] \end{aligned} \tag{2.58}$$

mit Berücksichtigung des $\zeta$-Potentials. Gl. (2.58) geht für $\zeta = 0$ in Gl. (2.53) über. Mit $z_o = z_r + z$ folgt aus Gl. (2.58) wie in § 51 $\gamma$

$$\begin{aligned} i = {} & \exp\left(-\frac{(z_r + \alpha z)F}{RT}\zeta\right) \cdot \left[k_+ \cdot K_M \cdot K_r \cdot \prod c_j^{z_{M,j} + z_{r,j}} \cdot \exp\left(\frac{\alpha z F}{RT}\varepsilon\right) - \right. \\ & \left. - k_- \cdot K_o \cdot \prod c_j^{z_{o,j}} \cdot \exp\left(-\frac{(1-\alpha) z F}{RT}\varepsilon\right)\right]. \end{aligned} \tag{2.59}$$

---

* Genau genommen müßte sich auch noch eine diffuse Doppelschicht auf der Metallseite ausbilden, die zu einem $\zeta$-Potential $\zeta_{\mathrm{Me}}$ führen würde, das auf $c_M$ einen Einfluß hätte. Bei der großen Konzentration der Ladungsträger im Metall, die eine Größenordnung von $10^2$ Mol/l und mehr hat, ist jedoch ein derartiger Einfluß zu vernachlässigen. Bei Halbleiterelektroden könnte dieser Einfluß hingegen sehr groß werden.

Die eckige Klammer ist der Ausdruck Gl. (2.53) ohne Berücksichtigung des $\zeta$-Potentials. Gegenüber Gl. (2.46) (keine vor- oder nachgelagerten Gleichgewichte) besteht also kein prinzipieller Unterschied in der Behandlung des Einflusses des $\zeta$-Potentials.

Die Größe der Austauschstromdichte berechnet sich zu

$$\begin{aligned} i_0 &= \exp\left(-\frac{(z_r + \alpha z)F}{RT}\zeta_0\right) \cdot k_+ \cdot K_M \cdot K_r \cdot \Pi\, c_j^{z_{M,j} + z_{r,j}} \cdot \exp\left(\frac{\alpha z F}{RT}\varepsilon_0\right) = \\ &= \exp\left(-\frac{(z_r + \alpha z)F}{RT}\zeta_0\right) \cdot k_- \cdot K_o\, \Pi\, c_j^{z_{o,j}} \cdot \exp\left(-\frac{(1-\alpha) z F}{RT}\varepsilon_0\right). \end{aligned} \tag{2.60}$$

Durch Division von Gl. (2.59) durch die entsprechenden Ausdrücke von Gl. (2.60) folgt wieder Gl. (2.48) für die Stromdichte-Überspannungs-Beziehung, die durch $i_0$ und $\alpha$ bei Kenntnis von $\zeta - \zeta_0$ bestimmt ist. Vor- oder nachgelagerte, eingestellte chemische Gleichgewichte haben also sowohl bei Berücksichtigung als auch bei Nichtberücksichtigung des $\zeta$-Potentials auf die Form der Stromspannungsbeziehung Gl. (2.41) und Gl. (2.48), die durch die Austauschstromdichte $i_0$ und den Durchtrittsfaktor $\alpha$ ausgedrückt wird, keinen Einfluß.

Gl. (2.49) mit dem „effektiven Durchtrittsfaktor“ $\alpha^*$ gilt auch hier.

## § 53. Durchtrittsüberspannung bei mehreren hintereinanderfolgenden verschiedenen Durchtrittsreaktionen

Bisher wurde die Durchtrittsüberspannung an Elektroden behandelt, bei denen nur eine Durchtrittsreaktion $S_r \leftrightharpoons S_o + e^-$ auftrat. Besonders wenn in der einfachsten Elektrodenbruttoreaktion mehrere Ladungsträger (Elektronen) auftreten, besteht die Möglichkeit, daß diese Ladungsträger in aufeinander folgenden verschiedenen Durchtrittsreaktionen durch die Doppelschicht treten. Die Bruttoreaktion läuft dann unter intermediärer Bildung eines Stoffes $S_m$ ab, der sich in einem Oxydationszustand befindet, der zwischen denen der Stoffe $S_o$ und $S_r$ liegt. Als erläuterndes Beispiel sei eine Bruttoreaktion $S_1 \leftrightharpoons S_2 + 2e^-$ genannt, deren Reaktionsfolge in

$$S_r \leftrightharpoons S_m + e^- \tag{2.61a}$$
$$S_m \leftrightharpoons S_o + e^- \tag{2.61b}$$
$$\overline{S_r \leftrightharpoons S_o + 2e^-}$$

mit $S_1 = S_r$ und $S_2 = S_o$ bestehen könnte. Für die gleiche Bruttoreaktion ist aber z. B. auch die Reaktionsfolge

$$2 \times (S_r \leftrightharpoons S_m + e^-) \tag{2.61a}$$
$$2 S_m \leftrightharpoons S_r + S_o \tag{2.61c}$$
$$\overline{S_r \leftrightharpoons S_o + 2e^-}$$

möglich. Beide Reaktionsfolgen führen zur gleichen Bruttoreaktion. Im ersten Fall werden die beiden Elektronen hintereinander in *verschiedenen* Durchtrittsreaktionen und im zweiten Fall in *einer* Durchtrittsreaktion*

* Abweichend von der normalen Bezeichnung ist hier $S_m$ die oxydierte Substanz der Durchtrittsreaktion.

ausgetauscht*, die allerdings zweimal ablaufen muß. Der zweite Fall gehört in die unter § 50 behandelten Elektrodenreaktionen und soll hier nicht mehr diskutiert werden. Im folgenden werden Reaktionsmechanismen der ersten Art ausführlich in der von K. J. VETTER[1] angegebenen Weise behandelt.

Die Durchtrittsüberspannung bei einer einfachen Durchtrittsreaktion hängt nach Gl. (2.15), § 49 $\beta$, von der Austauschstromdichte $i_0$ und dem Durchtrittsfaktor $\alpha$ ab. In dem vorliegenden komplizierteren Fall mit zwei Durchtrittsreaktionen wird die Durchtrittsüberspannung $\eta$ durch *zwei Austauschstromdichten* $i_{0,o}$ und $i_{0,r}$ und *zwei Durchtrittsfaktoren* $\alpha_o$ und $\alpha_r$ bestimmt. Der *reduktionsseitigen Durchtrittsreaktion* $S_r \leftrightarrows S_m + e^-$ sollen die Größen $i_{0,r}$ und $\alpha_r$ und der *oxydationsseitigen Durchtrittsreaktion* $i_{0,o}$ und $\alpha_o$ zugeordnet werden.

Zur Ableitung der Stromspannungsbeziehung soll angenommen werden, daß die Konzentrationen $c_o$ und $c_r$ unabhängig vom Strom sind, da es sich um die Berechnung der reinen Durchtrittsüberspannung handeln soll. Die Konzentration $c_m$ des Stoffes $S_m$ ist dagegen im stationären Fall, in dem genauso viel $S_m$ gebildet, wie verbraucht wird, eine Funktion des Stromes $i$ bzw. des Potentials $\varepsilon$ oder der Überspannung $\eta$. Dieser stationäre Fall soll im folgenden für die Ableitung der Stromspannungsbeziehung zugrunde gelegt werden. $S_m$ ist also nicht im thermodynamischen Gleichgewicht mit $S_o$ und $S_r$. Es soll weiter vorausgesetzt werden, daß die Geschwindigkeit der Einstellung eines derartigen Gleichgewichtes so klein ist, daß diese Komplikation hier nicht berücksichtigt werden muß. Weiter sei zur Vereinfachung angenommen, daß die stationäre Konzentration $c_m$ in Oberflächennähe und auch der Gleichgewichtswert $\bar{c}_m$ im Lösungsinneren so klein sind, daß ein Verlust von $S_m$ durch Abdiffusion in das Lösungsinnere oder eine Nachlieferung durch Herandiffusion aus der Lösung gegenüber dem Strom $i$ so gering sind, daß die Annahme erfüllt ist, nach der gleiche Mengen $S_m$ elektrochemisch gebildet und verbraucht werden. Außerdem soll zur Vereinfachung ein Fremdelektrolytüberschuß angenommen werden, so daß der Einfluß des $\zeta$-Potentials nicht zu berücksichtigen ist (entsprechend § 49 $\beta$ und § 51 $\beta$).

Für jede Durchtrittsreaktion [Gl. (2.61 a, b)] gilt demzufolge eine Beziehung entsprechend Gl. (2.13)

$$\frac{1}{2}\,i = k_r^+ \cdot c_r \cdot \exp\left(\frac{\alpha_r F}{RT}\,\varepsilon\right) - k_r^- \cdot c_m \cdot \exp\left(-\frac{(1-\alpha_r)F}{RT}\,\varepsilon\right) \qquad (2.62\,\text{a})$$

$$\frac{1}{2}\,i = k_o^+ \cdot c_m \cdot \exp\left(\frac{\alpha_o F}{RT}\,\varepsilon\right) - k_o^- \cdot c_o \cdot \exp\left(-\frac{(1-\alpha_o)F}{RT}\,\varepsilon\right) \qquad (2.62\,\text{b})$$

* Wie später besprochen werden soll, gehört die Chinhydronelektrode (§ 125) mit der Bruttoreaktion $H_2Q \leftrightarrows Q + 2H^+ + 2e^-$ (Q = Chinon, $H_2Q$ = Hydrochinon) und mit der experimentell gefundenen Reaktionsfolge $H_2Q \leftrightarrows HQ^- + H^+$; $HQ^- \rightleftharpoons HQ + e^-$; $HQ \leftrightarrows Q^- + H^+$; $Q^- \rightleftharpoons Q + e^-$ [VETTER, K. J.: Z. Elektrochem. **56**, 797 (1952)] zu der hier zu diskutierenden ersten Art der Elektrodenreaktion. Die $Mn^{4+}/Mn^{2+}$-Elektrode mit der Bruttoreaktion $Mn^{2+} \leftrightarrows Mn^{4+} + 2e^-$ ist ein Beispiel für den zweiten Fall mit der experimentell ermittelten Reaktionsfolge $2\times(Mn^{2+} \rightleftharpoons Mn^{3+} + e^-)$; $2Mn^{3+} \leftrightarrows Mn^{2+} + Mn^{4+}$ [VETTER, K. J., u. G. MANECKE: Z. physik. Chem. **195**, 270, 337 (1950)].

[1] VETTER, K. J.: Z. Naturforsch. **7a**, 328 (1952); **8a**, 823 (1953).

wenn $i$ die Gesamtstromdichte ist, die durch die Elektrode fließt und die sich im stationären Fall unter den gegebenen Voraussetzungen zu gleichen Teilen auf die oxydationsseitige und die reduktionsseitige Durchtrittsreaktion verteilt. Deshalb muß für jede einzelne Durchtrittsreaktion $i/2$ gesetzt werden. Die Austauschstromdichten $i_{0,o}$ und $i_{0,r}$ ergeben sich aus Gl. (2.62b) und Gl. (2.62a) zu

$$i_{0,r} = k_r^+ \cdot c_r \cdot \exp\left(\frac{\alpha_r F}{RT}\varepsilon_0\right) = k_r^- \cdot \bar{c}_m \cdot \exp\left(-\frac{(1-\alpha_r)F}{RT}\varepsilon_0\right) \tag{2.63a}$$

$$i_{0,o} = k_o^- \cdot c_o \cdot \exp\left(-\frac{(1-\alpha_o)F}{RT}\varepsilon_0\right) = k_o^+ \cdot \bar{c}_m \cdot \exp\left(-\frac{\alpha_o F}{RT}\varepsilon_0\right). \tag{2.63b}$$

Hierin ist $\bar{c}_m$ die Gleichgewichtskonzentration bei $\varepsilon = \varepsilon_0$, also eine thermodynamisch definierte Konzentration.

Aus Gl. (2.62a, b) kann die Konzentration $c_m$ eliminiert werden. Durch Einsetzen von Gl. (2.63) in Gl. (2.62) ergeben sich

$$\frac{1}{2} i = i_{0,r}\left[\exp\left(\frac{\alpha_r F}{RT}\eta\right) - \frac{c_m}{\bar{c}_m} \cdot \exp\left(-\frac{(1-\alpha_r)F}{RT}\eta\right)\right] \tag{2.64a}$$

$$\frac{1}{2} i = i_{0,o} \cdot \left[\frac{c_m}{\bar{c}_m} \cdot \exp\left(\frac{\alpha_o F}{RT}\eta\right) - \exp\left(-\frac{(1-\alpha_o)F}{RT}\eta\right)\right] \tag{2.64b}$$

unter Verwendung der Beziehung $\eta = \varepsilon - \varepsilon_0$ für die Durchtrittsüberspannung. Multiplikation von Gl. (2.64a) mit $i_{0,o} \cdot \exp(\alpha_o F\eta/RT)$ und von Gl. (2.64b) mit $i_{0,r} \cdot \exp(-(1-\alpha_r)F\eta/RT)$ ergibt nach Addition beider Gleichungen unter Elimination von $c_m/\bar{c}_m$ die Beziehung

$$\begin{aligned} \frac{1}{2} i \cdot \left[i_{0,o} \cdot \exp\left(\frac{\alpha_o F}{RT}\eta\right) + i_{0,r} \cdot \exp\left(-\frac{(1-\alpha_r)F}{RT}\eta\right)\right] = \\ = i_{0,r} \cdot i_{0,o} \cdot \left[\exp\left(\frac{\alpha_r + \alpha_o}{RT} F\eta\right) - \exp\left(-\frac{2-\alpha_r-\alpha_o}{RT} F\eta\right)\right]. \end{aligned} \tag{2.65}$$

Hieraus folgt durch Umformung die Stromspannungsbeziehung nach K. J. VETTER[1]

$$\boxed{\begin{aligned} i &= 2 i_{0,r} \cdot \exp\left(\frac{\alpha_r F}{RT}\eta\right) \cdot \frac{1 - \exp\left(-\frac{2F}{RT}\eta\right)}{1 + \frac{i_{0,r}}{i_{0,o}} \cdot \exp\left(-\frac{1+\alpha_o-\alpha_r}{RT} F\eta\right)} = \\ &= -2 i_{0,o} \cdot \exp\left(-\frac{1-\alpha_o}{RT} F\eta\right) \times \\ &\quad \times \frac{1 - \exp\left(\frac{2F}{RT}\eta\right)}{1 + \frac{i_{0,o}}{i_{0,r}} \cdot \exp\left(\frac{1+\alpha_o-\alpha_r}{RT} F\eta\right)} \end{aligned}} \quad . \tag{2.66}$$

Beide Formen sind identisch. Aus der ersten Gleichung ist das Verhalten der Überspannung bei anodischem Strom ($i > 0, \eta > 0$) besser zu übersehen. Die zweite Gleichung gibt einen besseren Überblick bei kathodischem Strom ($i < 0, \eta < 0$).

Für *große anodische Überspannungen* $\eta \gg \frac{RT}{F} \cdot \ln \frac{i_{0,r}}{i_{0,o}}$ geht Gl. (2.66) in die Beziehung[1]

$$i = 2 \cdot i_{0,r} \cdot \exp\left(\frac{\alpha_r F}{RT}\eta\right) \tag{2.67}$$

über und für *große kathodische Überspannungen* $|\eta| \gg RT/F \cdot \ln(i_{0,o}/i_{0,r})$ in

$$i = -2 \cdot i_{0,o} \cdot \exp\left(-\frac{(1-\alpha_o)F}{RT}\eta\right). \tag{2.68}$$

Die große anodische Überspannung hängt also nur von den Größen $i_{0,r}$ und $\alpha_r$ der reduktionsseitigen Durchtrittsreaktion und die große kathodische Überspannung nur von $i_{0,o}$ und $\alpha_o$ der oxydationsseitigen Durchtrittsreaktion ab.

Der Logarithmus der Stromdichte $\log i$ in Abhängigkeit von der Überspannung $\eta$ ergibt eine lineare Beziehung (Tafelsche Gerade), deren Neigung durch $\alpha_r F/RT$ bzw. $(1-\alpha_o)F/RT$ gegeben wird. Die Verlängerung dieser Geraden bis $\eta = 0$ führt auf den Wert $\log 2i_{0,r}$ bzw. $\log 2i_{0,o}$. *Die Schnittpunkte der kathodischen und anodischen Geraden mit der Stromachse* (also $\eta = 0$) *haben nicht den gleichen Wert. Diese Tatsache kann als ein Kriterium für das Vorliegen von zwei hintereinander ablaufenden Durchtrittsreaktionen angesehen werden.*

Wenn $i_{0,r} \gg i_{0,o}$ ist, tritt oberhalb eines bestimmten Überspannungswertes eine Änderung der Neigung der Tafel-Geraden ein. Für nicht zu große Überspannungen $RT/2F \ll \eta \ll (RT/F)\ln i_{0,r}/i_{0,o}$ ist in Näherung

$$i = 2 \cdot i_{0,o} \cdot \exp\left(\frac{(1+\alpha_o)F}{RT}\eta\right) \qquad i_{0,r} \gg i_{0,o}. \tag{2.69}$$

Für weiter wachsende $\eta$-Werte geht diese Beziehung schließlich in Gl. (2.67) über.

Bei $i_{0,o} \gg i_{0,r}$ geht die kathodische Überspannung für nicht zu große Werte $RT/2F \ll |\eta| \ll (RT/F)\ln i_{0,o}/i_{0,r}$ in die der Gl. (2.69) ähnliche Beziehung

$$i = -2 \cdot i_{0,r} \cdot \exp\left(-\frac{(2-\alpha_r)F}{RT}\eta\right) \qquad i_{0,o} \gg i_{0,r} \tag{2.70}$$

und mit weiter wachsender Überspannung in Gl. (2.68) über. Charakteristisch ist für beide Gln. (2.69) und (2.70), daß der „scheinbare" Durchtrittsfaktor zwischen 1 und 2 liegt.

*Kriterien* für das Auftreten von zwei hintereinander ablaufenden Durchtrittsreaktionen sind neben den verschiedenen „anodischen" und „kathodischen" Austauschstromdichten der genannte Knick in der Tafelschen Geraden $\eta = a + b \cdot \ln i$ und die Tatsache, *daß sich der „anodische" Durchtrittsfaktor* $\alpha_a = \alpha_r$ *und der „kathodische" Durchtrittsfaktor* $\alpha_k = 1 - \alpha_o$ *im allgemeinen Fall nicht zu eins ergänzen werden.* Die Beziehung $\alpha_a + \alpha_k = 1 + \alpha_r - \alpha_o \neq 1$ (wenn $\alpha_r \neq \alpha_o$) kann also als Kriterium verwendet werden.

Die Anwendung und experimentelle Bestätigung dieser Beziehungen an der Chinhydronelektrode und an der $Tl^{3+}/Tl^{+}$-Elektrode durch K. J. VETTER wird im experimentellen Teil beschrieben werden.

Der Mechanismus bei zwei hintereinander ablaufenden Durchtrittsreaktionen kann auch noch komplizierter sein, als es die Reaktionsgleichungen (2.61 a, b) darstellen. Allgemeiner wäre ein Mechanismus

$$S_r \leftrightharpoons S_{r,m} + e^- \tag{2.71 a}$$

$$S_{r,m} + (-\nu_{m,q})\, S_q + \cdots \leftrightharpoons S_{o,m} + \nu_{m,p}\, S_p + \cdots \tag{2.71 b}$$

$$S_{o,m} \leftrightharpoons S_o + e^- \tag{2.71 c}$$

in dem $S_{r,m}$ und $S_{o,m}$ zwei verschiedene Substanzen sind, die durch die Reaktionsgleichung (2.71 b) miteinander auch bei Stromfluß im praktisch eingestellten Gleichgewicht stehen. Hier ist bereits ein etwas vereinfachter Fall für Gl. (2.71 b) herangezogen worden, bei dem die beiden Substanzen $S_{o,m}$ und $S_{r,m}$ den gleichen stöchiometrischen Faktor haben. Durch diese Einschränkung wird die allgemeine Stromspannungsbeziehung sehr vereinfacht.

Gl. (2.71 b) führt wie bei den Gl. (2.27), Gl. (2.28) und Gl. (2.29) zu dem nach $c_{r,m}$ aufgelösten Massenwirkungsgesetz

$$c_{r,m} = c_{o,m} \cdot \frac{1}{K_m} \cdot \Pi\, c_j^{\nu_{m,j}}. \tag{2.72}$$

In $K_m$ sollen die Aktivitätskoeffizienten $f_j = a_j/c_j$ enthalten sein. Der Ansatz Gl. (2.62) für die Ermittlung der Stromspannungsbeziehung ändert sich daher in der Weise ab, daß für das Produkt $k_r^- \cdot c_m$ [Gl. (2.62 a)] die Größen

$$k_r^- \cdot c_{r,m} = k_r^- \cdot \frac{1}{K_m} \cdot \Pi\, c_j^{\nu_{m,j}} \cdot c_{o,m} = k_r^{-*} \cdot c_{o,m} \tag{2.73}$$

gesetzt werden müssen. In Gl. (2.62 b) wird dagegen nur $c_m$ durch $c_{o,m}$ zu ersetzen sein. Bei Berücksichtigung dieses Gleichgewichtes zwischen $S_{r,m}$ und $S_{o,m}$ wird also die Form von Gl. (2.62) und damit auch Gl. (2.63) nicht verändert. Statt $k_r^-$ und $c_m$ wird hier nur $k_r^{-*}$ bzw. $c_{o,m}$ gesetzt. $k_r^{-*}$ ist bei reiner Durchtrittsüberspannung eine stromunabhängige Konstante, in die nur die Konzentration $c_j$ einiger Stoffe $S_j$ eingeht. Alle weiteren Gleichungen (2.64) bis (2.70) bleiben auch bei Berücksichtigung des Gleichgewichts Gl. (2.71 b) bestehen.

Weiterhin können auch für die Konzentrationen $c_o$, $c_r$ der Substanzen $S_o$ und $S_r$ die in § 50 und § 52 verwendeten Massenwirkungsgesetze Gl. (2.29 a, b) angewendet werden, wenn die Stoffe $S_o$ und $S_r$ sich noch durch vor- bzw. nachgelagerte Reaktionen bilden müssen. Auch für diesen Fall gelten die Gln. (2.64) bis (2.70).

## § 54. Durchtrittswiderstand

### α) $R_D$ bei *Gleichstrom*

In den vorangehenden §§ 49 bis 53 wurde die vollständige Stromspannungsabhängigkeit bei Durchtrittsüberspannung behandelt. Wie aus den erhaltenen Gleichungen folgt, besteht zwischen der Stromdichte $i$ und kleinen Überspannungen $|\eta| \ll RT/zF$ eine angenähert lineare Beziehung, die zuerst von BUTLER[1] angegeben wurde. Diese Proportionalität zwischen der Überspannung $\eta$ und der Stromdichte $i$ entspricht einem elektrischen Widerstand $R_D = (d\eta_D/di)_{i=0}$, für den die Bezeichnung „*Durchtrittswiderstand*" gewählt[2] wurde. Der Durchtrittswiderstand ist gleich dem übergeordneten, sehr allgemeinen Begriff des „*Polarisationswiderstandes*" $R_p = (d\eta/di)_{i=0}$[3], wenn nur Durchtrittsüberspannung an der Elektrode auftritt. Ganz entsprechend wird von einem „*Reaktionswiderstand*" $R_r$ (§ 71) und einem „*Diffusionswiderstand*" $R_d$ (§ 61) gesprochen[2].

Durch Differentiation der Gl. (2.15) bzw. (2.23), (2.41) oder (2.48) nach der Überspannung $\eta$ werden Ausdrücke für $di/d\eta$ erhalten, die sich für $\eta = 0$ und daher auch $i = 0$ unter Berücksichtigung der Größe von $d\Delta\zeta/d\eta$, die niemals über alle Grenzen wachsen kann*, sehr vereinfachen und zu dem Ausdruck für $R_D = 1/(di/d\eta)$

$$\boxed{R_D = \frac{RT}{zF} \cdot \frac{1}{i_0}} \tag{2.74}$$

führen[4–7]. Das Wichtige an diesem Ausdruck (2.74) ist, daß er nicht von der Größe des Durchtrittsfaktors $\alpha$ abhängt, sondern nur von der Austauschstromdichte $i_0$ und der Durchtrittswertigkeit $z$ der durchtretenden Ladungsträger. Für Redoxsysteme ist prinzipiell $z = 1$, da hier die Einstellung des Gleichgewichtspotentials durch Elektronen erfolgt. Aber für die Herleitung der Beziehung (2.74) ist nicht einmal die Voraussetzung eines speziellen Stromspannungsansatzes, wie er z. B. in Gl. (2.23) wiedergegeben ist, nötig. H. GERISCHER[8] konnte vielmehr zeigen, daß auch mit Hilfe einer sehr allgemein vorausgesetzten Stromspannungsbeziehung $i = k_o \cdot a_o \cdot F(\varepsilon) - k_r \cdot a_r \cdot f(\varepsilon)$ die Gl. (2.74) abgeleitet werden kann. Aus dem Durchtrittswiderstand (beim Gleichgewichtspotential) kann daher ohne Kenntnis der Stromspannungsbeziehung die Austauschstromdichte $i_0$ ermittelt werden.

Für den Fall, daß bei einem Redoxpotential *n hintereinander folgende, verschiedene Durchtrittsreaktionen* (§ 53) auftreten, hat K. J. VETTER[9] einen einfachen Ausdruck für den Durchtrittswiderstand $R_D$ an Redox-

---

[1] BUTLER, J. A. V.: Trans. Faraday Soc. **28**, 379 (1932).
[2] GERISCHER, H., u. K. J. VETTER: Z. physik. Chem. **197**, 92 (1951).
[3] LANGE, E.: Z. Elektrochem. **55**, 76 (1951).
* Es ist prinzipiell $0 < d\Delta\zeta/d\eta < 1$.
[4] DOLIN, P., u. B. ERSHLER: Acta physicochim. USSR **13**, 747 (1940). — DOLIN, P., B. ERSHLER u. A. FRUMKIN: Acta physicochim. USSR **13**, 779 (1940); J. phys. Chem. USSR **14**, 907, 916 (1940).
[5] VETTER, K. J.: Z. physik. Chem. **194**, 284 (1950).
[6] LUKOWZEW, P., S. LEWINA u. A. FRUMKIN: Acta physicochim. USSR **11**, 21 (1939). — FRUMKIN, A.: Disc. Faraday Soc. **1**, 64 (1947) für die $H_2$-Elektrode.
[7] AGAR, I. N.: Ann. Rep. Progr. Chem. **44**, 5 (1947).
[8] GERISCHER, H.: Z. Elektrochem. **54**, 362 (1950), Gl. (12), bei vorausgesetzter Abwesenheit einer Konzentrationsüberspannung, also $d\ln a_o/di = 0$, $d\ln a_r/di = 0$.
[9] VETTER, K. J.: Z. Naturforsch. **7a**, 328 (1952); **8a**, 823 (1953).

elektroden*

$$R_D = \frac{RT}{n^2 F} \cdot \sum_1^n \frac{1}{i_{0,\nu}} \tag{2.75}$$

abgeleitet. Hierin sind $i_{0,1}$ bis $i_{0,n}$ die $n$ Austauschstromdichten $i_{0,\nu}$ der $n$ verschiedenen, hintereinander folgenden Durchtrittsreaktionen. Für einen Redoxvorgang, bei dem *zwei* Elektronen hintereinander in zwei verschiedenen, einer *oxydationsseitigen* ($i_{0,o}$) und einer *reduktionsseitigen* ($i_{0,r}$) *Durchtrittsreaktion* übertreten, wird der Durchtrittswiderstand durch die folgende Gleichung, die sich aus Gl. (2.75) ergibt,

$$R_D = \frac{RT}{4F} \cdot \left(\frac{1}{i_{0,o}} + \frac{1}{i_{0,r}}\right) \tag{2.76}$$

bestimmt.

### β) $R_D$ bei Wechselstrom

Auch wenn nur Durchtrittsüberspannung auftritt, kann sich nach einer Änderung der Stromdichte $i$ nicht sofort die entsprechende Überspannung einstellen, da sich die elektrolytische Doppelschicht (§ 40, 41), an der sich die Potentialänderung einstellen muß, wie ein Kondensator verhält. Ein gewisser Anteil des gesamten im Außenkreis fließenden Polarisationsstromes muß zunächst zur Aufladung dieser *Doppelschichtkapazität* $C_D$ abgezweigt werden. Der *Durchtrittsstrom* $i_D$, der über die Durchtrittsreaktion fließt und einen elektrochemischen Umsatz nach dem Faradayschen Gesetz zur Folge hat, richtet sich nach dem momentan erreichten Potentialwert und ist eine Funktion $i_D(\eta)$ von der Überspannung $\eta$. Zu diesem Strom $i_D$ addiert sich im äußeren Stromkreis und auch im Elektrolyten ein kapazitiver Strom $i_C = C_D \cdot d\varepsilon/dt$, der zur Aufladung des Doppelschichtkondensators ($C_D$ = Doppelschichtkapazität) benötigt wird und im Gegensatz zu $i_D$ keinen elektrochemischen Umsatz bewirkt. Der gesamte äußere Strom $i$ setzt sich additiv nach $i = i_D + i_C$ zusammen. Es besteht daher die Beziehung

$$C_D \cdot \frac{d\eta}{dt} = i - i_D(\eta)\,, \tag{2.77}$$

die erstmals von H. BRANDES[10] und danach von T. ERDEY-GRUZ, G. KROMEY und M. VOLMER[11,12] verwendet wurde. Hierin ist $i$ wieder

* Eigentlich müßte in Gl. (2.75) anstelle von $1/i_{0,\nu}$ der Ausdruck $1/z_\nu i_{0,\nu}$ mit der Durchtrittswertigkeit $z_\nu$ der $\nu$-ten Durchtrittsreaktion stehen. Bei Redoxelektroden (Elektronenübergang) ist aber $z_\nu = 1$.

[10] BRANDES, H.: Z. physik. Chem. **142 A**, 97 (1929).

[11] ERDEY-GRUZ, T., u. G. G. KROMEY: Z. physik. Chem. **157 A**, 213 (1931). — ERDEY-GRUZ, T., u. M. VOLMER: Z. physik. Chem. **150 A**, 203 (1930).

[12] Zuvor sind umfangreiche Messungen dieser Art von F. P. BOWDEN u. E. K. RIDEAL: Proc. Roy. Soc. **120 A**, 59, 80 (1928, F. P. BOWDEN u. E. A. O'CONNER: Proc. Roy. Soc. **128 A**, 317 (1930), E. BAARS: Sitzber. Ges. Förd. Naturw. Marburg **63**, 213 (1928) durchgeführt worden, ohne jedoch den Begriff der Doppelschichtkapazität hiermit in Zusammenhang zu bringen. $C_D$ ergibt sich hieraus in guter Übereinstimmung mit den späteren Messungen. Der Potentialverlauf nach Ein- und Ausschalten des Stromes wurde auch schon wesentlich früher von A. OBER-

die von außen vorgegebene Stromdichte, die unter Umständen auch null sein kann (Abschaltkurven), $i_D(\eta)$ ist die von der Überspannung $\eta$ abhängige Durchtrittsstromdichte.

Gl. (2.77) kann zur Bestimmung der Doppelschichtkapazität $C_D$ verwendet werden, wenn $\eta$ reine Durchtrittsüberspannung ist. Nach Erreichen des stationären Zustandes $d\eta/dt = 0$ ist $i = i_D(\eta)$. Bei einer momentanen Änderung des Stromes $i$ um $\Delta i$ auf $i + \Delta i$ zur Zeit $t_0$ wird $C_D \cdot (d\eta/dt)_{t_0} = \Delta i$, so daß sich aus der Steilheit $d\eta/dt$ der Überspannungs-Zeitkurve im Augenblick der Stromänderung die Doppelschichtkapazität $C_D$ nach

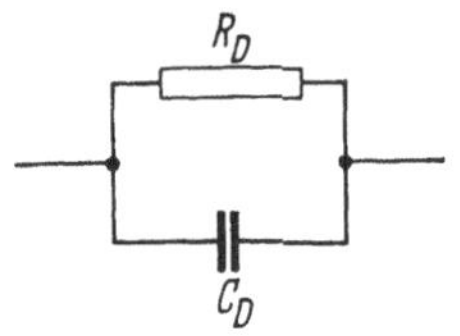


Abb. 55. Ersatzschaltbild für eine Elektrode mit reiner Durchtrittsüberspannung. $R_D$ = Durchtrittswiderstand, $C_D$ = Doppelschichtkapazität

$$C_D = \frac{\Delta i}{\left(\frac{d\eta}{dt}\right)_{t_0}} \tag{2.78}$$

ergibt, ohne daß hierbei die Kenntnis der Funktion $i_D(\eta)$ erforderlich ist.

Bei einer kleinen Überspannung $|\eta_D| \ll \ll RT/zF$ kann nach § 54 α der Durchtrittsstrom $i_D$ proportional der Überspannung $\eta_D = i_D \cdot R_D$ gesetzt werden. Die gesamte Elektrode verhält sich dann wie ein ohmscher Widerstand $R_D$, dem ein Kondensator der Kapazität $C_D$ parallel geschaltet ist, wie es die Abb. 55 zeigt. Ein derartiges *Ersatzschaltbild* wurde von Dolin, Ershler und Frumkin[4] benutzt und stellt auch einen Spezialfall des von Randles[13, 7] verwendeten, allgemeinen Ersatzschaltbildes dar. Es kann zur Messung der Doppelschichtkapazität $C_D$ und des Durchtrittswiderstandes $R_D$ und damit der Austauschstromdichte $i_0$ mit Wechselstrom benutzt werden.

## B. Diffusionsüberspannung

### § 55. Definition der Diffusionsüberspannung

Die Diffusionsüberspannung $\eta_d$ tritt dann auf, wenn bei Stromfluß der Herantransport der zu verbrauchenden Stoffe oder der Abtransport der gebildeten Substanzen gehemmt sind. *Sind dabei alle chemischen Vorgänge einschließlich der Kristallisationsvorgänge und auch die Durchtrittsreaktion im Gleichgewicht, so liegt nur Diffusionsüberspannung*[1] vor. Diese Bedingungen für das Auftreten reiner Diffusionsüberspannung besagen, daß in diesem Fall die Berechnung des Potentials einer stromdurchflossenen Elektrode mit Hilfe der Nernstschen Gleichung für Gleichgewichtspotentiale möglich ist. Allerdings müssen die Konzentrationen im Elektrolyten unmittelbar vor der Oberfläche und nicht die im Innern des Elektrolyten verwendet werden.

---

beck: Wied. Ann. **31**, 337 (1887), J. N. Prings: Z. Elektrochem. **19**, 255 (1913), M. Le Blanc: Abh. Bunsenges. Nr. 3 (1910), M. Knobe: J. Am. Soc. **46**, 2613 (1924), E. Newbery: Proc. Roy. Soc. **107 A**, 486 (1925); **111 A**, 182 (1926); **114 A**, 103 (1927); **119 A**, 680, 686 (1928) experimentell untersucht.

[13] Randles, J. E. B.: Disc. Faraday Soc. **1**, 11 (1947).

[1] Vetter, K. J.: Z. physik. Chem. **194**, 284 (1950), spez. S. 286; Z. Elektrochem. **56**, 931 (1952).

Daher ist die Diffusionsüberspannung $\eta_d$ die Differenz

$$\eta_d = \varepsilon_0' - \varepsilon_0 \tag{2.79}$$

zwischen dem Gleichgewichtspotential $\varepsilon_0$ bei Stromlosigkeit und dem Gleichgewichtspotential $\varepsilon_0'$, das sich bei Stromfluß auf Grund der veränderten Konzentrationen $c_j$ der Stoffe $S_j$ unmittelbar vor der Oberfläche unter Erfüllung der Nernstschen Gleichung (§ 19 u. 25) ausbildet. Die Stoffe $S_j$, deren Konzentrationen hier zu betrachten sind, treten in der Elektrodenbruttoreaktion auf.

Diese Definition der Diffusionsüberspannung gleicht der auf NERNST[2] und BRUNNER[3] zurückgehenden und bis vor einiger Zeit allgemein angewendeten Definition der Konzentrationsüberspannung. Da jedoch auch chemische Reaktionshemmungen zu Konzentrationsänderungen an der Elektrode führen, wie es bereits in § 47 erläutert wurde, soll die Bezeichnung Konzentrationsüberspannung dem erweiterten Begriff zugeordnet werden, der sich auf alle Arten von Konzentrationsänderungen an der Elektrode bezieht. Die Konzentrationsüberspannung ist also die Summe von Diffusions- und Reaktionsüberspannung.

Zur Zurückführung der Diffusionsüberspannung $\eta_d$ auf die Konzentrationsänderungen sei nochmals die allgemeine Elektrodenbruttoreaktion Gl. (1.46) angegeben, die sowohl für die Redox- als auch für die Metallionenelektroden gilt.

$$(-\nu_1)\, S_1 + (-\nu_2)\, S_2 + \cdots \leftrightharpoons \nu_l S_l + \cdots + \nu_q S_q + n \cdot e^-. \tag{2.80}$$

Die stöchiometrischen Faktoren $\nu_j$ sind für die oxydierten Substanzen (rechte Seite) positiv und für die reduzierten Stoffe (linke Seite) negativ.

Bei der Metallionenelektrode ist eine Substanz auf der linken Seite, z. B. $S_1$ das Metall und ein Stoff auf der rechten Seite, z. B. $S_l$ das komplex gebundene oder hydratisierte Metallion im Elektrolyten. Diese Elektrodenbruttoreaktion führt auf das Gleichgewichtspotential $\varepsilon_0$, dessen Konzentrationsabhängigkeit durch die Nernstsche Gleichung (1.47)

$$\varepsilon_0 = E_0 + \frac{RT}{nF} \cdot \sum \nu_j \cdot \ln \bar{a}_j \tag{2.81}$$

wiedergegeben wird. $\bar{a}_j$ sind hierin die Aktivitäten $\bar{a}_j = f_j \bar{c}_j$ der Stoffe $S_j$ der Elektrodenbruttoreaktion Gl. (2.80). Bei Stromfluß sind die Konzentrationen $c_j$ unmittelbar vor der Oberfläche außerhalb der diffusen Doppelschicht eine Funktion der Stromdichte $i$ und der Zeit $t$, also $c_j = c_j(i, t) \neq \bar{c}_j$. Damit ist auch $a_j = a_j(i, t) \neq \bar{a}_j$. Das Potential $\varepsilon_0'(i, t)$ ist also nach der Nernstschen Gleichung

$$\varepsilon_0'(i, t) = E_0 + \frac{RT}{nF} \cdot \sum \nu_j \cdot \ln a_j(i, t) \tag{2.82}$$

und die Diffusionsüberspannung ist infolgedessen nach Subtraktion der Gl. (2.81) von (2.82)

$$\boxed{\eta_d = \varepsilon_0' - \varepsilon_0 = \frac{RT}{nF} \cdot \sum \nu_j \cdot \ln \frac{a_j(i, t)}{\bar{a}_j}}\,. \tag{2.83}$$

[2] NERNST, W.: Z. physik. Chem. **47**, 52 (1904).

[3] BRUNNER, E.: Z. physik. Chem. **47**, 56 (1904); **58**, 1 (1907).

Zur Erläuterung dieser Gleichung sollen zwei Beispiele für die Redoxelektrode genannt werden. Die Elektrodenbruttoreaktion der $Fe^{3+}/Fe^{2+}$-Redoxelektrode ist entsprechend Gl. ((2.80)

$$Fe^{2+} \leftrightharpoons Fe^{3+} + e^-$$

mit $\nu_2 = -1$, $\nu_3 = +1$ und $n = 1$. Das Gleichgewichtspotential ist somit

$$\varepsilon_0 = E_0 + \frac{RT}{F} \cdot \ln \frac{\bar{a}_3}{\bar{a}_2}$$

und der Ausdruck für die Diffusionsüberspannung $\eta_d$

$$\eta_d = \frac{RT}{F} \cdot \ln \frac{a_3\,\bar{a}_2}{\bar{a}_3\,a_2}. \tag{2.84}$$

Als zweites Beispiel sei die Salpetersäure/Salpetrigsäure-Redoxelektrode genannt, deren Elektrodenbruttoreaktion in saurer Lösung

$$HNO_2 + H_2O \leftrightharpoons 3\,H^+ + NO_3^- + 2\,e^-$$

ist. Hierin ist also $\nu_{HNO_2} = -1$, $\nu_{H_2O} = -1$, $\nu_{H^+} = +3$, $\nu_{NO_3^-} = +1$ und $n = 2$. Die Nernstsche Gleichung heißt daher

$$\varepsilon_0 = E_0 + \frac{RT}{2F} \cdot \ln \frac{\bar{a}_{H^+}^3 \cdot \bar{a}_{NO_3^-}}{\bar{a}_{HNO_2} \cdot \bar{a}_{H_2O}}$$

und die Diffusionsüberspannung berechnet sich nach

$$\eta_d = \frac{RT}{2F} \cdot \ln \left[ \left( \frac{a_{H^+}}{\bar{a}_{H^+}} \right)^3 \cdot \frac{a_{NO_3^-}}{\bar{a}_{NO_3^-}} \cdot \frac{\bar{a}_{HNO_2}}{a_{HNO_2}} \cdot \frac{\bar{a}_{H_2O}}{a_{H_2O}} \right]. \tag{2,85}$$

Für die Anwendung bei Metallionenelektroden seien ebenfalls zwei Beispiele gebracht. Als einfacher Fall kann eine Cadmiumamalgam-Elektrode mit der Elektrodenbruttoreaktion

$$Cd \leftrightharpoons Cd^{2+} + 2\,e^-$$

diskutiert werden. Auf der linken Seite liegt nur eine Substanz $S_1 = Cd$ als Amalgam und auf der rechten Seite nur eine Substanz $S_l = Cd^{2+}$ vor, so daß die Nernstsche Gleichung für diese Elektrode

$$\varepsilon_0 = E_0 + \frac{RT}{2F} \cdot \ln \frac{\bar{a}_{Cd^{2+}}}{\bar{a}_{Cd}}$$

heißt. Die Diffusionsüberspannung $\eta_d$ ist daher

$$\eta_d = \frac{RT}{2F} \cdot \ln \left( \frac{a_{Cd^{2+}}}{\bar{a}_{Cd^{2+}}} \cdot \frac{\bar{a}_{Cd}}{a_{Cd}} \right). \tag{2.86}$$

Der Faktor $a_{Cd^{2+}}/\bar{a}_{Cd^{2+}}$ ist hierin auf die Veränderung der $Cd^{2+}$-Konzentration im Elektrolyten und der Faktor $a_{Cd}/\bar{a}_{Cd}$ auf die Veränderung der Cd-Konzentration im Amalgam in Oberflächennähe zurückzuführen. Bei einer reinen Metallelektrode, wenn also keine Legierung vorliegt, ist dieser letzte Faktor immer $a_{Me}/\bar{a}_{Me} = 1$.

Als weiteres Beispiel soll die Silber-Silbercyanid-Elektrode mit der Elektrodenbruttoreaktion

$$Ag + 2\,CN^- \leftrightharpoons Ag(CN)_2^- + e^-$$

behandelt werden. Die Nernstsche Gleichung lautet für diese Elektrode

$$\varepsilon_0 = E_0 + \frac{RT}{F} \cdot \ln \frac{\bar{a}_{Ag(CN)_2^-}}{\bar{a}_{Ag} \cdot \bar{a}^2_{CN^-}} = E_0 + \frac{RT}{F} \cdot \ln \frac{\bar{a}_{Ag(CN)_2^-}}{\bar{a}^2_{CN^-}},$$

da für reines Silber $a_{Ag} = 1$ zu setzen ist. Auf Grund der Elektrodenbruttoreaktion ist $\nu_{Ag} = -1$, $\nu_{CN^-} = -2$ und $\nu_{Ag(CN)_2^-} = +1$. Hiermit ergibt sich für die Diffusionsüberspannung

$$\eta_d = \frac{RT}{F} \cdot \ln \frac{a_{Ag(CN)_2^-}}{\bar{a}_{Ag(CN)_2^-}} \cdot \left(\frac{\bar{a}_{CN^-}}{a_{CN^-}}\right)^2. \tag{2.87}$$

## § 56. Diffusionsüberspannung ohne vor- oder nachgelagertes homogenes chemisches Gleichgewicht (stationärer Zustand)

### α) *Bei großem Fremdelektrolytüberschuß*

Nach W. Nernst[1] und E. Brunner[2] muß sowohl bei gerührter, als auch bei ungerührter Elektrolytlösung eine praktisch ruhende Flüssigkeitsschicht vor der Oberfläche angenommen werden, durch die die Stoffe hindurchdiffundieren müssen, die an der Oberfläche elektrochemisch umgesetzt werden. Die Annahme einer derartigen *Diffusionsschicht* der Dicke $\delta$ ist schon zuvor von A. A. Noyes und W. R. Whitney[3] und L. Bruner u. S. Tolloczko[4] mit Erfolg für die Auflösungsgeschwindigkeit von Kristallen angewendet worden. In den äußeren Teilen dieser Diffusionsschicht wird allerdings immer noch ein gewisser Konzentrationsausgleich durch Konvektion eintreten, so daß die Vorstellung einer bis zur Dicke $\delta$ bewegungslosen Flüssigkeit, die außerhalb der Schicht unstetig in eine mit beliebig großer Bewegung und Konvektion behaftete Elektrolytlösung übergeht, eine grobe Vereinfachung darstellt. Die Experimente haben jedoch gezeigt, daß mit einer derartigen Schichtdicke gut gerechnet werden kann. Neben Nernst und Brunner haben sich hier vor allem E. Salomon[5] und später E. S. Merriam[6], F. Haber u. R. Russ[7], O. Sackur[8], F. Weigert[9], R. G. van Name u. G. Edgar[10] und R. E. Wilson u. M. A. Youtz[11] um die experimentelle Sicherung dieser Vorstellung verdient gemacht. Es soll daher im folgenden mit dieser idealisierten Vorstellung einer Diffusionsschicht gearbeitet werden. In § 60 wird dann auf die Strömungsverhältnisse innerhalb dieser Schicht und auf die theoretische Rechtfertigung dieser Annahme eingegangen werden.

---

[1] Nernst, W.: Z. physik. Chem. **47**, 52 (1904).
[2] Brunner, E.: Z. physik. Chem. **47**, 56 (1904); **58**, 1 (1907).
[3] Noyes, A. A., u. W. R. Whitney: Z. physik. Chem. **23**, 689 (1897).
[4] Bruner, L., u. S. Tolloczko: Z. physik. Chem. **35**, 283 (1900).
[5] Salomon, E.: Z. physik. Chem. **24**, 55 (1897).
[6] Nernst, W., u. E. S. Merriam: Z. physik. Chem. **53**, 235 (1905).
[7] Haber, F., u. R. Russ: Z. physik. Chem. **47**, 257 (1904).
[8] Sackur, O.: Z. physik. Chem. **54**, 641 (1906).
[9] Weigert, F.: Z. physik. Chem. **60**, 513 (1907).
[10] Name, R. G. van, u. G. Edgar: Am. J. Sci. **29**, 237 (1910); Z. physik. Chem. **73**, 97 (1910).
[11] Wilson, R. E. u. M. A. Youtz: Ind. Eng. Chem. **15**, 603 (1923).

Innerhalb der ruhend gedachten Diffusionsschicht der Dicke $\delta$ kann durch Diffusion ein Transport des Stoffes $S_j$ nur vor sich gehen, wenn ein Gradient $da_j/d\xi$ der Aktivität $a_j$ dieser Substanz vorhanden ist. $\xi$ ist der Abstand von der Oberfläche. Die Anzahl $N_j$ der durch einen Querschnitt von 1 cm² pro Sekunde hindurchdiffundierenden Mole des Stoffes $S_j$ wird durch das 1. *Ficksche Gesetz*

$$N_j = D_j \cdot \frac{dc_j}{d\xi} \tag{2.88}$$

gegeben, wenn $\xi$ die Koordinate senkrecht zur betrachteten Fläche ist. Im folgenden soll immer eine ebene Elektrodenoberfläche vorausgesetzt werden. Anstelle der Aktivität soll vereinfachend die Konzentration $c_j$ verwendet werden.

Alle Substanzen $S_j$ der Elektrodenbruttoreaktion (2.80), § 55, müssen durch diese Diffusionsschicht hindurchdiffundieren. Einer Elektrizitätsmenge von $n \cdot F/\nu_j$ Coulomb entspricht dabei ein Transport von einem Mol $S_j$ durch die Schicht. Die Stromdichte (Amp/cm²) dividiert durch diese Elektrizitätsmenge $n \cdot F/\nu_j$ ist daher der Stofftransport in Mol/cm²·sec, der von der Elektrode in den Elektrolyten durch die Schicht hindurchgeht. Es ist also unter Beachtung der Vorzeichen

$$\frac{i \cdot \nu_j}{nF} = -D_j \cdot \frac{dc_j}{d\xi}. \tag{2.89}$$

Zum Vorzeichen in dieser Gleichung sei noch einiges gesagt. Ist $S_j$ einer der oxydierten Stoffe in Gl. (2.80) mit einem positiven $\nu_j$ ($\nu_j > 0$), so bedeutet z. B. ein positiver, also anodischer und damit oxydierender Strom $i$ eine Bildung dieses Stoffes $S_j$, der von der Oberfläche fortdiffundieren muß. Das ist nur bei einem negativen Wert $dc_j/d\xi$ möglich. Das negative Vorzeichen in Gl. (2.89) ist also gerechtfertigt. Wird dagegen bei dem gleichen anodischen Strom eine reduzierte Substanz $S_j$ auf der linken Seite von Gl. (2.80) mit einem negativen $\nu_j$ ($\nu_j < 0$) betrachtet, so wird dieser Stoff $S_j$ verbraucht und muß infolge eines positiven $dc_j/d\xi$-Wertes zur Oberfläche diffundieren. Auch für kathodische (negative) Ströme werden die Vorzeichen aller Größen richtig durch Gl. (2.89) wiedergegeben.

Da der Strom der Stoffe $S_j$ im stationären Fall und bei Abwesenheit von homogenen chemischen Gleichgewichten durch die ganze Schicht $0 < \xi < \delta$ konstant $i\nu_j/nF$ sein muß, ergibt sich ein lineares Konzentrationsgefälle $dc_j/d\xi = -(c_j - \bar{c}_j)/\delta =$ konst. durch die ganze Schicht, so daß statt Gl. (2.89) auch

$$\frac{i \cdot \nu_j}{n \cdot F} = +D_j \cdot \frac{c_j - \bar{c}_j}{\delta} \tag{2.90}$$

gesetzt werden kann. $\bar{c}_j$ ist die Konzentration im Innern des Elektrolyten außerhalb der Diffusionsschicht und $c_j$ die Konzentration unmittelbar vor der Oberfläche.

Prinzipiell muß bei der Wanderung der Ionen durch die Diffusionsschicht auch der Einfluß eines elektrischen Feldes berücksichtigt werden, das z. B. auf Grund einer begrenzten Leitfähigkeit der Schicht oder zur

Aufrechterhaltung der Elektroneutralität innerhalb der Schicht auftritt. Dieses Feld bewirkt einen zusätzlichen Ionenstrom, der sich dem Diffusionsstrom überlagert. Ein *großer Fremdelektrolytüberschuß*, also eine hohe Konzentration an Ionen, die nicht in der Elektrodenbruttoreaktion enthalten sind, verhindert jedoch weitgehend die Ausbildung dieses elektrischen Feldes innerhalb der Diffusionsschicht, da durch ihn die Überführungszahlen $t_j$ der umgesetzten Substanzen $S_j$ in Gl. (2.80) sehr klein werden. In den folgenden Abschnitten $\beta$) und $\gamma$) wird dieser Einfluß berücksichtigt werden. Hier soll er dagegen als so klein angesehen werden, daß er unberücksichtigt bleiben kann.

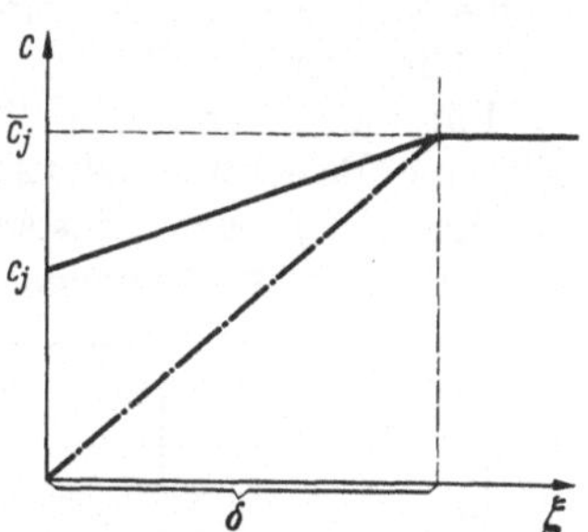

Abb. 56. Konzentrationsverlauf innerhalb einer Diffusionsschicht der Dicke $\delta$ (idealisiert). Grenzstrom (Punkt-Strich)

Eine weitere Vereinfachung durch den Fremdelektrolytzusatz sei noch erwähnt. Eine Änderung der Konzentrationen $c_j$ bzw. $\bar{c}_j$ hat nur einen geringen relativen Einfluß auf die ionale Konzentration des Elektrolyten, und dadurch bleibt eine Änderung der Aktivitätskoeffizienten $f_j = a_j/c_j$ sehr gering, so daß auch sie vernachlässigt werden kann. Die Verwendung von $c_j$ statt der Aktivität $a_j$ ist daher gerechtfertigt.

Die Größe des Konzentrationsgefälles $(c_j - \bar{c}_j)/\delta$ ist nach Gl. (2.90) $i\nu_j/nFD_j$, also der Stromdichte $i$ proportional. Aus Abb. 56 ist zu ersehen, daß dieses Konzentrationsgefälle nicht jede Größe annehmen kann. Es existiert ein maximaler Wert, bei dem $c_j = 0$ wird. Diesem Konzentrationsgefälle mit dem Wert $\bar{c}_j/\delta$ entspricht nach Gl. (2.90) eine maximale Stromdichte $i_{d,j}$

$$\boxed{i_{d,j} = -\frac{n}{\nu_j} \cdot F \cdot \frac{D_j}{\delta} \cdot \bar{c}_j} \tag{2.91}$$

bei der die Substanz $S_j$ vollständig vor der Oberfläche verarmt ($c_j = 0$). Diese Stromdichte $i_{d,j}$ wird die *Diffusionsgrenzstromdichte* in bezug auf den Stoff $S_j$ genannt. Für jeden der Stoffe $S_j$ in der Elektrodenbruttoreaktion Gl. (2.80) gibt es eine derartige Diffusionsgrenzstromdichte, die mit dem Index $j$ gekennzeichnet ist.

Die Elektrodenreaktion kann maximal nur mit dieser Grenzstromdichte ablaufen. Wird aber durch eine entsprechende Außenschaltung ein Strom $i$ durch die Elektrode geschickt, der größer als dieser Grenzstrom $i_d$ ist, so muß sich das Potential der Elektrode so stark ändern, daß ein weiterer Elektrodenprozeß mit der Stromdichte $i - i_d$ ablaufen kann. Es kommt hierbei unter Umständen zu einem größeren Potentialsprung, durch den das Erreichen des Grenzstromes gekennzeichnet ist, wie noch ausführlicher gezeigt werden wird.

Für die Berechnung der Diffusionsüberspannung ist nach Gl. (2.83) das Verhältnis der Konzentrationen $c_j/\bar{c}_j$ wichtig. Dieses Verhältnis ergibt sich leicht aus Gl. (2.90) und (2.91). Es ist

$$\frac{i}{i_{d,j}} = \frac{\bar{c}_j - c_j}{\bar{c}_j} = 1 - \frac{c_j}{\bar{c}_j}$$

oder

$$\frac{c_j}{\bar{c}_j} = 1 - \frac{i}{i_{d,j}} \tag{2.92}$$

wie schon E. BRUNNER[12] gezeigt hat. Hierbei sind die Vorzeichen der Stromdichten $i$ und $i_{d,j}$ zu berücksichtigen. Hat $i$ gerade das andere Vorzeichen als $i_{d,j}$ so wird $c_j/\bar{c}_j > 1$. Es tritt eine Anreicherung, also kein Grenzstrom auf.

Für jeden der Stoffe $S_j$ in der Elektrodenbruttoreaktion Gl. (2.80) gilt eine Beziehung Gl. (2.92), so daß sich für die *gesamte Diffusionsüberspannung* nach Einsetzen in Gl. (2.83) die zuerst von J. N. AGAR u. F. P. BOWDEN[13] angegebene allgemeine Form

$$\boxed{\eta_d = \frac{RT}{nF} \cdot \sum \nu_j \cdot \ln\left(1 - \frac{i}{i_{d,j}}\right)} \tag{2.93}$$

ergibt.

Die in § 55 genannten Beispiele seien zur Erläuterung von Gl. (2.93) nochmals diskutiert, wobei überall großer Fremdelektrolytüberschuß vorausgesetzt wird. Für die $Fe^{3+}/Fe^{2+}$-Redoxelektrode wäre mit $\nu_2 = -1$, $\nu_3 = +1$ und $n = 1$ die Diffusionsüberspannung

$$\eta_d = \frac{RT}{F} \cdot \frac{\ln\left(1 - \frac{i}{i_{d,3}}\right)}{\ln\left(1 - \frac{i}{i_{d,2}}\right)} \tag{2.94}$$

$i_{d,3}$ ist hierbei die Grenzstromdichte, wenn $Fe^{3+}$ vollständig verarmt, also die kathodische Grenzstromdichte $i_{d,3}$ mit einem negativen Wert. Die Diffusionsgrenzstromdichte $i_{d,2}$ ist dagegen eine anodische und damit positive Größe und tritt bei vollständiger Verarmung von $Fe^{2+}$ auf.

Bei der $HNO_3/HNO_2$-Redoxelektrode treten nach Gl. (2.85) drei Konzentrationsglieder für $H^+$, $NO_3^-$ und $HNO_2$ auf, wenn von dem Einfluß der Wasseraktivität abgesehen wird. Infolgedessen werden nach Gl. (2.93) für die Berechnung der Diffusionsüberspannung drei Diffusionsgrenzstromdichten $i_{d,H^+}$, $i_{d,NO_3^-}$ und $i_{d,HNO_2}$ benötigt. Die Diffusionsüberspannung ergibt sich mit $n = 2$, $\nu_{H^+} = +3$, $\nu_{NO_3^-} = +1$ und $\nu_{HNO_2} = -1$ nach Gl. (2.93) zu

$$\eta_d = \frac{RT}{2F} \cdot \ln \frac{\left(1 - \frac{i}{i_{d,H^+}}\right)^3 \cdot \left(1 - \frac{i}{i_{d,NO_3^-}}\right)}{\left(1 - \frac{i}{i_{d,HNO_2}}\right)}. \tag{2.95}$$

Hierin sind $i_{d,H^+} < 0$ und $i_{d,NO_3^-} < 0$, da es sich um die Verarmung von oxydierten Substanzen mit positivem $\nu_j$ handelt. Es sind also kathodische

[12] BRUNNER, E.: Z. physik. Chem. 58, 1 (1907).

[13] AGAR, J. N., u. F. P. BOWDEN: Proc. Roy. Soc. **169 A**, 206 (1939).

Grenzstromdichten. $i_{d,\,HNO_2}$ ist dagegen, weil $\nu_{HNO_2}$ einen negativen Wert hat, eine anodische positive Grenzstromdichte.

Die Ausbildung des Grenzstromes kann im vorliegenden Beispiel noch folgendermaßen erläutert werden. Wird eine kathodische Stromdichte $i < 0$ durch die Elektrode geschickt, so wird $1 - i/i_{d,\,H^+} < 1$ und $1 - i/i_{d,NO_3^-} < 1$ aber $1 - i/i_{d,\,HNO_2} > 1$. Wenn z. B. bei den vorgegebenen Konzentrationen an $H^+$ und $NO_3^-$ $|i_{d,\,H^+}| < |i_{d,\,NO_3^-}|$ ist, so geht bei $i = i_{d,\,H^+}$ die erste Klammer in Gl. (2.95) nach null, während die zweite noch größer als null ist. $1 - i/i_{d,\,H^+} = 0$ bedeutet aber bereits $\eta_d = -\infty$. Die tatsächlich auftretende kathodische Grenzstromdichte ist also hier $i_{d,\,H^+}$. Wäre dagegen $|i_{d,\,NO_3^-}| < |i_{d,\,H^+}|$, so würde bei wachsender kathodischer Stromdichte zuerst $1 - i/i_{d,\,NO_3^-} = 0$ und somit ebenfalls $\eta_d = -\infty$ werden. Es tritt also im Experiment ganz allgemein immer die kleinste kathodische und entsprechend die kleinste anodische Grenzstromdichte auf. Durch Variation der Konzentrationen können, wenn nicht chemische Gründe dem entgegen stehen, alle $q$ Grenzstromdichten von $i_{d,\,1}$ bis $i_{d,\,q}$ bei gewissen Konzentrationen experimentell bestimmt werden. Für andere Konzentrationsverhältnisse lassen sich dann alle Grenzstromdichten berechnen, da $i_{d,\,j}$ nach Gl. (2.91) proportional $\bar{c}_j$ ist.

Für die Metallionenelektroden soll als Beispiel nicht eine Cd-Amalgam- sondern eine reine Cd-Elektrode verwendet werden, deren Diffusionsüberspannung durch

$$\eta_d = \frac{RT}{2F} \cdot \ln \frac{c_{Cd^{2+}}}{\bar{c}_{Cd^{2+}}} = \frac{RT}{2F} \cdot \ln \left(1 - \frac{i}{i_d}\right) \tag{2.96}$$

gegeben ist. Hier tritt nur eine kathodische und keine anodische Diffusionsgrenzstromdichte $i_d$ auf.

Bei der Silber-Silbercyanidelektrode mit $\nu_{Ag(CN)_2^-} = +1$, $\nu_{CN^-} = -2$ und $n = 1$ ist nach Gl. (2.93)

$$\eta_d = \frac{RT}{F} \cdot \ln \frac{1 - \dfrac{i}{i_{d,\,Ag(CN)_2^-}}}{\left(1 - \dfrac{i}{i_{d,\,CN^-}}\right)^2}. \tag{2.97}$$

Es treten also eine kathodische Grenzstromdichte $i_{d,\,Ag(CN)_2^-} < 0$ und eine anodische $i_{d,\,CN^-} > 0$ auf.

Für den einfachen Fall mit nur einer Diffusionsgrenzstromdichte, (im Beispiel der Cd-Elektrode wäre $n/\nu = +0{,}5$) sind in Abb. 57 für verschiedene Werte von $-n/\nu_j = 0{,}5$, $1{,}0$ und $2{,}0$ Stromspannungskurven für reine Diffusionshemmung dargestellt. Es ist hier deutlich die Ausbildung des Grenzstromes zu erkennen. In Abb. 58 werden die gleichen Werte noch einmal in logarithmischer Darstellung wiedergegeben. Für große kathodische Stromdichten, die zu einer stärkeren Anreicherung führen, also für $-i/i_d \gg 1$ geht Gl. (2.93) in

$$\begin{aligned} \eta_d &= \frac{RT}{nF}\,\nu_j \cdot \ln \left|\frac{i}{i_d}\right| = \\ &= \frac{RT}{nF}\,\nu_j \cdot \ln |i| - \frac{RT}{nF}\,\nu_j \cdot \ln |i_d| \end{aligned} \tag{2.98}$$

über, wenn nur eine Substanz $S_j$ betrachtet wird. Gl. (2.98) hat die Form der *Tafelschen Gleichung* (2.16) und (2.43) $\eta = a + b \cdot \ln i$ (§ 49 u. 51),

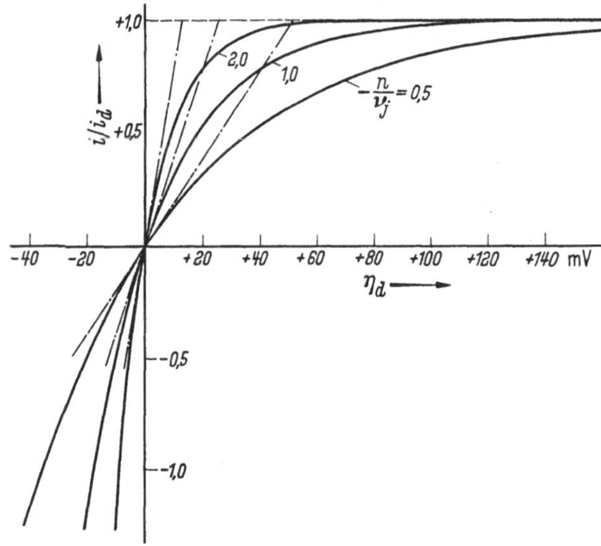


Abb. 57. Abhängigkeit der Diffusionsüberspannung $\eta_d$ von der Stromdichte $i$ bei verschiedenen Werten $-n/\nu_j$ = 0,5, 1,0 und 2,0 und nur einer verarmenden Substanz $S_j$ (z. B. auch bei $|i_{d,1}| \ll |i_{d,j \neq 1}|$) nach Gl. (2.93). $i_d$ = Diffusionsgrenzstromdichte (anodisch) (Temp. = 25° C)

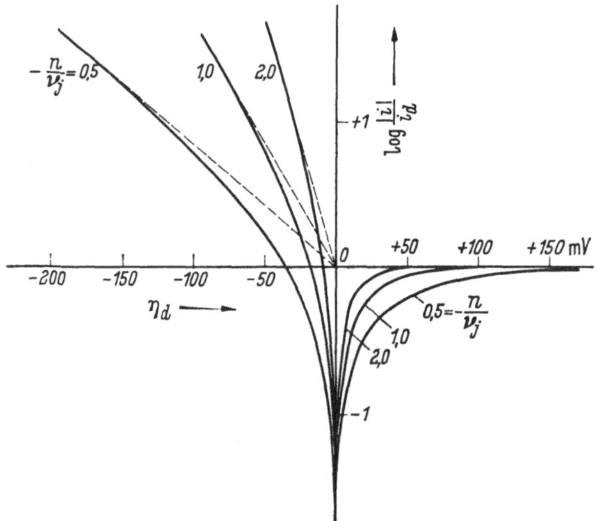


Abb. 58. Abhängigkeit der Diffusionsüberspannung $\eta_d$ vom Logarithmus der Stromdichte log $i$ bei verschiedenen Werten von $-n/\nu_j$ = 0,5, 1,0 und 2,0 und nur einer verarmenden Substanz $S_1$ (auch bei $|i_{d,1}| \ll |i_{d,j \neq 1}|$) nach Gl. (2.93) (ausgezogen) und Gl. (2.98) (gestrichelt). $i_d$ = Diffusionsgrenzstromdichte (anodisch) (Temp. 25° C; vgl. Abb. 57)

die also *unter Umständen auch bei reiner Diffusionsüberspannung* erhalten werden kann.

Die Überlagerung der Effekte beim Auftreten mehrerer diffundierender Stoffe $S_j$ mit mehreren Grenzstromdichten $i_{d,j}$ nach Gl. (2.93) wird in Abb. 59 für drei diffundierende Stoffe $S_1$, $S_2$ und $S_3$ mit drei Grenzstromdichten $i_{d,1} > 0$, $i_{d,2} > 0$ und $i_{d,3} < 0$ dargestellt. Als Elektrodenbruttoreaktion ist eine Reaktion $2S_1 + S_2 \leftrightharpoons 3S_3 + 2e^-$ zugrundegelegt. Die gestrichelten Kurven stellen die Teilüberspannungen $(RT\nu_j/nF) \cdot \ln(1 - i/i_{d,j})$ der Gl. (2.93) für die drei Stoffe $S_1$, $S_2$ und $S_3$ (Kurve 1, 2 und 3) dar. Die ausgezogene Kurve wird durch Addieren der Teilüberspannungen bei der jeweiligen Stromdichte $i$

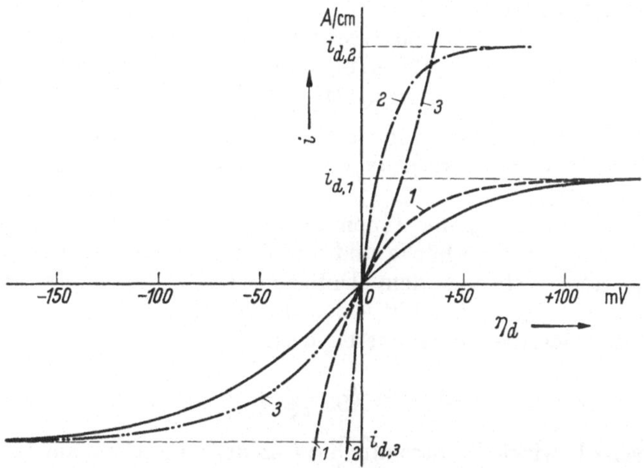


Abb. 59. Diffusionsüberspannung $\eta_d$ in Abhängigkeit von der Stromdichte nach Gl. (2.93) für eine Elektrodenbruttoreaktion $2S_1 + S_2 \leftrightharpoons 3S_3 + 2e^-$ und den Diffusionsgrenzstromdichten $i_{d,1}$, $i_{d,2}$ und $i_{d,3}$. Die gestrichelten Kurven sind die einzelnen Summanden in Gl. (2.93) (Temp. 25° C)

erhalten und gibt den Verlauf der gesamten Diffusionsüberspannung $\eta_d$ wieder. Es ist deutlich zu erkennen, daß die Grenzstromdichte gleich der kleineren der beiden anodischen Einzelgrenzstromdichten $i_{d,1}$ und $i_{d,2}$ ist. Die Faktoren $n/\nu_j$ haben in diesem Beispiel die Werte $n/\nu_1 = -1$, $n/\nu_2 = -2$ und $n/\nu_3 = +2/3$.

### β) *Bei konstanter Überführung durch die Diffusionsschicht*

Wie schon in Abschnitt α) gezeigt wurde, ist nach BRUNNER[1] bei Abwesenheit eines großen Fremdelektrolytüberschusses die *Wanderung der Ionen im elektrischen Feld* (Migration) neben der *Wanderung infolge der Unterschiede in der Aktivität* bzw. *Konzentration* (Diffusion) zu berücksichtigen. Die allgemeine Behandlung soll erst in Abschnitt γ) erfolgen, nachdem im vorliegenden Abschnitt ein spezieller, besonders einfacher und übersichtlicher Fall behandelt worden ist.

Dieser einfache Fall liegt vor, wenn die Überführungszahlen aller Stoffe $S_j$ der Elektrodenbruttoreaktion durch die ganze Schicht hindurch konstant bleiben, obwohl eine Veränderung der Konzentrationen

[1] BRUNNER, E.: Z. physik. Chem. 47, 56 (1904).

innerhalb der Diffusionsschicht bei Stromfluß besteht. Da die Überführungszahl des Stoffes $S_j$ nach $t_j = u_j \cdot c_j / \Sigma u_i c_i$ mit $u_j =$ Beweglichkeit von $S_j$ gegeben wird, ist das nur möglich, wenn die Verhältnisse der Konzentrationen $c_j$ zur gesamten ionalen Konzentration konstant bleiben. Das wiederum ist nur möglich, wenn überhaupt nur ein binärer Elektrolyt mit den Ionen $S_A$ und $S_B$ vorliegt, deren Ladungen $z_A$ und $z_B$ sind. In der elektrochemischen Bruttoreaktion kann weiterhin nur eine der beiden Substanzen enthalten sein. Es soll dies der Stoff $A$ sein, wobei nichts über das Vorzeichen von $z_A$ vorausgesetzt werden soll.

Als derartige Elektrodenbruttoreaktionen, die nur eine Ionensorte enthalten, seien z. B.

$$\mathrm{Me} \leftrightharpoons \mathrm{Me}^{z+} + z \cdot e^-$$
$$2\mathrm{Cl}^- \leftrightharpoons \mathrm{Cl}_2 + 2e^-$$
$$\mathrm{H}_2 \leftrightharpoons 2\mathrm{H}^+ + 2e^-$$

genannt. Die Elektrolytlösung darf in diesen Beispielen nur das reine binäre Metallsalz (auch Hydroxyd) bzw. das Chlorid (auch HCl) oder eine Säure enthalten.

Die Wanderung $N_j$ der Ionen in Mol/cm$^2\cdot$ sec durch einen Querschnitt parallel zur Oberfläche und von der Oberfläche fort in positiver Richtung setzt sich aus dem Diffusionsglied $-D_j \cdot \partial c_j / \partial \xi$ und dem Migrationsglied $i \cdot t_j / z_j \cdot F$ additiv zusammen. Es ist daher, wenn $\xi$ der Abstand von der Elektrodenoberfläche ist

$$N_j = -D_j \cdot \frac{\partial c_j}{\partial \xi} + \frac{i \cdot t_j}{z_j \cdot F}. \tag{2.99}$$

Andererseits bewirkt die Stromdichte $i$ an der Oberfläche auf Grund der Elektrodenbruttoreaktion einen Umsatz $N_j$

$$N_j = \frac{i}{n \cdot F} \cdot \nu_j, \tag{2.100}$$

so daß sich aus Gl. (2.99) und (2.100) die Ionenbewegungsgleichungen nach NERNST[2]

$$\frac{\nu_j \cdot i}{n \cdot F} = -D_j \cdot \frac{\partial c_j}{\partial \xi} + \frac{i \cdot t_j}{z_j \cdot F} \tag{2.101}$$

ergeben.

Weiterhin besteht für die Überführungszahl $t_j$ die Gleichung

$$\frac{t_A}{t_B} = \frac{\Lambda_A}{\Lambda_B} = -\frac{z_A}{z_B} \cdot \frac{D_A}{D_B} \tag{2.102}$$

auf Grund der Beziehung $D_j = \Lambda_j \cdot RT / |z_j| \cdot F^2$ [2] zwischen Diffusionskoeffizient $D_j$ und Äquivalentleitfähigkeit $\Lambda_j$. Da außerdem $t_A + t_B = 1$ ist, folgt aus dem konstanten Verhältnis $t_A/t_B$, daß $t_A$ und $t_B$ konstant sind. Sie sind daher auch unabhängig von $c$ und $\xi$, so daß die Voraussetzung erfüllt ist, so lange $\Lambda_A/\Lambda_B$ als unabhängig von der Konzentration angesehen werden kann.

Da neben $t_j$ auch die Stromdichte $i$ in Gl. (2.101) durch die ganze Schicht hindurch konstant sein muß, ergibt sich aus Gl. (2.101) die

[2] NERNST, W.: Z. physik. Chem. 2, 613 (1888).

Konstanz und somit Unabhängigkeit der Größe $\partial c_j/\partial \xi$ von $c_j$ und $\xi$. Der Verlauf der Konzentration durch die Diffusionsschicht muß also linear sein. Daher kann für $\partial c_j/\partial \xi$

$$\frac{\partial c_j}{\partial \xi} = -\frac{c_j - \bar{c}_j}{\delta} \tag{2.103}$$

mit $\delta$ = Diffusionsschichtdicke gesetzt werden. Nach Einsetzen von Gl. (2.103) in Gl. (2.101) folgt

$$\frac{\nu_j \cdot i}{n \cdot F} = + D_j \cdot \frac{c_j - \bar{c}_j}{\delta} + \frac{i \cdot t_j}{z_j \cdot F} \tag{2.104}$$

für beide Ionen $A$ und $B$.

Für $S_A$ ist $\nu_A \neq 0$, dagegen soll $\nu_B = 0$ sein, d. h. $B$ ist nicht in der Elektrodenbruttoreaktion enthalten. $\nu_B = 0$ in Gl. (2.104) eingesetzt ergibt

$$\frac{i \cdot t_B}{z_B \cdot F} = - D_B \cdot \frac{c_B - \bar{c}_B}{\delta}. \tag{2.105}$$

Da der Stoff $S_B$ an der Elektrode nicht umgesetzt wird, müssen sich die durch Diffusion und Wanderung im elektrischen Feld (Migration) hervorgerufenen Transporterscheinungen aufheben, wenn der stationäre Zustand erreicht ist. Dann befindet sich der Stoff $S_B$ im thermodynamischen Gleichgewicht, dessen kinetische Deutung durch Gl. (2.105) gegeben wird. Innerhalb der ganzen Diffusionsschicht muß also für das elektrochemische Potential

$$\eta_B = \mu_B + z_B \cdot F \cdot \varphi = \bar{\mu}_B + RT \cdot \ln c_B + z_B \cdot F \cdot \varphi = \text{konst.}$$

gelten (vgl. § 13).

Aus Gl. (2.105) folgt nach Einsetzen der Beziehung $D_B/t_B = - z_A \cdot D_A/z_B \cdot t_A$ aus Gl. (2.102) und der Neutralitätsbedingung $z_A \cdot c_A = - z_B \cdot c_B$

$$i = - \frac{z_A}{z_B} \cdot \frac{z_A \cdot F}{t_A} \cdot \frac{D_A}{\delta} \cdot (c_A - \bar{c}_A)\,. \tag{2.106}$$

Gl. (2.104) ergibt auf den Stoff $A$ angewendet und die Beziehung für $i \cdot t_A/z_A \cdot F$ aus Gl. (2.106) eingesetzt

$$\frac{\nu_A \cdot i}{n \cdot F} = \left(1 - \frac{z_A}{z_B}\right) \cdot \frac{D_A}{\delta} \cdot (c_A - \bar{c}_A)\,. \tag{2.107}$$

Da $z_A/z_B$ wegen der entgegengesetzten Ladungsvorzeichen von $A$ und $B$ immer eine negative Größe ist, ist ein Ersatz von $-z_A/z_B = |z_A/z_B|$ übersichtlicher, so daß sich die Abhängigkeit der Stromdichte $i$ von der Konzentration $c$ vor der Oberfläche zu

$$i = \frac{n}{\nu_A} \cdot \left(1 + \left|\frac{z_A}{z_B}\right|\right) \cdot F \cdot \frac{D_A}{\delta} \cdot (c_A - \bar{c}_A) \tag{2.108}$$

ergibt. Die Stromdichte ist bei dem gleichen Konzentrationsverlauf um den Faktor $1 + |z_A/z_B|$ größer als bei Fremdelektrolytüberschuß.

Da auf Grund der Voraussetzungen nur ein Ion in der Elektrodenbruttoreaktion enthalten sein kann, ist $n = + \nu_A \cdot z_A$, so daß der Gl.

(2.108) auch die Form

$$i = z_A \cdot F \cdot \left(1 + \left|\frac{z_A}{z_B}\right|\right) \cdot \frac{D_A}{\delta} \cdot (c_A - \bar{c}_A) \qquad (2.109)$$

gegeben werden kann.

Gl. (2.109) wurde von E. BAARS[3] angegeben, nachdem schon früher in etwas einfacherer Form E. BRUNNER[4] für $z_A = +1$ (einwertiges Kation) und $z_B = -n$ und A. EUCKEN[5] für einen 1,1-wertigen Elektrolyten die entsprechenden Gleichungen abgeleitet hatten[6].

Der *Einfluß des elektrischen Feldes* in der Diffusionsschicht und damit die Ausbildung des Faktors $1 + |z_A/z_B|$, um den der Strom bei Abwesenheit eines Fremdelektrolyten größer ist als bei dem gleichen Konzentrationsgefälle in Gegenwart des Fremdelektrolytüberschusses, kann noch folgendermaßen verständlich gemacht werden. In einem 1,1-wertigen Elektrolyten ist z. B. $1 + |z_A/z_B| = 2$. Der Strom wird hier durch den Einfluß des Feldes genau verdoppelt, ganz unabhängig von der Größe der Überführungszahlen.

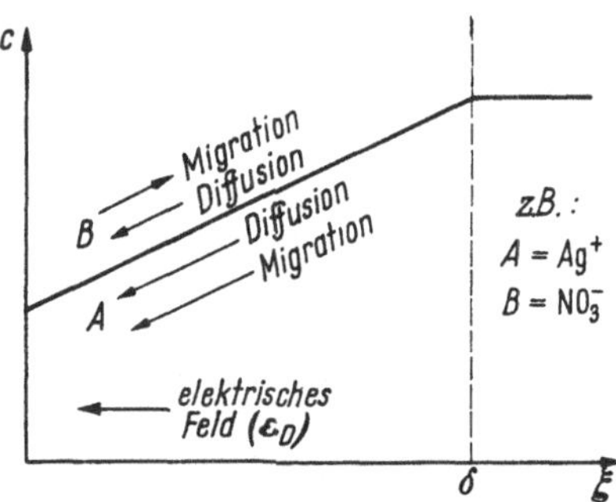

Abb. 60. Einfluß des elektrischen Feldes in der Diffusionsschicht zur Deutung des Faktors $1 + |z_A/z_B|$ in Gl. (2.108) und (2.109)

Als Beispiel sei die Abscheidung von Ag aus $AgNO_3$-Lösung betrachtet. Aus Elektroneutralitätsgründen muß $c_A = c_B$ sein, so daß auch das Konzentrationsgefälle für beide Ionen das gleiche sein muß. Es werden daher entsprechend dem Diffusionskoeffizienten $B$-Ionen ($NO_3^-$-Ionen) mit der durch die Länge des Pfeiles angegebenen Geschwindigkeit (Mol/cm²· sec) zur Oberfläche wandern (Abb. 60). Da diese aber nicht abgeschieden werden, muß sich ein elektrisches Feld ausbilden, durch das diese $B$-Ionen ($NO_3^-$-Ionen) wieder mit der gleichen Geschwindigkeit von der Oberfläche fortgezogen werden. Hierdurch findet insgesamt trotz des Konzentrationsgefälles kein Transport von $B$-Ionen ($NO_3^-$-Ionen) statt.

Ebenfalls diffundieren auf Grund des gleichen Konzentrationsgefälles $A$-Ionen ($Ag^+$-Ionen) zur Oberfläche, die sich dort elektrochemisch umsetzen (abscheiden). Die Geschwindigkeit (Mol/cm²· sec) ist allerdings hier infolge einer anderen Diffusionskonstante $D_A$ ($\neq D_B$) eine andere. Da aber die Ladung der $A$-Ionen ($Ag^+$-Ionen) der der $B$-Ionen ($NO_3^-$-Ionen) entgegengesetzt ist, bewirkt das gleiche elektrische Feld hier eine zusätzliche Wanderung (Migration) zur Oberfläche. Die Beweg-

---

[3] BAARS, E.: Hdb. Physik, Bd. 13, S. 558, Berlin 1928.

[4] BRUNNER, E.: Z. physik. Chem. 58, 1 (1907).

[5] EUCKEN, A.: Z. physik. Chem. **59**, 72 (1907).

[6] Die Ableitung von J. N. AGAR, F. P. BOWDEN [Proc. Roy. Soc. **169 A**, 206 (1939)] für den gleichen Fall enthält noch die Überführungszahl und kommt zu einem abweichenden Ergebnis, da der Feldeinfluß nicht richtig berücksichtigt wurde.

lichkeiten $u_A$, $u_B$ stehen zu den Diffusionskonstanten $D_A$, $D_B$ im Verhältnis $u_A/u_B = |z_A| \cdot D_A/|z_B| \cdot D_B$. Die Längen der Pfeile für die Diffusion verhalten sich in Abb. 60 wie $D_A/D_B$. Das Verhältnis der Pfeillänge für die Migration ist dagegen wie $|z_A/z_B| \cdot D_A/D_B$, so daß der Pfeil der Migration von $A$ um den Faktor $|z_A/z_B|$ kleiner ist als der Diffusionspfeil. Im Beispiel ist $|z_A/z_B| = 1$. Dort sind beide Pfeile gleich lang. Da auch die auf Grund des elektrischen Feldes zur Oberfläche wandernden Ionen umgesetzt (abgeschieden) werden, ist der Gesamtstrom um den Faktor $1 + |z_A/z_B|$ größer als es der reinen Diffusion bei Fremdelektrolytüberschuß entspricht.

Für $c_A = 0$ in Gl. (2.108) und Gl. (2.109) geht die Stromdichte in den maximal möglichen Wert, in die *Diffusionsgrenzstromdichte* $i_{d,A}$ über. Es ist

$$i_{d,A} = -\frac{n}{\nu_A} \cdot \left(1 + \left|\frac{z_A}{z_B}\right|\right) \cdot F \cdot \frac{D_A}{\delta} \cdot \bar{c}_A$$

$$\boxed{i_{d,A} = -z_A \cdot \left(1 + \left|\frac{z_A}{z_B}\right|\right) \cdot F \cdot \frac{D_A}{\delta} \cdot \bar{c}_A\,.} \tag{2.110}$$

Aus Gl. (2.108) bzw. Gl. (2.109) und Gl. (2.110) folgt auch hier die Beziehung Gl. (2.92)

$$\frac{c_A}{\bar{c}_A} = 1 - \frac{i}{i_{d,A}}, \tag{2.111}$$

so daß im vorliegenden Fall $\beta$) (kein Fremdelektrolytzusatz) die allgemeine Gl. (2.93) für die Diffusionsüberspannung $\eta_d$ in der vereinfachten Form

$$\eta_d = \frac{RT}{z_A F} \cdot \ln\left(1 - \frac{i}{i_{d,A}}\right) \tag{2.112}$$

gilt. Die Grenzstromdichte $i_{d,A}$ ist nach Gl. (2.110) um den Faktor $1 + |z_A/z_B|$ größer als im Fall $\alpha$). Eine Diffusionsgrenzstromdichte $i_{d,B}$ kann hier nicht auftreten, da $S_B$ an der Elektrodenreaktion nicht teilnimmt.

Experimentelle Bestätigungen der angegebenen Gesetzmäßigkeiten sind vor allem von E. Brunner und A. Eucken gefunden worden und werden im experimentellen Teil behandelt werden.

Das hier vielfach diskutierte elektrische Feld innerhalb der Diffusionsschicht führt auf einen Potentialabfall $\Delta\,\varphi$, der als Widerstandspolarisation (§ 86) später behandelt wird. Diese Potentialdifferenz kann auch als eine spezielle Art eines Flüssigkeitsdiffusionspotentials $\varepsilon_D$ (§ 28–33) angesehen werden.

### $\gamma$) *Allgemeine Behandlung*

Die nun folgende allgemeine Behandlung der Diffusionsüberspannung ohne vor- oder nachgelagertes homogenes chemisches Gleichgewicht soll die Lücke zwischen den bisher diskutierten extremen Fällen ohne Fremdelektrolytzusatz und mit sehr großem Fremdelektrolytüberschuß schließen. Diese Aufgabe führt auf ein System partieller, simultaner Differentialgleichungen, das in allgemeiner Form nicht lösbar ist. Es können daher hier nur die Ansätze angegeben werden, deren Lösung (Integration) von Fall zu Fall durchgeführt werden muß. An einem einfacheren Beispiel wird eine derartige Integration behandelt werden.

Um das ganze Problem nicht zu sehr zu komplizieren, sollen die Aktivitätskoeffizienten $f_j = a_j/c_j$ sowie der Einfluß der Ionenstärke auf alle Größen, wie z. B. die Diffusionskoeffizienten, nicht berücksichtigt werden. Anstelle von Aktivitäten werden daher überall die Konzentrationen $c_j$ gesetzt.

Die in der Menge $i \cdot \nu_j/n \cdot F$ Mol/cm²·sec an der Oberfläche erzeugten Stoffe $S_j$ müssen von dort durch die Diffusionsschicht abwandern. Ein negativer Wert von $i \cdot \nu_j/n \cdot F$ bedeutet einen Verbrauch von $S_j$, der durch Nachwanderung zur Oberfläche ergänzt werden muß. Da es sich außerdem um den stationären Zustand handelt und keine Abreaktion der Substanzen über homogene chemische Gleichgewichte auftreten soll, muß der Materiestrom durch die Diffusionsschicht an jeder Stelle $\xi$ die Größe $i \cdot \nu_j/n \cdot F = N_j$ [Gl. (2.100)] haben.

Dieser Materiestrom setzt sich wieder aus dem Diffusionsanteil $-D_j \cdot \partial c_j/\partial \xi$ und dem Migrationsanteil als Folge des elektrischen Feldes zusammen. Der Migrationsanteil kann jedoch nicht wie in Gl. (2.99) bzw. (2.101) durch die Überführungszahl ausgedrückt werden, da diese selbst eine komplizierte Funktion des Abstandes $\xi$ ist. Der Migrationsanteil ist

$$-\frac{|z_j| \cdot c_j \cdot \Lambda_j}{z_j \cdot F} \cdot \frac{\partial \varphi}{\partial \xi} \tag{2.113}$$

mit der Äquivalentleitfähigkeit[1]

$$\Lambda_j = \frac{|z_j| \cdot F^2}{RT} \cdot D_j \,. \tag{2.114}$$

Der gesamte Substanzstrom setzt sich daher für alle Stoffe im Elektrolyten zu

$$\boxed{i \frac{\nu_j}{nF} = -D_j \cdot \left( \frac{\partial c_j}{\partial \xi} + z_j \cdot c_j \cdot \frac{F}{RT} \cdot \frac{\partial \varphi}{\partial \xi} \right)} \tag{2.115}$$

zusammen. Gl. (2.115) entspricht den Ionenbewegungsgleichungen nach Nernst[1].

Als weitere Beziehung kommt die Elektroneutralitätsbedingung

$$\boxed{\Sigma z_j c_j = 0} \tag{2.116}$$

hinzu. Hierdurch bestehen für die $m$-Konzentrationen $c_1$ bis $c_m$ der Substanzen $S_1$ bis $S_m$ und für das Potential $\varphi$ $m + 1$ Gleichungen, die diese $m + 1$ Größen zu bestimmen erlauben.

Die Gl. (2.115) gilt auch für Substanzen, die nicht in der Elektrodenbruttoreaktion auftreten und an der Oberfläche weder gebildet noch verbraucht werden, da für diese Stoffe $\nu_j = 0$ ist. Für diese Stoffe muß der Diffusionsstrom dem Migrationsstrom entgegengesetzt gleich sein,

[1] Nernst, W.: Z. physik. Chem. **2**, 613 (1888).

so daß makroskopisch diese Stoffe nicht wandern. Mit $\nu_j = 0$ ergibt sich

$$RT \cdot \frac{1}{c_j} \cdot \frac{\partial c_j}{\partial \xi} = - z_j \cdot F \cdot \frac{\partial \varphi}{\partial \xi}. \tag{2.117}$$

Durch Integration von Gl. (2.117) nach $\xi$ von 0 bis $\delta$ folgt

$$RT \cdot \ln \frac{c_j(0)}{c_j(\delta)} = RT \cdot \ln \frac{c_j}{\bar{c}_j} = - z_j \cdot F \cdot (\varphi(0) - \varphi(\delta))$$

oder

$$RT \cdot \ln c_j + z_j F \varphi(0) = RT \cdot \ln \bar{c}_j + z_j F \varphi(\delta).$$

Diese Beziehung bedeutet aber nichts anderes als die Konstanz des elektrochemischen Potentials $\eta_j = \mu_j + z_j \cdot F \cdot \varphi = \overline{\mu}_j + RT \cdot \ln c_j + z_j \cdot F \cdot \varphi$ und der Ausdruck Gl. (2.117) ist eine kinetische Erklärung des für diese Stoffe eingestellten Gleichgewichtes durch die ganze Diffusionsschicht.

Für die Stoffe mit $\nu_j = 0$ kann daher mit Vorteil statt der Gl. (2.115) auch

$$z_j \cdot F \cdot \Delta \varphi = - RT \cdot \ln \frac{c_j}{\bar{c}_j} \tag{2.118a}$$

oder

$$\boxed{c_j = \bar{c}_j \cdot \exp\left(- \frac{z_j F}{RT} \cdot \Delta \varphi\right)} \tag{2.118b}$$

verwendet werden.

Gl. (2.115) und (2.116) bzw. Gl. (2.118) sind die allgemeinen Ansätze, deren Integration im speziellen Fall zur Lösung der komplizierten Diffusionsverhältnisse innerhalb der Schicht führt.

### $\delta$) *Diskussion von Beispielen*

Zur Erläuterung der Anwendung von Gl. (2.115, 2.116 und 2.118) soll das folgende Beispiel durchgerechnet werden:

Elektrodenreaktion $H_2 \leftrightharpoons 2H^+ + 2e^-$

Elektrolyt: $c_1$ Mole $H_2SO_4$/l
$c_2$ Mole $K_2SO_4$/l

$$\begin{aligned} n = 2; \quad \nu_{H^+} &= +2; & z_{H^+} &= +1; & \bar{c}_{H^+} &= 2c_1 \\ \nu_{K^+} &= 0\;; & z_{K^+} &= +1; & \bar{c}_{K^+} &= 2c_2 \\ \nu_{SO_4^{2-}} &= 0\;; & z_{SO_4^{2-}} &= -2; & \bar{c}_{SO_4^{2-}} &= c_1 + c_2\,. \end{aligned}$$

Für $K^+$ und $SO_4^{2-}$ mit $\nu = 0$ folgt aus Gl. (2.118b)

$$c_{K^+} = 2c_2 \cdot \exp\left(- \frac{F}{RT} \Delta \varphi\right) \tag{2.119a}$$

$$c_{SO_4^{2-}} = (c_1 + c_2) \cdot \exp\left(\frac{2F}{RT} \Delta \varphi\right). \tag{2.119b}$$

Die Elektroneutralitätsbedingung Gl. (2.116) heißt hier

$$c_{H^+} + c_{K^+} = 2 \cdot c_{SO_4^{2-}} \tag{2.119c}$$

und Gl. (2.115) für $H^+$ mit $\nu_{H^+} = 2$ ergibt

$$\frac{i}{F} = -D_{H^+}\left(\frac{\partial c_{H^+}}{\partial \xi} + c_{H^+} \cdot \frac{F}{RT} \cdot \frac{\partial \varphi}{\partial \xi}\right). \qquad (2.119\text{d})$$

Die Gleichungen (2.119) sind die Bestimmungsgleichungen für die 4 Unbekannten $c_{H^+}$, $c_{K^+}$, $c_{SO_4^{2-}}$ und $\varphi$.

Gl. (2.119a) und Gl. (2.119b) in Gl. (2.119c) eingesetzt ergibt

$$c_{H^+} = 2\,(c_1 + c_2) \cdot \exp\left(\frac{2F}{RT} \cdot \Delta\varphi\right) - 2 \cdot c_2 \exp\left(-\frac{F}{RT}\Delta\varphi\right) \qquad (2.120)$$

und differenziert

$$\frac{\partial c_{H^+}}{\partial \xi} = \left[\frac{4\,(c_1 + c_2)F}{RT} \exp\left(\frac{2F}{RT}\Delta\varphi\right) + \frac{2c_2 \cdot F}{RT} \exp\left(-\frac{F}{RT}\Delta\varphi\right)\right] \cdot \frac{\partial \varphi}{\partial \xi}.$$

Nach Einsetzen dieser Ausdrücke für $c_{H^+}$ und $\partial c_{H^+}/\partial \xi$ in Gl. (2.119d) folgt

$$-\frac{i}{F \cdot D_{H^+}} = \frac{6\,(c_1 + c_2)F}{RT} \cdot \exp\left(\frac{2F}{RT}\Delta\varphi\right) \cdot \frac{\partial \varphi}{\partial \xi}$$

und nach Integration von der Oberfläche ($\xi = 0$) bis zur Grenze der Diffusionsschicht ($\xi = \delta$)

$$\begin{aligned} -\frac{i \cdot \delta}{F \cdot D_{H^+}} &= \frac{6\,(c_1 + c_2)F}{RT} \cdot \int_{\Delta\varphi}^{0} \exp\left(\frac{2F}{RT}\varphi\right) d\varphi = \\ &= 3\,(c_1 + c_2) \cdot \left[1 - \exp\left(\frac{2F}{RT}\Delta\varphi\right)\right]. \end{aligned} \qquad (2.121)$$

Die Auflösung dieser Gleichung nach $\exp(2F\,\Delta\varphi/RT)$ und $\exp(-F\Delta\varphi/RT)$ und Einsetzen in die Gl. (2.120) für $c_{H^+}$ ergibt die Abhängigkeit von $c_{H^+}$ an der Oberfläche von der Stromdichte $i$

$$\begin{aligned} c_{H^+} - 2c_1 &= c_{H^+} - \bar{c}_{H^+} = \\ &= \frac{2}{3} \cdot \frac{\delta}{D_{H^+} \cdot F} \cdot i + 2c_2 \cdot \left[1 - \frac{1}{\sqrt{1 + \dfrac{\delta}{3D_{H^+} \cdot F\,(c_1 + c_2)} \cdot i}}\right]. \end{aligned} \qquad (2.122)$$

Diese Gleichung geht für $c_2 \to \infty$ in

$$c_{H^+} - \bar{c}_{H^+} = \frac{2}{3}\,\frac{\delta}{D_{H^+} \cdot F} \cdot i + \frac{1}{3}\,\frac{\delta}{D_{H^+} \cdot F} \cdot i$$

über, so daß Gl. (2.90)

$$\frac{i}{F} = +D_{H^+} \cdot \frac{c_{H^+} - \bar{c}_{H^+}}{\delta}$$

erfüllt ist.

Für $c_2 = 0$ ergibt sich in Übereinstimmung mit Gl. (2.109)

$$\frac{i}{F} = \frac{3}{2} \cdot \frac{D_{H^+}}{\delta} \cdot (c_{H^+} - \bar{c}_{H^+})$$

als Grenzfall.

Die Grenzstromdichte $i_{d,H^+}$ folgt durch Einsetzen des Ausdruckes $\exp(2F \cdot \Delta\varphi/RT) = [c_2/(c_1 + c_2)]^{2/3}$, der sich aus Gl. (2.120) für $c_{H^+} = 0$

ergibt, in Gl. (2.121). Hiermit berechnet sich

$$i_{d,\mathrm{H}^+} = -3F \cdot \frac{D_{\mathrm{H}^+}}{\delta} \cdot (c_1 + c_2) \cdot \left[1 - \left(\frac{c_2}{c_1 + c_2}\right)^{2/3}\right]$$

$$\boxed{i_{d,\mathrm{H}^+} = -F \cdot \frac{D_{\mathrm{H}^+}}{\delta} \cdot \bar{c}_{\mathrm{H}^+} \cdot \frac{3}{2} \cdot \left(1 + \frac{c_2}{c_1}\right) \cdot \left[1 - \left(\frac{\frac{c_2}{c_1}}{1 + \frac{c_2}{c_1}}\right)^{2/3}\right]} \qquad (2.123)$$

In Abb. 61 ist die so berechnete Abhängigkeit des Verhältnisses $-i_{d,\mathrm{H}^+}/F \cdot \frac{D_{\mathrm{H}^+}}{\delta} \cdot \bar{c}_{\mathrm{H}^+}$ von $c_2/c_1 = [K_2SO_4]/[H_2SO_4]$ dargestellt. Gleichzeitig sind die von E. BRUNNER[1] für einen Elektrolyten aus zwei einwertigen Kationen ($c_1$, $c_2$) und einem einwertigen Anion ($c_1 + c_2$), z. B. HCl + KCl, nach

$$-\frac{i_{d,\mathrm{H}^+}}{F \cdot \frac{D_{\mathrm{H}^+}}{\delta} \cdot \bar{c}_{\mathrm{H}^+}} = \frac{2}{1 + \sqrt{\frac{c_2/c_1}{1 + c_2/c_1}}} \qquad (2.124)$$

berechneten Werte in Abb. 61 eingetragen. Es ist zu erkennen, daß bereits ein kleinerer Fremdelektrolytzusatz ($c_2/c_1 \sim 1$) in der Größe der Grundelektrolytkonzentration den Einfluß des elektrischen Feldes in der Schicht weitgehend zurückdrängt, wie es auch schon E. BRUNNER[1,2] feststellte. Eine allgemeine Gleichung für den Diffusionsgrenzstrom bei Gegenwart eines Fremdelektrolyten wird in § 58, Gl. (2.147) angegeben.

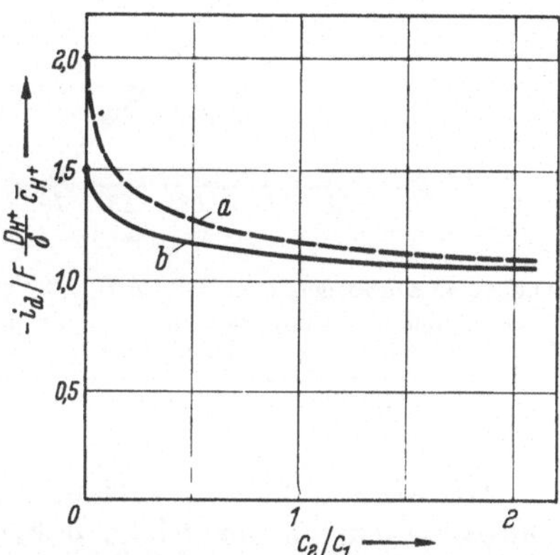


Abb. 61. Diffusionsgrenzstromdichte $i_d$ in Abhängigkeit vom Verhältnis $c_2/c_1$ der Fremdelektrolytkonzentration ($c_2$) zur Grundelektrolytkonzentration ($c_1$). Kurve a) 1,1—1,1-wertiger Elektrolyt (z. B. HCl + KCl). Kurve b) 1,2—1,2-wertiger Elektrolyt (z. B. $H_2SO_4 + K_2SO_4$). $i_d$ in Einheiten des Wertes für $c_2/c_1 \to \infty$

In Abb. 62a sind die Verhältnisse $c_{\mathrm{H}^+}/\bar{c}_{\mathrm{H}^+}$, $c_{\mathrm{K}^+}/\bar{c}_{\mathrm{K}^+}$ und $c_{\mathrm{SO}_4^{2-}}/\bar{c}_{\mathrm{SO}_4^{2-}}$ als Funktion von $i/i_{d,\mathrm{H}^+}$ für einen $K_2SO_4/H_2SO_4$-Elektrolyten angegeben. Das Verhältnis der Wasserstoffionenkonzentration wurde aus Gl. (2.125)

$$\frac{c_{\mathrm{H}^+}}{\bar{c}_{\mathrm{H}^+}} = 1 - a_1 \cdot \frac{i}{i_{d,\mathrm{H}^+}} + \frac{c_2}{c_1} \cdot \left(1 - \frac{1}{\sqrt{1 - a_2 \cdot i/i_{d,\mathrm{H}^+}}}\right) \qquad (2.125)$$

mit

$$a_1 = \left(1 + \frac{c_2}{c_1}\right) \cdot a_2 \quad \text{und} \quad a_2 = 1 - \left(\frac{c_2}{c_1 + c_2}\right)^{2/3}$$

[1] BRUNNER, E.: Z. physik. Chem. 58, 1 (1907). Der von A. EUCKEN [Z. physik. Chem. 59, 72 (1907)] abgeleitete Ausdruck $2\left(M - \sqrt{M(M-1)}\right) = 2M\left(1 - \sqrt{(M-1)/M}\right)$ mit $M = 1 + c_2/c_1$ ist mit der Beziehung Gl. (2.124) von BRUNNER identisch.

[2] BRUNNER, E.: Z. physik. Chem. 47, 56 (1904); 58, 1 (1907).

berechnet, die aus Gl. (2.122) und Gl. (2.123) folgt. Für die Grenzfälle $c_2/c_1 = 0$ und $c_2/c_1 = \infty$ geht Gl. (2.125) in die lineare Funktion $c_{H^+}/\bar{c}_{H^+} = 1 - i/i_{d,H^+}$ (in Abb. 62a, gestrichelt) über. Das Verhältnis der Sulfationen läßt sich zu

$$\frac{c_{SO_4^{2-}}}{\bar{c}_{SO_4^{2-}}} = 1 - a_2 \cdot \frac{i}{i_{d,H^+}} \tag{2.125a}$$

aus Gl. (2. 119b) und Gl. (2.121) ableiten, und das Verhältnis der Kaliumionen folgt dann aus der Elektroneutralitätsbedingung (2. 119c).

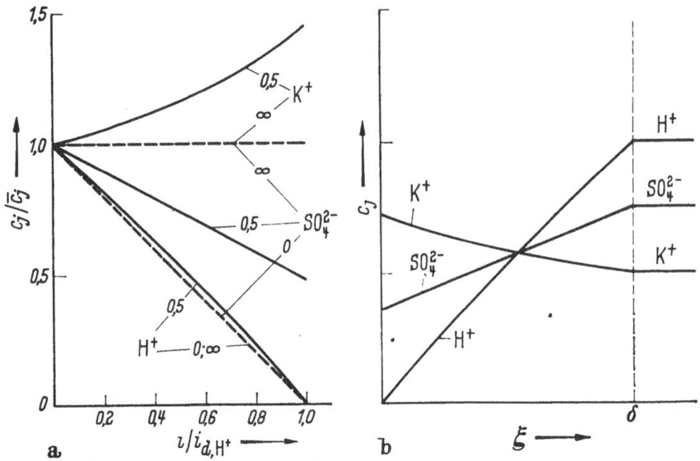


Abb. 62. a) Abhängigkeit von $c_j/\bar{c}_j$ für $H^+$, $K^+$ und $SO_4^{2-}$ von $i/i_{d,H^+}$ an der Elektrodenoberfläche bei elektrochemischem Umsatz von $H^+$-Ionen (z. B. $H_2 \leftrightarrows 2H^+ + 2e^-$) in $K_2SO_4/H_2SO_4$-Elektrolyt mit $[K_2SO_4]/[H_2SO_4] = c_2/c_1 = 0{,}5$ (ausgezogen) und im Grenzfall $c_2/c_1 = 0$ bzw. $c_2/c_1 = \infty$ (gestrichelt). b) Verlauf der Konzentrationen von $H^+$, $K^+$ und $SO_4^{2-}$ innerhalb der Diffusionsschicht in Abhängigkeit vom Oberflächenabstand $\xi$ für $c_2/c_1 = 0{,}5$ bei $i = i_{d,H^+}$ (Grenzstromdichte)

Abb. 62b stellt den Verlauf der Konzentrationen $c_{H^+}$ innerhalb der Diffusionsschicht der Dicke $\delta$ beim Grenzstrom $i_{d,H^+}$ dar. Der Wert wurde aus Gl. (2.122) berechnet, in der $i$ durch $i_{d,H^+}$ [Gl. (2.123)] und $\delta$ durch $\xi$ ersetzt wurde. Letzteres bedeutet, daß die Integration, die zur Gl. (2.121) führt, nur von 0 bis $\xi$ durchgeführt wird. Die ebenfalls eingezeichneten Konzentrationen $c_{K^+}$ und $c_{SO_4^{2-}}$ als Funktion des Abstandes $\xi$ wurden aus Gl. (2.121) nach Ersetzen von $\delta$ durch $\xi$ und Einsetzen in Gl. (2.119a, b) zur Elimination von $\Delta\varphi$ errechnet. Wie aus der Abb. 62 ersichtlich ist, tritt im allgemeinen Fall kein konstantes Konzentrationsgefälle auf. Die Ursache hierfür ist die Wirkung des elektrischen Feldes.

Die theoretische Diffusionsüberspannung ist in Abb. 63 für das bisher diskutierte Beispiel ($K_2SO_4/H_2SO_4$) in Abhängigkeit von der Stromdichte $i$ in Einheiten der Diffusionsgrenzstromdichte $i_{d,\infty}$* wiedergegeben. Die Kurven wurden durch Einsetzen von $c_{H^+}/\bar{c}_{H^+}$ nach Gl.

* $i_{d,\infty}$ ist die Grenzstromdichte der Wasserstoffionen in Gegenwart eines sehr großen (unendlich großen) Fremdelektrolytüberschusses.

(2.125) in die Nernstsche Gl. (2.83) berechnet ($p_{H_2}$ = const.). Die verschiedenen Verhältnisse $c_2/c_1$ werden als Parameter verwendet, so daß gleichzeitig der Einfluß des Fremdelektrolyten $K_2SO_4$ zu erkennen ist.

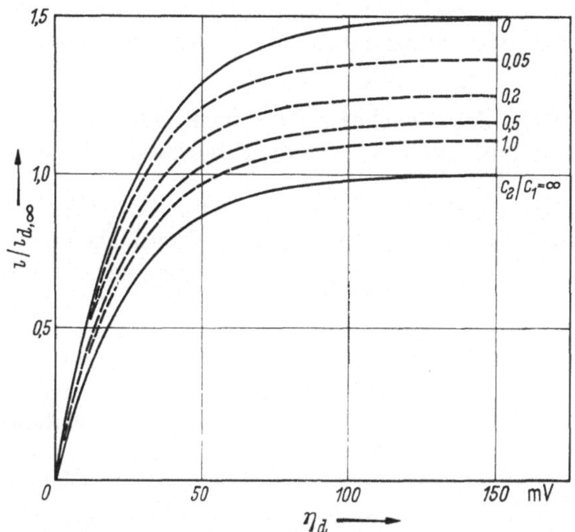


Abb. 63. Berechnete Diffusionsüberspannung $\eta_d$ in Abhängigkeit von der Stromdichte $i$ in Einheiten der Grenzstromdichte $i_{d,\infty}$* bei elektrochemischem Verbrauch von $H^+$-Ionen. Als Parameter wurde das Verhaltnis der Konzentrationen $[K_2SO_4]$ zu $[H_2SO_4]$ = $c_2/c_1$ = 0; 0,05; 0,2; 0,5; 1,0; ∞ gewahlt (Temp. 25° C)

## § 57. Diffusionsüberspannung mit vor- oder nachgelagerten, eingestellten, homogenen chemischen Gleichgewichten

### α) *Problemstellung und spezieller Ansatz*

Eine weitere Komplikation der Diffusionsverhältnisse innerhalb der Diffusionsschicht tritt nach K. J. Vetter u. G. Manecke[1] dann auf, wenn zwischen den diffundierenden Substanzen noch *chemische Gleichgewichte* auftreten, *die auch bei reiner Diffusionsüberspannung durchaus vorliegen können*. Diese chemischen Gleichgewichte müssen sich allerdings *so schnell* einstellen, daß *keine beobachtbaren Abweichungen vom Massenwirkungsgesetz* innerhalb der Diffusionsschicht auftreten.

Bei derartigen Gleichgewichten ist z. B. an die Reaktion $H^+ + OH^- \leftrightharpoons H_2O$ oder an Komplexgleichgewichte, wie z. B. an $Ag^+ + 2CN^- \leftrightharpoons Ag(CN)_2^-$ zu denken. Das zweite Beispiel soll im folgenden zur Erläuterung der hier zu diskutierenden Probleme noch etwas ausführlicher behandelt werden. In Abb. 64 ist qualitativ der Konzentrationsverlauf für diesen Fall behandelt. Silber soll hier anodisch mit der Stromdichte $i$ in einer Cyanidlösung aufgelöst werden. Die Elektrodenbrutto-

---

* Siehe Fußnote * S. 154.

[1] Vetter, K. J., u. G. Manecke: Z. physik. Chem. **195**, 337 (1950). — Vetter, K. J.: Z. Elektrochem. **55**, 121 (1951); Z. physik. Chem. **199**, 22 (1952); Z. Elektrochem. **56**, 931 (1952).

reaktion ist also

$$Ag + 2CN^- \leftrightharpoons Ag(CN)_2^- + e^- \tag{2.126a}$$

oder bei vollständiger Verarmung von Cyanid vor der Oberfläche

$$Ag \leftrightharpoons Ag^+ + e^-, \tag{2.126b}$$

wobei innerhalb der Diffusionsschicht die $Ag^+$-Ionen nach

$$Ag^+ + 2CN^- \leftrightharpoons Ag(CN)_2^- \tag{2.128}$$

je nach der Lage des Gleichgewichtes mehr oder weniger vollständig abreagieren, so daß auch in diesem Fall schließlich die Elektrodenbruttoreaktion (2.126a) abläuft.

In der linken Teilabbildung von Abb. 64 soll die Stromdichte $i$ noch so klein sein, daß die nach Gl. (2.126a) an der Oberfläche benötigte Cyanidmenge ohne Schwierigkeiten in einem praktisch linearen Diffusionsgefälle bei Fremdelektrolytüberschuß herandiffundieren kann. Entsprechend diffundiert der gebildete $Ag(CN)_2^-$-Komplex (Punkt-Strich in Abb. 64) in einem linearen Gefälle von der Oberfläche fort, wie es Abb. 64 zeigt. Wichtig für diese Darstellung ist, daß die Konzentrationen von $CN^-$ und $Ag(CN)_2^-$ noch in einem Bereich liegen, in welchem das Dissoziationsgleichgewicht weit zur Seite des Komplexes verschoben, d. h. also die $Ag^+$-Ionenkonzentration sehr klein gegen die anderen Konzentrationen auf Grund des Massenwirkungsgesetzes

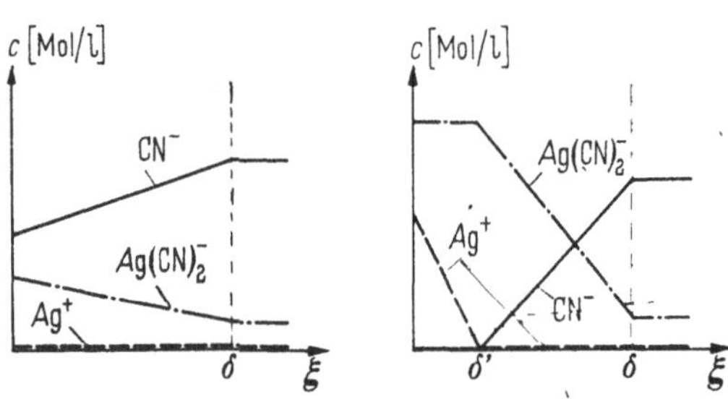


Abb. 64. Konzentrationsverlauf von $Ag^+$, $CN^-$ und $Ag(CN)_2^-$ innerhalb der Diffusionsschicht bei der anodischen Silberauflösung in Cyanidlösung unter Berücksichtigung des Gleichgewichtes $Ag^+ + 2CN^- \leftrightharpoons Ag(CN)_2^-$ (nur schematischer Verlauf ohne Berücksichtigung der wahren Werte der Konstanten). Links kleinere, rechts größere Stromdichte

$$[Ag^+] = K \cdot \frac{[Ag(CN)_2^-]}{[CN^-]^2} \tag{2.128}$$

ist.

Bei Stromerhöhung müssen die Konzentrationsgefälle größer werden. Die Cyanidkonzentration wird vor der Oberfläche absinken und schließlich bei weiterer Stromerhöhung so kleine Werte annehmen, daß jetzt die mit $CN^-$ und $Ag(CN)_2^-$ auf Grund von Gl. (2.127) und Gl. (2.128) im Gleichgewicht stehende $Ag^+$-Konzentration trotz der vorausgesetzten Kleinheit der Gleichgewichtskonstante $K$ so groß wird, daß $[Ag^+] \gg [CN^-]$ ist. Es liegt dann vor der Oberfläche im wesentlichen $Ag^+$ und $Ag(CN)_2^-$ vor, während die Cyanidkonzentration nach

$$[CN^-] = \sqrt{K \cdot \frac{[Ag(CN)_2^-]}{[Ag^+]}} \tag{2.129}$$

sehr klein geworden ist. In unmittelbarer Nähe der Oberfläche wird daher vorwiegend $Ag^+$ von der Elektrode fortdiffundieren, wie es die rechte Teilabbildung von Abb. 64 zeigt. Der gesamte Verlauf der Konzentrationen in der Diffusionsschicht hat dann das in Abb. 64 (rechtes Teilbild) gezeigte Aussehen. Es sei auch hier darauf hingewiesen, daß diese Betrachtungen keinen Schluß auf den Reaktionsmechanismus der Elektrode zulassen.

In der Nähe der Stelle $\delta'$ (Abb. 64) findet im wesentlichen die Assoziationsreaktion $Ag^+ + 2CN^- \rightarrow Ag(CN)_2^-$ bei der vorgegebenen Stromrichtung statt, die hier voraussetzungsgemäß nur mit unbemerkbar kleiner Störung des Gleichgewichtes ablaufen soll. Der Konzentrationsverlauf zeigt am Knick bei $\delta'$ noch eine gewisse Abrundung, die von der Größe der Gleichgewichtskonstante $K$ abhängt. Je kleiner $K$ ist, um so schärfer ist der Knick. Da in dem oberflächennahen Gebiet die Assoziationsreaktion aus Mangel an $CN^-$ praktisch noch nicht abläuft, wird noch kaum $Ag(CN)_2^-$ gebildet, das abdiffundieren müßte, so daß in diesem Gebiet der Konzentrationsgradient fast null und damit die Konzentration fast konstant ist. Trotzdem nimmt diese Konzentration von $\xi = 0$ bis $\xi = \delta'$ einen Maximalwert an, da sich bei $\xi = \delta'$ durch Vereinigung von $Ag^+$ und $CN^-$ nach Gl. (2.127) $Ag(CN)_2^-$ bildet, das durch die Schicht zwischen $\xi = \delta'$ bis $\xi = \delta$ herausdiffundieren muß. Es häuft sich also in der Schicht $0 < \xi < \delta'$ soviel $Ag(CN)_2^-$ an, daß in der Schicht $\delta' < \xi < \delta$ ein ausreichender Konzentrationsgradient vorliegt.

Zum besseren Verständnis der später folgenden allgemeinen Ansätze der Differentialgleichungen zur Berechnung des Konzentrationsverlaufes soll zunächst für dieses Beispiel das Differentialgleichungssystem angegeben werden.

Hierfür muß die Diffusion der in dem Gleichgewicht Gl. (2.127) bzw. Gl. (2.128) auftretenden Stoffe $Ag^+ = S_1$, $CN^- = S_2$ und $Ag(CN)_2^- = S_3$ untersucht werden. Ein Einfluß eines elektrischen Feldes ist wegen der Anwesenheit eines Fremdelektrolytüberschusses (§ 56) nicht zu berücksichtigen. Für jede Atomsorte, die in den Stoffen $S_1$ bis $S_3$ vorkommt, hier also für Ag, C und N, muß eine Differentialgleichung für die Wanderung dieser Atome infolge der Diffusion von $Ag^+$, $CN^-$ und $Ag(CN)_2^-$ aufgestellt werden. Dabei ist zu unterscheiden zwischen den Atomsorten, die durch die Phasengrenze Metall/Elektrolyt mit dem Umsatz $i/nF$ hindurchtreten und den Atomsorten, die nicht hindurchtreten, die also am elektrochemischen Umsatz nicht beteiligt sind. Für die letzten Atomsorten muß der gesamte Diffusionsstrom gleich null sein, während für die hindurchtretenden Atomsorten, in unserem Beispiel Ag, die Summe der Diffusionsströme durch die ganze Schicht hindurch gleich $-i/nF$ sein muß. Die Wanderung in Richtung auf die Oberfläche wird als positiv bezeichnet. Es ist daher

$$\text{(1a)} \qquad D_2 \cdot \frac{\partial c_2}{\partial \xi} + 2 \cdot D_3 \cdot \frac{\partial c_3}{\partial \xi} = 0 \qquad \text{für C} \qquad (2.130\text{a})$$

$$\text{(1b)} \qquad D_2 \cdot \frac{\partial c_2}{\partial \xi} + 2 \cdot D_3 \cdot \frac{\partial c_3}{\partial \xi} = 0 \qquad \text{für N} \qquad (2.130\text{b})$$

$$\text{(2)} \qquad D_1 \cdot \frac{\partial c_1}{\partial \xi} + D_3 \cdot \frac{\partial c_3}{\partial \xi} = -\frac{i}{F} \qquad \text{für Ag} \qquad (2.131)$$

Gl. (1a) bzw. Gl. (1b) für C bzw. N sind im vorliegenden Fall identisch, da C und N nur in einer Kombination CN auftreten. Das zweite Glied in Gl. (1a, b) trägt den Faktor 2, weil $S_3 = Ag(CN)_2^-$ zwei C- bzw. zwei N-Atome transporiert.

Zu diesen Differentialgleichungen kann noch eine weitere hinzugefügt werden, die besonders bei Redoxelektroden wichtig ist. In dieser Differentialgleichung wird der Transport von Ladungen angegeben. Es ist

$$(3') \qquad z_1 \cdot D_1 \cdot \frac{\partial c_1}{\partial \xi} + z_2 \cdot D_2 \cdot \frac{\partial c_2}{\partial \xi} + z_3 \cdot D_3 \cdot \frac{\partial c_3}{\partial \xi} = -\frac{i}{F} \qquad (2.132')$$

oder mit $z_1 = +1$, $z_2 = -1$ und $z_3 = -1$ folgt

$$(3) \qquad D_1 \cdot \frac{\partial c_1}{\partial \xi} - D_2 \cdot \frac{\partial c_2}{\partial \xi} - D_3 \cdot \frac{\partial c_3}{\partial \xi} = -\frac{i}{F}. \qquad (2.132)$$

Im vorliegenden Fall ist allerdings Gl. (3) keine zusätzliche Bedingung, da sie die Differenz von Gl. (2) und Gl. (1) darstellt. Bei Redoxelektroden tritt sie aber als zusätzliche, unbedingt benötigte Beziehung auf.

Schließlich ist noch das Massenwirkungsgesetz zwischen $S_1$, $S_2$ und $S_3$

$$(4) \qquad K = \frac{c_1 \cdot c_2^2}{c_3} \qquad (2.133)$$

zu berücksichtigen.

In Gl. (1), (2), (4) bzw. Gl. (1), (3), (4) liegt ein Gleichungssystem vor, das die Berechnung von $c_1(\xi, i)$, $c_2(\xi, i)$ und $c_3(\xi, i)$ gestattet.

### β) *Allgemeiner Ansatz des Gleichungssystems*

Anstelle des Gleichgewichts Gl. (2.127) sei jetzt allgemein das Gleichgewicht

$$(-\nu_1)\, S_1 + (-\nu_2)\, S_2 + \cdots \rightleftharpoons \nu_k S_k + \cdots + \nu_q S_q \qquad (2.134)$$

vorausgesetzt. Die Stoffe $S_1$ bis $S_q$ müssen nicht alle in der Elektrodenbruttoreaktion enthalten sein. Sie werden aus den Atomen $A, B, C, D, \ldots M, \ldots$ usw. gebildet. Das Atom $M$ soll bei einer Metallionenelektrode das durchschnittsfähige Metallion $M^{z_M+}$ bilden (zuvor $Ag^+$). Die Ladungen der Stoffe $S_j$ in Elementarladungen sind $z_1, z_2, \ldots z_k, \ldots z_q$, also allgemein $z_j$ unter Beachtung des Vorzeichens. Die Vorzeichen der stöchiometrischen Faktoren $\nu_j$ seien auf der linken Seite negativ und auf der rechten Seite positiv.

Im stationären Zustand ist die Transportgeschwindigkeit aller Atomarten als Folge der Diffusion der Stoffe $S_j$ durch einen Schichtquerschnitt parallel zur Oberfläche unabhängig vom Oberflächenabstand $\xi$. Diese Transportgeschwindigkeit durch Diffusion ist für die durchtrittsfähige Atomart $M$ $i/z_M F$ mol · cm$^{-2}$ · sec$^{-1}$. Für alle anderen Atomarten ist die Transportgeschwindigkeit null.

Die Anzahl der Atome $A$ in $S_1$ sei mit $a_1$ und z. B. des Atoms $D$ im Stoff $S_j$ sei mit $d_j$ bezeichnet. Dann ergibt sich für jeden Abstand $\xi$ von der Oberfläche das folgende Differentialgleichungssystem:

(1a) $$a_1 \cdot D_1 \cdot \frac{\partial c_1}{\partial \xi} + a_2 \cdot D_2 \cdot \frac{\partial c_2}{\partial \xi} + \cdots + a_q \cdot D_q \cdot \frac{\partial c_q}{\partial \xi} = 0 \qquad (2.135\,\text{a})$$

(1b) $$b_1 \cdot D_1 \cdot \frac{\partial c_1}{\partial \xi} + b_2 \cdot D_2 \cdot \frac{\partial c_2}{\partial \xi} + \cdots + b_q \cdot D_q \cdot \frac{\partial c_q}{\partial \xi} = 0 \qquad (2.135\,\text{b})$$

- - - - - - - - - - - - - -

(2) $$m_1 \cdot D_1 \cdot \frac{\partial c_1}{\partial \xi} + m_2 \cdot D_2 \cdot \frac{\partial c_2}{\partial \xi} + \cdots + m_q \cdot D_q \cdot \frac{\partial c_q}{\partial \xi} = -\frac{i}{z_M \cdot F} \qquad (2.136)$$

(nur für Metallionenelektroden)

oder

(3) $$z_1 \cdot D_1 \cdot \frac{\partial c_1}{\partial \xi} + z_2 \cdot D_2 \cdot \frac{\partial c_2}{\partial \xi} + \cdots + z_q \cdot D_q \cdot \frac{\partial c_q}{\partial \xi} = -\frac{i}{F} \qquad (2.137)$$

(für alle Elektroden)

dazu das Massenwirkungsgesetz

(4) $$K = \prod_j c_j^{\nu_j} \qquad (2.138)$$

Unter Umständen sind einige Gleichungen (2.135) identisch, wenn einzelne Atome nur in einer bestimmten Gruppierung (z. B. CN) auftreten. Für Metallionenelektroden ist immer nur die Aufstellung einer der beiden Gleichungen (2.136) oder (2.137) nötig, da sich die andere jeweils durch Kombination mit (2.135) ergibt. Bei Redoxelektroden kann dagegen eine (2.136) entsprechende Gleichung nicht aufgestellt werden, weil dort kein durchtrittsfähiges Metallion auftritt, so daß dort unbedingt Gl. (2.137) herangezogen werden muß.

Eine allgemeine Lösung dieses Gleichungssystems (2.135), (2.136), (2.137), (2.138) ist wegen seiner Kompliziertheit nicht möglich. Trotzdem ist die Lösung in speziellen Fällen durchführbar, wie es in Abschnitt $\gamma$) gezeigt werden soll.

### $\gamma$) *Lösung des Diffusionsproblems in speziellen Fällen*

Als Beispiel für die Lösung des Diffusionsproblems soll die $Mn^{4+}/Mn^{3+}$-*Redoxelektrode* diskutiert werden, wie sie von K. J. Vetter u. G. Manecke[1] behandelt wurde. Die Elektrodenbruttoreaktion ist

$$Mn^{3+} \leftrightharpoons Mn^{4+} + e^- \qquad (2.139)$$

Unabhängig von dem Einstellungsmechanismus dieser Elektrode stehen die $Mn^{3+}$- und $Mn^{4+}$-Ionen mit $Mn^{2+}$ nach

$$2\,Mn^{3+} \leftrightharpoons Mn^{2+} + Mn^{4+} \qquad (2.140)$$

im Disproportionierungsgleichgewicht.

In diesem Gleichgewicht Gl. (2.140) tritt nur eine Atomart Mn ($= A$) auf. Die Anzahl $a_j$ der Atome Mn, die in den Stoffen $S_2 = Mn^{2+}$, $S_3 = Mn^{3+}$ und $S_4 = Mn^{4+}$ enthalten ist, beträgt $a_2 = 1$, $a_3 = 1$ und $a_4 = 1$, so daß die Gleichung der Art (1a)

$$D_2 \cdot \frac{\partial c_2}{\partial \xi} + D_3 \cdot \frac{\partial c_3}{\partial \xi} + D_4 \cdot \frac{\partial c_4}{\partial \xi} = 0 \qquad (2.141)$$

[1] Vetter, K. J., G. Manecke: Z. physik. Chem. **195**, 337 (1950).

heißt. Da nur eine Atomart Mn vorliegt, gibt es auch nur eine Gleichung dieser Art (1), und da es sich um eine Redoxelektrode handelt, kann keine Gleichung der Art (2) gebildet werden. Für die Aufstellung einer Gleichung der Art (3) sind die Ladungszahlen $z_2 = +2$, $z_3 = +3$ und $z_4 = +4$ zu verwenden, so daß sich die Beziehung

$$2 \cdot D_2 \cdot \frac{\partial c_2}{\partial \xi} + 3 \cdot D_3 \cdot \frac{\partial c_3}{\partial \xi} + 4 \cdot D_4 \cdot \frac{\partial c_4}{\partial \xi} = -\frac{i}{F} \qquad (2.142)$$

ergibt.

Als dritte Gleichung zur Ermittlung der drei unbekannten Konzentrationen $c_2(\xi, i)$, $c_3(\xi, i)$ und $c_4(\xi, i)$ tritt das Massenwirkungsgesetz

$$K = \frac{c_2 \cdot c_4}{c_3^2} \qquad (2.143)$$

auf.

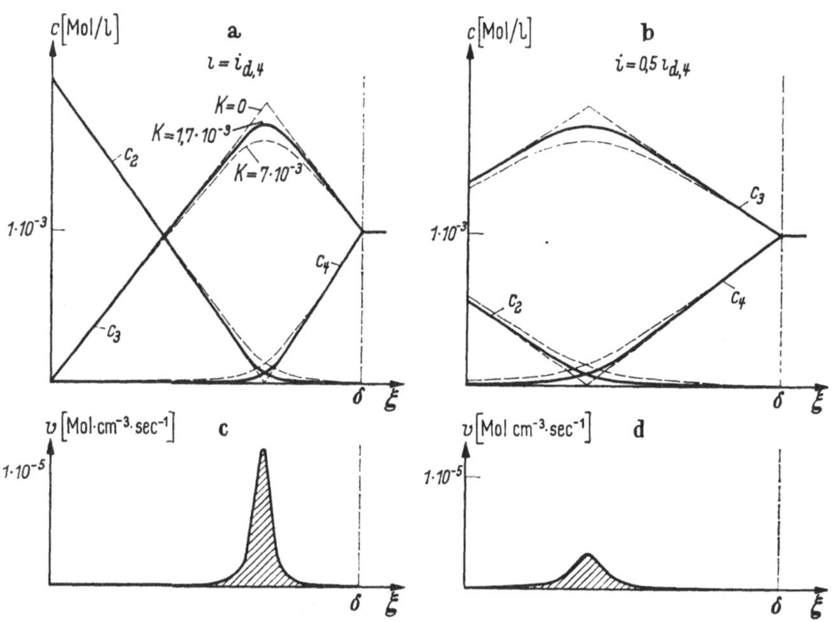


Abb. 65. Verlauf der $Mn^{2+}$-, $Mn^{3+}$- und $Mn^{4+}$-Ionenkonzentration bei kathodischem Strom durch die $Mn^{4+}/Mn^{3+}$-Redoxelektrode nach K. J. Vetter, G. Manecke[1], $Mn^{4+}/Mn^{3+}$-Konzentrationsverhältnis im Lösungsinnern $\bar{c}_4/\bar{c}_3 = 1$. Berechnet für verschiedene Werte der Gleichgewichtskonstante $K = 1{,}7 \cdot 10^{-3}$ (ausgezogen), $K = 0$ und $K = 7 \cdot 10^{-3}$ (gestrichelt). a) für $i = i_{d,4}$ (Grenzstromdichte); b) für $i = 0{,}5 \cdot i_{d,4}$; c) Reaktionsgeschwindigkeit $v$ (Mol/cm³ · sec) der Reaktion $Mn^{2+} + Mn^{4+} \rightarrow 2\,Mn^{3+}$ innerhalb der Diffusionsschicht für $i = i_{d,4}$ im Falle a). d) $v$ für $i = 0{,}5 \cdot i_{d,4}$ im Falle b). Überall thermodynamisches Gleichgewicht $K = c_2 \cdot c_4/c_3^2$

Die Integration des Differentialgleichungssystems, die von K. J. Vetter[1] für die experimentellen Größen $D_2/D_4 = 1{,}10$ und $D_3/D_4 = 1{,}20$ durchgeführt wurde, ergibt den in Abb. 65 für den speziellen Fall $\bar{c}_3/\bar{c}_4 = 1$ dargestellten Konzentrationsverlauf durch die Diffusionsschicht. In Abb. 65a fließt die kathodische Diffusionsgrenzstromdichte $i_{d,4}$ und in Abb. 65b die halbe Diffusionsgrenzstromdichte $i = 0{,}5 \cdot i_{d,4}$. Das Gleichungssystem wurde für verschiedene Gleichgewichtskonstanten $K = 0$;

$1{,}7 \cdot 10^{-3}$ und $7 \cdot 10^{-3}$ integriert. Die ausgezogene Kurve bezieht sich auf die Gleichgewichtskonstante $K = 1{,}7 \cdot 10^{-3}$. Der wahre Wert dieser Konstanten ist nur sehr ungenau ($K < 7 \cdot 10^{-3}$) bekannt. Die gestrichelten Kurven gelten für $K = 0$ und $K = 7 \cdot 10^{-3}$. In den Abb. 65c und 65d sind die Reaktionsgeschwindigkeiten $v$ der Reaktion $Mn^{2+} + Mn^{4+} \rightarrow 2\,Mn^{3+}$ in Mol/cm³ · sec in Abhängigkeit vom Reaktionsort $\xi$ innerhalb der Schicht dargestellt. Zwischen dieser Reaktionsgeschwindigkeit und dem Konzentrationsverlauf besteht die Beziehung

$$v = D \cdot \frac{\partial^2 c}{\partial \xi^2}, \qquad (2.144)$$

die aus dem zweiten Fickschen Gesetz mit $v = \partial c / \partial t$ hervorgeht. *Wichtig ist, daß diese Reaktion mit der Geschwindigkeit* $v$ *der* Abb. 65c u. 65d *ohne merkbare Störung* des Gleichgewichtes vor sich geht.* Aus Abb. 65c u. 65d ist zu entnehmen, daß die Reaktion $Mn^{2+} + Mn^{4+} \rightarrow 2\,Mn^{3+}$ im wesentlichen nur in einem kleinen Bereich der Diffusionsschicht abläuft, wobei die Schichtdicke im Fall d etwa doppelt so groß ist wie im Fall c.

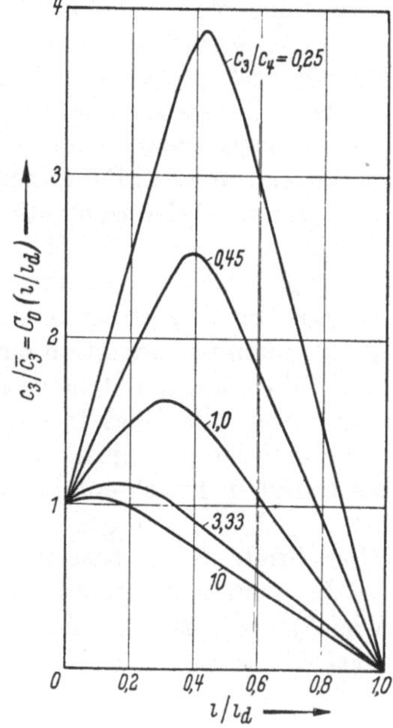


Abb. 66. Abhängigkeit der $Mn^{3+}$-Konzentration $c_3$ bei der kathodischen Reduktion des $Mn^{4+}/Mn^{3+}$-Redoxsystems von der Stromdichte $i$ für verschiedene Konzentrationsverhältnisse $\bar{c}_3/\bar{c}_4$ von $Mn^{+3}$ und $Mn^{4+}$. $\bar{c}$ = Konzentration im Lösungsinneren. $i_l$ = kathodische Diffusionsgrenzstromdichte

Abb. 66 gibt die aus der numerischen Integration des Gleichungssystems Gl. (2.141). (2.142) u. (2.143) für $K = 1{,}7 \cdot 10^{-3}$ folgende Abhängigkeit der $Mn^{3+}$-Konzentration $c_3$ von der kathodischen Stromdichte $i$ wieder. Hierbei geht in diesem komplizierteren Fall $c_3$ bemerkenswerterweise durch ein Maximum bei Steigerung der Stromdichte bis zur Diffusionsgrenzstromdichte $i_{d,4}$.

Auf ein wichtiges Diffusionsproblem, das ebenfalls nach einem Differentialgleichungssystem Gl. (2.135), (2.137) und (2.138) zu behandeln ist, sei noch hingewiesen. Es ist der sog. „Alkalisierungseffekt" bei einer $H^+$-Ionen verbrauchenden Elektrodenreaktion. Hierbei findet bei größeren Stromdichten innerhalb der Diffusionsschicht die Reaktion $OH^- + H^+ \rightarrow H_2O$ statt.

## § 58. Diffusionsgrenzstromdichte $i_d$

### α) *Ohne vorgelagertes homogenes chemisches Gleichgewicht*

Der Begriff der Grenzstromdichte als Folge von Diffusionshemmungen, wie er bereits verschiedentlich in den §§ 56 u. 57 verwendet wurde, geht

* Prinzipiell kann eine Reaktion nur dann ablaufen, wenn eine gewisse Abweichung vom Gleichgewicht vorliegt. Diese Abweichung kann jedoch sehr klein werden, wenn die Austauschreaktionsgeschwindigkeit am Gleichgewicht sehr groß gegen $v$ ist.

auf E. BRUNNER[1] zurück. Obwohl schon über verschiedene Gesetzmäßigkeiten dieser Grenzströme berichtet wurde, sollen sie zusammenfassend noch einmal neben weiteren Eigenschaften diskutiert werden. Das ist deshalb besonders interessant, weil aus dem Verhalten der Grenzströme auf die Art der Hemmung und damit mittelbar auf den Elektrodenmechanismus geschlossen werden kann. Bei Auftreten eines Grenzstromes muß zunächst festgestellt werden, ob es sich um eine Diffusions- oder eine Reaktionsgrenzstromdichte (§ 70) handelt. Eine derartige Entscheidung ist aber nur möglich, wenn die Eigenschaften der Grenzströme bekannt sind.

Ein Grenzstrom bildet sich aus, wenn die Konzentration eines Reaktionspartners an der Oberfläche infolge des Ablaufs der Elektrodenreaktion null wird. Bei reiner Diffusionshemmung ist dies der Fall, wenn das maximale Konzentrationsgefälle erreicht wird, wie es in Abb. 56 angedeutet wird. Die Diffusionsgrenzstromdichte $i_d$ bildet sich dann aus (vgl. Abb. 57 bzw. Abb. 59).

Bei Fremdelektrolytüberschuß (§ 56 α) ist für jede Substanz $S_j$ der Elektrodenbruttoreaktion eine Diffusionsgrenzstromdichte $i_{d,j}$ angebbar. Die Diffusionsgrenzstromdichten sind voneinander unabhängig. Experimentell ist allerdings in einer bestimmten Lösung jeweils nur die kleinste anodische und die kleinste kathodische Diffusionsgrenzstromdichte $i_d$ bestimmbar. Durch entsprechende Wahl der Konzentrationsverhältnisse ist es jedoch im allgemeinen möglich, die Diffusionsgrenzstromdichten aller Stoffe $S_j$ in bestimmten Konzentrationsbereichen zu ermitteln.

In dem hier vorausgesetzten Fall ohne *vorgelagertes homogenes Gleichgewicht* ist die *Diffusionsgrenzstromdichte* $i_{d,j}$ der Substanz $S_j$ nach Gl. (2.91)

$$i_{d,j} = -\frac{n}{\nu_j} \cdot F \cdot \frac{D_j}{\delta} \cdot \bar{c}_j \tag{2.145}$$

der Konzentration $\bar{c}_j$ dieser Substanz $S_j$ innerhalb der Lösung proportional und ist unabhängig von den Konzentrationen der anderen in dem Elektrolyten enthaltenen Stoffe. Diese Bedingung muß erfüllt sein. Dabei kann die Kinetik der Elektrode noch unbekannt sein. Wenn diese Bedingung nicht erfüllt ist, muß entweder ein vorgelagertes Gleichgewicht vorhanden sein, oder es handelt sich überhaupt nicht um eine Diffusionsgrenzstromdichte.

Für den Fall der Diffusion mit *konstanter Überführung*, also bei einem Elektrolyten mit nur einer Anionen- und einer Kationenart (§ 56 β) gilt ebenfalls das zuvor Gesagte. Die *Diffusionsgrenzstromdichte* ist hier nur nach Gl. (2.110) um den Faktor $1 + |z_A/z_B|$ größer als bei Fremdelektrolytüberschuß, also

$$i_{d,A} = -\frac{n}{\nu_A} \cdot \left(1 + \left|\frac{z_A}{z_B}\right|\right) \cdot F \cdot \frac{D_A}{\delta} \cdot \bar{c}_A \tag{2.146}$$

$i_{d,A}$ ist auch hier von den Konzentrationen der anderen Stoffe unabhängig, die in diesem Fall neutrale Substanzen sein müssen.

[1] BRUNNER, E.: Z. physik. Chem. 47, 56 (1904).

Bei *geringerem Fremdionenzusatz* ist dagegen der Zusammenhang zwischen Diffusionsgrenzstromdichte $i_{d,j}$ und der Konzentration $\bar{c}_j$ komplizierter, jedoch bleibt im wesentlichen die Proportionalität zwischen $i_{d,j}$ und $\bar{c}_j$ erhalten. $i_{d,j}$ hängt hier zusätzlich noch von den Konzentrationen $\bar{c}_{k \neq j}$ der anderen Stoffe ab, auch wenn kein vorgelagertes Gleichgewicht vorliegt. Für den Spezialfall eines $z_A, z_B$-wertigen Elektrolyten ($c_1$) mit $z_A, z_B$-wertigem Fremdelektrolytzusatz ($c_e$) ergibt sich in einer dem § 56 $\delta$ analogen allgemeinen Ableitung bei elektrochemischem Verbrauch der Substanz $S_A$ die *Diffusionsgrenzstromdichte* $i_{d,A}$

$$\boxed{\begin{aligned} i_{d,A} = - z_A \left(1 + \left|\frac{z_A}{z_B}\right|\right) \cdot F \cdot \frac{D_A}{\delta} \cdot \bar{c}_A \cdot \left(1 + \frac{c_e}{c_1}\right) \times \\ \times \left[1 - \left(\frac{c_e/c_1}{1 + c_e/c_1}\right)^{\frac{1}{1 + |z_A/z_B|}}\right] \end{aligned}} \tag{2.147}$$

Für $c_e = 0$ geht Gl. (2.147) in Gl. (2.146) und für $c_e \to \infty$ in Gl. (2.145) über.

E. Brunner[2] und A. Eucken[3] haben für den 1,1-wertigen Elektrolyten einen Ausdruck für die Diffusionsgrenzstromdichte $i_d$ angegeben, der durch Gl. (2.124) wiedergegeben wird und der Gl. (2.147) mit $z_A = +1$, $z_B = -1$ entspricht. In Abb. 61 ist die Funktion Gl. (2.147) für $z_A = +1$, $z_B = -1$ und für $z_A = 1$, $z_B = -2$ dargestellt. Hier ist also $i_d$ im Gegensatz zu Gl. (2.91) abhängig von anderen Konzentrationen.

### $\beta$) *Mit vorgelagertem homogenem chemischem Gleichgewicht*

Komplizierter als in Gl. (2.145) oder Gl. (2.146) wird der Zusammenhang zwischen Konzentrationen $\bar{c}_j$ und $i_{d,j}$, wenn ein homogenes chemisches Gleichgewicht innerhalb der Diffusionsschicht berücksichtigt werden muß, so wie es in § 57 geschehen ist. Der Einfluß eines derartigen Gleichgewichtes kann je nach der Art sehr verschieden sein, so daß hierfür keine allgemeine Gleichung aufgestellt werden kann. Diese Abhängigkeit muß vielmehr von Fall zu Fall hergeleitet werden. Es soll hier nur darauf aufmerksam gemacht werden, daß ein chemisches Gleichgewicht eine gewisse Komplikation ergeben kann.

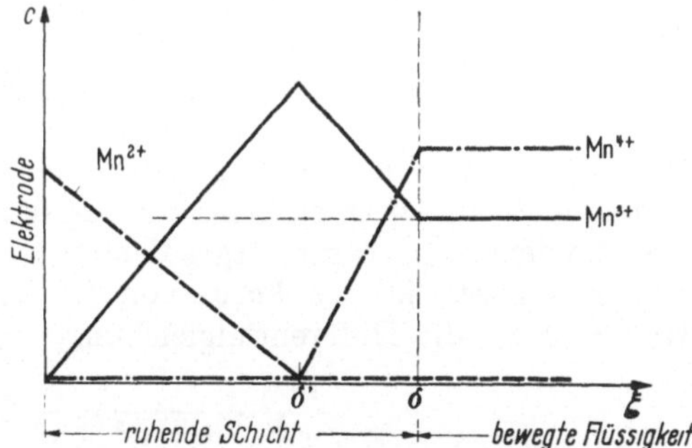


Abb. 67. Schematischer Konzentrationsverlauf der $Mn^{2+}$-, $Mn^{3+}$- und $Mn^{4+}$-Konzentrationen innerhalb der Diffusionsschicht beim kathodischen Diffusionsgrenzstrom an der $Mn^{4+}/Mn^{3+}$-Redoxelektrode nach K. J. Vetter, G. Manecke [Z. physik. Chem. **195**, 337 (1950)] zur Deutung der Konzentrationsabhängigkeit des Grenzstromes

[2] Brunner, E.: Z. physik. Chem. **58**, 1 (1907).
[3] Eucken, A.: Z. physik. Chem. **59**, 72 (1907).

Für den bereits in § 57 γ diskutierten Fall der $Mn^{4+}/Mn^{3+}$-Redoxelektrode soll noch die Konzentrationsabhängigkeit der kathodischen Diffusionsgrenzstromdichte $i_d$ als Beispiel behandelt werden. Bei einer Gleichgewihtskonstante $Kc = c_2 \cdot c_4/c_3^2 = [Mn^{2+}] \cdot [Mn^{4+}]/[Mn^{3+}]^2 = 0$ ergibt sich eine in Abb. 67 wiedergegebene Konzentrationsverteilung innerhalb der Diffusionsschicht. Aus Abb. 67 folgt

$$\frac{i}{F} = -\frac{D_4}{\delta - \delta'} \cdot \bar{c}_4 \quad \text{und} \quad \frac{i}{F} = -\frac{D_3}{\delta - 2(\delta - \delta')} \cdot \bar{c}_3$$

und nach Elimination von $\delta'$

$$i_d = -2F \cdot \frac{D_4}{\delta} \cdot \bar{c}_4 - F \cdot \frac{D_3}{\delta} \cdot \bar{c}_3 = i_{d,4} + i_{d,3}\,. \tag{2.148}$$

Diese Beziehung konnte von K. J. Vetter u. G. Manecke[4] bestätigt werden. Auch für $K = 1{,}7 \cdot 10^{-3}$ bzw. sogar $K = 7 \cdot 10^{-3}$ gilt noch mit sehr guter Näherung Gl. (2.148), wie aus der numerischen Integration in Abb. 65 zu entnehmen ist.

## § 59. Diffusionsüberspannung bei kugelsymmetrischer Anordnung

Bei kugelsymmetrischer Anordnung zeigt die Diffusion einige interessante Eigenschaften, die unter Umständen experimentelle Bedeutung haben können. Auch ohne Rühren des Elektrolyten und auch ohne die natürliche Konvektion tritt hier im vollständig ruhenden Elektrolyten eine Diffusionsgrenzstromdichte $i_d$ auf.

Wenn die Elektrode einen Teil einer Kugeloberfläche darstellt und sich die Diffusion in den entsprechenden Kugelsektor des Elektrolyten erstreckt*, ist die Stromdichte $i(\xi)$ in der Entfernung $\xi$ von der Oberfläche aus geometrischen Gründen

$$i(\xi) = i(0) \cdot \frac{r^2}{(r+\xi)^2}\,. \tag{2.149}$$

Hierin ist $r$ der Krümmungsradius der Oberfläche und $i(0) = i$ die Stromdichte an der Oberfläche. Für die Beziehung zwischen Stromdichte $i(\xi)$ und dem Konzentrationsgradienten $dc/d\xi$ gilt wiederum das Ficksche Diffusionsgesetz in der Form von Gl. (2.89) $i \cdot \nu_j/nF = -D_j \cdot dc_j/d\xi$. Hieraus folgt die Differentialgleichung

$$\frac{i \cdot \nu_j}{nF} \cdot \frac{r^2}{(r+\xi)^2} = -D_j \cdot \frac{dc_j}{d\xi} \tag{2.150}$$

deren Integration im Bereich $\xi = 0$ bis $\xi = \infty$ zu

$$\frac{\nu_j \cdot i}{nF} = D_j \cdot \frac{c_j - \bar{c}_j}{r} \tag{2.151}$$

führt. Gl. (2.151) ist äquivalent der Gl. (2.90) für die ebene Diffusion. Bei Diffusion mit konstanter Überführung erweitern sich Gl. (2.150) und Gl. (2.151) um den Faktor $1 + |z_A/z_B|$. Gl. (2.151) ist dann Gl. (2.107)

[4] Vetter, K. J., G. Manecke: Z. physik. Chem. **195**, 337 (1950).

* Also z. B. bei einer halbkugelförmigen Elektrode in den entsprechenden Halbraum.

äquivalent. Statt der Diffusionsschichtdicke $\delta$ ist im kugelsymmetrischen Fall der Krümmungsradius $r$ zu setzen.

Die *Diffusionsgrenzstromdichte* $i_{d,j}$ ergibt sich infolgedessen zu

$$\boxed{i_{d,j} = -\frac{n}{\nu_j} \cdot F \cdot D_j \cdot \frac{\bar{c}_j}{r}} \tag{2.152}$$

bzw. bei Diffusion mit Überführung oder bei Fremdelektrolytzusatz ergeben sich die entsprechenden Gl. (2.146) oder Gl. (2.147), in denen $\delta$ durch $r$ ersetzt ist.

*Alle Gesetze der stationären Diffusionsüberspannung bei ebener Diffusion*, insbesondere Gl. (2.93)

$$\eta_d = \frac{RT}{nF} \cdot \sum \nu_j \cdot \ln\left(1 - \frac{i}{i_{d,j}}\right) \tag{2.93}$$

*bleiben bestehen.*

Durch *Verkleinerung des Krümmungsradius* können also der Diffusionseinfluß und die *Diffusionsüberspannung weitgehend zurückgedrängt* werden. Da jedoch die Dicke der Diffusionsschicht unter Rühren des Elektrolyten bereits die Größenordnung $\delta \approx 10^{-3}$ cm hat, wird dieser Einfluß erst von Krümmungsradien $r < 10^{-3}$ cm ($r < 10\ \mu$) experimentell interessant.

## § 60. Die Diffusionsschicht

### α) *Rühren des Elektrolyten*

Wie schon in § 56 gesagt, können in guter Näherung die Diffusionsprobleme in einer gerührten Elektrolytlösung nach W. Nernst[1] und E. Brunner[2] durch die Annahme einer ruhenden Diffusionsschicht der Dicke $\delta$ gedeutet werden. Theoretisch kann aber keine scharfe Grenze zwischen einer bewegungslosen Diffusionsschicht und der bewegten Elektrolytlösung erwartet werden, da wegen der endlichen Viskosität immer ein endlicher Gradient der Strömungsgeschwindigkeit auftreten muß. Der Übergang zwischen dem Stofftransport durch Diffusion im Innern der Diffusionsschicht und durch Konvektion in der gerührten Elektrolytlösung kann daher nicht scharf sein. Es muß vielmehr in den äußeren Teilen der Diffusionsschicht noch eine Vermischung beider Transportarten vorliegen, worauf A. Eucken[3] aufmerksam gemacht hat.

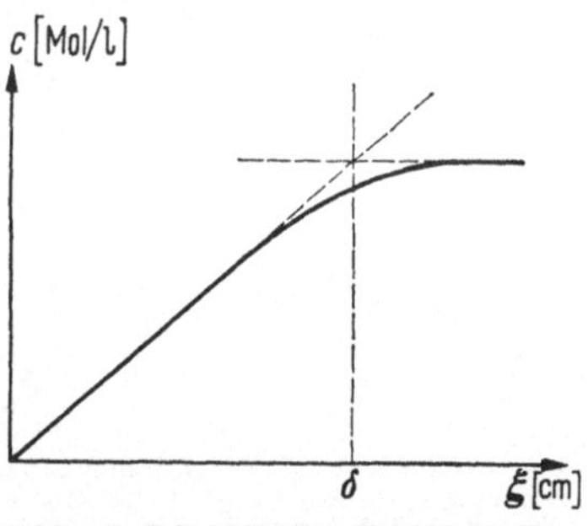

Abb. 68. Schematischer Verlauf der Konzentration $c$ in Abhangigkeit vom Oberflachenabstand $\xi$. innerhalb der Diffusionsschicht Definition der Schichtdicke $\delta$

Der wahre Konzentrationsverlauf in Abhängigkeit vom Oberflächenabstand $\xi$ ist in Abb. 68 schematisch dargestellt. Der Schnittpunkt der

[1] Nernst, W.: Z. physik. Chem. **47**, 52 (1904).
[2] Brunner, E.: Z. physik. Chem. **47**, 56 (1904); **58**, 1 (1907).
[3] Eucken, A.: Z. Elektrochem. **38**, 341 (1932).

linearen Extrapolation der Konzentration im Innern der Diffusionsschicht mit dem Wert $\bar{c}$ in der gerührten Elektrolytlösung wäre nach einfacheren Vorstellungen die Dicke $\delta$ der Diffusionsschicht. Bei einer laminaren Strömung ist die Konzentration in Abb. 68 die stationäre Konzentration. Bei einer turbulenten Strömung ist dagegen $c$ in Abb. 68 nur der zeitliche Mittelwert. Eine exakte Berechnung von $c = c(\xi)$ ist bei turbulenter Strömung außerordentlich schwierig und bisher noch nicht geglückt.

*Laminare Strömung*

A. EUCKEN[3] hat eine derartige Berechnung für den mathematisch einfacheren, aber praktisch seltener auftretenden Fall einer laminaren Strömung parallel zur Oberfläche behandelt, nachdem allerdings schon wesentlich früher E. POHLHAUSEN[4] das mathematisch äquivalente Problem bei der Wärmeübertragung gelöst hatte. Die Formel von EUCKEN wurde von B. LEWITSCH[5] unter Benutzung einer Arbeit von TH. V. KÁRMÁN[6] verbessert. Es ergab sich für die *ebene Platte* eine der Gleichung von POHLHAUSEN äquivalante Form, nach der die *Dicke der Diffusionsgrenzschicht* durch

$$\boxed{\delta = 3\, l^{1/2} \cdot v_\infty^{-1/2} \cdot \nu^{1/6} \cdot D^{1/3}} \tag{2.153}$$

gegeben wird.

Hierin ist $v_\infty$ die Geschwindigkeit der Flüssigkeit parallel zur Oberfläche in Richtung der Koordinate $l$ in großer (unendlicher) Entfernung, $\nu = \eta/\varrho$ die kinematische Zähigkeit*, die das Verhältnis des Koeffizienten innerer Reibung $\eta$ und der Dichte $\varrho$ der Flüssigkeit ist, $D$ die Diffusionskonstante und $l$ die Koordinate in Strömungsrichtung vom Anfang der Elektrode gerechnet. W. VIELSTICH[7] hat in einer ausführlichen Diskussion aller dieser Probleme Gl. (2.153) noch allgemeiner abgeleitet. Die Schichtdicke $\delta$ ist somit nicht über der ganzen Oberfläche konstant, sondern hängt noch stark von der Koordinate $l$ längs der Strömungsrichtung ab.

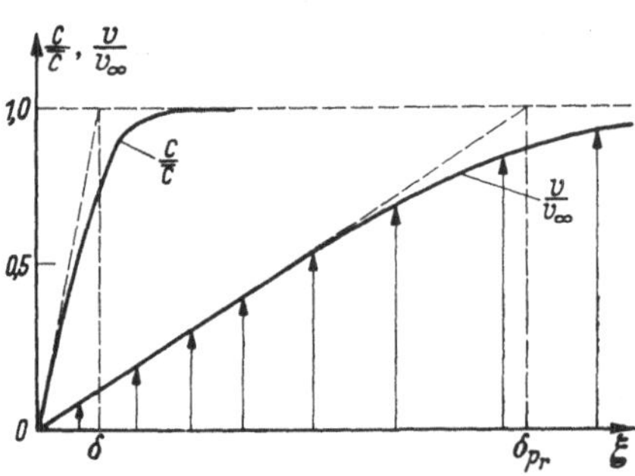

Abb. 69. Konzentrations- ($c/\bar{c}$) und Stromungsverlauf $v/v_\infty$ in Abhängigkeit vom Oberflachenabstand $\xi$ bei laminarer Strömung an einer ebenen Platte nach W. VIELSTICH[7]

In Abb. 69 ist der Verlauf von $c/\bar{c}$ und der tangentialen Strömungsgeschwindigkeit $v/v_\infty$ in Abhängigkeit vom Oberflächenabstand $\xi$ nach

[4] POHLHAUSEN, E.: Z. angew. Math. Mechan. 1, 115 (1921).
[5] LEWITSCH, B.: Acta physicochim. USSR 17, 257 (1942).
[6] KÁRMÁN, TH. VON: Z. angew. Math. Mechan. 1, 244, 233 (1921).
[7] VIELSTICH, W.: Z. Elektrochem. 57, 646 (1953).
* Die kinematische Zähigkeit $\eta/\varrho$ ist dem allgemeinen Gebrauch entsprechend mit $\nu$ bezeichnet. Sie ist nicht zu verwechseln mit der stöchiometrischen Zahl $\nu$ des Stoffes $S$.

W. VIELSTICH bei laminarer Strömung dargestellt. Die hier angegebene Dicke $\delta_{Pr}$ der Prantlschen Strömungsgrenzschicht ist nach PRANTL[8]

$$\delta_{Pr} = 3 \cdot l^{1/2} \cdot v_\infty^{-1/2} \cdot \nu^{1/2}. \tag{2.154}$$

Die in Gl. (2.153) angegebene Abhängigkeit der Diffusionsschichtdicke $\delta$ von der Diffusionskonstanten $D$ konnten A. EUCKEN[3], C. V. KING[9] und C. S. LIN[10] und aus Wärmeübertragungsmessungen F. ELIAS[11] und M. J. LIGHTHILL[12] bestätigen. Die Abhängigkeit von der Strömungsgeschwindigkeit $v_\infty$ wurde von G. TRÜMPLER u. H. ZELLER[13] zu $\delta \sim v_\infty^{-0,43}$ in guter Übereinstimmung mit Gl. (2.153) gefunden.

Besonders günstige Diffusionsverhältnisse liegen nach B. LEWITSCH[5,14] an einer rotierenden Scheibe vor, da hier die Diffusionsschicht an jeder Stelle der Scheibe die gleiche Dicke $\delta$ hat, wenn $\delta \ll r$ ist ($r$ = Scheibenradius). So lange die Strömung vor der rotierenden Scheibe laminar ist, gilt nach B. LEWITSCH[5,14] mit dem später von C. WAGNER[15] und W. VIELSTICH[7] verbesserten Proportionalitätsfaktor für die Diffusionsschichtdicke $\delta$ die Beziehung

$$\boxed{\delta = 1{,}75 \cdot \omega^{-1/2} \cdot \nu^{1/6} \cdot D^{1/3}} \tag{2.155}$$

$\omega$ ist die Winkelgeschwindigkeit. Die Proportionalitätsfaktoren der genannten Autoren unterscheiden sich nur geringfügig (1.62; 1.78; 1.75). D. P. GREGORY u. A. C. RIDDIFORD[16] geben für die Schichtdicke $\delta$ durch Einbeziehung eines weiteren Gliedes einer Reihenentwicklung noch eine genauere Formel

$$\delta = 1{,}805 \cdot \left[0{,}8934 + 0{,}316 \left(\frac{D}{\nu}\right)^{0,36}\right] \cdot \omega^{-1/2} \cdot \nu^{1/6} \cdot D^{1/3} \tag{2.155a}$$

an[17]. Von C. SIVER u. B. N. KABANOW[18] und später von anderen Autoren konnte der Einfluß der Winkelgeschwindigkeit nach Gl. (2.155) bestätigt werden. Abb. 196 (§ 140 $\eta$) und Abb. 204, 206 (§ 141 $\varepsilon$) sind hierfür Beispiele.

Die Flüssigkeit in unmittelbarer Nähe der Oberfläche der rotierenden Scheibe wird durch die innere Reibung ($\eta$) mitgerissen und dabei durch die Zentrifugalkraft ($\varrho$, $\omega$) radial vor der Scheibe nach außen geschleudert. In der Rotationsachse strömt hierbei ständig Flüssigkeit nach, die in radialer Richtung an der Scheibe vorbeifließt, wobei sich die Konzentrationsänderung infolge des elektrochemischen Umsatzes, vom

[8] PRANTL, L.: Physik. Z. **11**, 1072 (1910); **29**, 487 (1928); s. auch H. BLASIUS: Z. angew. Math. Physik **56**, 1 (1908).

[9] KING, C. V., W. H. CATHCART: J. Am. Soc. **59**, 63 (1937).

[10] LIN, C. S., E. B. DENTON, H. S. GASKILL u. G. L. PUTNAM: Ind. Eng. Chem. **43**, 2136 (1951).

[11] ELIAS, F.: Z. angew. Math. Mechan. **9**, 434 (1929); **10**, 1 (1930).

[12] LIGHTHILL, M. J.: Proc. Roy. Soc. **202 A**, 359 (1950).

[13] TRÜMPLER, G., u. H. ZELLER: Helv. chim. acta **34**, 952 (1951).

[14] LEWITSCH, B.: Disc. Faraday Soc. **1**, 37 (1947).

[15] WAGNER, C.: J. appl. Physics **19**, 837 (1948).

[16] GREGORY, D. P., u. A. C. RIDDIFORD: J. Chem. Soc. **1956**, 3756.

[17] VIELSTICH, W.: Z. analyt. Chem. **173**, 84 (1960).

[18] SIVER, C., B. N. KABANOW: J. phys. Chem. USSR. **22**, 53 (1948); **23**, 428 (1949).

Rotationsmittelpunkt beginnend, als Diffusionsvorgang (§ 63, 64) immer tiefer in die Flüssigkeit mit wachsendem Achsenabstand (also Verweilzeit) ausdehnen wird. Wegen der Inkompressibilität der Flüssigkeit muß sich bei der radialen Abströmung von der Rotationsachse aus ein Flüssigkeitsvolumenelement in tangentialer Richtung ausdehnen, dafür aber in Normalenrichtung zur Oberfläche zusammenziehen. Diese Bewegung der Flüssigkeit senkrecht zur Oberfläche kompensiert an jeder Stelle der Oberfläche die Ausbreitung des Diffusionsvorganges in die Flüssigkeit hinein, so daß sich eine stationäre Konzentrationsverteilung ausbildet. Glücklicherweise ist diese Konzentrationsverteilung vor jeder Stelle der Oberfläche die gleiche, wie die mathematische Behandlung dieses Problems durch B. LEWITSCH[5, 14] zeigt. Hierin liegt einer der besonderen Vorteile für die Anwendung der rotierenden Scheibe zur genaueren Berücksichtigung des Diffusionseinflusses.

*Turbulente Strömung*

Eine exakte Berechnung des Stofftransportes bei turbulenter Strömung war bisher nicht möglich. Trotzdem konnten aber verschiedene Autoren theoretische Aussagen über die Abhängigkeit der Schichtdicke von verschiedenen Größen machen. Alle diese Gleichungen lassen jedoch die Größe eines Proportionalitätsfaktors offen. Eine ausführliche, zusammenfassende Darstellung der verschiedenen Gesetzmäßigkeiten wurde von W. VIELSTICH[7] gegeben, in der die Gleichungen von L. PRANTL[19], E. TEN BOSCH u. E. HOFMANN[20], H. REICHARDT[21] und B. LEWITSCH[14, 22] diskutiert werden. Alle Gleichungen geben ähnliche Beziehungen zwischen $\delta$, der Reynoldsschen Zahl $\mathrm{Re} = v \cdot l/\nu$ und der Prantlschen Zahl $\mathrm{Pr} = \nu/D$ an, die der Gleichung von W. VIELSTICH[7]

$$\boxed{\delta \sim l^{0,1} \cdot v_\infty^{-0,9} \cdot \nu^{17/30} \cdot D^{1/3} =} \\ = l \cdot \mathrm{Re}^{-0,9} \cdot \mathrm{Pr}^{-1/3} \tag{2.156}$$

entsprechen. Hierin haben die Größen $l$, $v_\infty$, $\nu$ und $D$ die gleiche Bedeutung wie in Gl. (2.153).

Diese angegebene Gesetzmäßigkeit Gl. (2.156) konnte von verschiedenen Forschern experimentell befriedigend bestätigt werden. H. KRAUSSOLD u. W. NUSSELT[23], T. H. CHILTON u. A. P. COLBURN[24] und C. S. LIN u. G. L. PUTNAM[10] fanden eine Beziehung $\delta \sim l \cdot \mathrm{Re}^{-0,8} \cdot \mathrm{Pr}^{-1/3}$.

[19] PRANTL, L.: Führer durch die Strömungslehre, Braunschweig: Vieweg 1944. — Siehe auch E. ECKERT: Einführung in den Wärme- und Stoffaustausch. Berlin-Göttingen-Heidelberg: Springer 1949. — L. PRANTL: Physik. Z. **11**, 1072 (1910); **29**, 487 (1928).

[20] BOSCH, E. TEN: Wärmeübertragung. Berlin-Göttingen-Heidelberg: Springer 1936.

[21] REICHARDT, H.: Z. angew. Math. Mechan. **20**, 297 (1940).

[22] LEWITSCH, B.: J. phys. Chem. USSR. **22**, 575, 711, 721 (1948).

[23] KRAUSSOLD, H.: Forsch. Gebiete Ingenieurwesen **4**, 39 (1933).

[24] CHILTON, T. H., u. A. P. COLBURN: Ind. Eng. Chem. **26**, 1183 (1934); Trans. Amer. Inst. Chem. Eng. **29**, 174 (1933).

USCHIDA[25] konnte die Beziehung bezüglich der Strömungsgeschwindigkeit, also der Reynoldsschen Zahl und W. H. LINTON u. T. K. SHERWOOD[26] bezüglich der Prantlschen Zahl bestätigen. C. V. KING u. W. H. CATHCART[9, 27] fanden experimentell $\delta \sim D^{0,30}$. H. HAUSEN[28] bringt für den Wärmetransport noch eine gewisse Erweiterung an.

Der Konzentrationsverlauf $c/\bar{c}$ und die Abhängigkeit der tangentialen, zeitlich gemittelten Strömungsgeschwindigkeit $\bar{v}$ vom Oberflächenabstand $\xi$ sind für die turbulente Strömung nach W. VIELSTICH[7] in Abb. 70 dargestellt. Hierin bedeutet $\delta$ die Nernstsche Diffusionsgrenzschicht, $\delta_0$ die Zähigkeitsunterschicht nach B. LEWITSCH[22] und $\delta_{Pr}$ die Prantlsche Strömungsgrenzschicht[29], die aus der turbulenten Kernzone und der Zähigkeitsunterschicht besteht.

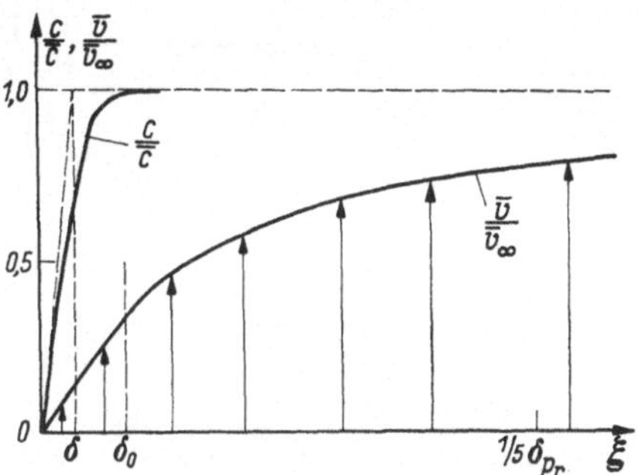


Abb. 70. Konzentrations- ($c/\bar{c}$) und mittlere tangentiale zeitliche Stromungsgeschwindigkeit $\bar{v}/v_\infty$ in Abhangigkeit vom Oberflachenabstand $\xi$ bei turbulenter Strömung nach W. VIELSTICH[7]. $\delta$ = Diffusionsgrenzschicht, $\delta_0$ = Zahigkeitsunterschicht nach B. LEWITSCH, $\delta_{Pr}$ = Prantlsche Stromungsgrenzschicht

Wie aus Gl. (2.156) hervorgeht, hat die Diffusionsgrenzschicht $\delta$ nicht über der ganzen Oberfläche eine konstante Dicke. An der Kante der Elektrode $l = 0$, die zuerst von dem strömenden Elektrolyten getroffen wird, ist die Dicke nach Gl. (2.156) sogar $\delta = 0$ und somit wären in der Nähe dieser Kante die Diffusionsgrenzstromdichten nach Gl. (2.91) bzw. Gl. (2.145) außerordentlich groß. Da allerdings der Abstand $l$ in Gl. (2.156) mit der 10. Wurzel eingeht, führt Gl. (2.156) trotzdem immer zu einer endlichen mittleren Diffusionsgrenzstromdichte $\bar{i_d}$, der nach Gl. (2.91) oder Gl. (2.145) eine mittlere Dicke $\delta$ der Diffusionsschicht zugeordnet werden kann. $\delta$ ergibt sich aus der mittleren Diffusionsgrenzstromdichte $\bar{i_d}$, die aus der Integration der örtlichen Diffusionsgrenzstromdichten $i_d(l)$ nach

$$\bar{i_d} = \frac{1}{L} \cdot \int_0^L i_d(l)\, dl \tag{2.157}$$

folgt. Es ist hier allgemein $\bar{i_d} = 0{,}9 \cdot i_d(L)$. In Abb. 71 ist der Verlauf der Schichtdicke $\delta$ in Abhängigkeit von $l/L$ nach Gl. (2.156) dargestellt. Es ist zu erkennen, daß der Einfluß der Strömungskante nicht sehr groß ist, und daß im wesentlichen mit einer einheitlichen, über die ganze Fläche praktisch konstanten Diffusionsgrenzstromdichte gerechnet werden kann.

[25] USCHIDA, S.: J. Soc. chem. Ind. Japan **B 36, 416** (1933); **B 36**, 635 (1933); **B 37**, 456 (1934).

[26] LINTON, W. H., T. K. SHERWOOD: Ind. Eng. Chem. **26**, 516 (1934).

[27] KING, C. V.: J. Am. Soc. **57**, 828 (1935).

[28] HAUSEN, H.: Z. Ver. dtsch. Ing. Beih. Verfahrenstechn. **4**, 91 (1943).

[29] PRANTL, L.: Physik. Z. **11**, 1072 (1910); **29**, 487 (1928).

Im Experiment wird vielfach nicht die Strömungsgeschwindigkeit $\bar{v}_\infty$ des Elektrolyten gemessen, sondern die Tourenzahl $U$ in Umdrehungen/min eines Rührers. Die mittlere Dicke $\delta$ der Diffusionsschicht wird durch das von E. BRUNNER[30] und von NERNST u. MERRIAM[31] aufgestellten empirische Gesetz

$$\delta = a \cdot U^{-\alpha}, \quad 0{,}5 < \alpha < 1 \tag{2.158}$$

als Funktion der Tourenzahl $U$ wiedergegeben. Abb. 72 gibt die Übereinstimmung zwischen den Meßwerten und der Gl. (2.158) mit $\alpha = 0{,}6$

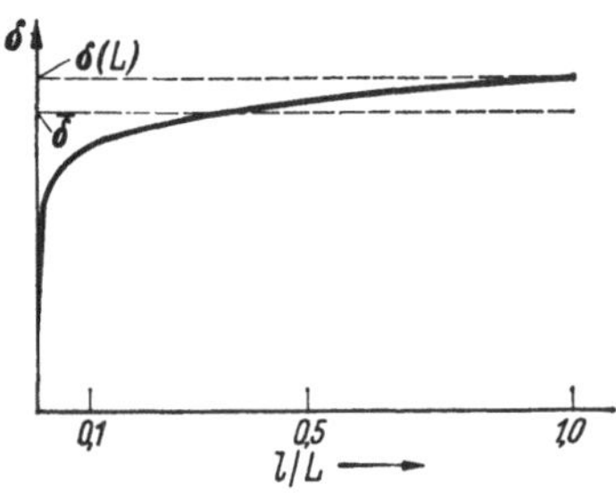


Abb. 71. Die Dicke $\delta$ der Diffusionsschicht nach Gl. (2.156) in Abhängigkeit vom Abstand $l$ von der Elektrodenkante. $L$ = Länge der Elektrode in Strömungsrichtung. Mittlere effektive Schichtdicke $\bar{\delta} = 0{,}9 \cdot \delta(L)$

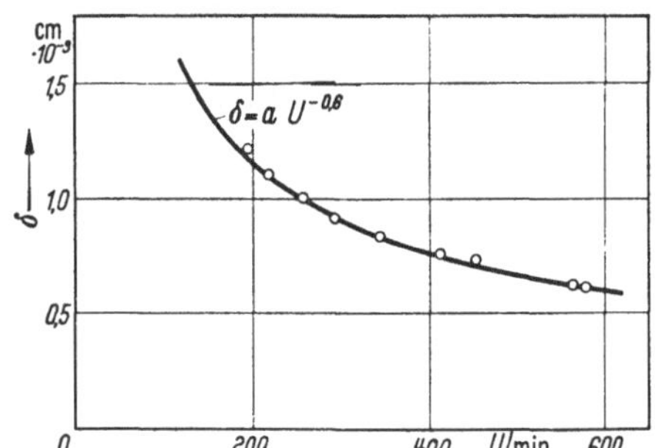


Abb. 72. Diffusionsschichtdicke $\delta$ in Abhängigkeit von der Rührgeschwindigkeit in Umdrehungen/min nach NERNST u. MERRIAM[31]. Kurve nach Gl. (2.158) mit $\alpha = 0{,}6$

(Kurve) wieder. Auch O. SACKUR[32], A. EUCKEN[33], K. JABLCZYNSKI[34], M. WILDERMANN[35], R. G. VAN NAME u. G. EDGAR[36] und C. V. KING[37] konnten dieses Gesetz Gl. (2.158) experimentell mit $\alpha$-Werten zwischen 0,6 und 0,9 bestätigen. Die Größenordnung der Schichtdicke fanden alle bei etwa $10^{-3}$ cm. Diese Größenordnung wurde auch später immer wieder ermittelt.

*β) Ohne Rühren des Elektrolyten*

Auch ohne Rühren des Elektrolyten stellt sich nach einiger Wartezeit eine zeitlich konstante Diffusionsüberspannung ein. Auch bildet sich hierbei nach Vorgabe einer größeren Überspannung, die im Bereich eines Grenzstromes liegen würde, nach einiger Zeit eine konstante Stromdichte aus, die den Charakter einer Diffusionsgrenzstromdichte hat. Es muß sich also auch ohne Rühren eine Diffusionsschicht ausbilden können.

Die Ursache für die Ausbildung einer derartigen Schicht ist die Änderung $\Delta\varrho$ der Dichte $\varrho$ der Elektrolytlösung in Oberflächennähe

[30] BRUNNER, E.: Z. physik. Chem. **47**, 56 (1904); **51**, 95 (1905); **58**, 1 (1907).
[31] NERNST, W., E. S. MERRIAM: Z. physik. Chem. **53**, 235 (1905).
[32] SACKUR, O.: Z. physik. Chem. **54**, 641 (1906).
[33] EUCKEN, A.: Z. physik. Chem. **59**, 72 (1907).
[34] JABLCZYNSKI, K.: Z. physik. Chem. **64**, 748 (1908).
[35] WILDERMANN, M.: Z. physik. Chem. **66**, 445 (1909).
[36] NAME, R. G. VAN, G. EDGAR: Z. physik. Chem. **73**, 97 (1910); Am. J. Sci. **29**, 237 (1910).
[37] KING, C. V., M. SCHACK: J. Am. Soc. **57**, 1212 (1935). — KING, C. V., W. H. CATHCART: J. Am. Soc. **59**, 63 (1937).

infolge der Veränderung der Elektrolytzusammensetzung bei Stromfluß. Hierdurch tritt eine langsame Konvektion der Elektrolytlösung vor der Oberfläche auf, die schwachem Rühren entspricht, worauf bereits Z. KARAOGLANOFF[1] hinwies. Diese Bewegung des Elektrolyten vor der Oberfläche wird als *natürliche Konvektion* bezeichnet.

Für die Dicke $\delta$ dieser durch natürliche Konvektion verursachten Schicht geben WILSON u. YOUTZ[2] sowie GLASSTONE[3] $\delta = 0{,}05$ cm und LAITINEN u. KOLTHOFF[4] $\delta = 0{,}025$ cm an. Diese Größenordnung wird auch in neueren Arbeiten bestätigt. Es ergibt sich aus diesen Untersuchungen, daß für eine bestimmte Versuchsanordnung keine konstante Schichtdicke angegeben werden kann. $\delta$ hängt vielmehr von einer Reihe von Größen, wie *Elektrolytzusammensetzung*, *Stromdichte*, *Viskosität*, *Diffusionskonstante*, *Dichte*, *Elektrodenreaktion*, *Elektrodenhöhe*, *Elektrodenform* und *Orientierung der Elektrode* ab.

Von B. LEWITSCH[5], J. N. AGAR[6], C. WAGNER[7], G. H. KEULEGAN[8] und von C. W. TOBIAS, M. EISENBERG u. C. R. WILKE[9] sind auf hydrodynamischer Grundlage untereinander gleiche theoretische Beziehungen für die Schichtdicke $\delta$

$$\boxed{\delta = \frac{1}{k} \cdot \left(\frac{D \cdot \nu \cdot l}{\alpha \cdot g \cdot \Delta c}\right)^{1/4}} \qquad (2.159)$$

abgeleitet worden, die sich nur in der Konstante $k$ geringfügig unterscheiden. Gl. (2.159) ist für eine vertikale Elektrodenoberfläche abgeleitet. Es ist hierin $D$ = Diffusionskoeffizient, $\nu$ = kinematische Zähigkeit, $l$ = Ortskoordinate auf der Elektrodenoberfläche in vertikaler Richtung von der oberen bzw. unteren Kante der Elektrode gezählt, $g$ = Erdbeschleunigung, $\Delta c$ = Konzentrationsdifferenz und $\alpha = \partial\varrho/\varrho \cdot \partial c$ = Dichtekoeffizient, in dem $\varrho$ = Dichte und $c$ = Konzentration ist.

Die Größe $k$ folgt aus der Beziehung

$$\mathrm{Nu} = k \cdot (\mathrm{Pr} \cdot \mathrm{Gr})^{1/4}$$

in der

$$\mathrm{Nu} = \frac{j \cdot l}{\Delta c \cdot D} = \frac{l}{\delta} = \text{Nusseltsche Zahl},$$

$$\mathrm{Pr} = \frac{\nu}{D} = \text{Prantlsche Zahl},$$

$$\mathrm{Gr} = \frac{l^3 \cdot g \cdot \alpha \cdot \Delta c}{\nu^2} = \text{Grashofsche Zahl}$$

[1] KARAOGLANOFF, Z.: Z. Elektrochem. **12**, 5 (1906).

[2] WILSON, R. E., M. A. YOUTZ: Ind. Eng. Chem. **15**, 603 (1923).

[3] GLASSTONE, S.: Trans. electrochem. Soc. **59**, 277 (1931). — Siehe auch S. GLASSTONE u. A. HICKLING: Electrolytic Oxidation and Reduction, S. 81. Chapman a. Hall Ltd.: London 1935.

[4] LAITINEN, H. A., J. M. KOLTHOFF: J. Physic. Chem. **45**, 1061 (1941).

[5] LEWITSCH, B.: Acta physicochim. USSR. **19**, 117 (1944); Disc. Faraday Soc. **1**, 37 (1947).

[6] AGAR, J. N.: Disc. Faraday Soc. **1**, 26 (1947); Trans. electrochem. Soc. **95**, 361 (1949).

[7] WAGNER, C.: J. Physic. Chem. **53**, 1030 (1949); Trans. electrochem. Soc. **95**, 161 (1949).

bedeuten ($j$ = Teilchenstrom/cm$^2$ · sec)[10]. LEWITSCH[5] errechnet $k = 0{,}51$, Agar[6] $k = 0{,}525$ entsprechend der Theorie von SCHMIDT, POHLHAUSEN u. BECKMANN bei E. TEN BOSCH[11]. C. WAGNAR[7] gibt $k = 0{,}726$, G. H. KEULEGAN[8] $k = 0{,}628$ und TOBIAS, Eisenberg u. WILKE[9] $k = 0{,}677$ an.

Bei Abwesenheit eines Fremdelektrolyten ergibt sich durch Einsetzen von Gl. (2.159) in Gl. (2.146)

$$i_{d,A}(l) = -z_A\left(1 + \left|\frac{z_A}{z_B}\right|\right) \cdot F \cdot k \cdot \left(\frac{D^3 \cdot \alpha \cdot g}{\nu \cdot l}\right)^{1/4} \cdot \bar{c}_A^{5/4} \qquad (2.160)$$

für die örtliche Diffusionsgrenzstromdichte $i_d(l)$ in einer Entfernung $l$ von der Elektrodenkante, die der Strömung zugekehrt ist. Die mittlere Stromdichte $i_d$ einer Elektrode der Länge $L$ ist

$$i_d = \frac{1}{L} \cdot \int_0^L i_d(l)\, dl = \frac{4}{3}\, i_d(L) \qquad (2.161)$$

$i_d$ ist also

$$i_d = -z_A \cdot \left(1 + \left|\frac{z_A}{z_B}\right|\right) \cdot F \cdot \frac{4}{3} \cdot k \cdot \left(\frac{D^3 \cdot \alpha \cdot g}{\nu \cdot L}\right)^{1/4} \cdot \bar{c}_A^{5/4} \qquad (2.162)$$

Gl. (2.162) entspricht der von N. IBL[12] auf Grund der zuvor zitierten Arbeiten angegebenen Gleichung*.

Aus Gl. (2.162) folgt die bemerkenswerte Tatsache, daß die Diffusionsgrenzstromdichte $i_d$ bei natürlicher Konvektion nicht direkt der Konzentration, sondern $c^{1,25}$ proportional sein muß. Diese Abhängigkeit konnte von WILKE, EISENBERG u. TOBIAS[13] und von N. IBL[12,14] bestätigt werden. Die Abhängigkeit der mittleren Grenzstromdichte von der Höhe $L$ der Elektrode nach $L^{-1/4}$ konnte von C. WAGNER[7] und WILKE, EISENBERG u. TOBIAS[13] festgestellt werden. Nach Gl. (2.160) ändert sich die örtliche Diffusionsgrenzstromdichte $i_d(l)$ mit der Höhe $l$ nach $l^{-1/4}$, was ebenfalls von C. WAGNER[7], WILKE, EISENBERG u. TOBIAS[13] und N. IBL, W. RÜEGG u. G. TRÜMPLER[15] bestätigt werden konnte. Auch der aus Gl. (2.162) folgende Einfluß der Diffusionskonstante und der inneren Reibung auf $\delta$ ist von WILKE, EISENBERG u. TOBIAS[13] in Glycerin-Wasser-Lösungen festgestellt worden.

Weiterhin folgt aus Gl. (2.109) nach Einsetzen von Gl. (2.159) für die Stromdichte $i$ eine Proportionalität zu $\Delta c^{5/4}$. Außerdem ist $\delta$ proportional $\Delta c^{-1/4}$, so daß die Schichtdicke $\delta$ auch von der Größe der

---

[8] KEULEGAN, G. H.: J. Res. nat. Bur. Standards **47**, 156 (1951).

[9] TOBIAS, C. W., M. EISENBERG u. C. R. WILKE: J. electrochem. Soc. **99**, 359 C (1952). — WILKE, C. R., M. EISENBERG u. C. W. TOBIAS: J. electrochem. Soc. **100**, 513 (1953); Chem. Engng. Progr. **49**, 663 (1953).

[10] Siehe hierzu auch W. VIELSTICH: Z. Elektrochem. **57**, 646 (1953).

[11] BOSCH, E. TEN: Wärmeübertragung. Berlin-Göttingen-Heidelberg: Springer 1936.

[12] IBL, N.: Helv. chim. Acta **37**, 1149 (1954).

* Die reziproke Überführungszahl muß hier richtiger durch $z_A\,(z_A + z_B)/z_B$ ersetzt werden.

[13] WILKE, C. R., M. EISENBERG u. C. W. TOBIAS: J. electrochem. Soc. **100**, 513 (1953).

[14] IBL, N., K. BUOB u. G. TRÜMPLER: Helv. chim Acta **37**, 2251 (1954).

[15] IBL, N., W. RÜEGG u. G. TRÜMPLER: Helv. chim. Acta **36**, 1624 (1953).

Stromdichte $i$ abhängt. Aus den angegebenen Beziehungen folgt eine Abhängigkeit der Diffusionsschichtdicke $\delta$ bei natürlicher Konvektion von der Stromdichte nach $\delta \sim i^{-0,2}$. Diese Beziehung haben N. IBL, Y. BARRADA u. G. TRÜMPLER[16] sowohl theoretisch als auch experimentell gefunden. Abb. 73 zeigt die von diesen Autoren festgestellte Abhängigkeit von der Stromdichte $i$. Ein Einfluß des Stromes auf die Schichtdicke ist insofern verständlich, als in der gleichen Lösung ein größerer Strom einen stärkeren Dichteunterschied hervorruft, der wiederum zu einer beschleunigten Konvektion und damit kleineren Schichtdicke führt.

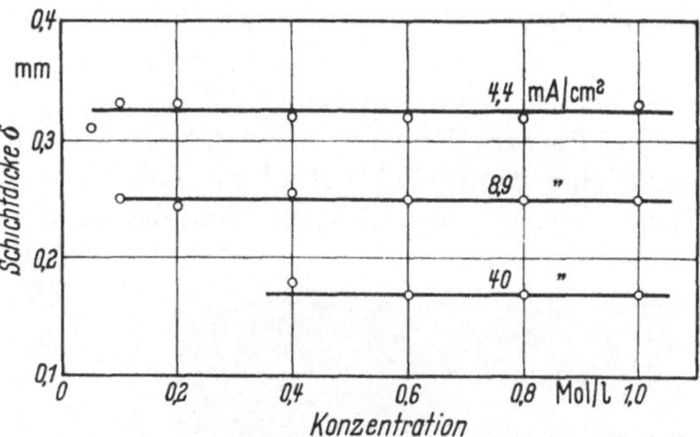


Abb. 73. Abhängigkeit der Diffusionsschichtdicke $\delta$ bei natürlicher Konvektion von der Stromdichte $i$ und der Konzentration. Abscheidung von Cu aus $CuSO_4$-Lösungen nach N. IBL, Y. BARRADA u. G. TRÜMPLER[16]

Schließlich soll noch auf eine ausgezeichnete Methode zur Untersuchung der Konzentrationsverteilung innerhalb der Diffusionsschicht hingewiesen werden. Durch eine interferometrische Methode, die auf die interferometrische Schlierenapparatur nach H. J. ANTWEILER[17] zurückgeht, konnte N. IBL[16, 18] die Konzentrationsverteilung vor der Oberfläche unmittelbar sichtbar machen. Abb. 74 zeigt eine Aufnahme mit dem Interferometer nach N. IBL u. R. MÜLLER[18]. Die Verschiebung der Interfe-

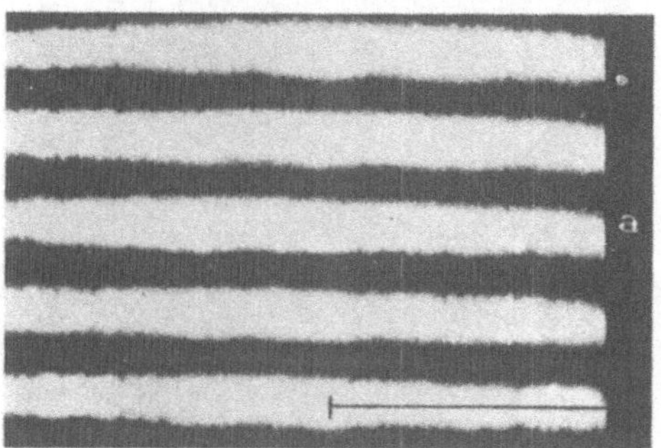


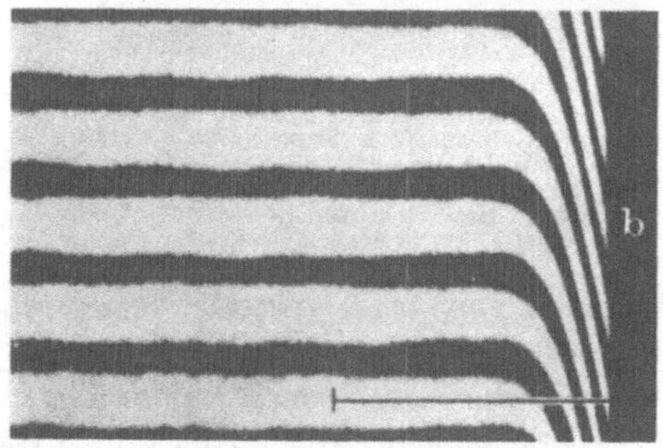


Abb. 74. Konzentrationsänderung innerhalb der Diffusionsschicht bei natürlicher Konvektion mit der interferometrischen Methode nach N. IBL u. R. MÜLLER [Z. Elektrochem. **59**, 671 (1955)] sichtbar gemacht. Die Verschiebung der Interferenzstreifen ist proportional der Konzentrationsänderung. Eingezeichneter Maßstab: 0,1 cm. a) stromlos, b) mit Strom

[16] IBL, N., Y. BARRADA u. G. TRÜMPLER: Helv. chim. Acta **37**, 583 (1954).
[17] ANTWEILER, H. J.: Z. Elektrochem. **43**, 596 (1937); **44**, 719 (1938); **44**, 831 (1938); **44**, 888 (1938).
[18] IBL, N., u. R. MÜLLER: Z. Elektrochem. **59**, 671 (1955).

renzstreifen bei Stromfluß (*b*) gegenüber der Lage im stromlosen Zustand (*a*) ist proportional der Konzentrationsänderung. In Abb. 74 ist deutlich eine Schichtdicke von etwa 0,03 cm und der Übergang zu einem angenähert linearen Konzentrationsgradienten sehr gut zu erkennen. Abb. 75 zeigt eine Dunkelfeldaufnahme von N. IBL u. R. MÜLLER[18], die mit Hilfe einer Suspension von Kolophonium deutlich eine Auskunft über die Strömungsverhältnisse in der Diffusionsschicht bei natürlicher Konvektion gibt. Zur Markierung der Strömungsrichtung ist die Belichtung kurzzeitig unterbrochen worden.

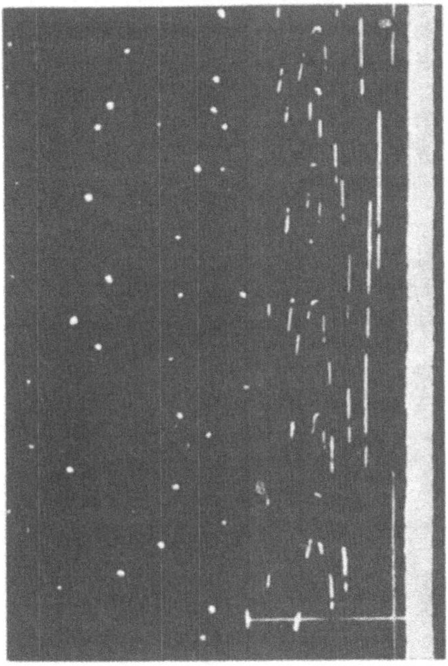

Abb. 75. Verlauf der Strömung innerhalb der Diffusionsgrenzschicht bei natürlicher Konvektion nach N. IBL u. R. MÜLLER [Z. Elektrochem. 59, 671 (1955)]. Kathodische Cu-Abscheidung aus 0,6 m $CuSO_4$-Lösung. Belichtungszeit 2 sec (mit Unterbrechung). Eingezeichneter Maßstab 0,1 cm. Höhe über Kathodenrand 2,5 cm. Kolophonium-Suspension

Eine ältere Methode zur Untersuchung der Konzentrationsverhältnisse in der Diffusionsschicht ist von A. BRENNER[19] angegeben worden. Hierbei wurde nach Ausbildung der Diffusionsschicht der Elektrolyt sehr schnell eingefroren und parallel zur Oberfläche in dünne Scheiben geschnitten, die analysiert wurden. Eine weitere Methode, in der der Elektrolyt an bestimmten Stellen abgesaugt wird, ist von H. J. READ u. A. K. GRAHAM[20] beschrieben worden.

Alle diese Versuche sowie auch die genannten theoretischen Berechnungen führen zu einer Schichtdicke von einigen 0,01 cm, deren genauer Wert jedoch in der beschriebenen Weise von den verschiedensten Größen abhängt. Infolge der meistens nur sehr geringen Dichteunterschiede ist eine Störung der Ausbildung der natürlichen Konvektion sehr leicht möglich, so daß bei nicht sorgfältiger Versuchsanordnung und Durchführung die Reproduzierbarkeit nicht gut ist. Konstantes Rühren hat deshalb bezüglich der Reproduzierbarkeit große Vorteile.

## § 61. Diffusionswiderstand $R_d$ bei Gleichstrom

Wie in § 54 für die Durchtrittsüberspannung läßt sich auch für die Diffusionsüberspannung ein Polarisationswiderstand $R_d$ der Elektrode definieren, der hier Diffusionswiderstand genannt wird. Den Begriff

[19] BRENNER, A.: Proc. Am. Electroplaters Soc. **1941**, 28.

[20] READ, H. J., A. K. GRAHAM: Trans. electrochem. Soc. 78, 279 (1940); 80, 329 (1941).

eines Diffusionswiderstandes haben wohl zuerst J. E. B. RANDLES[1] und B. ERSHLER[2] in Anwendung auf die Wechselstromüberspannung benutzt. Der Diffusionswiderstand wird definiert[3] als

$$R_d = \left(\frac{\partial \eta_d}{\partial i}\right)_{\eta = 0} \tag{2.163}$$

und entspricht der Neigung der Stromdichtepotentialkurve bei reiner Diffusionsüberspannung am Gleichgewichtspotential $\varepsilon_0$.

Dieser Diffusionswiderstand einer Elektrode ergibt sich nach K. J. VETTER[3,4] aus der Stromdichte-Potentialbeziehung Gl. (2.93) bzw. Gl. (2.112) für Gleichstrom durch Differentiation nach der Stromdichte $i$ für $i = 0$ bzw. $\eta = 0$ zu

$$\boxed{R_d = \left(\frac{\partial \eta_d}{\partial i}\right)_{\eta = 0} = -\frac{RT}{nF}\cdot\sum \frac{\nu_j}{i_{d,j}} = = \frac{RT}{nF}\cdot\sum \frac{|\nu_j|}{|i_{d,j}|}}\,. \tag{2.164}$$

*$R_d$ ist somit bei Kenntnis der Elektrodenbruttoreaktion (Elektrodenreaktionswertigkeit $n$, stöchiometrische Faktoren $\nu_j$) und der Diffusionsgrenzstromdichte $i_{d,j}$ aller in der Bruttoreaktion auftretenden Substanzen $S_j$ bekannt.* Da $\nu_j$ definitionsgemäß immer das entgegengesetzte Vorzeichen von $i_{d,j}$ hat, ist jeder Summand $\nu_j/i_{d,j} < 0$, also eine negative Größe, so daß sich $R_d$ wegen des negativen Vorzeichens vor der Formel prinzipiell aus positiven Summanden zusammensetzt. Die Verwendung eines Diffusionswiderstandes ist nur in dem Bereich sinnvoll, in dem die Überspannung $\eta_d$ proportional der Stromdichte $i$ ist. Eine Abschätzung zeigt, daß diese Bedingung in einem Überspannungsbereich von etwa $\pm 5$ mV praktisch zutrifft. Eine Stromdichte von 20% der auftretenden Grenzstromdichte bewirkt eine Abweichung der Größenordnung 10% des Differenzenquotienten $\eta_d/i$ vom Differentialquotienten $(\partial\eta_d/\partial i)_{\eta=0}$.

Interessant ist noch eine Darstellung des Diffusionswiderstandes anhand der gesamten Stromspannungskurve. In Abb. 57 (S. 144) sind für die Fälle $|\nu_j|/n = 0{,}5$, 1,0 und 2,0 die Tangenten im Punkte $\eta = 0$, $i = 0$ an die Stromspannungskurven gezeichnet. Die Neigung dieser Tangenten entspricht dem Diffusionswiderstand $R_d$, wie aus Gl. (2, 164) folgt. Der Schnittpunkt mit der Parallelen zur $\eta$-Achse im Abstand des Grenzstromdichtewertes $i_d$ hat eine einfache Bedeutung. Nach Gl. (2.164) ist der Überspannungswert des Schnittpunktes $R_d \cdot i_d$. Bei nur einer Substanz $S_1$ ist infolgedessen

$$i_{d,j}\cdot R_d = \frac{RT}{F}\cdot\frac{|\nu_j|}{n} = 25{,}6\cdot\frac{|\nu_j|}{n}\,\text{mV}\,. \tag{2.165}$$

---

[1] RANDLES, J. E. B.: Disc. Faraday Soc. **1**, 11 (1947).

[2] ERSHLER, B.: Disc. Faraday Soc. **1**, 269 (1947); J. phys. Chem. USSR **22**, 683 (1948). In der letzten Arbeit erscheint der Name „Diffusionswiderstand“ zuerst.

[3] VETTER, K. J.: Z. Elektrochem. **55**, 121 (1951).

[4] VETTER, K. J.: Z. physik. Chem. **194**, 284 (1950). — VETTER, K. J., G. MANECKE: Z. physik. Chem. **195**, 270 (1951).

also in Abb. 57 bei 25°C somit 12,8 mV, 25,6 mV und 51,2 mV. Ähnliche Beziehungen sind auch an den Kurven der Abb. 59 zu erkennen.

Die aus Gl. (2.164) folgende Summierung der Anteile der einzelnen Substanzen zum gesamten Diffusionswiderstand soll noch am Beispiel der Abb. 59 (S. 145) erläutert werden. Dort wurde eine Elektrodenbruttoreaktion $2S_1 + S_2 \leftrightharpoons 3S_3 + 2e^-$ verwendet. Der Diffusionswiderstand $R_d$ ergibt sich mit den $\nu$-Werten $\nu_1 = -2$, $\nu_2 = -1$, $\nu_3 = +3$ und $n = 2$ nach Gl. (2.164) zu

$$R_d = \frac{RT}{2F} \cdot \left( \frac{2}{|i_{d,1}|} + \frac{1}{|i_{d,2}|} + \frac{3}{|i_{d,3}|} \right).$$

Abb. 59 bestätigt diese Beziehung, wenn die Neigungen der Teilkurven in Überspannungsrichtung addiert werden.

## § 62. Diffusionsimpedanz $\mathfrak{R}_d$ bei Wechselstrom

Für die stationäre Ausbildung eines Konzentrationsgefälles wird eine gewisse Zeit benötigt, und auch nach einer Änderung der Stromdichte wird der stationäre Zustand nur asymptotisch mit der Zeit erreicht. Ein in seiner Stromdichte zeitlich variabler Strom führt demzufolge zu einer zeitlich variablen Konzentrationsverteilung, die im Rhythmus des Stromes schwankt.

Die von E. WARBURG[1] und F. KRÜGER[2] schon frühzeitig durchgeführte Berechnung der Konzentrationsverteilung bei Verwendung eines sinusförmigen Wechselstromes führt zu einer Konzentrationswelle die mit einer Dämpfung von der Oberfläche in den Elektrolyten läuft, wobei die Konzentration unmittelbar an der Oberfläche eine Phasenverschiebung von 45° gegenüber dem Strom hat. Das bedeutet, daß das Konzentrationsmaximum erst $^1/_8$ Schwingungszeit nach Erreichen des Strommaximums auftritt.

Im folgenden soll die Ableitung der Konzentrationswelle nach E. WARBURG und F. KRÜGER kurz dargestellt werden. Für die zeitliche ($t$) und örtliche ($\xi$) Veränderung der Konzentration im Elektrolyten vor der Oberfläche muß das zweite Ficksche Gesetz

$$\frac{\partial c_j}{\partial t} = D_j \cdot \frac{\partial^2 c_j}{\partial \xi^2} \tag{2.166}$$

angesetzt werden. $\xi$ ist der Oberflächenabstand, $t$ die Zeit und $D$ die Diffusionskonstante. Eine Wechselstromdichte

$$i = I \cdot \sin \omega t, \tag{2.167}$$

der die Randbedingung

$$\left( \frac{\partial c_j}{\partial \xi} \right)_{\xi = 0} = - \frac{I \cdot \nu_j}{n \cdot F \cdot D_j} \cdot \sin \omega t \tag{2.168}$$

auf Grund des Faradayschen und 1. Fickschen Gesetzes entspricht, führt auf die Lösung von Gl. (2.166)

$$c_j(\xi, t) = \bar{c}_j + A \cdot \exp(-\xi/\xi_0) \cdot \sin(\omega t - 2\pi \xi/\lambda + \beta), \tag{2.169}$$

[1] WARBURG, E.: Wied. Ann. **67**, 493 (1899).

[2] KRÜGER, F.: Z. physik. Chem. **45**, 1 (1903).

die eine gedämpfte in die Elektrolytlösung hinein laufende Konzentrationswelle mit der Phasenverschiebung $\beta$ an der Oberfläche $\xi = 0$ darstellt.

Durch partielle Differentiation von Gl. (2.169) nach $\xi$ und $t$ und Einsetzen in das 2. Ficksche Gesetz Gl. (2.166) werden durch Koeffizientenvergleich die Beziehungen für $\xi_0$ und $\lambda$ erhalten. Es ergibt sich $\xi_0 = \lambda/2\pi$ mit

$$\xi_0 = +\sqrt{\frac{2D}{\omega}} \quad \text{und} \quad \lambda = 2\pi \cdot \sqrt{\frac{2D}{\omega}}. \tag{2.170a, b}$$

Wegen der Randbedingung, nach der $c_j$ für $\xi \to \infty$ einen definierten endlichen Wert annehmen muß, ist das positive Vorzeichen der Wurzel zu wählen. $\xi_0$ ist die Eindringtiefe der Konzentrationswelle, bis zu der die Amplitude auf den Bruchteil $1/e = 0{,}372$ abgesunken ist. $\lambda$ ist die Wellenlänge der Konzentrationswelle. Aus Gl. (2.169) und Gl. (2.170a, b) folgt, daß die Amplitude pro Wellenlänge auf $\exp(-2\pi) = 1{,}8 \cdot 10^{-3}$ absinkt. Die Welle ist also außerordentlich stark gedämpft.

Die erste partielle Ableitung nach $\xi$ liefert für $\xi = 0$ durch Koeffizientenvergleich mit der Randbedingung Gl. (2.168) die Größe von $\beta$ und $A$. Für $\beta$ folgt wegen $\operatorname{tg}\beta = -1$ der Wert $\beta = -\pi/4$ und für $A$ ergibt sich

$$A = \frac{I \cdot \nu_j}{n \cdot F \cdot \sqrt{D_j \cdot \omega}}. \tag{2.171}$$

Im Gesamten ist daher die Gleichung der Konzentrationswelle

$$\begin{aligned} c_j(\xi, t) = \bar{c}_j + \frac{I \cdot \nu_j}{n \cdot F \cdot \sqrt{D_j \cdot \omega}} \cdot \exp\left(-\sqrt{\frac{\omega}{2D}} \cdot \xi\right) \times \\ \times \sin\left(\omega t - \sqrt{\frac{\omega}{2D}} \cdot \xi - \frac{\pi}{4}\right). \end{aligned} \tag{2.172}$$

In Abb. 76 ist die Ausbreitung dieser Konzentrationswelle für drei Frequenzen $\omega/2\pi = 0{,}1$ kHz, 1,0 kHz und 10 kHz und einer Diffusionskonstante $D_j = 10^{-5}\,\text{cm}^2 \cdot \text{sec}^{-1}$ dargestellt. Die gestrichelten Kurven geben dabei das Abklingen der Konzentrationsamplitude $A \cdot \exp(-\xi/\xi_0)$ wieder. In allen drei Fällen wurde von der gleichen Stromdichte ausgegangen, was am gleichen Anfangswert $(\partial c_j/\partial \xi)_{\xi=0}$ in den Kurven in Erscheinung tritt. Es ist zu erkennen, wie die Eindringtiefe $\xi_0$ mit der Wurzel aus der Frequenz und im gleichen Maße dabei die Amplitude $\Delta c_j(\xi = 0)$ abnimmt.

Gl. (2.172) gilt nur für den Fall, daß die Dicke $\delta$ der Diffusionsschicht groß gegenüber der Eindringtiefe $\xi_0 \ll \delta$ ist. Für sehr kleine Frequenzen ist diese Voraussetzung nicht mehr erfüllt. R. ROSEBRUGH u. W. LASH MILLER[3] haben für diesen letzten Fall eine gegenüber Gl. (2.172) wesentlich kompliziertere Beziehung für die Konzentration $c_j(\xi, t)$ abgeleitet. Eine Lösung war hier nur mit Hilfe von Fourierschen Reihenentwicklungen möglich.

Die Konzentrationsänderung $\Delta c_j = c_j(0, t) - \bar{c}_j$ führt wie bei der Gleichstrompolarisation zu einer Diffusionsüberspannung $\eta_d(t)$ nach

[3] ROSEBRUGH, R., u. W. LASH MILLER: J. Phys. Chem. 14, 816 (1910).

Gl. (2.83), deren Wert zeitlich nach einer Sinusfunktion schwankt. Gl. (2.172) in Gl. (2.83) zunächst für *eine* Substanz $S_j$ eingesetzt, ergibt für $\Delta c_j \ll \bar{c}_j$ in guter Näherung

$$\eta_d = \frac{\nu_j \cdot RT}{nF} \cdot \ln \frac{c_j}{\bar{c}_j} = \frac{I \cdot RT \cdot \nu_j^2}{n^2 \cdot F^2 \cdot \bar{c}_j \cdot \sqrt{D_j \cdot \omega}} \cdot \sin\left(\omega t - \frac{\pi}{4}\right). \tag{2.173}$$

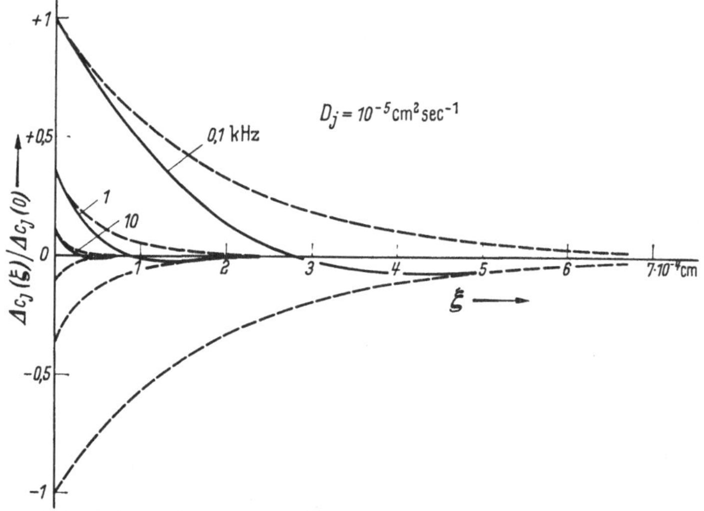


Abb. 76. Die Ausbreitung der Konzentrationswelle in das Lösungsinnere nach Gl. (2.172) für $D_j = 10^{-5}$ cm² sec⁻¹ und verschiedenen Frequenzen $\omega/2\pi$ = 0,1, 1,0 und 10 kHz. Die gestrichelten Kurven stellen das Abklingen der Amplitude dar. In allen drei Fällen gleiche Stromdichte

Sind in der Elektrodenbruttoreaktion mehr als eine Substanz vorhanden, die verarmen, so ergibt sich unter Anwendung der Gl. (2.172) auf alle Stoffe $S_j$ der Elektrodenbruttoreaktion auf Grund von Gl. (2.83)

$$\boxed{\begin{gathered}\eta_d = I \cdot \frac{RT}{n^2F^2} \cdot \frac{1}{\sqrt{\omega}} \cdot \sum \frac{\nu_j^2}{\bar{c}_j \cdot \sqrt{D_j}} \cdot \sin\left(\omega t - \frac{\pi}{4}\right) \\ \text{für } i = I \cdot \sin \omega t \text{ und } \eta_d \ll \nu_j RT/nF\end{gathered}} \tag{2.174}$$

für die gesamte Diffusionsüberspannung $\eta_d$ bei kleinen Amplituden $\eta_d \ll \nu_j \cdot RT/nF$.

Die *Diffusionsüberspannung zeigt also eine Phasenverschiebung von* $\pi/4 = 45°$, wobei sie gegenüber der Stromphase um diesen Wert verzögert ist. Die Richtung der Phasenverschiebung entspricht also einem kapazitiven Glied, das in einem Ersatzschaltbild mit einem ohmschen Glied gekoppelt ist. Der Quotient Überspannung durch Stromdichte kann hier nicht wie bei der Durchtrittsüberspannung oder der Diffusionsüberspannung bei Gleichstrom als ein ohmscher Widerstand behandelt werden. Die Amplitude der Überspannung $\eta_{d,max}$ durch das Stromdichtemaximum $\Re_d = \eta_{d,max}/I$ ergibt vielmehr eine *Diffusionsimpedanz*

$$\boxed{\Re_d = \frac{RT}{n^2F^2} \cdot \frac{1}{\sqrt{\omega}} \cdot \sum \frac{\nu_j^2}{\bar{c}_j \cdot \sqrt{D_j}}} \tag{2.175}$$

mit dem *kapazitiven Phasenwinkel* $\varphi = \pi/4$. Diese von E. WARBURG[1] und F. KRÜGER[2] für eine einzelne Substanz bereits sehr frühzeitig abgeleitete Gleichung ist erst viel später von E. B. RANDLES[4], B. V. ERSHLER[5], G. FALK u. E. LANGE[6] und H. GERISCHER[7] angewendet und diskutiert worden. Für eine kugelförmige Elektrode hat H. GERISCHER[7] eine entsprechende Gleichung abgeleitet, die jedoch nur für sehr kleine Kugelradien $r < \sqrt{2D/\omega}$ wesentlich von der eindimensionalen Behandlung abweicht. K. J. VETTER[8] hat den allgemeinen Fall unter Berücksichtigung aller Substanzen der Elektrodenbruttoreaktion nach Gl. (2.175) für die ebene Elektrode angegeben.

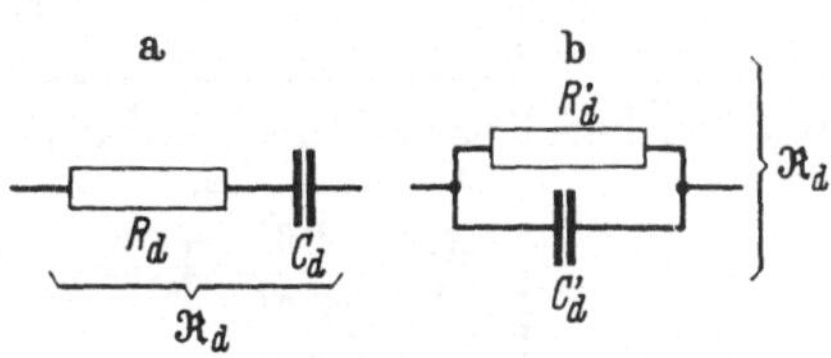

Abb. 77. Ersatzschaltbild für die Diffusionsimpedanz $\Re_d$, Diffusionswiderstand $R_d$ bzw. $R_d'$ und Diffusionskapazitat $C_d$ bzw. $C_d'$. a) In Reihenschaltung. b) In Parallelschaltung, $R_d = 1/\omega C_d$ bzw. $R_d' = 1/\omega C_d'$ (Phasenwinkel 45°)

Die Diffusionsimpedanz $\Re_d$ kann nach den genannten Autoren nach einem *Ersatzschaltbild*, wie es in Abb. 77 dargestellt wird, aus einem *ohmschen Diffusionswiderstand* $R_d$ bzw. $R_d'$ und einer *Diffusionskapazität* $C_d$ bzw. $C_d'$* sowohl in Reihenschaltung ($R_d$, $C_d$) als auch in Parallelschaltung ($R_d'$, $C_d'$) zusammengesetzt werden. Da jedoch die Wechselstrom-Diffusionsüberspannung nach Gl. (2.174) in jedem Fall eine kapazitive Verschiebung von 45° gegenüber dem Strom hat, muß noch zwischen dem Diffusionswiderstand und der Diffusionskapazität die Beziehung

$$R_d = \frac{1}{\omega \cdot C_d} \quad \text{bzw.} \quad R_d' = \frac{1}{\omega \cdot C_d'} \tag{2.176}$$

bestehen, da zur Erfüllung der 45°-Bedingung der Impedanzwert des ohmschen Gliedes gleich dem des kapazitiven Gliedes sein muß.

Aus $R_d$ und $C_d$ ergibt sich die Impedanz des Ersatzschaltbildes für Reihenschaltung

$$\Re_d = \sqrt{R_d^2 + \frac{1}{\omega^2 C_d^2}} = \sqrt{2} \cdot R_d = \frac{\sqrt{2}}{\omega\, C_d} \tag{2.177 a}$$

und für Parallelschaltung

$$\frac{1}{\Re_d} = \sqrt{\frac{1}{R_d'^2} + \omega^2 C_d'^2} = \frac{\sqrt{2}}{R_d'} = \sqrt{2} \cdot \omega\, C_d'\,. \tag{2.177 b}$$

---

[4] RANDLES, E. B.: Disc. Faraday Soc. **1**, 11 (1947).

[5] ERSHLER, B. V.: Disc. Faraday Soc. **1**, 269 (1947); J. phys. Chem. USSR **22**, 683 (1948). — Siehe auch bezuglich der $H_2$-Elektrode P. DOLIN, B. ERSHLER: Acta physicochim. USSR **13**, 747 (1940). — DOLIN, P., B. ERSHLER u. A. FRUMKIN: Acta physicochim. USSR **13**, 779 (1940). — FRUMKIN, A., P. DOLIN u. B. ERSHLER: Acta physicochim. USSR **13**, 793 (1940).

[6] FALK, G., E. LANGE: Z. Elektrochem. **54**, 132 (1950).

[7] GERISCHER, H.: Z. physik. Chem. **198**, 286 (1951); Z. Elektrochem. **55**, 98 (1951).

[8] VETTER, K. J.: Z. physik. Chem. **199**, 285 (1952).

* Das Symbol $C_d$ für die Diffusionskapazität des komplexen Diffusionswiderstandes ist nicht zu verwechseln mit dem gleichen Symbol für die Kapazität der diffusen Doppelschicht (§ 40).

Die Schaltelemente im Ersatzschaltbild Abb. 77 sind nach Gl. (2.175) bei Reihenschaltung [Fall a)]

$$\boxed{\begin{aligned} R_d &= \frac{RT}{n^2F^2}\cdot\frac{1}{\sqrt{2\omega}}\cdot\sum\frac{\nu_j^2}{\bar{c}_j\cdot\sqrt{D_j}} \\ C_d &= \frac{n^2F^2}{RT}\cdot\sqrt{\frac{2}{\omega}}\cdot\frac{1}{\sum\frac{\nu_j^2}{\bar{c}_j\cdot\sqrt{D_j}}} \end{aligned}} \quad \text{Reihenschaltung} \qquad (2.178\,\mathrm{a})$$

und bei Parallelschaltung [Fall b)]

$$\boxed{\begin{aligned} R_d' &= \frac{RT}{n^2F^2}\cdot\sqrt{\frac{2}{\omega}}\cdot\sum\frac{\nu_j^2}{\bar{c}_j\cdot\sqrt{D_j}} \\ C_d' &= \frac{n^2F^2}{RT}\cdot\frac{1}{\sqrt{2\omega}}\cdot\frac{1}{\sum\frac{\nu_j^2}{\bar{c}_j\cdot\sqrt{D_j}}} \end{aligned}} \quad \text{Parallelschaltung} \qquad (2.178\,\mathrm{b})$$

Der Diffusionswiderstand $R_d$ $(= 1/\omega C_d)$ ist eine lineare Funktion der reziproken Wurzel $1/\sqrt{\omega}$ der Kreisfrequenz $\omega = 2\pi f$. $f$ ist die Frequenz in Hz (Schwingungen/sec). Die Neigung der in dieser Darstellung durch den Nullpunkt gehenden Geraden hängt von der Größe der Summe in Gl. (2.178a, b) und damit von den Konzentrationen $\bar{c}_j$ der Stoffe der Elektrodenbruttoreaktion und deren Diffusionskonstanten $D_j$ ab. Für $\omega \to \infty$ gehen der Diffusionswiderstand $R_d \to 0$ und auch die gesamte Diffusionsimpedanz $\mathfrak{R}_d \to 0$. Der *Einfluß der Diffusion wird* also, wie auch aus Abb. 76 zu entnehmen ist, *mit wachsender Frequenz immer geringer.* Der genannte Gang des Diffusionswiderstandes mit der Frequenz konnte zuerst von E. B. RANDLES[4] und später von H. GERISCHER[9] und K. J. VETTER[8] bestätigt werden, wie im experimentellen Teil noch näher erläutert werden wird.

Die Wechselstrom-Diffusionsüberspannung kann jedoch niemals ganz allein gemessen werden, da sich immer noch der Einfluß der Doppelschichtkapazität $C_D$ überlagert. Sie bewirkt eine weitere Verschiebung des Phasenwinkels von 45° zur kapazitiven Seite, worauf schon F. KRÜGER[2] hinwies. Dieser Einfluß soll jedoch erst später bei der Behandlung der Überlagerung der verschiedenen Überspannungsarten diskutiert werden.

## § 63. Diffusionsüberspannung $\eta_d$ als Funktion der Zeit bei vorgegebener Stromdichte (galvanostatisch)

### α) *Ohne Konvektion in der Elektrolytlösung*

Die Einstellung der bisher behandelten stationären Diffusionsüberspannung benötigt nicht nur wegen des Verbrauchs eines Teiles des Stromes zur Aufladung der Kapazität der elektrolytischen Doppelschicht eine gewisse Zeit. Die wesentliche Ursache für die verzögerte Ausbildung

[9] GERISCHER, H.: Z. Elektrochem. **55**, 98 (1951); **57**, 604 (1953); Z. physik. Chem. **202**, 302 (1953).

von $\eta_d$ nach Einschalten des Stroms ist die Tatsache, daß für die Konzentrationsveränderung in den oberflächennahen Schichten der Elektrolytlösung nach dem Faradayschen Gesetz eine bestimmte Elektrizitätsmenge benötigt wird, die durch den vorgegebenen Strom (galvanostatische Bedingung) erst innerhalb einer gewissen Zeit geliefert werden kann. Im vorliegenden Paragraphen soll dieser Effekt allein, ohne den Einfluß der Doppelschichtkapazität, behandelt werden.

Der zeitliche Verlauf der Diffusionsüberspannung ist auf den zeitlichen Verlauf der Konzentrationen $c_j\,(0, t)$ an der Elektrodenoberfläche $\xi = 0$ nach Gl. (2.83) zurückzuführen. Zur Vereinfachung soll wiederum ein großer Fremdelektrolytüberschuß vorausgesetzt werden, so daß Aktivitätskoeffizienten, Diffusionskonstanten, Überführungszahlen konstant bleiben und keine elektrischen Feldeffekte in der Diffusionsschicht zu berücksichtigen sind. Da die Behandlung der Zeitabhängigkeit schon bei Abwesenheit von homogenen chemischen Gleichgewichten recht kompliziert wird, soll von einer Diskussion bei Anwesenheit derartiger Gleichgewichte abgesehen werden.

In Abschnitt $\alpha$) wird zunächst der einfachere Fall behandelt, bei dem eine unendlich ausgedehnte Diffusionsschicht ($\delta \to \infty$) vorausgesetzt wird. Diese Voraussetzung kann, wie aus § 60 $\beta$ hervorgeht, tatsächlich streng nicht verwirklicht werden, da auch in der nicht gerührten Elektrolytlösung immer noch eine natürliche Konvektion auftritt. In stärker viskosen Elektrolyten kann allerdings dieser Effekt weit zurückgedrängt werden, so daß sich die Verhältnisse dort den hier diskutierten weitgehend nähern. In nicht zu großen Zeiten, in denen die Wurzel aus dem mittleren Verschiebungsquadrat $\sqrt{\overline{(\Delta \xi)^2}} = \sqrt{2\,D t}$ noch klein gegen evtl. auftretende Diffusionsschichtdicken $\delta$ ist, ist die Voraussetzung $\delta \to \infty$ anwendbar und somit von Bedeutung.

Das Problem des örtlichen und zeitlichen Konzentrationsverlaufes $c_j(\xi, t)$ vor der Oberfläche einer Elektrode nach Einschalten einer konstanten Stromdichte $i$ ohne Konvektion wurde schon von H. F. Weber[1] und von H. J. S. Sand[2] gelöst. Die Lösung von H. F. Weber führte auf Fouriersche Reihen, die unter Umständen sehr schlecht konvergieren, während die Lösung von Sand auf ein Gaußsches Fehlerintegral führt, das numerisch wesentlich einfacher zu behandeln ist.

Weber und Sand gehen vom 2. Fickschen Gesetz

$$\frac{\partial c_j}{\partial t} = D_j \cdot \frac{\partial^2 c_j}{\partial \xi^2} \tag{2.179}$$

aus und integrieren diese partielle Differentialgleichung für die Randbedingungen

$$\frac{i \cdot \nu_j}{n \cdot F} = -\, D_j \cdot \left(\frac{\partial c_j}{\partial \xi}\right)_{\xi = 0} \tag{2.180a}$$

$$\lim_{\xi \to \infty} c_j(\xi, t) = \bar{c}_j \tag{2.180b}$$

$$c_j(\xi, 0) = \bar{c}_j \tag{2.180c}$$

[1] Weber, H. F.: Wied. Ann. 7, 536 (1879).

[2] Sand, H. J. S.: Phil. Mag. 1, 45 (1900); Z. physik. Chem. 35, 641 (1900).

Gl. (2.180c) besagt, daß zur Zeit $t=0$ für alle Abstände $\xi$ von der Oberfläche die Konzentration den Wert $\bar{c}_j$ haben soll. Nach Gl. (2.180b) muß dieser Wert $\bar{c}_j$ im Innern der Lösung für alle Zeiten $t$ in unendlicher Entfernung von der Oberfläche $\xi \to \infty$ (keine Konvektion) erhalten bleiben. Durch die Stromdichte $i$ werden nach dem Faradayschen Gesetz $i \cdot \nu_j/nF$ Mol · cm$^{-2}$ sec$^{-1}$ des Stoffes $S_j$ erzeugt bzw. verbraucht ($i \cdot \nu_j$ negativ), die nach dem 1. Fickschen Gesetz $(-D_j\,(\partial c_j/\partial \xi)_{\xi=0})$ fortdiffundieren bzw. herandiffundieren müssen. Hieraus folgt die Randbedingung (2. 180a), die der Gl. (2.89) entspricht.

Das Ergebnis dieser Integration ist nach H. J. S. SAND[2]

$$\boxed{c_j = \bar{c}_j + \frac{i \cdot \nu_j}{n \cdot F} \cdot \frac{1}{\sqrt{\pi \cdot D_j}} \cdot \int_0^t \frac{1}{\sqrt{t}} \cdot \exp\left(-\frac{\xi^2}{4D_j \cdot t}\right) dt}\,. \tag{2.181}$$

Abb. 78 zeigt den Verlauf der Konzentrationsdifferenz $\Delta c_j = c_j - \bar{c}_j$ in Abhängigkeit vom Abstand $\xi$ von der Oberfläche für verschiedene Zeiten $t$ nach Anschalten der Stromdichte $i$. Die Kreise auf den Kurven markieren die Stelle, bei der $\Delta c_j$ auf die Hälfte des Wertes an der Oberfläche $\xi = 0$ abgesunken ist. Es ist zu erkennen, wie der dazugehörige $\xi$-Wert mit $\sqrt{t}$ wächst.

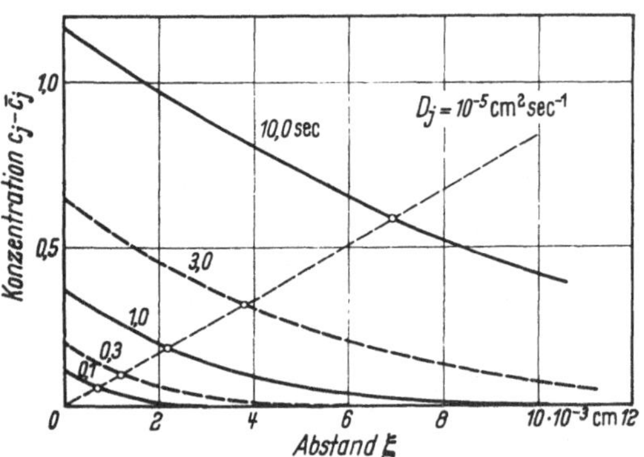


Abb. 78. Die Konzentrationsdifferenz $\Delta c_j = c_j - \bar{c}_j$ in Abhängigkeit vom Oberflächenabstand $\xi$ für verschiedene Zeiten $t$ = 0,1; 0,3; 1,0; 3,0 und 10,0 sec nach Einschalten der Stromdichte $i$ nach Gl. (2.181). $D_j = 10^{-5}$ cm$^2$ sec$^{-1}$. Die Stellen mit der halben Konzentrationsdifferenz gegenüber dem Wert bei $\xi = 0$ sind durch Kreise gekennzeichnet (mit $\nu_j/n = 1$, $i = 0{,}1$ mA/cm$^2$ beträgt nach Gl. (2.182) die Konzentrationseinheit $10^{-5}$ Mol/l)

Die Kenntnis des Konzentrationsverlaufs in den Elektrolyten hinein ist wichtig zur Beantwortung der Frage, inwieweit sich bereits die Ausbildung einer Diffusionsschicht infolge Rührens oder natürlicher Konvektion bemerkbar machen kann. Solange im Abstand $\delta$, der Diffusionsschichtdicke, sich noch keine wesentliche Konzentrationsdifferenz $\Delta c_j$ bemerkbar macht $(\Delta c_j(\delta) \ll \Delta c_j(0))$, hat die Konvektion keinen Einfluß.

Für die Kenntnis der Diffusionsüberspannung $\eta_d$ und deren Zeitfunktion ist nur $\Delta c_j$ für $\xi = 0$ maßgebend. Durch Einsetzen von $\xi = 0$ in Gl. (2.181) folgt, wie es ebenfalls SAND[2] zeigte, durch Ausführung der Integration, da jetzt $\exp(-\xi^2/4D_j t) = 1$ wird,

$$\boxed{c_j(0,t) = \bar{c}_j + \frac{2}{\sqrt{\pi}} \cdot \frac{i \cdot \nu_j}{n \cdot F \cdot \sqrt{D_j}} \cdot \sqrt{t}}\,. \tag{2.182}$$

Die Konzentration ändert sich also an der Oberfläche mit der Wurzel aus der Zeit, zuerst also sehr schnell und später immer langsamer.

Bei einer Stromrichtung, bei der die Substanz $S_j$ an der Oberfläche verarmt, die Konzentrationsdifferenz $\Delta c_j = c_j(0, t) - \bar{c}_j < 0$ also negativ ist, wird die Konzentration an der Oberfläche nach einer *Transitionszeit* (transition time) $\tau_j$ den Wert $c_j(0, \tau_j) = 0$ annehmen. Nach Ablauf dieser Transitionszeit $\tau$ wird ein sprungartiger, sehr schneller zeitlicher Anstieg der Diffusionsüberspannung beobachtet, so wie eine geringfügige Vergrößerung der Stromdichte in der Nähe der Grenzstromdichte einen Sprung in der Diffusionsüberspannung zur Folge hat. Die Größe dieser *Transitionszeit* ergibt sich nach H. J. SAND[2] und Z. KARAOGLANOFF[3] aus $c_j(0, \tau) = 0$ in Gl. (2.182) zu

$$\boxed{\tau_j = \frac{\pi}{4} \cdot D_j \cdot \left(\frac{n \cdot F}{i \cdot \nu_j} \cdot \bar{c}_j\right)^2}. \tag{2.183}$$

Diese Größe, der von BUTLER und ARMSTRONG[4] die Bezeichnung "transition time" gegeben wurde, ist also dem Quadrat der Stromdichte umgekehrt proportional.

Abb. 79 gibt für verschiedene Stromdichten den Konzentrationsverlauf nach der zugehörigen Transitionszeit $\tau$, also bei Erreichen der Konzentration $c_j(0, t) = 0$ an. Die eingezeichneten Tangenten der Konzentrationskurven im Punkte $\xi = 0$ haben eine Neigung $(\partial c_j/\partial \xi)_{\xi=0} = -i \cdot \nu_j / nF \cdot D_j$ nach Gl. (2.180a), und die Schnittpunkte dieser Tangenten mit $c_j/\bar{c}_j = 1$ haben $\xi$-Werte von

$$\xi_a = \frac{n \cdot F}{|i \cdot \nu_j|} \cdot D_j \cdot \bar{c}_j . \tag{2.184}$$

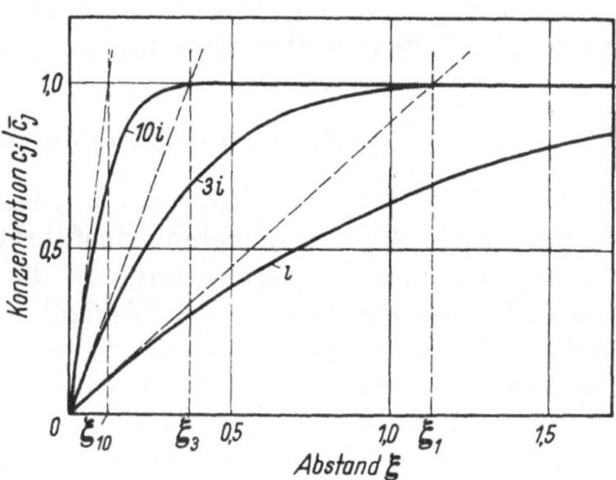


Abb. 79. Verlauf der Konzentration $c_j$ in Abhängigkeit vom Oberflächenabstand $\xi$ zur Transitionszeit $\tau$ für verschiedene Stromdichten $i$, $3i$, $10i$ nach Gl. (2.181). Beispiel: Bei $D_j = 10^{-5}$ cm² sec⁻¹, $i = -0{,}1$ mA/cm², $\nu_j/n = +1$ und $\bar{c}_j = 1{,}17 \cdot 10^{-3}$ Mol/l beträgt die Transitionszeit $\tau = 10$ sec (bzw. 1,11 sec für $3i$ und 0,1 sec für $10i$) nach Gl. (2.183), und die Abstandseinheit ist $10^{-2}$ cm

Für $nF \cdot \bar{c}_j / i \cdot \nu_j = 2\sqrt{\tau/\pi D_j}$ nach Gl. (2.183) in Gl. (2.184) eingesetzt ergibt

$$\xi_a = \sqrt{\frac{2}{\pi}} \cdot \sqrt{2 D_j \cdot \tau_j} = 0{,}80 \cdot \sqrt{2 D_j \cdot \tau_j} . \tag{2.185}$$

$\xi_a$ ist somit der Bruchteil $\sqrt{2/\pi} = 0{,}80$ der Wurzel aus dem mittleren Verschiebungsquadrat für die Transitionszeit $\tau$.

Interessant ist noch der zeitliche Verlauf der Überspannung $\eta_d$ nach Einschalten des Stromes $i$ bis zur Transitionszeit $\tau$. Die Diffusionsüberspannung wird durch Gl. (2.83) wiedergegeben und ist damit bei Kenntnis der Größen $c_j/\bar{c}_j$ aller Stoffe der Elektrodenbruttoreaktion

[3] KARAOGLANOFF, Z.: Z. Elektrochem. **12**, 5 (1906).

[4] BUTLER, J. V. A., u. G. ARMSTRONG: Proc. Roy. Soc. **139 A**, 406 (1933).

bekannt. $c_j/\bar{c}_j$ ist nach Gl. (2.182)

$$\frac{c_j}{\bar{c}_j} = 1 + \frac{2}{\sqrt{\pi}} \cdot \frac{i \cdot \nu_j}{n \cdot F \cdot \bar{c}_j \cdot \sqrt{D_j}} \cdot \sqrt{t} = 1 \pm \sqrt{\frac{t}{\tau_j}}, \qquad (2.186)$$

da der Koeffizient vor $\sqrt{t}$ nach Gl. (2.183) die Größe $\pm 1/\sqrt{\tau_j}$ hat. Hierbei ist in Gl. (2.186) das Vorzeichen von $i \cdot \nu_j$ zu wählen. Ein negatives Vorzeichen von $i \cdot \nu_j$ bedeutet eine Verarmung und $i \cdot \nu_j > 0$ eine Anreicherung des Stoffes $S_j$. Die Diffusionsüberspannung wird daher durch die Zeitfunktion

$$\boxed{\begin{gathered}\eta_d = \frac{RT}{nF} \cdot \sum \nu_j \cdot \ln\left(1 \pm \sqrt{\frac{t}{\tau_j}}\right) \\ (\text{Vorzeichen von } i \cdot \nu_j)\end{gathered}} \qquad (2.187)$$

beschrieben. Hierbei ist der Einfluß der Doppelschichtkapazität nicht berücksichtigt worden. Für die Zeit $t = \tau_j$ eines Stoffes mit $i \cdot \nu_j < 0$ wächst die Diffusionsüberspannung theoretisch über alle Grenzen.

### β) *Mit Konvektion in der Elektrolytlösung*

Das Auftreten von Konvektion führt zu einer Begrenzung der Diffusionsschicht, wie es bereits ausführlich beschrieben wurde (§ 60). Die Konzentrationsänderung kann in diesem Fall von der Oberfläche aus nicht beliebig weit in den Elektrolyten hinein vordringen. Mathematisch bedeutet diese Begrenzung der Diffusion eine Änderung der Randbedingungen Gl. (2.180b) im § 63 α. Die Konzentration $c_j(\delta, t)$ am äußeren Rande der Diffusionsschicht $\xi = \delta$ wird durch Konvektion zu jeder Zeit $t$ auf der Konzentration $\bar{c}_j$ gehalten. Statt der Gl. (2.180b) ist daher hier die Randbedingung

$$c_j(\delta, t) = \bar{c}_j \qquad (2.188)$$

anzusetzen. Die beiden anderen Randbedingungen Gl. (2.180a) mit $i \cdot \nu_j/n \cdot F = -D_j(\partial c_j/\partial \xi)_{\xi=0}$ und Gl. (2.180c) mit $c_j(\xi, 0) = \bar{c}_j$ bleiben unverändert.

Die Integration der partiellen Differentialgleichung Gl. (2.179) $\partial c_j/\partial t = D_j \cdot \partial^2 c_j/\partial \xi^2$ (2. Ficksches Gesetz) unter den genannten Randbedingungen wurde von T. R. Rosebrugh u. W. Lash Miller[1] durchgeführt*. Der gegenüber einer unendlich ausgedehnten Diffusionsschicht mathematisch wesentlich kompliziertere Fall konnte von Rosebrugh u. Lash Miller nur in Form einer Fourierschen Reihe gelöst werden. Die allgemeine Lösung für die Konzentrationsdifferenz $\Delta c_j(\xi, t) = c_j(\xi, t) -$

[1] Rosebrugh, T. R., u. W. Lash Miller: J. Phys. Chem. 14, 816 (1910).

* Rosebrugh u. Lash Miller verwenden als Randbedingungen die der Gl. (2.188) äquivalente Gleichung $\partial c_j/\partial t = 0$ für $\xi = \delta$ und die der Gl. (2.180c) aquivalente Gleichung $\partial c_j/\partial \xi = 0$ für $t = 0$.

$-\bar{c}_j$ ist

$$c_j(\xi, t) - \bar{c}_j = \frac{i \cdot \nu_j}{n \cdot F} \cdot \frac{\delta}{D_j} \cdot \left[ \left(1 - \frac{\xi}{\delta}\right) - \right.$$
$$- \frac{8}{\pi^2} \cdot \sum_{m=1}^{\infty} \frac{1}{(2m-1)^2} \cdot \exp\left(- \frac{(2m-1)^2 \cdot \pi^2 \cdot D_j}{4\delta^2} \cdot t\right) \times$$
$$\left. \times \cos\left(\frac{(2m-1)\pi}{2} \cdot \frac{\xi}{\delta}\right) \right]. \quad (2.189)$$

Für große Zeiten $t$ wird der Summenausdruck in Gl. (2.189) sehr klein und geht für $t \to \infty$ nach null. Es ist daher

$$\lim_{t \to \infty} \Delta c_j(\xi, t) = \frac{i \cdot \nu_j}{nF} \cdot \frac{\delta}{D_j} \cdot \left(1 - \frac{\xi}{\delta}\right). \quad (2.190)$$

Gl. (2.190) stellt ein lineares Konzentrationsgefälle innerhalb der Diffusionsschicht der Dicke $\delta$ dar, so wie es in Abb. 56 gezeigt wird. Die Summe in Gl. (2.189) gibt die Abweichung vom stationären Zustand zur Zeit $t$ an.

Abb. 80 stellt das Verhältnis $\Delta c_j(\xi, t)/\Delta c_j(0, \infty)$, also den Wert der eckigen Klammer in Gl. (2.189), in Abhängigkeit von $\xi/\delta$ für verschiedene

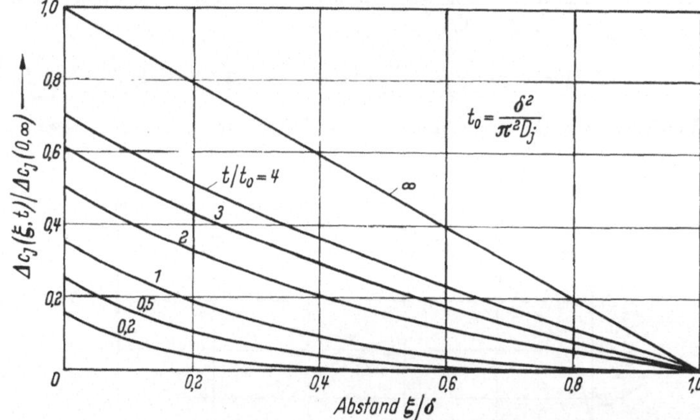


Abb. 80. Die Konzentrationsdifferenz $\Delta c_j(\xi, t)$ nach T. R. Rosebrugh u. W. Lash Miller [J. phys. Chem. **14**, 816 (1910)] und Gl. (2.189) als Funktion des Oberflächenabstandes $\xi$ und der Zeit $t$ nach Einschalten der konstanten Stromdichte $i$ bei verschiedenen $t/t_0$-Werten. $\delta$ = Diffusionsschichtdicke, $\Delta c_j(0, \infty)$ = stationare Endkonzentration an der Oberfläche $\xi = 0$

Zeiten $t$ nach Rosebrugh u. Lash Miller[1] dar. Die Größe

$$t_0 = \frac{\delta^2}{\pi^2 \cdot D_j} \quad (2.191)$$

im Exponentialausdruck der Gl. (2.189) kann als eine Zeitkonstante für die Einstellung des linearen stationären Diffusionsgefälles angesehen werden. Erwähnt sei, daß $t_0$ eng mit der Zeit $t_\delta$ zur Erreichung eines mittleren Verschiebungsquadrates $\delta^2 = 2D_j \cdot t_\delta$ und auch mit der Transitionszeit $\tau$ (§ 63 $\alpha$) zusammenhängt. Da $t_\delta = \delta^2/2D_j$ ist, folgt für $t_0$

$$t_0 = \frac{2}{\pi^2} \cdot t_\delta = 0{,}2025 \cdot t_\delta \,. \tag{2.192}$$

In Abb. 80 sind Kurven für verschiedene $t/t_0$-Werte zwischen 0,2 bis 4,0 eingetragen. Die Gerade gibt die stationäre Konzentrationsverteilung für $t/t_0 = \infty$ wieder.

Für die Größe der Diffusionsüberspannung $\eta_d$ ist unmittelbar nur der Wert von $c_j(0, t)/\bar{c}_j$ an der Oberfläche $\xi = 0$ maßgebend. Aus Gl. (2.189) folgt für $\xi = 0$ die ebenfalls von ROSEBRUGH u. LASH MILLER[1] angegebene Beziehung

$$\boxed{\begin{aligned} c_j(0, t) - \bar{c}_j = \frac{i \cdot \nu_j}{nF} \cdot \frac{\delta}{D_j} \cdot \Bigg[1 - \frac{8}{\pi^2} \cdot \sum_{m=1}^{\infty} \frac{1}{(2m-1)^2} \times \\ \times \exp\left(-\frac{(2m-1)^2 \cdot \pi^2 \cdot D_j}{4 \cdot \delta^2} \cdot t\right)\Bigg] \end{aligned}} \,. \tag{2.193}$$

Die durch Gl. (2.193) gegebene Zeitabhängigkeit der Konzentration an der Oberfläche wird in Abb. 81 in Form von $\Delta c_j(0, t)/\Delta c_j(0, \infty)$, also im Verhältnis zur stationären Konzentrationsdifferenz dargestellt. Es ist aus Gl. (2.193) und Abb. 81 zu erkennen, daß z. B. nach $t = 16 t_0$ der stationäre Wert bis auf 1,4% und nach $20 t_0$ bis auf 0,5% erreicht ist. Für $t > 1{,}5 t_0$ geht Gl. (2.193) in

$$c_j(0, t) - \bar{c}_j \approx \frac{i \cdot \nu_j}{nF} \cdot \frac{\delta}{D_j} \cdot \left[1 - \frac{8}{\pi^2} \cdot \exp(-t/4t_0)\right] \tag{2.194}$$

über, da dann bereits nach dem ersten Glied der Summe abgebrochen werden kann.

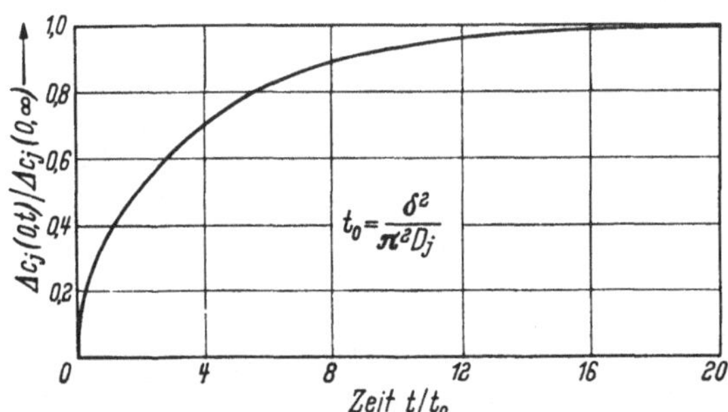


Abb. 81. Die Konzentrationsdifferenz $\Delta c_j(0, t)$ nach T. R. ROSEBRUGH u. W. LASH MILLER [J. Phys. Chem. **14**, 816 (1910)] an der Oberfläche in Abhängigkeit von der Zeitdauer des konstanten Stromflusses nach dem Einschalten bei einer endlichen Diffusionsschichtdicke $\delta$. Zeitkonstante $t_0 = \delta^2/\pi^2 D_j$

Aus Abb. 80 ist weiter zu erkennen, daß bei Werten von etwa $t < 2\, t_0$ die Neigung der Kurven für $\xi = \delta$ sehr klein gegen die für $\xi = 0$ wird. Das bedeutet, daß von der in den Elektrolyten bei $\xi = 0$ hineindiffundierenden Substanzmenge kaum etwas aus der Diffusionsschicht herauskommt. Beim stationären Zustand $t/t_0 = \infty$ sind diese beiden Mengen dagegen gleich groß. Hieraus ist zu erkennen, daß bis zu

Zeiten $t < 2\,t_0$ ein Abschneiden des Diffusionsgebietes bei $\xi = \delta$ keinen spürbaren Einfluß auf die Diffusion hat. Bei $t < 2\,t_0$ kann daher weitgehend angenähert nach den Gesetzen einer Diffusion in konvektionsfreier Flüssigkeit gerechnet werden, wie sie im vorangehenden Abschnitt § 63 $\alpha$ behandelt wurden. Der Fehler in der Konzentrationsdifferenz $\Delta c_j(0, t)$ an der Oberfläche ist bei $t = 2\,t_0$ unter Anwendung des parabolischen Gesetzes Gl. (2.182) nur etwa 0,12%, bei $t = t_0$ sogar nur $5 \cdot 10^{-4}$%. ROSEBRUGH u. LASH MILLER[1] konnten mathematisch zeigen, daß Gl. (2.193) für kleine $t/t_0$ in Gl. (2.182) der örtlich unbegrenzten Diffusion übergeht.

Der Zeit- und Stromdichteabhängigkeit der Diffusionsüberspannung kann noch eine übersichtlichere Form gegeben werden. Zur Abkürzung soll für die Summe in Gl. (2.193) das Zeichen

$$\sigma = \frac{8}{\pi^2} \cdot \sum_{m=1}^{\infty} \frac{1}{(2m-1)^2} \cdot \exp\left(-\frac{(2m-1)^2}{4t_0} \cdot t\right) \tag{2.195}$$

eingeführt werden. Dann ist nach Gl. (2.193)

$$\frac{c_j(0, t)}{\bar{c}_j} = 1 + \frac{i \cdot \nu_j}{nF} \cdot \frac{\delta}{\bar{c}_j \cdot D_j} \cdot (1 - \sigma)\,. \tag{2.196}$$

Da nach Gl. (2.91) bzw. Gl. (2.145) die Diffusionsgrenzstromdichte für den Stoff $S_j$ der Beziehung $i_{d,j} = -(nF/\nu_j) \cdot \bar{c}_j \cdot D_j \cdot/\delta$ entspricht, kann durch Einsetzen in Gl. (2.196) die von J. N. AGAR u. F. P. BOWDEN[2] angegebene Gleichung

$$\frac{c_j(t)}{\bar{c}_j} = 1 - (1 - \sigma) \cdot \frac{i}{i_{d,j}} \tag{2.197}$$

erhalten werden, die für $\sigma = 0$, also für $t \to \infty$ in die Gl. (2.92) des stationären Falles übergeht.

Die Diffusionsüberspannung ergibt sich infolgedessen in ihrer Zeit- und Stromdichteabhängigkeit nach Einsetzen von Gl. (2.197) in den allgemeinen Ausdruck Gl. (2.83)

$$\boxed{\eta_d = \frac{RT}{nF} \cdot \sum \nu_j \cdot \ln\left[1 - (1 - \sigma) \cdot \frac{i}{i_{d,j}}\right]}\,. \tag{2.198}$$

Gl. (2.198) geht für $\sigma = 0$, also für $t \to \infty$ in Gl. (2.93) über.

Für den zeitlichen Verlauf der Diffusionsüberspannung nach Einschaltung der Diffusionsgrenzstromdichte $i = i_{d,j}$ ergibt sich nach J. A. V. BUTLER[3] eine interessante Beziehung. Die Gl. (2.197) geht in diesem Fall in $c_j(t)/\bar{c}_j = \sigma$ über. Für Zeiten $t > 1{,}5\,t_0$ gilt andererseits die Gl. (2.194). Es ist also $\sigma \approx (8/\pi^2) \cdot \exp(-t/4t_0)$. Hiermit ergibt sich für die Diffusionsüberspannung, wenn nur die Substanz $S_j$ berücksichtigt wird,

$$\eta_d = -\frac{RT \cdot \nu_j}{n \cdot F} \cdot \left(\frac{t}{t_0} - \ln \frac{8}{\pi^2}\right). \tag{2.199}$$

Die *Diffusionsüberspannung steigt* in diesem Fall *linear mit der Zeit* an.

---

[2] AGAR, J. N., u. F. P. BOWDEN: Proc. Roy. Soc. **169 A**, 206 (1939).

[3] BUTLER, J. A. V.: Electrical Phenomena at Interfaces. S. 195. London 1951.

Abschließend sei noch angemerkt, daß T. R. ROSEBRUGH u. W. LASH MILLER[1] in ihrer sehr ausführlichen Arbeit auch den Verlauf der Konzentration $c_j(\xi, t)$ behandeln, wenn die Stromdichte $i$ zu gewissen Zeiten $t_1$, $t_2$ usw. sprunghaft verändert wird. Diese Autoren geben weiterhin die Konzentrationsverteilung in der Diffusionsschicht der Dicke $\delta$ bei Fließen eines Wechselstromes an, wobei als Grenzgesetz für große Werte von $\delta \cdot \sqrt{\omega/D_j}$ die Beziehung Gl. (2.172), § 62, nach E. WARBURG[4] erhalten wird.

## § 64. Diffusionsstromdichte *i* als Funktion der Zeit bei vorgegebener Diffusionsüberspannung (potentiostatisch)

### α) *Ohne Konvektion in der Elektrolytlösung*

Die Problemstellung im vorliegenden Paragraphen stellt eine Umkehrung der des vorangehenden § 63 dar. Hier wird nicht der Strom konstant vorgegeben und der zeitliche Aufbau der Überspannung verfolgt, sondern die Diffusionsüberspannung und damit $\Delta c_j(0, t)$ an der Oberfläche $\xi = 0$ wird für $0 < t < \infty$ konstant vorausgesetzt. Diese Bedingung wird als *potentiostatisch* bezeichnet. Der zur Aufrechterhaltung dieser Konzentrationsdifferenz benötigte Strom ist anfänglich wegen des großen Konzentrationsgefälles sehr groß und klingt mit der Zeit ab. Der zeitliche Verlauf dieser Stromdichte soll im vorliegenden Abschnitt untersucht werden, wobei zunächst wieder mit einem unendlich tief ausgedehnten Diffusionsraum, also $\delta \to \infty$, wie in § 63 α, gerechnet werden soll.

Die Lösung dieses Problems wurde schon von F. G. COTTRELL[1] auf Grund allgemeiner Arbeiten von STEFAN[2] über die Diffusion erhalten. Unmittelbar nach Einschalten der Überspannung steigt die Konzentration in einer außerordentlich dünnen Schicht vor der Oberfläche zu dem durch den Überspannungswert vorgegebenen Konzentrationswert $c_j(0, t) = \text{konst}$ an. Infolge der Diffusion breitet sich diese Konzentrationsverschiebung immer tiefer in die Elektrolytlösung hinein aus. Der für diese Konzentrationsverschiebung benötigte Stoffumsatz an der Oberfläche muß durch den Strom nach Maßgabe des Faradayschen Gesetzes geliefert werden.

Es handelt sich also um ein reines Diffusionsproblem, das durch das 2. Fickschen Gesetz Gl. (2.179) $\partial c_j/\partial t = D_j \cdot \partial^2 c_j/\partial \xi^2$ beschrieben wird. Die Konzentration für $\xi = 0$ soll zu jeder Zeit $t$ den durch die Überspannung vorgegebenen Wert $c_j(0, t) = c_j$ und für $\xi \to \infty$ den konstanten Wert $c_j(\infty, t) = \bar{c}_j$ im Innern der Lösung haben. Für $t = 0$ soll kein Konzentrationsgefälle im Diffusionsraum $\xi > 0$ herrschen. Als Randbedingungen sind daher zu formulieren:

[4] WARBURG, E.: Wied. Ann. **67**, 493 (1899).

[1] COTTRELL, F. G.: Z. physik. Chem. **42**, 385 (1903).
[2] STEFAN: Wiener Sitzungsber. **79 II**, 161 (1879).

$$c_j(0, t) = c_j \tag{2.200a}$$

$$c_j(\infty, t) = \bar{c}_j \tag{2.200b}$$

$$\left(\frac{\partial c_j}{\partial \xi}\right)_{t=0, \xi>0} = 0 . \tag{2.200c}$$

Die Lösung der partiellen Differentialgleichung (2.179) unter diesen Randbedingungen Gl. (2.200) ist

$$\frac{c_j(\xi,t) - \bar{c}_j}{c_j - \bar{c}_j} = \frac{\Delta c_j(\xi,t)}{\Delta c_j(0,t)} = \frac{2}{\sqrt{\pi}} \cdot \int\limits_{\frac{\xi}{2\sqrt{D_j \cdot t}}}^{\infty} \exp(-u^2)\, du \tag{2.201}$$

und führt auf das Gaußsche Fehlerintegral. Durch partielle Differentation nach $t$ und $\xi$ läßt sich die Richtigkeit der Gl. (2.201) überprüfen*. Abb. 82 gibt den Verlauf der Funktion $c_j(\xi, t)$ nach Gl. (2.201) für verschiedene Zeit $t$ in Abhängigkeit vom Oberflächenabstand $\xi$ wieder.

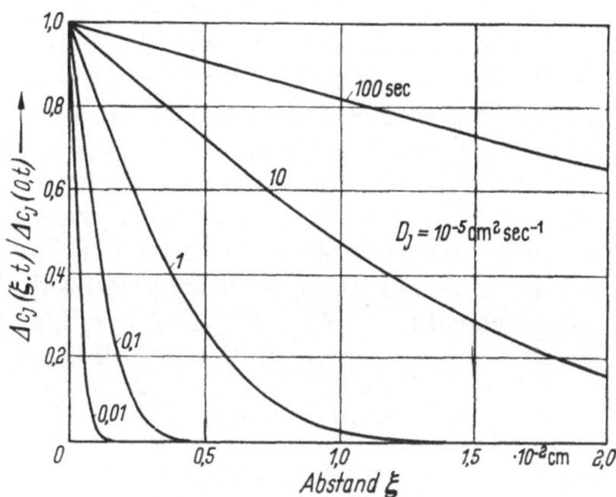


Abb. 82 Die Konzentrationsdifferenz $\Delta c_j(\xi, t) = c_j(\xi, t) - \bar{c}_j$ als Funktion des Oberflachenabstandes $\xi$ und der Zeit $t = 0{,}01$; $0{,}1$; $1{,}0$; 10 und 100 sec nach Gl. (2.201) fur eine Diffusionskonstante $D_j = 10^{-5}\,\mathrm{cm^2\,sec^{-1}}$ berechnet

Der Strom muß nach dem Faradayschen Gesetz die abdiffundierende oder herandiffundierende Substanzmenge ergänzen bzw. verbrauchen. Diese Mengen sind nach dem 1. Fickschen Gesetz proportional dem Konzentrationsgefälle $(\partial c_j/\partial \xi)_{\xi=0}$ an der Oberfläche $\xi = 0$. Infolgedes-

* Die Ableitung einer Funktion $F(x) = \int\limits_{g(x)}^{a} f(u)\,du$ ist

$$\frac{dF(x)}{dx} = -f(g(x)) \cdot \frac{dg(x)}{dx} .$$

Unter Beachtung dieser Beziehung ergibt sich fur

$$F(\xi, t) = \int\limits_{\xi/2\sqrt{Dt}}^{\infty} \exp(-u^2)\, du$$

$$\frac{\partial F}{\partial t} = + \frac{\xi}{4t \cdot \sqrt{Dt}} \cdot \exp\left(-\frac{\xi^2}{4Dt}\right)$$

$$\frac{\partial F}{\partial \xi} = - \frac{1}{2 \cdot \sqrt{Dt}} \cdot \exp\left(-\frac{\xi^2}{4Dt}\right)$$

$$\frac{\partial^2 F}{\partial \xi^2} = + \frac{\xi}{4Dt \cdot \sqrt{Dt}} \cdot \exp\left(-\frac{\xi^2}{4Dt}\right),$$

so daß das 2. Ficksche Gesetz Gl. (2.179) $\partial c/\partial t = D \cdot \partial^2 c/\partial \xi^2$ erfüllt ist.

sen wird die Stromdichte $i$, wie in § 63, Gl. (2.180a) durch die Beziehung

$$i = -\frac{n}{\nu_j} \cdot F \cdot D_j \cdot \left(\frac{\partial c_j}{\partial \xi}\right)_{\xi=0} \tag{2.202}$$

gegeben. Hierbei wird vorausgesetzt, daß in großem Fremdelektrolytüberschuß gearbeitet wird. Zur Berechnung der Stromdichte $i$ ist somit die Kenntnis des Wertes von $(\partial c_j/\partial \xi)_{\xi=0}$ erforderlich, der sich durch Differentiation von Gl. (2.201) nach $\xi$ zu

$$\left(\frac{\partial c_j}{\partial \xi}\right)_{\xi=0} = -\frac{\Delta c_j(0, t)}{\sqrt{\pi \cdot D_j \cdot t}} \tag{2.203}$$

ergibt. Es kann also mit einer zeitlich variablen Schichtdicke $\delta = \sqrt{\pi \cdot D_j \cdot t}$ gerechnet werden. Hiermit folgt für die Stromdichte

$$i = \frac{n}{\nu_j} \cdot F \cdot \Delta c_j (0, t) \cdot \sqrt{\frac{D_j}{\pi \cdot t}}. \tag{2.204}$$

Die Konzentrationsdifferenz $\Delta c_j(0, t) = c_j(0, t) - \bar{c}_j$ wird durch die Größe der Diffusionsüberspannung $\eta_d$ gegeben. Sind mehrere Stoffe $S_j$ an der Diffusion beteiligt, so wird die Berechnung der Konzentration $c_j$ an der Oberfläche, die der vorgegebenen Diffusionsüberspannung $\eta_d$ entspricht, unter Umständen recht kompliziert. Einfach ist dagegen der Fall, bei dem entweder nur eine Substanz diffundieren muß, wie z. B. bei einer $Me/Me^{z+}$-Elektrode, oder der Fall, bei dem die Beiträge zur Diffusionsüberspannung aller anderen Stoffe $S_j$ bis auf den untersuchten, entsprechend $\eta_d = (RT/nF) \cdot \Sigma \nu_j \cdot \ln c_j/\bar{c}_j$ so klein sind, daß sie vernachlässigt werden können. In diesem Fall kann

$$\eta_d = \frac{RT \cdot \nu_j}{n \cdot F} \cdot \ln \frac{c_j}{\bar{c}_j} \tag{2.205}$$

angesetzt werden. Hieraus folgt für

$$\Delta c_j(0, t) = c_j - \bar{c}_j = \bar{c}_j \cdot \left[\exp\left(\frac{nF}{\nu_j RT} \cdot \eta_d\right) - 1\right] \tag{2.206}$$

Gl. (2.206) in Gl. (2.204) eingesetzt ergibt schließlich den von COTTRELL[1,3] abgeleiteten Ausdruck für die *Zeitabhängigkeit der Diffusionsstromdichte*

$$\boxed{i = \frac{n}{\nu_j} \cdot F \cdot \sqrt{\frac{D_j}{\pi}} \cdot \bar{c}_j \left[\exp\left(\frac{nF}{\nu_j RT} \cdot \eta_d\right) - 1\right] \cdot \frac{1}{\sqrt{t}}}. \tag{2.207}$$

Für die Zeit $t = 0$ nimmt $i$ einen unendlich großen Wert an, da in diesem Zeitpunkt ein unendlich großer Konzentrationsgradient bei $\xi = 0$ vorliegt. Dieses Verhalten stimmt mit den Randbedingungen (2.200) überein, da in (2.200c) $\xi = 0$ wegen der Unstetigkeit zur Zeit $t = 0$ ausgeschlossen wurde.

Die Stromdichte nimmt daraufhin mit der reziproken Wurzel aus der Zeit ab und wird mit wachsender Zeit immer kleiner, wenn die vorausgesetzte vollständige Unterdrückung der Konvektion auch experimentell verwirklicht werden kann.

---

[3] Vgl. auch E. BAARS: Hdb. d. Physik, Bd. **13**, 551 (1928).

Für den komplizierteren Fall, daß mehrere Stoffe $S_j$ an der Ausbildung der Diffusionsüberspannung mit nicht vernachlässigbarem Anteil beteiligt sind, muß Gl. (2.204) für alle $q$ Stoffe $S_j$ angesetzt werden. Da die Stromdichte $i$ in allen $q$ Gleichungen die gleiche ist, ergeben sich $q-1$ unabhängige Bestimmungsgleichungen

$$\frac{\sqrt{D_k}}{\nu_k} \cdot \Delta c_k(0, t) = \frac{\sqrt{D_j}}{\nu_j} \cdot \Delta c_j(0, t) \,. \tag{2.208a}$$

Mit Gl. (2.83) für die Diffusionsüberspannung

$$\eta_d = \frac{RT}{nF} \cdot \sum \nu_j \ln \frac{c_j}{\bar{c}_j} \tag{2.208b}$$

liegen $q$ Bestimmungsgleichungen zur Ermittlung der $q$ Unbekannten $\Delta c_j(0, t) = c_j - \bar{c}_j$ vor.

*β) Mit Konvektion in der Elektrolytlösung*

Auch für eine endliche Ausdehnung $\delta$ der Diffusionsschicht in gerührter Elektrolytlösung oder infolge natürlicher Konvektion kann die partielle Differentialgleichung (2. 179) $\partial c_j/\partial t = D_j \cdot \partial^2 c_j/\partial \xi^2$ der Diffusion (2. Ficksches Gesetz) integriert werden. Diese Integration führt wieder auf eine Fouriersche Reihenentwicklung wie bei dem analogen Fall in § 63 $\beta$. Die Randbedingungen sind gegenüber dem genannten Fall aber etwas andere.

Es sind für alle Zeiten $t \geqq 0$ die Konzentrationen an den beiden Seiten der Diffusionsschicht $\xi = 0$ und $\xi = \delta$ mit $c_j$ und $\bar{c}_j$ vorgegeben. Zur Zeit $t = 0$ ist für alle Werte $\xi > 0$ die Konzentration gleich dem Wert $\bar{c}_j$ im Innern der Lösung. Die Randbedingungen sind also zu formulieren:

$$c_j(0, t) = c_j \tag{2.209a}$$

$$c_j(\delta, t) = \bar{c}_j \tag{2.209b}$$

$$c_j(\xi > 0, 0) = \bar{c}_j \,. \tag{2.209c}$$

Die Lösung der Differentialgleichung (2.179) mit diesen Randbedingungen (2.209) führt auf die Beziehung[1]

$$\boxed{\begin{aligned} \Delta c_j(\xi, t) &= c_j(\xi, t) - \bar{c}_j = (c_j - \bar{c}_j) \cdot \left[\left(1 - \frac{\xi}{\delta}\right) - \right. \\ &\left. - \frac{2}{\pi} \cdot \sum_{m=1}^{\infty} \frac{1}{m} \cdot \exp\left(-m^2 \cdot \frac{t}{t_0}\right) \cdot \sin\left(m \cdot \pi \cdot \frac{\xi}{\delta}\right)\right] \\ &\text{mit} \quad t_0 = \frac{\delta^2}{\pi^2 \cdot D_j} \end{aligned}} \,. \tag{2.210}$$

Hierin ist $c_j - \bar{c}_j = \Delta c_j$ die aus der vorgegebenen Diffusionsüberspannung folgende Konzentrationsdifferenz.

Abb. 83 gibt den Verlauf der Konzentration $c_j(\xi, t)$ als Verhältnis $\Delta c_j(\xi, t)/\Delta c_j$ in Abhängigkeit vom Oberflächenabstand $\xi$ für verschiedene Zeiten $t/t_0$ an. Für $t/t_0 \to \infty$ ergibt sich das lineare Konzentrationsgefälle

[1] Cottrell, F. G.: Z. physik. Chem. **42**, 385 (1903).

des stationären Zustandes, wie es im § 56, z.B. Abb. 56, behandelt wurde. Die Summe in Gl. (2.210) stellt die Abweichung von dieser stationären Konzentrationsverteilung dar.

Die eigentliche Aufgabenstellung des vorliegenden Abschnittes, die Ermittlung des zeitlichen Abklingens der Diffusionsstromdichte $i$, ergibt

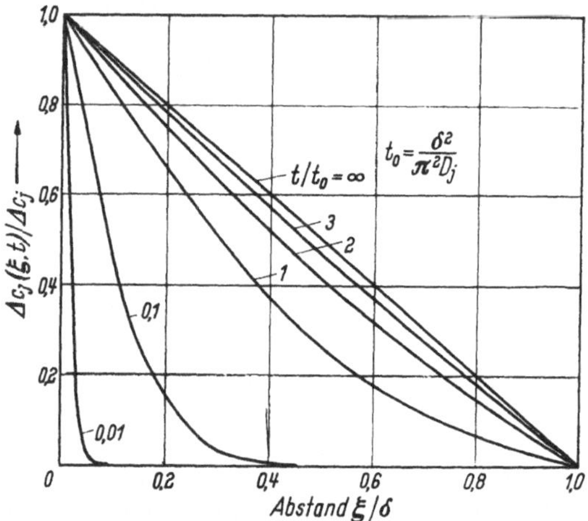


Abb. 83. Abhängigkeit der Konzentration $c_j(\xi, t) = \bar{c}_j + \Delta c_j(\xi, t)$ vom Oberflächenabstand $\xi$ in Einheiten der Diffusionsschichtdicke $\delta$ für verschiedene Zeiten $t/t_0 = 0{,}01;\ 0{,}1;\ 1{,}0;\ 2{,}0;\ 3{,}0$ und $t/t_0 = \infty$ (stationärer Zustand) bei vorgegebener Konzentrationsdifferenz $\Delta c_j = c_j - \bar{c}_j$ nach Gl. (2.210) (bei $D_j = 10^{-5}\ \mathrm{cm}^2 \cdot \mathrm{sec}^{-1}$ und $\delta = 2 \cdot 10^{-3}$ cm ist $t_0 = 4{,}05 \cdot 10^{-2}$ sec)

sich durch Differentiation von Gl. (2.210) nach $\xi$ und Einsetzen des Ausdruckes $(\partial c_j/\partial \xi)_{\xi=0}$ in Gl. (2.202). Es ist

$$\frac{\partial c_j}{\partial \xi} = -\frac{\Delta c_j}{\delta} \cdot \left[1 + 2 \cdot \sum_{m=1}^{\infty} \exp(-m^2\, t/t_0) \cdot \cos\left(m\pi \frac{\xi}{\delta}\right)\right] \tag{2.211}$$

und nach Einsetzen von $\xi = 0$ in Gl. (2.211)

$$\boxed{i = +\frac{n}{\nu_j} \cdot F \cdot \frac{D_j}{\delta} \cdot \Delta c_j \cdot \left[1 + 2 \cdot \sum_{m=1}^{\infty} \exp\left(-m^2 \frac{t}{t_0}\right)\right]}. \tag{2.212}$$

Diese schon von F. G. COTTRELL[1,2] aufgestellte Gleichung für die Zeitabhängigkeit der Diffusionsstromdichte $i$ geht erwartungsgemäß für $t/t_0 \to \infty$ in die Beziehung Gl. (2.90), § 56, über. Für endliche Zeiten ist $i$ um so größer, je kleiner $t$ ist, wie es auch aus der Neigung der Kurven in Abb. 83 für $\xi = 0$ zu ersehen ist. Für kleine Zeiten $t/t_0 \ll 1$ geht Gl. (2.212) in Gl. (2.204) über.

In Abb. 84 ist die Stromdichte $i/i_\infty$ in Einheiten des stationären Stromdichtewertes $i_\infty$ in Abhängigkeit von der Zeit $t/t_0$ in Einheiten der Zeitkonstante $t_0$ dargestellt. Es ist zu erkennen, wie die Stromdichte $i$ mit wachsender Zeit sich dem Wert $i_\infty$ asymptotisch nähert. Für $t/t_0 = 3$ ist $i$ nur noch um 10% größer als der stationäre Wert.

[2] Vgl. E. BAARS: Hdb. d. Physik, Bd. **13**, 554 (1928).

Gleichzeitig ist in Abb. 84 der Verlauf der Stromdichte für den konvektionsfreien Fall, also $\delta \to \infty$ nach Gl. (2.204) eingetragen (gestrichelt). Zu diesem Zweck muß Gl. (2.204) in die übersichtlichere Form

$$i = \frac{n}{\nu_j} \cdot F \cdot \frac{D_j}{\delta} \cdot \Delta c_j(0, t) \cdot \sqrt{\pi \cdot \frac{t_0}{t}} \tag{2.213}$$

oder

$$\frac{i}{i_\infty} = \sqrt{\pi \cdot \frac{t_0}{t}} \tag{2.214}$$

umgeformt werden. Es folgt aus Abb. 84, daß die Abweichung der Gl. (2.212) vom konvektionsfreien Fall Gl. (2.204) für $t/t_0 < 1{,}5$ unmerklich wird und für diese Werte einfacher mit Gl. (2.204) bzw. Gl. (2.207) gerechnet werden kann.

Anstelle der Größe $\Delta c_j = c_j - \bar{c}_j$ kann in Gl. (2.210) bis Gl. (2.213) überall die Beziehung Gl. (2.206) unter Verwendung der Diffusionsüberspannung eingesetzt werden.

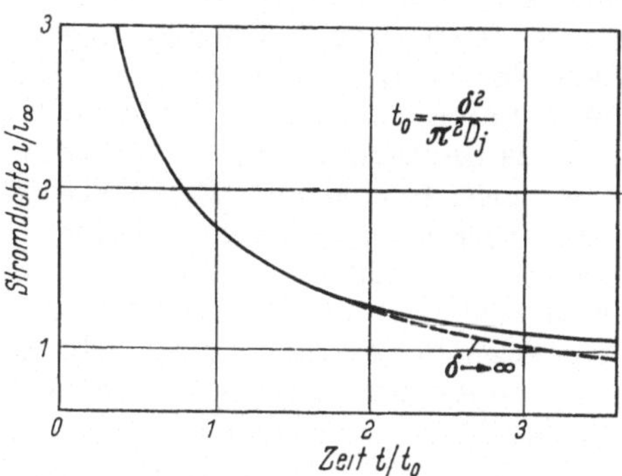


Abb. 84. Abhängigkeit der Diffusionsstromdichte $i/i_\infty$ (in Einheiten des stationaren Wertes $i_\infty$) von der Zeit $t/t_0$ (in Einheiten der Zeitkonstante $t_0 = \delta^2/\pi^2 D_j$) nach Gl. (2.212). Die gestrichelte Kurve zeigt den Verlauf fur $\delta \to \infty$, Gl. (2.214) an

## § 65. Diffusionsströme an der Hg-Tropfelektrode (Polarographische Ströme)

### α) *Die Ilkovič-Gleichung*

Eine Anwendung der Untersuchung über den Diffusionsstrom bei vorgegebenen Potential (§ 64) liefert die von J. Heyrovsky[1] begründete Methode der *Polarographie*[2] in der analytischen Chemie. Die polarographische Analyse gestattet durch Messen eines Diffusionsstromes in Abhängigkeit vom Potential die Bestimmung von Konzentrationen reduzierbarer (abscheidbarer) bzw. oxydierbarer Stoffe im Elektrolyten. Hierzu wird der mittlere Strom bei vorgegebenem Potential an einem Hg-Tropfen gemessen. Der Tropfen bildet sich durch Ausfließen von Quecksilber aus einer Kapillare in den Elektrolyten. Bei Erreichen einer bestimmten Größe fällt dieser Tropfen ab, worauf ein neuer Tropfen entsteht. Die Versuchsbedingungen werden so gewählt, daß das Quecksilber hierbei gleichmäßig mit einer konstanten Geschwindigkeit $v$ in cm³/sec bzw. $m$ in g/sec ausfließt. Die Tropfengröße, bei der der Tropfen abfällt, hängt von der Oberflächenspannung und vom Radius der Kapillare ab,

[1] Heyrovsky, J.: Chem. Listy **16**, 256 (1922); Rec. Trav. chim. Pays-Bas **44**, 488 (1925).

[2] Heyrovsky, J.: Polarography, Wien 1941. — Kolthoff, J. M., u. J. J. Lingane: Polarography. 3. Aufl. 1952. New York, London 1941. — Stackelberg, M. v.: Polarographische Arbeitsmethoden, Berlin 1950.

ist also eine Eigenschaft der Kapillare. Das vorgegebene Potential wird langsam im Vergleich zur Tropfdauer durch Abnahme von einer sich gleichmäßig drehenden Schleifdrahtwalze (Potentiometer) verändert.

Der mittlere Strom, der durch einen Diffusionsprozeß bestimmt wird, hängt von der Diffusionskonstanten $D_j$, der Strömungsgeschwindigkeit $v$ bzw. $m$ des Hg, der Tropfzeit $\vartheta$, der Elektrodenreaktionswertigkeit $n$, dem stöchiometrischem Faktor $\nu_j$ und der Konzentration $c_j$ des umgesetzten Stoffes ab. Die Gleichung für den Diffusionsstrom wurde theoretisch zuerst von D. ILKOVIČ[3] angegeben. Diese Beziehung trägt daher den Namen *Ilkovič-Gleichung* und soll im folgenden in Anlehnung an M. v. STACKELBERG u. H. STREHLOW[4] hergeleitet werden.

Das Diffusionsproblem ist ähnlich dem in § 64 $\alpha$ an einer konstanten Oberfläche behandelten. Es ist aber gegenüber den dort untersuchten Vorgängen wesentlich komplizierter, da die Oberfläche des Quecksilbertropfens von null ab ständig wächst, bis der Tropfen abfällt. Hierdurch wird nicht nur die Oberfläche vergrößert, sondern die zur Oberfläche parallelen Schichten, in die hinein sich bereits der Diffusionsvorgang ausgebreitet hat, werden wie ,,Seifenblasen“ auseinandergezogen. Die Stärke $d\xi$ dieser Schichten wird entsprechend der Oberflächenvergrößerung kleiner. Diese Verminderung der Dicke der differentiellen kugelförmigen Schichten bedeutet ein Zusammenschieben der Diffusionsausbreitung in Richtung auf die Oberfläche. Dieser Effekt wirkt also der ungestörten Diffusion entgegen und bedeutet eine wesentliche Komplikation gegenüber § 64 $\alpha$.

Eine weitere Erschwerung der mathematischen Behandlung ist die Tatsache, daß sich die Diffusion kugelsymmetrisch von der Tropfenoberfläche her ausbreitet. Da die Eindringtiefe innerhalb der Tropfzeit $\vartheta$ von der Größenordnung sec nach Gl. (2.203) bzw. Abb. 82 nur etwa $10^{-2}$ mm gegenüber mehreren Millimetern Durchmesser des Tropfens beträgt, kann hier die Diffusion in noch guter Näherung als lineares Problem behandelt werden.

Nach D. ILKOVIČ[3], aber abweichend von den Ansätzen durch D. MACGILLAVRY u. E. K. RIDEAL[5] sowie auch von M. v. STACKELBERG[4] soll zunächst die Differentialgleichung für die eindimensionale Diffusion in Richtung $\xi$ in einer sich in dieser Richtung zusammenziehenden Schicht aufgestellt werden. Die Differentialgleichung, Gl. (2.179), das 2. Ficksche Gesetz $\partial c_j/\partial t = D_j \cdot \partial^2 c_j/\partial \xi^2$ muß um ein Glied erweitert werden, das dieser Kontraktion der Schichtdicke Rechnung trägt. Der Konzentrationsverlauf sei infolge der Diffusion nach der Zeit $t$ als Funktion der Entfernung $\xi$ von der Oberfläche durch den Kurvenzug $AB$ der Abb. 85 dargestellt. Nach einer differentiellen Kontraktion der Schicht wird die Konzentrationsverteilung durch Kurve $CD$ gegeben.

[3] ILKOVIČ, D.: Coll. czech. chem. Comm. **6**, 498 (1934); J. chim. phys. **35**, 129 (1938).

[4] STACKELBERG, M. v.: Z. Elektrochem. **45**, 466 (1939). — STREHLOW, H., u. M. v. STACKELBERG: Z. Elektrochem. **54**, 51 (1950). — Siehe auch M. v. STACKELBERG: Polarographische Arbeitsmethoden. S. 284ff. Berlin 1950.

[5] MACGILLAVRY, D., u. E. K. RIDEAL: Rec. Trav. chim. Pays-Bas **56**, 1013 (1937).

Hierdurch wird die Konzentration um $dc$ an der Stelle $\xi_1$ vermindert, wenn die Kontraktion der gesamten Schicht von $\xi = 0$ bis $\xi = \xi_1$ gleich $d\xi$ ist. Zur rechten Seite von Gl. (2.179) ist somit noch ein Glied

$$-\frac{\partial c_j}{\partial \xi} \cdot \frac{d\xi}{dt} \tag{2.215}$$

hinzuzufügen, das sich aus dem Konzentrationsgefälle $\partial c_j/\partial \xi$ und der Kontraktionsgeschwindigkeit $d\xi/dt$ infolge des Tropfenwachstums zusammensetzt.

Die Kontraktionsgeschwindigkeit $d\xi/dt$ ergibt sich daraus, daß das Volumen des eine bestimmte Schicht („Seifenblase") aufbauenden Elektrolyten bei der Ausdehnung konstant

$$\frac{4\pi}{3}(r+\xi)^3 - \frac{4}{3}\pi r^3 \approx q \cdot \xi = \text{konst} \tag{2.216}$$

bleiben muß. Hierin ist $q$ die Oberfläche

$$q = \left(6 \cdot \sqrt{\pi} \cdot v\right)^{2/3} \cdot t^{2/3} \tag{2.217}$$

des Hg-Tropfens nach der Zeit $t$ bei einer Strömungsgeschwindigkeit des Quecksilbers von $v$ (cm³/sec). Es folgt nach Einsetzen von Gl. (2.217) in Gl. (2.216) und Differentiation nach $t$ die Kontraktionsgeschwindigkeit im Oberflächenabstand $\xi$ zur Zeit $t$

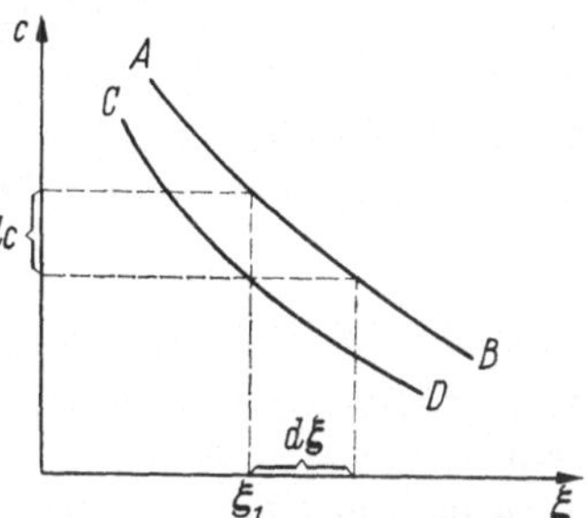


Abb. 85. Schematische Darstellung des Konzentrationsverlaufes zur Ableitung der Differentialgleichung (2.219) und Verdeutlichung des Einflusses der Kontraktion der Diffusionsschicht ($c$ = Konzentration, $\xi$ = Oberflächenabstand)

$$\frac{d\xi}{dt} = -\frac{2}{3} \cdot \frac{\xi}{t}. \tag{2.218}$$

Nach Einsetzen von Gl. (2.218) in Gl. (2.215) und Gl. (2.179) ergibt sich die partielle Differentialgleichung

$$\boxed{\frac{\partial c_j}{\partial t} = D_j \frac{\partial^2 c_j}{\partial \xi^2} + \frac{2}{3} \cdot \frac{\xi}{t} \cdot \frac{\partial c_j}{\partial \xi}} \tag{2.219}$$

Gl. (2.219) wird auch von J. Koutecky[6] als Ausgangsgleichung verwendet.

Die Lösung dieser Differentialgleichung mit den Randbedingungen Gl. (2.200) führt auf die Gl. (2.201). Es muß nur die untere Grenze des Integrals mit einem Faktor $\sqrt{3/7}$ multipliziert werden. Die Konzentrationsverteilung vor der Hg-Oberfläche ist also

$$\frac{\Delta c_j(\xi, t)}{\Delta c_j} = \frac{2}{\sqrt{\pi}} \cdot \int\limits_{\frac{\xi}{2\sqrt{\frac{3}{7} D_j t}}}^{\infty} \exp(-u^2)\, du. \tag{2.220}$$

[6] Koutecky, J.: Chem. listy **47**, 9 (1953); Coll. czech. chem. Comm. **18**, 311 (1953); Chem. listy **47**, 323 (1953); Coll. czech. chem. Comm. **18**, 579 (1953).

Durch Differentiation von Gl. (2.220) nach $t$ und $\xi$ kann die Erfüllung der Gl. (2.219) und der Randbedingungen Gl. (2.200), § 64 $\alpha$ bestätigt werden.

Das Konzentrationsgefälle an der Oberfläche $\xi = 0$ folgt nach Differentiation von Gl. (2.220)

$$\left(\frac{\partial c_j}{\partial \xi}\right)_{\xi=0} = -\frac{\Delta c_j}{\sqrt{\frac{3}{7}\pi D_j t}}. \tag{2.221}$$

Gl. (2.221) entspricht der Gl. (2.203) bei der kontraktionsfreien Diffusion. Der Wurzelausdruck

$$\delta = \sqrt{\frac{3}{7}\pi D_j t} \tag{2.222}$$

kann auch hier als eine zeitlich variable Schichtdicke $\delta$ angesehen werden, nach der sich die Stromdichte $i$

$$i = \frac{n}{\nu_j} F \cdot \Delta c_j \cdot \sqrt{\frac{7 D_j}{3\pi}} \cdot \frac{1}{\sqrt{t}} \tag{2.223}$$

richtet. Die einfache Beziehung Gl. (2.222) für die Diffusionsschichtdicke wurde von M. v. STACKELBERG[4] zur Veranschaulichung der Theorie der polarographischen Ströme eingeführt. Hierbei ist $\delta$ nur um den Faktor $\sqrt{3/7}$ gegenüber der Schichtdicke bei kontraktionsfreier Diffusion kleiner.

Mit der Gewinnung von Gl. (2.223) ist schon der wesentliche Schritt für die Ableitung der Ilkovič-Gleichung durchgeführt. Der gesamte Strom $I$ ergibt sich durch Multiplikation der Stromdichte $i$ mit der Oberfläche $q$ [Gl. (2.217)]

$$I_d = \frac{n}{\nu_j} F \cdot \sqrt{\frac{7}{3}} \cdot \sqrt[3]{36} \cdot \pi^{-1/6} \cdot c_j \cdot D_j^{1/2} \cdot v^{2/3} \cdot t^{1/6}, \tag{2.224}$$

wenn jetzt für $\Delta c_j$ die Konzentration im Elektrolyten $c_j$ gesetzt wird, also der Grenzstrom oder die Stufenhöhe im Polarogramm angegeben werden soll. Üblicherweise wird meist anstelle der Strömungsgeschwindigkeit $v$ in $cm^3$/sec die ausfließende Quecksilbermenge $m$ in g/sec verwendet. Da zwischen $m$ und $v$ die Beziehung $v = m/s_{Hg}$ mit dem spez. Gewicht $s_{Hg} = 13{,}534$ (bei 25° C) besteht, ist der Strom $I_d$ zur Zeit $t$

$$\boxed{\begin{aligned} I_d &= \frac{n}{\nu_j} \cdot \frac{F \cdot \sqrt{\frac{7}{3}} \cdot \sqrt[3]{36}}{\pi^{1/6} \cdot (13{,}534)^{2/3}} \cdot c_j \cdot D_j^{1/2} \cdot m^{2/3} \cdot t^{1/6} = \\ &= 7{,}08 \cdot 10^4 \cdot \frac{n}{\nu_j} \cdot c_j \cdot D_j^{1/2} \cdot m^{2/3} \cdot t^{1/6}. \end{aligned}} \tag{2.225}$$

Gl. (2.225) ist die *Ilkovič-Gleichung* für den momentanen Strom, wobei die Größen im CGS-System, also $c_j$ in Mol · $cm^{-3}$, $D_j$ in $cm^2 \cdot sec^{-1}$, $m$ in g · $sec^{-1}$, $t$ in sec aber $I$ in Amp. verwendet werden müssen. Bei Benutzung der von I. M. KOLTHOFF u. J. J. LINGANE[7] vorgeschlagenen

[7] LINGANE, J. J., u. I. M. KOLTHOFF: Chem. Rev. **24**, 1 (1939).

und in der Polarographie allgemein eingeführtenEinheiten $I$ in $\mu$A, $c_j$ in mMol/l, $m$ in mg/sec und $D_j$ in cm²/sec ergibt sich für die Proportionalitätskonstante in Gl. (2.225) der Wert 708.

Experimentell wird jedoch nicht der momentane Strom $I_d$, sondern der *zeitliche Mittelwert*

$$\overline{I_d} = \frac{1}{\vartheta} \cdot \int_0^{\vartheta} I_d \, dt, \tag{2.226}$$

während der Tropfdauer $\vartheta$ mit einem Mikroamperemeter größerer Schwingungsdauer gemessen. Die Ausführung der Integration von Gl. (2.226) ergibt

$$\boxed{\overline{I_d} = 607 \cdot \frac{n}{\nu_j} \cdot c_j \cdot D_j^{1/2} \cdot m^{2/3} \cdot \vartheta^{1/6}} \tag{2.227}$$

unter Verwendung der Einheiten nach LINGANE u. KOLTHOFF[7]. Gl. (2.227) und Gl. (2.225) wurden erstmals von D. ILKOVIČ[8] und danach nach einer mathematisch anderen Methode von D. MACGILLAVRY u. E. K. RIDEAL[9] und M. v. STACKELBERG[10] abgeleitet. Der Proportionalitätsfaktor errechnet sich nach

$$\frac{F \cdot \frac{6}{7} \cdot \sqrt{\frac{7}{3}} \sqrt[3]{36}}{\pi^{1/6} \cdot (13{,}534)^{2/3}} \cdot 10^{-2} = 607 \,. \tag{2.228}$$

Es ist also der mittlere Strom gleich 6/7 vom Maximalwert, wie auch aus Abb. 86 hervorgeht, die den zeitlichen Verlauf des Stromes $I_d$ nach Gl. (2.225) darstellt. Die gestrichelte Gerade gibt den Mittelwert $\overline{I_d}$ wieder.

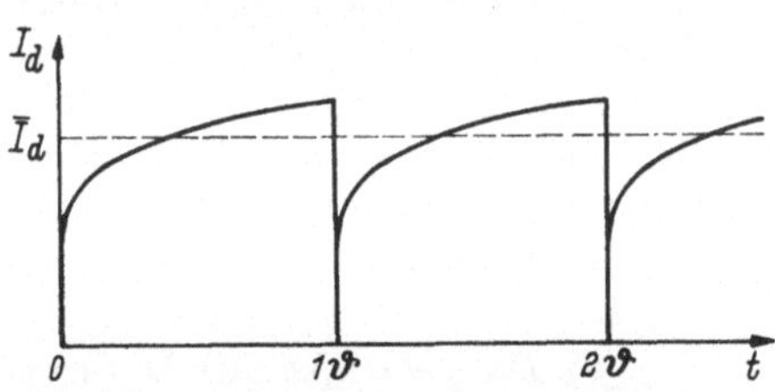

Abb. 86. Stromstärke-Zeitkurve einer Quecksilber-Tropfelektrode nach der Ilkovič-Gleichung (2.225). $\overline{I_d}$ = zeitlicher Mittelwert, $\vartheta$ = Tropfzeit (Größenordnung einige Sekunden)

Der in Abb. 86 gezeigte zeitliche Verlauf des Stromes kommt dadurch zustande, daß zwar beim Beginn $t = 0$ eines neuen Tropfens die Strom*dichte* nach Gl. (2.223) mit sehr großem Wert ($i \to \infty$) beginnt, und dann mit $t^{-1/6}$ kleiner wird, andererseits aber die Oberfläche bei $t = 0$ einen sehr kleinen Wert ($q \sim 0$) hat, der mit $t^{2/3}$ größer wird. Der Diffusionsstrom $I = q \cdot i$ wächst daher trotz des Abfalles der Stromdichte $i$, da der Anstieg der Oberflächengröße diesen Abfall mit $t^{1/6}$ überkompensiert. Hieraus folgt auch bei $t = 0$ trotz $i = \infty$ ein Strom $I = 0$. Die Ausbreitung der Diffusion hat die gleiche Gesetzmäßigkeit wie es die Abb. 82 (S. 189) zeigt. Nur die Einheit der $\xi$-Werte ist nach Gl. (2.220) um den Faktor $\sqrt{3/7} = 0{,}655$ kleiner.

[8] ILKOVIČ, D.: Coll. czech. chem. Comm. **6**, 498 (1934); J. chim. phys. **35**, 129 (1938).

[9] MACGILLAVRY, D., u. E. K. RIDEAL: Rec. Trav. chim. Pays-Bas **56**, 1013 (1937).

[10] STACKELBERG, M. v.: Z. Elektrochem. **45**, 466 (1939).

Aus der Ableitung der Ilkovič-Gleichung folgt, daß die in der Polarographie auftretenden Grenzströme $\overline{I_d}$, die der Konzentration $c_j$ proportional sind, keine stationären Diffusionsgrenzströme $i_d$ im Sinne von § 58 nach W. NERNST und E. BRUNNER[11] sind. $\overline{I_d}$ ist vielmehr ein zeitlicher Mittelwert des Diffusionsstromes während der Lebensdauer eines Hg-Tropfens und ist mit den in § 64 nach F. G. COTTRELL[12] behandelten Strömen vergleichbar.

Die Ilkovič-Gleichung (2.227) ist unter Vernachlässigung der *kugelsymmetrischen Ausbreitung* der Diffusion abgeleitet worden. Unter Berücksichtigung dieser Tatsache wurde die Ilkovič-Gleichung von H. STREHLOW u. M. v. STACKELBERG[13], J. J. LINGANE u. B. A. LOVERIDGE[14] und von T. KAMBARA u. I. TACHI[15] korrigiert. Die exaktesten Berechnungen sind von T. KAMBARA u. I. TACHI[16] und von J. KOUTECKY[17] durchgeführt worden. Auf eine zusammenfassende Darstellung von W. HANS u. W. JENSCH[18, 19] sei verwiesen. J. KOUTECKY[17] gibt als augenblicklichen Diffusionsstrom in Abhängigkeit von der Zeit $t$

$$I_d = 708 \cdot \frac{n}{\nu_j} \cdot c_j \cdot D_j^{1/2} \cdot m^{2/3} \cdot t^{1/6} \cdot (1 + 39 \cdot D^{1/2} \cdot m^{-1/3} \cdot t^{1/6}) \quad (2.225\,\mathrm{a})$$

und für den mittleren Diffusionsstrom

$$\overline{I}_d = 607 \cdot \frac{n}{\nu_j} \cdot c_j \cdot D_j^{1/2} \cdot m^{2/3} \cdot \vartheta^{1/6} \cdot (1 + 34 \cdot D^{1/2} \cdot m^{-1/3} \cdot \vartheta^{1/6}) \quad (2.227\,\mathrm{a})$$

an. Die Angaben der anderen Autoren unterscheiden sich nur in dem Zahlenfaktor innerhalb der Klammer. Die Unterschiede sind jedoch nicht sehr groß. Eine Korrektur unter Berücksichtigung des Einflusses der *Abschirmung des Tropfens* durch die Kapillare wurde noch von H. MATSUDA[20] angebracht. Diese Verbesserung gibt mit einer noch zusätzlichen empirischen Korrektur von W. HANS, W. HENNE u. E. MEURER[21] die experimentellen Ergebnisse am besten wieder.

Die reaktionsbedingten polarographischen Ströme werden in dem Abschnitt über Reaktionsüberspannung ausführlich behandelt.

### β) *Die polarographische Strom-Spannungskurve und die Halbstufenpotentiale*

Im folgenden sollen kurz die theoretischen Grundlagen zur Ausbildung der polarographischen Kurve für den Fall dargelegt werden,

---

[11] BRUNNER, E.: Z. physik. Chem. **47**, 56 (1904); 58, 1 (1907). — NERNST, W.: Z. physik. Chem. **47**, 52 (1904).

[12] COTTRELL, F. G.: Z. physik. Chem. **42**, 385 (1903).

[13] STREHLOW, H., u. M. v. STACKELBERG: Z. Elektrochem. **54**, 51 (1950).

[14] LINGANE, J. J., u. B. A. LOVERIDGE: J. Am. Soc. **72**, 438 (1950).

[15] KAMBARA, T., u. I. TACHI: Bull. chem. Soc. Japan **23**, 219, 225 (1950); Proc. I. intern. Polarogr. Congr. Prag **1**, 126 (1951).

[16] KAMBARA, T., u. I. TACHI: Bull. chem. Soc. Japan **25**, 284 (1952).

[17] KOUTECKY, J.: Cs. Cas. Fys. **2**, 117 (1952); Czech. J. Physics **2**, 50 (1953).

[18] HANS, W., u. W. JENSCH: Z. Elektrochem. **56**, 648 (1952).

[19] HANS, W.: Z. Elektrochem. **59**, 623 (1955).

[20] MATSUDA, H.: Bull. chem. Soc. Japan **26**, 342 (1953).

[21] HANS, W., W. HENNE u. E. MEURER: Z. Elektrochem. **58**, 836 (1954).

daß nur rein diffusionsbedingte Ströme auftreten, daß also nur Diffusionsüberspannung an der Quecksilbertropfelektrode vorliegt.

Bei der kathodischen Abscheidung von Metallen am Quecksilbertropfen müssen zwei Fälle unterschieden werden. Das Metall kann sich unter *Bildung von Amalgam* lösen oder als *fester Oberflächenbelag* abscheiden. Zu den im Quecksilber löslichen Metallen gehören Ag, Cu, Pb, Tl, Cd, Zn, Alkalimetalle usw. Von den unlöslichen Metallen, die also kein Amalgam zu bilden vermögen, seien Fe, Cr, Mo, W, V genannt.

Die Verhältnisse bei der umfangreicheren Gruppe der löslichen Metalle sind wesentlich übersichtlicher. Sie sollen daher zuerst behandelt werden. Gleichzeitig hiermit können dabei auch die polarographisch erfaßbaren einfachen Redoxreaktionen behandelt werden, bei denen eine Substanz $S_1$ durch Reduktion oder Oxydation in eine andere Substanz $S_2$ überführt wird. Für die gemeinsame Behandlung muß die Bedingung erfüllt sein, daß nur die beiden Stoffe $S_1$ und $S_2$ in der Elektrodenreaktion enthalten sind. Es sollen daher die Elektrodenreaktionen

$$\mathrm{Me(Hg)} \leftarrow \mathrm{Me}^{n+} + n \cdot e^- \qquad \text{lösliches Me}$$

$$S_r \leftrightharpoons S_o + n \cdot e^- \qquad \text{einfache Redoxelektrode}$$

gemeinsam diskutiert werden. Beiden Reaktionen ist bei kathodischer Stromrichtung gemeinsam, daß aus einem Stoff $S_o$ eine Substanz $S_r$ gebildet wird, wobei $S_o$ zur Elektrodenoberfläche und $S_r$ von dieser fort diffundieren muß. Beim Redoxsystem bleibt $S_r$ im Elektrolyten und diffundiert (Diffusionskonstante $D_r$) von der Metalloberfläche nach außen fort, während bei der Metallabscheidung das im Hg als Amalgam gelöste Metall (Diffusionskonstante $D_r$) in das Innere des Tropfens diffundiert. An dem einfachen Diffusionsgesetz in Form der Ilkovič-Gleichung Gl. (2.225) bzw. (2.227) wird hierbei nichts geändert, wenn in diesen Gleichungen anstelle von $c_j$ die Konzentrationsdifferenz $\Delta c_o = c_o - \bar{c}_o$ bzw. die Konzentration $c_r (= \Delta c_r,\ da\ \bar{c}_r = 0)$ eingesetzt werden.

Das Potential der Quecksilbertropfelektrode wird durch die Nernstsche Gleichung

$$\varepsilon = E_0 + \frac{RT}{nF} \cdot \ln \frac{a_o}{a_r} = E_0 + \frac{RT}{nF} \cdot \ln \frac{f_o}{f_r} + \frac{RT}{nF} \cdot \ln \frac{c_o}{c_r} \qquad (2.229)$$

gegeben, in der $f_o$ und $f_r$ die Aktivitätskoeffizienten sind. Bei der Amalgambildung kann $f_r$ ganz außerordentlich kleine Werte annehmen. $c_r$ ist die Oberflächenkonzentration des Reaktionsproduktes, also des Amalgams oder der reduzierten Komponente (im Elektrolyten).

Die Konzentrationen $c_o$ und $c_r$ werden durch die Ilkovič-Gleichung Gl. (2.225) bzw. Gl. (2.227) auch bei der Diffusion in das Innere des Quecksilbertropfens gegeben. $c_o$ und $c_r$ hängen dabei von der Stromdichte $I$ nach

$$I = (c_o - \bar{c}_o) \cdot D_o^{1/2} \cdot k_o = -\, c_r \cdot D_r^{1/2} \cdot k_r \qquad (2.230)$$

ab. Die Konstanten $k_o$ und $k_r$ sind in erster Näherung

$$k_o = k_r = 607 \cdot m^{2/3} \cdot \vartheta^{1/6} \cdot n \qquad (2.231)$$

Die Abweichung nach Gl. (2.227a) ist nur gering. Der maximale Endwert $I_d$ bei Erreichen der vollen polarographischen Stufenhöhe ist

$$I_d = -\bar{c}_o \cdot D_o^{1/2} \cdot k_o \tag{2.232}$$

mit der Konzentration $\bar{c}_o$ der Stoffe $S_o$ (also z. B. der abscheidbaren Metallionen) im Elektrolytinnern. Aus Gl. (2.230), Gl. (2.231) und Gl. (2.232) folgt die in Gl. (2.229) eingehende Größe des Konzentrationsverhältnisses an der Oberfläche

$$\frac{c_o}{c_r} = \frac{I_d - I}{I} \cdot \sqrt{\frac{D_r}{D_o}} \tag{2.233}$$

und hieraus die *polarographische Strom-Spannungskurve*

$$\boxed{\varepsilon = {}_0E_{1/2} + \frac{RT}{nF} \cdot \ln \frac{I_d - I}{I}} \tag{2.234}$$

mit dem *Halbstufenpotential* ${}_0E_{1/2}$

$$\boxed{{}_0E_{1/2} = E_0 + \frac{RT}{nF} \cdot \ln \frac{f_o \cdot D_r^{1/2}}{f_r \cdot D_o^{1/2}}}\,. \tag{2.235}$$

Gl. (2.234) wurde zuerst von J. HEYROVSKY u. D. ILKOVIČ[1] abgeleitet und in der Folgezeit experimentell immer wieder bestätigt. Abb. 87 gibt den theoretischen Verlauf der polarographischen Strom-Spannungskurve für $n = 1, 2$ und $3$ in Abhängigkeit von $I/I_d$ wieder. Das Halbstufenpotential ${}_0E_{1/2}$ ist, wie aus Gl. (2.234) folgt, definiert als das Potential für die halbe Endstromdichte $I = 0{,}5 \cdot I_d$.

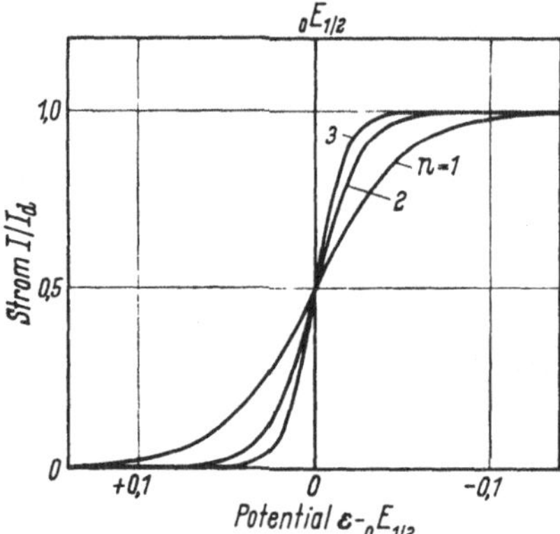


Abb. 87. Die polarographische Strom-Spannungskurve nach Gl. (2.234) für kathodischen Strom mit den Elektrodenreaktionswertigkeiten $n = 1, 2$ und $3$ bei $\nu_o = \nu_r = 1$. Potential $\varepsilon$ (Volt) bezogen auf das Halbstufenpotential ${}_0E_{1/2}$ (Temp. 25° C)

Wie aus Gl. (2.235) zu entnehmen ist, hat das Halbstufenpotential für jede Elektrodenreaktion einen charakteristischen Wert. Das Halbstufenpotential wird daher zur qualitativen Identifizierung des die polarographische Stufe verursachenden Stoffes verwendet, während die Höhe $I_d$ der Stufe wegen ihrer Proportionalität mit $c_o$ (bzw. $c_r$) nach der Ilkovič-Gleichung (2.227) zur quantitativen Bestimmung dieses Stoffes in der analytischen Chemie verwendet wird. Die Halbstufenpotentiale von Metallen, die im Quecksilber löslich sind, sind nach Gl. (2.235) nahezu unabhängig von der Konzentration $\bar{c}_o$ des zu reduzierenden Metallions, wenn der Einfluß der Konzentration auf die Verhältnisse $f_o/f_r$ und $D_o/D_r$ der Aktivitätskoeffizienten und der Diffusionskonstanten vernachlässigt werden kann. Genau genommen geht noch das Verhältnis

[1] HEYROVSKY, J., u. D. ILKOVIČ: Coll. czech. chem. Comm. 7, 198 (1935).

$k_o/k_r$ [in Gl. (2.230) u. (2.231)], das geringfügig von der Tropfzeit und der Tropfengröße nach H. STREHLOW u. M. v. STACKELBERG[2] abhängt, in den Wert des Halbstufenpotentials ein. Die wesentlich bestimmenden Größen für $_0E_{1/2}$ sind jedoch das Normalpotential $E_0$ des Metalls (für $Me/Me^{z+}$) und der Aktivitätskoeffizient $f_r$ des Metalls Me im Amalgam. $f_r$ ist aus der Löslichkeit des Metalls Me im Quecksilber und der Aktivität des Hg im gesättigten Amalgam zu berechnen, wie M. v. STACKELBERG[3] und unabhängig davon J. J. LINGANE[4] gezeigt haben. Das Halbstufenpotential von Redoxvorgängen weicht dagegen nach Gl. (2.235) bei Abwesenheit von Durchtrittsüberspannung nur geringfügig vom Normalredoxpotential ab, weil hier der Aktivitätskoeffizient $f_r$ etwa gleich dem Aktivitätskoeffizienten $f_o$ ist, dessen Wert in beiden Fällen sich nicht wesentlich von eins unterscheiden wird. Eine geringe Konzentrationsabhängigkeit ist auch hier zu erwarten, die aus der Konzentrationsabhängigkeit von $f_o \cdot \sqrt{D_r}/f_r \cdot \sqrt{D_o}$ nach Gl. (2.235) resultiert.

In Abb. 88 sind polarographische Strom-Spannungskurven nach I. M. KOLTHOFF u. J. J. LINGANE[5] wiedergegeben, bei denen $Cd^{2+}$-Ionen verschiedener Konzentration in 1m KCl reduziert wurden. Es ist die Konstanz des Halbstufenpotentials zu beobachten.

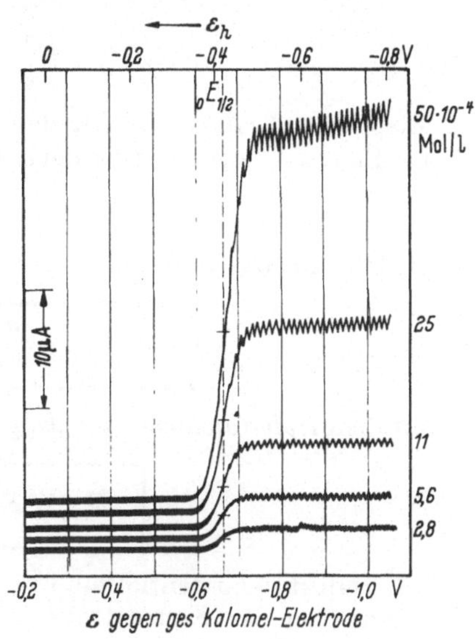


Abb. 88. Unabhängigkeit des Halbstufenpotentials $_0E_{1/2}$ von der Konzentration des reduzierbaren Ions an verschiedenen Polarogrammen nach KOLTHOFF u. LINGANE[5] fur $Cd^{2+}$ in 1m KCl. Die Zahlen an den Kurven sind Konzentrationen in $10^{-4}$ Mol/l

In Lösungen, die das Metallion komplex gebunden enthalten, hat das Halbstufenpotential einen wesentlich negativeren Wert als im nicht komplex gebundenen Zustand des gleichen Metallions. Das kann formal auf den Aktivitätskoeffizienten $f_o$ in Gl. (2.235) zurückgeführt werden, der in komplexen Lösungen des Metalls wegen der dort meist sehr geringen Aktivität $a_o$ des nicht komplex gebundenen Metallions als sehr klein angesehen werden kann. Hierdurch kann das Halbstufenpotential um viele 100 mV zur negativen Seite hin verschoben werden, wie es Untersuchungen von J. HEYROVSKY u. D. ILKOVIČ[6], M. v. STACKELBERG u. H. v. FREYHOLD[7] und J. J. LINGANE[8] zeigen.

---

[2] STREHLOW, H., u. M. v. STACKELBERG: Z. Elektrochem. **54**, 51 (1950).
[3] STACKELBERG, M. v.: Z. Elektrochem. **45**, 466 (1939).
[4] LINGANE, J. J.: J. Am. Soc. **61**, 2099 (1939).
[5] KOLTHOFF, I. M., u. J. J. LINGANE: Polarography I. 196. Intersc. Publ. New York, London 1952.
[6] HEYROVSKY, J., u. D. ILKOVIČ: Coll. czech. chem. Comm. **7**, 198 (1935).
[7] STACKELBERG, M. v., u. H. v. FREYHOLD: Z. Elektrochem. **46**, 120 (1940).
[8] LINGANE, J. J.: Chem. Rev. **29**, 1 (1941).

Es bleibt noch die polarographische Abscheidung eines *im Quecksilber nicht löslichen Metalls* zu behandeln. Hierbei soll der in der Praxis allerdings seltene Fall einer reversiblen Abscheidung ohne *Durchtritts-* oder *Keimbildungshemmung* betrachtet werden. An der Oberfläche des Quecksilbers muß hier mit einem Film des abzuscheidenden Metalls gerechnet werden. Eine Diffusion des bereits abgeschiedenen Metalls ist infolge seiner Unlöslichkeit nicht vorhanden, so daß das Potential durch

$$\begin{aligned} \varepsilon &= E_0 + \frac{RT}{nF} \cdot \ln a_j = \\ &= E_0 + \frac{RT}{nF} \cdot \ln f_j + \frac{RT}{nF} \cdot \ln c_j \end{aligned} \tag{2.236}$$

entsprechend Gl. (2.229) für den löslichen Fall gegeben wird. Da nach der Ilkovič-Gleichung und nach Gl. (2.230) und Gl. (2.232)

$$c_j = \bar{c}_j \cdot \left(1 - \frac{I}{I_d}\right) \tag{2.237}$$

ist, folgt für das Potential

$$\boxed{\varepsilon = {}_0E_{1/2} + \frac{RT}{nF} \cdot \ln\left[2\left(1 - \frac{I}{I_d}\right)\right]} \tag{2.238}$$

mit dem *Halbstufenpotential* ${}_0E_{1/2}$

$$\boxed{{}_0E_{1/2} = E_0 + \frac{RT}{nF} \cdot \ln \frac{\bar{a}_j}{2}}\,. \tag{2.239}$$

Das Halbstufenpotential muß in diesem Fall mit $59{,}2/n$ mV pro Zehnerpotenz von der Konzentration (Aktivität) abhängen und im übrigen etwa den Wert von der Größe $E_0$ des Normalpotentials des Metalls haben. Eine experimentelle Nachprüfung von Gl. (2.238) und Gl. (2.239) gestaltet sich recht schwierig, da diese unlöslichen Metalle, wie z. B. Fe, Cr, Mo, W, V meistens nicht reversibel abgeschieden werden. Wegen der deshalb geringen praktischen Bedeutung von Gl. (2.238) soll auch keine graphische Darstellung dieser Funktion gebracht werden.

## § 66. Nichtverwendbarkeit der Diffusionsüberspannung für die Aufklärung von Reaktionsmechanismen

Immer wieder findet man in der Literatur Versuche, aus der Größe und dem Verhalten der Diffusionsüberspannung den Mechanismus der Elektrodenreaktion zu ermitteln. Das ist aus thermodynamischen Gründen prinzipiell nicht möglich. Es erscheint aber wegen der immer wieder zu beobachtenden Fehler nötig, hier noch einmal ausführlich in einem gesonderten Paragraphen auf die offenbar so naheliegenden Trugschlüsse einzugehen.

Wenn nur Diffusionsüberspannung auftritt, wird auf Grund der Definition vorausgesetzt, daß alle beteiligten chemischen Gleichgewichte innerhalb der gesamten Diffusionsschicht eingestellt und auch die Durchtrittsreaktionen vollständig im Gleichgewicht sind. Das bedeutet, daß die Elektrodenbruttoreaktion, die sich aus einer Folge von chemischen Reaktionen und Durchtrittsreaktionen zusammensetzt, an der Phasengrenze auch bei Stromfluß im Gleichgewicht bleibt. *Die Elektrodenbruttoreaktion läuft also an der Oberfläche thermodynamisch vollständig reversibel ab.* Der einzige Unterschied gegenüber dem stromlosen Zustand ist, daß der Elektrolyt an der Oberfläche eine andere Zusammensetzung aufweist als im Inneren der Lösung. Alle nur denkbaren Folgen von Teilreaktionen (Durchtrittsreaktionen + chemische Reaktionen), aus denen die Elektrodenbruttoreaktion zusammengesetzt sein kann, ergeben aus thermodynamischen Gründen immer das gleiche Gleichgewicht, denn für die Berechnung derartiger Gleichgewichte benötigt die Thermodynamik nur Daten des Anfangs- und Endzustandes. Über Zwischenzustände und damit über einen Reaktionsweg werden keine Voraussetzungen gemacht. Umgekehrt kann daher aus dem Verhalten des Gleichgewichts der Elektrodenbruttoreaktion, das wiederum aus dem Verhalten des Elektrodenpotentials zu ermitteln ist, *in keinem Fall* eine Auskunft über den Reaktionsweg erhalten werden, da, wie gesagt, jeder denkbare Reaktionsweg zu dem gleichen Verhalten führen würde. Hierbei ist es ganz gleich, um welches Verhalten des Potentials es sich handelt.

An einem Beispiel, das bereits im § 57 und Abb. 64 behandelt wurde, soll das vorliegende Problem weiter diskutiert werden. Es handelt sich hierbei um die Silber-Silbercyanid-Elektrode mit der Elektrodenbruttoreaktion

$$\mathrm{Ag} + 2\,\mathrm{CN}^- \leftrightharpoons \mathrm{Ag(CN)}_2^- + e^- . \tag{2.240}$$

Am vorliegenden Beispiel sollen vier verschiedene, denkbare Reaktionswege (a), (b), (c) und (d) diskutiert werden, ohne dabei hier den wahren Reaktionsmechanismus zu erörtern. Diese vier Reaktionswege sollen sein:

(a) $$\mathrm{Ag} + 2\,\mathrm{CN}^- \leftrightharpoons \mathrm{Ag(CN)}_2^- + e^-$$

in einem Dreierstoß an der Oberfläche bei der Reaktionsrichtung von links nach rechts. Der Reaktionsmechanismus (b) sei:

(b) $$\begin{cases} \mathrm{Ag} \leftrightharpoons \mathrm{Ag}^+ + e^- \\ \mathrm{Ag}^+ + 2\,\mathrm{CN}^- \leftrightharpoons \mathrm{Ag(CN)}_2^-, \end{cases}$$

wobei als Zwischenstufe hydratisierte Silberionen $Ag^+$ auftreten. Als weitere Möglichkeit sei genannt:

(c) $$\begin{cases} \mathrm{Ag} + \mathrm{CN}^- \leftrightharpoons \mathrm{Ag(CN)} + e^- \\ \mathrm{Ag(CN)} + \mathrm{CN}^- \leftrightharpoons \mathrm{Ag(CN)}_2^-. \end{cases}$$

Hier liegt als Zwischenstoff Ag(CN) vor. Fall (d) sei

(d) $$\begin{cases} \mathrm{Ag} + \mathrm{OH}^- \leftrightharpoons \mathrm{Ag(OH)} + e^- \\ \mathrm{Ag(OH)} + 2\mathrm{CN}^- \leftrightharpoons \mathrm{Ag(CN)}_2^- + \mathrm{OH}^-. \end{cases}$$

Hierbei würde als Zwischenstufe Ag(OH) entstehen.

Alle vier Reaktionswege führen zur gleichen Elektrodenbruttoreaktion Gl. (2.240). Bei der Silberauflösung wird je nach der Stromdichte eine Konzentrationsverteilung nach Abb. 64a oder Abb. 64b auftreten. Dieser Übergang vom Konzentrationsverlauf nach Abb. 64a zu dem nach Abb. 64b, der bei kleiner Gleichgewichtskonstante Gl. (2.128) $K = [Ag^+] \cdot [CN^-]^2/[Ag(CN)_2^-]$ sehr scharf sein kann, muß nicht mit einem Übergang von einem Mechanismus zu einem anderen verknüpft sein.

Im folgenden sollen die Vorgänge im Fall Abb. 64b untersucht werden. Hier läuft unmittelbar an der Elektrodenoberfläche die Elektrodenbruttoreaktion $Ag \rightarrow Ag^+ + e^-$ ab, der innerhalb der Diffusionsschicht die Reaktion $Ag^+ + 2\,CN^- \rightarrow Ag(CN)_2^-$ folgt. Beide Reaktionen zusammen ergeben die Bruttoreaktion $Ag + 2\,CN^- \rightarrow Ag(CN)_2^-$. Bei den vier Mechanismen mit den vier verschiedenen Durchtrittsreaktionen laufen an der Oberfläche die folgenden Reaktionen ab:

$$\text{(a)} \quad \begin{cases} Ag + 2\,CN_2^- \rightarrow Ag(CN)_2^- + e^- & E_a \\ Ag(CN)_2^- \rightarrow Ag^+ + 2\,CN^- & K_a \end{cases}$$

$$\text{(b)} \quad Ag \rightarrow Ag^+ + e^- \qquad E_b$$

$$\text{(c)} \quad \begin{cases} Ag + CN^- \rightarrow Ag(CN) + e^- & E_c \\ Ag(CN) \rightarrow Ag^+ + CN^- & K_c \end{cases}$$

$$\text{(d)} \quad \begin{cases} Ag + OH^- \rightarrow Ag(OH) + e^- & E_d \\ Ag(OH) \rightarrow Ag^+ + OH^- & K_d \end{cases}$$

Allen diesen Reaktionen (a) bis (d) folgt im Innern der Diffusionsschicht nach Abb. 64b die Reaktion $Ag^+ + 2\,CN^- \rightarrow Ag(CN)_2^-$.

Das Potential $\varepsilon$ wird mit Hilfe der Nernstschen Gleichung, die auf die Durchtrittsreaktion angewendet werden muß, durch die folgenden Beziehungen wiedergegeben:

$$\varepsilon_a = E_a + \frac{RT}{F} \cdot \ln \frac{[Ag\,(CN)_2^-]}{[CN^-]^2} = E_a - \frac{RT}{F} \cdot \ln K_a + \frac{RT}{F} \cdot \ln [Ag^+]$$

$$\varepsilon_b = E_b + \frac{RT}{F} \cdot \ln [Ag^+]$$

$$\varepsilon_c = E_c + \frac{RT}{F} \cdot \ln \frac{[Ag\,(CN)]}{[CN^-]} = E_c - \frac{RT}{F} \cdot \ln K_c + \frac{RT}{F} \cdot \ln [Ag^+]$$

$$\varepsilon_d = E_d + \frac{RT}{F} \cdot \ln \frac{[Ag\,(OH)]}{[OH^-]} = E_d - \frac{RT}{F} \cdot \ln K_d + \frac{RT}{F} \ln [Ag^+] .$$

Da aus der Thermodynamik die Beziehungen

$$E_b = E_a - \frac{RT}{F} \ln K_a = E_c - \frac{RT}{F} \ln K_c = E_d - \frac{RT}{F} \ln K_d$$

folgen, ergibt sich für die Elektrodenpotentiale

$$\varepsilon_a = \varepsilon_b = \varepsilon_c = \varepsilon_d = \varepsilon_0 .$$

Für jede Durchtrittsreaktion folgt somit das gleiche Gleichgewichtspotential $\varepsilon_0$ der Elektrode, so daß aus dem Potential nichts über den Mechanismus zu entnehmen ist.

Die Folge der silberhaltigen Stoffe ist in den verschiedenen Fällen:

| | für Abb. 64a | für Abb. 64b |
|---|---|---|
| (a) | $Ag(CN)_2^-$ | $Ag(CN)_2^- \rightarrow Ag^+ \rightarrow Ag(CN)_2^-$ |
| (b) | $Ag^+ \rightarrow Ag(CN)_2^-$ | $Ag^+ \rightarrow Ag(CN)_2^-$ |
| (c) | $Ag(CN) \rightarrow Ag(CN)_2^-$ | $Ag(CN) \rightarrow Ag^+ \rightarrow Ag(CN)_2^-$ |
| (d) | $Ag(OH) \rightarrow Ag(CN)_2^-$ | $Ag(OH) \rightarrow Ag^+ \rightarrow Ag(CN)_2^-$ |

Daraus, daß in Abb. **64**a vorwiegend $Ag(CN)_2^-$ und in Abb. **64**b vorwiegend $Ag^+$ an der Oberfläche vorliegt, kann auf keinen Fall geschlossen werden, daß sich im ersten Fall primär $Ag(CN)_2^-$ [also Mechanismus (a)] und im zweiten Fall primär $Ag^+$ [also Mechanismus (b)] bildet. *Vor diesem Trugschluß soll eindringlich gewarnt werden.*

Der tatsächlich ablaufende Mechanismus (c) wurde von W. VIELSTICH u. H. GERISCHER[1] aus dem Verhalten der Durchtrittsüberspannung ermittelt, wie später (§ 163α) erklärt werden wird.

## C. Reaktionsüberspannung

### § 67. Definition der Reaktionsüberspannung $\eta_r$

Die Reaktionsüberspannung $\eta_r$ ist die Folgeerscheinung der Hemmung einer chemischen Teilreaktion in der Elektrodenbruttoreaktion. $\eta_r$ tritt nach § 47 und § 55 dann allein auf, wenn die anderen Teilschritte der Bruttoreaktion, wie Durchtrittsreaktion und Diffusion der Stoffe $S$, nicht gehemmt sind. Die chemische Teilreaktion ist hierbei definitionsgemäß eine Reaktion, deren Geschwindigkeitskonstante nicht vom Elektrodenpotential abhängt.

Der Begriff der Reaktionsüberspannung wurde von K. J. VETTER[1] in die Elektrochemie eingeführt. Wenn nur Reaktionsüberspannung auftreten soll, muß das Durchtrittsgleichgewicht für den Durchtritt der Ladungsträger durch die Doppelschicht auch bei Stromfluß ungestört bleiben, obgleich der dem Faradayschen Gesetz entsprechende Stoffumsatz über die Durchtrittsreaktion stattfindet. Das Durchtrittsgleichgewicht bleibt bei Stromfluß aber nur dann ungestört, wenn die Austauschstromdichte $i_0$ unendlich groß ist. Es genügt jedoch, wenn für die Stromdichte $i$ gilt $i \ll i_0$, da dann die Abweichungen des Durchtrittsgleichgewichtes nach Gl. (2.15) und Gl. (2.41) vernachlässigbar klein sind*.

Es soll zunächst angenommen werden, daß nur eine Reaktion in der gesamten Folge der chemischen Reaktionen der Elektrodenbruttoreaktion gehemmt ist. Dann kann die Elektrodenbruttoreaktion in eine *Elektrodenteilreaktion*, die mit allen ihren Teilreaktionen (auch Durchtrittsreaktion) bei Stromfluß ungestört bleibt, und in eine *gehemmte langsame Reaktion* aufgeteilt werden. Ein an der schnellen Elektrodenteilreaktion beteiligter Stoff $S$ wird durch die langsame chemische Reaktion nachgebildet bzw. reagiert durch diese ab. Der stöchiometrische Faktor $\nu$ dieses Stoffes $S$ in der Elektrodenteilreaktion mit der Elektrodenreaktionswertigkeit $n$ ist positiv, wenn $S$ eine oxydierte und negativ, wenn $S$ eine reduzierte Substanz dieser Elektrodenteilreaktion ist.

Wenn $S$ der oxydierte ($S_o$) bzw. reduzierte ($S_r$) Stoff der Durchtrittsreaktion $S_r \leftrightharpoons S_o + e^-$ (Redoxelektrode) oder $S_M + S_r \leftrightharpoons S_o + z \cdot e^-$ (Metall-

[1] VIELSTICH, W., u. H. GERISCHER: Z. physik. Chem. N. F. **4**, 10 (1955).

[1] VETTER, K. J.: Z. physik. Chem. **194**, 284 (1950); Z. Elektrochem. **55**, 121 (1951); **56**, 931 (1952).

* Dieser noch verbleibende Rest wurde als ein sehr kleiner Anteil von Durchtrittsuberspannung in Erscheinung treten.

ionenelektrode) ist, so ist $\nu = +1$ bzw. $-1$, wenn $n$ der schnellen Elektrodenteilreaktion gleich der Durchtrittswertigkeit $z$ ist. Häufig wird die Elektrodenteilreaktion mit der Durchtrittsreaktion identisch sein.

Die Konzentration $c(i)$ bzw. Aktivität $a(i)$ der Substanz $S$ ist infolge der Reaktionshemmung eine Funktion der Stromdichte $i$. Infolgedessen ist das Potential $\varepsilon$, das sich aus der Anwendung der Nernstschen Gleichung (1.28) auf die schnelle Elektrodenteilreaktion ergibt, nach

$$\varepsilon = E + \nu \frac{RT}{nF} \ln a(i) \qquad (2.241)$$

von der Stromdichte $i$ abhängig. $E$ ist hier nicht das Normalpotential, sondern hängt noch von den Aktivitäten der anderen Reaktionspartner der Elektrodenteilreaktion nach der Nernstschen Gleichung ab. Diese Abhängigkeit steht aber hier nicht zur Diskussion.

Die *Reaktionsüberspannung* $\eta_r$ ist daher wegen der allgemeinen Definition der Überspannung $\eta = \varepsilon - \varepsilon_0$ bei einem Gleichgewichtspotential $\varepsilon_0 = E + (\nu RT/nF) \cdot \ln \bar{a}$ durch

$$\boxed{\eta_r = \nu \frac{RT}{nF} \ln \frac{a(i)}{\bar{a}}} \qquad (2.242)$$

definiert. Hierin ist $\bar{a}$ die Aktivität von $S$ im Gleichgewicht.

Da vor und nach der Entladung der Ionen Transportvorgänge eine Rolle spielen, ist der Quotient $a(i)/\bar{a}$ auch von Diffusionsvorgängen abhängig, die immer auf einen Anteil von Diffusionsüberspannung $\eta_d$ führen. Auch der Potentialwert $E$ in Gl. (2.241) kann durch Konzentrationsänderung von $c_j$ eine Funktion $E(i)$ sein, die zu einer Diffusionsüberspannung führt. Auf Grund des Umsatzes entsprechend dem Faradayschen Gesetz muß ein Transport aller Stoffe $S_j$ von der bzw. zur Oberfläche durch die Nernstsche Diffusionsschicht stattfinden. Da dieser Transport nur durch Diffusion vor sich gehen kann, ist ein Konzentrationsgradient (genauer Aktivitätsgradient) notwendig. Bei reiner Reaktionsüberspannung ist jedoch dieser Aktivitätsgradient und damit auch die Differenz zwischen Aktivität vor der Oberfläche und im Lösungsinneren bei den auftretenden Stromdichten sehr klein (unendlich klein). Die hierdurch nach Gl. (2.83) hervorgerufene Diffusionsüberspannung wird dann so klein (unendlich klein), daß sie nicht mehr zu berücksichtigen ist. Bei reiner Reaktionsüberspannung folgt also die Aktivität $\bar{a}$ aus dem Massenwirkungsgesetz unter Verwendung der Gleichgewichtskonzentrationen $\bar{a}_j$ der Stoffe der Elektrodenbruttoreaktion.

Zur weiteren Erläuterung des Begriffes der Reaktionsüberspannung sollen an Beispielen verschiedene Möglichkeiten für das Auftreten gehemmter chemischer Reaktionen diskutiert werden.

Die gehemmte Reaktion kann homogen in einer dünnen Flüssigkeitsschicht vor der Oberfläche im Elektrolyten ablaufen, oder wie in vielen Fällen als heterogene Reaktion in einer Adsorptionsschicht an der Oberfläche. Wie bei allen heterogenen chemischen Reaktionen ist dann meist eine schlechte Reproduzierbarkeit vorhanden. Wie allgemein in der chemischen Kinetik können bei einer heterogenen Reaktion der

Adsorptionsvorgang, die eigentliche chemische Reaktion in der Adsorptionsschicht oder die Desorption der Reaktionsprodukte für die Reaktionsgeschwindigkeit und damit für die Reaktionsüberspannung maßgebend sein. Unter diese Gruppe von homogenen oder heterogenen Reaktionen fallen besonders Komplexbildungs- oder Komplexzerfallsreaktionen. Hierzu ist auch die Hydratation und Dehydratation von Ionen zu rechnen, die evtl. homogen oder auch heterogen als gehemmter Vorgang ablaufen kann und dann zu einer Reaktionsüberspannung führen würde. Als bekannteste heterogene Reaktionshemmung sei die von J. TAFEL[2] angenommene gehemmte Rekombination der H-Atome bei der kathodischen Wasserstoffentwicklung genannt.

Bei Metallionenelektroden könnten als Substanz $S$, die durch die gehemmte Reaktion gebildet wird oder durch sie abreagieren muß, auch die ad-Atome auf der Metalloberfläche diskutiert werden. In diesem Fall wäre die gehemmte Reaktion ein Kristallisationsvorgang. Da jedoch die Gesetzmäßigkeiten für derartige Vorgänge wesentlich anders als die für chemische Reaktionen sind, sollen diese Vorgänge nicht bei der Reaktionsüberspannung behandelt werden. Vielmehr ist für die Überspannung, deren Ursache die Hemmung von Kristallisationsvorgängen ist, ein eigener Begriff, die Kristallisationsüberspannung $\eta_k$ von H. FISCHER[3] und W. LORENZ[4] eingeführt worden (§ 75–77).

Zum weiteren Verständnis sollen noch die Vorgänge an der $HNO_3/HNO_2$-Redoxelektrode diskutiert werden, wie sie von K. J. VETTER[5] aufgeklärt werden konnten. Die Elektrodenbruttoreaktion in saurer Lösung $3H^+ + NO_3^- + 2e^- \leftrightharpoons HNO_2 + H_2O$ läuft über die Reaktionsfolge

| | | |
|---|---|---|
| 1. | $H^+ + NO_3^- \leftrightharpoons HNO_3$ | schnell |
| 2. | $HNO_3 + HNO_2 \rightarrow H_2O + N_2O_4$ | langsam |
| 3. | $N_2O_4 \leftrightharpoons 2\,NO_2$ | schnell |
| 4. | $NO_2 + e^- \rightarrow NO_2^-$ | langsam, Durchtrittsreaktion |
| 5. | $H^+ + NO_2^- \leftrightharpoons HNO_2$ | schnell |

ab. Reaktion (4) ist die Durchtrittsreaktion mit den Stoffen $S_o = NO_2$ und $S_r = NO_2^-$, die je Elektrodenbruttoreaktion zweimal abläuft und allein das Potential der Elektrode bestimmt. Durch einen kathodischen Strom wird in Reaktion (4) $NO_2$ verbraucht, das durch die chemischen Reaktionen (2) und (3) nachgeliefert wird. Da aber die Reaktion (2) langsam ist, tritt hierbei eine starke Verarmung an $NO_2$ (und $N_2O_4$) auf, die sich in einer Reaktionsüberspannung bemerkbar macht. $NO_2$ kann nur mit einer maximalen Geschwindigkeit durch Reaktion (2) nachgeliefert werden. Bei einem Strom, der dieser maximalen Geschwindigkeit entspricht, wird sogar $c_o = [NO_2] = 0$. Es bildet sich dann eine

[2] TAFEL, J.: Z. physik. Chem. **50**, 641 (1905).

[3] FISCHER, H.: Z. Elektrochem. **55**, 92 (1951). — FISCHER, H.: Elektrolytische Abscheidung und Elektrokristallisation von Metallen. Springer Verlag Berlin-Gottingen-Heidelberg 1954, S. 130.

[4] LORENZ, W.: Z. Naturf. **9**a, 716 (1954).

[5] VETTER, K. J.: Z. physik. Chem. **194**, 199 (1950); Z. Elektrochem. **55**, 121 (1951).

Reaktionsgrenzstromdichte $i_r$ mit der Reaktionsüberspannung $\eta_r = -\infty$ aus. Ein anodischer Strom bewirkt dagegen eine Anhäufung von $NO_2$, das über Reaktion (3) und (2) abreagieren muß.

An diesem Beispiel treten zwei interessante Möglichkeiten für die Behandlung der Reaktionsüberspannung auf. Als Substanz $S$, deren Bildung oder Abbau gehemmt ist, kann hier $NO_2$, aber auch $N_2O_4$ angesehen werden. Wird $S = NO_2$ gesetzt, so ist die *Elektrodenteilreaktion* die Summe aus 4 und 5 $NO_2 + H^+ + e^- \leftrightharpoons HNO_2$ mit $\nu = +1$ und $n = 1$. Auf diese Reaktion die Nernstsche Gleichung angewendet, ergibt die Beziehung

$$\varepsilon = E_0 + \frac{RT}{F} \ln \frac{[H^+]}{[HNO_2]} + \frac{RT}{F} \ln [NO_2] = E + \frac{RT}{F} \ln [NO_2]$$

die der Gl. (2.241) entspricht. Hieraus ist auch die Bedeutung von $E$ abzulesen. Der Faktor $\nu/n$ hat den Wert $+1$. Die gehemmte vorgelagerte Bruttoreaktion ist die Summe der Reaktionen 1 bis 3 $H^+ + NO_3^- + HNO_2 \leftrightharpoons 2NO_2 + H_2O$.

Die andere Möglichkeit $S = N_2O_4$ führt auf die *Elektrodenteilreaktion* (Summe $3 + 4 + 5$) $N_2O_4 + 2H^+ + 2e^- \leftrightharpoons 2HNO_2$ mit $\nu = +1$ und $n = 2$. Die Anwendung der Nernstschen Gleichung auf diese Reaktion

$$\varepsilon = E_0' + \frac{RT}{F} \ln \frac{[H^+]}{[HNO_2]} + \frac{RT}{2F} \ln [N_2O_4] = E + \frac{RT}{2F} \ln [N_2O_4]$$

ergibt die Gl. (2.241) mit dem Faktor $\nu/n = 1/2$. Wie in den folgenden Paragraphen noch ausgeführt werden wird, trifft der erste Fall zu für $[NO_2] \gg [N_2O_4]$ und der zweite Fall für $[NO_2] \ll [N_2O_4]$.

Als weiteres Beispiel sei der Volmer-Tafel-Mechanismus der Wasserstoffelektrode

$$H^+ + e^- \leftrightharpoons H_{ads}$$
$$2H_{ads} \leftrightharpoons H_2$$

mit der Elektrodenbruttoreaktion $2H^+ + 2e^- \leftrightharpoons H_2$ genannt. Die gehemmte chemische Reaktion ist die Tafelreaktion $2H_{ads} \leftrightharpoons H_2$ und die Elektrodenteilreaktion ist $H^+ + e^- \leftrightharpoons H_{ads}$ (Volmer-Reaktion). In dieser Reaktion ist die Substanz $S$ der adsorbierte atomare Wasserstoff $S = H_{ads}$. Infolgedessen ist $\nu = -1$ (reduzierte Substanz) bei $n = 1$.

Allgemein kann festgestellt werden, *daß nicht die Existenz einer vor- oder nachgelagerten Reaktion zur Reaktionsüberspannung führt, sondern nur bei einer Hemmung dieser Reaktion tritt eine derartige Überspannung auf.* Wenn keine Hemmung vorliegt, läuft die Reaktionsfolge über vor- oder nachgelagerte Gleichgewichte, wie sie als Komplikation der Diffusionsüberspannung behandelt wurden (§ 57). Diese *vor- oder nachgelagerten eingestellten Gleichgewichte führen zu keiner Reaktionsüberspannung.*

## § 68. Reaktionsüberspannung bei Hemmung einer homogenen Reaktion im Elektrolyten

Die Voraussetzung für das Auftreten einer reinen Reaktionsüberspannung $\eta_r$ ist, daß auch bei Stromfluß keine nennenswerten Veränderungen in den Konzentrationen der Stoffe $S_j$ der Elektrodenbruttoreaktion auftreten. Diese Veränderungen müssen so klein sein, daß sich bei Anwendung der Nernstschen Gleichung (1.28) auf diese Konzentrationen $c_j(\xi = 0)$ keine beobachtbare Diffusionsüberspannung ergibt*. Es soll daher für die folgende Ableitung der Reaktionsüberspannung die Konstanz der Konzentrationen $c_j$ der Stoffe $S_j$ der Elektrodenbruttoreaktion durch die ganze Diffusionsschicht $\xi = 0$ bis $\xi = \delta$ angenommen werden.

Schon frühzeitig hat A. EUCKEN[1] dieses Problem für einen speziellen Fall untersucht. Doch erst H. GERISCHER u. K. J. VETTER[2] haben die allgemeine Beziehung für die stationäre Reaktionsüberspannung bei gehemmter homogener chemischer Reaktion angegeben und diesen Fall umfangreicher behandelt. Der Gedankengang ist hierbei der folgende. Bei dem Verbrauch von $S$ durch die *Elektrodenteilreaktion* muß dieser Stoff mit der Geschwindigkeit $i \cdot nF/\nu$ in der *vorgelagerten Reaktion* nachgebildet werden. Diese Nachbildung erfolgt im wesentlichen innerhalb einer Reaktionsschicht der Dicke $\delta_r < \delta$, die kleiner als die Dicke $\delta$ der adhärierenden Diffusionsschicht (§ 60) ist. Der Stoff $S$ wird unmittelbar an der Oberfläche $\xi = 0$ durch die Elektrodenteilreaktion (oftmals Durchtrittsreaktion) verbraucht. Infolgedessen muß $S$ aus der Reaktionsschicht an die Oberfläche diffundieren. An jeder

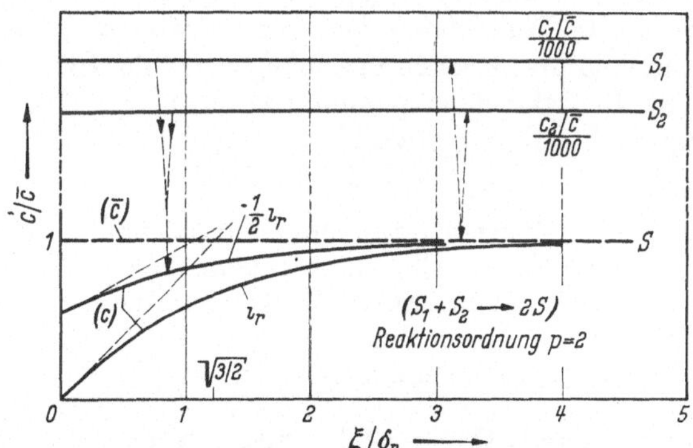


Abb. 89. Stationärer Konzentrationsverlauf $c(\xi)$ des verarmenden Stoffes $S$ in Abhängigkeit vom Oberflächenabstand $\xi$ nach Integration von Gl. (2.253) für die Reaktionsordnung $p = 2$ bei der Reaktionsgrenzstromdichte $i_r$ und der Stromdichte $0{,}5 \cdot i_r$. $\delta_r$ = Reaktionsschichtdicke $= \sqrt{D\bar{c}/2v_0}$ (für kleine Überspannung)

Stelle $\xi_1$ der Reaktionsschicht diffundiert soviel in Richtung zur Oberfläche, wie im Raum $\xi \geqq \xi_1$ an $S$ gebildet wird. Die diffundierende Menge und damit der Konzentrationsgradient wird also mit Annäherung an die Oberfläche immer größer werden und schließlich für $\xi = 0$ den der Stromdichte $i$ entsprechenden Wert erreichen. Auf der anderen

* Die Voraussetzung ist dann erfüllt, wenn die Konzentrationen $c_j$ sehr viel größer als die Gleichgewichtskonzentration $\bar{c} \ll c_j$ sind oder wenn zwischen den Diffusionskonstanten die allerdings unwahrscheinliche Beziehung $D_j \gg D$ besteht.

[1] EUCKEN, A.: Z. physik. Chem. **64**, 564 (1908).

[2] GERISCHER, H., u. K. J. VETTER: Z. physik. Chem. **197**, 92 (1951).

Seite, weit außerhalb der Reaktionsschicht, wird diese Größe dem Grenzwert null zustreben. Der Konzentrationsverlauf $c(\xi)$ hat daher die in Abb. 89 gezeigte Form.

Im Abstand $\xi$ von der Oberfläche läuft die gehemmte homogene Reaktion

$$\begin{array}{c} \rightarrow v_0 = f\,(c_1, c_2, \ldots c_q) \\ n_1 S_1 + n_2 S_2 + \cdots \leftrightharpoons n_l S_l + \cdots + n_q S_q + \nu S \\ \leftarrow v_1 = k \cdot c^p = g\,(c_1, c_2, \ldots c_q) \cdot c^p \end{array} \tag{2.243a}$$

mit der Reaktionsgeschwindigkeit $v$ ab, die von der Konzentration $c(\xi)$ der Substanz $S$ am Orte $\xi$ und von den anderen Konzentrationen abhängt. Unter $v$ soll dabei die homogene Bildungsgeschwindigkeit von $S$ in Mol/cm$^3\cdot$ sec verstanden werden, die sich aus zwei Beiträgen in den beiden gegenläufigen Reaktionsrichtungen $v = v_0 - v_1$ zusammensetzt. Dabei soll angenommen werden, daß bei der Bildung von $S$ die Reaktionsgeschwindigkeit $v_0 = f\,(c_1, c_2, \ldots c_q)$ von der Konzentration $c$ der Substanz $S$ unabhängig ist. In der Gegenrichtung soll die Geschwindigkeit $v_1 = k \cdot c^p$ mit der Reaktionsordnung $p$ von $c$ abhängen*. Die homogene Bildungsgeschwindigkeit kann dann durch den Ausdruck

$$v = v_0 - k \cdot c^p \tag{2.243b}$$

dargestellt werden, in dem $v_0 = f\,(c_1, c_2, \ldots c_q)$ und $k = g\,(c_1, c_2, \ldots c_q)$ beliebig komplizierte Funktionen der Konzentrationen $c_j$ sein können. $c_j$ und damit auch $v_0$ und $k$ sollen unabhängig von der Stromdichte sein, wenn nur reine Reaktionsüberspannung vorliegt.

Im Gleichgewichtsfall $v = 0$ wird

$$v_0 = k \cdot \bar{c}^p \tag{2.244}$$

$\bar{c}$ ist die Gleichgewichtskonzentration des Stoffes $S$ und $v_0$ die Reaktionsgeschwindigkeit, mit der im Gleichgewichtsfall beide Gegenreaktionen gegeneinander laufen. $v_0$ kann also als Reaktions-Austauschgeschwindigkeit bezeichnet werden. Nach Einsetzen von Gl. (2.244) in Gl. (2.243) folgt für die Reaktionsgeschwindigkeit

$$v = v_0\left[1 - \left(\frac{c}{\bar{c}}\right)^p\right] = v_0(1 - u^p)\,, \tag{2.245}$$

wenn für das Verhältnis $c(\xi)/\bar{c} = u(\xi)$ gesetzt wird. Die Berechnung der Größe $u(0) = c(0)/\bar{c}$ an der Oberfläche ist das Ziel dieser Ableitung, da sich die Reaktionsüberspannung hieraus nach Gl. (2.242)

$$\eta_r = \frac{\nu R T}{n F} \cdot \ln \frac{c(0)}{\bar{c}} = \frac{\nu R T}{n F} \cdot \ln u \tag{2.246}$$

ergibt. Für den Fall, daß die gehemmte Reaktion auf der Oxydationsseite liegt, ist $\nu$ positiv und im anderen Fall (Reduktionsseite) ist $\nu$ negativ. Die Elektrodenreaktionswertigkeit $n$ der Elektrodenteilreaktion ist dagegen prinzipiell eine positive Größe.

* Die Darstellbarkeit der Reaktionsgeschwindigkeit durch eine einfache Reaktionsordnung $p$ bedeutet bereits eine gewisse Einschränkung der Reaktionen. Die Konzentration $c$ des Stoffes $S$ soll nur in dem einen Glied von Gl. (2.243) enthalten sein.

Um die stationäre Verteilung der Konzentration vor der Oberfläche (Abb. 89) zu ermitteln, muß das 2. Ficksche Gesetz herangezogen werden. Die Konzentrationsverteilung $c(\xi)$ muß gerade so sein, daß die zeitliche Konzentrationsänderung $\partial c/\partial t$ nach

$$\frac{\partial c}{\partial t} = D \cdot \frac{\partial^2 c}{\partial \xi^2} \quad \text{(2. Ficksches Gesetz)} \tag{2.247}$$

durch die Reaktion $\partial c/\partial t = v$ zu $\partial c/\partial t = 0$ (stationäre Verteilung) kompensiert wird*. Es ergibt sich für den Ansatz der Differentialgleichung

$$D \cdot \frac{\partial^2 c}{\partial \xi^2} = -v = -v_0\left[1 - \left(\frac{c}{\bar{c}}\right)^p\right] \tag{2.248}$$

oder

$$\frac{d^2 u}{d\xi^2} = -\frac{v_0}{D \cdot \bar{c}}(1 - u^p)\,. \tag{2.249}$$

Nach Multiplikation mit $du/d\xi$ und Integration folgt

$$\left(\frac{du}{d\xi}\right)^2 = -\frac{2v_0}{D \cdot \bar{c}} \cdot \int (1 - u^p)\,du = -\frac{2v_0}{D \cdot c} \cdot \left(u - \frac{1}{p+1} \cdot u^{p+1}\right) + C\,. \tag{2.250}$$

$C$ berechnet sich aus der Randbedingung, nach der für großen Oberflächenabstand $\xi \to \infty$ das Verhältnis

$$\frac{c(\infty)}{c} = u(\infty) = 1\,; \quad \frac{\partial u(\infty)}{\partial \xi} = 0 \tag{2.251}$$

wird. Hieraus ergibt sich

$$C = \frac{2v_0}{D \cdot \bar{c}} \cdot \frac{p}{p+1} \tag{2.252}$$

und damit nach Einsetzen in Gl. (2.250)

$$\frac{du}{d\xi} = \sqrt{\frac{2v_0}{D \cdot \bar{c}} \cdot \left(\frac{p}{p+1} + \frac{1}{p+1} \cdot u^{p+1} - u\right)}\,. \tag{2.253}$$

Aus der zweiten Randbedingung ergibt sich die gesuchte Abhängigkeit zwischen der Stromdichte $i$ und dem Verhältnis $u = c(0)/\bar{c}$. Diese Randbedingung wird durch die Stromdichte $i$ in Verbindung mit dem Faradayschen und dem 1. Fickschen Gesetz geliefert und lautet

$$\left(\frac{du}{d\xi}\right)_{\xi=0} = \frac{1}{\bar{c}} \cdot \frac{dc(0)}{d\xi} = -\frac{\nu \cdot i}{nF \cdot D \cdot \bar{c}}\,. \tag{2.254}$$

Aus Gl. (2.253) und Gl. (2.254) ergibt sich

$$i = \mp \frac{n}{\nu} F \sqrt{\frac{2p}{p+1} \cdot v_0 \cdot \bar{c} \cdot D} \cdot \sqrt{1 + \frac{1}{p}\left(\frac{c(0)}{\bar{c}}\right)^{p+1} - \frac{p+1}{p} \cdot \frac{c(0)}{\bar{c}}}\,. \tag{2.255}$$

Für $c(0)/\bar{c} < 1$ gilt das obere $(-)$ und für $c(0)/\bar{c} > 1$ das untere $(+)$ Vorzeichen der Gl. (2.255).

---

* In § 73 wird die zeitliche Abhängigkeit der Reaktionsüberspannung nach Koutecky u. Brdička (1947) für $p = 1$ behandelt, aus der sich die stationäre Konzentrationsverteilung durch den Grenzübergang $t \to \infty$ ergibt.

Nach Einsetzen der Reaktionsüberspannung $\eta_r$ aus Gl. (2.246) folgt die Stromspannungsbeziehung für die homogene Reaktionsüberspannung

$$i = \mp \frac{n}{\nu} F \cdot \sqrt{\frac{2p}{p+1} \cdot v_0 \cdot \bar{c} \cdot D} \times \\ \times \sqrt{1 + \frac{1}{p} \cdot \exp\left(\frac{n(p+1)F}{\nu RT} \eta_r\right) - \frac{p+1}{p} \cdot \exp\left(\frac{nF}{\nu RT} \eta_r\right)}. \tag{2.256}$$

Hier erhält die Stromdichte $i$ das Vorzeichen der Überspannung $\eta_r$.

Der Faktor vor der zweiten Wurzel in Gl. (2.255) und Gl. (2.256) ist von der Stromdichte $i$ und der Überspannung $\eta_r$ unabhängig. Der Wert dieses Faktors entspricht einer Grenzstromdichte, die bei unendlich großer Überspannung $\eta_r/\nu \to -\infty$ erreicht wird, wie auch aus Abb. 90 zu entnehmen ist. Diese als Folge einer gehemmten chemischen Reaktion auftretende Grenzstromdichte wird nach K. J. VETTER[3] mit *Reaktionsgrenzstromdichte* $i_r$ bezeichnet. Das Verhalten des Reaktionsgrenzstromes spielt eine wichtige Rolle bei der Ermittlung der Art einer beobachteten Überspannung. Die Reaktionsgrenzströme werden daher in einem gesonderten Kapitel allgemein behandelt (§ 70). Der Wert von $i_r$ folgt aus Gl. (2.256) für $\eta_r/\nu = -\infty$

$$\boxed{i_r = -\frac{n}{\nu} F \cdot \sqrt{\frac{2p}{p+1} \cdot v_0 \cdot \bar{c} \cdot D}} \tag{2.257}$$

$i_r$ ist neben der *Reaktionsordnung* $p$ und dem Faktor $n/\nu$ eine für die Reaktionsüberspannung charakteristische Größe.

Unter Verwendung von $i_r$ ergibt sich aus Gl. (2.256) für die Stromspannungsbeziehung

$$\boxed{i = \mp i_r \cdot \sqrt{1 + \frac{1}{p} \cdot \exp\left(\frac{n(p+1)F}{\nu RT} \eta_r\right) - \frac{p+1}{p} \cdot \exp\left(\frac{nF}{\nu RT} \eta_r\right)}.} \tag{2.258}$$

Das Vorzeichen in dieser Gleichung ist so zu wählen, daß die Stromdichte $i$ das gleiche Vorzeichen wie die Überspannung $\eta_r$ hat. Abb. 90 gibt diese Beziehung für verschiedene Reaktionsordnungen $p$ wieder. Abb. 91 stellt die gleiche Beziehung in logarithmischer Form dar.

Für *größere* Überspannungen, deren Vorzeichen dem im Grenzstromgebiet entgegengesetzt ist, also bei $\eta_r/\nu > 0$, ist schließlich nur noch der erste Exponentialausdruck in Gl. (2.258) zu berücksichtigen, da dieser Ausdruck schneller mit $\eta_r$ wächst als alle anderen. In diesem Fall geht Gl. (2.258) in

$$i = -\frac{i_r}{|\sqrt{p}|} \cdot \exp\left(\frac{n(p+1)F}{2\nu RT} \eta_r\right) \tag{2.259}$$

über. Im Geltungsbereich von Gl. (2.259) hat $i$ also immer das entgegengesetzte Vorzeichen von $i_r$. Die Überspannung $\eta_r$ entspricht hier einer

[3] VETTER, K. J.: Z. Elektrochem. **55**, 121 (1951).

Tafelschen Gleichung (§ 49 β) der Form $\eta = a + b \cdot \log i$

$$\eta_r = -\frac{2 \cdot \nu}{n(p+1)} \cdot \frac{RT}{F} \cdot \ln \left| \frac{i_r}{\sqrt{p}} \right| + \frac{2 \cdot \nu}{n(p+1)} \cdot \frac{RT}{F} \cdot \ln |i| \qquad (2.260)$$

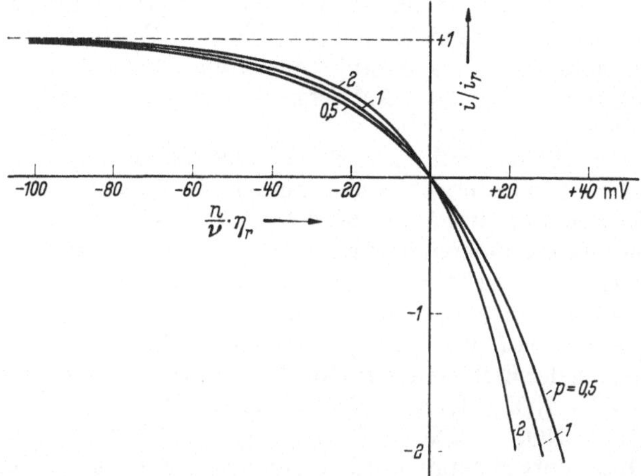


**Abb. 90. Reaktionsüberspannung $\eta_r$ (mV) in Abhängigkeit von der Stromdichte $i$ in Einheiten der Reaktionsgrenzstromdichte $i_r$ für verschiedene Reaktionsordnungen $p$ = 0,5 1,0, und 2,0 bei Voraussetzung einer homogenen Reaktionshemmung nach Gl. (2.258). $n/\nu$ = Zahl der Elektronen, die ein Molekül $S$ in der Elektrodenteilreaktion aufnimmt ($n/\nu > 0$) bzw. abgibt ($n/\nu < 0$)**

In Abb. 91 sind diese Geraden gestrichelt eingetragen. Ihre Neigung ist $(p + 1)/2$ pro 59,2 mV. Allgemein hat die Neigung in einer Darstellung

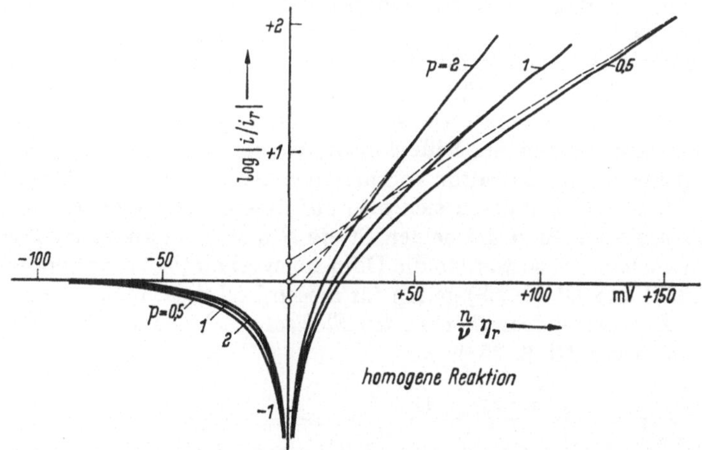


**Abb. 91. Reaktionsüberspannung $\eta_r$ (mV) in Abhängigkeit von $\log|i/i_r|$ für verschiedene Reaktionsordnungen $p$ nach Gl. (2.258). Gestrichelte Geraden nach Gl. (2.260) (Tafelsche Geraden). Steigung der Geraden $(p + 1)/2$ pro 59,2 mV bei 25° C**

von $\log i$ gegen $\eta_r$ den Wert $n(p + 1)/2\nu$ pro 59,2 mV (bei 25°C). Der Schnittpunkt der Geraden mit der Stromachse liegt bei $\log(i_r/\sqrt{p})$, so daß hieraus unter Verwendung des experimentellen $i_r$-Wertes die Reaktionsordnung $p$ bestimmbar ist. Aus der Neigung kann $n/\nu$ ermittelt werden. Alle Bestimmungsgrößen sind daher aus dieser Form der Kurve zu erhalten.

Ein Strom in der entgegengesetzten Richtung des Reaktionsgrenzstromes bewirkt eine Erhöhung der Konzentration $c(0)$ gegenüber $\bar{c}$, die bei größeren Überspannungen beträchtliche Werte annehmen kann. Es ist deshalb besonders darauf zu achten, ob auch dann noch die Voraussetzungen für das Auftreten reiner Reaktionsüberspannung gegeben sind.

Zur Auswahl der Substanz $S$, von der die Größen $n$, $\nu$, $p$, $\bar{c}$, $D$, $v_0$ abhängen, muß noch etwas gesagt werden. Wenn durch die gehemmte chemische Reaktion primär ein Stoff $S$ gebildet wird, der im chemischen Gleichgewicht mit anderen Stoffen $S'$ oder $S''$ steht, so sind verschiedene Aufteilungen der Elektrodenbruttoreaktion in die schnelle Elektrodenteilreaktion und die gehemmte chemische Reaktion möglich, wie es im Beispiel des § 67, der $HNO_3/HNO_2$-Elektrode, dargelegt worden ist. Die Aufteilung der Elektrodenbruttoreaktion $3H^+ + NO_3^- + 2e^- \leftrightharpoons HNO_2 + H_2O$ in $H^+ + NO_3^- + HNO_2 \rightarrow 2NO_2 + H_2O$ und $NO_2 + H^+ + e^- \leftrightharpoons HNO_2$ oder in $H^+ + NO_3^- + HNO_2 \leftrightharpoons N_2O_4 + H_2O$ und $N_2O_4 + 2H^+ + 2e^- \leftrightharpoons 2HNO_2$ ist dort genannt worden. Im ersten Fall ist $S = NO_2$ und im zweiten Fall $S = N_2O_4$. Es tritt daher die Frage auf, welcher der beiden Stoffe ($NO_2$ oder $N_2O_4$) in den Gln. (2.257) und (2.258) und den anderen Gleichungen maßgebend ist. Der Reaktionsmechanismus ist in beiden Fällen genau der gleiche.

Bei einem Verbrauch der beiden (oder auch weiterer) Stoffe $S$ und $S'$, die miteinander im Gleichgewicht stehen, werden beide Substanzen verarmen, so daß sie durch Diffusion aus der Reaktionsschicht der Dicke $\delta_r$ nachgeliefert werden müssen. Der Stoff in der größeren Gleichgewichtskonzentration wird bei der gemeinsamen Diffusion beider Stoffe den größeren Stofftransport aus der Reaktionsschicht bewirken, wenn die Größe der Diffusionskonstanten angenähert die gleiche ist. Infolgedessen werden der Diffusion die Gesetze aufgeprägt, die sich auf die in größerer Konzentration vorhandenen Stoffes beziehen*. Die Größen $n$, $\nu$, $p$, $\bar{c}$, $D$ und $v_0$ müssen sich also auf diesen Stoff größerer Konzentration beziehen. Sind die beiden Stoffe $S$ und $S'$ in ähnlicher Konzentration vorhanden, so werden die Diffusionsverhältnisse sehr kompliziert. Gl. (2.257) und Gl. (2.258) gelten für diesen Fall nicht mehr genau.

Der *Konzentrationsverlauf in den Elektrolyten* hinein ergibt sich durch Integration von Gl. (2.253)

$$\xi = -\sqrt{\frac{D \cdot c\,(p+1)}{2 \cdot v_0}} \cdot \int \frac{du}{\sqrt{u^{p+1} - (p+1)\,u + p}} + C$$

mit $\qquad u = c(0)/\bar{c}\,.$

Für $p = 1$ folgt hieraus mit der Randbedingung Gl. (2.254), die die

* Wesentlich ist $D \cdot \bar{c} \gg D' \cdot \bar{c}'$ der Stoffe $S$ und $S'$, wenn $S$ als der maßgebende angesehen werden soll.

Größe $(du(0)/d\xi)_{\xi=0}$ mit der Stromdichte $i$ verbindet

$$u(\xi) = \frac{c(\xi)}{c} = 1 + \frac{\nu}{nF} \cdot \frac{i}{\sqrt{v_0 \cdot D \cdot c}} \cdot \exp\left(-\sqrt{\frac{v_0}{D \cdot \bar{c}}} \cdot \xi\right). \qquad (2.261)$$

Die Integration für $p = 0{,}5$ oder 3 führt auf elliptische Integrale. In Abb. 92 ist der Verlauf der Konzentration für $p = 1$ nach Gl. (2.261) in Abhängigkeit vom Oberflächenabstand für verschiedene Stromdichten $i/i_r$ angegeben.

Aus Abb. 89 u. 92 ist zu entnehmen, daß keine Abhängigkeit von der Rührgeschwindigkeit (also $\delta$) auftritt, solange keine merkliche Konzentrationsabweichung bis an die Grenze der Diffusionsschicht $\delta$ reicht. Die Reaktionsschichtdicke soll entsprechend Abb. 89 u. 92 durch die lineare Extrapolation des Konzentrationsgefälles bei $\xi = 0$ bis auf $c = \bar{c}$ definiert sein. Die *Reaktionsschichtdicke* berechnet sich hiernach zu

$$\delta_r = \frac{nF}{\nu \cdot i} \cdot D \cdot (\bar{c} - c)\,. \qquad (2.262)$$

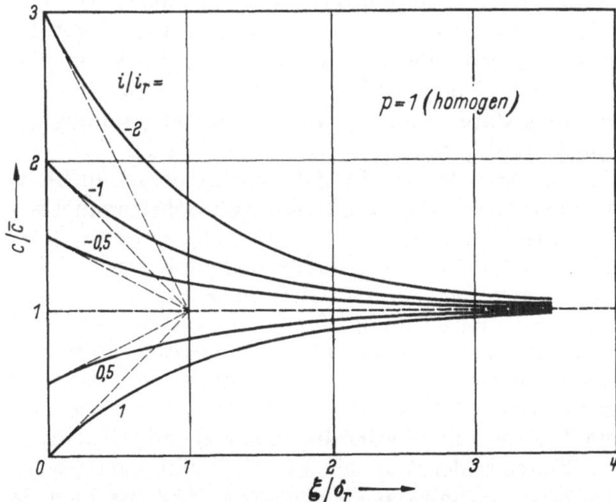


Abb. 92. Abhängigkeit der Konzentration $c(\xi)$ (in Einheiten der Gleichgewichtskonzentration $\bar{c}$) vom Oberflächenabstand $\xi$ (in Einheiten der Reaktionsschichtdicke $\delta_r$) bei homogener Reaktionshemmung der 1. Ordnung ($p = 1$) für verschiedene Stromdichten $i/i_r = 1$, 0,5, 0, —0,5, —1 und —2 nach Gl. (2.261). Beispiel: $\xi$-Einheit $\delta_r = 10^{-5}$ cm bei $D = 10^{-5}\ \text{cm}^2 \cdot \text{sec}^{-1}$ und Halbwertszeit $(\bar{c}/v_0) \cdot \ln 2 = 6{,}93\ \mu\text{sec}$ ($k = 10^5\ \text{sec}^{-1}$). Dann ist bei $\bar{c} = 10^{-6}$ Mol/l und $n/\nu = -1$ $i_r = 96{,}5\ \mu\text{A/cm}^2$

Bei der in Abb. 92 dargestellten Reaktion 1. Ordnung ist die Reaktionsschichtdicke $\delta_r$ unabhängig von der Stromdichte [Gl. (2.263)]. Bei Reaktionsordnungen $p \neq 1$ ist dies nur angenähert bei kleinen Stromdichten $i \ll i_r$ der Fall. Bei größeren Stromdichten treten bedeutende Abweichungen auf, wie es aus Abb. 89 zu entnehmen ist, in die ein Konzentrationsverlauf für $p = 2$ eingetragen ist.

Die Dicke $\delta_r$ der Reaktionsschicht errechnet sich nach Gl. (2.262) für die Reaktionsordnung $p = 1$ aus Gl. (2.254) und Gl. (2.261) mit

$\xi = 0$ zu

$$\delta_r = \sqrt{\frac{D \cdot \bar{c}}{v_0}}. \tag{2.263}$$

Es ergibt sich eine von der Stromdichte $i$ unabhängige Reaktionsschichtdicke $\delta_r$, wie es auch aus Abb. 92 zu entnehmen ist. Für andere Reaktionsordnungen $p$ folgt bei kleinen Stromdichten $|i| \ll |i_r|$ die Beziehung

$$\boxed{\delta_r = \sqrt{\frac{D \cdot \bar{c}}{p \cdot v_0}}} \tag{2.263a}$$

für die *Reaktionsschichtdicke* $\delta_r$, die auch für $p = 1$ gilt.

## § 69. Reaktionsüberspannung bei Hemmung einer heterogenen chemischen Reaktion

Die gehemmte chemische Reaktion kann auch heterogen an der Elektrodenoberfläche ablaufen. Durch diese heterogene Reaktion soll der Stoff $S$ der Elektrodenteilreaktion nachgebildet werden oder abreagieren. Für den stöchiometrischen Faktor $\nu$ von $S$ gilt das gleiche wie bei der homogenen gehemmten chemischen Reaktion. $\nu$ ist positiv für eine oxydierte und negativ für eine reduzierte Substanz.

Die Bedingung dafür, daß nur Reaktionsüberspannung $\eta_r$ auftritt, ist nach K. J. VETTER[1], daß die Konzentrationen der Stoffe $S_j$ der Elektrodenbruttoreaktion bis an die Oberfläche heran nicht wesentlich verändert werden*. Außerdem muß die Austauschstromdichte $i_0$ so groß sein, daß $i \ll i_0$ ist.

Für die heterogene Bildungsgeschwindigkeit $v$ des Stoffes $S$ (in Mol/cm² sec) sei wieder der Ansatz Gl. (2.243a, b) $v = v_0 - k \cdot c^p$ gemacht, in dem $p$ die Reaktionsordnung für die Abreaktion des Stoffes $S$ ist. Die Konzentration $c$ kann eine homogene Konzentration im Elektrolyten sein. $c$ wird aber bei heterogener Reaktionshemmung meistens eine Oberflächenkonzentration (Mol/cm²) des Stoffes $S$ in mehr oder weniger fest adsorbiertem Zustand sein. $\bar{c}$ wäre die entsprechende Gleichgewichtskonzentration (in Mol/cm³ oder Mol/cm²). Für die Funktionen $v_0 = f(c_1, c_2, \ldots c_q)$ und $k = g(c_1, c_2, \ldots c_q)$ gilt das gleiche wie in § 68. Es folgt daher auch hier die Gl. (2.245)

$$v = v_0 \cdot \left[1 - \left(\frac{c}{\bar{c}}\right)^p\right] = v_0(1 - u^p), \tag{2.264}$$

wenn $u$ für das Verhältnis $u = c/\bar{c}$ gesetzt wird. $v$ ist also positiv, wenn $S$ gebildet und negativ, wenn $S$ verbraucht wird.

Von dem Verhältnis $u = c/\bar{c}$ hängt nach Gl. (2.242) die Größe der Reaktionsüberspannung $\eta_r$ ab. Ist $n$ die Elektrodenreaktionswertigkeit

[1] VETTER, K. J.: Z. Elektrochem. **56**, 931 (1952).

* Da bei Stromfluß ein elektrochemischer Umsatz auftritt, müssen die so entstehenden oder verbrauchten Substanzen durch die Diffusionsschicht hindurch diffundieren. Hierzu ist ein Konzentrationsgradient nötig, der aber so klein (unendlich klein) sein soll, daß nur ein sehr kleiner (unendlich kleiner) Anteil an Diffusionsüberspannung auftritt.

und $\nu$ der stöchiometrische Faktor von $S$ in der Elektrodenteilreaktion, so folgt bei Anwendung der Nernstschen Gleichung [oder von Gl. (2.242)] für Stoff $S$ die Reaktionsüberspannung

$$\eta_r = \frac{\nu R T}{nF} \cdot \ln \frac{c}{\bar{c}} = \frac{\nu R T}{nF} \cdot \ln u \qquad (2.265)$$

Gl. (2.265) ist der Gl. (2.246) in § 68 gleich. Die Größe $\nu$ gibt das Vorzeichen der Reaktionsüberspannung richtig wieder. $\nu$ ist positiv für eine Reaktionshemmung auf der oxydierten Seite und negativ für eine Reaktionshemmung auf der reduzierten Seite der Durchtrittsreaktion.

Auf Grund des Faradayschen Gesetzes ist die Reaktionsgeschwindigkeit $v$ mit der Stromdichte $i$ verknüpft, die durch die Elektrode fließt. Da $n$ immer eine positive ganze Zahl ist, gilt bei der gegebenen Vorzeichendefinition von $v$ und $\nu$

$$i = -\frac{n}{\nu} F \cdot v\,. \qquad (2.266)$$

Bei der maximalen Bildungsgeschwindigkeit $v_0$ des Stoffes $S$ nach Gl. (2.264) für $u = 0$ fließt die maximale Stromdichte $i_r$. Es ist dann nach Gl. (2.266)

$$\boxed{i_r = -\frac{n}{\nu} F \cdot v_0}\,, \qquad (2.267)$$

$i_r$ stellt die *heterogene Reaktionsgrenzstromdichte* dar, wie im folgenden noch auseinandergesetzt wird.

Nunmehr folgt aus Gl. (2.264) mit Gl. (2.266) und Gl. (2.267) die Größe $u$

$$u = \frac{c}{\bar{c}} = \left(1 - \frac{v}{v_0}\right)^{\frac{1}{p}} = \left(1 - \frac{i}{i_r}\right)^{\frac{1}{p}}. \qquad (2.268)$$

Hieraus ergibt sich durch Einsetzen in die Gl. (2.265) die Beziehung für die *stationäre Reaktionsüberspannung* nach K. J. Vetter[2]

$$\boxed{\eta_r = \frac{\nu R T}{p \cdot nF} \cdot \ln \left(1 - \frac{i}{i_r}\right)} \qquad (2.269)$$

als Funktion der Stromdichte $i$.

Gl. (2.269) hat die gleiche Form wie Gl. (2.93) für die Diffusionsüberspannung, die in Abb. 57 und 58 dargestellt wurde. Es ist daher überflüssig, hier noch einmal die Stromspannungsabhängigkeiten nach Gl. (2.269) anzugeben. Es sei vielmehr unter entsprechender Übertragung von $i_d$ auf $i_r$ und $\nu_j/n$ auf $\nu/pn$ auf die Abb. 57 und 58, § 56, verwiesen. Hieraus ist auch die Bedeutung von $i_r$ zu entnehmen. Für $i \to i_r$ geht die Reaktionsüberspannung $\eta_r \to \mp \infty$, je nach dem Vorzeichen von $\nu$. Die Stromdichte $i_r$ hat daher die Eigenschaft eines Grenzstromes, dessen Wert, wie bei der homogenen Reaktionsüberspannung nach Gl. (2.267), von der Reaktionsgeschwindigkeit $v_0$ abhängt. Der Zusammenhang ist im heterogenen Fall sogar einfacher als bei homogener Reaktionshemmung, was durch Vergleich von Gl. (2.267) mit Gl. (2.257) zu erkennen ist.

---

[2] Vetter, K. J.: Z. physik. Chem. **194**, 284 (1950).

Für Stromdichten mit dem entgegengesetzten Vorzeichen der Reaktionsgrenzstromdichte und einem wesentlich größeren Wert als $i_r$, also für $-i/i_r \gg 1$ geht Gl. (2.269) in eine einfachere Form über. In diesem Fall kann im Logarithmus die „1“ vernachlässigt werden, so daß sich $\eta_r$

$$\boxed{\eta_r = -\frac{\nu R T}{p \cdot n F} \cdot \ln |i_r| + \frac{\nu R T}{p \cdot n F} \cdot \ln |i|} \qquad (2.270)$$

$$(\eta = a + b \cdot \log |i|)$$

in Form einer Tafelschen Beziehung* ergibt. Die Verlängerung der Tafelschen Geraden bis $\eta = 0$ führt auf den Wert der Reaktionsgrenzstromdichte.

Bei der Ableitung von Gl. (2.269) und Gl. (2.270) sind eine ganze Reihe von Vereinfachungen gemacht worden. So gilt die Beziehung Gl. (2.265) meistens nur, solange die Oberflächenkonzentration $c$ zu einem Bedeckungsgrad $\theta \ll 1$ führt. Bei größeren Bedeckungen treten hiervon Abweichungen auf, wie sie später im Fall der Wasserstoffelektrode noch ausführlicher behandelt werden sollen. Auch der Ansatz für die Reaktionsgeschwindigkeit $v = f(c_1, c_2, \ldots c_q) - g(c_1, c_2, \ldots c_q) \cdot c^p$ stellt eine Vereinfachung dar, weil nicht immer der Einfluß der Konzentration $c$ des Stoffes $S$ durch eine einfache Reaktionsordnung $p$ besonders bei heterogenen Reaktionen darzustellen sein wird. Für diese komplizierteren Beispiele müßte von Fall zu Fall eine spezielle Ableitung der Stromspannungsbeziehung auf der oben gezeigten Grundlage durchgeführt werden. Neben den üblichen heterogenen chemischen Reaktionen dürfte auch die Auflösung und Abscheidung von Metallen ein derartig komplizierter Fall sein, wenn der Ein- und Ausbau der Gitteratome gehemmt ist. Diese Hemmung und die hieraus folgende Kristallisationsüberspannung wird in § 75 noch ausführlich behandelt werden.

## § 70. Die Reaktionsgrenzstromdichte

### α) *Kriterien zur Unterscheidung von Diffusionsgrenzstromdichte $i_d$, heterogener und homogener Reaktionsgrenzstromdichte $i_r$*

Für das Vorliegen einer Reaktionshemmung und damit das Auftreten von Reaktionsüberspannung $\eta_r$ ist die Ausbildung von Reaktionsgrenzströmen charakteristisch, wie aus den §§ 68 u. 69 hervorgeht. Aber auch die Diffusionshemmung mit einer daraus folgenden Diffusionsüberspannung führt auf eine Grenzstromerscheinung (§ 58).

Es tritt daher die Frage nach der Unterscheidbarkeit beider Grenzströme auf. Hierfür hat K. J. VETTER[1] ein Kriterium angegeben. Wie aus Gl. (2.91) bzw. Gl. (2.145) und Gl. (2.147) hervorgeht, hängt die Diffusionsgrenzstromdichte $i_d$ von der Dicke $\delta$ der adhärierenden Nernstschen Diffusionsschicht ab. Da diese Dicke $\delta$ stark von der

---

* Auf die Rekombinationshemmung der H-Atome mit der Reaktionsordnung $p = 2$ und $\nu = -1$ angewandt, ist Gl. (2.270) sogar die für diesen Fall von J. TAFEL [Z. physik. Chem. **50**, 641 (1905)] unmittelbar abgeleitete Beziehung.

[1] VETTER, K. J.: Z. Elektrochem. **55**, 121 (1951).

Intensität und der Art des Rührens abhängt (§ 60), ist hiervon in gleichem Maße auch die Diffusionsgrenzstromdichte $i_d$ abhängig. Insbesondere wird $i_d$ mit wachsender Rührgeschwindigkeit größer. Gleichzeitig tritt bei Erreichen des Diffusionsgrenzstromes unter potentiostatischer Schaltung bei turbulentem Rühren ein kurzzeitiges unregelmäßiges Schwanken der Stromdichte und bei galvanostatischer Schaltung ein gleichartiges Schwanken des Potentials mit einer mittleren Frequenz von etwa 1 Hz auf (Abb. 120). Diese Schwankungen beruhen auf kurzzeitigen Veränderungen der Diffusionsschichtdicke infolge Turbulenz der Strömung*.

Die Reaktionsgrenzstromdichte zeigt dagegen diese Erscheinung nicht, da auch bei homogener Reaktionshemmung der Reaktionsablauf weit im Innern der Diffusionsschicht, also $\delta_r \ll \delta$, ablaufen soll. Eine auch hier infolge des Rührens vorhandene kurzzeitige Schwankung von $\delta$ hat daher auf den Reaktionsablauf im Innern der Diffusionsschicht oder auf der Elektrodenoberfläche bei heterogener Hemmung keinen Einfluß.

*Das Auftreten von kurzzeitigen unregelmäßigen Strom- bzw. Spannungsschwankungen im Grenzstromgebiet deutet daher eindeutig auf das Vorliegen eines Diffusionsgrenzstromes hin. Ein Ausbleiben dieser Schwankungen trotz Rührens und das Fehlen einer Abhängigkeit von der Rührgeschwindigkeit weist ebenso eindeutig auf das Vorhandensein eines Reaktionsgrenzstromes hin.* Selbstverständlich gibt es auch Übergänge mit geringerer Schwankungsamplitude. Im experimentellen Teil wird hierüber noch ausführlicher berichtet werden. An der rotierenden Scheibenelektrode ist ein Diffusionsgrenzstrom proportional der Wurzel $\sqrt{m}$ aus der Tourenzahl. Ein Reaktionsgrenzstrom ist dagegen unabhängig von der Tourenzahl $m$ (vgl. Abb. 196 u. 206).

Nachdem infolge einer Rührunabhängigkeit ein Grenzstrom als Reaktionsgrenzstrom erkannt wurde, bleibt immer noch die Frage zu klären, ob es sich um eine *homogene oder heterogene Reaktionshemmung* handelt. Hierfür hat K. J. VETTER[1, 2] ein Kriterium angegeben. Der homogene Ablauf der chemischen Reaktion vor der Oberfläche, jedoch noch innerhalb der Diffusionsschicht, wie er in § 68 behandelt wurde, kann nicht von Eigenschaften der Elektrodenoberfläche** abhängen. Dagegen wird die Geschwindigkeit einer heterogenen Reaktion sehr stark von dem Zustand der Oberfläche abhängen, wie es von Reaktionen her bekannt ist, die katalytisch an Oberflächen ablaufen. Geringste Spuren von Verunreinigungen können hier infolge von Adsorption einen großen Einfluß haben.

*Die heterogene Reaktionsgrenzstromdichte und damit heterogene Reaktionsüberspannung wird also im Gegensatz zu den entsprechenden homogenen Erscheinungen stark vom Elektrodenzustand und von Elektrodengiften in geringsten Spuren abhängen.* Infolgedessen wird die Reaktionsüber-

---

* An der rotierenden Scheibenelektrode treten diese Schwankungen nicht auf.

[2] VETTER, K. J.: Z. Elektrochem. **56**, 931 (1952).

** Hierbei soll nicht die Oberflächenform, also z. B. die Rauhigkeit, betrachtet werden.

spannung bei heterogener Hemmung so schlecht reproduzierbar sein, wie heterogene katalytische Reaktionen. Sie wird vor allem sehr anfällig gegen Elektrodengifte und abhängig von der Vorbehandlung der Elektrode sein. *Die homogene Reaktionsgrenzstromdichte und damit homogene Reaktionsüberspannung sollte dagegen keine Abhängigkeit vom Elektrodenzustand zeigen.* Die Reproduzierbarkeit der Messungen sollte derjenigen von homogenen Reaktionsgeschwindigkeiten entsprechen. Die Größe der homogenen Reaktionsüberspannung dürfte demzufolge nur von spezifischen Katalysatoren, die auf die spezielle homogene Reaktion einwirken, abhängig sein.

*β) Konzentrationsabhängigkeit der heterogenen Reaktionsgrenzstromdichte*

Die Größe der Reaktionsgrenzstromdichte ist nach Gl. (2.267) im heterogenen Fall unmittelbar ein Maß für die Reaktionsaustauschgeschwindigkeit $v_0$ im Gleichgewicht der gehemmten Reaktion. Die Konzentrationsabhängigkeit von $i_r$ ist hier gleich der von $v_0 = f(c_1, c_2, \ldots c_q)$, also der Geschwindigkeit der Teilreaktion, die zur Bildung von $S$ führt. Aus der Konzentrationsabhängigkeit von $i_r$ kann also im heterogenen Fall wie bei einer rein chemischen Reaktion unmittelbar auf die Kinetik des Bildungsvorganges geschlossen werden. Eine genauere Diskussion ist allerdings nur an speziellen Beispielen durchführbar.

Ein spezieller Fall, der recht verbreitet auftritt, soll im folgenden noch ausführlicher behandelt werden. Für die heterogene Reaktionsgeschwindigkeit $v = f(c_1, c_2, \ldots c_q) - g(c_1, c_2, \ldots c_q) \cdot c^p$ sei die Annahme gemacht, daß für jede Substanz $S_j$ in der Konzentration $c_j$ eine bestimmte Reaktionsordnung $p_j$ angegeben werden kann. Dann ist $v$ durch

$$\begin{aligned} v &= k \cdot c_1^{p_1} \cdot c_2^{p_2} \ldots c_q^{p_q} - k' \cdot c_1^{p_1'} \cdot c_2^{p_2'} \ldots c_q^{p_q'} \cdot c^p = \\ &= k \cdot \Pi c_i^{p_i} - k' \cdot c^p \cdot \Pi c_i^{p_i'} \end{aligned} \tag{2.271}$$

auszudrücken. Die Reaktionsaustauschgeschwindigkeit $v_0$ am thermodynamischem Gleichgewicht läßt sich durch

$$v_0 = k \cdot \Pi c_j^{p_j} \tag{2.272}$$

darstellen. In die Gl. (2.267)

$$i_r = -\frac{n}{\nu} \cdot F \cdot v_0$$

eingesetzt, ergibt sich die Reaktionsgrenzstromdichte $i_r$

$$i_r = -\frac{n}{\nu} \cdot F \cdot k \cdot \Pi c_j^{p_j}. \tag{2.273}$$

Die Konzentrationsabhängigkeiten[1]

$$\boxed{\left(\frac{\partial \log i_r}{\partial \log c_k}\right)_{c_j \neq k} = p_k} \tag{2.274}$$

ergeben die *chemischen Reaktionsordnungen* $p_j$ bezüglich des Stoffes $S_j$ zur *Bildung* der Substanz $S$.

Im Gegensatz zur Konzentrationsabhängigkeit der Austauschstromdichte $i_0$, aus der die elektrochemischen Reaktionsordnungen $z_{o,j}$

und $z_{r,j}$ folgen, sind aus der Konzentrationsabhängigkeit der Reaktionsgrenzstromdichte $i_r$ die chemischen Reaktionsordnungen $p_j$ der gehemmten Reaktion bestimmbar.

$\gamma$) *Konzentrationsabhängigkeit der homogenen Reaktionsgrenzstromdichte*

Die Größe und damit auch die Konzentrationsabhängigkeit der Reaktionsgrenzstromdichte $i_r$ folgt aus Gl. (2.257)

$$i_r = -\frac{n}{\nu} F \cdot \sqrt{\frac{2p}{p+1} \cdot v_0 \cdot \bar{c} \cdot D} \tag{2.257}$$

nach Einsetzen der Konzentrationsbeziehungen für die Reaktionsaustauschgeschwindigkeit $v_0$ und für die Gleichgewichtskonzentration $\bar{c}$ des Stoffes $S$, der gehemmt durch die chemische Reaktion gebildet wird.

Für die Reaktionsaustauschgeschwindigkeit $v_0$ soll bei homogener Reaktion die gleiche Beziehung (2.272) wie im heterogenen Fall gelten. Für die Gleichgewichtskonzentration $\bar{c}$ des Stoffes $S$ gilt Gl. (2.241)

$$\varepsilon_0 = E + \nu \cdot \frac{RT}{nF} \ln \bar{c}\,. \tag{2.275}$$

Andererseits folgt $\varepsilon_0$ aus der Nernstschen Gl. (1.28)

$$\varepsilon_0 = E_0 + \frac{RT}{nF} \cdot \sum \nu_j \ln c_j\,. \tag{2.276}$$

Bei gleichen Elektrodenreaktionswertigkeiten $n$ in der Elektrodenbruttoreaktion und in der Elektrodenteilreaktion ergibt sich für $\bar{c}$

$$\bar{c} = K \cdot \prod c_j^{\nu_j/\nu}\,. \tag{2.277}$$

Durch Einsetzen von Gl. (2.272) und Gl. (2.277) in Gl. (2.257) ergibt sich als Reaktionsgrenzstromdichte $i_r$

$$\boxed{i_r = -\frac{n}{\nu} F \cdot \sqrt{\frac{2p}{p+1} \cdot D \cdot k \cdot K \cdot \prod c_j^{1/2(p_j+\nu_j/\nu)}}}\,. \tag{2.278}$$

Aus Gl. (2.278) folgt nach Logarithmieren und partieller Differentiation nach $\log c_k$

$$\boxed{\left(\frac{\partial \log i_r}{\partial \log c_k}\right)_{c_j \neq k} = \frac{1}{2}\left(p_k + \frac{\nu_k}{\nu}\right)}\,. \tag{2.279}$$

Dieser Ausdruck gibt die *Konzentrationsabhängigkeit der Reaktionsgrenzstromdichte* $i_r$ bei Variation der Konzentration $c_k$ und bei Konstanthalten aller anderen Konzentrationen $c_j$ nach K. J. VETTER[1] wieder. Bei der homogenen Reaktion liegt also eine etwas kompliziertere Konzentrationsabhängigkeit vor. Trotzdem ist auch hieraus die *chemische Reaktionsordnung* $p_j$ bezüglich des Stoffes $S_j$ zur Bildung von $S$ zu ermitteln. Im experimentellen Teil wird die Anwendung dieser Gleichungen ausführlicher besprochen werden. Es sei jedoch noch darauf hingewiesen, daß sich die Gl. (2.279) für die homogene und Gl. (2.274) für die heterogene Reaktionshemmung wesentlich unterscheiden, so daß für die Ermittlung der verschiedenen Reaktionsordnungen zunächst geklärt sein muß, um welche Art der Reaktionshemmung es sich handelt.

## § 71. Reaktionswiderstand $R_r$ bei Gleichstrom

### α) *Bei homogener Reaktionshemmung*

Wie bei der Durchtrittsüberspannung von einem Durchtrittswiderstand $R_D$ (§ 54) und bei der Diffusionsüberspannung von einem Diffusionswiderstand $R_d$ (§ 61) gesprochen wird, so kann nach K. J. VETTER[1,2,3] bei der Reaktionsüberspannung in analoger Weise ein Reaktionswiderstand eingeführt werden. Der *Reaktionswiderstand* $R_r$ ist hiernach definiert als

$$R_r = \left(\frac{d\eta_r}{di}\right)_{i=0} \tag{2.280}$$

und ergibt sich aus der Steilheit der Stromspannungskurve am Gleichgewichtspotential $\varepsilon_0$, wenn *nur* Reaktionsüberspannung $\eta_r$ auftritt.

So wie sich der Durchtrittswiderstand durch die Austauschstromdichte $i_0$ und der Diffusionswiderstand durch die Diffusionsgrenzstromdichte $i_d$ ausdrücken läßt, so kann für den Reaktionswiderstand eine Beziehung zur Reaktionsgrenzstromdichte $i_r$ abgeleitet werden. Der homogene Reaktionswiderstand ergibt sich aus der Stromspannungsbeziehung Gl. (2.258) (§ 68) für die homogene Reaktionsüberspannung durch Differentiation nach der Überspannung $\eta_r$ und Bestimmung des Grenzwertes $\lim\limits_{\eta_r \to 0} (di/d\eta_r)$

$$\boxed{R_r = \left(\frac{d\eta_r}{di}\right)_{i=0} = |\nu| \cdot \frac{RT}{nF} \cdot \sqrt{\frac{2}{p+1}} \cdot \frac{1}{|i_r|}} \tag{2.281}$$

Gl. (2.281) wurde von GERISCHER u. VETTER[3,2] abgeleitet. $R_r$ gestattet bei Kenntnis der Reaktionsgrenzstromdichte $i_r$ die Bestimmung von $(\nu/n) \cdot \sqrt{2/(p+1)}$. Mit Hilfe dieser Größe kann meistens der Mechanismus der Reaktion festgelegt werden.

### β) *Bei heterogener Reaktionshemmung*

Den Reaktionswiderstand bei heterogener Reaktionshemmung hat K. J. VETTER[1,2] abgeleitet. Dieser ergibt sich genau so durch Differentiation der Stromspannungsbeziehung Gl. (2.269) nach der Stromdichte und Einsetzen von $i = 0$

$$\boxed{R_r = \left(\frac{d\eta_r}{di}\right)_{i=0} = |\nu| \cdot \frac{RT}{nF} \cdot \frac{1}{p} \cdot \frac{1}{|i_r|}} \tag{2.282}$$

Auch hier besteht eine einfache reziproke Beziehung zwischen der Reaktionsgrenzstromdichte $i_r$ und dem Reaktionswiderstand $R_r$. Ebenfalls läßt sich bei Kenntnis von $R_r$ und $i_r$ die Größe $pn/\nu$ der gehemmten heterogenen Reaktion nach Gl. (2.282) berechnen.

---

[1] VETTER, K. J.: Z. physik. Chem. **194**, 284 (1950).
[2] VETTER, K. J.: Z. Elektrochem. **55**, 121 (1951).
[3] GERISCHER, H., u. K. J. VETTER: Z. physik. Chem. **197**, 92 (1951).

## § 72. Reaktionsimpedanz $\mathfrak{R}_r$ bei Wechselstrom

### α) *Bei homogener Reaktionshemmung*

Ein Wechselstrom bewirkt bei einer Reaktionshemmung wie auch bei den anderen Überspannungsarten eine mit der gleichen Frequenz nach positiven und negativen Werten schwankende Reaktionsüberspannung. Diese Reaktionsüberspannung hat wie bei der Diffusionshemmung eine Phasenverschiebung gegen den Wechselstrom. Der sich aus dem Strom und der Überspannung ergebende Widerstand ist daher eine Impedanz. Diese „Reaktionsimpedanz" setzt sich aus einer ohmschen Komponente $R_r$ und entsprechend der Richtung der Phasenverschiebung aus einer kapazitiven Komponente $C_r$ zusammen. Hierbei ist die Phasenverschiebung, wie die folgende Diskussion ergeben wird, nicht wie bei der Diffusionsüberspannung konstant, sondern hängt stark von der Frequenz und der Reaktionsgeschwindigkeit ab. Die Verhältnisse sind daher komplizierter als bei der Diffusions-Wechselstromüberspannung.

Im folgenden soll zunächst die Reaktionsüberspannung bei einer homogenen Reaktionshemmung behandelt werden, die im stationären Fall zu einer Konzentrationsverteilung nach Abb. 89 oder Abb. 92 (§ 68) vor der Elektrodenoberfläche noch innerhalb der Diffusionsschicht führt. Für die Einstellung dieser Verteilung, die von der Größe der Stromdichte abhängt, wird eine gewisse Zeit benötigt. Diese wird vergleichbar mit der Zeit sein, in der die Wurzel des mittleren Verschiebungsquadrates $\sqrt{\overline{\xi^2}} = \sqrt{2D \cdot t}$ die Größe der Reaktionsschichtdicke $\delta_r$ (§ 68) erreicht. Bei einer entsprechend langsamen Veränderung der Stromdichte wird also eine fast stationäre Konzentrationsverteilung der sich ändernden Stromdichte folgen können. Bei kleinen Frequenzen muß daher die Konzentrationsverteilung und damit auch die Wechselstromüberspannung in ein quasistationäres Verhalten übergehen.

Bei sehr hohen Frequenzen dagegen wird wie bei der Diffusionsüberspannung eine gedämpfte Konzentrationswelle in den Elektrolyten hineinlaufen, deren Dämpfung allerdings so groß sein wird, daß die Amplitude schon lange vor Erreichen der stationären Reaktionsschichtdicke $\delta_r$ (§ 68) bis auf unbedeutende Beträge abgesunken sein wird. Der Strom wird daher die nach dem Faradayschen Gesetz benötigte Substanzmenge mit steigender Frequenz immer mehr aus dem vorhandenen Reservoir an Stoff $S$ nehmen. Eine Nachbildung oder Abreaktion wird innerhalb der kurzen Schwingungszeiten und den kleineren Reaktionsräumen von immer geringerer Bedeutung sein. Mit höheren Frequenzen ist daher ein Übergang in das Verhalten der reinen Diffusionsüberspannung, auf den Stoff $S$ bezogen zu erwarten.

Eine ausführliche theoretische Untersuchung des komplexen Reaktionswiderstandes $\mathfrak{R}_r$ wurde sowohl für die homogene als auch für die heterogene Reaktionshemmung von H. GERISCHER[1] durchgeführt. Hierbei wurde der Einfluß von Diffusionshemmung und Reaktionshemmung

[1] GERISCHER.: Z. physik. Chem. **198**, 286 (1951), homogene *Rk*; **201**, 55 (1952), heterogene *Rk*.

gemeinsam behandelt, wodurch die Erscheinungen und auch die mathematische Durchführung recht kompliziert und schwer überschaubar werden. Es soll daher im folgenden in Anlehnung an die Ableitungen von H. GERISCHER[2] nur die reine Reaktions-Wechselstromüberspannung unter Verwendung nichtkomplexer Größen abgeleitet werden.

Zur Beurteilung der Bedingungen, unter denen bei Wechselstrom reine Reaktionsüberspannung auftritt, muß noch etwas vorausgeschickt werden. Nach der Definition der Reaktionsüberspannung in § 67 ist $\eta_r = 0$, wenn die Geschwindigkeitskonstante $k \to \infty$ geht. Wenn also reine Reaktionsüberspannung auftritt, würde mit dem Übergang $k \to \infty$ die Gesamtüberspannung $\eta \to 0$ gehen. $k \to \infty$ würde aber nur bedeuten, daß die Konzentration $c$ des Stoffes $S$ angenähert gleich der Gleichgewichtskonzentration $\bar{c}$ ist, die den Konzentrationen $c_j(0)$ der Stoffe $S_j$ an der Oberfläche entspricht. Da im vorliegenden Fall hierbei keine nennenswerte Überspannung zurückbleiben soll, kann $\bar{c}(0)$ an der Oberfläche kaum von $\bar{c}(\delta)$ im Elektrolyten abweichen. $\bar{c}(0)$ ist durch die Konzentrationen $c_j(0)$ durch das Massenwirkungsgesetz festgelegt, so daß auch diese Konzentrationen nur so wenig vom Wert $c_j(\delta)$ innerhalb des Elektrolyten abweichen dürfen, daß keine nennenswerte Restüberspannung $\eta - \eta_r \approx 0$ verbleibt. Reine Reaktionsüberspannung kann somit nur auftreten, wenn die Konzentrationen $c_j$ der Stoffe der Elektrodenbruttoreaktionen groß gegen $\bar{c}$ sind ($\bar{c} \ll c_j$), da die Diffusionskonstanten der in Frage kommenden Stoffe im allgemeinen alle die gleiche Größenordnung haben.

Für die Ableitung der Wechselstrom-Reaktionsüberspannung soll daher vorausgesetzt werden, daß auch bei Stromfluß die Konzentrationen $c_j$ an der Oberfläche nur so wenig verändert werden, daß die nach Gl. (2.29) mit Hilfe des Massenwirkungsgesetzes zu berechnenden Gleichgewichtskonzentrationen $\bar{c}$ eine vernachlässigbar geringe Veränderung erfahren. Es sollen somit die Konzentrationen $c_j$ und $\bar{c}$ unabhängig von der Stromdichte vorausgesetzt werden. Diese Voraussetzung kann nur für $c_j \gg \bar{c}$ als angenähert erfüllt angesehen werden, wie aus dem zuvor Diskutierten hervorgeht.

Für die zeitliche ($t$) und örtliche ($\xi$) Veränderung der Konzentration $c$ vor der Oberfläche infolge der Diffusions- und Reaktionsvorgänge ist wieder das 2. Ficksche Gesetz in der Form

$$\frac{\partial c}{\partial t} = D \cdot \frac{\partial^2 c}{\partial \xi^2} + v \tag{2.283}$$

anzusetzen. Bei Wechselstrom kann $\partial c/\partial t$ nicht gleich null gesetzt werden, wie es bei Gleichstrom in Gl. (2.248), § 68 zur Ermittlung des stationären Konzentrationsverlaufs geschah.

Als Ansatz für die homogene Reaktionsgeschwindigkeit $v$ soll wieder wie in § 68, Gl. (2.248) die Beziehung

$$v = v_0 \cdot \left[1 - \left(\frac{c}{\bar{c}}\right)^p\right] \tag{2.284}$$

---

[2] Diesem Fall entspricht nach H. GERISCHER [Z. physik. Chem. **198**, 286 (1951)] die Behandlung unter der Bedingung ${}_0c \ll {}_0c_1$, S. 300. Vgl. auch S. 304, Gl. (44), Abb. 5.

mit der Reaktionsordnung $p$ verwendet werden. Bei Wechselstromüberspannung interessiert nur der Strom- und Überspannungsbereich, in dem zwischen den Größen $i$ und $\eta$ eine lineare Beziehung besteht, in dem also bei Verwendung eines rein sinusförmigen Wechselstromes eine ebenfalls unverzerrte rein sinusförmige Zeitfunktion der Überspannung folgt. Dies ist nur bei kleinen Konzentrationsänderungen der Fall, bei denen auch wegen

$$\left(\frac{c}{\bar{c}}\right)^p = \left(1 + \frac{c - \bar{c}}{\bar{c}}\right)^p \approx 1 + p \cdot \frac{c - \bar{c}}{\bar{c}} \tag{2.285}$$

sehr angenähert mit $\Delta c = c - \bar{c}$

$$v = -\frac{v_0 \cdot p}{\bar{c}} \cdot \Delta c = -k \cdot \Delta c \tag{2.286}$$

gilt. $k$ hat hier die Größe

$$k = \frac{v_0 \cdot p}{\bar{c}} \tag{2.287}$$

Gl. (2.286) für die Reaktionsgeschwindigkeit in die Gl. (2.283) eingesetzt ergibt schließlich die partielle Differentialgleichung

$$\frac{\partial(\Delta c)}{\partial t} = D \cdot \frac{\partial^2(\Delta c)}{\partial \xi^2} - k \cdot \Delta c \tag{2.288}$$

für die Konzentrationsdifferenz $\Delta c\,(\xi, t) = c\,(\xi, t) - \bar{c}$.

Eine Wechselstromdichte der Frequenz $\omega/2\pi$ Hz

$$i = I \cdot \sin \omega t \tag{2.289}$$

der die Randbedingung Gl. (2.168)

$$\left(\frac{\partial\,(\Delta c)}{\partial \xi}\right)_{\xi=0} = -\frac{1}{nF \cdot D} \cdot I \cdot \sin \omega t \tag{2.290}$$

auf Grund des Faradayschen und des 1. Fickschen Gesetzes entspricht, führt auf eine Lösung

$$\Delta c = [\Delta c_\Omega \cdot \sin(\omega t - 2\pi\xi/\lambda) - \Delta c_k \cdot \cos(\omega t - 2\pi\xi/\lambda)] \cdot \exp(-\xi/\xi_0) \tag{2.291}$$

der Differentialgleichung (2.288). Gl. (2.291) stellt eine gedämpfte, in den Elektrolyten hineinwandernde Konzentrationswelle dar, die schon an der Oberfläche $\xi = 0$ eine Phasenverschiebung gegen die Stromdichte aufweist.

Durch partielle Differentiation von Gl. (2.291) nach $\xi$ und $t$ und Einsetzen in Gl. (2.288) und Gl. (2.290) werden durch Koeffizientenvergleich die Beziehungen für $\xi_0$, $\lambda$, $\Delta c_\Omega$ und $\Delta c_k$ erhalten. Es ergeben sich die Dämpfungsgröße

$$\xi_0 = \sqrt{\frac{2D}{\omega} \cdot \left(\sqrt{1 + \left(\frac{k}{\omega}\right)^2} - \frac{k}{\omega}\right)} \tag{2.292}$$

und die Wellenlänge

$$\lambda = 2\pi \cdot \sqrt{\frac{2D}{\omega} \cdot \left(\sqrt{1 + \left(\frac{k}{\omega}\right)^2} + \frac{k}{\omega}\right)} \tag{2.293}$$

Für $k = 0$, also ohne Reaktion, gehen Gl. (2.292) und Gl. (2.293) in die entsprechenden Gln. (2.170a, b) $\xi_0 = \sqrt{2D/\omega}$ und $\lambda = 2\pi \cdot \sqrt{2D/\omega}$ für die reine Diffusion über.

Die Konzentrationsschwingung an der Oberfläche $\xi = 0$ setzt sich additiv aus zwei Gliedern mit einer Phasenverschiebung von $\pi/2$ (= 90°) zusammen. Das erste Glied mit der Amplitude $\Delta c_\Omega$ hat dabei die Phase des Stromes und führt über die Nernstsche Gleichung zu einer ohmschen Komponente $R_r$ der Wechselstrom-Reaktionsimpedanz $\Re_r$. Das zweite Glied hat gegenüber dem Strom eine Phasenverzögerung von $-\pi/2$ (= −90°) und führt in gleicher Weise zu einer kapazitiven Komponente $1/\omega C_r$ von $\Re_r$.

Aus dem genannten Koeffizientenvergleich ergeben sich die Amplituden $\Delta c_\Omega$ und $\Delta c_k$

$$\Delta c_\Omega = \frac{\nu \cdot I}{nF \cdot \sqrt{2D\omega}} \cdot \sqrt{\frac{\frac{k}{\omega} + \sqrt{1 + \left(\frac{k}{\omega}\right)^2}}{1 + \left(\frac{k}{\omega}\right)^2}} \tag{2.294a}$$

und

$$\Delta c_k = \frac{\nu \cdot I}{nF \cdot \sqrt{2D\omega}} \cdot \sqrt{\frac{\sqrt{1 + \left(\frac{k}{\omega}\right)^2} - \frac{k}{\omega}}{1 + \left(\frac{k}{\omega}\right)^2}} \tag{2.294b}$$

mit $\nu > 0$ oder $\nu < 0$.

Die Wechselstrom-Reaktionsüberspannung $\eta_r$ folgt aus der Nernstschen Gleichung (2.242) unter Verwendung der Konzentration $c = \bar{c} + \Delta c$ für $\nu \gtrless 0$. Die Konzentrationsdifferenz $\Delta c$ ergibt sich aus Gl. (2.291). Da voraussetzungsgemäß $|\Delta c|/\bar{c} \ll 1$ und somit $c/\bar{c} \approx 1$ ist, gilt angenähert

$$\eta_r = \nu \cdot \frac{RT}{nF} \ln \frac{c}{\bar{c}} \approx \nu \cdot \frac{RT}{nF} \cdot \frac{\Delta c}{\bar{c}} \tag{2.295}$$

Nach Einsetzen von Gl. (2.291) für $\xi = 0$ in Gl. (2.295) ergibt sich die *Reaktionsüberspannung* $\eta_r \ll RT/nF$

$$\begin{aligned}\eta_r = {} & \frac{RT}{n^2F^2} \cdot \frac{\nu^2}{\bar{c} \cdot \sqrt{2D}} \cdot \frac{1}{\sqrt{\omega}} \cdot \sqrt{\frac{\sqrt{1 + \left(\frac{k}{\omega}\right)^2} + \frac{k}{\omega}}{1 + \left(\frac{k}{\omega}\right)^2}} \cdot I \cdot \sin\omega t - \\ & - \frac{RT}{n^2F^2} \cdot \frac{\nu^2}{\bar{c} \cdot \sqrt{2D}} \cdot \frac{1}{\sqrt{\omega}} \cdot \sqrt{\frac{\sqrt{1 + \left(\frac{k}{\omega}\right)^2} - \frac{k}{\omega}}{1 + \left(\frac{k}{\omega}\right)^2}} \cdot I \cdot \cos\omega t.\end{aligned} \tag{2.296}$$

Die Wechselstrom-Reaktionsüberspannung $\eta_r$ setzt sich, wie bereits gesagt, additiv aus einem ohmschen Anteil $\eta_{r,\Omega}$ und einem kapazitiven Anteil $\eta_{r,k}$ zusammen. Das Verhalten der Elektrode läßt sich daher in einem Ersatzschaltbild durch die Reihenschaltung eines ohmschen Widerstands $R_r$ mit einer Kapazität $C_r$ darstellen. Hierbei hängen $R_r$

und $C_r$ von der Frequenz ab. Die *ohmsche Komponente* $R_r$ dieses komplexen Reaktionswiderstandes $\mathfrak{R}_r$ (Reaktionsimpedanz) ergibt sich aus $\eta_{r,\Omega}/i$ und die *kapazitive Komponente* $1/\omega C_r$ aus $\eta_{r,k}/I \cdot \cos\omega t$

$$R_r = \frac{RT}{n^2F^2} \cdot \frac{\nu^2}{c\sqrt{2D}} \cdot \frac{1}{\sqrt{\omega}} \cdot \sqrt{\frac{\sqrt{1+\left(\frac{k}{\omega}\right)^2} + \frac{k}{\omega}}{1+\left(\frac{k}{\omega}\right)^2}} \tag{2.297 a}$$

$$C_r = \frac{n^2F^2}{RT} \cdot \frac{\bar{c}\sqrt{2D}}{\nu^2 \cdot \sqrt{\omega}} \cdot \sqrt{\frac{1+\left(\frac{k}{\omega}\right)^2}{\sqrt{1+\left(\frac{k}{\omega}\right)^2} - \frac{k}{\omega}}}\,. \tag{2.297 b}$$

Reihenschaltung

Die Gl. (2.297) entsprechen der Gl. (2.178a) für die Diffusionsimpedanz (§ 62). Gl. (2.297) ohne Wurzelausdruck wäre eine Diffusionsimpedanz, die sich auf den Stoff $S$ bezieht. Erst der Wurzelausdruck berücksichtigt die Nachlieferung und Abreaktion von $S$ durch die gehemmte Reaktion.

Die Größe von $R_r$ und $C_r$ hängt nicht nur von $\sqrt{\omega}$, sondern auch stark vom Verhältnis $k/\omega$ ab, für das nach Gl. (2.287) die Beziehung

$$\frac{k}{\omega} = \frac{p \cdot v_0}{c \cdot \omega} \tag{2.298}$$

besteht. Für $\omega \ll k$ vereinfacht sich die Gl. (2.297) zu

$$R_r = \frac{RT}{n^2F^2} \cdot \frac{\nu^2}{\bar{c} \cdot \sqrt{D \cdot k}} = \frac{RT}{n^2F^2} \cdot \frac{\nu^2}{\sqrt{p \cdot D \cdot c \cdot v_0}} = R_{r,st} \tag{2.299 a}$$

$$\frac{1}{\omega C_r} = \frac{RT}{n^2F^2} \cdot \frac{\nu^2}{\bar{c}\sqrt{D \cdot k}} \cdot \frac{\omega}{2k} = \frac{RT}{n^2F^2} \cdot \frac{\nu^2}{\sqrt{p \cdot D \cdot c \cdot v_0}} \cdot \frac{\bar{c}}{2p \cdot v_0} \cdot \omega \tag{2.299 b}$$

für $\omega \ll k$ (Reihenschaltung)

*Der ohmsche Widerstand strebt daher für kleine Frequenzen einem konstanten Wert zu. Der kapazitive Widerstand* $1/\omega C_r$ *geht dagegen mit* $\omega$ *nach null.* Abb. 93 stellt den Verlauf der Abhängigkeit der beiden Komponenten der Reaktionsimpedanz von $1/\sqrt{\omega}$ in Einheiten des Grenzwertes $R_{r,st}$ der ohmschen Komponente für $\omega = 0$ dar. Die Abszisse in Einheiten von $\sqrt{k/\omega}$ kann auch durch die Eindringtiefe $\xi_0 = \sqrt{2D/\omega}$ § 62, Gl. (2.170a) der gedämpften reinen Diffusionswelle ($k = 0$) und durch die stationäre Reaktionsschichtdicke $\delta_r = \sqrt{D\bar{c}/pv_0} = \sqrt{D/k}$ [§ 68, Gl. (2.263a)] angegeben werden. Es ist dann

$$\frac{\xi_{0,d}}{\delta_r} = \sqrt{\frac{2k}{\omega}}\,. \tag{2.300}$$

Auf der anderen Seite gehen die Komponenten $R_r$ und $1/\omega C_r$ für sehr *große Frequenzen* $\omega \gg k$ in die Werte der Komponenten $R_d$ und $1/\omega C_d$ der reinen auf $\bar{c}$ angewendeten Diffusionsimpedanz $\mathfrak{R}_d$ nach Gl. (2.178a) über, denn für $\omega \gg k$ wird der Wurzelausdruck in Gl. (2.297a, b) gleich 1. Es ist daher

$$R_r = \frac{1}{\omega C_r} = \frac{RT}{n^2F^2} \cdot \frac{\nu^2}{\bar{c} \cdot \sqrt{2D \cdot \omega}} \quad \text{für } \omega \gg k. \quad \text{(Reihenschaltung)} \tag{2.301}$$

Die gestrichelte Gerade in Abb. 93 gibt diese Funktion wieder.

Die Amplitude der gedämpften Konzentrationswelle, die in den Elektrolyten hineinläuft, sinkt im Abstand $\xi_0$ auf den Bruchteil $e^{-1}$ ab. Die Eindringtiefe $\xi_0$ wird mit steigender Frequenz immer kleiner. Die Reaktionsvorgänge können sich daher nur noch in einem immer enger werdenden Reaktionsraum vor der Oberfläche abspielen, bis schließlich die Nachbildung oder Abreaktion von Stoff $S$ innerhalb einer halben Schwingungszeit so geringfügig wird, daß sich nur noch eine reine Diffusionswelle des Stoffes $S$ vor der Oberfläche ausbildet. Der Vorgang entspricht dann der Gl. (2.301). Diese Erscheinung ist aber nicht zu verwechseln mit den Vorgängen bei sehr großer Reaktionsgeschwindigkeit $v_0$, also $k \to \infty$. Hier würde sich eine Konzentrationswelle nicht nur auf Kosten des sehr geringen Stoffreservoirs von $S$ mit $\bar{c} \ll c_j$ ausbilden, sondern es würde der um Größenordnungen größere Vorrat der Stoffe $S_j$ zur Ausbildung der Konzentrationswelle beitragen. Der Widerstand $R_r = R_d$ wäre dann um Größenordnungen kleiner, da in Gl. (2.301) statt $\bar{c}$ der Wert $c_j$ eingesetzt werden müßte.

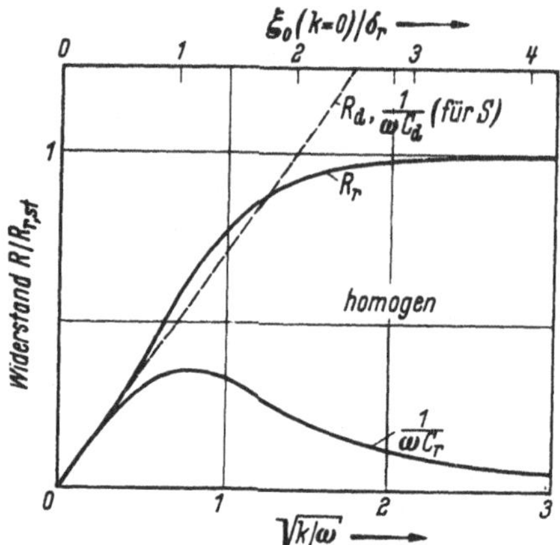


Abb. 93. Abhängigkeit der ohmschen Komponente $R_r$ und der kapazitiven Komponente $1/\omega C_r$ des komplexen Reaktionswiderstandes $\mathfrak{R}_r$ (Reihenschaltung) von der Frequenz $\omega$ nach Gl. (2.297) bei homogener Reaktionshemmung. $k = p v_0/\bar{c}$ mit $p$ = Reaktionsordnung bezüglich $S$, $v_0$ = Reaktionsaustauschgeschwindigkeit bei der Gleichgewichtskonzentration $\bar{c}$ von $S$. $\xi_0$ = Eindringtiefe für die reine Diffusion ($k = 0$) nach Gl. (2.292). $\delta_r$ = stationäre Reaktionsschichtdicke (§ 68). $R_{r,st}$ = Grenzwert der ohmschen Komponente $R_r$ für $\omega = 0$ bei homogener Reaktionshemmung

Wenn die Eindringtiefe $\xi_{0,d}$ der reinen Diffusion nach Gl. (2.170a), § 62, mit fallender Frequenz wesentlich größer wird als die stationäre Reaktionsschichtdicke $\delta_r$ nach § 68, so ist eine angenähert quasistationäre Einstellung des jeweiligen Konzentrationsverlaufs zu erwarten, der sich ausbilden würde, wenn die augenblickliche Stromdichte als Gleichstromdichte fließen würde. Der Reaktionswiderstand $\mathfrak{R}_r$ müßte also in den Gleichstromreaktionswiderstand $R_{r,st}$, § 71, übergehen. Tatsächlich zeigt ein Vergleich von Gl. (2.299) mit Gl. (2.281) und Gl. (2.257) vollständige

Übereinstimmung beider Reaktionswiderstände. Auch die Phasenverschiebung geht für $\omega \to 0$ auf den Wert null zurück. Aus der Abb. 94, die die Phasenverschiebung in Abhängigkeit von $k/\omega$ wiedergibt, ist diese Tatsache zu entnehmen.

Die *Phasenverschiebung* $\delta$ der Reaktionsüberspannung $\eta_r$ gegen die Stromdichte $i$ ergibt sich nach Gl. (2.294) bzw. Gl. (2.296) aus $\operatorname{tg}\delta = -\Delta c_k/\Delta c_\Omega$

$$\boxed{\operatorname{tg}\delta = \frac{k}{\omega} - \sqrt{1 + \left(\frac{k}{\omega}\right)^2}.} \qquad (2.302)$$

$\delta$ ist also nicht wie bei der Diffusionsüberspannung bei allen Frequenzen konstant $\delta = -45°$, sondern hängt stark von $\omega$ ab. Für $\omega \ll k$ geht $\operatorname{tg}\delta$ in

$$\operatorname{tg}\delta = -\frac{1}{2} \cdot \frac{\omega}{k} \qquad (\omega \ll k) \qquad (2.303)$$

über.

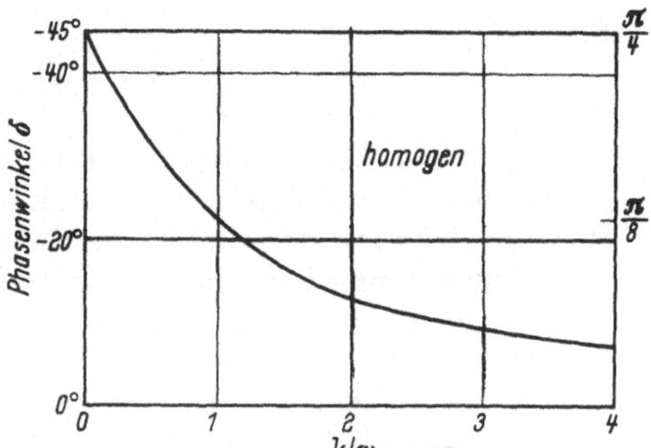


Abb. 94. Phasenverschiebung der homogenen Reaktionsuberspannung $\eta_r$ gegen die Stromdichte $i$ in Abhangigkeit von der reziproken Frequenz $k/\omega$ nach Gl. (2.302)

Die *Eindringtiefe* $\xi_0$ strebt nach Gl. (2.292) mit kleiner werdender Frequenz $\omega \ll k$ einem Grenzwert

$$\xi_0 = \sqrt{\frac{D}{k}} = \sqrt{\frac{D \cdot \bar{c}}{p \cdot v_0}} = \delta_r \quad (\omega \ll k) \qquad (2.304)$$

zu. Dieser Grenzwert ist die stationäre Reaktionsschichtdicke $\delta_r$. Die Wellenlänge $\lambda$ der Konzentrationswelle dagegen wächst mit fallender Frequenz für $\omega \ll k$ nach

$$\lambda = 2\pi \cdot \frac{2}{\omega} \cdot \sqrt{D \cdot k} \quad (\omega \ll k)\,. \qquad (2.305)$$

wie es aus Gl. (2.293) folgt.

### β) *Bei heterogener Reaktionshemmung*

Der komplexe Reaktionswiderstand $\mathfrak{R}_r$ (Reaktionsimpedanz) bei einer heterogenen Reaktionshemmung zeigt gegenüber der Reaktionsimpedanz bei der homogenen Hemmung ein einfacheres Verhalten. Hier findet die Reaktion unabhängig von Stromdichte, Reaktionsgeschwindigkeit und Frequenz immer auf der Oberfläche statt. Es sind daher bei reiner heterogener Reaktionsüberspannung Diffusionsvorgänge im Elektrolyten nicht zu berücksichtigen. Allerdings sind die Gesetzmäßigkeiten bei dem Ablauf einer heterogenen Reaktion meistens weniger übersichtlich.

Die Ableitung des Reaktionswiderstandes soll wieder in Anlehnung an H. Gerischer[1] geschehen, wobei wiederum von komplexen Zahlen kein Gebrauch gemacht werden wird. Außerdem soll wieder nur der Anteil der reinen Reaktionsüberspannung betrachtet werden.

[1] Gerischer, H.: Z. physik. Chem. **201**, 55 (1952).

Die Stromamplitude $I$ des Wechselstroms $i = I \cdot \sin\omega t$ [Gl. (2.289)] soll auch im vorliegenden Fall so klein gewählt werden, daß noch lineare Beziehungen zwischen $i$ und $\eta_r$ auftreten. Diese Bedingung ist wie in § 72 $\alpha$ erfüllt, wenn die relative Änderung der Oberflächenkonzentrationen des Stoffes $S$ gering bleibt. Das bedeutet, $\Delta c/\bar{c} = (c - \bar{c})/\bar{c} \ll 1$. Mit dieser Bedingung ergibt sich für die Bildungsgeschwindigkeit $v$ ($\text{mol} \cdot \text{cm}^{-2} \cdot \text{sec}^{-1}$) von $S$ aus Gl. (2.264) mit Hilfe von Gl. (2.285) die Beziehung

$$v = -\frac{v_0 \cdot p}{\bar{c}} \cdot \Delta c = -k \cdot \Delta c \tag{2.306}$$

die auch bei der homogenen Reaktionshemmung [Gl. (2.286)] gilt. Hierin ist $v_0$ die heterogene Reaktionsaustauschgeschwindigkeit am Gleichgewicht mit der Oberflächenkonzentration $\bar{c}$. Die Größe $p$ ist die Reaktionsordnung bezüglich $S$ für die Abreaktion von $S$.

Für die Überspannung $\eta_r$ ist die Oberflächenkonzentration $c$ nach Gl. (2.265) unter den gleichen Voraussetzungen maßgebend. Es sei deshalb vereinfachend auch hier

$$\eta_r = \nu \cdot \frac{RT}{nF} \cdot \ln\frac{c}{\bar{c}} \approx \nu \cdot \frac{RT}{nF} \cdot \frac{\Delta c}{c} \tag{2.307}$$

gesetzt. Um den zeitlichen Verlauf der Überspannung zu berechnen, muß zunächst $\Delta c$ in Abhängigkeit von $t$ ermittelt werden. In Anlehnung an H. GERISCHER[1] wird eine Differentialgleichung für $d(\Delta c)/dt$ aufgestellt. Im stromlosen Fall wäre $d(\Delta c)/dt = v$. Bei Stromfluß werden noch zusätzlich $\nu \cdot i/nF$ $\text{Mole/cm}^2 \cdot \text{sec}$ vom Stoff $S$ gebildet. Es kann daher als Differentialgleichung angesetzt werden

$$\frac{d(\Delta c)}{dt} = \nu \cdot \frac{i}{nF} + v = \nu \cdot \frac{i}{nF} - k \cdot \Delta c\,. \tag{2.308}$$

Mit $i = I \cdot \sin\omega t$ folgt für die zu integrierende Form der Differentialgleichung

$$\frac{d(\Delta c)}{dt} = \nu \cdot \frac{I}{nF} \cdot \sin\omega t - k \cdot \Delta c\,. \tag{2.309}$$

Die Lösung dieser Differentialgleichung ist

$$\Delta c = \Delta c_\Omega \cdot \sin\omega t - \Delta c_k \cdot \cos\omega t \tag{2.310}$$

mit einer ohmschen ($\Delta c_\Omega$) und einer kapazitiven Komponente ($\Delta c_k$).

Bei Differentiation von Gl. (2.310) nach $t$ ergibt sich durch Koeffizientenvergleich

$$\omega \cdot \Delta c_k = \frac{\nu I}{nF} - k \cdot \Delta c_\Omega \tag{2.311a}$$

$$\omega \cdot \Delta c_\Omega = k \cdot \Delta c_k\,. \tag{2.311b}$$

Hieraus folgt für die Amplituden der ohmschen und kapazitiven Komponenten der Oberflächenkonzentrationsänderung

$$\Delta c_\Omega = \frac{\nu \cdot I}{nF} \cdot \frac{k}{k^2 + \omega^2} \tag{2.312a}$$

$$\Delta c_k = \frac{\nu \cdot I}{nF} \cdot \frac{\omega}{k^2 + \omega^2} \tag{2.312b}$$

Gl. (2.312) in Gl. (2.310) und diese wiederum in Gl. (2.307) eingesetzt, ergibt die Reaktionsüberspannung $\eta_r$

$$\begin{aligned}\eta_r = \eta_{r,\Omega} + \eta_{r,k} = \frac{\nu^2 R T}{n^2 F^2} \cdot \frac{I}{\bar{c}} \cdot \frac{k}{k^2+\omega^2} \cdot \sin\omega t - \\ - \frac{\nu^2 R T}{n^2 F^2} \cdot \frac{I}{c} \cdot \frac{\omega}{k^2+\omega^2} \cdot \cos\omega t .\end{aligned} \tag{2.313}$$

Die *Widerstandskomponenten*

$$R_r = \eta_{r,\Omega}/I \cdot \sin\omega t \quad \text{und} \quad 1/\omega C_r = -\eta_{r,k}/I \cdot \cos\omega t$$

in *Reihenschaltung* ergeben sich hieraus

$$R_r = \frac{\nu^2 R T}{n^2 F^2} \cdot \frac{1}{c \cdot k} \cdot \frac{1}{1 + \left(\frac{\omega}{k}\right)^2} \tag{2.314a}$$

$$\frac{1}{\omega C_r} = \frac{\nu^2 R T}{n^2 F^2} \cdot \frac{1}{\bar{c} \cdot k} \cdot \frac{\frac{\omega}{k}}{1 + \left(\frac{\omega}{k}\right)^2} \tag{2.314b}$$

Reihenschaltung

Für *kleine Frequenzen* $\omega \ll k$ gehen die Widerstandskomponenten $R_r$ und $1/\omega C_r$ in die Beziehungen

$$R_r = \frac{\nu^2 R T}{n^2 F^2} \cdot \frac{1}{c \cdot k} = R_{r,st} \tag{2.315a}$$

$$\omega \ll k$$

$$\frac{1}{\omega C_r} = \frac{\nu^2 R T}{n^2 F^2} \cdot \frac{1}{\bar{c} \cdot k} \cdot \frac{\omega}{k} \tag{2.315b}$$

(Reihenschaltung)

über. Der in Gl. (2.315a) angegebene Grenzwert von $R_r$ kann nach Ersetzen von $\bar{c} \cdot k = p \cdot v_0$ nach Gl. (2.306) auf die stationäre Reaktionsgrenzstromdichte $i_r = -(n/\nu) \cdot F \cdot v_0$ [Gl. (2.267)], § 69, bezogen werden. Es ergibt sich für den stationären Gleichstromreaktionswiderstand $R_{r,st}$

$$\frac{\nu^2 R T}{n^2 F^2} \cdot \frac{1}{\bar{c} \cdot k} = |\nu| \cdot \frac{R T}{n F} \cdot \frac{1}{p} \cdot \frac{1}{|i_r|} = R_{r,st} \tag{2.316}$$

eine Beziehung, die bereits in § 71, Gl. (2.282) abgeleitet wurde. Ohne Absolutzeichen würde in Gl. (2.316) $-\nu/i_r = \nu^2/nFv_0$ [nach Gl. (2.267)] stehen. Da dieser Ausdruck immer positiv ist, wurden zur besseren Übersicht Absolutzeichen gesetzt.

Abb. 95 gibt die Abhängigkeit der ohmschen Komponente $R_r$ und der kapazitiven Komponente $1/\omega C_r$ von $k/\omega$ (reziproke Frequenz) nach Gl. (2.314) in Einheiten des stationären Gleichstrom-Reaktionswiderstandes $R_{r,st}$ [Gl. (2.315a)] wieder. Es ist zu erkennen, wie sich die *ohmsche Komponente $R_r$ mit fallender Frequenz einem Grenzwert $R_{r,st}$* nähert.

Dagegen wird die *kapazitive Komponente* in Reihenschaltung nach Gl. (2.315b) *proportional der Frequenz kleiner* und verliert schließlich bei genügend niedriger Frequenz ganz an Bedeutung. Mit fallender Frequenz wird dadurch die Phasenverschiebung immer kleiner.

Für *hohe Frequenzen* $\omega \gg k$ nehmen die Gln. (2.314a, b) die Form

$$R_r = \frac{\nu^2 \cdot R\,T}{n^2 F^2} \cdot \frac{1}{c \cdot k} \cdot \left(\frac{k}{\omega}\right)^2 \qquad \omega \gg k \tag{2.317a}$$

$$\frac{1}{\omega C_r} = \frac{\nu^2 \cdot R\,T}{n^2 F^2} \cdot \frac{1}{c \cdot k} \cdot \frac{k}{\omega} \tag{2.317b}$$

(Reihenschaltung)

an. Beide Werte nähern sich mit wachsender Frequenz dem Wert null. Die Ordnung ist allerdings hierfür verschieden. $R_r$ geht quadratisch und $1/\omega C_r$ linear mit $1/\omega$ nach null.

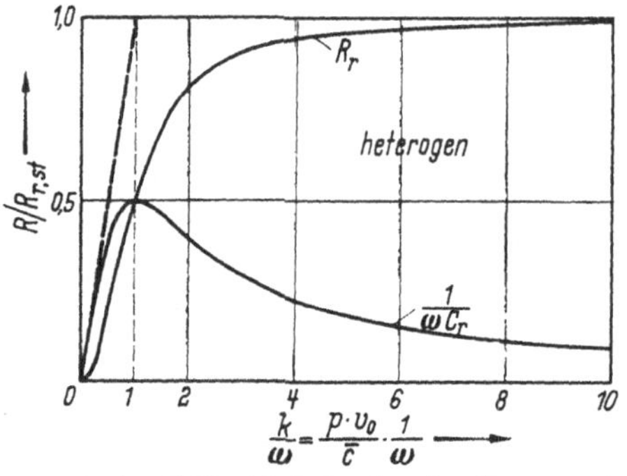

Abb. 95. Abhängigkeit der ohmschen Komponente $R_r$ und der kapazitiven Komponente $1/\omega C_r$ in Einheiten des stationären Gleichstrom-Reaktionswiderstandes $R_{r,st}$ ($\omega = 0$) von der reziproken Frequenz $\omega$ ($= 2\pi f$, Reihenschaltung) bei heterogener Reaktionshemmung nach Gl. (2.314)

Der *Phasenwinkel* $\delta$ ergibt sich wie im homogenen Fall aus $\operatorname{tg}\delta = -\Delta c_k/\Delta c_\Omega$

$$\operatorname{tg}\delta = -\frac{\omega}{k} \tag{2.318}$$

In Abb. 96 ist der aus Gl. (2.318) folgende Phasenwinkel $\delta$ in Abhängigkeit von der Frequenz in logarithmischem Maßstab abgetragen. Für $\omega \gg k$ nähert sich der Phasenwinkel dem Wert 90°. Bei $\omega \ll k$ nähert sich der Phasenwinkel dem Wert $\delta = 0$. Die Reaktionsimpedanz $\mathfrak{R}_r$ ist also bei heterogener Reaktionshemmung für niedrige Frequenzen weitgehend ohmscher Natur und verhält sich bei hohen Frequenzen wie die einer Kapazität. Im Gegensatz zur Reaktionsimpedanz bei homogener Hemmung kann hier die Phasenverschiebung über 45° hinaus bis 90° ansteigen.

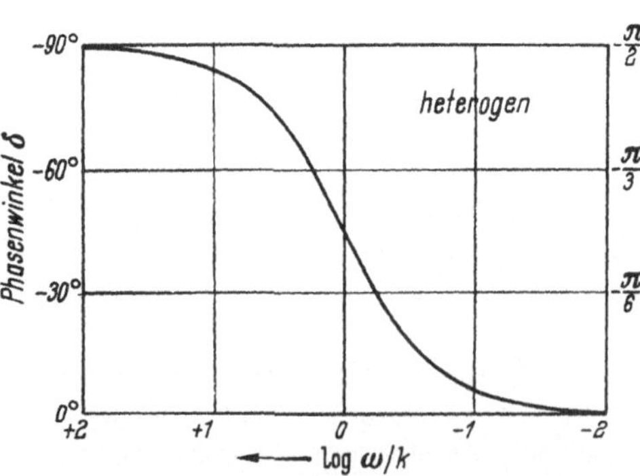


Abb. 96. Phasenverschiebung $\delta$ der heterogenen Reaktionsüberspannung $\eta_r$ gegen die Stromdichte $i$ in Abhängigkeit von der Frequenz $\omega = 2\pi f$ nach Gl. (2.318). $k = p\,v_0/\bar{c}$

## § 73. Reaktionsstromdichte als Funktion der Zeit bei vorgegebener Reaktionsüberspannung (potentiostatische Bedingung)

In § 68 wurde der stationäre Zustand der Reaktionsüberspannung behandelt. Die dort z. B. in Abb. 89 oder Abb. 92 für den homogenen Reaktionsverlauf gezeigte Konzentrationsverteilung in den Elektrolyten hinein stellt sich bei Einschalten des Polarisationsstromes nicht augenblicklich ein. Vielmehr ist der angegebene Konzentrationsverlauf der zeitlich asymptotisch erreichbare Endzustand. Im vorliegenden § 73 soll die Zeitfunktion der Annäherung des Stromes nach Einschalten des Potentials (Überspannung) bis zu diesem Endzustand besprochen werden (potentiostatische Bedingung).

Dieses Problem wurde bisher nur in Verbindung mit den polarographischen, reaktionsbedingten Strömen diskutiert. Es kann aber ohne irgendeine Veränderung auch auf feste Elektroden übertragen werden. J. Koutecky u. R. Brdička[1] haben dieses Problem unter Verwendung der Gl. (2.283)

$$\frac{\partial c}{\partial t} = D \cdot \frac{\partial^2 c}{\partial \xi^2} + v \tag{2.283}$$

die sich aus einer Erweiterung des 2. Fickschen Gesetzes ergibt, behandelt. Doch erst Koutecky[2] hat die allgemeine Lösung dieser Gleichung, also die Funktion $c(\xi, t)$ für eine Reaktion 1. Ordnung angeben können. Allgemein für eine Reaktion der Ordnung $p$ konnte dieses komplizierte Diffusions- und Reaktionsproblem jedoch noch nicht gelöst werden. Unabhängig davon sind P. Delahay u. G. L. Stiehl[3] und ebenfalls unabhängig auch noch S. L. Miller[4] zu dem gleichen Ergebnis durch Lösung von Gl. (2.283) gekommen.

Als Ansatz für die Geschwindigkeit einer Reaktion 1. Ordnung bezüglich des Stoffes $S$ sei wiederum die Gl. (2.243) bzw. Gl. (2.245)

$$v = v_0 - k \cdot c = v_0 \left(1 - \frac{c}{\bar{c}}\right) \tag{2.319}$$

verwendet. Es lautet dann die partielle Differentialgleichung

$$\frac{\partial c}{\partial t} = D \cdot \frac{\partial^2 c}{\partial \xi^2} + v_0 - k \cdot c \tag{2.320}$$

mit den Randbedingungen

$$t = 0 \quad \xi \geqq 0 \quad c = \bar{c} \tag{2.321a}$$

$$t > 0 \quad \xi = 0 \quad c = 0\,. \tag{2.321b}$$

Diese Randbedingung gilt bei Voraussetzung einer konstanten großen Reaktionsüberspannung $\eta_r$, bei der $c \ll \bar{c}$ ist. Es ist dies also die Randbedingung für eine potentiostatische Versuchsdurchführung, bei der der augenblickliche, zeitabhängige Reaktionsgrenzstrom fließt.

---

[1] Koutecky, J., u. R. Brdička: Coll. Czech. Chem. Comm. **12**, 337 (1947).

[2] Koutecky, J.: Proc. I. Intern. Polarogr. Congr. **1**, 826 (1951); Chem. listy **46**, 193 (1952).

[3] Delahay, P., u. G. L. Stiehl: J. Amer. Soc. **74**, 3500 (1952).

[4] Miller, S. L.: J. Amer. Soc. **74**, 4130 (1952).

Nach J. KOUTECKY[2] und auch P. DELAHAY u. G. L. STIEHL[3] und S. L. MILLER[4] ergibt sich unter diesen Bedingungen für das Verhältnis der Konzentration $c(\xi, t)$ zur Gleichgewichtskonzentration $\bar{c}$

$$\boxed{\begin{aligned}\frac{c}{\bar{c}} = 1 - \frac{1}{2}\exp\left(-\sqrt{\frac{k}{D}}\cdot\xi\right)\cdot\left[1 - \operatorname{erf}\left(\frac{\xi}{2\cdot\sqrt{D\cdot t}} - \sqrt{kt}\right)\right] - \\ -\frac{1}{2}\exp\left(+\sqrt{\frac{k}{D}}\cdot\xi\right)\cdot\left[1 - \operatorname{erf}\left(\frac{\xi}{2\cdot\sqrt{D\cdot t}} + \sqrt{kt}\right)\right].\end{aligned}} \tag{2.322}$$

mit dem Gaußschen Fehlerintegral (error function)

$$\operatorname{erf}(x) = \frac{2}{\sqrt{\pi}}\cdot\int_0^x \exp(-u^2)\,du\,. \tag{2.323}$$

Der Gl. (2.322) kann noch eine andere Form gegeben werden. Nach Gl. (2.263) ist die Reaktionsschichtdicke ($p = 1$)

$$\delta_r = \sqrt{\frac{D\cdot\bar{c}}{v_0}} = \sqrt{\frac{D}{k}} = \sqrt{D\cdot\tau}\,. \tag{2.324}$$

Hierin hat $\tau$ den doppelten Wert der Zeit, nach der die Wurzel aus dem mittleren Verschiebungsquadrat den Wert der Reaktionsschichtdicke erreicht hat. $\tau$ kann daher als ein Maß für die Einstellungsgeschwindigkeit der stationären Reaktionsüberspannung verwendet werden und ist nach der Definitionsgleichung (2.324) $\tau = 1/k$. Der Wert $\tau\cdot\ln 2$ ist daher die Halbwertszeit der gehemmten Reaktion 1. Ordnung. Der zeitliche Verlauf von $c/\bar{c}$ nach Gl. (2.322) kann daher durch die reduzierten Größen $\xi/\delta_r$ (also $\xi$ in Einheiten der Reaktionsschichtdicke $\delta_r$) und $t/\tau$ (also $t$ in Einheiten von $\tau$) nach

$$\begin{aligned}\frac{c}{\bar{c}} = 1 - \frac{1}{2}\exp\left(-\frac{\xi}{\delta_r}\right)\cdot\left[1 - \operatorname{erf}\left(\frac{1}{2}\cdot\frac{\xi}{\delta_r}\sqrt{\frac{\tau}{t}} - \sqrt{\frac{t}{\tau}}\right)\right] - \\ -\frac{1}{2}\cdot\exp\left(+\frac{\xi}{\delta_r}\right)\cdot\left[1 - \operatorname{erf}\left(\frac{1}{2}\cdot\frac{\xi}{\delta_r}\sqrt{\frac{\tau}{t}} + \sqrt{\frac{t}{\tau}}\right)\right]\end{aligned} \tag{2.325}$$

dargestellt werden. Abb. 97 gibt $c/\bar{c}$ in Abhängigkeit von $\xi/\delta_r$ für verschiedene Zeiten $t/\tau$ nach Gl. (2.325) wieder. Es ist zu erkennen, daß sich die Konzentrationsverteilung bereits für $t = \tau = \delta_r^2/D = 1/k = \bar{c}/v_0$ dem stationären Verlauf $t\to\infty$ weitgehend angenähert hat.

Um aus Gl. (2.322) die stationäre Konzentrationsverteilung zu erhalten, muß in Gl. (2.325) $t\to\infty$ gesetzt werden. Da $\operatorname{erf}(-\infty) = -1$ und $\operatorname{erf}(+\infty) = +1$ ist, folgt mit Gl. (2.257) für $i = i_r$ der bereits in § 68, Gl. (2.261) und Abb. 92 angegebene Verlauf

$$\frac{c}{\bar{c}} = 1 - \exp\left(-\frac{\xi}{\delta_r}\right) \tag{2.326}$$

als Grenzwert.

Gl. (2.322) wurde für die Randbedingung $t > 0$, $\xi = 0$, $c = 0$ abgeleitet, die nach Gl. (2.242) einer Reaktionsüberspannung $\eta_r \to \mp\infty$ entspricht. Für eine endliche Reaktionsüberspannung, der eine Konzentration $c > 0$ entspricht, kann die Lösung der Differentialgleichung

(2.320) durch eine Transformation der Konzentrationsvariablen erhalten werden. Die Randbedingung Gl. (2.321 b) muß jetzt

$$t > 0, \quad \xi = 0, \quad c = c(0) \tag{2.321 c}$$

heißen. Mit Hilfe der Transformation $u = c - c(0)$ geht die Differentialgleichung (2.320) in

$$\frac{\partial u}{\partial t} = D \cdot \frac{\partial^2 u}{\partial \xi^2} + (v_0 - k \cdot c\,(0)) - k \cdot u \tag{2.327}$$

mit den Randbedingungen

$$t = 0 \quad \xi \geqq 0 \quad u = \bar{c} - c(0) = \bar{u} \tag{2.327 a}$$

$$t > 0 \quad \xi = 0 \quad u = 0 \tag{2.327 b}$$

über. Die Differentialgleichung (2.327) hat die gleiche Form wie Gl. (2.320) und die gleichen Randbedingungen Gl. (2.321), nur steht jetzt anstelle von $c$ die Größe $u$ und anstelle von $\bar{c}$ der Wert $\bar{u}$. Die Lösung von Gl. (2.327) ist daher Gl. (2.322), in der $c$ und $\bar{c}$ durch $u = c - c\,(0)$ und $\bar{u} = \bar{c} - c(0)$ ersetzt werden. Eine Umformung führt schließlich auf die

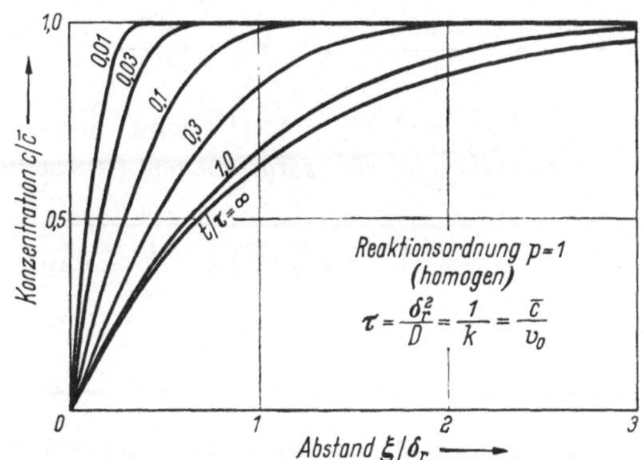


Abb. 97. Die Konzentration $c$ in Abhängigkeit vom Oberflächenabstand $\xi$ und der Zeit $t$ nach Einschalten des Grenzstromes (potentiostatische Schaltung) bei vorgelagerter homogener Reaktionshemmung 1. Ordnung nach Gl. (2.325). $c$ in Einheiten der Gleichgewichtskonzentration $\bar{c}$, $\xi$ in Reaktionsschichtdicken $\delta_r = \sqrt{D/k} = \sqrt{D\,\bar{c}/v_0}$ und $t$ in der Zeiteinheit $\tau = \delta_r^2/D = 1/k = \bar{c}/v_0$

gesuchte Lösung der Differentialgleichung (2.320) mit den Randbedingungen (2.321 a) und (2.321 c)

$$\begin{aligned} \frac{c}{\bar{c}} = 1 - \frac{1}{2}\left(1 - \frac{c(0)}{\bar{c}}\right) \times \\ \times \left\{\exp\left(-\frac{\xi}{\delta_r}\right) \cdot \left[1 - \operatorname{erf}\left(\frac{1}{2} \cdot \frac{\xi}{\delta_r} \cdot \sqrt{\frac{\tau}{t}} - \sqrt{\frac{t}{\tau}}\right)\right] + \right. \\ \left. + \exp\left(\frac{\xi}{\delta_r}\right)\left[1 - \operatorname{erf}\left(\frac{1}{2} \cdot \frac{\xi}{\delta_r} \cdot \sqrt{\frac{\tau}{t}} + \sqrt{\frac{t}{\tau}}\right)\right]\right\} \end{aligned} \tag{2.328}$$

in der $\delta_r$ und $\tau$ die gleiche Bedeutung wie zuvor haben. Abb. 97 gibt somit allgemein die Verteilung $(c - c(0))/(\bar{c} - c(0))$ wieder.

Die Zeitfunktion der Stromdichte $i(t)$ bei vorgegebenem Potential $\varepsilon$ und damit vorgegebener Reaktionsüberspannung $\eta_r$ (potentiostatische Bedingung) ergibt sich nach partieller Differentiation von Gl. (2.328) nach $\xi$ und Einsetzen in die Beziehung Gl. (2.254)

$$i = -\frac{n}{\nu} \cdot F \cdot D \left(\frac{\partial c}{\partial \xi}\right)_{\xi=0}. \tag{2.254}$$

Da

$$\frac{d}{d\xi} \cdot \operatorname{erf}(f(\xi)) = \frac{2}{\sqrt{\pi}} \cdot \exp[-(f(x))^2] \cdot \frac{df(\xi)}{d\xi} \tag{2.329}$$

und $\operatorname{erf}(x) = -\operatorname{erf}(-x)$ ist, folgt für den partiellen Differentialquotienten an der Oberfläche $\xi = 0$

$$\left(\frac{\partial c}{\partial \xi}\right)_{\xi=0} = \frac{\bar{c} - c(0)}{\delta_r} \cdot \operatorname{erf}\left(\sqrt{\frac{t}{\tau}}\right) + \sqrt{\frac{\tau}{\pi \cdot t}} \cdot \exp\left(-\frac{t}{\tau}\right). \tag{2.330}$$

Zwischen der Reaktionsüberspannung $\eta_r$ und der Konzentration $c(0)$ besteht nach Gl. (2.246) bzw. Gl. (2.242) die Beziehung

$$1 - \frac{c(0)}{c} = \frac{\bar{c} - c(0)}{\bar{c}} = 1 - \exp\left(\frac{nF}{\nu RT} \cdot \eta_r\right). \tag{2.331}$$

Aus Gl. (2.254), Gl. (2.330) und Gl. (2.331) ergibt sich schließlich die gesuchte *Strom-Zeit-Funktion bei der vorgegebenen Überspannung*

$$\boxed{\begin{gathered} i = i_{r,\infty} \left[1 - \exp\left(\frac{nF}{\nu \cdot RT} \cdot \eta_r\right)\right] \cdot \left[\operatorname{erf}\left(\sqrt{kt}\right) + \frac{1}{\sqrt{\pi k t}} \cdot \exp(-kt)\right] \\ \text{mit } i_{r,\infty} = -\frac{n}{\nu} \cdot F \cdot \sqrt{D \cdot \bar{c} \cdot v_0}\,. \end{gathered}} \tag{2.332}$$

Der Ausdruck $i_{r,\infty}$ in Gl. (2.332) ist die Reaktionsgrenzstromdichte $i_r$ im stationären Fall Gl. (2.257) für die Reaktionsordnung $p = 1$. Die Klammer $1 - \exp(nF\eta_r/\nu RT)$ der Gl. (2.332) ist identisch der Wurzel der Gl. (2.258) für $p = 1$*. Die zweite eckige Klammer in Gl. (2.332) nimmt für $t \to \infty$ wegen $\operatorname{erf}(\infty) = 1$ den Wert 1 an. Sie gibt also die Zeitabhängigkeit für die asymptotische Annäherung der Reaktionsstromdichte $i$ an den stationären Wert $i_\infty$ wieder. Für $t \to \infty$ geht Gl. (2.332) in die stationäre Beziehung Gl. (2.258) über, wie es erwartet werden muß.

Die stationäre Stromdichte $i_\infty$ ist nach Gl. (2.332) und Gl. (2.258)

$$i_\infty = i_{r,\infty} \cdot \left(1 - \exp\left(\frac{nF}{\nu RT} \cdot \eta_r\right)\right) \tag{2.333}$$

---

* Der Radikand in Gl. (2.258) für $p = 1$ ist

$$1 - 2 \cdot \exp\left(\frac{nF}{\nu RT} \cdot \eta_r\right) + \exp\left(\frac{2\,nF}{\nu RT} \cdot \eta_r\right) = \left[1 - \exp\left(\frac{nF}{\nu RT} \eta_r\right)\right]^2$$

und somit

$$\frac{i}{i_\infty} = \frac{2}{\sqrt{\pi}} \int_0^{\sqrt{kt}} \exp(-u^2)\, du + \frac{1}{\sqrt{\pi k t}} \cdot \exp(-kt). \tag{2.334}$$

Abb. 98 gibt die Funktion Gl. (2.334) in Abhängigkeit von der Zeit $t$ in Einheiten der Einstellzeit $\tau = 1/k$ wieder. Kurve 1 stellt die Funktion $\operatorname{erf}(\sqrt{kt})$ und Kurve 2 die Funktion $(1/\sqrt{\pi k t}) \cdot \exp(-kt)$ dar.

Für kleine Zeiten $t/\tau \ll 1$ geht Gl. (2.334) in

$$i = \frac{i_\infty}{\sqrt{\pi k \cdot t}} \tag{2.335}$$

über und ist nach Einsetzen der Ausdrücke von $i_\infty$ [Gl. (2.333) und Gl. (2.332 b)] und von $k = v_0/\bar{c}$ dem zeitlichen Abklingen des reinen Diffusionsstromes nach Gl. (2.207) auf den Stoff $S$ angewandt äquivalent. In so kurzen Zeiten und kleinen Reaktionsräumen treten noch keine wesentlichen Stoffumsetzungen durch die gehemmte Reaktion auf, so daß die nach dem Faradayschen Gesetz benötigte Substanzmenge von $S$ aus dem Reservoir vor der Oberfläche in der Konzentration $\bar{c}$ durch reine Diffusion nachgeliefert werden muß. Infolgedessen entspricht die Stromzeitbeziehung hier angenähert dem Gesetz Gl. (2.207) für reine Diffusion. Trotzdem ist die in diesem Fall auftretende Überspannung auf Grund der Definition § 67 noch reine Reaktionsüberspannung, da mit $k \to \infty$ die Überspannung $\eta_r \to 0$ gehen würde.

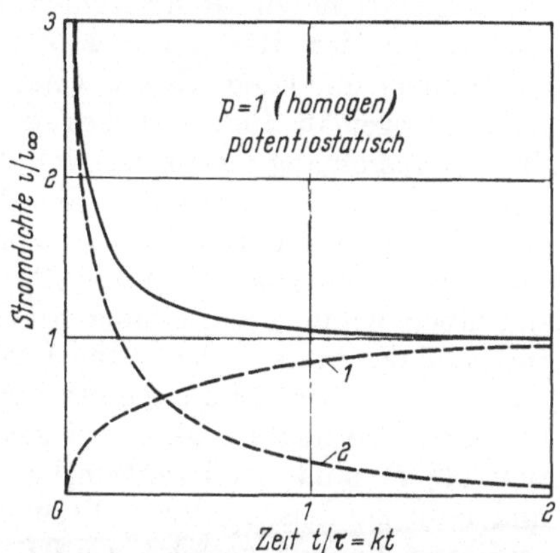

Abb 98. Die zeitliche Einstellung der stationären Stromdichte $i_\infty$ nach Gl. (2.334) bei homogener Reaktionshemmung 1. Ordnung ($p = 1$) mit der Reaktionsgeschwindigkeitskonstante $k$ (Zeit in Einheiten von $\tau = 1/k$). Die gestrichelten Kurven geben den ersten Summanden (1) und den zweiten Summanden (2) in Gl. (2.334) wieder

Die Zeitfunktion des Stromes bei vorgegebener Reaktionsüberspannung konnte bisher nur für Reaktionen 1. Ordnung abgeleitet werden. Auch die zeitliche Ausbildung der Reaktionsüberspannung bei vorgegebener Stromdichte (galvanostatische Beobachtungsmethode) ist theoretisch noch nicht behandelt worden.

Bei heterogenen Reaktionen interessiert die zeitliche Funktion der Stromdichte bei vorgegebenem Potential nur dann, wenn Oberflächenwanderung, also Oberflächendiffusion, mit dieser Reaktion verbunden ist, wie es in Verbindung mit dem Gittereinbau oder -ausbau von Metallionen bei der elektrolytischen Metallabscheidung bzw. -auflösung zu erwarten ist. Eine geschlossene theoretische Behandlung dieses Problems ist noch nicht durchgeführt worden. Bei der Behandlung der Kristallisationsüberspannung (§ 75 bis § 77) wird dieses Problem etwas ausführlicher besprochen werden.

## § 74. Reaktionsbedingte polarographische Ströme an der Hg-Tropfelektrode

### α) *Stromdichte an der Tropfenoberfläche*

Die Behandlung des reinen Diffusionsstromes an der Hg-Tropfelektrode in § 65 setzt voraus, daß keine chemische Reaktion beim Ablauf der Elektrodenbruttoreaktion gehemmt ist. Das Auftreten einer chemischen Reaktionshemmung führt bei den polarographischen Strömen ebenfalls zu einer Verminderung ihrer Größe, genauso wie es bei den stationären Grenzströmen in § 70 festgestellt wurde. Wenn bei Aufhebung der Hemmung $k \to \infty$ die Überspannung bei konstant gehaltenem mittlerem Strom verschwindend klein werden würde, läge definitionsgemäß für endliches $k$ reine Reaktionsüberspannung vor. Die Voraussetzung hierfür ist, daß die Konzentrationen $c_j$ der Stoffe $S_j$, aus denen die Substanz $S$ in der Konzentration $c$ nachgebildet wird, groß gegen die Konzentration $c$ sind bei Annahme gleicher Größenordnung der Diffusionskonstanten $D_j$ und $D$. Bei Auftreten reiner Reaktionsüberspannung kann daher bei Stromfluß die Gleichgewichtskonzentration $\bar{c}$ des in der gehemmten Reaktion gebildeten Stoffes $S$, die sich nach dem Massenwirkungsgesetz aus allen $c_j$ berechnen läßt, angenähert konstant und unabhängig von $i$ gesetzt werden. Die wahre Konzentration $c(\xi, t)$ muß bei Reaktionshemmung wesentlich kleiner als $\bar{c}$ sein und muß zur Lösung des vorliegenden Problems in ihrem örtlichen und zeitlichen Verlauf verfolgt werden, wie es auch in den vorangehenden Kapiteln geschehen ist.

Der allgemeinere Fall ist jedoch, daß auch die Diffusion von $S_j$ von Einfluß ist. Unter dieser Voraussetzung wurde die Theorie der polarographischen reaktionsbedingten Ströme entwickelt, wie sie im folgenden behandelt werden soll. Es liegt hier also im allgemeinen eine Überlagerung von Reaktions- und Diffusionsüberspannung vor.

Die Untersuchung reaktionsbedingter polarographischer Ströme geht auf K. Wiesner[1] und R. Brdička[2, 3, 4] zurück. Die erste grundlegende mathematische Behandlung dieser Ströme wurde von J. Koutecky u. R. Brdička[5] angegeben. Dieser folgte später eine sehr ähnliche Ableitung von P. Delahay[6]. J. Koutecky[7] hat dann eine allgemeinere, exaktere Lösung der Differentialgleichung (2.283) gefunden, die danach wiederum unabhängig voneinander von P. Delahay u. G. L. Stiehl[8]

---

[1] Wiesner, K.: Z. Elektrochem. **49**, 164 (1943); Chem. listy **41**, 6 (1947).

[2] Brdička, R., u. K. Wiesner: Naturw. **31**, 247 (1943); Coll. Czech. Chem. Comm. **12**, 39 (1947); Chem. listy **40**, 66 (1946); Coll. Czech. Chem. Comm. **12**, 138 (1947). — Brdička, R., K. Wiesner u. K. Schäferna: Naturwiss. **31**, 391 (1943).

[3] Brdička, R.: Chem. listy **40**, 232 (1946); Coll. Czech. Chem. Comm. **12**, 212 (1947); Chimija **1**, 16 (1951).

[4] Zusammenfassende Darstellung von R. Brdička: Proc. I. Intern. Polarogr. Congr. **3**, 332 (1951); Coll. Czech. Chem. Comm. **19**, 41 (1954).

[5] Koutecky, J., u. R. Brdička: Coll. Czech. Chem. Comm. **12**, 337 (1947).

[6] Delahay, P.: J. Am. Soc. **73**, 4944 (1951).

[7] Koutecky, J.: Proc. I. Intern. Polarogr. Congr. **1**, 826 (1951); Chem. listy **46**, 193 (1952).

[8] Delahay, P., u. G. L. Stiehl: J. Am. Soc. **74**, 3500 (1952).

und von S. L. MILLER[9] (vgl. § 73) bestätigt wurde. Alle diese Untersuchungen berücksichtigen aber noch nicht exakt das Tropfenwachstum.

Erst J. KOUTECKY[10, 11] löste das Diffusions-Reaktionsproblem vor der Oberfläche des wachsenden Tropfens exakt, indem er der Differentialgleichung (2.283), § 73, noch das Glied $(2\xi/3t)\cdot\partial c/\partial\xi$ hinzufügte, das dem Tropfenwachstum Rechnung trägt. Durch die Ausdehnung der Tropfenoberfläche wird die Flüssigkeitsschicht vor der Oberfläche in tangentialer Richtung auseinandergezogen, so daß sie sich in radialer Richtung entsprechend zusammenziehen muß*. Das genannte zusätzliche Glied wurde bereits von D. ILKOVIČ[12] für das reine Diffusionsproblem, also mit der Reaktionsgeschwindigkeit $v = 0$ verwendet. In § 65, Gl. (2.219), ist die Ableitung dieses Ausdruckes schon angegeben worden.

Die Reaktionsgeschwindigkeit $v$ soll hier infolge der vorausgesetzten Inkonstanz von $c_j$ durch

$$v = k_j \cdot c_j - k \cdot c \tag{2.336}$$

ausgedrückt werden. Sowohl die Hin- als auch die Rückreaktion sind als Reaktionen erster Ordnung angesetzt, da für Reaktionen höherer Ordnungen die ohnehin schon beachtlichen mathematischen Schwierigkeiten fast unüberwindlich groß werden[13]. Für den Geschwindigkeitsansatz Gl. (2.336) werden in der polarographischen Literatur zwei verschiedene Interpretationen behandelt.

Im *Fall A* wird die Substanz $S_j$ in der Durchtrittsreaktion aus Stoff $S$ gebildet. In einer *nachgelagerten* chemischen Reaktion setzt sich $S_j$ mit anderen Substanzen $S_k$ unter Rückbildung von $S$ nach $S_j \leftrightarrows S$ um. Die Wirkung des Stromes (kathodisch) ist dann im Gesamten eine Reduktion von $S_k$ unter Vermittlung des $S/S_j$-Redoxsystems. Als Beispiel sei die Reduktion von $H_2O_2$ in Gegenwart des $Fe^{3+}/Fe^{2+}$-Redoxsystems genannt, bei dem in der Durchtrittsreaktion $Fe^{3+}$ zu $Fe^{2+}$ reduziert und das gebildete $Fe^{2+}$ von $H_2O_2$ zu $Fe^{3+}$ wieder aufoxydiert wird. Hierbei wird das $H_2O_2$ zu $H_2O$ reduziert.

Im *Fall B* liegt eine *vorgelagerte* chemische Reaktion $S_j \leftrightarrows S$ vor, durch die der elektrochemisch in der Durchtrittsreaktion reagierende Stoff $S$ aus $S_j$ nachgeliefert wird. Als Beispiel seien hier die Rekombinationsreaktionen $H^+ + A^- \leftrightarrows HA$ schwach dissoziierender Säuren genannt, deren undissoziierte Molekel $HA = S$ elektrochemisch reduziert wird.

Für beide Fälle kann der gleiche Geschwindigkeitsansatz für $dc/dt = v$ Gl. (2.336) angesetzt werden, so daß nach J. KOUTECKY[10, 11] die partiellen

---

[9] MILLER, S. L.: J. Am. Soc. **74**, 4130 (1952).

[10] KOUTECKY, J.: Coll. Czech. Chem. Comm. **18**, 311 (1953); Chem. listy **47**, 9 (1953).

[11] KOUTECKY, J.: Coll. Czech. Chem. Comm. **18**, 597 (1953); Chem. listy **47**, 323 (1953).

* Dieser Vorgang ist mit dem Aufblasen einer Seifenblase zu vergleichen.

[12] ILKOVIČ, D.: Coll. Czech. Chem. Comm. **6**, 498 (1934); J. chim. phys. **35**, 129 (1938).

[13] KOUTECKY, J., u. J. KORYTA: Coll. Czech. Chem. Comm. **19**, 845 (1954); Chem. listy **48**, 996 (1954) konnten auch näherungsweise eine Reaktion 2. Ordnung losen.

Differentialgleichungen

$$\boxed{\begin{aligned} \frac{\partial c}{\partial t} &= D\cdot\frac{\partial^2 c}{\partial\xi^2} + \frac{2}{3}\frac{\xi}{t}\cdot\frac{\partial c}{\partial\xi} + k_j\cdot c_j - k\cdot c \\ \frac{\partial c_j}{\partial t} &= D_j\cdot\frac{\partial^2 c_j}{\partial\xi^2} + \frac{2}{3}\frac{\xi}{t}\cdot\frac{\partial c_j}{\partial\xi} - k_j\cdot c_j + k\cdot c \end{aligned}} \tag{2.337}$$

zu lösen sind. Als Randbedingungen treten im *Fall A*

$$\begin{aligned} &t = 0 \quad \xi \geqq 0 \quad c = \bar{c} \quad c_j = \bar{c}_j \\ &t > 0 \quad \xi = 0 \quad D\cdot\frac{\partial c}{\partial\xi} = -D_j\cdot\frac{\partial c_j}{\partial\xi} \quad \frac{c}{c_j} = \lambda \end{aligned} \tag{2.337a}$$

auf. $\lambda$ ist nach der Nernstschen Gleichung vom Potential abhängig. Eine Durchtrittshemmung soll nicht angenommen werden. Im *Fall B* sind die Randbedingungen

$$\begin{aligned} &t = 0 \quad \xi \geqq 0 \quad c = \bar{c} \quad c_j = \bar{c}_j \\ &t > 0 \quad \xi = 0 \quad c = 0 \quad dc_j/d\xi = 0 \end{aligned} \tag{2.337b}$$

wenn hier der polarographische Grenzstrom (Stufenhöhe) ermittelt werden soll.

Die partielle Differentialgleichung (2.337) wurde von J. Koutecky[10, 11] in Form einer Potenzreihe von $\varkappa t$ mit $\varkappa = k_j + k$ für $D = D_j$ integriert. $c(\xi, t)$ tritt in der Lösung als Funktion von $c(s, \chi)$ mit $s = \xi/\sqrt{12\,Dt/7}$ und $\chi = (\varkappa t)^\alpha$ auf. Aus $(\partial c/\partial\xi)_{\xi=0}$ folgt unter Anwendung des Faradayschen Gesetzes in Verbindung mit dem 1. Fickschen Gesetz [Gl. (2.254)] für die *augenblickliche Stromdichte* zur Zeit $t$ im Fall A

$$\boxed{\begin{aligned} i &= -\frac{n}{\nu}\cdot F\cdot\bar{c}\cdot\sqrt{\frac{7D}{3\pi t}}\cdot\Psi(\varkappa t) \quad \text{mit} \quad \varkappa = k_j + k \\ &\text{und} \quad \Psi(\varkappa t) = \exp(-\varkappa t)\cdot\sum_0^\infty a_i(\varkappa t)^i \end{aligned}} \tag{2.338}$$

Die Koeffizienten $a_i$ in Gl. (2.338) wurden von J. Koutecky aus komplizierteren Reihenentwicklungen numerisch berechnet und zur Ermittlung der Werte der Funktion $\Psi(\varkappa t)$ verwendet. Tab. 5 gibt die von Koutecky[14] berechneten Werte an.

Die Integration der partiellen Differentialgleichung (2.337) wurde auch von K. H. Henke u. W. Hans[15] durchgeführt und ergab für die *augenblickliche Stromdichte* zur Zeit $t$ im Falle $A$ den Ausdruck

$$\boxed{\begin{aligned} i &= -\frac{n}{\nu}\cdot F\cdot\bar{c}\cdot\sqrt{\frac{7D}{3\pi t}}\cdot\left[\exp(-\varkappa t) + 2\cdot\sqrt{\varkappa t}\cdot f(\varkappa t)\right] \\ &\text{mit } f(\varkappa t) = \sqrt{\varkappa t}\cdot\int_0^1 \frac{\beta\cdot\exp(-\varkappa t\cdot\beta^2)}{\sqrt{1-(1-\beta^2)^{7/3}}}\,d\beta \end{aligned}} \tag{2.339}$$

[14] Koutecky, J.: Coll. Czech. Chem. Comm. **18**, 311 (1953), Tab. 2.

[15] Henke, K. H., u. W. Hans: Z. Elektrochem. **59**, 676 (1955).

Die Funktion $f(\varkappa t)$ ist von K. H. HENKE u. W. HANS[15] numerisch berechnet und in Tab. 5 aufgenommen worden. Gleichzeitig wurde der Wert der Klammer in Gl. (2.339) $\exp(-\varkappa t) + 2 \cdot \sqrt{\varkappa t} \cdot f(\varkappa t)$ für die Tab. 5 berechnet. Es ist eine ausgezeichnete Übereinstimmung zwischen diesen Werten und den $\Psi$-Werten festzustellen, so daß anzunehmen ist, daß die Lösungen des Diffusions-Reaktionsproblems nach KOUTECKY[10] Gl. (2.338) und K. H. HENKE u. W. HANS[15] Gl. (2.339) identisch sind*.

Tabelle 5. *Numerisch von* J. KOUTECKY[14] *bzw.* K. H. HENKE u. W. HANS[15] *berechnete Funktion der* Gl. (2.338) *und* Gl. (2.339)

| $\varkappa t = k_j + k$ | $\Psi(\varkappa t)$ (KOUTECKY) | $f(\varkappa t)$ (HENKE u. HANS) | $\exp(-\varkappa t) + 2 \cdot \sqrt{\varkappa t}\; f(\varkappa t)$ (HENKE u. HANS) | $\lim_{\varkappa t \to \infty} \Psi(\varkappa t) = \sqrt{\frac{3\pi}{7}}\, \varkappa t$ |
|---|---|---|---|---|
| 0 | 1 | — | — | 0 |
| 0,05 | 1,025 | — | — | 0,259 |
| 0,1 | 1,050 | 0,289 | 1,088 | 0,367 |
| 0,2 | 1,099 | 0,312 | 1,098 | 0,519 |
| 0,3 | — | 0,369 | 1,145 | 0,635 |
| 0,4 | 1,192 | 0,412 | 1,192 | 0,734 |
| 0,5 | — | 0,446 | 1,237 | 0,820 |
| 0,6 | 1,281 | 0,473 | 1,282 | 0,899 |
| 0,8 | 1,368 | 0,514 | 1,369 | 1,038 |
| 1,0 | 1,451 | 0,542 | 1,452 | 1,160 |
| 1,2 | 1,531 | — | — | 1,271 |
| 1,4 | 1,609 | — | — | 1,373 |
| 1,5 | — | 0,581 | 1,646 | 1,421 |
| 1,6 | 1,683 | — | — | 1,468 |
| 1,8 | 1,756 | — | — | 1,556 |
| 2,0 | 1,826 | 0,598 | 1,827 | 1,641 |
| 2,5 | 1,99 | 0,600 | 1,979 | 1,835 |
| 3,0 | 2,15 | 0,606 | 2,149 | 2,010 |
| 3,5 | 2,30 | 0,605 | 2,297 | 2,171 |
| 4,0 | 2,44 | 0,604 | 2,434 | 2,321 |
| 5,0 | 2,69 | 0,601 | 2,694 | 2,595 |
| 6,0 | 2,93 | — | — | 2,842 |
| 7,0 | 3,15 | — | — | 3,084 |
| 8,0 | 3,35 | — | — | 3,282 |
| 9,0 | 3,54 | — | — | 3,481 |
| 10,0 | 3,72 | 0,590 | 3,732 | 3,669 |
| 20,0 | — | 0,585 | 5,233 | 5,189 |
| $\infty$ | — | 0,580 | — | — |

Im Fall B, also bei einer *vorgelagerten* Reaktion mit der Bildungsgeschwindigkeit $v = k_j \cdot c_j - k \cdot c$ von $S$, erhielt J. KOUTECKY[11] durch Integration der partiellen Differentialgleichung (2.337) in ähnlicher Weise wie im Fall A die Beziehung (2.340) für die augenblickliche Stromdichte an der Hg-Oberfläche zur Zeit $t$ unter der Voraussetzung $(k_j + k)\, t \gg 1$

$$i = -\frac{n}{\nu} \cdot F \cdot (\bar{c}_j + \bar{c}) \cdot \sqrt{\frac{7D}{3\pi t}} \cdot \Phi(\chi) \quad \text{mit } \chi = \sqrt{\frac{12}{7}}\, \frac{k_j}{k} \cdot \sqrt{(k_j + k)\, t} \qquad (2.340)$$

* Ein exakter mathematischer Beweis ist hierfür noch nicht erbracht worden.

Die Funktion $\Phi(\chi)$, die von J. KOUTECKY in Form einer Potenzreihe berechnet wurde, ist aus Tab. 6 zu entnehmen. K. H. HENKE u. W. HANS[16] geben einen Ausdruck mit einem recht komplizierten Integral für die Stromdichte $i$ an, das nur numerisch integriert werden kann.

Tabelle 6. *Die Funktion* $\Phi(\chi)$ *aus* Gl. (2.340) *für die vorgelagerte chemische Reaktionshemmung* (*Fall B*) *nach* J. KOUTECKY: Coll. Czech. Chem. Comm. 18, 597 (1953).

| $\chi$ | $\Phi(\chi)$ | $\chi$ | $\Phi(\chi)$ | $\chi$ | $\Phi(\chi)$ | $\chi$ | $\Phi(\chi)$ |
|---|---|---|---|---|---|---|---|
| 0,1 | 0,0828 | 0,9 | 0,476 | 3,0 | 0,777 | 9 | 0,919 |
| 0,2 | 0,155 | 1,0 | 0,505 | 3,5 | 0,808 | 10 | 0,927 |
| 0,3 | 0,219 | 1,2 | 0,555 | 4,0 | 0,827 | 12 | 0,939 |
| 0,4 | 0,275 | 1,4 | 0,597 | 4,5 | 0,844 | 14 | 0,946 |
| 0,5 | 0,325 | 1,6 | 0,632 | 5,0 | 0,858 | 16 | 0,953 |
| 0,6 | 0,369 | 1,8 | 0,662 | 6,0 | 0,880 | 18 | 0,958 |
| 0,7 | 0,409 | 2,0 | 0,690 | 7,0 | 0,890 | 20 | 0,963 |
| 0,8 | 0,444 | 2,5 | 0,74 | 8,0 | 0,995 | | |

Im folgenden sollen noch einige interessante Grenzübergänge von Gl. (2.338) und Gl. (2.340) bzw. der Funktionen $\Psi(\varkappa t)$ und $\Phi(\chi)$ behandelt werden. Für sehr kleine Geschwindigkeitskonstanten $k_j$ und $k \to 0$ wird $\varkappa t \ll 1$, so daß die Funktion $\Psi(\varkappa t)$ in Tab. 5 nach $\lim\limits_{\varkappa t \to 0} \Psi(\varkappa t) = 1$ geht. Die Stromdichte $i$ nimmt in diesem Fall nach Gl. (2.338) bzw. Gl. (2.339) die angenäherte Beziehung

$$\boxed{i = -\frac{n}{\nu} \cdot F \cdot \bar{c} \cdot \sqrt{\frac{7D}{3\pi t}} \quad \text{für } (k_j + k)\, t \ll 1} \tag{2.341}$$

an. Gl. (2.341) ist der Gl. (2.223) für die reine Diffusion vor dem wachsenden Hg-Tropfen identisch. Hier sind Bildung und Verbrauch durch die Reaktion innerhalb der Zeit $t$ so gering, daß der Stoffumsatz bei Stromfluß fast ausschließlich durch Diffusion dem Reservoir des Stoffes $S$ der Konzentration $\bar{c}$ vor der Oberfläche entnommen bzw. zugefügt werden muß. Ein Grenzübergang im Fall B bei Gl. (2.340) ist deshalb nicht möglich, weil diese Beziehung gerade für die entgegengesetzte Voraussetzung $(k_j + k)\, t \gg 1$ gilt. Eine exakte Integration von Gl. (2.337) mit Gl. (2.337b) muß jedoch die gleiche Grenzbeziehung Gl. (2.341) im Fall B liefern.

Für $(k_j + k)\, t = \varkappa t \gg 1$, aber $k_j \ll k$, so daß $\chi \ll 1$ [Gl. (2.340)] bleibt, führen beide Gleichungen (2.338) und (2.340) auf die gleiche Grenzfunktion. Nach K. H. HENKE u. W. HANS[15] nimmt die Funktion $f(\varkappa t)$ den Grenzwert $\lim\limits_{\varkappa t \to \infty} f(\varkappa t) = 0{,}580 = \sqrt{3\pi/28}$ an, so daß der Ausdruck in der 4. Spalte der Tab. 5 in die Funktion

$$\lim_{\varkappa t \to \infty} \Psi(\varkappa t) = \sqrt{\frac{3\pi}{7}\, \varkappa t} \tag{2.342}$$

[16] HENKE, K. H., u. W. HANS: Z. Elektrochem. 57, 591 (1953).

übergeht. Diese Funktion ist zum Vergleich in die 5. Spalte der Tab. 5 eingetragen worden. Auch nach J. KOUTECKY[17] ergibt sich diese Grenzfunktion für große Werte $\varkappa t \gg 1$, aber $\chi \ll 1$.

Die Grenzfunktion von $\Phi(\chi)$ für $\chi \ll 1$ aber $(k_j + k)\,t \gg 1$ folgt aus der von J. KOUTECKY[11] abgeleiteten Reihenentwicklung $\Phi(\chi)$ $(\sqrt{\pi}/2)\cdot\sum_1^\infty \gamma_i \chi^i$ mit $\gamma_1 = 1$

$$\lim_{\gamma \to 0} \Phi(\chi) = \frac{\sqrt{\pi}}{2}\cdot\chi \quad \text{bei } \varkappa t \gg 1\,. \tag{2.343}$$

Mit $k_j \ll k$, also auch $\bar{c} \ll \bar{c}_j$ folgt schließlich als Stromdichte $i$ für Fall A aus Gl. (2.338) mit Gl. (2.342) und ebenfalls für Fall B aus Gl. (2.340) mit Gl. (2.343) am wachsenden Hg-Tropfen

$$\boxed{\begin{gathered} i = -\frac{n}{\nu}\cdot F\cdot\bar{c}\cdot\sqrt{D\cdot k} = -\frac{n}{\nu}\cdot F\cdot\sqrt{D\cdot\bar{c}\cdot v_0} \\ \text{für } kt \gg 1 \quad \bar{c}/\bar{c}_j \ll 1 \end{gathered}} \tag{2.344}$$

mit $v_0 = k\cdot\bar{c}$ = Reaktionsaustauschgeschwindigkeit am Gleichgewicht.

Die Gl. (2.344) ist identisch der Gl. (2.257) für die stationäre Reaktionsgrenzstromdichte $i_r$ an einer konstanten Oberfläche für die Reaktionsordnung $p = 1$. Diese Erscheinung kann folgendermaßen verstanden werden. An einer konstanten Oberfläche stellt sich nach § 73 nach einer gewissen Zeit, wenn $kt \gg 1$ ist, ein stationärer Konzentrationsverlauf ein, bei dem die Stromdichte in die Reaktionsgrenzstromdichte übergeht. An der sich ausdehnenden Hg-Oberfläche wird die Flüssigkeitsschicht vor der Oberfläche ständig in tangentialer Richtung auseinandergezogen, so daß sie sich in radialer Richtung zusammenziehen muß. Diese radiale Zusammenziehung bedeutet eine Störung der stationären Konzentrationsverteilung im Sinne eines größeren Konzentrationsgefälles und damit einer größeren Stromdichte. Bei größeren Zeiten wird die relative Veränderung der Oberfläche zur vorhandenen Größe so gering, daß diese Störung immer mehr zu vernachlässigen ist. Die Stromdichte

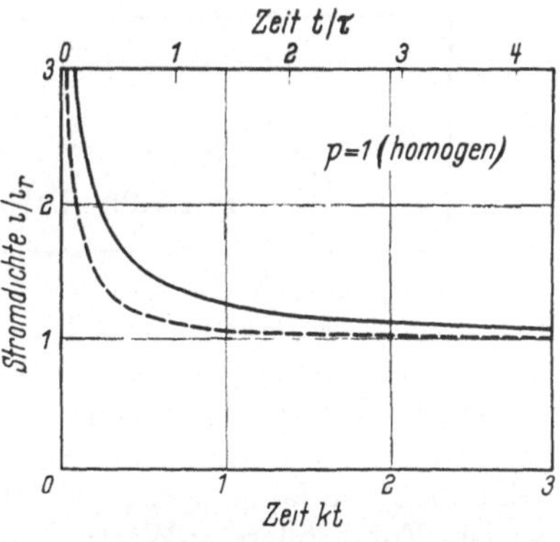


Abb. 99. Stromdichte $i$ in Einheiten des stationaren Reaktionsgrenzstromes $i_r$ als Funktion der Zeit nach Gl. (2.338) und (2.339) an der wachsenden Hg-Tropfenoberflache. $k$ = Reaktionsgeschwindigkeitskonstante 1. Ordnung, $\tau$ = Zeitkonstante der gehemmten Reaktion 1. Ordnung, gestrichelte Kurve für die konstante, nicht wachsende Oberflache nach Abb. 98 und Gl (2.332)

[17] KOUTECKY, J.: Coll. Czech. Chem. Comm. 18, 311 (1953), spez. S. 319 gibt für $\varkappa t \gg 1$ die Beziehung $\frac{7}{6(\varkappa t)^{7/6}}\int_0^{\varkappa t} (\varkappa t)^{1/6}\cdot\Psi(\varkappa t)\,d(\varkappa t) = 0{,}812\,(\varkappa t)^{1/2} + 1{,}92\,(\varkappa t)^{-7/6}$ an. Hieraus folgt für $\Psi(\varkappa t)$ bei $\varkappa t \gg 1$ durch Differentiation die Funktion Gl. (2.342), da $0{,}812 = 0{,}1\sqrt{21\pi}$ ist.

geht also von größeren Werten aus mit wachsender Zeit ebenfalls in die stationäre Reaktionsgrenzstromdichte $i_r$ über, wie es die Gl. (2.344) angibt.

In Abb. 99 ist der zeitliche Verlauf der Stromdichte $i$ an der wachsenden Hg-Oberfläche in Einheiten der stationären Reaktionsstromdichte $i_r$ nach Gl. (2.338) bzw. Gl. (2.339) angegeben worden. Es ist zu erkennen, daß bereits nach wenigen Zeiteinheiten $\tau = 1/k$ die stationäre Reaktionsgrenzstromdichte gut angenähert eingestellt ist. Die gestrichelte Kurve gibt zum Vergleich den Stromverlauf nach Abb. 98 für die nicht wachsende konstante Oberfläche wieder.

### β) *Die augenblickliche Stromstärke I*

Die Größe $q$ der Hg-Tropfenoberfläche ist nach § 65, Gl. (2.217),

$$q = (6 \cdot \pi^{1/2} \cdot v)^{2/3} \cdot t^{2/3} = \left(\frac{36 \cdot \pi}{s_{\mathrm{Hg}}^2}\right)^{1/3} \cdot m^{2/3} \cdot t^{2/3} \tag{2.345}$$

mit der Strömungsgeschwindigkeit $m = \mathrm{g\ Hg/sec}$ und $s_{\mathrm{Hg}} =$ spez. Gewicht des Hg. Durch Multiplikation dieser Oberfläche $q$ mit der Stromdichte $i$ nach Gl. (2.338) ergibt sich die augenblickliche Grenzstromstärke $I$ am Hg-Tropfen für die nachgelagerte Reaktion (Fall A)

$$\boxed{\begin{gathered} I = -7{,}08 \cdot 10^4 \cdot \frac{n}{\nu} \cdot \bar{c} \cdot D^{1/2} \cdot m^{2/3} \cdot t^{1/6} \cdot \Psi(\varkappa t) = I_d \cdot \Psi(\varkappa t) \\ \text{mit } 7{,}08 \cdot 10^4 = \frac{F \cdot \sqrt{\frac{7}{3}} \cdot \sqrt[3]{36}}{\pi^{1/6} \cdot 13{,}534^{2/3}} \end{gathered}} \tag{2.346}$$

Gl. (2.346) enthält die Funktion $\Psi(\varkappa t)$ nach J. KOUTECKY, Gl. (2.338) bzw. nach K. H. HENKE u. W. HANS Gl. (2.339). Diese Beziehung ist die auf die Konzentration $\bar{c}$ angewendete Ilkovič-Gl. (2.225), die um den Faktor $\Psi(\varkappa t)$, in den die Reaktionsgeschwindigkeit eingeht, erweitert ist. Es ist also $I = I_d \cdot \Psi(\varkappa t)$. Auch für die vorgelagerte Reaktion (Fall B) gilt Gl. (2.346), so lange $\chi \ll 1$ [Gl. (2.340)] unabhängig von der Größe von $\varkappa t$ ist. Für größere $\chi$-Werte von etwa $\chi > 1$ wird die augenblickliche Stromstärke $I$ bei vorgelagerter gehemmter Reaktion (Fall B) durch die Beziehung

$$\boxed{\begin{gathered} I = -7{,}08 \cdot 10^4 \cdot \frac{n}{\nu} \cdot (\bar{c}_j + \bar{c}) \cdot D^{1/2} \cdot m^{2/3} \cdot t^{1/6} \cdot \Phi(\chi) = I_d \cdot \Phi(\chi) \\ \text{mit } \chi = \sqrt{\frac{12}{7}} \cdot \frac{k_j}{k} \cdot \sqrt{(k_j + k)\, t} = \sqrt{\frac{12}{7}} \cdot K \sqrt{k\,(1 + K) \cdot t} \end{gathered}} \tag{2.347}$$

gegeben*, die aus der Kombination von Gl. (2.340) mit Gl. (2.345) folgt. Es ist also $I = I_d \cdot \Phi(\chi)$, wobei sich der Diffusionsstrom $I_d$ auf $\bar{c}_j + \bar{c}$ bezieht.

Während der Tropfzeit $\vartheta$ wächst die Stromstärke $I$ auch hier von $I = 0$ bis zu einem Wert $I_\vartheta$ nach Gl. (2.346). Die Abb. 100 gibt das

* $k_j/k = \bar{c}/\bar{c}_j = K$ ist die Gleichgewichtskonstante zwischen $S_j \leftrightarrows S$.

Verhältnis $I/I_\vartheta$ in Abhängigkeit von der Zeit $t/\vartheta$ in Bruchteilen der Tropfzeit für verschiedene Werte $k\vartheta$ wieder. Für $k\vartheta \ll 1$ geht die Abhängigkeit in Abb. 100 in die Form $I/I_\vartheta = (t/\vartheta)^{1/6}$ der reinen Diffusion und für $k\vartheta \gg 1$ in $I/I_\vartheta = (t/\vartheta)^{2/3}$ des stationären Reaktionsstromes über. Der Übergang zwischen beiden Grenzkurven findet in einem verhältnismäßig engen Bereich von $k\vartheta \sim 1$ statt.

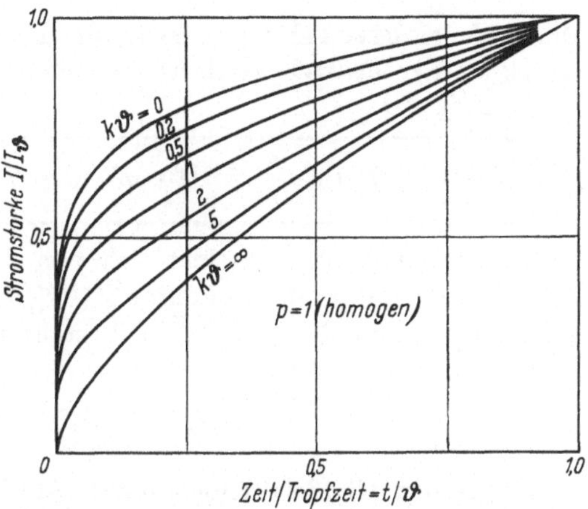


Abb. 100. Die Stromstärke $I$ in Bruchteilen der Endstromstärke $I_\vartheta$ in Abhängigkeit von der Zeit $t$ in Einheiten der Tropfdauer $\vartheta$ für verschiedene $k\vartheta$-Werte bei homogener Reaktionshemmung 1. Ordnung nach Gl. (2.346)

Abb. 101 gibt die zeitliche Abhängigkeit der Stromstärke $I$ während der Tropfdauer $\vartheta$ in anderer Weise nach Gl. (2.346) wieder. Hier ist als Stromstärkeeinheit nicht die Endstromstärke $I_\vartheta$ bei der Geschwindigkeitskonstante $k$, sondern die Endstromstärke $I_{d,\vartheta}$ bei reiner Diffusion, also für $k = 0$, verwendet worden. Es ist aus Abb. 101 deutlich zu erkennen, wie die Stromstärken mit wachsender Reaktionsgeschwindigkeitskonstante $k$ stark ansteigen. Für $k = \infty$ bildet sich dann eine Stromstärke aus, bei der die Voraussetzungen für die reine Reaktionsüberspannung nicht mehr erfüllt sind. Hier würde die Diffusion des Stoffes $S$ von untergeordneter Bedeutung gegenüber der des Stoffes $S_j$ in der Konzentration $c_j$ sein, mit dem der Stoff $S$ im Gleichgewicht ($k = \infty$) steht. Es würde sich dann wieder ein reiner, allerdings wesentlich größerer ($c \ll c_j$) Diffusionsstrom nach der Ilkovič-Gleichung (2.225) ausbilden. In diesem Bereich für große $k$ gilt Gl. (2.347) auch bei nachgelagerter Reaktion (Fall A).

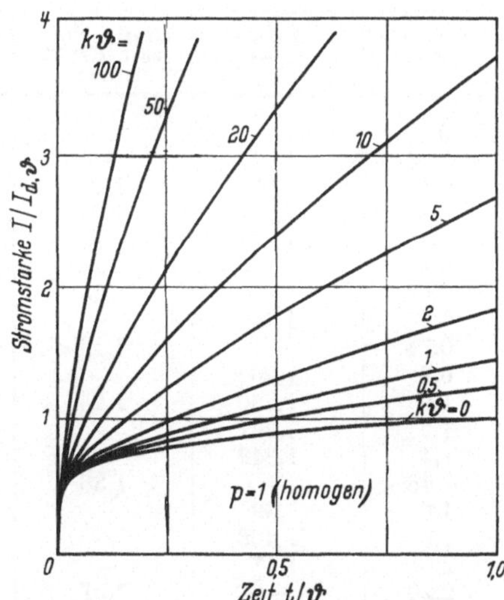


Abb. 101. Die Stromstärke $I$ in Vielfachen der reinen Diffusionsendstromdichte $I_{d,\vartheta}$ ($k = 0$) für verschiedene Werte $k\vartheta$ in Abhängigkeit von der Zeit $t$ in Bruchteilen der Tropfzeit $\vartheta$ bei einer homogenen Reaktionshemmung 1. Ordnung nach Gl. (2.346)

### $\gamma$) *Die mittlere Stromstärke $\bar{I}$*

Die mittlere Stromdichte $\bar{I}$ ist die über die Tropfzeit $\vartheta$ gemittelte augenblickliche Stromdichte $I$. $\bar{I}$ folgt wie bei den rein diffusionsbedingten polarographischen Strömen aus der Stromdichte $I$ nach Gl. (2.226)

$$\bar{I} = \frac{1}{\vartheta} \cdot \int_0^{\vartheta} I \cdot dt \,. \tag{2.226}$$

Nach J. KOUTECKY[1] ergibt sich für die mittlere Stromstärke $\bar{I}$ bei *nachgelagerter Reaktion* (Fall A) und bei *vorgelagerter Reaktion* (Fall B), so lange $\chi \ll 1$ ist

$$\boxed{\bar{J} = -\,6{,}07 \cdot 10^4 \cdot \frac{n}{\nu} \cdot \bar{c} \cdot D^{1/2} \cdot m^{2/3} \cdot \vartheta^{1/6} \cdot \overline{\Psi}(k\vartheta) = \bar{J}_d \cdot \overline{\Psi}(k\vartheta)} \tag{2.348}$$

Diese Gleichung unterscheidet sich von der Gleichung nach ILKOVIČ [Gl. (2.227)] nur durch den Faktor $\overline{\Psi}(k\vartheta)$, in den die Reaktionsgeschwindigkeitskonstante $k$ eingeht. $\overline{\Psi}(k\vartheta)$ steht nach J. KOUTECKY[1] mit der Funktion $\Psi(kt)$ durch

$$\overline{\Psi}(k\vartheta) = \frac{7}{6}(k\vartheta)^{-7/6} \cdot \int_0^{k\vartheta} (kt)^{1/6} \cdot \Psi(kt) \cdot d(kt) \tag{2.349}$$

in Beziehung. Gl. (2.349) folgt durch Anwendung von Gl. (2.226). Die von J. KOUTECKY[2] numerisch berechneten Werte dieser Funktion

Tabelle 7. *Numerisch berechnete Werte der Funktion* $\overline{\Psi}(k\vartheta)$ *in* Gl. (2.348) *nach* KOUTECKY[2] *und* K. H. HENKE u. W. HANS[3]

| $k\vartheta$ | $\overline{\Psi}(k\vartheta)$ n. KOUTECKY | $f(\sqrt{\tau}) \equiv \overline{\Psi}(k\vartheta)$ nach HENKE u. HANS | $k\vartheta$ | $\overline{\Psi}(k\vartheta)$ n. KOUTECKY | $f(\sqrt{\tau}) \equiv \overline{\Psi}(k\vartheta)$ nach HENKE u. HANS |
|---|---|---|---|---|---|
| 0 | 1 | — | 2,68 | — | 1,61 |
| 0,05 | 1,013 | — | 3,0 | 1,66 | — |
| 0,1 | 1,027 | 1,01 | 3,40 | — | 1,74 |
| 0.2 | 1,054 | 1,04 | 3,5 | 1,75 | — |
| 0,4 | 1,104 | — | 4,0 | 1,84 | 1,85 |
| 0,42 | — | 1,11 | 4,8 | — | 1,98 |
| 0,58 | — | 1,15 | 5,0 | 2,01 | — |
| 0,6 | 1,154 | — | 5,76 | — | 2,13 |
| 0,74 | — | 1,19 | 6,0 | 2,17 | — |
| 0,8 | 1,204 | — | 6,4 | — | 2,22 |
| 1,0 | 1,250 | 1,25 | 7,0 | 2,31 | 2,31 |
| 1,2 | 1,297 | — | 8,0 | 2,45 | 2,45 |
| 1,4 | 1,342 | — | 9,0 | 2,57 | 2,58 |
| 1,48 | — | 1,36 | 10,0 | 2,69 | 2,70 |
| 1,6 | 1,386 | — | 12,0 | — | 2,92 |
| 1,8 | 1,428 | — | 14,0 | — | 3,15 |
| 2,0 | 1,47 | — | 15,0 | — | 3,25 |
| 2,20 | — | 1,51 | 20,0 | — | 3,71 |
| 2,5 | 1,56 | — | | | |

$\overline{\Psi}(k\vartheta)$ sind aus Tab. 7 zu entnehmen. In Tab. 7 sind außerdem die von K. H. HENKE u. W. HANS[3] numerisch erhaltenen Werte für die gleiche

[1] KOUTECKY, J.: Coll. czech. chem. Comm. **18**, 311 (1953).
[2] Fußnote [1], Tab. 2.
[3] HENKE, K. H., u. W. HANS: Z. Elektrochem. **59**, 676 (1955), Tab. 2.

Funktion[4] eingetragen. Bis auf geringfügige Abweichungen, die offenbar auf Ungenauigkeiten in der numerischen Berechnung zurückzuführen sind, sind die in den beiden Arbeiten angegebenen Werte gleich.

Für große Werte von $k\vartheta > 10$ gibt J. KOUTECKY[1] als Grenzfunktion für $\overline{\Psi}(k\vartheta)$ die Beziehung

$$\overline{\Psi}(k\vartheta) = 0{,}812 \cdot (k\vartheta)^{1/2} + 1{,}92\,(k\vartheta)^{-1/6} \qquad (2.350)$$

an[5]. Für kleine Werte von $k\vartheta$ geht $\overline{\Psi}(k\vartheta)$ nach 1, so daß hier die Ilkovič-Gleichung (2.227) auf die Konzentration $\bar{c}$ bezogen gilt. Abb. 102 gibt

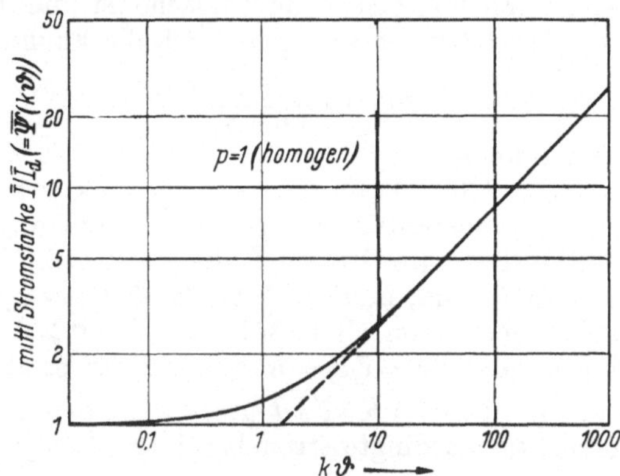


Abb. 102. Die mittlere Stromstärke $\bar{I}$ in bezug auf den Wert $\bar{I}_d$ bei reiner Diffusion ($k = 0$) in Abhängigkeit vom Produkt aus Reaktionsgeschwindigkeitskonstante $k$ (1. Ordnung) und Tropfendauer $\vartheta$ (doppelt logarithmisch)

die mittlere Stromdichte $\bar{I}$ im Verhältnis zum Wert $\bar{I}_d$ bei reiner Diffusion ($k = 0$) in Abhängigkeit von $k\vartheta$ nach Gl. (2.248), Gl. (2.349) und Tab. 7 in doppelt logarithmischer Darstellung wieder. Die angegebene Abhängigkeit ist also der Verlauf der Funktion $\overline{\Psi}(k\vartheta)$ nach KOUTECKY.

Im Fall der *vorgelagerten* gehemmten chemischen Reaktion (Fall B) folgt für $(k_{,} + k)\,t \gg 1$ unter Anwendung von Gl. (2.226) aus Gl. (2.347) nach J. KOUTECKY[6] die Beziehung

$$\boxed{\begin{aligned} &\bar{I} = \bar{I}_d \cdot \overline{\Phi}(\chi) = -\,6{,}07 \cdot 10^4 \cdot \frac{n}{\nu} \cdot (\bar{c}_{,} + \bar{c}) \cdot D^{1/2} \cdot m^{2/3} \cdot \vartheta^{1/6} \cdot \overline{\Phi}(\chi) \\ &\text{mit } \chi = \sqrt{\frac{12}{7}} \cdot \frac{k_{,}}{k} \sqrt{(k_{,} + k) \cdot \vartheta}\,, \quad (k_{,} + k)\,\vartheta \gg 1 \end{aligned}} \qquad (2.351)$$

---

[4] Die von K. H. HENKE u. W. HANS verwendete und berechnete Funktion $f(y_\tau)$ ist der Funktion $\overline{\Psi}(k\vartheta)$ von J. KOUTECKY identisch, wenn $\Psi(kt)$ (nach KOUTECKY) $= \exp(-kt) + 2 \cdot \sqrt{kt} \cdot f(y)$ (nach HENKE u. HANS) die gleichen Funktionen sind, wofür ein exakter mathematischer Beweis noch aussteht.

[5] Das erste Glied der Gl. (2.350) folgt aus Gl. (2.226) nach Einsetzen der Grenzfunktion (2.342). Da für den gesamten Integrationsbereich 0 bis $k\vartheta$ für kleine $kt$ die Näherung (2.342) nicht gilt, tritt auch für große Werte von $k\vartheta$ noch das 2. Glied in Gl. (2.350) auf. Es ist der Faktor $0{,}812 = 0{,}1 \cdot \sqrt{21\pi}$.

[6] KOUTECKY, J.: Coll. czech. chem. Comm. 18, 597 (1953).

Die neue Funktion $\bar{\Phi}(\chi)$ leitet sich aus der Funktion $\Phi(\chi)$, Tab. 6 über die Beziehung

$$\bar{\Phi}(\chi) = \frac{7}{3} \cdot \chi^{-7/3} \cdot \int_0^{\chi} \Phi(\chi) \cdot \chi^{4/3} \cdot d\chi \tag{2.352}$$

her. Für kleine $\chi$-Werte geht $\bar{\Phi}(\chi)$ in die Grenzfunktion

$$\lim_{\chi \to 0} \bar{\Phi}(\chi) = \frac{7}{20} \cdot \sqrt{\pi} \cdot \chi = 0{,}622 = \frac{1}{1{,}61} \tag{2.353}$$

über. Eine wichtige und überraschende Tatsache ist, daß die Funktion $\bar{\Phi}(\chi)$ im gesamten Wertebereich sehr gut durch die Funktion

$$\bar{\Phi}(\chi) \approx \frac{\chi}{1{,}6 + \chi} \tag{2.354}$$

approximiert werden kann*.

Mit Hilfe von Gl. (2.354) kann eine für die praktische Ermittlung der Geschwindigkeitskonstanten $k$ wichtige Beziehung angegeben werden. Für reaktionsbedingte Ströme $\bar{I}$, die wesentlich kleiner als der reine Diffusionsstrom $\bar{I}_d$ sind, muß nach Gl. (2.354) etwa $\chi \leqq 1$ gelten. Da im Gültigkeitsbereich von Gl. (2.351) $(k_j + k) \cdot \vartheta \gg 1$ ist, muß die Gleichgewichtskonstante $k_j/k = \bar{c}/\bar{c}_j = K \ll 1$ sein. Es ist also $k_j \ll k$ und $\bar{c} \ll \bar{c}_j$, so daß für $\chi = \sqrt{12/7} \cdot K \cdot \sqrt{k\vartheta}$ gesetzt werden kann. Hiermit wird der mittlere reaktionsbedingte Strom bei einer *vorgelagerten* Reaktion

$$\bar{I} = \bar{I}_d \cdot \frac{0{,}812 \cdot K \cdot \sqrt{k\vartheta}}{1 + 0{,}812 \cdot K \cdot \sqrt{k\vartheta}} \;\; {}^{**}$$
$$\text{mit } \bar{I}_d = -6{,}07 \cdot 10^4 \cdot \frac{n}{v} (\bar{c}_j + \bar{c}) \cdot D^{1/2} \cdot m^{2/3} \cdot \vartheta^{1/6} \tag{2.355}$$
$$\text{und } 0{,}812 = \sqrt{21\,\pi}/10$$

J. KOUTECKY[7] hat auch die Differentialgleichung (2.337) mit der Randbedingung (2.337b) für die vorgelagerte Reaktion bei *verschiedenen Diffussionskonstanten* $D_j \neq D$ integriert. Statt der Diffusionskonstante $D$ in Gl. (2.355) zur Berechnung von $\bar{I}_d$ ist eine modifizierte Konstante $D^*$

$$D^* = D \cdot \frac{1 + K \cdot D_j/D}{1 + K} \tag{2.355a}$$

zu setzen und die Faktoren $0{,}812 \cdot K \cdot \sqrt{k\vartheta}$ in Gl. (2.335) sind durch einen Korrekturfaktor $M$

$$M = \frac{D/D_j + K}{1 + K} \cdot \sqrt{\frac{D}{D_j}} \tag{2.355b}$$

* KOUTECKY, J.: Coll. czech. chem. Comm. **18**, 597 (1953) gibt $\bar{\Phi}(\chi) = \chi/(1{,}5 + \chi)$ an. Für kleine $\chi$ ist diese Annäherung nicht so gut.

** KOUTECKY, J.: Coll. czech. chem. Comm. **18**, 597 (1953) gibt als Faktor 0,87 an. Bei R. BRDIČKA [Coll. czech. chem. Comm. **20**, 387 (1955)] tritt jedoch bereits der bessere Faktor 0,812 auf.

[7] KOUTECKY, J.: Coll. czech. chem. Comm. **19**, 857 (1954); Chem. listy **47**, 1758 (1953).

zu erweitern. Gl. (2.355) läßt sich noch in die Form

$$\frac{\bar{I}}{\bar{I}_d - \bar{I}} = 0{,}812 \cdot K \cdot \sqrt{k \cdot \vartheta} \cdot M \tag{2.356}$$

überführen, die für die praktische Anwendung wichtig ist.

*δ) Reaktionsbedingte Ströme bei Reaktionen 2. Ordnung*

Im Abschnitt α) bis γ) wurden nur Reaktionen 1. Ordnung behandelt, da für Reaktionen anderer Ordnung ($p \neq 1$) bisher noch keine geschlossene Theorie ausgearbeitet wurde. Dieser Fall ist insofern komplizierter, da er die Lösung nichtlinearer Differentialgleichungen der Form

$$\frac{\partial c}{\partial t} = D \cdot \frac{\partial^2 c}{\partial \xi^2} + \frac{2\xi}{3t} \cdot \frac{\partial c}{\partial \xi} + v_0 - k \cdot c^p \tag{2.357}$$

erfordert.

J. Koutecky u. J. Koryta[8] haben für einen speziellen Fall einer Reaktion 2. Ordnung eine Lösung der nichtlinearen partiellen Differentialgleichung mit numerischer Berechnung angegeben. Es handelt sich hierbei um eine nachgelagerte Disproportionierungsreaktion mit einem sehr weit auf die Seite der Reaktionsprodukte verschobenen Gleichgewicht.

*ε) Die Form der polarographischen Stromspannungskurve bei gehemmter chemischer Reaktion*

Bisher wurde nur der polarographische Grenzstrom $i_{gr}$ bzw. $I_{gr}$ behandelt, der sich dann ausbildet, wenn unmittelbar vor der Oberfläche $\xi = 0$, $t > 0$ die Konzentration $c = c(0, t) = 0$ angenommen wird, d. h. also die Randbedingung Gl. (2.337b) vorausgesetzt wird. Für $c = c(0, t) > 0$ ergibt sich ein kleinerer augenblicklicher und auch mittlerer Strom, dem wie im § 65 β bei reiner Diffusionshemmung ein entsprechendes Elektrodenpotential zugeordnet ist. Da die Durchtrittsreaktion als vollständig im Gleichgewicht befindlich vorausgesetzt werden soll, wie es auch bei der reinen Diffusionshemmung der Fall ist, gilt hier die Nernstsche Gleichung mit den Konzentrationen unmittelbar vor der Oberfläche.

Anstelle der Gl. (2.230) für den verarmenden Stoff $S$ in der Konzentration $c$ vor der Oberfläche ist hier bei Reaktionshemmung eine etwas erweiterte Gleichung zu setzen. Wird in die partielle Differentialgleichung (2.337) mit der veränderten Randbedingung

$$\begin{aligned} t &= 0 \quad \xi \geqq 0 \quad c = \bar{c} \\ t &> 0 \quad \xi = 0 \quad c = c \end{aligned} \tag{2.358}$$

eine neue Variable $u(\xi, t) = c(\xi, t) - c$ eingesetzt, so ergibt sich Gl. (2.337) mit den Randbedingungen Gl. (2.337a, b). Hierin ist nur $c$ durch $u$ und $\bar{c}$ durch $\bar{u} = \bar{c} - c$ ausgetauscht. Alle Lösungen dieser Differentialgleichung lassen sich somit auf das vorliegende Problem dadurch über-

[8] Koutecky, J., u. J. Koryta: Coll. czech. chem. Comm. 19, 845 (1954); Chem. listy 48, 996 (1954).

tragen, daß in ihnen $\bar{c}$ durch $\bar{u} = \bar{c} - c$ ersetzt wird. Gl. (2.338) für die Stromdichte $i$ an der Hg-Oberfläche geht dadurch in

$$\boxed{i = -\frac{n}{\nu} \cdot F \cdot (\bar{c} - c) \cdot \sqrt{\frac{7D}{3\pi t}} \cdot \Psi(kt)} \tag{2.359}$$

über. Das Konzentrationsverhältnis $c/\bar{c}$, das für das Potential maßgebend ist, wird durch

$$\frac{c}{\bar{c}} = 1 - \frac{i}{i_{gr}} = 1 - \frac{I}{I_{gr}} = 1 - \frac{\bar{I}}{\bar{I}_{gr}} \tag{2.360}$$

bestimmt. Für die Konzentration $c_k$ des sich bildenden Stoffes, der nicht an einer chemischen gehemmten Reaktion beteiligt sein soll, gilt die Gl. (2.230) der reinen Diffusion.

Alle Ergebnisse des § 65$\beta$ gelten daher sinngemäß auch bei Reaktionshemmung, wenn statt der Diffusionskonstante $D$ eine modifizierte Konstante

$$D^* = D \cdot (\Psi(kt))^2$$

$$\text{bzw.} \quad = D \cdot (\overline{\Psi}(k\vartheta))^2$$

eingesetzt wird. Der Stoff $S$ ist hierbei die Substanz, die durch die gehemmte Reaktion gebildet wird und elektrochemisch abreagiert bzw. elektrochemisch entsteht und in der gehemmten Reaktion abreagiert.

## D. Kristallisationsüberspannung

### § 75. Definition der Kristallisationsüberspannung $\eta_k$

Bei Metall-Metallionenelektroden kann neben der Durchtritts-, Diffusions- und Reaktionsüberspannung noch eine Kristallisationsüberspannung auftreten, die ihre Ursache in einer *Hemmung der Einordnung oder des Austritts der ad-Atome in den bzw. aus dem geordneten Gitterverband der festen Metallelektrode* hat. Die ad-Atome*, die sich auf der Metalloberfläche im metallischen Bindungszustand befinden, sind Metallionen in dem Zustand, in dem sie primär bei kathodischem Ablauf der Durchtrittsreaktion auf der Oberfläche abgeschieden werden. Anodisch ist der ad-Atomzustand der letzte Zustand des Metallions, von dem aus es über die Durchtrittsreaktion mehr oder weniger solvatisiert in Lösung geht. Die ad-Atome sind der in Abschnitt 2A (z.B. S. 102) vielfach behandelte reduzierte Stoff $S_M$ der Durchtrittsreaktion mit der Oberflächenkonzentration $c_M$ (bzw. der Aktivität $a_M$).

Der von FISCHER[1] und LORENZ[2] eingeführte Begriff „Kristallisationsüberspannung" in Verbindung mit dem von LORENZ[3, 4] geprägten

* Die Vorsilbe „ad" soll an den „adsorptionsartigen" Zustand dieser Metallatome erinnern.

[1] FISCHER, H.: Z. Elektrochem. **55**, 92 (1951). — FISCHER, H.: Elektrolytische Abscheidung und Elektrokristallisation von Metallen. S. 118ff., 323ff. Berlin-Göttingen-Heidelberg: Springer-Verlag 1954.

[2] LORENZ, W.: Z. Naturf. **9a**, 716 (1954).

[3] LORENZ, W.: Z. physik. Chem. **202**, 275 (1953).

[4] LORENZ, W.: Naturwiss. **40**, 576 (1953).

Begriff der „ad-Atome" geht bereits auf Vorstellungen von BRANDES[5] und ERDEY-GRUZ u. VOLMER[6, 7] zurück, die eine Hemmung des Kristallisationsvorganges im Sinne der *Stranski-Kosselschen Kristallisationstheorie*[8, 9] als eine wesentliche Ursache der Überspannung an Metallionenelektroden diskutierten.

Die Kristallisationsüberspannung soll so definiert sein, daß sie allein nur dann auftritt, wenn bis auf die Kristallisationsvorgänge alle anderen Vorgänge, wie Durchtrittsreaktion, Diffusion und chemische Reaktionen im Elektrolyten auch bei Stromfluß im thermodynamischen Gleichgewicht* bleiben. Infolgedessen kann zur Berechnung der Überspannung die Nernstsche Gleichung (1.31) auf die Aktivitäten der ad-Atome im Gleichgewichtsfall $\bar{a}_M$ und bei Stromfluß $a_M(i)$ angewendet werden. Die Kristallisationüberspannung $\eta_k$ ist auf Grund der allgemeinen Überspannungsdefinition gleich der Differenz beider Potentialwerte**

$$\eta_k = \varepsilon - \varepsilon_0 = -\frac{RT}{zF} \cdot \ln \frac{a_M(i)}{\bar{a}_M} \tag{2.361}$$

Die Kristallisationsüberspannung als Teil der Gesamtüberspannung wird in § 79 behandelt.

## § 76. Grundlagen einer Theorie der Kristallisationsüberspannung

### α) *Stranski-Kossel-Theorie des Kristallwachstums*

Eine Theorie der Kristallisationsüberspannung muß sich zunächst mit den Elementen des Kristallwachstums und der Kristallauflösung befassen. Bei der anodischen Metallauflösung und der kathodischen Metallabscheidung gehen Metallionen vom Metall in den Elektrolyten oder umgekehrt über. Bei der Verdampfung oder der Kondensation eines Metalls aus der Dampfphase findet ein Übergang von Metallatomen von der einen in die andere Phase statt. Aber gerade dieser Übergang (im elektrochemischen Fall ist es die Durchtrittsreaktion) soll hier als ungehemmt angesehen werden, so daß in beiden Fällen der Ein- und Ausbau der Metallionen in das, bzw. aus dem Kristallgitter für die Geschwindigkeit bestimmend ist.

Nach der Theorie von KOSSEL[1] und STRANSKI[2] gibt es auf der Kristalloberfläche drei verschiedene Lagen der Atome bzw. Ionen. Abb. 103 zeigt hiervon eine schematische Darstellung. Der Zustand *a* in Abb. 103

---

[5] BRANDES, H.: Z. physik. Chem. **142**, 97 (1929).

[6] ERDEY-GRUZ, T., u. M. VOLMER: Z. physik. Chem. **A 157**, 165 (1931).

[7] VOLMER, M.: Physik. Z. USSR **4**, 346 (1933).

[8] KOSSEL, W.: Nachr. Ges. Wiss. Göttingen, math.-physik. Kl. **1927**, 135.

[9] STRANSKI, I. N.: Z. physik. Chem. **136**, 259 (1928). Zusammenfassend O. KNACKE, I. N. STRANSKI: Erg. exakt. Naturw. **26**, 383 (1952).

* Die bei Stromfluß immer erforderliche Abweichung vom Gleichgewicht soll beliebig klein gedacht sein, so daß dieser Einfluß experimentell nicht mehr zu bemerken ist.

** Mit $\nu_M = -1$ für das ad-Atom und $z$ = Wertigkeit des Metallions ($z = n$).

[1] KOSSEL, W.: Nachr. Ges. Wiss. Göttingen, math.-physik. Kl. **1927**, 135.

[2] STRANSKI, I. N.: Z. physik. Chem. **136**, 259 (1928); zusammenfassend O. KNACKE, I. N. STRANSKI: Erg. exakt. Naturwiss. **26**, 383 (1952).

stellt ein Atom (Ion) außerhalb der festen Phase (Metallphase) dar. In $b$ befindet sich ein Atom (Ion) auf einer Netzebene als *ad-Atom* (ad-Ion), in $c$ an einer *Kristallstufe* und in $d$ in der *Halbkristallage*, die auch als *Wachstumsstelle* des Kristalls bezeichnet wird. An der Wachstumsstelle wird das Atom (Ion) erst richtig in das Kristallgitter eingebaut. Wesentlich für die Wachstumsstelle ist, daß bei einem Ein- oder Ausbau eines Atoms diese Stelle als Wachstumsstelle erhalten bleibt (*wiederholbarer Schritt*).

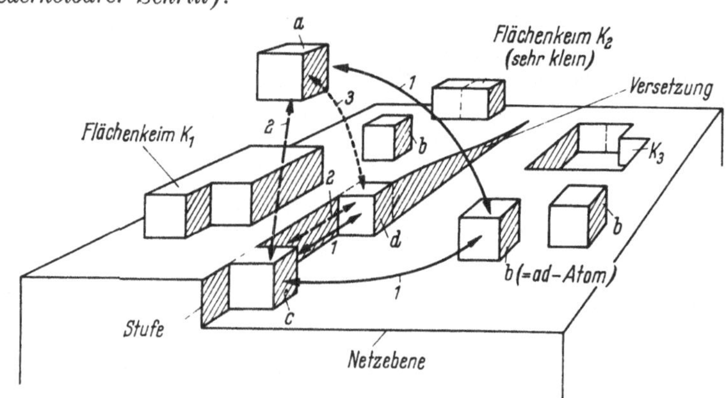


Abb. 103. Schematische Darstellung des Kristallisationsvorganges nach der Theorie von KOSSEL u. STRANSKI. Verschiedene Atomlagen: a) andere Phase (Gasraum, Schmelze, Elektrolyt), b) auf der Netzebene [ad-Atom (Ion)], c) Stufenlage, d) Wachstumsstelle

Die Kristallisation kann auf verschiedenen Wegen erfolgen, die sich in der Geschwindigkeit unterscheiden werden. Der Weg 1 geht über alle Zwischenzustände $a \leftrightarrows b \leftrightarrows c \leftrightarrows d$ (ausgezogen), Weg 2 über $a \leftrightarrows c \leftrightarrows d$ (lang gestrichelt) und Weg 3 direkt $a \leftrightarrows d$ (kurz gestrichelt). Welcher dieser drei Wege bevorzugt wird, hängt von den Aktivierungsenergien der Teilschritte und der Häufigkeit des Auftretens bzw. der Realisierbarkeit dieser Zustände ab.

Beim Auftreten von störungsfreien Netzebenen wird auf diese Weise jeweils eine vollständige Netzebene abgetragen oder aufgebaut, wobei am Ende dieses Vorganges die Wachstumsstelle verschwindet. Danach muß ein neuer *zweidimensionaler Keim* (Flächenkeim) gebildet werden, an dem der Ab- bzw. Aufbau einer weiteren Netzebene über Wachstumsstellen weiterläuft. $K_1$ und $K_2$ stellen (Abb. 103) Flächenkeime für den Aufbau und $K_3$ für den Abbau dar. Hierbei muß der Keim eine gewisse Größe haben, wenn er weiterwachsen soll; diese Größe hängt von den vorgegebenen Bedingungen ab*.

Vollständig störungsfreie Netzebenen werden allerdings außerordentlich selten sein und nur bei sehr kleinen Kristallitflächen auftreten können. Gewisse Störungen, die sich als *Versetzungen* im realen Kristall

* Übersättigung, Untersättigung, Überspannung (anod., kath.), auch Temperatur usw. Weiterwachsen heißt, daß der Keim im statistischen Mittel weiterwächst. Im engeren Sinn der Stranski-Kosselschen Kristallwachstumstheorie werden als Keime nur die Gebilde bezeichnet, die weiterwachsen.

bemerkbar machen, bewirken nach BURTON, CABRERA u. FRANK[3] ein ständiges Weiterwachsen bzw. Abtragen der Netzebenen als *Schraubenversetzungen*, ohne daß ein neuer Flächenkeim gebildet werden muß. In Gegenwart einer Schraubenversetzung bleibt die Stufe mit den Wachstumsstellen (Halbkristallage) ständig erhalten.

### β) *Keimbildung als geschwindigkeitsbestimmender Vorgang*

Ohne Kenntnis der Schraubenversetzungen mußten ERDEY-GRUZ u. VOLMER[4] in ihrer grundlegenden Arbeit über die Elektrokristallisation die Keimbildung als langsamsten, den ganzen Prozeß hemmenden Vorgang ansehen. Unter der Voraussetzung der Bildung von *zweidimensionalen Flächenkeimen* auf Netzebenen einer idealen, ungestörten Oberfläche leiten ERDEY-GRUZ u. VOLMER[4] für die kathodische Metallabscheidung die Beziehung

$$\log |i| = -A \cdot \frac{1}{|\eta|} + B \quad (\text{Überspannung } \eta < 0) \tag{2.362}$$

ab. Auch VERMILYEA[5] kommt in seiner Betrachtung der Elektrokristallisation für den Idealfall einer ungestörten Kristalloberfläche zu diesem Ergebnis.

Ein durch Zusammentreffen mehrerer ad-Atome sich bildender Keim hat die Tendenz, sich wieder aufzulösen, was sich thermodynamisch in einem größeren Partialdruck ausdrückt. Je kleiner der Keim ist, um so größer ist dieser Partialdruck. Erst bei einer diesem Partialdruck entsprechenden kathodischen Überspannung wird ein Keim bestimmter Größe im statistischen Mittel stabil und kann demzufolge weiterwachsen*. Bei kleiner kathodischer Überspannung können daher nur große Keime weiterwachsen, für deren Bildung geringe Wahrscheinlichkeit besteht. Bei größerer kathodischer Überspannung wachsen dagegen auch kleinere Keime weiter, so daß wegen der wesentlich größeren Bildungswahrscheinlichkeit dieser kleineren Keime die Wachstumsgeschwindigkeit und damit $i$ entsprechend Gl. (2.362) ansteigen.

Für die Bildung *dreidimensionaler Keime*, also für die Bildung neuer Kristallite, leiten ERDEY-GRUZ u. VOLMER[4] auf ähnlicher Grundlage wie im zweidimensionalen Fall die Beziehung

$$\log |i| = -A \cdot \frac{1}{\eta^2} + B \quad (\text{Überspannung } \eta < 0) \tag{2.363}$$

für die kathodische Metallabscheidung ab. Auch im dreidimensionalen Fall bestehen zwischen Keimgröße und Überspannung $\eta$ sowie zwischen Keimgröße und Bildungsgeschwindigkeit und damit Stromdichte $i$ ähnliche Beziehungen wie im zweidimensionalen Fall. Experimentell konnte Gl. (2.363) von KAISCHEW u. Mitarb.[6] bei der Abscheidung von Hg, Ag und Pb an Pt bestätigt werden. Eine Bestätigung von Gl. (2.362) war noch nicht möglich.

---

[3] BURTON, W. K., N. CABRERA u. F. C. FRANK: Nature **163**, 398 (1949).

[4] ERDEY-GRUZ, T., u. M. VOLMER: Z. physik. Chem. **157**, 165 (1931).

[5] VERMILYEA, D. A.: J. Chem. Physics **25**, 1254 (1956).

* Erst dann ist es im eigentlichen Sinn ein Keim für das Kristallwachstum.

[6] KAISCHEW, R., u. B. MUTAFTSCHIEW: Z. physik. Chem. **204**, 334 (1955), dort weitere Literatur

### γ) *Keimbildung nicht geschwindigkeitsbestimmend*

In den realen Kristallen und Kristalloberflächen treten immer irgendwelche Störungen auf, die zu Versetzungen im Gitter führen. Besonders der Einbau von Verunreinigungen auch in Spuren trägt hierzu wesentlich bei. Daher kann durch Schraubenversetzungen ein Kristall ohne zusätzliche Bildung von Flächenkeimen senkrecht zur Oberfläche wachsen. Der Einbau in das Gitter geschieht dabei an den Wachstumsstellen (Halbkristallagen), die beim Wachsen über eine *Schraubenversetzung* ständig erhalten bleiben.

Infolge der noch nicht ausreichend geklärten Vorgänge bei der Kristallisation sowie auch infolge des Mangels an grundlegenden experimentellen Untersuchungen über die kathodische Metallabscheidung bzw. anodische Metallauflösung kann noch keine geschlossene, experimentell einigermaßen gesicherte Theorie dieser Vorgänge und damit der Kristallisationsüberspannung vorgelegt werden. Die Hauptschwierigkeit besteht darin, daß über die Verteilung der Wachstumsstellen und der Stufen auf der Kristalloberfläche zu wenig bekannt ist. Bei polykristallinen Oberflächen tritt hierzu noch die Verteilung der kristallographisch verschiedenen Flächen und die Wirkung der Kanten.

Trotzdem lassen sich verschiedene Möglichkeiten und Grenzfälle unterscheiden, die besonders LORENZ[7–10] und VERMILYEA[11] untersucht haben. Beim Vorgang $a \leftrightarrows d$ der Abb. 103, also der unmittelbaren Abscheidung des Metallions an einer Wachstumsstelle und des anodischen Gegenprozesses, kann keine Kristallisationsüberspannung $\eta_k$ auftreten, da dieser Vorgang die Durchtrittsreaktion selbst ist und seine Hemmung zur Durchtrittsüberspannung führt[8]. Das trifft auch für den von VERMILYEA[11] behandelten Fall der atomar rauhen Oberfläche zu, die nach BURTON, CABRERA u. FRANK[12] erst dicht unterhalb des Schmelzpunktes zu erwarten ist, aber nach VERMILYEA[11] an der Phasengrenze Metall/Elektrolyt evtl. schon bei niedrigeren Temperaturen auftreten könnte[13]. Eine *Veränderung der Oberflächenkonzentration der Wachstumsstellen* mit dem Stromfluß würde im Fall $a \leftrightarrows d$ nur eine proportionale Veränderung der Austauschstromdichte $i_0$ verursachen, aber *keine Kristallisationsüberspannung* hervorrufen*.

Im Fall $a \leftrightarrows c \leftrightarrows d$ der Abb. 103 ist der Vorgang $a \leftrightarrows c$ die Durchtrittsreaktion, die bei reiner Kristallisationsüberspannung nicht gehemmt ist. Der Diffusionsvorgang $c \leftrightarrows d$ entlang der Stufe würde auf eine Kristallisationsüberspannung führen.

---

[7] LORENZ, W.: Z. physik. Chem. **202**, 275 (1953).

[8] LORENZ, W.: Naturwiss. **40**, 576 (1953).

[9] LORENZ, W.: Z. Elektrochem. **57**, 382 (1953).

[10] LORENZ, W.: Z. Naturf. **9a**, 716 (1954).

[11] VERMILYEA, D. A.: J. Chem. Physics **25**, 1254 (1956).

[12] BURTON, W. K., N. CABRERA u. F. C. FRANK: Phil. Trans. Roy. Soc. **A 243**, 299 (1951).

[13] Vgl. den geringen Unterschied in der Austauschstromdichte $i_0$ der $Hg_2^{2+}/Hg$-Elektrode an flüssigem und festem Hg nach H. GERISCHER: Z. physik. Chem. (N. F.) **14**, 184 (1958).

* Diese Änderung würde jedoch eine Veränderung einer vorhandenen Kristallisationsüberspannung hervorrufen.

Auch der Weg $a \leftrightarrows b \leftrightarrows c \leftrightarrows d$ der Abb. 103, der am wahrscheinlichsten ist, führt über die Oberflächendiffusion der ad-Atome $b \leftrightarrows c$ und einer mehr oder weniger starken Beteiligung der Diffusion $c \leftrightarrows d$ in der Stufe zu einer Kristallisationsüberspannung[7, 8, 11]. Die Reaktion $a \leftrightarrows b$ soll hier als Durchtrittsreaktion nicht gehemmt sein.

Da die drei parallelen Durchtrittsreaktionen $a \leftrightarrows b$, $a \leftrightarrows c$ und $a \leftrightarrows d$ nicht gleichmäßig über die ganze Oberfläche verteilt sind, treten unter Umständen noch recht komplizierte Diffusionsvorgänge und ohmsche Potentialabfälle im Elektrolyten auf[14].

VERMILYEA[11] hebt hervor, daß für die Vorgänge das Verhältnis des mittleren Abstandes $a_s$ der Wachstumsstellen zur mittleren Weglänge $\lambda_{\text{ad}}$ der Diffusion eines ad-Atoms bevor es desorbiert wird, wichtig ist. Die Größe, der Abstand und die Stufenhöhe der Spiralen und ihre Abhängigkeiten von der Stromdichte werden ebenfalls diskutiert. Experimentelle Bestätigungen für alle diese Gesetzmäßigkeiten konnten allerdings noch nicht erbracht werden[15].

## § 77. Kristallisationsimpedanz $\Re_k$

Für sehr kleine, nur kurze Zeit andauernde Polarisationen lassen sich unter gewissen Voraussetzungen ohne die genaue Kenntnis der Gesetzmäßigkeiten recht präzise Aussagen machen. Dieses trifft insbesondere für die Wechselstromimpedanz $\Re_k$ bei Kristallisationshemmung zu, solange die Überspannung etwa $|\eta| < 5\,\text{mV}$ bleibt. Im Fall 1 der Abb. 103 folgt die Kristallisationsüberspannung nach Gl. (2.361) aus der Aktivität $a_M$ der *ad*-Atome (Zustand $b$, Abb. 103), die bei kleinen Änderungen proportional der Oberflächenkonzentration $c_M$ gesetzt werden kann. Die Kristallisationsüberspannung ist dann mit $\Delta c_M = c_M - \bar{c}_M$

$$\begin{aligned} \eta_k &= -\frac{RT}{zF}\cdot\ln\frac{c_M(i)}{\bar{c}_M} = -\frac{RT}{zF}\cdot\ln\left(1+\frac{\Delta c_M}{\bar{c}_M}\right) \approx \\ &\approx -\frac{RT}{zF}\cdot\frac{\Delta c_M}{\bar{c}_M} \quad (\text{für } |\eta| < 5\,\text{mV})\,. \end{aligned} \tag{2.364}$$

Die Ableitung der Kristallisationsimpedanz $\Re_k$ soll wieder in Anlehnung an GERISCHER[1] geschehen, wobei jedoch nicht die komplexe Schreibweise gebraucht werden soll. Die Verhältnisse entsprechen genau den Bedingungen für die Ableitung der heterogenen Reaktionsimpedanz in § 72$\beta$. Gl. (2.364) ist identisch der Gl. (2.307) mit $\nu = -1$ des abzuscheidenden Metalls. Für die Geschwindigkeit $v$ (mol/cm$^2\cdot$sec) der Bildung von ad-Atomen aus den Wachstumsstellen (Halbkristallage) heraus* kann in Gleichgewichtsnähe Proportionalität zur Abweichung

[14] Für $a \leftrightarrows d$ setzten ERDEY-GRUZ u. VOLMER [Z. physik. Chem. **157,** 165 (1931)] eine reine Widerstandspolarisation $\eta_\Omega$ proportional der Stromdichte an. Vgl. auch W. LORENZ.

[15] Zusammenfassend H. FISCHER: Elektrolytische Abscheidung und Elektrokristallisation von Metallen, S. 118ff., 323ff. Berlin-Göttingen-Heidelberg: Springer-Verlag 1954.

[1] GERISCHER, H.: Z. physik. Chem. **201,** 55 (1952).

* Für den Einbau von ad-Atomen in die Halbkristallagen ($b \to c \to d$, Abb.103) ist $v$ negativ, da hier $\Delta c$ positiv ist.

$\Delta c_M = c_M - \bar{c}_M$ von der Gleichgewichtskonzentration $\bar{c}_M$ der ad-Atome angenommen werden, so daß in Analogie zu Gl. (2.306)

$$v = -k \cdot \Delta c_M = -\frac{v_0}{\bar{c}_M} \cdot \Delta c_M \tag{2.365}$$

gesetzt werden kann. In dieser Darstellung ist $v_0 = -\bar{c}_M \cdot (dv/dc_M)_{v=0}$ bis auf einen Faktor $p$ der Größenordnung 1 gleich der Reaktionsaustauschgeschwindigkeit in mol/cm²·sec zwischen den Atomen in Wachstumsstellen und auf der Netzebene (ad-Atome) im Gleichgewichtsfall.

Wenn kein Ausbau zu ad-Atomen aus den Wachstumstellen möglich wäre, würde nach dem Faradayschen Gesetz durch einen anodischen Strom die ad-Atomkonzentration $c_M$ mit der Geschwindigkeit $d(\Delta c_M)/dt = -i/zF$ verkleinert werden. Unter Berücksichtigung der Ausbaugeschwindigkeit $v$ nach Gl. (2.365) ergibt sich die Differentialgleichung

$$\frac{d(\Delta c_M)}{dt} = -\frac{i}{zF} - k \cdot \Delta c_M = -\frac{i}{zF} + v \tag{2.366}$$

die identisch der Differentialgleichung (2.308) für die heterogene Reaktionshemmung ist. Infolgedessen bestehen für die Frequenzabhängigkeit der ohmschen ($R_k$) und der kapazitiven Komponente $C_k$ der Kristallisationsimpedanz $\mathfrak{R}_k$ die in Gl. (2.314) bis Gl. (2.318) und Abb. 95 angegebenen Gesetzmäßigkeiten mit $k = v_0/\bar{c}_M$, mit $\bar{c} = \bar{c}_M$ und $\nu = -1$. Es sollte daher möglich sein, aus dieser Frequenzabhängigkeit und den Werten des Kristallisationswiderstandes $R_k$ und der Kristallisationskapazität $C_k$ die kinetisch so wichtigen Größen $v_0$ und $\bar{c}_M$ zu bestimmen.

# E. Gesamtüberspannung

## § 78. Konzentrationsüberspannung als Überlagerung von Diffusions- und Reaktionsüberspannung

### α) *Aufteilung in Diffusions- und Reaktionsüberspannung*

Die reine Diffusionsüberspannung (§ 55) und auch die reine Reaktionsüberspannung (§ 67) sind auf eine Konzentrationsänderung von gelösten Stoffen im Elektrolyten unmittelbar vor der Oberfläche oder auch von adsorbierten Stoffen auf der Oberfläche zurückzuführen. Bei gleichzeitig auftretender Hemmung einer vorangehenden oder folgenden chemischen Reaktion und der Diffusion tritt bei Stromfluß ebenfalls eine Änderung der genannten Konzentrationen auf, die nach Gl. (2.242) eine Überspannung hervorruft. Hierfür wird nach K. J. VETTER[1] die von HABER[2] eingeführte Bezeichnung „Konzentrationsüberspannung“ $\eta_c$ verwendet.

Die beiden Grenzfälle der so definierten Konzentrationsüberspannung sind auf Grund der vorangehenden Kapitel die Diffusions- und die

[1] VETTER, K. J.: Z. Elektrochem. 56, 931 (1952).

[2] HABER, F., u. R. RUSS: Z. physik. Chem. 47. 257 (1904); s. auch E. BRUNNER: Z. physik. Chem. 58, 1 (1907), spez. S. 4, Fußnote [2].

Reaktionsüberspannung, je nachdem ob nur Diffusionshemmung oder nur Reaktionshemmung auftritt. Die Konzentrationsüberspannung ist somit ein Begriff, der diesen beiden Überspannungsarten übergeordnet ist. Es ist die Gesamtüberspannung, die sich dann ausbildet, wenn die eigentliche elektrochemische Reaktion, die Durchtrittsreaktion, ungehindert abläuft und auch keine Kristallisationshemmung an einer Metallionenelektrode vorliegt. Das durch die Nernstsche Gleichung beschriebene Durchtrittsgleichgewicht soll also hierbei als ungestört angesehen werden*, obgleich ein Strom durch die Elektrode fließt.

Einem Teil der Konzentrationsüberspannung $\eta_c$ ist daher eine Diffusionsüberspannung $\eta_d$ und einem anderen Teil eine Reaktionsüberspannung $\eta_r$ zuzuordnen. Erstrebenswert ist eine Aufteilung, bei der in jedem Fall die additive Beziehung

$$\eta_c = \eta_d + \eta_r \tag{2.367}$$

gilt, so daß die Konzentrationsüberspannung als eine Überlagerung von Diffusions- und Reaktionsüberspannung aufzufassen ist.

Für eine solche eindeutige Unterteilung hat K. J. VETTER[1] eine Definition angegeben. Die Reaktionshemmung wird quantitativ durch die Reaktionsgeschwindigkeitskonstante $k$ oder die „Reaktionsaustauschgeschwindigkeit" $v_0$ (§ 68) am Gleichgewicht beschrieben. Theoretisch kann die Änderung der Überspannung verfolgt werden, wenn $v_0$ bzw. $k$ über alle Grenzen wächst. Bei $v_0 \to \infty$ (bzw. $k \to \infty$) wird die Hemmung der Reaktion vollständig aufgehoben, so daß jetzt alle chemischen Gleichgewichte auch bei Stromfluß eingestellt bleiben. Es läge dann definitionsgemäß nur reine Diffusionsüberspannung $\eta_d$ vor. Die Konzentrationsüberspannung $\eta_c$ hat sich in diesem Fall auf den Wert des Anteils der Diffusionsüberspannung $\eta_d$ erniedrigt, so daß der Anteil an Reaktionsüberspannung $\eta_r$ die hierbei auftretende Überspannungserniedrigung $\eta_r = \eta_c - \eta_d$ ist. Dieses Vorgehen bringt eine theoretisch einwandfrei definierte additive Aufteilung. Bei Kenntnis der Vorgänge kann die Unterteilung auch eindeutig berechnet werden.

Wichtig ist die *Reihenfolge* der Grenzübergänge. Ein Grenzübergang der Diffusionskonstante $D \to \infty$ oder der Dicke $\delta$ der adhärierenden Flüssigkeitsschicht $\delta \to 0$ würde z. B. eine Diffusionshemmung und damit Diffusionsüberspannung verschwinden lassen. Bei einer heterogenen Reaktionshemmung würde dann eine Reaktionsüberspannung** zurückbleiben. Bei homogener Reaktionshemmung würde aber sowohl bei $D \to \infty$ wie bei $\delta \to 0$ die gesamte Konzentrationsüberspannung $\eta_c = \eta_r + \eta_d \to 0$ gehen. Um diese Schwierigkeit zu vermeiden, muß die *Reihenfolge der Grenzübergänge* beachtet werden. Als Formel geschrieben

* Genau genommen kann die Durchtrittsreaktion mit der dem Strom entsprechenden Geschwindigkeit nur ablaufen, wenn das Durchtrittsgleichgewicht gestört ist. Die Austauschstromdichte soll hier jedoch so groß angenommen werden, daß die unvermeidliche Störung des Durchtrittsgleichgewichts bei den betrachteten Stromdichten so klein bleibt, daß diese Abweichung vernachlässigt werden kann.

** Die Aufteilung wäre hierbei zahlenmäßig anders als im ersten Fall.

heißt also die Definition der Aufteilung

$$\boxed{\begin{aligned} \eta_d &= \lim_{v_0, k \to \infty} \eta_c \\ \eta_r &= \eta_c - \lim_{v_0, k \to \infty} \eta_c \end{aligned}} \tag{2.368}$$

Bei der homogenen Reaktionshemmung wurde die Überlagerung der Diffusions- und Reaktionsüberspannung zur Konzentrationsüberspannung von H. GERISCHER u. K. J. VETTER[3] unter gewissen Vereinfachungen mathematisch behandelt.

### β) *Überlagerung bei* $\delta_r \ll \delta$

Die Überlagerung von Diffusions- und Reaktionsüberspannung kann mathematisch einigermaßen übersichtlich behandelt werden, wenn die Reaktionsschichtdicke $\delta_r = \sqrt{D\bar{c}/pv_0}$ [Gl. (2.263a)] klein gegen die Diffusionsschichtdicke $\delta$ ist. Diese Bedingung schließt $\bar{c} \ll \bar{c}_j$ ein, da sich die Diffusionskoeffizienten nur wenig unterscheiden*. Für heterogene Reaktionen ist $\delta_r = 0$.

Wenn die Größe der Reaktionsgrenzstromdichte $i_r$ mit den Diffusionsgrenzstromdichten $i_{d,j}$ oder wenigstens einer Diffusionsgrenzstromdichte vergleichbar ist, treten gleichzeitig Diffusions- und Reaktionsüberspannung in nicht vernachlässigbaren Anteilen auf. Nach der Definition von § 78α ist die Größe des Anteils $\eta_d$ dadurch zu berechnen, daß die Konzentration $c$ des Stoffes $S$, der durch die gehemmte chemische Reaktion nachgebildet wird oder abreagieren muß, gleich seiner Gleichgewichtskonzentration $\bar{c}$ gesetzt wird. Diese Gleichsetzung ist dem Grenzübergang $v_0 \to \infty$ äquivalent. Der Anteil an Diffusionsüberspannung kann dabei durch die allgemeine Gl. (2.93)

$$\boxed{\eta_c - \eta_r = \eta_d = \frac{RT}{nF} \cdot \sum \nu_j \ln \left(1 - \frac{i}{i_{d,j}}\right)} \tag{2.93}$$

auch beim Auftreten einer Reaktionshemmung wiedergegeben werden.

Bei Reaktionshemmung weicht die Konzentration $c$ des Stoffes $S$ vom Gleichgewichtswert $\bar{c}$ ab. Für die Ableitung von Gl. (2.256) bzw. Gl. (2.258) (homogen) oder Gl. (2.269) (heterogen) bei reiner Reaktionsüberspannung wird die Gleichgewichtskonzentration $\bar{c}$ als konstant, also unabhängig vom Oberflächenabstand $\xi$ und von der Stromdichte $i$ vorausgesetzt. Bei gleichzeitiger Diffusionsüberspannung ist diese Voraussetzung nicht mehr zutreffend. Hierdurch ändern sich im Ausdruck für die Reaktionsgrenzstromdichte $i_r = -(n/\ ) \cdot F \cdot \sqrt{v_0 \cdot \bar{c} \cdot D \cdot 2p/(p+1)}$ Gl. (2.257) bzw. $i_r = -(n/\nu) \cdot F \cdot v_0$ [Gl. (2.267)] die Reaktions-Aus-

---

[3] GERISCHER, H., u. K. J. VETTER: Z. physik. Chem. **197**, 92 (1951).

* Die Grenzstromdichte $i_{gr}$ ist immer kleiner als die Diffusionsgrenzstromdichte $i_d$, so daß die Beziehung $i_{gr} = (n/\nu) F \cdot D \cdot c/\delta_r \leqq (n/\nu_j) F \cdot D_j \cdot \bar{c}_j/\delta - i_d$ gilt. Bei der Voraussetzung $\nu \cdot D \approx \nu_j \cdot D_j$ (gleiche Größenordnung) folgt $c/c_j \leqq \delta_r/\delta$.

tauschgeschwindigkeit $v_0$ und die Gleichgewichtskonzentration $\bar{c}$ mit dem Oberflächenabstand $\xi$ und der Stromdichte $i$. Wenn aber die Reaktionsschichtdicke $\delta_r \ll \delta$ ist, können in diesem kleinen Bereich des Oberflächenabstandes, in dem die Reaktion abläuft, $c_j \approx$ konst und damit $v_0 \approx$ konst und $\bar{c} \approx$ konst gesetzt werden. Die Voraussetzungen für die mathematische Ableitung von Gl. (2.256) bis Gl. (2.258) bleiben also sehr angenähert bestehen. Nur die in Gl. (2.257) bzw. Gl. (2.267) einzusetzenden Werte $v_0$ und $\bar{c}$ hängen infolge der Veränderung von $c_j$ von der Stromdichte $i$ ab. Die Reaktionsgrenzstromdichte* $i_r$ in Gl. (2.258) bzw. Gl. (2.269) hängt also von der Stromdichte ab. Infolgedessen ist für die Berechnung des Anteils an Reaktionsüberspannung die Funktion $i_r(i)$ zu berücksichtigen.

Die Abhängigkeit der Reaktionsgrenzströme*, die hier als Rechengrößen verwendet werden, folgt aus Gl. (2.279) bzw. Gl. (2.274)

$$i_r(i) = \bar{i}_r \cdot \Pi \left(\frac{c_j}{\bar{c}_j}\right)^{q_j} = \bar{i}_r \cdot \Pi \left(1 - \frac{i}{i_{d,j}}\right)^{q_j} \tag{2.369}$$

$$q_j = \frac{1}{2}(p_j + \nu_j/\nu) \quad \text{homogen}$$

$$q_j = p_j \quad \text{heterogen}$$

$p_j$ ist die Reaktionsordnung bezüglich $S_j$ bei der Bildung von $S$. Der stöchiometrische Faktor $\nu$ des Stoffes $S$ in der ungehemmten Elektrodenteilreaktion bezieht sich auf die gleiche Elektrodenreaktionswertigkeit $n$ wie $\nu_j$ des Stoffes $S_j$ in der Elektrodenbruttoreaktion. $p$ ist dagegen die Reaktionsordnung des Stoffes $S$ bei der Abreaktion von $S$. $\bar{i}_r$ wäre die Reaktionsgrenzstromdichte, wenn kein nennenswerter Anteil Diffusionsüberspannung ($\eta_d \ll \eta_r$) auftreten würde.

Der Anteil homogener Reaktionsüberspannung $\eta_r$ kann nicht explizit angegeben werden. $\eta_r$ folgt durch Einsetzen von Gl. (2.369) für $i_r(i)$ in Gl. (2.258)

$$i = \pm\, i_r(i) \cdot \sqrt{1 + \frac{1}{p} \exp\left(\frac{n(p+1)F}{\nu R T}\eta_r\right) - \frac{p+1}{p} \cdot \exp\left(\frac{nF}{\nu R T}\eta_r\right)}$$

$$\text{mit } i_r(i) = -\frac{n}{\nu} \cdot F \sqrt{\frac{2p}{p+1}\bar{v}_0 \cdot \bar{c} \cdot D} \cdot \Pi \left(1 - \frac{i}{i_{d,j}}\right)^{q_j} \tag{2.370}$$

$$q_j = \frac{1}{2}(p_j + \nu_j/\nu)\,, \quad \text{homogen}$$

$\bar{v}_0$ ist hierin die Reaktions-Austauschgeschwindigkeit und $\bar{c}$ die Gleichgewichtskonzentration bei $\bar{c}_j$ im stromlosen Fall. Der Anteil heterogener Reaktionsüberspannung $\eta_r$ ergibt sich durch Einsetzen von Gl. (2.369)

* $i_r(i)$ ist die Reaktionsgrenzstromdichte, die den von $i$ abhängigen Konzentrationen $c_j$ als Funktion $i_r(c_j(i))$ entspricht. Nur im Fall $i = i_r$ kann $i_r$ experimentell beobachtet werden.

in Gl. (2.269) zu

$$\boxed{\begin{gathered}\eta_r = \frac{\nu R T}{p n F} \cdot \ln\left(1 - \frac{i}{i_r(i)}\right) \\ \text{mit } i_r(i) = -\frac{n}{\nu} \cdot F \cdot \bar{v}_0 \cdot \Pi\left(1 - \frac{i}{i_{d,j}}\right)^{p_j} \\ \text{heterogen}\end{gathered}} \tag{2.371}$$

Für eine beliebige Relation zwischen $\delta_r$ und $\delta$, aber nur für kleine Überspannungen $|\eta| \ll RT/F$ haben GERISCHER u. VETTER[3] eine Beziehung für die Überlagerung von Diffusions- und Reaktionsüberspannung abgeleitet. Auch hier konnte ein Diffusionsanteil von einem Reaktionsanteil eindeutig getrennt werden.

### $\gamma$) *Grenzstromdichten bei Überlagerung von Diffusions- und Reaktionshemmung*

Unter der Voraussetzung $\delta_r \ll \delta$ läßt sich die Grenzstromdichte $i_{gr}$ aus Gl. (2.369) angeben. Es ist die Stromdichte, bei der $i = i_r(i)$ wird. Infolgedessen ist

$$\boxed{\begin{aligned} & i_{gr} = \bar{i}_r \cdot \Pi\left(1 - \frac{i_{gr}}{i_{d,j}}\right)^{q_j} \\ & q_j = \frac{1}{2}(p_j + \nu_j/\nu) \quad \text{homogen} \\ & q_j = p_j \qquad\qquad\quad\; \text{heterogen}\end{aligned}} \tag{2.372}$$

die implizite Bestimmungsgleichung für $i_{gr}$, die nur in speziellen Fällen nach $i_{gr}$ aufzulösen ist.

Wenn *eine* Diffusionsgrenzstromdichte $i_{d,k} = i_d \ll i_{d,j \neq k}$ sehr viel kleiner ist als alle anderen, vereinfacht sich Gl. (2.372) zu

$$i_{gr} = i_d \cdot \left(1 - \sqrt[q]{\frac{i_{gr}}{\bar{i}_r}}\right) = \bar{i}_r \cdot \left(1 - \frac{i_{gr}}{i_d}\right)^q \tag{2.373}$$

Für $\bar{i}_r \gg i_d$ geht die Grenzstromdichte $i_{gr}$ in die Diffusionsgrenzstromdichte $i_d = i_{gr}$ über, da immer $i_{gr} \leqq i_d$ ist. Für $\bar{i}_r \ll i_d$ wird dagegen $i_{gr} = \bar{i}_r$, da immer $i_{gr} \leqq \bar{i}_r$ und somit $i_{gr} \ll i_d$ ist. Im ersten Fall liegt reine Diffusions- und im zweiten Fall reine Reaktionsüberspannung vor.

Eine interessante Abhängigkeit der Grenzstromdichte $i_{gr}$ ergibt sich, wenn die Diffusionsgrenzstromdichte $i_d$ an einer rotierenden Scheibenelektrode durch Änderung der Winkelgeschwindigkeit $\omega$ (sec$^{-1}$) verändert wird. Unter Verwendung von Gl. (2.155) ist*

$$i_{d,j} = -\frac{n \cdot F \cdot D_j \cdot c_j}{\nu_j \cdot 1{,}75 \cdot \nu^{1/6} \cdot D_j^{1/3}} \cdot \sqrt{\omega} = A_j \cdot \sqrt{\omega}\,. \tag{2.374}$$

* In Gl. (2.374) ist die kinematische Zähigkeit $\eta/\varrho$ dem allgemeinen Gebrauch entsprechend mit $\nu$ bezeichnet. Sie ist nicht zu verwechseln mit der stöchiometrischen Zahl $\nu$ des Stoffes $S$.

In Gl. (2.373) eingesetzt, folgt

$$\boxed{\frac{i_{gr}}{\sqrt{\omega}} = A \cdot \left(1 - \frac{1}{(\bar{i}_r)^{1/q}} \cdot i_{gr}^{1/q}\right)} \tag{2.375}$$

Die experimentellen Werte für $i_{gr}/\sqrt{\omega}$ gegen $\sqrt[q]{i_{gr}}$ aufgetragen müssen eine Gerade ergeben, die die $\sqrt[q]{i_{gr}}$-Achse bei $\sqrt[q]{\bar{i}_r}$ schneidet. Aus diesem Schnittpunkt bzw. der Neigung der Geraden läßt sich die Reaktionsgeschwindigkeit $\bar{v}_0$ ermitteln. Für $q = 1$ haben VIELSTICH u. JAHN[4] diese Beziehung angegeben und bei der Dissoziation von Essigsäure bestätigen können (§ 140$\eta$). Die Größe $A = i_d/\sqrt{\omega}$ ist bei reinen Diffusionsgrenzströmen unabhängig von $\omega$ bzw. $i_d$.

Für $q = 1$ kann der Gl. (2.375) auch die Form

$$\boxed{\frac{1}{i_{gr}} = \frac{1}{\bar{i}_r} + \frac{1}{A} \cdot \frac{1}{\sqrt{\omega}}} \tag{2.376}$$

gegeben werden. $1/\bar{i}_r$ kann hiernach durch lineare Extrapolation von $1/i_{gr}$ nach $1/\sqrt{\omega} = 0$ erhalten werden. Dieses Verfahren wenden FRUMKIN u. TEDORADSE[5] für die Ermittlung der Durchtrittsstromdichte $i_D$ bei reiner Durchtrittshemmung in potentiostatischer Schaltung an.

## § 79. Aufteilung der Gesamtüberspannung in Durchtritts-, Diffusions-, Reaktions- und Kristallisationsüberspannung

Wie bei der Konzentrationsüberspannung (§ 78) ist auch bei der Gesamtüberspannung $\eta$ eine additive Aufteilung in die 4 Anteile der Durchtritts- ($\eta_D$), Diffusions- ($\eta_d$), Reaktions- ($\eta_r$) und Kristallisationsüberspannung ($\eta_k$) nach Gl. (2.377)

$$\eta = \eta_D + \eta_r + \eta_d + \eta_k \tag{2.377}$$

erstrebenswert. Unter der Gesamtüberspannung $\eta = \varepsilon - \varepsilon_0$ soll hierbei die Abweichung des Potentials $\varepsilon$ vom Gleichgewichtspotential $\varepsilon_0$ verstanden werden, von der bereits eine evtl. vorhandene Widerstandspolarisation $\eta_\Omega$ (§ 86 – § 89) abgezogen ist. $\eta$ ist also der Wert, um den die Potentialdifferenz in der Doppelschicht (starr + diffus) vom thermodynamischen Gleichgewichtswert abweicht.

Eine Definition für die Aufteilung der gemessenen Gesamtüberspannung $\eta$ entsprechend der Gl. (2.377) hat K. J. VETTER[1] gegeben. Dabei wurde die Forderung berücksichtigt, daß bei dem Verschwinden aller Überspannungsarten bis auf eine Art die Gesamtüberspannung mit der in früheren Kapiteln gegebenen Definition für die bleibende Überspannungsart übereinstimmen muß. Unter Benutzung der in § 78 gezeigten Beziehung Gl. (2.367) für die Konzentrationsüberspannung

---

[4] VIELSTICH, W., u. D. JAHN: Z. Elektrochem. **64**, 43 (1960).

[5] FRUMKIN, A. N., u. G. TEDORADSE: Z. Elektrochem. **62**, 251 (1958).

[1] VETTER, K. J.: Z. Elektrochem. **56**, 931 (1952).

$\eta_c = \eta_d + \eta_r$ ist das Problem dadurch zu lösen, daß die Gesamtüberspannung $\eta$ in eine Summe aus Durchtritts- ($\eta_D$), Konzentrations- ($\eta_c$) und Kristallisationsüberspannung ($\eta_k$) zerlegt wird.

Die für die Durchtrittshemmung maßgebende Größe ist die Austauschstromdichte $i_0$. Wenn $i_0$ unendlich groß wird, besteht keine Durchtrittshemmung mehr, so daß für $i_0 \to \infty$ auch die Durchtrittsüberspannung $\eta_D \to 0$ gehen muß. Für die Ermittlung des Reaktionsanteils wird in § 78 $v_{0,r} \to \infty$ und für die des Diffusionsanteils $D \to \infty$ angenommen. Der Kristallisationsanteil $\eta_k$ ist von dem Reaktions- und Diffusionsanteil vollständig unabhängig, da es sich um Konzentrationsänderungen der ad-Atome in einer anderen Phase, der Metallphase, handelt. Durch den Übergang $v_{0,k} \to \infty$ (§ 77), was einer ungehemmten Kristallisation entspricht, geht die Kristallisationsüberspannung $\eta_k \to 0$. Es muß daher nur noch diskutiert werden, inwieweit die Reihenfolge dieser Grenzübergänge für die eindeutige Definition wichtig ist.

Ein Grenzübergang $i_0 \to \infty$ ändert nichts in der Konzentrationsverteilung innerhalb der Diffusions- oder Reaktionsschicht und verändert auch keine Oberflächenkonzentration wie z. B. der ad-Atome*. Der Grenzübergang $i_0 \to \infty$ hat unmittelbar nur die Einstellung des Durchtrittsgleichgewichtes in der elektrolytischen Doppelschicht zur Folge. Die Definition von K. J. VETTER[1] besagt daher, daß zuerst dieser Grenzübergang $i_0 \to \infty$ durchgeführt wird. Die hierbei auftretende Änderung $\Delta\eta$ der Gesamtüberspannung ist die Durchtrittsüberspannung $\eta_D$, also die Abweichung vom Gleichgewicht der Durchtrittsreaktion unter Berücksichtigung der herrschenden Konzentrationsverhältnisse unmittelbar an der Oberfläche. Der verbleibende Rest ist die Konzentrationsüberspannung $\eta_c$ und die Kristallisationsüberspannung $\eta_k$. Die Konzentrationsüberspannung $\eta_c$ kann nach der Definition Gl. (2.368) in die Anteile $\eta_r + \eta_d$ aufgeteilt und durch eine Veränderung der Konzentrationen $c_o$ und $c_r$ der Substanzen $S_o$ und $S_r$ der Durchtrittsreaktion angegeben werden, so daß

$$\eta_c = \frac{RT}{zF} \ln\left(\frac{c_o}{\bar{c}_o} \cdot \frac{\bar{c}_r}{c_r}\right) \tag{2.378}$$

mit der Durchtrittswertigkeit $z$ ist. Die Kristallisationsüberspannung ist nach Gl. (2.361)

$$\eta_k = -\frac{RT}{zF} \ln\frac{c_M}{c_M} \tag{2.361}$$

Da angenommen werden kann, daß sich $c_M$ und $c_o$, $c_r$ nicht gegenseitig beeinflussen, ist eine additive Aufteilung

$$\eta - \eta_D = \frac{RT}{zF} \cdot \ln\left(\frac{c_o}{\bar{c}_o} \cdot \frac{\bar{c}_r}{c_r} \cdot \frac{\bar{c}_M}{c_M}\right) = \eta_c + \eta_k \tag{2.379}$$

ohne Rücksicht auf die Reihenfolge der Grenzübergänge $v_{0,k} \to \infty$ bzw. $v_{0,r} \to \infty$ möglich.

* Eine Potentialänderung kann auf Adsorptionsgleichgewichte und auch auf die ad-Atomkonzentration [H. GERISCHER: Z. Elektrochem. **62**, 256 (1958), Abhängigkeit $c_{ad}$ von $Ag^+$-Konzentration Gl. (4.268)] einen geringen Einfluß haben. Hiervon soll jedoch abgesehen werden.

Als Definitionsgleichung für die Aufteilung kann also geschrieben werden

| | | |
|---|---|---|
| Durchtrittsüberspannung | $\eta_D = \eta - \lim\limits_{i_0 \to \infty} \eta$ | |
| Reaktionsüberspannung | $\eta_r = \lim\limits_{i_0 \to \infty} \eta - \lim\limits_{\substack{i_0 \to \infty \\ v_{0,r} \to \infty}} \eta$ | |
| Kristallisationsüberspannung | $\eta_k = \lim\limits_{i_0 \to \infty} \eta - \lim\limits_{\substack{i_0 \to \infty \\ v_{0,k} \to \infty}} \eta$ | (2.380) |
| Diffusionsüberspannung | $\eta_d = \lim\limits_{\substack{i_0 \to \infty \\ v_{0,k},\, v_{0,r} \to \infty}} \eta$ | |
| Konzentrationsüberspannung | $\eta_c = \eta_r + \eta_d = \lim\limits_{\substack{i_0 \to \infty \\ v_{0,k} \to \infty}} \eta$ | |

Die umgekehrte Reihenfolge mit dem ersten Grenzübergang $v_{0,r} \to \infty$, $v_{0,k} \to \infty$, $D \to \infty$ würde eindeutig als Rest einen Durchtrittsanteil und ebenfalls bei den aufeinanderfolgenden Grenzübergängen eindeutige Reaktions-, Diffusions- und Kristallisationsanteile liefern, die der Gl. (2.377) genügen. Allerdings würden durch den Grenzübergang $v_{0,r}$, $v_{0,k}$, $D \to \infty$ die Konzentrationen an der Oberfläche verändert werden, was wiederum die Austauschstromdichte $i_0$ verändert. Der Durchtrittsanteil hätte also für die Stromdichte $i$ bei dieser Reihenfolge wegen der veränderten Konzentrationen $c_o$, $c_r$, $c_M$ nach Gl. (2.41) einen anderen Wert als bei der Reihenfolge Gl. (2.380). Die Potentialänderung $\Delta\eta = \eta - \lim\limits_{v_{0,r},\, v_{0,k},\, D \to \infty} \eta$ hätte außerdem hierbei nicht den Wert der Gl. (2.379) für $\eta_c + \eta_k$, so daß die Definitionen für ein selbständiges Auftreten von $\eta_c + \eta_k$ nicht erfüllt sind. Auch der Durchtrittsanteil hat bei dieser umgekehrten Reihenfolge nicht den Wert, um den die Durchtrittsreaktion unter den ursprünglich vorhandenen Bedingungen aus dem Gleichgewicht verschoben war. *Es ist deshalb notwendig, die Reihenfolge der* Gl. (2.380) *einzuhalten.* Die Aufteilung nach Gl. (2.380) soll zum besseren Verständnis noch in der Form Gl. (2.380a) dargestellt werden. Im experimentellen Teil werden für diese Aufteilung verschiedene Beispiele angegeben.

| | | | |
|---|---|---|---|
| $i_0 \to \infty$ | $\eta \to \eta_c + \eta_k = \eta_r + \eta_d + \eta_k$ | $\Delta\eta = \eta_D$ | |
| $v_{0,r} \to \infty$ | $\eta_c + (\eta_k) \to \eta_d + (\eta_k)$ | $\Delta\eta = \eta_r$ | |
| $D \to \infty$ | $\eta_d + (\eta_k) \to 0 + (\eta_k)$ | $\Delta\eta = \eta_d$ | (2.380a) |
| $v_{0,k} \to \infty$ | $\eta_c + \eta_k \to \eta_c$ | | |
| | $\eta_d + \eta_k \to \eta_d$ | $\Delta\eta = \eta_k$ | |
| | $\eta_k \to 0$ | | |

Auf Grund dieser Definition soll noch die Stromspannungsbeziehung bei gleichzeitigem Auftreten von Durchtritts- und Konzentrationsüberspannung behandelt werden. Für eine Redoxelektrode mit den Stoffen $S_o$ und $S_r$ der Durchtrittsreaktion, deren Konzentrationen unmittelbar vor der Oberfläche ($\xi = 0$) Funktionen $c_o(i)$ und $c_r(i)$ von der Stromdichte $i$ sind und deren Gleichgewichtskonzentrationen mit $\bar{c}_o$ und $\bar{c}_r$ bezeichnet werden, ergibt sich nach § 49$\beta$ aus Gl. (2.13) und Gl. (2.14) durch Division

$$i = i_0 \cdot \left[\frac{c_r(i)}{\bar{c}_r} \cdot \exp\left(\frac{\alpha z F}{RT}\eta\right) - \frac{c_o(i)}{\bar{c}_o} \cdot \exp\left(-\frac{(1-\alpha) z F}{RT}\eta\right)\right]. \quad (2.381)$$

Bei Redoxpotentialen der hier behandelten einfachen Art mit einer Durchtrittsreaktion ist $z = 1$. Für Metallionenelektroden kann auch $z \neq 1$ sein. Hier ist nach Gl. (2.39) und Gl. (2.40) allgemein für $c_r(i)/\bar{c}_r$ in Gl. (2.381) noch der erweiterte Faktor $c_M(i) \cdot c_r(i)/\bar{c}_M \cdot \bar{c}_r$ einzusetzen, der die Konzentrationsänderung der ad-Atome auf der Metalloberfläche und damit die Kristallisationsüberspannung $\eta_k$ berücksichtigt.

Im speziellen Fall der Überlagerung von Diffusions- und Durchtrittsüberspannung bei Gleichstrom können die Faktoren $c_r(i)/\bar{c}_r$ und $c_o(i)/\bar{c}_o$ durch Anwendung von Gl. (2.29a, b) und Gl. (2.92) unter der Voraussetzung einfacher Diffusionsverhältnisse berechnet werden. Es ergibt sich dann für die Stromdichte-Potentialbeziehung die Form

$$\boxed{\begin{aligned} i = i_0 \Big[\Pi\Big(1 - \frac{i}{i_{d,j}}\Big)^{z_{r,j}} \cdot \exp\Big(\frac{\alpha z F}{RT}\eta\Big) - \\ - \Pi\Big(1 - \frac{i}{i_{d,j}}\Big)^{z_{o,j}} \cdot \exp\Big(-\frac{(1-\alpha) z F}{RT}\eta\Big)\Big] \end{aligned}} \quad (2.382)$$

in die die elektrochemischen Reaktionsordnungen $z_{o,j}$ und $z_{r,j}$ eingehen.

Ein Grenzübergang $i_0 \to \infty$ nach der Vorschrift Gl. (2.380) bzw. Gl. (2.380a) bedeutet in Gl. (2.381), daß der Wert der eckigen Klammer $i/i_0 \to 0$ geht. Hieraus folgt für die Konzentrationsüberspannung $\eta_c = \eta_r + \eta_d$ die Gl. (2.378) oder unter Einbeziehung des Gliedes $c_M(i)/\bar{c}_M$ die Gl. (2.379) für $\eta_r + \eta_d + \eta_k = \eta_c + \eta_k$.

Unter Beachtung von Gl. (2.378) ergibt sich aus Gl. (2.381) bei $\eta = \eta_D + \eta_c$

$$\boxed{\begin{aligned} i = i_0 \cdot \left(\frac{c_o(i)}{\bar{c}_o}\right)^{\alpha} \cdot \left(\frac{c_r(i)}{\bar{c}_r}\right)^{1-\alpha} \cdot \Big[\exp\Big(\frac{\alpha z F}{RT}\eta_D\Big) - \\ - \exp\Big(-\frac{(1-\alpha) z F}{RT}\eta_D\Big)\Big] \end{aligned}} \quad (2.383)$$

Gl. (2.383) ist eine Bestimmungsgleichung in impliziter Form für den Anteil $\eta_D$ der Durchtrittsüberspannung bei gleichzeitigem Auftreten von Konzentrationsüberspannung $\eta_c = \eta_r + \eta_d$ nach Gl. (2.380).

Bei der Metallionenelektrode wäre unter Berücksichtigung der Änderung der ad-Atomkonzentration $c_M$ die Gl. (2.383) noch mit einem Faktor $(c_M(i)/\bar{c}_M)^{1-\alpha}$ vor der eckigen Klammer zu erweitern. Dann wäre Gl. (2.383) eine Bestimmungsgleichung für $\eta_D$ bei gleichzeitigem Auftreten von $\eta_c$ und $\eta_k$.

## § 80. Polarisationswiderstand $R_p$ bei Gleichstrom

Unter dem Polarisationswiderstand $R_p$ wird die Größe

$$R_p = \left(\frac{\partial \eta}{\partial i}\right)_{\eta=0} \tag{2.384}$$

am Gleichgewichtspotential $\varepsilon_0$ (also $\eta = 0$) verstanden. Der Differentialquotient $\partial\eta/\partial i$ hat die Dimension eines ohmschen Widerstandes und hängt mit der Neigung zusammen, mit der die Stromdichte-Potentialkurve durch das Gleichgewichtspotential ($\varepsilon = \varepsilon_0$, $i = 0$) geht. Für die einzelnen Überspannungsarten $\eta_D$, $\eta_d$, $\eta_r$, $\eta_k$ wurden bereits in § 54, § 61, § 71 und § 77 spezielle Polarisationswiderstände als *Durchtrittswiderstand* $R_D$, *Diffusionswiderstand* $R_d$, *Reaktionswiderstand* $R_r$ und *Kristallisationswiderstand* $R_k$ behandelt.

Es soll nun gezeigt werden, daß sich alle diese Polarisationswiderstände $R_D$, $R_d$, $R_r$, $R_k$ additiv zum Gesamtpolarisationswiderstand $R_p$ zusammensetzen[1]. Als Grundlage hierfür dient Gl. (2.381) mit dem erweiterten Faktor $c_M(i)\cdot c_r(i)/\bar{c}_M\cdot\bar{c}_r$ vor dem ersten Exponentialausdruck. Dieser erweiterte Faktor berücksichtigt auch die Kristallisationsüberspannung.

Durch Differentiation von Gl. (2.381) nach der Gesamtüberspannung $\eta$ und unter Berücksichtigung, daß bei $\eta = 0$ die Quotienten $c_r(i)/\bar{c}_r \approx$ $\approx c_0(i)/\bar{c}_0 \approx c_M(i)/\bar{c}_M \approx 1$ sind, ergibt sich

$$\left(\frac{\partial i}{\partial \eta}\right)_{\eta=0} = i_0\cdot\left[\frac{zF}{RT} + \frac{1}{\bar{c}_r}\cdot\left(\frac{\partial c_r}{\partial \eta}\right)_{\eta=0} + \frac{1}{\bar{c}_M}\cdot\left(\frac{\partial c_M}{\partial \eta}\right)_{\eta=0} - \right.$$
$$\left. - \frac{1}{\bar{c}_0}\cdot\left(\frac{\delta c_0}{\partial \eta}\right)_{\eta=0}\right] \tag{2.385}$$

Unter Beachtung der Beziehung $\partial c/\partial\eta = (\partial c/\partial i)\cdot(\partial i/\partial\eta)$ folgt hieraus für den Polarisationswiderstand nach K. J. Vetter[1]

$$R_p = \left(\frac{\partial \eta}{\partial i}\right)_{i=0} = \frac{RT}{zF}\cdot\frac{1}{i_0} + \frac{RT}{zF}\cdot\left[\frac{1}{\bar{c}_0}\cdot\left(\frac{\partial c_0}{\partial i}\right)_{i=0} - \right.$$
$$\left. - \frac{1}{\bar{c}_r}\cdot\left(\frac{\partial c_r}{\partial i}\right)_{i=0} - \frac{1}{\bar{c}_M}\cdot\left(\frac{\partial c_M}{\partial i}\right)_{i=0}\right] \tag{2.386}$$

Das erste Glied wird beim Grenzübergang $i_0 \to \infty$, der der Vorschrift Gl. (2.380) zur Erfassung der Durchtrittsüberspannung entspricht, verschwindend klein. Die Verkleinerung $\Delta R_p = RT/zFi_0$ von $R_p$ bei diesem Grenzübergang ist also der Durchtrittswiderstand $R_D = (\partial\eta_D/\partial i)_{i=0}$. Tatsächlich stimmt $\Delta R_p$ mit der Gl. (2.74)

$$R_D = \frac{RT}{zF}\cdot\frac{1}{i_0} \tag{2.387}$$

für den *Durchtrittswiderstand* überein.

[1] Vetter, K. J.: Z. physik. Chem. **194**, 284 (1950).

Das letzte Glied $-(RT/zF\bar{c}_M)\cdot(\partial c_M/\partial i)_{i=0}$ läßt sich durch Differentiation von Gl. (2.364) als *Kristallisationswiderstand* (§ 77)

$$\boxed{R_k = -\frac{RT}{zF}\cdot\frac{1}{c_M}\cdot\left(\frac{\partial c_M}{\partial i}\right)_{i=0} = \frac{RT}{zF}\cdot\frac{1}{i_k}} \tag{2.388}$$

identifizieren. $i_k$ ist hierin eine „Kristallisationsstromdichte", die dem Austausch von ad-Atomen mit den Atomen in den Halbkristallagen (Wachstumsstellen) entspricht.

Die beiden Ausdrücke mit den Konzentrationen $c_o$ und $c_r$ in Gl. (2.386) stellen den Konzentrationswiderstand $R_c$ dar. Eine Differentiation von Gl. (2.378) für die reine Konzentrationsüberspannung ergibt für $c_r(i)/\bar{c}_r \approx c_o(i)/\bar{c}_o \approx 1$ (kleine Überspannung $|\eta| \ll RT/zF$)

$$\left(\frac{\partial \eta_c}{\partial i}\right)_{i=0} = R_c = \frac{RT}{zF}\cdot\left[\frac{1}{c_o}\cdot\left(\frac{\partial c_o}{\partial i}\right)_{i=0} - \frac{1}{c_r}\cdot\left(\frac{\partial c_r}{\partial i}\right)_{i=0}\right] \tag{2.389}$$

die mittleren Glieder von Gl. (2.386). Der Konzentrationswiderstand $R_c$ setzt sich nach § 78 wegen der additiven Aufteilung von $\eta_c = \eta_r + \eta_d$ nach Gl. (2.367) additiv aus $R_c = R_r + R_d$ zusammen. Die Division von Gl. (2.367) durch $i$ ergibt diese additive Beziehung.

Das Zusammenwirken von homogener Reaktions- und Diffusionshemmung ist von GERISCHER u. VETTER[2] behandelt worden. Der Reaktionswiderstand $R_r$ ist danach

$$R_r = \frac{\nu^2 RT}{n^2F^2}\cdot\frac{m\cdot\delta_r}{\bar{c}\cdot D}\cdot \operatorname{tgh}\frac{\delta}{\delta_r} \tag{2.390}$$

Wenn die Konzentration $\bar{c}$ der Substanz $S$ klein gegen $c_j$ ist, also $\bar{c} \ll c_j$, so daß die Diffusion von $S$ aus dem Lösungsinneren durch die Diffusionsschicht für den Umsatz unwesentlich wird, ist der Faktor $m \approx 1$ in Gl. (2.390) und $\delta_r$ nimmt nach dieser Ableitung[2] den Wert $\delta_r = \sqrt{\bar{c}D/p v_0}$ [auch Gl. (2.263a) bzw. (2.304)] an. Mit $\delta_r \ll \delta$ wird der *homogene Reaktionswiderstand* $R_r$ nach Gl. (2.390)

$$R_r = \frac{\nu^2 RT}{n^2F^2}\cdot\frac{1}{\sqrt{p\cdot D\cdot \bar{c}\cdot v_0}} =$$

$$\boxed{R_r = |\nu|\,\frac{RT}{nF}\cdot\sqrt{\frac{2}{p+1}}\cdot\frac{1}{|i_r|} \quad \text{(homogen)}} \tag{2.391}$$

wenn für $i_r$ die Gl. (2.257) $i_r = -(nF/\nu)\cdot\sqrt{v_0\cdot\bar{c}\cdot D\cdot 2p/(p+1)}$ eingesetzt wird. Gl. (2.391) ist identisch Gl. (2.281) nach GERISCHER u. VETTER[2]. $p$ ist hierin die Reaktionsordnung.

Der in der Darstellung von GERISCHER u. VETTER[2] neben dem Reaktionswiderstand $R_r$ [Gl. (2.390)] in der Gleichung für den Konzentrationswiderstand noch enthaltene Ausdruck $R_d = (RT/nF)\cdot(1-m)/i_{gr}$ entspricht für $m \approx 1$ dem *Diffusionswiderstand* $R_d$ nach Gl. (2.164)

$$\boxed{R_d = \frac{RT}{nF}\cdot\sum\left|\frac{\nu_j}{i_{d,j}}\right|}\;. \tag{2.392}$$

[2] GERISCHER, H., u. K. J. VETTER: Z. physik. Chem. **197**, 92 (1951).

Auch für die Überlagerung von heterogener Reaktionshemmung und Diffusionshemmung konnte VETTER[1] die Additivität von $R_r$ und $R_d$ zu $R_c$ nachweisen. Hierbei wird der ***heterogene Reaktionswiderstand*** $R_r$ durch Gl. (2.282)

$$\boxed{R_r = |\nu| \frac{RT}{nF} \cdot \frac{1}{p} \cdot \frac{1}{|i_r|} \quad \text{(heterogen)}} \tag{2.393}$$

wiedergegeben[1].

Der gesamte *Polarisationswiderstand* $R_p$ setzt sich also, wie VETTER[1] zeigen konnte, additiv nach

$$\boxed{R_p = R_D + R_r + R_d + R_k} \tag{2.394}$$

zusammen.

Wenn $n$ verschiedene Durchtrittsreaktionen (mit jeweils $z = 1$) hintereinander ablaufen, wird $R_D$ nach Gl. (2.75)

$$R_D = \frac{RT}{n^2 F} \cdot \sum_1^n \frac{1}{i_{0,\nu}} \tag{2.395}$$

durch die $n$ verschiedenen Austauschstromdichten $i_{0,1}$ bis $i_{0,n}$ bestimmt[3].

Bei mehreren Reaktionshemmungen wird nach VETTER[1] der gesamte Reaktionswiderstand durch die Summe der Reaktionswiderstände $R_r$ nach Gl. (2.391) bzw. Gl. (2.393) bestimmt.

## § 81. Polarisationsimpedanz $\mathfrak{R}_p$ bei Wechselstrom

### α) *Allgemeines Ersatzschaltbild*

Eine Wechselstromdichte $i = I \cdot \sin \omega t$ der Frequenz $\omega/2\pi$ Hz ruft die Überspannung

$$\eta = \mathfrak{R}_p \cdot I \cdot \sin(\omega t - \delta) \tag{2.396}$$

hervor, deren Frequenz mit der des Stromes übereinstimmt, die aber gegen diesen eine Phasenverzögerung von $\delta$ aufweist. Die Größe $\mathfrak{R}_p$ hat die Dimenion einer „Impedanz" und wird als *Polarisationsimpedanz* bezeichnet, entsprechend der Diffusionsimpedanz $\mathfrak{R}_d$ (§ 62), der Reaktionsimpedanz $\mathfrak{R}_r$ (§ 72), der Durchtrittsimpedanz $\mathfrak{R}_D$ (§ 54β) und der Kristallisationsimpedanz $\mathfrak{R}_k$ (§ 77). Diese Polarisationsimpedanz der Elektrode kann durch den Wert $\mathfrak{R}_p$ und die Phasenverschiebung $\delta$, aber auch durch einen ohmschen Widerstand $R_p$ und eine hintereinander (oder parallel) geschaltete Kapazität $C_p$ angegeben werden. $R_p$ ist hierbei der *Polarisationswiderstand* und $C_p$ die *Polarisationskapazität* der Elektrode. $\mathfrak{R}_p$ hat somit eine ohmsche ($R_p$) und eine kapazitive Komponente $1/\omega C_p$. Im folgenden sollen die verschiedenen Möglichkeiten der Überlagerung diskutiert werden.

Gl. (2.386) gilt auch für den Fall einer zeitlich variablen Größe von $\partial\eta/\partial i$, wenn unter der Stromdichte $i$ die über die Durchtrittsreaktion

---

[3] VETTER, K. J.: Z. Naturf. **7a**, 328 (1952); 8a, 823 (1953).

fließende Stromdichte (§ 54$\beta$) zu verstehen ist. Diese *Durchtrittsstromdichte* $i$* entspricht dem elektrochemischen Umsatz nach dem Faradayschen Gesetz. Mit der Spannungsänderung, die sich an der elektrolytischen Doppelschicht sowohl im starren wie im diffusen Teil vollzieht, ist eine Veränderung der Überschußladungen auf beiden Seiten der Doppelschicht verbunden. Diese Veränderung macht sich in einer *Doppelschichtkapazität* $C_D$ (§ 54 $\beta$, § 40–42) bemerkbar und verursacht eine *kapazitive Stromdichte* $i_C$ zur Ent- bzw. Aufladung dieses Doppelschichtkondensators.

Die Gesamtüberspannung $\eta$ entspricht nach Gl. (2.386) in der Weise der Stromdichte $i$, als bestünde die Elektrode aus einem Durchtrittswiderstand $R_D$, einer Diffusionsimpedanz $\mathfrak{R}_d$ und einer Reaktionsimpedanz $\mathfrak{R}_r$ oder einer Kristallisationsimpedanz $\mathfrak{R}_k$, die alle hintereinander geschaltet sind. Für diesen hintereinander geschalteten Widerstandskomplex führte D. C. Grahame[1] den Begriff der *Faraday-Impedanz* $\mathfrak{R}_f$ ein. Der kapazitive Teilstrom $i_C$, der durch die Doppelschichtkapazität $C_D$ verbraucht wird, ergibt zusammen mit der Durchtrittsstromdichte $i$ die Gesamtstromdichte $i_*$. Anstelle der Elektrode kann also eine Schaltung verschiedener ohmscher Widerstände und Kapazitäten gesetzt werden, so wie es das folgende Ersatzschaltbild (Abb. 104) wiedergibt.

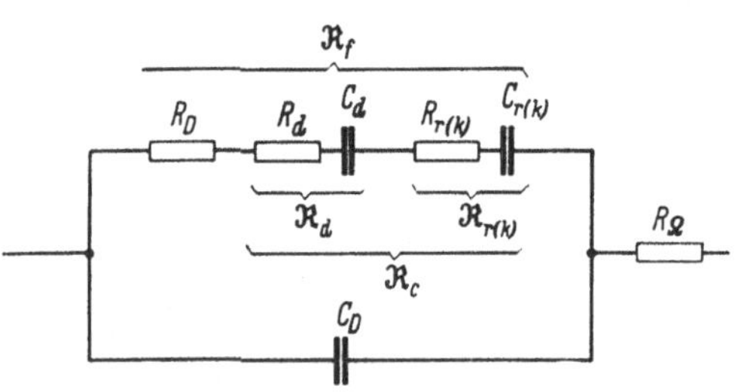


Abb. 104. Ersatzschaltbild einer Elektrode mit Durchtrittsüberspannung ($R_D$), Diffusionsüberspannung ($R_l$, $C_d$) und Reaktionsüberspannung ($R_r$, $C_r$) (oder Kristallisationsüberspannung, $R_k$, $C_k$) bei Berücksichtigung der Doppelschichtkapazität $C_D$ und eines ohmschen (Elektrolyt-)Widerstandes $R_\Omega$. $\mathfrak{R}_d$ = Diffusionsimpedanz, $\mathfrak{R}_r$ = Reaktionsimpedanz, $\mathfrak{R}_c$ = Konzentrationsimpedanz, $\mathfrak{R}_f$ = Faradayimpedanz [statt $\mathfrak{R}_r(R_r, C_r)$ kann auch die Kristallisationsimpedanz $\mathfrak{R}_k(R_k\ C_k)$ gesetzt werden]

Die Größen $R_d$, $C_d$, $R_r$, $C_r$ ($R_k$, $C_k$) sind nach § 62 bzw. § 72 (§ 77) von der Frequenz abhängig. Zwischen $R_d$ und $C_d$ besteht die Beziehung $R_d = 1/\omega C_d$, die einer kapazitiven Phasenverschiebung von $\pi/4$ (=45°) entspricht.

### $\beta$) *Durchtritts- und Diffusionswiderstand*

Bei Abwesenheit einer chemischen Reaktionshemmung (Kristallisationshemmung) ist die Reaktionsimpedanz (Kristallisationsimpedanz) $\mathfrak{R}_r(\mathfrak{R}_k) = 0$, also $R_r(R_k) = 0$ und $C_r(C_k) = \infty$ zu setzen. Das Ersatzschaltbild (Abb. 104) vereinfacht sich hier durch Fortfall von $R_r(R_k)$ und $C_r(C_k)$. Es ergibt sich dann ein Ersatzschaltbild, wie es von E. B. Randles[2] und B. V. Ershler[3] eingeführt und später von H. Gerischer[4] und K. J. Vetter[5] verwendet wurde.

* Auch Faradayscher Strom genannt.

[1] Grahame, D. C.: J. electrochem. Soc. **99**, 370C (1952).

[2] Randles, E. B.: Disc. Faraday Soc. **1**, 11 (1947).

[3] Ershler, B. V.: J. chem. Phys. USSR **22**, 683 (1948); Disc. Faraday Soc. **1**, 269 (1947).

[4] Gerischer, H.: Z. physik. Chem. **198**, 286 (1951); Z. Elektrochem. **55**, 98 (1951).

[5] Vetter, K. J.: Z. physik. Chem. **199**, 285 (1952).

Nach rechnerischer Abtrennung des ohmschen Widerstandes $R_\Omega$ und der Doppelschichtkapazität $C_D$ verbleibt hier für die Faraday-Impedanz $\mathfrak{R}_f$ das in Abb. 105 angegebene Ersatzschaltbild. Auf Grund der Gl. (2.74) in § 54 und Gl. (2.178a) in § 62 für die Komponenten $R_d$ und $C_d$ der Diffusionsimpedanz $\mathfrak{R}_d$ ergeben sich die Komponenten $R_f = R_D + R_d$ und $1/\omega C_f = 1/\omega C_d$ von $\mathfrak{R}_f$ als linear abhängig von $1/\sqrt{\omega}$. Diese Komponenten lassen sich durch Gl. (2.397) wiedergeben.

$$\boxed{\begin{aligned} R_f = R_D + R_d &= \frac{RT}{zF}\cdot\frac{1}{i_0} + \frac{RT}{n^2F^2}\cdot\frac{1}{\sqrt{2\omega}}\sum\frac{\nu_j^2}{\bar{c}_j\cdot\sqrt{D_j}} \\ \frac{1}{\omega C_f} = \frac{1}{\omega C_d} &= \frac{RT}{n^2F^2}\cdot\frac{1}{\sqrt{2\omega}}\sum\frac{\nu_j^2}{\bar{c}_j\cdot\sqrt{D_j}} \end{aligned}} \qquad (2.397)$$

Abb. 106 stellt eine Gl. (2.397) entsprechende Abhängigkeit zwischen $R_f$ und $1/\omega C_f$ in Abhängigkeit von der Wurzel der reziproken Frequenz $1/\sqrt{\omega}$ dar. Die Neigung der Geraden hängt nach Gl. (2.397) von den Konzentrationen $\bar{c}_j$ (im Innern der Lösung) und den Diffusionskonstanten $D_j$ ab. Der Abstand der beiden parallelen Geraden in Ordinatenrichtung ist für alle Frequenzen der Durchtrittswiderstand $R_D$.

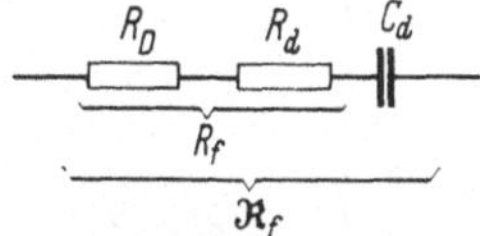


Abb. 105. Ersatzschaltbild für die Faradayimpedanz $\mathfrak{R}_f$ bei Durchtritts- und Diffusionshemmung. $R_D$ = Durchtrittswiderstand, $R_d$ = Diffusionswiderstand, $C_d$ = Diffusionskapazität, $R_f$ = ohmsche Komponente von $\mathfrak{R}_f$

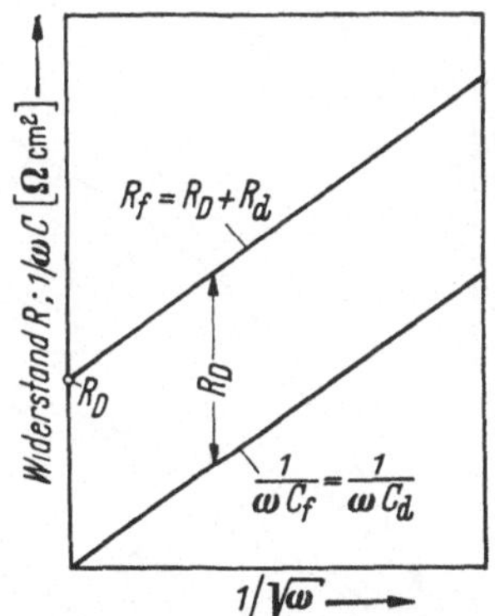


Abb. 106. Abhängigkeit der Komponenten der Faradayimpedanz $R_f$ und $1/\omega C_f$ von $1/\sqrt{\omega}$ ($\omega/2\pi$ = Frequenz) für Durchtritts- und Diffusionshemmung. $R_D$ = Durchtrittswiderstand

### γ) *Reaktions(Kristallisations)- und Diffusionswiderstand*

Das Ersatzschaltbild der Faradayimpedanz $\mathfrak{R}_f$ bei Überlagerung von Diffusions- und Reaktions(Kristallisations)hemmung ist in Abb. 107

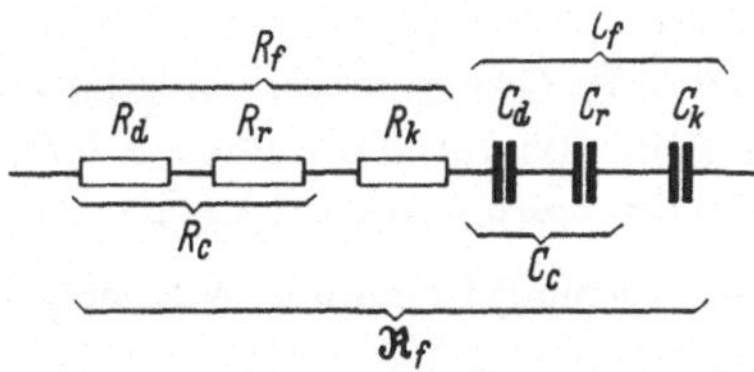


Abb. 107. Ersatzschaltbild der Faradayimpedanz $\mathfrak{R}_f$ bei Diffusions- und Reaktions(Kristallisations)-hemmung ($\mathfrak{R}_f = \mathfrak{R}_c$ bzw. $\mathfrak{R}_f = \mathfrak{R}_c + \mathfrak{R}_k$). $R_d$ = Diffusionswiderstand, $R_r(R_k)$ = Reaktions(Kristallisations)widerstand, $C_d$ = Diffusionskapazität, $C_r(C_k)$ = Reaktions(Kristallisations)kapazität, $R_c$ = ohmsche Komponente und $1/\omega C_c$ = kapazitive Komponente von $\mathfrak{R}_c = \mathfrak{R}_f$ bzw. $\mathfrak{R}_c + \mathfrak{R}_k = \mathfrak{R}_f$

wiedergegeben. Hier ist $\mathfrak{R}_f = \mathfrak{R}_c$ bzw. $\mathfrak{R}_f = \mathfrak{R}_c + \mathfrak{R}_k$. Für die homogene Reaktionshemmung* ergeben sich auf Grund dieses Ersatzschaltbildes die ohmsche ($R_f$) und die kapazitive Komponente $1/\omega C_f$ der Faradayimpedanz $\mathfrak{R}_f$ nach Gl. (2.178a) und Gl. (2.297)

$$R_f = \frac{RT}{n^2F^2} \cdot \frac{1}{\sqrt{2\omega}} \cdot \left[\sum \frac{\nu_j^2}{\bar{c}_j \cdot \sqrt{D_j}} + \frac{\nu^2}{\bar{c} \cdot \sqrt{D}} \sqrt{\frac{\sqrt{1+\left(\frac{k}{\omega}\right)^2} + \frac{k}{\omega}}{1+\left(\frac{k}{\omega}\right)^2}}\right]$$

$$\frac{1}{\omega C_b} = \frac{RT}{n^2F^2} \cdot \frac{1}{\sqrt{2\omega}} \cdot \left[\sum \frac{\nu_j^2}{\bar{c}_j \cdot \sqrt{D_j}} + \frac{\nu^2}{\bar{c} \cdot \sqrt{D}} \cdot \sqrt{\frac{\sqrt{1+\left(\frac{k}{\omega}\right)^2} - \frac{k}{\omega}}{1+\left(\frac{k}{\omega}\right)^2}}\right]$$

Reihenschaltung, homogene Reaktion

(2.398)

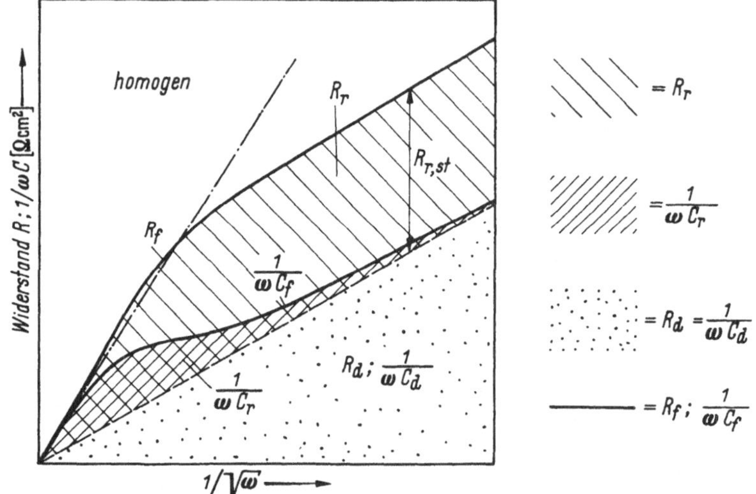


**Abb. 108. Abhängigkeit der Komponenten der Faradayimpedanz $R_f$ und $1/\omega C_f$ von $1/\sqrt{\omega}$ ($\omega/2\pi$ = Frequenz) für Diffusions- und homogene Reaktionshemmung. $R_d$ und $1/\omega C_d$ = ohmsche und kapazitive Komponente der Diffusionsimpedanz, $R_r$ und $1/\omega C_r$ = ohmsche und kapazitive Komponente der homogenen Reaktionsimpedanz (Reihenschaltung)**

Diese im Prinzip von H. Gerischer[6, 7] abgeleitete Form der Faradayimpedanz $\mathfrak{R}_f$ ist in Abb. 108 für die ohmsche Komponente $R_f$ und die kapazitive Komponente $1/\omega C_f$ in Abhängigkeit von der Wurzel der

* Die Kristallisationshemmung ist nur mit der heterogenen Reaktionshemmung zu vergleichen.

[6] Gerischer, H.: Z. physik. Chem. **198**, 286 (1951).

[7] Die von H. Gerischer in komplexer Schreibweise abgeleiteten Gleichungen wurden unter Erweiterung auf viele diffundierende Stoffe $S_j$ in die Form der Gl. (2.398) überführt.

reziproken Frequenz $1/\sqrt{\omega}$ angegeben. $R_f$ und $1/\omega C_f$ ergeben sich durch additive Überlagerung der Diffusions- und Reaktionsanteile, wie es aus der Schraffierung zu ersehen ist.

Für die heterogene Reaktionshemmung ergibt sich ebenfalls nach H. GERISCHER[8, 7] bei Überlagerung mit einer Diffusionshemmung ein ähnliches Verhalten wie im homogenen Fall. In dem auch hierfür gültigen Ersatzschaltbild (Abb. 107) entsprechen jetzt die Komponenten $R_r$ und $C_r$ der Reaktionsimpedanz den in Gl. (2.314a, b) für die Reihenschaltung angegebenen Funktionen. Es ergeben sich infolgedessen die ohmsche ($R_c = R_f$) und die kapazitive Komponente $1/\omega C_c = 1/\omega C_f$ der Faradayimpedanz $\mathfrak{R}_f$ im vorliegenden heterogenen Fall

$$R_f = \frac{RT}{n^2F^2} \cdot \left[ \frac{1}{\sqrt{2\omega}} \cdot \sum \frac{\nu_j^2}{\bar{c}_j \cdot \sqrt{D_j}} + \frac{\nu^2}{\bar{c} \cdot k} \frac{1}{1 + \left(\frac{\omega}{k}\right)^2} \right]$$

$$\frac{1}{\omega C_f} = \frac{RT}{n^2F^2} \cdot \left[ \frac{1}{\sqrt{2\omega}} \cdot \sum \frac{\nu_j^2}{\bar{c}_j \cdot \sqrt{D_j}} + \frac{\nu^2}{\bar{c} \cdot k} \frac{\frac{\omega}{k}}{1 + \left(\frac{\omega}{k}\right)^2} \right] \quad (2.399)$$

(Reihenschaltung, heterogen)

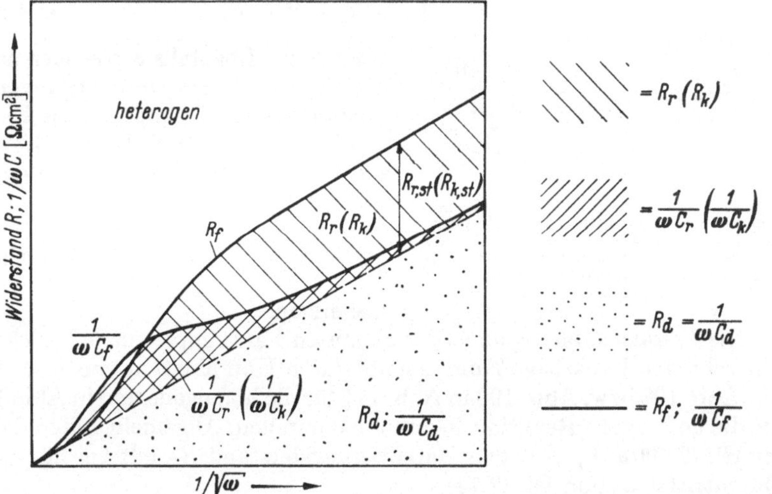


**Abb. 109. Abhängigkeit der Komponenten der Faradayimpedanz $R_f$ und $1/\omega C_f$ von $1/\sqrt{\omega}$ ($\omega/2\pi$ = Frequenz) für Diffusions- und heterogene Reaktionshemmung (Kristallisationshemmung). $R_d$ und $1/\omega C_d$ = ohmsche und kapazitive Komponente der Diffusionsimpedanz, $R_r(R_k)$ und $1/\omega C_r(1/\omega C_k)$ = ohmsche und kapazitive Komponente der Reaktions(Kristallisations)impedanz (Reihenschaltung)**

Die gleiche Abhängigkeit ergibt sich für eine Kristallisationshemmung, wobei $\bar{c}$ die ad-Atomkonzentration $\bar{c}_M = \bar{c}_{ad}$ und $k$ die Geschwindigkeitskonstante der Kristallisation (§ 77) ist. Gl. (2.399) ist in Abhängigkeit

[8] GERISCHER, H.: Z. physik. Chem. **201**, 55 (1952).

von der Wurzel der reziproken Frequenz in Abb. 109 dargestellt. Aus der Schraffierung ist auch hier wie in Abb. 108 beim homogenen Fall die additive Überlagerung der Diffusions- und Reaktions(Kristallisations)-anteile nach der Definition in § 78, Gl. (2.368) zu entnehmen.

So wie die Einordnung der Metallatome in das Kristallgitter als heterogene Reaktion durch eine Kristallisationsimpedanz (§ 77) beschrieben werden kann, sind ebenfalls Adsorptionsreaktionen mit der Gleichgewichtsoberflächenkonzentration $\bar{c}$ nach Gl. (2.399) und Abb. 109 zu behandeln. Für den Frequenzbereich, in dem das Adsorptionsgleichgewicht als eingestellt angesehen werden kann, hat B. V. ERSHLER[3] eine der Gl. (2.399) entsprechende Beziehung diskutiert, bei der im Ersatzschaltbild $R_r = 0$ und $C_r =$ konst auftritt.

### δ) *Durchtritts-, Reaktions(Kristallisations)-, Diffusionswiderstand und Faradayimpedanz*

Das Ersatzschaltbild der Faradayimpedanz $\mathfrak{R}_f$ bei gleichzeitiger Durchtritts-, Reaktions(Kristallisation)- und Diffusionshemmung ist aus Abb. 104 zu entnehmen und ist in Abb. 110 nochmals dargestellt. Die ohmsche Komponente $R_f$ von $\mathfrak{R}_f$ setzt sich additiv aus den ohmschen Komponenten des Durchtritts-, Diffusions- und Reaktions(Kristallisations)widerstandes nach

$$R_f = R_D + R_d + R_r + R_k \tag{2.400a}$$

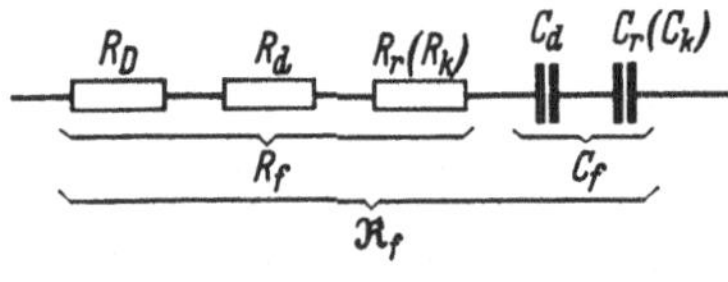


Abb. 110. Ersatzschaltbild der Faradayimpedanz $\mathfrak{R}_f$ bei Durchtritts- ($R_D$), Diffusions- ($R_d$, $C_d$) und Reaktionshemmung ($R_r$, $C_r$) bzw. Kristallisationshemmung ($R_k$, $C_k$). $R_f$ und $1/\omega C_f$ = ohmsche und kapazitive Komponente von $\mathfrak{R}_f$

zusammen. Ebenfalls setzen sich nach Abb. 110 und den vorangegangenen Ausführungen die kapazitiven Komponenten $1/\omega C_d$ und $1/\omega C_r$ ($1/\omega C_k$) additiv zur kapazitiven Komponente $1/\omega C_f$ nach

$$\frac{1}{\omega C_f} = \frac{1}{\omega C_d} + \frac{1}{\omega C_r} + \frac{1}{\omega C_k} \tag{2,400b}$$

zusammen.

Die Frequenzabhängigkeit der gesamten Farayimpedanz läßt sich als ohmsche und kapazitive Komponente durch Kombination von Abb. 106 mit Abb. 108 bzw. Abb. 109 in Abb. 111 für die homogene und in Abb. 112 für die heterogene Reaktionshemmung darstellen. Allgemein gelten dabei die Gl. (2.400a, b). Für den Durchtrittswiderstand $R_D$ gilt bei nur *einer* Durchtrittsreaktion Gl. (2.74)

$$R_D = \frac{RT}{nF} \cdot \frac{1}{i_0} \tag{2.74}$$

mit der Durchtrittswertigkeit* $z$ und der Austauschstromdichte $i_0$. Bei Redoxelektroden mit $n$ verschiedenen hintereinander ablaufenden Durchtrittsreaktionen mit den entsprechenden $n$ verschiedenen Austauschstromdichten $i_{0,\nu}$ ist für den Durchtrittswiderstand $R_D$ nach

* Für Redoxelektroden ist prinzipiell $z = 1$, bei Metallionenelektroden ist $z$ die Wertigkeit des durchtretenden Metallions.

K. J. VETTER[9]

$$R_D = \frac{RT}{n^2 F} \cdot \sum_1^n \frac{1}{i_{0,\nu}} \tag{2.75}$$

zu setzen.

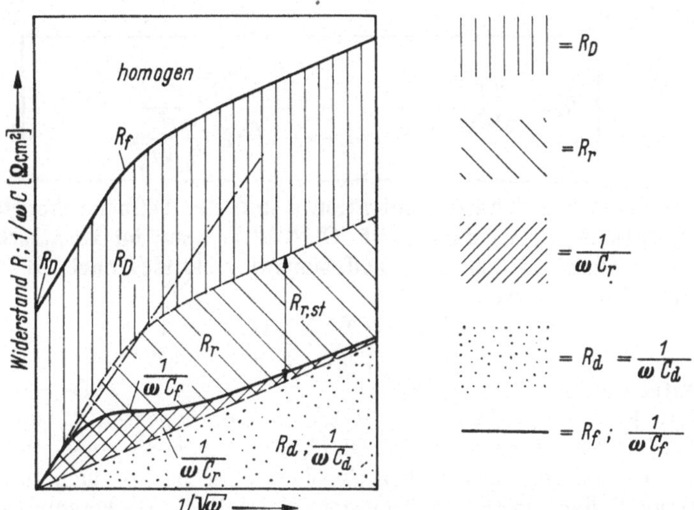


Abb. 111. Abhängigkeit der Komponenten $R_f$ und $1/\omega C_f$ der Faradayimpedanz $\mathfrak{R}_f$ von $1/\sqrt{\omega}$ ($\omega/2\pi$ = Frequenz) für Durchtritts- ($R_D$), Diffusions- ($R_d$, $C_d$) und homogene Reaktionshemmung ($R_r$, $C_r$). Reihenschaltung. Additive Überlagerung der Teilwiderstande

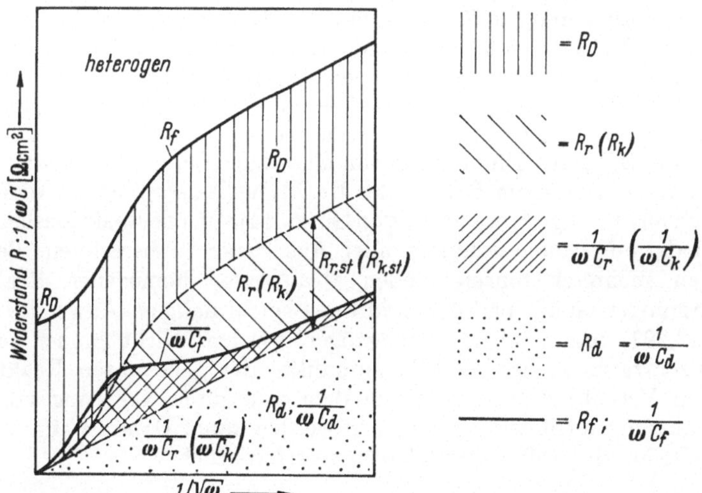


Abb. 112. Abhängigkeit der Komponenten $R_f$ und $1/\omega C_f$ der Faradayimpedanz $\mathfrak{R}_f$ von $1/\sqrt{\omega}$ ($\omega/2\pi$ = Frequenz) für Durchtritts- ($R_D$), Diffusions- ($R_d$, $C_d$) und heterogene Reaktionshemmung ($R_r$, $C_r$) bzw. Kristallisationshemmung ($R_k$, $C_k$). Reihenschaltung. Additive Überlagerung der Teilwiderstände

[9] VETTER, K. J.: Z. Naturf. **7a**, 328 (1952); **8a**, 823 (1953).

Für die Größe der Komponenten $R_d$ und $1/\omega C_d$ der Diffusionsimpedanz $\mathfrak{R}_d$ ist Gl. (2.178a) zu setzen. In komplizierteren Fällen, in denen der Stoff $S_o$ bzw. $S_r$ der Durchtrittsreaktion mit den Substanzen $S_j$ der Elektrodenbruttoreaktion im Gleichgewicht steht und dessen Konzentration mit $\bar{c}_j$ vergleichbar groß ist, wird der Diffusionswiderstand genauer durch

$$\boxed{R_d = \frac{RT}{n^2F^2} \cdot \frac{1}{\sqrt{2\omega}} \cdot \frac{\Sigma \dfrac{\nu_j^2}{\bar{c}_j \cdot \sqrt{D_j}}}{1 + \dfrac{c}{\nu^2} \cdot \sqrt{D} \cdot \Sigma \dfrac{\nu_j^2}{\bar{c}_j \cdot \sqrt{D_j}}} = \frac{1}{\omega C_d}} \tag{2.401}$$

mit der Gleichgewichtskonzentration $\bar{c}$ und der Diffusionskonstante $D$ des Stoffes $S$ ($S_o$, $S_r$) dargestellt. Gl. (2.401) kann im Ersatzschaltbild durch Parallelschaltung eines Diffusionswiderstandes nach Gl. (2.178a) mit dem Diffusionswiderstand

$$R_d' = \frac{RT}{n^2F^2} \cdot \frac{1}{\sqrt{2\omega}} \cdot \frac{\nu^2}{c \cdot \sqrt{D}} = \frac{1}{\omega C_d'} \tag{2.402}$$

gedeutet werden

Der Reaktionswiderstand mit seinen Komponenten $R_r$ und $1/\omega C_r$ in Gl. (2.400a, b) wird durch Gl. (2.297) bei homogener und durch Gl. (2.314) bei heterogener Reaktionshemmung beschrieben. In komplizierteren Fällen, wenn gleichzeitig mehrere Reaktionshemmungen vorliegen, lassen sich $R_r$ und $1/\omega C_r$ durch Addition der entsprechenden Ausdrücke der Einzelhemmungen darstellen. Die Bildung beider Stoffe $S_o$ und $S_r$ einer Durchtrittsreaktion kann z. B. durch jė eine langsame Reaktion gehemmt sein. Für $S_o$ ist dabei der stöchiometrische Faktor $\nu = \nu_o$ positiv und für $S_r$ $\nu = \nu_r$ negativ. Es kann aber auch die Bildung eines Stoffes $S$ durch hintereinander ablaufende langsame homogene und heterogene Reaktionen gehemmt sein. Auch hierbei sind die entsprechenden Gln. (2.297) und (2.314) zu addieren. Es ist auch möglich, daß mehrere aufeinander folgende Reaktionshemmungen nur heterogener Art sind, wie es z. B. bei der Einordnung von Metallionen in das Metallgitter zu erwarten ist. In diesem Fall ist der Reaktions(Kristallisations)widerstand durch mehrmalige Anwendung von Gl. (2.314) auf jede Reaktionshemmung und darauffolgende Addition aller Ausdrücke zu berechnen. Bei Vorliegen mehrerer hintereinander ablaufender homogener Reaktionshemmungen muß bei der additiven mehrmaligen Anwendung von Gl. (2.297) mit Vorsicht vorgegangen werden. Nicht immer sind die Konzentrationen der Reaktionsprodukte der gehemmten Reaktion in einem Verhältnis zueinander, in dem mit guter Näherung von einer unabhängigen Diffusion gesprochen werden kann. Dann ist eine spezielle Diskussion der Diffusionsverhältnisse erforderlich.

#### ε) *Verschiedene parallele Reaktionswege*

Die Elektrodenbruttoreaktion kann unter Umständen auch auf verschiedenen Reaktionswegen mit vergleichbarer Geschwindigkeit ablaufen. Hierbei können nebeneinander sowohl verschiedene Durchtrittsreaktionen als auch verschiedene gehemmte chemische Reaktionen durchlaufen werden. Das Ersatzschaltbild eines derartigen Falles mit zwei vollständig unabhängigen Reaktionswegen der gleichen Elektrodenbruttoreaktion ist in Abb. 113 wiedergegeben. Bei Verschwinden der Durchtritts- und der Reaktionshemmungen ($R_{D,1}, R_{D,2} \to 0$, $\mathfrak{R}_{r,1}, \mathfrak{R}_{r,2} \to 0$) verbleibt definitionsgemäß der Diffusionsanteil $\mathfrak{R}_d$, der nicht von dem Reaktionsweg abhängig sein kann. Es ist daher im Ersatzschaltbild nur ein Diffusionswiderstand $\mathfrak{R}_d(R_d, C_d)$ einzutragen.

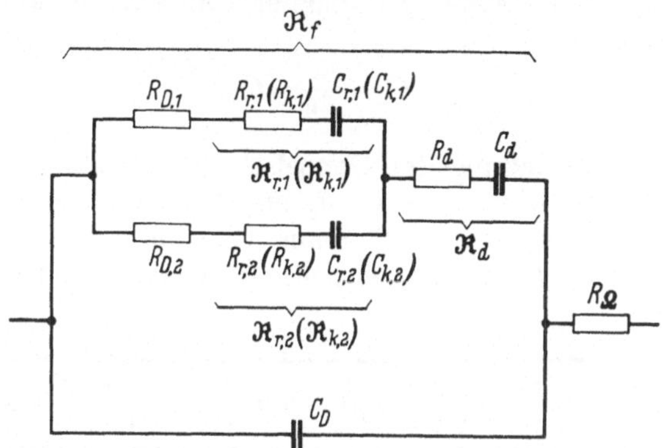


Abb. 113. Ersatzschaltbild bei mehreren (zwei) verschiedenen parallel verlaufenden vollständig unabhängigen Reaktionswegen 1 und 2. $R_D$ = Durchtrittswiderstände, $\mathfrak{R}_d$ = Diffusionsimpedanz, $\mathfrak{R}_r$ = Reaktions(Kristallisations)impedanzen, $\mathfrak{R}_f$ = Faradayimpedanz, $C_D$ = Doppelschichtkapazität $R_\Omega$ = ohmscher Widerstand (Elektrolyt, Deckschicht)

## § 82. Gesamtüberspannung bei galvanostatischen Einschaltvorgängen

### α) *Diffusions- und Durchtrittsüberspannung*

Nach momentaner Einschaltung eines konstanten Stromes beginnt die Überspannung vom Wert $\eta = 0$ an zu wachsen und geht mit der Zeit asymptotisch in den Gleichstromwert über, wie schon M. Le Blanc[1] und R. Reichinstein[2] feststellten. Sind alle vier Hemmungsarten vorhanden, so setzt sich auch hier die Gesamtüberspannung $\eta(t)$ aus vier additiven Gliedern $\eta_D(t) + \eta_d(t) + \eta_r(t) + \eta_k(t)$ zusammen, von denen jedes nach der Aufteilungsvorschrift § 79 definiert werden kann. Um die Klärung des zeitlichen Verlaufs der Überspannung nach Stromeinschaltungen haben sich besonders W. A. Roiter, W. A. Juza u. E. S. Polujan[3, 4], L. Gierst u. A. L. Juliard[5], P. Delahay u. Mitarb.[6], sowie W. Lorenz[7] bemüht.

[1] Le Blanc, M.: Abh. Bunsenges. **3**, 1 (1910).

[2] Reichinstein, R.: Z. Elektrochem. **15**, 734 (1909); **16**, 916 (1910).

[3] Roiter, W. A., W. A. Juza u. E. S. Polujan: Acta physicochim. USSR. **10**, 389 (1939).

[4] Roiter, W. A., E. S. Polujan u. W. A. Juza: Acta physicochim. USSR. **10**, 845 (1939).

[5] Gierst, L., u. A. L. Juliard: Proc. CITCE, Mailand 1950, **1**, 117; J. Phys. Chem. **57**, 701 (1953).

[6] Delahay, P., u. T. Berzins: J. Am. Soc. **75**, 2486, 4205 (1953). — Delahay, P., u. C. C. Mattax: J. Am. Soc. **76**, 874 (1954). — Delahay, P.: New Instrumental Methods in Electrochemistry. New York-London: Interscience Publ. 1954.

[7] Lorenz, W.: Z. Elektrochem. **58**, 912 (1954).

Am einfachsten liegen die Verhältnisse bei der *reinen Durchtrittsüberspannung*. Ein Teil des im äußeren Stromkreis fließenden Stromes $i_*$ führt als Durchtrittsstrom [vgl. Gl. (2.41)]

$$i = i_0' \left[\exp\left(\frac{\alpha z F}{RT}\eta\right) - \exp\left(-\frac{(1-\alpha) z F}{RT}\eta\right)\right] \tag{2.403}$$

über die Durchtrittsreaktion zu einem elektrochemischen Umsatz nach dem Faradayschen Gesetz. Ein anderer Teil wird als kapazitiver Verschiebungsstrom $i_c$

$$i_c = C_D \cdot \frac{d\varepsilon}{dt} = C_D \cdot \frac{d\eta}{dt} \tag{2.404}$$

zur Auf- bzw. Entladung der Doppelschichtkapazität verwendet. Mit der Gesamtstromdichte $i_* = i + i_c$ ergibt sich nach W. A. ROITER, W. A. JUZA, E. S. POLUJAN[3, 4] aus Gl. (2.403) und Gl. (2.404) die Differentialgleichung für die zeitliche Änderung der Durchtrittsüberspannung $\eta_D$

$$\boxed{\frac{d\eta_D}{dt} = \frac{1}{C_D}\left\{i_* - i_0\left[\exp\left(\frac{\alpha z F}{RT}\eta_D\right) - \exp\left(-\frac{(1-\alpha) z F}{RT}\eta_D\right)\right]\right\}} \tag{2.405}$$

Die Abb. 114 gibt den zeitlichen Verlauf der Durchtrittsüberspannung nach Gl. (2.405) schematisch wieder.

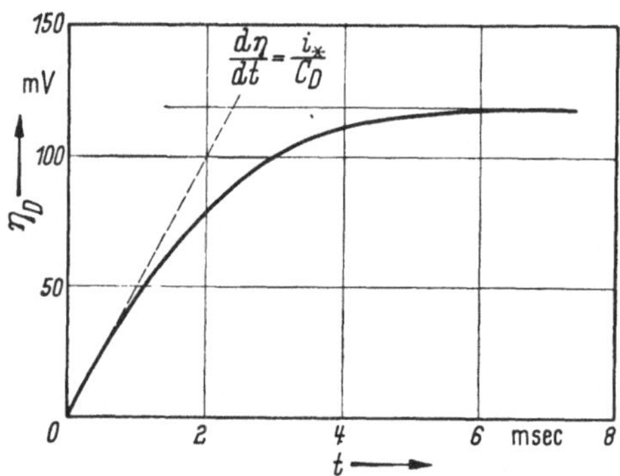


Abb. 114. Durchtrittsüberspannung $\eta_D$ in Abhängigkeit von der Zeit $t$ nach Gl. (2.405) (Beispiel: $i_* = 1$ mA/cm², $i_0 = 0{,}1$ mA/cm², $\alpha = 0{,}5$, $z = 1$, $C_D = 20$ μF/cm²)

Für die *reine Diffusionsüberspannung* ist der zeitliche Verlauf nach Einschalten einer konstanten Stromdichte auf Grund der Untersuchungen von H. J. B. SAND[8] und Z. KARAOGLANOFF[9] schon in § 63 angegeben worden. Allerdings wurde hierbei nicht der verzögernde Einfluß der Doppelschichtkapazität berücksichtigt, dessen exakte Behandlung bisher noch nicht durchgeführt wurde.

---

[8] SAND, H. J. B.: Z. physik. Chem. **35**, 641 (1900); Phil. Mag. **1**, 45 (1900).
[9] KARAOGLANOFF, Z.: Z. Elektrochem. **12**, 5 (1906).

Der Einfluß der *Überlagerung von Durchtritts- und Diffusionshemmungen* auf den zeitlichen Verlauf der Überspannung nach Einschalten eines konstanten Stromes wird von T. BERZINS u. P. DELAHAY[10,11,12] für eine Elektrodenbruttoreaktion $S_1 \leftrightarrows S_2 + z \cdot e^-$ behandelt. Nach Erweiterung dieser Beziehungen auf die allgemeine Elektrodenbruttoreaktion [Gl. (2.80)] ergibt sich nach Gl. (2.30) und Gl. (2.31)

$$i = i_0 \cdot \left[ \Pi \left( \frac{c_j}{\bar{c}_j} \right)^{z_{r,j}} \cdot \exp\left( \frac{\alpha z F}{RT} \eta \right) - \Pi \left( \frac{c_j}{\bar{c}_j} \right)^{z_{o,j}} \cdot \exp\left( - \frac{(1-\alpha) z F}{RT} \eta \right) \right] \tag{2.406}$$

für die Stromspannungskurve unter Verwendung der elektrochemischen Reaktionsordnungen $z_{o,j}$ und $z_{r,j}$ und der Durchtrittswertigkeit $z$.

Die Konzentrationen $c_j$ sind zur Zeit $t = 0$ den Gleichgewichtskonzentrationen $\bar{c}_j$ gleich und verändern sich auf Grund der reinen Diffusionsvorgänge nach H. J. B. SAND[8] und Z. KARAOGLANOFF[9] bei Stromeinschaltung mit der Wurzel der Zeit $\sqrt{t}$. Nach Gl. (2.186) und Gl. (2.182) ist diese Zeitfunktion

$$\frac{c_j}{\bar{c}_j} = 1 + \frac{2}{\sqrt{\pi}} \cdot \frac{i \cdot \nu_j}{zF \cdot \bar{c}_j \cdot \sqrt{D_j}} \cdot \sqrt{t} = 1 \pm \sqrt{\frac{t}{\tau_j}} \tag{2.407}$$

von der *Transitionszeit* $\tau_j$ bezüglich des Stoffes $S_j$ abhängig. Gl. (2.407) in Gl. (2.406) eingesetzt, ergibt schließlich die Überspannung $\eta(t) = \eta_D(t) + \eta_d(t)$ als Funktion der Zeit $t$

$$\boxed{i = i_0 \cdot \left[ \Pi \left( 1 \pm \sqrt{\frac{t}{\tau_j}} \right)^{z_{r,j}} \cdot \exp\left( \frac{\alpha z F}{RT} \eta \right) - \Pi \left( 1 \pm \sqrt{\frac{t}{\tau_j}} \right)^{z_{o,j}} \cdot \exp\left( - \frac{(1-\alpha) z F}{RT} \eta \right) \right]} \tag{2.408}$$

(Vorzeichen von $i \cdot \nu_j$)

Die Überspannung $\eta$ ist hierin allerdings nur in impliziter Form für die zur Zeit $t = 0$ eingeschaltete konstante Stromdichte $i$ (galvanostatisch) enthalten. Als Vorzeichen der Wurzel $\sqrt{t/\tau_j}$ ist das Vorzeichen der Größe $i \cdot \nu_j$ für den betreffenden Stoff zu wählen*.

Der Anteil an Diffusionsüberspannung $\eta_d(t)$ ergibt sich auf Grund der Definitionsgleichung (2.378) bzw. Gl. (2.380) für die Aufteilung der Gesamtüberspannung durch den Übergang $i_0 \to \infty$. Die eckige Klammer

[10] BERZINS, T., u. P. DELAHAY: J. Am. Soc. **77**, 6448 (1955).

[11] BERZINS, T., u. P. DELAHAY: Z. Elektrochem. **59**, 792 (1955).

[12] Vgl. auch W. LORENZ: Z. Elektrochem. **58**, 912 (1954).

* Für $1 \pm \sqrt{t/\tau_j}$ in Gl. (2.407), (2.408) u. (2.409) wäre exakter $1 + (i \cdot \nu_j / |i \cdot \nu_j|) \times \sqrt{t/\tau_j}$ zu schreiben.

in Gl. (2.408) wird daher null, so daß sich

$$\eta_d(t) = \frac{RT}{zF} \cdot \sum (z_{o,j} - z_{r,j}) \ln \left(1 \pm \sqrt{\frac{t}{\tau_j}}\right) \quad \text{(Vorzeichen von } i \cdot \nu_j,\ z = n) \tag{2.409}$$

für den Diffusionsanteil der Überspannung ergibt. Da allgemein $z_{o,j} - z_{r,j}$ nach

$$\frac{z_{o,j} - z_{r,j}}{z} = \frac{\nu_j}{n} \tag{2.409a}$$

mit der Durchtrittswertigkeit $z$, der Elektrodenreaktionswertigkeit $n$ und dem zu $n$ gehörigen stöchiometrischen Faktor $\nu_j$ der Substanz $S_j$ in Beziehung steht, ist Gl. (2.409) identisch der Gl. (2.187).

Die Differenz zwischen $\eta(t)$ und $\eta_d(t)$ ist die ebenfalls zeitabhängige Durchtrittsüberspannung $\eta_D(t) = \eta(t) - \eta_d(t)$. Die Diffusionsüberspannung zur Zeit $t = 0$ ist nach Gl. (2.409) $\eta_d(0) = 0$, so daß dann die Anfangsüberspannung $\eta(0)$ gleich dem Anfangswert $\eta_D(0)$ der Durchtrittsüberspannung wird. Nach Gl. (2.408) ergibt sich dieser *Anfangswert* $\eta_D(0)$ aus der folgenden Gl. (2.410)

$$i = i_0 \cdot \left[\exp\left(\frac{\alpha zF}{RT}\eta_D(0)\right) - \exp\left(-\frac{(1-\alpha) zF}{RT}\eta_D(0)\right)\right]. \tag{2.410}$$

Hiernach wäre zur Zeit $t = 0$ nach Einschalten des Stromes bereits die volle Überspannung $\eta_D(0)$ eingestellt. Infolge der Kapazität der Doppelschicht kann sich jedoch diese Überspannung wie bei der reinen Durchtrittsüberspannung erst nach einer gewissen Zeit ausbilden. Die aus Gl. (2.408) folgende Zeitfunktion $\eta(t)$ der Überspannung wird hierdurch je nach den Bedingungen mehr oder weniger stark gestört. T. Berzins u. P. Delahay[10] haben auch diesen Fall behandelt und unter Berücksichtigung der Doppelschichtkapazität die komplizierte Zeitfunktion der Überspannung bei Überlagerung von Durchtritts- und Diffusionshemmung angegeben. Das Auftreten der Doppelschichtkapazität begrenzt die Möglichkeit der Ermittlung sehr großer Austauschstromdichten nach dieser Einschaltmethode.

Für *große Durchtrittsüberspannungen* $|\eta_D| \gg RT/zF$ ist die Gegenreaktion in Gl. (2.408) zu vernachlässigen, so daß angenähert der Ausdruck für die anodische bzw. kathodische Teilstromdichte gilt. Es ergeben sich

$$\eta = \frac{RT}{\alpha zF} \cdot \left[\ln\frac{i}{i_0} - \sum z_{r,j} \cdot \ln\left(1 \pm \sqrt{\frac{t}{\tau_j}}\right)\right] \quad \text{(für } i \gg i_0\text{, anodisch)} \tag{2.411a}$$

$$\eta = -\frac{RT}{(1-\alpha) zF} \cdot \left[\ln\left(-\frac{i}{i_0}\right) - \sum z_{o,j} \cdot \ln\left(1 \pm \sqrt{\frac{t}{\tau_j}}\right)\right] \quad \text{(für } -i \gg i_0 > 0\text{, kathodisch)} \tag{2.411b}$$

Gl. (2.411) wurde in einfacherer Form mit nur einer Substanz $S_j$ und $z_{r,j} = 1$ von P. DELAHAY u. T. BERZINS[13], von M. SMUTEK[14] und von W. LORENZ[15] angegeben. Gl. (2.411) gestattet nicht nur die Bestimmung der Durchtrittsüberspannung $\eta(0)$, sondern auch aus der Zeitfunktion die Ermittlung der elektrochemischen Reaktionsordnungen $z_{o,j}$ bzw. $z_{r,j}$.

Eine weitere Vereinfachung der Gl. (2.408) geht auf T. BERZINS u. P. DELAHAY[11] zurück. Für *kleine Überspannungen* $|\eta| \ll RT/zF$ und für *kleine Zeiten* $t \ll \tau_j$ läßt sich die allgemeine Gl. (2.408) explizit nach $\eta$ auflösen. Dabei ist die Aufteilung in einen Durchtrittsanteil $\eta_D$ und einen Diffusionsanteil $\eta_d(t)$ zu erkennen. Durch Reihenentwicklung der $e$-Funktion und der Potenzausdrücke bei Vernachlässigung der Glieder höherer Ordnung ergibt sich unter Einsetzen der Ausdrücke für $\tau_j$ nach Gl. (2.183)

$$i = i_0 \cdot \left[\frac{zF}{RT} \cdot \eta - \sum \frac{2}{\sqrt{\pi}} \cdot \frac{i}{zF} \cdot \frac{z_{r,j} - z_{o,j}}{\bar{c}_j \cdot \sqrt{D_j}} \cdot \sqrt{t}\right]. \tag{2.412}$$

Da die Differenz der anodischen und kathodischen elektrochemischen Reaktionsordnungen nach Gl. (2.409a) gleich dem stöchiometrischen Faktor $\nu_j = z_{o,j} - z_{r,j}$ für die Elektrodenreaktionswertigkeit $z = n$ (= Durchtrittswertigkeit) ist, folgt für die Überspannung $\eta(t)$

$$\boxed{\begin{gathered}\eta(t) = \eta_D + \eta_d = \frac{RT}{zF} \cdot \left(\frac{i}{i_0} + \sum \frac{2}{\sqrt{\pi}} \cdot \frac{i}{zF} \cdot \frac{\nu_j^2}{\bar{c}_j \cdot \sqrt{D_j}} \cdot \sqrt{t}\right) \\ \eta \ll RT/zF,\ t \ll \tau_j,\ z = n\end{gathered}} \tag{2.413}$$

Dem ersten Glied entspricht die Durchtrittsüberspannung, deren Zeitabhängigkeit sich erst in höherer Ordnung bemerkbar macht. Das zweite Glied ergibt die Diffusionsüberspannung $\eta_d(t)$.

### β) *Bei Überlagerung von Durchtritts-, Diffusions- und Reaktionshemmung*

Die Beteiligung einer chemischen Reaktionshemmung macht den zeitlichen Potentialverlauf $\eta(t)$ nach galvanostatischer Stromeinstellung noch wesentlich komplizierter. Am einfachsten ist dabei noch der Einfluß auf die Größe der Transitionszeit $\tau$ zu erfassen. GIERST u. JULIARD[1,2] sowie DELAHAY u. Mitarb.[3,4] haben diese Abhängigkeit der Transitionszeit theoretisch und experimentell bearbeitet. Allerdings konnten hierbei nur Reaktionen 1. Ordnung* behandelt werden.

---

[13] DELAHAY, P., u. T. BERZINS: J. Am. Soc. **75**, 2486 (1953).
[14] SMUTEK, M.: Coll. Czech. Chem. Comm. **19**, 31 (1954); Chem. listy **47**, 963 (1953).
[15] LORENZ, W.: Z. Elektrochem. **58**, 912 (1954).
[1] GIERST, L. E., u. A. JULIARD: J. Physic. Chem. **57**, 701 (1953).
[2] GIERST, L. E.: Z. Elektrochem. **59**, 784 (1955).
[3] DELAHAY, P., u. T. BERZINS: J. Am. Soc. **75**, 2486, 4205 (1953).
[4] DELAHAY, P., C. C. MATTAX u. T. BERZINS: J. Am. Soc. **76**, 5319 (1954).
* Hierunter fallen auch Reaktionen quasi-erster Ordnung, wenn eine Konzentrationsänderung weiterer Stoffe wegen eines großen Überschusses praktisch nicht mehr zu berücksichtigen ist.

Für die *homogene gehemmte Reaktion**

$$S_j \underset{k_j}{\overset{k}{\leftrightarrows}} S;$$

$$n_1 S_1 + n_2 S_2 \cdots \leftrightarrows n_l S_l + \cdots + n_q S_q + \nu S + n e^-$$

mit der Reaktionsgeschwindigkeit $v$ ist für die hier vorliegenden nichtstationären Verhältnisse das 2. Ficksche Diffusionsgesetz (2.247) in der erweiterten Form [Gl. (2.283)]

$$\frac{\partial c}{\partial t} = D \cdot \frac{\partial^2 c}{\partial \xi^2} + v \qquad (2.414)$$

zu verwenden. Eine Reaktion 1. Ordnung ergibt

$$\begin{aligned} \frac{\partial c(\xi, t)}{\partial t} &= D \cdot \frac{\partial^2 c(\xi, t)}{\partial \xi^2} + k_j \cdot c_j(\xi, t) - k \cdot c(\xi, t) \\ \frac{\partial c_j(\xi, t)}{\partial t} &= D_j \cdot \frac{\partial^2 c_j(\xi, t)}{\partial \xi^2} - k_j \cdot c_j(\xi, t) + k \cdot c(\xi, t) \end{aligned} \qquad (2.415)$$

Hierin ist $k_j$ die Reaktionsgeschwindigkeitskonstante der Bildung von $S$ und $k$ die der Bildung von $S_j$. Delahay und Berzins[3] leiten unter Verwendung dieses Ansatzes mit der vereinfachenden Voraussetzung

$$D_j = D$$

und der Bedingung $\bar{c}_{k+j} \gg \bar{c}_j$ für die galvanostatisch eingestellte Stromdichte $i$ die Gl. (2.416)

$$\boxed{\begin{aligned} |i| \sqrt{\tau_r} &= \frac{n}{|\nu|} \cdot F \cdot (\bar{c}_j + \bar{c}) \cdot \frac{\sqrt{\pi D}}{2} - \\ &- \frac{\sqrt{\pi}}{2} \cdot \frac{|i|}{K \cdot \sqrt{k_j + k}} \cdot \operatorname{erf}\left(\sqrt{(k_j + k) \cdot \tau_r}\right) \\ &\text{mit } K = \bar{c}/\bar{c}_j = k_j/k \\ &\text{(homogen)} \end{aligned}} \qquad (2.416)$$

für die reaktionsbedingte Transitionszeit $\tau_r$ ab. $K$ ist die Gleichgewichtskonstante der Reaktion $S_j \leftrightarrows S$ und $\operatorname{erf}(x)$ das Gaußsche Fehlerintegral**. Gl. (2.416) läßt sich unter Einführung des Wertes $i \cdot \sqrt{\tau_d}$ der reinen Diffusion nach Gl. (2.183) und Verwendung der stationären Reaktionsgrenz-

* Für eine oxydierte Substanz $S$ ist $\nu$ positiv, für eine reduzierte Substanz ist $\nu$ negativ.

** Das Gaußsche Fehlerintegral [Gl. (2.323), § 73] ist

$$\operatorname{erf}(x) = \frac{2}{\sqrt{\pi}} \cdot \int_0^x \exp(-u^2)\, du$$

stromdichte $i_r$ nach Gl. (2.257) in die übersichtlichere Form

$$|i|\cdot\sqrt{\tau_r}=|i|\cdot\sqrt{\tau_d}\left[1-\frac{i}{i_r}\cdot\frac{\operatorname{erf}(\sqrt{(k_j+k)\,\tau_r})}{(1+K)^{3/2}}\right]$$

$$\text{mit } |i|\cdot\sqrt{\tau_d}=\frac{n}{|\nu|}\cdot F\cdot(\bar{c}_j+\bar{c})\cdot\frac{\sqrt{\pi D}}{2} \qquad (2.416\text{a})$$

$$i_r=-\frac{n}{\nu}\cdot F\cdot\sqrt{D\cdot\bar{c}\cdot v_0}$$

überführen.

Für große Transitionszeiten $\tau_r$, also bei entsprechend kleiner Stromdichte $i$, für die $(k_j+k)\cdot\tau_r>4$ ist, wird das Fehlerintegral*

$$\operatorname{erf}\left(\sqrt{(k_j+k)\cdot\tau_r}\right)\approx 1$$

so daß sich Gl. (2.416) nach DELAHAY[5] zu

$$i\cdot\sqrt{\tau_r}=i\sqrt{\tau_d}-\frac{\sqrt{\pi}}{2K\cdot\sqrt{k_j+k}}\cdot i \qquad [(k_j+k)\cdot\tau_r>4] \qquad (2.417)$$

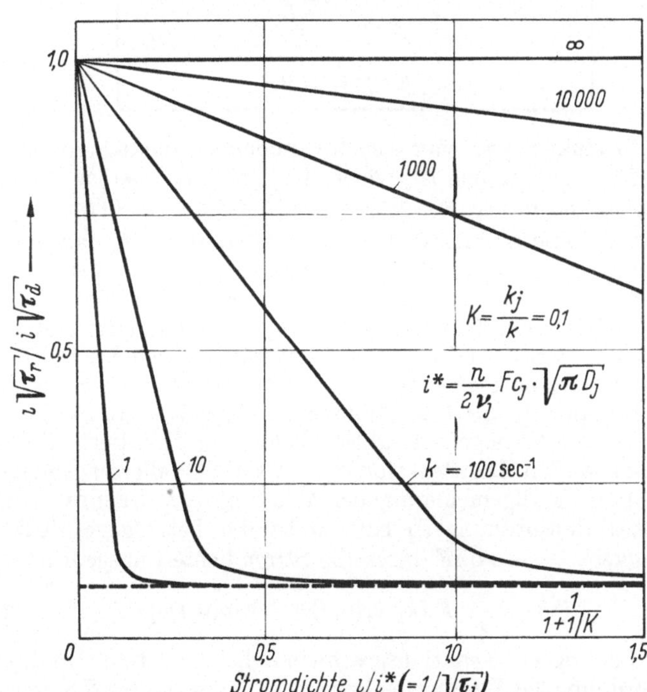


Abb. 115. Die Transitionszeit $\tau_r$ bei homogener Reaktionshemmung 1. Ordnung und Überlagerung von Diffusionshemmung (+ Durchtrittshemmung) fur verschiedene Reaktionsgeschwindigkeitskonstanten $k$ ($\text{sec}^{-1}$) in Abhängigkeit von der Stromdichte $i$ bzw. $1/\sqrt{\tau_j}$ nach Gl. (2.416) [entsprechend P. DELAHAY u. T. BERZINS: J. Am. Soc. 75, 2486 (1953), Abb. 3]

* Es ist erf 2 = 0,995; erf 1 ist bereits 0,843.

[5] DELAHAY, P.: New Instrumental Methods in Electrochemistry, Intersc. Publ. New York — London 1954, S. 199.

vereinfacht. Für kleine Stromdichten ist daher nach Gl. (2.417) das Produkt $i \cdot \sqrt{\tau_r}$ eine lineare Funktion von $i$, so wie es auch aus Abb. 115 zu ersehen ist. In Abb. 115 ist die Funktion (2.416) für einen speziellen Fall mit einer Gleichgewichtskonstanten $K = 0{,}1$ für verschiedene Reaktionsgeschwindigkeitskonstanten $k\,(\text{sec}^{-1})$ in Abhängigkeit von $i$ in Einheiten der Stromdichte $i^*$ dargestellt, bei der die Transitionszeit der reinen Diffusion $\tau_d = 1$ sec ist.

Für kleine Gleichgewichtskonstanten $K \ll 1$ und große Transitionszeiten $k \cdot \tau_r > 4$ geht Gl. (2.416a) in die noch einfachere Beziehung

$$\sqrt{\tau_r} = \sqrt{\tau_d} \cdot \left(1 - \frac{i}{i_r}\right) \qquad i_r = -\frac{n}{\nu} \cdot F \cdot \sqrt{D \cdot \bar{c} \cdot v_0} \tag{2.418}$$

unter Verwendung der stationären Reaktionsgrenzstromdichte $i_r$ über.

Für große Stromdichten $i$, bei denen $\tau_r$ so klein wird, daß etwa $(k_j + k) \cdot \tau_r < 0{,}1$ ist, geht Gl. (2. 416) in die einfache Beziehung*

$$\boxed{|i| \cdot \sqrt{\tau_r} = \frac{n}{|\nu|} \cdot F \cdot \bar{c} \cdot \frac{\sqrt{\pi D}}{2} = \frac{i \cdot \sqrt{\tau_d}}{1 + 1/K} \qquad (k_j + k) \cdot \tau_r < 0{,}1} \tag{2.419}$$

über. Das Produkt $i \cdot \sqrt{\tau_r}$ wird also für größere Stromdichten, wie auch aus Abb. 115 zu entnehmen ist, wieder konstant. Hierbei ist die Stromdichte so groß und infolgedessen sind die Reaktionszeit (Transitionszeit $\tau_r$) und die Reaktionsschichtdicke $\delta_r \approx \sqrt{2 D \tau_r}$ so klein, daß praktisch kein nennenswerter Umsatz über die Reaktion $S_j \rightarrow S$ stattgefunden hat, wenn $c = 0$ erreicht wird. Die Elektrodenreaktion ist daher auf den Vorrat an Stoff $S$ in der Konzentration $\bar{c}$ angewiesen und die Transitionszeit nimmt den Wert der reinen Diffusionstransitionszeit bezüglich $S$ an.

Für die *heterogene chemische Reaktionshemmung* 1. Ordnung haben GIERST u. JULIARD[1,2,6] die Transitionszeiten abgeleitet. Als Reaktion soll die bereits für die homogene Reaktionshemmung diskutierte Folge zugrunde gelegt werden. Die Reaktion $S_j \leftrightarrows S$ soll hier allerdings heterogen ablaufen. Unter Verallgemeinerung der Ableitung von GIERST u. JULIARD auf eine Reaktionsordnung $p_j$ bzw. $p$ ist die heterogene Reaktionsgeschwindigkeit $v = -\nu i/nF$ durch die Stromdichte $i$ ausgedrückt

$$i = -\frac{n}{\nu} \cdot F\,[k_j \cdot c_j(0, t)^{p_j} - k \cdot c(0, t)^p] \tag{2.420}$$

$k_j$ ist die heterogene Reaktionsgeschwindigkeitskonstante und $p_j$ die Reaktionsordnung der Bildungsreaktion $S_j \rightarrow S$ des Stoffes $S$ bezogen auf die Konzentrationen $c_j(0, t)$ und $c(0, t)$ von $S_j$ und $S$ im Elektrolyten in

* Die Grenzfunktion des Fehlerintegrals für kleine Argumente ist

$$\lim_{x \to 0} \operatorname{erf}(x) = \frac{2}{\sqrt{\pi}} \cdot x\,.$$

[6] GIERST, L., u. A. L. JULIARD: Proc. CITCE, Mailand 1950, 2, 117 (1951).

unmittelbarer Oberflächennähe $\xi = 0$. $k$ bzw. $p$ sind die entsprechenden Größen der Rückreaktion $S \to S_j$.

Wenn die Oberflächenkonzentration der Substanz $S$ den Wert $C = 0$ erreicht, was auch $c(0, t) = 0$ entspricht, nehmen die Reaktionsgeschwindigkeit und die Stromdichte $i$ einen maximalen Wert, die Reaktionsgrenzstromdichte $i_r(c_j)$ an, wobei wegen der Konzentration $C(t) = c(0, t) = 0$ die Überspannung $\eta = (\nu RT/nF) \cdot \ln [c(0, t)/\bar{c}]$ über alle Grenzen wächst. Da hiermit die Transitionszeit $\tau_r$ erreicht wird, ist $C(\tau_r) = c(0, \tau_r) = 0$.

Da als Folge des Umsatzes nach dem Faradayschen Gesetz $c_j(0, t)$ an der Oberfläche eine Funktion der Stromdichte $i$ (nach § 63) ist, wird die Transitionszeit im heterogenen Fall dann erreicht, wenn die Reaktionsgrenzstromdichte $i_r(c_j) = i_r(c_j(i))$ gleich der galvanostatisch fließenden Stromdichte $i$ ist.

Nach Gl. (2.420) ist $i_r(c_j)$ für $C(0, \tau_r) = 0$ zur Zeit $t = \tau_r$

$$i_r(c_j) = -\frac{n}{\nu_j} \cdot F \cdot k_j \cdot c_j(0, \tau_r)^{p_j} \tag{2.421}$$

Die Konzentration $c_j(0, \tau_r)$ an der Oberfläche ist nach Gl. (2.182)

$$c_j(0, \tau_r) = \bar{c}_j - \frac{2\nu_j \cdot i \cdot \sqrt{\tau_r}}{nF \cdot \sqrt{\pi D_j}} \tag{2.422}$$

Gl. (2.422) in Gl. (2.421) unter Beachtung von $i_r = i$ eingesetzt, ergibt

$$i \cdot \sqrt{\tau_r} = -\frac{nF}{2\nu_j} \cdot \sqrt{\pi D_j} \cdot \left[\bar{c}_j - \left(\frac{|\nu_j \cdot i|}{nF \cdot k_j}\right)^{1/p_j}\right] \tag{2.423}$$

Nach Gl. (2.183) ist in Gl. (2.423)

$$-\frac{nF}{2\nu_j} \cdot \sqrt{\pi D_j} \cdot \bar{c}_j = i \cdot \sqrt{\tau_d}$$

durch die reine Diffusionstransitionszeit $\tau_d$ und nach Gl. (2.421)

$$-\frac{nF}{\nu_j} \cdot k_j \cdot \bar{c}_j^{p_j} = \bar{i}_r$$

durch die Reaktionsgrenzstromdichte $\bar{i}_j$ zu ersetzen, die auftreten würde, wenn keine Konzentrationsverarmung von $S_j$ vor der Oberfläche aufträte. Aus Gl. (2.423) folgt somit die übersichtlichere Beziehung

$$\boxed{\begin{gathered} i \cdot \sqrt{\tau_r} = i \cdot \sqrt{\tau_d}\left[1 - \left(\frac{i}{\bar{i}_r}\right)^{1/p_j}\right] \\ \bar{i}_r = \frac{n}{\nu_j} \cdot F \cdot k_j \cdot \bar{c}_j^{p_j} = \frac{n}{\nu_j} \cdot F \cdot v_0 \\ \text{(heterogen)} \end{gathered}} \tag{2.424}$$

Bei einer Auftragung der Größe $i \cdot \sqrt{\tau_r}$ gegen $i^{1/p_j}$ werden nach Gl. (2.424) Geraden ähnlich Abb. 115 erhalten, aus deren Neigung $\bar{i}_r$ und damit die Geschwindigkeitskonstante $k_j$ ermittelt werden kann.

Mit $p_j = 1$ (Reaktion erster Ordnung) geht Gl. (2.423) in die von GIERST u. JULIARD[7] angegebene Form

$$i \cdot \sqrt{\tau_r} = \frac{\sqrt{\pi D_j}}{2} \left( \frac{n}{\nu} \cdot F \cdot \bar{c}_j - \frac{i}{k_j} \right) \qquad (2.423\,\text{a})$$

$$(1.\ \text{Ordnung}\ p_j = 1)$$

über.

Bei allen Betrachtungen über Transitionszeiten sind nur Diffusions- und Reaktionserscheinungen zu berücksichtigen. Eine Durchtrittshemmung wirkt sich auf die Größe von diffusionsbedingten und reaktionsbedingten Transitionszeiten nicht aus, sondern nur auf den Wert des Potentials im Potentialzeitverlauf. Durch Messung von Transitionszeiten können also Diffusions- und Reaktionseffekte von Durchtrittseffekten getrennt werden.

## § 83. Gesamtüberspannung bei potentiostatischen Einschaltvorgängen

Beim momentanen Einschalten eines konstanten Potentials ergibt sich ein zeitlicher Stromverlauf $i(t)$, aus dem ebenfalls die Konstanten für die Hemmungen der Elektrodenreaktion ermittelt werden können. Experimentell ist im allgemeinen das Einschalten eines vorgegebenen konstanten Potentials nur mit Hilfe besonderer Regelschaltungen möglich, an die beträchtliche apparative Anforderungen gestellt werden. Hierfür werden „Potentiostaten"[1,2,3] verwendet, die die stromdurchflossene Elektrode praktisch unabhängig von der Stromdichte auf einem bestimmten Potential gegen eine Bezugselektrode halten, wobei diese Bezugselektrode nur mit einem außerordentlich kleinen Strom* belastet wird.

Für die reine Diffusionshemmung ist die Stromdichte $i$ nach F. G. COTTRELL[4] umgekehrt proportional $\sqrt{t}$, wie es die Gln. (2.204) und (2.207) in § 64 angeben. Auch bei Vernachlässigung der Doppelschichtkapazität beginnt hier die Stromdichte $i$ zur Zeit $t = 0$ mit einem unendlich großen Wert. Bei reiner Reaktionshemmung ist nach Gl. (2.332) und Gl. (2.334) in § 73 die potentiostatische Zeitfunktion der Stromdichte von J. KOUTECKY[5] und gleichzeitig von P. DELAHAY u. G. L. STIEHL[6] und S. L. MILLER[7] angegeben worden. Auch hiernach nimmt die Stromdichte zur Zeit $t = 0$ theoretisch einen unendlich großen Wert

---

[7] GIERST, L. E., u. A. L. JULIARD: J. Phys. Chem. **57**, 701 (1953).

[1] HICKLING, A.: Trans. Faraday Soc. **38**, 27 (1942).

[2] SCHOEN, J., u. K. E. STAUBACH: Regelungstechnik **2**, 157 (1954). — GERISCHER, H., u. W. VIELSTICH: Z. physik. Chem. N. F. **4**, 10 (1955). — GERISCHER, H., u. K. E. STAUBACH: Z. Elektrochem. **61**, 789 (1957).

[3] BREITER, M., u. F. G. WILL: Z. Elektrochem. **61**, 1177 (1957).

* Bei elektronischen Potentiostaten ist dies nur der Gitterstrom der Eingangsröhre.

[4] COTTRELL, F. G.: Z. physik. Chem. **42**, 385 (1903).

[5] KOUTECKY, J.: Proc. I. Intern. Polarogr. Congr. **1**, 826 (1951); Chem. listy **46**, 193 (1952). — Siehe auch J. KOUTECKY u. R. BRDIČKA: Coll. Czech. Chem. Comm. **12**, 337 (1947).

[6] DELAHAY, P., u. G. L. STIEHL: J. Am. Soc. **74**, 3500 (1952).

[7] MILLER, S. L.: J. Am. Soc. **74**, 4130 (1952).

an. Die genannten Autoren behandeln außerdem die Überlagerung von Diffusions- und Reaktionshemmung im Hinblick auf die Anwendung in der Polarographie.

Tatsächlich kann zur Zeit $t = 0$ an einer Elektrode niemals die Stromdichte $i$, die zu einem Umsatz nach dem Faradayschen Gesetz führt*, wegen der immer vorhandenen mehr oder weniger starken Durchtrittshemmung einen über alle Grenzen wachsenden Wert annehmen. Zur Zeit $t = 0$ kann sich daher noch keine Konzentrationsveränderung ausgebildet haben, so daß die Konzentrationsüberspannung $\eta_c(t = 0) = \eta_d + \eta_r = 0$ sein muß. Die potentiostatisch vorgelegte Überspannung muß daher zur Zeit $t = 0$ reine Durchtrittsüberspannung sein, wenn von einem ohmschen Spannungsabfall im Elektrolyten abgesehen wird.

Zur Erfassung des zeitlichen Stromverlaufs muß daher das Zusammenwirken von Diffusionshemmung und Durchtrittshemmung** berücksichtigt werden, so wie es von M. SMUTEK[8], T. KAMBARA u. I. TACHI[9], P. DELAHAY[10] und H. GERISCHER u. W. VIELSTICH[11,12] diskutiert wurde. Dem Beispiel dieser Autoren folgend soll wegen der mathematischen Schwierigkeiten nur die einfachste Elektrodenbruttoreaktion

$$S_r \leftrightarrows S_o + z \cdot e^- \tag{2.425}$$

behandelt werden, die gleichzeitig auch die Durchtrittsreaktion mit der Durchtrittswertigkeit $z$ ist. Für die Diffusion ist hier wieder das 2. Ficksche Gesetz Gl. (2.179)

$$\frac{\partial c_o}{\partial t} = D_o \cdot \frac{\partial^2 c_o}{\partial \xi^2}\,; \quad \frac{\partial c_r}{\partial t} = D_r \cdot \frac{\partial^2 c_r}{\partial \xi^2} \tag{2.426a, b}$$

und für die Durchtrittsstromdichte $i$ Gl. (2.406)

$$i = i_0 \cdot \left[\frac{c_r}{\bar{c}_r} \cdot \exp\left(\frac{\alpha z F}{RT}\eta\right) - \frac{c_o}{\bar{c}_o} \cdot \exp\left(-\frac{(1-\alpha) zF}{RT}\eta\right)\right] \tag{2.427}$$

anzuwenden. Als Randbedingungen sind wie in § 64, Gl. (2.200) und Gl. (2.202) für $c(\xi, t)$

$$c_o(\xi, 0) = \bar{c}_o \quad c_r(\xi, 0) = \bar{c}_r \tag{2,428a}$$

$$c_o(\infty, t) = \bar{c}_o \quad c_r(\infty, t) = \bar{c}_r \tag{2.428b}$$

$$i = -zF \cdot D_o \left(\frac{\partial c_o}{\partial \xi}\right)_{\xi=0} = +zF \cdot D_r \left(\frac{\partial c_r}{\partial \xi}\right)_{\xi=0} \tag{2.428c}$$

zu setzen***. Hieraus folgt die von M. SMUTEK[8] und davon unabhängig

---

* $i$ soll wie bisher nur die Durchtrittsstromdichte (Faradayscher Strom) im Gegensatz zur kapazitiven Stromdichte $i_C = C_D \cdot d\varepsilon/dt$ sein, die zur Aufladung der Doppelschichtkapazitat $C_D$ fuhrt. Zusammen ergeben beide die Gesamtstromdichte $i_* = i + i_C$.

** Eine Reaktionshemmung soll hier noch nicht berücksichtigt werden.

8 SMUTEK, M.: Proc. I. Polarogr. Congr. **1**, 677 (1952).

9 KAMBARA, T., u. I. TACHI: Bull. chem. Soc. (Japan) **25**, 135 (1952).

10 DELAHAY, P.: J. Am. Soc. **75**, 1430 (1953).

11 GERISCHER, H., u. W. VIELSTICH: Z. physik. Chem. N. F. **3**, 16 (1905).

12 GERISCHER, H.: Z. Elektrochem. **59**, 604 (1955).

*** $\nu_o = +1$, $\nu_r = -1$.

von T. KAMBARA u. I. TACHI[9] und später von P. DELAHAY[10] und von H. GERISCHER u. W. VIELSTICH[11] angegebene Zeitfunktion der Stromdichte $i(t)$ für die Durchtrittsstromdichte bei Durchtritts- und Diffusionshemmung*

$$\boxed{\begin{aligned} i &= i(0)\cdot\exp(\lambda^2 t)\cdot\operatorname{erfc}(\lambda\sqrt{t}) \\ \lambda &= \frac{i_0}{zF}\cdot\left[\frac{1}{\bar{c}_r\cdot\sqrt{D_r}}\cdot\exp\left(\frac{\alpha zF}{RT}\eta\right)+\frac{1}{\bar{c}_o\cdot\sqrt{D_o}}\cdot\exp\left(-\frac{(1-\alpha)zF}{RT}\eta\right)\right] \\ i(0) &= i_0\cdot\left[\exp\left(\frac{\alpha zF}{RT}\eta\right)-\exp\left(-\frac{(1-\alpha)zF}{RT}\eta\right)\right]\end{aligned}} \tag{2.429}$$

Die von der Zeit $t$ und von der potentiostatisch vorgegebenen Überspannung $\eta = \varepsilon - \varepsilon_0$ abhängige Stromdichte $i(t, \eta)$ wird somit durch die Austauschstromdichte $i_0$, den Durchtrittsfaktor $\alpha$, die Gleichgewichtskonzentrationen $\bar{c}_o$ und $\bar{c}_r$ und die Diffusionskonstanten $D_o$ und $D_r$ der Stoffe $S_o$ und $S_r$ bestimmt. Für $t = 0$ geht Gl. (2.429) in die Anfangsstromdichte $i(0)$

$$i(0) = i_0\cdot\left[\exp\left(\frac{\alpha zF}{RT}\eta\right)-\exp\left(\frac{(1-\alpha)zF}{RT}\eta\right)\right] \quad (t=0) \tag{2.430}$$

über, wie es zu erwarten ist. Zur Zeit $t = 0$ liegt also nur reine Durchtrittsüberspannung $\eta_D = \eta$ vor.

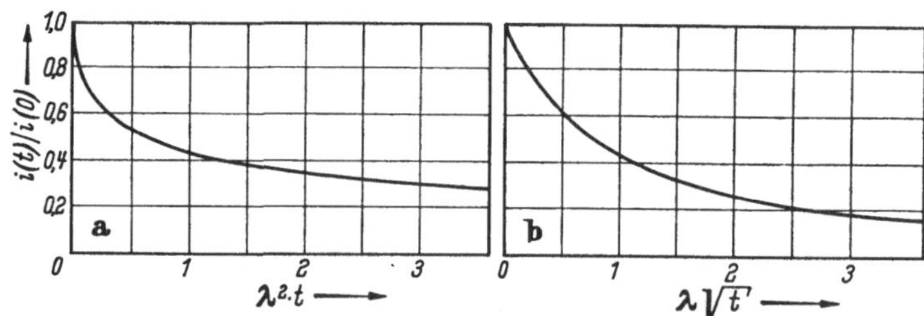


Abb. 116. Zeitlicher Verlauf der Durchtrittsstromdichte $i_D$ [in Einheiten der Anfangsstromdichte $i(0)$] nach Gl. (2.429) bei gleichzeitiger Durchtrittshemmung ($i_0$, $\alpha$) und Diffusionshemmung ($\bar{c}$, $D$) nach potentiostatischer Potentialeinschaltung ($\eta$) zur Zeit $t = 0$ [GERISCHER, H., u. W. VIELSTICH: Z. physik. Chem., N. F. 3, 16 (1955), Abb. 1]

In Abb. 116 ist die Stromdichte $i$ in Einheiten der Anfangsstromdichte $i(0)$ als Funktion der Zeit $t$ bzw. $\sqrt{t}$ in Einheiten $1/\lambda^2$ bzw. $1/\lambda$ nach einer numerischen Berechnung von H. GERISCHER u. W. VIELSTICH[11] angegeben. Für $\lambda\sqrt{t} \ll 1$, also für kleine Zeiten, gilt nach diesen Autoren[11] für die Stromdichte ein Näherungsgesetz

$$\boxed{i = i(0)\cdot\left(1-\frac{2}{\sqrt{\pi}}\cdot\lambda\cdot\sqrt{t}\right)\ (\text{für } \lambda\sqrt{t} \ll 1)} \tag{2.431}$$

* Es bedeutet: $\operatorname{erfc}(x) = 1 - \operatorname{erf}(x) = 1 - \frac{2}{\sqrt{\pi}}\cdot\int_0^x \exp(-u^2)\,du$.

das sich aus Gl. (2.429) ergibt. Abb. 116b zeigt diese lineare Funktion der Stromdichte von $\sqrt{t}$ für kleine Zeiten.

Als Näherung für große Zeiten $\lambda\sqrt{t} \gg 1$ haben H. GERISCHER u. W. VIELSTICH[11] aus Gl. (2.429)

$$\boxed{\begin{array}{c} i = i(0)\,\dfrac{1}{\sqrt{\pi}\cdot\lambda\cdot\sqrt{t}} \\ (\lambda\sqrt{t} \gg 1) \end{array}} \qquad (2.432)$$

abgeleitet. Für $i(0)/\lambda$ ergibt sich hierbei aus Gl. (2.429b, c)

$$\frac{i(0)}{\lambda} = zF\cdot\bar{c}_o\cdot\bar{c}_r\cdot\sqrt{D_o\cdot D_r}\cdot\frac{1-\exp\left(-\frac{zF}{RT}\eta\right)}{\bar{c}_o\cdot\sqrt{D_o}+\bar{c}_r\cdot\sqrt{D_r}\exp\left(-\frac{zF}{RT}\eta\right)} \qquad (2.432\text{a})$$

$i(0)/\lambda$ ist also unabhängig von den Größen $i_0$ und $\alpha$ der Durchtrittsreaktion, so daß daraus gefolgert werden kann, daß für $\lambda\sqrt{t} \gg 1$ praktisch reine Diffusionsüberspannung $\eta \approx \eta_d$ vorliegt. Tatsächlich ergeben sich Gl. (2.432) und Gl. (2.432a) auch aus den Gln. (2.204), (2.208a) und (2.208b) des §64 für die reine Diffusionshemmung bei potentiostatischer Überspannungseinschaltung. Mit Hilfe von Gl. (2.208a, b) ist auch aus Gl. (2.429) und Gl. (2.381) der Anteil an Durchtrittsüberspannung $\eta_D(t)$ und an Diffusionsüberspannung $\eta_d(t)$ zu ermitteln, die zusammen die vorgegebene zeitlich konstante Gesamtüberspannung $\eta = \eta_D(t) + \eta_d(t) = \text{konst}$ ergeben.

Die Überlagerung von Durchtritts- und Reaktionshemmung bei potentiostatischer Potentialeinstellung ist bisher wohl noch nicht behandelt worden.

Ganz allgemein ist noch bei der potentiostatischen Überspannungseinschaltung der Einfluß der Doppelschichtkapazität zu berücksichtigen, der sich in einer zusätzlich zu $i$ vorhandenen kapazitiven Stromdichte $i_C = C_D\cdot d\varepsilon/dt$ bemerkbar macht. Bei flüchtiger Betrachtung könnte angenommen werden, daß bei einem „idealen" Potentiostaten die Potentialänderung $\Delta\varepsilon = \eta$ innerhalb eines Zeitintervalles von $\Delta t \to 0$ unter Fließen einer kapazitiven Stromdichte $i_C \to \infty$ vor sich geht. Hierbei müßte die Bedingung $\Delta t\cdot i_C = C_D\cdot\Delta\varepsilon$ erfüllt sein, so daß bei entsprechend leistungsstarkem Potentiostaten die Doppelschichtaufladung mit einer entsprechend großen Stromspitze in beliebig kleiner Zeit vom theoretischen Standpunkt aus möglich wäre. Aber in der Praxis kann auch der beste Potentiostat nicht unterhalb einer gewissen Zeitkonstante das vorgegebene Elektrodenpotential einschalten.

Jeder Potentiostat bezieht das einzustellende Potential auf eine Bezugselektrode, die in elektrolytisch leitender Verbindung mit dem Elektrolyten der Versuchselektrode ist. Innerhalb dieses Elektrolyten herrscht beim Fließen der Stromdichte $i_* = i + i_C$ auf Grund des ohmschen Elektrolytwiderstandes $R_\Omega$ eine Potentialdifferenz. Bei Abnahme des Potentials durch eine Haber-Luggin-Kapillare befindet sich zwischen dieser Kapillare und der Elektrodenoberfläche der Elektrolytwiderstand $R_\Omega$. Das aufzuladende System besteht daher aus einer Kapazität $C_D$, der ein ohmscher Widerstand $R_\Omega$ in Serie geschaltet ist. Die Zeitkonstante einer derartigen Anordnung ist

$$\tau_C = C_D \cdot R_\Omega$$

und hängt hier im wesentlichen von dem Widerstand $R_\Omega$ ab. Auch der beste Potentiostat kann diese Einstellzeit nicht verkürzen.

Die nicht durch Diffusionseffekte gestörte Durchtrittsstromdichte $i = i_D$ kann nach einem Verfahren von FRUMKIN u. TEDORADSE[13] auch bei Überlagerung von Durchtritts- und Diffusionsüberspannung ermittelt werden. Bei potentiostatisch vorgegebenem Potential fließt eine Stromdichte, die bei stärkerer Diffusionshemmung wesentlich von der Diffusionsschichtdicke $\delta$ bzw. der Tourenzahl $m = \omega/2\pi$ einer rotierenden Scheibenelektrode abhängt.

Das Potential $\varepsilon$ soll so gewählt sein, daß die Gegenreaktion der Durchtrittsreaktion vernachlässigt werden kann. Die Überspannung soll also so groß sein, daß nur $i_+$ bzw. $i_-$ gemessen werden. Dann besteht eine der Gl. (2.372) mathematische äquivalente Beziehung

$$i = i_D \cdot \Pi \cdot \left(1 - \frac{i}{i_{d,j}}\right)^{z_{o,j}} \text{bzw.} \quad i_D \cdot \Pi \cdot \left(1 - \frac{i}{i_{d,j}}\right)^{z_{r,j}} \tag{2.433}$$

mit den elektrochemischen Reaktionsordnungen $z_{o,j}$ (für $i < 0$) und $z_{r,j}$ (für $i > 0$).

An der rotierenden Scheibenelektrode mit der Tourenzahl $m = \omega/2\pi$ (Umdr./sec) wird entsprechend Gl. (2.375) die Beziehung erhalten*:

$$\boxed{\begin{aligned} &\frac{i}{\sqrt{\omega}} = A \cdot \left(1 - \frac{1}{i_D^{1/q}} \cdot i^{1/q}\right) \\ &\text{mit } q = z_{o,j} \quad \text{für } i < 0 \\ &\qquad q = z_{r,j} \quad \text{für } i > 0 \\ &\qquad A = \frac{1}{1{,}75} \cdot \frac{n}{\nu_j} F \cdot D_j^{2/3} \cdot c_j \cdot \nu^{-1/6} \end{aligned}} \tag{2.434}$$

$i/\sqrt{\omega}$ als Funktion von $i^{1/q}$ aufgetragen muß eine Gerade ergeben, aus deren Neigung der Wert $i_D^{1/q}$ folgt. Für eine elektrochemische Reaktionsordnung $z_{o,j}$ bzw. $z_{r,j} = 1$ also für $q = 1$ kann Gl. (2.434) in die von FRUMKIN u. TEDORADSE[13] angegebene Beziehung

$$\frac{1}{i} = \frac{1}{i_D} + \frac{1}{A\sqrt{\omega}} \tag{2.434a}$$

überführt werden. Eine lineare Extrapolation von $1/i$ als Funktion von $1/\sqrt{\omega}$ nach $1/\sqrt{\omega} = 0$ ergibt den Grenzwert $1/i_D$ für reine Durchtrittshemmung. Dieses Verfahren wurde vom FRUMKIN u. TEDORADSE an der Chlorelektrode angewendet.

[13] FRUMKIN, A. N., u. G. TEDORADSE: Z. Elektrochem. **62**, 251 (1958).

* Die kinematische Zähigkeit $\eta/\varrho$ ist dem allgemeinen Gebrauch entsprechend mit $\nu$ bezeichnet. Sie ist nicht zu verwechseln mit der stöchiometrischen Zahl $\nu$ des Stoffes $S$.

## § 84. Überlagerung von Diffusions- und Durchtrittsüberspannung in der Polarographie

Das Problem der Überlagerung von Diffusions- und Durchtrittshemmung am wachsenden Hg-Tropfen wurde zuerst von J. E. B. RANDLES[1] und H. EYRING, L. MARKER, T. C. KWOH[2] aufgegriffen und unabhängig voneinander durch eine Reihe weiterer Autoren, wie N. TANAKA u. R. TAMAMUSHI[3, 4], R. GOTO u. I. TACHI[5], M. KALOUSEK, A. TOCKSTEIN[6,7], P. DELAHAY, J. E. STRASSNER[8], R. GAUGUIN, G. CHARLOT, J. COURSIER, J. BADOZ-LAMBLING[9, 10] weiter entwickelt. N. MEJMAN[11] für die Wasserstoffelektrode und J. KOUTECKY[12] allgemein haben dieses Problem durch Anwendung des allgemeinen Differentialgleichungssystems am wachsenden Tropfen gelöst.

Ähnlich wie bei der chemischen Reaktionshemmung setzt J. KOUTECKY[12] als Differentialgleichung das 2. Ficksche Diffusionsgesetz an, das um das Glied $(2\xi/3t) \cdot \partial c/\partial \xi$ erweitert ist, welches das Tropfenwachstum berücksichtigt. Es wird daher als Differentialgleichung die bereits von D. ILKOVIČ[13] verwendete Gl. (2.219) für die oxydierte Substanz $S_o$ mit der Konzentration $c_o$ und für die reduzierte Substanz $S_r$ mit der Konzentration $c_r$

$$\boxed{\begin{aligned} \frac{\partial c_o}{\partial t} &= D_o \cdot \frac{\partial^2 c_o}{\partial \xi^2} + \frac{2}{3} \cdot \frac{\xi}{t} \cdot \frac{\partial c_o}{\partial \xi} \\ \frac{\partial c_r}{\partial t} &= D_r \cdot \frac{\partial^2 c_r}{\partial \xi^2} + \frac{2}{3} \cdot \frac{\xi}{t} \cdot \frac{\partial c_r}{\partial \xi} \end{aligned}} \tag{2.435}$$

angewendet. Gl. (2.435) ist auch eine vereinfachte Form von Gl. (2.337). Die Randbedingungen sind jedoch anders als Gl. (2.200) und Gl. (2.337 a, b). Der Konzentrationsgradient $\partial c_o/\partial \xi$ bzw. $\partial c_r/\partial \xi$ unmittelbar vor der Oberfläche $\xi = 0$ ist auf Grund des 1. Fickschen Gesetzes Gl. (2.89) durch die Stromdichte $i(c_r, c_o, \varepsilon)$

$$i = k_r \cdot c_r \cdot \exp\left(\frac{\alpha z F}{RT}\varepsilon\right) - k_o \cdot c_o \cdot \exp\left(-\frac{(1-\alpha) z F}{RT}\varepsilon\right) \tag{2.436}$$

ein Funktion der Konzentrationen $c_r(t)$ und $c_o(t)$ und des vorgegebenen

---

[1] RANDLES, J. E. B.: Disc. Faraday Soc. **1**, 11 (1947).

[2] EYRING, H., L. MARKER u. T. C. KWOH: J. phys. coll. chem. **54**, 1453 (1949).

[3] TANAKA, N., u. R. TAMAMUSHI: Bull. chem. Soc. Japan **22**, 187 (1949); Proc. I. Intern. Polarogr. Congr. **1**, 486 (1951).

[4] TAMAMUSHI, R., u. N. TANAKA: Bull. chem. Soc. Japan **22**, 227 (1949); **23**, 110 (1950).

[5] GOTO, R., u. I. TACHI: Proc. I. Intern. Polarogr. Congr. **1**, 169 (1951).

[6] TOCKSTEIN, A.: Coll. czech. chem. Comm. **16**, 101 (1951).

[7] KALOUSEK, M., u. A. TOCKSTEIN: Proc. I. Polarogr. Congr. **1**, 563 (1951).

[8] DELAHAY, P., u. J. E. STRASSNER: J. Am. Soc. **73**, 5218 (1951).

[9] GAUGUIN, R., G. CHARLOT u. J. COURSIER: Anal. Chim. Acta **7**, 172 (1952).

[10] BADOZ-LAMBLING, J., u. R. GAUGUIN: Anal. Chim. Acta **8**, 471 (1953).

[11] MEJMAN, N.: J. phys. Chem. USSR **22**, 1454 (1948).

[12] KOUTECKY, J.: Coll. czech. chem. Comm. **18**, 597 (1953); Chem. listy **47**, 323 (1953).

[13] ILKOVIČ, D.: Coll. czech. chem. Comm. **6**, 498 (1934); J. chim. phys. **35**, 129 (1938).

Potentials $\varepsilon$. Die Stromdichte, die daher noch von der Zeit abhängt, ist dabei als eine Durchtrittsstromdichte nach Gl. (2.39) bzw. Gl. (2.14) anzusetzen. Die Randbedingung ist somit

$$t=0\,,\ \xi \geqq 0\,,\quad c_o=\bar{c}_o\,,\quad c_r=\bar{c}_r \tag{2.435a}$$

$$\left.\begin{aligned} t>0\quad \xi=0\,,\ \overset{+}{\scriptstyle(-)} z\cdot F\cdot D_r\cdot \frac{\partial c_r}{\partial \xi} &= -z\cdot F\cdot D_o\cdot \frac{\partial c_o}{\partial \xi} = \\ = i = k_r\cdot c_r\cdot \exp\left(\frac{\alpha zF}{RT}\varepsilon\right) &- k_o\cdot c_o\cdot \exp\left(-\frac{(1-\alpha)zF}{RT}\varepsilon\right)\end{aligned}\right\} \tag{2.435b}$$

$$\begin{aligned} t>0\quad \xi\to\infty &\qquad c_o\to\bar{c}_o \\ \xi\to \overset{+}{\scriptstyle(-)}\infty &\qquad c_r\to\bar{c}_r\end{aligned} \tag{2.435c}$$

Das nicht eingeklammerte + -Zeichen gilt für eine Redoxreaktion am Hg

$$S_r \leftrightarrows S_o + z\cdot e^- \tag{2.437a}$$

Das eingeklammerte Minus-Zeichen bezieht sich auf die Reaktion

$$\mathrm{Me(Hg)}_x \leftrightarrows \mathrm{Me}^{z+} + z\cdot e^- \tag{2.437b}$$

des als Amalgam gelösten Metalls mit seinen Ionen, denn die Diffusion des abgeschiedenen Metalls erfolgt in das Innere des Hg-Tropfens ($\xi < 0$). Hierbei ist $S_o = \mathrm{Me}^{z+}$ und $S_r = $ Me im Amalgam.

Mathematisch konnte J. Koutecky[12] diesen Fall und den der gehemmten vorgelagerten chemischen Reaktion auf das gleiche Problem zurückführen. Der augenblickliche Strom $I$ ist hiernach

$$\begin{aligned} I &= I_\infty\cdot \Phi(\chi) \\ \text{mit } \chi &= \frac{1}{zF}\cdot\sqrt{\frac{12}{7}}\cdot\left[\frac{k_r}{\sqrt{D_r}}\cdot\exp\left(\frac{\alpha zF}{RT}\varepsilon\right) - \right. \\ &\left. -\frac{k_o}{\sqrt{D_o}}\cdot\exp\left(-\frac{(1-\alpha)zF}{RT}\varepsilon\right)\right]\cdot\sqrt{t}\end{aligned} \tag{2.438}$$

in Abhängigkeit von der Zeit $t$, die seit Beginn des Wachsens des Tropfens verflossen ist. $I_\infty$ ist in Gl. (2.438) der Strom, der bei reiner Diffusionshemmung ohne Durchtrittshemmung ($i_0=\infty$) nach der Ilkovič-Gleichung (2.225) zur Zeit $t$ fließen würde. $\Phi(\chi)$ ist die von J. Koutecky[12] berechnete und in Tab. 6 angegebene Funktion. Das Potential $\varepsilon$ geht in die Stromzeitfunktion $I(t)$ als frei wählbarer Parameter durch die Größe $\chi$ ein.

Der zeitlich durchschnittliche Strom $\bar{I}$ bei einem vorgegebenen Potential $\varepsilon$ ist

$$\begin{aligned} \bar{I} &= \bar{I}_\infty\cdot\bar{\Phi}(\chi) \approx \bar{I}_\infty\frac{\chi}{1{,}6+\chi} = \\ &= \bar{I}_\infty\cdot\frac{0{,}812\cdot\left(\dfrac{k_r^*}{\sqrt{D_r}}+\dfrac{k_o^*}{\sqrt{D_o}}\right)\cdot\sqrt{\vartheta}}{1+0{,}812\cdot\left(\dfrac{k_r^*}{\sqrt{D_r}}+\dfrac{k_o^*}{\sqrt{D_o}}\right)\cdot\sqrt{\vartheta}} \\ \text{mit } k_r^* &= \frac{k_r}{zF}\cdot\exp\left(\frac{\alpha zF}{RT}\varepsilon\right) \text{ und } k_o^* = \frac{k_o}{zF}\cdot\exp\left(-\frac{(1-\alpha)zF}{RT}\varepsilon\right)\end{aligned} \tag{2.439}$$

mit der Tropfzeit $\vartheta$ und der Funktion $\Phi(\chi)$ nach Gl. (2.352) bzw. (2.354)*. $\bar{I}_\infty$ ist der reine Diffusionsstrom nach der Ilkovič-Gleichung (2.227) bei einer Konzentrationsverarmung $\Delta c = \bar{c} - c$, die dem Potential $\varepsilon$ entspricht, wenn keine Durchtrittshemmung ($i_0 = \infty$) vorliegt.

R. Brdička[14] leitet aus Gl. (2.439) die polarographische Stromspannungskurve für die überlagerte Diffusions- und Durchtrittshemmung ab. Hierzu muß noch die mittlere polarographische Grenzstromdichte $\bar{I}_d$ nach Gl. (2.227) bei reiner Diffusionshemmung eingeführt werden. Aus der polarographischen Stromspannungsbeziehung bei reiner Diffusion Gl. (2.234) folgt

$$\frac{\bar{I}_d}{\bar{I}_\infty} = 1 + \exp\left(\frac{zF}{RT}\cdot(\varepsilon - {}_0E_{1/2})\right) \tag{2.440}$$

Unter Berücksichtigung, daß beim Gleichgewichtspotential auf Grund des kinetischen Ansatzes [Gl. (2.39)] der Nernstschen Gleichung

$$\frac{\bar{c}_o}{\bar{c}_r} = \frac{k_r^*}{k_o^*} = \exp\left[\frac{zF}{RT}(\varepsilon - E_0)\right] \tag{2.441}$$

($E_0$= Normalpotential) ist, und daß nach Gl. (2.235) zwischen dem reversiblen Halbstufenpotential ${}_0E_{1/2}$ und $E_0$ die Beziehung

$$\sqrt{\frac{D_o}{D_r}} = \exp\left[\frac{zF}{RT}(E_0 - {}_0E_{1/2})\right] \tag{2.442}$$

besteht**, folgt aus Gl. (2.439) und Gl. (2.440)

$$\frac{\bar{I}}{\bar{I}_d} = \frac{0{,}812\cdot\sqrt{\dfrac{\vartheta}{D_o}}\cdot k_o^*}{1 + 0{,}812\cdot\left(\dfrac{k_r^*}{\sqrt{D_r}} + \dfrac{k_o^*}{\sqrt{D_o}}\right)\cdot\sqrt{\vartheta}} \tag{2.443}$$

Für die polarographische Stromspannungskurve ergibt sich schließlich hieraus unter Beachtung von Gl. (2.441) und Gl. (2.442)***

$$\boxed{\frac{\bar{I}_d - \bar{I}}{\bar{I}} = \exp\left[\frac{zF}{RT}(\varepsilon - {}_0E_{1/2})\right] + 1{,}23\cdot\frac{zF}{k_o}\cdot\sqrt{\frac{D_o}{\vartheta}}\cdot\exp\left(\frac{(1-\alpha)zF}{RT}\varepsilon\right)} \tag{2.444}$$

Bei starker Durchtrittshemmung wird das *irreversible Halbstufenpotential* $E_{1/2}$ sehr viel negativer (kathodischer Strom) sein als das *reversible Halbstufenpotential* ${}_0E_{1/2}$. Infolgedessen ist $\exp[zF(E_{1/2} - {}_0E_{1/2})/RT] \ll 1$ und gegenüber $(\bar{I}_d - \bar{I})/\bar{I} = 1$ beim Halbstufenpotential zu vernachlässigen. Hiermit folgt aus Gl. (2.444) das irreversible Halbstufenpotential $E_{1/2}$

$$E_{1/2} = \frac{RT}{(1-\alpha)zF}\cdot\ln\left(0{,}812\frac{k_o}{zF}\cdot\sqrt{\frac{\vartheta}{D_o}}\right) \tag{2.445}$$

---

* Koutecky, J.: Coll. czech. chem. Comm. **18**, 597 (1953) gibt einen Zahlenfaktor 0,87 an. Dieser numerische Wert sollte wohl genau $0{,}812 = \sqrt{21\pi/100}$ sein. Vgl. z. B. R. Brdička: Coll. czech. chem. Comm. **20**, 387 (1955).

[14] Brdička, R.: Coll. czech. chem. Comm. **19**, 41 (1954).

** Die Aktivitätskoeffizienten sollen hier überall nicht berücksichtigt werden.

*** Die Einschränkung $D_o = D_r$ und ${}_0E_{1/2} = E_0$, wie sie von R. Brdička [Coll. czech. chem. Comm. **19**, 41 (1954)] vorausgesetzt wurde, ist nicht notwendig.

Abb. 117 gibt den Verlauf der polarographischen Stromspannungskurve nach Gl. (2.444) für verschiedene Geschwindigkeitskonstanten $k_0$ der Durchtrittsreaktion wieder. Die gestrichelte Kurve ist von P. Delahay[15] für die Werte der Kurve 5 ohne Korrektur wegen der Tropfenausdehnung berechnet worden.

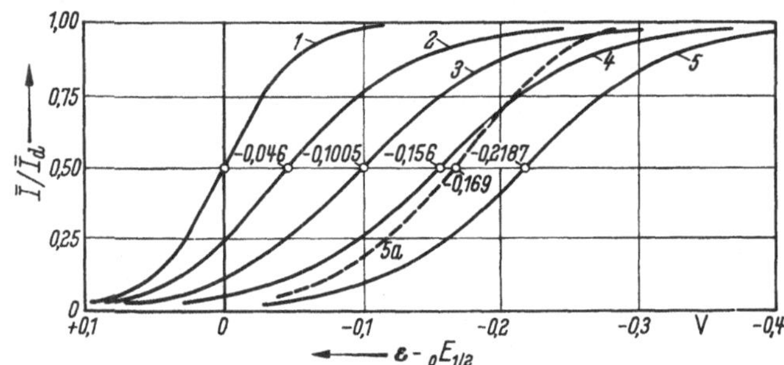


Abb. 117. Polarographische Stromspannungskurven nach Gl. (2.444) bei überlagerter Durchtritts- und Diffusionshemmung für verschiedene Geschwindigkeitskonstanten $k_0/zF$ der kathodischen Durchtrittsreaktion. Kurve 1: $k_0/zF = \infty$ (reine Diffusionshemmung), 2: $k_0/zF = 10^{-3}$; 3: $3 \cdot 10^{-4}$; 4: $10^{-4}$; 5: $3 \cdot 10^{-5}$ cm · sec$^{-1}$. $\alpha = 0{,}5$; $z = 1$; $D_0 = 10^{-5}$ cm$^2$ · sec$^{-1}$; $\vartheta = 3$ sec; Temp. = 25° C [nach R. Brdička: Coll. czech. chem. Comm. **19**, 41 (1954)]. Kurve 5a nach P. Delahay[15]

## § 85. Ältere Definitionen von Überspannungsarten

Vor Einführung der Unterteilung in Durchtritts-, Diffusions-, Reaktions- und Kristallisationüberspannung[1] wurden nach einem Vorschlag von F. P. Bowden, u. J. N. Agar[2] die Begriffe Aktivierungsüberspannung, Konzentrationsüberspannung und Widerstandsüberspannung unterschieden. Der letzte Begriff soll hier nicht weiter diskutiert werden, da er in den folgenden § 86—89 als Widerstands*polarisation* behandelt wird.

Der Begriff der Konzentrationsüberspannung von Agar u. Bowden ist der von F. Haber[3] eingeführten Überspannungsart gleich und entspricht genau der Diffusionsüberspannung $\eta_d$. Jetzt wird der Begriff der Konzentrationsüberspannung $\eta_c$ (§ 78) als Sammelbegriff für Diffusions- und Reaktionsüberspannung verwendet.

Die Aktivierungsüberspannung ist nach J. N. Agar u. F. P. Bowden[2] der verbleibende Rest der Gesamtüberspannung nach Abzug von Diffusionsüberspannung (früher Konzentrationsüberspannung) und der Widerstandspolarisation. Infolgedessen ist

$$\boxed{\begin{aligned} &\text{Aktivierungsüberspannung} \\ &\quad = \text{Durchtrittsüberspannung} + \\ &\qquad + \text{Reaktionsüberspannung} + \\ &\qquad (+ \text{Kristallisationsüberspannung}) \end{aligned}} \qquad (2.446)$$

[15] Delahay, P.: J. Am. Soc. **75**, 1430 (1953).

[1] Vetter, K. J.: Z. physik. Chem. **194**, 284 (1950).

[2] Bowden, F. P., u. J. N. Agar: Ann. Rep. Progr. Chem. **35**, 90 (1938). — Agar, J. N., u. F. P. Bowden: Proc. Roy. Soc. **169 A**, 206 (1939).

[3] Haber, F., u. R. Russ: Z. physik. Chem. **47**, 257 (1904); s. auch E. Brunner: Z. physik. Chem. **58**, 1 (1907), spez. S. 4, Fußnote 2.

Dieser Definition entsprechend wurde die Aktivierungsüberspannung z. B. von G. KORTÜM u. J. O'M. BOCKRIS[4], J. A. V. BUTLER[5] und E. LANGE[6] behandelt.

Wie den vorangehenden Kapiteln entnommen werden kann, ist eine einheitliche Behandlung dieser „Aktivierungsüberspannung" nicht möglich, da die ihr zugrunde liegenden Hemmungen ganz verschiedene Gesetzmäßigkeiten haben*. Zur theoretischen Behandlung muß die Durchtrittshemmung von der Reaktionshemmung unterschieden und gesondert diskutiert werden. Ist die Beteiligung beider Hemmungen noch unbekannt, so können keine theoretischen Aussagen über die Aktivierungsüberspannung gemacht werden. Dann ist die Aktivierungsüberspannung entsprechend ihrer Definition nur der Rest mit unbekannter Ursache, der nach Subtraktion der bekannten Überspannungsarten (Diffusionsüberspannung und Widerstandspolarisation) noch zurückbleibt. Es erscheint deshalb die Verwendung des Begriffes „Aktivierungsüberspannung" unzweckmäßig.

Die Aktivierungsüberspannung entspricht dem noch älteren Begriff der „chemischen Polarisation[7]".

# F. Widerstandspolarisation

## § 86. Definition der Widerstandspolarisation $\eta_\Omega$

Der Begriff der Widerstandspolarisation wurde von F. P. BOWDEN u. J. N. AGAR[1, 2] als der *ohmsche Potentialabfall innerhalb des Elektrolyten* und in evtl. auftretenden Deckschichten bei Stromfluß eingeführt**. Es handelt sich also hierbei um eine Potentialdifferenz, die außerhalb der elektrolytischen Doppelschicht auftritt. Dieser ohmsche Spannungsabfall hat somit keinen Einfluß auf das elektrochemische Geschehen. Es bestehen nur gewisse experimentelle Schwierigkeiten, diesen ohmschen Spannungsabfall bei Überspannungsmessungen nicht mitzumessen bzw. ihn zu eliminieren. Die Größe der so definierten Widerstandspolarisation hängt daher auch nicht von den elektrochemischen Vorgängen, sondern

---

[4] KORTÜM, G., u. J. O'M. BOCKRIS: Textbook of Electrochemistry, Bd. II, S. 397. Elsevier Publ. Comp. 1951. Die neue 2. Auflage von G. KORTÜM: Lehrbuch der Elektrochemie, Verlag Chemie, Weinheim/Bergstraße 1957, verwendet den Begriff der Aktivierungsüberspannung nicht mehr.

[5] BUTLER, J. A. V.: Electrical Phenomena at Interfaces, S. 156. London 1951.

[6] LANGE, E.: Z. Elektrochem. **55**, 76 (1951). — LANGE, E., u. K. NAGEL: Z. Elektrochem. **53**, 21 (1949).

* So führen z. B. sowohl der Volmersche Entladungsmechanismus als auch der Tafelsche Rekombinationsmechanismus der Wasserstoffelektrode getrennt oder überlagert zur Aktivierungsüberspannung.

[7] Vgl. E. BAARS: Hdb. d. Physik, Bd. 13, S. 564, Springer 1928 (chem. Polarisation), S. 547 (Konzentrationspolarisation). — KREMANN, R.: Hdb. d. Exp. Physik. Bd. 12,2, S. 167. Leipzig 1933, S. 195 (chem. Polarisation), S. 184 (Konzentrationspolarisation).

[1] BOWDEN, F. P., u. J. N. AGAR: Ann. Rep. Progr. Chem. **35**, 90 (1938). — AGAR, J. N., u. F. P. BOWDEN: Proc. Roy. Soc. **169 A**, 206 (1939).

[2] Siehe auch G. FALK u. E. LANGE: Z. Naturf. **1**, 388 (1946); Z. Elektrochem. **54**, 132 (1950). — E. LANGE: Z. Elektrochem. **55**, 76 (1951).

** Hier soll eine etwas abweichende Definition verwendet werden.

von der apparativen Anordnung und der Leitfähigkeit des Elektrolyten bzw. der Deckschicht ab. Daher ist die Widerstandspolarisation weitgehend von Apparatekonstanten abhängig, wie z. B. von dem Abstand der Haber-Luggin-Kapillare von der Elektrodenoberfläche.

Bei dem hier diskutierten Begriff des ohmschen Potentialabfalls handelt es sich auf keinen Fall um eine Überspannung im Sinne der Definition als Differenz zwischen Potential $\varepsilon$ und Gleichgewichtspotential $\varepsilon_0$. Der ohmsche Spannungsabfall kann eigentlich auch nicht zur Polarisation gerechnet werden, die als Differenz zwischen dem Potential bei Stromfluß $\varepsilon(i)$ und dem Potential bei Stromlosigkeit $\varepsilon(0)$ definiert ist. Da der Begriff der Polarisation allgemeiner ist, und da die Definition nichts über die Ursache aussagt, erscheint es gerechtfertigt, den ohmschen Spannungsabfall als Widerstandspolarisation zu bezeichnen. Deshalb soll nicht von Widerstandsüberspannung, sondern von Widerstandspolarisation gesprochen werden. Für theoretische Untersuchungen der Mechanismen der Elektrodenvorgänge besteht daher kein Interesse an der Einführung und Diskussion einer den ohmschen Spannungsabfall betreffenden Größe. Bei experimentellen Untersuchungen jedoch spielt der ohmsche Spannungsabfall oftmals eine große Rolle. Aus diesem Grunde soll hier ein in bestimmter Weise definierter Potentialabfall außerhalb der elektrolytischen Doppelschicht als *Widerstandspolarisation* bezeichnet werden, der bei elektrochemischen Messungen berücksichtigt bzw. eliminiert werden muß.

Während im Innern des Elektrolyten der ohmsche Widerstand unabhängig von der Stromdichte ist, hängt der elektrolytische Widerstand der Nernstschen Diffusionsschicht (§ 60) von der Stromdichte ab, da sich bei Stromfluß die Konzentrationen innerhalb dieser Schicht verändern. Der Potentialabfall innerhalb der Diffusionsschicht der Dicke $\delta$ soll daher als Widerstandspolarisation bezeichnet werden. Wie im § 87 noch gezeigt werden wird, setzt sich diese Potentialdifferenz $\eta_\Omega$ aus einem echten ohmschen Potentialabfall $\eta_\Omega^*$ auf Grund der örtlich veränderlichen Leitfähigkeit $\varkappa(\xi)$ des Elektrolyten und aus einem Flüssigkeitsdiffusionspotential $\varepsilon_D$ infolge des Konzentrationsgefälles in der Diffusionsschicht zusammen. Beide Anteile können Werte erreichen, die mit der Diffusionsüberspannung vergleichbar sind.

Ein Potentialabfall innerhalb einer Deckschicht soll ebenfalls zur Widerstandspolarisation gerechnet werden, obwohl es sich hierbei nicht um eine Eigenschaft der Apparatur, sondern der Elektrode handelt. Auch hier ist bei einer Elektrizitätsleitung durch verschiedene elektrisch geladene Teilchenarten (Ionen, Elektronen) eine Aufteilung in einen reinen Potentialabfall als Folge des Stromflusses und in ein Diffusionspotential $\varepsilon_D$ möglich. Außerdem kann diese Art der Widerstandspolarisation an der gleichen Elektrode für verschiedene Elektrodenbruttoreaktionen (bei Mischpotentialbildung) gleichzeitig verschiedene Werte haben, wie es in § 88 noch auseinandergesetzt werden wird. Diese Art der Widerstandspolarisation kann Größen von mehreren 100 Volt erreichen.

Es soll aber nochmals darauf hingewiesen werden, daß die *Widerstandspolarisation weder einen Einfluß auf die Art, noch auf die Geschwin-*

*digkeit von elektrochemischen Vorgängen ausübt. Die Widerstandspolarisation ist keine Überspannung.*

## § 87. Widerstandspolarisation als Folge des stromabhängigen Widerstandes der Diffusionsschicht

### α) *Ohne Fremdelektrolytzusatz*

Der Potentialverlauf durch die Diffusionsschicht ist bei einem binären $z_A$, $z_B$-wertigen Elektrolyten ohne Fremdelektrolytzusatz am einfachsten zu übersehen. Daher soll die Widerstandspolarisation $\eta_\Omega$ zunächst für diesen Fall untersucht werden. Die reine Diffusionsüberspannung für den gleichen Fall wurde bereits im § 56 β behandelt.

Eine der beiden Substanzen $A$ oder $B$ wird im vorliegenden Fall nach dem Faradayschen Gesetz elektrochemisch umgesetzt*. Wie im § 56 soll dies wieder die Substanz $A$ sein. Nach A. Eucken[1] und E. Lange[2] muß der Potentialabfall in der Diffusionsschicht so groß sein, daß in jeder Entfernung $\xi$ von der Oberfläche die Diffusionsgeschwindigkeit von $B$ entgegengesetzt gleich der Migrationsgeschwindigkeit von $B$ infolge des elektrischen Feldes** ist. Der Transport des Stoffes $B$ von und zur Oberfläche muß null sein, da $B$ an der Elektrodenoberfläche elektrochemisch nicht umgesetzt werden soll. Diese Bedingung ist durch die Gleichsetzung von Diffusions- und Migrationsgeschwindigkeit (mol/cm²· sec) in jeder Entfernung $\xi$ von der Oberfläche erfüllt. Daher muß die Beziehung

$$\frac{c_B}{\bar{c}_B} = \exp\left(-\frac{z_B F}{RT}\,\eta_\Omega\right) \tag{2.447}$$

bestehen, die der Gl. (1.110) bzw. Gl. (2.18) für die Konzentrationsveränderung in der diffusen Doppelschicht entspricht***. Auf Grund der Erhaltung der Elektroneutralität muß $z_A \cdot c_A = -z_B \cdot c_B$ sein, so daß $c_B/\bar{c}_B = c_A/\bar{c}_A$ ist. Andererseits ist nach Gl. (2.111) das Konzentrationsverhältnis vor der Oberfläche $\xi = 0$ $c_A/\bar{c}_A = 1 - i/i_{d,A}$. Durch Gleichsetzen

* Der zu behandelnde Fall tritt z. B. bei der elektrochemischen Metallabscheidung aus einer Lösung eines binären Salzes dieses Metalls auf. Auch die entsprechende Auflösung fällt unter diese Betrachtung. Ebenfalls sind die Gasentwicklungen unter Verbrauch einer Ionenart, wie $H_2$-, $O_2$-, $Cl_2$-, aber auch $Br_2$- und $J_2$-Entwicklung, hierher zu rechnen, wenn in den Elektrolytlösungen nur binäre Säuren, Basen bzw. Chloride, Bromide, Jodide gelöst sind.

[1] Eucken, A.: Z. physik. Chem. **59**, 72 (1907).

[2] Lange, E.: Z. Elektrochem. **59**, 638 (1955).

** Als Migrationsgeschwindigkeit soll die Anzahl Mole verstanden werden, die auf Grund der Wirkung eines elektrischen Feldes durch 1 cm² Querschnitt pro Sekunde wandern. Die Wanderung infolge eines Konzentrationsunterschiedes (genauer Aktivitätsunterschied) wird im Gegensatz hierzu als Diffusion behandelt.

*** Gl. (2.447) ergibt sich als thermodynamisch begründete Beziehung unter der Bedingung, daß durch die ganze Diffusionsschicht das elektrochemische Potential $\eta = \mu + zF \cdot \varphi =$ konst. gesetzt wird.

von Gl. (2.447) und Gl. (2.111) folgt für die *Widerstandspolarisation*

$$\boxed{\eta_\Omega = -\frac{RT}{z_B F}\cdot \ln\left(1-\frac{i}{i_{d,A}}\right) \quad (z_A\text{-}, z_B\text{-Elektrolyt})} \tag{2.448}$$

Die Widerstandspolarisation $\eta_\Omega$ unterscheidet sich somit von der Diffusionsüberspannung $\eta_d$ nach Gl. (2.112) nur durch die Größe $-z_B$ statt $z_A$. Für $|z_A| = |z_B|$ sind Diffusionsüberspannung $\eta_d$ und Widerstandspolarisation $\eta_\Omega$ in allen Strombereichen und Konzentrationen gleich groß. Hieraus ist zu entnehmen, daß die Widerstandspolarisation besonders bei Annäherung an die Diffusionsgrenzstromdichte $i_{d,A}$ recht beachtliche Werte annehmen kann.

Instruktiv ist noch eine andere Ableitung der Gl. (2.448), die die additive Zusammensetzung der Widerstandspolarisation $\eta_\Omega$ aus einem rein ohmschen Anteil $\eta_\Omega^*$ (Leitfähigkeit der Diffusionsschicht) und einem Flüssigkeitsdiffusionspotential $\varepsilon_D$ innerhalb dieser Schicht erkennen läßt. Da sich dieses Flüssigkeitsdiffusionspotential $\varepsilon_D$ erst bei Stromfluß infolge des Konzentrationsgradienten ausbildet, soll es definitionsgemäß mit in die Widerstandspolarisation einbezogen werden.

Der rein ohmsche Anteil $\eta_\Omega^*$ wurde für einen 1,1-wertigen Elektrolyten von J. N. Agar u. F. P. Bowden[3] berechnet. Die folgende Ableitung soll in Anlehnung hieran unter Erweiterung auf einen $z_A$, $z_B$-wertigen Elektrolyten erfolgen. Nach dem Ohmschen Gesetz ist der gesamte ohmsche Potentialabfall in der Diffusionsschicht der Dicke $\delta$

$$\eta_\Omega^* = \int_0^\delta \frac{i}{\Lambda\cdot c(\xi)}\, d\xi \tag{2.449}$$

mit der vom Oberflächenabstand $\xi$ abhängigen Leitfähigkeit $\Lambda\cdot c(\xi)$ des Elektrolyten. Die Äquivalentleitfähigkeit $\Lambda$ soll zur Vereinfachung als unabhängig von der Konzentration angesehen werden. Aus Gl. (2.109) folgt im vorliegenden Fall für die Abstandsfunktion der Konzentration

$$\frac{c}{\bar{c}} = \frac{c_A}{\bar{c}_A} = \frac{c_B}{\bar{c}_B} = 1 - \frac{i}{i_{d,A}}\cdot\left(1-\frac{\xi}{\delta}\right) \tag{2.450}$$

Aus Gl. (2.449) und Gl. (2.450) ergibt sich nach Ausführung der Integration

$$\eta_\Omega^* = -\frac{\delta\cdot i_{d,A}}{\Lambda\cdot\bar{c}}\cdot\ln\left(1-\frac{i}{i_{d,A}}\right) \tag{2.451}$$

Die spezifische Leitfähigkeit des Elektrolyten $\Lambda\cdot\bar{c}$ läßt sich unter Verwendung der Beziehung $D_A = \Lambda_A\cdot RT/|z_A|F^2$ durch die Überführungszahl $t_A$ und die Diffusionskonstante $D_A$ ausdrücken. Es ist

$$\Lambda\cdot\bar{c} = \frac{\Lambda_A\cdot|z_A|\cdot\bar{c}_A}{t_A} = \frac{z_A^2 F^2\cdot D_A\cdot c_A}{RT\cdot t_A} \tag{2.452}$$

Gl. (2.452) und Gl. (2.110) für die Diffusionsstromdichte $i_{d,A}$ in Gl.

[3] Agar, J. N., u. F. P. Bowden: Proc. Roy. Soc. **169** A, 206 (1939).

(2.451) eingesetzt, ergeben schließlich

$$\eta_\Omega^* = t_A \cdot \frac{RT}{z_A \cdot F} \cdot \left(1 + \left|\frac{z_A}{z_B}\right|\right) \cdot \ln\left(1 - \frac{i}{i_{d,A}}\right) \tag{2.453}$$

Diese Gleichung für den rein ohmschen Potentialabfall innerhalb der Diffusionsschicht entspricht für $|z_A| = |z_B| = 1$ der von J. N. Agar u. F. P. Bowden[3] abgeleiteten Beziehung.

Das Flüssigkeitsdiffusionspotential $\eta_D$ ergibt sich aus Gl. (1,68) in Verbindung mit Gl. (2.450) zu

$$\varepsilon_D = -\left(\frac{t_A}{z_A} + \frac{t_B}{z_B}\right) \cdot \frac{RT}{F} \cdot \ln\left(1 - \frac{i}{i_{d,A}}\right) \tag{2.454}$$

Gl. (2.453) für $\eta_\Omega^*$ und Gl. (2.454) für $\varepsilon_D$ addiert ergeben die Gl. (2.448) für die gesamte Widerstandspolarisation* in diesem einfachen Fall.

### β) *Mit Fremdelektrolytzusatz*

Ein Zusatz von Fremdelektrolyt oder auch die Anwesenheit von mehreren gelösten Salzen, z. B. bei Redoxpotentialen, setzt die Widerstandspolarisation ganz bedeutend herab, so daß sie hier meistens keine wesentliche Bedeutung mehr hat. Bei Anwesenheit nur eines binären Elektrolyten wird der spez. Widerstand der Elektrolytlösung in Oberflächennähe bei Erreichen der Grenzstromdichte außerordentlich groß. Bei Fremdelektrolytzusatz bleibt auch bei vollständiger Verarmung der elektrochemisch wirksamen Substanz in Grenzstromnähe die Leitfähigkeit des Fremdelektrolytzusatzes erhalten. Extrem hohe spezifische Widerstände treten somit hier nicht auf. Außerdem wird das Flüssigkeitsdiffusionspotential klein, da sich die oberflächennahen Elektrolytschichten von dem Elektrolyten im Innern der Lösung in ihrer gesamten ionalen Konzentration nur wenig unterscheiden werden.

Die Berechnung der Widerstandspolarisation für den allgemeinen Fall läßt sich kaum durchführen. Es soll hier vielmehr der allgemeine Ansatz für die Berechnung spezieller Fälle angegeben werden. Für diese Berechnung der Widerstandspolarisation $\eta_\Omega$ ist die Kenntnis der Konzentrationen $c_j(i)$ der Stoffe $S_j$, die in der Elektrodenbruttoreaktion enthalten sind, für $\xi = 0$ nötig. Diese sind nach dem allgemeinen Ansatz (§ 56 $\gamma$) in speziellen Fällen berechenbar. Sind weiterhin in dem Elektrolyten noch $n$ verschiedene Stoffe $S_k$ vorhanden, so treten noch $n$ Gleichungen entsprechend (2.118b) bzw. (2.447) auf

$$c_k = \bar{c}_k \cdot \exp\left(-\frac{z_k F}{RT}\,\eta_\Omega\right) \tag{2.455}$$

Mit der Elektroneutralitätsbedingung

$$\sum z_j\, c_j = -\sum z_k\, c_k \tag{2.456}$$

an der Oberfläche $\xi = 0$ ergeben sich $n + 1$ Gleichungen für die $n$ Konzentrationen $c_k$ und die Widerstandspolarisation $\eta_\Omega$. Die in Gl. (2.118b) enthaltene Potentialdifferenz $\Delta\varphi$ ist die Widerstandspolarisation.

---

* $\frac{t_A}{z_A} \cdot \left(1 + \frac{|z_A|}{|z_B|}\right) = \frac{t_A}{z_A} - \frac{t_A}{z_B} = \frac{t_A}{z_A} - \frac{1}{z_A} + \frac{t_B}{z_B}$

Die hierbei erhältliche Widerstandspolarisation setzt sich wiederum aus einem *rein ohmschen Anteil* mit einer sehr kleinen Zeitkonstante und *einem Anteil Flüssigkeitsdiffusionspotential* $\varepsilon_D$ zusammen, dessen Zeitkonstante der der Diffusionsüberspannung ähnlich ist.

## § 88. Widerstandspolarisation bei Deckschichten

Größere Potentialdifferenzen können unter Umständen bei der Stromleitung durch Deckschichten auftreten, die sich zwischen dem Elektrodenmetall und der Elektrolytlösung befinden. Durch die experimentelle Anordnung sind Widerstände derartiger Deckschichten meistens nur schwer zu eliminieren, so daß die hierdurch verursachten Potentialabfälle mitgemessen werden. Derartige Potentialdifferenzen sind eine Eigenschaft der Elektrode und nicht der apparativen Meßanordnung. Es soll daher diese Erscheinungen ebenfalls als Widerstandspolarisation angesehen werden.

Die Deckschichten sind im allgemeinen Halbleiter, bei denen Elektronen- oder Ionenleitfähigkeit oder beide zu berücksichtigen sind. Es kommt hinzu, daß die Deckschichten vielfach sehr dünn sind. Die Dicke dieser unsichtbaren oder nur durch Anlauffarben sichtbaren Schichten beträgt häufig nur 10 bis 1000 AE. Schichten, die die Passivität von Metallen verursachen, sind hierunter zu rechnen. Poröse, isolierende Deckschichten sind in den Poren elektrolytisch leitend. Auf die Behandlung derartiger Schichten ist der § 87 unter Beachtung des sehr verkleinerten Querschnittes anzuwenden.

In dünnen und porenfreien Schichten treten, wenn nur eine sehr geringe Leitfähigkeit vorhanden ist, oft außerordentlich hohe Feldstärken von $10^6$ bis $10^7$ Volt/cm auf. Bekannt sind hierfür die Untersuchungen von A. GÜNTHERSCHULZE u. H. BETZ[1] über den Potentialabfall in dünnsten, anodisch gebildeten Passivschichten auf Aluminium. Auch andere Metalle, wie Ti, Zr, Ta[1–4] zeigen hohe Potentialdifferenzen in den Deckschichten. Die anodische Sauerstoffentwicklung beginnt hier nicht wie sonst bei etwa + 1,6 bis 1,8 Volt gegen die Wasserstoffelektrode mit merklicher Geschwindigkeit, sondern erst bei 100 oder 200 Volt. Die hierbei freiwerdenden Elektroden haben einen so großen Widerstand in der Deckschicht zu überwinden, daß schon bei merklichen Stromdichten Widerstandspolarisationen von mehr als 100 Volt auftreten. An den Phasengrenzen Metall/Deckschicht und Deckschicht/Elektrolyt können trotzdem Gleichgewichte ausgebildet sein. Die Größe der Widerstandspolarisation hat auch hier keinen Einfluß auf die Elektrodenprozesse an den Phasengrenzen.

Noch komplizierter werden die Vorgänge, wenn Redoxvorgänge und Metallauflösungs- oder Abscheidungsvorgänge gleichzeitig an den Deck-

[1] GÜNTHERSCHULZE, A., u. H. BETZ: Z. Physik **91**, 70 (1934); **92**, 367 (1934). — GEEL, W. CH. VAN: Physica **17**, 761 (1951).

[2] VERMILYEA, D. A.: Acta Metallurgica **1**, 282 (1953); **2**, 476, 482 (1954); **3**, 106 (1955); J. electrochem. Soc. **102**, 655 (1955).

[3] DEWALD, J. F.: J. electrochem. Soc. **102**, 1 (1955); Acta Metallurgica **2**, 340 (1954).

[4] TORRISI, A. F.: J. electrochem. Soc. **102**, 176 (1955).

schichten stattfinden. Hierbei sind sowohl Metallionen- wie Elektronenleitung in der Deckschicht zu berücksichtigen. Bei gleichzeitiger $O_2$-Entwicklung und Korrosion des Metalls durch eine Passivschicht hindurch tritt z. B. dieser Fall ein. Die Vorgänge am passiven Eisen sind nach K. J. VETTER[5] und K. WEIL[6] so zu deuten. Auch auf die Passivschichten des Ni, Co, Cr sowie auch der Edelmetalle dürften diese Betrachtungen auszudehnen sein.

Hier kann z. B. der Fall eintreten, daß bei einem meistens recht positiven Potential ein Redoxprozeß infolge guter Elektronenleitfähigkeit der Schicht praktisch ohne eine Widerstandspolarisation abläuft. Dagegen kann für den Prozeß $Me \rightarrow Me^{z+} + z \cdot e^-$ bei dem gleichen Potentialverlauf vom Metall durch die Schicht bis in den Elektrolyten hinein z. B. infolge eines vorhandenen hohen Feldes innerhalb der Schicht eine große Widerstandspolarisation bestehen. Die gleiche Potentialverteilung kann also große und verschwindend kleine Widerstandspolarisation für verschiedene gleichzeitig ablaufende Vorgänge bedeuten. Der Teil 6 über die Passivität der Metalle gibt diese Verhältnisse ausführlich wieder.

Die Deckschichten können dabei nicht nur als einfache ohmsche Widerstände betrachtet werden. Es müssen vielmehr die Elektrodenprozesse an den Phasengrenzen Metall/Deckschicht und Deckschicht/Elektrolyt genauer diskutiert werden, wie es ebenfalls im Teil 6 dieses Buches geschehen wird. Dabei gilt für den Strom bei den oftmals auftretenden hohen Feldstärken nicht mehr das ohmsche Gesetz. An seine Stelle tritt vielmehr ein Exponentialgesetz $i = i_0 \cdot \exp(\beta \Delta\varepsilon/\delta)$ mit $\Delta\varepsilon$ = Potentialabfall in der Schicht und $\delta$ = Schichtdicke, wie es von A. GÜNTHERSCHULZE u. H. BETZ[1], D. A. VERMILYEA[2], K. J. VETTER[5], K. WEIL[6] und J. F. DEWALD[3] an den verschiedensten Metallen beobachtet wurde. Hierüber wird ebenfalls im Teil 6 ausführlich berichtet.

## § 89. Elektrolytwiderstand $R_\Omega$

Bei größeren Stromdichten $i$ tritt auch in gut leitenden Elektrolyten zwischen der Elektrodenoberfläche und der Haber-Luggin-Kapillare ein ohmscher Potentialabfall auf, der bereits so groß ist, daß er für die genaue Erfassung von Überspannungen aus den Meßwerten eliminiert werden muß. Da dieser Elektrolytwiderstand stark von der Form der Elektrode abhängt, ist es notwendig, den Einfluß der Oberflächenform auf $R_\Omega$ zu berücksichtigen*. Eine allgemeine Behandlung ist mathematisch zu kompliziert. Es kann deshalb nur auf einige einfache Spezialfälle, die *ebene*, die *zylindrische* (Drähte) und die *kugelförmige Elektrodenoberfläche* eingegangen werden, die wegen ihres sehr verschiedenen Verhaltens getrennt behandelt werden sollen.

[5] VETTER, K. J.: Z. physik. Chem. **202**, 1 (1953); Z. Elektrochem. **58**, 230 (1954); Z. physik. Chem. N. F. **4**, 165 (1955); auch Z. Elektrochem. **59**, 67 (1955).

[6] WEIL, K.: Z. Elektrochem. **59**, 711 (1955).

* Einige kompliziertere Spezialfälle werden z. B. von C. WAGNER, J. electrochem. Soc. **98**, 116 (1951) behandelt.

### α) *Ebene Oberflächen*

Der Elektrolytwiderstand $R_\Omega$, der sich als Potentialdifferenz $\Delta\varepsilon = i \cdot R_\Omega$ in den Messungen auswirkt, ist gleich dem Widerstand zwischen der Oberfläche und der Äquipotentialfläche, die durch die Mündung der *Haber-Lugin-Kapillare* (Abb. 118a) geht. Bei der ebenen Elektrodenoberfläche mit ebenen, zur Oberfläche parallelen Äquipotentialflächen im Elektrolyten* ist bei einem Abstand $d$ dieser Kapillare von der Oberfläche

$$\boxed{R_\Omega = \frac{d}{\varkappa}\,[\Omega \cdot \mathrm{cm}^2]} \tag{2.457}$$

Vorausgesetzt wird hierbei, daß die Stromlinienverteilung nicht wesentlich durch die Kapillare gestört wird. $\varkappa$ ist die spezifische Leitfähigkeit des Elektrolyten.

Die genannte Bedingung ist jedoch nur erfüllt, wenn die Kapillare weit genug von der Oberfläche entfernt ist. Eine zu nahe Haber-Luggin-Kapillare würde die Oberfläche vor dem Zugang des Polarisationsstromes abdecken. Die darunterliegende Oberfläche nimmt dann ein anderes Potential an als der nicht abgeschirmte größte Teil der Elektrode. PIONTELLI[1,2,3,4] hat diesen Einfluß der Haber-Luggin-Kapillare ausführlich untersucht und kommt zu dem Ergebnis, daß der Abstand $d$ größer als drei Durchmesser (⌀) des Kapillarenendes sein muß, um den Abschirmeffekt sicher zu vermeiden**. Von PIONTELLI u. Mitarb.[3] werden für eine Haber-Luggin-Kapillare

$$R_\Omega = \frac{d - \gamma}{\varkappa} \approx \frac{d - 0{,}3 \cdot \varnothing_a}{\varkappa} \tag{2.458}$$

angegeben. $\gamma$ hängt vom

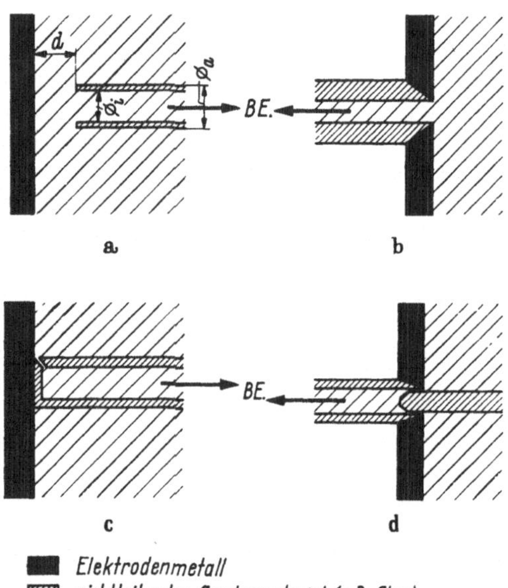


Abb. 118. Verschiedene Sonden für die Potentialmessung. a) Haber-Luggin-Kapillare, b), c) und d) Sonden, die von PIONTELLI vorgeschlagen wurden

* Das bedeutet überall zur Oberfläche senkrechte Feldstärke.

[1] PIONTELLI, R.: Gazz. chim. ital **83**, 357, 370 (1953).

[2] PIONTELLI, R., G. BIANCHI u. R. ALETTI: Z. Elektrochem. **56**, 86 (1952).

[3] PIONTELLI, R., G. BIANCHI, U. BERTOCCI, C. GUERCI u. B. RIVOLTA: Z. Elektrochem. **58**, 54 (1954).

[4] PIONTELLI, R.: Z. Elektrochem. **59**, 778 (1955).

** Meistens wird jedoch nach PIONTELLI[3] auch schon $d > \varnothing_a$ genügen.

Verhältnis des äußeren ($\varnothing_a$) zum inneren Durchmesser ($\varnothing_i$) der Kapillare ab und hat für $\varnothing_i/\varnothing_a \geqq 0{,}5$ den Wert $\gamma \approx 0{,}3$.

In Abb. 118 werden noch einige andere Sonden für möglichst ungestörte Potentialmessungen gezeigt, wie sie von PIONTELLI u. Mitarb.[1,2,3,4] vorgeschlagen und experimentell erprobt wurden.

Die untere Grenze des Widerstandes $R_\Omega$, der in gut leitendem Elektrolyten mit feinen Luggin-Kapillaren erreichbar ist, dürfte in der Größenordnung von $R_\Omega = 0{,}05\ \Omega \cdot \mathrm{cm}^2$ liegen.

### β) *Zylindrische Oberflächen*

Der Widerstand des Elektrolyten vor einer Drahtelektrode, also vor einer zylindrisch geformten Elektrode, zeigt infolge des geometrisch bedingten Anstiegs des Querschnittes mit dem Abstand von der Oberfläche ein anderes Verhalten als im ebenen Fall. Es soll vorausgesetzt werden, daß die Gegenelektrode so angeordnet oder geformt ist, daß ein zylindersymmetrisches Feld mit koaxialen Zylinderflächen als Äquipotentialflächen auftritt*. Dann ist der Querschnitt $q(\xi)$ im Abstand $\xi$ von der Oberfläche

$$q(\xi) = q(0) \cdot \frac{r+\xi}{r} = 2\pi h\,(r+\xi) \tag{2.459}$$

$q(0) = 2\pi\, r \cdot h$ ist die Elektrodenfläche mit dem Radius $r$ und der Länge (Höhe) $h$. Durch Integration der Gl. (2.460)

$$dR = \frac{q(0)}{\varkappa} \cdot \frac{d\xi}{q(\xi)} = \frac{r}{\varkappa} \cdot \frac{d\xi}{r+\xi} \tag{2.460}$$

von $\xi = 0$ bis $\xi = a$, dem Abstand der Haber-Luggin-Kapillare, folgt

$$\boxed{R_\Omega = \frac{r}{\varkappa} \cdot \ln \frac{r+a}{r} \quad [\Omega \cdot \mathrm{cm}^2]} \tag{2.461}$$

für den Elektrolytwiderstand $R_\Omega$, der sich bei der Potentialmessung als Fehlspannung auswirkt, wenn die Oberfläche der zylindrischen Elektrode $2\pi\, rh = 1\ \mathrm{cm}^2$ ist. Diese Gleichung wurde zuerst von KABANOW[5,6] angegeben und angewandt.

M. BREITER u. TH. GUGGENBERGER[7] verbesserten Gl. (2.461) noch unter Berücksichtigung des Radius $r_K$ der Kapillare. Hierbei wurde

$$R_\Omega = \frac{r}{\varkappa} \cdot \ln \left[ \frac{r+a}{r} \cdot \frac{r+a+r_K}{r+a+2r_K} \right] \tag{2.461 a}$$

erhalten. Gl. (2.461 a) geht für $r_K \ll r + a$ in Gl. (2.461) über. Gl. (2.461 a) konnte experimentell bestätigt werden[7].

---

* Diese Voraussetzung ist experimentell leicht zu erfüllen. Der Abstand einer beliebig geformten Gegenelektrode muß groß gegenüber dem Radius der Elektrode ($d \gg r$) sein. Dann besteht in der Nähe der Oberfläche ein angenähert zylindersymmetrisches bzw. kugelsymmetrisches Feld.

[5] KABANOW, B.: Acta physicochim. USSR **5**, 193 (1936).

[6] Vgl. auch K. J. VETTER: Z. Elektrochem. **55**, 274 (1951). — KNORR, C. A.: Z. Elektrochem. **57**, 599 (1953).

[7] BREITER, M., u. TH. GUGGENBERGER: Z. Elektrochem. **60**, 594 (1956); **62**, 859 (1958).

Da $\ln [(r+a)/r]$ in Gl. (2.461) auch bei Abständen $a$, die wesentlich größer als $r$ sind, die Größenordnung 1 hat, kann als Richtgröße für den Elektrolytwiderstand $R_\Omega \approx r/\varkappa$ [$\Omega \cdot \text{cm}^2$] angesehen werden. Das bedeutet, daß der Radius in Gl. (2.461) sich wie der Abstand $d$ [Gl. (2.457)] im ebenen Feld auswirkt, der Abstand $a$ jedoch im zylindersymmetrischen Fall keine wesentliche Bedeutung hat. Der Potentialabfall $\Delta\varepsilon = i \cdot R_\Omega$ läßt sich also durch Verkleinerung von $r$ (Drahtradius) herabdrücken.

### $\gamma$) *Kugelförmige Oberflächen*

Auch für den Elektrolytwiderstand vor einer kugelförmigen Oberfläche* läßt sich bei Voraussetzung einer kugelsymmetrischen Feldverteilung** eine einfache Beziehung angeben. Der Querschnitt $q(\xi)$ im Abstand $\xi$ von der Oberfläche ist

$$q(\xi) = q(0) \cdot \frac{(r+\xi)^2}{r^2} \tag{2.462}$$

Durch Integration der Gl. (2.463)

$$dR = \frac{q(0)}{\varkappa} \cdot \frac{d\xi}{q(\xi)} = \frac{r^2}{\varkappa} \cdot \frac{d\xi}{(r+\xi)^2} \tag{2.463}$$

von $\xi = 0$ bis $\xi = a$ ergibt sich

$$\boxed{R_\Omega = \frac{r}{\varkappa} \cdot \frac{a}{r+a} \; [\Omega \cdot \text{cm}^2]} \tag{2.464}$$

und für $a = \infty$

$$R_\Omega = \frac{r}{\varkappa} \; [\Omega \cdot \text{cm}^2] \tag{2.465}$$

In diesem Fall strebt sogar der Widerstand mit wachsendem Abstand einem Grenzwert zu, in dem der Krümmungsradius $r$ wiederum die Funktion des Abstandes $d$ im ebenen Feld übernimmt. Der ohmsche Potentialabfall $\Delta\varepsilon = i \cdot R_\Omega$ läßt sich also auch hier durch Verkleinerung des Krümmungsradius herabdrücken.

# 3. Ermittlungsmethoden für elektrochemische Reaktionsmechanismen

## § 90. Aufgabenstellung

In den folgenden Paragraphen sollen Methoden erläutert werden, die zur Aufklärung elektrochemischer Reaktionsmechanismen benutzt werden können. Unter dem Reaktionsmechanismus sei dabei die Folge der Einzelreaktionen verstanden, die tatsächlich hinter- oder auch

* Die Elektrodenoberfläche kann z. B. nur eine Kugelkalotte (oder Halbkugel) sein.

** Fußnote * S. 301.

nebeneinander ablaufen und die in ihrer Gesamtheit die Elektrodenbruttoreaktion bilden. Die *Bestimmung dieser Reaktionsfolge kann, wie in der chemischen Kinetik, nur auf experimenteller Grundlage erfolgen. Eine theoretische Berechnung, z. B. auf quantentheoretischer Grundlage, ist zur Zeit noch nicht möglich.*

Das erste Ziel der angegebenen Methoden ist hierbei ebenso wie in der chemischen Kinetik die *Ermittlung von Reaktionsordnungen*. Bevor die Reaktionsordnungen erfaßt werden können, muß die *Art der Reaktionshemmung*, für die diese Ordnungen gelten sollen, bekannt sein. Es muß daher zunächst die Art der Überspannung ermittelt werden.

Um aber die Art der Überspannung beurteilen zu können, muß sichergestellt sein, daß nur eine Elektrodenbruttoreaktion abläuft. Für die Auswertung der Reaktionsordnungen am Ende der Untersuchungen muß diese *Elektrodenbruttoreaktion genau bekannt* sein. Die erste Aufgabe ist daher die Untersuchung des ablaufenden Elektrodenbruttoumsatzes in qualitativer und quantitativer Hinsicht.

# A. Prüfung der Elektrodenbruttoreaktion

## § 91. Prüfung der Elektrodenbruttoreaktion

Zur Ermittlung eines elektrochemischen Reaktionsmechanismus ist die Untersuchung des elektrochemischen Umsatzes erforderlich, dessen Geschwindigkeit nach dem Faradayschen Gesetz der Stromdichte proportional ist. Wichtig ist hierbei, ob bei dem zu untersuchenden Elektrodensystem nur eine oder mehrere voneinander unabhängige verschiedene Elektrodenreaktionen nebeneinander ablaufen. Im letzten Fall wäre für die Bestimmung des Mechanismus die Kenntnis des Stromanteils nötig, mit dem die aufzuklärende Elektrodenbruttoreaktion nach dem Faradayschen Gesetz abläuft. Es ist deshalb z. B. durch chemische Analyse zu prüfen, ob der Strom in dem betreffenden Potentialbereich zu einer 100%igen Umsetzung nach der Elektrodenbruttoreaktion führt, ob also die *Stromausbeute* bezüglich der zu untersuchenden Elektrodenbruttoreaktion 1 ist. Wenn dies nicht der Fall ist, so ist durch chemische Analyse des Umsatzes die Stromausbeute in Abhängigkeit vom Potential unter den experimentellen Bedingungen zu ermitteln.

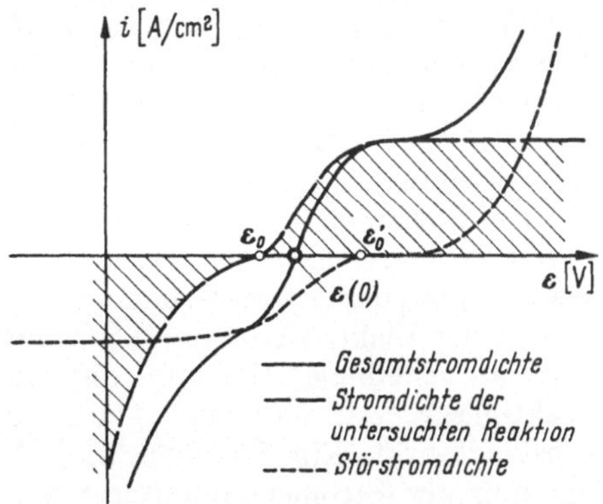


Abb. 119. Überlagerung der Stromdichte der untersuchten Elektrodenbruttoreaktion (lang gestrichelt) mit der Stromdichte einer Storreaktion (kurz gestrichelt) zur Gesamtstromdichte. $\varepsilon_0$ = Gleichgewichtspotential, $\varepsilon_0'$ = Gleichgewichtspotential des Störvorganges, $\varepsilon(0)$ = stromloses Potential = Mischpotential

Zur Veranschaulichung der zu berücksichtigenden Vorgänge soll die Abb. 119 dienen. Hierin ist die gesuchte Stromspannungskurve (lang gestrichelt) mit dem Gleichgewichtspotential $\varepsilon_0$ und eine Störstromdichte (kurz gestrichelt*) mit dem Gleichgewichtspotential $\varepsilon_0'$ des *Störvorganges* in Abhängigkeit vom Potential $\varepsilon$ eingetragen. Die ausgezogene Kurve gibt die experimentell bestimmbare Gesamtstromspannungskurve mit einem stromlosen Ruhepotential $\varepsilon(0)$ wieder. Diese Kurve folgt nach C. WAGNER u. W. TRAUD[1] aus der Addition der Stromdichten der beiden Vorgänge. Das Potential $\varepsilon(0)$ wird als „*Mischpotential*" (§ 176) bezeichnet. Aus dem Verhältnis der gesuchten Stromdichte (schraffiert) zur Gesamtstromdichte, das gleich der Stromausbeute ist, folgt, daß diese Stromausbeute sowohl kleiner als auch größer als 100% sein kann und stark vom Potential abhängen kann.

Das Gleichgewichtspotential $\varepsilon_0$ muß die auf Grund der Elektrodenbruttoreaktion

$$(-\nu_1) S_1 + (-\nu_2) S_2 + \cdots \leftrightarrows \nu_l S_l + \cdots + \nu_q S_q + n \cdot e^- \tag{3.1}$$

nach der Nernstschen Gleichung

$$\varepsilon_0 = E_0 + \frac{RT}{nF} \cdot \sum \nu_j \cdot \ln a_j \tag{3.2}$$

folgende Konzentrationsabhängigkeit haben. Für das Mischpotential $\varepsilon(0)$ besteht aber kein Grund für die Erfüllung dieser Bedingung.

Unter Umständen ist die Größe der Störstromdichte beim Mischpotential mehr oder weniger stark durch einen Diffusionsvorgang bedingt. Eine Veränderung der Rührgeschwindigkeit würde dann die Störstromdichte verändern, was wiederum eine Änderung des Mischpotentials verursachen würde. Eine *Rührabhängigkeit des stromlosen Potentials deutet also auf das Vorliegen eines thermodynamisch nicht reversiblen Mischpotentials hin.*

Der Elektrodenzustand kann auf Grund der Vorbehandlung der Elektrode verschieden sein. Trotzdem muß das Gleichgewichtspotential aus thermodynamischen Gründen von diesem Zustand unabhängig sein, da sich der Elektrodenzustand nur auf die Geschwindigkeit der Gleichgewichtseinstellung, also auf die Austauschstromdichte $i_0$ bzw. die Reaktionsgrenzstromdichte $i_r$, nicht aber auf den Gleichgewichtswert selbst auswirkt. Ein *Mischpotential*, dessen Wert sich durch die Überlagerung der Stromspannungskurve der zu untersuchenden Reaktion mit der des Störvorganges ausbildet, *wird dagegen im allgemeinen vom Elektrodenzustand abhängen.*

Als *Kriterium für* das Vorliegen einer *ungestörten Elektrodenbruttoreaktion* soll daher angesehen werden:

1. Für das stromlose Potential gilt die Nernstsche Gleichung.
2. Rühren des Elektrolyten hat keinen Einfluß auf das stromlose Potential.
3. Das stromlose Potential ist vom Elektrodenzustand unabhängig.

---

* Z. B. $O_2$-Entwicklung und $O_2$-Reduktion.

[1] WAGNER, C., u. W. TRAUD: Z. Elektrochem. **44**, 391 (1938).

Dieses Kriterium gilt allerdings nur für das Gleichgewichtspotential $\varepsilon_0$ bzw. das stromlose Potential.

Auch wenn diese Kriterien erfüllt sind, kann bei Potentialen, die wesentlich vom Gleichgewichtswert $\varepsilon_0$ abweichen, noch eine Störreaktion einsetzen. Auf eine derartige Störung weist vielfach eine Stufe oder sonstige Unregelmäßigkeit in der Stromspannungskurve hin.

Besonders bei kleinen Stromdichten oder kurzen Beobachtungszeiten sind noch Störreaktionen zu berücksichtigen, die auf der Bildung oder Reduktion von Oberflächenoxyden (Chemisorptionsschichten) beruhen. Hierdurch wird nicht nur der Oberflächenzustand verändert, sondern unter Umständen auch noch ein beträchtlicher Anteil der Stromdichte für diesen Störvorgang verwendet, so daß der untersuchte Vorgang nicht mit der gemessenen Stromdichte abläuft.

Alle Betrachtungen in den folgenden Abschnitten § 92 bis § 113 sollen sich auf die Teilstromdichte beziehen, mit der die zu untersuchende Elektrodenbruttoreaktion nach Abzug aller Störreaktionen abläuft. Als Störreaktionen sind dabei nur Vorgänge zu betrachten, die von der zu untersuchenden Reaktion unabhängig sind. Zur Erläuterung sei das Beispiel der Jod/Jodid-Redoxelektrode genannt. Die Elektrodenbruttoreaktion ist bei größeren Jodidkonzentrationen vorwiegend

$$3J^- \leftrightharpoons J_3^- + 2e^- \tag{3.3a}$$

und bei kleineren $J^-$-Konzentrationen vorwiegend

$$2J^- \leftrightharpoons J_2 + 2e^- \tag{3.3b}$$

Mit welchem Anteil die erste oder die zweite Bruttoreaktion abläuft, hängt dabei von dem Gleichgewicht

$$J_2 + J^- \leftrightharpoons J_3^-$$

ab. Beide Reaktionen sind also nicht unabhängig voneinander. Dagegen sind die evtl. mit diesen Reaktionen gleichzeitig auftretende Sauerstoffentwicklung oder -reduktion oder die Wasserstoffentwicklung unabhängige Reaktionen.

Allgemein kann gesagt werden, daß Elektrodenbruttoreaktionen, die in allen Elektrolytzusammensetzungen zu den gleichen Gleichgewichtspotentialen führen, voneinander abhängige Reaktionen sind, die als ein einziger Vorgang mit nur einem Bruttoumsatz zu werten sind. Im vorliegenden Beispiel ergibt die erste Reaktion

$$\varepsilon_0 = E_0 + \frac{RT}{2F} \cdot \ln \frac{a_{J_3^-}}{a_{J^-}^3} \tag{3.4a}$$

und die zweite Reaktion

$$\varepsilon_0 = E_0' + \frac{RT}{2F} \cdot \ln \frac{a_{J_2}}{a_{J^-}^2} \tag{3.4b}$$

Beide Gleichungen führen, wenn die tatsächlich im Elektrolyten im Gleichgewicht vorhandenen $a_{J_3^-}$-, $a_{J_2}$- und $a_{J^-}$-Aktivitäten eingesetzt werden, zu den gleichen Potentialwerten. Es darf hier allerdings nicht die analytische Jodkonzentration ($J_2 + J_3^-$) oder die analytische Jodidkonzentration ($J^- + J_3^-$) eingesetzt werden.

# B. Bestimmung der Art der Überspannung

## a) Bei Gleichstrommessungen

### § 92. Rührabhängigkeit von Grenzstromdichten

Zur Ermittlung der Reaktionskinetik einer elektrochemischen Umsetzung ist die Untersuchung der Überspannung erforderlich. Da die Gesetzmäßigkeiten für die verschiedenen Arten der Überspannung sehr unterschiedlich sind, muß zunächst bekannt sein, um welche Überspannungsart es sich im vorliegenden Fall handelt.

Zur Beantwortung dieser Frage ist besonders das Auftreten und Verhalten von Grenzströmen sehr aufschlußreich. Grenzstromdichten können entweder Diffusions- oder Reaktionsgrenzstromdichten sein. Eine Entscheidung, um welche dieser beiden Arten es sich handelt, ist nach K. J. Vetter[1] verhältnismäßig leicht. Eine Verstärkung des Rührens verkleinert die Diffusionsschichtdicke $\delta$ und vergrößert damit die Diffusionsgrenzstromdichte $i_d$. Eine reine Reaktionsgrenzstromdichte zeigt auf Grund der Definition der Reaktionsüberspannung keine Rührabhängigkeit.

An der rotierenden Scheibenelektrode bedeutet nach § 78$\gamma$ die Proportionalität zwischen Grenzstromdichte und der Wurzel aus der Tourenzahl $\sqrt{m}$ das Auftreten einer reinen Diffusionsgrenzstromdichte $i_d$ ohne nachweisbare Reaktionshemmung. Eine reine Reaktionsgrenzstromdichte $i_r$ darf auch hier keine Abhängigkeit von der Tourenzahl $m$ haben (Abb. 206 und 256b).

### § 93. Zeitliche Strom- und Potentialschwankungen

Charakteristisch für die Rührabhängigkeit bei turbulenter Strömung sind auch bei konstanter Rührgeschwindigkeit und galvanostatischer Schaltung auftretende unregelmäßige Spannungsschwankungen mit einer Amplitude von $\pm 100$ mV und mehr und einer mittleren Frequenz von etwa 1 Hz. Bei potentiostatischer Schaltung[1] treten entsprechende unregelmäßige Stromschwankungen von etwa $\pm 10\%$ des Grenzstromes auf. Eine *Reaktionsstromdichte zeigt diese Erscheinung nicht.* In Abb. 120 sind charakteristische Oszillogramme dieser Schwankungen bei einem Diffusionsgrenzstrom sowohl bei potentiostatischer als auch bei galvanostatischer Schaltung wiedergegeben.

Das Einsetzen dieser Schwankungen mit Erreichen der Diffusionsgrenzstromdichte $i_d$ ist aus der Abb. 121 zu entnehmen. Bereits bei einem Zehntel der Diffusionsgrenzstromdichte sind merkliche Schwankungen ($\pm 1$ mV) vorhanden.

Als Ursache der Schwankungen sind kurzzeitige Änderungen der Dicke der Diffusionsschicht infolge der Turbulenz innerhalb der Elektrolytlösung, die an der Elektrode vorbeiströmt, anzusehen. Die angenäherte Einstellung des stationären Diffusionsgefälles benötigt eine

[1] Vetter, K. J.: Z. Elektrochem. **55**, 121 (1951); **56**, 931 (1952).

gewisse Zeit von der Größenordnung $\tau = \delta^2/2D$. Kurzzeitigere Dickeschwankungen werden sich im Strom oder im Potential kaum bemerkbar machen, da die Einstellung der Konzentrationsverteilung zu träge

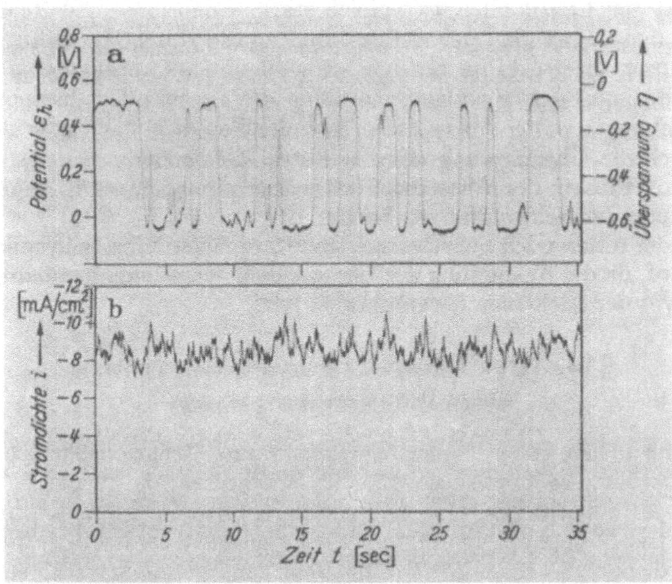


Abb. 120. Unregelmäßige zeitliche Schwankungen des Potentials $\varepsilon$ bzw. der Stromdichte $i$ beim Erreichen der Diffusionsgrenzstromdichte in galvanostatischer (a) bzw. potentiostatischer Schaltung (b) (Pt/0,01 m $J_2$, 0,1 m KJ, 1 n $H_2SO_4$, kath.) nach K. J. VETTER u. K. ARNOLD[1]

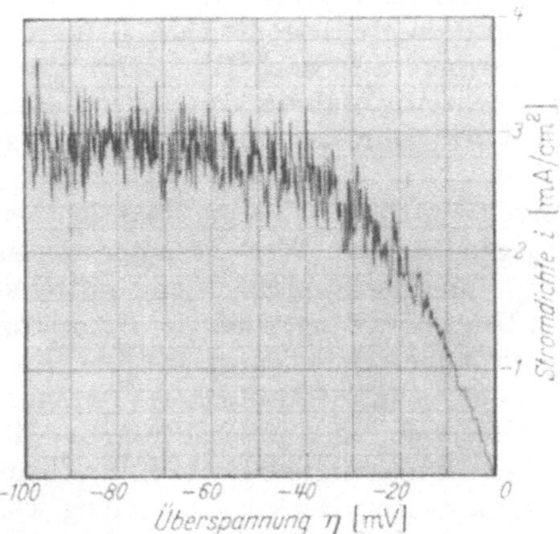


Abb. 121. Potentiostatische Stromdichte-Überspannungs-Kurve, aufgenommen durch kontinuierliche Spannungssteigerung ($d\eta/dt$ = 10 mV/min) bei turbulentem Rühren des Elektrolyten (0,01 m $J_2$, 0,1 m KJ, 1 n $H_2SO_4$ an Pt, kathodisch) nach K. J. VETTER u. K. ARNOLD[1]

[1] Nach unveröffentlichten Messungen.

verläuft. Es wird sich daher nur die Schwankung des Mittelwertes von $\delta$ innerhalb der Zeit $\tau$ bemerkbar machen. Hieraus erklärt sich auch die mittlere Frequenz $1/\tau$ der beobachteten Schwankungen, die sich mit $D = 5 \cdot 10^{-6}\,\mathrm{cm}^2 \cdot \mathrm{sec}^{-1}$ und $\delta = 2 \cdot 10^{-3}\,\mathrm{cm}$ zu $1/\tau = 2{,}5\,\mathrm{sec}^{-1}$ ergibt.

Tritt gleichzeitig eine etwa gleich starke Diffusions- und Reaktionshemmung auf, ist also der Grenzstrom sowohl durch die Diffusion als auch durch die Reaktion bedingt, so nehmen entsprechend dem Anteil der Diffusions- und Reaktionshemmung die Amplituden der zeitlichen Schwankungen in der Stromstärke bzw. im Potential mehr oder weniger ab. Auch die Überlagerung eines weiteren Elektrodenvorganges, wie er z. B. mit Einsatz der Wasserstoffentwicklung möglich wird, drückt die Amplitude der Schwankungen herab.

An der rotierenden Scheibenelektrode treten derartige Schwankungen nicht auf, da die Ausbildung der Grenzschicht durch eine laminare Strömung vor der Elektrode hervorgerufen wird.

## § 94. Vernachlässigbare Reaktionsüberspannung neben Diffusionsüberspannung

Wenn neben einer Diffusionsüberspannung Reaktionsüberspannung nicht vorliegt, so müssen sowohl bei anodischer als auch bei kathodischer Stromrichtung reine Diffusionsgrenzstromdichten $i_d$ auftreten. Die Entscheidung, ob eine reine Diffusionsgrenzstromdichte $i_d$ beobachtet wird, oder ob diese durch eine Reaktionshemmung verkleinert ist, kann nicht ohne nähere Untersuchung gefällt werden. Eine Reaktionshemmung auf der reduzierten Seite der Durchtrittsreaktion führt zu einer anodischen Reaktionsgrenzstromdichte $i_r$, wenn nicht schon bei kleineren Stromdichten die Verarmung eines der reduzierten Stoffe $S_j$ (mit $\nu_j < 0$) der Elektrodenbruttoreaktion infolge Diffusionshemmung zur anodischen Diffusionsgrenzstromdichte $i_d$ führt. Bei $i_r \gg i_d$ ist die beobachtete Grenzstromdichte nach Gl. (2.372) $i_{gr} \approx i_d$. Die Beziehung $i_r \gg i_d$ bedeudet gleichzeitig, daß der Anteil der Reaktionsüberspannung $\eta_r$ gegenüber dem der Diffusionsüberspannung $\eta_d$ zu vernachlässigen ist ($\eta_d \gg \eta_r$).

Prinzipiell setzt nach Gl. (2.372) eine Reaktionshemmung die Grenzstromdichte $i_{gr}$ gegenüber dem Wert herunter, der als Diffusionsgrenzstromdichte $i_d > i_{gr}$ ohne Reaktionshemmung auftreten würde. Haben $i_r$ und $i_d$ die gleiche Größenordnung, so ist der Grenzstrom weder ein reiner Reaktions- noch ein reiner Diffusionsgrenzstrom. Die Abhängigkeit des Grenzstromes von der Rührgeschwindigkeit (Tourenzahl $m$) würde allerdings kleiner als bei $i_d$ sein, aber diesen Strom auf Grund der Kriterien in § 92 und § 93 als Diffusionsgrenzstrom in Erscheinung treten lassen. Bei einer oxydationsseitigen Reaktionshemmung würde diese Erscheinung in entsprechender Weise bei einem kathodischen Grenzstrom zu beobachten sein.

Eine Reaktionshemmung, die die Grenzstromdichte $i_{gr}$ gegenüber dem Wert der theoretischen Diffusionsgrenzstromdichte $i_d$ nur um wenige Prozent erniedrigt, trägt zur Konzentrationsüberspannung

$\eta_c = \eta_r + \eta_d$ nur mit wenigen Prozenten bei, so daß in diesem Fall $\eta_r \ll \eta_d$ ist. Zur Entscheidung, in welchem Maße neben der Diffusionsüberspannung noch Reaktionsüberspannung vorliegt, ist daher zu untersuchen, wie stark die beobachtete rührabhängige Grenzstromdichte $i_{gr}$ gegenüber der theoretischen Diffusionsgrenzstromdichte $i_d$ infolge der Reaktionshemmung erniedrigt ist. Diese Eigenschaft kann besonders gut nach dem Verfahren von VIELSTICH u. JAHN[1] an der rotierenden Scheibenelektrode auf Grund von Beobachtungen von FRUMKIN u. AIKASJAN[2] geprüft werden (§ 78$\gamma$, auch § 140 $\eta$).

Bei Kenntnis der Elektrodenbruttoreaktion und evtl. vorhandener chemischer Gleichgewichte im Elektrolyten kann nach § 58 die Abhängigkeit einer reinen Diffusionsgrenzstromdichte $i_d$ von den Konzentrationen $c_j$ der Stoffe $S_j$ der Elektrodenbruttoreaktion angegeben werden, auch wenn der absolute Wert wegen der Unsicherheit in $\delta$ und $D_j$ nicht genau berechnet werden kann. Nur wenn die relative Abweichung $(i_d - i_{gr})/i_d$ für alle Konzentrationen $c_j$ aller Substanzen $S_j$ konstant bleibt, würde sich für $i_{gr}$ die gleiche Konzentrationsabhängigkeit ergeben wie für $i_d$. In diesem Fall wäre die Abweichung $i_d - i_{gr}$ und damit die Reaktionshemmung nicht erkennbar*. Im allgemeinen wird

$$\frac{i_d - i_{gr}}{i_d} = f(c_j) \neq \text{konst} \tag{3.5}$$

sein. Hieraus folgt

$$\frac{\partial \log i_{gr}}{\partial \log c_k} = \frac{\partial \log i_d}{\partial \log c_k} + \frac{\partial \log (1 - f(c_j))}{\partial \log c_k} \tag{3.6}$$

Die Konzentrationsabhängigkeit von $i_{gr}$ weicht von der Funktion $\partial \log i_d / \partial \log c_k$ ab, die bei reiner Diffusionsüberspannung zu erwarten wäre, wenn $f(c_j) \neq$ konst ist und einen nicht zu kleinen Wert hat.

Die Erfüllung der nach § 58 folgenden theoretischen Abhängigkeit der rührabhängigen Grenzstromdichte von allen Konzentrationen $c_j$ bedeutet, daß keine Reaktionsüberspannung vorliegt. Wichtig ist hierbei, daß diese Beobachtung sowohl bei den anodischen als auch bei den kathodischen Grenzströmen gemacht wird.

Besonders deutlich und mit größerer Empfindlichkeit ist die Existenz einer Reaktionshemmung aus der Abweichung der Grenzstromdichte $i_{gr}$ von der Proportionalität zu $\sqrt{m}$ einer rotierenden Scheibenelektrode ($m$ = Tourenzahl/sec) zu erkennen [Gl. (2.375)].

## § 95. Vernachlässigbare Diffusionsüberspannung neben Reaktionsüberspannung

Die Beteiligung von Diffusionsüberspannung neben Reaktionsüberspannung ist wesentlich einfacher zu erfassen als der umgekehrte Fall

[1] VIELSTICH, W., u. D. JAHN: Z. Elektrochem. **64**, **43** (1960).

[2] FRUMKIN, A. N., u. E. A. AIKASJAN: Dokl. Akal. Nauk USSR. **100**, 315 (1955).

* Nur wenn eine monomolekulare Umlagerung zweier Stoffe nach der 1. Ordnung bei gleichzeitiger proportionaler Abhängigkeit der Diffusionsgrenzstromdichte von einer dieser Stoffkonzentrationen vorliegt, kann $(i_d - i_{gr})/i_d$ konstant bleiben und dann zu falschen Schlüssen Veranlassung geben.

in § 94. Die Diffusionsüberspannung ist immer von der Dicke der adhärierenden Diffusionsschicht (§ 60) abhängig. Infolgedessen ist der Anteil der Diffusionsüberspannung von der Rührgeschwindigkeit (Tourenzahl $m$) abhängig und steigt mit Abfall dieser Geschwindigkeit an. Auch die in § 93 behandelten kurzzeitigen unregelmäßigen Schwankungen des Potentials bzw. der Stromdichte bei turbulenter Strömung bleiben für den Anteil der Diffusionsüberspannung bestehen.

Wenn daher trotz Auftretens eines Grenzstromes keine Rührabhängigkeit und *keine* Schwankungen des Potentials bzw. der Stromdichte auftreten, liegt Diffusionsüberspannung neben einer Reaktionsüberspannung nicht vor.

Wichtig für die theoretische Auswertung der Reaktionsüberspannung ist noch das Erkennen der *Art der chemischen Reaktionshemmung.* Für eine homogene Hemmung gelten andere Gesetzmäßigkeiten als für eine heterogene. Da die homogene Reaktionsgeschwindigkeit nicht von den Eigenschaften und dem Zustand der Elektrodenoberfläche* abhängen kann, muß auch die homogene Reaktionsüberspannung hiervon unabhängig sein. Die *homogene Reaktionsüberspannung kann nur eine Eigenschaft des Elektrolyten sein.*

Dagegen läuft die heterogene chemische Reaktion an der Elektrodenoberfläche ab. Die Reaktionsgeschwindigkeit und damit die heterogene Reaktionsüberspannung wird infolgedessen von dem Elektrodenzustand stark abhängen. Nach K. J. VETTER[1] ist daher als Kriterium für die Art der Reaktionsüberspannung die Abhängigkeit vom Elektrodenzustand anzusehen. *Unabhängigkeit deutet auf homogene* und *starke Abhängigkeit,* zeigt eine *heterogene Reaktionsüberspannung* an. Diese Abhängigkeit macht sich z. B. in einer *schlechten Reproduzierbarkeit,* wie die jeder heterogenen Reaktion, bemerkbar. Dieses Unterscheidungsmerkmal gilt für alle Meßverfahren der Überspannung.

## § 96. Das Auftreten von Durchtrittsüberspannung

In § 94 und § 95 wurde gezeigt, wie das Auftreten von Reaktions- oder Diffusionsüberspannung oder beider Überspannungsarten festgestellt werden kann. Neben diesen Überspannungen, die sich durch die Ausbildung von Grenzstromdichten bemerkbar machen, kann auch noch ein Anteil an Durchtrittsüberspannung $\eta_D$ vorliegen**. Da die Durchtrittsüberspannung keinen Einfluß auf die Grenzstromdichten hat, kann ihr Anteil nicht aus dem Verhalten dieser Stromdichten ermittelt werden.

Wie aus den Teilen 2B und 2C hervorgeht, können die Diffusions- und Reaktionsüberspannung aus dem Verhalten und der Größe der Grenzstromdichten berechnet werden, wenn die Elektrodenbruttoreaktion und evtl. im Elektrolyten vorhandene chemische Gleichgewichte bekannt sind.

---

[1] VETTER, K. J.: Z. Elektrochem. **55**, 121 (1951); **56**, 931 (1952).

* Wenn sich der Rauigkeitsfaktor $\sigma$ = wahre Oberfläche/geometrische Oberfläche ändert, kann sich auch die homogene Reaktionsgrenzstromdichte $i_r$ verändern und damit von der Oberfläche abhängen.

** An Metallionenelektroden kann außerdem noch ein Anteil Kristallisationsüberspannung $\eta_k$ hinzukommen, vergl. § 97.

Die Durchtrittsüberspannung $\eta_D$ ist der Rest der experimentell ermittelten Überspannung, der nach Abzug der so berechneten Konzentrationsüberspannung $\eta_c = \eta_d + \eta_r$ verbleibt. Vielfach genügt eine Überschlagsrechnung, aus der z. B. hervorgeht, daß die Konzentrationsüberspannung im betrachteten Stromintervall wesentlich kleiner sein müßte als die beobachtete Überspannung und somit zur Gesamtüberspannung kaum beträgt. Dann liegt praktisch nur Durchtrittsüberspannung $\eta_D$ vor.

In dem Bereich, in dem die Konzentrationsüberspannung noch klein ist, ist die Durchtrittsüberspannung an ihrer linearen Abhängigkeit von $\log|i|$ mit einem Durchtrittsfaktor $\alpha$ zu erkennen*. Liegt allerdings die Möglichkeit für das Auftreten mehrerer hintereinander ablaufender Durchtrittsreaktionen vor, so kann der Verlauf der Durchtrittsüberspannung nach K. J. VETTER[1] auch komplizierteren Gesetzen folgen.

## § 97. Das Auftreten von Kristallisationsüberspannung

An Metallionenelektroden tritt neben den in § 94 bis § 96 behandelten drei Überspannungsarten noch Kristallisationsüberspannung auf. Das in den § 94 bis § 96 Gesagte gilt infolgedessen uneingeschränkt nur an Redoxelektroden.

Die Identifizierung der Kristallisationüberspannung ist bei Gleichstrommessungen kaum möglich. Gleichstrommessungen an Metallionenelektroden sind aber von geringerem Interesse, da sie wegen der starken Veränderung der Oberfläche während längerer Messungen kaum theoretisch auswertbar sind. Da bei Kristallisationsvorgängen bisher keine Grenzstromdichten beobachtet wurden, gelten die Betrachtungen der § 94 und § 95 über die Diffusions- und Reaktionsüberspannung auch an Metallionenelektroden mit der Einschränkung, daß neben diesen Überspannungen noch Kristallisationsüberspannung vorhanden sein kann, ohne daß die Werte $\eta_d + \eta_r$ von $\eta_k$ beeinflußt werden.

Der verbleibende Rest nach Abzug der Summe der berechneten Diffusions- und Reaktionsüberspannung $\eta - (\eta_d + \eta_r) = \eta_D + \eta_k$ ist nach § 96 die Summe von Durchtritts- und Kristallisationsüberspannung, deren exakte Trennung mittels Gleichstrommessungen wegen der laufenden Veränderung der Oberfläche kaum möglich erscheint.

Das Auftreten einer Tafel-Beziehung deutet allerdings darauf hin, daß neben der Durchtrittsüberspannung $\eta_D$ nur ein unbedeutender Anteil Kristallisationsüberspannung $\eta_k$ vorhanden sein kann.

## § 98. Das Auftreten von Widerstandspolarisation

Die Widerstandspolarisation, die infolge der elektrolytischen Stromleitung innerhalb der Diffusionsschicht vor der Oberfläche auftritt, kann nach § 87 bei Kenntnis der Diffusionsüberspannung berechnet werden.

* Bei der hier vorliegenden Tafelschen Beziehung $\eta_D = a + b \cdot \log|i|$ ist nach Gl. (2.16a, b) bzw. Gl. (2.26) und Gl. (2.30) oder auch Gl. (2.43a, b) bzw. Gl. (2.49) und Gl. (2.53) der Faktor $b = +RT/\alpha zF$ (anod. $i > 0$) oder $b = -RT/(1-\alpha) zF$ (kath. $i < 0$).

[1] VETTER, K. J.: Z. Naturf. **7a**, 328 (1952); **8a**, 823 (1953).

Erst der Abzug auch dieses Wertes von der beobachteten Polarisation führt auf den Durchtrittsanteil.

Eine Widerstandspolarisation, die durch schlecht leitende Deckschichten verursacht wird, tritt vielfach durch einen Polarisationsanteil in Erscheinung, der proportional der Stromdichte ist. Da die Überspannung oftmals eine logarithmische Abhängigkeit von der Stromdichte zeigt, macht sich die Widerstandspolarisation dieser Art bevorzugt bei hohen Stromdichten bemerkbar. Eindeutig ist eine Widerstandspolarisation an der scheinbaren Verschiebung von Gleichgewichtspotentialen

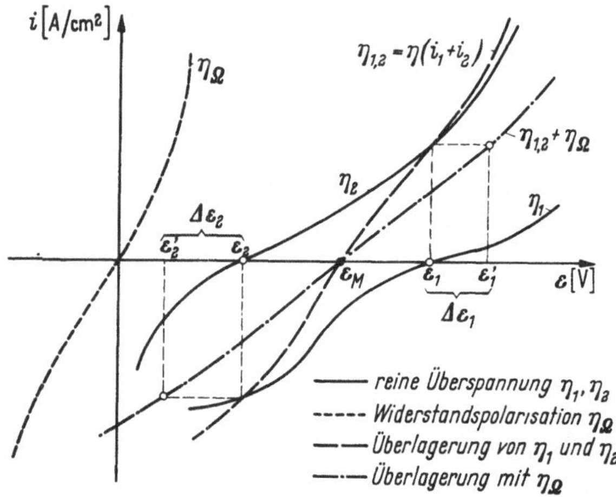


Abb. 122. Einfluß einer Widerstandspolarisation $\eta_\Omega$ auf die experimentellen Gleichgewichtspotentiale $\varepsilon_1$ und $\varepsilon_2$ zweier Elektrodenprozesse bei Mischpotentialbildung. Scheinbare Verschiebung $\Delta\varepsilon_1$ bzw. $\Delta\varepsilon_2$ der Gleichgewichtspotentiale

anderer Elektrodenprozesse an der gleichen Elektrode bei Mischpotentialbildung zu erkennen. In Abb. 122 sind die hierbei auftretenden Potential- und Stromverhältnisse schematisch an Stromspannungskurven dargestellt. Die mit $\eta_1$ bezeichnete Kurve stellt die Stromspannungskurve des Elektrodenprozesses 1 mit dem Gleichgewichtspotential $\varepsilon_1$ für reine Überspannung ohne Berücksichtigung einer Widerstandspolarisation dar. Für den Elektrodenprozeß 2 mit dem Gleichgewichtspotential $\varepsilon_2$ gilt eine andere Stromspannungskurve $\eta_2$. Durch Überlagerung ergibt sich nach Addition der Stromdichten die Kurve $\eta_{1,2}$, ebenfalls noch ohne Berücksichtigung der Widerstandspolarisation $\eta_\Omega$, die durch die Kurve $\eta_\Omega$ dargestellt sein soll.

Bei Berücksichtigung der Widerstandspolarisation ergibt sich Kurve $\eta_{1,2} + \eta_\Omega$ durch Addition der Potentiale, da der ohmsche Potentialabfall im Elektrolyten oder einer Deckschicht und der Potentialabfall in der Doppelschicht als hintereinander geschaltet angesehen werden müssen. Bei gleicher Stromdichte $i$ finden nach Kurve $\eta_{1,2}$ und $\eta_{1,2} + \eta_\Omega$ die gleichen elektrochemischen Prozesse in qualitativer und quantitativer Hinsicht statt. Beim beobachteten Potential $\varepsilon_1'$ ist daher unter Berücksichtigung von $\eta_\Omega$ der Elektrodenprozeß 1 und bei $\varepsilon_2'$ der Prozeß 2 im

Gleichgewicht. Es treten also bei der Messung scheinbare Abweichungen $\Delta\varepsilon_1$ bzw. $\Delta\varepsilon_2$ der experimentellen Gleichgewichtspotentiale in der genauen Größe der Widerstandspolarisation $\eta_\Omega$ auf, wie aus Abb. 122 zu entnehmen ist. Es ist also

$$\Delta\varepsilon_1 = \eta_\Omega(i_2(\varepsilon_1)) \quad \text{und} \quad \Delta\varepsilon_2 = \eta_\Omega(i_1(\varepsilon_2)) \tag{3.7}$$

Auch bei Untersuchung eines einzelnen Elektrodenprozesses, neben dem praktisch kein weiterer Elektrodenprozeß abläuft, der zu einer störenden Mischpotentialbildung Anlaß gibt, wird in sehr vielen Fällen nach Überschreitung eines Grenzstromes unter größerer Potentialänderung doch noch ein weiterer Elektrodenprozeß, wie z. B. die Wasserstoff- oder die Sauerstoffentwicklung möglich werden. Die Ermittlung des scheinbaren Gleichgewichtspotentials $\varepsilon_0'$ dieses weiteren Elektrodenprozesses gestattet dann nach Gl. (3.7) die Bestimmung der Widerstandspolarisation $\eta_\Omega$. Ein solcher weiterer Elektrodenprozeß kann auch probeweise durch Zusätze zum Elektrolyten hervorgerufen werden.

Der Anteil der Widerstandspolarisation, der auf den ohmschen Spannungsabfall $\eta_\Omega^*$ (§ 87) zwischen Elektrode und Haber-Luggin-Kapillare zurückzuführen ist, besitzt eine außerordentlich kurze Einstellzeit*. Nach G. FALK u. E. LANGE[1], S. SCHULDINER[2], R. PIONTELLI u. Mitarb.[3], W. LORENZ[4], H. FISCHER u. Mitarb.[5] und H. GERISCHER[6] kann $\eta_\Omega^*$ daher

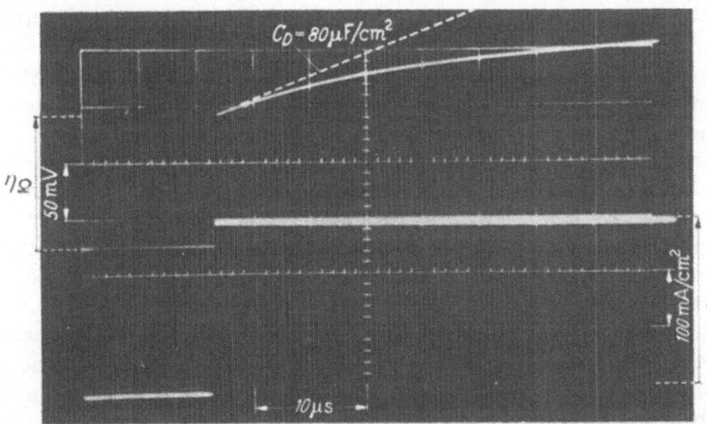


Abb. 122a. Ermittlung des ohmschen Potentialabfalls zwischen Elektrode (Ni, rauh) und Haber-Luggin-Kapillare aus dem Potentialsprung beim Einschalten des Polarisationsstromes (in 1 n $H_2SO_4$, anodisch, Elektrodenoberfläche = 0,5 cm², aus der Anfangsneigung berechnete Doppelschichtkapazität $C_D$) nach K. ARNOLD, K. J. VETTER: Z. Elektrochem. **64**, 407 (1960)

aus dem Potential-Zeitverlauf bei Einschalten des konstanten Stromes ermittelt werden. Nach äußerst kurzer Zeit springt dabei das Potential um den Wert $\Delta\varepsilon = \eta_\Omega^*$, wie aus einer oszillographischen Aufnahme von K. ARNOLD u. K. J. VETTER[7], Abb. 122a, entnommen werden kann. Auch der ohmsche Potentialabfall an einer Deckschicht kann sich in ähnlich kurzen Zeiten einstellen.

* Die Zeitkonstante $\tau$ für die Einstellung eines ohmschen Spannungsabfalls ist nach G. FALK u. E. LANGE: Z. Elektrochem. **54**, 132 (1950). $\tau$ = Dielektrizitätskonstante/spez. Leitfähigkeit $= DK/4\pi \cdot 9 \cdot 10^{11} \cdot \varkappa$.

T. BERZINS u. P. DELAHAY[8] geben zur Ermittlung bzw. Kompensation des ohmschen Potentialabfalls eine Brückenschaltung mit einem Oszillographen an Stelle des Nullinstruments an. Bei passender Wahl der Widerstände ($R_\Omega/R_3 = R_1/R_2$) macht sich bei Stromeinschaltung kein ohmscher Spannungsabfall im oszillographisch gemessenen Potential-Zeitverlauf bemerkbar. $R_\Omega$ wird also gerade kompensiert. Aus den hierfür notwendigen Widerständen kann $R_\Omega$ nach $R_\Omega = R_3 \cdot R_1/R_2$ experimentell bestimmt werden.

Im Moment der Stromeinschaltung hat sich die Leitfähigkeit des Elektrolyten noch nicht verändert, da noch keine Konzentrationsänderungen vor der Oberfläche eingetreten sind (§ 87). Der Potentialsprung $\eta_\Omega$ umfaßt daher nur den ohmschen Potentialabfall vor der Oberfläche bei $\varkappa =$ konst entsprechend § 89 und einen eventuell vorhandenen Potentialabfall in einer Deckschicht. Bei Stromausschaltung ist ein Potentialsprung $\Delta\varepsilon = \eta_\Omega - \varepsilon_D$ zu beobachten, der neben dem Potentialabfall in einer Deckschicht die Größe $\eta_\Omega^*$ enthält, wobei der Einfluß einer Konzentrationsänderung (§ 87) mitgemessen wird. Das Flüssigkeitsdiffusionspotential $\varepsilon_D$ innerhalb der Diffusionsschicht wird hierbei nicht erfaßt, da es die wesentlich größere Abklingzeit der Diffusionsüberspannung (§ 63) hat. Dieser Anteil kann aber bei Kenntnis der Diffusionsüberspannung angenähert berechnet werden.

Das Kommutatorverfahren von HICKLING[9] beruht auf ähnlicher Grundlage. Das Potential wird hierbei während sehr kurzer Stromunterbrechungen gemessen, wobei die Widerstandspolarisation nicht mehr mitgemessen wird, die Überspannung sich aber noch nicht nennenswert verändert hat.

Mit einem Verfahren der Abstandsvariation, das von E. LANGE[10] vorgeschlagen wurde, kann ebenfalls nur der Anteil von $\eta_\Omega$ bestimmt werden, der auf Grund des Elektrolytwiderstandes mit konstanter spezifischer Leitfähigkeit auftritt. Bei diesem Verfahren wird der Potentialwert $\varepsilon + \eta_\Omega$ in verschiedenen Entfernungen $\xi$ von der Oberfläche gemessen und auf $\xi \to 0$ extrapoliert. Bei ebener Elektrode kann in gewissen Grenzen linear und bei zylindrischer (drahtförmiger) Elektrode nach M. BREITER u. TH. GUGGENBERGER[11] der Wert $\varepsilon + \eta_\Omega$ als Funktion von $\log [(r + \xi)/r]$ nach $\xi \to 0$ extrapoliert werden [Gl. (2.461a)]. Ein Deckschichtwiderstand wird nicht erfaßt.

---

[1] FALK, G., u. E. LANGE: Z. Elektrochem. **54**, 132 (1950); Z. Naturf. **1**, 388 (1946). — FALK, G., M. KRIEG u. E. LANGE: Z. Elektrochem. **55**, 396 (1951).

[2] SCHULDINER, S., u. R. E. WHITE: J. electrochem. Soc. **97**, 433 (1950). — SCHULDINER, S.: J. electrochem. Soc. **99**, 488 (1952).

[3] PIONTELLI, R., U. BERTOCCI, G. BIANCHI, C. GUERCI u. G. POLI: Z. Elektrochem. **58**, 86 (1954).

[4] LORENZ, W.: Z. Elektrochem. **58**, 912 (1954).

[5] FISCHER, H., M. SEIPT, G. MORLOCK: Z. Elektrochem. **59**, 440 (1955).

[6] GERISCHER, H.: Z. Elektrochem. **62**, 256 (1958).

[7] ARNOLD, K., u. K. J. VETTER: Z. Elektrochem. **64**, 407 (1960).

[8] BERZINS, T., u. P. DELAHAY: J. Am. Soc. **77**, 6448 (1955); Z. Elektrochem. **59**, 792 (1955).

[9] HICKLING, A.: Trans. Faraday Soc. **33**, 1540 (1937).

[10] LANGE, E.: Proc. CITCE, Mailand 1950, **2**, 391 (1951), Diskussionsbemerkung.

Nach BREITER u. GUGGENBERGER[11] können die Verfahren der Abstandsvariation und der Potentialsprungmessung kombiniert und zur Aufteilung des ohmschen Potentialabfalls in einen Anteil innerhalb einer Deckschicht und einen Anteil im Elektrolyten verwendet werden. Die gleiche Kombination wird durch Abstandsvariation bei Wechselstrommessungen von REMICK u. MCCORMICK[12] angewendet. Auch hier ist eine Aufteilung in die beiden Anteile von $\eta_\Omega$ unter gewissen Umständen möglich.

## b) Bei Wechselstrommessungen

### § 99. Frequenzabhängigkeit der Faradayimpedanz als Kriterium für die Überspannungsart

Auch die Wechselstromüberspannung zeigt charakteristische Unterschiede bei den verschiedenen Arten von Hemmungen. Hierbei ist es vor allem die Frequenzabhängigkeit der Polarisationsimpedanz $\mathfrak{R}_p = (\partial\eta/\partial i)_{i=0}$, die sich bei der Durchtritts-, Diffusions-, Reaktions- und Kristallisationsüberspannung verschieden verhält. Die Polarisationsimpedanz, die mit einer nur sehr kleinen Überspannungsamplitude von wenigen mV im Bereich der Linearität der Stromspannungskurve beim Gleichgewichtspotential gemessen werden kann, hat, wie bereits in den §§ 54, 62, 72, 77 und 81 behandelt wurde, eine ohmsche Komponente $R_p$ und eine kapazitive Komponente $1/\omega C_p$. Nach rechnerischer Elimination der Doppelschichtkapazität $C_D$ und eines ohmschen Widerstandes $R_\Omega$ ergibt sich nach § 81 die Faradayimpedanz $\mathfrak{R}_f$ mit einer ohmschen ($R_f$) und einer kapazitiven Komponente $1/\omega C_f$. Aus der von H. GERISCHER[1] angegebenen Frequenzabhängigkeit dieser Größen kann die Art der Wechselstromüberspannung bestimmt werden.

Zunächst soll die Abtrennung der verschiedenen Impedanzarten für den allgemeinsten Fall, der den gesamten Frequenzbereich $0 < \omega < \infty$ erfaßt, behandelt werden. Experimentell sind hier Grenzen gesetzt, welche die Möglichkeiten zur Aufteilung von $\mathfrak{R}_f$ in $R_D$, $\mathfrak{R}_d$, $\mathfrak{R}_r$ und $\mathfrak{R}_k$ beschränken.

Aus dem Verlauf bei ausreichend niedrigen Frequenzen, also großen $1/\sqrt{\omega}$-Werten, kann die Diffusionsimpedanz $\mathfrak{R}_d$ (Abb. 106 bzw. 111 und 112) erfaßt werden. Hier ist

$$R_d = 1/\omega C_d = 1/\omega C_f = R_f - (R_D + R_{r,st} + R_{k,st}) . \tag{3.8}$$

Die Diffusionskapazität $C_d$ läßt sich linear als $1/\omega C_d = 1/\omega C_f$ in Abhängigkeit von $1/\sqrt{\omega}$ darstellen. Die Gerade geht durch den Nullpunkt $1/\sqrt{\omega} = 0$. Die ohmsche Komponente $R_f$ wird durch eine parallele Gerade im Abstand $R_D + R_{r,st} + R_{k,st}$ wiedergeben. Aus der Neigung beider Geraden folgt die Diffusionsimpedanz $\mathfrak{R}_d$. In diesem Frequenzbereich ist $C_f$ reine Diffusionskapazität.

---

[11] BREITER, M., u. TH. GUGGENBERGER: Z. Elektrochem. **60**, 594 (1956).
[12] REMICK, A. E., u. H. W. MCCORMICK: J. electrochem. Soc. **102**, 534 (1955).
[1] GERISCHER, H.: Z. physik. Chem. **198**, 286 (1951); **201**, 55 (1952)

Bei ausreichend hohen Frequenzen geht die ohmsche Komponente $R_f$ in den Durchtrittswiderstand

$$R_D = \lim_{\omega \to \infty} R_f \tag{3.9}$$

über. Der Durchtrittswiderstand ist also auf diese Weise zu bestimmen. Gleichzeitig verschwindet die kapazitive Komponente

$$\lim_{\omega \to \infty} 1/\omega C_f = 0 \,. \tag{3.10}$$

Aus der Differenz des bei niedrigen Frequenzen bestimmten Wertes $R_D + R_{r,st} + R_{k,st}$ und des Grenzwertes $R_D$ für große Frequenzen folgt die Summe der stationären Reaktions- und Kristallisationswiderstände $R_{r,st} + R_{k,st}$.

Bei Anwesenheit *einer* Reaktions- bzw. Kristallisationshemmung setzt sich die Kurve der kapazitiven Komponente $1/\omega C_f$ in Abhängigkeit von $1/\sqrt{\omega}$ zusammen aus dem linearen Verlauf von $1/\omega C_d$, dem sich die kapazitive Komponente der Reaktionsimpedanz $1/\omega C_r$ bzw. der Kristallisationsimpedanz $1/\omega C_k$ als Glockenkurve mit einem Maximum überlagert (Abb. 93 bzw. 95 oder auch Abb. 141 bzw. 142). Liegen nebeneinander Reaktions- und Kristallisationshemmungen vor, so setzt sich dieser Überlagerungswert additiv aus zwei derartigen Funktionen zusammen. Die Kurve der kapazitiven Komponente der Kristallisationsimpedanz hat dabei die für eine heterogene gehemmte Reaktion charakteristische Form. Das Maximum $1/\omega C$ für eine heterogene Reaktion (Kristallisationshemmung) liegt bei einer Frequenz $\omega = k$, das für eine homogene Reaktion dagegen bei $\omega = k \cdot \sqrt{3}$. Eine Überlagerung von Reaktions- und Kristallisationshemmung kann daher an zwei getrennten Maxima bei $\omega_r$ und $\omega_k$ erkennbar sein. In diesem Fall ist die Trennung beider Komponenten verhältnismäßig einfach. Bei nicht so großem Unterschied von $\omega_r$ und $\omega_k$ überlagern sich die Maxima. Im Prinzip ist auch dann auf Grund des Verlaufs von $1/\omega C_r + 1/\omega C_k$ in Abhängigkeit von $1/\sqrt{\omega}$ die Trennung möglich. Der Abfall der ohmschen Komponenten von Reaktions- und Kristallisationsüberspannung findet innerhalb des Frequenzbereichs statt, in dem das Maximum von $1/\omega C$ liegt (vgl. die oben angeführten Abbildungen).

Für die praktische Durchführung dieser theoretisch möglichen Aufteilung ist die Lage des Maximums der kapazitiven Komponente von $\mathfrak{R}_r$ bzw. $\mathfrak{R}_k$ wichtig. Messungen der Faradayimpedanz $\mathfrak{R}_f$ sind im Bereich von etwa 10 Hz bis 100 kHz möglich. Die obere Grenze wird durch den Einfluß von Doppelschichtkapazität $C_D$ und Elektrolytwiderstand $R_\Omega$ gesetzt. Wenn das Maximum der kapazitiven Komponenten von $\mathfrak{R}_r$ bzw. $\mathfrak{R}_k$ bei $\omega \ll 10$ Hz oder bei $\omega \gg 100$ kHz liegt, ist dieses Maximum experimentell nicht mehr zu erfassen. In beiden Fällen tritt als kapazitive Komponente nur die Diffusionsimpedanz $1/\omega C_f = 1/\omega C_d = R_d$ mit der linearen Abhängigkeit von $1/\sqrt{\omega}$ auf.

Für den Fall einer langsamen Reaktion (Kristallisation) mit $\omega_{\max} \ll 10$ Hz* hat die ohmsche Komponente den Wert

$$R_f = R_d + R_D = 1/\omega C_d + R_D\,. \tag{3.11}$$

Es liegt hier der in Abb. 106 dargestellte Fall vor. Die Extrapolation nach großen Frequenzen bzw. die Differenz $R_f - 1/\omega C_d = R_D$ führt auf den Durchtrittswiderstand.

Bei einer sehr schnellen Reaktion (Kristallisation) mit $\omega_{\max} \gg 100$ kHz hat die ohmsche Komponente den Wert $R_f = 1/\omega C_d + R_D + R_{r,st} + R_{k,st}$ nach Gl. (3.8). Die lineare Extrapolation von $R_f$ gegen $1/\sqrt{\omega}$ nach $1/\sqrt{\omega} = 0$ führt hier auf die Summe von Durchtritts-, Reaktions- und Kristallisationswiderstand für stationäre Bedingungen. Eine Trennung ist nicht möglich, weil die Analyse nicht über etwa 100 kHz hinaus durchgeführt werden kann. Die Vorgänge sind für die Erfassung durch die Wechselstrommethode zu schnell.

Unter Umständen macht es bedeutende Schwierigkeiten, überhaupt zu erkennen, ob in dem letzten Fall neben dem Durchtrittswiderstand $R_D$ wesentliche Anteile an $R_{r,st}$ oder $R_{k,st}$ vorhanden sind. $R_{r,st}$ steht nach Gl. (2.281) bzw. Gl. (2.282) mit der Reaktionsgrenzstromdichte $i_r$ im Zusammenhang**. Das Auftreten einer Gleichstrom-Reaktionsgrenzstromdichte $i_r$ macht eine Unterteilung bei Voraussetzung einer Reaktionsordnung $p$ möglich. Wenn dagegen nur eine Diffusionsgrenzstromdichte beobachtet wird, ist $i_r \gg i_d$, so daß sich nach Gl. (2.281) bzw. Gl. (2.282) unter Einsetzen des Grenzstromwertes $i_d$ anstelle von $i_r$ ein maximaler Wert

$$R_{r,st} \ll \frac{\nu RT}{nF} \cdot \sqrt{\frac{2}{p+1}} \cdot \frac{1}{|i_d|} \quad \text{(homogen)} \tag{3.11a}$$

$$R_{r,st} \ll \frac{\nu RT}{nF} \cdot \frac{1}{p} \cdot \frac{1}{|i_d|} \quad \text{(heterogen)} \tag{3.11b}$$

für den Reaktionswiderstand ergibt. Eine genaue Trennung der beiden Größen $R_D$ und $R_{r,st}$ ist in dem behandelten Fall auf Grund der Frequenzabhängigkeit im allgemeinen also nicht durchführbar. Eine Abtrennung des Kristallisationswiderstandes $R_{k,st}$ ($\omega_{\max} \gg 100$ kHz) stößt auf noch größere Schwierigkeiten, da noch keine Grenzstromdichte der Kristallisation beobachtet wurde und die genannte Möglichkeit der Abschätzung somit entfällt.

Die Lage des Maximums $\omega_{\max} > 200$ kHz bedeutet einen Wert der Reaktionsgeschwindigkeitskonstante $k = v_0 \cdot p/\bar{c} > 10^6\ \text{sec}^{-1}$ als Konstante quasi-erster Ordnung.

---

* Diese Bedingung gilt auch, wenn eine chemische Reaktion oder ein Kristallisationsvorgang nicht vorhanden sind.

** Gl. (2.281) $R_{r,st} = \nu RT \sqrt{2/(p+1)}/nF\,|i_r|$ (homogen)
und Gl. (2.282) $R_{r,st} = \nu RT/nFp\,|i_r|$ (heterogen).

## § 100. Frequenzabhängigkeit der Faradayimpedanz an inhomogener Elektrodenoberfläche

Damit bei der Aufteilung des Wechselstromwiderstandes nach § 99 keine Trugschlüsse auftreten, muß noch auf den Einfluß einer inhomogenen Elektrodenoberfläche hingewiesen werden (vgl. K. J. VETTER[1]). Bei einer Inhomogenität der Oberfläche wird die Austauschstromdichte $i_0$ oder die Geschwindigkeitskonstante $k$ einer gehemmten heterogenen Teilreaktion oder des Kristallisationsvorganges auf der Oberfläche örtlich verschiedene Werte haben. Auf Grund dieser Inhomogenität müßte bei Untersuchung der Durchtritts- oder *heterogenen* Reaktionshemmung mit einem über die Oberfläche gemittelten Wert $i_0$ bzw. $k$ gerechnet werden. Die Form der Stromspannungskurven und die Frequenzabhängigkeit des Durchtritts- oder *heterogenen* Reaktionswiderstandes würden sich nicht ändern.

Dagegen besteht ein wesentlicher Einfluß auf die Diffusions- und die *homogene* Reaktionsüberspannung, da deren Hemmungen im Elektrolyten vor dieser Oberfläche liegen. An einem extremen Beispiel soll daher nach K. J. VETTER[1] dieser Einfluß diskutiert werden. Es sei angenommen, daß in gewissen aktiven Oberflächenbereichen der mittleren Ausdehnung $r_a$ eine konstante Austauschstromdichte $i_0$ und in den restlichen inaktiven Flächen der mittleren Größe $r_i$ die Austauschstromdichte $i_0 = 0$ sei. Das bedeutet, daß die Elektrodenreaktion nur an den aktiven Oberflächenbereichen abläuft. Die dort umgesetzten Substanzen werden jedoch aus dem gesamten vor der Oberfläche befindlichen Elektrolyten durch Diffusion nachgeliefert bzw. in diesen abgeführt. Die Äquikonzentrationsflächen vor der Oberfläche innerhalb der Nernstschen Diffusionsschicht werden infolgedessen nicht zur Oberfläche parallele Ebenen wie bei einer einfachen homogenen Elektrode sein. Es werden sich vielmehr Äquikonzentrationsflächen der in Abb. 123 skizzierten Art ausbilden. Die Gesetze der Diffusion werden sich daher viel komplizierter gestalten.

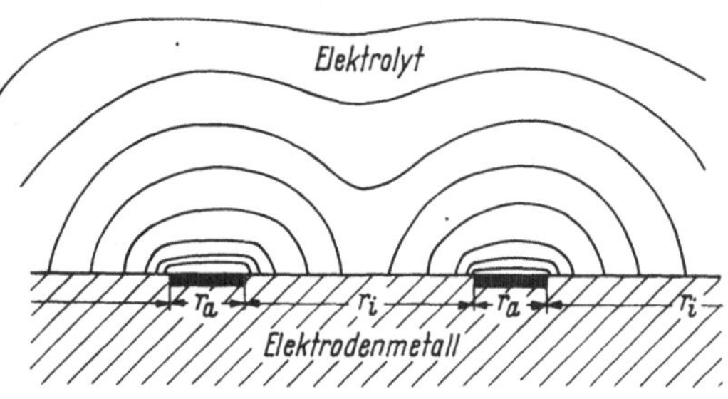

Abb. 123. Äquikonzentrationsflächen bei der Diffusion vor einer inhomogenen Elektrode. $r_a$ = aktive, $r_i$ = inaktive Flächen (Kurven nicht berechnet)

Qualitativ ist das Verhalten der Elektrode dann folgendermaßen zu beschreiben. Die Dämpfung der in den Elektrolyten hineinwandernden Konzentrationswelle ist nach Gl. (2.170a) $\xi_0 = \sqrt{2D/\omega}$. Diese Eindringtiefe $\xi_0$ wird mit wachsender Frequenz $\omega$ kleiner und die Abszisse $1/\sqrt{\omega}$ der Abb. 111 u. 112 kann als ein Maß dieser Eindringtiefe angesehen werden. Für sehr hohe Frequenzen, bei denen $\xi_0 \ll r_a$ ist, wird sich daher

[1] VETTER, K. J.: Z. physik. Chem. **199**, 300 (1952).

die Faradayimpedanz wie im homogenen Elektrodenzustand Abb. 111 u. 112 verhalten, nur mit dem Unterschied, daß die Widerstände pro geometrische Oberfläche um den reziproken Anteil der aktiven Oberfläche größer sind. Für sehr kleine Frequenzen, bei denen die Eindringtiefe $\xi_0 \gg r_i$ ist, wird die Störung durch die Inhomogenität in den oberflächennahen Schichten zu vernachlässigen sein, so daß in diesem Grenzfall die Gesetzmäßigkeiten der homogenen Oberfläche ohne Vergrößerungsfaktor der Widerstandswerte angenähert gelten.

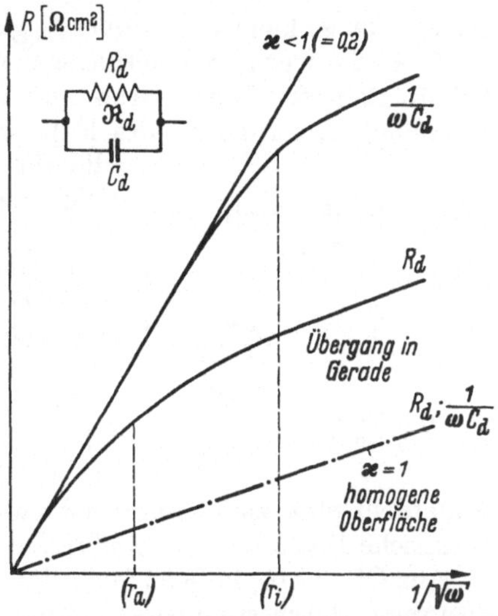


Abb. 124. Schematisches Verhalten des Wechselstrom-Diffusionswiderstandes bei oberflächlich inkonstanter Austauschstromdichte in Abhängigkeit von $1/\sqrt{\omega}$ ($\omega/2\pi$ = Frequenz) nach K. J. VETTER: Z. physik. Chem. **199**, 300 (1952)

Für die Frequenzabhängigkeit des Diffusionswiderstandes ergibt sich ein Verlauf wie er in Abb. 124 schematisch dargestellt ist. Der homogene Reaktionswiderstand wird in entsprechender Weise verändert. Der Durchtrittswiderstand und der heterogene Reaktionswiderstand werden hierdurch jedoch, wie bereits gesagt, nicht beeinflußt.

## c) Bei Einschaltmessungen

### § 101. Galvanostatische Einschaltmessungen

#### α) *Ermittlung der Durchtrittsüberspannung*

Für die Ermittlung von elektrochemischen Reaktionsmechanismen sind auch Messungen des zeitlichen Verlaufs des Potentials bzw. der Stromdichte nach Einschalten konstanter Stromdichte bzw. konstanten Potentials außerordentlich wichtig. Zunächst soll die galvanostatische Meßmethode behandelt werden.

Die experimentelle Anordnung für galvanostatische Messungen ist im allgemeinen einfach. Der momentan eingeschaltete Strom muß trotz einer zeitlich veränderlichen Überspannung und damit Zellspannung an der elektrolytischen Meßzelle konstant bleiben. Eine Gleichstromquelle $B$ mit einer Spannung $\varepsilon_B$, die um ein Vielfaches größer ist als die Zellspannung $\varepsilon_Z$ und als die erwarteten Potentialänderungen $\Delta\varepsilon$, reicht meistens für die galvanostatische Versuchsanordnung aus. Hierbei muß ein entsprechend hochohmiger Vorschaltwiderstand $R$ vor die Meßzelle geschaltet werden, wie es Abb. 125 zeigt. Der Strom ist nach dem ohmschen Gesetz

$$i = \frac{\varepsilon_B - \varepsilon_Z}{R}. \tag{3.15}$$

Die relative Stromänderung $\Delta i/i$ folgt aus Gl. (3.15) mit $\partial i/\partial \varepsilon_Z = -1/R$

$$\frac{\Delta i}{i} \approx \frac{\Delta \varepsilon}{\varepsilon_B - \varepsilon_Z}. \tag{3.16}$$

$\Delta i/i$ ist um so kleiner, je größer $\varepsilon_B$ gewählt wird.

In § 82 α wurde der zeitliche Verlauf des Potentials (Überspannung) bei überlagerter Durchtritts- und Diffusionsüberspannung theoretisch behandelt. Die Aufgabe des Experiments und seiner Diskussion ist es, die für die Durchtrittsüberspannung bzw. Diffusionsüberspannung maßgebenden Größen $i_0$, $\alpha$ bzw. $D$ zu ermitteln. *Da aus der Diffusionsüberspannung die Reaktionskinetik nicht ermittelt werden kann,* steht die Messung der Durchtrittsüberspannung und ihrer bestimmenden Größen $i_0$ und $\alpha$ als wichtigste Zielsetzung im Vordergrund. Um diese Größen bestimmen zu können, muß der Einfluß der Diffusion eliminiert werden. Außerdem muß zuvor untersucht werden, ob auch noch eine gehemmte chemische Reaktion von Einfluß auf die Gesamtüberspannung ist.

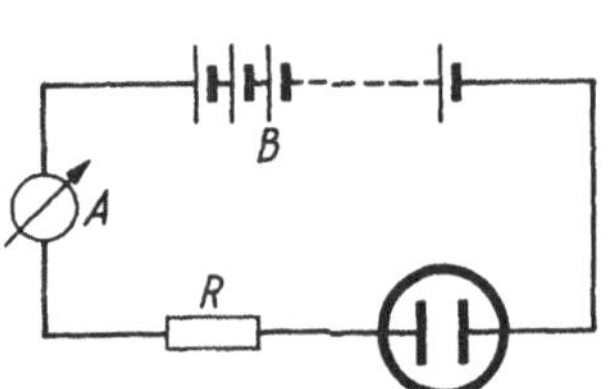

Abb. 125. Einfache Schaltung für nahezu galvanostatische Messungen

Aus Gl. (2.410) im § 82 folgt, daß der Anfangswert der Überspannung $\eta(0)$ reine Durchtrittsüberspannung ist. Für die Ermittlung der Kinetik ist also die Messung dieser Anfangsüberspannung $\eta(0)$ notwendig, die wegen des verzögerten Anstiegs der Überspannung unter Überwindung der Doppelschichtkapazität nach Abb. 114 (§ 82) prinzipiell nur durch Extrapolation auf die Zeit $t = 0$ zu bestimmen ist. Solange die Transitionszeiten $\tau_j$ [Gl. (2.183)] nicht zu kurz werden, ist diese Extrapolation möglich. Die Zeitkonstante $\tau_c$ für die Überwindung der Doppelschichtkapazität $C_D$ bei einer Stromdichte $i$ und einer Überspannung $\eta$ ist von der Größenordnung

$$\tau_c = \frac{\eta \cdot C_D}{i} \tag{3.17}$$

Für eine erfolgreiche Extrapolation muß $\tau_c \ll \tau_j$ sein.

In Abb. 126 sind oszillographisch gemessene Potential-Zeitkurven angegeben, die von H. Gerischer[1] an der Zn-Amalgam-Elektrode gemessen wurden und für die die Bedingung $\tau_c \ll \tau_j$ erfüllt ist. Hier läßt sich die Extrapolation auf $t = 0$ gut durchführen, wie aus der Abb. 126 zu entnehmen ist. Dabei ist unter Umständen noch eine Korrektur des Potentials um den durch die Luggin-Kapillare miterfaßten ohmschen Potentialabfall zwischen dieser und der Elektrodenoberfläche anzubringen.

T. Berzins u. P. Delahay[2] haben eine Methode zur Auswertung des gesamten Potential-Zeitverlaufs bei galvanostatischer Stromeinschaltung entwickelt. Diese Methode gestattet aus einer einzelnen Messung die Ermittlung der Austauschstromdichte $i_0$ und des Durchtrittsfaktors $\alpha$. Allerdings wird die Kenntnis der Transitionszeiten $\tau_j$ bezüglich aller

[1] Gerischer, H.: Z. Elektrochem. **59**, 604 (1955).

[2] Berzins, T., u. P. Delahay: J. Am. Soc. **77**, 6448 (1955); Z. Elektrochem. **59**, 792 (1955).

Substanzen $S_j$ der Elektrodenbruttoreaktion vorausgesetzt. Auch hier ist der Einfluß der Doppelschichtaufladung nur durch Extrapolation zu eliminieren.

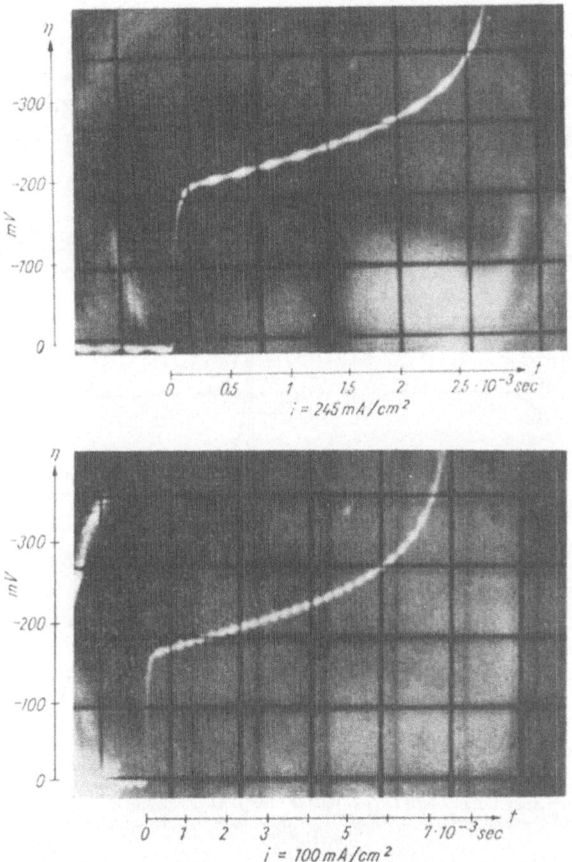


**Abb. 126. Oszillogramme des zeitlichen Potentialverlaufs beim galvanostatischen Einschaltvorgang an der Elektrode Zn-Amalgam (1 Mol-%)/$Zn^{2+}$ · aq (0,02 m), 1 m $NaClO_4$ bei 0° C [nach H. Gerischer Z. Elektrochem. 59, 604 (1955), Abb. 7]**

Das Verfahren von T. Berzins u. P. Delahay[2] setzt voraus, daß nur überlagerte Durchtritts- und Diffusionsüberspannung auftreten. Es gründet sich auf Gl. (2.408) in § 82

$$i = i_0 \left[ \Pi \left(1 \pm \sqrt{\frac{t}{\tau_j}}\right)^{z_{r,j}} \cdot \exp\left(\frac{\alpha z F}{RT}\eta\right) - \right.$$
$$\left. - \Pi \left(1 \pm \sqrt{\frac{t}{\tau_j}}\right)^{z_{o,j}} \cdot \exp\left(-\frac{(1-\alpha) z F}{RT}\eta\right)\right] \quad (2.408)$$

die gegenüber der Fassung von Berzins u. Delahay für die Stoffe $S_o$ und $S_r$ auf alle Substanzen $S_j$ erweitert wurde. Als Vorzeichen ist jeweils das Vorzeichen von $i \cdot \nu_j$ zu setzen. Die Gl. (2.408) kann in die Form

$$\boxed{\ln \frac{\Pi\left(1 \pm \sqrt{\frac{t}{\tau_j}}\right)^{z_{r,j}} - \Pi\left(1 \pm \sqrt{\frac{t}{\tau_j}}\right)^{z_{o,j}} \cdot \exp\left(-\frac{zF}{RT}\eta\right)}{i} = -\frac{\alpha zF}{RT}\eta - \ln i_0 = L(t)} \tag{3.18}$$

überführt werden. Der logarithmische Ausdruck $L(t)$ ergibt gegen die Überspannung $\eta(t)$ aufgetragen eine Gerade, aus deren Neigung der

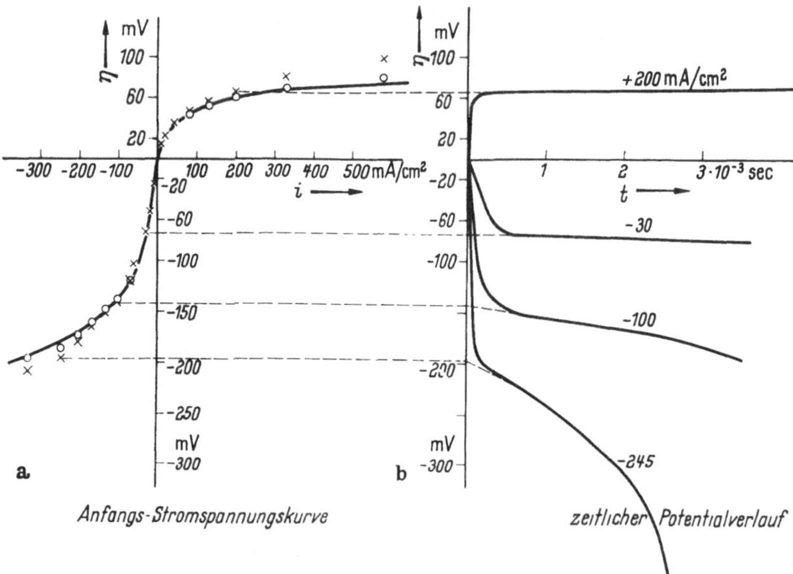


Abb. 127. Extrapolation der Potential-Zeitkurven (b) auf $t = 0$ und Ermittlung der Stromdichte-Durchtrittsüberspannungbeziehung [nach H. GERISCHER: Z. Elektrochem. **59**, 604 (1955)]. × = extrapolierte Meßpunkte für $t = 0$; ○ = korrigierte Meßpunkte nach Abzug des von der Luggin-Kapillare miterfaßten ohmschen Spannungsabfalls ($R_\Omega = 0{,}03\,\Omega \cdot \text{cm}^2$). Ausgezogene Kurve in a) nach Gl. (2.41) $i = i_0\,[\exp(\alpha zF\eta/RT) - \exp(-(1-\alpha)\,zF\eta/RT)]$ mit $i_0 = 5{,}4\ \text{mA/cm}^2$, $\alpha = 0{,}75$ und $z = 2$ berechnet

Durchtrittsfaktor $\alpha$ bestimmt werden kann. Aus der Extrapolation nach $\eta = 0$ folgt die Austauschstromdichte $i_0$. Diese Methode hat den Nachteil, daß gerade die zur Ermittlung der Kinetik benötigten elektrochemischen Reaktionsordnungen $z_{r,j}$ und $z_{o,j}$ und die Durchtrittswertigkeit $z$ zur Berechnung von $L(t)$ bekannt sein müssen. Die Transitionszeiten $\tau_j$ aller Substanzen $S_j$ der Elektrodenbruttoreaktion, die für die Berechnung von $L(t)$ benötigt werden, sind im allgemeinen alle experimentell für bestimmte Konzentrationen $\bar{c}_j$ zugänglich. Sie können ähnlich wie die Diffusionsgrenzstromdichten $i_{d,j}$ (§ 58) auf die jeweiligen Konzentrationen $\bar{c}_j$ nach Gl. (2.183) umgerechnet werden, wenn ihre Messung nur bei anderer Konzentration möglich war.

Für große Überspannungen $|\eta| \gg RT/zF$ vereinfacht sich Gl. (3.18) durch Fortfall des einen additiven Gliedes im Zähler des logarithmischen

Ausdrucks[3]. Gl. (3.18) geht hierdurch in eine Umformung der Gl. (2.411) über. In einfachen Fällen kann nach P. DELAHAY, C. C. MATTAX u. T. BERZINS[3] und W. LORENZ[4] die Überspannung $\eta$ gegen $\log(1 \pm \sqrt{t/\tau})$ aufgetragen werden. Hierbei erhält man entsprechend Gl. (2.411) Geraden. Die Extrapolation dieser Geraden auf $\log(1 \pm \sqrt{t/\tau}) = 0$ ergibt die reine Durchtrittsüberspannung.

Am einfachsten dürfte sich allerdings die Extrapolation auf die Zeit $t = 0$ für kleine Überspannungen $|\eta| \ll RT/zF$ und kurze Zeiten $t \ll \tau_j$ nach Gl. (2.413) gestalten. Hierbei ergibt eine Auftragung der Überspannung $\eta(t)$ gegen $\sqrt{t}$ eine Gerade, aus deren Extrapolation nach $t = 0$ die reine Durchtrittsüberspannung $\eta_D = (RT/zF) \cdot (i/i_0)$ folgt. T. BERZINS u. P. DELAHAY[2] haben hierfür ein Verfahren angegeben, das auch den Einfluß der Doppelschichtaufladung berücksichtigt.

*β) Ermittlung chemischer Reaktionsgeschwindigkeiten*

Auch aus dem Verhalten von Reaktionsgeschwindigkeiten chemischer Teilreaktionen kann auf die Kinetik der Elektrodenreaktion geschlossen werden, wie schon öfter betont wurde. Wenn auch die Theorie dieser Vorgänge bei den Einschaltvorgängen wegen ihrer mathematischen Kompliziertheit noch nicht so vollständig wie bei den Gleichstrom- und Wechselstrommessungen ausgearbeitet wurde, so konnten doch die Gesetzmäßigkeiten für bestimmte Reaktionsarten geklärt werden. Es handelt sich hierbei besonders um Reaktionen erster oder quasi-erster Ordnung*.

Die Geschwindigkeitskonstante $k_j$ der Bildungsreaktion für den Stoff $S$ ist aus dem Verhalten der Transitionszeit $\tau_r$ in Abhängigkeit von der Stromdichte zu ermitteln. Nach DELAHAY u. BERZINS[5] ist auf Grund von Gl. (2.416) bzw. Gl. (2.417), § 82 und Abb. 115 $i\sqrt{\tau_r}$ eine lineare Funktion der Stromdichte $i$, wenn $i$ nicht zu groß wird. Aus der Neigung dieser Geraden

$$\boxed{\frac{d\,(i\sqrt{\tau_r})}{di} = -\frac{\sqrt{\pi}}{2K \cdot \sqrt{k_j + k}} = -\frac{1}{2K}\sqrt{\frac{\pi}{1 + 1/K}}\,\frac{1}{\sqrt{k_j}}} \tag{3.19}$$

kann bei Kenntnis der Gleichgewichtskonstanten

$$K = \frac{\bar{c}}{\bar{c}_j} = \frac{k_j}{k} \tag{3.20}$$

der gehemmten chemischen Teilreaktion

$$S_j \leftrightarrows S \tag{3.21}$$

die Geschwindigkeitskonstante $k_j$ (Bildung von $S$) bestimmt werden.

[3] DELAHAY, P., u. C. C. MATTAX: J. Am. Soc. **76**, 874 (1954). — DELAHAY, P., C. C. MATTAX u. T. BERZINS: J. Am. Soc. **76**, 5319 (1954).

[4] LORENZ, W.: Z. Elektrochem. **58**, 912 (1954).

* Bei einer Reaktion quasi-erster Ordnung kann die Bildungsgeschwindigkeit von $S$ noch von einer Substanz $S_k$ in beliebiger Ordnung abhängen. Die Konzentration $\bar{c}_k$ muß nur so groß sein, daß sie unter den betrachteten Bedingungen praktisch konstant bleibt und damit als konstante Größe in eine Geschwindigkeitskonstante $k_j$ erster Ordnung einbezogen werden kann.

[5] DELAHAY, P., u. T. BERZINS: J. Am. Soc. **75**, 2486 (1953).

Auch die Gleichgewichtskonstante $K$ ist unmittelbar durch diese Messungen erfaßbar. Nach Gl. (2.419) ist

$$\boxed{\frac{1}{K} = \frac{\bar{c}_j}{\bar{c}} = \frac{\lim\limits_{i\to 0}(i\cdot\sqrt{\tau_r})}{\lim\limits_{i\to\infty}(i\cdot\sqrt{\tau_r})} - 1} \tag{3.22}$$

Hierin ist $\lim\limits_{i\to 0}(i\cdot\sqrt{\tau_r}) = i\cdot\sqrt{\tau_d}$ der Wert für die reine Diffusions-Transitionszeit $\tau_d$ nach Gl. (2.183).

Die Konstanz von $i\sqrt{\tau}$ in bezug auf $i$ besagt, daß $d(i\cdot\sqrt{\tau})/di = 0$, also $k_j$ sehr groß ist ($k_j \to \infty$). Diese Beobachtung bedeutet, daß keine Reaktionshemmung in dem meßbaren Bereich vorliegt.

Es kann aber auch $\sqrt{\tau_r/\tau_d}$ gegen $i$ aufgetragen werden und aus der Neigung der erhaltenen Geraden die Geschwindigkeitskonstante $k_j$ bestimmt werden. Diese Methode wurde von Delahay, Mattax u. Berzins[6, 7] experimentell durchgeführt.

Die Geschwindigkeitskonstante $k_j$, die nach der beschriebenen Methode zu bestimmen ist, kann eine Konstante quasi-erster Ordnung sein, wie es schon anfangs gesagt wurde. Dann bedeutet

$$k_j = k_* \cdot \bar{c}_1^{p_1} \cdot \bar{c}_2^{p_2} \cdots = k_* \cdot \prod \bar{c}_k^{p_k} \tag{3.23}$$

mit den beliebigen Reaktionsordnungen $p_k$. Voraussetzung ist, daß die Konzentrationen $c_k$ der Stoffe $S_{k\neq j}$ bei Verarmung von $c_j$ angenähert konstant bleiben. Diese Bedingung wird für $\bar{c}_k \gg \bar{c}_j$ im allgemeinen erfüllt sein. Die Konzentration $c_j$ ergibt dann mit der Geschwindigkeitskonstante $k_j$ quasi-erster Ordnung bezüglich $S_j$ die Reaktionsaustauschgeschwindigkeit $v_0 = k_j \cdot \bar{c}_j = k \cdot \bar{c}$. Aus der Konzentrationsabhängigkeit von $k_j$ können daher unter Umständen auch die Reaktionsordnungen $p_k \neq 1$ (oder auch $p_k = 1$) ermittelt werden.

### γ) *Erfassung von Kristallisationsüberspannung*

Da über die Eigenschaften der Kristallisationsüberspannung noch wenig bekannt ist, sollen zur Erfassung von $\eta_k$ nur einige Bemerkungen gemacht werden.

Die Kristallisationsüberspannung $\eta_k$ sollte im allgemeinen als Restüberspannung $\eta_k = \eta - (\eta_D + \eta_d)$ erfaßbar sein*, wenn von der gemessenen Überspannung $\eta$ die Durchtrittsüberspannung $\eta_D$ und die Diffusionsüberspannung $\eta_d$ abgezogen wurden und keine Reaktionshemmung vorhanden ist. $\eta_D$ und $\eta_d$ sind aus der Anfangsüberspannung (Extrapolation auf $t = 0$) und den Transitionszeiten nach § 101 α unter der Voraussetzung berechenbar, daß die Zeitkonstante der Kristallisationsüberspannung wesentlich größer als die der Durchtrittsüberspannung (Doppelschichtaufladung) ist. Das Auftreten von Reaktionshemmungen sollte an Grenzstromdichten erkennbar sein.

---

[6] Delahay, P.: Disc. Faraday Soc. **17**, 205 (1954).

[7] Delahay, P., C. C. Mattax u. T. Berzins: J. Am. Soc. **76**, 5319 (1954).

* Diese Aufteilung steht mit den Definitionen § 79 im Einklang.

Die Ausbildung von Kristallisationsüberspannung ist auf eine Veränderung der ad-Atomkonzentration $c_{ad}$ gegenüber der Gleichgewichtskonzentration $\bar{c}_{ad}$ zurückzuführen. Infolgedessen bestimmt die Größe der Adsorptions- (oder Kristallisations-)Kapazität $C_{ad} = C_k$ nach Gl. (4.266)

$$C_{ad} = C_k = \frac{z^2 F^2}{RT} \cdot \bar{c}_{ad} \tag{4.266}$$

die Geschwindigkeit $d\eta_k/dt$ der Ausbildung der Kristallisationsüberspannung. Wenn $C_{ad} \gg C_D$ ist, dürfte $\eta_k$ als Restüberspannung erfaßbar sein.

Wenn die Stromdichte $i$ so klein ist, daß die Gesamtüberspannung nicht wesentlich über $|\eta| \leqq 5$ mV wächst, ist eine Trennung der beiden Anteile $\eta_D$ und $\eta_k$ mit Hilfe der Anstiegsgeschwindigkeit möglich. Für die Durchtrittsüberspannung ist $d\eta_D/dt = i/C_D$ und für die Kristallisationsüberspannung $d\eta_k/dt = i/(C_D + C_{ad})$ anzusetzen. Wenn $C_{ad} \gg C_D$ ist, wird die Trennung durch Auftreten eines Knicks in der $\eta(t)$-Kurve möglich. Zur Erfassung der Kristallisationsüberspannung auf dieser Grundlage muß die ad-Atomkonzentration also groß genug sein*.

## § 102. Potentiostatische Einschaltmessungen

Bei den potentiostatischen Einschaltmessungen wird zur Zeit $t = 0$ momentan ein konstantes stromunabhängiges Elektrodenpotential eingeschaltet. Auf Grund dieses Potentials bildet sich eine zeitabhängige Stromdichte $i(t)$ aus (§ 83). Die experimentelle Anordnung ist im allgemeinen recht kompliziert. Um das Potential konstant zu halten, sind besondere Regelschaltungen erforderlich. Die hierfür verwendeten elektronischen Geräte[1,2] werden nach HICKLING[1] als „*Potentiostaten*" bezeichnet**. Abb. 128 gibt die Wirkungsweise, nicht jedoch den elektronischen Aufbau eines Potentiostaten in einer Meßanordnung wieder.

Die Meßelektrode $M$ soll auf dem konstanten, mit Hilfe des Potentiometers $PM$ einstellbaren Potential $\varepsilon$ gegen die verwendete Bezugselektrode $B$ gehalten werden. Der Potentiostat $PS$ liefert als Stromquelle den Polarisationsstrom $i(t)$, der über die Gegenelektrode $G$ fließt. $G$ kann polarisierbar sein. Hierbei stellt der Potentiostat $PS$ einen Stromverstärker mit so hochohmigem Eingang $E$ dar, daß der über die Eingangsanschlüsse fließende Strom klein gegen den Polarisationsstrom ist und die Bezugselektrode $B$ hierdurch nicht polarisiert wird. Der fließende

* $C_{ad}$ ist gleich der Doppelschichtkapazität von etwa $C_D = 20\ \mu F/\text{cm}^2$ nach Gl. (4.266), wenn $\bar{c}_{ad}$ in der Größenordnung $5 \cdot 10^{-12}/z^2$ Mol/cm$^2 = 3 \cdot 10^{12}/z^2$ Atome/cm$^2$ oder $\Theta_{ad} \approx 0{,}1\%$ ist.

[1] HICKLING, A.: Trans. Faraday Soc. **38**, 27 (1942).

[2] HODGKIN, A. L., A. F. HUXLAY u. B. KATZ: Arch. Sci. physiol. **3**, 129 (1945); J. Physiology **116**, 424 (1952). — SCHOEN, J., u. K. E. STAUBACH: Regelungstechnik **2**, 157 (1954). — VIELSTICH, W., u. H. GERISCHER: Z. physik. Chem. N.F. **4**, 10 (1955). — GERISCHER, H., u. K. E. STAUBACH: Z. Elektrochem. **61**, 789 (1957). — BREITER, M., u. F. G. WILL: Z. Elektrochem. **61**, 1177 (1957). — H. WENKING, unveroffentlicht. — FLEISCHMANN, M., u. H. R. THIRSK: Trans. Faraday Soc. **51**, 71 (1955).

** Mechanisch über einen Regelmotor arbeitende Potentiostaten sind für die hier erforderlichen Zwecke im allgemeinen zu trage. Hierüber z. B. P. DELAHAY: New Instr. Meth. Electrochem. S. 396. New York-London: Intersc. Publ. 1954.

Strom $i(t)$ hängt von der Eingangsspannung $\Delta\varepsilon(t)$ ab, wobei keine lineare Beziehung zwischen beiden bestehen muß. Diese Eingangsspannung $\Delta\varepsilon(t)$ tritt als Differenz zwischen dem Potential $\varepsilon_M$ der Meßelektrode und dem eingestellten Sollpotential $\varepsilon$ auf und stellt einen unvermeidlichen Fehler in der Arbeitsweise des Potentiostaten dar. $\Delta\varepsilon(t)$ muß daher so klein wie möglich gehalten werden. Dies bedeutet, daß der Verstärkungsgrad mA/mV eines Potentiostaten möglichst groß sein muß. Die Polung des Eingangs und Ausgangs ist aus Abb. 128 für einen anodischen und in Klammern für einen kathodischen Strom angegeben. Die leistungsfähigsten Potentiostaten haben eine Verstärkung von etwa 1 Amp/mV. Wie aus Abb. 128 zu entnehmen ist, muß der elektronische Aufbau eines Potentiostaten außerdem so sein, daß eine Eingangsbuchse mit der der Polung entgegengesetzten Ausgangsbuchse auf dem gleichen Potential liegt.

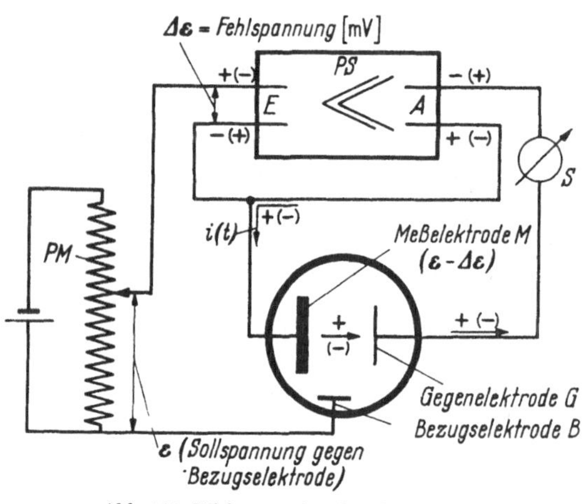


Abb. 128. Wirkungsweise eines Potentiostaten

Unter Umständen ist auch schon eine sehr einfache potentiostatische Schaltung, wie sie in Abb. 129 dargestellt wird, ohne die Verwendung eines Potentiostaten möglich. Als Bedingung für die Anwendung dieser Schaltung muß eine Bezugselektrode verfügbar sein, die durch den Polarisationsstrom $i(t)$ nicht nennenswert polarisiert wird. Das kann evtl. durch eine ausreichend große Dimensionierung der Elektrode erreicht werden. Außerdem muß der Querstrom $i_q$ im Potentiometer $i_q \gg i(t)$ sein. Schwierig wird die Messung des Stromes, da die an dem Strommesser $S$ (Amperemeter, Röhrenverstärker, Oszillograph) auftretenden Spannungsabfälle als Fehlspannungen in Erscheinung treten. Bei der Verwendung von Potentiostaten nach Abb. 128 tritt diese Schwierigkeit nicht auf. In der Polarographie wird jedoch von der Schaltung nach Abb. 129 unter Verwendung sehr empfindlicher Spiegelgalvanometer Gebrauch gemacht.

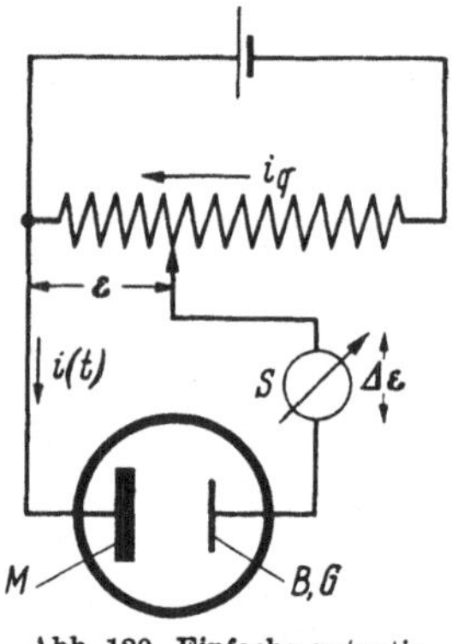

Abb. 129. Einfache potentiostatische Schaltung. $\varepsilon$ = Sollspannung gegen die unpolarisierbare Gegen- und Bezugselektrode ($B$, $G$) $i(t) \ll i_q$. Spannungsabfall $\Delta\varepsilon$ am Strommesser $S$ klein (Fehlspannung)

Wie bei den galvanostatischen Einschaltmessungen (§ 101) ist auch hier die Bestimmung der Durchtrittsüberspannung für die Ermittlung der elektrochemischen Reaktionskinetik erforderlich, da aus der Diffusionsüberspannung, wie schon an anderer Stelle betont wurde, keine Schlüsse auf den Mechanismus zu ziehen sind. Der Einfluß einer gehemmten chemischen Reaktion auf die Stromzeitfunktion wäre zwar für die Kinetik auswertbar, aber die Gesetzmäßigkeiten werden hierdurch sehr kompliziert. Daher ist die Theorie bisher nur ohne Durchtrittshemmung behandelt worden (§ 73*).

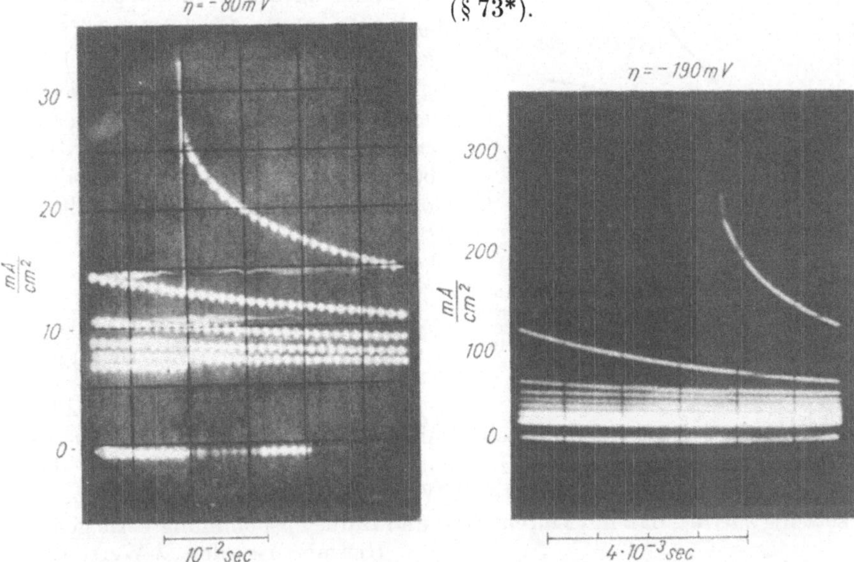


Abb. 130. Oszillogramme des zeitlichen Stromverlaufs beim potentiostatischen Einschaltvorgang an der Elektrode Zn-Amalgam (1 Mol-%)/$Zn^{2+}\cdot$ aq (0,02 m), 1 m $NaClO_4$ bei 0° C [nach H. GERISCHER: Z. Elektrochem. **59**, 604 (1955), Abb. 9]

Auch bei den potentiostatischen Messungen ergibt sich nach Gl. (2.430), § 83 für $t = 0$ reine Durchtrittsüberspannung, da sich die Veränderung der Konzentrationen erst mit der Zeit ausbildet. Es ist daher die Bestimmung der Anfangsstromdichte $i(0)$ erforderlich, die wie die Anfangsüberspannung $\eta(0)$ in § 101 durch Extrapolation erhalten werden kann. Abb. 130 zeigt Oszillogramme von H. GERISCHER[3], die den zeitlichen Stromverlauf beim potentiostatischen Einschaltvorgang wiedergeben**. Da sich nach H. GERISCHER u. W. VIELSTICH[4] die Stromdichte entsprechend Gl. (2.431) linear mit $\sqrt{t}$ verkleinert, ist für die Extrapolation am besten der experimentelle Stromdichteverlauf gegen $\sqrt{t}$ aufzutragen, wie es in Abb. 116b geschehen ist. Lineare Extrapolation nach $t = 0$ ergibt die gesuchte Anfangsstromdichte $i(0)$.

* In der Polarographie werden reaktionsbedingte Grenzströme (§ 74) zur Ermittlung von chemischen Reaktionsgeschwindigkeiten herangezogen. Auf derartige Grenzstrome hat das Auftreten von Durchtrittshemmungen keinen Einfluß.

[3] GERISCHER, H.: Z. Elektrochem. **59**, 604 (1955).

** Die Oszillogramme der Abb. 126 und 130 wurden an der gleichen Elektrode im gleichen Elektrolyten erhalten.

[4] GERISCHER, H., u. W. VIELSTICH: Z. physik. Chem. N. F. **3**, 16 (1955).

Wenn die Extrapolation über größere Zeiten erfolgen muß, nach denen bereits vorwiegend Diffusionsüberspannung vorliegt, so ist nach H. GERISCHER u. W. VIELSTICH[4] anders zu verfahren. Der genannte Fall wird zunächst daran erkannt, daß die Stromdichte nach Gl. (2.432) proportional $1/\sqrt{t}$ wird. Daher ist die Stromdichte gegen $1/\sqrt{t}$ wie in Abb. 131 aufzutragen und die Tangente an den linearen Verlauf im Punkte $1/\sqrt{t}=0$ (gestrichelte Gerade in Abb. 131) zu zeichnen. Die Stromwerte $i_d(t)$ dieser Geraden wären die Stromdichten für verschwindend kleine Durchtrittsüberspannung, also für reine Diffusionsüberspannung. Das Verhältnis $i(t)/i_d(t)$ ist nach Gl. (2.432) und Gl. (2.429)[5]

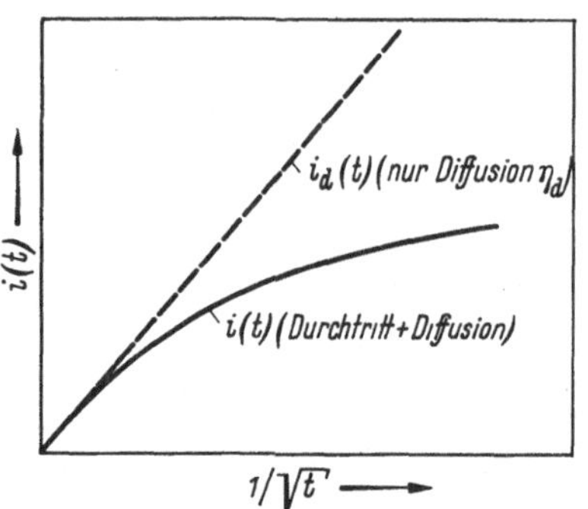


Abb. 131. Verfahren zur Ermittlung der Anfangsstromdichte $i(0)$ bei potentiostatischen Einschaltvorgangen nach H. GERISCHER u. W. VIELSTICH [Z. physik. Chem., N. F. 3, 16 (1955)] bei einem großen Anteil an Diffusionsüberspannung

$$\frac{i(t)}{i_d(t)} = \sqrt{\pi}\cdot(\lambda\sqrt{t})\cdot\exp(\lambda^2 t)\cdot\operatorname{erfc}(\lambda\sqrt{t}) \tag{3.24}$$

$i(t)/i_d(t)$ ist in Abb. 132 gegen $1/\lambda\sqrt{t}$ aufgetragen. Das experimentell ermittelte Verhältnis $i(t)/i_d(t)$, das aus einer Darstellung wie Abb. 131 entnommen werden kann, muß der Gl. (3.24) mit einem bestimmten $\lambda$-Wert entsprechen, wenn die Voraussetzung zutrifft, daß nur Durchtritts- und Diffusionshemmung vorliegen*. Hiermit ist der $\lambda$-Wert, der durch Gl. (2.429) definiert wird, bestimmt. $1/\lambda^2$ gibt die Zeit an, nach der sich der Übergang von vorwiegend Durchtrittsüberspannung in vorwiegend Diffusionsüberspannung vollzieht. $\lambda$ ist somit ein Maß für die Geschwindigkeit der Ausbildung des Diffusionseinflusses.

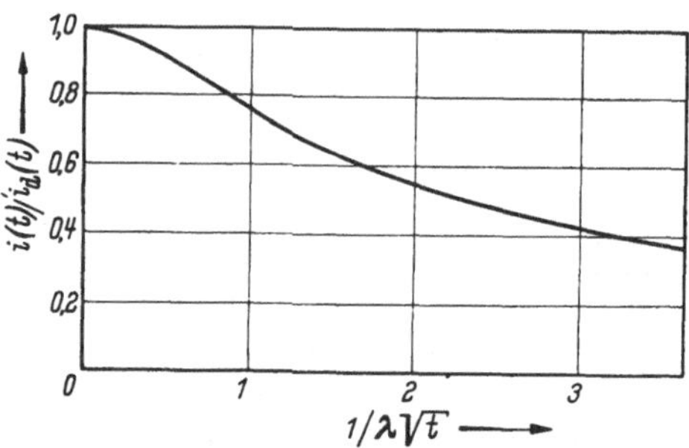


Abb. 132. Die Funktion $i(t)/i_d(t)$ nach Gl. (3.24) gegen $1/(\lambda\sqrt{t})$ zur Ermittlung der Anfangsstromdichte $i(0)$ beim potentiostatischen Einschaltvorgang

Für die Zeit $t = 1/\lambda^2$, d. h. also $\lambda\sqrt{t} = 1$ ist nach Gl. (2.429) und Abb. 116

$$i(0) = \frac{i(1/\lambda^2)}{0{,}427} \tag{3.25}$$

Aus dem zuvor ermittelten Wert $i(1/\lambda^2)$ folgt der gesuchte Wert der Anfangsstromdichte $i(0)$. Außerdem ist aus der Neigung der Geraden in Abb. 131 das Verhältnis $i(0)/\lambda$ nach Gl. (2.432) $i = i_d(t) = i(0)/(\sqrt{\pi}\cdot\lambda\cdot\sqrt{t})$

[5] Vgl. auch P. DELAHAY: New Instr. Meth. in Electrochem, New York: Intersc. Publ. 1954, S. 76.

* Praktischer ist für diese Prüfung und die Ermittlung von $\lambda$ eine Auftragung von $i(t)/i_d(t)$ gegen $\log \lambda^2 t$ bzw. $\log t$.

zu ermitteln, aus dessen Wert bei Kenntnis von $\lambda$ ebenfalls die Anfangsstromdichte $i(0)$ berechnet werden kann.

Die beschriebene Extrapolation auf die Anfangsstromdichte $i(0)$ ergibt mit verschiedenen potentiostatisch eingestellten Überspannungswerten die reine Stromdichte-Potentialkurve der Durchtrittsüberspannung, wie es die Abb. 133 nach H. GERISCHER[3] an der Elektrode Zn-Amalgam(1 Mol-%)/$Zn^{2+}\cdot aq$(0,02 m) in 1 m $NaClO_4$-Lösung bei 0° C wiedergibt. Der Vergleich von Abb. 127 und Abb. 133 zeigt die gute

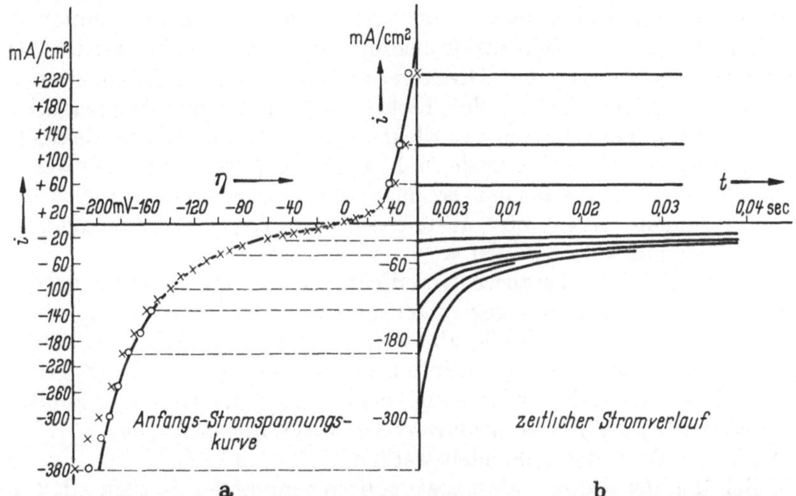


Abb. 133. Extrapolation der Stromdichte-Zeitkurven (b) auf $t = 0$ und Ermittlung der Stromdichte-Durchtrittsüberspannungsbeziehung [nach H. GERISCHER: Z. Elektrochem. 59, 604 (1955)]. × = extrapolierte Meßpunkte für $t = 0$ ○ = korrigierte Meßpunkte nach Abzug des von der Luggin-Kapillare miterfaßten ohmschen Spannungsabfalls ($R_\Omega \sim 0{,}03\ \Omega \cdot cm^2$). Ausgezogene Kurve in a) nach Gl. (2.41) $i = i_0 \cdot [\exp(\alpha z F\eta/RT) - \exp(-(1-\alpha)\, zF\eta/RT)]$ mit $i_0 = 5{,}8$ mA/cm², $\alpha = 0{,}75$ und $z = 2$ berechnet

Übereinstimmung zwischen den galvanostatischen und den potentiostatischen Messungen an der gleichen Elektrode.

Alle diese Betrachtungen wurden ohne die Berücksichtigung der Doppelschichtkapazität $C_D$ gemacht, die sich auch bei einem „idealen" Potentiostaten** wegen eines immer vorhandenen ohmschen Widerstands $R_\Omega$ zwischen Elektrode und Luggin-Kapillare bemerkbar macht. Mit der Zeitkonstante $\tau = C_D \cdot R_\Omega$ nach § 83 ist bei $C_D = 20\ \mu F/cm^2$ und dem wohl kaum unterschreitbaren Wert von $R_\Omega = 0{,}03\ \Omega \cdot cm^2$ in wäßrigem Elektrolyten immer noch mit einer Zeit von einigen $\mu$sec für die Aufladung der Doppelschicht im günstigsten Fall zu rechnen.

## d) Vergleich der verschiedenen Methoden

### § 103. Die Ermittlung der Austauschstromdichte $i_0$

Die in § 92 bis § 102 beschriebenen Methoden sind unter den verschiedenen Bedingungen zur Bestimmung der Durchtrittsüberspannung

** Mit einer verschwindend kleinen Zeitkonstante der Einstellung bei beliebig großen Strömen.

$\eta_D$ bzw. der Austauschsstromdichte $i_0$ mehr oder weniger geeignet. Unter den verschiedenen Bedingungen ist es besonders die Größe der Austauschstromdichte $i_0$ und die Größe der Konzentrationen $\bar{c}_j$ der Stoffe $S_j$, die innerhalb eines sehr weiten Bereichs schwanken. Die anderen Werte, wie die Durchtrittswertigkeit $z$, die stöchiometrischen Faktoren $\nu_j$, die Diffusionskonstanten $D_j$ und der Durchtrittsfaktor $\alpha$ unterscheiden sich in den verschiedensten Fällen wohl kaum um mehr als einen Faktor zwei oder drei.

Es sollen daher die einzelnen Methoden auf die Bestimmungsmöglichkeiten extrem großer und kleiner Austauschstromdichten unter den verschiedensten Konzentrationsbedingungen untersucht werden. Dabei sollen die prinzipiellen Grenzen der Bestimmungsmöglichkeiten auf Grund der Eigenschaften des Elektrodensystems mit Doppelschichtkapazität $C_D$, Leitfähigkeit des Elektrolyten bzw. ohmschem Elektrolytwiderstand zwischen Elektrode und Luggin-Kapillare behandelt werden. Die hierfür zu verwendenden Oszillographen, Verstärker, Potentiostaten, Meßinstrumente usw. sollen ausreichend genau sein und eine genügend kleine Zeitkonstante besitzen.

Je größer die Austauschstromdichte $i_0$ ist, um so mehr tritt die Durchtrittsüberspannung gegenüber der Diffusionsüberspannung zurück. Von einer maximalen Größe ab ist daher die Austauschstromdichte $i_0$ nicht mehr meßbar, weil ihr Einfluß in dem allgemeinen Störpegel und in der Ungenauigkeit der Messung verschwindet. Es soll daher zunächst die *obere Grenze der noch meßbaren Austauschstromdichte* nach den verschiedenen Methoden behandelt werden.

Bei den *Gleichstrommessungen* soll angenommen werden, daß die Austauschstromdichte noch mit ausreichender Genauigkeit erfaßt werden kann, wenn der Durchtrittswiderstand $R_D$ größer als ein Drittel des Diffusionswiderstandes $R_d$, also

$$R_D \geqq \frac{1}{3} R_d \quad \text{(bei Gleichstrom)} \tag{3.26}$$

ist. Bei $z = 1, \nu = 1$ bedeutet das nach Gl. (2.74), Gl. (2.164) und Gl. (2.91)

$$i_0 \leqq \frac{3FD}{\delta} \cdot \bar{c} \approx 3 \cdot 10^3 \cdot \bar{c} \text{ (Amp/cm}^2\text{)}\,, \tag{3.27}$$

wenn $D = 10^{-5}$ cm$^2 \cdot$ sec$^{-1}$, $\delta = 1 \cdot 10^{-3}$ cm gesetzt und $\bar{c}$ in Mol/cm$^3$ gemessen wird.

Gleichzeitig muß noch die Bedingung erfüllt sein, daß der ohmsche Elektrolytwiderstand $R_\Omega$ zwischen Elektrodenoberfläche und Luggin-Kapillare einen nicht zu großen Potentialabfall hervorruft, der nicht mehr mit genügender Genauigkeit herauskorrigiert werden kann. Dieser Grenzfall dürfte etwa bei

$$R_\Omega \leqq R_D \tag{3.28}$$

liegen. Die wohl kleinsten erreichbaren Werte von $R_\Omega$ liegen bei etwa $R_\Omega \geqq 0{,}03\ \Omega \cdot$ cm$^2$. Diesem Wert entspricht eine Austauschstromdichte von $i_0 = 1$ Amp/cm$^2$. Es kann daher für die Gleichstrommessungen als größte meßbare Austauschstromdichte

$$i_0 \approx 3 \cdot \bar{c} \leqq 1 \text{ Amp/cm}^2 \tag{3.29}$$
(Gleichstrom, $\bar{c}$ in Mol/l)

angesetzt werden. Dieser Wert gilt natürlich nur als größenordnungsmäßige Abschätzung.

Die anderen drei Methoden, also die *Wechselstrommethode*, die *galvanostatische* und die *potentiostatische Einschaltmethode*, können unter einem einheitlichen Gesichtspunkt bezüglich des maximalen Wertes der ermittelbaren Austauschstromdichte behandelt werden. Als Ersatzschaltbild für die *Wechselstrommethode* kann nach § 81, Abb. 104 die in Abb. 134a

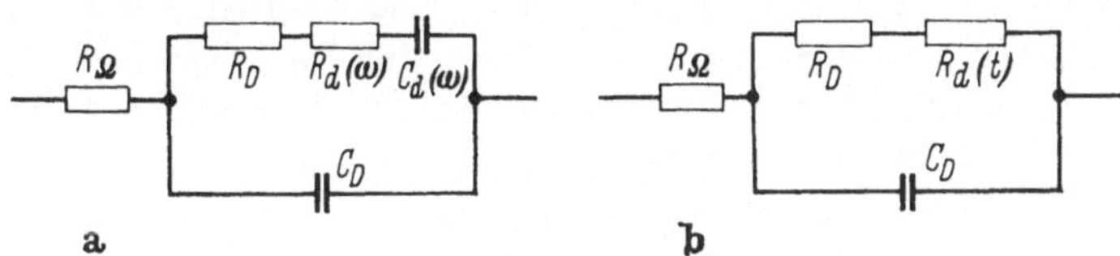


Abb. 134. Ersatzschaltbilder. a) Für den Wechselstromwiderstand (vgl. Abb. 104). b) Für die galvanostatischen und potentiostatischen Einschaltvorgänge. $R_\Omega$ = Elektrolytwiderstand zwischen Elektrodenoberfläche und Luggin-Kapillare, $C_D$ = Doppelschichtkapazität

nochmals wiedergegebene Schaltung verwendet werden. Die Größe der ohmschen Komponente der Faradayimpedanz ist nach Gl. (2.397)

$$R_f = R_D + R_d(\omega) = \frac{RT}{zF} \cdot \left( \frac{1}{i_0} + \frac{1}{zF \cdot \sqrt{2\omega}} \cdot \sum \frac{\nu_j^2}{\bar{c}_j \cdot \sqrt{D_j}} \right) \tag{3.30}$$

Bei der *galvanostatischen* und *potentiostatischen* Einschaltmethode ist das Elektrodensystem durch ein in Abb. 134b beschriebenes Ersatzschaltbild darzustellen, in dem als Diffusionswiderstand ein zeitabhängiger Wert $R_d(t)$ auftritt. Für den Faradaywiderstand $R_f$ gilt dabei die Beziehung

$$R_f = R_D + R_d(t) = \frac{RT}{zF} \cdot \left( \frac{1}{i_0} + \frac{1}{zF} \cdot \frac{2 \cdot \sqrt{t}}{\sqrt{\pi}} \cdot \sum \frac{\nu_j^2}{\bar{c}_j \cdot \sqrt{D_j}} \right) \tag{3.31}$$

Die Gl. (3.31) ergibt sich unter Zugrundelegung der Beziehung $R_f(t) = \eta/i$ aus Gl. (2.413) für die galvanostatische und aus Gl. (2.431) und Gl. (2.429) bei $|\eta| \ll RT/zF$ für die potentiostatische Methode*. Da die Kreisfrenquenz $\omega = 2\pi/\tau_s$ mit $\tau_s$ = Schwingungszeit ist, sind die Widerstände nach Gl. (3.30) und Gl. (3.31) für

$$t = \frac{1}{16} \tau_s \tag{3.32}$$

identisch**.

Eine Betrachtung der Ersatzschaltbilder (Abb. 134) zeigt, daß für sehr hohe Frequenzen bzw. sehr kleine Zeiten die Widerstände $R_D + R_d$

* Sowohl Gl. (3.30) und Gl. (3.31) als auch die Schaltbilder in Abb. 134 gelten für $|\eta| \ll RT/zF$. Für größere Überspannungen werden diese formalen Widerstände $\eta/i$ noch kleiner.

** Zum Beispiel führen $t = 10^{-6}$ sec und die Frequenz von 62,5 kHz hier zu gleichen Widerstandswerten.

durch die Doppelschichtkapazität $C_D$ praktisch kurzgeschlossen werden und die Impedanz $1/\omega C_D$ bzw. die Spannung am Kondensator $C_D$ vernachlässigbar klein wird gegen den Widerstand $R_\Omega$. Als Grenzwert tritt also in allen drei Methoden der Elektrolytwiderstand $R_\Omega$ auf. Für niedrige Frequenzen bzw. größere Zeiten fließt über den Kapazitätszweig $C_D$ wenig Strom im Vergleich zu dem Zweig mit $R_D + R_d$. Jetzt liegt im wesentlichen eine Hintereinanderschaltung von $R_\Omega + R_D + R_d$ vor. Ein einigermaßen genau erfaßbarer Wert von $R_D$ dürfte aber nicht wesentlich kleiner als $R_\Omega$ sein, so daß als untere Grenze vielleicht

$$R_D \geqq \frac{1}{5} R_\Omega \tag{3.33}$$

anzusetzen ist. Mit der wohl kaum unterschreitbaren Grenze von $R_\Omega \geqq 0{,}03\ \Omega \cdot \mathrm{cm}^2$ würde als untere Grenze für $R_D \geqq 0{,}006\ \Omega \cdot \mathrm{cm}^2$ und daraus als maximal erfaßbarer Wert der Austauschstromdichte mit $z = n = 1$ bei allen drei Methoden

$$i_0 \leqq 4\ \mathrm{Amp/cm}^2 \tag{3.34}$$

folgen.

Die Frequenz, bei der die Impedanz $1/\omega C_D$ bei $C_D = 20\ \mu F/\mathrm{cm}^2$ gleich diesem minimalen Wert $R_D \geqq 0{,}006\ \Omega \cdot \mathrm{cm}^2$ ist, errechnet sich zu 1,3 MHz. Der Diffusionswiderstand $R_d$ hat für diese Frequenz nach Gl. (3.30) mit $z = n = 1$, $D = 10^{-5}\ \mathrm{cm}^2 \cdot \mathrm{sec}^{-1}$, $\nu = 1$ den Wert $R_d = 3 \cdot 10^{-5}/c\ \Omega \cdot \mathrm{cm}^2$ ($c$ in Mol/l), so daß bis zu etwa $c \geqq 10^{-3}$ Mol/l die Extrapolation nach $\omega \to \infty$ bzw. $t \to 0$ zur Bestimmung von $R_D$ möglich sein wird.

Das Ergebnis dieses Vergleiches ist also, daß die maximal erfaßbare Größe der Austauschstromdichte bei den letzten drei Methoden praktisch die gleiche ist und durch den Elektrolytwiderstand $R_\Omega$ zwischen Elektrodenoberfläche und Luggin-Kapillare und die Doppelschichtkapazität $C_D$ bestimmt wird*.

Leistungsfähiger als die drei genannten Methoden ist die von GERISCHER u. KRAUSE[1] eingeführte *Doppelimpulsmethode*. Bei dieser Methode wird galvanostatisch ein sehr kurzer Stromimpuls mit hoher Stromdichte eingeschaltet, dem ohne Stromunterbrechung ein längerer Stromimpuls mit kleinerer Stromdichte folgt, so wie es die Abb. 135 wiedergibt. Der erste Impuls dient dabei nur zur schnellen Aufladung der Doppelschichtkapazität $C_D$ bis zur Überspannung $\eta$, die der Stromdichte $i$ des zweiten Impulses entspricht, um die Zeit bis zur Erreichung dieser Überspannung möglichst weit herunterzudrücken. Die Stromdichte des zweiten Impulses entspricht der Überspannung $\eta$, wenn für den Beginn des zweiten Impulses $d\eta/dt = 0$ beobachtet wird. Bei der einfachen galvanostatischen Einschaltmethode tritt die Zeitkonstante $\tau = R_D \cdot C_D$ auf, während der unter Umständen bereits wesentliche Diffusionseffekte eingetreten sein können. Durch die rasche Aufladung der Doppelschicht können schnellere Elektrodenreaktionen erfaßt werden als mit den

* Die durch $R_\Omega$ und $C_D$ begrenzte Zeitkonstante ist $\tau = R_\Omega \cdot C_D = 0{,}03 \cdot 2 \cdot 10^{-5} = 0{,}6\ \mu\mathrm{sec}$ (bzw. 100 kHz).

[1] GERISCHER, H., u. M. KRAUSE: Z. physik. Chem. N. F. 10, 264 (1957).

zuvor genannten drei Methoden. Die Elektrizitätsmenge $Q_1$ des ersten Impulses muß hierbei nach $Q_1 = i_1 \cdot \Delta t_1 = \eta \cdot C_D$ bemessen werden.

Eine Wechselstrommethode von Doss und von BARKER[2], die unter Verwendung einer Brückenschaltung gewisse Asymmetrieglieder höherer Ordnung zur Auswertung benutzt, könnte möglicherweise noch schnellere Elektrodenreaktionen erfassen. Die Methode ist aber in ihrer Anwendbarkeit und der Auswertung in verschiedener Hinsicht noch nicht genügend aufgeklärt, so daß hier nur kurz die Existenz dieser Methode erwähnt werden soll.

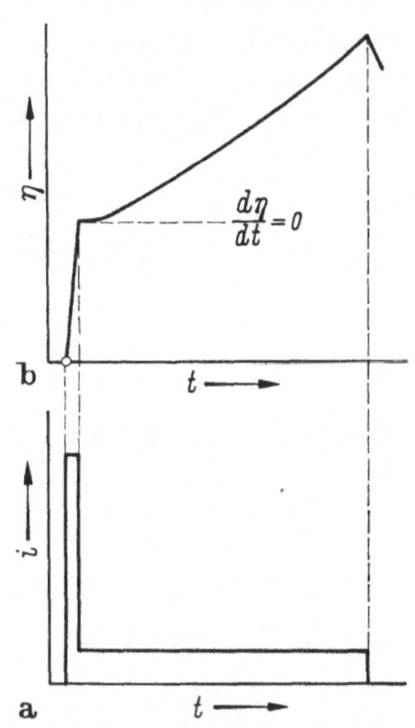

Abb. 135. Zeitlicher Verlauf von Stromdichte $i$ und Überspannung $\eta$ bei der Doppelimpulsmethode von GERISCHER u. KRAUSE: Z. physik. Chem., N. F. **10**, 264 (1957)

Für die allgemeine Wechselstrommethode, bei der prinzipiell im Überspannungsbereich $|\eta| \ll RT/zF$ gearbeitet werden muß, gibt es auch einen minimalen Wert der Austauschstromdichte, unter dem $i_0$ nur noch sehr ungenau oder gar nicht mehr erfaßbar ist. Dieser Fall tritt auf, wenn auch bei niedrigster Frequenz die Impedanz $1/\omega C_D$ der Doppelschicht klein gegen $R_D$ ist. Für 50 Hz ist bei $C_D = 20\ \mu F/\text{cm}^2$ die Impedanz $1/\omega C_D \approx 160\ \Omega \cdot \text{cm}^2$. So wird z. B. für $R_D > 10\,\text{k}\,\Omega \cdot \text{cm}^2$ die Bestimmung dieses Leitwertes in einer Brückenschaltung zu ungenau. $R_D < 10\ \text{k}\Omega \cdot \text{cm}^2$ bedeutet $i_0 \geqq 2{,}5\ \mu\text{A/cm}^2$ als Minimalwert.

Die Wechselstrommethode eignet sich daher zur Bestimmung von Austauschstromdichten in der Größenordnung $\mu$A/cm² bis Amp/cm². Für die Bestimmung der kleinen Austauschstromdichten ist besonders die Gleichstrommethode geeignet. Die Einschaltmethoden sind hier ebenfalls anwendbar, aber sie werden wegen ihres meßtechnischen Aufwands nur dann mit Vorteil verwendet werden, wenn eine Veränderung der Oberfläche in kurzen Zeiten, wie z. B. bei der Polarisation von Metallionenelektroden, zu befürchten ist.

## § 104. Die Ermittlung von chemischen Reaktionsgeschwindigkeiten

Auch für die Ermittlung chemischer Reaktionsgeschwindigkeiten soll die Leistungsfähigkeit der in § 92 bis § 102 beschriebenen Methoden untersucht werden. Hierbei sei als Maß für die Reaktionsgeschwindigkeit die Reaktionsgranzstromdichte $i_r$ verwendet, die nach Gl. (2.257) durch

$$i_r = -\frac{n}{\nu} \cdot F \sqrt{\frac{2p \cdot D}{p+1}} \cdot \sqrt{v_0 \cdot \bar{c}} \quad \text{(homogene Reaktion)}$$

---

[2] BARKER, G. C.: Analytica Chimica Acta **18**, 118 (1958); Doss, K. S. G.: Proc. Indian Acad. Sci. **34**, 263 (1951); **35**, 45 (1952).

und nach Gl. (2.267) durch

$$i_r = -\frac{n}{\nu} F \cdot v_0 \qquad \text{(heterogene Reaktion)}$$

definiert ist. $v_0$ ist die Reaktionsaustauschgeschwindigkeit am Gleichgewicht. Auch für die Einschaltvorgänge, bei denen eine Reaktionsgrenzstromdichte gar nicht auftritt, soll dieses Maß verwendet werden.

Sowohl auf *Gleichstrom-* als auch auf *Wechselstrommessungen* hat bei chemischer Reaktionshemmung der Reaktionswiderstand $R_r$ genau den gleichen Einfluß wie der Durchtrittswiderstand bei Durchtrittshemmung. Für die Reaktionswiderstände

$$R_r = \frac{|\nu| RT}{nF} \cdot \sqrt{\frac{2}{p+1}} \cdot \frac{1}{|i_r|}$$

[nach Gl. (2.281) homogene Reaktion]

$$R_r = \frac{|\nu| RT}{nF} \cdot \frac{1}{p} \cdot \frac{1}{|i_r|}$$

[nach Gl. (2.282) heterogene Reaktion]

sind daher die gleichen experimentell ermittelbaren Grenzen anzusetzen wie sie für $R_D$ in § 103 verwendet wurden. Mit $|\nu| = 1$, $n = 1$, $p = 1$ folgt für Gleichstrom

$$i_r \leqq 3 \cdot \bar{c}_j \leqq 1 \text{ Amp/cm}^2 \tag{3.35}$$

(Gleichstrom, $\bar{c}_j$ in Mol/l)

und für Wechselstrom

$$i_r \leqq 4 \text{ Amp/cm}^2 \tag{3.36}$$

(Wechselstrom)

sowohl bei homogener als auch bei heterogener Reaktion. Beide Größen werden durch den ohmschen Widerstand $R_\Omega \geqq 0{,}03\ \Omega \cdot \text{cm}^2$ und durch die Doppelschichtkapazität $C_D$ begrenzt.

Die *Einschaltmessungen* gestatten demgegenüber im allgemeinen wesentlich größere Reaktionsgeschwindigkeiten zu messen, da hier nicht die Überspannung oder der Polarisationswiderstand, sondern die Transitionszeit untersucht wird. Die Methode ist also eine wesentlich andere. In der Auftragung von $i\sqrt{\tau_r}$ gegen $i$ nach Abb. 115 ist die Neigung der linearen Kurventeile um so größer, je größer die Reaktionshemmung ist. Schnelle Reaktionen benötigen daher eine große Stromdichte $i$, damit ein bemerkbarer Abfall des $i \cdot \sqrt{\tau_r}$-Wertes gegen den Grenzwert $i \cdot \sqrt{\tau_d}$ eintritt. Um diesen Abfall mit ausreichender Genauigkeit messen zu können, soll

$$\frac{i\sqrt{\tau_d} - i\sqrt{\tau_r}}{i \cdot \sqrt{\tau_d}} = \frac{\sqrt{\tau_d} - \sqrt{\tau_r}}{\sqrt{\tau_d}} \geqq 0{,}05 \tag{3.37}$$

also größer als 5% angesetzt werden.

Aus Gl. (2.417) und aus der allgemeinen Gl. (2.183) für die Transitionszeit $\tau_d$ folgt für eine homogene Reaktionshemmung

$$\frac{\sqrt{\tau_d} - \sqrt{\tau_r}}{\sqrt{\tau_d}} = \frac{-\nu}{nF} \cdot \frac{i}{\bar{c}_j \cdot K \cdot \sqrt{k_j + k} \cdot \sqrt{D}}\,. \tag{3.38}$$

Unter der Voraussetzung $K = k_j/k = \bar{c}/\bar{c}_j \ll 1$ kann $\sqrt{k_j + k} \approx \sqrt{k}$ gesetzt werden. Bei Verwendung der Reaktionsaustauschgeschwindigkeit $v_0 = k_j \cdot \bar{c}_j = k \cdot \bar{c}$ geht Gl. (3.38) in die Form

$$\frac{\sqrt{\tau_d} - \sqrt{\tau_r}}{\sqrt{\tau_d}} = \frac{-i}{\frac{n}{\nu} F \cdot \sqrt{v_0 \cdot \bar{c} \cdot D}} = \frac{i}{i_r} \geqq 0{,}05 \tag{3.39}$$

über, die der Gl. (2.418) entspricht.

Für die heterogene Reaktion ergibt sich eine ähnliche Beziehung aus der von GIERST u. JULIARD[1] abgeleiteten Gl. (2.423a) und der Gl. (2.183) für die Transitionszeit $\tau_d$. Es ist für Reaktionen 1. Ordnung

$$\frac{\sqrt{\tau_d} - \sqrt{\tau_r}}{\sqrt{\tau_d}} = \frac{-i}{\frac{n}{\nu} F \cdot k_j \cdot \bar{c}_j} = \frac{-i}{\frac{n}{\nu} F \cdot v_0} = \frac{i}{i_r} \geqq 0{,}05\,. \tag{3.40}$$

Für Reaktionen der Ordnung $p_j$ folgt aus Gl. (2.424)

$$\frac{\sqrt{\tau_d} - \sqrt{\tau_r}}{\sqrt{\tau_d}} = \left(\frac{i}{i_r}\right)^{1/p_j} \geqq 0{,}05 \tag{3.40a}$$

Bei entsprechend hohen Stromdichten wären sowohl die Bedingung [Gl. (3.39)] für homogene als auch [Gl. (3.40)] für heterogene Reaktionshemmung für jede noch so schnelle Reaktion erfüllbar. Es könnten also beliebig hohe Reaktionsgeschwindigkeiten erfaßt werden. Tatsächlich ist aber eine obere Begrenzung durch die Doppelschichtkapazität $C_D$ und durch den ohmschen Widerstand $R_\Omega$ gegeben, wie noch weiter unten auseinandergesetzt werden wird.

Der Nenner in Gl. (3.39) ist die homogene Reaktionsgrenzstromdichte $i_r$ für die vorausgesetzte Reaktionsordnung $p = 1$ ($v_0 = k \cdot \bar{c}^1$) nach Gl. (2.257). Der Nenner in Gl. (3.40) ist die heterogene Reaktionsgrenzstromdichte $i_r$ nach Gl. (2.267). Infolgedessen können Gl. (3.39) und Gl. (3.40) allgemein durch

$$\boxed{\frac{\sqrt{\tau_d} - \sqrt{\tau_r}}{\sqrt{\tau_d}} = \frac{i}{i_r} \geqq 0{,}05 \quad \begin{matrix}\text{homogen}\\ \text{heterogen}\end{matrix} \quad \text{(1. Ordnung)}} \tag{3.41}$$

dargestellt werden. Es können somit sowohl im homogenen als auch im heterogenen Fall Werte von Reaktionsgrenzstromdichten erfaßt werden, die zwanzigmal größer sind als die maximale Stromdichte $i$, die experimentell anwendbar ist. Es ist also für $p = 1$

$$i_r \leqq 20 \cdot i\,. \tag{3.42}$$

Der Einfluß der Doppelschichtkapazität und des ohmschen Widerstandes $R_\Omega$ im Elektrolyten begrenzt allerdings die Stromdichte $i$ in Gl. (3.41) bzw. Gl. (3.37) nach oben. Einerseits muß die Zeitkonstante $\tau_c = \eta \cdot C_D / i$, Gl. (3.17), innerhalb der die Doppelschichtkapazität durch

[1] GIERST, L. E., u. A. L. JULIARD: J. phys. Chem. 57, 701 (1953).

den Strom $i$ bis zur Überspannung $\eta$ aufgeladen wird, klein gegen die Transitionszeit $\tau_d \gg \tau_c$ sein. Hieraus ergibt sich eine maximale Stromdichte. Bei Ansatz von $\tau_d \geqq 4\tau_c$ folgt aus Gl. (2.183) für $\tau_d$ und Gl. (3.17) für $\tau_c$

$$\frac{\pi D}{4} \cdot \frac{n^2 \cdot F^2 \cdot \bar{c}_j^2}{\nu^2 \cdot i^2} \geqq \frac{4 \cdot \eta \cdot C_D}{i}$$

oder

$$i \leqq \frac{\pi \cdot D \cdot n^2 F^2}{16 \cdot \eta \cdot C_D \cdot \nu^2} \cdot \bar{c}_j^2 \approx 10^4 \cdot \bar{c}_j^2 \text{ Amp/cm}^2 \qquad (3.43)$$

$$(\bar{c}_j \text{ in Mol/l}),$$

wenn für $D = 10^{-5}$ cm$^2\cdot$ sec$^{-1}$, $\frac{n}{\nu} = 1$, $\eta = 0{,}1$ Volt und $C_D = 20\,\mu F/\text{cm}^2$ gesetzt wird.

Andererseits wird $i$ durch $R_\Omega = 0{,}03\,\Omega \cdot \text{cm}^2$ insofern begrenzt, als bei einem Potentialabfall $\Delta\varepsilon = i \cdot R_\Omega$ im Elektrolyten, der wesentlich größer als die Überspannungsveränderung von $\Delta\eta \sim 0{,}2$ Volt beim Erreichen der Transitionszeit $\tau_r$ ist, diese Potentialveränderungen nur noch schlecht oder gar nicht mehr von $i \cdot R_\Omega$ zu trennen oder genau zu beobachten sind. Die Transitionszeit wäre hier nur noch sehr ungenau oder gar nicht mehr zu messen. $\Delta\varepsilon \gg \Delta\eta$ bedeutet bei den angegebenen Zahlen etwa

$$i \leqq 20 \text{ Amp/cm}^2. \qquad (3{,}44)$$

Aus Gl. (3.41), Gl. (3,43) und Gl. (3.44) folgt für die obere Grenze der erfaßbaren Reaktionsgeschwindigkeiten in Form ihrer Reaktionsgrenzstromdichten $i_r$

$$i_r \leqq 2 \cdot 10^5 \cdot \bar{c}_j^2 \leqq 400 \text{ Amp/cm}^2 \qquad (3.45)$$

$$(\bar{c}_j \text{ in Mol/l}).$$

Für große Konzentrationen $\bar{c}_j > 10^{-2}$ Mol/l ist also die Einschaltmethode den anderen Methoden weit überlegen. Für kleinere Konzentrationen kann dagegen die Wechselstrommethode noch wesentlich höhere Reaktionsgeschwindigkeiten erfassen. Bei etwa $\bar{c}_j < 10^{-5}$ Mol/l sind sogar mit der Gleichstrommethode die Messungen größerer $i_r$-Werte möglich als mit der Einschaltmethode. Für sehr kleine Reaktionsgeschwindigkeiten wird besonders die Gleichstrommethode geeignet sein.

## C. Bestimmung der elektrochemischen Reaktionsordnungen $z_{o,j}$ und $z_{r,j}$

### § 105. Definition der elektrochemischen Reaktionsordnungen

Die elektrochemischen Reaktionsordnungen $z_{o,j}$ und $z_{r,j}$ und bei Metallionenelektroden noch $z_{M,j}$ wurden von K. J. Vetter[1] in die elektrochemische Reaktionskinetik eingeführt. Diese Größen entsprechen den chemischen Reaktionsordnungen in der chemischen Reaktionskinetik und sind wie dort zur Aufklärung von Reaktionsmechanismen erforderlich. $z_{o,j}$, $z_{r,j}$ und $z_{M,j}$ wurden bereits in § 50 bzw. § 52 verwendet. Die anodischen ($i_+$) bzw. die kathodischen Teilstromdichten ($i_-$) einer gehemmten Durchtrittsreaktion sind durch die Faradayschen Gesetze ein Maß für die elektrochemischen Reaktionsgeschwindigkeiten. $i_+$ und $i_-$ hängen daher bei einem vorgegebenen festen Potential[2] wie eine chemische Reaktion von den Konzentrationen $c_j$ der Stoffe $S_j$ im Elektrolyten ab. Die Reaktionsordnungen, mit denen die Teilstromdichten $i_+$ bzw. $i_-$ und damit die elektrochemischen Reaktionsgeschwindigkeiten von $c_j$ abhängen, sind diese Größen $z_{o,j}$ und $z_{r,j}$ bzw. $z_{M,j}$*.

Auf Grund dieser Definition folgt aus Gl. (2.30) bzw. (2.53) für die anodischen und kathodischen Teilstromdichten einer Redoxelektrode mit $z = 1$

$$i_+ = k_+^* \cdot \prod c_j^{z_{r,j}} \cdot \exp\left(\frac{\alpha z F}{RT} \varepsilon\right) \tag{3.46a}$$

$$i_- = -k_-^* \cdot \prod c_j^{z_{o,j}} \cdot \exp\left(-\frac{(1-\alpha) z F}{RT} \varepsilon\right) \tag{3.46b}$$

Für eine Metallionenelektrode gilt Gl. (3.46b) und eine erweiterte Gleichung für die anodische Stromdichte $i_+$

$$i_+ = k_+^* \cdot \prod c_j^{z_{r,j} + z_{M,j}} \cdot \exp\left(\frac{\alpha z F}{RT} \varepsilon\right) \tag{3.46c}$$

Die Gln. (3.46a, b, c) können als *Definitionsgleichungen für die elektrochemischen Reaktionsordnungen* angesehen werden. Zur weiteren Erläuterung sei noch gesagt, daß für *jede* Substanz $S_j$ im Elektrolyten eine *anodische* Reaktionsordnung $z_{r,j}$ und eine *kathodische* Reaktionsordnung $z_{o,j}$ existieren. Es ist nicht erforderlich, daß diese Substanzen $S_j$ in der Elektrodenbruttoreaktion enthalten sind, denn es können Stoffe katalytisch auf die Umsetzungsgeschwindigkeiten einwirken, obgleich sie keinen Einfluß auf das Gleichgewichtspotential $\varepsilon_0$ haben. Aus den Gln. (3.46a, b, c) geht weiter hervor, daß bei Unabhängigkeit der Teilstromdichten $i_+$ und $i_-$ von der Konzentration einer bestimmten Substanz die $z_{o,j}$- und $z_{r,j}$-Werte null sind. Meistens ist jeweils nur eine der beiden Reaktionsordnungen eines bestimmten Stoffes null und die andere ungleich null. Es hängt dann nur die anodische oder die kathodische Teilstromdichte von der Konzentration dieses Stoffes ab. Nur bei komplizierteren, ineinander verflochtenen Reaktionssystemen werden beide $z$-Werte einer Substanz ungleich null sein. In § 106 werden Beispiele für Reaktionsordnungen gegeben werden.

## § 106. Bestimmung von $z_{o,j}$ und $z_{r,j}$ aus der Konzentrationsabhängigkeit der Durchtrittsstromdichte

Unter der Voraussetzung, daß in einem bestimmten Potential- bzw. Stromdichtebereich nur Durchtrittsüberspannung vorliegt, können die

[1] Vetter, K. J.: Z. physik. Chem. **194**, 284 (1950); Z. Elektrochem. **55**, 121 (1951). — Vetter, K. J., u. G. Manecke: Z. physik. Chem. **195**, 270 (1950).

[2] Vetter, K. J.: Z. Elektrochem. **59**, 596 (1955).

* Das Potential wirkt sich nur in einer Veränderung der Aktivierungsenergie der Durchtrittsreaktion aus. Bei konstantem vorgegebenem Potential ist die Aktivierungsenergie konstant.

folgenden Betrachtungen angewendet werden. Die Gültigkeit dieser Voraussetzung muß nach den Darlegungen des Abschnitts 3B (§ 92 bis § 102) sichergestellt werden. Die Änderung der Konzentration *nur eines einzigen* Stoffes $S_k$ aller im Elektrolyten vorhandenen Stoffe $S_j$ wird im allgemeinen einen Einfluß auf die Stromdichte-Potentialkurve haben. Es sind hier vor allem die stationären Stromdichte-Potentialkurven bei Gleichstrom und die Anfangs-Stromdichte-Potentialkurven bei galvanostatischen und potentiostatischen Einschaltvorgängen zu betrachten. Aus diesem Einfluß sind die elektrochemischen Reaktionsordnungen zu ermitteln.

In Abb. 136 ist schematisch das Verhalten von Stromdichte-Potentialkurven bei Änderung der Konzentration $c_k$ eines Stoffes $S_k$ dargestellt. Im allgemeinen wird sich das Gleichgewichtspotential $\varepsilon_0$ verändern, wie es auch in Abb. 136 angenommen wurde. In der Nähe des Gleichgewichtspotentials $|\eta| \ll RT/zF$ ist die Stromdichte $|i| \ll i_+, |i_-|$,

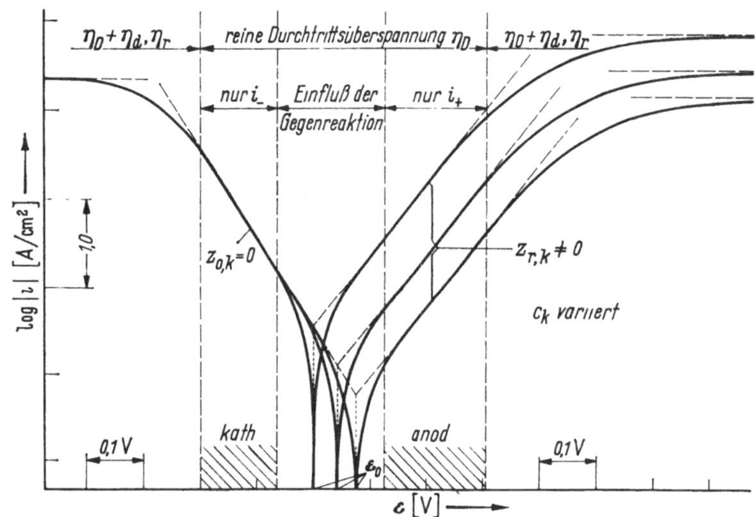


Abb. 136. Schematische Darstellung von Stromdichte-Potentialkurven zur Ermittlung der elektrochemischen Reaktionsordnungen $z_{o,k}$ und $z_{r,k}$ bei Veranderung der Konzentration $c_k$

da sich hier noch die anodischen und kathodischen Teilstromdichten weitgehend aufheben. Für eine Überspannung $|\eta| = |\varepsilon - \varepsilon_0| \gg RT/zF$ ist dagegen nach Gl. (2.44) die eine Teilstromdichte gegenüber der anderen vollständig zu vernachlässigen, so daß dann die Durchtrittsstromdichte $i$

$$i \approx i_+ \qquad \eta \gg RT/zF \tag{3.47a}$$

$$i \approx i_- \qquad -\eta \gg RT/zF \tag{3.47b}$$

sehr angenähert gleich der anodischen bzw. der kathodischen Teilstromdichte ist. In diesem Potential- bzw. Überspannungsbereich muß nach Gl. (3.46) $\log|i|$ eine lineare Funktion des Potentials $\varepsilon$ sein, wie es in

Abb. 136 eingezeichnet wurde. Dieser lineare Bereich ist der hier interessierende.

Anschließend an diesen linearen Potential-log$i$-Verlauf wird sich bei Gleichstrompolarisation im allgemeinen ein Grenzstrom ausbilden, der sich, wie es in Abb. 136 angedeutet wurde, durch ein Abknicken von der Geraden bemerkbar macht. Es tritt dann zur Durchtrittsüberspannung $\eta_D$ noch ein nennenswerter Anteil Diffusions- bzw. Reaktionsüberspannung. Bei der Anfangs-Stromdichte-Potentialkurve von Einschaltvorgängen treten die zuletzt genannten Effekte nicht auf, da die Anteile von $\eta_d$ bzw. $\eta_r$ bei der Auswertung der Zeitfunktionen $\eta(t)$ bzw. $i(t)$ eliminiert sein sollen. In Abb. 136 sind durch Schraffierung die für die Ermittlung von $z_{o,j}$ und $z_{r,j}$ brauchbaren Potentialbereiche angegeben.

Im *anodischen* Bereich liegt die anodische Teilstromdichte $i_+$ vor, aus der nach Gl. (3.46a) bzw. Gl. (3.46c) die Reaktionsordnung $z_{r,k}$ bei Änderung von $c_k$ ermittelt werden kann. Aus den Stromdichten $i_-$ des *kathodischen* Bereiches ist entsprechend nach Gl. (3.46b) die Reaktionsordnung $z_{o,k}$ zu bestimmen. Durch Logarithmieren der Gln. (3.46a, b, c) folgen

$$\log i_+ = \log k_+^* + \frac{\alpha z F}{2{,}303\, R T}\,\varepsilon + \sum (z_{r,j} \cdot \log c_j) + \sum (z_{M,j} \cdot \log c_j) \qquad (3.48\text{a})$$

$$\log |i_-| = \log k_-^* - \frac{(1-\alpha) z F}{2{,}303\, R T}\,\varepsilon + \sum (z_{o,j} \cdot \log c_j) \qquad (3.48\text{b})$$

und hieraus nach K. J. VETTER[1, 2] die elektrochemischen Reaktionsordnungen

$$\frac{\partial \log i}{\partial \log c_k} = \frac{\partial \log i_+}{\partial \log c_k} = z_{r,k} + (z_{M,k}) \qquad (\eta \gg RT/zF) \qquad (3.49\text{a})$$

$$\frac{\partial \log |i|}{\partial \log c_k} = \frac{\partial \log |i_-|}{\partial \log c_k} = z_{o,k} \qquad (-\eta \gg RT/zF) \qquad (3.49\text{b})$$

Bei Variation der Konzentration* $c_k$ als eine der Konzentrationen $c_j$ ergibt sich nach Gl. (3.49) im anodischen Strombereich $z_{r,k} + (z_{M,k})$ und im kathodischen Bereich $z_{o,k}$. Durch nacheinander durchgeführte einzelne Variation der Konzentrationen aller Stoffe $S_j$ ist die Ermittlung aller Reaktionsordnungen $z_{r,j}$ und $z_{o,j}$ möglich.

Die partiellen Differentialquotienten $\partial \log i / \partial \log c_k$ sind hierbei am besten aus der Neigung der Geraden zu entnehmen, die sich beim Auftragen von $\log|i|$ gegen $\log c_k$ für ein bestimmtes festes Potential $\varepsilon$ bei

[1] VETTER, K. J.: Z. Elektrochem. **55**, 121 (1951). Dieses Verfahren wurde bereits von K. J. VETTER u. G. MANECKE [Z. physik. Chem. **195**, 271 (1950); **195**, 337 (1950)] und von K. J. VETTER [Z. physik. Chem. **196**, 360 (1951)] durchgeführt. Vgl. auch K. J. VETTER: Z. Elektrochem. **59**, 596 (1955).

[2] Für spezielle Fälle hat R. PARSONS [Trans. Faraday Soc. **47**, 1332 (1951)] ebenfalls derartige Gleichungen angegeben.

* Es ist hier die tatsächlich im Elektrolyten auftretende Konzentration von $S_k$ (nach § 107) zu verstehen und nicht eine $c_k$ enthaltende chemisch-analytische Konzentration.

Variation der Konzentration $c_k$ und Konstanthalten aller anderen Konzentrationen $c_{j \neq k}$ ergibt. Abb. 137 zeigt schematisch derartige Geraden.

Aus den Geraden für die Potentiale $\varepsilon_1, \varepsilon_2, \varepsilon_3$, denen eine anodische Überspannung $\eta > 0$ und eine anodische Stromdichte $i > 0$ entsprechen, ist die Größe $z_{r,k}$ zu bestimmen. In Abb. 137 ist $z_{r,k} = +2$ gewählt worden. Die anodische Stromdichte $i$ ist also *proportional dem Quadrat* der Konzentration $c_k$. Alle Geraden für $\eta > 0$ müssen dabei parallel sein, da für diese die gleiche Reaktionsordnung gilt und somit die gleichen Neigungen auftreten müssen. Die Geraden für die Potentiale $\varepsilon_4$ und $\varepsilon_5$ sollen dagegen einer Überspannung $\eta < 0$ entsprechen. Die Stromdichte $i < 0$ ist in Abb. 136 als *unabhängig* von der Konzentration $c_k$ angenommen worden. Es ergeben sich daher parallele Geraden mit der Neigung null, die einer kathodischen Reaktionsordnung $z_{o,k} = 0$ entspricht.

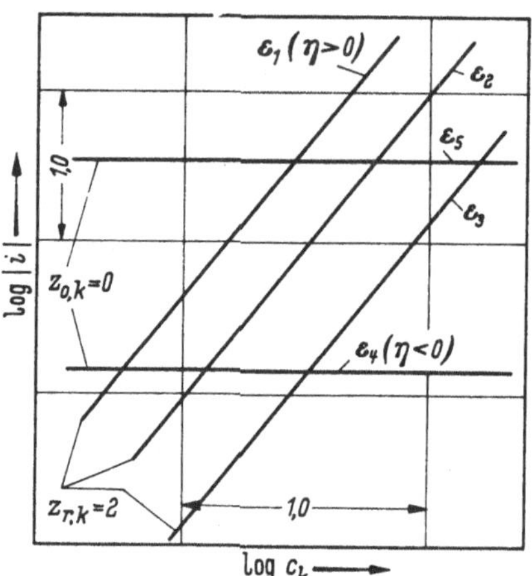


Abb. 137. Schematische Darstellung der Stromdichteabhängigkeit von der Konzentration $c_k$ bei festen Potentialen $\varepsilon_1 > \varepsilon_2 > \varepsilon_3$ $(\eta > 0)$ und $\varepsilon_4 > \varepsilon_5$ $(\eta < 0)$ etwa für den Fall der Abb. 136

Die angegebene Methode wurde von K. J. VETTER[3] zur Aufklärung einer Reihe von Elektrodenmechanismen verwendet. Beispiele hierfür finden sich im Teil 4 dieses Buches.

## § 107. Bestimmung von $z_{o,j}$ und $z_{r,j}$ aus der Konzentrationsabhängigkeit der Austauschstromdichte $i_0$

Die Bestimmung der elektrochemischen Reaktionsordnungen $z_{o,j}$ bzw. $z_{r,j}$ aus der Abhängigkeit der Austauschstromdichte $i_0$ von den Konzentrationen $c_j$ der Substanzen $S_j$ entspricht der Methode des § 106, denn die Austauschstromdichte ist eine Teilstromdichte $i_+$ bzw. $i_-$ beim Gleichgewichtspotential $\varepsilon_0$. Eine Abweichung besteht allerdings gegenüber der Methode des § 106, da die Messung dieser Teilstromdichte als $i_0$ nur nach anderen Methoden möglich ist. Mit Konzentrationsänderung verändert sich nach der Nernstschen Gleichung auch der Potentialwert, also das Gleichgewichtspotential $\varepsilon_0$, bei dem die Austauschstromdichte als eine Teilstromdichte betrachtet wird. Insofern ist die jetzt zu beschreibende Methode theoretisch komplizierter, aber dafür häufig experimentell leichter durchzuführen.

[3] VETTER, K. J., u. G. MANECKE: Z. physik. Chem. **195**, 270, 337 (1950). — VETTER, K. J.: Z. physik. Chem. **196**, 360 (1951); Z. Elektrochem. **56**, 797 (1952). — VETTER, K. J., u. D. OTTO: Z. Elektrochem. **60**, 1072 (1956). — VETTER, K. J. u., G. THIEMKE: Z. Elektrochem. **64**, 805 (1960).

Nach K. J. VETTER[1] lassen sich die elektrochemischen Reaktionsordnungen aus $i_0$ folgendermaßen bestimmen. Aus Gl. (2.31) bzw. Gl. (2.54) oder auch durch Ersetzen von $\varepsilon$ durch das Gleichgewichtspotential $\varepsilon_0$ in Gl. (3.46) der Teilstromdichten, ergibt sich die Austauschstromdichte

$$\begin{aligned} i_0 &= k_+^* \cdot \Pi c_j^{z_{r,j}} \cdot \exp\left(\frac{\alpha zF}{RT} \varepsilon_0\right) \\ &= k_-^* \cdot \Pi c_j^{z_{o,j}} \cdot \exp\left(-\frac{(1-\alpha) zF}{RT} \varepsilon_0\right) \end{aligned} \tag{3.50}$$

$i_0$ ist nach den vorangehenden Kapiteln durch Extrapolation der Tafelschen Geraden auf $\eta = 0$ oder aus dem Durchtrittswiderstand $R_D$ zu bestimmen. Die Tafelsche Gerade wird aus Gleichstrom- und aus galvanostatischen oder potentiostatischen Einschaltmessungen erhalten. Der Durchtrittswiderstand kann mit Gleichstrom und Wechselstrom und ebenfalls aus Einschaltmessungen bestimmt werden.

Die Konzentrationsabhängigkeit von $i_0$ kann am besten in logarithmischer Form $\partial \log i_0 / \partial \log c_k$ erfaßt werden. Da nach Gl. (3.50)

$$\begin{aligned} \ln i_0 &= \ln k_+^* + \sum z_{r,j} \cdot \ln c_j + \frac{\alpha zF}{RT} \varepsilon_0 \\ &= \ln k_-^* + \sum z_{o,j} \cdot \ln c_j - \frac{(1-\alpha) zF}{RT} \varepsilon_0 \end{aligned} \tag{3.51}$$

ist, folgt für den partiellen Differentialquotienten nach $\ln c_k$

$$\begin{aligned} \frac{\partial \ln i_0}{\partial \ln c_k} &= z_{r,k} + \frac{\alpha zF}{RT} \cdot \frac{\partial \varepsilon_0}{\partial \ln c_k} \\ &= z_{o,k} - \frac{(1-\alpha) zF}{RT} \cdot \frac{\partial \varepsilon_0}{\partial \ln c_k} \end{aligned} \tag{3.52}$$

Die Konzentration $c_k$ ist hierbei eine der Konzentrationen $c_j$. Im vorliegenden Fall sollen also bei verschiedenen Konzentrationen $c_k$ des Stoffes $S_k$ die Austauschstromdichten $i_0$ bestimmt werden. Alle anderen Konzentrationen $c_j$ der Stoffe $S_j$, also mit $j \neq k$, sind hierbei konstant zu halten.

In Gl. (3.52) ist noch der Ausdruck $\partial \varepsilon_0 / \partial \ln c_k$ enthalten, der aus der Nernstschen Gl. (1.28)

$$\varepsilon_0 = E_0 + \frac{RT}{nF} \cdot \sum \nu_j \cdot \ln c_j \tag{1.28}$$

zu

$$\frac{\partial \varepsilon_0}{\partial \ln c_k} = \frac{RT}{nF} \cdot \nu_k \tag{3.53}$$

folgt. Hiermit ergibt sich für die Konzentrationsabhängigkeit der Austauschstromdichte $i_0$ von $c_k$

$$\boxed{\frac{\partial \log i_0}{\partial \log c_k} = z_{r,k} + \alpha \cdot \nu_k \cdot \frac{z}{n} = z_{o,k} - (1-\alpha) \cdot \nu_k \cdot \frac{z}{n}} \tag{3.54}$$

$z$ ist die Durchtrittswertigkeit und $n$ die Elektrodenreaktionswertigkeit.

[1] VETTER, K. J.: Z. physik. Chem. **194**, 284 (1950); Z. Elektrochem. **55**, 121 (1951).

Aus Gl. (3.54) folgt noch eine Beziehung zwischen der anodischen ($z_{r,j}$) und der kathodischen Reaktionsordnung ($z_{o,j}$). Es ist danach, wie es auch bereits aus Gl. (3.50) oder Gl. (2.30) folgen würde

$$z_{o,j} - z_{r,j} = \nu_j \cdot \frac{z}{n} \tag{3.55}$$

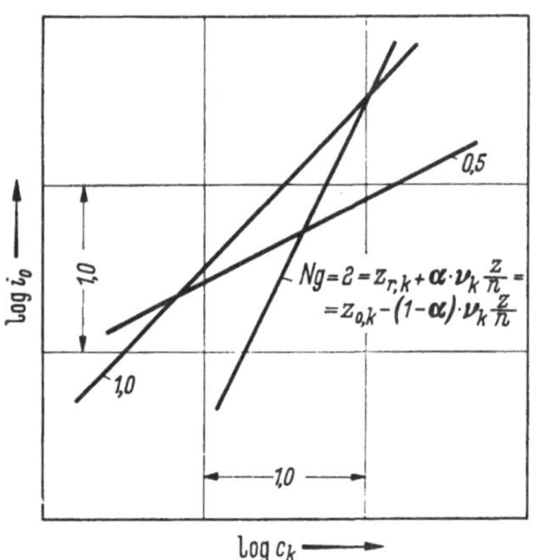


Abb. 138. Schematische Darstellung der Abhängigkeit der Austauschstromdichte $i_0$ von der Konzentration $c_k$ des Stoffes $S_k$ unter Konstanthalten aller anderen Konzentrationen $c_{j \neq k}$ nach Gl. (3.54). $Ng$ = Neigungsfaktor nach Gl. (3.54) zur Ermittlung der elektrochemischen Reaktionsordnungen

Eine Darstellung von $\log i_0$ gegen $\log c_k$, wie in Abb. 138, muß nach Gl. (3.54) eine Gerade ergeben, aus deren Neigung bei Kenntnis des Durchtrittsfaktors $0 < \alpha < 1$ die $z_{o,k}$- und $z_{r,k}$-Werte zu bestimmen sind*.

Die Konzentrationsabhängigkeit von $i_0$ kann noch in einer anderen Form gegeben werden. Mit der Konzentration $c_k$ ändert sich auch das Gleichgewichtspotential $\varepsilon_0$. Es kann daher die Veränderung von $i_0$ in Abhängigkeit von $\varepsilon_0$ mit der Konzentration $c_k$ als Parameter betrachtet werden. Es ist

$$\left(\frac{\partial \ln i_0}{\partial \varepsilon_0}\right)_{c_{j \neq k}} = \frac{\partial \ln i_0}{\partial \ln c_k} \cdot \frac{\partial \ln c_k}{\partial \varepsilon_0} \tag{3.56}$$

Mit Gl. (3.54) und Gl. (3.53) ergibt sich hieraus als neue Beziehung

$$\boxed{\begin{aligned} 2{,}303 \cdot \left(\frac{\partial \log i_0}{\partial \varepsilon_0}\right)_{c_{j \neq k}} &= \frac{zF}{RT} \cdot \left(\alpha + \frac{z_{r,k}}{\nu_k} \cdot \frac{n}{z}\right) \\ &= \frac{zF}{RT} \cdot \left(\alpha + \frac{z_{o,k}}{\nu_k} \cdot \frac{n}{z} - 1\right) \end{aligned}} \tag{3.57}$$

Diese Beziehung wurde von K. J. VETTER u. G. MANECKE[2] angegeben und experimentell bestätigt. Auch H. GERISCHER[3] hat diese Gesetzmäßigkeiten, Gl. (3.57) und Gl. (3.54), experimentell geprüft.

In einer graphischen Darstellung gibt $\log i_0$, gegen das Gleichgewichtspotential $\varepsilon_0$ bei Veränderung der Konzentration $c_k$ als Parameter aufgetragen, nach Gl. (3.57) eine Gerade. Abb. 139 zeigt hierfür ein Beispiel, das an der Jod/Jodid-Redoxelektrode gemessen wurde. Bei der Geraden 1 wurde die $J_3^-$- (also $J_2$-)Konzentration und bei der Geraden 2 die $J^-$-Konzentration variiert. Aus der Neigung der Geraden kann der Wert der Klammer in Gl. (3.57) bestimmt werden. Die in Abb. 139 an die Geraden geschriebenen Werte geben die Neigung, entsprechend der

* Die Kenntnis von $\nu_k$ soll als selbstverständlich vorausgesetzt werden. Auch über die Durchtrittswertigkeit wird kaum Zweifel bestehen.

[2] VETTER, K. J.., u. G. MANECKE: Z. physik. Chem. **195**, 270, 337 (1950). — VETTER, K. J.: Z. Elektrochem. **55**, 121 (1951).

[3] GERISCHER, H.: Z. Elektrochem. **57**, 604 (1953); Z. physik. Chem. **202**, 292 (1953).

Klammer (Zehnerpotenzen von $i_0$ pro 59,2 mV) an. Gegenüber der Methode nach Gl. (3.54) hat die Methode nach Gl. (3.57) den Vorzug, daß die zu verändernde Konzentration $c_k$ nicht genau bekannt sein muß. Es muß nur gewährleistet sein, daß alle anderen Konzentrationen $c_{j \neq k}$, die mit in die Nernstsche Gleichung eingehen, tatsächlich konstant gehalten werden.

An dem Beispiel der Abb. 139 sollen die hier interessierenden Konzentrationsverhältnisse noch einmal näher diskutiert werden. Die Elektrodenbruttoreaktion der Jod/Jodid-Redoxelektrode kann

$$2\,J^- \leftrightarrows J_2 + 2 \cdot e^- \quad (3.58\,a)$$

oder

$$3\,J^- \leftrightarrows J_3^- + 2 \cdot e^- \quad (3.58\,b)$$

geschrieben werden. Zwischen $J_2$ und $J_3^-$ besteht ein Gleichgewicht $K = [J_2] \cdot [J^-]/[J_3^-]$. Die analytisch erfaßbaren Konzentrationen sind $[J_2] + [J_3^-]$ als Gesamtjod und $[J^-] + [J_3^-]$ als Gesamtjodid. Wenn nach Gl. (3.54) die $J_2$-Konzentration ($c_2$) variiert wird, so muß die $J^-$-Konzentration ($c_1$) konstant gehalten werden. Da $J_2$ aber nur in der Elektrodenbruttoreaktion (3.58a) vorkommt, in der $J_3^-$ nicht enthalten ist, so ist dessen Konzentration $c_3$ hier gleichgültig. Insbesondere ist auch die Veränderung von $c_3$ mit $c_2$ unwichtig, wenn für Gl. (3.54) nicht die analytische Gesamtjodkonzentration $c_2 + c_3$, sondern nur die $J_2$-Konzentration $c_2$ berücksichtigt wird.

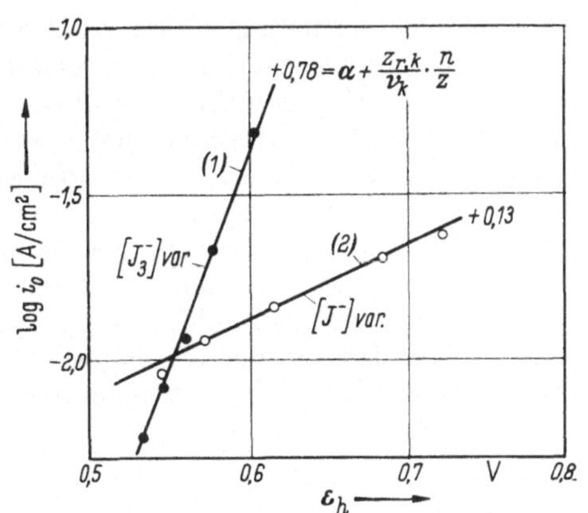


Abb. 139. Die Austauschstromdichte ($\log i_0$) in Abhängigkeit vom Gleichgewichtspotential $\varepsilon_0$ bei Variation einer Konzentration $c_k$ (als Parameter) und Konstanthalten aller anderen. Die Geraden entsprechen der Gl. (3.57) mit $\alpha + (z_{r,k}/\nu_k) \cdot (n/z) = +0{,}78$ ($S_k = J_3^-$) bzw. $+0{,}13$ ($S_k = J^-$). Beispiel: $J_3^-/J^-$ – Redoxelektrode an Pt in 1n $H_2SO_4$ bei 25° C [nach K. J. VETTER: Z. physik. Chem. **199**, 285 (1952), Abb. 7]

Eine Variation der $J^-$-Konzentration $c_1$ erfordert zur Anwendung von Gl. (3.54) entweder das Konstanthalten von $c_2$ [Anwendung von Gl. (3.58a)] oder von $c_3$ [Anwendung von Gl. (3.58b)]. Im ersten Fall $c_2 =$ konst ist als Elektrodenbruttoreaktion Gl. (3.58a) mit $\nu_k = \nu_1 = -2$ bei $z = 1$ und $n = 2$ zu verwenden. Auf Grund des Gleichgewichtes $K = c_2 \cdot c_1/c_3$ muß sich dann $c_3$ mit $c_1$ bei Konstanz von $c_2$ verändern. Im zweiten Fall $c_3 =$ konst ist die Elektrodenbruttoreaktion Gl. (3.58b) mit $\nu_k = \nu_1 = -3$ bei $z = 1$ und $n = 2$ anzuwenden. Das Ergebnis bezüglich der Substanzen $c_o$ und $c_r$ wird in beiden Fällen das gleiche sein. Auch $z_{r,k} = z_{r,1}$ muß sowohl für Gl. (3.58a) als auch für Gl. (3.58b) den gleichen Wert annehmen. Im zweiten Fall ändert sich mit $c_1$ die Konzentration $c_2$ bei $c_3 =$ konst. Es ist daher bei der Auswertung der Versuche nach Gl. (3.54) oder eigentlich schon bei der Versuchsplanung die genaue Kenntnis der Gleichgewichte im Elektrolyten erforderlich.

Für Gl. (3.57) trifft diese Forderung nicht im gleichen Maße zu. Insofern ist die Methode unter Verwendung von Gl. (3.57) vorzuziehen. Es ist die Kenntnis der Veränderung der variierten Konzentration und deren genaue Konzentration nicht erforderlich. Hier ist daher nur notwendig, die analytische Konzentration, die $S_k$ miterfaßt, zu verändern. Die tatsächlich dabei erfolgte Änderung von $c_k$ wird genau durch das Gleichgewichtspotential $\varepsilon_0$ erfaßt. Allerdings ist noch erforderlich, daß die Konzentrationen aller anderen Stoffe $S_{j \neq k}$ der Elektrodenbruttoreaktion konstant bleiben.

Für die Beurteilung dieser Konstanz ist vielfach auch die Kenntnis der Gleichgewichtskonstanten notwendig. Unter Umständen ist hierfür aber nur die Größenordnung wichtig. Im vorliegenden Beispiel kommt es nicht auf die Aufteilung der analytischen Jodkonzentration $c_2 + c_3$ in $c_2$ und $c_3$ an, sondern nur auf die Frage, wie weit eine Veränderung der analytischen Jodkonzentration eine Veränderung von $c_1$ bei Konstanthalten der analytischen Jodidkonzentration $c_1 + c_3$ zur Folge hat. Ist hier ein Einfluß vorhanden, so muß die analytische Jodidkonzentration bei der Versuchsdurchführung so verändert werden, daß $c_1$ konstant bleibt. Die Messung der Gleichgewichtspotentiale für Gl. (3.57) ist vielfach leichter als die genaue Konzentrationsermittlung für die Anwendung von Gl. (3.54).

## D. Bestimmung chemischer Reaktionsordnungen $p_j$ vorgelagerter gehemmter Reaktionen

### § 108. Aus der Konzentrationsabhängigkeit der Reaktionsgrenzstromdichte $i_r$

Ein elektrochemischer Reaktionsmechanismus kann auch aus den Reaktionsordnungen $p_j$ von chemischen Reaktionen ermittelt werden, die je nach Stromrichtung vor oder nach der Durchtrittsreaktion ablaufen. Diese Reaktionsordnungen sind maßgebend für die Konzentrationsabhängigkeit der Reaktionsüberspannung und aus dieser zu bestimmen. Hierfür können sowohl Gleichstrommessungen als auch Wechselstrom- und Einschaltmessungen herangezogen werden, in denen Reaktionsüberspannung $\eta_r$ auftritt.

Bei Gleichstrommessungen ist hierfür nach K. J. Vetter[1] besonders das Verhalten der Reaktionsgrenzstromdichten $i_r$ charakteristisch, deren Konzentrationsabhängigkeit durch Gl. (2.79) wiedergegeben wird, wenn die Substanz $S_k$, deren Konzentration $c_k$ variiert wird, nicht in der Elektrodenteilreaktion enthalten ist. Bei einer Beteiligung von $S_k$ auch an der Elektrodenteilreaktion mit einem stöchiometrischen Faktor $\nu_k'$ muß Gl. (2.275) um das Glied $(\nu_k' \cdot RT/nF) \cdot \ln \bar{c}_k$ erweitert werden, so daß anstelle von $\nu_k$ in Gl. (2.277) bis (2.279) $\nu_k - \nu_k' = n_k$ (Gl. (2.243a)) zu setzen ist. Es ergibt sich so für die Konzentrationsabhängigkeit von $i_r$

[1] Vetter, K. J.: Z. Elektrochem. **55**, 121 (1951); **56**, 931 (1952).

bei *homogener* Reaktionshemmung

$$\left(\frac{\partial \log|i_r|}{\partial \log c_k}\right)_{c_j \neq k} = \frac{1}{2}\left(p_k + \frac{\nu_k - \nu_k'}{\nu}\right) \tag{3.59}$$

und nach Gl. (2.274) bei *heterogener* Reaktionshemmung

$$\left(\frac{\partial \log|i_r|}{\partial \log c_k}\right)_{c_j \neq k} = p_k \tag{3.60}$$

$\nu_j$ sind die stöchiometrischen Faktoren, mit denen die Stoffe $S_j$ in der Elektrodenbruttoreaktion auftreten. $\nu$ bzw. $\nu_k'$ sind die stöchiometrischen Faktoren von $S$ bzw. $S_k$ in der Elektrodenteilreaktion. Die Elektrodenreaktionswertigkeit $n$ soll für die Elektrodenbruttoreaktion und die Elektrodenteilreaktion gleich groß gewählt sein.

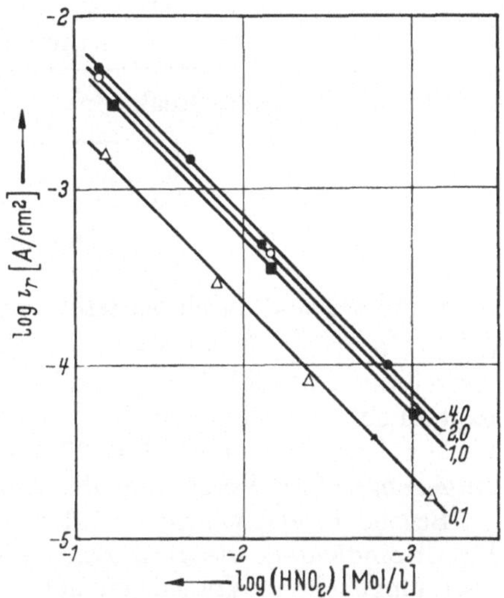


Abb. 140. Abhängigkeit der kathodischen Reaktionsgrenzstromdichte $i_r$ bei der $HNO_3/HNO_2$-Redoxelektrode an Pt von der $HNO_2$-Konzentration für verschiedene $H^+$- und $NO_3^-$-Konzentrationen und 25° C (Zahlenwerte $[H^+] \cdot [NO_3^-]$ in Mol²/l²) nach K. J. VETTER: Z. Elektrochem. 55, 121 (1951). Nach Gl. (3.60) ist $p_{HNO_2} = +1$

Alle diese Beziehungen gelten für die Abhängigkeit der Reaktionsgrenzstromdichte, wenn nur die Konzentration $c_k$ verändert wird, und alle anderen Konzentrationen $c_{j \neq k}$ konstant gehalten werden. Abb. 140 gibt eine derartige Abhängigkeit der kathodischen Reaktionsgrenzstromdichte $i_r$ von der $HNO_2$-Konzentration an der $HNO_3/HNO_2$-Redoxelektrode wieder. Nach den Gln. (3.59) und (3.60) muß $\log i_r$ gegen $\log c_k$ eine Gerade ergeben, wie es die Abb. 140 zeigt. Aus der Neigung der Geraden ist die Größe $p_{HNO_2} = +1$ abzuleiten. Wegen der starken Abhängigkeit der Reaktionsgrenzstromdichte $i_r$ von den Oberflächeneigenschaften* liegt eine heterogene gehemmte Reaktion vor, so daß Gl. (3.60) anzuwenden ist.

Für jede Substanz $S_j$ im Elektrolyten müßte eine der Gl. (3.59) bzw. Gl. (3.60) entsprechende Beziehung zu ermitteln sein. Bei heterogenen Reaktionen ist es jedoch leicht möglich, daß infolge Sättigung der Oberfläche bereits ein nahezu konzentrationsunabhängiger Grenzwert von $v_0$ erreicht ist, so daß hier nicht mehr von einer Reaktionsordnung im Sinne von Gl. (2.272) gesprochen werden kann.

## § 109. Aus der Form der Gleichstromspannungskurve

Aus der Konzentrationsabhängigkeit der Reaktionsgrenzstromdichte $i_r$ kann nach § 108, Gl. (3.59), im homogenen Fall nur eine zusam-

* Vgl. die Kriterien hierfur in § 92.

mengesetzte Größe bestimmt werden. Die Form der Stromspannungskurve für reine Reaktionsüberspannung ermöglicht noch die Bestimmung weiterer zusammengesetzter Größen.

Aus dem Wert $i_r$ der Reaktionsgrenzstromdichte und dem Wert des Reaktionswiderstandes $R_r = (\partial\eta_r/\partial i)_{i=0}$ ergeben sich nach Gl. (2.281) und Gl. (2.282) Beziehungen für die Reaktionsordnung $p$ und den Wertigkeitsfaktor $n/\nu$ der Elektrodenteilreaktion für die *homogene* Reaktion

$$\boxed{\frac{n}{\nu}\cdot\sqrt{\frac{p+1}{2}} = -\frac{RT}{F}\cdot\frac{1}{R_r\cdot i_r} \quad \text{(homogen)}} \tag{3.61}$$

und für die *heterogene* Reaktion

$$\boxed{\frac{n}{\nu}\cdot p = -\frac{RT}{F}\cdot\frac{1}{R_r\cdot i_r} \quad \text{(heterogen)}} \tag{3.62}$$

$p$ und $n/\nu$ sind durch Aufteilung des experimentell erhaltenen Wertes $(n/\nu)\cdot\sqrt{(p+1)/2}$ in die Faktoren $n/\nu$ und $\sqrt{(p+1)/2}$ zu ermitteln. Die Aufteilung muß dabei so geschehen, daß $n/\nu$ und $p$ mit der gesamten experimentellen Stromdichte-Potential-Kurve auf Grund der theoretischen $i(\eta)$-Beziehung Gl. (2.258) übereinstimmen. $\nu$ hat immer das entgegengesetzte Vorzeichen des auftretenden Reaktionsgrenzstromes.

Besonders übersichtlich wird diese Anpassung für $(-i/i_r) \gg 1$, also für Stromdichten, die groß gegen die Reaktionsgrenzstromdichte sind, aber umgekehrtes Vorzeichen haben. $\log i$ gegen die Überspannung $\eta_r$ aufgetragen ergibt dann, wie es in Abb. 91 geschehen ist, nach Gl. (2.259) bzw. Gl. (2.260) eine Tafel-Gerade, deren Neigung

$$\boxed{\frac{\partial \ln|i|}{\partial \eta_r} = \frac{n}{\nu}\cdot(p+1)\cdot\frac{F}{RT} \quad \text{(homogen)} \quad [(-i/i_r)\gg 1]} \tag{3.63}$$

ist. Die Extrapolation dieser Geraden nach $\eta_r = 0$ ergibt den Wert $\log(|i_r|/\sqrt{p})$ und damit die Reaktionsordnung $p$.

Bei heterogener Reaktionshemmung geht allerdings in die gesamte Stromdichtepotentialkurve nach Gl. (2.269) nur der Faktor $p\cdot n/\nu$ ein, der bereits aus Gl. (3.62) folgt. So ist für die Neigung der Tafel-Geraden $\log i$ gegen $\eta_r$ nach Gl. (2.269) bzw. (2.270) für $(-i/i_r)\gg 1$ bei heterogener Reaktionshemmung

$$\boxed{\frac{\partial \ln|i|}{\partial \eta_r} = \frac{n}{\nu}\cdot p\cdot\frac{F}{RT} \quad \text{(heterogen)}} \tag{3.64}$$

Die Extrapolation der Geraden nach $\eta_r = 0$ führt hier zu $\log|i_r|$. Eine Abtrennung der Reaktionsordnung $p$ ist im heterogenen Fall nicht möglich.

Aus der Stromspannungskurve für Gleichstrom bei reiner Reaktionsüberspannung sind somit die in Tab. 8 zusammengestellten Wertekombinationen von $p_k$, $p$, $n/\nu$ bestimmbar. Über die Auswertung dieser Größen wird im Teil E (§ 112 u. 113) dieses Abschnittes berichtet werden. Der Oberflächenbedeckungsgrad $\Theta$, der die heterogene Reaktionsgeschwindigkeit vielfach beeinflußt, wurde hier noch nicht berücksichtigt, da er die allgemeine Darstellung wesentlich komplizierter machen würde. Im Kapitel über die Wasserstoffüberspannung wird mehr darüber gesagt.

Tabelle 8. *Zusammenstellung der Kombinationen verschiedener Reaktionsordnungen, die aus der Stromspannungskurve bei Gleichstrom und reiner Reaktionsüberspannung zu erhalten sind*

| exp. Größen | Bedingungen | Gleichung | ermittelte Werte | |
|---|---|---|---|---|
| $\partial \log i_r / \partial \log c_k$ | $c_{j \neq k} =$ konst | 3,59 | $p_k + \frac{\nu_k - \nu_k'}{\nu}$ | homogen |
| $i_r$, $R_r$ | — | 3,61 | $\frac{n}{\nu} \cdot \sqrt{p+1}$ | homogen |
| $\partial \log \lvert i \rvert / \partial \eta_r$ | $(-i/i_r) \gg 1$ | 3,63 | $\frac{n}{\nu} \cdot (p+1)$ | homogen |
| $\log \lvert i \rvert$ für $\eta \to 0$; $i_r$ | linear extrap. | | $p$ | homogen |
| $\partial \log i_r / \partial \log c_k$ | $c_{j \neq k} =$ konst | 3,60 | $p_k$ | heterogen |
| $i_r$, $R_r$ | — | 3,62 | $\frac{n}{\nu} \cdot p$ | heterogen |
| $\partial \log i / \partial \eta_r$ | $(-i/i_r) \gg 1$ | 3,64 | $\frac{n}{\nu} \cdot p$ | heterogen |
| $\log \lvert i \rvert$ für $\eta \to 0$; $i_r$ | linear extrap. | | — | heterogen |

## § 110. Aus der Konzentrations- und Frequenzabhängigkeit der Reaktionsimpedanz

### α) *Abtrennung des Reaktionswiderstandes vom gesamten Polarisationswiderstand*

Nach Abb. 111 und 112 zeigen die ohmsche ($R_f$) und auch die kapazitive Komponente ($1/\omega C_f$) der Faradayimpedanz $\mathfrak{R}_f$ in Abhängigkeit von der Wurzel der reziproken Frequenz $1/\sqrt{\omega}$* für niedrige Frequenzen lineares Verhalten sowohl für die homogene als auch für die heterogene Reaktionshemmung einschließlich der Kristallisationshemmung. Die Gerade für $1/\omega C_f$ muß in dieser Darstellung durch den Nullpunkt gehen. Die Gerade für $R_f$ verläuft dagegen der Geraden für $1/\omega C_f$ parallel und schneidet die

* $\omega$ ist die Kreisfrequenz $\omega = 2\pi f$, wenn $f$ in Hz angegeben wird.

Ordinate bei $R_D + R_{r,st} + R_{k,st}$. Die kapazitive Komponente steigt für kleine $1/\sqrt{\omega}$-Werte zunächst über die extrapolierte Gerade hinaus und geht schließlich für $1/\sqrt{\omega} \to 0$ ebenfalls durch den Nullpunkt, wie es in § 99 behandelt wurde und in Abb. 141 und 142 zu sehen ist. Der in Abb. 141 und 142 schraffierte Teil über der kapazitiven Geraden stellt die kapazitive Komponente der Reaktionsimpedanz $1/\omega C_r$ dar. Diese Anteile zeigen bei homogener und heterogener Hemmung ein ähnliches Verhalten.

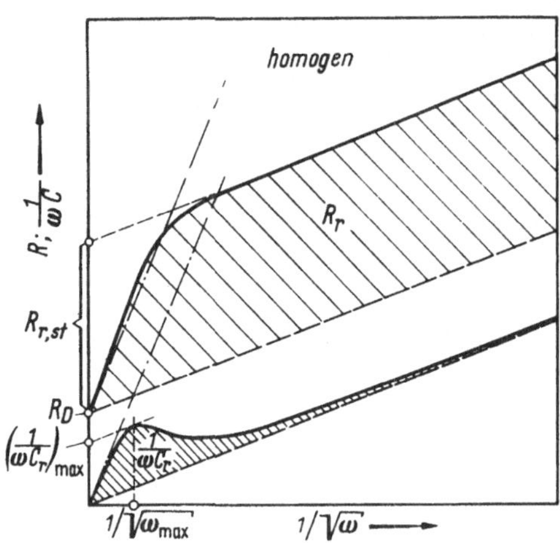


Abb. 141. Abtrennung der Komponenten der Reaktionsimpedanz $R_r$ bzw. $1/\omega C_r$ von der Faradayimpedanz $\mathfrak{R}_f$ bei homogener Reaktionshemmung, $\omega/2\pi$ = Frequenz (Hz)

Die ohmsche Komponente sinkt dagegen mit größer werdender Frequenz unter die extrapolierte Gerade und geht bei $1/\sqrt{\omega} \to 0$ in den Wert des Durchtrittswiderstandes $R_D$ über. Der Anteil von $R_f$, der oberhalb einer Geraden liegt, die parallel zu der ersten durch den Ordinatenabschnitt $R_D$ geht, stellt die ohmsche Komponente $R_r$ der Reaktionsimpedanz dar. In Abb. 141 und 142 ist diese Größe ebenfalls schraffiert eingetragen. In Abb. 142 kann die schraffierte Fläche auch einen Kristallisationswiderstand $R_k$ bzw. eine Kristallisationskapazität als $1/\omega C_k$ darstellen.

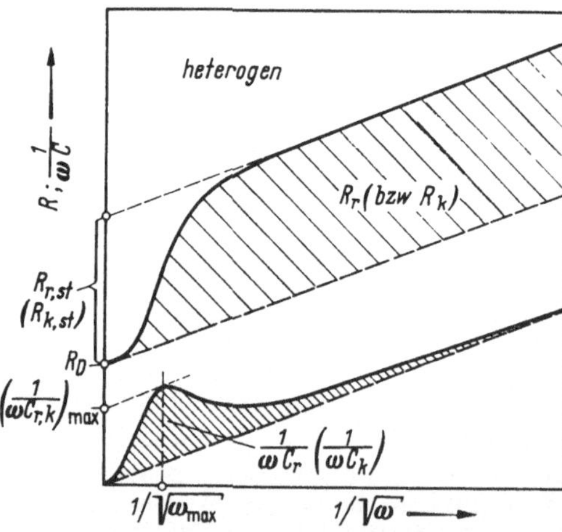


Abb. 142. Abtrennung der Komponenten der Reaktionsimpedanz (Kristallisationsimpedanz) $R_r$ ($R_k$) bzw. $1/\omega C_r$ ($1/\omega C_k$) von der Faradayimpedanz $\mathfrak{R}_f$ bei heterogener Reaktionshemmung (Kristallisationshemmung), $\omega/2\pi$ = Frequenz (Hz)

Die kapazitive Komponente $1/\omega C_r$ hat sowohl bei homogener als auch bei heterogener Reaktionshemmung ein Maximum. Die Größe des Maximums ergibt sich durch Anlegen einer Tangente mit der Neigung der Geraden für niedrige Frequenzen. Aus der Konzentrationsabhängigkeit der Frequenz $\omega_{max}$ des Maximums und seines Wertes $(1/\omega C_r)_{max}$ lassen sich die Reaktionsordnungen ableiten.

### β) *Homogene Reaktionshemmung*

Die homogene Reaktionshemmung ist daran zu erkennen, daß die Auftragung von $R_f$ und $1/\omega C_f$ gegen $1/\sqrt{\omega}$ für sehr hohe Frequenzen nach Gl. (2.301) parallele Geraden ergibt, wie es aus Abb. 141 ersichtlich ist. Bei der heterogenen Hemmung hat dagegen die kapazitive Komponente $1/\omega C_r$ bei hohen Frequenzen nach Abb. 142 und Gl. (2.317) lineare Abhängigkeit von $(1/\sqrt{\omega})^2$ und der ohmsche Widerstandswert $R_r$ ist sogar proportional $(1/\sqrt{\omega})^4$.

Bei homogener Reaktionshemmung hat das Maximum der kapazitiven Komponente die Größe

$$\left(\frac{1}{\omega C_r}\right)_{\max} = \frac{1}{2\cdot\sqrt{2}}\cdot R_{r,st} = \frac{\nu^2 RT}{n^2F^2}\cdot\frac{1}{2\cdot\sqrt{2p\cdot D\cdot\bar{c}\cdot v_0}} \tag{3.65}$$

$$\omega_{max} = k\cdot\sqrt{3} = p\cdot\frac{v_0}{\bar{c}}\cdot\sqrt{3}\,. \tag{3.66}$$

Diese Gleichungen ergeben sich aus Gl. (2.297) durch Differentiation. Auf Grund von Gl. (2.272) für die Reaktionsaustauschgeschwindigkeit $v_0$ und Gl. (2.277) für die Konzentration $\bar{c}$ (vgl. auch § 108) folgt nach Gl. (3.65) die Konzentrationsabhängigkeit von $R_{r,st}$ und $(1/\omega C_r)_{\max}$

$$\left(\frac{\partial \log R_{r,st}}{\partial \log c_k}\right)_{c_j\neq k} = \left(\frac{\partial \log(1/\omega C_r)_{\max}}{\partial \log c_k}\right)_{c_j\neq k} = -\frac{1}{2}\cdot\left(p_k + \frac{\nu_k - \nu_k'}{\nu}\right) \tag{3.67}$$

(homogene Reaktionshemmung)

bzw. für $\omega_{max}$ nach Gl. (3.66)

$$\left(\frac{\partial \log \omega_{max}}{\partial \log c_k}\right)_{c_j\neq k} = p_k - \frac{\nu_k - \nu_k'}{\nu} \tag{3.68}$$

(homogene Reaktionshemmung)

Vorausgesetzt wird hierbei wieder, daß alle anderen Konzentrationen $c_{j\neq k}$ bis auf die Konzentration $c_k$ konstant gehalten werden. $p_k$ ist die Ordnung der Bildungsreaktion von $S$. $\nu_k$ bzw. $\nu_k'$ ist der stöchiometrische Faktor von $S_k$ in der Elektrodenbruttoreaktion bzw. in der Elektrodenteilreaktion und $\nu$ der stöchiometrische Faktor von $S$ in der Elektrodenteilreaktion, wenn die Wertigkeiten $n$ von Elektrodenbruttoreaktion und Elektrodenteilreaktion gleich groß angesetzt werden.*

Für das Produkt $(1/\omega C_r)_{max}\cdot(1/\sqrt{\omega_{max}})$ folgt mit Gl. (3.65) und Gl. (3.66) bzw. Gl. (3.67) und Gl. (3.68) die einfache Beziehung

$$\frac{\partial}{\partial \log c_k}\cdot\log\left[\left(\frac{1}{\omega C_r}\right)_{max}\cdot\frac{1}{\sqrt{\omega_{max}}}\right] = -p_k \tag{3.69}$$

Aus der Grenzneigung der Geraden $R_r = 1/\omega C_r = f(1/\sqrt{\omega})$ für sehr hohe Frequenzen $\omega \gg k$ läßt sich nach Gl. (2.301) die Größe $\bar{c}\cdot\sqrt{D}\cdot n^2/\nu^2$

* $S$ kann einer der Stoffe $S_0$ bzw. $S_r$ in der Durchtrittsreaktion aber auch ein anderer Zwischenstoff $S_z$ sein.

ermitteln. Diese Neigung $\varkappa$ ist

$$\varkappa = \frac{\partial R_r}{\partial(1/\sqrt{\omega})} = \frac{\partial(1/\omega C_r)}{\partial(1/\sqrt{\omega})} = \frac{\nu^2 R T}{n^2 F^2} \cdot \frac{1}{\bar{c} \cdot \sqrt{2D}}. \tag{3.70}$$

Bei Kenntnis von $n/\nu$ und $D$ kann die Konzentration $\bar{c}$ des Stoffes $S$, dessen Bildung bzw. Abreaktion gehemmt ist, bestimmt werden. Da die Größenordnungen von $n/\nu$ und $D$ sicher bekannt sind, gestattet Gl. (3.70) die zumindest größenordnungsmäßige Erfassung von $\bar{c}$.

Aus der Abhängigkeit der in Gl. (3.70) angegebenen Neigung $\varkappa$ von der Konzentration $c_k$ ergibt sich nach § 108

$$\left(\frac{\partial \log \varkappa}{\partial \log c_k}\right)_{c_j \neq k} = -\frac{\nu_k - \nu_k'}{\nu} \tag{3.71}$$

(homogene Reaktionshemmung)

Es ist also prinzipiell die getrennte Bestimmung der Reaktionsordnungen $p_k$, sowie auch der Größen $(\nu_k - \nu_k')/\nu$ und $\bar{c}$ möglich. Alle diese Größen sind jeweils aus einer logarithmischen Darstellung von $\log R_{r,st}$, $\log(1/\omega C)_{max}$, $\log \omega_{max}$ oder $\log \varkappa$ gegen $\log c_k$ für alle Stoffe $S_j$ ermittelbar.

*γ) Heterogene Reaktionshemmung*

Die heterogene Reaktionshemmung ist daran zu erkennen, daß die $R_r$- und $1/\omega C_r$-Werte in der Darstellung gegen $1/\sqrt{\omega}$ für sehr große Frequenzen $\omega \gg k$ kein lineares Verhalten wie bei der homogenen Hemmung zeigen. Nach Gl. (2.317) ist die ohmsche Komponente der 4. Potenz $(1/\sqrt{\omega})^4$ und die kapazitive Komponente dem Quadrat $(1/\sqrt{\omega})^2$ proportional. Letzteres bedeutet, daß die Kapazität für $\omega \gg k$ einen konstanten Wert annimmt. In Abb. 95 zeigt daher die kapazitive Komponente eine lineare und die ohmsche Komponente eine quadratische Abhängigkeit, wenn die $R_r$- und $1/\omega C_r$-Werte gegen $1/\omega$ aufgetragen werden.

Auch hier ist für die Bestimmung der Reaktionsordnungen die Konzentrationsabhängigkeit des Maximums von $1/\omega C_r$ wesentlich. Der Wert des Maximums ergibt sich durch Differentiation von Gl. (2.314) unter Berücksichtigung von Gl. (2.316) und Gl. (2.306)

$$\left(\frac{1}{\omega C_r}\right)_{max} = \frac{1}{2} \cdot R_{r,st} = \frac{\nu^2 R T}{n^2 F^2} \cdot \frac{1}{2\bar{c} \cdot k} = \frac{\nu^2 R T}{n^2 F^2} \cdot \frac{1}{2p \cdot v_0} \tag{3.72}$$

$$\omega_{max} = k = \frac{p \cdot v_0}{\bar{c}} \tag{3.73}$$

Mit Gl. (2.272) (vgl. auch § 108) für die Reaktionsaustauschgeschwindigkeit $v_0$ folgt aus Gl. (3.72) die Konzentrationsabhängigkeit von $R_{r,st}$ und $(1/\omega C_r)_{max}$

$$\left(\frac{\partial \log R_{r,st}}{\partial \log c_k}\right)_{c_j \neq k} = \left(\frac{\partial \log(1/\omega C_r)_{max}}{\partial \log c_k}\right)_{c_j \neq k} = -p_k \tag{3.74}$$

(heterogene Reaktionshemmung)

Für $\omega_{\max}$ ergibt sich aus Gl. (3.73) unter Berücksichtigung der Konzentrationsabhängigkeit von $\bar{c}$ nach § 108

$$\left(\frac{\partial \log \omega_{max}}{\partial \log c_k}\right)_{c_j \neq k} = p_k - \frac{\nu_k - \nu_k'}{\nu} \tag{3.75}$$

(heterogene Reaktionshemmung)

Vorausgesetzt wird auch hierbei wieder, daß alle Konzentrationen $c_{j \neq k}$ konstant bleiben und nur die Konzentration $c_k$ des Stoffes $S_k$ verändert wird. Als Stoff, dessen Konzentration variiert wird, kann von Versuchsreihe zu Versuchsreihe ein anderer gewählt werden, so daß alle $p_j$ bzw. $(\nu_j - \nu_j')/\nu$ zugänglich sind.

Aus der Größe des Grenzwertes der Reaktionskapazität $C_r$ für sehr hohe Frequenzen $\omega \gg k$ nach Gl. (2.317b)

$$C_r = \frac{n^2 F^2}{\nu^2 R T} \cdot \bar{c} \tag{3.76}$$

(für $\omega \gg k$, heterogen)

folgt die Größe der Oberflächenkonzentration $\bar{c}$. Die Konzentrationsabhängigkeit von $C_r$ ergibt nach § 108 eine Beziehung für die Größe $(\nu_j - \nu_j')/\nu$

$$\left(\frac{\partial \log C_r}{\partial \log c_k}\right)_{c_j \neq k} = -\frac{\nu_k - \nu_k'}{\nu} \tag{3.77}$$

(heterogen)

Es ist somit auch bei der heterogenen Reaktionshemmung die getrennte Bestimmung der Reaktionsordnungen $p_j$ sowie der Größen $(\nu_j - \nu_j')/\nu$ und $\bar{c}$ möglich. Bei allen diesen Betrachtungen wurde vorausgesetzt, daß die Reaktionsgeschwindigkeit der diskutierten heterogenen Vorgänge durch Reaktionsordnungen nach Gl. (2.271) beschrieben werden kann. Diese Gesetzmäßigkeiten werden im allgemeinen nur bei kleinen Oberflächenbedeckungsgraden $\Theta \ll 1$ erfüllt sein.

### δ) *Kristallisationshemmung*

Die Beziehung für die heterogenen Reaktionshemmungen können weitgehend auf die Kristallisationshemmungen übertragen werden. Ein Unterschied besteht nur darin, daß der Begriff der Reaktionsordnungen $p_j$ hier bedeutungslos ist.

Die Kristallisationsimpedanz $\mathfrak{R}_k$ wird durch die schraffierte Fläche in Abb. 142 (heterogene Reaktion) dargestellt. Die Lage des Maximums $(1/\omega C_k)_{max}$ hat entsprechend Gl. (3.72) und Gl. (3.73) den Wert

$$\left(\frac{1}{\omega C_k}\right)_{max} = \frac{1}{2} R_{k,st} = \frac{RT}{z^2 F^2} \cdot \frac{1}{2 \cdot v_0} \tag{3.78}$$

$$\omega_{max} = k = \frac{v_0}{\bar{c}_{ad}} \tag{3.78a}$$

da für die ad-Atome als Substanz $S$ die Werte $\nu = 1$ bei $n = z =$ Durchtrittswertigkeit gesetzt werden können. Die Austauschgeschwindigkeit

$v_0$ der ad-Atome mit den Lagen in den Wachstumsstellen ist durch Gl. (2.365) definiert.

Für sehr hohe Frequenzen $\omega \gg k = \omega_{max}$ nimmt die Kristallisationskapazität einen konstanten Wert

$$\lim_{\omega \to \infty} C_k = \frac{z^2 F^2}{RT} \cdot \bar{c}_{ad} \tag{3.79}$$

an, aus dem die Gleichgewichtskonzentration $\bar{c}_{ad}$ der ad-Atome zu entnehmen ist.

## § 111. Aus der Konzentrations- und Zeitabhängigkeit bei Einschaltmessungen

Die Ermittlung der Reaktionsordnungen aus Einschaltmessungen ist sowohl bei galvanostatischer als auch bei potentiostatischer Versuchsdurchführung nur sehr eingeschränkt möglich. Nach diesen Verfahren konnten wegen der mathematischen Schwierigkeiten bisher nur Reaktionsgeschwindigkeitskonstanten $k$ für Reaktionen der 1. Ordnung ermittelt werden (§§ 73, 74, 82, 83, 101 und 102)*. Allerdings können dies auch Geschwindigkeitskonstanten quasi-erster Ordnung sein.

Bei galvanostatischer Versuchsdurchführung ist besonders einfach infolge der Stromabhängigkeit der Transitionszeit nach Gl. (3.19), § 101, die Geschwindigkeitskonstante 1. Ordnung $k_j$ aus dem Wert von $d\,(i\sqrt{\tau_r})/di)$ zu ermitteln, wenn die Gleichgewichtskonstante $K = \bar{c}/\bar{c}_j$ bekannt ist. $\bar{c}$ und $\bar{c}_j$ sind die Konzentrationen der Substanzen $S$ und $S_j$, die mit der ersten bzw. quasi-ersten Ordnung in den Geschwindigkeitsansatz

$$v = k_j \cdot c_j(\xi, t) - k \cdot c\,(\xi, t) \tag{3.80}$$

der den Reaktionsablauf beschreibenden Differentialgleichung (2.415) eingehen. Die Gleichgewichtskonstante $K$ kann aus den Grenzwerten von $i\sqrt{\tau_r}$ für $i \to 0$ und $i \to \infty$ nach Gl. (3.22) ermittelt werden.

$k_j$ und $K$ sollen noch von den Konzentrationen $\bar{c}_{i \neq j}$ weiterer Substanzen $S_{i \neq j}$ abhängen. Es ist daher allgemein

$$\bar{c} = K^* \cdot \bar{c}_j \cdot \prod^{i \neq j} \bar{c}_i^{(\nu_i - \nu_i')/\nu} \tag{3.81}$$

mit den stöchiometrischen Faktoren $\nu_i$ von $S_i$ der Elektrodenbruttoreaktion und $\nu$ bzw. $\nu_i$ von $S$ bzw. $S_i$ der Elektrodenteilreaktion anzusetzen (vgl. Fußnote * S. 349). Hieraus folgt für

$$K = \frac{\bar{c}}{\bar{c}_j} = K^* \cdot \prod^{i \neq j} \bar{c}_i^{(\nu_i - \nu_i')/\nu} \tag{3.82}$$

Aus Gl. (3.81) bzw. Gl. (3.82) ist weiterhin als Bedingung für die Substanz $S_j$ zu entnehmen, daß $(\nu_j - \nu_j')/\nu = 1$ sein muß, wenn ein Geschwindig-

* In der Polarographie (also potentiostatische Methode) konnten J. Koutecky u. J. Koryta: Coll. czech. chem. Comm. **19**, 845 (1954); Chem. listy **48**, 996 (1954) auch spezielle Reaktionen zweiter Ordnung auswerten (§ 74 $\delta$).

keitsansatz Gl. (3.80) gelten soll*. Für $k_j$ soll der Ansatz Gl. (3.23)

$$k_j = k'_j \cdot \bar{c}_1^{p_1} \cdot \bar{c}_2^{p_2} \cdots = k'_j \cdot \prod^{i \neq j} \cdot \bar{c}_i^{p_i} \tag{3.23}$$

verwendet werden.

Die chemischen Reaktionsordnungen $p_i$ können aus der Abhängigkeit der nach Gl. (3.19) mit Gl. (3.22) ermittelten Geschwindigkeitskonstante $k_j$ quasi-erster Ordnung von den Konzentrationen $\bar{c}_{i \neq j}$ bestimmt werden. Wenn nur eine Konzentration $\bar{c}_k$ von den Konzentrationen $\bar{c}_i$ verändert wird und alle anderen Konzentrationen $\bar{c}_{i \neq k}$ dabei unverändert bleiben, folgt die Reaktionsordnung $p_k$ aus

$$\boxed{\left(\frac{\partial \log k_j}{\partial \log \bar{c}_k}\right)_{c_{i \neq k}} = p_k} \tag{3.83}$$

Gleichzeitig kann aus der sich hierbei ergebenden Abhängigkeit der Konstante $K = \bar{c}/\bar{c}_j$ der Faktor $(\nu_k - \nu'_k)/\nu$ nach

$$\boxed{\left(\frac{\partial \log K}{\partial \log \bar{c}_k}\right)_{c_{i \neq k}} = \frac{\nu_k - \nu'_k}{\nu}} \tag{3.84}$$

bestimmt werden. Die Reaktionsordnung $p$ bezüglich der Substanz $S$ ist voraussetzungsgemäß $p = 1$.

Auch wenn die Geschwindigkeitskonstante $k_j$ nicht durch Reaktionsordnungen $p_i$ nach Gl. (3.23) dargestellt werden kann, sondern nach einem komplizierteren Gesetz von $\bar{c}_i$ abhängt, könnte dieses Gesetz durch Bestimmung von $k_j$ in Abhängigkeit von $\bar{c}_i$ erfaßt werden. Die Abhängigkeit von $K$ muß dagegen immer durch ganzzahlige $\nu_k$, $\nu'_k$ und $\nu$ in Gl. (3.84) zu beschreiben sein.

Für wachsende Stromdichte $i$ wird $i \cdot \sqrt{\tau_r}$ bei einer Reaktionshemmung (für Reaktionen beliebiger Ordnung) immer kleiner. $i \cdot \sqrt{\tau_r}$ strebt hierbei einem konstanten Endwert für große $i$ zu, aus dem die Größe $\bar{c} \cdot \sqrt{D}$ des Stoffes $S$ bestimmt werden kann. Bei Kenntnis der Diffusionskonstante $D$ ist also $\bar{c}$ experimentell erfaßbar. Der Grenzwert ist nach Gl. (2.419)

$$\boxed{\begin{gathered}\lim_{i \to \infty} i \sqrt{\tau_r} = -\frac{n}{\nu} \cdot F \cdot \frac{\sqrt{D\pi}}{2} \cdot \bar{c} \\ \frac{n}{\nu} = \frac{n}{\nu_k} \cdot \frac{\nu_k}{\nu}\end{gathered}} \tag{3.85}$$

und entspricht der Transitionszeit des Stoffes $S$ in der Konzentration $\bar{c}$ bei reiner Diffusion nach Gl. (2.183).

Bei den Stromdichten $i$, bei denen sich der Grenzwert angenähert ausbildet, sind die Transitionszeiten bereits so klein, daß die Diffusionsschichtdicke $\delta_d \approx \sqrt{2D \cdot \tau_r} \ll \delta_r$ geworden ist. Der Umsatz durch die vorgelagerte Reaktion innerhalb dieser dünnen Schicht $\delta_d$ während der

* Die Bedingung ist im mathematischen Sinne notwendig, aber nicht hinreichend, da sie nur besagt, daß die Reaktionsordnungen von $S$ und $S_j$ in Gl. (3.80) gleich sind.

kurzen Transitionszeit $\tau_r$ kann dann vernachlässigt werden. Infolgedessen ist die Größe des Grenzwertes $\lim_{i\to\infty} (i\sqrt{\tau_r})$ unabhängig von der Geschwindigkeit und der Kinetik der vorgelagerten Reaktion, wie es aus Gl. (3.85) zu entnehmen ist.

Aus der Konzentrationsabhängigkeit des Grenzwertes folgt der Faktor $(\nu_k - \nu_k')/\nu$ nach

$$\boxed{\left(\frac{\partial}{\partial \log \bar{c}_k} \cdot \log \left(\lim_{i\to\infty} i\sqrt{\tau_r}\right)\right)_{c_j \neq k} = \frac{\nu_k - \nu_k'}{\nu}} \tag{3.86}$$

Gl. (3.86) ist nur eine andere Form von Gl. (3.84). Wesentlich ist, daß sowohl Gl. (3.84) als auch Gl. (3.86) unabhängig von der Kinetik der Reaktion sind. Insbesondere ist die Einschränkung für $v$ in Gl. (3.80) und Gl. (3.19) nicht erforderlich, nach der die Reaktionen erster oder quasi-erster Ordnung sein müssen. Gl. (3.84) und Gl. (3.86) sind daher allgemeiner verwendbar als Gl. (3.83).

# E. Ermittlung der Reaktionskinetik

## § 112. Aus den elektrochemischen Reaktionsordnungen

Die Kenntnis der elektrochemischen Reaktionsordnungen $z_{o,j}$ bzw. $z_{r,j}$ bezüglich aller im Elektrolyten unabhängig voneinander vorhandenen Stoffe $S_j$ erlaubt nach K. J. VETTER[1] die eindeutige *Ermittlung der chemischen Bruttoformel* der Substanzen $S_o$ und $S_r$ der Durchtrittsreaktion. Mit diesen Werten $z_{o,j}$ und $z_{r,j}$ sind die Massenwirkungsgesetze Gl. (2.29a, b) der vorgelagerten Gleichgewichte

$$K_o = c_o \cdot \prod c_j^{-z_{o,j}} \quad \text{bzw.} \quad K_r = c_r \cdot \prod c_j^{-z_{r,j}} \tag{3.87a, b}$$

in ihrer Form bekannt. Nur der Wert der Konstanten ist unbekannt. Durch diese Gleichgewichte sind die dazugehörigen Reaktionsgleichungen für die vorgelagerten Bruttovorgänge, also die Gl. (2.27a, b)

$$z_{o,1} S_1 + z_{o,2} S_2 + \cdots \leftrightharpoons (-z_{o,l}) S_l + \cdots + (-z_{o,q}) S_q + S_o \tag{3.88a}$$

bzw.

$$z_{r,1} S_1 + z_{r,2} S_2 + \cdots \leftrightharpoons (-z_{r,l}) S_l + \cdots + (-z_{r,q}) S_q + S_r \tag{3.88b}$$

die hier noch einmal wiederholt werden, bestimmt. Aus Gl. (3.88a, b) ergibt sich unmittelbar die *chemische Bruttoformel* von $S_o$ bzw. $S_r$ zu

$$\boxed{S_o = z_{o,1} S_1 + z_{o,2} S_2 + \cdots + z_{o,q} S_q = \sum z_{o,j} S_j} \tag{3.89a}$$

und

$$\boxed{S_r = z_{r,1} S_1 + z_{r,2} S_2 + \cdots + z_{r,q} S_q = \sum z_{r,j} S_j} \tag{3.89b}$$

Diese Beziehungen für $S_o$ bzw. $S_r$ ergeben sich ohne Kenntnis des Zahlenwertes der Gleichgewichtskonstanten $K_o$ bzw. $K_r$. Es müssen hierbei jedoch die Vorzeichen der elektrochemischen Reaktionsordnungen berücksichtigt werden. Zur Erläuterung von Gl. (3.89) seien noch einige

[1] VETTER, K. J.: Z. Elektrochem. 55, 121 (1951); 59, 596 (1955).

Beispiele auf Grund experimenteller Ergebnisse gegeben. Im experimentellen Teil werden weitere Beispiele folgen.

K. J. VETTER u. G. MANECKE[2] fanden an der $Mn^{4+}/Mn^{3+}$-Redoxelektrode mit der Elektrodenbruttoreaktion $Mn^{3+} \leftrightharpoons Mn^{4+} + e^-$ ($\nu_3 = -1$, $\nu_4 = +1$) die elektrochemischen Reaktionsordnungen $z_{o,4} = 0$, $z_{o,3} = +1$, $z_{r,4} = -1$, $z_{r,3} = +2$. Hieraus folgt nach Gl. (3.89) für $S_o$ und $S_r$

$$\begin{aligned} S_o &= \quad 0 \cdot Mn^{4+} + 1 \cdot Mn^{3+} = \underline{Mn^{3+}} \\ S_r &= -1 \cdot Mn^{4+} + 2 \cdot Mn^{3+} = \\ &= (2\,Mn - 1\,Mn)^{(2 \cdot 3 - 4)+} = \underline{Mn^{2+}}\,. \end{aligned}$$

An der $J_2/J^-$-Redoxelektrode mit der Elektrodenbruttoreaktion $3\,J^- \leftrightharpoons J_3^- + 2e^-$ ($\nu_1 = -3$, $\nu_3 = +1$) fand K. J. VETTER[3] für die elektrochemischen Reaktionsordnungen $z_{o,3} = +1/2$, $z_{o,1} = -1/2$, $z_{r,3} = 0$, $z_{r,1} = +1$. Aus diesen ergibt sich nach Gl. (3.89) für

$$\begin{aligned} S_o &= \frac{1}{2} J_3^- - \frac{1}{2} J^- = \left(\frac{3}{2} J - \frac{1}{2} J\right)^{(1/2\,-\,1/2)\,-} = \underline{J} \\ S_r &= 0 \cdot J_3^- + 1 \cdot J^- = \underline{J^-}. \end{aligned}$$

An der Chinon/Hydrochinon-Redoxelektrode mit der Elektrodenbruttoreaktion $H_2Q \leftrightharpoons Q + 2H^+ + 2e^-$ (Q = Chinon, $H_2Q$ = Hydrochinon; $\nu_1 = \nu_Q = +1$, $\nu_2 = \nu_{H_2Q} = -1$, $\nu_3 = \nu_{H^+} = +2$ bei $n = 2$) konnte K. J. VETTER[4] die elektrochemischen Reaktionsordnungen bestimmen. Es ergab sich im pH-Bereich pH > 6 $z_{o,1} = +1$, $z_{o,2} = 0$, $z_{o,3} = 0$, $z_{r,1} = 0$, $z_{r,2} = +1$, $z_{r,3} = -1$. Hieraus folgt nach Gl. (3.89)

$$\begin{aligned} S_o &= 1 \cdot Q + 0 \cdot H_2Q + 0 \cdot H^+ = \underline{Q = \text{Chinon}} \\ S_r &= 0 \cdot Q + 1 \cdot H_2Q - 1 \cdot H^+ = \underline{HQ^- = \text{Anion des Hydrochinons}} \end{aligned}$$

Da hier zwei aufeinanderfolgende Durchtrittsreaktionen ablaufen, unterscheiden sich im vorliegenden Fall $S_o$ und $S_r$ um mehr als 1 Elektron.

Schließlich soll noch ein von H. GERISCHER[5] untersuchtes Beispiel einer Metallionenelektrode behandelt werden. An der Cd-Amalgam/Cd-Cyanid-Elektrode läuft die Elektrodenbruttoreaktion $Cd + 4\,CN^- \leftrightharpoons$ $\leftrightharpoons Cd(CN)_4^{2-} + 2e^-$ ($\nu_1 = \nu_{Cd} = -1$, $\nu_2 = \nu_{CN^-} = -4$, $\nu_3 = \nu_{Cd(CN)_4^{2-}} = +1$ bei $n = 2$) ab. Für kleine Cyanidkonzentrationen folgen aus den Messungen von H. GERISCHER[5] nach Gl. (3.54) mit $z = 2$ die elektrochemischen Reaktionsordnungen $z_{o,2} = -2$, $z_{o,3} = +1$, $z_{r,2} = +2$, $z_{r,3} = 0$, $z_{M,1} = +1$, wenn $z_{o,1}$, $z_{r,1}$ und $z_{M,2}$, $z_{M,3} = 0$ gesetzt werden. Es folgt hieraus für $S_o$, $S_r$ und $S_M$

$$\begin{aligned} S_o &= 1 \cdot Cd(CN)_4^{2-} - 2 \cdot CN^- = \underline{Cd(CN)_2} \\ S_r &= 2 \cdot CN^- + 0 \cdot Cd(CN)_4^{2-} = \underline{(CN)_2^{2-}} \\ S_M &= \underline{Cd}(Hg_x) \end{aligned}$$

[2] VETTER, K. J., u. G. MANECKE: Z. physik. Chem. **195**, 337 (1950).
[3] VETTER, K. J.: Z. physik. Chem. **199**, 285 (1952).
[4] VETTER, K. J.: Z. Elektrochem. **56**, 797 (1952).
[5] GERISCHER, H.: Z. Elektrochem. **57**, 604 (1953).

so daß die Durchtrittsreaktion lautet:

$$\mathrm{Cd} + (\mathrm{CN})_2^{2-} \leftrightharpoons \mathrm{Cd(CN)_2} + 2e^-$$

$$(\text{bzw. } \mathrm{Cd} + 2\,\mathrm{CN}^- \leftrightharpoons \mathrm{Cd(CN)_2} + 2e^-)$$

Wenn so die Durchtrittsreaktion bestimmt werden kann, wird im allgemeinen die gesamte Reaktionsfolge aufzuklären sein, so daß die eine Aufgabestellung der elektrochemischen Kinetik gelöst ist.

## § 113. Aus den chemischen Reaktionsordnungen

Nach den in § 108 bis § 111 beschriebenen Methoden ist eine Bestimmung der Reaktionsordnungen $p_j$* und $p$** sowie die Verhältnisse der stöchiometrischen Faktoren $\nu_j/\nu$ und des Wertes der Konzentration $\bar{c}$ des Stoffes $S$ möglich.

Aus der Gesamtzahl der chemischen Reaktionsordnungen $p_j$ und aus $p$ kann der Reaktionsmechanismus der Elektrodenreaktion ermittelt werden. Allerdings ist es hier wesentlich schwerer, allgemeine Richtlinien für die Erreichung dieses Zieles aufzustellen. Da jedoch die Zahl der in Frage kommenden Substanzen $S$ niemals sehr groß sein wird, werden die festgestellten Reaktionsordnungen $p_j$ und $p$ wie bei der Aufklärung rein chemischer Reaktionsmechanismen kaum zu einem mehrdeutigen Ergebnis über den Mechanismus führen.

Aus dem Verhältnis der stöchiometrischen Faktoren $\nu_j/\nu$, die mit der Wechselstrom- und der Einschaltmethode erfaßt werden können, ist die chemische Bruttoformel der Substanz $S$ in der gleichen Weise eindeutig zu ermitteln, wie es für die Substanzen $S_o$ bzw. $S_r$ mit den elektrochemischen Reaktionsordnungen möglich war. Bei Kenntnis der Verhältnisse $\nu_j/\nu$ aller Substanzen $S_j$ im Elektrolyten ist auch hier das Massenwirkungsgesetz zwischen $S$ und allen $S_j$

$$\bar{c}^{\nu} = K \cdot \prod c_j^{\nu_j} \tag{3.90}$$

bis auf den Wert der Gleichgewichtskonstanten $K$ bekannt. Aus diesem Gleichgewicht folgt die vorgelagerte chemische Bruttoreaktion

$$\nu_1 S_1 + \nu_2 S_2 + \cdots + \nu_q S_q \leftrightharpoons \nu S\,. \tag{3.91}$$

Aus der Bruttoreaktion ergibt sich die *chemische Bruttoformel der Substanz S*

$$\boxed{S = \sum \frac{\nu_j}{\nu} S_j} \tag{3.92}$$

Aus der Größe $\bar{c}$, die mit Hilfe der Wechselstrom- oder Einschaltmessungen angenähert zu bestimmen ist, läßt sich außerdem die Größe $K$ der Gleichgewichtskonstanten in Gl. (3.90) ermitteln.

Die chemischen Reaktionsordnungen $p_j$ und $p$ und die stöchiometrischen Faktoren $\nu_j/\nu$ können nur zur Aufklärung der gehemmten chemischen Teilreaktion einschließlich der Ermittlung der Substanz $S$

* Bezüglich Stoff $S_j$ für die Bildung von $S$.

** Bezüglich Stoff $S$ für die Abreaktion von $S$.

führen. Die Elektrodenteilreaktion, nach der die Substanz $S$ elektrochemisch umgesetzt wird, ist dann nur als Ganzes zu erfassen. Bei reiner Reaktionsüberspannung wird diese Elektrodenteilreaktion als im Gleichgewicht befindlich betrachtet. Aus der Reaktionsüberspannung ist infolgedessen nichts über die Reaktionsfolge in diesem Teil der Elektrodenbruttoreaktion zu erfahren. Zur Aufklärung des Mechanismus der Elektrodenteilreaktion ist deshalb die Bestimmung elektrochemischer Reaktionsordnungen notwendig, die nur aus einem Anteil Durchtrittsüberspannung zu ermitteln sind.

# 4. Experimentelle Ergebnisse der elektrochemischen Kinetik

In der folgenden Zusammenstellung von experimentellen Ergebnissen wurde das Schwergewicht auf Untersuchungen gelegt, aus denen sich die Reaktionskinetik von Elektrodenprozessen ableiten läßt. Die verschiedenen Elektrodenprozesse werden gesondert hintereinander behandelt. Eine Aufteilung nach den verschiedenen Untersuchungsmethoden war dabei nicht möglich. Beispiele für die einzelnen Methoden und Gesetzmäßigkeiten treten bei den verschiedenen Elektroden über den ganzen Abschnitt 4 verteilt auf.

## A. Redoxelektroden

Obwohl die grundlegenden Erkenntnisse über die Überspannung zuerst an der Wasserstoffelektrode erhalten wurden, sollen zunächst wesentlich einfachere Redoxelektroden behandelt werden. Gerade die Wasserstoffelektrode und auch die Sauerstoffelektrode, die experimentell sehr umfangreich bearbeitet wurden, zeigen recht komplizierte Gesetzmäßigkeiten, so daß es angebracht erschien, diese beiden Elektroden entgegen der historischen Entwicklung in der Elektrochemie am Schluß dieses Abschnitts zu besprechen.

Die Reihenfolge der im folgenden Abschnitt A a) behandelten Redoxelektroden ist in gewissem Grade willkürlich. Es werden die Elektroden mit den einfacheren Gesetzmäßigkeiten und der klareren und einfacheren Reaktionskinetik vor den komplizierteren behandelt. Es sind also vor allem didaktische Erwägungen, welche die Reihenfolge bestimmten.

### a) Redoxelektroden (außer Wasserstoff- und Sauerstoffelektrode)

#### § 114. $Fe^{3+}/Fe^{2+}$-Elektrode

Die Ferri-Ferro-Elektrode ist der Prototyp einer einfachen Redoxelektrode. Auch reaktionskinetisch zeigt diese Elektrode einen einfachen Mechanismus. Auf Grund von Messungen der Gleichstromüberspannung durch H. GERISCHER[1] und durch E. LEWARTOWICZ[2] ergibt sich als die Durchtrittsreaktion

$$Fe^{2+} \cdot aq \leftrightarrows Fe^{3+} \cdot aq + e^- \tag{4.1}$$

Die Durchtrittsreaktion ist hier also gleich der Elektrodenbruttoreaktion.

H. GERISCHER fand für die Abhängigkeit der Austauschstromdichte $i_0$ vom Potential $\varepsilon_0$ in logarithmischer Darstellung die in Abb. 143 wiedergegebenen Geraden, die die Beziehung Gl. (3.57) von K. J. VETTER u. G. MANECKE[3] bestätigen. Die Austauschstromdichten wurden dabei aus dem Gleichstrom-Polarisationswiderstand $R_p$ nach Gl. (2.387) ermittelt. Der Diffusionsanteil war auf Grund der Werte der beobachteten Grenzströme zu vernachlässigen, so daß nur ein reiner Durchtrittswiderstand $R_D = RT/Fi_0$ nach Gl. (2.74) mit $z = 1$ zu berücksichtigen war.

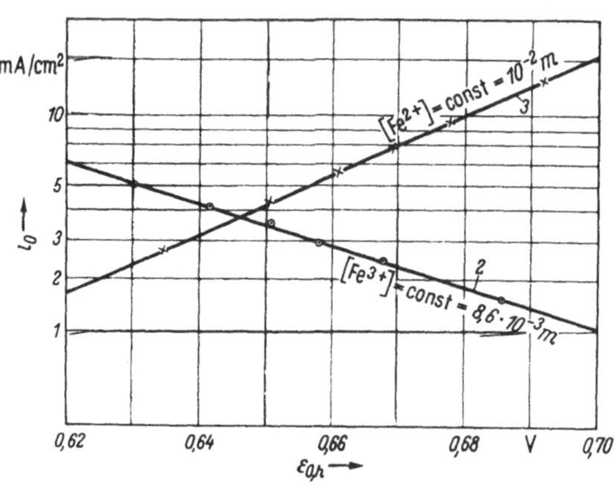


Abb. 143. Abhängigkeit der Austauschstromdichte $i_0$ vom Gleichgewichtspotential $\varepsilon_{0,h}$ der $Fe^{3+}/Fe^{2+}$-Redoxelektrode an Pt in 1m $H_2SO_4$. Gerade 3: $Fe^{3+}$ variiert, $Fe^{2+}$ konst. Gerade 2: $Fe^{2+}$ variiert, $Fe^{3+}$ konst. [nach H. GERISCHER: Z. Elektrochem. **54**, 366 (1950)]

Aus der Neigung der Geraden in Abb. 143 folgt nach Gl. (3.57) aus Kurve 3 (Variation von $S_k = Fe^{3+}$) bei $z/n = 1$

$$\alpha + \frac{z_{r,3}}{\nu_3} = \alpha + \frac{z_{o,3}}{\nu_3} - 1 = +0{,}58 \pm 0{,}02 \tag{4.2}$$

und aus Kurve 2 (Variation von $S_k = Fe^{2+}$)

$$\alpha + \frac{z_{r,2}}{\nu_2} = \alpha + \frac{z_{o,2}}{\nu_2} - 1 = -0{,}42 \pm 0{,}02\,. \tag{4.3}$$

Mit den stöchiometrischen Faktoren der Elektrodenbruttoreaktion $Fe^{2+} \leftrightarrows Fe^{3+} + e^-$, $\nu_3 = +1$ für $Fe^{3+}$ und $\nu_2 = -1$ für $Fe^{2+}$ bei $n = 1$ und dem von H. GERISCHER[1] aus größeren Überspannungen bestimmten $\alpha$-Wert von $\alpha = 0{,}58$ folgt für die Reaktionsordnungen

$$\begin{aligned} z_{o,3} &= +1 \qquad z_{r,3} = 0 \qquad (Fe^{3+}) \\ z_{o,2} &= 0 \qquad z_{r,2} = +1 \qquad (Fe^{2+}) \end{aligned} \tag{4.4}$$

Aus diesen elektrochemischen Reaktionsordnungen ergibt sich die Durchtrittsreaktion Gl. (4.1), die hier gleich der Elektrodenbruttoreaktion ist.

Bei Variation der Gesamtkonzentration unter Konstanthalten des Konzentrationsverhältnisses $c_3/c_2$ zeigt sich die erwartete Proportionalität von Austauschstromdichte und Konzentration.

[1] GERISCHER, H.: Z. Elektrochem. **54**, 366 (1950).
[2] LEWARTOWICZ, E.: J. Chim. Phys. **49**, 564 (1952).
[3] VETTER, K. J., u. G. MANECKE: Z. physik. Chem. **195**, 270 (1950).

E. LEWARTOWICZ[2] untersuchte die Konzentrationsabhängigkeit der gesamten anodischen und kathodischen Gleichstromspannungskurven. Die anodischen Stromdichten waren dabei proportional der $Fe^{2+}$-Konzentration und unabhängig von der $Fe^{3+}$-Konzentration. Die kathodischen Stromdichten waren dagegen proportional der $Fe^{3+}$-Konzentration und unabhängig von der $Fe^{2+}$-Konzentration. Nach Gl. (3.49), § 106 werden dadurch die elektrochemischen Reaktionsordnungen Gl. (4.4) bestätigt.

Bei Berücksichtigung der Gegenreaktion bei kleinen Überspannungen und des Diffusionseinflusses bei größeren Stromdichten konnte sowohl durch E. LEWARTOWICZ[4] als auch durch J. V. PETROCELLI u. A. A. PAOLUCCI[5] die Beziehung

$$i = i_0 \cdot \left[\left(1 - \frac{i}{i_{d,2}}\right) \cdot \exp\left(\frac{\alpha F}{RT} \cdot \varepsilon\right) - \left(1 - \frac{i}{i_{d,3}}\right) \cdot \exp\left(-\frac{(1-\alpha)F}{RT}\,\varepsilon\right)\right] \quad (4.5)$$

bestätigt werden, die aus Gl. (2.381) mit Gl. (2.92) folgt. Als Durchtrittsfaktoren wurden $\alpha = 0{,}52$[4] bzw. $\alpha = 0{,}5$ bis $0{,}6$[5] in Übereinstimmung mit H. GERISCHER[1] gefunden.

Die von J. E. B. RANDLES u. K. W. SOMERTON[6] aus der Wechselstromüberspannung in 1 m $HClO_4$ an Pt ermittelte Geschwindigkeitskonstante $k = i_0/F\bar{c}$ stimmt mit den Werten von GERISCHER[1] gut überein.

Die theoretische Behandlung von Diffusionsvorgängen durch SAND[7] konnte KARAOGLANOFF[8] für die $Fe^{3+}/Fe^{2+}$-Redoxelektrode an blankem und platiniertem Pt bestätigen. Für die Transitionszeit $\tau$ [Gl. (2.183)], die nach Einschalten einer konstanten Stromdichte $i$ (galvanostatische Versuchsbedingung) vergeht, bis die Konzentration der verbrauchten Substanz $c(\tau) = 0$ wird, fand KARAOGLANOFF sowohl für anodische ($\tau_2$ für $Fe^{2+}$) als auch für kathodische Ströme ($\tau_3$ für $Fe^{3+}$) die theoretisch geforderte Beziehung $i \cdot \sqrt{\tau} = \text{konst}$ [Gl. (2.183)] unabhängig von der Stromdichte $i$ und proportional der Konzentration des $Fe^{2+}$ (anodisch) bzw. des $Fe^{3+}$ (kathodisch).

## § 115. $Ce^{4+}/Ce^{3+}$-Elektrode

Einfache Beziehungen zeigt auch die $Ce^{4+}/Ce^{3+}$-Redoxelektrode, deren Elektrodenbruttoreaktion mit der von K. J. VETTER[1] ermittelten Durchtrittsreaktion

$$Ce^{3+} \leftrightarrows Ce^{4+} + e^- \quad (4.6)$$

übereinstimmt. Abb. 144 und 145 geben Gleichstrompotentialkurven in 1 n $H_2SO_4$ an Pt wieder, die K. J. VETTER[1] in Abhängigkeit von der $Ce^{4+}$- und der $Ce^{3+}$-Konzentration gemessenen hat. Die rührabhängigen Diffusionsgrenzstromdichten waren anodisch ($i_{d,3}$) proportional der $Ce^{3+}$-Konzentration ($c_3$) und kathodisch ($i_{d,4}$) der $Ce^{4+}$-Konzentration

[4] LEWARTOWICZ, E.: J. Chim. Phys. **49**, 573 (1952).
[5] PETROCELLI, J. V., u. A. A. PAOLUCCI: J. electrochem. Soc. **98**, 291 (1951).
[6] RANDLES, J. E. B., u. K. W. SOMERTON: Trans. Faraday Soc. **48**, 937 (1952).
[7] SAND, H. J. B.: Phil. Mag. (6) **1**, 45 (1901); Z. physik. Chem. **35**, 641 (1901).
[8] KARAOGLANOFF, Z.: Z. Elektrochem. **12**, 5 (1906).
[1] VETTER, K. J.: Z. physik. Chem. **196**, 360 (1951).

($c_4$) proportional und jeweils von der Konzentration der anderen Substanz unabhängig. Es liegt somit nach § 58 eine einfache Diffusion ohne

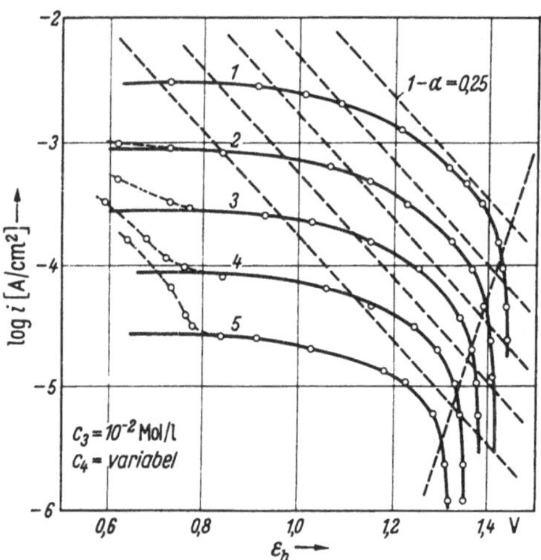


Abb. 144. Kathodische Überspannung der $Ce^{4+}/Ce^{3+}$-Redoxelektrode an Pt in 1 n $H_2SO_4$ bei 25°C und Rühren (1000 U/min) bei $c_3 = 10^{-2}$ Mol/l in Abhängigkeit von der $Ce^{4+}$-Konzentration $c_4$. Kurve (1): $c_4 = 10^{-2}$, (2) $3 \cdot 10^{-3}$, (3) $10^{-3}$, (4) $3 \cdot 10^{-4}$ und (5) $10^{-4}$ Mol/l [nach K. J. Vetter: Z. physik. Chem. **196**, 360 (1951)]

Komplikationen durch irgendwelche eingestellten Gleichgewichte vor, so daß für die Konzentrationsänderung vor der Oberfläche die Gl. (2.92)

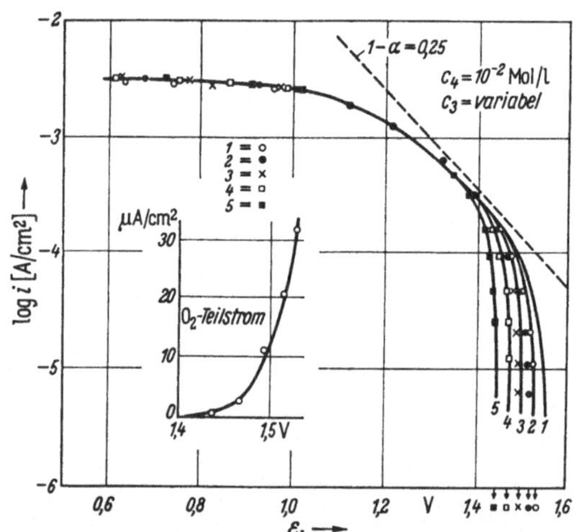


Abb. 145. Kathodische Überspannung der $Ce^{4+}/Ce^{3+}$-Redoxelektrode an Pt in 1 n $H_2SO_4$ bei 25°C und Rühren (1000 U/min) bei $c_4 = 10^{-2}$ Mol/l in Abhängigkeit von der Stromdichte $i$ und der $Ce^{3+}$-Konzentration. Kurve (1) $c_3 = 10^{-4}$, (2) $3 \cdot 10^{-4}$, (3) $10^{-3}$, (4) $3 \cdot 10^{-3}$ und (5) $10^{-2}$ Mol/l [nach K. J. Vetter: Z. physik. Chem. **196**, 360 (1951)]

$c_3/\bar{c}_3 = 1 - i/i_{d,3}$ gilt. Bei höheren Potentialen tritt jedoch besonders bei kleinen Stromdichten* eine Störung auf, die nach den Ausführungen

* Also in der Nähe des Gleichgewichtspotentials.

in § 176 auf eine parallel ablaufende andere Elektrodenreaktion (Mischpotentialbildung) zurückzuführen ist. Hier ist es die anodische Entwicklung von Sauerstoff, die in Abb. 145 herausgezeichnet wurde.

Die in Abb. 144 und 145 eingezeichneten Kurven entsprechen der Beziehung

$$\begin{aligned} i = k_3 \cdot \bar{c}_3 \cdot \left(1 - \frac{i}{i_{d,3}}\right) \cdot \exp\left(\frac{\alpha F}{RT}\varepsilon\right) - \\ - k_4 \cdot \bar{c}_4 \cdot \left(1 - \frac{i}{i_{d,4}}\right) \exp\left(-\frac{(1-\alpha)F}{RT}\varepsilon\right) \end{aligned} \tag{4.7}$$

die aus Gl. (2.381), Gl. (2.92) und Gl. (2.14) folgt*. Die gestrichelten Geraden sind die kathodischen Teilstromdichten, wenn keine Verarmung von $Ce^{4+}$ eintreten würde. Die Gesamtüberspannung besteht also aus einer Überlagerung von Durchtritts- und Diffusionsüberspannung. Es ist hieraus zu erkennen, daß die Geschwindigkeit der Durchtrittsreaktion in kathodischer Richtung proportional der $Ce^{4+}$-Konzentration (Abb. 144) und unabhängig von der $Ce^{3+}$-Konzentration (Abb. 145) ist. Für die elektrochemischen Reaktionsordnungen folgt daraus [Gl. (3.49)] $z_{o,4} = +1$ und $z_{o,3} = 0$. Ähnliche Stromspannungskurven wurden von J. V. PETROCELLI u. A. A. PAOLUCCI[2] und E. LEWARTOWICZ[3] allerdings ohne systematische Ermittlung der Konzentrationsabhängigkeit gemessen.

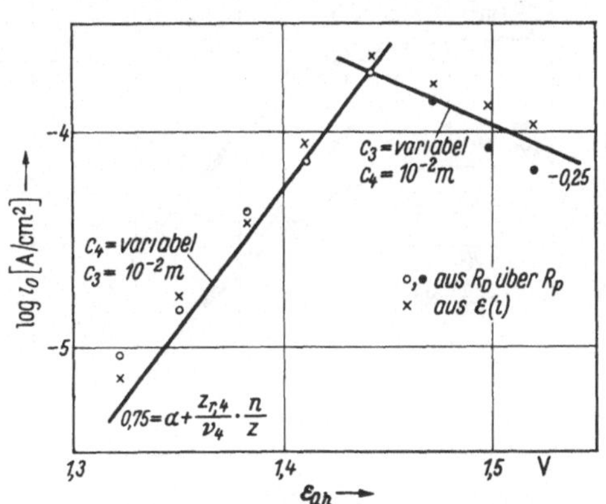


Abb. 146. Die Austauschstromdichte $i_0$ der $Ce^{4+}/Ce^{3+}$-Redoxelektrode in 1n $H_2SO_4$ an Pt bei 25°C in Abhängigkeit vom Gleichgewichtspotential $\varepsilon_{0,h}$ bei Variation der $Ce^{4+}$- bzw. $Ce^{3+}$-Konzentration [nach K. J. VETTER: Z. physik. Chem. **196**, 360 (1951)]

Abb. 146 gibt die Abhängigkeit der Austauschstromdichte $i_0$ von der $Ce^{4+}$- bzw. $Ce^{3+}$-Konzentration wieder. Die durch Kreise gekennzeichneten $i_0$-Werte sind nach Gl. (2.74) bzw. Gl. (2.387) aus dem Durchtrittswiderstand $R_D = RT/zFi_0$ ermittelt worden, der sich nach Abzug des Diffusionswiderstandes $R_d$ [Gl. (2.164)] über Gl. (2.394) aus dem Polarisationswiderstand $R_p = (d\eta/di)_{\eta=0}$ ergibt. Durch Kreuze sind die Austauschstromdichten dargestellt, die aus der Diskussion der gesamten Stromdichtepotentialkurven nach Abb. 144 und 145 folgen.

Aus der Neigung der Geraden in Abb. 146 ergibt sich nach Gl. (3.57) bei $z = n = 1$

$$\begin{aligned} \alpha + \frac{z_{r,4}}{\nu_4} = \alpha + \frac{z_{o,4}}{\nu_4} - 1 = +0{,}75 \quad (S_k = Ce^{4+}) \\ \alpha + \frac{z_{r,3}}{\nu_3} = \alpha + \frac{z_{o,3}}{\nu_3} - 1 = -0{,}25 \quad (S_k = Ce^{3+}). \end{aligned} \tag{4.8}$$

* $i_{d,3} > 0$ (positiv) ist die anodische und $i_{d,4} < 0$ (negativ) die kathodische Diffusionsgrenzstromdichte.

[2] PETROCELLI, J. V., u. A. A. PAOLUCCI: J. electrochem. Soc. **98**, 291 (1951).

[3] LEWARTOWICZ, E.: J. Chim. Phys. **49**, 564, 573 (1952).

Mit den stöchiometrischen Faktoren $\nu_4 = +1$ und $\nu_3 = -1$ der Elektrodenbruttoreaktion bei $n = 1$ und dem experimentellen Wert des Durchtrittsfaktors $\alpha = 0{,}75$ ergibt sich nach K. J. VETTER* für die elektrochemischen Reaktionsordnungen

$$\begin{aligned} z_{o,4} &= +1 \quad & z_{r,4} &= 0 \quad & (Ce^{4+}) \\ z_{o,3} &= 0 \quad & z_{r,3} &= +1 \quad & (Ce^{3+}) . \end{aligned} \tag{4.9}$$

Aus diesen Reaktionsordnungen folgt die genannte Durchtrittsreaktion (4.6).

## § 116. $Mn^{3+}/Mn^{2+}$-Elektrode

Auch diese Redoxelektrode mit einem Normalpotential von $E_0 = +1{,}488$ Volt[1,2] weist eine sehr einfache Kinetik auf. Die Durchtrittsreaktion

$$Mn^{2+} \rightleftharpoons Mn^{3+} + e^- \tag{4.10}$$

ist gleichzeitig auch die Elektrodenbruttoreaktion, was K. J. VETTER u. G. MANECKE[2] auf Grund der Konzentrationsabhängigkeit der Gleichstromspannungskurven am Pt in 15 n $H_2SO_4$** feststellten. Abb. 147 zeigt die Abhängigkeit des Potentials von der Stromdichte und den $Mn^{3+}$- und $Mn^{2+}$-Konzentrationen ($c_3, c_2$). Die auftretenden Grenzstromdichten sind auf Grund ihrer Rührabhängigkeit reine Diffusionsgrenzstromdichten $i_d$ (§ 92), deren Wert ($i_{d,3}$) sich als proportional der $Mn^{3+}$-Konzentration $c_3$ und unabhängig von der $Mn^{2+}$-Konzentration erwies.

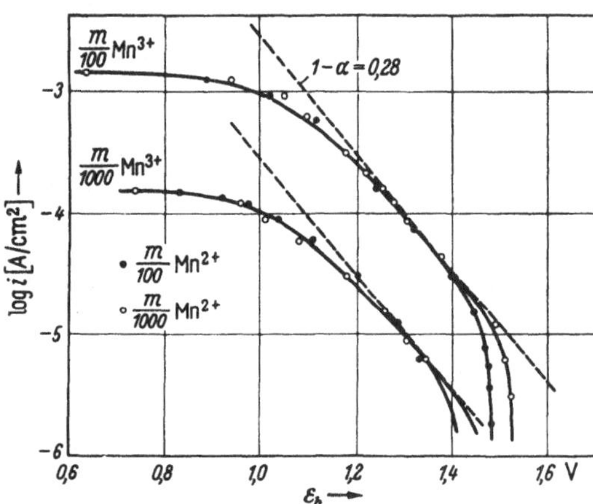

Abb. 147. Kathodische Gleichstromspannungskurven der $Mn^{3+}/Mn^{2+}$-Redoxelektrode an Pt in 15 n $H_2SO_4$ bei 25°C und Rühren (1000 U/min) in Abhängigkeit von der $Mn^{3+}$- und $Mn^{2+}$-Konzentration [nach K. J. VETTER u. G. MANECKE: Z. physik. Chem. **195**, 270 (1950)]

Aus der Form der Stromspannungskurve ergibt sich, daß Durchtritts- und Diffusionsüberspannung nebeneinander auftreten. Die in Abb. 147 ausgezogenen Kurven entsprechen einer Funktion [Gl. (2.381) mit Gl. (2.92) und Gl. (2.14)]

$$\begin{aligned} i = k_2 \cdot \bar{c}_2 \cdot \left(1 - \frac{i}{i_{d,2}}\right) \cdot \exp\left(\frac{\alpha F}{RT}\,\varepsilon\right) - \\ - k_3 \cdot \bar{c}_3 \cdot \left(1 - \frac{i}{i_{a,3}}\right) \cdot \exp\left(-\frac{(1-\alpha)F}{RT}\,\varepsilon\right). \end{aligned} \tag{4.11}$$

* J. V. PETROCELLI, A. A. PAOLUCCI [J. electrochem. Soc. **98**, 291 (1951)] und E. LEWARTOWICZ [J. Chim. Phys. **49**, 564, 573 (1952)] stellten Durchtrittsfaktoren $\alpha = 0{,}65$ bzw. 0,60 fest, die auch wesentlich größer als 0,5 waren.

[1] GRUBE, G., u. H. HUBERICH: Z. Elektrochem. **29**, 8 (1923).

[2] VETTER, K. J., u. G. MANECKE: Z. physik. Chem. **195**, 270 (1950).

** Erst in so stark saurer Lösung wird die Hydrolyse der $Mn^{3+}$-Ionen und besonders der im Gleichgewicht befindlichen $Mn^{4+}$-Ionen weit genug zurückgedrängt.

Die Geraden in Abb. 147 stellen die kathodischen Teilstromdichten $i_-$ dar, wenn keine Verarmung durch Diffusionshemmung auftreten und auch keine Gegenreaktion einsetzen würde. Es folgt aus Abb. 147 und Gl. (4.11), daß die Geschwindigkeit der kathodisch ablaufenden Durchtrittsreaktion proportional $c_3$ und unabhängig von $c_2$ ist. Die elektrochemischen Reaktionsordnungen sind daher $z_{o,3} = +1$ und $z_{o,2} = 0$ [Gl. (3.49)].

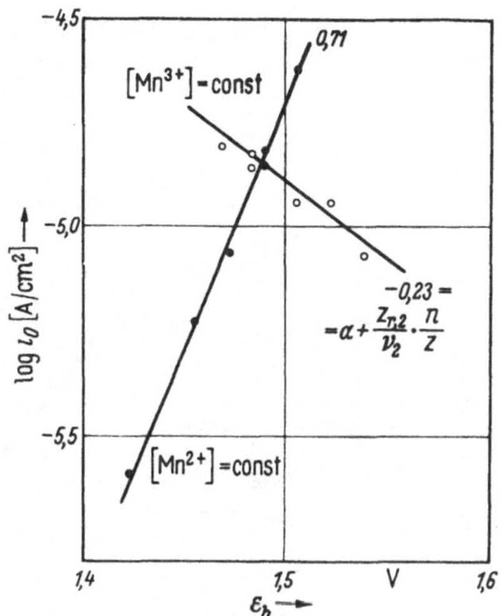


Abb. 148. Die Austauschstromdichte $i_0$ der $Mn^{3+}/Mn^{2+}$-Redoxelektrode in 15 n $H_2SO_4$ an Pt bei 25°C in Abhängigkeit von dem Gleichgewichtspotential $\varepsilon_{0,h}$ bei Variation der $Mn^{3+}$- bzw. $Mn^{2+}$-Konzentration [nach K. J. VETTER u. G. MANECKE: Z. physik. Chem. **195**, 270 (1950)]

Aus dem Polarisationswiderstand $R_p = (d\eta/di)_{\eta=0}$ folgt unter Berücksichtigung des Diffusionswiderstandes [Gl. (2.164)] und Gl. (2.387) die Austauschstromdichte $i_0$, deren Konzentrationsabhängigkeit in Abb. 148 angegeben wird. Aus der Neigung der Geraden bei $z = n = 1$

$$\begin{aligned} \alpha + \frac{z_{r,3}}{\nu_3} &= \alpha + \frac{z_{o,3}}{\nu_3} - 1 = +0{,}71 \quad (S_k = Mn^{3+}) \\ \alpha + \frac{z_{r,2}}{\nu_2} &= \alpha + \frac{z_{o,2}}{\nu_2} - 1 = -0{,}23 \quad (S_k = Mn^{2+}) \end{aligned} \tag{4.12}$$

folgen mit dem Durchtrittsfaktor $\alpha = 0{,}72$ aus Abb. 147 und mit den stöchiometrischen Faktoren $\nu_3 = +1$ und $\nu_2 = -1$ die elektrochemischen Reaktionsordnungen

$$\begin{aligned} z_{o,3} &= +1 \qquad z_{r,3} = 0 \\ z_{o,2} &= 0 \qquad z_{r,2} = +1\,. \end{aligned} \tag{4.13}$$

Aus diesen Werten ergibt sich die genannte Durchtrittsreaktion.

## § 117. $Mn^{4+}/Mn^{3+}$-Elektrode

Gegenüber den bisher behandelten Redoxelektroden zeigt die $Mn^{4+}/Mn^{3+}$-Elektrode trotz ihrer *einfachen* Elektrodenbruttoreaktion $Mn^{3+} \leftrightarrows Mn^{4+} + e^-$ ein *komplizierteres* Verhalten. Als Reaktionsmechanismus dieser Elektrode mit einem Normalpotential von $E_0 = +1{,}652$ Volt[1,2] wird von K. J. VETTER u. G. MANECKE[2] die Reaktionsfolge

$$\left.\begin{array}{ll} 2\,Mn^{3+} \leftrightarrows Mn^{2+} + Mn^{4+} & \text{(chem. Reaktion)} \\ Mn^{2+} \leftrightarrows Mn^{3+} + e^- & \text{(Durchtrittsreaktion)} \\ \hline Mn^{3+} \leftrightarrows Mn^{4+} + e^- & \text{(Elektrodenbruttoreaktion)} \end{array}\right\} \tag{4.14}$$

auf Grund der Konzentrationsabhängigkeit der Überspannung angegeben.

[1] GRUBE, G., u. H. HUBERICH: Z. Elektrochem. **29**, 8 (1923).
[2] VETTER, K. J., u. G. MANECKE: Z. physik. Chem. **195**, 337 (1950).

Als Folge des im Elektrolyten sich schnell einstellenden Gleichgewichtes 2 $Mn^{3+} \leftrightharpoons Mn^{2+} + Mn^{4+}$ werden die Diffusionsverhältnisse bei verarmender $Mn^{3+}$-Konzentration wesentlich komplizierter. In § 57$\gamma$ wurde dieser spezielle Fall bereits ausführlich behandelt und die Funktion $c_3(i)/\bar{c}_3$ bzw. $\bar{c}_4(i)/c_4$ angegeben. Auch die experimentell gefundene Abhängigkeit der Diffusionsgrenzstromdichte $i_d = 137 \cdot \bar{c}_3 + 228 \cdot \bar{c}_4$ mA/cm² ist nach § 57 durch dieses vorgelagerte, eingestellte Gleichgewicht zu erklären.

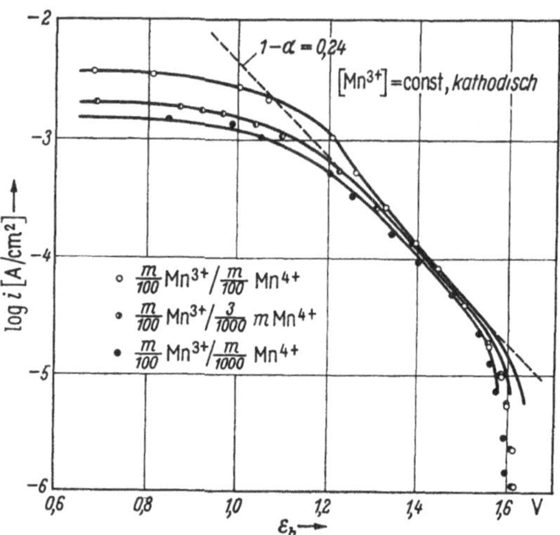


Abb. 149. Kathodische Gleichstromspannungskurven der $Mn^{4+}/Mn^{3+}$-Redoxelektrode an Pt in 15 n $H_2SO_4$ bei 25°C und Rühren (1000 U/min) in Abhängigkeit von der $Mn^{4+}$-Konzentration [nach K. J. VETTER u. G. MANECKE: Z. physik. Chem. **196**, 337 (1950)]

Aus der gemessenen Überspannung folgt, daß neben der so berechenbaren Diffusionsüberspannung noch eine größere Durchtrittsüberspannung auftritt, die die Aufklärung des Reaktionsmechanismus erlaubt.

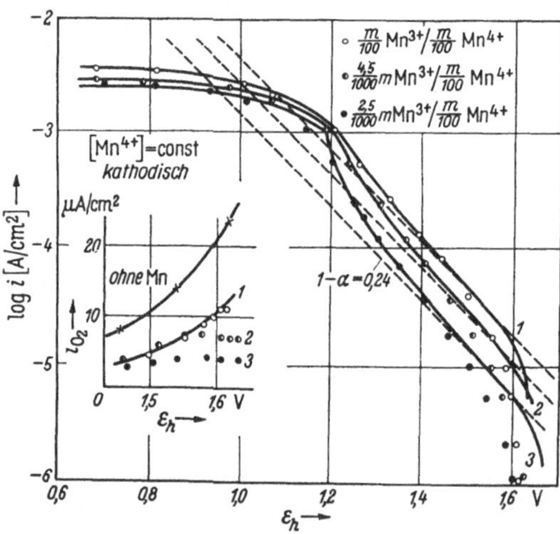


Abb. 150. Kathodische Gleichstromspannungskurven der $Mn^{4+}/Mn^{3+}$-Redoxelektrode an Pt in 15 n $H_2SO_4$ bei 25°C und Rühren (1000 U/min) in Abhängigkeit von der $Mn^{3+}$-Konzentration [nach K. J. VETTER u. G. MANECKE: Z. physik. Chem. **195**, 337 (1950)]

Abb. 149 zeigt die Unabhängigkeit der kathodisch ablaufenden Durchtrittsreaktion von der $Mn^{4+}$-Konzentration. Da jedoch die $Mn^{3+}$-Konzentration $c_3(i)$ bei konstant gehaltenem $\bar{c}_3$-Wert auf Grund des vorgelagerten Gleichgewichtes eine gewisse kleine Abhängigkeit von $\bar{c}_4$ hat, ist in den Stromspannungskurven ein geringer Einfluß zu erkennen. Hieraus leitet sich die elektrochemische Reaktionsordnung $z_{o,4} = 0$ ab.

Die Abhängigkeit der kathodischen Stromspannungskurven von der $Mn^{3+}$-Konzentration $\bar{c}_3$ ist aus Abb. 150 zu entnehmen. Es zeigt sich bei Berücksichtigung des Wertes von $c_3(i)/\bar{c}_3$ eine Proportionalität zwischen der Stromdichte $i$ und der Konzentration $c_3$ bei festgehaltenem Potential. Die elektrochemische Reaktionsordnung ist also $z_{o,3} = +1$. Die in Abb. 149 und 150 eingezeichneten Kurven sind nach

$$i = k_2 \cdot \frac{c_3^2(i)}{c_4(i)} \cdot \exp\left(\frac{\alpha F}{RT}\varepsilon\right) - k_3 \cdot c_3(i) \cdot \exp\left(-\frac{(1-\alpha)F}{RT}\varepsilon\right), \quad (4.15)$$

unter Berücksichtigung der Funktionen $c_3(i)$ und $c_4(i)$ nach § 57 und der experimentellen Diffusionsgrenzstromdichten $i_d$ berechnet worden.

Auch aus der Konzentrationsabhängigkeit der Austauschstromdichten $i_0$ ergeben sich nach K. J. Vetter u. G. Manecke[2] die gleichen elektrochemischen Reaktionsordnungen

$$\begin{matrix} z_{o,4} = 0 & z_{o,3} = +1 \\ z_{r,4} = -1 & z_{r,3} = +2 \end{matrix} \quad (4.16)$$

wie aus Gl. (4.15). Für die Stoffe $S_o$ und $S_r$ der Durchtrittsreaktion folgt hieraus nach Gl. (3.89a, b)

$$S_o = 0 \cdot Mn^{4+} + 1 \cdot Mn^{3+} = Mn^{3+}$$

$$S_r = 2 \cdot Mn^{3+} - 1 \cdot Mn^{4+} = Mn^{2+}$$

und somit die in Gl. (4.14) genannte Durchtrittsreaktion $Mn^{2+} \leftrightarrows Mn^{3+} + e^-$.

## § 118. $Ti^{4+}/Ti^{3+}$- und $Ti^{3+}/Ti^{2+}$-Elektrode

Die Überspannung der $Ti^{4+}/Ti^{3+}$-Elektrode, deren Normalpotential bei $E_{0,h} = -0{,}04$ Volt liegt, ist ausführlich von O. Essin[1] untersucht worden. Die Ermittlung einer Reaktionskinetik ist aus diesen Messungen allerdings nur sehr unsicher möglich. O. Essin[1] konnte eine Stromdichte-Überspannungsbeziehung entsprechend Gl. (2.382)

$$i = i_0\left[\left(1 - \frac{i}{i_{d,3}}\right) \cdot \exp\left(\frac{\alpha F}{RT}\eta\right) - \left(1 - \frac{i}{i_{d,4}}\right) \cdot \exp\left(-\frac{(1-\alpha)F}{RT}\eta\right)\right] \quad (4.17)$$

aus den anodischen und kathodischen Messungen mit Gleichstrom an Quecksilber feststellen.

Abb. 151 zeigt Überspannungsmessungen von O. Essin[1] in verschieden konzentrierten $Ti^{4+}$- und $Ti^{3+}$-Lösungen (2, 3, 4). Als Ordinate wurden hierbei der Logarithmus der anodischen bzw. kathodischen Teilstromdichten $i_+$ bzw. $i_-$ verwendet, die vorliegen würden, wenn keine Konzentrationsveränderungen infolge Diffusionshemmung aufträten. Aus Gl. (4.17) folgen für die so definierten Teilstromdichten die Beziehungen

$$i_+ = i_0 \cdot \exp\left(\frac{\alpha F}{RT}\eta\right) = i \Big/ \left[\left(1 - \frac{i}{i_{d,3}}\right) - \left(1 - \frac{i}{i_{d,4}}\right) \cdot \exp\left(-\frac{F}{RT}\eta\right)\right] \quad (4.18\text{a})$$

$$\begin{aligned} i_- = -i_0 \cdot \exp\left(-\frac{(1-\alpha)F}{RT}\eta\right) = i \Big/ \Big[\left(1 - \frac{i}{i_{d,4}}\right) - \\ -\left(1 - \frac{i}{i_{d,3}}\right) \cdot \exp\left(+\frac{F}{RT}\eta\right)\Big]. \end{aligned} \quad (4.18\text{b})$$

Gl. (4.18) ist in logarithmischer Form unter Verwendung der experimentellen Diffusionsgrenzstromdichten $i_{d,3} > 0$ und $i_{d,4} < 0$ gegen die Über-

[1] Essin, O.: Acta physicochim. USSR **13**, 429 (1940).

spannung $\eta$ in Abb. 151 aufgetragen. Das Auftreten von Geraden in dieser Darstellung bestätigt Gl. (4.17). Anodisch und kathodisch ergibt die Extrapolation der zusammengehörigen Geraden auf $\eta = 0$ den gleichen Wert für die Austauschstromdichte $i_0$. Die Summe der anodischen ($\alpha$) und kathodischen $(1 - \alpha)$ Durchtrittsfaktoren ergibt allerdings nach Abb. 151 nur 0,8 bis 0,95 (statt 1,0).

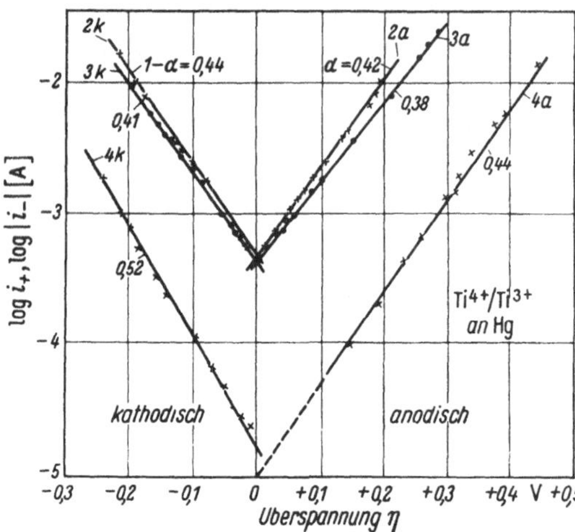


Abb. 151. Anodische ($a$) und kathodische ($k$) Teilstromdichten $i_+, i_-$ an der $Ti^{4+}/Ti^{3+}$-Redoxelektrode bei 25°C an Hg in 2 n $H_2SO_4$ in Abhängigkeit von der Überspannung nach Korrektur des Einflusses der Diffusion. Lösung (2): 0,27 m $Ti^{4+}$/0,015 m $Ti^{3+}$; (3): 0,21 m $Ti^{4+}$/0,017 m $Ti^{3+}$; (4): 0,17 m $Ti^{4+}$/0,03 m $Ti^{3+}$. Oberfläche etwa 0,15 cm². [O. Essin: Acta physicochim. USSR **13**, 429 (1940)]

Bei geringer $Ti^{4+}$-Konzentration im Vergleich zur $Ti^{3+}$-Konzentration ist die kathodische $i_{d,4}$-Diffusionsgrenzstromdichte schon bei recht kleinen Strömen erreicht. Nach Beobachtungen von B. Diethelm u. F. Foerster[2] und O. Essin[1] fällt bei Erreichen dieses kleinen Grenzstromes das Potential nur bis auf etwa $\varepsilon_h = -0,35$ Volt. Bei diesem Potential setzt ein neuer Elektrodenprozeß, die Reduktion nach $Ti^{3+} + e^- \rightarrow Ti^{2+}$ entsprechend dem Normalpotential $E_{0,h} = -0,37$ Volt[3] ein. Eine fast nur $Ti^{3+}$-Ionen enthaltende Lösung wird also oberhalb etwa $\varepsilon_h = -0,04$ Volt nach $Ti^{3+} \rightarrow Ti^{4+} + e^-$ aufoxydiert und unterhalb etwa $\varepsilon_h = -0,37$ Volt nach $Ti^{3+} + e^- \rightarrow Ti^{2+}$ reduziert. Hierfür sollten die Beziehungen

$$i = k_1 \cdot \left(1 - \frac{i}{i_{d,3}}\right) \cdot \exp\left(\frac{\alpha_1 F}{RT}\varepsilon\right) \quad \text{mit } i_{d,3} > 0 \tag{4.19a}$$

bzw.

$$i = -k_2 \cdot \left(1 - \frac{i}{i'_{d,3}}\right) \cdot \exp\left(-\frac{(1 - \alpha_2)F}{RT}\varepsilon\right) \text{mit } i'_{d,3} < 0 \tag{4.19b}$$

bei überlagerter Diffusions- und Durchtrittshemmung gelten. Da es sich um die gleiche diffundierende Substanz $Ti^{3+}$ handelt, ist $i_{d,3} = -i'_{d,3} = i_d$ zu erwarten, wie es auch von O. Essin[1] festgestellt wurde. Abb. 152 bestätigt Gl. (4.19a, b), da $\log|i| - \log(1 - |i|/|i_d|)$ gegen $\eta = \varepsilon - \varepsilon_0$ aufgetragen in beiden Fällen Geraden mit den Durchtrittsfaktoren $\alpha_1 = 0,58$ bzw. $\alpha_2 = 1 - 0,36 = 0,64$ ergibt.

Die Tatsache, daß in Gl. (4,17), Gl. (4.18) und Gl. (4.19) der Diffusionseinfluß mit einem Ausdruck $1 - i/i_d$ in der 1. Potenz erfaßt werden kann, deutet auf eine Proportionalität des anodischen Stromes mit der

[2] Diethelm, B., u. F. Foerster: Z physik. Chem. **62**, 129 (1908).
[3] Forbers, G., u. T. Hall: J. Am. Soc. **46**, 385 (1924).

$Ti^{3+}$-Konzentration und des kathodischen Stromes mit der $Ti^{4+}$-Konzentration im ersten Fall und mit der $Ti^{3+}$-Konzentration im zweiten Fall hin. Es liegt daher nahe, daß sowohl bei der $Ti^{4+}/Ti^{3+}$- als auch bei der $Ti^{3+}/Ti^{2+}$-Elektrode die Elektrodenbruttoreaktion gleich der Durchtrittsreaktion ist.

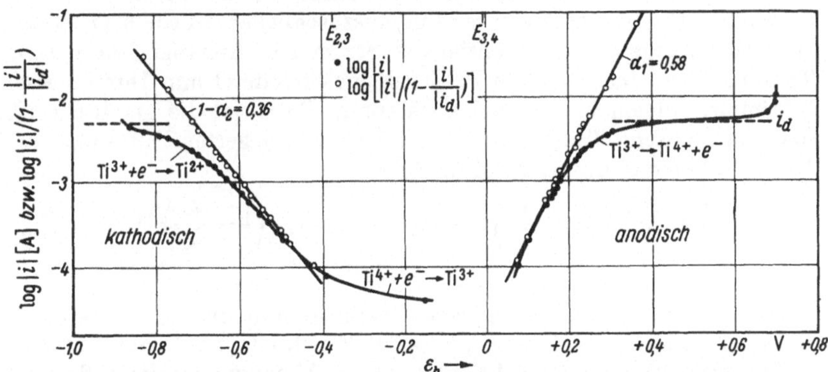


Abb. 152. Anodische und kathodische Stromspannungskurven (•) einer $Ti^{3+}$-Lösung (mit nur geringem $Ti^{4+}$-Zusatz) in 2 n $H_2SO_4$ an Hg bei 25°C. Korrektur des Einflusses der Diffusion (○) zur Bestatigung von Gl. (4.19) [nach O. Essin: Acta physicochim. USSR **13**, 429 (1940)]

Aus der Wechselstrom-Polarisationsimpedanz ermittelten J. E. B. Randles u. K. W. Somerton[4] für eine $10^{-3}$ m Ti(4)-tartrat/$10^{-3}$ m Ti(3)-tartrat/1 m Weinsäure/Hg-Redoxelektrode bei $\varepsilon_0 = -0{,}15$ Volt eine Austauschstromdichte $i_0 = 0{,}9$ mA/cm². Die Überspannung setzt sich aus einem Durchtritts- und einem Diffusionsanteil entsprechend Gl. (2.397) zusammen.

## § 119. $Cl_2/Cl^-$-Elektrode

Die Chlorelektrode mit der Elektrodenbruttoreaktion

$$2\,Cl^- \leftrightharpoons Cl_2 + 2e^-$$

und einem Normalpotential von $E_0 = +1{,}359$ Volt* ist, wie aus der Form der Gl. (4.20) zu entnehmen ist, als eine *Redoxelektrode* anzusehen, weil mit dem Elektrodenmetall nur Elektronen ausgetauscht werden. Da eine 0,09 m $Cl_2$-Lösung in Wasser bereits einen $Cl_2$-Partialdruck $p_{Cl_2} = 1$ Atm hat**, wird diese Elektrode vielfach als „Gaselektrode" bezeichnet.

In älteren Untersuchungen stellten Chang u. Wick[1] bei größeren anodischen und auch kathodischen Überspannungen Tafelsche Beziehungen für die Stromdichte-Potential-Abhängigkeit fest. Die Summe der

[4] Randles, J. E. B., u. K. W. Somerton: Trans. Faraday Soc. **48**, 937 (1952).

* Bei Angabe der Chloraktivität im Elektrolyten in Form des Chlorpartialdruckes in Atm.

** Das heißt 0,09 m $Cl_2$ ist die Sättigungskonzentration von $Cl_2$ in $H_2O$ bei 1 Atm.

[1] Chang, F. T., u. H. Wick: Z. physik. Chem. A **172**, 448 (1935).

anodischen und kathodischen Durchtrittsfaktoren ist an Ir bei 20°C $\alpha + \beta = 1{,}07$. Bei höheren Temperaturen steigt diese Summe, da der anodische Durchtrittsfaktor größer wird.

Aber erst A. N. FRUMKIN u. G. TEDORADSE[2] haben die Abhängigkeit der kathodischen Überspannung von der $Cl_2$- und der $Cl^-$-Konzentration an Pt bestimmt und hieraus eine Reaktionskinetik der $Cl_2/Cl^-$-Elektrode abgeleitet. Um den Diffusionseinfluß auszuschließen, wurde bei potentiostatisch vorgegebenem Potential der Strom $i$ in Abhängigkeit von der Tourenzahl $m$ einer blanken Pt-Scheibenelektrode (1 mm Durchmesser) bestimmt. Allgemein sind bei konstantem Potential die anodische $(i_+)$ bzw. kathodische Teilstromdichte $(i_-)$ bei überlagerter Diffusions- und Durchtrittshemmung nach Gl. (2.382)

$$i_+ = i_D \left(1 - \frac{i_+}{i_{d,j}}\right)^{z_{r,j}} \quad \text{bzw.} \quad i_- = i_D \cdot \left(1 - \frac{i_-}{i_{d,j}}\right)^{z_{o,j}} \qquad (|\eta| \gg RT/F) \tag{4.20}$$

wenn vorwiegend nur eine Substanz verarmt. Für die elektrochemische Reaktionsordnung $z_{r,j}$ bzw. $z_{o,j} = +1$ läßt sich Gl. (4.20) nach FRUMKIN u. TEDORADSE[2] unter Berücksichtigung der Abhängigkeit der Diffusionsgrenzstromdichte $i_{d,j}$ von der Tourenzahl $m$ einer rotierenden Scheibenelektrode nach $i_{d,j} = A \cdot \sqrt{m}$ Gl. (2.374) in die Beziehung

$$\frac{1}{i} = \frac{1}{i_\pm} = \frac{1}{i_D} + \frac{1}{A} \cdot \frac{1}{\sqrt{m}} \tag{4.20a}$$

überführen. Gl. (4.20a) hat die Form der Gl. (2.376) für überlagerte Diffusions- und Reaktionshemmung.

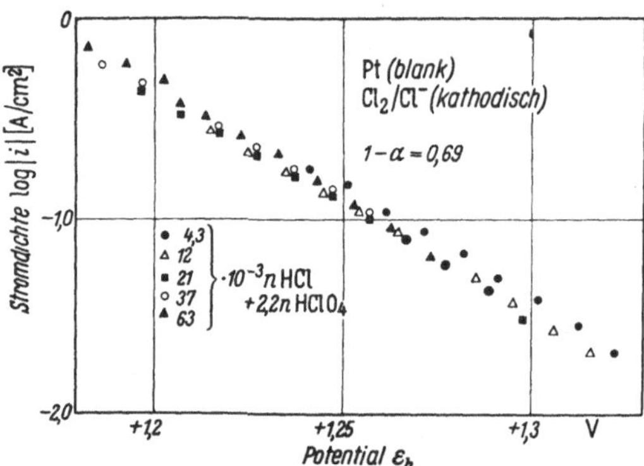


Abb. 153. Stromdichte-Potential-Kurve der kathodischen $Cl_2$-Reduktion an Pt (blank) in Abhängigkeit von der $Cl^-$-Konzentration bei 25°C [nach A. N. FRUMKIN u. G. TEDORADSE: Z. Elektrochem. 62, 251 (1958)]

Bei der Abtragung der experimentellen Werte von $1/i$ gegen $1/\sqrt{m}$ ergab sich eine Gerade, was auf eine Proportionalität zwischen Stromdichte und $Cl_2$-Konzentration (1. Ordnung) hinweist. Der Grenzwert für $1/\sqrt{m} \to 0$ ergibt den Strom $i_D$ ohne Diffusionshemmung. In diesem Grenzfall ist die vorgegebene Überspannung reine Durchtrittsüberspannung.

Sowohl in 1,2 n $HClO_4$ als auch in 1 n $H_2SO_4$ ergab sich bei vorgegebenem Potential, das einer kathodischen Überspannung von mehr als 70 mV entsprach, diese Proportionalität zwischen Strom und $Cl_2$-Konzentration. Dieses Ergebnis bedeutet, daß die elektrochemische Reaktionsordnung $z_{o,Cl_2} = +1$ ist.

[2] FRUMKIN, A. N., u. G. A. TEDORADSE: Z. Elektrochem. 62, 251 (1958); Dokl. Akad. Nauk USSR 118, 530 (1958).

Die Stromdichte-Potential-Abhängigkeit ergab eine Tafelsche Beziehung mit einem kathodischen Durchtrittsfaktor $1-\alpha = 0{,}69$. Abb. 153 stellt diese Abhängigkeit für verschiedene $Cl^-$-Ionenkonzentrationen zwischen $4{,}3 \cdot 10^{-3}$ n bis $63 \cdot 10^{-3}$ n HCl dar. Die Potentiale entsprechen Überspannungen von mehr als 50 mV. Es folgt aus Abb. 153 die Unabhängigkeit des kathodischen Stromes von der $Cl^-$-Konzentration. Die elektrochemische Reaktionsordnung ist also $z_{o,Cl^-} = 0$.

Hiermit folgt nach Gl. (3.89) für die Substanz $S_o$

$$S_o = 1 \cdot Cl_2 + 0 \cdot Cl^- = \underline{Cl_2}$$

so daß eine Durchtrittsreaktion

$$Cl_2 + e^- \leftrightarrows Cl_{ads} + Cl^- \tag{4.21}$$

abläuft*. Leider sind anodische Messungen nicht durchgeführt worden, so daß schwer zu entscheiden ist, ob ein Mechanismus mit einer oder zwei Durchtrittsreaktionen vorliegt. Aus dem Wert des Produktes $R \cdot i_0^* = 0{,}024$ Volt von Durchtrittswiderstand $R_D$ und Austauschstromdichte $i_0^*$, die aus der Tafelgeraden durch Extrapolation ermittelt wurde, würde nach Gl. (2.74) wegen $z = 1$ bei Redoxreaktionen ein Mechanismus mit nur einer Durchtrittsreaktion folgen.

Nach Gl. (2.76) ist für einen Mechanismus mit zwei Durchtrittsreaktionen

$$i_0^* \cdot R_D = 2 i_{0,o} \cdot R_D = \frac{RT}{2F} \cdot \left(1 + \frac{i_{0,o}}{i_{0,r}}\right).$$

Der Wert von 24 mV ist nur dann möglich, wenn $i_{0,o}/i_{0,r} = 0{,}87$ und unabhängig von der $Cl^-$-Konzentration ist, was nach Gl. (3.54) nur bei $\alpha_o = \alpha_r$ zutrifft. Es ist daher nicht entschieden, ob auf Reaktion (4.21) eine Durchtrittsreaktion $Cl_{ads} + e^- \rightarrow Cl^-$ oder eine Rekombinationsreaktion $2\,Cl_{ads} \rightarrow Cl_2$ folgt**.

## § 120. $Br_2/Br^-$-Elektrode

Wie die Chlorelektrode ist auch die Bromelektrode mit der Elektrodenbruttoreaktion

$$2\,Br^- \leftrightarrows Br_2 + 2e^-$$

und dem Normalpotential von $E_0 = +1{,}066$ Volt eine *Redoxelektrode****.

F. T. Chang u. H. Wick[1] haben auch an dieser Elektrode ($Br_2$ gesättigt, 1 m KBr) bei 10°C und 20°C anodische und kathodische Überspannungsmessungen durchgeführt. An Pt konnte neben dem ohmschen Spannungsabfall im Elektrolyten kaum eine Überspannung festgestellt werden. Die an einer Ir-Elektrode gemessenen Werte zeigt Abb. 154. Die anodischen Messungen erfüllen eine Tafelsche Gleichung mit einem

* Oder auch $Cl_2 + e^- \leftrightarrows Cl_2^-$.

** Frumkin u. Tedoradse[2] nehmen $Cl_{ads} + e^- \rightarrow Cl^-$ an.

*** $E_0 = +1{,}066$ Volt ist der Wert fur $2\,Br^- \cdot aq \leftrightarrows Br_2\,(fl) + 2e^-$ bei einer Sattigungskonzentration des Brom von $c = 0{,}2125$ Mol $Br_2$/l und einem Dampfdruck von $p_{Br_2} = 211$ mm Hg bei 25°C. Da dieser Druck in der Größenordnung einer Atmosphäre liegt, wird auch diese Elektrode als „Gaselektrode" bezeichnet.

[1] Chang, F. T., u. H. Wick: Z. physik. Chem. A **172**, 448 (1935).

Durchtrittsfaktor $\alpha = 0{,}58$. Kathodisch treten Abweichungen von einer Tafelgeraden auf, die LOSCHKAREW u. ESSIN[2] auf die anodische Gegenreaktion bzw. eine Diffusionsverarmung des $Br_2$ vor der Oberfläche zurückführen. LOSCHKAREW u. ESSIN[2] korrigieren mit Gl. (4.18b) $i_- = i/[\sqrt{1 - i/i_d} - \exp(F\eta/RT)]$ die Meßwerte für 20° C und erhalten die als (●) eingetragenen kathodischen Teilstromdichten $i_-$ für reine Durchtrittsüberspannung. Die Punkte liegen auf der gestrichelten Geraden (Abb. 154), aus deren Neigung der kathodische Durchtrittsfaktor $\beta = 1 - \alpha = 0{,}47$ folgt.

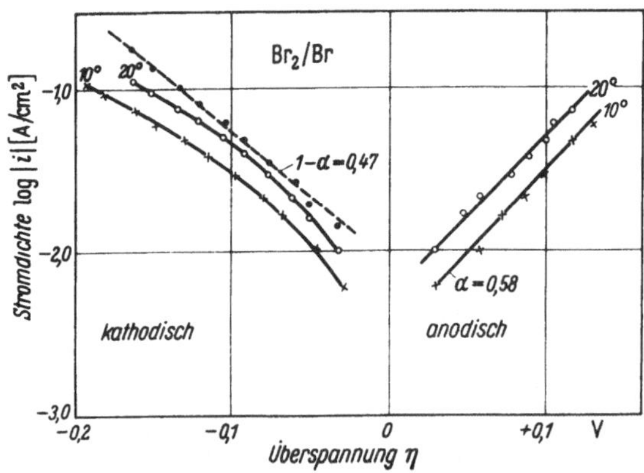


Abb. 154. Überspannung der $Br_2/Br^-$-Redoxelektrode ($Br_2$ gesättigt, 1 m KBr) an Ir (Rührelektrode) in Abhängigkeit von der Stromdichte $i$ bei 10°C und 20°C [nach F. T. CHANG u. H. WICK: Z. physik. Chem. A **172**, 448 (1935)]. — Kathodische Teilstromdichte $i_-$ (●) [nach M. LOSCHKAREW, O. ESSIN: Acta physicochim. USSR. 8, 189 (1938)].

Die Erfüllung der Tafelschen Beziehung Gl. (2.16) mit einem $\alpha$-Wert $0 < \alpha < 1$ und $\alpha + \beta \approx 1$ besagt, daß es sich um eine Durchtrittshemmung handelt. Der Reaktionsmechanismus ist bisher noch nicht aufgeklärt worden.

## § 121. $J_2/J^-$-Elektrode

Als weitere Halogenelektrode sei die Jod/Jodid-Redoxelektrode mit der Elektrodenbruttoreaktion

$$2\,J^- \leftrightarrows J_2 + 2\,e^- \qquad (4.22)$$

bzw. bei größeren $J^-$-Konzentrationen

$$3\,J^- \leftrightarrows J_3^- + 2\,e^- \qquad (4.23)$$

behandelt. Das Normalpotential für Reaktion Gl. (4.22) hat den Wert $E_0 = +\,0{,}628$ Volt und für Reaktion Gl. (4.23) den Wert $E_0 = +\,0{,}545$ Volt[1]. Die Sättigungskonzentration des $J_2$ ist in wäßriger Lösung bei

[2] LOSCHKAREW, M., u. O. ESSIN: Acta physicochim. USSR 8, 189 (1938).

[1] MAITLAND, A.: Z. Elektrochem. **12**, 268 (1906). — JONES, G., u. B. B. KAPLAN: J. Am. Soc. **50**, 2066 (1928). — VETTER, K. J.: Z. physik. Chem. **199**, 22 (1952).

25°C $c = 1{,}34 \cdot 10^{-3}$ Mol $J_2$/l*. Zwischen $J^-$ und $J_2$ besteht das Gleichgewicht

$$J_3^- \leftrightarrows J^- + J_2 \tag{4.24}$$

mit der Gleichgewichtskonstanten[2] $K = [J^-] \cdot [J_2]/[J_3^-] = 1{,}5 \cdot 10^{-3}$ Mol/l. Der Einfluß dieses Gleichgewichts ist bereits in § 91 als Beispiel behandelt worden.

An dieser Elektrode liegen Überspannungsmessungen sowohl mit Gleichstrom als auch mit Wechselstrom vor, die zur Aufklärung des Reaktionsmechanismus führten. Bereits F. HABER u. R. RUSS[3], F. WEIGERT[4] und besonders E. BRUNNER[5] haben die Überspannung dieser Elektrode mit Gleichstrom untersucht. E. BRUNNER stellte dabei fest, daß die Gleichstromüberspannung fast ausschließlich auf eine Hemmung der Diffusion zurückzuführen ist. Diesen Befund konnte K. J. VETTER[6] vollständig bestätigen. In Abb. 155 und 156 sind Überspannungsmessungen mit Gleichstrom in Abhängigkeit von der $J_3^-$-Konzentration bzw. der $J^-$-Konzentration wiedergegeben. Die eingezeichneten Kurven sind unter der Voraussetzung reiner Diffusionsüberspannung bei Verwendung der experimentellen anodischen und kathodischen Diffusionsgrenzstromdichten $i_{d,1} > 0$ und $i_{d,3} < 0$ nach Gl. (4.25)

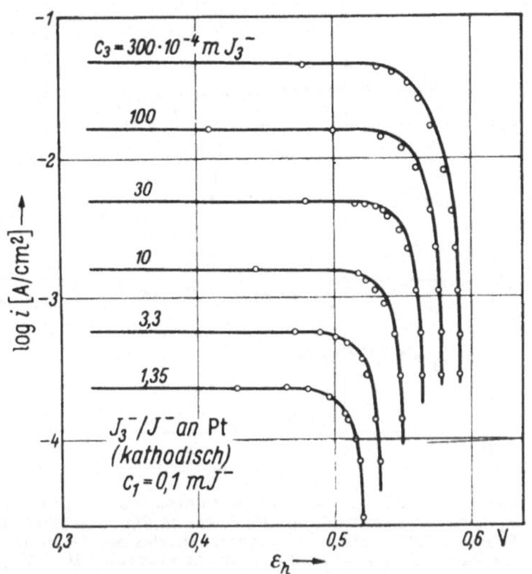


Abb. 155. Kathodische Gleichstromspannungskurven der $J_3^-/J^-$-Redoxelektrode an Pt in 1 n $H_2SO_4$ bei 25°C und Rühren (1000 U/min) in Abhängigkeit von der $J_3^-$-Konzentration $c_3$ bei konstanter $J^-$-Konzentration $c_1 = 0{,}1$ Mol/l. Ausgezogene Kurven für reine Diffusionsüberspannung berechnet [nach K. J. VETTER: Z. physik. Chem. **199**, 22 (1952)]

$$\eta_d = \frac{RT}{2F} \cdot \ln \frac{\left(1 - \frac{i}{i_{d,3}}\right)}{\left(1 - \frac{i}{i_{d,1}}\right)^3} \tag{4.25}$$

berechnet worden. Gl. (4.25) folgt aus der Anwendung von Gl. (2.93) auf die Elektrodenbruttoreaktion Gl. (4.23). Bei der Elektrodenreaktions-

* Der Dampfdruck des Jod ist hier $p_{J_2} = 0{,}31$ mm Hg. Im allgemeinen wird diese Elektrode daher nicht mehr als Gaselektrode bezeichnet.

[2] MURRAY, H. D.: J. Chem. Soc. **127**, 882 (1925). — VETTER, K. J.: Z. physik. Chem. **199**, 22 (1952).

[3] HABER, F., u. R. RUSS: Z. physik. Chem. **47**, 257 (1904).

[4] WEIGERT, F.: Z. physik. Chem. **60**, 513 (1907).

[5] BRUNNER, E.: Z. physik. Chem. **58**, 1 (1907); **47**, 56 (1904); **56**, 321 (1906).

[6] VETTER, K. J.: Z. physik. Chem. **199**, 22 (1952).

wertigkeit $n = 2$ [Gl. (4.23)] ist $\nu_3 = +1$ und $\nu_1 = -3$ in Gl. (2.93) einzusetzen. Aus der Übereinstimmung der Meßwerte mit diesen theoretischen Kurven folgt, daß nur Diffusionsüberspannung auftritt. Sehr kleine Abweichungen zu größeren Überspannungswerten deuten auf einen geringen Anteil von Durchtrittsüberspannung hin.

Die rührabhängigen Diffusionsgrenzströme sind erwartungsgemäß proportional $c_3$ bzw. $c_1$, wenn nicht die Ausscheidung von festem Jod bei anodischen Messungen stört. Aus diesen Gleichstrommessungen ist daher nichts über die Reaktionskinetik (§ 66) zu erfahren.

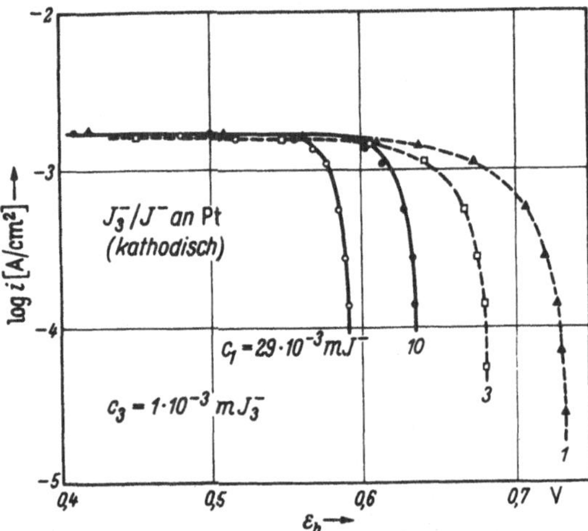


Abb. 156. Kathodische Gleichstromspannungskurven der $J_3^-/J^-$-Redoxelektrode an Pt in 1 n $H_2SO_4$ bei 25°C und Rühren (1000 U/min) in Abhängigkeit von der $J^-$-Konzentration $c_1$ bei konstanter $J_3^-$-Konzentration $c_3 = 10^{-3}$ Mol/l. Kurven für reine Diffusionsüberspannung berechnet [nach K. J. VETTER: Z. physik. Chem. **199**, 22 (1952)]

Messungen der Wechselstrompolarisation von K. J. VETTER[7] lassen nach den theoretischen Ableitungen von B. V. ERSHLER[8], J. E. B. RANDLES[9] und H. GERISCHER[10] die Bestimmung der Austauschstromdichte zu. Abb. 157 zeigt Messungen der Faradayimpedanz $\mathfrak{R}_f$, die nach § 81 aus der Polarisationsimpedanz $\mathfrak{R}_p$ nach Abzug von $R_\Omega$ und $C_D$ erhalten wird. Die ohmsche Komponente zeigt hierbei nach Gl. (2.397) ein lineares Verhalten gegenüber $1/\sqrt{\omega}$. Die Extrapolation nach $\omega \to \infty$, also $1/\sqrt{\omega} \to 0$ ergibt den Durchtrittswiderstand $R_D$, aus dessen Wert nach Gl. (2.74) die Austauschstromdichte $i_0$ ermittelt werden kann.

Den Einfluß verschiedener Durchtrittswiderstände $R_D$ bei veränderten Oberflächenzuständen zeigt zur Bestätigung der Theorie Abb. 158. Das kapazitive Glied bleibt hierbei unverändert, während sich die Gerade für das ohmsche Glied um die Änderung von $R_D$ parallel verschiebt.

Schließlich lassen sich aus der Konzentrationsabhängigkeit der Austauschstromdichte $i_0$ nach K. J. VETTER[7] die elektrochemischen Reaktionsordnungen $z_{o,j}$ und $z_{r,i}$ bestimmen. Aus Abb. 159, die diese Konzentrationsabhängigkeit wiedergibt, folgt nach Gl. (3.57) mit $\alpha = 0{,}78$, $\nu_3 = 1/2$, $\nu_1 = -3/2$ (bei der Elektrodenreaktionswertigkeit

[7] VETTER, K. J.: Z. physik. Chem. **199**, 285 (1952).
[8] ERSHLER, B. V.: J. chem. phys. USSR **22**, 683 (1948); Disc. Faraday Soc. **1**, 269 (1947).
[9] RANDLES, J. E. B.: Disc. Faraday Soc. **1**, 11 (1947).
[10] GERISCHER, H.: Z. physik. Chem. **198**, 286 (1951); Z. Elektrochem. **55**, 98 (1951).

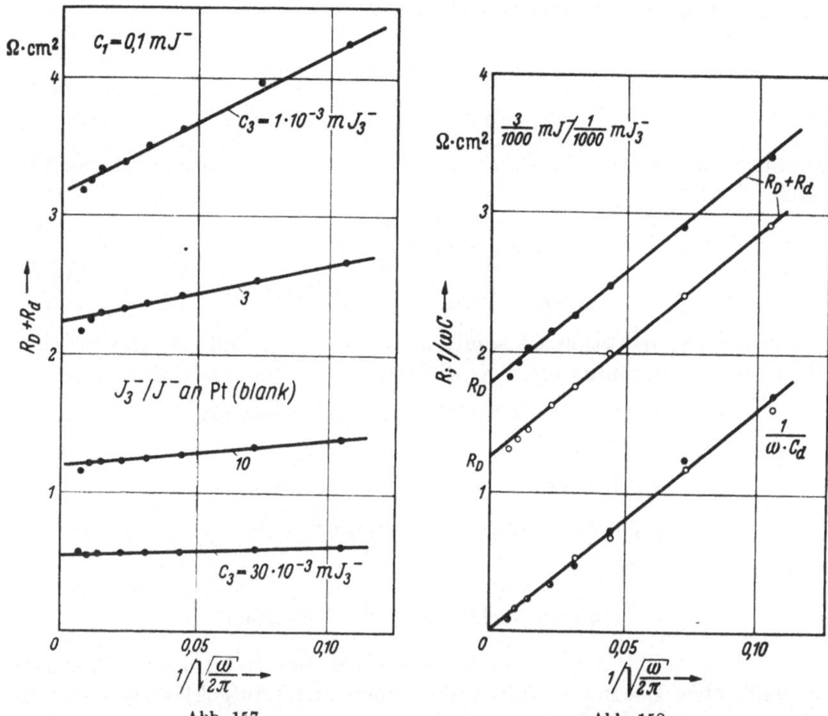


Abb. 157 Abb. 158

Abb. 157. Die ohmsche Komponente $R_D + R_d$ der Faradayimpedanz $\Re_f$ der $J_3^-/J^-$-Redoxelektrode an Pt in 1 n $H_2SO_4$ bei 25°C in Abhängigkeit von der Frequenz $\omega/2\pi$ (Hz) und der $J_3^-$-Konzentration $c_3$ bei konstanter $J^-$-Konzentration $c_1 = 0{,}1$ Mol/l [nach K. J. VETTER: Z. physik. Chem. **199**, 285 (1952)]

Abb. 158. Die ohmsche und kapazitive Komponente der Faradayimpedanz in gleicher Lösung ($10^{-3}$ m $J_3^-$ /3 · $10^{-3}$ m $J^-$/1 n $H_2SO_4$, Pt, 25°C) in Abhängigkeit von der Frequenz $\omega/2\pi$ (Hz) bei verschiedenen Durchtrittswiderständen $R_D$ [nach K. J. VETTER: Z. physik. Chem. **199**, 285 (1952)]

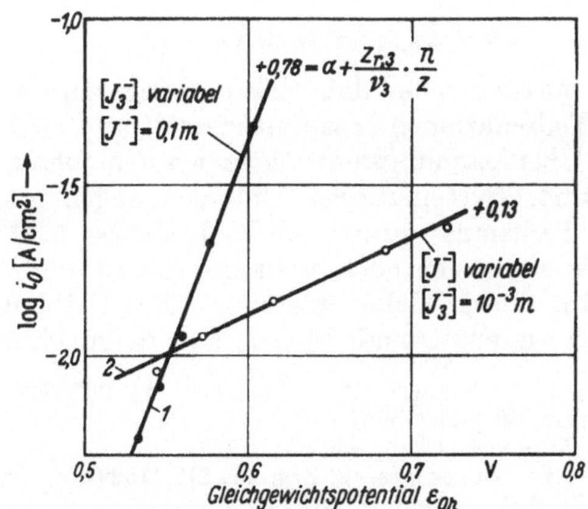


Abb. 159. Austauschstromdichte $i_0$ der $J_3^-/J^-$-Redoxelektrode an Pt in 1 n $H_2SO_4$ bei 25°C in Abhängigkeit vom Gleichgewichtspotential $\varepsilon_0$ bei Variation der $J_3^-$- (1) bzw. der $J^-$-Konzentration (2) [nach K. J. VETTER: Z. physik. Chem. **199**, 285 (1952)]

$n = 1$ und der Durchtrittswertigkeit $z = 1$)

$$z_{o,3} = +\frac{1}{2} \qquad z_{o,1} = -\frac{1}{2}$$
$$z_{r,3} = 0 \qquad z_{r,1} = +1\,. \tag{4.26}$$

Hieraus ergeben sich die Substanzen $S_o$ und $S_r$ der Durchtrittsreaktion nach Gl. (3.89a, b)

$$S_o = \frac{1}{2}\cdot J_3^- - \frac{1}{2}\cdot J^- = J$$
$$S_r = 0\cdot J_3^- + 1\cdot J^- = J^-. \tag{4.27}$$

Die Durchtrittsreaktion ist somit $J^- \leftrightharpoons J + e^-$, so daß sich der gesamte Reaktionsmechanimus nach K. J. VETTER[7] aus der Reaktionsfolge

| | |
|---|---|
| $(J^- \leftrightharpoons J + e^-) \times 2$ | Durchtrittsreaktion |
| $2\,J \leftrightharpoons J_2$ | chem. Reaktionen |
| $J_2 + J^- \leftrightharpoons J_3$ | (hier im Gleichgew.) |
| $3\,J^- \leftrightharpoons J_3^- + 2e^-$ | Bruttoreaktion |

zusammensetzt.

## § 122. Jodat/Jod/Jodid-Elektrode

Die Kinetik der Jodat/Jod- in saurer bzw. der Jodat/Jodid-Elektrode in alkalischer Lösung konnte bisher noch nicht aufgeklärt werden. Es liegen nur wenige Polarisationsmessungen vor.

Die Elektrodenbruttoreaktion ist in saurer Lösung

$$J_2 + 6\,H_2O \leftrightharpoons 2\,JO_3^- + 12\,H^+ + 10e^- \tag{4.28}$$
$$\text{mit } E_{0,h} = +1{,}19 \text{ Volt}^{1-6}$$

und in alkalischer Lösung

$$J^- + 6\,OH^- \leftrightharpoons JO_3^- + 3\,H_2O + 6e^- \tag{4.29}$$
$$\text{mit } E_{0,h} = +0{,}26 \text{ Volt}^{1-6}.$$

Es ist bestimmt anzunehmen, daß eine derartige Bruttoreaktion aus einer Reihe von Teilreaktionen zusammengesetzt sein muß.

Kathodische Überspannungsmessungen wurden schon von F. WEIGERT[2] durchgeführt. Systematische Untersuchungen zur Aufklärung des Reaktionsmechanismus wurden von K. J. VETTER u. H.-J. RICHTER[6] unternommen, die aber auch noch nicht die Ermittlung des Mechanismus gestatten. Im sauren Gebiet traten vielfach kathodische rührunabhängige Reaktionsgrenzstromdichten $i_r$ auf, deren Größe sehr stark

[1] LUTHER, R., u. G. V. SAMMET: Z. Elektrochem. **11**, 293 (1905). — SAMMET, G. V.: Z. physik. Chem. **53**, 641 (1905).
[2] WEIGERT, F.: Z. physik. Chem. **60**, 524 (1907).
[3] DRUCKER, C.: Abh. Bunsenges., 2. Erg. **10**, 217 (1929).
[4] MÜLLER, F.: Z. Elektrochem. **9**, 587 (1903).
[5] GMELINS Hdb. anorg. Chem. 8. Aufl., Bd. 8 [J], S. 484 (1933).
[6] VETTER, K. J., u. H.-J. RICHTER: Unveröffentlicht.

von der im Elektrolyten vorhandenen $J_2$-Konzentration abhing und mit dieser stark anstieg*. Abb. 160 gibt kathodische Gleichstromdichtepotentialkurven reiner Jodatlösungen (ohne Jod bzw. Jodid) in Abhängigkeit vom $p_H$-Wert wieder. In Kurve 2 bis etwa 8 ($p_H = 0{,}7$ bis 5,9) treten die genannten Reaktionsgrenzstromdichten auf, die auf die Reduktion von Jod zu Jodid zurückgeführt werden. Das Jod bildet sich hierbei durch die Dushman-Reaktion[7]. Es läuft nach dieser Vorstellung die Reaktionsfolge

$$JO_3^- + 5\,J^- + 6\,H^+ \leftrightarrows 3\,J_2 + 3\,H_2O \qquad (4.30\,a)$$

$$2{,}5 \times (J_2 + 2e^- \leftrightarrows 2\,J^-) \qquad (4.30\,b)$$

$$JO_3^- + 6\,H^+ + 5e^- \leftrightarrows \frac{1}{2}\,J_2 + 3\,H_2O \qquad (4.28)$$

ab. Sie muß eingeleitet werden durch eine Spur Jod, das im Elektrolyten vorhanden ist oder direkt aus $JO_3^-$ entsteht. Nach kürzerer Zeit

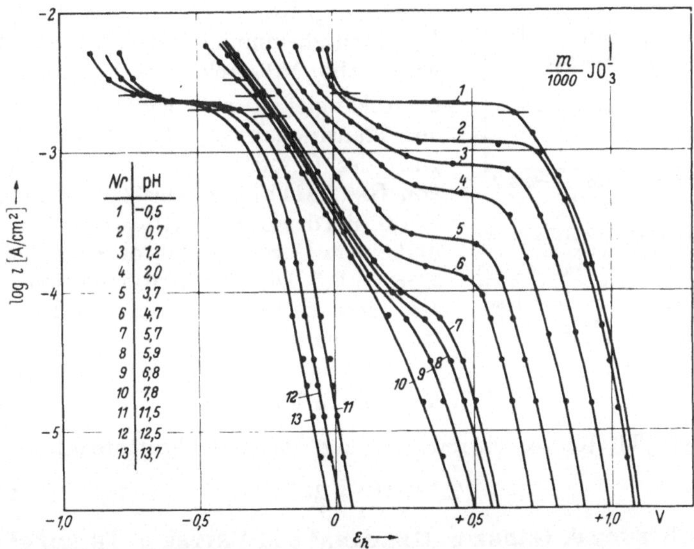


Abb. 160. Kathodische Gleichstromdichtepotentialkurven der Jodat/Jod/Jodid-Redoxelektrode an Pt bei 25°C und Rühren von $10^{-3}$ m $JO_3^-$ in Abhängigkeit vom $p_H$-Wert (− 0,5 bis 13,7) bei konstanter ionaler Konzentration. Striche an den Meßpunkten geben die Schwankungen infolge Rührabhängigkeit an (nach K. J. VETTER u. H.-J. RICHTER: unveröffentlicht)

bilden sich so stationäre Konzentrationsverhältnisse aus, bei denen durch die Dushman-Reaktion (4.30a) genauso viel $J_2$ gebildet wird, wie in der Durchtrittsreaktion (4.30b) abreagiert. Dadurch wäre qualitativ der Einfluß von Jod im Elektrolyten und der des $p_H$-Wertes

* Schon Spuren von $J_2$ hatten nach K. J. VETTER u. H.-J. RICHTER[6] merklichen Einfluß.

[7] DUSHMAN, S.: J. Phys. Chem. 8, 453 (1904).

verständlich, da die Wasserstoffionen die Dushman-Reaktion stark beschleunigen[8].

In neutraler und alkalischer Lösung, in der das Jod zu $J_2 + H_2O \rightarrow$ $\rightarrow JOH + HJ$ disproportioniert, muß nach Abb. 160 ein anderer Mechanismus ablaufen. Die Durchtrittsreaktion mit einem Durchtrittsfaktor von etwa $1 - \alpha = 0{,}6$ ist nach K. J. VETTER u. H.-J. RICHTER[6] unabhängig von der $JO_3^-$- und $J^-$-Konzentration und der Wurzel der $H^+$-Ionenkonzentration $\sqrt{[H^+]}$ proportional.

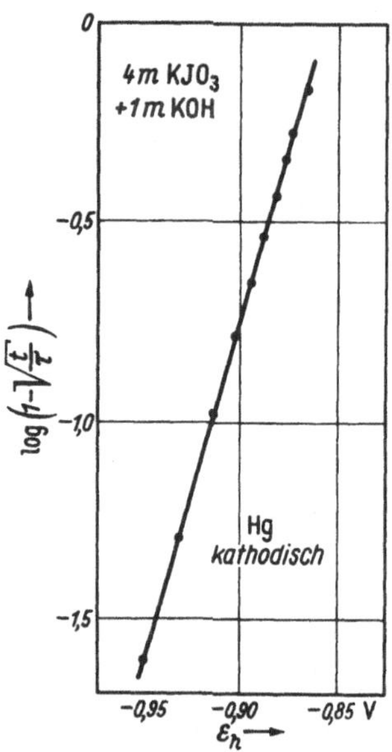

Abb. 161. Zeitlicher Verlauf des Potentials $\varepsilon_h$ nach Einschalten eines konstanten Stromes bei der kathodischen Reduktion von 4 m $KJO_3$/1 m KOH an Hg. Gl. (2.411b) ist erfüllt [nach P. DELAHAY u. G. MAMANTOV: Analyt. Chem. 27, 478 (1955)]

Eine Beobachtung von P. DELAHAY und G. MAMANTOV[9] steht hierzu allerdings im Widerspruch. Nach Einschaltung eines konstanten kathodischen Stromes finden diese Autoren einen Potential-Zeit-Verlauf, der durch die Gl. (2.411b) für gleichzeitige Konzentrationsverarmung bei Durchtrittshemmung gut wiedergegeben wird. Abb. 161 stellt das Potential $\varepsilon(t)$ in Abhängigkeit von $\log(1 - \sqrt{t/\tau})$ mit der Transitionszeit $\tau$ dar. Aus der Neigung der Geraden folgt bei Anwendung von Gl. (2.411b) ein Wert $(1-\alpha)\, z/z_{0,JO_3^-} = 1{,}0$. Bei der Durchtrittswertigkeit $z = 1$* und einem Durchtrittsfaktor $\alpha = 0{,}5$ wäre $z_{0,JO_3^-} = 0{,}5$. Die Durchtrittsreaktion wäre also hiernach nicht von der $JO_3^-$-Konzentration unabhängig.

## § 123. $Tl^{3+}/Tl^+$-Elektrode

Die $Tl^{3+}/Tl^+$-Redoxelektrode mit der Elektrodenbruttoreaktion

$$Tl^+ \rightleftharpoons Tl^{3+} + 2e^- \tag{4.31}$$

hat nach SPENCER[1], GRUBE u. HERMANN[2] und VETTER u. THIEMKE[3] ein Normalpotential von $E_{0,h} = +1{,}211$ Volt in schwefelsaurer Lösung.

---

[8] DUSHMAN, S.: J. Phys. Chem. 8, 453 (1904). — ABEL, E., u. F. STADLER: Z. physik Chem. **122**, 49 (1926). — ABEL, E., u. K. HILFERDING: Z. physik. Chem. **136**, 186 (1928). — ABEL, E.: Z. physik. Chem. **154**, 167 (1931). — ROMAN-LEVINSON, W.: Z. Elektrochem. **34**, 345 (1928). — BRAY, W. C., u. H. A. LIEBHAFSKY: J. Am. Soc. **52**, 3582 (1930). — SKRABAL, A., u. A. ZAHORKA: Z. Elektrochem. **17**, 667 (1911). — MORGAN, K. J., M. G. PEARD, u. C. F. CULLIS: J. chem. Soc. **1951**, 1865.

[9] DELAHAY, P., u. G. MAMANTOV: Analyt. Chem. **27**, 478 (1955).

* Für eine Redoxelektrode ist immer $z = 1$, vergl. § 123, Fußnote 3.

[1] SPENCER, J. F.: Z. anorg. Chem. **44**, 386 (1905).

[2] GRUBE, G., u. A. HERMANN: Z. Elektrochem. **26**, 291 (1920).

[3] VETTER, K. J., u. G. THIEMKE: Z. Elektrochem. **64**, 805 (1960).

Noyes u. Garner[4] geben in salpetersaurer Lösung $E_{0,h} = +1{,}230$ Volt und Sherril u. Haas[5] in überchlorsaurer Lösung einen noch etwas größeren Wert $E_{0,h} = +1{,}247$ Volt an.

Zur Aufklärung des Reaktionsmechanismus dieser einfachen Redoxelektrode mit einem Austausch von zwei Elektronen wurden von Vetter u. Thiemke[3] stationäre Stromspannungskurven in Abhängigkeit von der Konzentration der $Tl^{3+}$- und $Tl^{+}$-Ionen bei konstanter ionaler Konzentration in starker Schwefelsäure und bei konstanter Rührgeschwindigkeit an Pt gemessen. Die Schwefelsäurekonzentration mußte deshalb so hoch gewählt werden, da der Einfluß des $\zeta$-Potentials erst bei sehr großer ionaler Konzentration ausgeschlossen werden konnte.

Die anodischen Grenzstromdichten waren proportional der $Tl^{+}$-Konzentration ($c_1$) und unabhängig von der $Tl^{3+}$-Konzentration ($c_3$), wie aus Abb. 162 und 163 zu entnehmen ist. Dagegen waren die kathodischen Grenzstromdichten proportional $c_3$ und unabhängig von $c_1$ (Abb. 162 und 163). Die Grenzstromdichten zeigten eine starke Abhängigkeit von

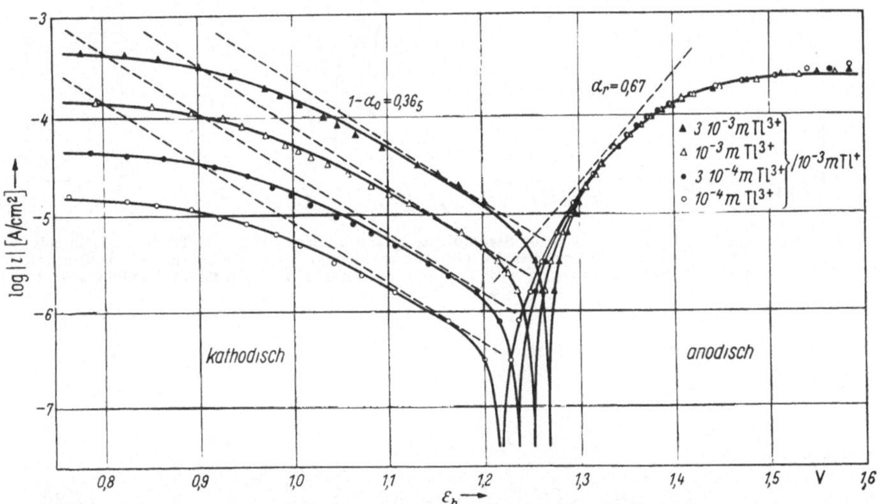


Abb. 162. Anodische und kathodische Stromdichte-Potentialkurven der $Tl^{3+}/Tl^{+}$-Redoxelektrode an Pt (blank) bei 25°C und Rühren (1000 U/min) in Abhängigkeit von der $Tl^{3+}$-Konzentration bei konstanter $Tl^{+}$-Konzentration in 15 n $H_2SO_4$ [nach K. J. Vetter u. G. Thiemke: Z. Elektrochem. **64**, 805 (1960)]

der Rührgeschwindigkeit, so daß die Stromdichten nach § 92 und § 94 als reine Diffusionsgrenzstromdichten anzusehen sind. Ein Anteil Reaktionsüberspannung liegt somit in Abb. 162 und 163 nicht vor.

Als *Kriterium* dafür, daß ein Mechauismus mit *zwei* Durchtrittsreaktionen vorliegt, sind aus Abb. 162 und 163 für jeweils die gleiche Lösung zwei verschiedene, eine *anodische* ($i_{0,r}$) und eine *kathodische* ($i_{0,o}$) Austauschstromdichte zu entnehmen (§ 53). Das andere von K. J.

[4] Noyes, A. A., u. C. S. Garner: J. Am. Soc. 58, 1269 (1936).
[5] Sherril, M. S., u. A. J. Haas: J. Am. Soc. 58, 955 (1936).

VETTER[6] angegebene Kriterium $\alpha_o \neq \alpha_r$ tritt hier nicht sehr stark in Erscheinung*.

Die in Abb. 162 und 163 eingezeichneten gestrichelten Geraden sind Tafelgeraden nach Gl. (2.67) und Gl. (2.68) für die reine Durchtrittsüberspannuug ohne Berücksichtigung der Gegenreaktion in der Nähe des Gleichgewichtspotentials und der Diffusionsverarmung in der Nähe des Diffusionsgrenzstromes. Die ausgezogenen Kurven wurden aus

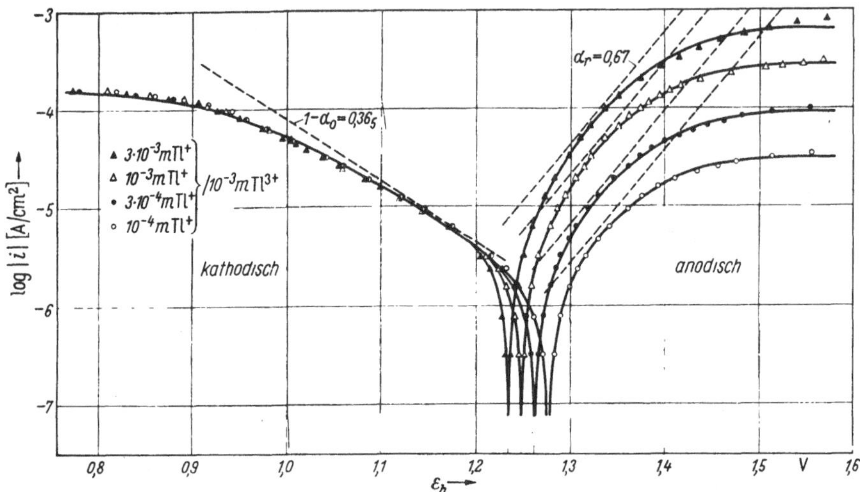


Abb. 163. Anodische und kathodische Stromdichte-Potentialkurven der $Tl^{3+}/Tl^{+}$-Redoxelektrode an Pt (blank) bei 25°C und Rühren (1000 U/min) in Abhängigkeit von der $Tl^{+}$-Konzentration bei konstanter $Tl^{3+}$-Konzentration in 15 n $H_2SO_4$ [nach K. J. VETTER u. G. THIEMKE: Z. Elektrochem **64**, 805 (1960)]

diesen Tafelgeraden mit Hilfe von Gl. (2.66) in Gleichgewichtsnähe und nach Gl. (2.382)

$$i = 2\,i_{0,r} \cdot \left(1 - \frac{i}{i_{d,1}}\right) \cdot \exp\left(\frac{\alpha_r F}{RT}\,\eta\right) \tag{4.32}$$

bzw.

$$i = -2\,i_{0,o} \cdot \left(1 - \frac{i}{i_{d,3}}\right) \cdot \exp\left(-\frac{(1-\alpha_o)F}{RT}\,\eta\right) \tag{4.33}$$

im Bereich der Diffusionsgrenzstromdichten berechnet. Hierbei wurden die aus den Tafelgeraden folgenden Austauschstromdichten $i_{0,o}$ und $i_{0,r}$ (Abb. 164) und die experimentellen Diffusionsgrenzstromdichten $i_{d,3}$ und $i_{d,1}$ verwendet.

Die Stromdichte der Tafelgeraden ist anodisch proportional der $Tl^{+}$- (Abb. 163) und unabhängig von der $Tl^{3+}$-Konzentration (Abb. 162). Hieraus folgen für die *reduzierte Substanz der reduktionsseitigen Durchtrittsreaktion* die elektrochemischen Reaktionsordnungen

$$z_{r,1} = +1 \quad \text{und} \quad z_{r,3} = 0\,. \tag{4.34a}$$

[6] VETTER, K. J.: Z. Naturf. **7a**, 328 (1952); **8a**, 823 (1953).

* Diese Kriterien sind nicht notwendige, sondern nur hinreichende Bedingungen im mathematischen Sinne.

Die Stromdichte der kathodischen Tafelgeraden ist dagegen nach Abb. 162 proportional der $Tl^{3+}$- und nach Abb. 163 unabhängig von der $Tl^+$-Konzentration. Die elektrochemischen Reaktionsordnungen für die *oxydierte Substanz der oxydationsseitigen Durchtrittsreaktion* ergeben sich hieraus zu

$$z_{o,1} = 0 \quad \text{und} \quad z_{o,3} = +1 \,. \tag{4.34b}$$

Zu den gleichen Ergebnissen führen auch die Konzentrationsabhängigkeiten der Austauschstromdichten $i_{0,o}$ und $i_{0,r}$. Die Neigungsfaktoren in Abb. 164 sind die Werte der Klammern in Gl. (3.57) $\alpha_o - 1 + z_{o,j}/\nu_j$ für $i_{0,o}$ und $\alpha_r + z_{r,j}/\nu_j$ für $i_{0,r}$ mit $z = n = 1$. Mit den experimentellen Durchtrittsfaktoren $\alpha_o = 0{,}635$ und $\alpha_r = 0{,}67$ folgen bei $\nu_3 = +1/2$ und $\nu_1 = -1/2$ ($1/2\,Tl^+ \leftrightarrows 1/2\,Tl^{3+} + e^-$) die elektrochemischen Reaktionsordnungen mit den Werten von Gl. (4.34) in guter Näherung.

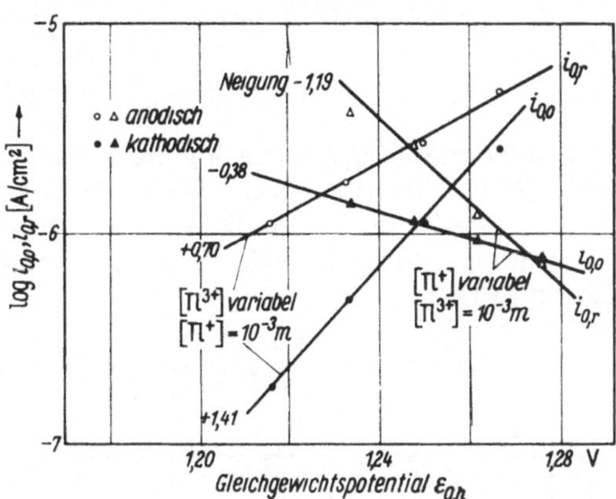


Abb. 164. Austauschstromdichten der oxydationsseitigen ($i_{0,o}$) und der reduktionsseitigen ($i_{0,r}$) Durchtrittsreaktionen bei Variation der $Tl^{3+}$- und $Tl^+$-Konzentration in Abhängigkeit vom Gleichgewichtspotential $\varepsilon_{0,h}$ der $Tl^{3+}/Tl^+$-Redoxelektrode an Pt in 15 n $H_2SO_4$ bei 25°C [nach K. J. VETTER u. G. THIEMKE: Z. Elektrochem. **64**, 850 (1960)]

Aus Gl. (4.34b) ergibt sich, daß der *oxydierte Stoff* der *oxydationsseitigen Durchtrittsreaktion* $S_o = Tl^{3+}$ und der *reduzierte Stoff* der *reduktionsseitigen Durchtrittsreaktion* $S_r = Tl^+$ ist. Somit ist die Reaktionsfolge der $Tl^3/Tl^+$-Elektrode

$$\begin{array}{l} Tl^+ \leftrightarrows Tl^{2+} + e^- \\ \underline{Tl^{2+} \leftrightarrows Tl^{3+} + e^-} \\ Tl^+ \leftrightarrows Tl^{3+} + 2e^- \end{array} \tag{4.35}$$

In 5 n und 1 n $H_2SO_4$ war die Konzentrationsabhängigkeit bei größeren $Tl^+$- und besonders $Tl^{3+}$-Konzentrationen wesentlich geringer. Dieser Effekt wurde von VETTER u. THIEMKE[3] als ein Einfluß des $\zeta$-Potentials gedeutet.

## § 124. $Sn^{4+}/Sn^{2+}$-Elektrode

Der Mechanismus und das Verhalten der Überspannung der $Sn^{4+}/Sn^{2+}$-Redoxelektrode sind noch nicht ganz geklärt. Diese Elektrode mit der Elektrodenbruttoreaktion

$$Sn^{2+} \leftrightarrows Sn^{4+} + 2e^- \tag{4.36}$$

und dem Normalpotential $E_{0,h} = +0{,}16$ Volt* in 1 m HCl sollte wegen

* Dieses Normalpotential ist durch die Nernstsche Gleichung $\varepsilon_0 = E_0 + (RT/2F)\cdot\ln\,[Sn(4)]/[Sn(2)]$ definiert und hängt von der HCl-Konzentration ab.

der zwei Elektroden, die hierbei ausgetauscht werden, eine zusammengesetzte Reaktionsfolge haben.

Schon von F. FOERSTER u. J. YAMASAKI[1] sind Untersuchungen über die kathodische Reduktion von $Sn^{4+}$-Ionen durchgeführt worden, aber erst O. ESSIN u. M. LOSCHKAREW[2] haben auf Grund von anodischen und kathodischen Überspannungsmessungen an Hg in salzsaurer Lösung die Aufstellung eines Mechanismus versucht. Diese Autoren[2] geben als experimentelle Stromspannungsbeziehung

$$i = k_+ \cdot [Sn^{2+}] \cdot \exp\left(\frac{(1+\alpha)F}{RT}\varepsilon\right) - \\ - k_- \cdot [Sn^{4+}] \cdot \left(1 - \frac{i}{i_{d,4}}\right) \cdot \exp\left(-\frac{(1-\alpha)F}{RT}\varepsilon\right) \tag{4.37}$$

mit einer allerdings etwas anderen Fassung der Durchtrittsfaktoren an*. Abb. 165 gibt diese Gesetzmäßigkeit wieder. Die gestrichelte Gerade stellt die kathodische Teilstromdichte $i_-$ dar, wenn keine Verarmung durch Diffusion auftreten würde. $i_-$ wurde von ESSIN und LOSCHKAREW[2] nach

$$i_- = i_0 \cdot \exp\left(-\frac{(1-\alpha)F}{RT}\eta\right) = i \Big/ \left[1 - \frac{i}{i_{d,4}} - \exp\left(\frac{2F}{RT}\eta\right)\right] \tag{4.38}$$

berechnet. Für die proportionale Abhängigkeit der anodischen Teilstromdichte $i_+$ von $[Sn^{2+}]$ und der kathodischen Teilstromdichte $i_-$ von $[Sn^{4+}]$ sind bei ESSIN und LOSCHKAREW[2] keine experimentellen Belege zu finden. K. J. VETTER u. R. ABEND[3] konnten jedoch die Proportionalität der kathodischen Teilstromdichte mit der $Sn^{4+}$-Konzentration an Pt bestätigen, so daß offenbar Gl. (4.37) in allen Teilen zu Recht besteht.

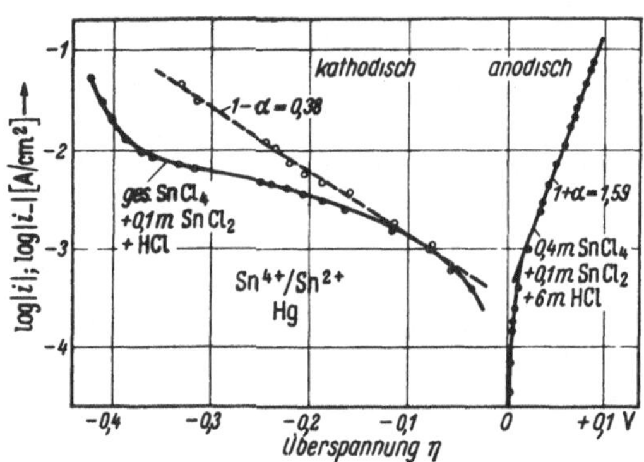


Abb. 165. Anodische und kathodische Stromdichte-Überspannungskurven der $Sn^{4+}/Sn^{2+}$-Redoxelektrode an Hg in HCl. Anodische und kathodische Werte in verschiedenen Elektrolyten. Gestrichelte Gerade nach Gl. (4.38) berechnet [nach Messungen von O. ESSIN u. M. LOSCHKAREW: Acta physicochim. USSR **10**, 513 (1939)]

Das Auftreten eines anodischen scheinbaren Durchtrittsfaktors, der größer als eins ist, deutet nach § 53, Gl. (2.69), auf eine praktisch ungehemmte Durchtrittsreaktion hin, die einer weiteren gehemmten Durchtritts-

[1] FOERSTER, F., u. J. YAMASAKI: Z. Elektrochem. **17**, 362 (1911).

[2] ESSIN, O., u. M. LOSCHKAREW: Acta physicochim. USSR **10**, 513 (1939).

* O. ESSIN u. M. LOSCHKAREW[2] geben $i = k_+ \cdot [Sn^{2+}] \cdot \exp(\alpha_2 \cdot 2F\eta/RT) - k_- \cdot [Sn^{4+}] \cdot (1 - i/i_{d,4}) \cdot \exp(-\alpha_1 \cdot 2F\eta/RT)$ unter Berücksichtigung der Diffusion von $Sn^{4+}$ an. Es ist also $2\alpha_2 = 1 + \alpha$ und $2\alpha_1 = 1 - \alpha$, so daß auch hier $\alpha_1 + \alpha_2 = (1+\alpha)/2 + (1-\alpha)/2 = 1$ ist.

[3] Nach unveröffentlichten Untersuchungen von K. J. VETTER u. R. ABEND.

reaktion reduktionsseitig vorgelagert ist. Es bedeutet also, daß die beiden Elektronen der Elektrodenbruttoreaktion in zwei aufeinanderfolgenden verschiedenen Durchtrittsreaktionen ausgetauscht werden, von denen die *reduktionssseitige* Austauschstromdichte $i_{0,r}$ viel größer als die Austauschstromdichte $i_{0,o}$ der *oxydationsseitigen* Durchtrittsreaktion ist ($i_{0,r} \gg i_{0,o}$).

Es ist somit die oxydationsseitige Durchtrittsreaktion die geschwindigkeitsbestimmende Reaktion. Demzufolge muß auf Grund der experimentellen Ergebnisse nach Gl. (4.37) die Konzentration des oxydierten Stoffes $S_o$ in dieser Reaktion der $Sn^{4+}$-Konzentration proportional sein. Es kann daher angenommen werden, daß $S_o = Sn^{4+}$ ist. $S_r$ dieser Durchtrittsreaktion hat dann ein Elektron mehr. Es wäre also $S_r = Sn^{3+}$. Dieses dreiwertige $Sn^{3+}$-Ion in sehr geringer Konzentration würde mit $Sn^{2+}$ nach $\varepsilon = E_o' + (RT/F) \cdot \ln [Sn^{3+}]/[Sn^{2+}]$ im Gleichgewicht stehen* und bei vorgegebenem Polarisationspotential $\varepsilon(i)$ der $Sn^{2+}$-Konzentration proportional sein. Als Reaktionsmechanismus der $Sn^{4+}/Sn^{2+}$-Elektrode ist daher die Reaktionsfolge

$$\begin{array}{ll} Sn^{2+} \leftrightarrows Sn^{3+} + e^- & \text{Durchtrittsreaktion} \\ Sn^{3+} \leftrightarrows Sn^{4+} + e^- & \text{Durchtrittsreaktion} \\ \hline Sn^{2+} \leftrightarrows Sn^{4+} + 2e^- & \text{Bruttoreaktion} \end{array} \tag{4.39}$$

anzusehen.

## § 125. Chinhydron-Elektrode

Die Chinhydron- oder genauer die Chinon/Hydrochinon-Redoxelektrode mit der Elektrodenbruttoreaktion

$$2\,H_2Q \leftrightarrows Q + 2\,H^+ + 2e^- \tag{4.40}$$

in saurer Lösung** ($Q$ = Chinon, $H_2Q$ = Hydrochinon) und einem Normalpotential von $E_0 = +\,0{,}699$ Volt tauscht ebenfalls zwei Elektronen im Bruttovorgang aus. Diese Elektrodenreaktion muß daher zusammengesetzter Natur sein. Die beiden Elektronen können entweder in der gleichen Durchtrittsreaktion mit einer folgenden Disproportionierungsreaktion*** oder in zwei verschiedenen nacheinander ablaufenden Durchtrittsreaktionen ausgetauscht werden. Wie K. J. VETTER[1] zeigen konnte, liegt hier der zweite Fall vor.

---

* $i_{0,r}$ soll ausreichend groß vorausgesetzt werden.

** Für neutrale und alkalische Lösungen sind die Ausfuhrungen von § 27 unter Berücksichtigung der Dissoziation des Hydrochinons heranzuziehen. Das Chinhydron dissoziiert nach C. WAGNER u. K. GRÜNEWALD [Z. Elektrochem. **46**, 265 (1940)] bei Auflösung weitgehend in die Komponenten mit einer Dissoziationskonstante $K = [Q] \cdot [H_2Q]/[H_2Q_2] = 0{,}225$ Mol/l. Die Semichinonkonstante $K = [HQ]^2/[Q] \cdot [H_2Q]$ ist nach WAGNER u. GRÜNEWALD so klein, daß die Konzentration des Semichinons HQ aus Lichtabsorptionsmessungen nicht bestimmt werden konnte.

*** Es käme z. B. die Reaktionsfolge $H_2Q \leftrightarrows HQ^- + H^+$; $HQ^- \rightarrow HQ + e^-$; $2\,HQ \leftrightarrows H_2Q + Q^-$ in Frage, die aber hier auf Grund der Analyse der Überspannungsmessungen nicht abläuft.

[1] VETTER, K. J.: Z. Elektrochem. **56**, 797 (1952).

Überspannungsmessungen an der Chinhydronelektrode sind schon von F. HABER u. R. RUSS[2] durchgeführt worden. Ausführlichere Messungen wurden dann von R. ROSENTHAL, A. E. LORCH u. L. P. HAMMETT[3] durchgeführt, die mit den späteren Untersuchungen von K. J. VETTER[1] weitgehend übereinstimmen. Erst aus den Messungen von K. J. VETTER war die Ermittlung der Reaktionskinetik der Chinhydronelektrode möglich. Untersuchungen von E. LEWARTOWICZ[4] konnten einige experimentelle Teilergebnisse bestätigen.

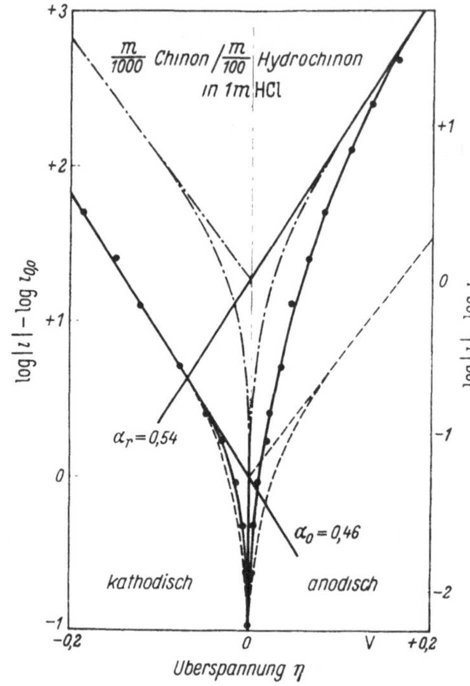

Abb. 166. Anodische und kathodische Überspannung der $10^{-3}$ m Chinon/$10^{-2}$ m Hydrochinon/l m HCl-Redoxelektrode an Pt bei 25°C in Abhängigkeit von der Stromdichte. Ausgezogene Kurve: zwei hintereinander ablaufende Durchtrittsreaktionen. Gestrichelte Kurven: nur eine Durchtrittsreaktion [nach K. J. VETTER: Z. Elektrochem. **56**, 797 (1952)]

Die bei den Messungen von K. J. VETTER[1] auftretenden anodischen und kathodischen Grenzstromdichten sind auf Grund der Konzentrations- und Rührabhängigkeit nach § 92 und § 93 reine Diffusionsgrenzstromdichten. Neben dieser Diffusionsüberspannung liegt vorwiegend Durchtrittsüberspannung vor, wie aus der Größe und der Potentialabhängigkeit der Überspannung zu schließen ist. Aus der Beziehung von anodischer und kathodischer Durchtrittsüberspannung zueinander folgt auf Grund der von K. J. VETTER angegebenen Kriterien[5] nach § 53 und Abb. 166, daß zwei verschiedene Durchtrittsreaktionen hintereinander ablaufen. Es treten anodische und kathodische Tafel-Geraden auf, die auf verschiedene Austauschstromdichten ($i_{0,o}$, $i_{0,r}$) und verschiedene Durchtrittsfaktoren ($\alpha_o$, $\alpha_r$) führen, wie aus Abb. 166 für einen speziellen Elektrolyten als Beispiel zu entnehmen ist. Die ausgezogenen Kurven in Abb. 166 bis 169 sind nach Gl. (2.66) unter Verwendung der $i_{0,o}$-, $i_{0,r}$-, $\alpha_o$-, $\alpha_r$-Werte, die aus den Tafel-Geraden folgen, berechnet worden. Diese Kurven bestätigen somit nochmals das Vorliegen von zwei Durchtrittsreaktionen. Die anodische Überspannung ist dabei charakteristisch für die reduktionsseitige und die kathodische Überspannung für die oxydationsseitige Durchtrittsreaktion.

---

[2] HABER, F., u. R. RUSS: Z. physik. Chem. **47**, 257 (1904).

[3] ROSENTHAL, R., A. E. LORCH u. L. P. HAMMETT: J. Am. Soc. **59**, 1795 (1937).

[4] LEWARTOWICZ, E.: J. Chim. Phys. **49**, 564, 573 (1952); **51**, 267 (1954); Compt. rend. **238**, 1580, 1812 (1954).

[5] VETTER, K. J.: Z. Naturf. **7a**, 328 (1952); **8a**, 823 (1953).

In Abb. 167 sind anodische bzw. kathodische Stromspannungskurven beim $p_H$-Wert 6,65 in Abhängigkeit von der Chinon- und Hydrochinonkonzentration dargestellt. Aus dieser Abbildung sowie auch aus Messungen bei anderen $p_H$-Werten folgt, daß die anodische Stromdichte im

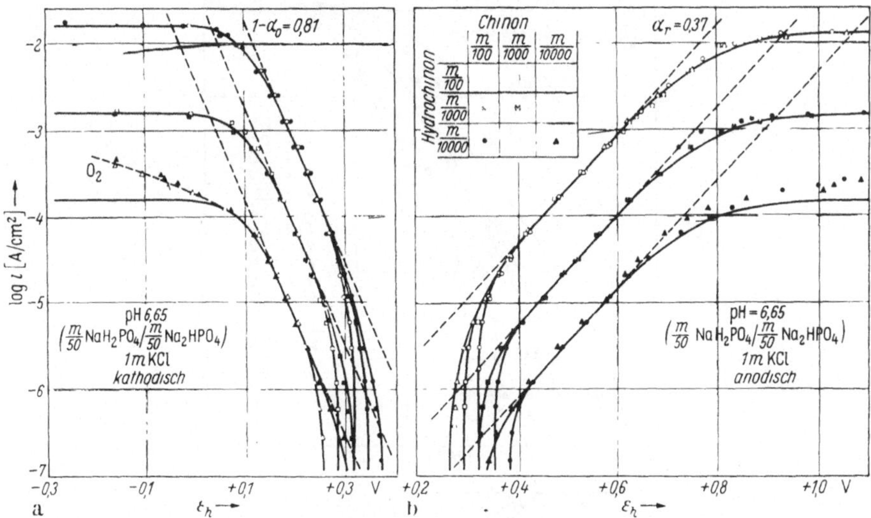


Abb. 167. Anodische (*b*) und kathodische (*a*) Stromdichtepotentialkurven der Chinon/Hydrochinon-Redoxelektrode an Pt in 1m KCl mit Phosphatpuffer ($p_H$ = 6,65) bei 25°C und Rühren in Abhängigkeit von der Chinon- und Hydrochinonkonzentration ($10^{-2}$ bis $10^{-4}$ m). Die gestrichelten Kurven nach Gl. (2.67) bzw. (2.68) sind Tafelsche Geraden für Durchtrittsüberspannung [nach K. J. Vetter: Z. Elektrochem. **56**, 797 (1952)]

Gültigkeitsbereich der Tafelschen Geraden (vgl. Abb. 136, S. 338) proportional der Hydrochinon- und unabhängig von der Chinonkonzentration ist. Umgekehrt ist die kathodische Stromdichte proportional der Chinon- und unabhängig von der Hydrochinonkonzentration. In Tab. 9 sind die aus dieser Konzentrationsabhängigkeit nach Gl. (3.49a, b) folgenden Reaktionsordnungen zusammengestellt.

Tabelle 9. *Elektrochemische Reaktionsordnungen der Chinon-Hydrochinon-Redoxelektrode an* Pt.
Index 1 = Chinon (Q), 2 = Hydrochinon ($H_2Q$). 3 = Wasserstoffionen

| | oxydationsseitige | | reduktionsseitige | |
|---|---|---|---|---|
| | Durchtrittsreaktion | | | |
| | $p_H < 5$ | $p_H > 6$ | $p_H < 5$ | $p_H > 6$ |
| $z_{o,1}$ | +1,0 | | — | |
| $z_{o,2}$ | 0 | | — | |
| $z_{r,1}$ | — | | 0 | |
| $z_{r,2}$ | — | | +1,0 | |
| $z_{o,3}$ | +1,0 | 0 | — | — |
| $z_{r,3}$ | — | — | 0 | − 1,0 |

Die Abhängigkeit von der $H^+$-Konzentration ist insofern etwas komplizierter, weil sich die Mechanismen in saurer Lösung ($p_H < 5$) und in neutraler bzw. alkalischer Lösung ($p_H > 6$) voneinander unterscheiden.

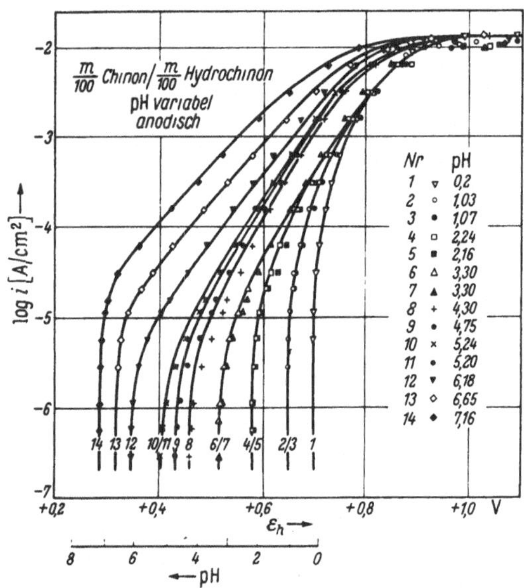


Abb. 168. Anodische Stromdichtepotentialkurven der Chinon/Hydrochinon-Redoxelektrode an Pt bei 25°C und Rühren in Abhängigkeit vom $p_H$-Wert (0,2 bis 7,16, gepuffert) bei konstanter ionaler Konzentration ($[Cl^-] = 1$ m, $[H^+] + [K^+] = 1$ m) [nach K. J. Vetter: Z. Elektrochem. **56**, 797 (1952)]

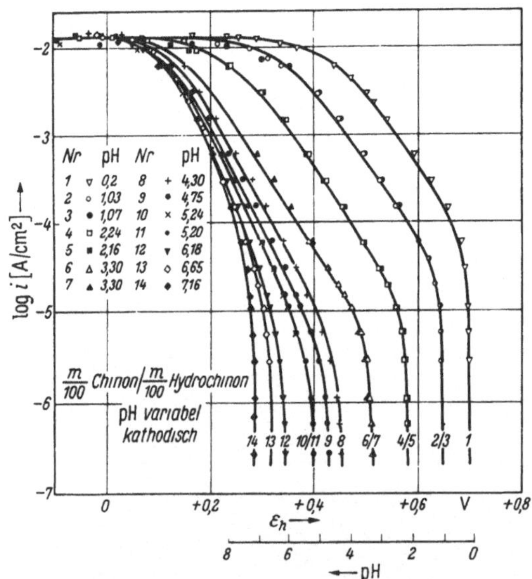


Abb. 169. Kathodische Stromdichtepotentialkurven wie Abb. 168 [nach K. J. Vetter: Z. Elektrochem. **56**, 797 (1952)]

Abb. 168 und 169 geben die Abhängigkeit der anodischen bzw. kathodischen Stromspannungskurven vom $p_H$-Wert wieder. Es folgen hieraus entsprechend Abb. 136 und Abb. 137 nach Gl. (3.49a, b) die in Tab. 9 angegebenen elektrochemischen Reaktionsordnungen $z_{o,3}$ und $z_{r,3}$.

Mit den Werten in Tab. 9 ergibt sich für die oxydationsseitige Durchtrittsreaktion die Substanz $S_o$ zu

$$\begin{aligned} S_o &= 1 \cdot Q + 0 \cdot H_2Q + 1 \cdot H^+ = HQ^+ \quad (p_H < 5) \\ S_o &= 1 \cdot Q + 0 \cdot H_2Q + 0 \cdot H^+ = Q \quad (p_H > 6) \end{aligned} \tag{4.41}$$

und für die reduktionsseitige Durchtrittsreaktion die Substanz $S_r$ zu

$$\begin{aligned} S_r &= 0 \cdot Q + 1 \cdot H_2Q + 0 \cdot H^+ = H_2Q \quad (p_H < 5) \\ S_r &= 0 \cdot Q + 1 \cdot H_2Q - 1 \cdot H^+ = HQ^- \quad (p_H > 6) \end{aligned} \tag{4.42}$$

Der von K. J. VETTER[1] aufgeklärte Reaktionsmechanismus ist daher in saurer Lösung

$$p_H < 5 \left\{ \begin{array}{lll} H^+ + Q \leftrightharpoons HQ^+ & \text{chem. Gleichgew.} \\ \underline{HQ^+ + e^- \rightarrow HQ} & \text{Durchtrittsreaktion} \\ H^+ + HQ \leftrightharpoons H_2Q^+ & \text{chem. Gleichgew.} \\ H_2Q^+ + e^- \rightarrow \underline{H_2Q} & \text{Durchtrittsreaktion} \end{array} \right. \tag{4.43}$$

und in neutraler bzw. alkalischer Lösung

$$p_H > 6 \left\{ \begin{array}{ll} \underline{Q + e^- \rightarrow Q^-} & \text{Durchtrittsreaktion} \\ H^+ + Q^- \leftrightharpoons HQ & \text{chem. Gleichgew.} \\ HQ + e^- \rightarrow \underline{HQ^-} & \text{Durchtrittsreaktion} \\ H^+ + HQ^- \leftrightharpoons \overline{H_2Q} & \text{chem. Gleichgew.} \end{array} \right. \tag{4.44}$$

Hierdurch werden die rein hypothetischen Vorstellungen von L. MICHAELIS[6] über die Oxydation und Reduktion der Hydrochinone bzw. Chinone bestätigt. Dabei ist es für die hier diskutierten kinetischen Fragen ohne jede Bedeutung, ob das Semichinon HQ in nachweisbaren Gleichgewichtskonzentrationen auftritt.

## § 126. Methylenblau/Leukomethylenblau-Elektrode

Das Gleichgewichtspotential der Methylenblau-Leukomethylenblau-Redoxelektrode wird nach M. CLARK, B. COHEN u. H. D. GIGGS[1, 2] bei kleinen Konzentrationen $c < 10^{-5}$ Mol/l in saurer Lösung $p_H < 4{,}5$ durch die Nernstsche Gleichung

$$\varepsilon_0 = E_0 + \frac{RT}{2F} \cdot \ln \frac{c_o \cdot [H^+]^3}{c_r} \text{ mit } E_{0,h} = +0{,}534 \text{ Volt*} \tag{4.45a}$$

und in neutraler bzw. alkalischer Lösung $p_H > 6$ durch die Beziehung

$$\varepsilon_0 = E_0' + \frac{RT}{2F} \cdot \ln \frac{c_o \cdot [H^+]}{c_r} \text{ mit } E_{0,h}' = +0{,}226 \text{ Volt} \tag{4.45b}$$

[6] MICHAELIS, L., u. M. P. SCHUBERT: Chem. Rev. **22**, 437 (1938).

[1] CLARK, W. M., B. COHEN u. H. D. GIBBS: Publ. Health Rep. **40**, 1131 (1925).

[2] CLARK, W. M.: J. Wash. Acad. Sci. **10**, 255 (1920).

* $c_o$ = Methylenblau-Konzentration, $c_r$ = Leukomethylenblau-Konzentration.

gegeben. Die Elektrodenbruttoreaktionen sind also in saurer Lösung $p_H < 4{,}5$

$$MH_3^{2+} \leftrightarrows M^+ + 3H^+ + 2e^- \,* \tag{4.46a}$$

und in neutraler und alkalischer Lösung $p_H > 6$

$$MH \leftrightarrows M^+ + H^+ + 2e^- \tag{4.46b}$$

Für größere Methylenblau-Konzentrationen $c > 10^{-5}$ Mol/l tritt eine Abweichung des Gleichgewichtspotentials von Gl. (4.45) auf, die K. J. Vetter u. J. Bardeleben[3] auf die Dimerisierung der Methylenblau-Molekel nach

$$2\,M^+ \leftrightarrows M_2^{2+} \tag{4.47}$$

zurückführen.

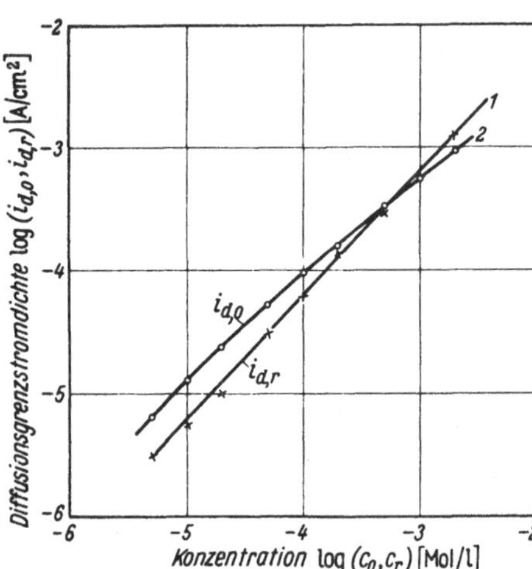


Abb. 170. Abhängigkeit der anodischen ($i_{d,r}$) bzw. kathodischen ($i_{d,o}$) Diffusionsgrenzstromdichten von der Leukomethylenblau- bzw. Methylenblau-Konzentration. Gerade 1 entspricht einer Proportionalität zwischen $i_{d,r}$ und $c_r$. Kurve 2 ($i_{d,o}$) wurde nach Gl. (4.48) mit angepaßten $D_1/\delta$-, $D_2/\delta$- und $K$-Werten berechnet [nach K. J. Vetter u. J. Bardeleben: Z. Elektrochem. **61**, 135 (1957)]

Überspannungsmessungen an der Methylenblau-Elektrode wurden von K. J. Vetter u. J. Bardeleben[3] mit Gleichstrom an Pt durchgeführt[4]. Die Überspannung erwies sich auch bei starkem Rühren des Elektrolyten als reine Diffusionsüberspannung. Diese Diffusionsüberspannung ist insofern interessant, als ein eingestelltes vorgelagertes chemisches Gleichgewicht, die Dimerisierung Gl. (4.47), nach § 57 zu berücksichtigen ist. Dieses Gleichgewicht muß sich bei der Verarmung des Methylenblaus in der Diffusionsschicht ständig nachstellen, so daß in einem Teil der Diffusionsschicht bevorzugt $M^+$ und im anderen Teil $M_2^{2+}$ diffundieren. Ein Ansatz nach Gl. (2.137) und Gl. (2.138) führt auf die kathodische Diffusionsgrenzstromdichte**

$$i_{d,o} = -\frac{F}{\delta}\,(2D_1\bar{c}_1 + 4D_2\bar{c}_2)\,, \tag{4.48}$$

* Mit M soll der nicht geladene Rumpf der Methylenblaumolekel ohne Berücksichtigung der Bindungsverhältnisse

M = $(CH_3)_2N$–[Ring]–N–[Ring]–$N(CH_3)_2$ (mit S-Brücke)

bezeichnet werden, so daß $M^+$ = Methylenblau und MH bzw. $MH_3^{2+}$ = Leukomethylenblau ist.

[3] Vetter, K. J., u. J. Bardeleben: Z. Elektrochem. **61**, 135 (1957).

[4] Es wurden sonst nur noch polarographische Untersuchungen mit chemisch-analytischer Zielsetzung von R. Brdička [Z. Elektrochem. **48**, 278 (1942)], R. C. Kaye u. H. J. Stonehill [J. Chem. Soc. **1952**, 3244], I. Tachi [J. Agr. Soc. Japan **25**, 442 (1951)], K. Schwabe u. H. Berg [Z. physik. Chem. **204**, 78 (1955)] beschrieben.

** $c_1 = [M^+]$ und $c_2 = [M_2^{2+}]$.

wie sie von K. J. VETTER u. J. BARDELEBEN[3] gefunden wurde. Abb. 170 gibt die Übereinstimmung zwischen Theorie und Experiment wieder.

In Abb. 171 sind noch die Stromdichtepotentialkurven für reine Diffusionsüberspannung unter Berücksichtigung der Dimerisierung nach § 57 wiedergegeben. Die eingezeichneten experimentellen Meßpunkte

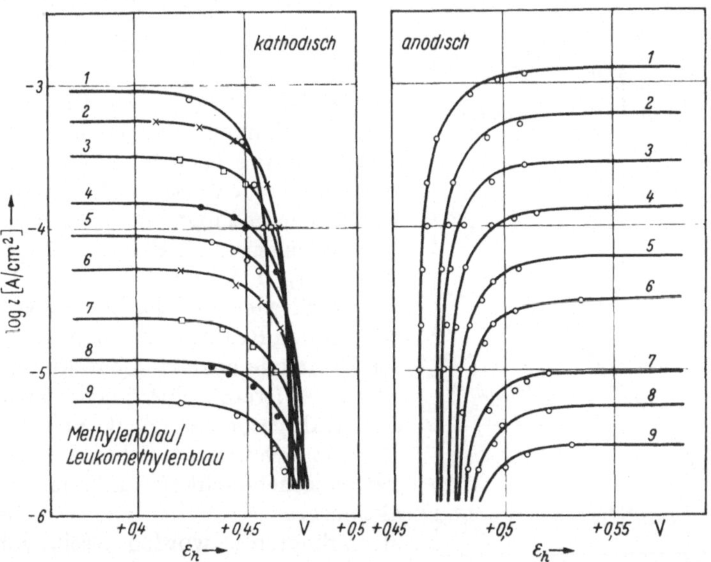


Abb. 171. Anodische und kathodische Stromdichte-Potentialkurven der Methylenblau/Leukomethylenblau-Redoxelektrode an Pt in 1 n $H_2SO_4$ bei 25°C und Ruhren in Abhängigkeit von der Konzentration bei $c_o/c_r = 1$. Kurven für reine Diffusionsüberspannung unter Berücksichtigung des Dissoziationsgleichgewichtes (4.47) berechnet. Kurve (1) $c = c_o = c_r = 2 \cdot 10^{-3}$, (2) $10^{-3}$, (3) $5 \cdot 10^{-4}$, (4) $2 \cdot 10^{-4}$, (5) $10^{-4}$, (6) $5 \cdot 10^{-5}$, (7) $2 \cdot 10^{-5}$, (8) $10^{-5}$, (9) $5 \cdot 10^{-6}$ Mol/l [nach K. J. VETTER u. J. BARDELEBEN: Z. Elektrochem. **61**, 135 (1957)]

liegen recht genau auf den Kurven. Als Dimerisierungskonstante wurde $K = [M_2^{2+}]/[M^+]^2 = 2{,}6 \cdot 10^3$ [$\text{Mol}^{-1} \cdot \text{l}$] verwendet, die sich auch aus dem Gleichgewichtspotential $\varepsilon_0$ in etwa der gleichen Größe ergab.

## § 127. $HNO_3/HNO_2$-Elektrode

Für die Salpetersäure/Salpetrigsäure-Redoxelektrode kann eine größere Zahl von Elektrodenbruttoreaktionen betrachtet werden, da neben $HNO_2$ bzw. $NO_2^-$ noch verschiedene Stickoxyde, wie $NO_2$, $N_2O_4$, NO, $N_2O_3$ in vergleichbar großen Gleichgewichtskonzentrationen in salpetrigsäurehaltiger Salpetersäure vorliegen. Das Gleichgewichtspotential $\varepsilon_0$ kann daher durch verschiedene Nernstsche Gleichungen wiedergegeben werden, die sich auf die entsprechenden Elektrodenbruttoreaktionen beziehen. Alle ergeben den gleichen Potentialwert des Redoxelektrolyten, wenn die tatsächlich im Gleichgewicht befindlichen Aktivitäten (Konzentrationen) der speziellen Molekelarten eingesetzt werden.

In saurer Lösung tritt als wichtigste Elektrodenbruttoreaktion

$$HNO_2 + H_2O \leftrightarrows 3\,H^+ + NO_3^- + 2e^- \qquad (4.49)$$

mit $E_{0,h} = +\,0{,}935$ Volt[1]

und in alkalischem Elektrolyten

$$NO_2 + 2\,OH^- \leftrightarrows NO_3 + H_2O + 2e^- \qquad (4.50)$$

mit $E_{0,h} = +\,0{,}01$ Volt[1]

auf*.

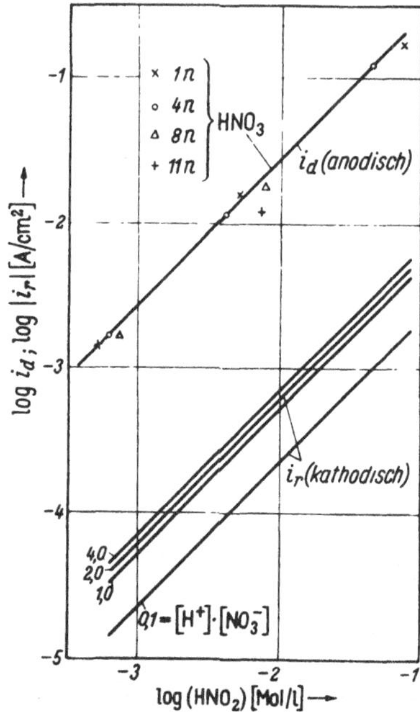


Abb. 172. Anodische Diffusionsgrenzstromdichte $i_d$ und kathodische Reaktionsgrenzstromdichte $i_r$ an der $HNO_3/HNO_2$-Redoxelektrode an blankem Pt bei 25°C in Abhängigkeit von der $HNO_2$- und $HNO_3$-Konzentration. Die Geraden entsprechen einer Proportionalität zwischen Stromdichte und Konzentration [nach Messungen von K. J. VETTER: Z. physik. Chem. **194**, 199 (1950) und Z. Elektrochem. **55**. 121 (1951)]

Der Mechanismus der Bruttoreaktion an blankem Pt, an der z. B. in saurer Lösung nach Gl. (4.49) 2 reduzierte und 4 oxydierte Molekel mit 2 Elektronen beteiligt sind, muß aus einer zusammengesetzten Reaktionsfolge bestehen. K. J. VETTER[2] hat auf Grund des anodischen und kathodischen Verhaltens den Reaktionsmechanismus dieser Elektrode geklärt. Charakteristisch ist das Auftreten einer anodischen von der Rührgeschwindigkeit abhängigen Diffusionsgrenzstromdichte $i_d$ und einer kathodischen nicht rührabhängigen Reaktionsgrenzstromdichte $i_r$. Die Grenzstromdichten $i_r$ wurden bereits von R. G. MONK u. H. J. T. ELLINGHAM[3] beobachtet.

Die anodische Diffusionsgrenzstromdichte ist, wie es Abb. 172 wiedergibt, proportional der $HNO_2$-Konzentration und unabhängig von der $HNO_3$-Konzentration**. Die rührunabhängige kathodische Reaktionsgrenzstromdichte $i_r$ ist nach Abb. 172 ebenfalls proportional der $HNO_2$-Konzentration und wächst mit dem Produkt $[H^+]\cdot[NO_3^-]$. $i_r$ ist etwa um einen Faktor 100 kleiner als $i_d$. Die Größe der anodischen Grenzstromdichte $i_d$ hängt nicht vom Elektrodenzustand ab, die kathodische Grenzstromdichte $i_r$ dagegen beträchtlich, wie es die Abb. 173

[1] IHLE, R.: Z. physik. Chem. **19**, 577 (1896). — MOORE, W. C.: J. Am. Soc. **35**, 333 (1913). — PICK, H.: Z. Elektrochem. **26**, 183 (1920); **28**, 56 (1922). — KLEMENC, A., u. E. HAYEK: Z. anorg. Chem. **186**, 181 (1930). — BODE, H.: Z. anorg. Chem. **195**, 201 (1931). — MONK, R. G., u. H. J. T. ELLINGHAM: J. Chem. Soc. **1935**, 125.

* Als Elektrodenbruttoreaktion können z. B. auch $NO_3^- + NO \leftrightarrows 2\,NO_2 + e^-$ ($E_0 = +\,0{,}53$ Volt) oder $NO_2^- \leftrightarrows NO_2 + e^-$ ($E_0 = +\,0{,}90$ Volt) oder andere (Gmelins Hdb. d. anorg. Chem., 8. Aufl., Bd. 4 [N], S. 894) verwendet werden.

[2] VETTER, K. J.: Z. physik. Chem. **194**, 199 (1950).

[3] MONK, R. G., u. H. J. T. ELLINGHAM: J. Chem. Soc. **1935**, 125.

** Das geringe Absinken der Werte mit wachsender $HNO_3$-Konzentration ist sicher ein Einfluß auf das Verhältnis $D/\delta$.

charakterisiert. Nach dem Kriterium in § 95 handelt es sich also hier um eine heterogene Reaktionshemmung, die auf der Oxydationsseite der Durchtrittsreaktion liegt, da ein kathodischer Reaktionsgrenzstrom auftritt. Die Substanz $S_0$ der Durchtrittsreaktion wird daher in einer gehemmten Reaktion gebildet bzw. reagiert über diese ab.

Auf Grund des von E. ABEL, H. SCHMID u. Mitarb.[4] aufgestellten chemischen Reaktionsmechanismus zwischen $HNO_3$, $HNO_2$ und den verschiedenen Stickoxyden muß hier als gehemmte Reaktion $HNO_3 + HNO_2 \rightarrow N_2O_4 + H_2O$ angesehen werden, deren Geschwindigkeit auch

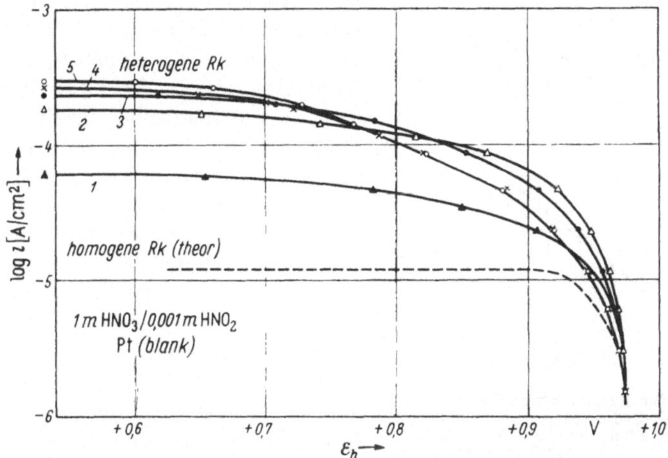


Abb. 173. Kathodische Stromdichte-Potentialkurven der $HNO_3/HNO_2$-Redoxelektrode an Pt bei 25°C in Abhängigkeit vom Elektrodenzustand. Die Zahlen geben die zeitliche Folge der Messungen an. Elektrolyt: 1 m $HNO_3$/0,007 m $HNO_2$ [nach K. J. VETTER: Z. Elektrochem. **55**, 121 (1951)]

die experimentell gefundene (Abb. 172) Konzentrationsabhängigkeit hat. Da kathodisch eine Diffusionsgrenzstromdichte am blanken Pt nicht auftritt, kann die Dissoziation von $HNO_2$ in $NO_2$ und NO nicht schnell genug sein.

Der Gleichstrom-Polarisationswiderstand $R_p$ ist nach K. J. VETTER[5] nahezu gleich dem Durchtrittswiderstand $R_D$. Aus der Konzentrationsabhängigkeit der Austauschstromdichte $i_0$, die aus dem Durchtrittswiderstand $R_D$ nach Gl. (2.74) berechnet wurde, ergab sich die in Abb. 174 dargestellte lineare Beziehung[5] zwischen $\log i_0$ und $\log [HNO_2]$. $R_D$ ist dabei nach Gl. (2.394) aus $R_p$ unter Berücksichtigung des Diffusionswiderstandes $R_d$ nach Gl. (2.392) und des Reaktionswiderstandes $R_r$ nach Gl. (2.393) berechnet worden. Die Steigungen der eingezeichneten

[4] ABEL, E., u. H. SCHMID: Z. physik. Chem. **132**, 55 (1928); **134**, 279 (1928). — ABEL, E., H. SCHMID u. S. BABAD: Z. physik. Chem. **136**, 135 (1928); **136**, 419 (1928). — ABEL, E., u. H. SCHMID: Z. physik. Chem. **136**, 419 (1928). — SCHMID, H.: Z. physik. Chem. **A 141**, 41 (1929). — ABEL, E., H. SCHMID u. E. RÖMER: Z. physik. Chem. **A 148**, 337 (1930). — ABEL, E., H. SCHMID u. M. STEIN: Z. Elektrochem. **36**, 692 (1930); s. auch zusammenfassend: H. SCHMID: Hdb. d. Katalyse. Bd. 2, S. 3—14. Wien 1940.

[5] VETTER, K. J.: Z. physik. Chem. **194**, 284 (1950).

Geraden entsprechen nach Gl. (3.54) elektrochemischen Reaktionsordnungen

$$z_{o,HNO_2} = +0{,}5 \quad \text{bzw.} \quad z_{r,HNO_2} = +1{,}0$$

Die Ermittlung der elektrochemischen Reaktionsordnung $z_{r,H^+}$ der $H^+$-Ionen war in den konzentrierten Salpetersäuren nur schwer möglich, weil bei Änderung der Salpetersäurekonzentration der Einfluß der $H^+$-Ionenkonzentration von dem der ionalen Konzentration kaum zu trennen ist[5]. Aus dem Ansteigen der Austauschstromdichte $i_0$ mit der $HNO_3$-Konzentration bei konstanter $HNO_2$-Konzentration in Abb. 174 kann auf die elektrochemische Reaktionsordnung $z_{r,H^+} > -1$ bei $\alpha = 0{,}5$* geschlossen werden, unter der Annahme, daß die Änderung der ionalen Konzentration ohne Einfluß ist. Mit $z_{r,HNO_2} = +1$ und $z_{r,H^+} = 0$ wäre die reduzierte Substanz $S_r = 1 \cdot HNO_2 + 0 \cdot H^+ = HNO_2$, so daß als Durchtrittsreaktion $HNO_2 \rightleftharpoons NO_2 + H^+ + e^-$ anzunehmen wäre. Bei Unabhängigkeit der Austauschstromdichte von der $HNO_3$-Konzentration ($z_{r,H^+} = -1$) wäre die Durchtrittsreaktion $NO_2^- \leftrightharpoons NO_2 + e^-$, also um ein Wasserstoffion ärmer.

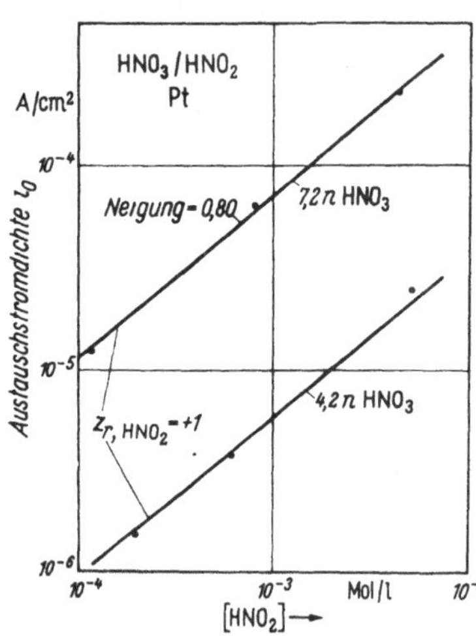


Abb. 174. Die Austauschstromdichte $i_0$ der $HNO_3/HNO_2$-Redoxelektrode an blankem Pt bei 25°C in 7,2 n und 4,2 n $HNO_3$ in Abhängigkeit von der $HNO_2$-Konzentration [nach Messungen von K. J. VETTER: Z. physik. Chem. 194, 284 (1950)]

Als Reaktionsmechanismus der $HNO_3/HNO_2$-Elektrode nach K. J. VETTER[2, 5] folgt

| | | |
|---|---|---|
| $H^+ + NO_3^-$ | $\leftrightharpoons HNO_3$ | schnell (chem. Reaktion) |
| $HNO_3 + HNO_2$ | $\rightarrow N_2O_4 + H_2O$ | langsam (chem. Reaktion) |
| $N_2O_4$ | $\leftrightharpoons 2\,NO_2$ | schnell (chem. Reaktion) |
| $2 \times (NO_2 + e^-$ | $\rightarrow NO_2^-)$ | langsam (Durchtrittsreaktion) |
| $2 \times (H^+ + NO_2^-$ | $\leftrightharpoons HNO_2)$ | schnell (chem. Reaktion) |

$$3\,H^+ + NO_3^- + 2e^- \rightarrow HNO_2 + H_2O \text{ (Bruttoreaktion)}$$

**Neben Diffusions- und Reaktionsüberspannung liegt auf Grund der Stromdichtepotentialkurven auch noch Durchtrittsüberspannung mit einem Durchtrittsfaktor von ungefähr $\alpha = 0{,}5$ vor[5].**

## § 128. Fe(3)cyanid/Fe(2)cyanid-Elektrode

Die $Fe(CN)_6^{3-}/Fe(CN)_6^{4-}$-Redoxelektrode mit der Elektrodenbruttoreaktion

$$Fe(CN)_6^{4-} \leftrightharpoons Fe(CN)_6^{3-} + e^- \qquad (4.51)$$

* Da mit der $H^+$-Konzentration sich auch die $NO_3^-$-Konzentration ändert, kann Gl. (3.54) nicht direkt angewendet werden.

und dem Normalpotential von $E_0 = +0{,}466$ Volt wurde nach verschiedenen Methoden untersucht. O. Essin, S. Derendjajew u. N. Ladygin[1] haben die anodische und kathodische Gleichstromüberspannung bei verschiedenen $K_3Fe(CN)_6$- und $K_4Fe(CN)_6$-Konzentrationen an Pt- und Ni-Elektroden gemessen. Die sich ausbildenden rührabhängigen Diffusionsgrenzstromdichten $i_d$ waren proportional der Fe(3)- bzw. Fe(2)-cyanidkonzentration und führten nach Gl. (2.91) auf einen normalen $D/\delta$-Wert. Die Überspannung erwies sich als reine Diffusionsüberspannung. Auch die Untersuchungen der Gleichstromüberspannung von J. V. Petrocelli u. A. A. Paolucci[2] ergaben vorwiegend Diffusionsüberspannung $\eta_d$ mit einem kleinen Anteil Durchtrittsüberspannung unter Erfüllung von Gl. (4.5).

J. E. B. Randles u. K. W. Somerton[3] stellten bei Wechselstrompolarisation an Pt die Gültigkeit von Gl. (2.397) für die Frequenzabhängigkeit der ohmschen ($R_f$) und kapazitiven Komponente ($1/\omega C_f$) der Faradayimpedanz $\mathfrak{R}_f$ bei Überlagerung von Durchtritts- und Diffusionsüberspannung fest. Abb. 175 zeigt diese Beziehung für $10^{-3}$ m

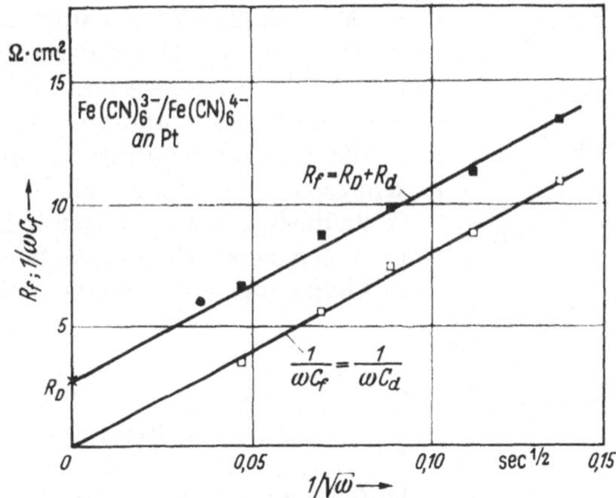


Abb. 175. Frequenzabhängigkeit ($\omega/2\pi$ = Frequenz, $sec^{-1}$) der ohmschen ($R_f$) und kapazitiven Komponenten ($1/\omega C_f$) der Faradayimpedanz $\mathfrak{R}_f$ der $Fe(CN)_6^{3-}/Fe(CN)_6^{4-}$-Elektrode ($c = 1 \cdot 10^{-3}$ Mol/l) an Pt bei 20°C in 1 m KCl. $R_D$ = Durchtrittswiderstand [nach J. E. B. Randles u. K. W. Somerton: Trans. Faraday Soc. **48**, 937 (1952)]

$K_3Fe(CN)_6/10^{-3}$ m $K_4Fe(CN)_6/1$ m KCl an Pt mit einer Austauschstromdichte $i_0 = RT/FR_D = 9$ mA/cm². Dieser Wert stimmt mit dem von Petrocelli[2] gefundenen größenordnungsmäßig überein.

Die von P. Delahay u. C. C. Mattax[4] angegebenen galvanostatisch kathodischen Einschaltmessungen an Hg in 4 m $K_3Fe(CN)_6/1$ m KCl-Lösung zeigen ebenfalls das Auftreten von vorwiegend Diffusionsüberspannung an. Da ursprünglich kein $Fe(CN)_6^{4-}$ im Elektrolyten enthalten

[1] Essin, O., S. Derendjajew u. N. Ladygin: J. appl. Chem. (USSR) **13**, 971 (1940).
[2] Petrocelli, J. V., u. A. A. Paolucci: J. electrochem. Soc. **98**, 291 (1951).
[3] Randles, J. E. B., u. K. W. Somerton: Trans. Faraday Soc. **48**, 937 (1952).
[4] Delahay, P., u. C. C. Mattax: J. Am. Soc. **76**, 874 (1954).

ist, sondern sich dieses erst durch den Strom vor der Oberfläche ansammelt, gilt die bereits von KAGAOGLANOFF[5] für reine Diffusionsüberspannung abgeleitete Gleichung

$$\varepsilon(t) = E_0 + \frac{RT}{nF} \cdot \ln \frac{f_o \cdot \sqrt{D_r}}{f_r \cdot \sqrt{D_o}} + \\ + \frac{RT}{nF} \cdot \ln \frac{\sqrt{\tau} - \sqrt{t}}{\sqrt{t}} \tag{4.52}$$

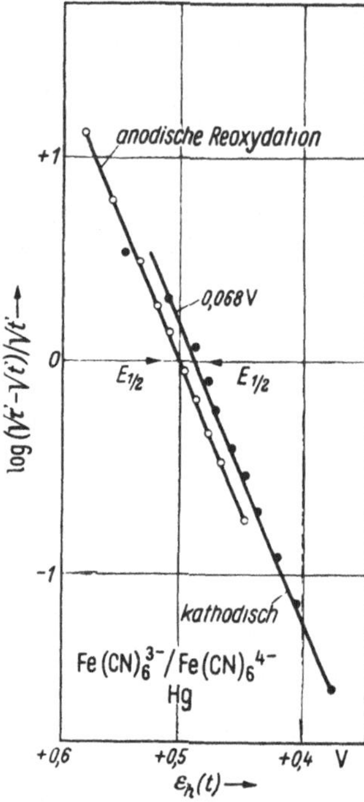


Abb. 176. Zeitlicher Verlauf des Potentials $\varepsilon_h(t)$ bei kathodischer galvanostatischer Einschaltmessung in 4 m $K_3Fe(CN)_6$/1 m KCl an Hg bei 30°C (volle Punkte) nach Gl. (4.52). Reoxydation (leere Kreise). Neigung der Geraden = 0,068 Volt [nach P. DELAHAY u. C. C. MATTAX: J. Am. Soc. 76, 874 (1954)]

Gl. (4.52) ergibt sich nach entsprechender Abwandlung von Gl. (2.187)* und nach Anwendung von Gl. (2.235) für das Halbstufenpotential $E_{1/2}$. Abb. 176 bestätigt Gl. (4.52) und eine kompliziertere Beziehung für die sofort folgende Reoxydation bei umgepolter Stromrichtung (leere Kreise). Der Neigungsfaktor der Geraden beträgt 0,068 Volt pro Zehnerpotenz. Dieser etwas zu hohe Wert deutet auf einen geringen Anteil Durchtrittsüberspannung hin. Auch die geringe Parallelverschiebung der Geraden zueinander hat diese Ursache.

Keiner der genannten Autoren hat die Konzentrationsabhängigkeit der Durchtrittsüberspannung untersucht, so daß über den vermutlich einfachen Reaktionsmechanismus noch nichts bekannt ist.

## § 129. Fe(3)oxalat/Fe(2)oxalat-Elektrode

In einem Elektrolyten mit großem Überschuß von Oxalationen (> 0,2 m) läuft nach J. J. LINGANE[1], M. v. STACKELBERG[2] und J. E. B. RANDLES, K. W. SOMERTON[3] die Elektrodenbruttoreaktion

$$Fe(C_2O_4)_3^{4-} \leftrightharpoons Fe(C_2O_4)_3^{3-} + e^- \tag{4.53}$$

$$\text{mit } E_{0,h} = +0{,}005 \text{ Volt}^1$$

ab. Bei geringerem Oxalatüberschuß (< 0,1 m) dissoziiert dagegen der Fe(2)-trioxalat-Komplex, so daß als Elektrodenbruttoreaktion

$$Fe(C_2O_4)_2^{2-} + C_2O_4^{2-} \leftrightharpoons Fe(C_2O_4)_3^{3-} + e^-$$

$$\text{mit } E_{0,h} = -0{,}035 \text{ Volt}^{1,3,4} \tag{4.54}$$

[5] KAGAOGLANOFF, Z.: Z. Elektrochem. 12, 5 (1906).

* $\nu_1 = +1$, $\nu_2 = -1$, $n = 1$ nach Gl. (4.51).

[1] LINGANE, J. J.: Chem. Rev. 29, 1 (1941). — KOLTHOFF, J. M., u. J. J. LINGANE: Polarography, Bd. 1, S. 219 (1952).

[2] STACKELBERG, M. v., u. H. v. FREYHOLD: Z. Elektrochem. 46, 120 (1940).

[3] RANDLES, J. E. B., u. K. W. SOMERTON: Trans. Faraday Soc. 48, 937 (1952).

[4] SCHAPER, C.: Z. physik. Chem. 72, 308 (1910).

vorliegt. Der Reaktionsmechanismus dieser Elektrode ist noch nicht geklärt.

J. E. B. RANDLES u. K. W. SOMERTON[3] haben jedoch ausführliche Messungen der Wechselstromimpedanz dieser Elektrode an Hg, Pt, Au und Ag durchgeführt. Die ohmsche ($R_f$) und die kapazitive Komponente ($1/\omega C_f$) der Faradayimpedanz entsprechen der Gl. (2.397) und geben parallele Geraden bei der Auftragung gegen $1/\sqrt{\omega}$. Aus der Differenz $R_f - 1/\omega C_f = R_D$ ist der Durchtrittswiderstand ermittelt worden, aus dem nach Gl. (2.74) die Austauschstromdichten $i_0 = 0{,}9\,\text{mA/cm}^2$ (Pt), $i_0 = 0{,}5\,\text{mA/cm}^3$ (Au), $i_0 = 0{,}1\,\text{mA/cm}^2$ (Ag) und $i_0 > 0{,}1\,\text{Amp/cm}^2$ (Hg) für eine $10^{-3}$ m $Fe(C_2O_4)_3^{3-}/Fe(C_2O_4)_3^{4-}/$ 0,5 m $K_2C_2O_4$-Lösung folgen. Eine Verkleinerung des Oxalatüberschusses verkleinert nach RANDLES u. SOMERTON[3] die Austauschstromdichte $i_0$ bedeutend. Es liegt jedoch noch nicht genügend experimentelles Material vor, um aus dieser Konzentrationsabhängigkeit den Reaktionsmechanismus nach Gl. (3.54) abzuleiten.

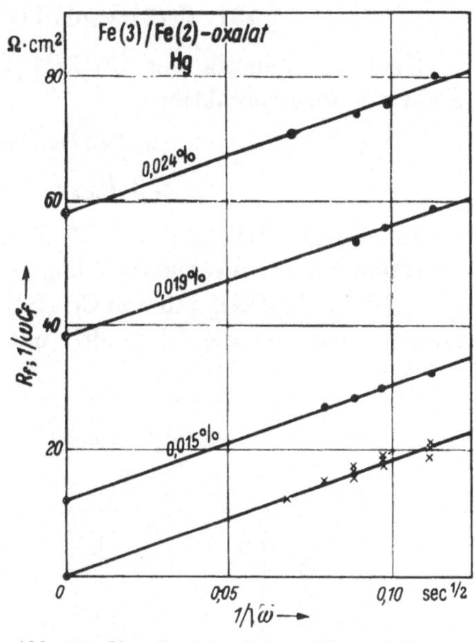


Abb. 177. Ohmsche (•) und kapazitive (×) Komponenten $R_f$ bzw. $1/\omega C_f$ der Faradayimpedanz $\mathfrak{R}_f$ einer $10^{-3}$ m $Fe(C_2O_4)_3^{3-}/10^{-3}$ m $Fe(C_2O_4)_3^{4-}/0{,}5$ m $K_2(C_2O_4)/$ Hg-Elektrode in Abhängigkeit von der Frequenz $\omega/2\pi$ für verschiedene Gelatinekonzentrationen. ⊗ = Durchtrittswiderstand $R_D$ [nach J. E. B. RANDLES u. K. W. SOMERTON: Trans. Faraday Soc. 48, 937 (1952)]

Weiterhin wurde von RANDLES u. SOMERTON der Einfluß von Fremdsubstanzen in geringen Konzentrationen auf die Austauschstromdichte bei konstanter ionaler Konzentration untersucht. Das Gleichgewichtspotential wurde hierbei nicht verändert. Ein Zusatz von KCNS und von Gelatine verringerten $i_0$ beträchtlich, ohne dabei den Diffusionswiderstand ($R_d = R_f - R_D = 1/\omega C_d = 1/\omega C_f$) zu verändern, wie es die Abb. 177 zeigt. Dieser Einfluß wird auf eine Veränderung des $\zeta$-Potentials der diffusen Doppelschicht als Folge einer Adsorption dieser Substanzen (§ 40) zurückgeführt. Nach Gl. (2.22) wirkt sich eine Änderung des $\zeta$-Potentialwertes sehr stark auf die Austauschstromdichte $i_0$ aus.

## § 130. $Cr^{3+}/Cr^{2+}$-Elektrode

Über die $Cr^{3+}/Cr^{2+}$-Redoxelektrode mit der Elektrodenbruttoreaktion

$$Cr^{2+} \leftrightarrows Cr^{3+} + e^- \tag{4.55}$$

mit $E_{0,h} = -0{,}40$ Volt

ist kinetisch wenig bekannt. Nur J. E. B. RANDLES u. K. W. SOMERTON[1] fanden für die ohmsche und die kapazitive Komponente der Faradayimpedanz $\Re_f$ die Gl. (2.397) mit einer linearen Abhängigkeit von $1/\sqrt{\omega}$ ($\omega$ = Kreisfrequenz) bestätigt. In $10^{-3}$ m $Cr^{3+}/10^{-3}$ m $Cr^{2+}/$ 1 m KCl ermittelten diesen Autoren an Hg eine Austauschstromdichte $i_0 = 1{,}0$ $\mu A/cm^2$ [nach Gl. (2.74)]. Die Konzentrationsabhängigkeit wurde nicht untersucht.

## § 131. Cr(3)cyanid/Cr(2)cyanid-Elektrode

Über die Kinetik der $Cr(CN)_6^{3-}/Cr(CN)_6^{4-}$-Redoxelektrode mit der Elektrodenbruttoreaktion

$$Cr(CN)_6^{4-} \leftrightarrows Cr(CN)_6^{3-} + e^- \tag{4.56}$$

$$\text{mit } E_{0,h} = -1{,}05 \text{ Volt}^1$$

liegen wenige Arbeiten vor. J. E. B. RANDLES u. K. W. SOMERTON[1] untersuchten die Frequenzabhängigkeit der Faradayimpedanz $\Re_f$ für eine $10^{-3}$ m $Cr(CN)_6^{3-}/10^{-3}$ m $Cr(CN)_6^{4-}/1$ m KCN-Lösung an Hg und fanden auch hier die Gl. (2.397) mit einer linearen Abhängigkeit von

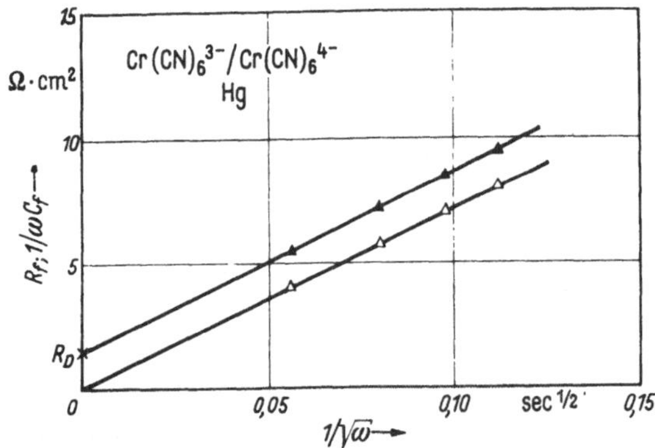


Abb. 178. Ohmsche (▲) und kapazitive Komponente (△) der Faradayimpedanz $\Re_f$ an einer $10^{-3}$ m $Cr(CN)_6^{3-}/10^{-3}$ m $Cr(CN)_6^{4-}/1$ m KCN/Hg-Elektrode in Abhängigkeit von der Frequenz $\omega/2\pi$. $R_D$= Durchtrittswiderstand. Geraden nach Gl. (2.397) [nach J. E. B. RANDLES u. K. W. SOMERTON: Trans. Faraday Soc. 48, 937 (1952)]

$1/\sqrt{\omega}$ für die ohmsche ($R_f$) und die kapazitive Komponente ($1/\omega C_f$) bestätigt. Abb. 178 gibt diese Beziehung wieder. Aus dem Durchtrittswiderstand folgt nach Gl. (2.74) die Austauschstromdichte $i_0 = 24\,mA/cm^2$. Eine Konzentrationsabhängigkeit, aus der ein Reaktionsmechanismus abzuleiten wäre, wurde nicht bestimmt.

RANDLES u. SOMERTON[1] untersuchten den Einfluß der ionalen Konzentration auf die Austauschstromdichte $i_0$. Die Spalte „mit KCl" der Tab. 10 enthält Ergebnisse von Messungen, bei denen die ionale Konzentration [KCN] + [KCl] = 1 Mol/l konstant gehalten wurde. Hier

[1] RANDLES, J. E. B., u. K. W. SOMERTON: Trans. Faraday Soc. 48, 937 (1952).

ändert sich $i_0$ nicht systematisch. Ohne KCl-Zusatz nimmt dagegen das negative $\zeta$-Potential* mit fallender Gesamtkonzentration nach Gl. (1.115) und Gl. (1.113) größere Werte an, so daß die Konzentration der negativen Chromcyanidionen unmittelbar vor der Oberfläche innerhalb der diffusen Doppelschicht nach Gl. (2.18) kleiner wird. Hierdurch wird auch die Austauschstromdichte [Gl. (2.22)] kleiner ($\varepsilon_0$= konst). In keinem Fall hatte die Konzentration von KCN oder KCl einen Einfluß auf das Gleichgewichtspotential $\varepsilon_0$.

Tabelle 10. *Einfluß der ionalen Konzentration auf die Austauschstromdichte $i_0$ an der $10^{-3}$ m $Cr(CN)_6^{3-}/10^{-3}$ m $Cr(CN)_6^{4-}/c$ KCN + $(1-c)$ KCl/Hg-Elektrode* [nach J. E. B. RANDLES u. K. W. SOMERTON: Trans. Faraday Soc. **48**, 937 (1952)]

| $c$ Mol/l KCN | $i_0$ (mA/cm²) ohne KCl 0°C | 18°C | mit KCl 0°C | 18°C |
|---|---|---|---|---|
| 1,0 | 24 | 19,5 | 24 | 19,5 |
| 0,5 | 11 | 13,4 | 27,5 | 26 |
| 0,2 | 4,5 | 4,1 | 23 | 15,2 |
| 0,16 | 2,1 | 2,4 | — | — |
| 0,10 | — | — | — | 13 |

## § 132. Chromat/Chrom(3)-Elektrode

Die Kinetik der Chromat/Chrom(3)-Elektrode mit der Elektrodenbruttoreaktion

$$Cr^{3+} + 4\,H_2O \rightleftharpoons CrO_4^{2-} + 8\,H^+ + 3e^-$$

und dem Normalpotential von etwa $E_{0,h} = +1{,}3$ Volt ist bisher nur wenig aufgeklärt worden. Es liegen hierzu einige Messungen der Potentialzeitfunktion bei kathodischen galvanostatischen Einschaltversuchen vor.

Derartige Potentialzeitkurven (Ladekurven) der kathodischen Reduktion von Chromat in 1 m NaOH, wie sie von P. DELAHAY u. C. C. MATTAX[1] aufgenommen wurden, gibt die Abb. 179a wieder. Für größere Ströme, also kleinere Transitionszeiten $\tau$ ist deutlich das Auftreten von zwei Transitionszeiten zu erkennen, die darauf schließen lassen, daß die Bruttoreaktion mindestens in zwei aufeinander folgenden Stufen abläuft. P. DELAHAY u. Mitarb.[2,1] nehmen dabei die Bildung einer Cr(4)-Stufe an.

Auch der zeitliche Potentialverlauf bei der Annahme reiner Diffusionsüberspannung nach Gl. (2.187) oder bei Überlagerung von Diffusions- und Durchtrittsüberspannung nach Gl. (2.411b) müßte eine lineare Funktion zwischen dem Potential $\varepsilon(t)$ und $\log(1 - \sqrt{t/\tau})$ geben. Diese Beziehung ist nach Abb. 179b nicht erfüllt. Es liegen also kompliziertere Verhältnisse vor.

Bei galvanostatischen Einschaltmessungen ist das Produkt $i \cdot \sqrt{\tau}$ nach Gl. (2.183) an ebenen Elektroden konstant, wenn keine chemische Reaktionshemmung (§ 82) vorliegt. Diese Verhältnisse werden nach

* Das Gleichgewichtspotetial $\varepsilon_0 = -1{,}05$ Volt ist wesentlich negativer als das Potential $\varepsilon_{max} = -0{,}194$ Volt des elektrokapillaren Maximums an Hg. Bei Abwesenheit einer stärkeren Dipol- oder Ionenadsorption muß nach § 40 auch $\zeta$ negativ sein.

1 DELAHAY, P., u. C. C. MATTAX: J. Am. Soc. **76**, 874 (1954).

2 BERZINS, T., u. P. DELAHAY: J. Am. Soc. **75**, 5716 (1953).

G. MAMANTOV u. P. DELAHAY[3] komplizierter, wenn eine kugelsymmetrische Diffusion vor einem Hg-Tropfen auftritt. Hierbei steigt das Produkt $i\sqrt{\tau}$ für kleinere Stromdichten an, sobald bei wachsender Transitionszeit die Ausdehnung der Diffusionsschicht mit dem Oberflächenradius vergleichbar wird. An der Reduktion von $10^{-3}$m $K_2CrO_4$ in 1 m NaOH an Hg konnte die abgeleitete Beziehung für kugelsymmetrische Diffusion von den genannten Autoren[3] bestätigt werden.

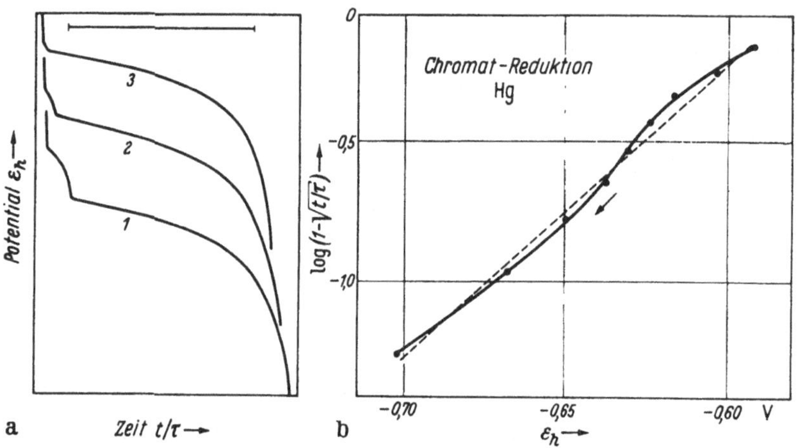


Abb. 179. Potentialzeitverlauf nach Einschalten eines konstanten kathodischen Stromes zur Reduktion von Chromat in 1 m NaOH an Hg bei 30°C. a) Zeit in Einheiten der Transitionszeiten $\tau_1 = 0{,}020$, $\tau_2 = 0{,}090$, $\tau_3 = 0{,}74$ sec; b) Abhängigkeit des Potentials von log $(1 - \sqrt{t/\tau})$ nach P. DELAHAY u. C. C. MATTAX: J. Am. Soc. **76**, 874 (1954)]

## § 133. $Eu^{3+}/Eu^{2+}$-Elektrode

Durch Messen der Wechselstrom-Polarisationsimpedanz und deren Frequenzabhängigkeit konnten J. E. B. RANDLES u. K. W. SOMERTON[1] Austauschstromdichten der $Eu^{3+}/Eu^{2+}$-Redoxelektrode in 1 m KCl, 1 m KJ und 1 m KCNS-Lösung an Hg bestimmen. Das Gleichgewichtspotential hatte in allen Elektrolyten den gleichen Wert, so daß keine Komplexbildung anzunehmen ist. Es ergab sich ein Normalpotential von $E_0 = -0{,}58$ Volt für die Elektrodenbruttoreaktion $Eu^{2+} \rightleftharpoons Eu^{3+} + e^-$. Als Austauschstromdichten $i_0$ wurden ermittelt:

$$i_0 = 21\ \mu A/cm^2 \text{ für } 10^{-3}\text{ m } Eu^{3+}/10^{-3}\text{ m } Eu^{2+}/1\text{ m KCl/Hg}$$

$$i_0 = 160\ \mu A/cm^2 \text{ für } 10^{-3}\text{ m } Eu^{3+}/10^{-3}\text{ m } Eu^{2+}/1\text{ m KJ/Hg}$$

$$i_0 = 800\ \mu A/cm^2 \text{ für } 10^{-3}\text{ m } Eu^{3+}/10^{-3}\text{ m } Eu^{2+}/1\text{ m KCNS/Hg}$$

Die Konzentrationsabhängigkeit ist nicht geprüft worden. Die Polarisation setzt sich aus Durchtritts- und Diffusionsüberspannung zusammen.

[3] MAMANTOV, G., u. P. DELAHAY: J. Am. Soc. **76**, 5323 (1954).
[1] RANDLES, J. E. B., u. K. W. SOMERTON: Trans. Faraday Soc. **48**, 937 (1952).

## § 134. Vanadin(3)/Vanadin(2)-Elektroden

An der $V^{3+}/V^{2+}$-Redoxelektrode mit der Elektrodenbruttoreaktion

$$V^{2+} \leftrightarrows V^{3+} + e^-$$

$$\text{mit } E_{0,h} = -0{,}30 \text{ Volt}^1$$

ist von J. E. B. Randles u. K. W. Somerton[1] die Wechselstromüberspannung untersucht worden. Es wurde die Frequenzabhängigkeit der Komponenten $R_f$ und $1/\omega C_f$ der Faradayimpedanz $\mathfrak{R}_f$ nach Gl. (2.397) für Durchtritts- und Diffusionshemmung bestätigt, wie es die Abb. 180

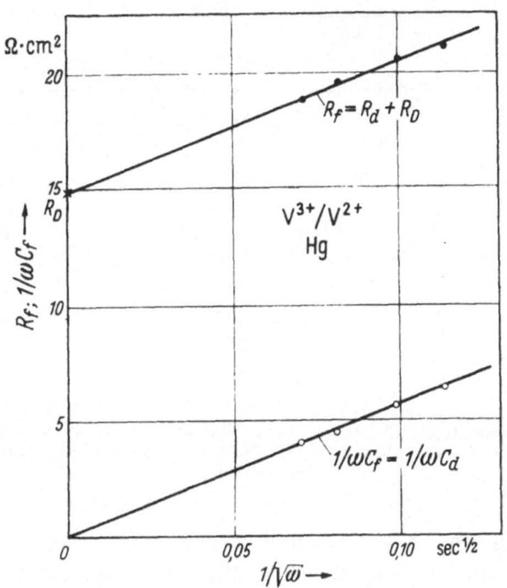


Abb. 180. Ohmsche (•) und kapazitive Komponente (○) der Faradayimpedanz $\mathfrak{R}_f$ an einer 5 $10^{-3}$ m $V^{3+}$/5 · $10^{-3}$ m $V^{2+}$/1 m $HClO_4$/Hg-Elektrode in Abhängigkeit von der Frequenz $\omega/2\pi$. $R_D$ = Durchtrittswiderstand. Gerade nach Gl. (2.397) für Durchtritts- und Diffusionsüberspannung [nach J. E. B. Randles u. K. W. Somerton: Trans. Faraday Soc. **48**, 937 (1952)]

zeigt. Aus dem Durchtrittswiderstand $R_D$ folgt [Gl. (2.74)] die Austauschstromdichte $i_0 = 2{,}0$ mA/cm². Eine Konzentrationsabhängigkeit wurde nicht ermittelt, so daß über den Reaktionsmechanismus nichts bekannt ist.

In gleicher Weise bestimmten Randles u. Somerton[1] die Austauschstromdichte an einer V(3)-oxalat/V(2)-oxalat/0,5 m $K_2C_2O_4$/Hg-Elektrode mit einem Potential von $\varepsilon_0 = -0{,}80$ Volt zu $i_0 = 0{,}14$ mA/cm².

## § 135. Persulfat ($S_2O_8^{2-}$)-Reduktion und Reduktion weiterer Anionen

Bei der Reduktion des Persulfat-Ions $S_2O_8^{2-}$ mit dem Elektrodenbruttovorgang

$$S_2O_8^{2-} + 2e^- \rightarrow 2\,SO_4^{2-}$$

wurde von T. Krjukowa[1] eine zunächst merkwürdige Anomalie in den

[1] Randles, J. E. B., u. K. W. Somerton: Trans. Faraday Soc. **48**, 937 (1952).
[1] Krjuwkoa, T.: Dokl. Akad.Nauk USSR **65**, 517 (1949).

kathodischen Stromdichte-Potential-Kurven festgestellt. Nach Erreichen einer Diffusionsgrenzstromdichte fällt die Stromdichte mit weiterer Steigerung der kathodischen Überspannung und steigt nach Durchgang durch ein Minimum schließlich wieder zur Diffusionsgrenzstromdichte an. Abb. 181—184 zeigen dieses Verhalten. Diese Erscheinungen wurden von FRUMKIN u. Mitarb. ausführlich bei der Reduktion von $S_2O_8^{2-}$, $Fe(CN)_6^{3-}$, $PtCl_6^{2-}$, $PtCl_4^{2-}$, $Pt(NO_2)_4^{2-}$, $RhCl_6^{3-}$, $ClO_2^-$, $CdJ_4^{2-}$, $CuP_2O_7^{2-}$ und anderen Anionen an Hg- und Amalgam-Elektroden[2, 3, 4], an Pb und Cd[5], an Cu[6] und an Pt[7] beobachtet[8].

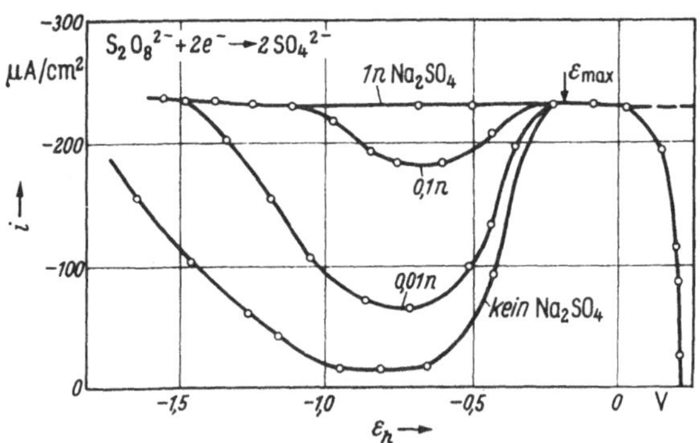


Abb. 181. Stromdichte-Potential-Kurven der Reduktion von $10^{-3}$ n $K_2S_2O_8$ an einer rotierenden Kupferamalgan-Scheibenelektrode (3,8 U/sec) in Abhängigkeit von der $Na_2SO_4$-Konzentration als Fremdelektrolyt [nach A. N. FRUMKIN u. G. M. FLORIANOWITSCH: Dokl. Akad. Nauk USSR **80**, 907 (1951)]

Der Rückgang der kathodischen Stromdichte trotz Ansteigens der Überspannung wird von FRUMKIN u. FLORIANOWITSCH[2] durch die Ausbildung eines negativen $\zeta$-Potentials bei Potentialwerten $\varepsilon$, die negativer als das Lippmann-Potential $\varepsilon_N$ (§ 43) sind, gedeutet. Bei negativen $\zeta$-Potentialen werden nach Gl. (2.18) die Konzentrationen $c_j'$ von Anionen $S_j$ innerhalb der diffusen Doppelschicht gegenüber der Konzentration

[2] FRUMKIN, A. N., u. G. M. FLORIANOWITSCH: Dokl. Akad. Nauk USSR **80**, 907 (1951).

[3] FRUMKIN, A.: Mittlg. Univ. Moskau **9**, 37 (1952). — NIKOLAJEWA, N., V. PRESNJAKOVA: Dokl. Akad. Nauk USSR **87**, 61 (1952). — KALISCH, T. W., u. A. N. FRUMKIN: J. phys. Chem. USSR **28**, 473 (1954); **28**, 801 (1954). — FLORIANOWITSCH, G. M., u. A. N. FRUMKIN: J. phys. Chem. USSR **29**, 1827 (1955).

[4] LAITINEN, H., u. E. ONSTOTT: J. Am. Soc. **72**, 4565 (1950). — KIVALO, P., u. H. LAITINEN: J. Am. Soc. **77**, 5205 (1955). — ŽEŽULA, J.: Chem. listy **47**, 492, 969 (1953). — KONOPICK, N.: Mh. Chem. **83**, 255 (1952).

[5] NIKOLAJEWA, N. W., N. S. SCHAPIRO u. A. N. FRUMKIN: Dokl. Akad. Nauk USSR **86**, 581 (1952).

[6] LEWIN, A., E. UKSCHE u. N. BRYLINA: Dokl. Akad. Nauk USSR 88, 697 (1953). — DJAKOW, A.: Dokl. Akad. Nauk USSR **93**, 685 (1953).

[7] NIKOLAJEWA, N. W., u. A. A. GROSSMANN: Dokl. Akad. Nauk USSR **95**, 1013 (1954).

[8] Zusammenfassende Berichte: A. N. FRUMKIN: Z. Elektrochem. **59**, 807 (1955); Nova Acta Leopoldina **19**, 5 (1957); J. Chem. Phys. **26**, 1552 (1957); Mittlg. Univ. Moskau **14**, 169 (1957).

im Innern des Elektrolyten $c_j$ nach

$$c_j' = c_j \cdot \exp\left(-\frac{z_j F}{RT}\zeta\right) \tag{2.18}$$

verkleinert, da die Ladungszahl $z_j$ für Anionen negativ ist. Abb. 182 zeigt an verschiedenen Metallen sehr deutlich, daß der untersuchte Effekt erst unterhalb des Lippmann-Potentials $\varepsilon_N$ einsetzt.

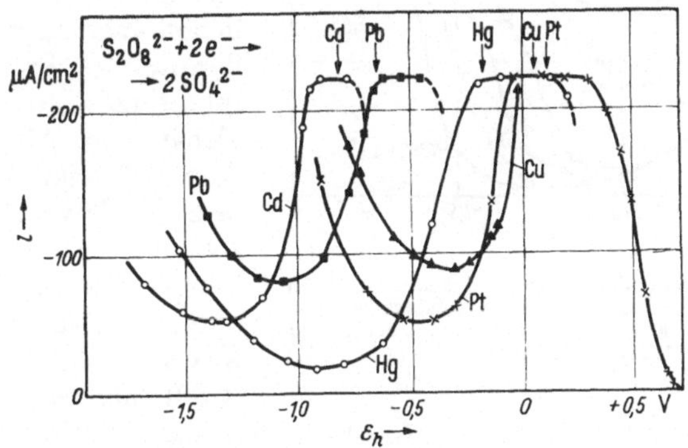


Abb. 182. Stromdichtepotentialkurven der Reduktion von $10^{-3}$ n $K_2S_2O_8 + 10^{-3}$ n $Na_2SO_4$ an verschiedenen Metallen. Potential der Pfeile = $\varepsilon_N$ (Lippman-Potential) [nach A. N. FRUMKIN: Z. Elektrochem. **59**, 807 (1955) und [2,5,6,7]]

Die kathodische Stromdichte ist proportional dieser Konzentration $c_j'$ und hängt nach Gl. (2.19b)

$$i = -k_- \cdot c_j' \cdot \exp\left(-\frac{(1-\alpha)F}{RT} \cdot (\varepsilon - \zeta)\right) \tag{2.19b}$$

unter Berücksichtigung des $\zeta$-Potentials vom Potential $\varepsilon$ ab, wenn das Gleichgewichtspotential sehr viel positiver ist, so daß $i = i_-$ ist. Unter Berücksichtigung der Diffusion des $S_2O_8^{2-}$-Ions mit der Diffusionsgrenzstromdichte $i_d$ wird

$$c_j' = \bar{c}_j \cdot \left(1 - \frac{i}{i_d}\right) \cdot \exp\left(-\frac{z_j F}{RT}\zeta\right). \tag{4.57}$$

Daraus folgt die von FRUMKIN u. FLORIANOWITSCH[2] abgeleitete Gleichung

$$\frac{i}{1 - \frac{i}{i_d}} = -k_- \cdot \bar{c}_j \cdot \exp\left(-\frac{(1-\alpha)F}{RT}\varepsilon\right) \cdot \exp\left((1 - \alpha - z_j) \cdot \frac{F}{RT}\zeta\right). \tag{4.58}$$

Da $z_j$ für Anionen negativ ist, ist $1 - \alpha - z_j > 0$, so daß der zweite Exponentialausdruck für negative $\zeta$-Werte ($< 0$) sehr klein gegen 1 werden kann. Dieser zweite Faktor kann den Anstieg des ersten Faktors überkompensieren, so daß ein Abfall der Stromdichte resultiert. Mit $1 - \alpha = 0{,}28$ nach FRUMKIN u. FLORIANOWITSCH[2, 8] wird bei $z_j = -2$ des $S_2O_8^{2-}$-Ions der wesentliche Faktor $(1 - \alpha - z_j)/(1 - \alpha) = 8{,}1$. Hiermit konnte weitgehende qualitative Übereinstimmung zwischen der

Kurvenform und der Theorie erreicht werden, jedoch bestehen noch gewisse Differenzen in quantitativer Hinsicht.

Ein Zusatz von Fremdelektrolyt setzt den Wert des $\zeta$-Potentials herab, was nach Gl. (4.58) eine Vergrößerung der Stromdichte zur Folge haben muß. Abb. 181 und 183 bestätigen diesen Einfluß. Die Stromdichte steigt bis zu dem maximal möglichen Wert $i_d$ mit Vergrößerung des Fremdelektrolytzusatzes an. Der Vergleich von Abb. 181 mit Abb. 183 zeigt, daß der Zusatz der dreiwertigen $La^{3+}$-Ionen[2, 3] wesentlich wirkungsvoller ist als der Zusatz einwertiger $Na^+$-Ionen, was nach Gl. (2.18) und Gl. (4.58) auch zu erwarten ist.

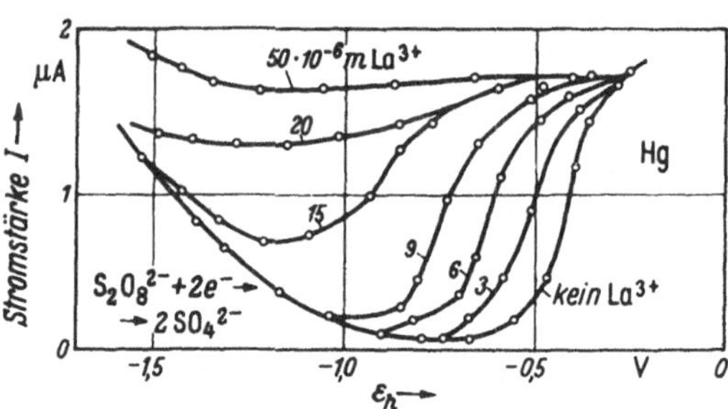


Abb. 183. Strompotentialkurven der Reduktion von $10^{-3}$ n $K_2S_2O_8$ an einer Hg-Tropfelektrode in Abhängigkeit von der Konzentration an $La^{3+}$-Ionen als Fremdelektrolyt [nach A. N. FRUMKIN: Z. Elektrochem. 59, 807 (1955)]

Nach NIKOLAJEWA, DAMASKIN u. AKOPJAN[8] hat sogar die Größendifferenz der einwertigen Alkaliionen von Cs bis Li einen wesentlichen Einfluß.

Entsprechend diesen Vorstellungen dürfen die Ströme im Minimum keine wesentliche Abhängigkeit von der Rotationsgeschwindigkeit der

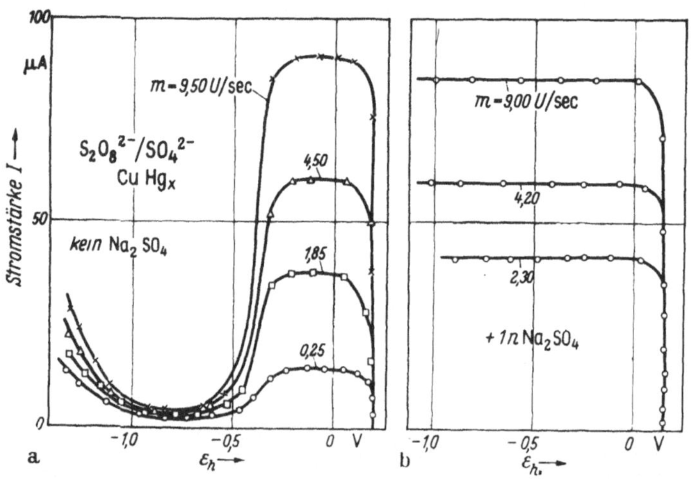


Abb. 184. Stromspannungskurven der Reduktion von $2 \cdot 10^{-3}$ n $K_2S_2O_8$ an einer rotierenden Kupferamalgam-Scheibenelektrode in Abhängigkeit von der Tourenzahl m (Umdrehungen/sec). a) kein Fremdelektrolytzusatz, b) mit 1 n $Na_2SO_4$ [nach G. M. FLORIANOWITSCH u. A. N. FRUMKIN: J. phys. Chem. USSR 29, 1827 (1955)]

Scheibenelektrode bzw. vom Diffusionsgrenzstrom $i_d$ zeigen, was FLORIANOWITSCH u. FRUMKIN[9] auch bestätigen konnten. Abb. 184 zeigt diesen

[9] FLORIANOWITSCH, G. M., u. A. N. FRUMKIN: J. phys. Chem. USSR 29, 1827 (1955).

Effekt, der auftritt, wenn kein Fremdelektrolytzusatz vorhanden ist, im Gegensatz zu den Diffusionsgrenzströmen bei größerem Fremdelektrolytzusatz.

Die Reaktionskinetik der Reaktion wurde noch nicht geklärt. FRUMKIN[8] nennt als möglichen Weg die Reaktionsfolge $S_2O_8^{2-} + e^- \to SO_4^- + SO_4^{2-}$ mit der Folgereaktion $SO_4^- + e^- \to SO_4^{2-}$, an der also zwei verschiedene Durchtrittsreaktionen beteiligt sind.

## § 136. Formaldehyd/Methylalkohol-Elektrode

Das Redoxpotential der Formaldehyd-Methylalkohol-Elektrode ist offenbar infolge einer zu kleinen Austauschstromdichte nicht bekannt. Bei der kathodischen Reduktion an Hg läuft jedoch die zu dieser Elektrode gehörige Elektrodenbruttoreaktion

$$CH_2(OH)_2 + 2\,H^+ + 2e^- \to CH_3OH + H_2O \tag{4.59}$$

ab, wobei Formaldehyd in der hydratisierten Form in wäßriger Lösung anzunehmen ist. Der gesamte Reaktionsmechanismus dieser Elektrode ist noch nicht aufgeklärt worden, doch liegen schon wichtige Teilergebnisse vor.

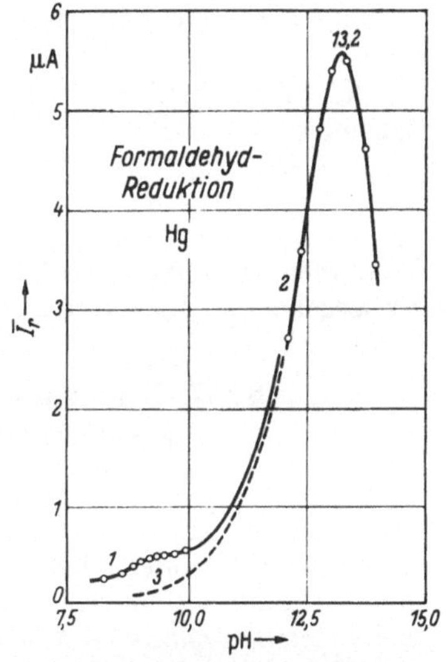


Abb. 185. Der reaktionsbedingte polarographische Strom an der Hg-Tropfelektrode bei der Reduktion von Formaldehyd ($4 \cdot 10^{-3}$ Mol/l) in Boratpuffern (Kurve 1) und Natronlauge (Kurve 2) in Abhängigkeit vom $p_H$-Wert. Kurve 1, 2 und 3 theoretisch berechnet (3 ohne Borationeneinfluß). $m = 1{,}877$ mg/sec, $\vartheta = 2{,}61$ sec [nach R. BRDIČKA: Coll. czech. chem. Comm. **20**, 387 (1955); Z. Elektrochem. **59**, 787 (1955)]

Bei der Reduktion des Formaldehyds an der Hg-Tropfelektrode treten nach K. VESELY u. R. BRDIČKA[1-3] und R. BIEBER u. G. TRÜMPLER[4] reaktionsbedingte polarographische Ströme auf, die nach diesen Autoren auf die gehemmte Dissoziation des hydratisierten Formaldehyds nach

$$\begin{matrix} H \\ H \end{matrix}\!\!>C<\!\!\begin{matrix} OH \\ OH \end{matrix} \underset{k'}{\overset{k}{\rightleftharpoons}} \begin{matrix} H \\ H \end{matrix}\!\!>C{=}O + H_2O \tag{4.60}$$

als homogene, vorgelagerte Reaktion zurückzuführen sind. Die beobachteten Grenzströme sind wesentlich kleiner als die nach der Ilkovič-Gleichung (2.227) mit einem üblichen Diffusionskoeffizienten des Formaldehyds (etwa $10^{-5}\,cm^2 \cdot sec^{-1}$) zu berechnenden Ströme. Weiterhin zeigen die Grenzströme eine starke $p_H$-Abhängigkeit, wie sie

[1] VESELY, K., u. R. BRDIČKA: Coll. czech. chem. Comm. **12**, 313 (1947).

[2] BRDIČKA, R.: Coll. czech. chem. Comm. **20**, 387 (1955); Chem. listy **48**, 1458 (1954).

[3] BRDIČKA, R.: Z. Elektrochem. **59**, 787 (1955).

[4] BIEBER, R., u. G. TRUMPLER: Helv. chim Acta **30**, 706 (1947).

auch von F. G. JAHODA[5], A. WINKEL u. G. PROSKE[6] und M. J. BOYD u. K. BAMBACH[7] festgestellt wurden. Die Ströme sind proportional[5,7] der Formaldehydkonzentration in gepufferten Lösungen*. Abb. 185 zeigt die von R. BRDIČKA gefundene $p_H$-Abhängigkeit.

R. BRDIČKA[2,3] hat die Geschwindigkeitskonstante $k$ der Dehydratation nach der Methode von J. KOUTECKY[8] [Gl. (2.344)] mit Tab. 7 auf Grund der Differentialgleichung (2. 337)

$$k = k_{H_2O} + k_{OH^-} \cdot [OH^-] + k_B \cdot [H_2BO_3] \tag{4.61}$$

berechnet. Da das Gleichgewicht[9] $K = [CH_2O]/[CH_2(OH)_2] = k/k' \approx \approx 10^{-4}$ nicht genau bekannt ist, konnte R. BRDIČKA nur die Werte von $K \cdot k_{H_2O} = 1{,}5 \cdot 10^{-5}$ [sec$^{-1}$], $K \cdot k_{OH^-} = 0{,}58$ [l · Mol$^{-1}$ sec$^{-1}$] und $K \cdot k_B = 1{,}3 \cdot 10^{-3}$ [l · Mol$^{-1}$ sec$^{-1}$] angeben. Auch in ungepufferten Lösungen, in denen sich der $p_H$-Wert mit Ablauf der Reaktion während der Tropfzeit ändert, konnte R. BRDIČKA[2, 3] volle Übereinstimmung mit der Vorstellung einer vorgelagerten Dehydratation des Methylenglykols feststellen.

Die Elektrodenbruttoreaktion (4.59) setzt sich somit aus der Reaktionsfolge

$$CH_2(OH)_2 \rightarrow CH_2O + H_2O \tag{4.59a}$$

$$CH_2O + 2\,H^+ + 2e^- \rightarrow CH_3OH \tag{4.59b}$$

zusammen. Die Kinetik der elektrochemischen Reaktion (4.59b) mit 2 übergehenden Elektronen ist noch ungeklärt.

## § 137. Reaktionsbedingte polarographische Ströme bei vorgelagerter chemischer Reaktion

Untersuchungen reaktionsbedingter polarographischer Ströme wurden vielfach zur Bestimmung von Geschwindigkeitskonstanten ausgewertet[1]. Es handelt sich hierbei bevorzugt um die saure Dissoziation und Rekombination der Ionen schwacher organischer Säuren. Die *undissoziierte organische Molekel* HA ist nach R. BRDIČKA u. K. WIESNER[2, 3] im allgemeinen bereits bei einem *positiveren Potential reduzierbar*

---

[5] JAHODA, F. G.: Coll. czech. chem. Comm. **7**, 415 (1935).

[6] WINKEL, A., u. G. PROSKE: Ber. dtsch. chem Ges. **69**, 693, 1917 (1936); **71**, 1785 (1938).

[7] BOYD, M. J., u. K. BAMBACH: Ind. Erg. Chem. Anal. **15**, 314 (1943).

* In ungepufferter Lösung (KCl) sind die Grenzströme nach [5] und [2] proportional $c^2$.

[8] KOUTECKY, J.: Chem. listy **47**, 323 (1953); Coll. czech. chem. Comm. **18**, 597 (1953).

[9] Aus ultraviolett-spektrographischen Messungen von R. BIEBER u. G. TRÜMPLER: Helv. chim. Acta **30**, 706 (1947). — Vgl. auch S. A. SCHOU: J. Chim. Phys. **26**, 70 (1929) und J. H. HIBBEN: J. Am. Soc. **53**, 2418 (1931).

[1] Zusammenfassend berichtet hierüber R. BRDIČKA: Coll. czech. chem. Comm. **19**, 41 (1954).

[2] BRDIČKA, R., u. K. WIESNER: Coll. czech. chem. Comm. **12**, 138 (1947); Chem. listy **40**, 66 (1946).

[3] BRDIČKA, R.: Coll. czech. chem. Comm. **12**, 212 (1947); Chem. listy **40**, 232 (1946).

als das Anion $A^-$. Bei entsprechend größerem $p_H$-Wert kann aber auch bei einer schwachen Säure die Konzentration ($\bar{c}$) der undissoziierten Molekel HA sehr klein gegenüber der Anionenkonzentration ($\bar{c}_j$) werden, so daß die Reduktion von HA bei reiner Diffusion nur einen sehr kleinen polarographischen Grenzstrom geben würde. Wenn aber innerhalb einer an der Oberfläche anliegenden Reaktionsschicht durch Rekombination $H^+ + A^- \rightarrow HA$ die reduzierbaren Molekel HA genügend schnell nachgebildet werden, kann der Strom wesentlich größere Werte $I_r$ annehmen.

Die Bildungsgeschwindigkeit $v$ der undissoziierten Molekel HA sei

$$v = \frac{d\,[HA]}{dt} = k_{rek} \cdot [H^+] \cdot [A^-] - k_{dis} \cdot [HA]\,. \tag{4.62}$$

In einem ausreichend gepufferten Elektrolyten kann der $p_H$-Wert, also $[H^+]$ als konstant angesehen werden, so daß in der Gl. (2.336) $v = k_j c_j - k \cdot c$ die Größe $k_j = k_{rek} \cdot [H^+]$ gesetzt werden kann. Entsprechend ist die Gleichgewichtskonstante dieser Reaktion $K = k_j/k = k_{rek} \cdot [H^+]/k_{dis} = [H^+]/K_s$ mit $K_s = [H^+] \cdot [A^-]/[HA]$ = Säuredissoziationskonstante. Die Geschwindigkeitskonstante $k = k_{dis}$ der Dissoziation ist dann aus Gl. (2.356) nach

$$k_{dis} = \frac{1{,}52 \cdot K_s^2}{M^2 \cdot \vartheta} \cdot \left( \frac{\bar{I}_r}{(\bar{I}_d - \bar{I}_r) \cdot [H^+]} \right)^2 \, * \tag{4.63}$$

mit

$$\bar{I}_d = -\,6{,}07 \cdot 10^4 \cdot \frac{n}{v} \cdot ([A^-] + [HA]) \cdot D^{*1/2} \cdot m^{2/3} \cdot \vartheta^{1/6}$$

$$D^* = D_{HA} \cdot \frac{1 + D_A \cdot [H^+]/D_{HA} K_s}{1 + [H^+]/K_s} \tag{4.63a}$$

$$M = \frac{D_{HA}/D_A + [H^+]/K_s}{1 + [H^+]/K_s} \cdot \sqrt{\frac{D_{HA}}{D_A}} \tag{4.63b}$$

zu ermitteln.

Da im allgemeinen auch die Anionen $A^-$, allerdings bei einem negativeren Potential als die undissoziierte Molekel HA, reduziert werden, steigt im Bereich dieses negativeren Potentials der polarographische Strom unter unmittelbarer Reduktion der Anionen erneut an, bis der gemeinsame Diffusionsgrenzstrom $\bar{I}_d$ von $[A^-] + [HA]$ erreicht wird. Abb. 186 zeigt derartige zweistufige Polarogramme von Brenztraubensäure nach R. Brdička[3] u. J. Koutecky[4] in Abhängigkeit vom gepufferten $p_H$-Wert mit der Elektrodenbruttoreaktion $CH_3 \cdot CO \cdot COOH + 2\,H^+ + 2\,e^- \rightarrow CH_3 \cdot CHOH \cdot COOH$ als Beispiel. Aus diesen Polarogrammen können sowohl $\bar{I}_r$ als auch $\bar{I}_d$ entnommen werden, so daß nach Gl. (4.63) die Geschwindigkeitskonstante $k_{dis}$ der Dissoziation ermittelt werden kann. Unter Verwendung der Dissoziationskonstante $K_s = k_{dis}/k_{rek} = [H^+] \cdot [A^-]/[HA]$ ist somit auch die bimolekulare Geschwindigkeitskonstante $k_{rek}$ der Rekombination bestimmbar.

* Es ist $1{,}52 = 100/21\,\pi$.

[4] Koutecky, J., u. R. Brdička: Coll. czech. chem. Comm. **12**, 337 (1947).

Die $p_H$-Abhängigkeit des reaktionsbedingten Grenzstromes $\bar{I}_r$ zeigt an dem Beispiel der Brenztraubensäure die Abb. 187. Nach Gl. (4.63) bzw. Gl. (2.356) muß

$$\frac{\bar{I}_r}{\bar{I}_d - \bar{I}_r} = 0{,}812 \cdot \frac{M}{K_s} \cdot \sqrt{k_{dis} \cdot \vartheta} \cdot [H^+] \qquad (4.64)$$

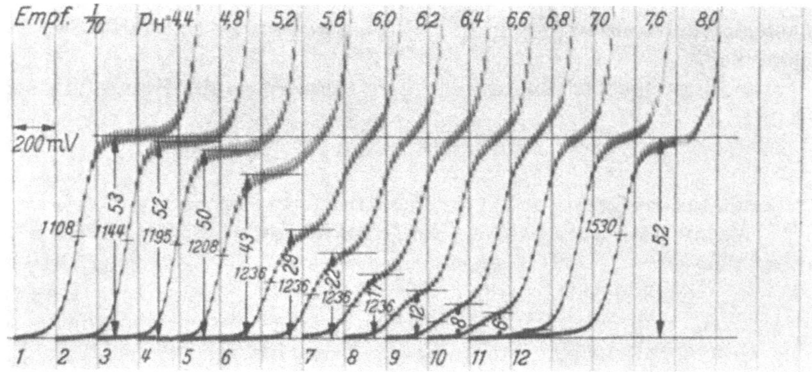


Abb. 186. Polarographische Reduktion von $4{,}5 \cdot 10^{-4}$ m Brenztraubensäure ($CH_3CO\ COOH$) in Abhängigkeit vom $p_H$-Wert (3,95 bis 7,73 durch Puffer) mit vorgelagerter Rekombination der Ionen zur undissoziierten Molekel. Der Grenzstrom für die Reduktion der undissoziierten Molekel ist markiert [nach R. BRDIČKA: Coll. czech. chem. Comm. **12**, 212 (1947)]

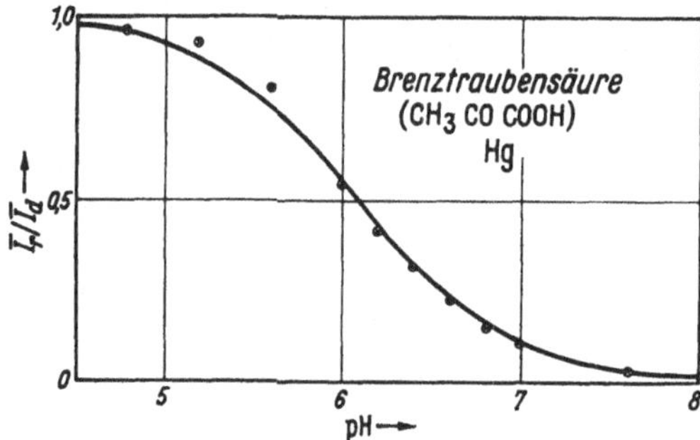


Abb. 187. Die polarographischen Grenzströme $\bar{I}_r$ bei der Reduktion der undissoziierten Form der Brenztraubensäure ($4{,}5 \cdot 10^{-4}$ m Gesamtkonz.) in Abhängigkeit vom pH-Wert als Folge der vorgelagerten gehemmten Rekombinationen der Ionen. (Polarogramme Abb. 186) Kurve nach der Theorie von J. KOUTECKY Gl. (4.64) mit $k_{dis} = 1{,}82 \cdot 10^{+7}$ [$sec^{-1}$], $K_s = 4 \cdot 10^{-3}$ [mol · $l^{-1}$] und $M \cdot \sqrt{\vartheta} = 1{,}75$ berechnet

proportional der $H^+$-Konzentration sein, wie es die ausgezogene Kurve in Abb. 187 zeigt.

Von R. BRDIČKA[5] wurden aus älteren und neueren Messungen reaktionsbedingter polarographischer Grenzströme und deren $p_H$-Abhängigkeit eine größere Zahl von Geschwindigkeitskonstanten der Dissoziation und Rekombination berechnet, die in Tab. 11 aufgeführt werden. Ein Beispiel für solche Berechnungen ist die in § 136 behandelte Reduktion des Formaldehyds[6, 7] bei vorgelagerter Dehydratation des hydratisierten Formaldehyds.

---

[5] BRDIČKA, R.: Coll. czech. chem. Comm. **19**, 41 (1954).

[6] VESELY, K., u. R. BRDIČKA: Coll. czech. chem. Comm. **12**, 313 (1947). — BRDIČKA, R.: Coll. czech. chem. Comm. **20**, 387 (1955); Chem. listy **48**, 1458 (1954); Z. Elektrochem. **59**, 787 (1955). — BIEBER, R., u. G. TRÜMPLER: Helv. chim. Acta **30**, 706 (1947).

[7] BRDIČKA, R.: Chem. zvesti **10**, 670 (1954).

Tabelle 11. *Geschwindigkeitskonstanten der Dissoziation ($k_{dis}$) und der Rekombination ($k_{rek}$) von Säuren nach der Methode von* J. KOUTECKY[8] *aus den reaktionsbedingten polarographischen Grenzströmen von* R. BRDIČKA[5] *berechnet.* $K_s$ = *Dissoziationskonstante*

| Saure | $k_{rek}$ ($mol^{-1} l \cdot sec^{-1}$) | $k_{dis}$ ($sec^{-1}$) | $K_s$ ($mol \cdot l^{-1}$) | Lit. |
|---|---|---|---|---|
| Trimethylbrenztraubensäure . . . . | $5{,}7 \cdot 10^{6}$ | $2{,}9 \cdot 10^{4}$ | $5 \cdot 10^{-3}$ | 9 |
| Brenztraubensäure . . . . . . . . | $7{,}08 \cdot 10^{8}$ | $2{,}24 \cdot 10^{6}$ | $3{,}2 \cdot 10^{-3}$ | 9 |
| Brenztraubensäure . . . . . . . . | $4{,}58 \cdot 10^{9}$ | $1{,}82 \cdot 10^{7}$ | $4 \cdot 10^{-3}$ | 3, 4 |
| Phenylbrenztraubensäure . . . . . | $2{,}57 \cdot 10^{10}$ | $5{,}37 \cdot 10^{7}$ | $2{,}1 \cdot 10^{-3}$ | 10 |
| Diphenylbrenztraubensäure . . . . | $6{,}6 \cdot 10^{10}$ | $1{,}10 \cdot 10^{8}$ | $1{,}7 \cdot 10^{-3}$ | 10 |
| 3,4-Dimethoxy-Brenztraubensäure . | $5{,}76 \cdot 10^{11}$ | $4{,}60 \cdot 10^{8}$ | $8 \cdot 10^{-4}$ | 10 |
| Phenylglyoxylsäure. . . . . . . . | $1{,}15 \cdot 10^{12}$ | $7{,}20 \cdot 10^{10}$ | $6 \cdot 10^{-2}$ | 3, 4 |
| cis-$\beta$-Acetylacrylsäure . . . . . . | $3{,}87 \cdot 10^{9}$ | $1{,}06 \cdot 10^{5}$ | $2{,}8 \cdot 10^{-5}$ | 11 |
| trans-$\beta$-Acetylacrylsäure . . . . . | $2{,}93 \cdot 10^{11}$ | $7{,}90 \cdot 10^{7}$ | $2{,}7 \cdot 10^{-4}$ | 11 |
| Nicotinsäure ($\beta$) . . . . . . . . . | $1{,}42 \cdot 10^{8}$ | $2{,}53 \cdot 10^{3}$ | $1{,}8 \cdot 10^{-5}$ | 12 |
| Picolinsäure ($\alpha$) . . . . . . . . . | $8{,}67 \cdot 10^{10}$ | $3{,}08 \cdot 10^{5}$ | $3{,}5 \cdot 10^{-6}$ | 12 |
| Isonicotinsäure ($\gamma$) . . . . . . . . | $2{,}06 \cdot 10^{11}$ | $2{,}59 \cdot 10^{6}$ | $8 \cdot 10^{-5}$ | 12 |
| Maleinsäure . . . . . . . . . . . | $2{,}0 \cdot 10^{10}$ | $2{,}8 \cdot 10^{8}$ | $1{,}4 \cdot 10^{-2}$ | 13 |
| Citraconsäure . . . . . . . . . . | $1{,}2 \cdot 10^{9}$ | $6{,}1 \cdot 10^{6}$ | $5{,}1 \cdot 10^{-3}$ | 13 |
| Fumarsäure . . . . . . . . . . . | $1{,}7 \cdot 10^{9}$ | $1{,}6 \cdot 10^{6}$ | $9{,}5 \cdot 10^{-4}$ | 13 |
| Hydroxylamin . . . . . . . . . | $1{,}94 \cdot 10^{13}$ | $1{,}73 \cdot 10^{7}$ | $8{,}9 \cdot 10^{-7}$ | 14 |
| Nitrosophenylhydroxylamin . . . . | $8{,}3 \cdot 10^{9}$ | $4{,}37 \cdot 10^{5}$ | $5{,}2 \cdot 10^{-5}$ | 15 |
| Hydroxylamin-o-methyläther . . . | $7{,}76 \cdot 10^{11}$ | $1{,}74 \cdot 10^{7}$ | $2{,}2 \cdot 10^{-5}$ | 16 |
| p-Azobenzolmonocarbonsäure . . . | $5{,}5 \cdot 10^{13}$ | $1{,}1 \cdot 10^{9}$ | $2 \cdot 10^{-5}$ | 17 |
| Vinylchloressigsäure . . . . . . . | $8{,}41 \cdot 10^{4}$ | $2{,}43 \cdot 10^{2}$ | $2{,}9 \cdot 10^{-3}$ | 18 |
| Oxalsäure . . . . . . . . . . . | $5{,}5 \cdot 10^{7}$ | $2{,}09 \cdot 10^{6}$ | $3{,}8 \cdot 10^{-2}$ | 19 |
| Phenylglyoxylsaure. . . . . . . . | $3{,}9 \cdot 10^{11}$ | $2{,}3 \cdot 10^{10}$ | $6 \cdot 10^{-2}$ | 20 |

Der reaktionsbedingte Strom bei der Reduktion von Dehydroascorbinsäure wird ebenfalls auf eine vorgelagerte Dehydratation[7, 21] zurückgeführt. J. M. LOS u. K. WIESNER[22, 7] untersuchten die Aufspaltung der Cycloacetalform von d-Glucose und deren Gegenreaktion (Mutarotation). Aus den reaktionsbedingten polarographischen Strömen der Reduktion von Glucose, die an der Aldehydform ($\mu$) angreift, folgen die aus Tab. 12 ersichtlichen Geschwindigkeitskonstanten $k_1$,

[8] KOUTECKY, J.: Coll. czech. chem. Comm. **18**. 597 (1953); Chem. listy **47**, 323 (1953).

[9] ILKOVIČ, D.: Coll. czech. chem. Comm. **6**, 498 (1934); J. chim. phys. **35**, 129 (1938).

[10] CLAIR, E. G., u. K. WIESNER: Nature **165**, 202 (1950).

[11] NIKOLAJENKO, V.: Diss. Karls-Univ. Prag 1952.

[12] VOLKE, J.: Siehe R. BRDIČKA: Coll. czech. chem. Comm. **19**, 41 (1954).

[13] HANUŠ, V., u. R. BRDIČKA: Chem. listy **44**, 291 (1950); Chimija **1**, 28 (1951).

[14] VODRAŽKA, Z.: Chem. listy **45**, 293 (1951).

[15] KOLTHOFF, I. M., u. A. LIBERTI: J. Am. Soc. **70**, 1885 (1948).

[16] VODRAŽKA, Z.: Chem. listy **46**, 210 (1952).

[17] RUETSCHI, R., u. G. TRUMPLER: Helv. chim. Acta **35**, 1957 (1952).

[18] KIRRMANN, A., R. SCHMITZ, P. FEDERLIN u. M. L. DONDON: Bull. soc. chim. France [5] **19**, 612 (1952).

[19] KUTA, J.: Coll. czech. chem. Comm. **21**, 697 (1956); Chem. listy **49**, 1467 (1955).

[20] HANS, W., u. K.-H. HENKE: Z. Elektrochem. **57**, 595 (1953).

[21] ONO, S., M. TAKAGI u. T. WASA: J. Am. Soc. **75**, 4369 (1953).

[22] LOS, J. M., u. K. WIESNER: J. Am. Soc. **75**, 6346 (1953).

$k_1'$, $k_2$, $k_2'$, deren Bedeutung aus dem Reaktionsschema

$$\alpha \underset{k_1'}{\overset{k_1}{\rightleftarrows}} \mu \underset{k_2}{\overset{k_2'}{\rightleftarrows}} \beta \qquad (4.65)$$

hervorgeht. Weiter sind in Tab. 11 die von P. DELAHAY u. J. E. STRASSNER[23, 7] bestimmten Geschwindigkeitskonstanten der Aufspaltung der Cycloacetalform verschiedener anderer Aldosen bei $p_H = 7{,}75$ angegeben.

Tabelle 12. *Geschwindigkeitskonstanten der Aufspaltung der Cycloacetalform von Aldosen aus reaktionsbedingten polarographischen Strömen*

| Substanz | $k$ (sec$^{-1}$) | Literatur |
|---|---|---|
| d-Glucose $\alpha \to \mu$ | $5{,}80 \cdot 10^{-3}$ ($k_1$) | J. M. Los u. K. WIESNER (1953) |
| $\beta \to \mu$ | $1{,}77 \cdot 10^{-3}$ ($k_2$) | |
| $\mu \to \alpha$ | 69 ($k_1'$) | |
| $\mu \to \beta$ | 37 ($k_2'$) | |
| l-Arabinose | 65,5 | P. DELAHAY u. J. E. STRASSNER (1952) |
| d-Xylose | 52,0 | |
| d-Galaktose | 23,2 | |
| Mannose | 14,7 | |
| Dextrose | 6,40 | |

P. DELAHAY u. W. VIELSTICH[24] benutzten für die Bestimmung der Geschwindigkeitskonstanten der Dissoziation und Rekombination von Ameisen- und Essigsäure die Abhängigkeit der Transitionszeit $\tau_r$ bei der Reduktion von Azobenzol unter Verbrauch von $H^+$-Ionen. Nach § 82$\beta$, Gl. (2.416) hängt das Produkt $i\sqrt{\tau_r}$ bei galvanostatischer Versuchsdurchführung linear von der Stromdichte $i$ ab, wenn eine Reaktionshemmung, hier die Nachbildung von $H^+$-Ionen durch Dissoziation, vorliegt. Aus Gl. (2.416) bzw. Gl. (3.19), § 101$\beta$, ist die Geschwindigkeitskonstante aus der Neigung von $i\sqrt{\tau_r}$ gegen $i$ zu bestimmen. P. DELAHAY u. W. VIELSTICH fanden bei Bestätigung von Gl. (2.416) die in Tab. 13 angegebenen Werte für die Geschwindigkeitskonstanten $k_{dis}$ der Dissoziation und $k_{rek}$ der Rekombination in 50% Methanol. Die von M. EIGEN u. J. SCHOEN[25] aus dem sekundären Wien-Effekt für Essigsäure in Wasser gefundenen Werte $k_{rek} = 4{,}5 \cdot 10^{10}$ Mol$^{-1}$ · l · sec$^{-1}$ und $k_{dis} = 8 \cdot 10^5$ sec$^{-1}$ stimmen hiermit gut überein[26].

Tabelle 13. *Geschwindigkeitskonstanten der Dissoziation ($k_{dis}$) und der Rekombination ($k_{rek}$) aus der Stromabhängigkeit der Transitionszeit $\tau_r$ bei Reduktion von Azobenzol in 50% Wasser/50% Methanol nach* P. DELAHAY u. W. VIELSTICH[24]

| Substanz | $k_{rek}$ (Mol$^{-1}$ · l · sec$^{-1}$) | $k_{dis}$ (sec$^{-1}$) | $K_s$ |
|---|---|---|---|
| HCOOH | $1 \cdot 10^9$ | $5.5 \cdot 10^4$ | $5{,}5 \cdot 10^{-5}$ |
| $CH_3COOH$ | $9 \cdot 10^{10}$ | $2{,}9 \cdot 10^5$ | $3{,}3 \cdot 10^{-6}$ |

Aus diesem Abschnitt ist ersichtlich, daß sich die polarographische Behandlung der reaktionsbedingten Grenzströme trotz der recht komplizierten Theorie zu einer einfach zu handhabenden Methode [Gl. (4.64)] für die Ermittlung von Reaktionsgeschwindigkeiten entwickelt hat.

[23] DELEHAY, P., u. J. E. STRASSNER: J. Am. Soc. **74**, 893 (1952).
[24] DELAHAY, P., u. W. VIELSTICH: J. Am. Soc. **77**, 4955 (1955).
[25] EIGEN, M., u. J. SCHOEN: Z. physik. Chem. N. F. **3**, 126 (1955).
[26] Vgl. Berichte vom Internationalen Kolloquium über schnelle Reaktionen, HAHNENKLEE, 1959, in Z. Elektrochem. **64**, 1—204 (1960).

## § 138. Reaktionsbedingte polarographische Ströme bei nachgelagerten chemischen Reaktionen

Die hier zu diskutierenden nachgelagerten chemischen Reaktionen bilden die polarographisch aktive reduzierbare Substanz aus dem primären Reaktionsprodukt zurück. In § 74 wurde dieser Reaktionstyp als Fall A behandelt[1].

I. M. KOLTHOFF u. E. P. PARRY[2] stellten bei der polarographischen *Reduktion von* $Fe^{3+}$ *zu* $Fe^{2+}$ *in Gegenwart von* $H_2O_2$ fest, daß die Stufenhöhe $\bar{I}_d$ bei Potentialen, bei denen noch kein $H_2O_2$ reduziert wird ($\varepsilon_h \sim +0{,}45$ Volt), bei Anwesenheit von $H_2O_2$ viel höher ist. Als hierbei ablaufende Reaktionsfolge muß

$$\begin{gathered} Fe^{3+} + e^- \rightarrow Fe^{2+} \\ Fe^{2+} + \frac{1}{2} H_2O_2 + H^+ \rightarrow Fe^{3+} + H_2O \end{gathered} \tag{4.66}$$

angenommen werden.

Mit dem Reaktionsgeschwindigkeitsansatz

$$\frac{d\,[Fe^{3+}]}{dt} = k \cdot [Fe^{2+}] \cdot [H_2O_2] = k^* [Fe^{2+}] \tag{4.67}$$

folgt nach der exakten Theorie von J. KOUTECKY[3,4] [Gl. (2.350) u. Gl. (2.348)] für das Verhältnis des mittleren Grenzstromes $\bar{I}$ zum reinen diffusionsbedingten Grenzstrom $\bar{I}_d$

$$\frac{\bar{I}}{\bar{I}_d} = 0{,}812 \cdot \sqrt{k \cdot [H_2O_2] \cdot \vartheta}\ ^* . \tag{4.68}$$

Die Übereinstimmung der so aus den Messungen von I. M. KOLTHOFF u. E. P. PARRY[2] und Z. POSPISIL[5] berechneten Geschwindigkeitskonstante

$$k = 75\ [\sec^{-1} \cdot \mathrm{Mol}^{-1} \cdot \mathrm{l}]$$

mit dem anderweitig von J. H. BAXENDALE, M. G. EVANS u. G. S. PARK[6] bestimmten Wert ist befriedigend. Auch die Messungen von P. DELAHAY u. J. STIEHL[7] führen auf einen ähnlichen Wert. Die zuletzt genannten Autoren[7] sowie auch S. L. MILLER[8] haben bereits versucht, die Messungen unter Berücksichtigung des Tropfenwachstums aus-

---

[1] Zusammenfassend berichten hierüber R. BRDIČKA [Coll. czech. chem. Comm. **19**, 41 (1954)] und K. H. HENKE u. W. HANS [Z. Elektrochem. **59**, 676 (1955)].

[2] KOLTHOFF, I. M., u. E. P. PARRY: J. Am. Soc. **73**, 3718 (1951).

[3] KOUTECKY, J.: Coll. czech. chem. Comm. **18**, 311 (1953); Chem. listy **47**, 9 (1953).

[4] KOUTECKY, J.: Coll. czech. chem. Comm. **18**, 597 (1953); Chem. Listy **47**, 323 (1953).

* In Gl. (2.337) werden $k_j = k \cdot [H_2O_2]$ und $k = 0$, so daß $\varkappa = k \cdot [H_2O_2]$ ist. Das zweite Glied von Gl. (2.350) kann vernachlässigt werden, da $\bar{I}/\bar{I}_d \gg 1$ ist.

[5] POSPISIL, Z.: Coll. czech. chem. Comm. **18**, 337 (1953); Chem. listy **47**, 33 (1953).

[6] BAXENDALE, J. H., M. G. EVANS u. G. S. PARK: Trans. Faraday Soc. **42**, 11 (1946).

[7] DELAHAY, P., u. J. STIEHL: J. Am. Soc. **74**, 3500 (1952).

[8] MILLER, S. L.: J. Am. Soc. **74**, 4130 (1952).

zuwerten. Aber erst von J. Koutecky[3] wurde die exakte Methode geschaffen.

Ein anderes Beispiel für eine nachgelagerte Reaktion gibt die von A. Blažek u. J. Koryta[9] untersuchte *Reduktion von* $Ti^{4+}$*-Ionen in Gegenwart von Hydroxylamin.* Die hierbei entstehenden $Ti^{3+}$-Ionen reduzieren das Hydroxylaminion $NH_3OH^+$, wobei sie wieder zum $Ti^{4+}$ aufoxydiert werden, so daß sich ein polarographischer Grenzstrom ausbildet, der von der Reaktionsgeschwindigkeit dieser nachgelagerten Aufoxydation abhängt. Es läuft die Reaktionsfolge

$$\begin{gathered} Ti^{4+} + e^- \rightarrow Ti^{3+} \\ 2\,Ti^{3+} + NH_3OH^+ + 2H^+ \rightarrow 2\,Ti^{4+} + H_2O + NH_4^+ \end{gathered} \tag{4.69}$$

ab[10].

Der Geschwindigkeitsansatz

$$\frac{d\,[Ti^{4+}]}{dt} = k \cdot [Ti^{3+}] \cdot [NH_3OH^+] \tag{4.70}$$

führt nach der Theorie von J. Koutecky[3] auf die der Gl. (4.68) entsprechende Beziehung

$$\frac{\bar{I}}{\bar{I}_d} = 0{,}812 \cdot \sqrt{k \cdot [NH_3OH^+] \cdot \vartheta} \quad * \tag{4.71}$$

für die Stufenhöhe $\bar{I}$.

Aus den Messungen von A. Blažek u. J. Koryta[11] folgt eine Geschwindigkeitskonstante

$$k = 42 \pm 1{,}2\ [\sec^{-1} \cdot \text{Mol}^{-1} \cdot \text{l}],$$

die mit dem Wert sehr gut übereinstimmt, der sich durch Untersuchung des homogenen Reaktionsablaufes zwischen $Ti^{3+}$ und $NH_3OH^+$ ergibt.

Auch die $O_2$*-Reduktion in Gegenwart von Katalase,* wie sie von R. Brdička, K. Wiesner u. K. Schäferna[12] untersucht wurde, ist ein Beispiel für eine nachgelagerte Reaktion, deren Geschwindigkeit für die polarographische Stromdichte maßgebend ist. In der ersten Stufe der polarographischen $O_2$-Reduktion wird $H_2O_2$ gebildet, das durch Katalase in $H_2O$ und $O_2$ zersetzt wird. Es läuft also die Reaktionsfolge

$$O_2 + 2\,H^+ + 2\,e^- \rightarrow H_2O_2 \tag{4.72a}$$

$$H_2O_2 \xrightarrow{\text{Katalase}} H_2O + \frac{1}{2}\,O_2 \tag{4.72b}$$

unter Rückbildung von $1/2\ O_2$ ab, so daß die Gesamtreaktion

$$O_2 + 4\,H^+ + 4\,e^- \rightarrow 2\,H_2O \tag{4.72c}$$

---

[9] Blažek, A., u. J. Koryta: Coll. czech. chem. Comm. **18**, 326 (1953); Chem. listy **47**, 26 (1953).

[10] Davis, P., M. G. Evans u. W. C. Higginson: J. chem. Soc. **1951**, 2563.

* In Gl. (2.337) werden $k_j = k \cdot [NH_3OH^+]$ und $k = 0$, so daß $\varkappa = k \cdot [NH_3OH^+]$ ist. Wegen $\bar{I}/\bar{I}_d \gg 1$ kann das zweite Glied in Gl. (2.350) vernachlässigt werden.

[11] Blazek, A., u. J. Koryta: Coll. czech. chem. Comm. **18**, 326 (1953); Chem. listy **47**, 26 (1953).

[12] Brdička, R., K. Wiesner u. K. Schäferna: Naturw. **31**, 391 (1943).

ist. Bei sehr großer Reaktionsgeschwindigkeit in Gegenwart größerer Katalasekonzentrationen wird also die erste Stufe der $O_2$-Reduktion (4.72c) doppelt so groß wie bei kleinen Reaktionsgeschwindigkeiten [Gl. (4.72a)]. Abb. 188 veranschaulicht diese Verhältnisse.

J. Koutecky, R. Brdička u. V. Hanuš[13] konnten die Diffusions- und Reaktionsvorgänge mit einem Geschwindigkeitsansatz

$$\frac{d\,[H_2O_2]}{dt} = -\,k \cdot [\mathrm{Kat}] \cdot [H_2O_2] \tag{4.73}$$

befriedigend lösen und erhielten für die Reaktionsgeschwindigkeitskonstante $k$ den Wert $k = 1{,}7 \cdot 10^7\,\mathrm{l} \cdot \mathrm{Mol}^{-1} \cdot \mathrm{sec}^{-1}$.

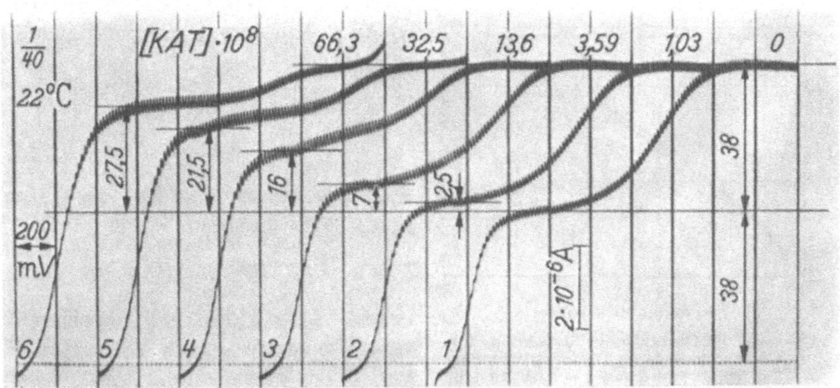


Abb. 188. Einfluß von Katalase auf die polarographische Reduktion von $O_2$ (Luft) in Phosphatpuffer $p_H = 7{,}1$. $m = 3{,}28$ mg/sec, $\vartheta = 2{,}92$ sec [nach J. Koutecky, R. Brdička u. V. Hanuš: Coll. czech. chem. Comm. **18**, 611 (1953)]

Von J. Koutecky u. J. Koryta[14, 15] wurde der Fall einer nachgelagerten *Reaktion 2. Ordnung* behandelt. Bei der polarographischen *Reduktion des Uranylions* $UO_2^{2+}$ stellte sich eine mit der $H^+$-Konzentration steigende Reduktionsstufe heraus. Diesen Befund deuteten P. Herasymenko[16], I. M. Kolthoff u. W. E. Harris[17], D. M. Kern u. E. F. Orlemann[18, 19] sowie F. R. Duke u. M. C. Pinkerton[20], die diese Reaktion untersuchten, durch die Reaktionsfolge

$$UO_2^{2+} + e^- \rightarrow UO_2^+ \tag{4.74a}$$

$$2\,UO_2^+ + H^+ \rightarrow UO_2^{2+} + UOOH^+. \tag{4.74b}$$

---

[13] Koutecky, J., R. Brdička u. V. Hanuš: Coll. czech. chem. Comm. **18**, 611 (1953); Chem. listy **47**, 793 (1953).

[14] Koutecky, J., u. J. Koryta: Coll. czech. chem. Comm. **19**, 845 (1954); Chem. listy **48**, 996 (1954).

[15] Koryta, J., u. J. Koutecky: Coll. czech. chem. Comm. **20**, 423 (1955); Chem. listy **48**, 1605 (1954).

[16] Herasymenko, P.: Trans. Faraday Soc. **24**, 272 (1928).

[17] Kolthoff, I. M., u. W. E. Harris: J. Am. Soc. **68**, 1175 (1946).

[18] Kern, D. M., u. E. F. Orlemann: J. Am. Soc. **71**, 2102 (1949).

[19] Orlemann, E. F., u. D. M. Kern: J. Am. Soc. **75**, 3058 (1953).

[20] Duke, F. R., u. M. C. Pinkerton: J. Am. Soc. **73**, 2361 (1951).

Das Disproportionierungsgleichgewicht ist hierbei weit nach rechts zur U(4)- bzw. U(6)-Verbindung verschoben[17].

Durch die Reaktion (4.74b) wird das Uranylion $UO_2^{2+}$ zurückgebildet, so daß hierdurch der polarographische Grenzstrom $\bar{I}$ größer wird als der der Reaktion (4.74a) allein entsprechende reine Diffusionswert $\bar{I}_d$. Auf Grund der Theorie von J. KOUTECKY u. J. KORYTA[14] für nachgelagerte Reaktionen 2. Ordnung kann

$$\frac{\bar{I}}{\bar{I}_d} = 1 + \sum_{i=1}^{\infty} D_i \cdot \zeta^i \quad \text{und} \quad \zeta = 2 \cdot \bar{c}_0 \cdot k \cdot \vartheta \tag{4.75}$$

als Potenzreihe von $\zeta$ entwickelt werden. $k$ entspricht dabei der Geschwindigkeitskonstante in Gl. (2.357). Mit dem Geschwindigkeitsansatz

$$\frac{d[UO_2^{2+}]}{dt} = + k_0 \cdot [UO_2^+]^2 \cdot [H^+] \tag{4.76}$$

wird $k = k_0 \cdot [H^+]$, so daß der Parameter $\zeta$ die Form

$$\zeta = 2 \cdot k_0 \cdot [UO_2^{2+}] \cdot [H^+] \cdot \vartheta \tag{4.77}$$

erhält. Abb. 189 stellt experimentelle Werte von $\bar{I}/\bar{I}_d$ in Abhängigkeit von $\zeta$ bei Variation der Uranylkonzentration $[UO_2^{2+}]$ sowie auch des $p_H$-Wertes und der Tropfzeit $\vartheta$ dar. Die Kurve wurde nach Gl. (4.75) mit $k_0 = 1{,}43 \cdot 10^2$ [$l^2 \cdot Mol^{-2} \cdot sec^{-1}$] berechnet. Der von KERN und ORLEMANN[18] aus dem Verlauf der homogenen Reaktion ermittelte Wert ist $k_0 = 0{,}98 \cdot 10^2$ [$l^2 \cdot Mol^{-2} \cdot sec^{-1}$].

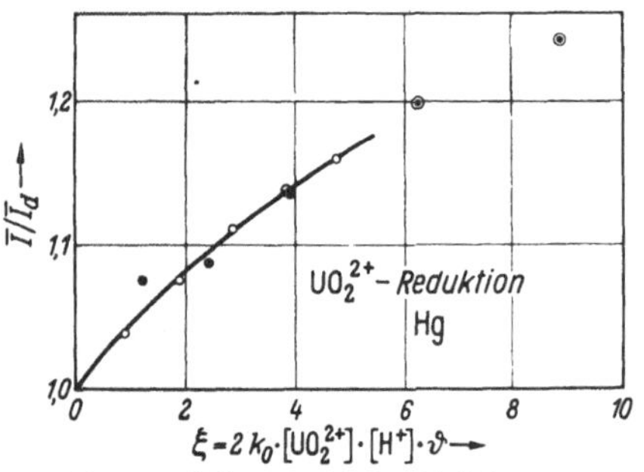

Abb. 189. Polarographische Reduktion von $UO_2^{2+}$ mit nachgelagerter Disproportionierung in 0,5 m $ClO_4^-$. ○: $[UO_2^{2+}] = 8{,}04 \cdot 10^{-3}$ m; $\vartheta = 4{,}2$ sec; var. $[H^+]$; ●: $[H^+] = 0{,}5$ m; $\vartheta = 4{,}2$ sec; var. $[UO_2^{2+}]$, ⊙: $[UO_2^{2+}] = 8{,}04 \cdot 10^{-3}$ m; $[H^+] = 0{,}5$ m; var. $\vartheta$ [nach J. KORYTA u. J. KOUTECKY: Coll. czech. chem. Comm. **20**, 423 (1955)]

## b) Wasserstoffelektrode

### § 139. Reaktionsmechanismen der Wasserstoffelektrode

Die am meisten untersuchte Elektrode ist ohne Zweifel die Wasserstoffelektrode, deren Elektrodenbruttoreaktion

$$H_2 \leftrightarrows 2\,H^+ + 2e^- \tag{4.78}$$

ist. Da sowohl die oxydierte Substanz $H^+$ als auch der reduzierte Stoff $H_2$ im Elektrolyten gelöst sind und das Elektrodenmetall nicht an dem Bruttovorgang [Gl. (4.78)] beteiligt ist, muß die *Wasserstoffelektrode als eine Redoxelektrode* angesehen werden*.

* Da eine etwa $0{,}8 \cdot 10^{-3}$ molare wäßrige $H_2$-Lösung bereits einen Partialdruck von 1 Atm besitzt, wird die Wasserstoffelektrode vielfach als *Gaselektrode* bezeichnet. Dieser Ausdruck soll hier nicht verwendet werden.

Die grundlegenden Gesetze und Vorstellungen über die Elektrodenkinetik wurden an der Wasserstoffelektrode entwickelt (Tafel[1], Erdey-Gruz u. Volmer[2], Frumkin[3]) und geprüft. Leider muß die Wasserstoffelektrode gerade als ein besonders kompliziertes Beispiel angesehen werden. Hierin mag wohl auch der Grund für die verhältnismäßig langsame Entwicklung der Elektrodenkinetik liegen.

Im wesentlichen werden *zwei verschiedene Reaktionsmechanismen* diskutiert, die experimentell als erwiesen gelten können. Als erster sei der *Volmer-Tafelsche Mechanismus** 

$$H^+ \cdot aq + e^- \leftrightharpoons H \quad \text{(Volmer-Reaktion)} \tag{4.79}$$

$$H + H \leftrightharpoons H_2 \quad \text{(Tafel-Reaktion)} \tag{4.80}$$

genannt. In kathodischer Richtung läuft hierbei zuerst die *Volmer-Reaktion* (4.79) ab, deren wichtigste Gesetzmäßigkeiten zuerst von T. Erdey-Gruz u. M. Volmer[2] erkannt wurden, und die als eine reine Durchtrittsreaktion anzusehen ist. Es wird hierbei das hydratisierte oder allgemeiner das solvatisierte Wasserstoffion durch ein Metallelektron zu atomarem Wasserstoff entladen, der auf der Metalloberfläche adsorbiert bleibt. Unter Umständen, vorwiegend in alkalischer Lösung, ist die Volmer-Reaktion nach

$$H_2O + e^- \leftrightharpoons H + OH^- \cdot aq \tag{4.79a}$$

zu modifizieren.

An die Volmer-Reaktion, in der atomarer Wasserstoff gebildet wird, schließt sich die bereits von Tafel[1] diskutierte Rekombinationsreaktion (4.80) des adsorbierten atomaren Wasserstoffs zu molekularem Wasserstoff an. Reaktion (4.80) wird daher als *Tafel-Reaktion* bezeichnet und ist eine rein chemische Reaktion, deren Hemmung zu einer Reaktionsüberspannung führt.

Der zweite häufig diskutierte Reaktionsmechanismus der Wasserstoffelektrode wird als *Volmer-Heyrowsky-Mechanismus* bezeichnet. An die Volmer-Reaktion (4.79) schließt sich dabei eine zuerst von Heyrowsky[4] vorgeschlagene und nach ihm benannte Reaktion (4.81) an, so daß die Reaktionsfolge

$$H^+ \cdot aq + e^- \leftrightharpoons H \quad \text{(Volmer-Reaktion)} \tag{4.79}$$

$$H^+ \cdot aq + H + e^- \leftrightharpoons H_2 \quad \text{(Heyrowsky-Reaktion)} \tag{4.81}$$

abläuft. Die *Heyrowsky-Reaktion* besteht bei kathodischer Stromrichtung in der Entladung eines hydratisierten oder solvatisierten Wasserstoffions an einem auf der Metalloberfläche bereits adsorbierten Wasserstoffatom unter Bildung von molekularem Wasserstoff, der hierauf desorbiert wird. Die Heyrowsky-Reaktion ist also wie die Volmer-Reaktion eine Durchtrittsreaktion. Diese später auch von F. P. Bowden

[1] Tafel, J.: Z. physik. Chem. **50**, 641 (1905).
[2] Erdey-Gruz, T., u. M. Volmer: Z. physik. Chem. **A 150**, 203 (1930).
[3] Frumkin, A.: Z. physik. Chem. **A 160**, 116 (1932); **A 164**, 121 (1933); Acta physicochim. USSR **7**, 475 (1937).
* Dieser Mechanismus tritt offenbar nur selten auf.
[4] Heyrowsky, J.: Rec. Trav. Chim. Pays-Bas **46**, 582 (1927).

u. E. K. RIDEAL[5] und T. ERDEY-GRUZ u. M. VOLMER[2] vorgeschlagene Reaktion wird von J. HORIUTI u. G. OKAMOTO[6] als „elektrochemische Reaktion"* bezeichnet und von A. FRUMKIN[7] einer ausführlichen Diskussion unterzogen.

Die Heyrowsky-Reaktion kann ebenso wie die Volmer-Reaktion (4.79a) von Wassermolekeln ausgehen, was vor allem in alkalischen Elektrolyten stattfinden wird. In diesem Fall wäre sie durch

$$H_2O + H + e^- \leftrightharpoons H_2 + OH^- \qquad (4.81\,a)$$

zu beschreiben. Es hängt vorwiegend von dem verwendeten Elektrodenmetall, aber auch von den sonstigen Versuchsbedingungen ab, welcher der beiden genannten Mechanismen abläuft.

Als weiterer Effekt, der neben den Diffusionsvorgängen einen Einfluß auf die Überspannung ausüben kann, sei noch die Desorption bzw. Adsorption des molekularen $H_2$ genannt. Auch diese Hemmung wird noch näher diskutiert werden.

## § 140. Theoretische Abhängigkeit der Wasserstoffüberspannung von der Stromdichte

Zunächst sollen für die verschiedenen Reaktionen und Mechanismen die theoretischen Grundlagen behandelt werden, wie sie sich auf Grund der experimentellen Untersuchung der Wasserstoffüberspannung ergeben haben. Erst danach werden die umfangreichen experimentellen Ergebnisse anhand dieser theoretischen Gesichtspunkte diskutiert.

### α) *Die Volmer-Reaktion*

Die Volmer-Reaktion Gl. (4.79) bzw. Gl. (4.79a) ist eine *reine Durchtrittsreaktion*. Wenn keine der vorangehenden oder folgenden Teilreaktionen wesentlich gehemmt ist, besteht zwischen dem Potential der stromdurchflossenen Elektrode und der Stromdichte die Beziehung Gl. (2.13), deren Anwendung auf die Durchtrittsreaktion Gl. (4.79) die Stromdichte

$$i = k_+ \cdot [H] \cdot \exp\left(\frac{\alpha_V F}{RT}\varepsilon\right) - k_- \cdot [H^+] \cdot \exp\left(-\frac{(1-\alpha_V)F}{RT}\varepsilon\right) \qquad (4.82)$$

ergibt. $\alpha_V$ ist der Durchtrittsfaktor der Volmer-Reaktion. Die Gleichung (4.82) ist die grundlegende von T. ERDEY-GRUZ u. M. VOLMER[1,2] aufgestellte Beziehung, die später allgemein auf alle Durchtrittsreaktionen übertragen wurde. [H] ist die Oberflächenkonzentration des

[5] BOWDEN, F. P., u. E. K. RIDEAL: Proc. Roy. Soc. **120 A**, 59 (1928). spez. S. 78.

[6] HORIUTI, J., u. G. OKAMOTO: Sci. Pap. Inst. Phys. Chem. Res. (Tokyo) **28**, 231 (1936).

* Dieser Ausdruck soll hier nicht verwendet werden, da alle Durchtrittsreaktionen elektrochemische Reaktionen sind.

[7] FRUMKIN, A.: Acta physicochim. USSR **7**, 475 (1937).

[1] ERDEY-GRUZ, T., u. M. VOLMER: Z. physik. Chem. **150 A**, 203 (1930).

[2] Erst von A. N. FRUMKIN [Z. physik. Chem. **164 A**, 121 (1933)] wurde die Beziehung $\alpha_2 = 1 - \alpha_1$ eingeführt.

atomaren Wasserstoffs, die dem *Bedeckungsgrad* $\theta$ proportional zu setzen ist.

Für größere Bedeckungsgrade $\theta$, die nicht mehr klein gegen eins sind, muß Gl. (4.82) nach A. N. FRUMKIN u. N. ALADJALOWA[3] noch etwas modifiziert werden. Die kathodische Reaktion $H^+ + e^- \rightarrow H$ findet bei Voraussetzung der Volmer-Reaktion* nur an den von adsorbierten Wasserstoffatomen nicht besetzten Oberflächenstellen statt, deren Anteil $1-\theta$ ist. In Gl. (4.82) muß daher in das kathodische Glied noch dieser Faktor $1-\theta$ aufgenommen werden, so daß die Stromspannungsbeziehung genauer

$$i = k_+ \cdot \theta \cdot \exp\left(\frac{\alpha_V F}{RT}\varepsilon\right) - k_- \cdot [H^+] \cdot (1-\theta) \cdot \exp\left(-\frac{(1-\alpha_V)F}{RT}\varepsilon\right) \tag{4.82a}$$

lauten muß**.

Für die Volmer-Reaktion nach Gl. (4.79a) $H_2O + e^- \leftrightarrows H + OH^- \cdot aq$ geht Gl. (2.13) in die Beziehung

$$i = k_+ \cdot [H] \cdot [OH^-] \cdot \exp\left(\frac{\alpha_V F}{RT}\varepsilon\right) - k_- \cdot [H_2O] \cdot \exp\left(-\frac{(1-\alpha_V)F}{RT}\varepsilon\right) \tag{4.83}$$

über. Bei genauerer Berücksichtigung des Bedeckungsgrades ergibt sich analog zu Gl. (4.82a)

$$\begin{aligned} i = k_+ \cdot \theta \cdot [OH^-] \cdot \exp\left(\frac{\alpha_V F}{RT}\varepsilon\right) - \\ - k_- \cdot [H_2O] \cdot (1-\theta) \cdot \exp\left(-\frac{(1-\alpha_V)F}{RT}\varepsilon\right) \end{aligned} \tag{4.83a}$$

Alle vier Gleichungen (4,82), (4.82a), (4.83) und (4.83a) gehen bei Einführung der Austauschstromdichte $i_0$ nach Gl. (2.15) in die Beziehung

$$\boxed{i = i_{0,V} \cdot \left[\exp\left(\frac{\alpha_V F}{RT}\eta\right) - \exp\left(-\frac{(1-\alpha_V)F}{RT}\eta\right)\right]} \tag{4.84}$$

für die Stromdichteabhängigkeit der Überspannung $\eta$ über, wenn $\theta = \theta_0 =$ konst bleibt. Muß dagegen die Abhängigkeit des Bedeckungsgrades $\theta$ von $i$ berücksichtigt werden, so folgt aus Gl. (4.82a) bzw. Gl. (4.83a)

$$\boxed{i = i_{0,V} \left[\frac{\theta}{\theta_0} \cdot \exp\left(\frac{\alpha_V F}{RT}\eta\right) - \frac{1-\theta}{1-\theta_0} \cdot \exp\left(-\frac{(1-\alpha_V)F}{RT}\eta\right)\right]} \tag{4.84a}$$

Die Austauschstromdichte $i_{0,V}$ hat für die beiden Reaktionen Gl. (4.79) und Gl. (4.79a) verschiedene Werte und Eigenschaften, insbesondere bezüglich der Abhängigkeit vom $p_H$-Wert und $\zeta$-Potential. Der Durchtrittsfaktor der Volmer-Reaktion $\alpha_V$ kann für die Reaktionen (4.79) und (4.79a) verschiedene Werte haben.

[3] FRUMKIN, A. N., u. N. ALADJALOWA: Acta physicochim. USSR **19**, 1 (1944); s. a. P. DOLIN u. B. ERSHLER: Acta physicochim. USSR **13**, 747 (1940).

* Diese Bedingung gehört zur Definition der Volmer-Reaktion.

** Die Berücksichtigung des $\zeta$-Potentials erfolgt in § 142.

### β) *Die Tafel-Reaktion*

Die Tafel-Reaktion (4.80) ist definitionsgemäß eine *rein chemische Reaktion*, deren Reaktionsgeschwindigkeitskonstante nicht vom Elektrodenpotential abhängt. Wenn alle der Tafel-Reaktion vorangehenden oder folgenden Teilreaktionen ungehemmt ablaufen, führt die Hemmung der Tafel-Reaktion auf eine *reine Reaktionsüberspannung* $\eta_r$, die sich nach § 69 aus Gl. (2.269) ableiten läßt. In der H-Atome bildenden, jetzt als nichtgehemmt angesehenen Volmer-Reaktion* [Gl. (4.79) bzw. Gl. (4.79a)] ist $\nu = -1$ (H = reduzierter Stoff) bei $n = 1$. Die Reaktionsordnung für die Abreaktion der Wasserstoffatome soll wie bei J. TAFEL[1] $p = 2$ gesetzt werden. Mit diesen Werten folgt aus Gl. (2.269) für die Wasserstoffüberspannung

$$\boxed{\eta_r = -\frac{RT}{2F}\ln\left(1-\frac{i}{i_r}\right)} \tag{4.85}$$

Diese Beziehung wurde erstmals von L. P. HAMMETT[2] angegeben, nachdem schon von J. TAFEL[1] auf der genannten Grundlage für $-i \gg i_r$ die vereinfachte „*Tafelsche Gleichung*"

$$\eta_r = \frac{RT}{2F}\ln i_r - \frac{RT}{2F}\ln|i| = a + b\cdot\log|i| \tag{4.86}$$

abgeleitet wurde. Gl. (4.86) berücksichtigt im Gegensatz zu Gl. (4.85) nicht die anodische Teilreaktion (Dissoziation von $H_2$), die sich in der Nähe des Gleichgewichtspotentials ($|i| \ll i_r$) und besonders bei anodischen Strömen bemerkbar macht. $i_r$ ist eine anodische Reaktionsgrenzstromdichte, die der Dissoziationsgeschwindigkeit des molekularen Wasserstoffs in die adsorbierten Atome entspricht. Die Neigung der logarithmischen Geraden $\eta$ ($\log i$) ist bei 25° C $b = -29{,}6$ mV im Gegensatz zur Volmerschen Durchtrittshemmung mit $b = 59{,}2/(1-\alpha) = 118{,}4$ mV bei $\alpha = 0{,}5$.

Wichtig ist in diesem Zusammenhang noch die Überlagerung dieser Reaktionsüberspannung $\eta_r$ mit der Diffusionsüberspannung $\eta_d$, die durch eine Diffusionshemmung des molekularen Wasserstoffs verursacht wird. Wenn Reaktionshemmung nicht vorliegt, tritt nach Gl. (2.93) nur Diffusionsüberspannung

$$\eta_d = -\frac{RT}{2F}\ln\left(1-\frac{i}{i_d}\right) \tag{4.87}$$

auf, da die Konzentration $c_{H_2}$ des molekularen Wasserstoffs vor der Oberfläche nach

$$c_{H_2} = \bar{c}_{H_2}\cdot\left(1-\frac{i}{i_d}\right) \tag{4.88}$$

* Die Volmer-Reaktion ist hier die Elektrodenteilreaktion.

[1] TAFEL, J.: Z. physik. Chem. **50**, 641 (1905).

[2] HAMMETT, L. P.: J. Am. Soc. **46**, 7 (1924). Statt $i_r$ verwendet HAMMETT die Bezeichnung $k\cdot a_{H_2}$. Auch C. A. KNORR u. A. SCHWARTZ [Z. Elektrochem. **40**, 38 (1934)] geben eine gleichartige Form an.

von der Stromdichte $i$ abhängt. $i_d$ ist die Diffusionsgrenzstromdichte des molekularen Wasserstoffs.

Wenn außerdem eine Reaktionshemmung auftritt, kommt noch additiv ein Anteil von Reaktionsüberspannung nach Gl. (4.85) hinzu. Es ist hierbei zu berücksichtigen, daß die in Gl. (4.85) auftretende Reaktionsgrenzstromdichte $i_r$ der stromabhängigen Wasserstoffkonzentration $c_{H_2}$ proportional ist, so daß nach Gl. (4.88) die Beziehung

$$i_r = k \cdot c_{H_2} = k \cdot \bar{c}_{H_2} \cdot \left(1 - \frac{i}{i_d}\right) = \bar{i}_r \cdot \left(1 - \frac{i}{i_d}\right) \tag{4.89}$$

gilt. Aus Gl. (4.85), Gl. (4.89) und Gl. (4.87) ergibt sich

$$\eta_d + \eta_r = -\frac{RT}{2F} \cdot \ln\left(1 - \frac{i}{i_d}\right) - \frac{RT}{2F} \cdot \ln\left(1 - \frac{i}{\bar{i}_r \cdot \left(1 - \frac{i}{i_d}\right)}\right) \tag{4.90}$$

und nach Umrechnung die von M. Loschkarew u. O. Essin[3] und von M. Breiter u. R. Clamroth[4] angegebene Form

$$\boxed{\begin{aligned} &\eta_d + \eta_r = -\frac{RT}{2F} \cdot \ln\left(1 - \frac{i}{i_s}\right) \\ &\text{mit } i_s = \frac{\bar{i}_r \cdot i_d}{\bar{i}_r + i_d} \text{ bzw. } \frac{1}{i_s} = \frac{1}{i_d} + \frac{1}{\bar{i}_r} \end{aligned}} \tag{4.91}$$

Gl. (4.91) gilt auch für andere gehemmte Reaktionen*, die zu einer Reaktionsgrenzstromdichte $i_r$ führen, die der Wasserstoffkonzentration proportional ist [Gl. (4.89)].

Eine wesentliche theoretische Forderung, die sich aus der Annahme der Tafel-Reaktion ergibt und die für die späteren Diskussionen wichtig ist, soll noch behandelt werden. J. A. V. Butler[5] und später J. Horiuti u. G. Okamoto[6,7] wiesen darauf hin, daß nicht nur eine anodische Reaktionsgrenzstromdichte $i_{r,a}$ der Dissoziation, sondern *auch* eine *kathodische* reaktionsbedingte Grenzstromdichte $i_{r,k}$ der Rekombination auftreten muß. Obwohl diese kathodische Grenzstromdichte experimentell nirgends sicher beobachtet wurde**, besitzt ihre Diskussion große theoretische Bedeutung für die Ermittlung der Kinetik der Wasserstoffelektrode.

Diese kathodische Grenzstromdichte $i_{r,k}$ sollte dann auftreten, wenn der stromabhängige Bedeckungsgrad $\theta$ seinen maximalen Betrag $\theta = 1$ erreicht hat, also eine monoatomare Schicht von Wasserstoffatomen

[3] Loschkarew, M., u. O. Essin: Acta physicochim. USSR 8, 189 (1938).

[4] Breiter, M., u. R. Clamroth: Z. Elektrochem. 58, 493 (1954).

* Zum Beispiel die $H_2$-Adsorption.

[5] Butler, J. A. V.: Trans. Faraday Soc. 28, 379 (1932); Proc. Roy. Soc. (London) 157 A, 423 (1936).

[6] Horiuti, J., u. G. Okamoto: Sci. Pap. Inst. Phys. Chem. Res. 28, 231 (1936).

[7] Siehe hierzu auch P. Lukowzew, S. Lewina u. A. N. Frumkin: Acta physicochim. USSR 11, 21 (1939).

** Die Beobachtungen von J. O'M. Bockris u. A. M. Azzam [Trans. Faraday Soc. 48, 145 (1952)]; A. M. Azzam u. J. O'M. Bockris [Nature 165, 403 (1950)] können als ohmscher Spannungsabfall gedeutet werden [vgl. hierzu die Kritik von M. Breiter u. R. Clamroth: Z. Elektrochem. 58, 493 (1954)], spez. S. 500].

vorliegt. Für die Reaktionsgeschwindigkeit der H-Rekombination bzw. $H_2$-Dissoziation soll mit M. BREITER u. R. CLAMROTH[4] der Ansatz

$$i = -F\frac{d\,[\mathrm{H}]}{dt} = -Q_{\mathrm{H}}\cdot\frac{d\theta}{dt} = k'(1-\theta)^2 - k\theta^2 \tag{4.92}$$

gemacht werden, der im Gleichgewicht auf das Langmuir-Gesetz führt ($k' = k''\cdot[\mathrm{H_2}]$)*. Das Elektrodenpotential wird dann durch[8]

$$\varepsilon = E_V + \frac{RT}{F}\cdot\ln\,[\mathrm{H^+}] - \frac{RT}{F}\cdot\ln\frac{\theta}{1-\theta} \tag{4.93}$$

gegeben, wie es auch aus Gl. (4.82a) oder (4.83a) für $i = 0$ folgt. Demzufolge ist die Überspannung

$$\eta_r = -\frac{RT}{F}\ln\left[\frac{\theta}{\theta_0}\cdot\frac{1-\theta_0}{1-\theta}\right] \tag{4.94}$$

wobei $\theta_0$ den *Gleichgewichtsbedeckungsgrad* bezeichnet. Mit der Reaktions-Austauschstromdichte $i_r$

$$i_r = k'\cdot(1-\theta_0)^2 = k\cdot\theta_0^2 \tag{4.95}$$

beim Gleichgewicht folgt aus Gl. (4.92) eine maximale anodische Stromdichte $i_{r,a}(> 0)$

$$i_{r,a} = \frac{i_r}{(1-\theta_0)^2} \tag{4.96}$$

und eine maximale kathodische Stromdichte $i_{r,k}(< 0)$

$$i_{r,k} = -\frac{i_r}{\theta_0^2} \tag{4.97}$$

Das Verhältnis $i_{r,k}/i_{r,a}$ ergibt sich hieraus zu

$$\frac{i_{r,k}}{i_{r,a}} = -\left(\frac{1-\theta_0}{\theta_0}\right)^2 \tag{4.98}$$

und hängt sehr stark vom Gleichgewichtsbedeckungsgrad $\theta_0$ ab, wie auch aus Abb. 190 zu entnehmen ist.

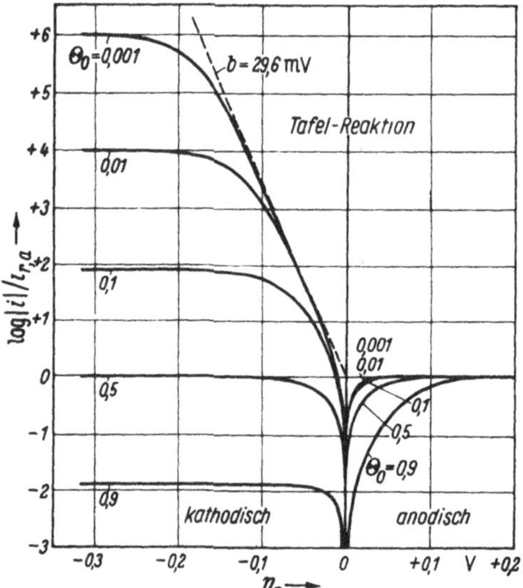


Abb. 190. Überspannung der Wasserstoffelektrode, wenn nur die Tafelreaktion gehemmt ist (Austauschstromdichte der Volmer-Reaktion $i_{0,V} = \infty$, $\eta_r$ = reine Reaktionsüberspannung) in Abhängigkeit von der Stromdichte $i$ für verschiedene Gleichgewichts-Bedeckungsgrade $\theta_0$ nach Gl. (4.94) und Gl. (4.99) berechnet. $i_{r,a}$ = anodische Reaktionsgrenzstromdichte; Temp. 25°C

In Abb. 190 ist zur Veranschaulichung die Überspannung $\eta$ in Abhängigkeit von $\log|i|/i_{r,a}$ für verschiedene Gleichgewichtsbedeckungsgrade dargestellt. Für die Berechnung wurde die Beziehung

$$\frac{i}{i_{r,a}} = (1-\theta)^2 - \theta^2\left(\frac{1-\theta_0}{\theta_0}\right)^2 \tag{4.99}$$

* $Q_H$ (Coulb/cm²) soll die Elektrizitätsmenge sein, die für die Ausbildung von 1 cm² monoatomarer H-Atomschicht benötigt wird.

[8] FRUMKIN, A. N., u. N. ALADJALOWA: Acta physicochim. USSR 19, 1 (1944).

verwendet, die aus Gl. (4.92), Gl. (4.95) und Gl. (4.96) folgt. Gl. (4.99) und Gl. (4.94) ergeben die Beziehung zwischen Stromdichte und Überspannung mit $\theta$ als Parameter. In den mittleren Bereichen der kathodischen Kurven von Abb. 190 ist die Tafelsche Gleichung (4.86) mit $b = 29{,}6$ mV (bei 25° C) erfüllt.

M. Temkin[9] und A. N. Frumkin u. Mitarb.[10] stellen für Gl. (4.92), Gl. (4.93) und das Langmuirsche Adsorptionsgesetz noch andere Gesetzmäßigkeiten zur Diskussion, in denen statt der Größen $\theta$ und $1 - \theta$ exponentielle Beziehungen mit exp $(f \cdot \theta)$ verwendet werden ($f$ = Konstante). Hierdurch ergeben sich noch kompliziertere Zusammenhänge[11].

### γ) *Die Heyrowsky-Reaktion*

Die Heyrowsky-Reaktion Gl. (4.81) bzw. Gl. (4.81 a) ist wie die Volmer-Reaktion eine *reine Durchtrittsreaktion*. Die Geschwindigkeit des kathodischen Teilvorganges muß proportional dem Bedeckungsgrad $\theta$ und der $H^+$- bzw. $H_2O$-Konzentration sein. Dieser Ansatz geht auf Frumkin[1] zurück. Der anodische Teilvorgang muß dagegen der Konzentration des molekularen Wasserstoffs und dem freien Oberflächenanteil $[H_2] \cdot (1 - \theta)$ proportional sein. Unter Anwendung der allgemeinen Gl. (2.13) ist daher der von K. J. Vetter u. D. Otto[2] verwendete Ansatz

$$i = k_+ \cdot [H_2] \cdot (1 - \theta) \cdot \exp\left(\frac{\alpha_H F}{RT} \varepsilon\right) - k_- \cdot [H^+] \cdot \theta \cdot \exp\left(-\frac{(1-\alpha_H)F}{RT} \varepsilon\right) \quad (4.100)$$

für die Reaktion Gl. (4.81) bzw.

$$i = k_+ \cdot [H_2] \cdot [OH^-] \cdot (1 - \theta) \cdot \exp\left(\frac{\alpha_H F}{RT} \varepsilon\right) - k_- \cdot [H_2O] \cdot \theta \cdot \exp\left(-\frac{(1-\alpha_H)F}{RT} \varepsilon\right) \quad (4.100a)$$

für Reaktion Gl. (4.81a). Beide Gleichungen führen für $i = 0$ zum Gleichgewichtspotential $\varepsilon$. Für Reaktion (4.81) ist

$$\varepsilon = E_H + \frac{RT}{F} \ln\left(\frac{[H^+]}{[H_2]} \cdot \frac{\theta}{1-\theta}\right) \quad (4.101)$$

und für Reaktion (4.81 a)

$$\varepsilon = E'_H + \frac{RT}{F} \ln\left(\frac{1}{[H_2] \cdot [OH^-]} \cdot \frac{\theta}{1-\theta}\right) . \quad (4.101\,a)$$

Durch Addition von Gl. (4.101), (4.101 a) und Gl. (4.93) folgt die

---

[9] Temkin, M.: J. phys. Chem. USSR **15**, 296 (1941); **21**, 517 (1947).

[10] Frumkin, A. N., u. A. Slygin: Acta physicochim. USSR **3**, 791 (1935). — Dolin, P., u. B. Ershler: Acta physicochim. USSR **13**, 747 (1940). — Dolin, P., B. Ershler u. A. N. Frumkin: Acta physicochim. USSR **13**, 779 (1940). — Frumkin, A. N., u. N. Aladjalowa: Acta physicochim. USSR **19**, 1 (1944).

[11] Vgl. hierzu M. Breiter u. R. Clamroth: Z. Elektrochem. **58**, 493 (1954).

[1] Frumkin, A. N.: Acta physicochim. USSR **7**, 475 (1937).

[2] Vetter, K. J., u. D. Otto: Z. Elektrochem. **60**, 1072 (1956).

Nernstsche Gleichung für die Wasserstoffelektrode

$$\varepsilon_0 = \frac{RT}{2F} \ln \frac{[H^+]^2}{[H_2]} = E' - \frac{RT}{2F} \cdot \ln [H_2] \cdot [OH^-]^2 . \qquad (4.102)$$

Die beiden Gln. (4.100) und (4.100a) ergeben bei konstantem $\theta = \theta_0$ die übliche Form

$$\boxed{i = i_{0,H} \cdot \left[\exp\left(\frac{\alpha_H F}{RT}\eta\right) - \exp\left(-\frac{(1-\alpha_H)F}{RT}\eta\right)\right]} \qquad (4.103)$$

für die Durchtrittsüberspannung, wobei $\alpha_H$ der Durchtrittsfaktor der Heyrowsky-Reaktion ist.

Wenn der Bedeckungsgrades $\theta$ stromabhängig ist, folgt für die Stromdichte

$$\boxed{i = i_{0,H} \cdot \left[\frac{1-\theta}{1-\theta_0} \cdot \exp\left(\frac{\alpha_H F}{RT}\eta\right) - \frac{\theta}{\theta_0} \cdot \exp\left(-\frac{(1-\alpha_H)F}{RT}\eta\right)\right]} \qquad (4.103\,\mathrm{a})$$

Diese Gl. (4.103a) der Heyrowsky-Reaktion entspricht der Gl. (4.84a) der Volmer-Reaktion. Auch hier hat die Austauschstromdichte $i_{0,H}$ für die beiden Reaktionen (4.81) und (4.81a) nicht nur verschiedene Werte, sondern auch verschiedene Eigenschaften. Der Durchtrittsfaktor $\alpha_H$ der Heyrowsky-Reaktion kann von dem Wert $\alpha_V$ der Volmer-Reaktion und für die beiden Reaktionen (4.81) und (4.81a) verschieden sein.

### δ) *Der Volmer-Tafel-Mechanismus*

Bei gleichzeitiger Hemmung der Volmer- und der Tafel-Reaktion tritt eine Überspannung $\eta = \eta_D + \eta_r$ auf, die sich aus einem *Anteil Durchtritts-* und einem *Anteil Reaktionsüberspannung* zusammensetzt. Die erste einheitliche theoretische Beziehung für diesen Fall hat L. P. Hammett[1] in Form einer quadratischen Bestimmungsgleichung für $i$ in Abhängigkeit von $\eta$ bei $\theta \ll 1$ mit

$$i^2 \cdot \left[\frac{i_r}{i_0^2} \cdot \exp\left(-\frac{2\alpha F}{RT}\eta\right)\right] + i \cdot \left[1 + \frac{2 i_r}{i_0} \cdot \exp\left(-\frac{(1+\alpha)F}{RT}\eta\right)\right] - \\ - i_r \cdot \left[1 - \exp\left(-\frac{2F}{RT} \cdot \eta\right)\right] = 0 \qquad (4.104)$$

angegeben.

Für große negative Überspannungen geht Gl. (4.104) in die Tafelsche Beziehung

$$\boxed{\begin{gathered} i = -i_0 \cdot \exp\left(-\frac{(1-\alpha)F}{RT}\eta\right) \\ \eta = a + b \cdot \log|i| \text{ mit } b = -\frac{RT}{(1-\alpha)F} \end{gathered}} \qquad (4.105)$$

über.

[1] Hammett, L. P.: Trans. Faraday Soc. **29**, 770 (1933). Im Original hat Hammett für die Austauschstromdichte $i_0 = k_2$, für die Reaktionsgrenzstromdichte $i_r = k_3 \cdot [H_2]$ und für den Durchtrittsfaktor $\alpha = 0{,}5$ geschrieben.

Ebenfalls in impliziter Form ist von M. LOSCHKAREW u. O. ESSIN[2] für den Volmer-Tafel-Mechanismus, sogar unter Einschluß der Diffusion des molekularen Wasserstoffs, die Gl. (4.106)

$$\boxed{\begin{gathered} i = i_0 \cdot \left[\sqrt{1 - \frac{i}{i_s}} \cdot \exp\left(\frac{\alpha F}{RT}\eta\right) - \exp\left(-\frac{(1-\alpha)F}{RT}\eta\right)\right] \\ \text{mit } i_s = \frac{i_r \cdot i_d}{i_r + i_d} \text{ oder } \frac{1}{i_s} = \frac{1}{i_r} + \frac{1}{i_d} \end{gathered}} \tag{4.106}$$

für $\theta \ll 1$ abgeleitet worden. Gl. (4.106) folgt aus Gl. (2.381) oder Gl. (2.382) für die Gesamtüberspannung mit Hilfe von Gl. (4.91). Die Überspannung in Gl. (4.106) setzt sich additiv aus den drei Überspannungsanteilen $\eta_D + \eta_d + \eta_r = \eta$ zusammen. Sie geht ebenfalls für große negative $\eta$ in die Tafelsche Gleichung (4.105) und für $i_0 \gg i_r, i$ in Gl. (4.85) für reine Tafel-Hemmung über.

In expliziter Form konnten M. BREITER u. R. CLAMROTH[3] die Überspannung $\eta(i)$ für $\alpha = 0{,}5$ angeben. Mit $\alpha = 0{,}5$ läßt sich Gl. (4.106 ) in

$$\boxed{\begin{aligned} \eta = & -\frac{RT}{2F} \cdot \ln\left(1 - \frac{i}{i_r}\right) + \\ & + \frac{RT}{0{,}5F} \cdot \operatorname{Ar\,sinh} \frac{i}{2 i_0 (1 - i/i_r)^{1/4}} \end{aligned}} \tag{4.107}$$

umformen. Hierin ist nach der Definition der Aufteilung der Gesamtüberspannung in die verschiedenen Teilüberspannungen[4] das *erste* Glied *reine Reaktionsüberspannung* $\eta_r$ in Übereinstimmung mit Gl. (4.85) und das *zweite* Glied der Anteil an *Durchtrittsüberspannung* $\eta_D$.

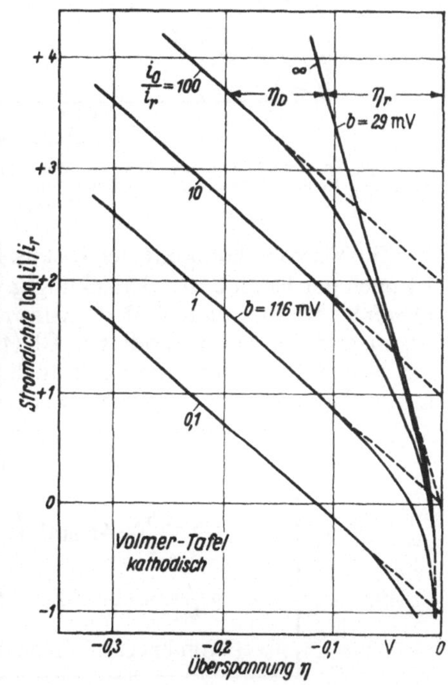


Abb. 191. Theoretische kathodische Wasserstoffüberspannung für den Volmer-Tafel-Mechanismus und $\theta \ll 1$ nach Gl. (4.107) bei $\alpha = 0{,}5$ [nach M. BREITER u. R. CLAMROTH: Z. Elektrochem. 58, 493 (1954)]

Statt der Reaktionsgrenzstromdichte $i_r$ kann in Gl. (4.107) auch die Grenzstromdichte $i_s = i_r \cdot i_d/(i_r + i_d)$ nach Gl. (4.91) verwendet werden. Dann ist das erste Glied in Gl. (4.107) die Überspannungssumme $\eta_d + \eta_r$ mit der in Gl. (4.90) angegebenen Aufteilung.

[2] LOSCHKAREW, M., u. O. ESSIN: Acta physicochim. USSR 8, 189 (1938).
[3] BREITER, M., u. R. CLAMROTH: Z. Elektrochem. 58, 493 (1954).
[4] VETTER, K. J.: Z. Elektrochem. 56, 931 (1952).

In Abb. 191 und 192 sind kathodische und anodische Überspannungen in Abhängigkeit von $i/i_r$ für verschiedene Verhältnisse $i_0/i_r$ nach Gl. (4.107) bzw. Gl. (4.106) berechnet worden. Die Kurve für $i_0/i_r = \infty$ stellt in allen Fällen den Anteil Reaktionsüberspannung $\eta_r$ dar. Der Rest ist der Anteil Durchtrittsüberspannung $\eta_D$. Es ist in Abb. 191 für große Verhältnisse von $i_0/i_r$ deutlich der Übergang von $b = 116$ mV in $b = 29$ mV zu erkennen. Auch aus Abb. 192 kann die Aufteilung in die Überspannungsanteile entnommen werden.

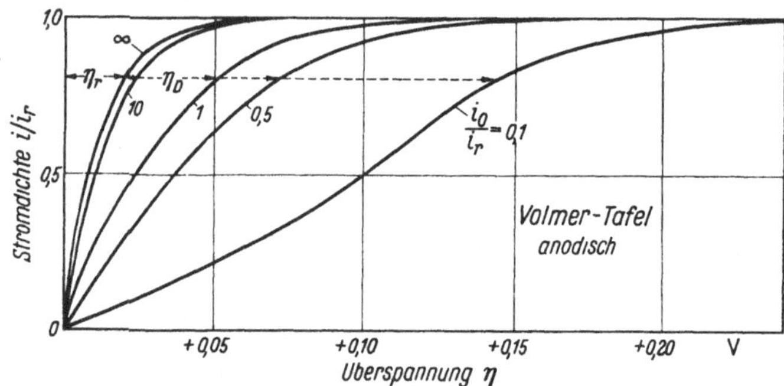


Abb. 192. Theoretische anodische Wasserstoffüberspannung für den Volmer-Tafel-Mechanismus und $\theta \ll 1$ nach Gl. (4.107) bzw. Gl. (4.106) mit $\alpha = 0,5$ [nach M. BREITER u. R. CLAMROTH: Z. Elektrochem. 58, 493 (1954)]

Zur Vervollständigung der Diskussion des Volmer-Tafel-Mechanismus ist noch der Einfluß des Bedeckungsgrades $\theta$ zu studieren. Hierfür haben ebenfalls M. BREITER u. R. CLAMROTH[3] eine erweiterte Gl. (4.107) angegeben, die etwas verändert in Gl. (4.108) wiedergegeben wird. Wie bei der reinen Tafel-Hemmung soll auch hier $\eta(i)$ als Parameterdarstellung mit $\theta$ als Parameter angegeben werden. Für $\alpha = 0,5$ ist

$$\eta = \eta_r + \eta_D = -\frac{RT}{2F} \cdot \ln\left(1 - \frac{i}{i_{r,a}(1-\theta)^2}\right) + \\ + \frac{2RT}{F} \operatorname{Ar\,sinh}\left(\frac{i}{2i_0} \cdot \sqrt{\frac{\theta_0 \cdot (1-\theta_0)}{\theta \cdot (1-\theta)}}\right)^* \\ \frac{i}{i_{r,a}} = (1-\theta)^2 - \theta^2 \cdot \left(\frac{1-\theta_0}{\theta_0}\right)^2 \tag{4.108}$$

(Volmer-Tafel-Mechanismus; $\alpha = 0,5$)

Auch hier ist wie in Gl. (4.107) das *erste* Glied der Anteil an *Reaktionsüberspannung* $\eta_r$ und das *zweite* der Anteil *Durchtrittsüberspannung* in Übereinstimmung mit der Unterteilung nach K. J. VETTER[4]. Der $\eta_r$-Anteil in Gl. (4.108) ist identisch mit Gl. (4.94), wie eine kurze Umrechnung zeigt. Gl. (4.108) geht für $\theta = 0$ in Gl. (4.107) über.

In Abb. 193 sind ähnlich den Berechnungen von M. BREITER u. R. CLAMROTH[3] kathodische Stromspannungskurven für verschiedene

* Dem 2. Glied kann auch die Form $\eta_D = (2RT/F) \cdot \operatorname{Ar\,sinh}\,(i/[2i_0 \times \sqrt[4]{1 - i/i_{r,a}(1-\theta)^2}\,])$ gegeben werden.

Gleichgewichts-Bedeckungsgrade $\theta_0$ und Verhältnisse $i_0/i_{r,a}$ dargestellt. Aus Abb. 193 ist deutlich die Ausbildung von kathodischen Reaktionsgrenzstromdichten $i_{r,k}$ nach Gl. (4.97) und Gl. (4.98) bzw. Abb. 190 zu ersehen, wie sie bei der Tafelschen Reaktion auftreten müssen. Diese Grenzstromdichte ist unabhängig von der Austauschstromdichte $i_0$. In mehreren Kurven der Abb. 193 ist deutlich der Übergang von einer Neigung mit $b = 29{,}5$ mV in eine Neigung mit $b = 118$ mV zu erkennen. Die Kurven mit $i_0/i_{r,a} = \infty$ stellen für alle Werte von $i_0/i_{r,a}$ den Anteil an Reaktionsüberspannung $\eta_r$ dar*, so daß die Abweichung von diesen Grenzkurven der Anteil an Durchtrittsüberspannung $\eta_D$ ist.

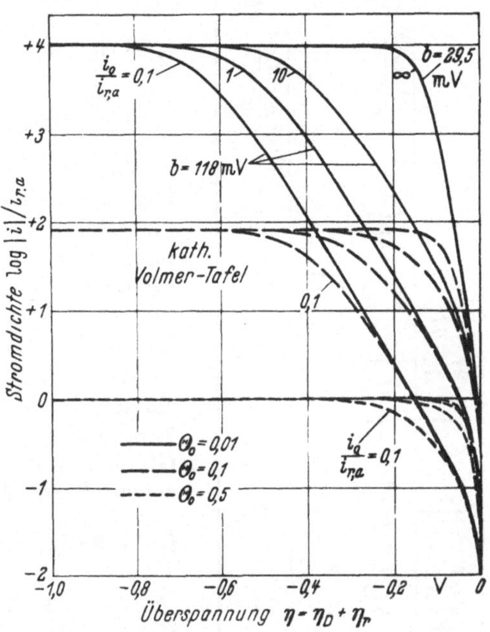


Abb. 193. Theoretische kathodische Wasserstoffüberspannung fur den Volmer-Tafel-Mechanismus mit verschiedenen Gleichgewichtsbedeckungsgraden $\theta_0 = 0{,}01$, 0,1 und 0,5 und Verhaltnissen $i_0/i_{r,a} = 0{,}1$, 1, 10 und $\infty$ nach Gl. (4.108) mit $\alpha = 0{,}5$. $i_{r,a}$ = anod. Reaktionsgrenzstromdichte.

### ε) *Der Volmer-Heyrowsky-Mechanismus*

Der Volmer-Heyrowsky-Mechanismus (§ 139) besteht aus *zwei Durchtrittsreaktionen*, der Volmer- und der Heyrowsky-Reaktion, die nacheinander ablaufen. Bei Hemmung der einen oder der anderen Reaktion oder auch beider Reaktionen tritt daher *nur* Durchtrittsüberspannung auf. A. N. Frumkin[1] hat die Gesetzmäßigkeiten dieser Reaktionsfolge ausführlich untersucht. Von K. J. Vetter[2] wurde eine allgemeinere Form der Stromspannungsbeziehung abgeleitet. Die allgemeine Ableitung führt bei Berücksichtigung des Gleichgewichtsbedeckungsgrades $\theta_0$ zu einer noch komplizierteren Formel, die jedoch für die verschiedenen Spezialfälle in einfache Formen übergeht.

Da im stationären Fall beide Durchtrittsreaktionen gleich schnell ablaufen müssen, fließt über jede Reaktion die Stromdichte $i/2$. Für die Volmer-Reaktion gilt Gl. (4.84a)

$$\frac{i}{2} = i_V = i_{0,V} \cdot \left[\frac{\theta}{\theta_0} \cdot \exp\left(\frac{\alpha_V F}{RT}\eta\right) - \frac{1-\theta}{1-\theta_0} \cdot \exp\left(-\frac{(1-\alpha_V)F}{RT}\eta\right)\right] \tag{4.109a}$$

* Die Kurven mit $i_0/i_{r,a} = \infty$ sind mit den Kurven in Abb. 190 identisch.

[1] Frumkin, A. N.: Acta physicochim. USSR 7, 475 (1937).

[2] Vetter, K. J.: Z. Elektrochem. 59, 435 (1955).

wenn die Veränderung des Bedeckungsgrades $\theta$ gegenüber seinem Gleichgewichtswert $\theta_0$ berücksichtigt wird. Der Index $V$ weist auf die Volmer-Reaktion hin. Entsprechend ist für die Heyrowsky-Reaktion unter Berücksichtigung des Bedeckungsgrades $\theta$ die Gl. (4.103a) anzuwenden

$$\frac{i}{2} = i_H = i_{0,H}\cdot\left[\frac{1-\theta}{1-\theta_0}\cdot\exp\left(\frac{\alpha_H F}{RT}\eta\right) - \frac{\theta}{\theta_0}\cdot\exp\left(-\frac{(1-\alpha_H)F}{RT}\eta\right)\right] \tag{4.109b}$$

$$i = \frac{2\cdot i_{0,H}\cdot\exp\left(\frac{\alpha_H F}{RT}\eta\right)\cdot\left[1-\exp\left(-\frac{2F}{RT}\eta\right)\right]}{(1-\theta_0)\cdot\left[1+\frac{i_{0,H}}{i_{0,V}}\cdot\exp\left(-\frac{(1-\alpha_H+\alpha_V)F}{RT}\eta\right)\right]+\theta_0\cdot\exp\left(-\frac{F}{RT}\eta\right)\cdot\left[1+\frac{i_{0,H}}{i_{0,V}}\cdot\exp\left(+\frac{(1-\alpha_V+\alpha_H)F}{RT}\eta\right)\right]} =$$
$$= \frac{2\cdot i_{0,V}\cdot\exp\left(-\frac{(1-\alpha_V)F}{RT}\eta\right)\cdot\left[1-\exp\left(+\frac{2F}{RT}\eta\right)\right]}{(1-\theta_0)\cdot\left[1+\frac{i_{0,V}}{i_{0,H}}\cdot\exp\left(+\frac{(1-\alpha_H+\alpha_V)F}{RT}\eta\right)\right]+\theta_0\cdot\exp\left(+\frac{F}{RT}\eta\right)\cdot\left[1+\frac{i_{0,V}}{i_{0,H}}\cdot\exp\left(-\frac{(1-\alpha_V+\alpha_H)F}{RT}\eta\right)\right]} \tag{4.110}$$

Aus den beiden Gleichungen (4.109a, b) folgt nach Elimination von $\theta$ die recht komplizierte allgemeine Stromspannungsbeziehung (4.110). — Die *erste* Fassung ist besser für *anodische* und die *zweite* Fassung besser für *kathodische* Überspannungen anwendbar. Die beiden Formen sind identisch.

Aus Gl. (4.110) lassen sich nun leicht einige Spezialfälle ableiten. Wenn der Bedekkungsgrad $\theta_0 \ll 1$, im Grenzfall $\theta_0 = 0$ ist, geht Gl. (4.110) in die von K. J. VETTER[2] angegebene Form (4.111)

$$i = -2\cdot i_{0,V}\cdot\exp\left(-\frac{(1-\alpha_V)F}{RT}\eta\right)\times \frac{1-\exp\left(\frac{2F}{RT}\eta\right)}{1+\frac{i_{0,V}}{i_{0,H}}\cdot\exp\left(\frac{(1-\alpha_H+\alpha_V)F}{RT}\eta\right)} \tag{4.111}$$

über. Gl. (4.111) stellt eine Anwendung der Gl. (2.66) für hintereinander ablaufende Durchtrittsreaktionen[3] auf die Wasserstoffelektrode dar.

Die allgemeine Stromspannungsbeziehung [Gl. (4.110)] für den Volmer-Heyrowsky-Mechanismus kann auch in anderer Form dargestellt werden, die für gewisse Fälle übersichtlicher sein wird. Hierfür werden die anodischen und kathodischen Teilstromdichten der Volmer- bzw. Heyrowsky-Reaktion $i^+_{\eta,V}$, $i^-_{\eta,V}$, $i^+_{\eta,H}$, $i^-_{\eta,H}$ eingeführt (GERISCHER u. MEHL[4]), die sich auf die von H-Atomen freie ($i^-_{\eta,V}, i^+_{\eta,H}$) bzw. vollständig besetzte Oberfläche ($i^+_{\eta,V}, i^-_{\eta,H}$) beziehen. Diese Stromdichten sind,

[3] VETTER, K. J.: Z. Naturforsch. **7a**, 328 (1952); **8a**, 823 (1953); vgl. auch Z. Elektrochem. **56**, 797 (1952).

[4] GERISCHER, H., u. W. MEHL: Z. Elektrochem. **59**, 1049 (1955).

wie der Index $\eta$ anzeigen soll, von der Überspannung abhängig. Mit den Austauschstromdichten $i_{0,V}$ und $i_{0,H}$, der Überspannung $\eta$ und dem Gleichgewichts-Bedeckungsgrad $\theta_0$ bestehen für diese Größen nach Gl. (4.84a) und Gl. (4.103a) die Beziehungen

$$i^{+}_{\eta,V} = \frac{i_{0,V}}{\theta_0} \cdot \exp\left(\frac{\alpha_V F}{RT}\eta\right) \tag{4.112a}$$

$$i^{-}_{\eta,V} = -\frac{i_{0,V}}{1-\theta_0} \cdot \exp\left(-\frac{(1-\alpha_V)F}{RT}\eta\right) \tag{4.112b}$$

$$i^{+}_{\eta,H} = \frac{i_{0,H}}{1-\theta_0} \cdot \exp\left(\frac{\alpha_H F}{RT}\eta\right) \tag{4.112c}$$

$$i^{-}_{\eta,H} = -\frac{i_{0,H}}{\theta_0} \cdot \exp\left(-\frac{(1-\alpha_H)F}{RT}\eta\right) \tag{4.112d}$$

Entsprechend sind die anodischen und kathodischen Teilstromdichten beider Reaktionen bei der Überspannung $\eta$ und dem Bedeckungsgrad $\theta$

$$i^{+}_{V} = \theta \cdot i^{+}_{\eta,V} \qquad i^{-}_{V} = (1-\theta) \cdot i^{-}_{\eta,V} \tag{4.113v}$$

$$i^{+}_{H} = (1-\theta) \cdot i^{+}_{\eta,H} \quad i^{-}_{H} = \theta \cdot i^{-}_{\eta,H} \tag{4.113h}$$

Gl. (4.109a) für die Volmer-Stromdichte $i_V$ ist in dieser Schreibweise

$$i_V = i^{+}_{V} + i^{-}_{V} = \theta \cdot i^{+}_{\eta,V} - (1-\theta) \cdot |i^{-}_{\eta,V}| \tag{4.114v}$$

und Gl. (4.109b) für die Heyrowsky-Stromdichte $i_H$

$$i_H = i^{+}_{H} + i^{-}_{H} = (1-\theta) \cdot i^{+}_{\eta,H} - \theta \cdot |i^{-}_{\eta,H}| \tag{4.114h}$$

Im hier zu diskutierenden stationären Fall ist $i = i_V/2 = i_H/2$.

In dieser Schreibweise läßt sich die Gesamtstromdichte $i$ durch die Formel

$$\boxed{i = 2 \cdot \frac{i^{+}_{\eta,H} \cdot i^{+}_{\eta,V} - i^{-}_{\eta,H} \cdot i^{-}_{\eta,V}}{i^{+}_{\eta,V} + |i^{-}_{\eta,H}| + i^{+}_{\eta,H} + |i^{-}_{\eta,V}|}} \tag{4.115}$$

darstellen. Gl. (4.115) geht nach Einsetzen von Gl. (4.112a bis d) in Gl. (4.110) über.

In Abb. 194 sind Stromspannungsbeziehungen nach Gl. (4.110) bzw. Gl. (4.115) aufgetragen, die für anodische und kathodische Stromdichten bei verschiedenen $i_{0,V}/i_{0,H}$-Verhältnissen und verschiedenen Gleichgewichts-Bedeckungsgraden $\theta_0$ berechnet wurden. Hierbei ist die Stromdichte $i$ auf die „scheinbare" Austauschstromdichte $i_0^* = 2 \cdot i_{0,V} \cdot i_{0,H}/(i_{0,V} + i_{0,H}) = 2 \cdot i_{0,V}/(1 + i_{0,V}/i_{0,H})$ bezogen worden. Alle Kurven haben somit den gleichen Polarisationswiderstand $R_D = RT/2F\,i_0^*$. Aus Abb. 194 ist zu entnehmen, daß die auftretenden Neigungen der Tafelschen Geraden je nach den Größen von $\theta_0$, $i_{0,V}/i_{0,H}$ und $\eta$ verschiedene Werte haben können. Bei kathodischer Überspannung $\eta < 0$ treten Neigungen mit $1-\alpha_V$, $1-\alpha_H$, $2-\alpha_H$ und $2-\alpha_V$ auf und im anodischen Bereich $\eta > 0$ sind Werte von $\alpha_V$, $1+\alpha_V$, $\alpha_H$ und $1+\alpha_H$ aus Abb. 194 zu entnehmen. $1-\alpha_V$ und $1-\alpha_H$ sind die Werte mit $b = 118$ mV bei $\alpha = 0{,}5$, die am häufigsten beobachtet werden. Zur Größe $2-\alpha_H$ bzw.

$2-\alpha_V$ gehört ein $b$-Wert von etwa 39 mV, wie er auch gelegentlich experimentell gefunden wurde (§ 141, Abb. 202).

Aus Gl. (4.110) und vielleicht etwas übersichtlicher aus Gl. (4.115) folgen Näherungsgleichungen für die vier Fälle, denen die genannten vier anodischen und kathodischen $b$-Faktoren entsprechen. Hierbei muß die Überspannung $|\eta| \gg RT/2F$ sein, was in Gl. (4.115) der Bedingung

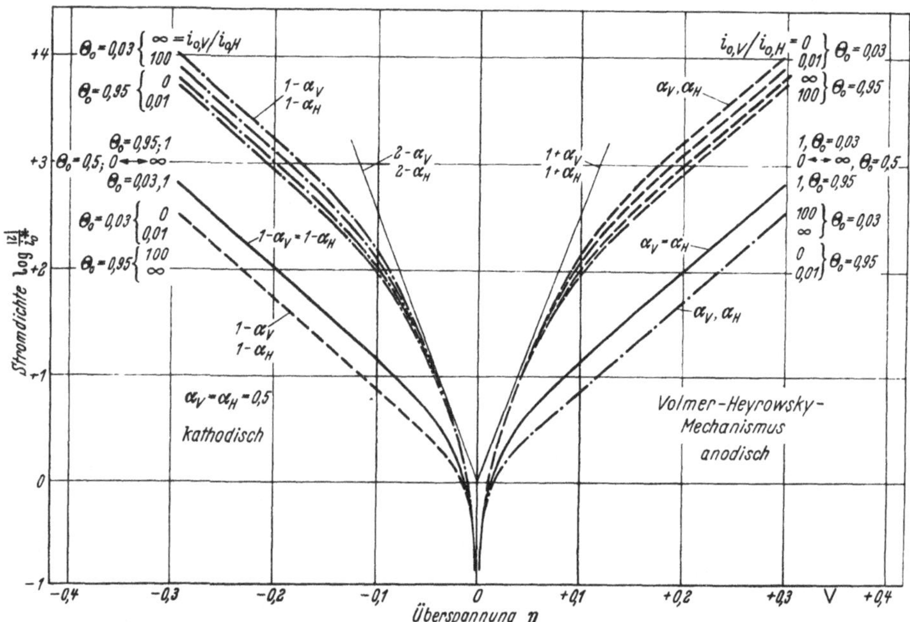


Abb. 194. Anodische und kathodische Stromdichte-Überspannungskurven für den Volmer-Heyrowsky Mechanismus der Wasserstoffelektrode nach Gl. (4.110) fur verschiedene Verhältnisse $i_{0,V}/i_{0,H}$ (0; 0,01; 1,0; 100; ∞) der Austauschstromdichten und verschiedene Gleichgewichts-Bedeckungsgrade $\theta_0$ (0,03; 0,5; 0,95) berechnet. $\alpha_V = \alpha_H = 0{,}5$. Temp. 25° C. $i_0^* = RT/2FR_D$ = scheinbare Austauschstromdichte

$i^+_{\eta,H}\cdot i^+_{\eta,V} \gg i^-_{\eta,H}\cdot i^-_{\eta,V}$ ($i > 0$, anod.) bzw. $i^-_{\eta,H}\cdot i^-_{\eta,V} \gg i^+_{\eta,H}\cdot i^+_{\eta,V}$ ($i < 0$, kath.) entspricht. Weiterhin müssen für die Gültigkeit der verschiedenen Fälle noch gewisse Bedingungen für den Nenner $N_1 + N_2$ in Gl. (4.110) oder Gl. (4.115) erfüllt sein. Es ist

$$N_1 = (1-\theta_0)\cdot\left[1+\frac{i_{0,V}}{i_{0,H}}\cdot\exp\left(+\frac{(1-\alpha_H+\alpha_V)F}{RT}\eta\right)\right] \tag{4.116}$$

$$N_2 = \theta_0\cdot\exp\left(\frac{F}{RT}\eta\right)\cdot\left[1+\frac{i_{0,V}}{i_{0,H}}\cdot\exp\left(-\frac{(1-\alpha_V+\alpha_H)F}{RT}\eta\right)\right] \tag{4.116}$$

Für die Fälle a) bis d) gilt dann:

*Fall a)* $N_1 \gg N_2$; $\dfrac{i_{0,V}}{i_{0,H}} \ll \exp\left(-\dfrac{(1-\alpha_H+\alpha_V)F}{RT}\eta\right)$

bzw. $|i^-_{\eta,H}| \gg i^+_{\eta,V},\ i^+_{\eta,H},\ |i^-_{\eta,V}|$

$$i = -\frac{2 i_{0,V}}{1-\theta_0} \cdot \exp\left(-\frac{(1-\alpha_V) F}{RT}\eta\right) \quad \text{für } \eta < 0 \tag{4.117a}$$

$$i = +\frac{2 i_{0,V}}{1-\theta_0} \cdot \exp\left(+\frac{(1+\alpha_V) F}{RT}\eta\right) \quad \text{für } \eta > 0 \tag{4.118a}$$

Volmer-Reaktion geschwindigkeitsbestimmend, $\theta \ll 1$ nach Gl. (4.155), $\theta$ kathodisch mit $\eta$ kleiner werdend, anodisch mit $\eta$ wachsend.

*Fall b)* $N_1 \ll N_2$; $\frac{i_{0,V}}{i_{0,H}} \ll \exp\left(\frac{(1-\alpha_V+\alpha_H) F}{RT}\eta\right)$

bzw. $i^+_{\eta,H} \gg i^+_{\eta,V}, |i^-_{\eta,H}|, |i^-_{\eta,V}|$

$$i = -\frac{2 i_{0,V}}{\theta_0} \cdot \exp\left(-\frac{(2-\alpha_V) F}{RT}\eta\right) \quad \text{für } \eta < 0 \tag{4.117b}$$

$$i = +\frac{2 i_{0,V}}{\theta_0} \cdot \exp\left(+\frac{\alpha_V F}{RT}\eta\right) \quad \text{für } \eta > 0 \tag{4.118b}$$

Volmer-Reaktion geschwindigkeitsbestimmend, $\theta \approx 1$ nach Gl. (4.155). Der freie Flächenanteil $1-\theta \ll 1$ wächst bei kathodischer Stromdichte nach Gl. (4.156) und Gl. (4.112c, d) mit $1-\theta = |i^-_{\eta,H}|/i^+_{\eta,H} = \frac{1-\theta_0}{\theta_0} \times \times \exp\left(-\frac{F}{RT}\eta\right)$. Anodisch findet die Reaktion $H \to H^+ + e^-$ an der praktisch vollständig mit H-Atomen bedeckten Oberfläche statt. Hierbei sich bildende freie Flächen werden sofort wieder durch die Heyrowsky-Reaktion $H_2 \to H + H^+ + e^-$ geschlossen.

*Fall c)* $N_1 \gg N_2$; $\frac{i_{0,V}}{i_{0,H}} \gg \exp\left(-\frac{(1-\alpha_H+\alpha_V) F}{RT}\eta\right)$

bzw. $i^+_{\eta,V} \gg i^+_{\eta,H}, |i^-_{\eta,V}|, |i^-_{\eta,H}|$

$$i = -\frac{2 \cdot i_{0,H}}{1-\theta_0} \cdot \exp\left(-\frac{(2-\alpha_H) F}{RT}\eta\right) \quad \text{für } \eta < 0 \tag{4.117c}$$

$$i = +\frac{2 \cdot i_{0,H}}{1-\theta_0} \cdot \exp\left(+\frac{\alpha_H F}{RT}\eta\right) \quad \text{für } \eta > 0 \tag{4.118c}$$

Heyrowsky-Reaktion geschwindigkeitsbestimmend, $\theta \ll 1$ wächst kathodisch mit $\theta = |i^-_{\eta,V}|/i^+_{\eta,V} = \frac{\theta_0}{1-\theta_0} \cdot \exp\left(-\frac{F}{RT}\eta\right)$ nach Gl. (4.155) und Gl. (4.112a, b). Die kathodische Beziehung wurde von Frumkin[1] bei vorgelagertem Volmer-Gleichgewicht abgeleitet, wobei zum ersten Mal auf die Möglichkeit des Auftretens eines Wertes $b = 39$ mV beim Volmer-Heyrowsky-Mechanismus hingewiesen wurde. Anodisch findet die Heyrowsky-Reaktion an der fast vollständig von H-Atomen freien Oberfläche statt.

*Fall d)* $N_1 \ll N_2$; $\frac{i_{0,V}}{i_{0,H}} \gg \exp\left(+\frac{(1-\alpha_V+\alpha_H) F}{RT}\eta\right)$

bzw. $|i^-_{\eta,V}| \gg i^+_{\eta,V}, i^+_{\eta,H}, |i^-_{\eta,H}|$

$$i = -\frac{2 \cdot i_{0,H}}{\theta_0} \cdot \exp\left(-\frac{(1-\alpha_H)F}{RT}\eta\right) \quad \text{für } \eta < 0 \tag{4.117d}$$

$$i = +\frac{2 \cdot i_{0,H}}{\theta_0} \cdot \exp\left(+\frac{(1+\alpha_H)F}{RT}\eta\right) \quad \text{für } \eta > 0 \tag{4.118d}$$

Heyrowsky-Reaktion geschwindigkeitsbestimmend, $\theta \approx 1$ nach Gl. (4.155). Die Heyrowsky-Reaktion $H + H^+ + e^- \rightarrow H_2$ läuft kathodisch an der fast vollständig bedeckten Oberfläche ab. Hierbei auftretende freie Stellen werden durch das Volmer-Gleichgewicht sofort wieder mit H-Atomen besetzt. Bei anodischer Stromdichte wächst die freie Fläche $1-\theta \ll 1$, an der die anodische Heyrowsky-Reaktion $H_2 \rightarrow H + H^+ + e^-$ stattfindet, nach Gl. (4.156) und Gl. (4.112a, b) mit $1-\theta = i^+_{\eta,\mathrm{r}}/|i^-_{\eta,\mathrm{r}}| = \frac{1-\theta_0}{\theta_0} \cdot \exp\left(\frac{F}{RT}\eta\right)$. Gl. (4.117d) wurde ebenfalls von FRUMKIN[1] angegeben.

In Abb. 194 wurden die verschiedenen Fälle durch die „scheinbaren Durchtrittsfaktoren" an den betreffenden Kurven gekennzeichnet. Ein Reaktionsgrenzstrom kann beim reinen Volmer-Heyrowsky-Mechanismus nicht auftreten. Eine Gegenüberstellung der Stromspannungskurven für den Volmer-Tafel- und den Volmer-Heyrowsky-Mechanismus ist bei VETTER[2] zu finden.

*ζ) Volmer-Heyrowsky-Mechanismus mit Adsorptions-Desorptionshemmung*

Die Heyrowsky-Reaktion $H + H^+ + e^- \leftrightarrows H_2$ kann noch in zwei Teilreaktionen

$$H + H^+ + e^- \leftrightarrows H_{2,\mathrm{ad}} \tag{4.119}$$

$$H_{2,\mathrm{ad}} \leftrightarrows H_2 \tag{4.120}$$

*eine Durchtrittsreaktion* (4.119) und eine *„chemische" Reaktion* (4.120), aufgespalten werden. Reaktion (4.120) ist die Adsorptions- bzw. Desorptionsreaktion des molekularen Wasserstoffs. Der Wasserstoff kann hiernach nur mit einer begrenzten Geschwindigkeit adsorbiert werden. Nur mit dieser Geschwindigkeit kann der Wasserstoff durch einen anodischen Strom nach $H_2 \rightarrow 2\,H^+ + 2e^-$ umgesetzt werden. Es muß sich daher eine dieser Adsorptionsgeschwindigkeit äquivalente anodische Reaktionsstromdichte ausbilden.

Von K. J. VETTER u. D. OTTO[1] wurde diese Adsorptions-Desorptionshemmung bei der Ableitung der Stromspannungsbeziehung des Volmer-Heyrowsky-Mechanismus berücksichtigt. Unter Ansatz der *Adsorptionsgeschwindigkeit* in äquivalenter Stromdichte

$$i = k_a[H_2] \cdot (1-\theta) - k_d \cdot [H_{2,\mathrm{ad}}] = i_r \cdot \left(\frac{1-\theta}{1-\theta_0} - \frac{[H_{2,\mathrm{ad}}]}{[H_{2,\mathrm{ad}}]_0}\right) \tag{4.121}$$

und Verwendung der entsprechend abgewandelten Gl. (4.109b) für die gehemmte Heyrowsky-Reaktion (4.199)

$$\frac{i}{2} = i_{0,H} \cdot \left[\frac{[H_{2,\mathrm{ad}}]}{[H_{2,\mathrm{ad}}]_0} \cdot \exp\left(\frac{\alpha_H F}{RT}\eta\right) - \frac{\theta}{\theta_0} \cdot \exp\left(-\frac{(1-\alpha_H)F}{RT}\eta\right)\right] \tag{4.122}$$

[1] VETTER, K. J., u. D. OTTO: Z. Elektrochem. **60**, 1072 (1956).

ergibt sich unter der Voraussetzung eines eingestellten Volmer-Gleichgewichtes (4.93) die Stromspannungsbeziehung*

$$i = \frac{i_r}{1-\theta_0} \cdot \frac{\exp\left(\frac{(1+\alpha_H)F}{RT}\eta\right) \cdot \left[1 - \exp\left(-\frac{2F}{RT}\eta\right)\right]}{\left[\frac{i_r}{2 \cdot i_{0,H}} + \exp\left(\frac{\alpha_H F}{RT}\eta\right)\right] \cdot \left[\frac{\theta_0}{1-\theta_0} + \exp\left(\frac{F}{RT}\eta\right)\right]} \equiv$$

$$\equiv -\frac{2\,i_{0,H}}{\theta_0} \cdot \frac{\exp\left(-\frac{(1-\alpha_H)F}{RT}\eta\right) \cdot \left[1 - \exp\left(+\frac{2F}{RT}\eta\right)\right]}{\left[1 + \frac{2\,i_{0,H}}{i_r} \cdot \exp\left(\frac{\alpha_H F}{RT}\eta\right)\right] \cdot \left[1 + \frac{1-\theta_0}{\theta_0} \cdot \exp\left(\frac{F}{RT}\eta\right)\right]} \tag{4.123}$$

$i_r$ ist hierin nicht die experimentell ermittelbare Reaktionsgrenzstromdichte, sondern die Reaktions-Austauschstromdichte der Adsorption-Desorption beim Gleichgewichtsbedeckungsgrad $\theta_0$ (also $\eta = 0$).

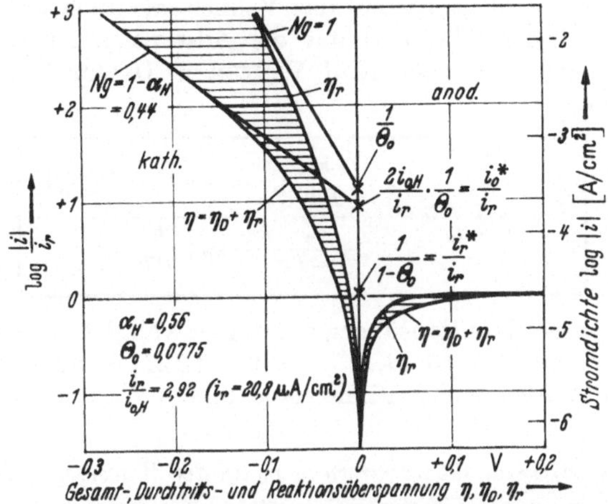


Abb. 195. Die anodische und kathodische Gesamtüberspannung $\eta = \eta_D + \eta_r$ nach Gl. (4.123), der Anteil an Reaktionsüberspannung $\eta_r$ nach Gl. (4.127) und der Anteil an Durchtrittsüberspannung $\eta_D = \eta - \eta_r$ (schraffiert) der Wasserstoffelektrode bei Volmer-Gleichgewicht ($i_{0,V} \gg i_{0,H}$), gehemmter Heyrowsky-Reaktion ($i_{0,H}$) und gehemmter $H_2$-Adsorption ($i_r$) nach K. J. VETTER u. D. OTTO. Z. Elektrochem. **60**, 1072 (1956)

Abb. 195 zeigt für einen speziellen Fall den Stromdichte-Überspannungsverlauf nach Gl. (4.123). Anodisch stellt sich hierbei nach Gl. (4.123) eine Reaktionsgrenzstromdichte $i_r^*$

$$i_r^* = \frac{i_r}{1-\theta_0} \tag{4.124}$$

ein. Für große kathodische Überspannungen $-\eta \gg \frac{RT}{\alpha_H F} \cdot \ln \frac{2\,i_{0,H}}{i_r}$,

* Die Voraussetzung $i_{0,H}/i_{0,V} = 0$ (eingestelltes Volmer-Gleichgewicht) wurde von K. J. VETTER u. D. OTTO zur Vereinfachung der Beziehung in Anlehnung an die speziellen experimentellen Ergebnisse gemacht.

$-\eta \gg \frac{RT}{F} \cdot \ln \frac{1-\theta_0}{\theta_0}$ und $-\eta \gg \frac{RT}{2F}$ vereinfacht sich Gl. (4.123) zu

$$i = -\frac{2\, i_{0,H}}{\theta_0} \cdot \exp\left(-\frac{(1-\alpha_H)\, F}{RT}\eta\right) = -i_0^{*} \cdot \exp\left(-\frac{(1-\alpha_H)\, F}{RT}\eta\right) \tag{4.125}$$

mit einer *scheinbaren* Austauschstromdichte $i_0^* = 2\, i_{0,H}/\theta_0$. In einem Zwischenbereich der kathodischen Überspannung kann bei $2 i_{0,H}/i_r \gg 1$ auch eine Tafel-Gerade (vgl. Abb. 195)

$$i = -\frac{i_r}{\theta_0} \cdot \exp\left(-\frac{F}{RT}\eta\right) \tag{4.126}$$

auftreten, die einer reinen Reaktionsüberspannung $\eta_r$ entspricht.

Für $i_r/i_{0,H} \to 0$ geht nach der Definition von K. J. VETTER[2] die Gesamtüberspannung in den reinen Reaktionsüberspannungsanteil $\eta_r$ über. In diesem Fall ist sowohl das Volmer- als auch das Heyrowsky-Gleichgewicht eingestellt, und nur die Adsorption ist gehemmt. Bei diesem Übergang folgt nach K. J. VETTER u. D. OTTO[1] aus Gl. (4.123) die Beziehung

$$i = \frac{i_r}{1-\theta_0} \cdot \frac{\exp\left(\frac{F}{RT}\eta_r\right) - \exp\left(-\frac{F}{RT}\eta_r\right)}{\frac{\theta_0}{1-\theta_0} + \exp\left(\frac{F}{RT}\eta_r\right)} \tag{4.127}$$

nach der die reine Reaktionsüberspannung in Abb. 195 berechnet wurde. Die Voraussetzung für Gl. (4.123) bis Gl. (4.127) ist außerdem, daß der Gleichgewichtsbedeckungsgrad des molekularen Wasserstoffs $[H_{2,\mathrm{ad}}]_0 \ll 1$ sein soll.

*$\eta$) Diffusionsüberspannung $\eta_d$ an der Wasserstoffelektrode*

Der reine Diffusionsanteil $\eta_d$ der Überspannung, der auf die Veränderung der Konzentrationen von $H^+$ und $H_2$ im Elektrolyten vor der Oberfläche zurückzuführen ist, läßt sich mit Hilfe von Gl. (2.93) bzw. Gl. (2.112) berechnen, wenn die kathodische Diffusionsgrenzstromdichte $i_{d,H^+}$ der $H^+$-Ionen und die anodische Diffusionsgrenzstromdichte $i_{d,H_2}$ des gelösten molekularen $H_2$ gemessen werden können. Die genannten Gleichungen ergeben, auf die Wasserstoffelektrode angewandt, für die Diffusionsüberspannung $\eta_d$

$$\eta_d = \frac{RT}{F} \cdot \ln \frac{1 - i/i_{d,H^+}}{\sqrt{1 - i/i_{d,H_2}}}$$

Bei nicht ausreichend großem Fremdelektrolytgehalt des Elektrolyten kann nach § 56 $\gamma$, $\delta$ der Faktor $1 - i/i_{d,H^+}$ etwas komplizierter sein.

[2] VETTER, K. J.: Z. Elektrochem. **56**, 931 (1952); Z. physik. Chem. **194**, 284 (1950).

Unter Umständen muß besonders bei der gemessenen anodischen Grenzstromdichte geprüft werden, ob sie nur durch eine Diffusionshemmung bestimmt wird [vgl. Gl. (4.91)]. Zu dieser Prüfung ist vor allem die Methode von FRUMKIN u. AIKASJAN[1] geeignet, bei der an einer *rotierenden Scheibenelektrode* die Abhängigkeit der Diffusionsgrenzstromdichte $i_d$ von der Tourenzahl $m$ untersucht wird. Eine reine Diffusionsgrenzstromdichte $i_d$ muß proportional $\sqrt{m}$ sein, bzw. $i_d/\sqrt{m}$ muß konstant sein.

W. VIELSTICH u. D. JAHN[2] haben die Beziehung bei der kathodischen Wasserstoffentwicklung in $5 \cdot 10^{-2}$ n HCl + 1 n KCl an einer rotierenden Pt-Scheibenelektrode geprüft und die erwartete Unabhängigkeit der Größe $i_d/\sqrt{m}$ von $i_d$ bzw. $\sqrt{m}$ festgestellt. Abb. 196a gibt die Konstanz von $i_d/\sqrt{m}$ für einen reinen Diffusionsprozeß wieder. Abb. 196b bestätigt

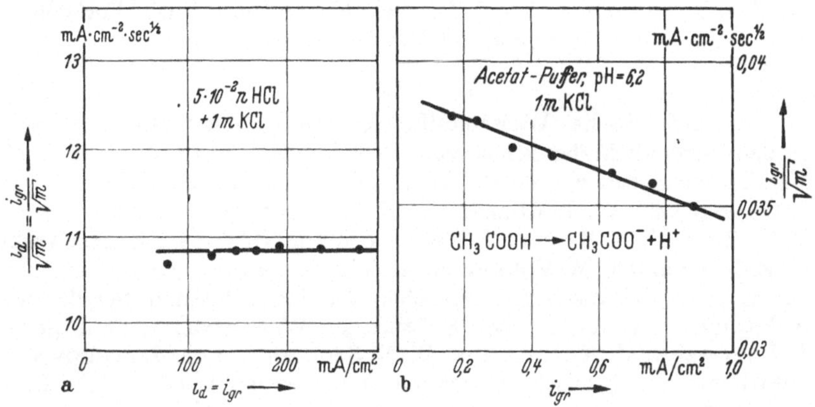


Abb. 196. Grenzstromdichten $i_d$ der kathodischen Wasserstoffentwicklung $H^+ + e^- \rightarrow 1/2\, H_2$ an einer rotierenden Pt-Scheibenelektrode in Abhängigkeit von der Tourenzahl $m$ (Umdreh./sec) bei 25° C, Scheibenradius $r = 0{,}50$ mm. a) aus $5 \cdot 10^{-2}$ n HCl + 1 m KCl (starke Säure); b) aus $5 \cdot 10^{-4}$ n $CH_3COOH/1{,}95 \cdot 10^{-2}$ n $CH_3COONa$ + 1 m KCl, $p_H = 6{,}2$. Aus der Neigung folgt die Dissoziationsgeschwindigkeit $CH_3COOH \rightarrow CH_3COO^- + H^+$ ($k_d = 3{,}2 \cdot 10^5\ \mathrm{sec}^{-1}$) [nach W. VIELSTICH u. D. JAHN: Z. Elektrochem. **64**, 43 (1960)]

dagegen Gl. (2.375) für eine vorgelagerte Reaktionshemmung mit der Ordnung $q = 1$*

$$\frac{i_{gr}}{\sqrt{m}} = \frac{i_d}{\sqrt{m}} \cdot \left(1 - \frac{1}{\bar{i}_r} \cdot i_{gr}\right) \tag{4.127a}$$

Aus der Neigung folgt $\bar{i}_r = 9{,}3$ mA/cm². Aus den $i_d/\sqrt{m}$-Werten ergibt sich nach Gl. (2.374) $D_{H^+} = 7{,}45 \cdot 10^{-5}$ cm² sec⁻¹** und $D_{CH_3COOH} = 1{,}0 \times 10^{-5}$ cm² sec⁻¹. Gl. (2.257) für $i_r$ führt auf die Reaktionsaustauschgeschwindigkeit $v_0$ (Mol · cm⁻³ · sec⁻¹), aus der $k = v_0/c_{HA} = 3{,}2 \cdot 10^5\ \mathrm{sec}^{-1}$ bei $[CH_3COOH] = 5{,}0 \cdot 10^{-4}$ Mol/l folgt (vergl. Tab. 13).

[1] FRUMKIN, A. N., u. E. A. AIKASJAN: J. phys. Chem. USSR **100**, 315 (1955).

[2] VIELSTICH, W., u. D. JAHN: Z. Elektrochem. **64**, 43 (1960).

* $q$ ist die beim Grenzstrom in Erscheinung tretende Ordnung ($i_r$ proportional $c^q$).

** Dieser Wert entspricht einer Ionenäquivalentleitfähigkeit $\Lambda_{H^+} = 281\ \Omega^{-1}\mathrm{cm}^2$.

In der Pufferlösung läuft die Elektrodenbruttoreaktion $CH_3COOH + e^- \rightarrow 1/2\,H_2 + CH_3COO^-$ ab, die sich in die gehemmte vorgelagerte Reaktion $CH_3COOH \rightarrow H^+ + CH_3COO^-$ und die Elektrodenteilreaktion $H^+ + e^- \rightarrow 1/2\,H_2$ aufteilt. Hierin ist $\nu_{HA} = +1$, $\nu_{H^+} = +1$. Für $q = (p_{HA} + \nu_{HA}/\nu_{H^+})/2$ nach Gl. (2.372) folgt bei einer Reaktionsordnung $p_{HA} = 1$ der Wert $q = 1$, wie er sich auch aus dem Experiment ergibt.

## § 141. Experimentelle Abhängigkeit der Wasserstoffüberspannung von der Stromdichte

### α) *Große Überspannung (Gültigkeit der Tafelschen Gleichung)*

Die Wasserstoffüberspannung und ihre Abhängigkeit von der Stromdichte sind seit den Untersuchungen von J. TAFEL[1] viel bearbeitet worden. Einige ältere Arbeiten[2], die gelegentlich zitiert werden, brachten jedoch gegenüber den Tafelschen Messungen keinen Fortschritt. Später konnte die Gültigkeit der Tafelschen Gleichung

$$\eta = a + b \log i \tag{4.128}$$

für die kathodische Wasserstoffüberspannung innerhalb eines sehr großen Stromdichtebereiches von $10^{-9}$ bis $100\ A/cm^2$ für sehr viele Metalle nachgewiesen werden. Hier seien zunächst die Arbeiten von S. GLASSTONE[3], W. J. MÜLLER u. K. KONOPICKY[4], F. P. BOWDEN u. E. K. RIDEAL[5], E. BAARS[6], T. ERDEY-GRUZ u. H. WICK[7], H. M. CASSEL u. E. KRUMBEIN[8], M. VOLMER u. H. WICK[9] genannt. Ganz besonders haben auch die russischen Forscher der Frumkinschen Schule, wie A. FRUMKIN, B. KABANOW, S. LEWINA, W. SARINSKY, S. A. JOFA, P. LUKOWZEW, J. KOLOTYRKIN, W. S. BAGOTZKY, J. E. JABLOKOWA u. Mitarb.[10–25] die Tafelsche Gleichung immer wieder bestätigt. Auch in

[1] TAFEL. J.: Z. physik. Chem. **50**, 641 (1905).
[2] NEWBERY, E.: J. Chem. Soc. **105**, 2419 (1914); **109**, 1051 (1916). — KNOBEL, M.: J. Am. Soc. **46**, 2613 (1924). — KNOBEL, M., P. CAPLAN u. M. EISEMAN: Trans. electrochem. Soc. **43**, 55 (1923). — SAND, H. J., u. E. J. WECKS: J. Chem. Soc. **123**, 456 (1923); **125**, 160 (1924).
[3] GLASSTONE, S.: J. Chem. Soc. **125**, 250, 2414, 2646 (1924).
[4] MÜLLER, W. J., u. K. KONOPICKY: Z. Elektrochem. **34**, 840 (1928).
[5] BOWDEN, F. P., u. E. K. RIDEAL: Proc. Roy. Soc. **120 A**, 59, 80 (1928).
[6] BAARS, E.: Sitzber. Ges. Förd. Naturw. Marburg **63**, 213 (1928).
[7] ERDEY-GRUZ, T., u. H. WICK: Z. physik. Chem. **162 A**, 53 (1932).
[8] CASSEL, H. M., u. E. KRUMBEIN: Z. physik. Chem. **171 A**, 70 (1934).
[9] VOLMER, M., u. H. WICK: Z. physik. Chem. **172 A**, 429 (1935).
[10] LEWINA, S., u. M. SILBERFARB: Acta physicochim. USSR **4**, 275 (1936).
[11] KABANOW, B.: Acta physicochim. USSR **5**, 194 (1936).
[12] LEWINA, S., u. W. SARINSKY: Acta physicochim. USSR **7**, 485 (1937); **6**, 491 (1937).
[13] JOFA, S., B. KABANOW, E. KUCHINSKI u. F. CHISTYAKOV: Acta physicochim. USSR **10**, 317 (1939).
[14] KABANOW, B., u. S. JOFA: Acta physicochim. USSR **10**, 617 (1939).
[15] JOFA, S. A.: Acta physicochim. URSS **10**, 903 (1939).
[16] LEGRAN, A., u. S. LEWINA: Acta physicochim. USSR **12**, 243 (1940); J. phys. Chem. USSR **14**, 211 (1940).
[17] LUKOWZEW, P., S. LEWINA u. A. FRUMKIN: Acta physicochim. USSR **11**, 21 (1939).

den zahlreichen Arbeiten von A. HICKLING u. F. W. SALT[26, 27], sowie von J. O'M. BOCKRIS mit R. PARSONS, A. M. AZZAM, B. E. CONWAY, E. C. POTTER u. Mitarb.[28, 29, 30], F. P. BOWDEN, K. E. GREW[31], S. SCHULDINER u. J. P. HOARE[32, 33], H. FISCHER[34], C. A. KNORR[35] und K. J. VETTER u. D. OTTO[36] wurde die Gültigkeit der Tafelschen Beziehung an den verschiedensten Metallen festgestellt.

Abb. 197 zeigt eine kleine Auswahl dieser experimentellen Ergebnisse. Aus Abb. 197 ist auch ersichtlich, wie stark teilweise die Überspannungswerte am gleichen Metall bei den verschiedenen Autoren differieren. Hieraus ist zu entnehmen, wie schwer es ist, reproduzierbare Werte zu erhalten. Allerdings handelt es sich vielfach auch um unterschiedliche Elektrolyte. Auf diesen Einfluß wird erst später eingegangen. Die Neigungen aller dieser Geraden haben etwa einen Wert [Gl. (4.128)] von $b = 0{,}11$ bis 0,12 Volt pro Zehnerpotenz Stromdichteänderung, der einem Durchtrittsfaktor von $1-\alpha \approx 0{,}5$ entspricht. Die Geraden unterscheiden sich vor allem durch den $a$-Wert, der nach Gl. (4.105) bzw. Gl. (4.112) im wesentlichen von der Austauschstromdichte $i_0$ abhängt, die in den Kurven der Abb. 197 zwischen $i_0 = 10^{-3}$ bis $10^{-13}$ A/cm² variiert.

In der Nähe des Gleichgewichtspotentials gilt die Tafelsche Beziehung nicht mehr, da sie theoretisch nur eine Näherungsgleichung für $|\eta| \gg RT/F$ ist. Dieses Abweichen der Überspannung von der linearen Beziehung

---

18 JOFA, S. A.: J. phys. Chem. USSR 19, 117 (1945).

19 LUKOWZEW, P. D., u. S. LEWINA: J. phys. Chem. USSR 21, 599 (1947).

20 KOLOTYRKIN, J., u. N. BUNE: J. phys. Chem. USSR 21, 581 (1947).

21 JOFA, S., u. A. FRUMKIN: Acta physicochim. USSR 18, 183 (1943).

22 FRUMKIN, A.: Disc. Faraday Soc. 1, 57 (1947).

23 BAGOTZKY, W. S., u. J. E. JABLOKOWA: J. phys. Chem. USSR 23, 413 (1949).

24 KAPTSAN, O. L., u. S. A. JOFA: J. phys. Chem. USSR 26, 201 (1952).

25 JOFA, S. A.: J. phys. Chem. USSR 28, 1163 (1954).

26 HICKLING, A., u. F. W. SALT: Trans. Faraday Soc. 36, 1226 (1940).

27 HICKLING, A., u. F. W. SALT: Trans. Faraday Soc. 37, 224, 319, 333, 450 (1941); 38, 474 (1942). — HICKLING, A.: Quart. Rev. Chem. Soc. 3, 95 (1949).

28 BOCKRIS, J. O'M.: Trans. Faraday Soc. 43, 417 (1947). — BOCKRIS, J. O'M., u. S. IGNATOWICZ: Trans. Faraday Soc. 44, 519 (1948). — BOCKRIS, J. O'M., u. R. PARSONS: Trans. Faraday Soc. 44, 860 (1948); 45, 916 (1949). — AZZAM, A. M., J. O'M. BOCKRIS, B. E. CONWAY u. H. ROSENBERG: Trans. Faraday Soc. 46, 918 (1950). — AZZAM, A. M., u. J. O'M. BOCKRIS: Nature 165, 403 (1950). — BOCKRIS, J. O'M.: Z. Elektrochem. 55, 105 (1951). — BOCKRIS, J. O'M.: J. electrochem. Soc. 98, 153 C (1951). — BOCKRIS, J. O'M., u. B. E. CONWAY: Trans. Faraday Soc. 48, 724 (1952). — BOCKRIS, J. O'M., u. R. G. H. WATSON: J. Chim. Phys. 49, 1 (1952).

29 BOCKRIS, J. O'M., u. E. C. POTTER: J. Chem. Phys. 20, 614 (1952).

30 BOCKRIS, J. O'M., u. A. M. AZZAM: Trans. Faraday Soc. 48, 145 (1952).

31 BOWDEN, F. P., u. K. E. GREW: Disc. Faraday Soc. 1, 86 (1947).

32 SCHULDINER, S.: J. electrochem. Soc. 99, 488 (1952); 101, 426 (1954); 102, 356 (1955). — HOARE, J. P., u. S. SCHULDINER: J. electrochem. Soc. 102, 485 (1955); 103, 237 (1956). — SCHULDINER, S., u. J. P. HOARE: J. Phys. Chem. 61, 705 (1957).

33 HOARE, J. P., u. S. SCHULDINER: J. Chem. Phys. 25, 786 (1956).

34 FISCHER, H., u. H. HEILING: Z. Elektrochem. 54, 184 (1950).

35 KNORR, C. A.: Z. Elektrochem. 59, 647 (1955).

36 VETTER, K. J., u. D. OTTO: Z. Elektrochem. 60, 1072 (1956).

ist in Abb. 197 deutlich zu erkennen. Der auf $\eta = 0$ linear extrapolierte Wert der Stromdichte in logarithmischer Darstellung ist entsprechend

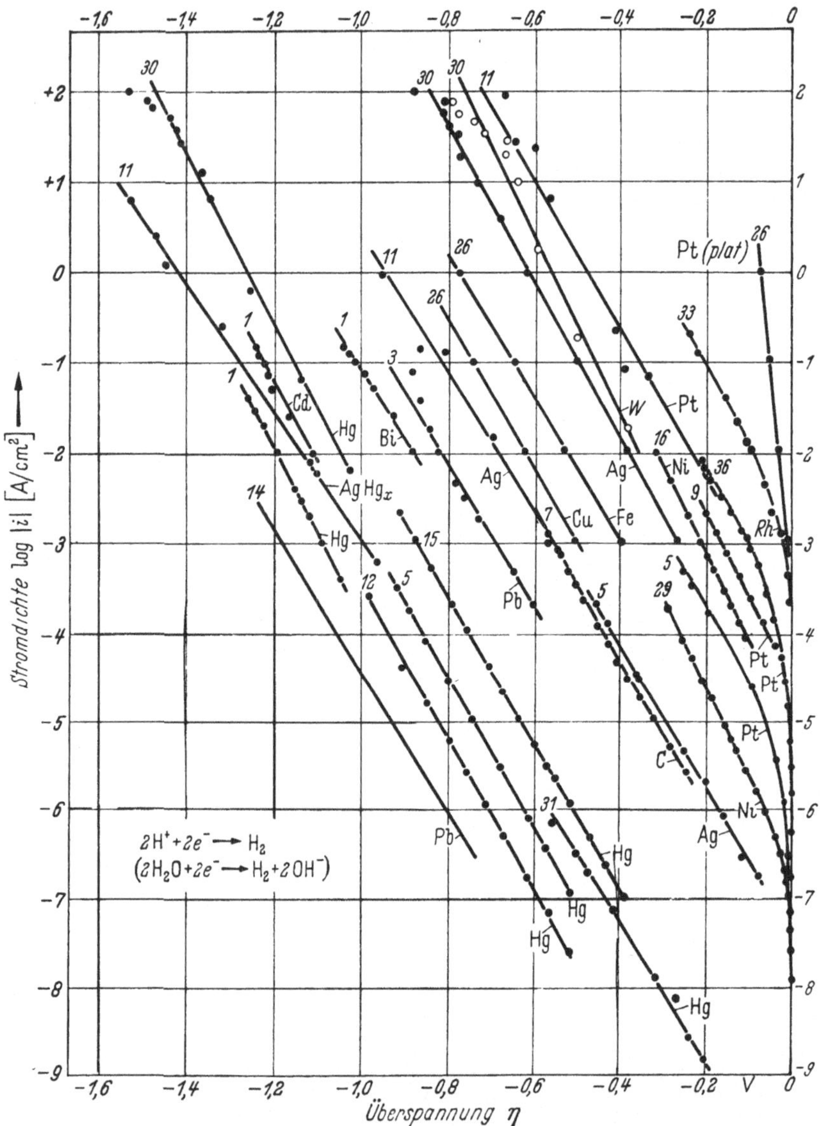


Abb. 197. Kathodische Überspannung der Wasserstoffelektrode in Abhängigkeit von der Stromdichte $i$ für verschiedene Metalle und Elektrolyte nach Messungen verschiedenster Autoren (die Zahlen beziehen sich auf die in den Fußnoten angeführten Autoren)

dem vorliegenden Mechanismus der Logarithmus einer Austauschstromdichte $i_0^*$ (bei Durchtrittsüberspannung) bzw. einer Reaktionsstromdichte $i_r^*$ (bei Reaktionsüberspannung). Nach den theoretischen Ausführungen in § 140 sind diese Größen $i_0^*$ bzw. $i_r^*$ nur scheinbare Austauschstromdichten bzw. scheinbare Reaktionsstromdichten, in welche die wahren Austauschstromdichten $i_{0,V}$ und $i_{0,H}$ bzw. die wahre Reaktions-Austauschstromdichte $i_r$ in Verbindung mit dem Bedeckungsgrad $\theta$ eingehen.

*β) Sehr große Stromdichten*

Die Messung von Überspannungen bei sehr großen Stromdichten oberhalb von etwa 0,1 A/cm² führt zu beträchtlichen Schwierigkeiten, weil beachtliche ohmsche Spannungsabfälle im Elektrolyten mitgemessen werden. Dieser ohmsche Spannungsabfall $\Delta\varepsilon_\Omega$ am Elektrolytwiderstand $R_\Omega$ zwischen Elektrodenoberfläche und Lugginkapillare wächst nach dem ohmschen Gesetz proportional mit der Stromdichte $i$, so daß $\Delta\varepsilon_\Omega = i \cdot R_\Omega$ oberhalb gewisser Stromdichten recht große Werte annimmt. Aber auch die Erwärmung, die Abscheidung von Wasserstoffblasen und die durch Diffusion verursachten Konzentrationsänderungen treten hier verstärkt in Erscheinung.

Zur Berücksichtigung und Elimination der Fehlspannung $\Delta\varepsilon_\Omega$ sind von B. KABANOW[1, 2] einerseits, und von S. GLASSTONE[3], A. HICKLING u. F. W. SALT[4] und S. SCHUDINER[5] zwei verschiedene Wege eingeschlagen worden. KABANOW verwendet eine Drahtelektrode (Länge $l$, Radius $r$), die durch einen Elektrolytstrahl (20 m/sec) bespült wird und berücksichtigt den ohmschen Spannungsabfall $\Delta\varepsilon_\Omega = i \cdot R_\Omega$ durch Berechnung des Widerstandes[2] nach

$$R_\Omega = \frac{\varrho}{2\pi l} \cdot \ln \frac{a+r}{r} \tag{4.129}$$

mit $\varrho$ = spez. elektrischer Widerstand des Elektrolyten, $a$ = Abstand der Lugginkapillare von der zylindrischen Oberfläche, $r$ = Radius und $l$ = Länge der zylindrischen Elektrode [§ 89, Gl. (2.461)]. Bei Berücksichtigung des so errechneten Widerstandes kann B. KABANOW[1] die Gültigkeit der Tafelschen Gleichung an Pt, Ag und Silberamalgam bis zu 100 A/cm² bestätigen (Abb. 197).

Demgegenüber beobachten GLASSTONE[3], HICKLING u. SALT[4] und SCHULDINER[5] das Elektrodenpotential unmittelbar nach dem Abschalten des Polarisationsstromes. GLASSTONE und HICKLING u. SALT verwenden hierfür eine Kommutatormethode (§ 98). SCHULDINER beobachtet den Potentialzeitverlauf oszillographisch. Der ohmsche Spannungsabfall im

---

[1] KABANOW, B.: Acta physicochim. USSR **5**, 193 (1936).

[2] Vgl. auch C. A. KNORR: Z. Elektrochem. **57**, 599 (1953) und K. J. VETTER: Z. Elektrochem. **55**, 274 (1951).

[3] GLASSTONE, S.: J. Chem. Soc. **123**, 2926 (1923); **125**, 250, 2414, 2646 (1924).

[4] HICKLING, A., u. F. W. SALT: Trans. Faraday Soc. **36**, 1226 (1940); **37**, 224, 319, 333, 450 (1941); **38**, 474 (1942). — HICKLING, A.: Quart. Rev. Chem. Soc. **3**, 95 (1949).

[5] SCHULDINER, S., u. R. E. WHITE: J. electrochem. Soc. **97**, 433 (1950). — SCHULDINER, S.: J. electrochem. Soc. **99**, 488 (1952); **101**, 426 (1954); **102**, 356 (1955). — HOARE, J. P., u. S. SCHUDINER: J. electrochem. Soc. **102**, 485 (1955); **103**, 237 (1956); J. Chem. Phys. **25**, 786 (1956). — SCHULDINER, S., u. J. P. HOARE: J. Phys. Chem. **61**, 705 (1957).

Elektrolyten fällt nach dem Ausschalten des Stromes momentan* zusammen. Die Potentialdifferenz in der elektrolytischen Doppelschicht verändert sich demgegenüber nur langsam. Hierbei erfolgt die Auf- bzw. Entladung der Doppelschichtkapazität mit der Stromdichte $i(t)$, die der augenblicklichen Überspannung $\eta(t)$ entspricht. Abb. 198 gibt den Potential-Zeit-Verlauf nach der Beziehung von FRUMKIN[6]

$$\eta(t) = \eta(0) - b \cdot \ln\left(1 + \frac{i}{b \cdot C_D} \cdot t\right) \tag{4.130}$$

wieder, die von KOLOTYRKIN[7] experimentell an Pb bestätigt werden

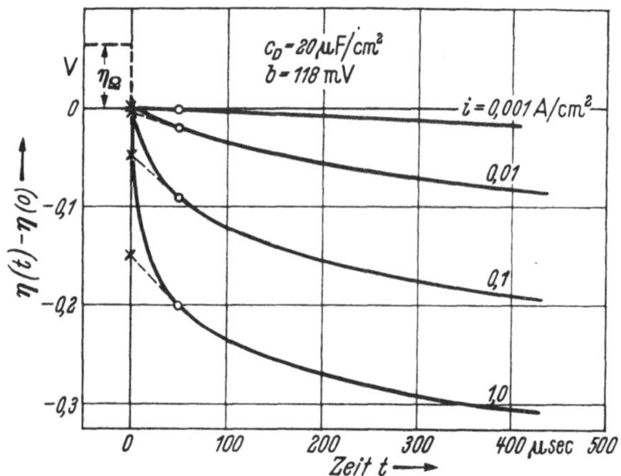


Abb. 198. Potential-Zeitverlauf nach Abschalten der Polarisationsstromdichten von $i = 1$ A/cm² bis $i = 0{,}001$ A/cm² bei einer Doppelschichtkapazität $C = 20\ \mu F/cm^2$, und bei Gültigkeit der Tafelschen Gleichung $\eta = a + b \log i$ für die Verluststromdichte $i(t)$ mit $b = 118{,}2$ mV nach Gl. (4.130) von A. FRUMKIN: Acta physicochim. USSR 18, 23 (1943)

konnte**. Eine vereinfachte Beziehung ist bereits von ARMSTRONG u. BUTLER[8] abgeleitet und experimentell an Hg und Pt überprüft worden. Bei großen Stromdichten erfolgt nach Gl. (4.130) der erste Potentialabfall sehr schnell, so daß eine Extrapolation unter Umständen zu einer wesentlich kleineren Überspannung führt als sie tatsächlich zur Zeit $t = 0$ vorliegt***. Abb. 198 gibt eine solche lineare Extrapolation von $t = 50\mu$sec aus an.

* Nach G. FALK u. E. LANGE [Z. Elektrochem. 54, 132 (1950)] benötigt auch der Abbau eines ohmschen Spannungsabfalls Zeit, die allerdings sehr kurz ist. Die Zeitkonstante ist hierfür $\tau = \sigma \cdot D/4\pi \cdot 9 \cdot 10^{11}$ sec ($\sigma$ = spez. Widerstand des Elektrolyten [$\Omega \cdot$cm]; $D$ = Dielektrizitätskonstante). Mit $\sigma = 10\ \Omega \cdot$ cm für gut leitende Elektrolyte, $D = 80$ ergibt sich $\tau = 7 \cdot 10^{-5}\ \mu$sec.

[6] FRUMKIN, A.: Acta physicochim. USSR 18, 23 (1943).

** Gl. (4.130) ergibt sich durch Integration der Differentialgleichung $C_D \cdot d\eta/dt = i_0 \cdot \exp(-(1-\alpha) F\eta/RT)$, d. h. also unter der Voraussetzung der Tafelschen Beziehung für die Verluststromdichte an einer konstanten Doppelschichtkapazität $C_D$.

[7] KOLOTYRKIN, Y. M.: J. phys. Chem. USSR 20, 667 (1946).

[8] ARMSTRONG, G., u. J. A. V. BUTLER: Trans. Faraday Soc. 29, 1261 (1933).

*** Bei $t = b \cdot C_D/i$ beträgt dieser Fehler der Extrapolation bereits $\Delta\eta = 10$ mV (bei $\alpha = 0{,}5$).

Sowohl GLASSTONE[3] als auch HICKLING u. SALT[4] und SCHULDINER[5] stellten bei höheren Stromdichten nur noch ein sehr geringes Ansteigen der Überspannung mit der Stromdichte fest. Nach A. FRUMKIN[6] ist diese Erscheinung jedoch auf eine fehlerhafte Extrapolation im Sinne von Abb. 198 zurückzuführen, da die erste Potentialmessung in nicht ausreichend kurzer Zeit erfolgte*. A. FRUMKIN[6] konnte bei Voraussetzung der Gültigkeit der Tafelschen Beziehung die Meßwerte von HICKLING u. SALT[4] mit Gl. (4.130) quantitativ deuten und damit auch Gl. (4.130) bestätigen.

BOCKRIS u. AZZAM[9] glauben bei Stromdichten bis zu 100 A/cm² ein stärkeres Ansteigen der Überspannung als es der Tafel-Geraden entspricht, festgestellt zu haben und deuten es als eine Grenzstromerscheinung. BREITER u. CLAMROTH[10] zeigten jedoch, daß die lineare Auftragung von $\eta$ gegen $i$ eine Gerade ergibt, so daß kein Grenzstrom sondern ein ohmscher Spannungsabfall das scheinbare Ansteigen der Überspannung hervorzurufen scheint. Das entspricht auch den experimentellen Ergebnissen von KABANOW[1], nach denen auch noch bei *extrem großen Stromdichten* bis zu 100 A/cm² die *Tafelsche Gleichung erfüllt* ist.

### $\gamma$) *Sehr kleine Stromdichten*

Messungen der kathodischen Wasserstoffüberspannung wurden bis zu sehr kleinen Stromdichten von BOWDEN u. RIDEAL[1] und von FRUMKIN, LEWINA, SARINSKY, LUKOWZEW, LEGRAN, JOFA, KABANOW[2–8] sowie BOCKRIS u. POTTER[9] bis etwa $10^{-8}$ A/cm² und von BOWDEN u. GREW[10] sogar bis zu $10^{-9}$ ausgeführt. Messungen von MITUYA[11] bis zu $4 \cdot 10^{-11}$ A/cm² werden von FRUMKIN[12] in ihrer Richtigkeit angezweifelt. In diesen Bereichen konnte ebenfalls die Gültigkeit der Tafelschen

* Die Kommutatormethode von HICKLING u. SALT mit einem kurzesten Zeitintervall von 50 $\mu$sec zeigt nach Gl. (4.130) bereits bei $i = 10^{-2}$ A/cm² einen Fehler von 10 mV. Die Zeitauflosung der oszillographischen Messungen von SCHULDINER mit etwa 5 $\mu$sec bedeutet eine Verwendbarkeit der Methode bis etwa $i = 0{,}1$ A/cm² in Übereinstimmung mit dem Experiment.

9 AZZAM, A. M., u. J. O'M. BOCKRIS: Nature **165**, 403 (1950). — BOCKRIS, J. O'M., u. A. M. AZZAM: Trans. Faraday Soc. **48**, 145 (1952).

10 BREITER, M., u. R. CLAMROTH: Z. Elektrochem. **58**, 493 (1954).

1 BOWDEN, F. P., u. E. K. RIDEAL: Proc. Roy. Soc. **120 A**, 59, 80 (1928).

2 LEWINA, S., u. W. SARINSKY: Acta physicochim. USSR **6**, 491 (1937), **7**, 485 (1937).

3 JOFA, S., B. KABANOW, E. KUCHINSKY u. F. CHISTYAKOW: Acta physicochim. USSR **10**, 317 (1939).

4 KABANOW, B., u. S. JOFA: Acta physicochim. USSR **10**, 617 (1939).

5 JOFA, S. A.: Acta physicochim. USSR **10**, 903 (1939).

6 LUKOWZEW, P., S. LEWINA u. A. FRUMKIN: Acta physicochim. USSR **11**, 21 (1939).

7 LEGRAN, A., u. S. LEWINA: Acta physicochim. USSR **12**, 243 (1940); J. phys. Chem. USSR **14**, 211 (1940).

8 JOFA, S., u. A. FRUMKIN: Acta physicochim. USSR **18**, 183 (1943).

9 BOCKRIS, J. O'M., u. E. C. POTTER: J. Phys. Chem. **20**, 614 (1952).

10 BOWDEN, F. P., u. K. E. GREW: Disc. Faraday Soc. **1**, 86 (1947). — GREW, K. E.: Diss. Cambridge 1936.

11 MITUYA, A.: Bull. Inst. Phys. Chem. Res. Tokyo **19**, 142 (1940).

12 FRUMKIN, A.: Acta physicochim. USSR **18**, 23 (1943).

Beziehung festgestellt werden, solange das Potential noch weit genug vom Gleichgewichtspotential entfernt war, wie es auch aus Abb. 197 zu entnehmen ist.

Beim Arbeiten mit so kleinen Stromdichten treten zwei wesentliche Schwierigkeiten auf. Infolge der Anwesenheit kleinster *Spuren elektrochemisch reduzierbarer Substanzen* im Elektrolyten wird ein Teil des kathodischen Stromes für die Reduktion dieser Stoffe verwendet, so daß auf die Wasserstoffentwicklung nur ein Bruchteil der Stromdichte $i$ entfällt. Hierdurch wird die kathodische Überspannung in Richtung kleinerer Werte verfälscht, worauf W. J. MÜLLER u. K. KONOPICKY[13] aufmerksam gemacht haben. Geringste Spuren von Sauerstoff wirken in dieser Weise*. An die Dichtigkeit der Apparatur müssen daher die Ansprüche einer Hochvakuumapparatur gestellt werden. Diese Forderung ist bei dem meist fehlenden Unterdruck in der Apparatur, der die Hähne stark andrücken würde, besonders schwer zu erfüllen. Auf Vorschlag von LEWINA u. SARINSKY[2] wurden daher von der Frumkinschen Schule Hähne mit einer Quecksilber- oder sonstigen *Flüssigkeitsdichtung* verwendet.

Für die Entfernung anderer störender, reduzierbarer Spurensubstanzen im Elektrolyten, die nicht mehr durch vorhergehende Reinigung zu entfernen sind, wurde von LEWINA u. SARINSKY[2] die Methode der *Vorelektrolyse* eingeführt. Ein kathodischer Strom wird für einige Stunden durch die Meßelektrode oder auch eine andere möglicherweise größere Hilfselektrode des gleichen Metalls geleitet. Hierbei wird die störende Substanz durch elektrolytische Reduktion so weit verbraucht, daß ihre Konzentration im Elektrolyten keinen nennenswerten Störstrom mehr verursacht**. Diese Arbeitsmethode in Verbindung mit der Verwendung von flüssigkeitsgedichteten Hähnen wurde besonders von BOCKRIS[14] übernommen und vielfach angewendet.

Die andere Schwierigkeit bei der Überspannungsmessung mit *sehr kleinen* Stromdichten beruht auf der *Umladung der Doppelschichtkapazität* bei Potentialänderung, also z. B. nach Einschalten des Stromes, worauf FRUMKIN[12] und BOWDEN u. GREW[10] ausführlich hingewiesen haben. Eine Stromdichte von z. B. $i = 10^{-9}$ A/cm² hat eine Geschwindigkeit der Potentialänderung von 0,05 mV/sec = 3 mV/min zur Folge, so daß die Potentialeinstellung bei dieser Stromdichte bereits recht langsam ist. Mit diesem Wert dürfte die praktische untere Stromdichtegrenze für

---

[13] MÜLLER, W. J., u. K. KONOPICKY: Z. Elektrochem. **34**, 840 (1928).

* Die Betrachtung der Größenordnung zeigt, daß eine Störstromdichte von $10^{-8}$ A/cm² etwa $10^{-9}$ Mol $O_2$/l Elektrolyt $\approx 10^{-4}$ % $O_2$ im Gasraum über dem Elektrolyten $\approx 10^{-3}$ mm Hg $O_2$-Partialdruck entspricht.

[14] Zum Beispiel J. O'M. BOCKRIS: Chem. Rev. **43**, 525 (1948).

** Bei schneller Elektrodenreaktion der Störsubstanzreduktion ist die Diffusion als Diffusionsgrenzstromdichte geschwindigkeitsbestimmend. In diesem Fall ist die Halbwertszeit $\tau$ der Störsubstanzaufzehrung $\tau = 0{,}69\ V\delta/AD$ mit $V$ = Elektrolytvolumen (cm³), $\delta$ = Diffusionsschichtdicke (cm), $A$ = Elektrodenoberfläche (cm²) und $D$ = Diffusionskonstante (cm² · sec⁻¹). Die Vorelektrolyse kann selbstverständlich nicht nur bei der Wasserstoffelektrode, sondern auch bei anderen Elektroden angewendet werden.

Überspannungsmessungen erreicht sein, wenn sich in abwartbaren Zeiten ein stationärer Potentialwert einstellen soll.

### δ) *Kleine Überspannungen*

Bei kleinen Überspannungen $|\eta| < RT/F$ gilt die Tafelsche Gleichung nicht mehr, da sich in diesem Potentialbereich bereits die Gegenreaktion bemerkbar macht, die schließlich beim Gleichgewichtspotential ($\eta = 0$) den Strom $i = i_+ + i_- = 0$ werden läßt. Die Überspannung $\eta$ wird hier proportional der Stromdichte $i$, wie es sowohl für die Durchtrittsüberspannung $\eta_D$ unter Einschluß des Volmer-Heyrowsky-Mechanismus nach Gl. (4.84), Gl. (4.103), Gl. (4.110) und Gl. (4.111) als auch für die Reaktionsüberspannung $\eta_r$ nach Gl. (4.85) und die Diffusionsüberspannung $\eta_d$ nach Gl. (4.87) zu erwarten ist. Auch beim Volmer-Tafel-Mechanismus muß eine Proportionalität nach Gl. (4.106), Gl. (4.107) und Gl. (4.108) vorliegen. Die Linearität am Gleichgewichtspotential haben zuerst Hammett[1,2] und später Volmer u. Wick[3], Frumkin, Dolin, Ershler, Lewina u. Lukowzew[4,5], Knorr, Breiter, Clamroth u. Mitarb.[6-12], Bockris u. Potter[13] und Vetter u. Otto[14] an den Platinmetallen und auch am Ni festgestellt. Hierüber soll jedoch an anderer Stelle bei der Behandlung des Polarisationswiderstandes ausführlicher berichtet werden.

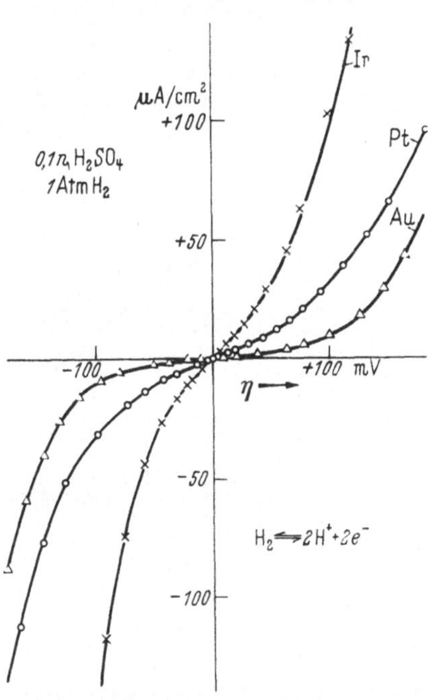


Abb. 199. Kathodische und anodische Wasserstoffüberspannung an Ir, Pt und Au bei 20°C in 0,1 n $H_2SO_4$ bei 1 Atm $H_2$-Druck ($i_d$ etwa 1 bis 2 mA/cm²) [nach M. Volmer u. H. Wick: Z. physik. Chem. **172 A**, 429 (1935)]

[1] Hammett, L. P.: J. Am. Soc. **46**, 7 (1924).
[2] Hammett, L. P.: Trans. Faraday Soc. **29**, 770 (1933).
[3] Volmer, M., u. H. Wick: Z. physik. Chem. **172 A**, 429 (1935).
[4] Lukowzew, P., S. Lewina u. A. Frumkin: Acta physicochim. USSR **11**, 21 (1939).
[5] Dolin, P., B. Ershler u. A. Frumkin: Acta physicochim. USSR **13**, 779 (1940).
[6] Knorr, C. A., u. A. Schwartz: Z. Elektrochem. **40**, 38 (1934).
[7] Kandler, L., C. A. Knorr u. C. Schwitzer: Z. physik. Chem. **180 A**, 281 (1937).
[8] Clamroth, R., u. C. A. Knorr: Z. Elektrochem. **57**, 399 (1953).
[9] Knorr, C. A.: Z. Elektrochem. **57**, 599 (1953).
[10] Breiter, M., u. R. Clamroth: Z. Elektrochem. **58**, 493 (1954).
[11] Breiter, M., C. A. Knorr u. R. Meggle: Z. Elektrochem. **59**, 153 (1955).
[12] Knorr, C. A.: Z. Elektrochem. **59**, 647 (1955).
[13] Bockris, J. O'M., u. E. C. Potter: J. Chem. Phys. **20**, 614 (1952).
[14] Vetter, K. J., u. D. Otto: Z. Elektrochem. **60**, 1072 (1956).

VOLMER u. WICK[15] haben für kleine kathodische und anodische Überspannungen an Pt, Ir und Au eine Bestätigung von Gl. (2.15) durch Kurven wie in Abb. 49 gefunden. In Abb. 199 sind die Stromspannungskurven bei linearer Auftragung der Stromdichte wiedergegeben. Es liegt hier somit reine Durchtrittsüberspannung vor. Die Austauschstromdichte hat am Ir den größten Wert $i_0 = 12{,}5\ \mu A/cm^2$. Die weiteren Werte sind am Pt $i_0 = 4{,}5\ \mu A/cm^2$ und am Au $i_0 = 0{,}9\ \mu A/cm^2$.

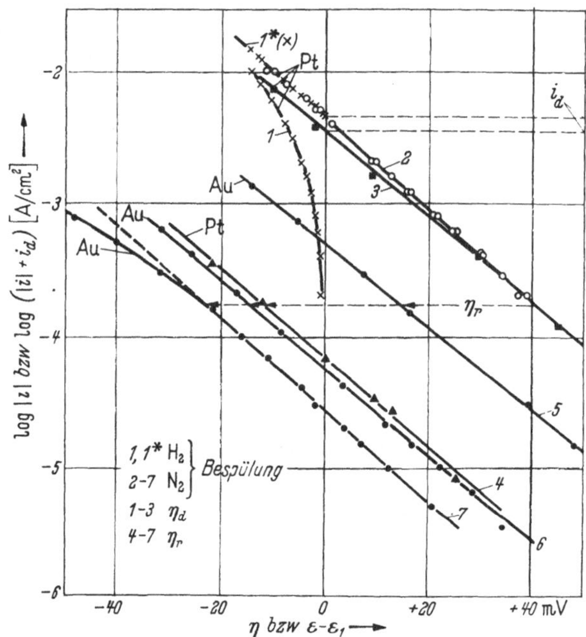


Abb. 200. Wasserstoff-Diffusionsuberspannung $\eta_d$ bei $H_2$-Bespülung (1 Atm). Kurve (1): $\eta_d$ gegen $\log|i|$; Kurve 1*(×): $\eta_d$ gegen $\log(|i| + i_d)$. Wasserstoff-Elektrodenpotential $\varepsilon$ bei $N_2$-Bespülung bezogen auf das Potential $\varepsilon_1$ bei 1 Atm $H_2$-Druck in Abhängigkeit von $\log|i|$. Kurve (2), (3), (4) an Pt, (5), (6), (7) an Au. (1)–(3) reine Diffusions- ($\eta_d$) und (4)–(7) reine Reaktionsüberspannung $\eta_r$ [nach KANDLER, KNORR, SCHWITZER (1), (2) und BREITER, CLAMROTH (3)–(7)]

Für Diffusions- bzw. Reaktionshemmung konnten HAMMETT[1,2], KANDLER, KNORR, SCHWITZER[6,7,16] und LOSCHKAREW u. ESSIN[17] nach Werten von ROITER u. POLUJAN[18] die Gl. (4.91) $\eta_d + \eta_r = (RT/2F) \times \times \ln(1 - i/i_s)$ an Pt und Pd bestätigen. Eine Abweichung infolge einer zusätzlichen Durchtrittshemmung hat HAMMETT[2] mit Gl. (4.104) quantitativ gedeutet.

Abb. 200 zeigt eine Stromspannungskurve (1) nach KANDLER, KNORR u. SCHWITZER[7], die reine Diffusionsüberspannung $\eta_d$ bei $H_2$-Bespülung (1 Atm) nach Gl. (4.91) mit $i_s = i_d$ darstellt. Eine Auftragung

[15] VOLMER, M., u. H. WICK: Z. physik. Chem. **172 A**, 429 (1935).

[16] KNORR, C. A., u. E. SCHWARTZ: Z. physik. Chem. **176 A**, 161 (1936). Die $b$-Werte sind hier theoretisch etwas zu groß. $b = 44$ bis 66 mV.

[17] LOSCHKAREW, M., u. O. ESSIN: Acta physicochim. USSR **8**, 189 (1938).

[18] ROITER, W., u. E. POLUJAN: J. phys. Chem. USSR **7**, 775 (1936).

von $\eta_d$ gegen $\log(|i| + i_d) = \log i_d + \log(1 - i/i_d)$ ergibt die Kreuze (Kurve 1*) auf der Geraden (2). Bei $N_2$-Bespülung wird der Wasserstoff im Elektrolyten weitgehend entfernt, so daß sich $H_2$ nur entsprechend der gehemmten Abdiffusion vor der Oberfläche anreichert. Hieraus folgt eine Tafelsche Beziehung, wie es die experimentellen Werte, Kurven (2) und (3) in Abb. 200 wiedergeben.

Die von BREITER u. CLAMROTH[10] angegebenen Kurven (5) bis (7) der Abb. 200 sind Stromspannungskurven an Au und Kurve (4) an vergiftetem Pt bei $N_2$-Bespülung. Es sind Tafelsche Geraden bei reiner

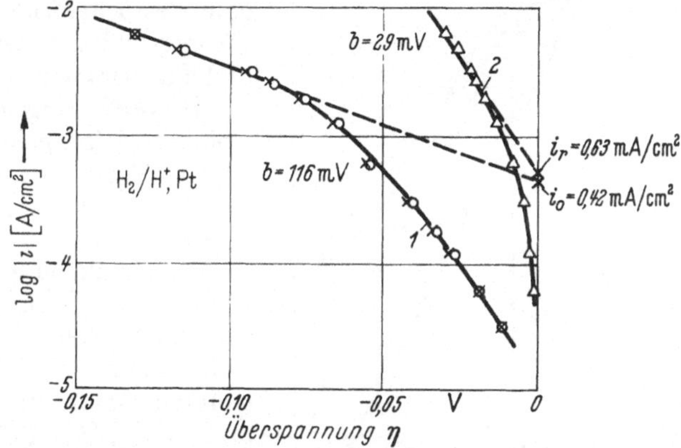


Abb. 201. Kathodische Wasserstoffüberspannung an Pt (glatt) bei 1 Atm $H_2$-Druck. Kurve 1 ($i_r = +60\ \mu A/cm^2$, $i_0 = 420\ \mu A/cm^2$, ○ mit rotierender Elektrode, × ohne mechanische Rührung; Kurve 2 (▲, $i_r^* = +600\ \mu A/cm^2$, $i_r = 630\ \mu A/cm^2$) nach Aktivierung der Elektrode, ohne mechanische Rührung [nach M. BREITER u. R. CLAMROTH: Z. Elektrochem. 58, 493 (1954)]

Rekombinationshemmung mit $b = 29{,}6$ mV. Kurve (3) gibt demgegenüber das Gleichgewichtspotential in Abhängigkeit von der Stromdichte wieder, das dem vor der Oberfläche angestauten Wasserstoff entspricht. Die Potentialdifferenz zwischen (3) und den Kurven (4) bis (7) ist daher reine Reaktionsüberspannung $\eta_r$, für die die Tafelsche Gleichung mit ausreichender Genauigkeit gilt, da der Wert $|\eta_r| > RT/2F$ ist. Die Geraden (4) bis (7) unterscheiden sich nur durch die Reaktionsaustauschstromdichte $i_r$.

Die nach Gl. (4.107) berechneten Kurven der Abb. 191 zeigen einen Übergang von Tafel-Geraden mit $b = 29$ mV in solche mit $b = 116$ mV. wie er gelegentlich beobachtet werden konnte. Abb. 201 zeigt in Kurve (1) einen derartigen Übergang nach Messungen von BREITER u. CLAMROTH[10] an Pt. Nach Aktivierung der Oberfläche der gleichen Elektrode ging die Überspannung in eine reine Reaktionsüberspannung $\eta_r$ der Rekombination über [Kurve (2)], die der Kurve für $i_0/i_r = \infty$ der Abb. 191 entspricht. Ein Diffusionseinfluß, der sich durch eine Rührabhängigkeit bemerkbar machen würde, lag in beiden Fällen (1) und (2) nicht vor. Bei dieser Veränderung des Zustandes der Elektrodenoberfläche ist die Austauschstromdichte $i_0$ viel größer geworden, während die Reaktionsaustauschstromdichte $i_r$ nur um einen Faktor 10,5 angestiegen ist.

Derartige Neigungsänderungen der logarithmischen Stromspannungskurven wurden auch von anderen Autoren wie BOCKRIS u. CONWAY[19], DÜRKES[20], SCHULDINER u. HOARE[21, 22] und VETTER u. OTTO[4] beobachtet*. SCHULDINER u. HOARE stellten hierbei aber nicht nur $b$-Werte von 29 mV, sondern auch vielfach Werte von $b = 40$ mV fest[21-23], die einem scheinbaren Durchtrittsfaktor von $2 - \alpha = 1{,}5$ im Volmer-Heyrowsky-Mechanismus entsprechen. Ein interessanter Übergang des $b$-Faktors bei der Legierungsbildung zwischen Au und Pd wird von SCHULDINER u. HOARE[22] angegeben. Wie Abb. 202 zeigt, geht der $b$-Faktor der Tafel-Geraden von $b = 27$ mV bei Au in $b = 40$ mV bei Pd über.

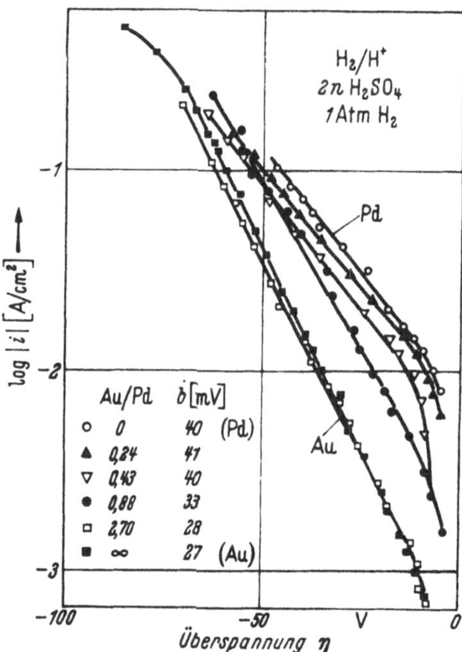


Abb. 202. Kathodische Wasserstoffüberspannung an Au, Pd und Au/Pd-Legierungen in 2n $H_2SO_4$, 1 Atm $H_2$-Druck bei 29°C. Übergang von $b = 40$ mV (Pd) in $b = 27$ mV (Au). Angabe des Atomverhältnisses Au/Pd [nach S. SCHULDINER u. J. P. HOARE: J. Phys. Chem. **61**, 705 (1957)]**

Bei unedleren Metallen, wie z. B. Ni oder Fe macht sich unter Umständen die anodische Auflösung des Metalles im Elektrolyten unter Mischpotentialbildung (§ 176 u. § 179) bemerkbar. Bei Stromlosigkeit ($i = 0$) stellt sich hier ein negativeres Potential als das Gleichgewichtspotential ein. Demzufolge strebt bei $i \rightarrow 0$ die Überspannung nicht nach null, sondern einem bestimmten negativen (kathodischen) Wert zu. In Abb. 203a ist dieses Verhalten nach Messungen von LEGRAN u. LEWINA[24] am Ni zu erkennen. Mit niedrigerem $p_H$-Wert (saurer) verschiebt sich das Gleichgewichtspotential der Wasser-

[19] BOCKRIS, J. O'M., u. B. E. CONWAY: Trans. Faraday Soc. **48**, 724 (1952).
[20] DÜRKES, K.: Z. Elektrochem. **55**, 280 (1951).
[21] HOARE, J. P., u. S. SCHULDINER: J. Chem. Phys. **25**, 786 (1956); J. electrochem. Soc. **103**, 237 (1956).
[22] SCHULDINER, S., u. J. P. HOARE: J. Phys. Chem. **61**, 705 (1957).
* Die Ursache der Knickpunkte bei den Messungen von SCHULDINER ist etwas problematisch, da sich eine Rühr- und damit Diffusionsabhängigkeit [J. electrochem. Soc. **99**, 488 (1952)] des Knickpunktes zeigt. Vergleiche hierzu die Kritik von M. EISENBERG und M. STERN: Diskussionsbemerkung zu S. SCHULDINER: J. electrochem. Soc. **102**, 356 (1955), die die Knicke als Diffusionsgrenzstromerscheinung der $H^+$-Ionen deuten.
[23] HOARE, J. P., u. S. SCHULDINER: J. electrochem. Soc. **102**, 485 (1955).
[24] LEGRAN, A., u. S. LEWINA: Acta physicochim. USSR **12**, 243 (1940).
** Die Meßpunkte bei größeren Stromdichten, die infolge der mangelnden Zeitauflösung des Oszillographen zu niedrige Überspannungswerte aufwiesen, sind in Abb. 202 fortgelassen (vgl. § 141β).

stoffelektrode zu positiveren Potentialen. Das Mischpotential $\varepsilon_M$ wird im allgemeinen dieser Potentialverschiebung nur zu einem Bruchteil folgen, so daß die kathodische Überspannung der Wasserstoffelektrode am Mischpotential wachsen wird. Der Einfluß der Korrosion macht sich dann schon bei größeren Stromdichten bemerkbar. In alkalischer Lösung (Abb. 203b) ist nach LUKOWZEW, LEWINA u. FRUMKIN[4] ein derartiger Einfluß nicht zu beobachten, da bei dem großen $p_H$-Wert das

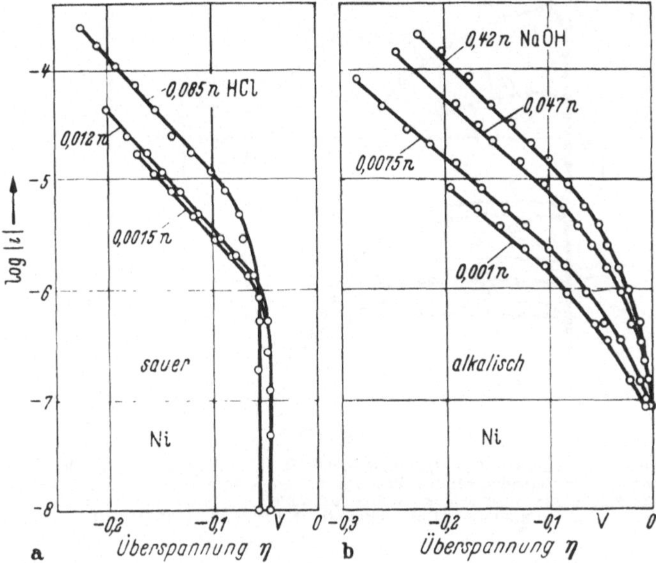


Abb. 203. Kathodische Wasserstoffüberspannung an Ni in HCl (a) und NaOH (b) in Abhängigkeit von der Stromdichte [nach A. LEGRAN u. S. LEWINA: Acta physicochim. USSR 12, 243 (1940) und P. LUKOWZEW, S. LEWINA u. A. FRUMKIN: Acta physicochim. USSR 11, 21 (1939)]. Einfluß der anodischen Ni-Auflösung im sauren Bereich

Elektrodenpotential auch bei $\eta = 0$ so negativ ist, daß keine beobachtbare anodische Nickelauflösung einsetzen kann. Genau die gleiche Beobachtung konnte auch von BOCKRIS u. POTTER[13] am Ni gemacht werden.

### ε) *Anodische Wasserstoffüberspannung*

Die anodische Wasserstoffüberspannung, also die Überspannung, die bei der elektrochemischen Oxydation des Wasserstoffs nach $H_2 \to 2\,H^+ + 2e^-$ auftritt, wurde bisher im Vergleich zur kathodischen Überspannung wenig untersucht. Charakteristisch für diese anodischen Messungen ist das Auftreten von Grenzstromdichten. Eine Diffusionsgrenzstromdichte $i_d$ tritt auf als Folge der begrenzten Diffusionsgeschwindigkeit des molekularen Wasserstoffs, eine Reaktionsgrenzstromdichte $i_r^*$ wegen der begrenzten Geschwindigkeit der Dissoziation (Tafel-Mechanismus) oder der Adsorption von $H_2$.

Reine anodische Diffusionsgrenzstromdichten beobachteten schon SACKUR[1], WEIGERT[2] und später BENNEWITZ[3], SEKINE[4], HAMMETT[5], THALINGER u. VOLMER[6], LUKOWZEW, LEWINA, FRUMKIN[7], KNORR, BREITER u. Mitarb.[8] sowie AIKASJAN u. FEDOROWA[9] und FRUMKIN u. AIKASJAN[10]. Diese Diffusionsgrenzstromdichten zeichnen sich durch ihre Rührabhängigkeit aus, wie es besonders deutlich die in Abb. 204

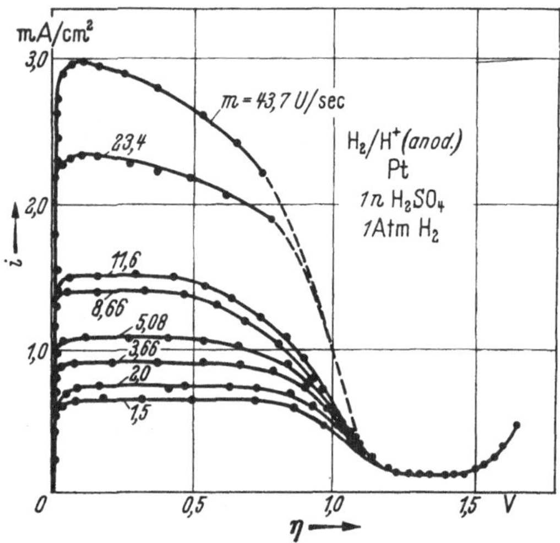


Abb. 204. Anodische Wasserstoffüberspannung $\eta$ (Volt) in Abhängigkeit von der Stromdichte $i$ (mA/cm²) an einer rotierenden, glatten Pt-Scheibe (5 mm Durchmesser) in 1 n $H_2SO_4$ bei 1 Atm $H_2$-Druck und 23,0° C für verschiedene Umdrehungszahlen $m$ (Umdr./sec) [nach E. A. AIKASJAN, A. I. FEDOROWA: Dokl. Akad. Nauk USSR **86**, 1137 (1952)]

wiedergegebenen Messungen von AIKASJAN u. FEDOROWA[9] zeigen. An platiniertem Pt ergaben sich quantitativ genau die gleichen Diffusionsgrenzstromdichten, die nach Gl. (2.91) und Gl. (2.155) die Beziehung von LEWITSCH[11]

$$i_{d,j} = -\frac{n}{\nu_j} \cdot \frac{F \cdot c_j \cdot \omega^{1/2} \cdot D_j^{2/3}}{1,75 \cdot \nu^{1/6}} \tag{4.131}$$

[1] SACKUR, O.: Z. physik. Chem. **54**, 641 (1906).
[2] WEIGERT, F.: Z. physik. Chem. **60**, 513 (1907).
[3] BENNEWITZ, K.: Z. physik. Chem. **72**, 202 (1910).
[4] SEKINE, S.: Z. Elektrochem. **34**, 250 (1928).
[5] HAMMETT, L. P.: J. Am. Soc. **46**, 7 (1924).
[6] THALINGER, M., u. M. VOLMER: Z. physik. Chem. **150**, 401 (1930).
[7] LUKOWZEW, P., S. LEWINA u. A. FRUMKIN: Acta physicochim. USSR **11**, 21 (1939).
[8] BREITER, M., u. R. CLAMROTH: Z. Elektrochem. **58**, 493 (1954). — BREITER, M., C. A. KNORR u. R. MEGGLE: Z. Elektrochem. **59**, 153 (1955). — KNORR, C. A.: Z. Elektrochem. **59**, 647 (1955). — BREITER, M., C. A. KNORR u. W. VÖLKL: Z. Elektrochem. **59**, 681 (1955).
[9] AIKASJAN, E. A., u. A. I. FEDOROWA: Dokl. Akad. Nauk USSR **86**, 1137 (1952).
[10] FRUMKIN, A. N., u. E. A. AIKASJAN: Dokl. Akad. Nauk USSR **100**, 315 (1955).
[11] LEWITSCH, V. G.: Acta physicochim. USSR **17**, 257 (1942); J. phys. Chem. USSR **18**, 335 (1944); Disc. Faraday Soc. **1**, 37 (1947).

erfüllen. Statt des Faktors 1,75 ist genauer der Faktor in Gl. (2.155a) nach GREGORY u. RIDDIFORD zu setzen. Der Wertigkeitsfaktor für molekularen Wasserstoff ist $n/\nu_j = -2$. $\omega = 2\pi m$ ($m$ = Umdrehungszahl/sec) ist die Winkelgeschwindigkeit, $\nu$ die kinematische Zähigkeit* und $D_j$ die Diffusionskonstante.

Auffallend ist der Abfall des Stromes im Bereich von etwa $\eta = +0{,}9$ Volt bis auf eine rührunabhängige Reaktionsgrenzstromdichte $i_r$. Dieser Stromabfall findet nach BREITER, KNORR u. MEGGLE[12] bei potentiostatischer Versuchsanordnung innerhalb eines Potentialintervalles von 50 mV statt und liegt auch beim Ir und Rh im gleichen Potentialbereich. Auch schon von NERNST und MERRIAM[13], SACKUR[1], HAMMETT[5] und später von WICKE u. WEBLUS[14] und FRUMKIN u. AIKASJAN[10] wurde dieser starke Stromabfall gemessen. Diese Erscheinung ist auf die Bildung einer Oxydschicht (Chemisorptionsschicht) auf den Edelmetallen zurückzuführen (§ 155), an der die Dissoziation bzw. Adsorption des molekularen Wasserstoffs nicht mehr schnell genug abläuft. Auf derartige Schichtbildungen deuten auch die von ARMSTRONG u. BUTLER[15] beobachteten anodischen Potentialschwingungen in diesem Potentialgebiet hin.

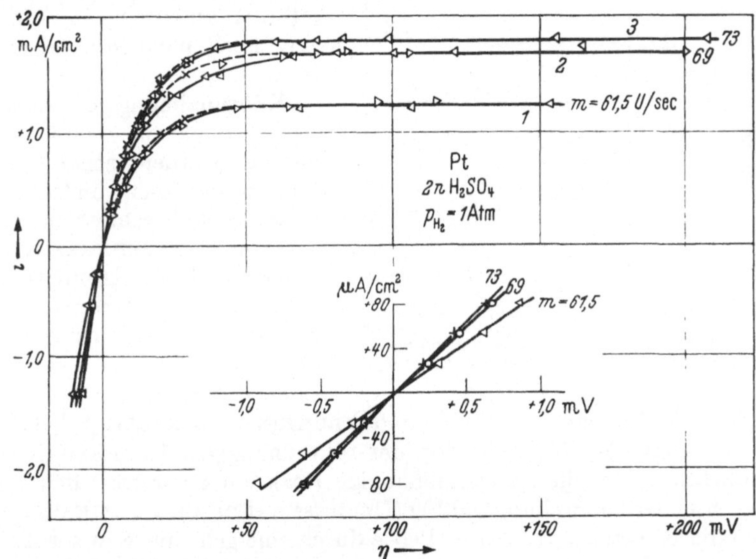


Abb. 205. Anodische Wasserstoffüberspannung $\eta$ in Abhängigkeit von der Stromdichte $i$ an Pt in 2 n $H_2SO_4$ für verschiedene Rührintensitäten ($m$ = 73; 69; 67,5 Umdr./min) bei 1 Atm $H_2$-Druck. Die gestrichelten Kurven sind nach Gl. (4.87) für reine Diffusionsüberspannung $\eta_d$ berechnet worden [nach M. BREITER, C. A. KNORR u. R. MEGGLE: Z. Elektrochem. **59**, 153 (1955)]

* Die kinematische Zähigkeit $\eta/\varrho$ ist dem allgemeinen Gebrauch entsprechend mit $\nu$ bezeichnet. Sie ist nicht zu verwechseln mit der stöchiometrischen Zahl $\nu$ des Stoffes $S$.

12 BREITER, M., C. A. KNORR u. R. MEGGLE: Z. Elektrochem. **59**, 153 (1955).

13 NERNST, W., u. E. MERRIAM: Z. physik. Chem. **53**, 235 (1905).

14 WICKE, E., u. B. WEBLUS: Z. Elektrochem. **56**, 169 (1952).

15 ARMSTRONG, G., u. J. A. V. BUTLER: Disc. Faraday Soc. **1**, 122 (1947).

Die Stromspannungskurve bis zum Auftreten der anodischen Diffusionsgrenzstromdichte $i_d$ erfüllt nach Untersuchungen von Breiter, Knorr u. Meggle[12] sehr gut die Gl. (4.87) $\eta_d = -(RT/2F)\cdot\ln(1-i/i_d)$ für reine Diffusionsüberspannung. In Abb. 205 sind Messungen dieser Autoren an Pt wiedergegeben, die der theoretischen Kurve mit $n/\nu_r = 2{,}0$ in Abb. 57 entsprechen. Auch an Ir, Rh[12] und Pd[16] wurden derartige reine Diffusionsüberspannungskurven gefunden. Die Untersuchungen von Breiter u. Clamroth[17] zeigten jedoch neben Fällen mit reiner Diffusionsüberspannung $\eta_d$ auch Überspannungen $\eta > \eta_d$, die noch einen Anteil Durchtrittsüberspannung $\eta_D = \eta - \eta_d$ aufweisen. In alkalischer, wasserstoffhaltiger Lösung konnten Lukowzew, Lewina, Frumkin[7] auch am Nickel anodische rührabhängige Diffusionsgrenzstromdichten feststellen, da hier die Potentiale infolge des großen $p_H$-Wertes so negativ bleiben, daß die anodische Ni-Auflösung noch nicht störend einsetzt.

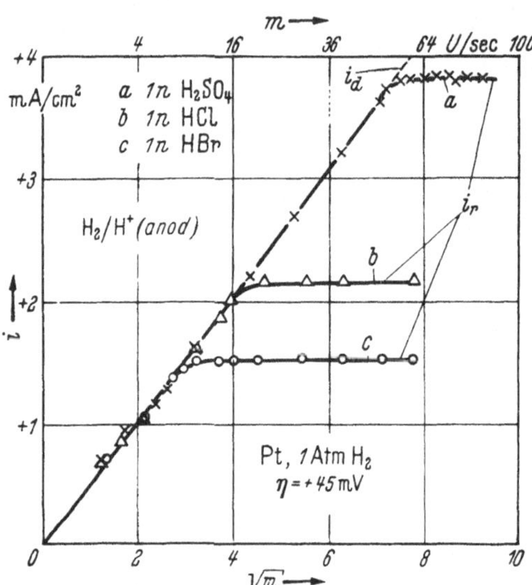


Abb. 206. Übergang der anodischen Diffusionsgrenzstromdichte $i_d$ in eine Reaktionsgrenzstromdichte $i_r$ (Adsorption) an Pt bei $\eta = +45$ mV, 1 Atm $H_2$ und 23°C mit wachsender Umdrehungszahl $m$ pro sec an einer Pt-Scheibenelektrode [nach A. N. Frumkin u. E. A. Aikasjan: Dokl. Akad. Nauk USSR **100**, 315 (1955)]

Rührunabhängige anodische Reaktionsgrenzstromdichten wurden schon von Sackur[1] und auch von Roiter u. Polujan[18] beschrieben, aber erst von M. Loschkarew, O. Essin[19] und von Horiuti u. Okamoto[20] als solche erkannt. Mit diesen Reaktionsgrenzstromdichten haben sich besonders Breiter, Knorr u. Mitarb.[12, 17], Vetter u. Otto[21] und Frumkin u. Aikasjan[10] befaßt. Abb. 206 zeigt den Übergang von der rührabhängigen Diffusionsgrenzstromdichte $i_d$ in die rührunabhängige Reaktionsgrenzstromdichte $i_r$ mit wachsender Umdrehungszahl $m$ (Umdr./sec). Frumkin u. Aikasjan[10] deuten die Reaktionsgrenzstromdichte durch eine gehemmte Adsorption des $H_2$ am Platin, die in Gegenwart von $SO_4^{2-}$-, $Cl^-$- oder $Br^-$-Ionen verschieden ist. Weiterhin zeigt Abb. 206 deutlich die lineare Abhängigkeit der Diffusionsgrenzstromdichte $i_d$ von $\sqrt{m} = \sqrt{\omega/2\pi}$ nach Gl. (4.131)

[16] Breiter, M., H. Kammermeier u. C. A. Knorr: Z. Elektrochem. **58**, 702 (1954).
[17] Breiter, M., u. R. Clamroth: Z. Elektrochem. **58**, 493 (1954).
[18] Roiter, W. A., u. J. S. Polujan: J. phys. Chem. USSR **7**, 775 (1936).
[19] Loschkarew, M., u. O. Essin: Acta physicochim. USSR **8**, 189 (1938).
[20] Horiuti, J., u. G. Okamoto: Bull. Chem. Soc. Japan **13**, 216 (1938). — Okamoto, G.: J. Fac. Sci. Hokkaido Imp. Univ. Ser. III, **3**, 115 (1938).
[21] Vetter, K. J., u. D. Otto: Z. Elektrochem. **60**, 1072 (1956).

von LEWITSCH[11]. Den Stromspannungsverlauf bei der Ausbildung einer derartigen Reaktionsgrenzstromdichte $i_r$ zeigt nach Versuchen von

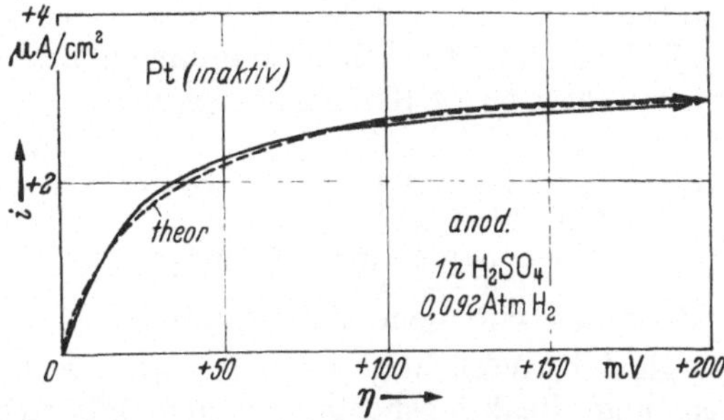


Abb. 207. Anodische Wasserstoffüberspannung $\eta$ mit Ausbildung einer rührunabhängigen Reaktionsgrenzstromdichte $i_r^*$ (Adsorption von $H_2$) an einer inaktiven Pt-Elektrode in 1n $H_2SO_4$ bei $p = 0{,}092$ Atm. (= 70 mm Hg) $H_2$-Druck. Gestrichelte Kurve nach Gl. (4.123) mit $i_0^* = 132\ \mu A/cm^2$, $i_r^* = 3{,}0\ \mu A/cm^2$, $\theta_0/(1-\theta_0) = 0{,}034$, $i_r/2i_0 = 0{,}98$ und $\alpha_H = 0{,}56$ [nach K. J. VETTER u. D. OTTO: Z. Elektrochem. **60**, 1072 (1956)]

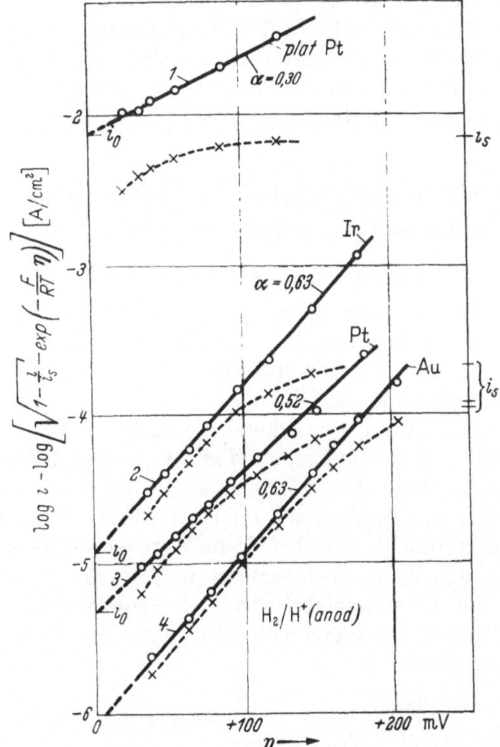


Abb. 208. Anodische Wasserstoffüberspannung $\eta$ in Abhängigkeit von der Stromdichte ($A/cm^2$) nach Messungen von VOLMER u. WICK (2–4) in 0,1 n $H_2SO_4$ und ROITER u. POLUJAN (1) in 1 n HCl bei gleichzeitiger Durchtritts-, Diffusions- und Reaktionshemmung. Die ausgezogenen Geraden ($i_+$) sind die nach Gl. (4.132) korrigierten Meßwerte (gestrichelte Kurven log $i$ gegen $\eta$). Kurve 1: $i_s = 7{,}0\ mA/cm^2$, $i_0 = 7{,}5\ mA/cm^2$. Kurve 2: $i_s = 0{,}213\ mA/cm^2$, $i_0 = 12{,}5\ \mu A/cm^2$. Kurve 3: $i_s = 0{,}11\ mA/cm^2$, $i_0 = 5{,}0\ \mu A/cm^2$ Kurve 4: $i_s = 0{,}12\ mA/cm^2$, $i_0 = 0{,}9\ \mu A/cm^2$ [nach M. LOSCHKAREW u. O. ESSIN: Acta physicochim USSR **8**, 189 (1938)]

VETTER u. OTTO[21] die Abb. 207. Auch hier wird $i_r$ auf eine Hemmung der $H_2$-Adsorption zurückgeführt. Die experimentelle Kurve deckt sich mit der theoretischen Kurve nach Gl. (4.123).

Für die anodische Wasserstoffüberspannung $\eta$ bei gleichzeitiger Durchtritts-, Diffusions- und Reaktionshemmung haben LOSCHKAREW u. ESSIN[19] auf Grund ihrer Gl. (4.106) die Beziehung

$$\eta = -\frac{RT}{\alpha F}\cdot\ln i_0 + \frac{RT}{\alpha F}\left[\ln i - \ln\left(\sqrt{1-\frac{i}{i_s}} - \exp\left(-\frac{F}{RT}\eta\right)\right)\right] \qquad (4.132)$$

$$(\eta = a + b\cdot\ln i + b\cdot\ln k)$$

als Tafelsche Gleichung mit dem Korrekturglied $b\cdot\ln k$ angegeben. Dieses Korrekturglied berücksichtigt mit $\sqrt{1-i/i_s}$ die Verarmung infolge Diffusions- und Reaktionshemmung und mit $\exp(-F\eta/RT)$ die Gegenreaktion.

Die anodischen Messungen von VOLMER u. WICK[22], die in Abb. 199 abgebildet sind, und die Messungen von ROITER u. POLUJAN[18] wurden von LOSCHKAREW u. ESSIN[19] nach Gl. (4.132) umgerechnet. Abb. 208 zeigt die Bestätigung von Gl. (4.132) durch die erhaltenen Geraden. Diese Geraden stellen die anodische Teilstromdichte $i_+ = i_0\cdot\exp(\alpha F\eta/RT)$ dar, wenn keine Diffffusions- oder Reaktionshemmung auftreten würde ($i_s = \infty$). Die Neigung der Geraden ergibt den Durchtrittsfaktor $\alpha$ und die Verlängerung bis $\eta = 0$ die Austauschstromdichte $i_0$.

## § 142. $p_H$-Abhängigkeit der Überspannung unter Berücksichtigung des $\zeta$-Potentials

### α) *Theoretische $p_H$-Abhängigkeit*

Die $p_H$-Abhängigkeit der Wasserstoffüberspannung ist vorwiegend von FRUMKIN und seiner Schule untersucht worden. Unter Berücksichtigung des $\zeta$-Potentials der diffusen Doppelschicht (§ 40) konnte FRUMKIN[1] Beziehungen für die Überspannung $\eta$ bzw. für das Potential $\varepsilon$ ableiten, die experimentell weitgehend bestätigt werden konnten. Im Gültigkeitsbereich der kathodischen Tafel-Geraden mit einem kathodischen Durchtrittsfaktor $\alpha = 1-\alpha_V$ bzw. $1-\alpha_H$ $(0<\alpha<1)$ sind nach § 140, Gl. (4.117a, d) die Volmer- oder die Heyrowsky-Reaktion geschwindigkeitsbestimmend. Hierbei kann entweder das *Wasserstoffion* selbst reagieren, wie es nach FRUMKIN u. Mitarb. in saurer Lösung geschieht, oder die *Wassermolekel* wirkt als Protonenquelle, wie es bevorzugt in alkalischen Lösungen vor sich geht. Es bestehen somit die Reaktionsmöglichkeiten

| | | | |
|---|---|---|---|
| aV: | $H^+ + e^- \rightarrow H$ | Volmer-Reaktion | (4.133a) |
| bV: | $H_2O + e^- \rightarrow H + OH^-$ | | (4.133b) |
| aH: | $H^+ + H + e^- \rightarrow H_2$ | Heyrowsky-Reaktion | (4.134a) |
| bH: | $H_2O + H + e^- \rightarrow H_2 + OH^-$ | | (4.134b) |

[22] VOLMER, M., u. H. WICK: Z. physik. Chem. **172 A**, 429 (1955).

[1] FRUMKIN, A. N.: Z. physik. Chem. **A 164**, 121 (1933).

die schon früher in den Gln. (4.79), (4.79a), (4,81) und (4.81a) angegeben wurden.

Das $\zeta$-Potential der diffusen Doppelschicht hat nach FRUMKIN[1] zwei verschiedene Wirkungen auf die Geschwindigkeit einer Elektrodenreaktion (§ 49$\gamma$, 51$\gamma$). Einerseits wird die Konzentration $c_s$ der reagierenden Ionen mit der Ladungszahl $z$ unmittelbar vor der Oberfläche nach Gl. (2.18a, b) gegenüber der Elektrolytkonzentration $c$ im Lösungsinnern verändert, so daß hier gilt:

$$[H^+]_s = [H^+] \cdot \exp\left(-\frac{F}{RT}\zeta\right) \tag{4.135a}$$

$$[H_2O]_s = [H_2O] \tag{4.135b}$$

Außerdem wird die wirksame Potentialdifferenz, die die Durchtrittsstromdichte $i$ bestimmt, auf $\varepsilon - \zeta$ verändert, so daß die Gln. (2.19a, b)

$$i = -k \cdot [H^+]_s \cdot \exp\left(-\frac{(1-\alpha)F}{RT} \cdot (\varepsilon - \zeta)\right) \tag{4.136a}$$

$$i = -k \cdot [H_2O]_s \cdot \exp\left(-\frac{(1-\alpha)F}{RT} \cdot (\varepsilon - \zeta)\right) \tag{4.136b}$$

anzuwenden sind.

Aus den beiden Gln. (4.135) und (4. 136) folgt nach $\varepsilon$ aufgelöst die von FRUMKIN[1–4] angegebene $p_H$-Abhängigkeit für Fall a) (Reaktion von $H^+$)

$$\varepsilon = -\frac{RT}{(1-\alpha)F} \cdot \ln|i| + \frac{RT}{(1-\alpha)F} \cdot \ln[H^+] - \frac{\alpha}{1-\alpha} \cdot \zeta + \text{konst} \tag{4.137a}$$

$$\eta = -\frac{RT}{(1-\alpha)F} \cdot \ln|i| + \frac{\alpha}{1-\alpha} \cdot \frac{RT}{F} \cdot \ln[H^+] - \frac{\alpha}{1-\alpha} \cdot \zeta + \text{konst} \tag{4.138a}$$

und für Fall b) (Reaktion von $H_2O$[4])

$$\varepsilon = -\frac{RT}{(1-\alpha)F} \cdot \ln|i| + \zeta + \text{konst} \tag{4.137b}$$

$$\eta = -\frac{RT}{(1-\alpha)F} \cdot \ln|i| - \frac{RT}{F} \cdot \ln[H^+] + \zeta + \text{konst} \tag{4.138b}$$

Gl. (4.138) für die Überspannung $\eta$ ergibt sich aus Gl. (4.137) unter Verwendung der Beziehung $\eta = \varepsilon - \varepsilon_0 = \varepsilon - (RT/F) \cdot \ln([H^+]/\sqrt{p_{H_2}}) = \varepsilon - (RT/F) \cdot \ln[H^+]$ bei $p_{H_2} = 1$ Atm. Beide Gln. (4.137) folgen auch aus Gl. (2.21) mit $z_r = 0$ (Fall a) und $z_r = -1$ (Fall b, $OH^-$). Der Durchtrittsfaktor $\alpha$ ist entweder $\alpha_V$ oder $\alpha_H$.

[2] FRUMKIN, A. N.: Acta physicochim. USSR **7**, 475 (1937); J. phys. Chem. URSS **10**, 568 (1937).

[3] FRUMKIN, A. N.: Acta physicochim. USSR **13**, 23 (1943).

[4] FRUMKIN, A. N.: J. phys. Chem. USSR **24**, 244 (1950).

*β) Experimentelle $p_H$-Abhängigkeit bei Fremdelektrolytüberschuß ($\zeta$=konst)*

Das $\zeta$-Potential hängt nach § 40, Gl. (1.115) und Gl. (1.113) von der Zusammensetzung des Elektrolyten und damit auch von der Wasserstoffionenkonzentration ab. Bei großer Fremdionenkonzentration, bei der die ionale Konzentration $\sum z_j^2 c_j \gg c_{H^+}$ ist, kann der Einfluß der Wasserstoffionen auf das $\zeta$-Potential vernachlässigt werden*. Unter dieser Bedingung vereinfachen sich Gl. (4.137) und Gl. (4.138) wesentlich, da

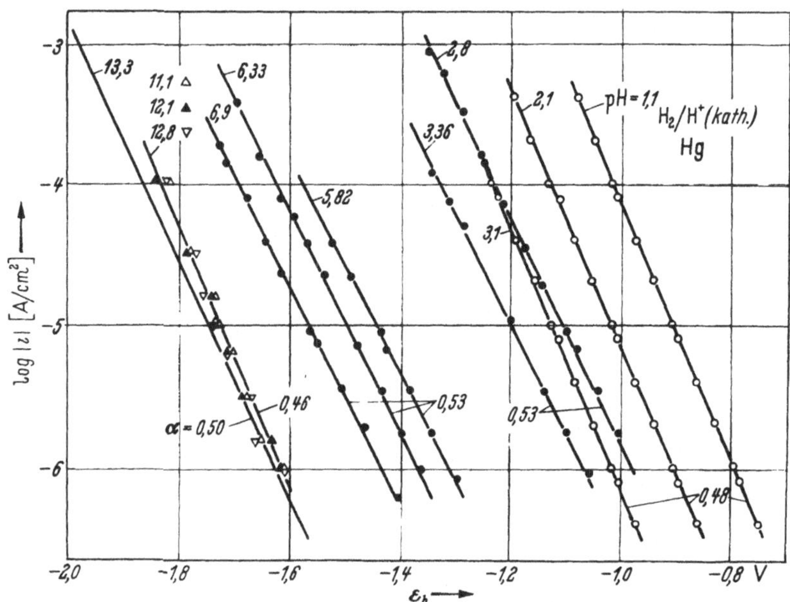


Abb. 209. Stromdichtepotentialkurven (Tafel-Geraden) in Abhängigkeit vom $p_H$-Wert an Hg bei 20,0°C und Fremdelektrolytüberschuß (ionale Konzentration $\Sigma z_j^2 c_j = 0,6$ Mol/l) nach Messungen von BAGOTZKI: Dokl. Akad. Nauk USSR **58**, 1387 (1947), HCl + KCl (○), von BAGOTZKI u. JABLOKOWA: J. phys. Chem. USSR **23**, 413 (1949), 0,3 m KCl + 0,01 m $K_3PO_4$ + x m HCl (●), von KAPSAN u. JOFA: J. phys. Chem. USSR **26**, 201 (1952), 0,3 m KOH (—) und von BOCKRIS u. WATSON: J. Chim. Phys. **49**, C 70 (1952) KOH + 1 m KCl (△, ▲, ▽)

das $\zeta$-Potential als konstante, von der Wasserstoffionenkonzentration unabhängige Größe mit in die Konstanten hineingenommen werden kann**. Dieser Fall soll deshalb zuerst behandelt werden.

Die $p_H$-Abhängigkeit wurde vor allem an Hg, aber auch an Ni untersucht. Abb. 209 zeigt die Abhängigkeit der Stromdichte vom Elektrodenpotential $\varepsilon$ (Tafel-Geraden) an Hg für verschiedene $p_H$-Werte im Bereich von $p_H = 1$ bis 7 bei Fremdelektrolytüberschuß nach Messungen

* Für die Größe des $\zeta$-Potentials sind nach § 40 auch noch spezifische Adsorptionen wesentlich.

** Der Einfluß des Potentials $\varepsilon$ auf $\zeta$ ist nach Gl. (2.25) im allgemeinen geringfügig, wie es z. B. die Untersuchungen von HERASYMENKO u. SLENDYK [Z. physik. Chem. **A 149**, 123 (1930)] und A. N. FRUMKIN [Z. physik. Chem. **A 164**, 121 (1933)] zeigen, wenn man weit genug vom Potential des elektrokapillaren Maximums entfernt ist.

von BAGOTZKY und JABLOKOWA[5–7]. In Abb. 214 wird diese $p_H$-Abhängigkeit nochmals für eine feste Stromdichte $i = 10^{-4}$ A/cm² bei verschiedenen Fremdionenkonzentrationen wiedergegeben. Direkte Messungen der Stromspannungskurven bei größeren $p_H$-Werten können nach BAGOTZKY u. JABLOKOWA[7] an Hg in Elektrolyten, die Alkalimetallionen in größeren Konzentrationen enthalten, nicht ausgeführt werden, weil sich hierbei die Abscheidung der Alkalimetalle unter Amalgambildung der Wasserstoffentwicklung überlagert. Trotz dieser Bedenken haben BOCKRIS u. WATSON[8] Überspannungsmessungen an Hg in 0,002 n, 0,02 n und 0,1 n KOH mit einem Zusatz von 1 n KCl durchgeführt, die in Abb. 209 aufgenommen wurden. Diese Messungen zeigen deutlich die Unabhängigkeit des Elektrodenpotentials $\varepsilon$ vom $p_H$-Wert, wie es nach Gl. (4.137b) zu erwarten ist.

KAPTSAN u. JOFA[9–11] studierten die Wasserstoffüberspannung $\eta$ in Abhängigkeit von der Auflösungsgeschwindigkeit von Alkaliamalgam verschiedener Konzentrationen unter Wasserstoffentwicklung ($i_a = |i_k|$). Hierbei wurde die Tafelsche Beziehung

$$\eta = -1.507 + 0{,}105 \cdot \log [OH^-] - 0{,}118 \cdot \log |i| \qquad (4.139)$$

entsprechend Gl. (4.138b) gefunden, die für 0,3 m KOH (ionale Konzentration 0,6 Mol/l) in Abb. 209 aufgenommen wurde. Den Kurven in Abb. 209 ist wegen der Konstanz der ionalen Konzentration innerhalb des ganzen $p_H$-Bereichs angenähert ein konstantes $\zeta$-Potential zuzuordnen.

Die $p_H$-Abhängigkeit der Wasserstoffüberspannung kann auch noch in anderer Weise dargestellt werden. In Abb. 210 wurde zur Prüfung von Gl. (4.137) das Elektrodenpotential $\varepsilon_h$, das für eine feste Stromdichte $i = -10^{-4}$ A/cm² der Abb. 209 in Abhängigkeit vom $p_H$-Wert entnommen wurde, gegen den $p_H$-Wert aufgetragen. Es ergibt sich eine lineare Abhängigkeit zwischen $\varepsilon_h$ und dem $p_H$-Wert entsprechend Gl. (4.137a) mit $1 - \alpha = 0{,}50$ in sauren und neutralen Elektrolyten. In alkalischer Lösung bleibt das Potential in Abhängigkeit vom $p_H$-Wert konstant, wie es die Abb. 210 am Hg nach den Messungen von BOCKRIS u. WATSON[8] (Kurve 2b) und am Ni nach LUKOWZEW, LEWINA u. FRUMKIN[12] (Kurve 3) zeigt. Sowohl am Hg als auch am Ni ist damit in alkalischer Lösung bei Fremdionenüberschuß ($\zeta$ = konst) Gl. (4.137b) bestätigt worden.

In saurer Lösung fanden LUKOWZEW, LEWINA u. FRUMKIN[12] am Ni ebenfalls die $p_H$-Abhängigkeit des Potentials nach Gl. (4.137a) bei konstantem $\zeta$-Potential (Fremdionenüberschuß). An der Hg-Tropf-

5 BAGOTZKY, W. S.: Dokl. Akad. Nauk USSR **58**, 1387 (1947).
6 FRUMKIN, A. N.: Disc. Faraday Soc. **1**, 57 (1947).
7 BAGOTZKI, W. S., u. I. E. JABLOKOWA: J. phys. Chem. USSR **23**, 413 (1949).
8 BOCKRIS, J. O'M., u. R. G. H. WATSON: J. Chim. Phys. **49** C 70 (1952).
9 KAPTSAN, O. L., u. S. A. JOFA: J. phys. Chem. USSR **26**, 193, 201 (1952).
10 JOFA, S. A.: J. phys. Chem. USSR **28**, 1163 (1954).
11 JOFA, S. A., u. S. P. PETSCHKOWSKAJA: Dokl. Akad. Nauk USSR **59**, 265 (1948).
12 LUKOWZEW, P., S. LEWINA u. A. FRUMKIN: Acta physicochim. USSR **11**, 21 (1939).

elektrode hat auch schon HERASYMENKO[13] im gleichen sauren $p_H$-Bereich das Anwachsen des Elektrodenpotentials mit $2{,}303 \cdot 2RT/F$ ($\approx 116$ mV) pro $p_H$-Einheit entsprechend Gl. (4.137a) festgestellt. Auch die Messungen von BOWDEN[14] bestätigen diese $p_H$-Abhängigkeit, wenn die größeren Stromdichten $i > 20\ \mu A/cm^2$ herangezogen werden*. Sowohl am Hg als auch am Ni ist damit in saurer Lösung die primäre Reduktion des $H^+$ und in alkalischen Elektrolyten die des $H_2O$ festgestellt worden.

Die Proportionalität der kathodischen Stromdichte $i$ zur Wasserstoffionenkonzentration $[H^+]$ im $p_H$-Bereich $p_H < 8$ nach Abb. 210 bei einem festen Potential bedeutet eine kathodische elektrochemische Reaktionsordnung $z_{o,H^+} = +1$. Diese Proportionalität von $i$ zu $[H^+]$ bei konstantem $\varepsilon$ wurde auch schon von LEWINA u. SARINSKY[15] und FRUMKIN[2] auf Grund ihrer Messung festgestellt. Die Unabhängigkeit der Stromdichte vom $p_H$-Wert bei festgehaltenem Potential $\varepsilon_h = -1{,}4$ Volt (Kurve 1b) bedeutet eine elektrochemische Reaktionsordnung $z_{o,H^+} = 0$, wie sie aus Abb. 210 für Hg und Ni in alkalischem Elektrolyten folgt. In alkalischer Lösung sind also $H^+$- bzw. $OH^-$-Ionen unter den oxydierten Substanzen der Durchtrittsreaktion nicht zu finden.

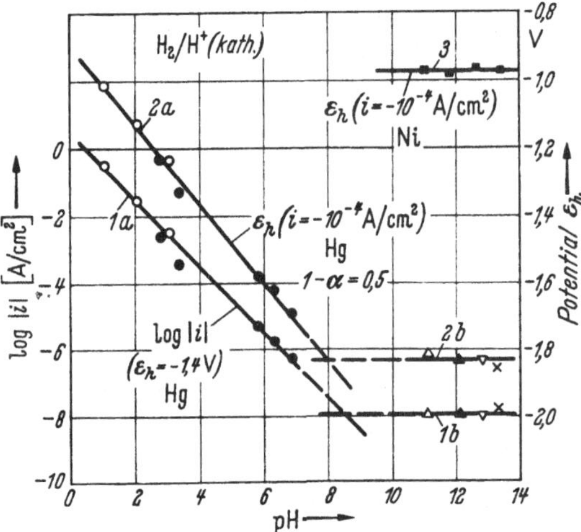


Abb. 210. Abhängigkeit der Wasserstoffüberspannung vom $p_H$-Wert an Hg (1, 2) und Ni (3) bei Fremdelektrolytüberschuß. Kurve 1: log|i| bei festem Elektrodenpotential $\varepsilon_h = -1{,}4$ Volt am Hg nach Abb. 209. Kurve 2: $\varepsilon_h$ bei fester kathodischer Stromdichte $i = -10^{-4}$ A/cm² an Hg nach Abb. 209 ($\alpha = 0{,}50$). Kurve 3: $\varepsilon_h$ an Ni bei $i = -10^{-4}$ A/cm² [nach Messungen von LUKOWZEW, LEWINA u. FRUMKIN: Acta physicochim. USSR **11**, 21 (1939)]

Es trifft also auf Grund der Ermittlung der elektrochemischen Reaktionsordnungen in saurer Lösung der Fall a und in alkalischer Lösung der Fall b der Durchtrittsreaktionen (4.133) bzw. (4.134) zu.

---

[13] HERASYMENKO, P.: Rec. Trav. Chim. **44**, 503 (1925).

[14] BOWDEN, F. P.: Trans. Faraday Soc. **24**, 473 (1928).

* Gerade die Messungen von BOWDEN[14] bildeten die Grundlage für die Auffassung, daß die Wasserstoffüberspannung auch bei Fremdelektrolytzusatz vom $p_H$-Wert unabhängig sei. Eine genauere Betrachtung zeigt jedoch, daß die von BOWDEN gemessenen Tafelschen Geraden bei etwa $i = 20\ \mu A/cm^2$ einen merkwürdigen Sprung aufweisen. Die $\eta/\log i$-Geraden für $i < 20\ \mu A/cm^2$ zeigen die oft zitierte $p_H$-Unabhängigkeit. Die Tafelgeraden für $i > 20\ \mu A/cm^2$ stimmen dagegen mit der $p_H$-Abhängigkeit der Abb. 209 u. 210 überein, wie auch schon A. N. FRUMKIN [Z. physik. Chem. **A 164**, 121 (1933)] feststellte. Die Anomalien in den Tafelgeraden sind nach BAGOTZKY u. JABLOKOWA auf Verunreinigungen zurückzuführen.

[15] LEWINA, S., u. W. SARINSKY: Acta physicochim. USSR **7**, 485 (1937).

### $\gamma$) *Experimentelle $p_H$-Abhängigkeit ohne Fremdelektrolytzusatz*

Bei der Abhängigkeit der Wasserstoffüberspannung von der Konzentration einer reinen Säure oder Base ist nicht nur der Einfluß der Änderung der $H^+$-Ionenkonzentration, also des $p_H$-Wertes, zu berücksichtigen, sondern auch noch die mit der Änderung der ionalen Konzentration verbundenen Veränderungen des $\zeta$-Potentials in der diffusen Doppelschicht. Es darf also in Gl. (4.137) und Gl. (4.138) nicht mehr, wie beim Fremdionenüberschuß, $\zeta$ konstant gesetzt werden.

Für einen 1,1-wertigen Elektrolyten folgt mit FRUMKIN[1, 2] aus der Theorie der diffusen Doppelschicht nach STERN[3] bei mittleren Verdünnungen und für $\zeta < 0$ die angenähert gültige, einfache Beziehung*

$$\zeta = \text{konst} + \frac{RT}{F} \ln c \tag{4.140}$$

Für Säuren ist daher bei $c = [H^+]$

$$\zeta = \text{konst} + \frac{RT}{F} \ln [H^+] \tag{4.140a}$$

und für Basen bei $c = [OH^-]$

$$\zeta = \text{konst} + \frac{RT}{F} \ln [OH^-] \,. \tag{4.140b}$$

Die drei Gleichungen (4.140) sind physikalisch leicht verständlich. Bei Einsetzen von Gl. (4.140a) in Gl. (4.135a) ergibt sich für die Konzentration $[H^+]_s$ im Innern der diffusen Doppelschicht unmittelbar vor der Oberfläche ein von der Säurekonzentration $c = [H^+]$ unabhängiger Wert. Das gleiche gilt für die Kationen einer Base bei dem vorliegenden Vorzeichen von $\zeta$. Die $H^+$-Ionen der konstanten Konzentration $[H^+]_s$ bilden unter den genannten Voraussetzungen die elektrolytseitige Belegung der Helmholtzschen starren Doppelschicht (§ 40), die auf die praktisch konstante Potentialdifferenz $\varphi - \varphi_{max}$ aufgeladen ist. $\zeta$ muß sich deshalb in Abhängigkeit von der Konzentration $c$ so ausbilden, daß die Belegung des starren Doppelschichtkondensators mit Kationen angenähert konstant bleibt.

Unter dieser Voraussetzung [Gl. (4.140)] folgt nach FRUMKIN[4] für reine verdünnte Säuren im Fall a) bei Entladung der $H^+$-Ionen aus

---

[1] FRUMKIN, A. N.: Z. physik. Chem. **A 164**, 121 (1933).

[2] Siehe auch S. LEWINA u. W. SARINSKY: Acta physicochim. USSR **6**, 491 (1937).

[3] STERN, O.: Z. Elektrochem. **30**, 508 (1924).

* Die Konzentration $c$ muß für die Gültigkeit der Näherung unterhalb eines gewissen Wertes (verdünnte Lösung) liegen, damit $\zeta \gg RT/F$ ist. Andererseits muß $\zeta \ll \Delta\varphi$ der Potentialdifferenz $\varphi - \varphi_{max}$ des elektrokapillaren Maximums sein. $\varphi - \varphi_{max}$ muß somit ausreichend groß und die Konzentration $c$ darf nicht zu klein sein (mittlere Verdünnung), damit $\zeta$ gegenüber $\varphi - \varphi_{max}$ nicht zu groß wird.

[4] FRUMKIN, A. N.: Z. physik. Chem. **A 164**, 121 (1933); Acta physicochim. USSR **7**, 475 (1937); J. phys. Chem. USSR **10**, 568 (1937); Acta physicochim. USSR **13**, 23 (1943); J. phys. Chem. USSR **24**, 244 (1950).

Gl. (4.137a) bzw. (4.138a)

$$\varepsilon = -\frac{RT}{(1-\alpha)F}\cdot\ln|i| + \frac{RT}{F}\ln[\mathrm{H}^+] + \text{konst} \qquad (4.141\,\mathrm{a})$$

$$\eta = -\frac{RT}{(1-\alpha)F}\cdot\ln|i| + \text{konst} \qquad (4.141\,\mathrm{b})$$

Die Überspannung wird also unabhängig von der Säurekonzentration und damit dem $p_H$-Wert. Für reine verdünnte Basen ergibt sich dementsprechend mit Gl. (4.140b) im Fall b) beim Auftreten von $H_2O$ als Protonendonator aus Gl. (4.137b) bzw. (4.138b)

$$\varepsilon = -\frac{RT}{(1-\alpha)F}\cdot\ln|i| + \frac{RT}{F}\cdot\ln[\mathrm{OH}^-] + \text{konst} \qquad (4.142\,\mathrm{a})$$

$$\eta = -\frac{RT}{(1-\alpha)F}\cdot\ln|i| + \frac{2RT}{F}\cdot\ln[\mathrm{OH}^-] + \text{konst} \qquad (4.142\,\mathrm{b})$$

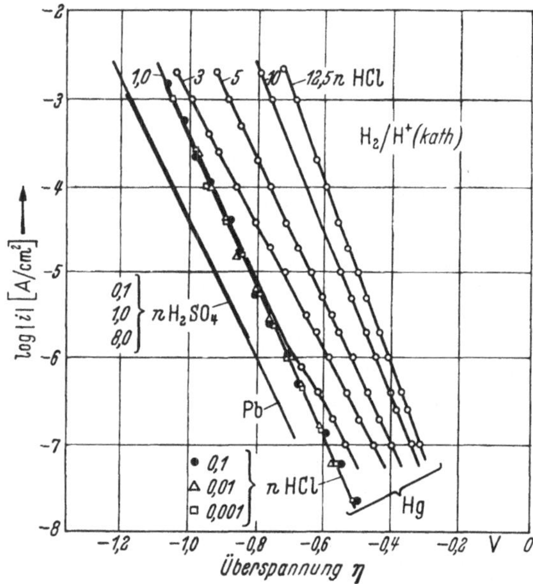


Abb. 211. Überspannung $\eta$ in Abhängigkeit von der kathodischen Stromdichte $i$ für 0,001, 0,01, 0,1, 1, 3, 5, 10 und 12,5n HCl an Hg [nach Lewina u. Sarinsky: Acta physicochim. USSR **6**, 491 (1937) und Jofa: Acta physicochim. USSR **10**, 903 (1939)] und fur 0,1, 1,0 und 8,0n $H_2SO_4$ an Pb [nach Kabanow u. Jofa: Acta physicochim. USSR **10**, 617 (1939)]

An Hg konnten Lewina u. Sarinsky[2] und Jofa u. Frumkin[5, 6] sowie Bockris u. Parsons[7] die Unabhängigkeit der Überspannung vom $p_H$-Wert nach Gl. (4.141 b) in 0,001 n bis 1,0 n HCl bestätigen, wie es die

[5] Jofa, S.: Acta physicochim. USSR **10**, 903 (1939); J. phys. Chem. USSR **19**, 117 (1945).

[6] Jofa, S., u. A. N. Frumkin: Acta physicochim. USSR **18**, 183 (1943).

[7] Bockris, J. O'M., u. R. Parsons: Trans. Faraday Soc. **45**, 916 (1949).

Abb. 211 zeigt. Auch die Untersuchungen von HERASYMENKO u. SLENDYK[8] verliefen in diesem Sinne. Für größere HCl-Konzentrationen tritt bei vernachläßigbar kleinem $\zeta$-Potential eine Verkleinerung der Überspannung $\eta$ entsprechend Gl. (4.138b) mit $\zeta \approx 0$ ein. Die in Abb. 211 wiedergegebenen Messungen von JOFA u. FRUMKIN[5, 6] bestätigen diese Erscheinung. An Pb konnten KABANOW u. JOFA[9] sogar im Bereich von 0,1 n bis 8 n $H_2SO_4$ die Unabhängigkeit der Überspannung von der Säurekonzentration feststellen (Abb. 211). An Ni ist die Überspannung nur im Konzentrationsbereich 0,0003 bis 0,003 n HCl nach LUKOWZEW, LEWINA, FRUMKIN, LEGRAN[10,11] unabhängig und fällt auch hier mit wachsender Konzentration mit etwa 58 mV pro Zehnerpotenz der Konzentration entsprechend Gl. (4.138a) bei $\zeta \approx 0$. Die Überspannung an Ag ist nach BOCKRIS u. CONWAY[12] für 0,001 bis 0,01 n HCl konstant, fällt mit steigender Konzentration und steigt schließlich oberhalb 1 n HCl wieder an. Die Konzentration, bis zu der die Unabhängigkeit von $\eta$ besteht, hängt stark vom Gültigkeitsbereich der Gl. (4.140a) bei den verschiedenen Metallen ab.

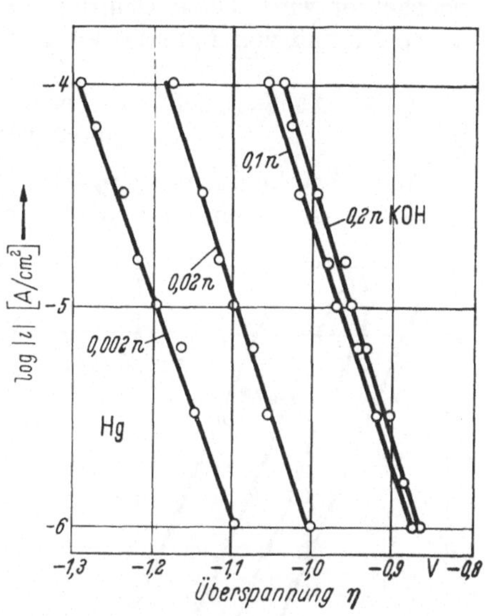


Abb. 212. Überspannung $\eta$ in Abhängigkeit von der kathodischen Stromdichte $i$ für verschiedene KOH-Konzentrationen an Hg [nach BOCKRIS u. WATSON: J. Chim. Phys. 49, C 70 (1952)]

In alkalischer Lösung konnte die Gl. (4.142b) an Hg von BOCKRIS u. Watson[13] in KOH, NaOH und LiOH durch Messung der Stromspannungskurven bestätigt werden. Abb. 212 zeigt diese Abhängigkeit. Bei größeren Stromdichten stört bereits sehr die Abscheidung von Alkaliionen unter Amalgambildung. Deshalb untersuchten KAPTSAN u. JOFA[14, 15] die stromlose Auflösungsgeschwindigkeit von Alkaliamalgam unter äquivalenter Wasserstoffentwicklung bei den verschiedensten Konzentrationen unter Beobachtung des sich hierbei ausbildenden Mischpotentials. Die Auswertung dieser Messungen ergab in fremdionenfreier KOH die Über-

---

[8] HERASYMENKO, P., u. I. SLENDYK: Z. physik. Chem. **A 149**, 123 (1930).

[9] KABANOW, B. N., u. S. JOFA: Acta physicochim. USSR **10**, 616 (1939).

[10] LUKOWZEW, P., S. LEWINA u. A. N. FRUMKIN: Acta physicochim. USSR **11**, 21 (1939).

[11] LEGRAN, A., u. S. LEWINA: Acta physicochim. USSR **12**, 243 (1940); J. phys. Chem. USSR **14**, 211 (1940).

[12] BOCKRIS, J. O'M., u. B. E. CONWAY: Trans. Faraday Soc. **48**, 724 (1952).

[13] BOCKRIS, J. O'M., u. R. G. H. WATSON: J. Chim. Phys. **49**, C 70 (1952).

[14] KAPTSAN, O. L., u. S. A. JOFA: J. phys. Chem. USSR **26**, 193, 201 (1952).

[15] JOFA, S. A.: J. phys. Chem. USSR **28**, 1163 (1954).

spannungsbeziehung

$$\eta = -1{,}507 + 0{,}105 \cdot \log [OH^-] - 0{,}118 \cdot \log |i| \qquad (4.143)$$

die die Gl. (4.142b) bestätigt.

An Ni haben LUKOWZEW, LEWINA u. FRUMKIN[10] jedoch nur eine Änderung von $2{,}303 \cdot RT/F$ pro $p_H$-Wert in reiner NaOH gefunden. Diese Beobachtung entspräche nach Gl. (4.138b) einem angenähert konstanten, vermutlich kleinen $\zeta$-Potential, wie es in saurer Lösung beobachtet wird. Diese Deutung wird auch durch den kaum vorhandenen Einfluß von Fremdionenzusätzen (§ 143) bestätigt.

## § 143. Abhängigkeit der Überspannung von Fremdionenzusätzen (ohne Adsorption)

Auch bei konstantem $p_H$-Wert muß sich nach Gl. (4.137) bzw. Gl. (4.138) die Stromspannungskurve bei Zusatz von Fremdelektrolyten verschieben, wenn sich durch diesen Zusatz das $\zeta$-Potential verändert. LEWINA u. SARINSKY[1] fanden dementsprechend in 0,001 bis 0,1 n HCl an Hg bei Zusatz von $LaCl_3$ ($10^{-6}$ bis $10^{-3}$ Mol/l) eine Verschiebung der Tafel-Geraden zu größeren Überspannungen. Den gleichen Effekt fanden BAGOTZKI[2] und FRUMKIN[3] bei Zusatz von KCl zu 0,001 n HCl, wie es die Abb. 213 in Übereinstimmung mit Gl. (4.138a) und Gl. (4.140) wiedergibt. Mit wachsender Gesamtkonzentration $c$ wird das hier negative $\zeta$-Potential* dem Betrage nach kleiner und damit die Überspannung $\eta$ um 58 mV pro Zehnerpotenz der Konzentration $c$ größer (negativer). Im $p_H$-Bereich von 1 bis 7 konnten BAGOTZKI u. JABLOKOWA[4] in gepufferten $K_3PO_4$/HCl-

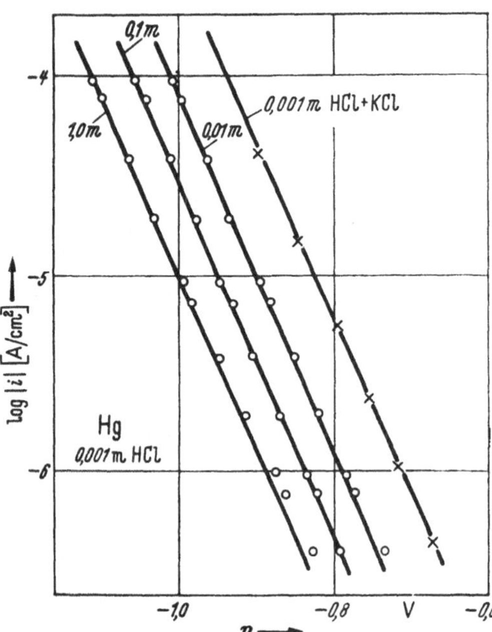

Abb. 213. Abhängigkeit der kathodischen Wasserstoffüberspannung $\eta$ an Hg in 0,001n HCl mit KCl-Zusatz nach BAGOTZKI: Dokl. Akad. Nauk USSR 58, 1387 (1947) (○) und LEWINA u. SARINSKY: Acta physicochim. USSR 6, 491 (1937) (×)

[1] LEWINA, S., u. W. SARINSKY: Acta physicochim. USSR 7, 485 (1937).

[2] BAGOTZKI, W. S.: Dokl. Akad. Nauk USSR 58, 1387 (1947).

[3] FRUMKIN, A. N.: Disc. Faraday Soc. 1, 57 (1947).

* Das Potential $\varepsilon_{max}$ des elektrokapillaren Maximums liegt für Hg in 1 n KCl bei $\varepsilon_{max,h} = -0{,}275$ Volt nach S. JOFA, B. KABANOW, E. KUCHINSKI u. F. CHISTYAKOW: Acta physicochim. USSR 10, 317 (1939); J. phys. Chem. USSR 13, 1105 (1939).

[4] BAGOTZKI, W. S., u. I. E. JABLOKOWA: J. phys. Chem. USSR 23, 413 (1949).

Lösungen den gleichen Einfluß der $K_3PO_4$-Konzentration (0,01 m und 0,1 m) an Hg feststellen. Abb. 214 gibt diese Abhängigkeit wieder. Auch schon HERASYMENKO u. SLENDYK[5] stellten an der Hg-Tropfelektrode eine Erhöhung der $H_2$-Überspannung nach Zusatz verschiedenster anorganischer Salze fest, wobei die mehrwertigen Kationen wie $La^{3+}$ oder $Th^{4+}$ die größten Wirkungen hervorriefen.

Auch am Ni haben LUKOWZEW, LEWINA u. FRUMKIN[6] in HCl und NaOH eine Vergrößerung der Überspannung bei Zusatz von $LaCl_3$ bzw. NaCl festgestellt. BOCKRIS u. CONWAY[7] beobachteten an Ag in HCl bei Zusatz von KCl und $BaCl_2$ ebenfalls einen Anstieg von $\eta$.

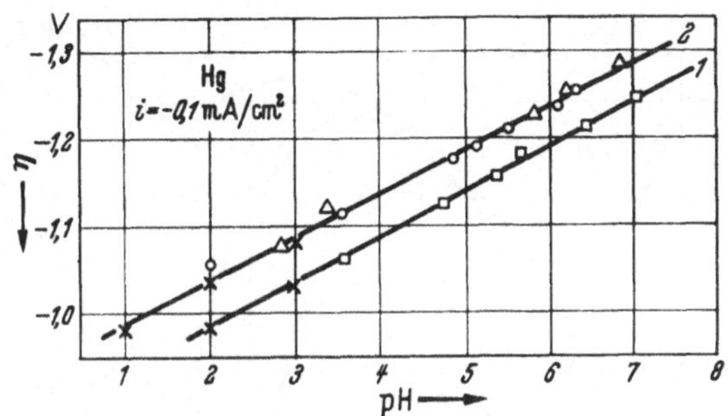


Abb. 214. Kathodische Wasserstoffüberspannung $\eta$ an Hg bei $i = 10^{-4}$ A/cm² in Abhängigkeit vom $p_H$-Wert für verschiedene Ionenkonzentrationen. Kurve 1: □ = 0,01 m $K_3PO_4$ + x m HCl; Kurve 2: ○ = 0,1 m $K_3PO_4$ + x m HCl, △ = 0,3 m KCl + + 0,01 m $K_3PO_4$ + xm HCl, × = KCl + HCl [nach BAGOTZKI u. JABLOKOWA: J. phys. Chem. USSR **23**, 413 (1949)]

Bemerkenswert ist noch die Feststellung von LUKOWZEW, LEWINA u. FRUMKIN[6], daß am Ni in 0,0012 n HCl ein Zusatz von $10^{-3}$ Mol/l $LaCl_3$ oberhalb von $i = 4 \cdot 10^{-5}$ A/cm² bzw. $|\eta| = 0{,}23$ Volt (etwa $\varepsilon_h = -0{,}41$ Volt) die übliche Vergrößerung von $\eta$, aber unterhalb dieser Werte (positiveres Potential) eine Verkleinerung von $\eta$ hervorruft. LUKOWZEW, LEWINA u. FRUMKIN[6] deuten diese Erscheinung damit, daß das $\zeta$-Potential bei diesem Punkt sein Vorzeichen umkehrt, daß also das Potential $\varepsilon_h = -0{,}41$ Volt das sonst anderweitig nicht bekannte Lippmann-Potential $\varepsilon_N = \varepsilon_{max}$ ist. Hiermit wäre auch der nur geringe Einfluß der Ionenkonzentration am Ni, wie er von den genannten Autoren gefunden wurde, erklärbar.

## § 144. Adsorptions- und Vergiftungserscheinungen

### α) *Adsorption von Ionen*

Sehr viele an der Oberfläche adsorbierbare Substanzen haben einen wesentlichen Einfluß auf die Überspannung. In vielen Fällen bewirkt die Adsorption von Ionen oder Dipolmolekeln eine Veränderung im Aufbau der Doppelschicht (§ 42) und damit auch des $\zeta$-Potentials, dessen Einfluß die Gl. (4.137) bzw. Gl. (4.138) wiedergeben. Aber die Adsorption kann auch die Bindungsenergie der adsorbierten H-Atome und die Zahl der aktiven Zentren auf der Oberfläche verändern und damit auf die Überspannung einwirken. Die zuletzt genannten Einflüsse

[5] HERASYMENKO, P., u. I. SLENDYK: Z. physik. Chem. **A 149**, 123 (1930).
[6] LUKOWZEW, P., S. LEWINA u. A. FRUMKIN: Acta physicochim. USSR **11**, 21 (1939).
[7] BOCKRIS, J. O'M., u. B. E. CONWAY: Trans. Faraday Soc. **48**, 724 (1952).

sind noch wenig geklärt und sollen ohne genauere Unterscheidung als Vergiftungserscheinungen bezeichnet werden. Einen zusammenfassenden Überblick hierüber gibt FRUMKIN[1].

Der Einfluß der Adsorption von Ionen auf die Wasserstoffüberspannung, der auf eine Veränderung des $\zeta$-Potentials zurückgeführt werden kann, wurde an Hg von JOFA, KABANOW, KUCHINSKY u. CHISTYAKOW[2] und ANDREJEWA[3] und am Pb von WANJUKOWA u. KABANOW[4] untersucht. Es zeigte sich dabei ein Verhalten, wie es aus Abb. 215 und 216 ersichtlich ist. Die *Adsorption der Anionen* $Cl^-$, $Br^-$ und $J^-$, die aus der Abweichung der Elektrokapillarkurven 2, 3 und 4 von 1 der Abb. 215 zu entnehmen ist, führt zu einer Vergrößerung des negativen $\zeta$-Potentials und damit nach Gl. (4.138a) in saurer Lösung zu einer *Verkleinerung der negativen Überspannung*. Diese Deutung wird besonders dadurch gefestigt, daß der Beginn der Abweichungen der entsprechenden Elektrokapillar- und Überspannungskurven von den Kurven 1 in Abb. 215 etwa beim gleichen Potential, dem Desorptionspotential, einsetzt. Umgekehrt führt die *Adsorption des Kations* $[N(C_4H_9)_4]^+$, die aus Abb. 216, Kurve 4, folgt, zu einer Verkleinerung des negativen $\zeta$-Potentials und somit zur *Vergrößerung der negativen Überspannung* gegenüber reiner 1 n HCl. Auch hier konnte die Übereinstimmung zwischen dem Desorptionspotential aus der extrapolierten Elektrokapillarkurve 4, Abb. 216 und dem Potential für den Beginn der Abweichung $\Delta\eta$ der zugehörigen Überspannungskurve 4 festgestellt werden. Für kleiner werdende $(C_4H_9)_4N^+$-Konzentrationen ist eine Verschiebung des Desorptionspotentials zu positiveren Werten hin auf Grund anderer Feststellungen an Elektrokapillarkurven[5] zu erwarten. Dieser Verschiebung des Desorptionspotentials entspricht das

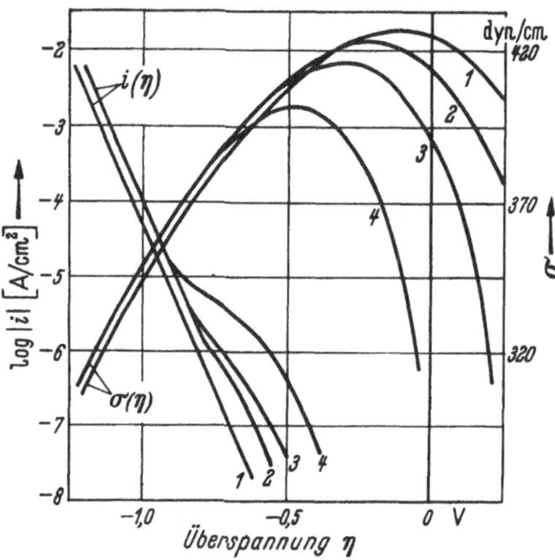

Abb. 215. Stromdichte-Überspannungs-Kurven $i(\eta)$ und dazugehörige Elektrokapillarkurven $\sigma(\eta)$ ($\sigma$ = Oberflächenspannung) an Hg bei 20°C. Kurve 1: 0,1 n $H_2SO_4$ + 1 n $Na_2SO_4$; Kurve 2: 0,1 n HCl + 1 n KCl; Kurve 3: 0,1 n HCl + 1 n KBr; Kurve 4: 0,1 n HCl + 1 n KJ [nach JOFA, KABANOW, KUCHINSKI u. CHISTYAKOW: Acta physicochim. USSR **10**, 317 (1939)]

[1] FRUMKIN, A. N.: Z. Elektrochem. **59**, 807 (1955); Dokl. Akad. Nauk USSR **85**, 375 (1952); Nova Acta Leopoldina **19**, 1 (1957).

[2] JOFA, S., B. KABANOW, E. KUCHINSKY u. F. CHISTYAKOW: Acta physicochim. USSR **10**, 317 (1939); J. phys. Chem. USSR **13**, 1105 (1939).

[3] ANDREJEWA, E. P.: J. phys. Chem. USSR **29**, 699 (1955).

[4] WANJUKOWA, L. W., u. B. N. KABANOW: J. phys. Chem. USSR **14**, 1620 (1940).

[5] Z. B. A. GOUY: Ann. chim. phys. [8] **8**, 294 (1908). — A. N. FRUMKIN: Z. Physik **35**, 792 (1926); Ergebn. exakt. Naturw. **7**, 235 (1928).

Verhalten der Kurven 2 bis 6 der Abb. 216 von ANDREJEWA[3]. Auch für $(C_4H_9)_3NH^+$, $(C_4H_9)_2NH_2^+$ und die entsprechenden sekundären, tertiären und quarternären Propylamin- und Amylaminionen konnte ANDREJEWA[3] das gleiche Verhalten beobachten. Am Pb stellten WANJUKOWA u. KABANOW[4] in 1 n $H_2SO_4$ ähnliche Einflüsse von organischen Anionen und Kationen auf die Überspannung fest.

In alkalischer Lösung, für die die Gl. (4.138b) gilt, bedeutet eine Erniedrigung des negativen $\zeta$-Potentials eine Verkleinerung der negativen Überspannung. Dieses im Gegensatz zu den Erscheinungen in saurer

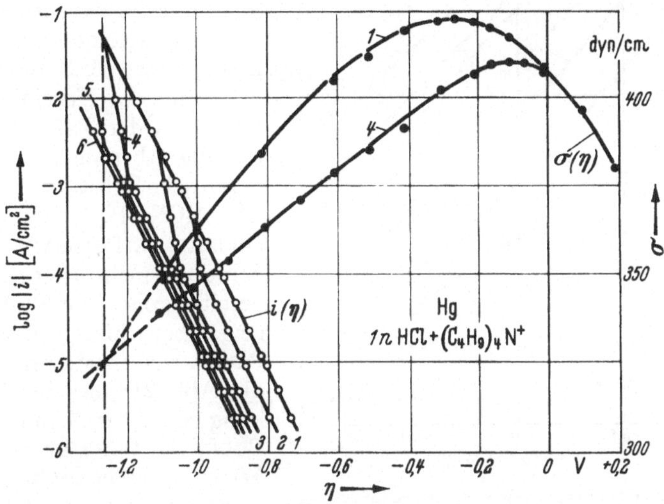


Abb. 216. Stromdichte-Überspannungs-Kurven $i(\eta)$ und dazugehörige Elektrokapillarkurven $\sigma(\eta)$ ($\sigma$ = Oberflächenspannung) an Hg bei 22°C in 1 n HCl mit verschiedenen $[C_4H_9]_4N^+$-Zusätzen in der Konzentration $c_K$. Kurve 1: $c_K = 0$; Kurve 2: $1 \cdot 10^{-5}$; Kurve 3: $1 \cdot 10^{-4}$; Kurve 4: $5 \cdot 10^{-4}$; Kurve 5: $1 \cdot 10^{-3}$; Kurve 6: $5 \cdot 10^{-3}$ und $5{,}5 \cdot 10^{-3}$ Mol/l [nach E. P. ANDREJEWA: J. phys. Chem. USSR **29**, 699 (1955)]

Lösung stehende Verhalten wurde von JOFA u. KAPTSAN[6] bei der Zugabe von $[N(C_4H_9)_4]_2SO_4$ zu verdünnter KOH an Hg beobachtet. Hierdurch wird der von FRUMKIN[7] zunächst theoretisch geforderte Einfluß des $\zeta$-Potentials auf die Geschwindigkeit von Elektrodenreaktionen an der Wasserstoffelektrode experimentell auf das Beste bestätigt. Ein Einfluß dieser Art ist auch für viele andere Stoffe wahrscheinlich, aber noch nicht ausführlich genug experimentell und theoretisch untersucht worden, um darüber nähere Angaben machen zu können.

### $\beta$) *Adsorption von neutralen Molekeln*

Auch die Adsorption von elektrisch neutralen Substanzen führt zu einer Veränderung der Wasserstoffüberspannung, meistens in Richtung einer Vergrößerung von $|\eta|$. Diese Einwirkung von adsorbierbaren

[6] KAPTSAN, O. L., u. S. A. JOFA: J. phys. Chem. USSR **26**, 201 (1952).
[7] FRUMKIN, A. N.: Z. physik. Chem. **A 164**, 121 (1933).

Stoffen auf $\eta$ wird Inhibition genannt. In diesem Sinne wirksame Stoffe heißen *Inhibitoren*. Ein bestimmter Mechanismus ist jedoch mit dieser Bezeichnung nicht verbunden.

Unter den anorganischen Stoffen ist besonders die Wirkung von $As_2O_3$ und $HgCl_2$ als *Elektrodengift* auf Grund der Untersuchungen von VOLMER u. WICK[1], KOBOSEW u. NEKRASSOW[2], v. NARAY-SZABO[3], DOLIN, ERSHLER u. FRUMKIN[4], HICKLING[5] und BOCKRIS u. CONWAY[6] hervorzuheben. Aus Abb. 217 ist zu entnehmen, daß hierdurch im wesentlichen die Austauschstromdichte stark herabgesetzt wird* unter Beibehaltung des Durchtrittsfaktors $\alpha$ in der Tafelschen Beziehung. Aber auch andere anorganische Substanzen wie CO, $CS_2$, KCN, $H_2S$ wirken nach BOCKRIS u. CONWAY[7] vergrößernd auf $\eta$ ein. Hierbei ist die bereits große Empfindlichkeit gegenüber Spuren derartiger Substanzen interessant, wie es die Abb. 218 bei der Einwirkung von CO an Ni in HCl nach BOCKRIS u. CONWAY[7] zeigt. Die Wirkung dieser Stoffe beginnt meistens schon bei etwa $10^{-10}$ Mol/l** (Abb. 218).

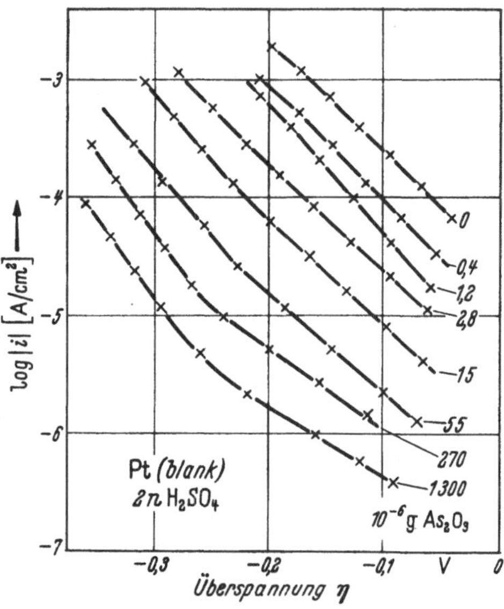


Abb. 217. Kathodische Wasserstoffüberspannung $\eta$ an Pt (blank) in 2 n $H_2SO_4$ in Abhängigkeit von $As_2O_3$-Zusätzen. Elektrode: 1 cm² Pt (blank) (+ 4 cm² plat. Pt-Gegenelektrode) [nach M. VOLMER u. H. WICK: Z. physik. Chem. **172**, 429 (1935)]

Eine sehr große Anzahl verschiedenartigster organischer Substanzen wirkt als Inhibitoren auf die kathodische Wasserstoffentwicklung ein. LEWINA u. SARINSKY[8] stellten den starken Einfluß von Hahnfett und Citronenöl auf die Wasserstoffüberspannung fest, woraufhin die Methode der fettfreien, Hg-gedichteten Hähne in Verbindung mit der Vorelektrolyse zur Reinhaltung bzw. Reinigung des Elektrolyten eingeführt

[1] VOLMER, M., u. H. WICK: Z. physik. Chem. **A 172**, 429 (1935).

[2] KOBOSEW, N., u. N. J. NEKRASSOW: Z. Elektrochem. **30**, 529 (1930).

[3] NARAY-SZABO, ST. v.: Naturw. **25**, 12 (1937).

[4] DOLIN, P., B. ERSHLER u. A. FRUMKIN: Acta physicochim. USSR **13**, 779 (1940).

[5] HICKLING, A., u. F. W. SALT: Trans. Faraday Soc. **37**, 333 (1941).

[6] BOCKRIS, J. O'M., u. B. E. CONWAY: Trans. Faraday Soc. **45**, 989 (1949).

* Die Knicke in Abb. 217 sind möglicherweise auf eine bei diesem Potential beginnende merkliche $As_2O_3$-Reduktion zurückzuführen.

[7] BOCKRIS, J. O'M., B. E. CONWAY: Trans. Faraday Soc. **45**, 989 (1949).

** Die Menge entspricht in 50 cm³ bei 0,4 cm² Oberfläche etwa einer 0,1 bis 1%igen Belegung der Oberfläche.

[8] LEWINA, S., u. W. SARINSKY: Acta physicochim. USSR **6**, 491 (1937).

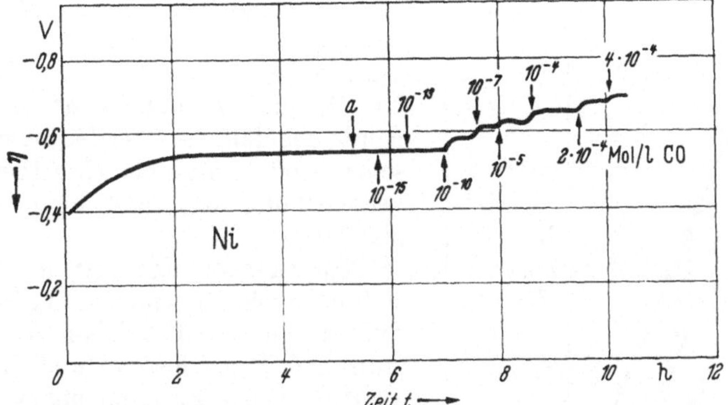


Abb. 218. Kathodische Wasserstoffuberspannung $\eta$ an Ni in 0,1 n HCl bei einer Stromdichte $i = 0{,}1$ A/cm² in Abhangigkeit von einem CO-Zusatz (in Mol/l). Elektrode: 0,4 cm² Ni, Elektrolytmenge: 50 cm³. a) Zugabe von reiner HCl (Kontrolle), Pfeile: Zeitpunkt der Zugabe mit Konzentrationsangabe [nach J. O'M. BOCKRIS u. B. E. CONWAY: Trans. Faraday Soc. **45**, 989 (1949)]

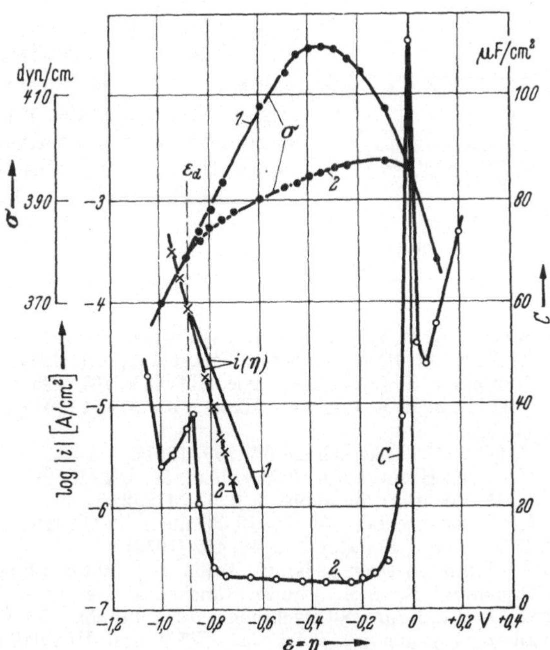


Abb. 219. Abhängigkeit der Stromdichte $i$ (×), der Oberflächenspannung $\sigma$ (●) und der Doppelschichtkapazität $C$ (○) vom Elektrodenpotential $\varepsilon$ (= Überspannung $\eta$), bezogen auf das reversible Wasserstoffpotential $\varepsilon_0$ in gleicher Losung an Hg bei Zusatz von Hexylalkohol. Kurven 1: 2 n HCl; Kurven 2: 2 n HCl + 0,01 m n-$C_6H_{13}OH$, $\varepsilon_d$ = Desorptionspotential [nach NIKOLAJEWA, FRUMKIN u. JOFA: J. phys. Chem. USSR **26**, 1326 (1952)]

wurde. Später wurde von WANJUKOWA u. KABANOW[9], BOCKRIS u. CONWAY[10–12], FISCHER, ELZE u. HEILING[13–15] und HILLSON[16] die Wirkung einer großen Anzahl neutraler organischer Substanzen* an Pt, Au, Hg, Fe, Ni, Pb und W untersucht. Hierbei wurde ebenfalls, wie bei den anorganischen Stoffen, meistens eine Parallelverschiebung der Tafel-Geraden beobachtet.

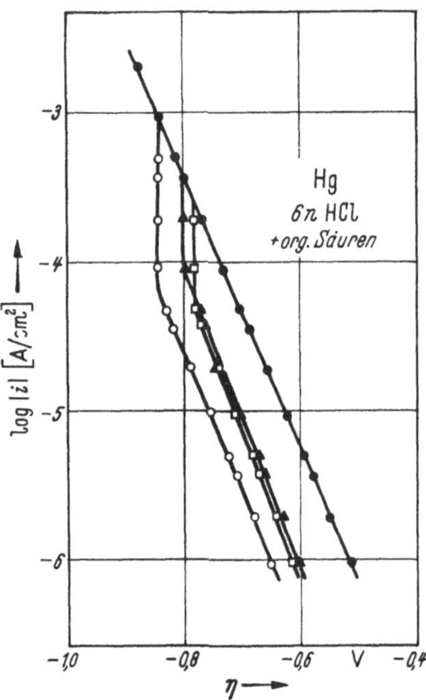


Abb. 220. Einfluß von Zusätzen organischer Substanzen auf die Stromspannungskurve der kathodischen Wasserstoffentwicklung an Hg in 6 n HCl. ● = 6 n HCl, ○ = 6 n HCl + Cetylalkohol ($C_{16}H_{33}OH$), ▲ = 6 n HCl + Myristinsäure ($C_{13}H_{27}COOH$), □ = 6n HCl + Palmitinsäure ($C_{15}H_{31}COOH$) [nach NIKOLAJEWA, FRUMKIN u. JOFA: J. phys. Chem. USSR 26, 1326 (1952)]

NIKOLAJEWA, FRUMKIN u. JOFA[17] stellten auch für neutrale organische Substanzen, wie Cetylalkohol, Myristinsäure, Palmitinsäure und Hexylalkohol, einen Zusammenhang zwischen der Adsorption und dem Anstieg der Überspannung fest. Der Einfluß von Hexylalkohol auf die Überspannung verschwindet nach Abb. 219, wenn das Potential erreicht wird, unter (negativer) dem der Hexylalkohol auf Grund der Elektrokapillarkurve $\sigma(\varepsilon)$ und der Doppelschichtkapazitätskurve $C(\varepsilon)$ nicht mehr adsorbiert wird. Nach FRUMKIN[18, 19] und BUTLER[20] werden organische Moleküle nur innerhalb eines gewissen Potentialbereichs in der Nähe des Potentials des elektrokapillaren Maximums $\varepsilon_{max}$ adsorbiert und desorbieren, wenn die Feldstärke innerhalb der Doppelschicht zu groß wird. Die $i(\eta)$-Kurven 1 und 2 der

[9] WANJUKOWA, L., u. B. KABANOW: J. phys. Chem. USSR **14**, 1620 (1940).

[10] BOCKRIS, J. O.'M., u. B. E. CONWAY: Nature **159**, 711 (1947). — CONWAY, B. E., J. O'M. BOCKRIS u. B. LOVRECEK: Proc. CITCE **6**, 207 (1955).

[11] BOCKRIS, J. O'M., u. B. E. CONWAY: Experientia **3**, 454 (1947); J. phys. coll. Chem. **53**, 527 (1949).

[12] BOCKRIS, J. O'M.: Z. Elektrochem. **55**, 105 (1951).

[13] FISCHER, H., u. H. HEILING: Z. Elektrochem. **54**, 184 (1950).

[14] ELZE, J., u. H. FISCHER: Metalloberfl. **6**, 178 (1952).

[15] FISCHER, H.: Z. Elektrochem. **55**, 92 (1952); auch **52**, 111 (1948).

[16] HILLSON, P. J.: Trans. Faraday Soc. **48**, 462 (1952).

* Als starke Inhibitoren seien genannt: Anilin, o-Toluidin, Chinolin, Acridin, Pyridin, Naphthylamin, Butanol, Chinin, Cinchonin, Narcotin, Morphin[13–15], β-Naphthochinon, Antranilsäure, 8-Oxychinolin, β-Naphthalinsulfosäure, Viktoriablau, Kristallviolett, Trypaflavin, Thioharnstoff[13, 14] und Hexylalkohol, Toluolsulfosäure.

[17] NIKOLAJEWA, N. W., A. N. FRUMKIN u. S. A. JOFA: J. phys. Chem. USSR **26**, 1326 (1952).

[18] FRUMKIN, A. N.: Z. Physik **35**, 792 (1926).

[19] FRUMKIN, A. N.: Ergebn. exakt. Naturwiss. **7**, 235 (1928).

[20] BUTLER, J. A. V.: Proc. Roy. Soc. **A 122**, 399 (1929).

Abb. 219 laufen demzufolge am Desorptionspotential $\varepsilon_d$ zusammen. In gleicher Weise sind die von NIKOLAJEWA, FRUMKIN u. JOFA[17] und von ANDREJEWA[21] ermittelten Typen von Stromspannungskurven (Abb. 220) auf die Adsorption bzw. Desorption der organischen Substanzen zurückzuführen.

Die Einwirkung der adsorbierten neutralen Moleküle auf die Überspannung kann verschieden gedeutet werden. Die *Adsorption* wird bei gerichteter Anordnung auf der Oberfläche zur Ausbildung einer *Dipoldoppelschicht* führen, die das $\zeta$-Potential und damit die Überspannung wie bei der Ionenadsorption verändert. Es kann aber auch so sein, daß an den Oberflächenstellen, die mit adsorbierten Molekeln besetzt sind, die Elektrodenreaktion ganz verhindert wird, daß also die wirksame Oberfläche verkleinert wird. Aber auch die Vergrößerung des Abstandes der reagierenden Stoffe von der Oberfläche infolge der Dazwischenlagerung der adsorbierten Moleküle würde zu dem beobachteten Effekt führen. Eine Klärung dieser Fragen wurde noch nicht erreicht.

### $\gamma$) *Katalytische Einwirkung von Fremdstoffen*

Gewisse Substanzen wirken noch aus einem weiteren Grund erniedrigend auf die Wasserstoffüberspannung. HERASYMENKO u. SLENDYK[1] fanden, daß bereits in geringer Konzentration im Elektrolyten gelöste Platinmetalle eine wesentliche Erniedrigung von $\eta$ an Hg verursachen. Hierauf beruht die Anwendung von katalytischen Wellen in der Polarographie. Auch von BOCKRIS u. CONWAY[2] und v. NARAY-SZABO[3] wurden $PtCl_4$ als in diesem Sinne wirkend genannt. In allen diesen Fällen muß angenommen werden, daß sich kathodisch auf der Oberfläche Pt oder andere Platinmetalle abscheiden, an denen die Wasserstoffüberspannung erfahrungsgemäß wesentlich kleiner ist. Dieser Effekt beeinflußt also nicht die eigentliche Überspannung an dem betreffenden Metall, da sich die Metalloberfläche chemisch ändert.

Verschiedene, meistens organische Stoffe sind außerdem befähigt, als *Protonenüberträger* die Wasserstoffentwicklung zu beschleunigen. Hierauf beruht die von HEYROWSKY[4] aufgefundene und von BRDIČKA[5, 6] und JURKA[7] ausführlich untersuchte Ausbildung *katalytischer Wellen* in Gegenwart von Proteinen. Derartige katalytische Wasserstoffwellen bedeuten eine Herabsetzung der Wasserstoffüberspannung an Hg. Die Wirkung ist nach BRDIČKA[6] durch eine Reaktionsfolge über die Sulfuryl-

---

[21] ANDREJEWA, E. P.: J. phys. Chem. USSR **29**, 699 (1955).

[1] HERASYMENKO, P., u. I. SLENDYK: Z. physik. Chem. **A 162**, 223 (1932).

[2] BOCKRIS, J. O'M., u. B. E. CONWAY: Trans. Faraday Soc. **45**, 989 (1949).

[3] NARAY-SZABO, ST. v.: Naturw. **25**, 12 (1937).

[4] HEYROWSKY, J., u. J. BABICKA: Coll. czech. chem. Comm. **2**, 370 (1930). — HEYROWSKY, J.: Polarographie, Wien 1941.

[5] BRDIČKA, R.: Coll. czech. chem. Comm. **5**, 112, 148 (1933); Biochem. Z. **272**, 104 (1934); J. chim. phys. **35**, 89 (1938).

[6] BRDIČKA, R.: Coll. czech. chem. Comm. **8**, 366 (1936); **11**, 614 (1939).

[7] JURKA, E.: Coll. czech. chem. Comm. **11**, 243 (1939).

gruppe –SH nach

$$\begin{aligned} &R{-}SH + e^- \rightarrow R{-}S^- + H_{ads} \\ &R{-}S^- + H^+ \rightarrow R{-}SH \\ \hline &H^+ + e^- \rightarrow H_{ads} \end{aligned} \qquad (4.144)$$

zu erklären.

Nach HERASYMENKO u. SLENDYK[8], PECH[9], REIMERS[10] und FASSBENDER[11] reagieren auch NH-, CH- und OH-Gruppen an organischen Molekülen* als Protonenüberträger nach

$$AH + e^- \rightarrow A^- + H_{ads}\,; \qquad A^- + H^+ \rightarrow AH$$

bzw. (4.145)

$$BH^+ + e^- \rightarrow B + H_{ads}\,; \qquad B + H^+ \rightarrow BH^+ \qquad (4.146)$$

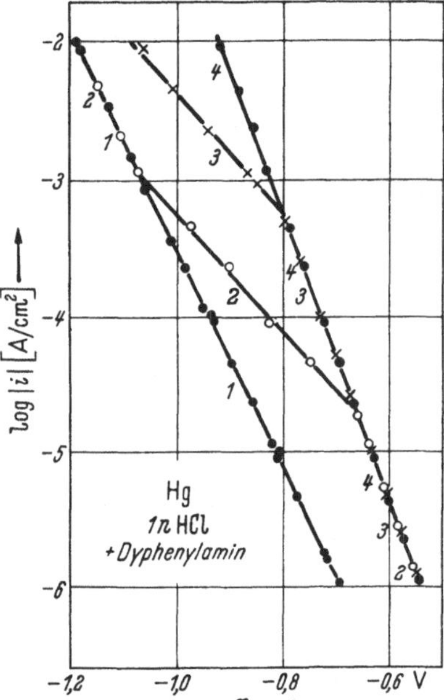


Abb. 221. Katalytischer Einfluß von Diphenylamin auf die Wasserstoffüberspannung $\eta$ an Hg. Kurve 1: 1 n HCl; Kurve 2: 1 n HCl + 1,34 · $10^{-5}$ m Diphenylamin; Kurve 3: 1 n HCl + 4,3 · $10^{-4}$ m Diphenylamin; Kurve 4: 1 n HCl + 1,34 · $10^{-3}$ m Diphenylamin [nach A. FRUMKIN u. E. ANDREJEWA: Dokl. Akad. Nauk USSR **90**, 417 (1953)]

unter Erniedrigung der Wasserstoffüberspannung an Hg. FRUMKIN u. ANDREJEWA[12] untersuchten ausführlich die katalytische Wirkung von Diphenylamin, die nach dem Schema Gl. (4.146) verläuft.

Für kleinere Stromdichten liegt nach Abb. 221 eine, als Folge der Katalyse zu kleineren Überspannungen hin parallel verschobene Tafel-Gerade vor. Mit wachsender Stromdichte und Überspannung gehen die Stromspannungskurven jedoch in die der reinen 1 n HCl über. Dieser Übergang wird durch die Desorption des Diphenylamins mit wachsendem negativen Potential erklärt. Die katalytische Wirkung besteht hier also nur im adsorbierten Zustand, wie es auch von BRDIČKA[6] an den Proteinen festgestellt wurde.

Es ist wichtig, hiervon den Effekt zu trennen, der bei Zugabe eines reduzierbaren Stoffes auftritt. Wird durch den kathodischen Strom $i$ ($= i_1 + i_2$) gleichzeitig Wasserstoff entwickelt ($i_1$) und die Zusatzsubstanz reduziert ($i_2$), so gehört in diesem Fall vom Gesamtstrom $i = i_1 + i_2$ nur ein Strom $i_1 < i$ zur Wasserstoffentwicklung, so daß die

[8] HERASYMENKO, P., u. I. SLENDYK: Coll. czech chem. Comm. **6**, 204 (1934).
[9] PECH, J.: Coll. czech. chem. Comm. **6**, 190 (1934).
[10] REIMERS, F.: Coll. czech. chem. Comm. **11**, 377 (1939).
[11] FASSBENDER, H.: Diss. Univ. Bonn 1944.
* Chinolinderivate[8], Alkaloide[9, 10].
[12] FRUMKIN, A. N., u. E. ANDREJEWA: Dokl. Akad. Nauk USSR **90**, 417 (1953).

Überspannung entsprechend kleiner erscheint. Eine Erniedrigung der Überspannung wäre hierdurch nur vorgetäuscht. Dieser Umstand dürfte in einigen in der Literatur beschriebenen Fällen vorliegen.

## § 145. Abhängigkeit der Überspannung vom Wasserstoffdruck

### α) *Kathodische Überspannung*

Im allgemeinen sind nur Wasserstoffüberspannungen bei 1 Atmosphäre Druck gemessen worden. Aus wenigen Beobachtungen in einem Druckbereich von 0,015 bis 19 Atm geht hervor, daß das *Potential* $\varepsilon$ der stromdurchflossenen Wasserstoffelektrode unabhängig vom Wasserstoffdruck ist. Die Wasserstoff*überspannung* $\eta = \varepsilon - \varepsilon_0$ hat dagegen infolge der Druckabhängigkeit des Gleichgewichtspotentials $\varepsilon_0$ die Druckabhängigkeit

$$\eta = \eta_0 + \frac{RT}{2F} \cdot \ln p_{H_2} \qquad (4.147)$$

$$\varepsilon = \text{konst}$$

Bircher u. Harkins[1]* machten diese Feststellung an Ni, Pb und Hg bei einem Wasserstoffdruck von 11 bis 760 mm Hg und Knobel[2] an plat. Pt, Pb, Cu und Ni bei 22 bis 760 mm Hg Wasserstoffdruck und größeren Stromdichten in saurer Lösung, Schmidt u. Stoll[3] in Ergänzung hierzu in alkalischer Lösung an Cu, Ni, Pb und Ag im gleichen Druckbereich. Cassel, Krumbein u. Voigt[4] bestätigten die Druckunabhängigkeit bis zu 19 Atm $H_2$ an Pt, Ni und Ag, und Bockris u. Parsons[5] stellten keine Veränderung des Potentials einer kathodisch belasteten Hg-Elektrode fest, wenn $H_2$ von 1 Atm durch $N_2$ ersetzt wird.

Abb. 222 gibt eine Meßreihe von Vetter u. Otto[6] an blankem Pt in 1 n $H_2SO_4$ mit $H_2$-Drucken von 35 bis 740 mm Hg wieder, aus der bei höheren Stromdichten ebenfalls die bisher festgestellte Unabhängigkeit des Polarisationspotentials vom $H_2$-Druck folgt. Zum stromlosen Gleichgewichtspotential $\varepsilon_0$ hin fächern die Kurven in Abb. 222 wie zu erwarten ist auf, weil sich hier bereits die anodische Teilstromdichte als Gegenreaktion bemerkbar macht. Die Kurven in Abb. 222 sind nach Gl. (4.123) berechnet worden, die den Volmer-Heyrowsky-Mechanismus mit Adsorptions-Desorptions-Hemmung des $H_2$ bei $i_{0,V} = \infty$ (Volmer-Reaktion nicht gehemmt, also Gleichgewichts-

[1] Bircher, S. J., u. W. D. Harkins: J. Am. Soc. **45**, 2890 (1923).

* Eine spätere Arbeit von W. D. Harkins, H. S. Adams [J. Phys. Chem. **29**, 205 (1925)] steht hierzu[1] im Widerspruch. Die Resultate von H. M. Goodwin u. L. A. Wilson [Trans. electrochem. Soc. **40**, 173 (1921)] sind nach der „Blasenmethode" bei nicht konstanter Stromdichte ausgeführt worden und infolgedessen schlecht auswertbar.

[2] Knobel, M.: J. Am. Soc. **46**, 2751 (1924).

[3] Schmidt, G., u. E. K. Stoll: Z. Elektrochem. **47**, 360 (1941).

[4] Cassel, H. M., u. E. Krumbein: Z. physik. Chem. **A 171**, 70 (1934). — Cassel, H. M., u. J. Voigt: Z. VDI **77**, 636 (1933).

[5] Bockris, J. O'M., u. R. Parsons: Trans. Faraday Soc. **45**, 916 (1949).

[6] Vetter, K. J., u. D. Otto: Z. Elektrochem. **60**, 1072 (1956).

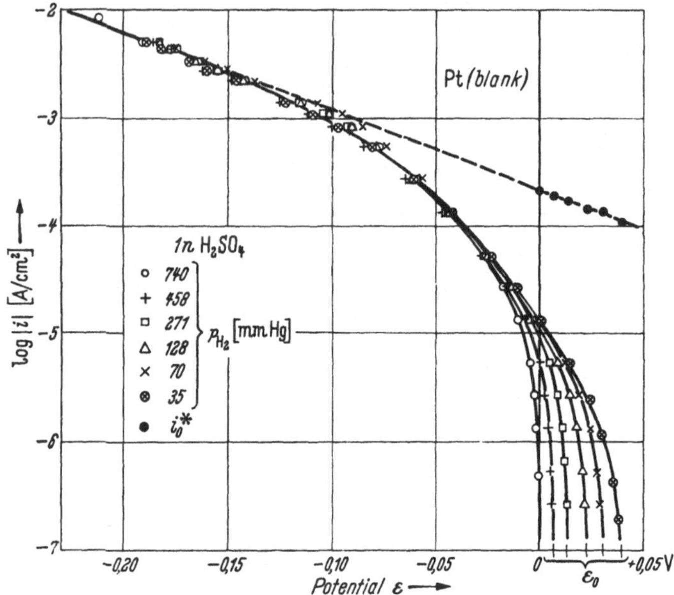


Abb. 222. Kathodischer Stromspannungsverlauf der Wasserstoffelektrode an Pt in 1 n $H_2SO_4$ bei 20°C und verschiedenen $H_2$-Drucken (740 bis 35 mm Hg). Punkte = experimentelle Werte, ausgezogene Kurven theoretisch nach Gl. (4.123) mit den Werten $\alpha_H = 0{,}56$, $i_0$, $i_r$ und $\theta_0$ der Abb. 223 berechnet. Gestrichelte Gerade: doppelte kathodische Teilstromdichte der Heyrowsky-Reaktion bei $\theta = 1$ mit markierten $i_0^*$-Werten [nach K. J. VETTER u. D. OTTO: Z. Elektrochem. **60**, 1072 (1956)]

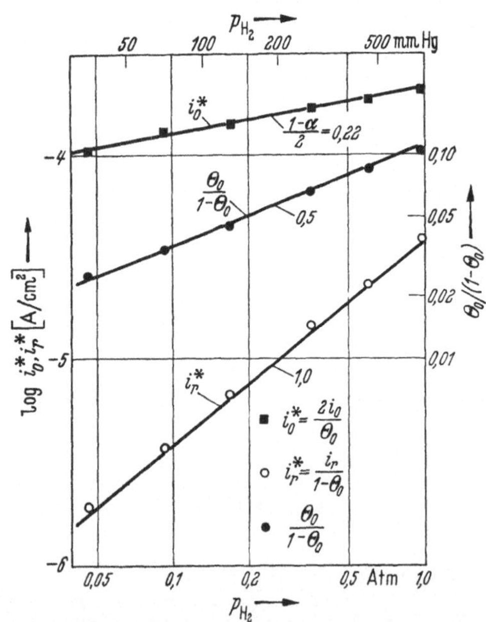


Abb. 223. Wasserstoffdruckabhängigkeit der „scheinbaren" Austauschstromdichte $i_0^* = 2i_0/\theta_0$ [Gl. (4.125)], der Reaktionsgrenzstromdichte $i_r^* = i_r/(1-\theta_0)$ [Gl. (4.124)] und des Gleichgewichtsbedeckungsgrades $\theta_0$. In Abb. 222 verwendete $i_0$, $i_r$ und $\theta_0$-Werte [nach K. J. VETTER u. D. OTTO: Z. Elektrochem. **60**, 1072 (1956)]

einstellung) voraussetzt. Für alle Kurven wurde ein Durchtrittsfaktor $\alpha_H = 0{,}56$ der gehemmten Heyrowsky-Reaktion verwendet. Die bei der Berechnung eingesetzten $H_2$-druckabhängigen Austauschstromdichten $i_0$, Austauschäquivalentstromdichten $i_r$ der Adsorption im Adsorptionsgleichgewicht (Reaktionsstromdichte) und die Gleichgewichts-Bedeckungsgrade $\theta_0$ sind aus Abb. 223 zu entnehmen.

Auf Grund von Gl. (4.125) ist die scheinbare Austauschstromdichte

$$i_0^* = \frac{2\,i_{0,H}}{\theta_0} = a_0 \cdot p_{H_2}^{(1-\alpha)/2} \tag{4.148}$$

und nach Gl. (4.124) und Ansatz (4.121) gilt für die Reaktionsgrenzstromdichte

$$i_r^* = \frac{i_r}{1-\theta_0} = a_r \cdot p_{H_2}\,. \tag{4.149}$$

Der Bedeckungsgrad $\theta_0$ muß bei Gültigkeit des Langmuirschen Adsorptionsgesetzes der Gleichung

$$\frac{\theta_0}{1-\theta_0} = K \cdot \sqrt{p_{H_2}} \tag{4.150}$$

folgen. Mit allen drei Beziehungen, die den Geraden in Abb. 223 entsprechen, lassen sich die experimentellen Überspannungswerte durch Gl. (4.123) mit dem genannten Mechanismus in Übereinstimmung bringen, wie es die Abb. 222 wiedergibt.

### β) *Anodische Überspannung*

Die Druckabhängigkeit der anodischen Wasserstoffüberspannung wurde von Vetter u. Otto[1] untersucht. Die auftretende rührunab-

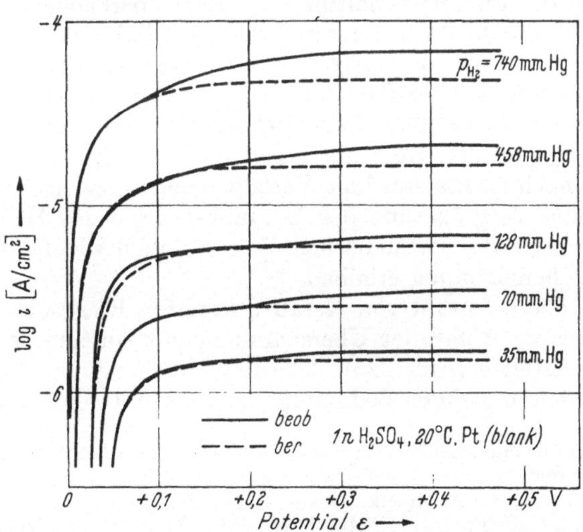


Abb. 224. Anodischer Stromspannungsverlauf der Wasserstoffelektrode an Pt in 1 n $H_2SO_4$ bei 20°C in Abhängigkeit vom $H_2$-Druck. Ausgezogen: experimentelle Kurven; gestrichelt: theoretische Kurven nach Gl. (4.123) mit den Werten $\alpha_H = 0{,}56$, $i_0$, $i_r$ und $\theta_0$ der Abb. 223 berechnet [nach K. J. Vetter u. D. Otto: Z. Elektrochem. **60**, 1072 (1956)]

[1] Vetter, K. J., u. D. Otto: Z. Elektrochem. **60**, 1072 (1956).

hängige anodische Reaktionsgrenzstromdichte $i_r^*$ (§ 141 $\varepsilon$)* an Pt in 1 n $H_2SO_4$ ist, wie es die Abb. 223 und 224 zeigen, dem $H_2$-Druck proportional. Der gesamte Verlauf der Stromdichte-Potential-Kurven in Abb. 224 wird durch Gl. (4.123) mit der in Abb. 223 angegebenen Druckabhängigkeit der Austauschstromdichte $i_0$, der Austauschadsorptionsgeschwindigkeit $i_r$ und des Gleichgewichts-Bedeckungsgrades $\theta_0$ gut wiedergegeben. Die Kurven in Abb. 224 geben die anodischen Messungen wieder, die den kathodischen Kurven in Abb. 222 entsprechen.

## § 146. Einfluß des Elektrodenmetalls

Aus den bisherigen Abschnitten geht hervor, daß die Art des Elektrodenmetalls einen großen Einfluß auf die Wasserstoffüberspannung hat. Bereits 1924 stellte BONHOEFFER[1] eine enge Beziehung zwischen der Wasserstoffüberspannung und der katalytischen Wirksamkeit des Metalls in dem Sinne fest, daß die Überspannung um so kleiner wird, je größer die katalytische Wirksamkeit der Oberfläche gegenüber Gasreaktionen ist. BONHOEFFER führte diese Wirkung auf die verschieden starke Adsorption der H-Atome an der Oberfläche zurück. HORIUTI u. POLANYI[2] diskutierten vom theoretischen Standpunkt aus die Beziehung der Adsorptionsenergie der H-Atome zur Aktivierungsenergie der Volmer-Reaktion und damit der Wasserstoffüberspannung. Sie kamen zu dem Ergebnis, daß eine Vergrößerung der Adsorptionsenergie eine Erniedrigung der kathodischen Aktivierungsenergie und damit eine Verkleinerung der kathodischen Wasserstoffüberspannung zur Folge haben sollte.

Wenn auch die Energieverhältnisse an der Oberfläche recht kompliziert sind, so dürfte doch verständlich sein, daß eine Vergrößerung der Bindungsenergie des adsorbierten H-Atoms den Übergang $H^+ \cdot aq + e^- \rightarrow H_{ad}$, also die Volmer-Reaktion in ihrer Geschwindigkeit begünstigt, wie es auch GERISCHER[3] diskutiert hat. Für die Vereinigung von $H^+ \cdot aq$ und $H_{ad}$ in der Heyrowsky-Reaktion zu $H^+ \cdot aq + H_{ad} \rightarrow H_2$ sollten jedoch nach GERISCHER[3] die Verhältnisse entgegengesetzt liegen. Hier müßte eine Vergrößerung der Bindungsenergie des H-Atoms die Aktivierungsenergie der kathodischen Wasserstoffentwicklung und damit auch die Überspannung erhöhen.

Für eine größere Anzahl von Metallen konnten RÜETSCHI u. DELAHAY[4] einen linearen Abfall der Überspannung mit Anstieg der Adsorptionsenergie feststellen (Abb. 225). Allerdings ist für einige Metalle mit kleiner Überspannung diese Bedingung nicht erfüllt[5]. Die größte Un-

---

* Als gehemmter chemischer Vorgang muß hierbei die Adsorption von $H_2$ an Pt angesehen werden.

[1] BONHOEFFER, K. F.: Z. physik. Chem. **A 113**, 199 (1924).

[2] HORIUTI, J., u. M. POLANYI: Acta physicochim. USSR **2**, 505 (1935).

[3] GERISCHER, H.: Z. physik. Chem. (N. F.) **8**, 137 (1956).

[4] RÜETSCHI, P., u. P. DELAHAY: J. Chem. Phys. **23**, 195 (1955).

[5] Als Überspannungen wurden in Abb. 225 die folgenden experimentellen Werte verwendet: von J. O'M. BOCKRIS, R. PARSONS [Trans. Faraday Soc. **44**, 860 (1948)] für Ag, Au, Mo, Pd, Pt, Ta, Tl, W; von J. O'M. BOCKRIS [Trans. Faraday Soc.

sicherheit dürfte nach TEMKIN u. FRUMKIN[6] in der Berechnung der Adsorptionsenergien der Abb. 225 liegen, die nach ELEY[7] mit Hilfe der Pauling-Gleichung[8]

$$D(M-H) = \frac{1}{2}(D(M-M) + D(H-H)) + 23{,}06\,(X_M - X_H)^2 \qquad (4.151)$$

aus den Bindungsenergien $D(M-M)$ und $D(H-H)$ und den Elektronegativitäten $X_M$ und $X_H$ berechnet wurden.

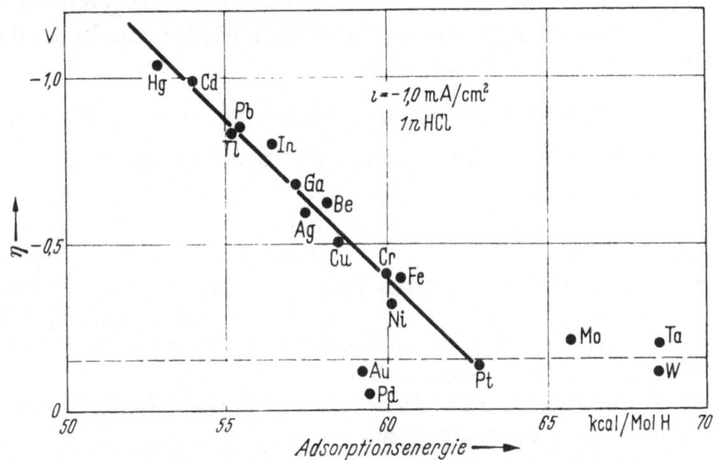


Abb. 225. Abhängigkeit der kathodischen Wasserstoffüberspannung bei $\iota = -1{,}0\ mA/cm^2$ und 25°C in 1 n HCl an verschiedenen Metallen von der Adsorptionsenergie der H-Atome [nach P. RÜETSCHI u. P. DELAHAY: J. Chem. Phys. **23**, 195 (1955)]

Eine eindeutige Beziehung zwischen der Elektronenaustrittsarbeit der Metalle und der Überspannung, wie sie von BOCKRIS u. AZZAM[9,10] angegeben wird, kann auf Grund der experimentellen Werte nicht bestätigt werden*. RÜETSCHI u. DELAHAY[11] zeigten theoretisch, daß eine gewisse Beziehung zwischen der Adsorptionsenergie und der Elektronen-

**43**, 417 (1947)] fur Be, Cu, In, Mo, Ni, Pb, Tl; von A. HICKLING u. F. W. SALT [Trans. Faraday Soc. **36**, 1226 (1940)] fur Cd, Cr, Fe, Hg, Ni; von J. O'M. BOCKRIS u. S. IGNATOWICZ [Trans. Faraday Soc. **44**, 520 (1948)] fur Cu; von F. B. BOWDEN [Proc. Roy. Soc. **A 128**, 317 (1930)] fur Ga; von B. KABANOW u. S. JOFA [Acta physicochim. USSR **10**, 617 (1939)] fur Hg und von J. O'M. BOCKRIS u. A. M. AZZAM [Trans. Faraday Soc. **48**, 145 (1952)] fur Pd.

[6] TEMKIN, M. I., u. A. N. FRUMKIN: J. phys. Chem. USSR **30**, 1885 (1956); s. auch J. phys. Chem. USSR **29**, 1513 (1955).

[7] ELEY, D. D.: J. Phys. Coll. Chem. **55**, 1016 (1951).

[8] PAULING, L.: The Nature of the Chemical Bond, Cornell Univ. Press, Ithaca 1939, S. 60.

[9] BOCKRIS, J. O'M.: Nature **159**, 539 (1947); Chem. Rev. **43**, 525 (1948). — BOCKRIS, J. O'M., u. A. M. AZZAM: Experientia **4**, 220 (1948).

[10] BOCKRIS, J. O'M., u. E. C. POTTER: J. electrochem. Soc. **99**, 169 (1952). — BOCKRIS, J. O'M.: Z. Elektrochem. **55**, 105 (1951).

* Die Meßpunkte von $\eta$ gegen die Elektronenaustrittsarbeit liegen uber die Abbildungsflache fast statistisch verstreut[9].

[11] RÜETSCHI, P., u. P. DELAHAY: J. Chem. Phys. **23**, 1167 (1955).

austrittsarbeit bestehen sollte. H. FISCHER[12] gab noch eine Beziehung an zwischen der freien Oberflächenenergie der Metalle und der Überspannung in dem Sinne, daß der großen Oberflächenenergie kleine Überspannungen zugeordnet sind.

Über den Reaktionsmechanismus an den verschiedenen Metallen ist noch wenig bekannt. Auf Grund potentiostatischer Einschaltversuche konnten GERISCHER u. MEHL[13] feststellen, daß an Hg und Ag die Volmer-Reakton und an Cu die Heyrowsky-Reaktion gehemmt sind. An Pt ergab nach VETTER u. OTTO[14] die Diskussion des gesamten Verlaufs der Stromspannungskurve eine Hemmung der Heyrowsky-Reaktion im Volmer-Heyrowsky-Mechanismus.

## § 147. Oberflächenkonzentration des adsorbierten atomaren Wasserstoffs

### α) *Theoretische Abhängigkeiten des Bedeckungsgrades θ*

Die Oberflächenkonzentration kann in Mol/cm² oder in Form des *Bedeckungsgrades* $\theta$ gemessen werden, der den Bruchteil einer monoatomaren Bedeckung angibt. Am Gleichgewichtspotential besteht zwischen dem gelösten molekularen Wasserstoff $H_2$ im Elektrolyten und dem adsorbierten atomaren Wasserstoff ein Adsorptionsgleichgewicht, das bei einheitlicher Oberfläche durch eine Langmuirsche Adsorptionsisotherme darzustellen sein sollte.

Unter Zugrundelegung der Dissoziationsreaktion $H_2 \leftrightharpoons 2\,H_{ad}$ lautet das Langmuirsche Adsorptionsgesetz

$$\theta_0 = \frac{a \cdot \sqrt{p}}{1 + a \cdot \sqrt{p}} \tag{4.152a}$$

für den *Gleichgewichts-Bedeckungsgrad* $\theta_0$ mit dem $H_2$-Partialdruck $p$ über der Lösung. Mit Hilfe der Umformung

$$\frac{\theta_0}{1 - \theta_0} = K \cdot \sqrt{p} \tag{4.152b}$$

konnten VETTER u. OTTO[1] die Druckabhängigkeit der anodischen und kathodischen Stromspannungskurven an Pt (Abb. 223) deuten. Die Konstanten $a$ bzw. $K$ hängen stark vom Elektrodenmetall ab. Die die Stromspannungsabhängigkeit der Volmer- und der Heyrowsky-Reaktionen nach Gl. (4.109a) und Gl. (4.109b) erfüllen am Gleichgewichtspotential ($\eta = 0$) ebenfalls diese Bedingung.

Bei Stromfluß weicht der Bedeckungsgrad $\theta$ unter der Annahme verschiedener Mechanismen in charakteristischer Weise vom Gleichgewichts-Bedeckungsgrad $\theta_0$ ab. Für den Volmer-Tafel-Mechanismus ist, wie schon TAFEL[2] und HAMMETT[3] angaben,

$$\theta = \theta_0 \cdot \sqrt{1 - \frac{i}{i_l}} \tag{4.153}$$

[12] FISCHER, H.: Z. Elektrochem. **52**, 111 (1948).
[13] GERISCHER, H., u. W. MEHL: Z. Elektrochem. **59**, 1049 (1955).
[14] VETTER, K. J., u. D. OTTO: Z. Elektrochem. **60**, 1072 (1956).
[1] VETTER, K. J., u. D. OTTO: Z. Elektrochem. **60**, 1072 (1956).
[2] TAFEL, J.: Z. physik. Chem. **50**, 641 (1905).
[3] HAMMETT, L. P.: J. Am. Soc. **46**, 7 (1924).

zu erwarten, wobei $i_r$ die Reaktions-Austauschstromdichte am Gleichgewichtspotential ist, die wiederum eng mit der Reaktionsgrenzstromdichte $i_r^*$ zusammenhängt.

Beim Volmer-Heyrowsky-Mechanismus ist es einfacher, den Bedeckungsgrad in Abhängigkeit vom Potential $\varepsilon$ bzw. der Überspannung $\eta$ darzustellen. Mit GERISCHER u. MEHL[4] seien die anodischen und kathodischen Teilstromdichten der Volmer- bzw. Heyrowsky-Reaktion $i_{\eta,V}^+$, $i_{\eta,V}^-$, $i_{\eta,H}^+$ und $i_{\eta,H}^-$, die sich auf die an H-Atomen freie ($i_{\eta,V}^-$, $i_{\eta,H}^+$) bzw. vollständig besetzte Oberfläche ($i_{\eta,V}^+$, $i_{\eta,H}^-$) beziehen sollen, verwendet. Diese Größen stehen mit den Austauschstromdichten $i_{0,V}$ und $i_{0,H}$, der Überspannung $\eta$ und dem Gleichgewichtsbedeckungsgrad $\theta_0$ durch die Gln. (4.112a–d) in Beziehung. Im stationären Zustand ($d\theta/dt = 0$) ist die Volmer-Stromdichte nach Gl. (4.114v) $i_V = i_V^+ + i_V^- = \theta \cdot i_{\eta,V}^+ - (1-\theta) \cdot |i_{\eta,V}^-| = i/2$ gleich der Heyrowsky-Stromdichte $i_H = i_H^+ + i_H^- = (1-\theta) \cdot i_{\eta,H}^+ - \theta \cdot |i_{\eta,H}^-| = i/2$ nach Gl. (4.114h). Es besteht also die Beziehung

$$\theta \cdot i_{\eta,V}^+ - (1-\theta) \cdot |i_{\eta,V}^-| = (1-\theta) \cdot i_{\eta,H}^+ - \theta \cdot |i_{\eta,H}^-| \tag{4.154}$$

aus der der Bedeckungsgrad

$$\boxed{\theta = \frac{i_{\eta,H}^+ + |i_{\eta,V}^-|}{i_{\eta,H}^+ + |i_{\eta,H}^-| + i_{\eta,V}^+ + |i_{\eta,V}^-|}} \tag{4.155}$$

folgt. Oftmals ist auch die Größe $1-\theta$ wichtig, für die sich

$$1-\theta = \frac{i_{\eta,V}^+ + |i_{\eta,H}^-|}{i_{\eta,H}^+ + |i_{\eta,H}^-| + i_{\eta,V}^+ + |i_{\eta,V}^-|} \tag{4.156}$$

ergibt.

Für größere anodische Überspannungen* werden $i_{\eta,V}^+, i_{\eta,H}^+ \gg |i_{\eta,V}^-|, |i_{\eta,H}^-|$, so daß sich Gl. (4.155) zu

$$\theta = \frac{i_{\eta,H}^+}{i_{\eta,H}^+ + i_{\eta,V}^+} \quad \text{(anodisch)} \tag{4.157}$$

vereinfacht. Für größere kathodische Überspannungen** geht Gl. (4.155) bei $|i_{\eta,H}^-|, |i_{\eta,V}^-| \gg i_{\eta,H}^+, i_{\eta,V}^+$ in die von GERISCHER u. Mehl[4] angegebene entsprechende Beziehung

$$\theta = \frac{i_{\eta,V}^-}{i_{\eta,H}^- + i_{\eta,V}^-} \quad \text{(kathodisch)} \tag{4.158}$$

über. Nach Einsetzen der Gln. (4.112a–d) in die letzten beiden Gln. (4.157) und (4.158) folgt, daß sich bei großen Überspannungen und $\alpha_V = \alpha_H$ *potentialunabhängige Bedeckungsgrade*

$$\theta_a = \frac{1}{1 + \frac{\theta_0}{1-\theta_0} \cdot \frac{i_{0,H}}{i_{0,V}}} \quad \text{bzw.} \quad \theta_k = \frac{1}{1 + \frac{\theta_0}{1-\theta_0} \cdot \frac{i_{0,V}}{i_{0,H}}} \tag{4.159}$$

[4] GERISCHER, H., u. W. MEHL: Z. Elektrochem. **59**, 1049 (1955).

* Es muß $\eta \gg \frac{RT}{F} \cdot \frac{1}{1-|\alpha_V - \alpha_H|} \cdot \left(1 + \left|\ln \frac{i_{0,H}}{i_{0,V}}\right|\right)$ sein.

** Hier muß $-\eta \gg \frac{RT}{F} \cdot \frac{1}{1-|\alpha_V - \alpha_H|} \cdot \left(1 + \left|\ln \frac{i_{0,H}}{i_{0,V}}\right|\right)$ sein.

ausbilden. In allen anderen Fällen hängt $\theta$ vom Potential bzw. der Überspannung ab. Dieses Ergebnis ist wichtig für die Wechselstromimpedanz und die potentiostatischen und galvanostatischen Einschaltvorgänge.

### $\beta$) *Bestimmung des Bedeckungsgrades $\theta$ aus Ladekurven*

Der Bedeckungsgrad $\theta$, der für die Aufklärung der Vorgänge an der Wasserstoffelektrode sehr wichtig ist, kann aus Ladekurven $Q = i \cdot t = f(\varepsilon)$, aus der Wechselstromimpedanz und ihrer Frequenzabhängigkeit, aus potentiostatischen bzw. galvanostatischen Ein- und Ausschaltvorgängen und aus dem Verlauf der stationären Stromdichte-Potential-Kurve ermittelt werden.

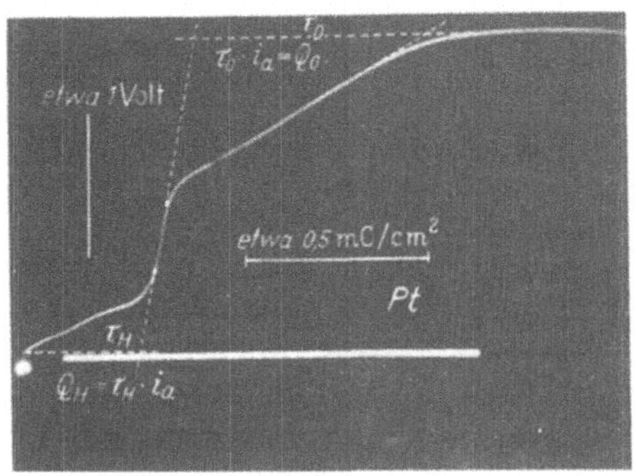


Abb. 226. Anodische Ladekurve (Potential $\varepsilon$, Überspannung $\eta$ gegen Elektrizitätsmenge $Q = i_a\ t$) an glattem Pt in saurer Lösung. Ausgangszustand $\eta_{stat} = 0$ bei 1 Atm $H_2$ [nach M. Breiter, C. A. Knorr, W. Völkl: Z. Elektrochem. **59**, 681 (1955)]

Hier soll zunächst die erste Methode unter Verwendung der Ladekurven behandelt werden. Mittels eines anodischen Gleichstroms $i_a$ wird der oberflächlich vorhandene atomare Wasserstoff zu $H^+$ oxydiert, wobei aus der hierfür benötigten Elektrizitätsmenge $Q_H$ die Wasserstoffmenge über das Faradaysche Gesetz ermittelt werden kann. Die hierfür zu ermittelnden *Ladekurven*, welche die Abhängigkeit des Potentials $\varepsilon_h$ von der Elektrizitätsmenge $Q$ angeben, haben die in Abb. 226 dargestellte Form, die von den verschiedensten Beobachtern dieses Problems gefunden wurde. Die ersten Messungen dieser Art wurden von Bowden[1] und Butler u. Armstrong[2] am blanken Pt ausgeführt. In weiteren Arbeiten wurde von Butler, Armstrong u. Pearson[3, 4], Frumkin, Ershler, Slygin u. Deborin[5,6,7] und Hickling[8] das blanke Pt, von Frumkin, Slygin u. Ershler[9,10,11] das platinierte Pt, von Deborin u. Ershler[12] und Hickling[13] das Au, von Frumkin,

[1] Bowden, F. P.: Proc. Roy. Soc. A **125**, 446 (1929).

[2] Butler, J. A. V., u. G. Armstrong: Proc. Roy. Soc. A **137**, 604 (1932).

[3] Butler, J. A. V., u. G. Armstrong: J. Chem. Soc. **1934**, 743.

[4] Pearson, J. D., u. J. A. V. Butler: Trans. Faraday Soc. **34**, 1163 (1938).

[5] Ershler, B.: Acta physicochim. USSR **7**, 327 (1937).

[6] Ershler, B., G. Deborin u. A. Frumkin: Acta physicochim. USSR **8**, 565 (1938).

[7] Slygin, A., u. B. Ershler: Acta physicochim. USSR **11**, 45 (1939).

[8] Hickling, A.: Trans. Faraday Soc. **41**, 333 (1945).

[9] Frumkin, A. N., u. A. Slygin: Acta physicochim. USSR **3**, 791 (1935); **5**, 820 (1936).

[10] Slygin, A., A. N. Frumkin u. W. Medwedowsky: Acta physicochim. USSR **4**, 911 (1936).

[11] Slygin, A., u. B. Ershler: Acta physicochim. USSR **11**, 45 (1939).

[12] Deborin, G., u. B. Ershler: Acta physicochim. USSR **13**, 347 (1940).

[13] Hickling, A.: Trans. Faraday Soc. **42**, 518 (1946).

ALADJALOWA u. FEDOROWA[14,15] das Pd und von BREITER, KNORR u. VÖLKL[16] Pt, Ir, Rh, und Au untersucht. Die Deutung der Ladekurven ist bei allen diesen Autoren die gleiche. Im ersten flachen Anstieg der Abb. 226 wird der adsorbierte Wasserstoff zu $H^+$ oxydiert, im folgenden steilen Teil die Doppelschichtkapazität aufgeladen, im anschließenden flacheren Teil findet die Bildung einer monoatomaren Sauerstoffschicht (Oxydschicht) statt, und im waagerechten letzten Teil entwikkelt sich $O_2$.

Die Elektrizitätsmenge $Q_H$ für die Oxydation des Wasserstoffs ergibt sich aus $Q_H = i \cdot \tau_H$ (vgl. Abb. 226), wobei nach BREITER, KNORR u. VÖLKL[16] zur Berücksichtigung der Doppelschichtaufladung die Zeit $\tau_H$ wie in Abb. 226 ermittelt werden muß. Bei der Bestimmung von $Q_H$ ist allerdings noch eine Störung durch die Nachlieferung von gelöstem Wasserstoff aus dem Elektrolyten bzw. aus dem Metall zu berücksichtigen. Dieser Einfluß wird bei großen anodischen Stromdichten $i_a$ und entsprechend kleinen Zeiten $\tau_H$ vernachlässigbar klein*. Dementsprechend zeigen die Untersuchungen von BUTLER u. ARMSTRONG[3] und ERSHLER[5] am blanken Pt eine scheinbare Abnahme von $Q_H$ mit Stromdichteerhöhung im $\mu$A-Bereich. Dagegen stellten FRUMKIN u. SLYGIN[9] am platinierten Pt eine derartige Abhängigkeit von der Stromdichte nicht fest, weil die im Pt-Schwamm vorhandenen Metall- und Flüssigkeitsschichten vermutlich dünner als die kritische Eindringtiefe $\delta_H \sim 10^{-5}$ cm sind, und somit die Verarmung des Metalls und Elektrolyten an Wasserstoff nicht wesentlich zu $Q_H$ beitragen kann.

FRUMKIN u. SLYGIN[9], PEARSON u. BUTLER[4], HICKLING[8] und BREITER, KNORR u. VÖLKL[16] zeigten, daß im Stromdichtebereich von $i_a = 5$ mA/cm² bis 4 A/cm² $Q_H$ unabhängig von $i_a$ ist. Auch der $p_H$-Wert (1 n $H_2SO_4$ bis 1 n NaOH) hat keinen wesentlichen Einfluß auf $Q_H$.

Die Größe von $Q_H$ in $H_2$-gesättigtem Elektrolyten beim Gleichgewichtspotential ($\eta = 0$) liegt bei 150 bis 420 $\mu$Coulb/cm² an glattem Pt[4–8,16] bzw. etwa 0,5 Coulb/cm² an platiniertem Pt[7,9]. Beide Werte entsprechen einem Bedeckungsgrad $\theta$ von 0,25 bis etwa 1,0, wenn Rauhigkeitsfaktoren (Pt, glatt) von 2 bis 3 auf Grund der Doppelschichtkapazität angenommen werden.

Genauer haben BREITER, KNORR u. VÖLKL[16] die Bedeckungsgrade $\theta$ von Pt, Ir, Rh und Au untersucht. Aus der Größe der ebenfalls von der

---

[14] FRUMKIN, A. N., u. N. ALADJALOWA: Acta physicochim. USSR **19**, 1 (1944).

[15] FEDOROWA, A. I., u. A. N. FRUMKIN: J. phys. Chem. USSR **27**, 247 (1953).

[16] BREITER, M., C. A. KNORR u. W. VOLKL: Z. Elektrochem. **59**, 681 (1955).

* Die storende Elektrizitatsmenge $Q_d$, die wahrend der Transitionszeit $\tau$ [Gl. (2.183)] bei der anodischen Stromdichte $i_a$ fließt, muß klein sein gegenuber der Elektrizitätsmenge $Q_H$ zur Oxydation des adsorbierten Wasserstoffs. Es muß also

$$Q_d = i \cdot \tau = \frac{\pi}{4} \cdot \frac{D_H}{i} \cdot F^2 \cdot c_H^2 \ll Q_H \approx 1 \cdot 10^{-3}\ \text{Coulb/cm}^2$$

sein ($c_H$ = Volumenkonzentration des $H_2$ im Elektrolyten oder des H im Metall). Bei $D_{H_2} = 10^{-5}$ cm² sec⁻¹ und $c_{H_2} = 10^{-6}$ Äquiv/cm³ bzw. $D_H = 10^{-7}$ cm² sec⁻¹, $c_H = 10^{-5}$ Mol/l wird $i \cdot \tau \approx 0{,}1/i$ $\mu$Coulb/cm², so daß fur $i \geqq 10$ mA/cm² der Diffusionseffekt zu vernachlässigen sein durfte. Die hierbei auftretenden Eindringtiefen $\delta$ der Diffusion liegen in der Großenordnung von $\delta_{H_2} = 10^{-4}$ bis $\delta_H = 10^{-5}$ cm.

Stromdichte unabhängigen Elektrizitätsmenge $Q_O$ der *Oxydschichtbildung* (Abb. 226) an Edelmetallen kann die Bildung einer monoatomaren Sauerstoffatomschicht bis zum Einsetzen der $O_2$-Entwicklung vorausgesetzt werden. Unter dieser Voraussetzung geben die genannten Autoren als Bedeckungsgrad der Oberfläche mit atomarem Wasserstoff

$$\theta = \frac{2\,Q_H}{Q_O} \tag{4.160}$$

an. Abb. 227 gibt die Abhängigkeit des Bedeckungsgrades $\theta$ von der kathodischen Dauerstromdichte $i_k$ unmittelbar vor der Aufnahme der

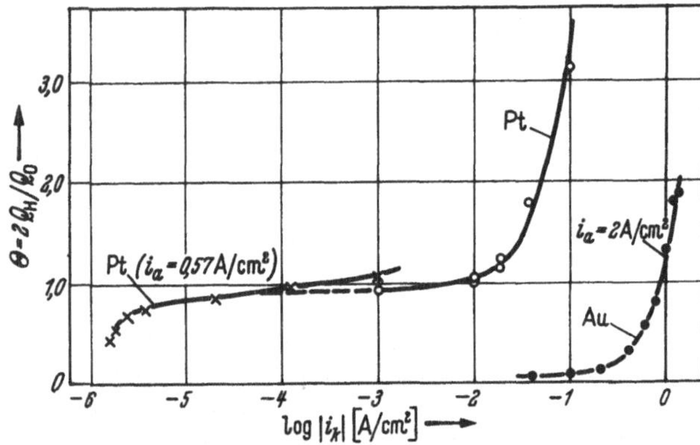


Abb. 227. Bedeckungsgrad $\theta$ von glattem Pt und Au mit adsorbiertem atomarem Wasserstoff in Abhängigkeit von der stationären kathodischen Stromdichte $i_k$ bei $N_2$-Spülung aus anodischen Ladekurven ermittelt [nach M. Breiter, C. A. Knorr u. W. Völkl: Z. Elektrochem. **59**, 681 (1955)]

Ladekurven nach Breiter, Knorr u. Völkl[16] an. Bei der $N_2$-Durchspülung des Elektrolyten stellte sich vor der Oberfläche eine der Stromdichte $i_k$ proportionale $H_2$-Konzentration ein. Die Einstellung des Sättigungswertes $\theta = 1$ am Pt ist aus Abb. 227 zu entnehmen. Der Anstieg bei hohen Stromdichten $i_k$ ist sowohl am Pt als auch am Au durch $H_2$-Blasenbildung auf der Oberfläche zu erklären. Der Bedeckungsgrad des Au ist am Gleichgewichtspotential ($\eta = 0$) bei Sättigung des Elektrolyten mit $H_2$ von 1 Atm Druck nach Breiter, Knorr u. Völkl[16] in ungefährer Übereinstimmung mit Deborin u. Ershler[12] $\theta_0 = 0{,}04$. Die entsprechenden Werte sind für Pt $\theta_0 = 0{,}84$, für Ir $\theta_0 = 0{,}80$ und für Rh $\theta_0 = 1{,}0$. Hickling u. Mitarb. konnten an Ni[17], Ag[18] und Cu[19] keine meßbare Wasserstoffbedeckung feststellen.

Eine stationäre anodische Vorpolarisation setzt den Bedeckungsgrad $\theta$ etwa linear zur Überspannung herab, wie es von Frumkin u. Slygin[9] an Pt festgestellt wurde. Abb. 228 zeigt ein derartiges Verhalten. Temkin[20] und Langmuir[21] haben diese Erscheinung, die nicht mit der

[17] Hickling, A., u. J. E. Spice: Trans. Faraday Soc. **43**, 762 (1947).

[18] Hickling, A., u. D. Taylor: Disc. Faraday Soc. **1**, 277 (1947).

[19] Hickling, A., u. D. Taylor: Trans. Faraday Soc. **44**, 262 (1948).

[20] Temkin, M. J.: J. phys. Chem. USSR **15**, 296 (1941); **14**, 1153 (1940).

[21] Langmuir, I.: J. Am. Soc. **54**, 2798 (1932). — Taylor, H. S., u. I. Langmuir: Physic. Rev. **44**, 423 (1933). — Langmuir, I.: J. phys. Chem. USSR **6**, 161 (1935).

einfachen Langmuirschen Adsorptionstheorie zu erklären ist, mit Hilfe von Oberflächeninhomogenitäten und der Wechselwirkung zwischen den adsorbierten Atomen gedeutet. Auch an Ir und Rh wird diese Erscheinung angenähert gefunden. Der Kurvenverlauf in Abb. 228 kann

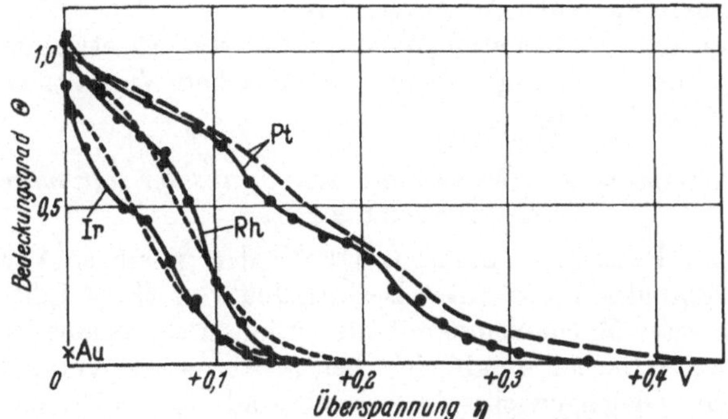


Abb. 228. Bedeckungsgrad $\theta$ der Metalloberfläche mit atomarem Wasserstoff auf Pt, Rh, Ir (und Au) in Abhängigkeit von der anodischen Überspannung $\eta$ bei der Vorpolarisation (aus anodischen Ladekurven). Elektrolyt: 2 n $H_2SO_4$ mit $H_2$ von 1 Atm gesättigt. Ausgezogen: nach M. BREITER, C. A. KNORR u. W. VÖLKL: Z. Elektrochem. **59**, 681 (1955); gestrichelt (lang): nach A. N. FRUMKIN u. A. SLYGIN: Acta physicochim. USSR **5**, 820 (1936); gestrichelt (kurz): $\eta = (RT/F) \cdot \ln [(1-\theta) \cdot \theta_0/(1-\theta_0) \cdot \theta]$

auch angenähert durch eine Beziehung $\eta = \frac{RT}{F} \cdot \ln\left[\frac{1-\theta}{\theta} \cdot \frac{\theta_0}{1-\theta_0}\right]$ (in Abb. 228 kurz gestrichelt) wiedergegeben werden.

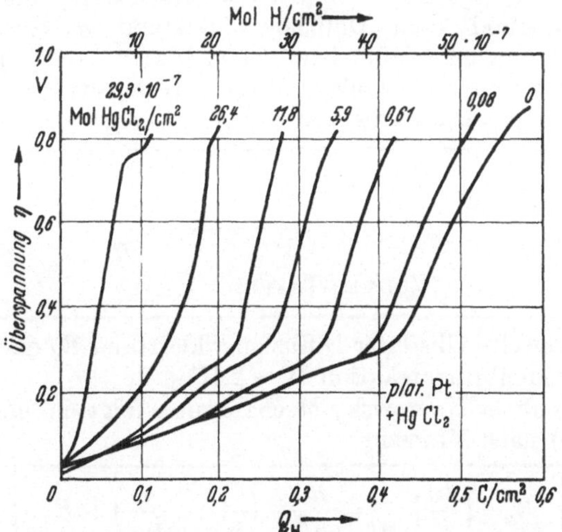


Abb. 229. Ladekurven an plat. Pt (Oberflächenfaktor etwa 2500) in Abhängigkeit vom $HgCl_2$-Zusatz (Mol $HgCl_2/cm^2$). Elektrolyt: 1 n $H_2SO_4$, gesättigt mit $H_2$ von 1 Atm, Stromdichte $i = 45$ $\mu$A/cm (auf scheinbare Oberfläche bezogen) [nach A. SLYGIN u. B. ERSHLER: Acta physicochim. USSR **11**, 45 (1939)]

Die Vergiftungserscheinungen an den Elektroden durch $As_2O_3$, KCN und $HgCl_2$, die eine starke Vergrößerung der Überspannung zur Folge haben, machen sich nach FRUMKIN, ERSHLER u. Mitarb.[6, 7] und HICKLING[8] in einer starken Herabsetzung des Bedeckungsgrades $\theta$ für Wasserstoff bemerkbar, wie aus dem Verlauf der Ladekurven in Gegenwart dieser Elektrodengifte geschlossen werden kann. Aus Abb. 229 kann die Wirkung von $HgCl_2$ am platinierten Pt nach Messungen von SLYGIN u. ERSHLER[7] entnommen werden.

Die Menge der verdrängten Wasserstoffatome ist etwa gleich der Menge der adsorbierten $Hg^{2+}$-Ionen. Die gleichen Verhältnisse liegen auch an blankem Pt vor.

*$\gamma$) Bestimmung des Bedeckungsgrades $\theta_0$ aus der stationären Stromspannungskurve*

Am blanken Pt haben VETTER u. OTTO[22] den gesamten Verlauf der Stromdichte-Potentialkurve unter Bestätigung von Gl. (4.123) für den Volmer-Heyrowsky-Mechanismus mit Adsorptions-Desorptions-Hemmung deuten können. Hierbei ergab sich bei relativ stark vergifteter Pt-Elektrode ein Gleichgewichts-Bedeckungsgrad $\theta_0 = 0{,}10$ bei 1 Atm $H_2$-Druck. Bei variablen $H_2$-Drucken wurde die Gl. (4.152) erfüllt, wie es die Abb. 223 darstellt.

## § 148. Polarisationswiderstand bei Gleichstrom

Für kleine Überspannungen $|\eta| < RT/F$ ist $\eta$ proportional der Stromdichte $i$, was wiederholt experimentell bestätigt werden konnte*. Der Polarisationswiderstand $R_p = (\partial\eta/\partial i)_{\eta=0}$ setzt sich nach § 80, Gl. (2.394) additiv aus dem Durchtrittswiderstand $R_D$, dem Reaktionswiderstand $R_r$ und dem Diffusionswiderstand $R_d$ zusammen. Die Differentiation von Gl. (4.106) bzw. Gl. (4.108)** nach $\eta$ bzw. $i$ ergibt unter Berücksichtigung des vollständigen Diffusionswiderstandes für den Volmer-Tafel-Mechanismus die von VETTER[1] angegebene Beziehung

$$R_p = \left(\frac{d\eta}{di}\right)_{\eta=0} = \frac{RT}{F}\cdot\left(\frac{1}{i_0} + \frac{1}{2i_r}\right) + \underbrace{\frac{RT}{F}\left(\frac{1}{|i_{d,H^+}|} + \frac{1}{2\cdot i_{d,H_2}}\right)}_{R_d} \qquad \text{(VOLMER-TAFEL)} \tag{4.161}$$

Hierin ist das zweite Glied der Diffusionswiderstand $R_d$ nach Gl. (2.164) für die Elektrodenbruttoreaktion $H_2 \leftrightharpoons 2\,H^+ + 2e^-$.

Für den Volmer-Heyrowsky-Mechanismus folgt in gleicher Weise aus Gl. (4.110) nach VETTER[1]

$$R_p = \left(\frac{d\eta}{di}\right)_{\eta=0} = \frac{RT}{4F}\cdot\left(\frac{1}{i_{0,V}} + \frac{1}{i_{0,H}}\right) + R_d \qquad \text{(VOLMER-HEYROWSKY)} \tag{4.162}$$

[22] VETTER, K. J., u. D. OTTO: Z. Elektrochem. **60**, 1072 (1956).
* Literatur hierzu: § 141 $\delta$.
** Es ist nach Gl. (4.96) $i_r = i_{r,a}(1-\theta_0)^2$.
[1] VETTER, K. J.: Z. Elektrochem. **59**, 435 (1955).

Das *erste* Glied ist ein *reiner Durchtrittswiderstand* $R_D$ entsprechend Gl. (2.75) bzw. Gl. (2.76) für eine Redoxelektrodenreaktion mit $n = 2$ aufeinander folgenden Durchtrittsreaktionen[2]. Obwohl bei der Ableitung von Gl. (4.110) der Bedeckungsgrad $\theta$ berücksichtigt wurde und der Gleichgewichts-Bedeckungsgrad $\theta_0$ in Gl. (4.110) enthalten ist, tritt $\theta_0$ in Gl. (4.162) ebenso wie die Durchtrittsfaktoren $\alpha_V$ und $\alpha_H$ nicht mehr auf. Der Durchtrittswiderstand ist also *nur von den Austauschstromdichten abhängig*. Das *zweite* Glied ist der gleiche *Diffusionswiderstand* $R_d$ wie in Gl. (4.161).

Eine zusätzliche Desorptions-Adsorptionshemmung beim Volmer-Heyrowsky-Mechanismus, wie sie in § 140ζ behandelt wird, führt durch Differentiation von Gl. (4.123) nach $\eta$ zu*

$$R_p = \left(\frac{d\eta}{di}\right)_{\eta=0} = \frac{RT}{4F} \cdot \left(\frac{1}{i_{0\,V}} + \frac{1}{i_{0,H}}\right) + \frac{RT}{2F} \cdot \frac{1}{i_r} + R_d \tag{4.163}$$

Volmer-Heyrowsky-Mechanismus
mit Adsorptionshemmung

Das *erste* Glied ist wieder der *Durchtrittswiderstand* $R_D$ und das *zweite* ein *Reaktionswiderstand* $R_r$.

Mit dem Polarisationswiderstand $R_p = d\eta/di$ steht der von Horiuti[3] eingeführte und von Bockris[4] viel verwendete „stöchiometrische Faktor" $\mu$ in enger Beziehung. $\mu$ ist definiert durch

$$\mu = \frac{2 i_0^* \cdot F}{RT} \cdot \left(\frac{d\eta}{di}\right)_{\eta=0} \tag{4.164}$$

worin $i_0^*$ die aus der Extrapolation der Tafel-Geraden auf $\eta = 0$ zu bestimmende scheinbare Austauschstromdichte ist.

Für die beiden Mechanismen ergeben sich mit den verschiedenen $b$-Werten und der scheinbaren Austauschstromdichte $i_0^*$ für den *stöchiometrischen Faktor* $\mu$ die in Tab. 14 zusammengefaßten Beziehungen[1]. Es ist hieraus zu entnehmen, daß im Fall VT-1 der $\mu$-Faktor alle Werte $\mu \geqq 2$, in den anderen Fällen jedoch alle Werte $\mu \geqq 1$ haben kann. Der *$\mu$-Faktor* ist infolgedessen *nur sehr beschränkt verwendbar* für die Ermittlung des Mechanismus. Für den häufig auftretenden Fall, daß der experimentelle Wert $\mu \geqq 2$ ist, kann keine Aussage gemacht werden, während bei $1 \leqq \mu \leqq 2$ nur der eine Fall VT-1 ausgeschlossen werden kann.

Die $\mu$-Faktoren können recht große Werte annehmen. So ergaben z. B. die Messungen der Wasserstoffüberspannung von Vetter u. Otto[5]

---

[2] Vetter, K. J.: Z. Naturf. **7a**, 328 (1952); **8a**, 823 (1953).

* Genau genommen führt diese Differentiation zu $R_p = RT/4F\, i_{0,H} + RT/2F\, i_r$, da in Gl. (4.123) $i_{0,V} = \infty$ vorausgesetzt wird.

[3] Horiuti, J., u. M. Ikusima: Proc. Imp. Acad. [Tokyo] **15**, 39 (1939). — Horiuti, J.: J. Res. Inst. Catalysis, Hokkaido Univ. **1**, 8 (1948).

[4] Bockris, J. O'M., u. E. Potter: J. chem. Phys. **20**, 614 (1952); J. electrochem. Soc. **99**, 169 (1952). — Bockris, J. O'M.: Z. Elektrochem. **55**, 105 (1951).

[5] Vetter, K. J., u. D. Otto: Z. Elektrochem. **60**, 1072 (1956).

in 1 n $H_2SO_4$ an blankem Pt bei verschiedenen $H_2$-Drucken $\mu = 17$ bis 65, Messungen von BREITER u. CLAMROTH[6] $\mu = 13$.

Tabelle 14

| Fall | Gleichung $\eta(i)$ | $-b/2{,}303$ | $i_0^*$ | $\mu$ |
|---|---|---|---|---|
| VT-1 | 4,105 | $\frac{RT}{(1-\alpha)F}$ | $i_0$ | $2+\frac{i_0}{i_r}$ |
| VT-2 | 4,86 | $\frac{RT}{2F}$ | $i_r$ | $1+2\cdot\frac{i_r}{i_0}\approx 1$ |
| VH-a | 4,117a | $\frac{RT}{(1-\alpha_V)F}$ | $\frac{2\cdot i_{0,V}}{1-\theta_0}$ | $\frac{1}{1-\theta_0}\cdot\left(1+\frac{i_{0,V}}{i_{0,H}}\right)$ |
| VH-b | 4,117b | $\frac{RT}{(2-\alpha_V)F}$ | $\frac{2\cdot i_{0,V}}{\theta_0}$ | $\frac{1}{\theta_0}\cdot\left(1+\frac{i_{0,V}}{i_{0,H}}\right)$ |
| VH-c | 4,117c | $\frac{RT}{(2-\alpha_H)F}$ | $\frac{2\cdot i_{0,H}}{1-\theta_0}$ | $\frac{1}{1-\theta_0}\cdot\left(1+\frac{i_{0,H}}{i_{0,V}}\right)$ |
| VH-d | 4,117d | $\frac{RT}{(1-\alpha_H)F}$ | $\frac{2\cdot i_{0,H}}{\theta_0}$ | $\frac{1}{\theta_0}\cdot\left(1+\frac{i_{0,H}}{i_{0,V}}\right)$ |
| VHA | 4,125 | $\frac{RT}{1-\alpha_H}$ | $\frac{2\cdot i_{0,H}}{\theta_0}$ | $\frac{1}{\theta_0}\cdot\left(1+\frac{2\cdot i_{0,H}}{i_r}\right)$ |

VT = Volmer-Tafel-Mechanismus
VH = Volmer-Heyrowsky-Mechanismus
VHA = Volmer-Heyrowsky-Mechanismus mit Adsorptions-Desorptionshemmung

## § 149. Polarisationsimpedanz $\mathfrak{R}_p$ unter Berücksichtigung des Bedeckungsgrades $\theta$

### α) *Faradayimpedanz $\mathfrak{R}_f$ beim Volmer-Heyrowsky-Mechanismus (allgemein)*

Eine Wechselstromdichte

$$i = I \cdot \sin\omega t \tag{4.165}$$

mit der *Amplitude I* und der *Frequenz* $\omega/2\pi$ (Hertz) ruft an einer stromlosen oder auch stromdurchflossenen Elektrode ein mit gleicher Frequenz schwankendes Potential $\varepsilon$ hervor. Aber nicht nur das Potential $\varepsilon$, sondern auch der Bedeckungsgrad $\theta$ der Elektrode mit atomarem adsorbiertem Wasserstoff wird sich im gleichen Rhythmus ändern. Für diesen Auf- und Abbau der atomaren Wasserstoffschicht ist eine *kapazitive* bzw. *induktive* Teilstromdichte notwendig. Die Stromdichte $i$ und das Potential $\varepsilon$ (bzw. $\eta$) erhalten hierdurch und durch den Einfluß der Doppelschichtkapazität $C_D$ eine Phasenverschiebung. Aus der Größe der ohmschen ($R_f$) und der kapazitiven (induktiven*) Komponente ($1/\omega C_f$) der Faradayimpedanz $\mathfrak{R}_f$ und deren Abhängigkeit von der Frequenz

[6] BREITER, M., u. R. CLAMROTH: Z. Elektrochem. 58, 493 (1954).

* Bei einer induktiven Komponente ergibt sich eine negative Größe $1/\omega C_f < 0$.

$\omega/2\pi$ (Hz) lassen sich die Austauschstromdichten bzw. die Durchtrittsfaktoren, der Bedeckungsgrad $\theta$ und die Rekombinations-Geschwindigkeitskonstante ermitteln. Die Faradayimpedanz $\mathfrak{R}_f$ ($R_f$, $1/\omega C_f$) läßt sich nach § 81 aus den gemessenen Komponenten $R_p$ und $C_p$ der Polarisationsimpedanz $\mathfrak{R}_p$ durch Umrechnung unter Abzug der Doppelschichtkapazität $C_D$ und des mitgemessenen ohmschen Elektrolytwiderstandes $R_\Omega$ bestimmen.

Messungen der Polarisationsimpedanz wurden von DOLIN u. ERSHLER[1], WICKE u. WEBLUS[2], BREITER, KAMMERMEIER u. KNORR[3, 4] und GERISCHER u. MEHL[5] am Gleichgewichtspotential bzw. bei anodischer oder kathodischer Vorpolarisation durchgeführt. Bevor aber diese Ergebnisse diskutiert werden, soll theoretisch die Faradayimpedanz $\mathfrak{R}_f$ für den Volmer-Heyrowsky-Mechanismus allgemein abgeleitet werden. Hierbei sollen die Ergebnisse von GERISCHER u. MEHL[5], die für große kathodische Überspannungen gelten, unter Umgestaltung der Form* für große und kleine anodische und kathodische Überspannungen erweitert werden.

Einer Gleichstromdichte $i_=$, die an der Elektrode eine stationäre Überspannung $\eta_=$ hervorruft, soll eine kleine Wechselstromdichte $\Delta i = I \cdot \sin\omega t$ überlagert werden. Die Gesamtstromdichte $i_= + \Delta i$ setzt sich additiv zusammen aus der Teilstromdichte der Volmer-Reaktion

$$i_V = i_{V,=} + \Delta i_V = \frac{i_=}{2} + \Delta i_V \tag{4.166a}$$

und der Heyrowsky-Reaktion

$$i_H = i_{H,=} + \Delta i_H = \frac{i_=}{2} + \Delta i_H. \tag{4.166b}$$

Es ist somit die Wechselstromdichte

$$\Delta i = \Delta i_V + \Delta i_H\,. \tag{4.167}$$

Andererseits besteht für die Änderungsgeschwindigkeit $d(\Delta\theta)/dt = d\theta/dt$ des Bedeckungsgrades $\theta$ die Beziehung**

$$Q_H \cdot \frac{d\,(\Delta\theta)}{dt} = \Delta i_H - \Delta i_V \tag{4.168}$$

$Q_H$ (Coulb/cm²) ist hierin die Elektrizitätsmenge, die für den Aufbau einer monoatomaren Wasserstoffschicht benötigt wird.

Die Volmer-Stromdichte $i_V = v\,(\eta, \theta)$ und die Heyrowsky-Stromdichte $i_H = h\,(\eta, \theta)$ sind Funktionen der Überspannung $\eta$ und des Bedeckungsgrades $\theta$. Unter Bildung des totalen Differentials dieser

---

[1] DOLIN, P., u. B. ERSHLER: Acta physicochim. USSR **13**, 747 (1940).

[2] WICKE, E., u. B. WEBLUS: Z. Elektrochem. **56**, 169 (1952).

[3] BREITER, M., H. KAMMERMEIER u. C. A. KNORR: Z. Elektrochem. **58**, 702 (1954).

[4] KNORR, C. A.: Z. Elektrochem. **59**, 647 (1955).

[5] GERISCHER, H., u. W. MEHL: Z. Elektrochem. **59**, 1049 (1955).

* GERISCHER u. MEHL[5] geben die Faradayadmittanz $1/\mathfrak{R}_f$ für die Parallelschaltung in komplexer Schreibweise an.

** Unter Beachtung des Vorzeichens von $\Delta i_V$, $\Delta i_H$.

Funktionen ergibt sich

$$\Delta i_V = \frac{\partial i_V}{\partial \eta} \cdot \Delta \eta + \frac{\partial i_V}{\partial \theta} \Delta \theta = a_V \cdot \Delta \eta + b_V \Delta \theta \tag{4.169a}$$

$$\Delta i_H = \frac{\partial i_H}{\partial \eta} \cdot \Delta \eta + \frac{\partial i_H}{\partial \theta} \cdot \Delta \theta = a_H \cdot \Delta \eta + b_H \cdot \Delta \theta \,. \tag{4.169b}$$

Hiermit sind $a_V$, $a_H$, $b_V$, $b_H$ als die entsprechenden partiellen Ableitungen von $i_V = v(\eta, \theta)$ und $i_H = h(\eta, \theta)$ definiert. Über diese Funktionen $v$ und $h$ soll zunächst keine weitere Voraussetzung gemacht werden. Die Gln. (4.109a, b) seien nur als der übliche Ansatz für $v$ und $h$ genannt.

Nach Differentiation der Gln. (4.169a, b) nach der Zeit $t$ folgt wegen $d(\Delta i)/dt = di/dt = d(\Delta i_V)/dt + d(\Delta i_H)/dt$ [Gl. (4.167)] nach Einsetzen von Gl. (4. 168) die Differentialgleichung

$$\begin{aligned} \frac{d\eta}{dt} = \frac{1}{a_V + a_H} \frac{di}{dt} + \frac{1}{Q_H} \cdot \frac{b_V - b_H}{a_V + a_H} \cdot (i - i_=) - \\ - \frac{2}{Q_H} \cdot \frac{a_H b_V - a_V b_H}{a_V + a_H} \cdot (\eta - \eta_=) \end{aligned} \tag{4.170}$$

mit der Lösung

$$\eta = R_f \cdot I \cdot \sin\omega t - \frac{I}{\omega C_f} \cdot \cos\omega t + \eta_= \tag{4.171}$$

bei einer Stromdichte $i = i_= + I \cdot \sin\omega t$ und $I \ll |i_=|$. Die Kompenenten $R_f$ und $1/\omega C_f$ der Faradayimpedanz $\mathfrak{R}_f$ in Gl. (4.171) sind dabei allgemein

$$R_f = \frac{1}{a_V + a_H} + \frac{1}{1 + \left(\frac{\omega}{k}\right)^2} \cdot \frac{(a_V - a_H) \cdot (b_V + b_H)}{2 \cdot (a_V + a_H) \cdot (a_H b_V - a_V b_H)} \tag{4.172a}$$

$$\frac{1}{\omega C_f} = \frac{\frac{\omega}{k}}{1 + \left(\frac{\omega}{k}\right)^2} \cdot \frac{(a_V - a_H) \cdot (b_V + b_H)}{2 \cdot (a_V + a_H) \cdot (a_H b_V - a_V b_H)} \tag{4.172b}$$

$$k = \frac{2\,(a_H b_V - a_V b_H)}{Q_H \cdot (a_V + a_H)} \tag{4.172c}$$

$$a_V = (\partial i_V / \partial \eta)_{\eta_=} \quad b_V = (\partial i_V / \partial \theta)_{\eta_=} \tag{4.172d}$$

$$a_H = (\partial i_H / \partial \eta)_{\eta_=} \quad b_H = (\partial i_H / \partial \theta)_{\eta_=} \tag{4.172e}$$

Volmer-Heyrowsky-Mechanismus

Reihenschaltung

Die Frequenzabhängigkeit entspricht der *Reihen*schaltung eines Durchtrittswiderstandes und eines heterogenen Reaktionswiderstandes $R_D + \mathfrak{R}_r$ (§ 81).

### β) *Faradayimpedanz* $\mathfrak{R}_f$ *beim Gleichgewichtspotential* ($\eta = 0$)

Die Koeffizienten $a_V$, $a_H$, $b_V$ und $b_H$ nehmen am Gleichgewichtspotential und bei großen anodischen oder kathodischen Überspannungen unter Zugrundelegung der Gln. (4.109a, b) einfache Formen an. Beim

Gleichgewichtspotential ($\eta = 0$) sind

$$a_V = i_{0,V} \cdot \frac{F}{RT} \qquad a_H = i_{0,H} \cdot \frac{F}{RT} \tag{4.173a, b}$$

$$b_V = \frac{i_{0,V}}{\theta_0(1-\theta_0)} \qquad b_H = -\frac{i_{0,H}}{\theta_0(1-\theta_0)} \tag{4.173c, d}$$

Mit diesen Koeffizienten folgt aus Gl. (4.172) die Faradayimpedanz $\mathfrak{R}_f$ am Gleichgewichtspotential ($\eta = 0$)

$$R_f = \frac{1}{1+\left(\frac{\omega}{k}\right)^2} \cdot \left[\frac{RT}{4F} \cdot \left(\frac{1}{i_{0,V}} + \frac{1}{i_{0,H}}\right) - \frac{RT}{F} \cdot \frac{1}{i_{0,V}+i_{0,H}}\right] + \frac{RT}{F} \cdot \frac{1}{i_{0,V}+i_{0,H}} \tag{4.174a}$$

$$\frac{1}{\omega C_f} = \frac{\frac{\omega}{k}}{1+\left(\frac{\omega}{k}\right)^2} \cdot \left[\frac{RT}{4F} \cdot \left(\frac{1}{i_{0,V}} + \frac{1}{i_{0,H}}\right) - \frac{RT}{F} \cdot \frac{1}{i_{0,V}+i_{0,H}}\right] \tag{4.174b}$$

$$\text{mit } \frac{1}{k} = \frac{1}{4} \cdot Q_H \cdot \theta_0 (1-\theta_0) \cdot \left(\frac{1}{i_{0,V}} + \frac{1}{i_{0,H}}\right) \tag{4.174c}$$

Volmer-Heyrowsky-Mechanismus; $\eta = 0$; Reihenschaltung

Auch der Volmer-Tafel-*Mechanismus* führt auf eine qualitativ gleiche Frequenzabhängigkeit der Faradayimpedanz $\mathfrak{R}_f$. Hier liegt ein Fall von überlagerter Durchtritts- und heterogener Reaktionsüberspannung $\eta = \eta_D + \eta_r$ vor, wie er in § 81 und § 72 behandelt wird. Die Berücksichtigung des Bedeckungsgrades $\theta$, der hier nicht sehr klein gegen 1 sein muß, bringt gegenüber Gl. (2.314) noch eine kleine Änderung.

Für $|\eta_r| \leqq 5$ mV kann unter der Voraussetzung eines nicht eingeschränkten Wertes für $\theta$ Gl. (2.307) in der Form [vgl. Gl. (4.94)]

$$\eta_r = \frac{RT}{F} \cdot \ln\left[\frac{\theta}{\theta_0} \cdot \frac{1-\theta_0}{1-\theta}\right] \approx \frac{RT}{F} \cdot \frac{\Delta\theta}{\theta_0 \cdot (1-\theta_0)} \tag{4.175}$$

geschrieben werden. Mit $\bar{c} = Q_H \cdot \theta_0 / F$ [Mol H/cm²] ($Q_H$ = Coulb/cm² für eine monoatomare H-Schicht) ergibt sich dann für die Wasserstoffelektrode ($\nu/n = -1$) die Faradayimpedanz $\mathfrak{R}_f$

$$R_f = \frac{RT}{F} \cdot \frac{1}{i_0} + \frac{1}{1+\left(\frac{\omega}{k}\right)^2} \cdot \frac{RT}{F} \cdot \frac{1}{\theta_0\,(1-\theta_0)\,Q_H\,k} \tag{4.176a}$$

$$\frac{1}{\omega C_f} = \frac{\frac{\omega}{k}}{1+\left(\frac{\omega}{k}\right)^2} \cdot \frac{RT}{F} \cdot \frac{1}{\theta_0\,(1-\theta_0)\,Q_H\,k} \tag{4.176b}$$

$$\text{mit } k = \frac{2k_r\,Q_H}{F} \cdot \frac{\theta_0}{1-\theta_0} = \frac{2\,i_r}{Q_H\,\theta_0\,(1-\theta_0)} \tag{4.176c}$$

Volmer-Tafel-Mechanismus; $\eta = 0$; Reihenschaltung

Für $\omega \to 0$ geht der Wert $R_f$ in Gl. (4.161) ohne Diffusionsanteil über. $i_r = F \cdot k_r[(H)]^2$ ist die Reaktions-Austauschstromdichte, die über Gl. (4.96) $i_{r,a} = i_r/(1-\theta_0)^2$ und Gl. (4.97) $i_{r,k} = -i_r/\theta_0^2$ mit den anodischen und kathodischen Reaktionsgrenzstromdichten $i_{r,a}$ und $i_{r,k}$ zusammenhängt. $k_r$ [$\text{cm}^2\,\text{mol}^{-1}\,\text{sec}^{-1}$] ist die bimolekulare heterogene Geschwindigkeitskonstante zweiter Ordnung der Rekombination.

Für die reine Adsorptions-Desorptionshemmung gilt ebenfalls Gl. (4.176). In die Größe $k$ geht dann die Adsorptions-Austauschgeschwindigkeit $v_0$ im Gleichgewicht ein. DOLIN u. ERSHLER[6, 7] setzten zur Vereinfachung der Diskussion ihrer Messungen der Polarisationsimpedanz eine vollständige Hemmung des Desorptionsvorganges voraus. Hierbei erhielten sie die Gl. (4.176) für den Spezialfall $k = 0$ (vollständige Hemmung). Die ohmsche Komponente ist in diesem Fall der Durchtrittswiderstand $R_D = RT/Fi_0$. Zu diesem konstanten Durchtrittswiderstand $R_D$ ist eine ebenfalls frequenzunabhängige Kapazität $C_f = Q_H \cdot \theta_0(1-\theta_0) \times \times F/RT$ in Reihe geschaltet.

Gl. (4.174) bzw. Gl. (4.176) gestatten die Deutung der von KNORR u. KAMMERMEIER[8] gemessenen Frequenzabhängigkeit der Faradayimpedanz an Pt, Pd, Rh und Au. Abb. 230 gibt eine derartige Messung

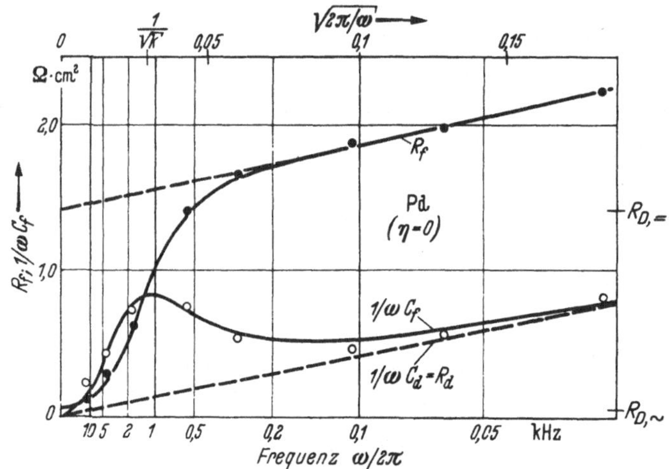


Abb. 230. Ohmsche ($R_f$) und kapazitive Komponente ($1/\omega C_f$) der Faradayimpedanz $\mathfrak{R}_f$ der Wasserstoffelektrode an Pd bei $\eta = 0$ in Abhängigkeit von der Frequenz ($1/\sqrt{\omega}$). Ausgezogene Kurve nach Gl. (4.174) bzw. (4.176). Gestrichelt: Diffusionsimpedanz $R_d$, $1/\omega C_d$ [nach Messungen von C. A. KNORR: Z. Elektrochem. **59**, 647 (1955)]

und ihre Übereinstimmung mit den nach Gl. (4.174) bzw. Gl. (4.176) berechneten Kurven wieder. Aus den Werten von $R_{D,=}$ und $k$ folgt für Pd etwa ein Gleichgewichts-Bedeckungsgrad $\theta_0 = 0{,}99$.

[6] DOLIN, P., u. B. ERSHLER: Acta physicochim. USSR **13**, 747 (1940).

[7] ERSHLER, B.: J. phys. Chem. USSR **22**, 683 (1948). — ROSENTAL, K., u. B. ERSHLER: J. phys. Chem. USSR **22**, 1344 (1948).

[8] KNORR, C. A.: Z. Elektrochem. **59**, 647 (1955) nach Messungen von KAMMERMEIER.

An den anderen Metallen Pt, Rh und Au liegen nur Messungen mit geringer Vorpolarisation (einige mV) vor. Die Auswertung ergibt Gleichgewichts-Bedeckungsgrade von ungefähr $\theta_0 = 0{,}90$ an Pt, $\theta_0 = 0{,}98$ an Rh und $\theta_0 = 0{,}06$ an Au.

Für sehr kleine Frequenzen $\omega \ll k$ oder für Gleichstrom geht $R_f$ der Gl. (4.174) in den Gleichstrom-Durchtrittswiderstand

$$R_f = R_{D,=} = \frac{RT}{4F}\left(\frac{1}{i_{0,V}} + \frac{1}{i_{0,H}}\right) \quad (\omega \ll k) \tag{4.177}$$

nach Gl. (4.162) über. Bei sehr hohen Frequenzen $\omega \gg k$ nimmt $R_f$ als Grenzwert die Größe

$$R_f = R_{D,\sim} = \frac{RT}{F} \cdot \frac{1}{i_{0,V} + i_{0,H}} \quad (\omega \gg k) \tag{4.178}$$

an, die als Durchtrittswiderstand $R_{D,\sim}$ betrachtet werden kann, wenn der Bedeckungsgrad überhaupt nicht mehr dem Stromwechsel folgen kann, also $\theta = \text{konst} = \theta_0$ bleibt*. Dolin, Ershler u. Frumkin[9] stellten an Pt in 1 n HCl ein Verhältnis $R_{D,=}/R_{D,\sim} = 27$ und in 1 n NaOH ein solches von $R_{D,=}/R_{D,\sim} = 11$ fest.

Der Volmer-Tafel-Mechanismus, für den nach Gl. (4.176) ebenfalls die in Abb. 230 dargestellte Frequenzabhängigkeit zuträfe, kann nicht vorliegen, weil der Gleichstromwiderstand $R_=$ in Abb. 230 auf eine so kleine Stromdichte $i_r \approx 10\,\text{mA/cm}^2$ führen würde, daß nach Gl. (4.97) $i_{r,k} = -\,i_r/\theta_0^2$ bei dem experimentellen Wert $\theta_0 = 0{,}99$ eine kathodische Grenzstromdichte $i_{r,k} \approx 10\,\text{mA/cm}^2$ auftreten müßte.

Aus Abb. 230 ist noch eine zusätzliche Diffusionsimpedanz nach Gl. (2.178a) mit den Komponenten $R_d = 1/\omega C_d$ zu entnehmen, deren Werte proportional mit $1/\sqrt{\omega}$ ansteigen**, wie es auch schon Frumkin, Dolin und Ershler[10] festgestellt haben. Die Aufteilung in Überspannungsanteile von $R_f$ und $1/\omega C_f$ in Abb. 230 entspricht der in Abb. 112. Aus der Konzentrations- und Potentialabhängigkeit aller dieser Größen dürfte allgemein in der beschriebenen Weise der Reaktionsmechanismus unter den verschiedenen Bedingungen zu ermitteln sein.

### γ) *Faradayimpedanz $\mathfrak{R}_f$ bei großer anodischer und kathodischer Überspannung ($\eta \neq 0$) und Überlagerung eines Wechselstroms*

Bei Überlagerung einer Wechselstromdichte über eine anodische oder kathodische Gleichstromdichte $i_=$ kann ebenfalls eine Wechselstromimpedanz $\mathfrak{R}_p$ gemessen werden, wenn die Wechselspannungsamplitude klein ($< 5$ mV) bleibt. Aus der Frequenzabhängigkeit kann

* $R_{D,=}$ entspricht zwei hintereinander und $R_{D,\sim}$ zwei parallel ablaufenden Durchtrittsreaktionen.

9 Dolin, P., B. Ershler u. A. N. Frumkin: Acta physicochim. USSR **13**, 779 (1940).

** Aus der Neigung folgt ein annehmbarer Wert von $c \cdot \sqrt{D} = 1{,}3 \cdot 10^{-8}$ [$\text{mol} \cdot \text{cm}^{-2} \cdot \text{sec}^{-1/2}$] für die Diffusion des Wasserstoffs (als $H_2$ im Elektrolyten oder als H im Metall).

10 Frumkin, A. N., P. Dolin u. B. Ershler: Acta physicochim. USSR **13**, 793 (1940).

auf verschiedene kinetische Größen geschlossen werden, obwohl die Zusammenhänge hier komplizierter als im Gleichgewichtsfall sind. Abb. 231 gibt das schematische Schaltbild einer Wechselstrommeßbrücke an, bei der dem Wechselstrom ein Gleichstrom überlagert wird, der eine Vorpolarisation der Elektrode hervorruft.

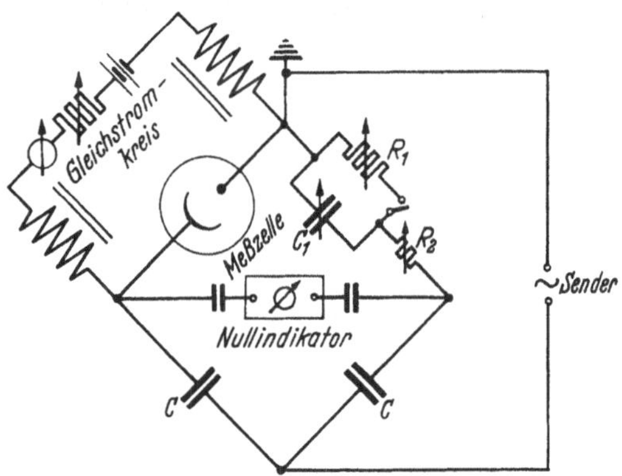


Abb. 231. Wechselstrombrücke bei Überlagerung eines Gleichstromes mit einem Wechselstrom [nach H. GERISCHER u. W. MEHL: Z. Elektrochem. **59**, 1049 (1955)]

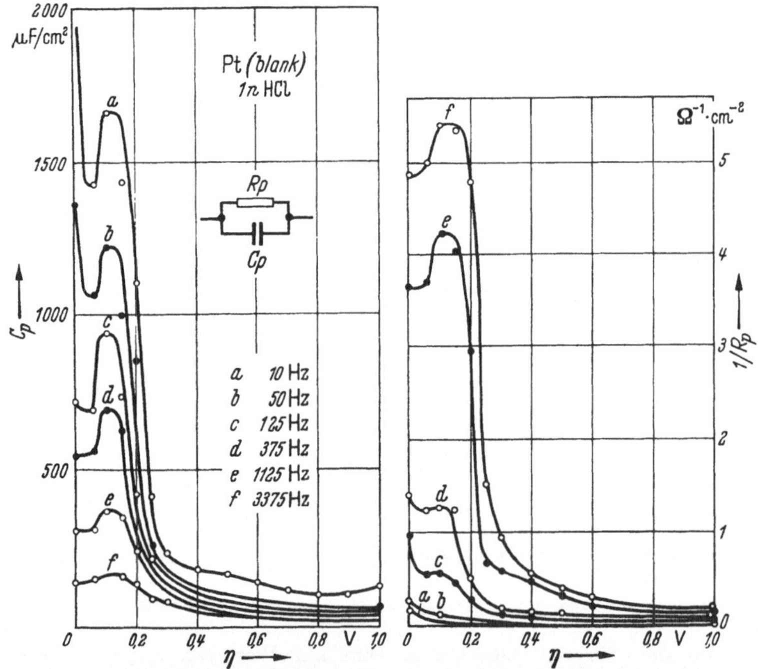


Abb. 232. Reziproker Wert der ohmschen Komponente ($1/Rp$) und kapazitive Komponente $C_p$ (Parallelschaltung) der Polarisationsimpedanz $\mathfrak{R}_p$ der Wasserstoffelektrode in Abhängigkeit von der Frequenz $\omega/2\pi$ (Hz) und der anodischen Vorpolarisation $\eta$ (Volt) an blankem Pt in 1 n HCl [nach P. DOLIN u. B. ERSHLER: Acta physicochim. USSR **13**, 747 (1940)]

P. DOLIN u. B. ERSHLER[6] haben zuerst derartige Messungen der Komponenten der Polarisationsimpedanz im Frequenzbereich von 10 bis 3375 Hz in Abhängigkeit von der anodischen Gleichstrom-Vorpolarisation ($\eta = 0$ bis $+1{,}0$ Volt) ausgeführt. Wie aus Abb. 232 zu ersehen ist, treten hierbei im Bereich von $\eta = +0{,}1$ bis $+0{,}2$ Volt Maxima in $1/R_p$ bzw. $C_p$ auf. Derartige Maxima haben auch WICKE u. WEBLUS[2] und BREITER, KAMMERMEIER u. KNORR[3] bestätigen können.

Wenn die anodische bzw. kathodische Überspannung (Vorpolarisation) so groß sind, daß die entsprechende Gegenreaktion sowohl in der Volmer- als auch in der Heyrowsky-Reaktion zu vernachlässigen ist*, liefert die allgemeine Gleichung (4.172) für die Faradayimpedanz $\mathfrak{R}_f$ verhältnismäßig einfache Beziehungen. Für die *kathodische* Vorpolarisation geben GERISCHER u. MEHL[5] eine Beziehung an, die sich in nicht komplexer Schreibweise und auf Reihenschaltung umgerechnet aus Gl. (4.172) ableiten läßt. Mit den Koeffizienten

$$a_V = -\frac{F}{2RT}\cdot(1-\alpha_V)\cdot i_=\,;\quad a_H = -\frac{F}{2RT}(1-\alpha_H)\,i_= \qquad (4.179\,\text{a, b})$$

$$b_V = -\frac{i_=}{2(1-\theta)}\,;\quad b_H = \frac{i_=}{2\theta} \qquad (4.179\,\text{c, d})$$

die sich aus Gl. (4.109a, b) für große negative Überspannungen durch Differentiation nach $\eta$ und $\theta$ ergeben, folgt aus Gl. (4.172) bei der kathodischen Gleichstromdichte $i_=$

$$R_f = \frac{RT}{F\cdot|i_=|}\cdot\frac{2}{2-\alpha_V-\alpha_H} + \qquad (4.180\,\text{a})$$

$$+\frac{1}{1+\left(\frac{\omega}{k}\right)^2}\cdot\frac{RT}{F\cdot|i_=|}\cdot\frac{(\alpha_V-\alpha_H)(1-2\theta)}{(2-\alpha_V-\alpha_H)(1-\theta\,\alpha_H-(1-\theta)\,\alpha_V)}$$

$$\frac{1}{\omega C_f} = \frac{\frac{\omega}{k}}{1+\left(\frac{\omega}{k}\right)^2}\cdot\frac{RT}{F\cdot|i_=|}\cdot\frac{(\alpha_V-\alpha_H)(1-2\theta)}{(2-\alpha_V-\alpha_H)(1-\theta\alpha_H-(1-\theta)\,\alpha_V)} \qquad (4.180\,\text{b})$$

$$\text{mit } k = \frac{1-\theta\cdot\alpha_H-(1-\theta)\,\alpha_V}{Q_H\cdot(2-\alpha_V-\alpha_H)\cdot\theta\cdot(1-\theta)}\cdot|i_=| \qquad (4.180\,\text{c})$$

$$\text{für } -\eta \gg \frac{RT}{F}\cdot\frac{1}{1-|\alpha_V-\alpha_H|}\cdot\left(1+\left|\ln\frac{i_{0,V}}{i_{0,H}}\right|\right),\ \text{kath.}$$

Volmer-Heyrowsky-Mechanismus; Reihenschaltung

* Es muß $|\eta| \gg \frac{RT}{F}\cdot\frac{1}{1-|\alpha_V-\alpha_H|}\cdot\left(1+\left|\ln\frac{i_{0,H}}{i_{0,V}}\right|\right)$ wie in Gl. (4.157) und Gl. (4.158) sein.

Für ausreichend große *anodische* Vorpolarisation mit der anodischen Gleichstromdichte $i_=$ ergibt sich entsprechend aus Gl. (4.172)

$$R_f = \frac{RT}{F \cdot i_=} \cdot \frac{2}{\alpha_V + \alpha_H} + \frac{1}{1 + \left(\frac{\omega}{k}\right)^2} \cdot \frac{RT}{F \cdot i_=} \cdot \frac{(\alpha_V - \alpha_H)(1 - 2\theta)}{(\alpha_V + \alpha_H) \cdot (\theta \alpha_V + (1 - \theta) \alpha_H)} \tag{4.181 a}$$

$$\frac{1}{\omega C_f} = \frac{\frac{\omega}{k}}{1 + \left(\frac{\omega}{k}\right)^2} \cdot \frac{RT}{F \cdot i_=} \cdot \frac{(\alpha_V - \alpha_H)(1 - 2\theta)}{(\alpha_V + \alpha_H)(\theta \alpha_V + (1 - \theta) \alpha_H)} \tag{4.181 b}$$

$$\text{mit } k = \frac{\theta \cdot \alpha_V + (1 - \theta) \cdot \alpha_H}{Q_H \cdot (\alpha_V + \alpha_H) \cdot \theta \cdot (1 - \theta)} \cdot i_= \tag{4.181 c}$$

$$\text{für } \eta \gg \frac{RT}{F} \cdot \frac{1}{1 - |\alpha_V - \alpha_H|} \cdot \left(1 + \left|\ln \frac{i_{0,H}}{i_{0,V}}\right|\right), \text{ anod.}$$

Volmer-Heyrowsky-Mechanismus; Reihenschaltung

Eine Frequenzabhängigkeit, wie sie die Gl. (4.180) bzw. auch allgemein Gl. (4.172) wiedergeben, hat KNORR[4] bei verschiedenen kathodischen Vorpolarisationen* an Pt, Pd, Rh und Au gemessen. GERISCHER u. MEHL[5] fanden an Hg eine Proportionalität der ohmschen Komponente $1/R$ der Faradayadmittanz $(1/\mathfrak{R}_f)$ mit der kathodischen Gleichstromdichte $i_=$. Für sehr kleine Bedeckungsgrade $\theta$ folgt die Proportionalität aus Gl. (4.180).

Die von DOLIN u. ERSHLER[6] (Abb. 232) sowie von WICKE u. WEBLUS[2] als auch von BREITER, KAMMERMEIER u. KNORR[3] festgestellten Maxima von $1/R_p$ bzw. $C_p$ lassen sich vermutlich auf das Maximum des Produktes $\theta \cdot (1 - \theta)$ für $\theta = 0{,}5$ zurückführen[2]. Diese Größe ist in Gl. (4.174), Gl. (4.176), Gl. (4.180) und Gl. (4.181) im Ausdruck für $k$ enthalten.

Besonders bemerkenswert ist noch die Tatsache, auf die GERISCHER u. MEHL[5] aufmerksam machten, daß auf Grund von Gl. (4.180) und Gl. (4.181) für $(\alpha_V - \alpha_H) \cdot (1 - 2\theta) < 0$ die „kapazitive" Komponente $1/\omega C_f$ negativ wird. Es liegt dann eine *induktive Phasenverschiebung* der Faradayimpedanz $\mathfrak{R}_f$ vor, die darauf zurückzuführen ist, daß bei $di/dt > 0$ der Bedeckungsgrad größer und bei $di/dt < 0$ der Bedeckungsgrad kleiner wird. Die ohmsche Komponente $R_f$ bleibt dagegen immer positiv.

## § 150. Potentiostatische Einschaltvorgänge

### α) *Volmer-Heyrowsky-Mechanismus*

Die potentiostatischen Einschaltvorgänge an der Wasserstoffelektrode wurden von GERISCHER u. MEHL[1] in theoretischer und experi-

* Die Frequenzabhängigkeit $R_f = A + B/(1 + (\omega/k)^2)$, $1/\omega C_f = B \cdot (\omega/k)/(1 + (\omega/k)^2)$ der Abb. 230 gilt nach Gl. (4.172) für alle Überspannungen.

[1] GERISCHER, H., u. W. MEHL: Z. Elektrochem. **59**, 1049 (1955).

menteller Hinsicht mit Erfolg zur Deutung der Kinetik herangezogen. Die Grundvorstellung ist wieder, daß sich der Gesamtstrom aus den beiden Anteilen der Volmer- und Heyrowsky-Reaktion

$$i = i_V + i_H = (1-\theta) \cdot i^-_{\eta,V} + \theta \cdot i^-_{\eta,H} \qquad (4.182)$$

zusammensetzt. Die vereinfachte Gl. (4.182) gilt nur für so große kathodische Überspannungen, bei denen die anodischen Gegenströme $\theta \cdot i^+_{\eta,V}$ bzw. $(1-\theta) \cdot i^+_{\eta,H}$ vernachlässigt werden können*. Mit dem potentiostatischen Einschalten der Überspannung beginnt einStrom $i(t)$ zu fließen, der teilweise für eine Veränderung des Bedeckungsgrades $\theta$ verwendet wird. Dieser Anteil ist beim Volmer-Heyrowsky-Mechanismus

$$Q_H \cdot \frac{d\theta}{dt} = i_H - i_V = \theta \cdot i^-_{\eta,H} - (1-\theta) \cdot i^-_{\eta,V} \qquad (4.183)$$

Die Folge der Veränderung des Bedeckungsgrades, der nach Gl. (4.183) sowohl größer $(-i_V > -i_H)$ als auch kleiner $(-i_H > -i_V)$ werden kann, ist eine zeitliche Änderung der Stromdichte $i$ nach Gl. (4.182) die sich hierbei asymptotisch einem stationären Endwert $i(\infty)$ nähert. Abb. 233 gibt Oszillogramme von GERISCHER u. MEHL[1] derartiger Einschaltvorgänge an Ag, Cu und Hg wieder. HORIUTI u. OKAMOTO[2] beobachteten an Ni schon früher derartige Stromspitzen und schlossen hieraus, daß der Volmer-Tafel-Mechanismus vorliegen muß. Nach GERISCHER u. MEHL[1] können sich jedoch auch beim Volmer-Heyrowsky-Mechanismus Stromspitzen ausbilden. Durch die Aufladung der Doppelschichtkapazität treten noch zusätzliche, äußerst kurze Stromspitzen auf, wie es z. B. am Ag in Abb. 233 zu sehen ist. Diese Spitzen sollen hier nicht weiter betrachtet werden**.

Unter Verwendung der Ansätze Gl. (4.182) bzw. Gl. (4.183) leiten GERISCHER u. MEHL[1] für die Zeitabhängigkeit der Stromdichte $i(t)$ die folgende Beziehung ab:

$$i = i(\infty) + [i(0) - i(\infty)] \cdot \exp\left(-\frac{|i^-_{\eta,H}| + |i^-_{\eta,V}|}{Q_H} \cdot t\right) \qquad (4.184)$$

$$\text{mit } i(0) = (1-\theta_0) \cdot i^-_{\eta,V} + \theta_0 \cdot i^-_{\eta,H} \,^{***} \qquad (4.184\,a)$$

$$i(\infty) = \frac{2 \cdot i^-_{\eta,V} \cdot i^-_{\eta,H}}{i^-_{\eta,V} + i^-_{\eta,H}} = 2 \cdot i^-_{\eta,H} \cdot \theta_\infty = 2 \cdot i^-_{\eta,V}(1-\theta_\infty) \qquad (4.184\,b)$$

$$-\eta \gg \frac{RT}{F} \cdot \frac{1}{1 - |\alpha_V - \alpha_H|} \cdot \left(1 + \left|\ln \frac{i_{0,H}}{i_{0,V}}\right|\right)$$

Volmer-Heyrowsky-Mechanismus; kathodisch

* Definition der Stromdichten $i^-_{\eta,V}$, $i^-_{\eta,H}$, $i^+_{\eta,H}$ und $i^+_{\eta,V}$ für die vollständig freie bzw. bedeckte Oberfläche bei der Überspannung $\eta$ siehe § 141, Gl. (4.112).

[2] HORIUTI, J., u. G. OKAMOTO: Bull. chem. Soc. Japan 13, 216 (1938). — OKAMOTO, G.: J. Fac. Sci. Hokkaido Imp. Univ. Ser. III, 3, 115 (1938).

** Prinzipiell ist unter idealen potentiostatischen Bedingungen die Stromdichte in dieser Spitze $i = \infty$ bei der Zeitdauer $\Delta t = 0$, so daß $i \cdot \Delta t = C_D \cdot \Delta\eta$ ist. In der Praxis werden $\Delta t$ und $i$ durch die Zeitkonstante und die maximale Stromstarke des verwendeten Potentiostaten und die Zeitkonstante $\tau = C_D \cdot R\Omega$ begrenzt.

*** GERISCHER u. MEHL[1] setzen $\theta_0 = 0$, also $i(0) = i^-_{\eta,V}$ voraus.

Für $\theta_0 = 0$ sind aus der Anfangsstromdichte $i(0)$ * und der Endstromdichte $i(\infty)$ die Stromdichten $i^-_{\eta,V}$ und $i^-_{\eta,H}$ der Volmer- bzw. der Heyrowsky-Reaktion bei vollständig freier bzw. bedeckter Oberfläche zu

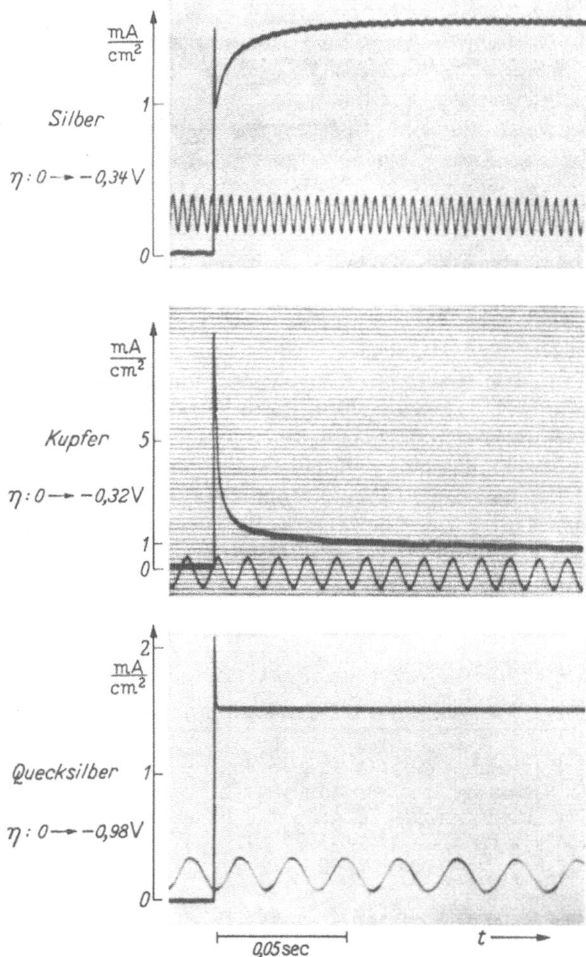


**Abb. 233. Zeitverlauf der Stromdichte nach potentiostatischer Einschaltung der kathodischen Überspannung $\eta$ (ausgehend vom Gleichgewichtspotential $\eta = 0$) der Wasserstoffelektrode an Ag, Cu und Hg in 0,5 m $H_2SO_4$ [nach H. Gerischer u. W. Mehl: Z. Elektrochem. 59, 1049 (1955)]**

bestimmen. Abb. 234 gibt so erhaltene Ergebnisse von Gerischer u. Mehl[1] an Ag und Cu in Abhängigkeit von der Überspannung wieder. Für die Stromdichtewerte der Teilreaktionen gilt eine Tafelsche Gleichung, wobei jedoch die Durchtrittsfaktoren jeweils verschieden

* $i(0)$ ist infolge der Doppelschichtaufladung (Stromspitze in Abb. 233) nur durch Extrapolation nach $t = 0$ zu erfassen.

sind. Bemerkenswert ist, daß der Durchtrittsfaktor $\alpha$ der stationären Stromspannungskurve etwa die Größe $\alpha$ des kleineren Wertes von $i^-_{\eta,V}$ und $i^-_{\eta,H}$ hat, wie es auch zu erwarten ist. An Hg ist die Zeitkonstante $\tau = Q_H/(|i^-_{\eta,V}| + |i^-_{\eta,H}|)$ offenbar infolge der Größe von $i^-_{\eta,H}$ so klein, daß die Ermittlung von $i^-_{\eta,H}$ nicht möglich war. Die Größe des stationären Bedeckungsgrades $\theta_\infty$ liegt bei größeren Überspannungen an Cu bei 0,8 und an Ag bei $\theta_\infty \approx 0{,}25$ bis 0,30.

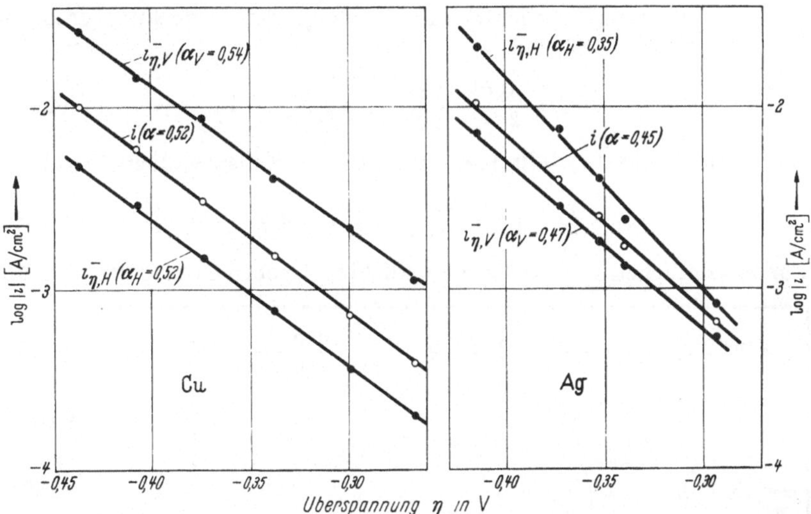


Abb. 234. Kathodische Stromdichte-Überspannungskurven der Volmer-Reaktion ($i^-_{\eta,V}$), der Heyrowsky-Reaktion ($i^-_{\eta,H}$) und der Gesamtreaktion ($i$) an der Wasserstoffelektrode aus potentiostatischen Einschaltmessungen an Cu und Ag in 0,5 m $H_2SO_4$ [nach H. Gerischer u. W. Mehl: Z. Elektrochem. **59**, 1049 (1955)]

Trotz dieser Werte von $\theta_\infty$ kann der Gleichgewichtsbedeckungsgrad $\theta_0$ klein sein, wie es Gerischer u. Mehl[1] voraussetzen. Aber auch bei nicht zu vernachlässigendem Bedeckungsgrad $\theta_0$ in Gl. (4.184a) für die Anfangsstromdichte sollten $i^-_{\eta,V}$, $i^-_{\eta,H}$ und $\theta_0$ aus der potentiostatischen Einschaltmessung zu berechnen sein, wenn sichere Annahmen oder Angaben über $Q_H$ zu machen sind. Aus der Zeitkonstante $\tau = Q_H/(|i^-_{\eta,V}| + |i^-_{\eta,H}|)$ und $i(\infty)$ wären die beiden Größen $i^-_{\eta,V}$ und $i^-_{\eta,H}$ zu ermitteln und mit diesen Werten aus dem experimentellen $i(0)$-Wert der Gleichgewichtsbedeckungsgrad $\theta_0$.

### β) *Volmer-Tafel-Mechanismus*

Auch für den Volmer-Tafel-Mechanismus geben Gerischer u. Mehl[1] den zeitlichen Verlauf der potentiostatischen Stromeinstellung wieder, der hier allerdings wesentlich komplizierter ist. Nach Einschalten der kathodischen Überspannung $\eta$ *steigt* der Bedeckungsgrad prinzipiell

[1] Gerischer, H., u. W. Mehl: Z. Elektrochem. **59**, 1049 (1955).

bis zu einem Wert $\theta_\infty$ an. Die kathodische Stromdichte

$$i = i_V = (1-\theta)\cdot \bar{i}_{\eta,V} = -\frac{1-\theta}{1-\theta_0}\cdot \bar{i}_{0,V}\cdot \exp\left(-\frac{(1-\alpha_V)F}{RT}\,\eta\right) \quad (4.185)$$

bewirkt eine Bedeckungsänderung

$$Q_H\cdot\frac{d\theta}{dt} = +\,(1-\theta)\cdot|\bar{i}_{\eta,V}| - \theta^2\cdot i_r\,, \quad (4.186)$$

worin das Glied $\theta^2\cdot i_r$ die Rekombinationsgeschwindigkeit der H-Atome im Stromdichtemaß bedeutet. Dabei steigt der Bedeckungsgrad für $t=\infty$ nach Gl. (4.186) auf

$$\theta_\infty = \frac{|\bar{i}_{\eta,V}|}{2\cdot i_r}\cdot\left(\sqrt{1+4\frac{i_r}{|\bar{i}_{\eta,V}|}}-1\right) \quad (4.187)$$

Die Stromdichte $i(t)$ fällt hierdurch auf die Endstromdichte $i(\infty)$

$$i(\infty) = \bar{i}_{\eta,V}\cdot\left[1-\frac{|\bar{i}_{\eta,V}|}{2\cdot i_r}\cdot\left(\sqrt{1+4\frac{i_r}{|\bar{i}_{\eta,V}|}}-1\right)\right] \quad (4.188)$$

Für den zeitlichen Verlauf der Stromdichte $i(t)$ geben GERISCHER u. MEHL[1]

$$i(t) = \bar{i}_{\eta,V}\cdot\left[1-\frac{|\bar{i}_{\eta,V}|}{2\cdot i_r}\left(\sqrt{1+4\frac{i_r}{|\bar{i}_{\eta,V}|}}\cdot\frac{\exp(\lambda\cdot t)-S}{\exp(\lambda\cdot t)+S}-1\right)\right] \quad (4.189)$$

$$\text{mit } \lambda = -\frac{|\bar{i}_{\eta,V}|}{Q_H}\cdot\sqrt{1+4\frac{i_r}{|\bar{i}_{\eta,V}|}} \quad (4.189\,a)$$

$$S = \sqrt{1+4\frac{i_r}{|\bar{i}_{\eta,V}|}}-1 \quad (4.189\,b)$$

an. Es bildet sich also hierbei eine Stromspitze im Strom-Zeit-Diagramm aus, die HORIUTI u. OKAMOTO[2] als Kriterium* für den Volmer-Tafel-Mechanismus angegeben und am Ni experimentell gefunden haben.

Für die Überlagerung des Volmer-Heyrowsky- und des Volmer-Tafel-Mechanismus, also bei parallelem Ablauf von Heyrowsky- und Tafel-Reaktion, haben GERISCHER u. MEHL[1] eine noch kompliziertere Abhängigkeit von $i(t)$ abgeleitet.

## § 151. Galvanostatische Ein- und Ausschaltvorgänge

### α) *Volmer-Heyrowsky-Mechanismus*

Wie aus potentiostatischen Einschaltmessungen ist auch aus galvanostatischen Ein- und Ausschaltmessungen auf den Mechanismus der Wasserstoffelektrode zu schließen. Hier liegen allerdings noch nicht so gründliche Untersuchungen vor. Für große kathodische Überspannungen, bei denen sowohl in der Volmer- als auch in der Heyrowsky-Reaktion die anodischen Teilstromdichten $\vec{i}_V \ll |\bar{i}_V|$ bzw. $\vec{i}_H \ll |\bar{i}_H|$ zu

[2] HORIUTI, J., u. G. OKAMOTO: Bull. chem. Soc. Japan **13**, 216 (1938). — OKAMOTO, G.: J. Fac. Sci. Hokkaido Imp. Univ. Ser. III, **3**, 115 (1938).

* Auch der Volmer-Heyrowsky-Mechanismus kann nach GERISCHER u. MEHL[1] Stromspitzen ergeben.

vernachlässigen sind, folgt für die Anfangsüberspannung $\eta_0$ aus Gl. (4.84) und Gl. (4.103)

$$i = -i_{0,V} \cdot \exp\left(-\frac{(1-\alpha_V)F}{RT}\eta_0\right) - i_{0,H} \cdot \exp\left(-\frac{(1-\alpha_H)F}{RT}\eta_0\right). \quad (4.190)$$

Die Endüberspannung $\eta_\infty$ ergibt sich aus Gl. (4.184b) in Verbindung mit Gl. (4.112). Für $\alpha = \alpha_H = \alpha_V$ vereinfacht sich diese Beziehung zu

$$i = -\frac{2 \cdot i_{0,V} \cdot i_{0,H}}{\theta_0 \cdot i_{0,V} + (1-\theta_0) \cdot i_{0,H}} \cdot \exp\left(-\frac{(1-\alpha)F}{RT}\eta_\infty\right) \quad (4.191)$$

und Gl. (4.190) zu

$$i = -(i_{0,V} + i_{0,H}) \cdot \exp\left(-\frac{(1-\alpha)F}{RT}\eta_0\right). \quad (4.192)$$

Die Änderung der Überspannung $\eta_\infty - \eta_0$ beim Einschaltvorgang* ergibt sich daher für $\alpha = \alpha_V = \alpha_H$ aus Gl. (4.191) und Gl. (4.192)

$$\eta_\infty - \eta_0 = -\frac{RT}{(1-\alpha)F} \cdot \ln\left[\frac{1}{2} \cdot \left(1 + \frac{i_{0,V}}{i_{0,H}}\right) \cdot \left(\theta_0 + (1-\theta_0) \cdot \frac{i_{0,H}}{i_{0,V}}\right)\right] \quad (4.193)$$

Volmer-Heyrowsky-Mechanismus; kathodisch

$i_V^+ \ll |i_V^-|;\ i_H^+ \ll |i_H^-|;\ \alpha = \alpha_V = \alpha_H$

Aus Gl. (4.193) folgt, daß die kathodische Überspannung nach Einschalten des Stromes sowohl *anwachsen* ($\eta_\infty - \eta_0 < 0$) als auch *abfallen* ($\eta_\infty - \eta_0 > 0$) kann, wenn hierbei der erste Anstieg von $\eta = 0$ bis $\eta = \eta_0$ innerhalb kurzer Zeit nicht mitgerechnet wird. Ein Abfallen ($\eta_\infty - \eta_0 > 0$) tritt nach Gl. (4.193) dann auf, wenn das Verhältnis $i_{0,V}/i_{0,H}$ zwischen

$$\left.\begin{aligned} 1 > \frac{i_{0,V}}{i_{0,H}} > \frac{1-\theta_0}{\theta_0} \\ 1 < \frac{i_{0,V}}{i_{0,H}} < \frac{1-\theta_0}{\theta_0} \end{aligned}\right\} \eta_\infty - \eta_0 > 0 \quad (4.194)$$

liegt. Außerhalb dieses Bereichs sollte die Überspannung größer werden. Der kleinste Wert des Logarithmus in Gl. (4.193) ist ln 0,5, so daß der *maximale Überspannungsabfall*

$$(\eta_\infty - \eta_0)_{max} = \frac{RT}{(1-\alpha)F} \cdot \ln 2 \quad (4.195)$$

wird.

Der zeitliche Anstieg oder Abfall des Potentials ist aus der Differenz $i_H - i_V = Q_H \cdot d\theta/dt$ [nach Gl. (4.183)] zu erfassen. Diese einfache Beziehung setzt wie bei den potentiostatischen Messungen (§ 150) die Unlöslichkeit von atomarem Wasserstoff im Metall voraus. Ist diese Bedingung nicht in ausreichendem Maße erfüllt, so ist zum Auf- bzw. Abbau der adsorbierten H-Atomschicht noch eine Diffusion von atomarem Wasserstoff in das Metall oder aus dem Metall nötig. Unter Umständen können diese Wasserstoffmengen wesentlich größer

* Die Aufladung der Doppelschichtkapazität ist hierbei unberücksichtigt geblieben.

als die adsorbierten Mengen sein, so daß die Ausbreitung der Diffusion des gelösten Wasserstoffs für die Zeitkonstante der Potentialeinstellung maßgebend ist. In Abb. 235 und Abb. 238 ist der Potentialverlauf nach einer galvanostatischen Stromeinschaltung an Pd dargestellt. Trotz der großen kathodischen Stromdichte $i = -20$ mA/cm² liegt eine Zeitkonstante von einigen Minuten vor, die auf die große Löslichkeit des atomaren Wasserstoffs in Pd zurückzuführen ist.

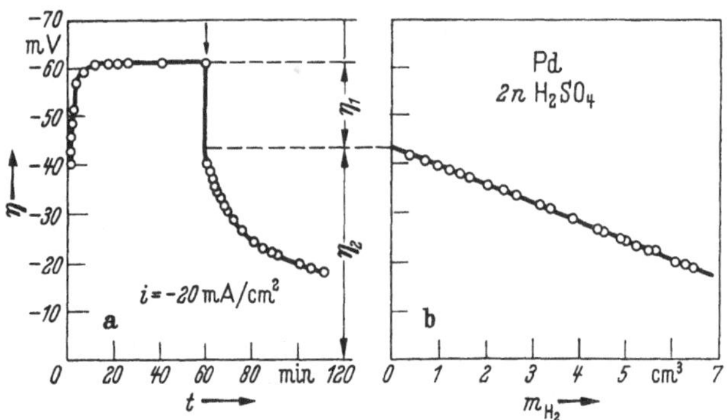


Abb. 235 a) Potentialanstieg $\eta$(mV) an Pd nach Einschalten und Potentialabfall nach Ausschalten einer kathodischen Stromdichte $i = -20$ mA/cm² in Abhängigkeit von der Zeit $t$, und b) in Abhängigkeit von der nachentwickelten Wasserstoffmenge $m_{H_2}$ (cm³). Elektrode: Pd-Draht 0,5 mm Durchmesser, 49 cm Länge (7,7 cm² Oberfl., 0,096 cm³ Pd). Elektrolyt: 2 n $H_2SO_4$ mit $H_2$ (1 Atm) gesättigt [nach R. CLAMROTH u. C. A. KNORR: Z. Elektrochem. **57**, 399 (1953)]

Nach dem Ausschalten der konstanten Stromdichte sinkt das Potential unter Entladung der Doppelschichtkapazität entsprechend Gl. (4.130) von FRUMKIN[1] sehr schnell* auf einen Überspannungswert $\eta_2$, der dann nur noch langsam abnimmt. Derartige Beobachtungen wurden von FRUMKIN u. ALADJALOWA[2] und KNORR, CLAMROTH u. Mitarb.[3–5] an Pd gemacht. Abb. 235a gibt einen solchen Ausschaltvorgang wieder. Gleichzeitig beobachteten CLAMROTH u. KNORR[3] während des langsamen Abfalls des Überspannungsanteils $\eta_2$ eine Nachentwicklung von molekularem Wasserstoff (Abb. 235b). Beim Volmer-Heyrowsky-Mechanismus muß der molekulare Wasserstoff *stromlos* durch die Durchtrittsreaktionen

$$\begin{array}{ll} H \rightarrow H^+ + e^- & \text{(anodisch)} \\ \underline{H + H^+ + e^- \rightarrow H_2} & \text{(kathodisch)} \\ 2\,H \rightarrow H_2 & \end{array} \qquad (4.196)$$

aus dem atomaren Wasserstoff gebildet werden, der im Innern des Metalls (Pd) gelöst war.

[1] FRUMKIN, A. N.: Acta physicochim. USSR **18**, 23 (1943).

* Die Zeitkonstante $\tau$ des Überspannungsabfalls $\tau = C_D b/i = 2 \cdot 10^{-6}/i$ sec bei $C_D = 20\ \mu F/\text{cm}^2$, $b = 0{,}1$ Volt und $i$ in Amp/cm² hat die Größenordnung von $\mu$sec bis msec.

[2] FRUMKIN, A. N., u. N. ALADJALOWA: Acta physicochim. USSR **19**, 1 (1944).

[3] CLAMROTH, R., u. C. A. KNORR: Z. Elektrochem. **57**, 399 (1953).

[4] HITZLER, M., C. A. KNORR u. F. R. MERTENS: Z. Elektrochem. **53**, 228 (1949). — HITZLER, M., u. C. A. KNORR: Z. Elektrochem. **53**, 233 (1949).

[5] KNORR, C. A.: Z. Elektrochem. **57**, 599 (1953).

Beide Durchtrittsreaktionen Gl. (4.196) führen über die Bedingung

$$i = i_V(\eta_2) + i_H(\eta_2) = 0 \quad \text{(Stromlosigkeit)} \tag{4.197}$$

zur Ausbildung eines *Mischpotentials* (§ 176), das die ***Restüberspannung*** $\eta_2$ ergibt. Während des Stromflusses $i$ bei der stationären Überspannung $\eta$ hat sich unter der Bedingung $i_V(\eta) = i_H(\eta)$ ein stationärer Bedeckungsgrad $\theta$ ausgebildet. Nach Abschalten des Stromes gilt bei dem gleichen* Bedeckungsgrad $\theta$ die Gl. (4.197) mit $i_V(\eta_2) = -\, i_H(\eta_2)$ bei der Überspannung $\eta_2$. Unter Anwendung von Gl. (4.109a, b) für $i_V$ und $i_H$ folgt nach Elimination von $\theta$ die Beziehung

$$\exp\left(-\frac{F}{RT}\eta_2\right) = \frac{1 + \frac{1}{2}\left(\frac{i_{0,V}}{i_{0,H}} + \frac{i_{0,H}}{i_{0,V}}\right)\cdot \exp\left(-\frac{F}{RT}\eta\right)}{\exp\left(-\frac{F}{RT}\eta\right) + \frac{1}{2}\left(\frac{i_{0,V}}{i_{0,H}} + \frac{i_{0,H}}{i_{0,V}}\right)} \tag{4.198}$$

$\alpha_V = \alpha_H$, alle Überspannungen

Aus Gl. (4.198) ergibt sich für große kathodische und auch große anodische Überspannungen $\eta$ ein Grenzwert

$$\eta_2 = \pm \frac{RT}{F}\cdot \ln\left[\frac{1}{2}\left(\frac{i_{0,V}}{i_{0,H}} + \frac{i_{0,H}}{i_{0,V}}\right)\right] \quad (\text{für große } |\eta|)\,. \tag{4.199}$$

Frumkin u. Aladjalowa[2] und Clamroth u. Knorr[3, 5] haben die Abhängigkeit von $\eta$ und $\eta_2$ an Pd untersucht. Die experimentellen Werte stimmen gut mit Gl. (4.198) überein. Abb. 236 zeigt die Übereinstimmung an den Meßwerten von Clamroth u. Knorr. Für das Verhältnis $i_{0,V}/i_{0,H}$ ergibt sich 10,1 oder 0,099. Die zeitliche Abhängigkeit des weiteren Abfalls von $\eta_2$ in Abb. 235 wird durch die Größe der Austauschstromdichten und durch die Diffusion des gelösten atomaren Wasserstoffs zur Oberfläche bestimmt. Die Zeitkonstante der Diffusionsvorgänge kann durch die Größe $\tau = d^2/2D$ ($d$ = Diffusionsstrecke**, $D$ = Diffusionskonstante), die mit dem mittleren Verschiebungsquadrat verknüpft ist, angegeben werden. Bei mm-Abmessungen der Elektroden erhält $\tau$ die Größenordnung $10^3$ sec der Abb. 235 u. 239.

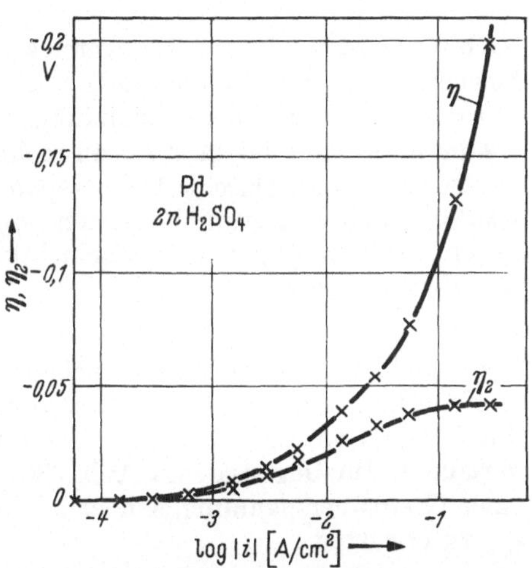


Abb. 236. Stromabhängigkeit der Gesamtüberspannung $\eta$ und der Verlauf der Restüberspannung $\eta_2$ nach dem Ausschalten der Stromdichte $i$ an Pd in 2 n $H_2SO_4$ mit $H_2$ (1 Atm) gesättigt. $\eta_2$-Kurve nach Gl. (4.198) aus den $\eta$-Werten mit $i_{0,V}/i_{0,H} = 10{,}1$ bzw. 0,099 berechnet ($\eta_{2,max} = -$ 41,7 mV) [nach Messungen von C. A. Knorr: Z. Elektrochem. **57**, 599 (1953)]

* Innerhalb der sehr kleinen Zeit für den Abfall der Überspannung von $\eta$ nach $\eta_2$ hat sich $\theta$ noch nicht nennenswert geändert.

** Drahtradien, Dicke von Blechen usw.

### β) *Volmer-Tafel-Mechanismus*

Beim Volmer-Tafel-Mechanismus steigt mit wachsender kathodischer Stromdichte $i$ der Bedeckungsgrad $\theta$ an, da die Rekombinationsgeschwindigkeit proportional $\theta^2$ sein muß. Nach Einschalten eines kathodischen Stromes steigt also der Bedeckungsgrad von $\theta_0$ auf $\theta > \theta_0$. Da voraussetzungsgemäß die Heyrowsky-Reaktion nicht ablaufen soll, ist diese Vergrößerung des Bedeckungsgrades $\theta$ nach Gl. (4.109a) für die Volmer-Reaktion mit einer Überspannungserhöhung verbunden. Der Anstieg der Überspannung in Abb. 235a nach Einschalten des Stromes kann also qualitativ durch einen Volmer-Tafel-Mechanismus gedeutet werden. Es ist jedoch wichtig festzustellen, daß ein wesentliches Ansteigen von $\eta$ erst eintreten dürfte, wenn die konstante kathodische Stromdichte bereits in der Größenordnung der zu fordernden kathodischen Grenzstromdichte liegt.

Der Anstieg der Überspannung ist auch definitionsgemäß nach VETTER[1] durch die Ausbildung eines zusätzlichen Anteils an Reaktionsüberspannung $\eta_r$

$$\eta_r = -\frac{RT}{F} \cdot \ln \frac{\theta \cdot (1 - \theta_0)}{\theta_0 \cdot (1 - \theta)} \tag{4.200}$$

nach Gl. (4.94) zu deuten. Der Anteil an Durchtrittsüberspannung erleidet hierbei infolge der Veränderung von $\theta$ noch eine Änderung. Gleichzeitig ist noch mit der Ausbildung eines Diffusionsanteils der Überspannung $\eta_d$ nach Gl. (4.127a) zu rechnen.

Der Anteil an Durchtrittsüberspannung $\eta_D$ kann leicht aus den *Ausschaltmessungen* bestimmt werden. $\eta_D$ fällt innerhalb kürzester Zeit* unter Entladung der Doppelschichtkapazität zusammen, so daß als *Restüberspannung*

$$\eta_2 = \eta_r + \eta_d$$

bestehen bleibt, die infolge der Nachentwicklung von molekularem Wasserstoff nur langsam abfällt. Die Stromabhängigkeit von $\eta_2 = \eta_r (+ \eta_d)$ müßte durch Gl. (4.85) bzw. Gl. (4.91) beschrieben werden und nach Abb. 190 verlaufen. Im Gegensatz zu Abb. 236 ist hierbei nicht die Ausbildung einer Grenzüberspannung, sondern einer *kathodischen* Grenzstromdichte $i_{r,k}$ zu erwarten.

## § 152. Ausbreitungserscheinungen der Wasserstoffüberspannung durch Metallmembranen und die Diffusion des atomaren, gelösten Wasserstoffs

Schon von NERNST u. LESSING[1] und später von DRUCKER[2] und KOBOSEW u. MONBLANOWA[3] wurde beobachtet, daß ein Teil der Wasserstoffüberspannung an einer stromdurchflossenen Oberfläche einer Pd-Membran

[1] VETTER, K. J.: Z. Elektrochem. **56**, 931 (1952).
* In $\mu$sec bis msec, vgl. * S. 490.
[1] NERNST, W., u. A. LESSING: Nachr. Gött. Akad. Wiss. **1902**, S. 146.
[2] DRUCKER, C.: Z. Elektrochem. **33**, 504 (1927).
[3] KOBOSEW, N. I., u. V. V. MONBLANOWA: Acta physicochim. USSR **1**, 611 (1934).

(Abb. 237) auch an der stromlosen anderen Seite dieser Membran gemessen werden konnte. Die Erscheinung trat auf, obwohl die Membran beide Elektrolyte vollständig voneinander trennte*, so daß sicher kein Strom durch die andere Oberfläche fließen konnte. Aber erst von FRUMKIN u. ALADJALOWA[4] an Pd, von FISCHER u. HEILING[5] und BAGOTZKAJA u. FRUMKIN[6] an Fe und von VETTER u. KNAAK[7] an Pt wurden diese Beobachtungen quantitativ verfolgt.

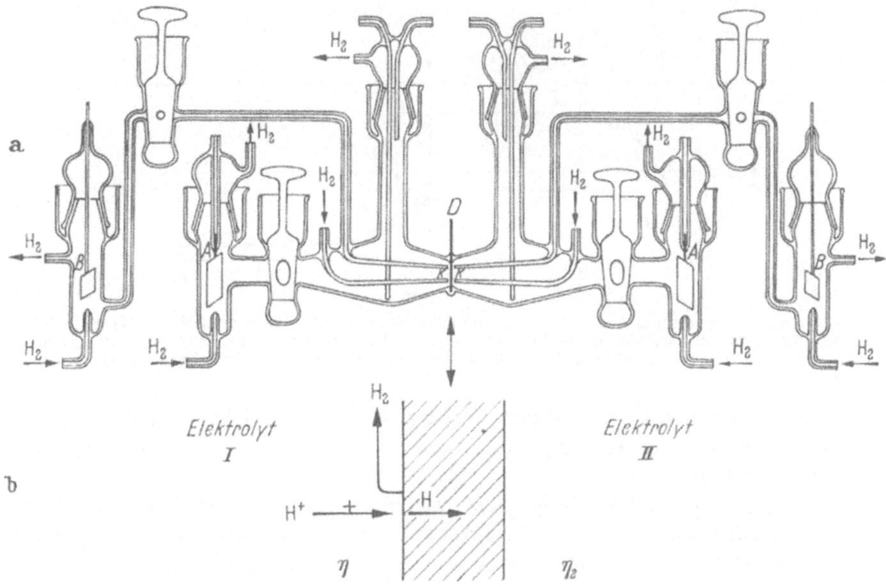


Abb. 237. Messung der Überspannungsausbreitung auf die Diffusionsseite II einer Metallmembran durch diffundierende, gelöste H-Atome. Me/El. I: stromdurchflossen, Me/El. II: stromlos. a) Apparatur von A. N. FRUMKIN u. N. ALADJALOWA: Acta physicochim. USSR 19, 1 (1944); b) Schematische Phasenanordnung (Me = Metall-Membran)

Bemerkenswert ist die Beobachtung von FRUMKIN u. ALADJALOWA[4] an Pd-Folien von 20 bis 50 $\mu$ Dicke. Nach dem Ausschalten des kathodischen Stromes sinkt die Überspannung der zuvor stromdurchflossenen Seite in der schon beschriebenen Weise sehr schnell auf einen Überspannungswert, der bereits an der vorher schon stromlosen Membranseite gemessen wurde, wie es die Abb. 238 zeigt. Anschließend fällt die Überspannung auf beiden Seiten langsam in gleicher Weise unter Abgabe des gelösten Wasserstoffs. Der in § 151 behandelte Überspannungsanteil $\eta_2$ kann nach dieser Methode auf der stromabgewandten Seite II der Elektrodenmembran zum Studium der H-Atomkonzentration und des Mechanismus erfaßt werden.

* Es bestand keine elektrolytische Verbindung zwischen beiden Elektrolyten.

[4] FRUMKIN, A.N., u. N. ALADJALOWA: Acta physicochim. USSR 19, 1 (1944).

[5] FISCHER, H., u. H. HEILING: Z. Elektrochem. 54, 184 (1950).

[6] BAGOTZKAJA, I. A., u. A. N. FRUMKIN: Dokl. Akad. Nauk USSR 92, 979 (1953).

[7] VETTER, K. J., u. M. KNAAK: Unveroffentlicht.

Die Erscheinung der Überspannungsausbreitung auf die stromlose Membranseite wird offensichtlich durch die Diffusion von atomarem Wasserstoff durch die Membran hervorgerufen. Hierbei sind drei Vorgänge zu unterscheiden:

1. Geschwindigkeit der $H_2$-Abgabe nach dem Bruttovorgang $2H \rightarrow H_2$ (VOLMER-HEYROWSKY oder TAFEL) auf der stromlosen Diffusionssseite (II) und damit zusammenhängende Potentialausbildung.

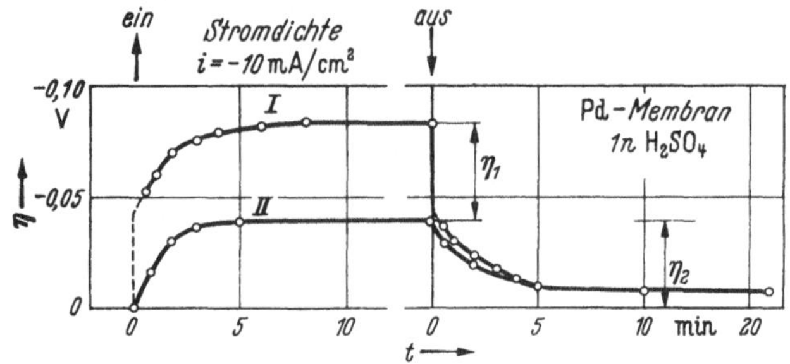


Abb. 238. Überspannung $\eta$ auf der stromdurchflossenen (I) und stromlosen Seite (II) einer Pd-Membranelektrode als Funktion der Zeit $t$ in 1 n $H_2SO_4$. Kathodische Stromdichte $i = -10$ mA/cm², [nach A. N. FRUMKIN u. N. ALADJALOWA: Acta physicochim. USSR 19, 1 (1944)]

2. Konzentrationsgradient bei der stationären Diffusion durch die Membran und daraus folgender Konzentrationsunterschied auf beiden Membranseiten.

3. Zeitliche Einstellung der stationären Konzentrationsverteilung durch Diffusion von der stromdurchflossenen Membranseite aus und der hiermit zusammenhängende zeitliche Anstieg von $\eta_2$ bis zu einem Endwert.

Die zeitliche Ausbreitung des Diffusionsvorganges von Seite I nach Seite II muß nach dem zweiten Fickschen Gesetz mit einer Konzentrationsverteilung durch die Membran nach Gl. (2.201) bzw. genauer Gl. (2.210) erfolgen. Die Zeit für das Erreichen konstanter Konzentrationen und damit konstanter Überspannungen auf der stromlosen Diffusionsseite II muß deshalb mit $\delta^2$, dem Quadrat der Dicke $\delta$ der Membran, wachsen. Abb. 239 nach Messungen von VETTER u. KNAAK[7] an Pt-Folien von 10 bis 100 $\mu$ Dicke bestätigt diese Beziehung.

Eine verhältnismäßig große Abgabegeschwindigkeit $v$ von $H_2$ auf der Diffusionsseite II bei gegebener Membrandicke und Diffusionskonstante $D$ führt zu einer von diesen Größen abhängigen wesentlichen Konzentrationsdifferenz zwischen beiden Membranseiten, die wiederum zu einer Abhängigkeit der Überspannung $\eta_2$ auf Seite II von diesen Größen $\delta$, $D$, $v$ Anlaß gibt. VETTER u. KNAAK[7] stellten dementsprechend an Pt und HOARE u. SCHULDINER[8] an Pd ein Anwachsen der Überspannung $\eta_2$ an der Diffusionsseite mit Verminderung der Membrandicke $\delta$ fest, während FRUMKIN u. ALADJALOWA[4] an Pd keine Abhängigkeit von der Schichtdicke beobachten konnten. Die erste Feststellung ist

[8] HOARE, J. P., u. S. SCHULDINER: J. electrochem. Soc. 103, 237 (1956).

mit der Diffusion und die zweite mit der Entwicklungsgeschwindigkeit $v$ als langsamstem Vorgang vereinbar.

Sowohl für die Überspannung $\eta$ (Stromseite I) als auch für $\eta_2$ (Diffusionsseite II) erwies sich nach FISCHER u. HEILING[5] an Fe, HOARE u. SCHULDINER[8] an Pd und VETTER u. KNAAK[7] an Pt die Tafelsche Gleichung $\eta = a + b \cdot \log i$ in gewissen Grenzen als gültig. Der $b$-Faktor hatte jedoch für $\eta_2$ einen Wert von 20 bis 40 mV, während sich

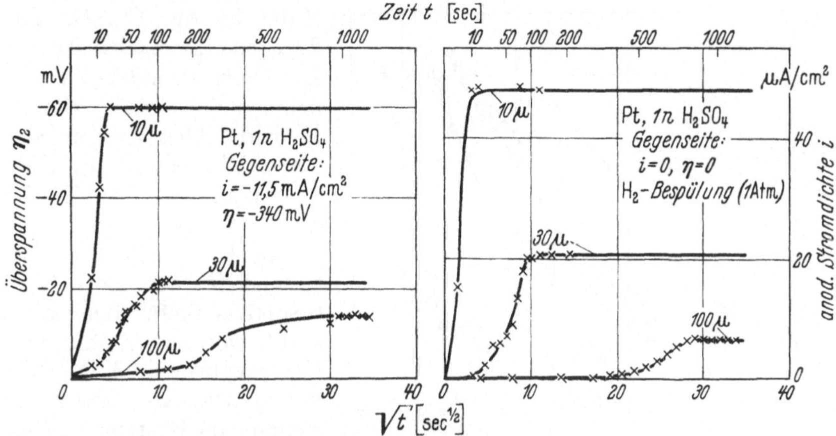


Abb. 239. Zeitliche Ausbreitung der Diffusion von atomarem Wasserstoff durch Pt-Folien der Dicke 10, 30 und 100 $\mu$. a) Überspannung $\eta_2$ auf der stromabgewandten Seite der Membran, b) anodische Stromdichte der Oxydation des durch die Membran diffundierenden Wasserstoffs in Abhängigkeit von $\sqrt{t}$ (nach Messungen von K. J. VETTER u. M. KNAAK).

gleichzeitig für $\eta$ die normalen Werte $b \approx 120$mV ergaben. Ein Zusatz von Inhibitoren zum Elektrolyten $I$ (Stromseite) bewirkt nach FISCHER u. HEILING[5] auf beiden Seiten eine wesentliche Vergrößerung der Überspannungen, nach BAGOTZKAJA u. FRUMKIN[6] an Fe jedoch nur auf der Stromseite. Hierbei sinkt nach Zusatz des Inhibitors die gasvolumetrisch erfaßbare diffundierte $H_2$-Menge.

Die durch die Membran diffundierende H-Menge kann nach VETTER u. KNAAK[7] aus einem äquivalenten anodischen Strom (potentiostatisch) an der Diffusionsseite oder nach SCHULDINER u. HOARE[9] aus der Geschwindigkeit der Reduktion eines zugesetzten Oxydationsmittels ($Ce^{4+}$) durch den atomaren Wasserstoff bestimmt werden. Die genannten Autoren untersuchten hierbei die Abhängigkeit von der kathodischen Stromdichte und der Membrandicke an Pt[7] und Pd[9]. Verschiedene Wirkungen des durch Fe diffundierenden atomaren Wasserstoffs wurden von BAGOTZKAJA[10] bearbeitet.

Alle diese Vorgänge sind bisher aber noch nicht so gründlich untersucht worden, daß hieraus quantitative Angaben über die Mechanismen der Wasserstoffüberspannung gemacht werden könnten. Sie dürften jedoch eine Methode zur Erfassung von Änderungen des Bedeckungsgrades darstellen.

[9] SCHULDINER, S., u. J. P. HOARE: J. electrochem. Soc. **103**, 178 (1956).
[10] BAGOTZKAJA, I. A.: Dokl. Akad. Nauk USSR **107**, 843 (1956); **110**, 397 (1956).

## § 153. Löslichkeit von atomarem Wasserstoff in Elektrodenmetallen

Die Größe der Löslichkeit des atomaren Wasserstoffs im Elektrodenmetall ist in Verbindung mit dem Diffusionskoeffizienten von großer Wichtigkeit für die *langsame Einstellung der Wasserstoffüberspannung*, die sich über Minuten und Stunden ausdehnen kann. Wasserstoff löst sich vor allem in den Platinmetallen, den Metallen der Eisengruppe (Fe, Co, Ni), in geringerem Maße in Ag, Cu, Cr, Mo, dagegen nicht nachweisbar in Hg. Ganz besonders intensiv nehmen die Metalle, die ein Hydrid bilden können, atomaren Wasserstoff auf. Hierzu gehören La, Ce, Ti, Zr, Th, V, Nb und Ta.

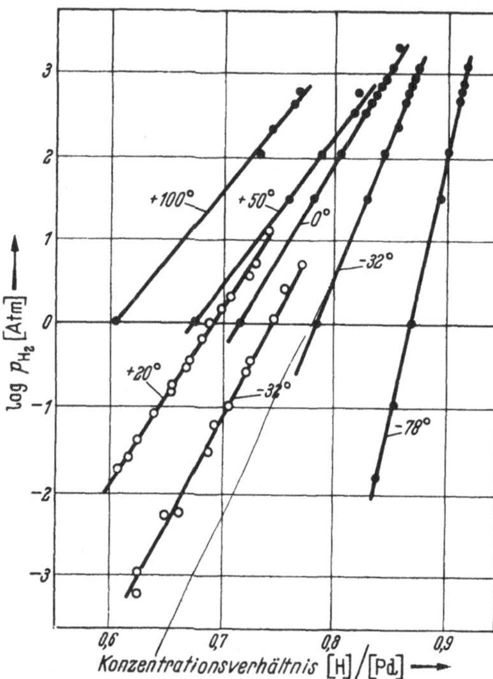


Abb. 240. Löslichkeit von Wasserstoff in Palladium (Konzentrationsverhältnis der Atome [H]/[Pd]) in Abhängigkeit vom $H_2$-Partialdruck $p_{H_2}$ für verschiedene Temperaturen ($\beta$-Phase). ● = aus $H_2$-Absorptionsmessungen nach P. S. PERMINOW, A. A. ORLOW u. A. N. FRUMKIN: Dokl. Akad. Nauk USSR **84**, 749 (1952), ○ = elektrochemische Messungen (Potential, Elektrizitätsmenge) nach A. I. FEDOROWA u. A. N. FRUMKIN: J. phys. Chem. USSR **27**, 247 (1933). Bestätigung von Gl. (4.201)

An Pd ist die Druckabhängigkeit der Löslichkeit besonders ausführlich untersucht worden. v. SAMSON-HIMMELSTJERNA[1,2] und PERMINOW, ORLOW u. FRUMKIN[3] stellten am System $H_2$-Gas/Pd-Metall und in Übereinstimmung damit HITZLER, KNORR u. MERTENS[4] sowie FEDOROWA u. FRUMKIN[5] durch Messung von Ladekurven am System $H_2$-Gas/Lösung/Pd ein ungewöhnliches Löslichkeitsverhalten fest. Die Löslichkeit durch das Konzentrationsverhältnis der Atome [H]/[Pd] ausgedrückt, läßt sich in einem sehr großen Druckbereich durch ein logarithmisches Gesetz

$$\log p_{H_2} = a + b \cdot \frac{[H]}{[Pd]} \tag{4.201}$$

beschreiben. Der Faktor $b$ hängt nach FEDOROWA u. FRUMKIN[5] mit der Volumenvergrößerung des Pd bei H-Aufnahme und der Kompressibilität

[1] SAMSON-HIMMELSTJERNA, H. O. v.: Z. anorg. Chem. **186**, 337 (1930).
[2] Vgl. auch C. HOITSEMA u. B. ROOZEBOOM: Z. physik. Chem. **17**, 1 (1885).
[3] PERMINOW, P. S., A. A. ORLOW u. A. N. FRUMKIN: Dokl. Akad. Nauk USSR **84**, 749 (1952).
[4] HITZLER, M., C. A. KNORR u. F. R. MERTENS: Z. Elektrochem. **53**, 228 (1949).
[5] FEDOROWA, A. J., u. A. N. FRUMKIN: J. phys. Chem. USSR **27**, 247 (1953).

zusammen. Abb. 240 bestätigt nach Messungen von FEDOROWA, PERMINOW, ORLOW u. FRUMKIN[3, 5] die Gl. (4.201). Die gleiche Druckabhängigkeit fanden schon FRUMKIN u. SLYGIN[6] und MASING u. LAUE[7] an Pt.

*Palladium-Wasserstoff-Legierungen* existieren nach LACHER[8] und GILLESPIE u. Mitarb.[9] bei kleinen Wasserstoffkonzentrationen in der *$\alpha$-Phase* mit der Sättigungskonzentration $[H]/[Pd] = 0{,}03$ und bei großen Konzentrationen in der *$\beta$-Phase*, deren Wasserstoffgehalt $[H]/[Pd] \geqq 0{,}57$ ist. Bei einem Wasserstoffgehalt zwischen $[H]/[Pd] = 0{,}03$ und 0,57 stehen $\alpha$- und $\beta$-Phase unter Mischkristallbildung im Gleichgewicht. Nach FRUMKIN u. ALADJALOWA[10] hat Pd bei einem $H_2$-Druck von 1 Atm ein Konzentrationsverhältnis $[H]/[Pd] = 0{,}68$ (bei 18° C) und nach HOARE u. SCHULDINER[11] $[H]/[Pd] = 0{,}61$ (bei 26°C)*. Bei $p_{H_2} = 1$ Atm liegt also eine reine $\beta$-Phase vor. Auch das logarithmische Gesetz Gl. (4.201) der Abb. 240 bezieht sich auf die $\beta$-Phase.

Die $\beta$-Phase mit einem $H_2$-Druck von 1 Atm hat, da thermodynamisches Gleichgewicht vorausgesetzt wird, das Gleichgewichtspotential ($\eta = 0$) der Wasserstoffelektrode von $p_{H_2} = 1$ Atm. Die $\beta$-Phase, die mit der $\alpha$-Phase im Gleichgewicht steht, hat einen geringeren $H_2$-Druck, und dementsprechend nimmt eine derartige Pd-Elektrode ein positiveres Potential an, das im Koexistenzbereich der $\alpha$- und $\beta$-Phase unabhängig vom mittleren Konzentrationsverhältnis $[H]/[Pd]$ ist. FRUMKIN u. ALADJALOWA[10] fanden für diesen Potentialwert $+0{,}058$ Volt und in guter Übereinstimmung HOARE u. SCHULDINER[11] $+0{,}050$ Volt. Dieser Wert ist in einem weiten Bereich des Wasserstoffgehaltes des Pd konstant. Eine Untersuchung über die Umwandlungsgeschwindigkeit $\alpha$-Phase $\leftrightarrows$ $\beta$-Phase wurde ebenfalls von FRUMKIN u. ALADJALOWA[10] durchgeführt.

## c) Sauerstoffelektrode

### § 154. Gleichgewichtspotentiale

#### $\alpha$) *Sauerstoffelektrode*

Es ist eine bekannte Tatsache, daß sich das Gleichgewichtspotential $\varepsilon_0$ der Sauerstoff-Redoxelektrode mit der Elektrodenbruttoreaktion

$$2\,H_2O \leftrightarrows O_2 + 4\,H^+ + 4e^- \tag{4.202a}$$

in saurer und

$$4\,OH^- \leftrightarrows O_2 + 2\,H_2O + 4e^- \tag{4.202b}$$

in alkalischer Lösung praktisch nicht einstellt. Die Nernstsche Gleichung

6 FRUMKIN, A. N., u. A. SLYGIN: Acta physicochim. USSR **3**, 791 (1935).

7 MASING, G., u. G. LAUE: Z. physik. Chem. **A 178**, 1 (1937).

8 LACHER, J. R.: Proc. Roy. Soc. **A 161**, 525 (1937).

9 GILLESPIE, L. J., u. L. S. GALSTAUN: J. Am. Soc. **58**, 2565 (1936). — GILLESPIE, L. J., u. W. R. DOWNS: J. Am. Soc. **61**, 2496 (1939).

10 FRUMKIN, A. N., u. N. ALADJALOWA: Acta physicochim. USSR **19**, 1 (1944).

11 HOARE, J. P., u. S. SCHULDINER: J. phys. Chem. **61**, 399 (1957).

* FRUMKIN u. ALADJALOWA[10] entnehmen den Wasserstoffgehalt aus Ladekurven und HOARE u. SCHUDINER[11] aus Messungen des elektrischen Widerstandes der Pd-H-Legierung.

für das Sauerstoffredoxpotential lautet nach Gl. (4.202)

$$\varepsilon_0 = E_0 + \frac{RT}{4F} \cdot \ln p_{O_2} + \frac{RT}{F} \cdot \ln a_{H^+} - \frac{RT}{2F} \cdot \ln a_{H_2O} \quad (4.203\,a)$$

$$= E_0' + \frac{RT}{4F} \cdot \ln p_{O_2} - \frac{RT}{F} \cdot \ln a_{OH^-} + \frac{RT}{2F} \cdot \ln a_{H_2O} \quad (4.203\,b)$$

Im gesamten $p_H$-Bereich sollte demzufolge das Gleichgewichtspotential $\varepsilon_0$ pro $p_H$-Werteinheit um $2{,}303 \cdot RT/F = 59{,}2$ mV (bei 25° C) negativer werden, aber vom Sauerstoffdruck nur mit $2{,}303 \cdot RT/4F = 14{,}8$ mV (25° C) pro Zehnerpotenz abhängen*.

In einer galvanischen Zelle, die aus einer Sauerstoff- und einer Wasserstoffelektrode im gleichen Elektrolyten besteht, läuft die Zellreaktion $2\,H_2O \leftrightharpoons 2\,H_2 + O_2$ ab. Aus der freien Reaktionsenthalpie dieser Reaktion haben zuerst NERNST u. WARTENBERG[1] und LEWIS[2] und später mit noch geringfügig verbesserten Werten BRÖNSTED[3] und LEWIS u. RANDALL[4] das Normalpotential $E_0$

$$E_0 = +\,1{,}227 \text{ Volt (bei 25° C)}$$

berechnet**. Mit dem Ionenprodukt $K = a_{H^+} \cdot a_{OH^-} = 1{,}0 \cdot 10^{-14}\,[\text{mol}^2 \cdot l^{-2}]$ des Wassers folgt hieraus

$$E_0' = +\,0{,}400 \text{ Volt (bei 25° C)}$$

Gl. (4.203a) und Gl. (4.203b) führen nach Einsetzen der entsprechenden Werte jeweils auf das gleiche Redoxpotential.

Die experimentellen Werte des sich stromlos einstellenden Potentials liegen im allgemeinen bei +0,8 bis +0,9 Volt***. Die besten älteren Werte lagen bei +1,07 bis +1,12 Volt[5]****. ROITER u. JAMPOLSKAJA[6] fanden bereits Anfangswerte von +1,14 bis +1,31 Volt, aber erst BOCKRIS u. S. HUQ[7] konnten den theoretischen Wert für verschiedene $O_2$-Drucke und $H_2SO_4$-Konzentrationen nach gründlicher kathodischer und anodischer Vorelektrolyse experimentell bestätigen. Das experimentelle Normalpotential ergab sich zu $E_0 = +\,1{,}24 \pm 0{,}03$ Volt. Abb. 241 gibt die Druckabhängigkeit wieder. Auch die Extrapolation

* Die Aktivität des Wassers folgt aus dem Wasserdampfpartialdruck $p_{H_2O}$ des Elektrolyten nach $a_{H_2O} = p_{H_2O}/p^0_{H_2O}$. Für verdünnte Elektrolyte ist $a_{H_2O} \approx 1$ ($p^0_{H_2O}$ für reines Wasser).

[1] NERNST, W., u. H. v. WARTENBERG: Z. physik. Chem. **56**, 534 (1906).

[2] LEWIS, G. N.: J. Am. Soc. **28**, 158 (1906); Z. physik. Chem. **55**, 465 (1906).

[3] BRÖNSTED, J. N.: Z. physik. Chem. **65**, 84 (1909).

[4] LEWIS, G. N., u. M. RANDALL: J. Am. Soc. **36**, 1969 (1914).

** Dieser Wert wird auch als „Zersetzungsspannung" des Wassers bezeichnet.

*** Hier beginnt etwa die anodische Bildung einer Sauerstoffchemisorptionsschicht.

[5] SMALE, F. J.: Z. physik. Chem. **14**, 577 (1894). — WILSMORE, N. T. M.: Z. physik. Chem. **35**, 291 (1900). — CROTOGINO, F.: Z. anorg. Chem. **24**, 225 (1900). — FURMAN, N.H.: J. Am. Soc. **44**, 2685 (1922). — TAMMANN, G., u. F. RUNGE: Z. anorg. Chem. **156**, 85 (1926). — RICHARDS, W. T.: J. phys. Chem. **32**, 990 (1928).

**** Auch eine Verringerung der Metallschichtdicke der Elektroden bis zu $10^{-4}$ mm hat keine Verbesserung der Gleichgewichtseinstellung zur Folge [H. G. BAIN: Trans. electrochem. Soc. **78**, 173 (1940)].

[6] ROITER, W. A., u. R. B. JAMPOLSKAJA: J. phys. Chem. USSR **9**, 763 (1937).

der anodischen und kathodischen Messungen von BOCKRIS u. SHAMSHUL HUQ[7] führten, wie es auch schon HOAR[8] angenähert feststellen konnte, auf den theoretischen Gleichgewichtspotentialwert. Wesentlich ist hierbei die Abwesenheit auch geringster Spuren störender Redoxsubstanzen im Elektrolyten. In konzentrierter Salpetersäure konnte VETTER[9] experimentell die Einstellung des theoretischen reversiblen Sauerstoffpotentials von $\varepsilon_h = +1{,}28$ Volt beobachten*.

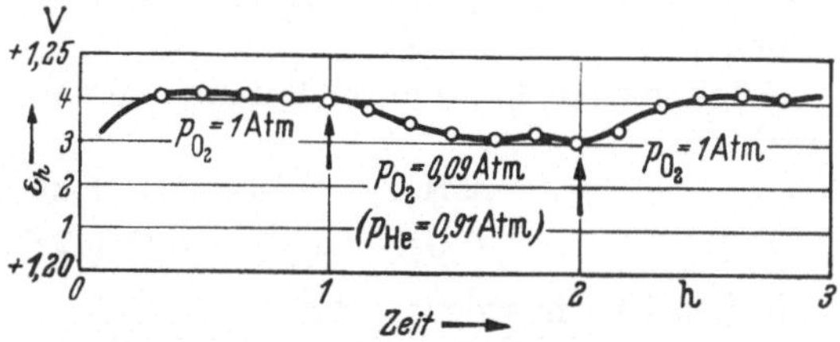

Abb. 241. Experimentelle Druckabhängigkeit des Sauerstoffredoxpotentials an Pt gegen die Wasserstoffelektrode (1 Atm) im gleichen Elektrolyten (0,01 n $H_2SO_4$) nach starker kathodischer (24h, $10^{-2}$ A/cm²) und anodischer (48h, $10^{-2}$ A/cm²) Reinigung durch Vorelektrolyse [nach J. O'M. BOCKRIS u. A. K. M. SHAMSHUL HUQ: Proc. Roy. Soc. A **237**, 277 (1956)]

HABER u. Mitarb.[10] haben an Pt und Au in Glas- und Porzellanschmelzen bei 500 bis 1100° die theoretischen Potentialwerte der Knallgas- und $O_2$-Konzentrationskette messen können.

### β) *Wasserstoffperoxyd-Redoxelektroden*

Bei der polarographischen Analyse und auch bei der elektrochemischen Reduktion des Sauerstoffs an Metallen treten $H_2O_2$-Zwischenstufen auf. Ebenfalls führt die elektrochemische Oxydation von $H_2O_2$ zur $O_2$-Entwicklung. Es ist daher die Berücksichtigung einer evtl. Mitwirkung von $H_2O_2$ im Mechanismus der Sauerstoffelektrode erforderlich. Daher sollen die Gleichgewichtspotentiale, die mit dem $H_2O_2$ in Beziehung stehen, an dieser Stelle behandelt werden.

$H_2O_2$ kann sowohl elektrochemisch oxydiert als auch reduziert werden. Im ersten Fall laufen die Elektrodenbruttoreaktionen

$$H_2O_2 \leftrightharpoons O_2 + 2\,H^+ + 2e^- \quad \text{(sauer)} \qquad (4.204\,a)$$

$$HO_2^- + OH^- \leftrightharpoons O_2 + H_2O + 2e^- \quad \text{(alkalisch)} \qquad (4.204\,b)$$

mit dem Gleichgewichtspotential

$$\varepsilon_0 = E_0 + \frac{RT}{2F}\ln p_{O_2} + \frac{RT}{F}\ln a_{H^+} - \frac{RT}{2F}\ln a_{H_2O_2} \qquad (4.205\,a)$$

$$= E_0' + \frac{RT}{2F}\ln p_{O_2} - \frac{RT}{2F}\ln a_{OH^-} - \frac{RT}{2F}\ln a_{HO_2^-} + \left(\frac{RT}{2F}\ln a_{H_2O}\right) \qquad (4.205\,b)$$

[7] BOCKRIS, J. O'M., u. A. K. M. SHAMSHUL HUQ: Proc. Roy. Soc. A **237**, 277 (1956).

[8] HOAR, T. P.: Proc. Roy. Soc. A **142**, 628 (1933).

[9] VETTER, K. J.: Z. anorg. Chem. **260**, 242 (1949).

* Hier findet die Potentialeinstellung über das Gleichgewicht $2\,NO_2 \leftrightharpoons 2\,NO + O_2$ unter Messung des $HNO_3/HNO_2$-Redoxpotentials statt.

[10] HABER, F., u. F. FLEISCHMANN: Z. anorg. Chem. **51**, 245 (1906). — HABER, F., u. G. W. A. FORSTER: Z. anorg. Chem. **51**, 289 (1906). — HABER, F.: Z. anorg. Chem. **51**, 356 (1906); Z. Elektrochem. **12**, 415 (1906).

ab. Das Normalpotential in Gl. (4.205) hat nach LATIMER[1, 2] und BORNEMANN[3] den Wert $E_{0,h} = +\,0{,}68$ Volt bzw. $E'_{0,h} = -\,0{,}08$ Volt[4–6]. In dem $p_H$-Bereich, in dem $H_2O_2$ fast vollständig dissoziiert ist, sinkt nach Gl. (4.205b) die $p_H$-Abhängigkeit auf $2{,}303 \cdot RT/2F \approx 29{,}6$ mV/$p_H$-Einheit.

Andererseits kann unter Beteiligung von $H_2O_2$ die Elektrodenbruttoreaktion

$$2\,H_2O \leftrightharpoons H_2O_2 + 2\,H^+ + 2e^- \quad \text{(sauer)} \tag{4.206a}$$

$$3\,OH^- \leftrightharpoons HO_2^- + H_2O + 2e^- \quad \text{(alkalisch)} \tag{4.206b}$$

mit dem Gleichgewichtspotential

$$\begin{aligned} \varepsilon_0 &= E_0 + \frac{RT}{2F} \ln a_{H_2O_2} + \frac{RT}{F} \ln a_{H^+} - \frac{RT}{F} \ln a_{H_2O} \\ &= E'_0 + \frac{RT}{2F} \ln a_{HO_2^-} - \frac{3}{2} \frac{RT}{F} \ln a_{OH^-} + \left( \frac{RT}{2F} \ln a_{H_2O} \right) \end{aligned} \tag{4.207}$$

ablaufen. Die Normalpotentiale in Gl. (4.207) haben nach LATIMER[1] auf Grund der thermodynamischen Daten von LEWIS u. RANDALL[2] die Werte $E_{0,h} = +\,1{,}77$ Volt bzw. $E'_{0,h} = +\,0{,}88$ Volt[5]. Die $p_H$-Abhängigkeit im $p_H$-Bereich der praktisch vollständigen $H_2O_2$-Dissoziation steigt hier auf den Wert $2{,}303 \cdot 3RT/2F = 88{,}8$ mV/$p_H$-Einheit an.

Der wesentlich positivere Wert des Normalpotentials in Gl. (4.207) gegenüber dem der Gl. (4.205) zeigt, daß $H_2O_2$ in wäßriger Lösung unter Atmosphärendruck keine thermodynamisch stabile Substanz ist (§ 158).

## § 155. Oxydschichtbildung und -reduktion

### α) *Schichtdicke*

Die anodische Sauerstoffentwicklung findet an Metallen statt, die mit einer elektronenleitenden* oxydischen, meistens sehr dünnen Schicht bedeckt sind. Die Dicke schwankt zwischen einer monomolekularen Bedeckung und etwa 100 AE. Die Eigenschaften dieser Deckschichten sind verständlicherweise für die Größe der Sauerstoffüberspannung sehr wesentlich. Dieses wurde an Pt besonders deutlich von EFIMOW u. ISGARYSHEW[1] gezeigt, wie es aus Abb. 248 zu entnehmen

[1] LATIMER, W. M.: Oxidation Potentials, Prentice-Hall, Englewood Cliffs, 2. Aufl. 1952 (1956), S. 44/45.

[2] LEWIS, G. N., u. M. RANDALL: J. Am. Soc. **36**, 1969 (1914); Thermodynamics, New York, McGraw-Hill Book Comp. 1923, S. 487.

[3] BORNEMANN, K.: Nernst Festschrift, Halle: Knapp 1912, S. 118.

[4] BERL, W. G.: Trans. electrochem. Soc. **83**, 253 (1943) gibt als experimentellen Wert $E_{0,h} = -0{,}0416$ Volt (bei 27°C) an.

[5] Siehe auch J. O'M. BOCKRIS u. L. F. OLDFIELD: Trans. Faraday Soc. **51**, 248 (1955).

[6] KORYTA, J.: Coll. czech. chem. Comm. **18**, 21 (1953).

* Die Schicht muß elektronenleitend sein, damit die bei der $O_2$-Entwicklung an der Oberfläche nach Gl. (4.202) freiwerdenden Elektronen in das Metall abfließen können. Die Deckschichten an z. B. Al, Ti, Ta und anderen Metallen verhindern infolge fehlender Elektronenleitfähigkeit bei normalen Überspannungen (Größenordnung $\eta \sim 1$ Volt) die anodische $O_2$-Entwicklung.

[1] EFIMOW, E. A., u. N. A. ISGARYSHEW: J. phys. Chem. USSR **30**, 1606 (1956).

ist. Es ist daher die Kenntnis der Eigenschaften dieser Schichten für die Behandlung der Sauerstoffüberspannung Voraussetzung.

Die Oxydschichten (Chemisorptionsschichten) werden oberhalb eines bestimmten Elektrodenpotentials gebildet, was zuerst von BOWDEN[2] beobachtet wurde. Oberhalb dieses Wertes steigt das Potential bei konstanter anodischer Stromdichte mit angenähert konstanter aber verringerter Geschwindigkeit bis zum Erreichen der Sauerstoffentwicklung, wie es z. B. die Abb. 226, nach BREITER, KNORR u. VÖLKL[3] an Pt oder schematisch Abb. 242 zeigt. Die Elektrizitätsmenge $Q_a = i_a \cdot t_a$ (Abb. 242) wird hierbei zur Oxydbildung bzw. Chemisoption des Sauerstoffs verwendet. Durch eine kathodische Stromdichte $i_k$ wird die zuvor gebildete Schicht unter Aufwendung der Elektrizitätsmenge $Q_k = |i_k| \cdot t_k$ reduziert (Abb. 242). Derartige *Ladekurven*, wie sie die Abb. 242 bis Abb. 244 bzw. Abb. 247 wiedergeben, sind von vielen Autoren der Arbeitskreise von BOWDEN[2], BUTLER[4–7], ERSHLER u. FRUMKIN[8–11], HICKLING[12,13], BREITER u. KNORR[3,14], VETTER u. BERNDT[15] und anderen [16,17] beschrieben worden.

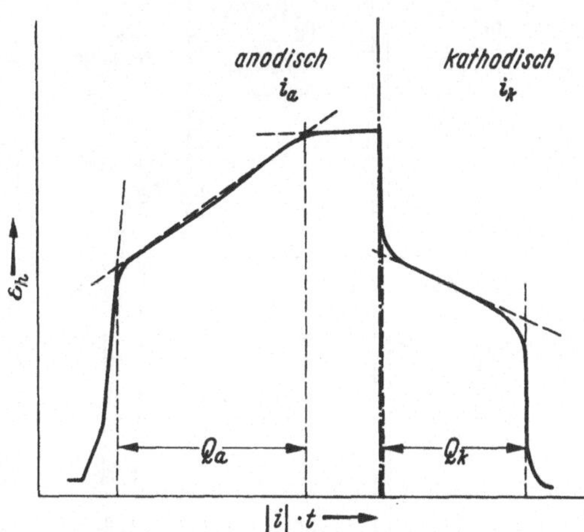


Abb. 242. Schematische Form der Ladekurven (Potential $\varepsilon_h$ in Abhängigkeit von der Elektrizitätsmenge $Q = i \cdot t$) bei Bildung und Reduktion von Oxydschichten (Chemisorptionsschichten)

Aus vielen dieser Untersuchungen[2, 3, 5, 6, 7, 12, 13, 15], die in einem Stromdichtebereich von $\mu A/cm^2$ bis $A/cm^2$ ausgeführt wurden, geht hervor, daß die anodische Elektrizitätsmenge $Q_a$ der Größenordnung

---

[2] BOWDEN, F. P.: Proc. Roy. Soc. **A 125**, 446 (1929).

[3] BREITER, M., C. A. KNORR u. W. VÖLKL: Z. Elektrochem. **59**, 681 (1955).

[4] BUTLER, J. A. V., u. G. ARMSTRONG: Proc. Roy. Soc. **A 137**, 604 (1932).

[5] ARMSTRONG, G., F. R. HIMSWORTH u. J. A. V. BUTLER: Proc. Roy. Soc. **A 143**, 89 (1934).

[6] BUTLER, J. A. V., u. G. DREWER: Trans. Faraday Soc. **32**, 427 (1936).

[7] PEARSON, J. D., u. J. A. V. BUTLER: Trans. Faraday Soc. **34**, 1163 (1938).

[8] ERSHLER, B., G. DEBORIN u. A. N. FRUMKIN: Acta physicochim. USSR 8, 565 (1938).

[9] ZALKIND, TS., u. B. V. ERSHLER: J. phys. Chem. USSR **25**, 565 (1951).

[10] NESTEROWA, W. J., u. A. N. FRUMKIN: J. phys. Chem. USSR **26**, 1178 (1952).

[11] OBRUTSCHEWA, A. D.: J. phys. Chem. USSR **26**, 1448 (1952).

[12] HICKLING, A.: Trans. Faraday Soc. **41**, 333 (1945).

[13] HICKLING, A.: Trans. Faraday Soc. **42**, 518 1946).

[14] BECKER, M., u. M. BREITER: Z. Elektrochem. **60**, 1080 (1956).

[15] VETTER, K. J., u. D. BERNDT: Z. Elektrochem. **62**, 378 (1958).

[16] FERGUSON, A. L., u. M. B. TOWNS: Trans. electrochem. Soc. **83**, 271, 285 (1943).

[17] WAKKAD, EL., u. S. H. EMARA: J. chem. Soc. (London) **1952**, 461.

$2 \cdot 10^{-3}$ Coulb/cm² unabhängig von der Stromdichte ist. Von einigen dieser Autoren[5, 7, 14] wurde festgestellt, daß die kathodische Elektrizitätsmenge $Q_k$, die in der gleichen Größenordnung liegt, ebenfalls von der Stromdichte ($i_k$) unabhängig ist. Abb. 243 zeigt kathodische Ladekurven von VETTER u. BERNDT[15], die dieses bestätigen. An Gold ist allerdings ein Anwachsen der Elektrizitätsmenge $Q_k$ mit $i_k$ auf das Doppelte festzustellen.

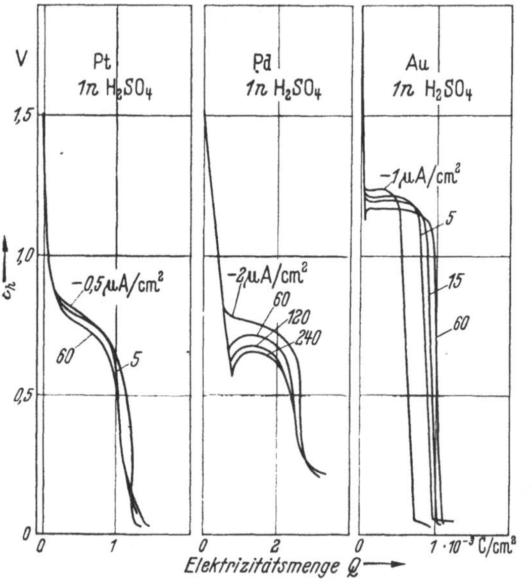

Abb. 243. Kathodische Ladekurven $\varepsilon_k(Q)$ an glattem Pt, Pd und Au in Abhangigkeit von der Stromdichte in 1 n $H_2SO_4$ bei 25°C nach Durchlaufen der vollständigen anodischen Ladekurve [nach K. J. VETTER u. D. BERNDT: Z. Elektrochem. **62**, 378 (1958)]

Aus der Größe der Elektrizitätsmengen $Q_a$ und $Q_k$ geht hervor, daß es sich um monoatomare Sauerstoffschichten* handeln muß, wenn ein Rauhigkeitsfaktor (= wahre / geometrische Oberfläche) von 2 bis 3 angenommen wird. Die Beobachtungen wurden im wesentlichen an Pt[2–12, 14–17], aber auch an Pd[6, 15], Ir[6, 3] und Au[5, 13, 15] gemacht. Am passiven Fe bilden sich nach den Untersuchungen von TRONSTAD u. Mitarb.[18], BONHOEFFER[19, 20], VETTER[21, 22], WEIL[23], SCHWARZ[24], KABANOW u. Mitarb.[25] mehratomige Oxydschichten von 50 bis 100 AE aus. Auch an Ni, Cr und anderen passivierbaren Metallen dürften mehratomige Deckschichten existieren, an denen $O_2$-Entwicklung bei anodischem Strom abläuft.

Bemerkenswert ist die Feststellung, daß das Verhältnis $Q_k/Q_a$ bei den verschiedensten Untersuchungen zwischen 0,5 und 1,0 schwankt. BOWDEN[2], PEARSON u. BUTLER[7] und HICKLING[12, 13] stellten an Pt und Au $Q_a = Q_k$

* Die Bezeichnung dieser Schichten als Oxyd-, Chemisorptions- oder Adsorptionsschichten ist eine Definitionsfrage.

18 TRONSTAD, L., u. C. W. BORGMANN: Trans. Faraday Soc. **30**, 349 (1934). — TRONSTAD, L: Trans. Faraday Soc. **29**, 502 (1933). — TRONSTAD, L., u. T. HOVENSTAD: Z. physik. Chem. **A 170**, 172 (1934).

19 BONHOEFFER, K. F., u. K. J. VETTER: Z. physik. Chem. **196**, 142 (1950).

20 WEIL, K. G., u. K. F. BONHOEFFER: Z. physik. Chem. (N. F.) **4**, 175 (1955).

21 VETTER, K. J.: Z. Elektrochem. **55**, 675 (1951); **56**, 106 (1952).

22 VETTER, K. J.: Z. Elektrochem. **58**, 230 (1954).

23 WEIL, K. G.: Z. Elektrochem. **59**, 711 (1955).

24 SCHWARZ, W.: Z. Elektrochem. **55**, 170 (1951).

25 KABANOW, B. N., u. D. LEIKIS: Acta physicochim. USSR **21**, 769 (1946). — LOSSEW, W. W., u. B. N. KABANOW: J. phys. Chem. USSR **28**, 914 (1954). — WANJUKOWA, L. W., u. B. N. KABANOW: J. phys. Chem. USSR **28**, 1025 (1954).

fest. BUTLER, ARMSTRONG, HIMSWORTH u. DREWER[4–6] sowie VETTER u. BERNDT[15] fanden an Pt, Pd und Au $Q_k \sim 0{,}5 \cdot Q_a$. Es kann festgestellt werden, daß besonders die Messungen mit hoher Stromdichte (bis zu 4 A/cm²) $Q_k = Q_a$ ergaben. Bei den in Abb. 243 dargestellten Messungen an Au liegt offenbar der Übergang von $Q_k = 0{,}5 \cdot Q_a$ nach $Q_k = Q_a$ vor. VETTER u. BERNDT[15] deuten diesen Übergang damit, daß bei kleinen Stromdichten das Oxyd nur bis zum $H_2O_2$ reduziert wird.

Nach Messungen von BUTLER u. Mitarb.[4–6], OBRUTSCHEWA[11] und VETTER u. BERNDT[26] steigt die Schichtdicke an Pt[4, 5, 11, 26], Pd[6, 26] und Au[5, 26] bei lang andauernder anodischer Sauerstoffentwicklung noch

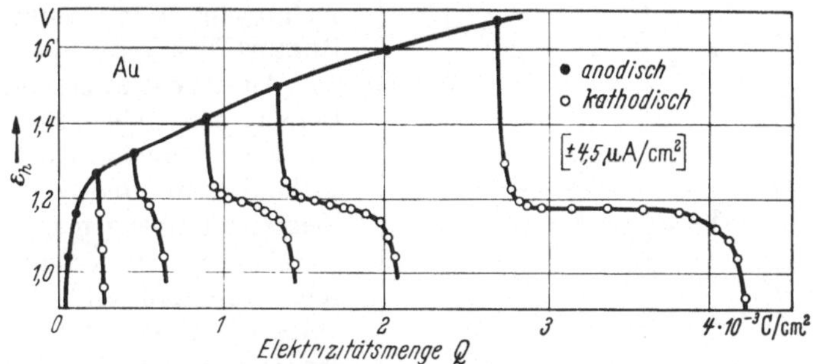


Abb. 244. Auf- und Abbau der Sauerstoffschicht bei Unterbrechung der anodischen Ladekurven mit darauf folgenden kathodischen Ladekurven an glattem Au. $i_a = +4{,}5\ \mu A/cm^2$, $i_k = -4{,}5\ \mu A/cm^2$ [nach G. ARMSTRONG, F. R. HIMSWORTH u. J. A. V. BUTLER: Proc. Roy. Soc. **A 143**, 89 (1934)]

sehr langsam an. Hierauf ist der von EFIMOW u. ISGARYSCHEW[27] genauer untersuchte zeitliche Anstieg der $O_2$-Überspannung zurückzuführen.

Eine Unterbrechung der anodischen Ladekurve mit Aufnahme einer folgenden kathodischen Ladekurve zeigt Abb. 244 an glattem Au in 0,1 n $H_2SO_4$. Derartige Untersuchungen wurden von BUTLER u. Mitarb.[5, 7] an Pt und Au durchgeführt. Entsprechend dem Fortschreiten des Aufbaus der Sauerstoffschicht während des Durchlaufens der anodischen Ladekurve wächst die kathodische Elektrizitätsmenge $Q_k$ mit der zuvor geflossenen anodischen Elektrizitätsmenge, wie es aus Abb. 244 zu entnehmen ist*. Entsprechende Beobachtungen[5] wurden nach Unterbrechung der kathodischen Ladekurven an darauf folgenden anodischen Ladekurven gemacht. Es ist hieraus zu entnehmen, daß die Bildung bzw. Reduktion der Sauerstoffschicht erst zu Beginn des flacheren Teiles der anodischen bzw. kathodischen Ladekurven einsetzt.

Nach Messungen von BECKER u. BREITER[14] wächst die Schichtdicke bei potentiostatischer Polarisation mit steigendem Wert des vorgegebenen Potentials unterhalb der Sauerstoffentwicklung. VETTER u.

[26] Nach unveröffentlichten Untersuchungen. Siehe Dissertation D. BERNDT: Freie Univ. Berlin 1957.

[27] EFIMOW, E. A., u. N. A. ISGARYSCHEW: J. phys. Chem. USSR **30**, 1606 (1956).

* $Q_k$ ist an Au auch hier immer etwas kleiner als $Q_a$ (Reduktion nur bis zum $H_2O_2$)

BERNDT[28] stellten jedoch fest, daß die Schichtdicke auch nach wochenlangen potentiostatischen Versuchen nicht angenähert den gleichen Wert erreicht, wenn als Ausgangszustand eine sauerstofffreie oder eine vollständig sauerstoffbedeckte ($O_2$-Entwicklung) Oberfläche gewählt wird. Die Schichtdicke entspricht somit nicht einer thermodynamisch reversiblen Sauerstoffbedeckung.

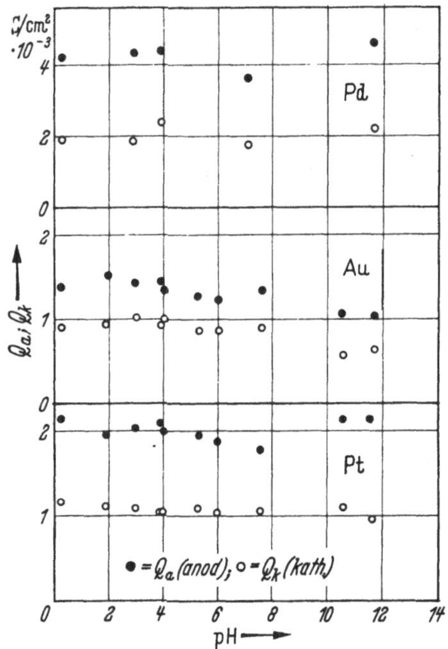


Abb. 245. Die anodischen und kathodischen Elektrizitätsmengen $Q_a$ und $Q_k$ der Ladekurven beim Auf- und Abbau der Oxydschichten an Pt, Pd und Au bei $\pm$ 5 $\mu$A/cm² bzw. an Pd bei $\pm$ 20 $\mu$A/cm² (25°C) in Abhängigkeit vom $p_H$-Wert [nach K. J. VETTER u. D. BERNDT: Z. Elektrochem. 62, 378 (1958)]

Nach ausführlichen Untersuchungen von VETTER u. BERNDT[15] konnte an Pt, Pd und Au über dem gesamten $p_H$-Bereich eine angenäherte Konstanz der Schichtdicke aus den kathodischen und anodischen Elektrizitätsmengen $Q_k$, $Q_a$ der Ladekurven entnommen werden. Abb. 245 gibt die Meßwerte an diesen Metallen wieder. Durch Vergleich der Ladekurven in stark sauren zu denen in alkalischen Lösungen ist die Konstanz von $Q_a$ bzw. $Q_k$ schon gelegentlich von BUTLER u. Mitarb.[5-7], HICKLING[12,13], ZALKIND u. ERSHLER[9] und EL WAKKAD u. EMARA[17] festgestellt worden.

## β) *Potential*

Das Potential der anodischen und kathodischen Ladekurven weist nach ZALKIND u. ERSHLER[9] und VETTER u. BERNDT[15] eine starke Stromdichteabhängigkeit auf, die für kathodische Ströme aus Abb. 243 zu entnehmen ist. Abb. 246 gibt Impulsmessungen von ZALKIND u. ERSHLER[9] mit verschiedenen Stromdichten wieder. Hierbei wurde jeweils ein anodischer und ein sofort darauf folgender gleich großer kathodischer Stromimpuls $i \cdot t$ auf die Elektrode gegeben. Wie aus den Untersuchungen von VETTER u. BERNDT[15] ergibt sich ungefähr eine Tafelsche Beziehung $\varepsilon = a + b \cdot \log |i|$ mit einem $b$-Wert von etwa $\pm$ 0,1 Volt bei anodischen und kathodischen Stromdichten unabhängig vom $p_H$-Wert.

Auch die Form der vollständigen anodischen und kathodischen Ladekurven (Pt, Pd, Au) bleibt innerhalb des ganzen $p_H$-Bereiches im wesentlichen konstant, wie aus Abb. 247 an Pt zu ersehen ist. Die Ladekurven verschieben sich um etwa 59 mV pro $p_H$-Einheit nach negativen Werten, so daß bei Auftragung gegen das Potential der Wasserstoffelektrode in

[28] Nach unveröffentlichten Messungen.

gleicher Lösung die Lage der Kurve sich nicht ändert (Abb. 246). Diese Beobachtung wurde in einigen Fällen auch von BUTLER u. Mitarb.[5–7], HICKLING[12, 13] und EL WAKKAD u. EMARA[17] gemacht.

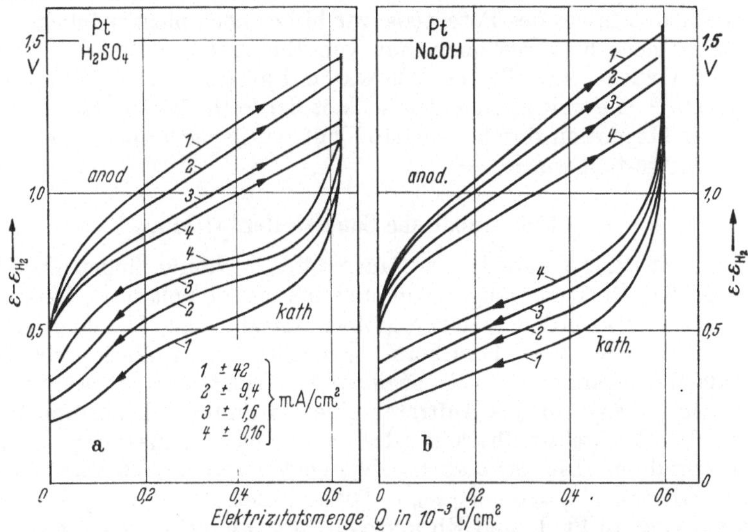


Abb. 246. Stromdichteabhängigkeit der Ladekurven an glattem Pt (Auf- und Abbau von Oxydschichten) bei anodischem und sofort folgendem kathodischem Stromimpuls. Potential $\varepsilon$ gegen das Potential $\varepsilon_H$ der $H_2$-Elektrode in gleicher Lösung. Elektrolyt: a) 0,01 n $H_2SO_4$ + 1 n $Na_2SO_4$; b) 0,01 n NaOH + 1 n $Na_2SO_4$. Stromdichten: Kurve 1: $i = \pm$ 42 mA/cm²; Kurve 2: $\pm$9,4 mA/cm²; Kurve 3: $\pm$1,6 mA/cm²; Kurve 4: $\pm$0,16 mA/cm² [nach TS. I. ZALKIND u. B. V. ERSHLER: J. phys. Chem. USSR **25**, 565 (1951)]

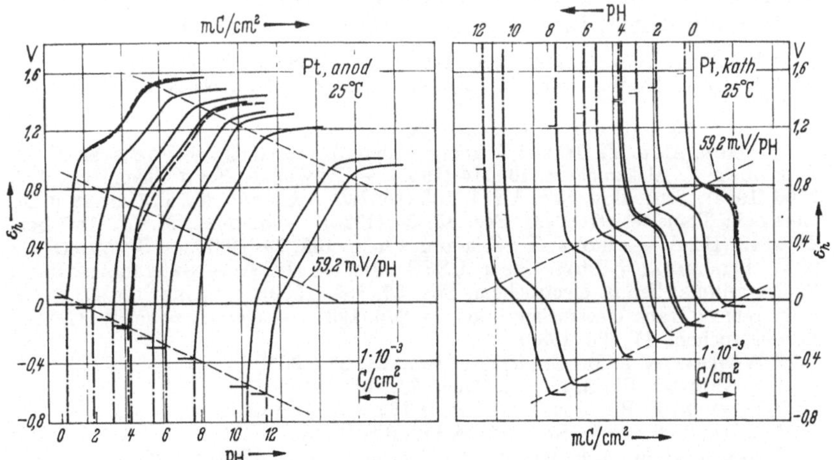


Abb. 247. Anodische und kathodische Ladekurven $\varepsilon_h(Q)$ an Pt (glatt) in Abhängigkeit vom $p_H$-Wert bei $i = \pm$ 5 $\mu$A/cm² (25° C). Neigung der gestrichelten Geraden: 59,2 mV/$p_H$-Einheit [nach K. J. VETTER u. D. BERNDT: Z. Elektrochem. **62**, 378 (1958)]

Dieses Verhalten der Ladekurven deutet auf eine thermodynamisch reversible Potentialausbildung hin. Dem steht jedoch die starke Stromdichteabhängigkeit des Potentials in Verbindung mit der Hysteresiserscheinung zwischen der anodischen und kathodischen Ladekurve entgegen. Ein reversibles Potential müßte zwischen den Kurven 4 der Abb. 246 liegen. Eine Deutung dieser Diskrepanz sowie auch des linearen anodischen Anstiegs des Potentials war bisher noch nicht möglich.

Es sei noch hervorgehoben, daß von ERSHLER, DEBORIN u. FRUMKIN[8,29], OBRUTSCHEWA[11], NESTEROWA u. FRUMKIN[10] und KALISCH u. BURSTEIN[30] eine weitgehende Ähnlichkeit der kathodischen Ladekurven nach der Oxydation durch Sauerstoff mit denen nach anodischer Oxydation festgestellt wurde.

## § 156. Anodische Sauerstoffentwicklung

Eine merkliche* anodische Sauerstoffentwicklung findet erst bei recht großen Überspannungen von etwa 0,3 bis 0,4 Volt statt. Derartige Beobachtungen wurden an einer großen Anzahl von Metallen schon von einer Reihe von Forschern[1] gemacht, die vielfach nur eine „Mindestüberspannung" bei beginnender sichtbarer Blasenbildung gemessen haben. Auf das Auftreten einer so großen Überspannung ist auch die Nichteinstellbarkeit des reversiblen Sauerstoffpotentials zurückzuführen. Die Stromdichteabhängigkeit entspricht einer Tafelschen Gleichung $\eta = a + b \cdot \log i$. Diese Beziehung wurde schon von WESTHAVER[2] an Pt, Ir und Rh und von BENNEWITZ[3] in einem größeren Stromdichtebereich festgestellt, dann aber erst von BOWDEN[4] und HOAR[5] an Pt ausführlicher untersucht. Obgleich die Sauerstoffüberspannung Gegenstand ausführlicher Untersuchungen wurde, konnte der Reaktionsmechanismus noch immer nicht geklärt werden. An Pt sind die Arbeiten von CASSEL u. KRUMBEIN[6], ROITER u. JAMPOLSKAJA[7], HICKLING u. HILL[8], RIUS, LLOPIS u. GANDIA[9], CHEIFETZ u. RIWLIN[10],

29 ERSHLER, B., u. G. DEBORIN: Acta physicochim. USSR **13**, 347 (1940).

30 KALISCH, T. W., u. R. CH. BURSTEIN: Dokl. Akad. Nauk USSR **83**, 863 (1953).

* Als Größenordnung sei etwa $10^{-6}$ A/cm² gewählt.

1 COEHN, A., u. Y. OSAKA: Z. anorg. Chem. **34**, 86 (1903). — FOERSTER, F., u. A. PIGUET: Z. Elektrochem. **10**, 714 (1904). — NEWBERG, E.: J. chem. Soc. **109**, 1066 (1916); Proc. Roy. Soc. **A 114**, 103 (1927). — KNOBEL, M., P. CAPLAN u. M. EISEMAN: Trans. electrochem. Soc. **43**, 55 (1923). — KNOBEL, M.: J. Am. Soc. **46**, 2613 (1924). — ONODA, T.: Z. anorg. Chem. **165**, 79 (1927). — SPITALSKI, E., u. W. PITSCHETA: J. Phys. Chem. USSR **60**, 1351 (1928). — SEDERHOLM, P., u. C. BENEDICKS: Trans. electrochem. Soc. **56**, 169 (1929). — GARRISON, A. D., u. J. F. LILLY: Trans. electrochem. Soc. **65**, 275 (1934). — GRUBE, G., u. W. GAUPP: Z. Elektrochem. **45**, 290 (1939).

2 WESTHAVER, J. B.: Z. physik. Chem. **51**, 65 (1905).

3 BENNEWITZ, K.: Z. physik. Chem. **72**, 202 (1910).

4 BOWDEN, F. P.: Proc. Roy. Soc. **A 126**, 107 (1930).

5 HOAR, T. P.: Proc. Roy. Soc. **A 142**, 628 (1933).

6 CASSEL, H. M., u. E. KRUMBEIN: Z. physik. Chem. **171**, 70 (1935).

7 ROITER, W. A., u. R. B. JAMPOLSKAJA: J. phys. Chem. USSR **9**, 763 (1937).

8 HICKLING, A., u. S. HILL: Trans. Faraday Soc. **46**, 550 (1950).

9 RIUS, A., J. LLOPIS u. P. GANDIA: Anales real soc. espan. fis. y quim. **46 B**, 225, 279 (1950).

10 CHEIFETZ, V. L. u. I. YA. RIWLIN: J. priklad. Chem. USSR **28**, 1291 (1955); — J. priklad. Chem. USSR **29**, 69 (1956).

BECK u. MOULTON[11], KAGANOWITSCH, GEROWITSCH, ENIKEJEW[12], EFIMOW u. ISGARYSCHEW[13] und BOCKRIS u. HUQ[14] zu nennen. Die Sauerstoffüberspannung an Ni in alkalischer Lösung wurde von THOMPSON u. KAYE[15], VOLCHKOWA u. KRASILSHCHIKOW[16] und ANTONOWA[17], FISEISKI u. TURIAN[18], GANTMAN u. LUKOWZEW[19] und ELINA, BORISOWA u. ZALKIND[20], in saurer Lösung von VETTER u. ARNOLD[21] und an Pb (bzw. $PbO_2$) von CASSEL u. KRUMBEIN[6], SUGINO, TOMONARI u. TAKAHASHI[22], GRÜNBAUM, IRIBARNE[23] und JONES, LIND u. WYNNES-JONES[24] untersucht. HICKLING u. HILL[8] haben auch Untersuchungen an Au und Co durchgeführt. In allen diesen Arbeiten konnte die Tafelsche Beziehung mit $b$-Werten in der Größenordnung von $b = 0{,}12$ ($\approx 2{,}303\ RT/0{,}5F$) bestätigt werden.

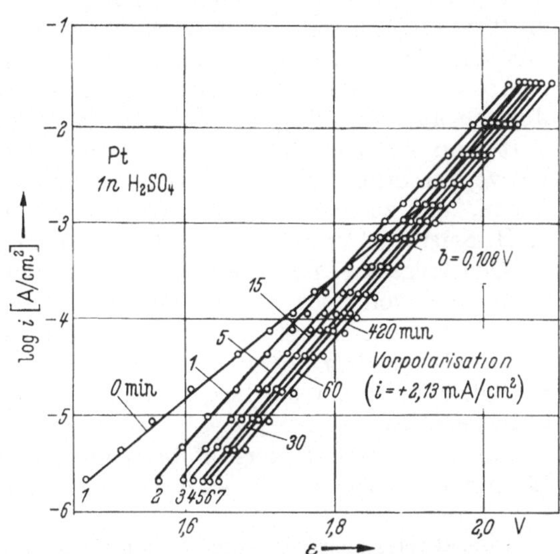


Abb. 248. Stromdichte-Potentialkurven der anodischen Sauerstoffentwicklung an glattem Pt in 1 $n$ $H_2SO_4$ bei 25,0°C in Abhängigkeit von der Zeitdauer der vorangegangenen anodischen Polarisation mit der Stromdichte $i = 2{,}13$ mA/cm² [nach E. A. EFIMOW u. N. A. ISGARYSCHEW: J. phys. Chem. USSR **30**, 1606 (1956)]

Die quantitative Übereinstimmung vergleichbarer Messungen ist jedoch sowohl im $a$- als auch im $b$-Faktor der Tafel-Gleichung nicht sehr gut.

[11] BECK, T. R., u. R. W. MOULTON: J. electrochem. Soc. **103**, 247 (1956).

[12] KAGANOWITSCH, R. I., M. A. GEROWITSCH u. E. H. ENIKEJEW: Dokl. Akad. Nauk. USSR **108**, 107 (1956).

[13] EFIMOW, E. A., u. N. A. ISGARYSHEW: J. phys. Chem. USSR **30**, 1606 (1956).

[14] BOCKRIS, J. O'M., u. A. K. S. SHAMSHUL HUQ: Proc. Roy. Soc. **A 237**, 277 (1956).

[15] THOMPSON, M. K., u. A. L. KAYE: Trans. electrochem. Soc. **60**, 229 (1931).

[16] VOLCHKOWA, L. M., u. A. I. KRASILSHCHIKOW: J. phys. Chem. USSR **23**, 441 (1949).

[17] KRASILSHCHIKOW, A. I., L. M. VOLCHKOWA u. L. G. ANTONOWA: J. phys. Chem. USSR **27**, 512 (1953).

[18] FISEISKII, V. N., u. Ya. I. TURIAN: J. phys. Chem. USSR **24**, 567 (1950).

[19] GANTMAN, S. A., u. P. D. LUKOWZEW: Trudy Sov. Elektrokhim. Akad. Nauk USSR, Otdel. Khim. Nauk 1950, 504 (1953).

[20] ELINA, L. M., T. BORISOWA u. T. I. ZALKIND: J. phys. Chem. USSR **28**, 785 (1954)

[21] VETTER, K. I., u. K. ARNOLD: Z. Elektrochem. **64**, 244 (1960).

[22] SUGINO, K., T. TOMONARI u. M. TAKAHASHI: J. Chem. Soc. Japan (Ind. Chem. Sect.) **52**, 75 (1949).

[23] GRÜNBAUM, O. S., u. J. V. IRIBARNE: Anales asoc. quim. Argentina **39**, 62 (1951).

[24] JONES, P., R. LIND u. W. F. K. WYNNE-JONES: Trans. Faraday Soc. **50**, 972 (1954).

Dies ist wohl auf den *Einfluß der Vorpolarisation*, die die Eigenschaften (Dicke) der Oxydschicht beeinflußt (§ 155α), zurückzuführen. Abb. 248 gibt diesen Einfluß der Dauer der anodischen Vorpolarisation auf die Tafelgeraden der Sauerstoffentwicklung nach EFIMOW u. ISGARYSCHEW[13] an Pt wieder. Dieser Einfluß wurde im gesamten Konzentrationsbereich von 1 *n* bis 35,87 *n* $H_2SO_4$ gefunden. Den gleichen Einfluß der Vorpolarisation auf die Tafelgeraden beobachteten JONES, LIND u. WYNNE-JONES[24] auch an $PbO_2$ (b = 0,118 Volt). Wenn ungenügend vorpolarisiert wird, können während des Durchlaufens der Strom-Spannungs-Kurve wesentliche Veränderungen der Oxydschichteigenschaften stattfinden, die zu einer Verzerrung der Stromdichte-Potential-Kurven (z. B. Kurve „0" in Abb. 248) führen können.

Die langsame zeitliche Veränderung der Sauerstoffüberspannung wurde auch von BOCKRIS u. HUQ[14] und JONES, LIND u. WYNNE-JONES[24] untersucht. Die zuerst genannten fanden einen linearen Anstieg des Potentials mit dem Logarithmus der Zeit. Eine Deutung dieser Gesetzmäßigkeit ist kaum möglich, solange der Reaktionsmechanismus noch nicht geklärt ist.

An Ni, dessen Sauerstoffüberspannung vorwiegend in alkalischer Lösung untersucht wurde, wird meistens ein Knick in der Tafelgeraden beobachtet.

Charakteristisch für die Sauerstoffüberspannung ist die *geringe* $p_H$*-Abhängigkeit*, die bereits von HOAR[5] und später von HICKLING u. HILL[8], RIUS, LLOPIS u. GANDIA[9] und BOCKRIS u. HUQ[14] bevorzugt an Pt festgestellt wurde. Auch die in Abb. 247 dargestellten Messungen von VETTER u. BERNDT[25] bestätigen diese Unabhängigkeit. In KOH- oder NaOH-Lösungen tritt jedoch nach VOLCHKOWA u. KRASILSHCHIKOW[16], GANTMAN u. LUKOWZEW[19] und RIUS, LLOPIS u. GANDIA[9] an Ni bzw. Pt eine Abnahme der Überspannung mit der Konzentrationserhöhung um etwa 50 mV pro Zehnerpotenz[26] auf. In starken Säuren sind die experimentellen Ergebnisse noch weniger geklärt. Offenbar tritt eine geringe Vergrößerung der Überspannung mit Konzentrationserhöhung auf.

Der Einfluß des Zusatzes von Fremdionen auf die Überspannung wurde von BOCKRIS u. HUQ[14] an Pt in Schwefelsäure untersucht. 0,5 m $K_2SO_4$-Zusatz bewirkt eine Erniedrigung der Überspannung um etwa 20–60 mV. CHEIFETZ u. RIWLIN[10] und HICKLING u. WILSON[27] fanden einen Anstieg der Überspannung bei Zusatz oberflächenaktiver Substanzen. Ebenfalls wurde von ISGARYSCHEW u. STEPANOW[28], SUGINO, TOMONARI u. TAKAHASHI[22] und von HICKLING u. HILL[8] eine Überspannungserhöhung durch Fluoridzusatz beobachtet. Alle diese Erscheinungen sind sowohl experimentell als auch theoretisch noch kaum geklärt.

In konzentrierteren Säuren treten eigenartige Sprünge in den Stromspannungskurven auf, wie sie von HICKLING u. HILL[8], GEROWITSCH,

[25] VETTER, K. J., u. D. BERNDT: Z. Elektrochem. **62**, 378 (1958).

[26] Im Gegensatz hierzu: ELINA, L. M., T. BORISOWA u. T. I. ZALKIND: J. phys. Chem. USSR **28**, 785 (1954).

[27] HICKLING, A., u. W. H. WILSON: Nature **164**, 673 (1949).

[28] ISGARYSCHEW, N., u. D. STEPANOW: Z. Elektrochem. **30**, 138 (1924).

KAGANOWITSCH u. Mitarb.[12, 29] und BECK u. MOULTON[11] in $H_2SO_4$ und $HClO_4$ beobachtet wurden. Abb. 249 zeigt eine derartige Versuchsreihe in $HClO_4$. Aus den Untersuchungen von GEROWITSCH, KAGANOWITSCH, WERGELESOW u. GOROCHOW[29] mit Perchlorsäure, die das Sauerstoffisotop $O^{18}$ enthielt, wurde festgestellt, daß nach Überschreiten des Sprunges ein Teil des Sauerstoffs aus dem Perchloration stammt. Als Reaktionsfolge wird $ClO_4^- \rightarrow ClO_4 + e^-$, $2\,ClO_4 + H_2O \rightarrow 2\,HClO_3 + 3/2\ O_2$; $ClO_3^- + H_2O \rightarrow ClO_4^- + 2\,H^+ + 2\,e^-$ angenommen. BECK u. MOULTON[11, 30] stellten am Grenzstrom (Potentialsprung) den Beginn der Bildung von Ozon $O_3$ bei verschiedenen $HClO_4$-Konzentrationen fest. Auch die Bildung von $HClO_3$ und $ClO_2$ wurde beobachtet. Unterhalb des Grenzstromes wurden dagegen keine anodischen Reaktionsprodukte außer $O_2$ gefunden.

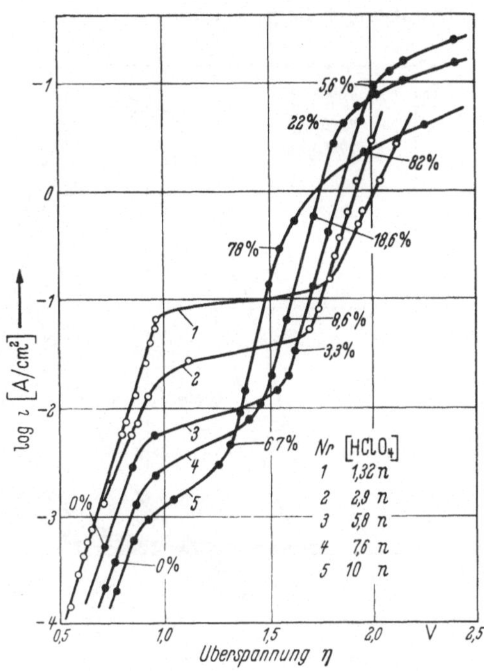


Abb. 249. Anodische Sauerstoffüberspannung an Pt bei 20° C in Perchlorsäure verschiedener Konzentration. Prozentuale Beteiligung des $ClO_4^-$-Ions an der Sauerstoffabgabe. (○) [nach R. I. KAGANOWITSCH, M. A. GEROWITSCH u. E. H. ENIKEJEW: Dokl. Akad. Nauk USSR **108**, 107 (1956)] und (●) [nach M. A. GEROWITSCH, R. I. KAGANOWITSCH, W. M. WERGELESOW u. L. N. GOROCHOW: Dokl. Akad. Nauk USSR **114**, 1049 (1957)]

Auch in $H_2SO_4$ ist wahrscheinlich die Grenzstromausbildung mit der Bildung von höheren Oxydationsprodukten, wie $H_2S_2O_8$, $H_2SO_5$ und $O_3$ in Zusammenhang zu bringen. Schon E. MÜLLER[31] und G. SCHELLHAASS[32] haben die anodische Bildung von $H_2S_2O_8$ und $H_2SO_5$ bei hohen Strömen beobachtet und K. BENNEWITZ[33] deutete bereits den Knick in der Stromspannungskurve durch Persulfatbildung. Ausführlicher wurde die Bildung dieser Perverbindungen von V. L. CHEIFETZ u. I. YA. RIWLIN[10], von R. I. KAGANOWITSCH, M. A. GEROWITSCH u. E. H. ENIKEJEW[12] und besonders von E. A. EFIMOW u. N. A. ISGARYSCHEW[34, 35] untersucht. Abb. 250 zeigt

---

[29] GEROWITSCH, M. A., R. I. KAGANOWITSCH, W. M. WERGELESOW u. L. N. GOROCHOW: Dokl. Akad. Nauk USSR **114**, 1049 (1957).

[30] PUTNAM, G. L., R. W. MOULTON, W. W. FILLMORE u. L. H. CLARK: Trans. electrochem. Soc. **93**, 211 (1948).

[31] MÜLLER, E.: Z. Elektrochem. **10**, 776 (1904).

[32] SCHELLHAASS, G.: Z. Elektrochem. **14**, 121 (1908).

[33] BENNEWITZ, K.: Z. physik. Chem. **72**, 202 (1910).

[34] ISGARYSCHEW, N. A., u. E. A. EFIMOW: J. phys. Chem. USSR **27**, 130 (1953).

[35] EFIMOW, E. A., u. N. A. ISGARYSCHEW: J. phys. Chem. USSR **31**, 1141 (1957).

die Abhängigkeit der Stromausbeute für $H_2S_2O_8$ und $H_2SO_5$ von der $H_2SO_4$-Konzentration und der Stromdichte. Bei kleinen Schwefelsäurekonzentrationen ist nach Abb. 250 die Bildung von $H_2S_2O_8$ und $H_2SO_5$ auch bei 2 A/cm² noch ganz geringfügig. Andererseits sind die Grenzströme nach Abb. 249 um so größer, je kleiner die Schwefelsäurekonzentration ist. Die gleiche Stromdichte, die in verdünnter Säure im Grenzstrombereich liegt, befindet sich in konzentrierterer Säure weit oberhalb

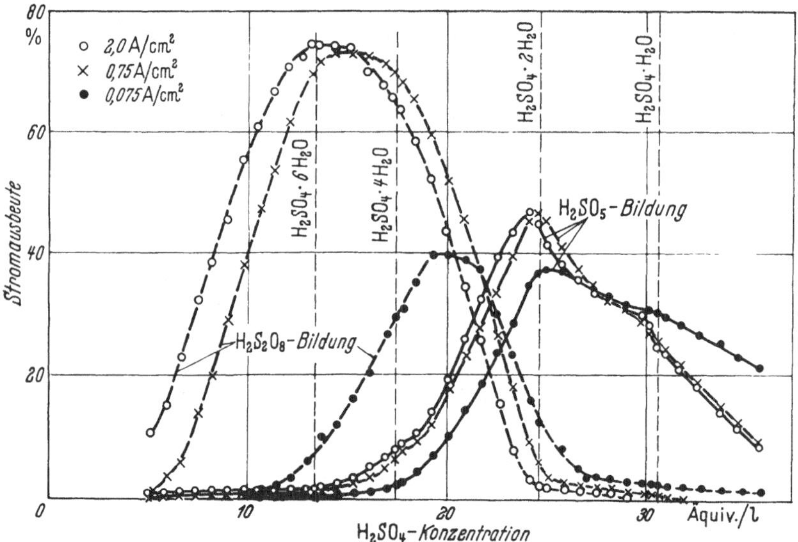


Abb. 250. Stromausbeute bei der anodischen Oxydation von Schwefelsäure zu $H_2S_2O_8$ und $H_2SO_5$ in Abhängigkeit von Stromdichte und Schwefelsäurekonzentration an Pt [nach E. A. Efimow u. I. A. Isgaryschew: J. phys. Chem. USSR **31**, 1141 (1957)]

dieses Bereiches, in dem die Bildung höherer Oxydationsstufen angenommen wird.

Der Einfluß des Elektrodenmetalls auf die Größe der Sauerstoffüberspannung ist, wie auch bei anderen Elektrodenreaktionen, recht groß. P. Rüetschi u. P. Delahay[36] bringen die Überspannung mit der Bindungsenergie Me–OH, wie es die Abb. 251 darstellt, in Beziehung. Den Einfluß der Zusammensetzung von Ni-, Co-, Fe- und Cr-Legierungen auf die Überspannung haben Grube u. Gaupp[37] und Thompson, Kaye, Sistare[15, 38] untersucht.

Auch das Lösungsmittel hat einen großen Einfluß auf die Sauerstoffüberspannung, wie Bockris[39] in verschiedenen organischen Flüssigkeiten feststellen konnte.

Weiterhin hat die Einstrahlung von ultraviolettem Licht mit einer Wellenlänge $\lambda < 350$ m$\mu$ eine starke Erniedrigung der Überspannung

---

36 Rüetschi, P., u. P. Delahay: J. Chem. Phys. **23**, 556 (1950).
37 Grube, G., u. W. Gaupp: Z. Elektrochem. **45**, 290 (1939).
38 Thompson, M. K., u. G. H. Sistare: Trans. electrochem. Soc. **78**, 259 (1940).
39 Bockris, J. O'M.: Disc. Faraday Soc. **1**, 229 (1947); Nature **159**, 401 (1947).

um größenordnungsmäßig 0,5 Volt nach GINSBURG u. WESSELOWSKI[40] zur Folge. Auch HILLSON u. RIDEAL[41] beobachteten diesen Effekt.

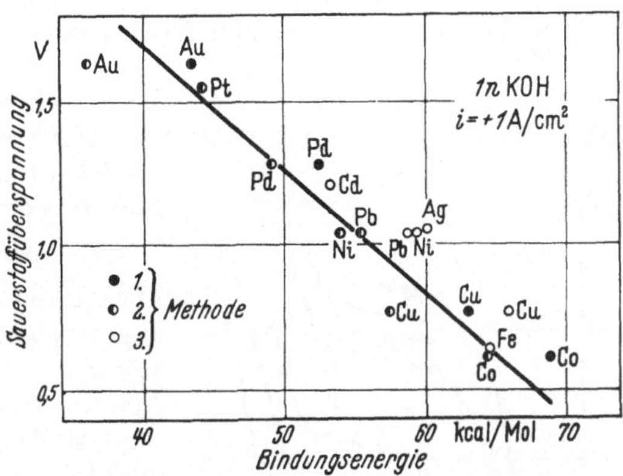


Abb. 251. Die Sauerstoffüberspannung bei 1 Amp/cm² und 25°C in 1 n KOH für verschiedene Metalle in Abhängigkeit von der Bindungsenergie Me—OH [nach P. RÜETSCHI u. P. DELAHAY: J. Chem. Phys. 23, 556 (1950)]

Die Sauerstoffüberspannung wird mit höherer Temperatur kleiner entsprechend der Beschleunigung einer gehemmten Reaktion durch Temperaturerhöhung. Hierbei bleibt der Faktor $\alpha$ weitgehend unverändert, wie Untersuchungen von BOWDEN[4] und ROITER u. JAMPOLSKAJA[7] ergaben. Abb. 252 zeigt Messungen von BOWDEN in dem Temperaturbereich von 0–81°C. Die Temperaturabhängigkeit der Stromdichte $i$ bei einem festen Potential (1,95 Volt) ergibt nach BOWDEN[4] eine lineare Beziehung zwischen $\log i$ und $1/T$ mit einer Neigung, die einer Aktivierungsenergie von 10,0 kcal entspricht. BECK u. MOULTON[11] untersuchten die Temperaturabhängigkeit der Sauerstoffüberspannung an einer Pt/Ir-Legierung in 5 m $HClO_4$ zwischen $-45°C$ und $+40°C$. Hierbei zeigt sich die in Abb. 253 wiedergegebene charakteristische Abhängigkeit des Grenzstromes von der Temperatur.

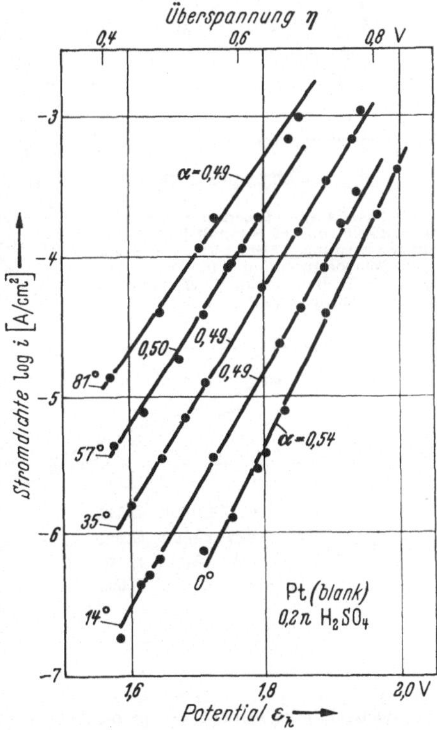


Abb. 252. Sauerstoffüberspannung (Potential $\varepsilon_h$) in Abhängigkeit von der Stromdichte an Pt in 0,2 n $H_2SO_4$ für verschiedene Temperaturen (0° bis 81°C). $\alpha$ = Durchtrittsfaktor (scheinbarer) [nach F. P. BOWDEN: Proc. Roy. Soc. A 126, 107 (1930)]

Da die Sauerstoffentwicklung sehr weit vom thermodynamischen Gleichgewicht entfernt stattfindet, sollte keine Abhängigkeit der Stromdichte-Potentialkurven vom Sauerstoffdruck zu erwarten sein. Hierüber liegt nur eine Veröffentlichung von CASSEL u. KRUMBEIN[6] vor, die

[40] GINSBURG, W. I., u. W. I. WESSELOWSKI: J. phys. Chem. USSR 24, 366 (1950).
[41] HILLSON, P. J., u. E. K. RIDEAL: Proc. Roy. Soc. A 199, 295 (1949).

jedoch im Gegensatz zu den Erwartungen einen geringen Einfluß des Sauerstoffdrucks zeigt.

Der zeitliche Abfall der Sauerstoffüberspannung nach Stromabschaltung verläuft nach der Gl. (4.130) von FRUMKIN[42]. Für Zeiten $t \gg b \cdot C_D/i$ geht Gl. (4.130) in die einfachere Form

$$\eta(t) = A - b \cdot \log t \qquad (4.208)$$

über, die bereits BUTLER u. ARMSTRONG[43] abgeleitet haben und experimentell bestätigen konnten. Abb. 254 gibt diese Abschaltmessungen für den Abfall der Sauerstoffüberspannung an Pt in verdünnter Schwefelsäure wieder. Für größere Zeiten hat die Neigung den nach Gl. (4.208) theoretisch zu erwartenden Wert $b = 0{,}120$ Volt. Auch BOCKRIS u. HUQ[14] konnten diesen Verlauf in Übereinstimmung mit den experimentellen $b$-Werten aus $d\eta/d \log i$ für 0,1 bis 0,001 n $H_2SO_4$ an Pt bestätigen. ELINA, BORISOWA u. ZALKIND[20] untersuchten nur den allerersten Überspannungsabfall und fanden daraus erstaunlich große Kapazitäten $C = C_D$ in der Größenordnung von 300 bis 1000 $\mu F/cm^2$.

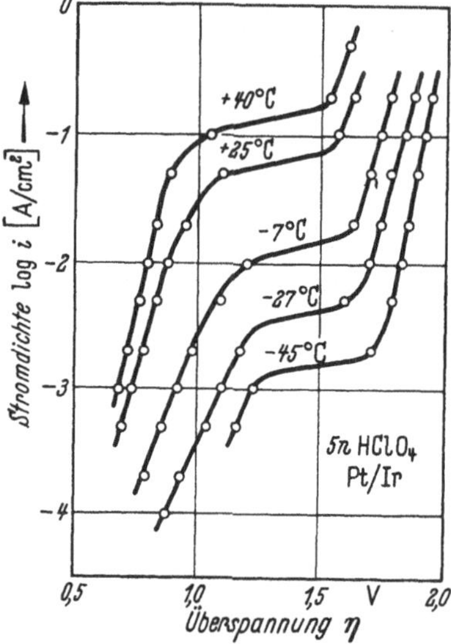


Abb. 253. Sauerstoffüberspannung in Abhängigkeit von der Stromdichte an einer Pt/Ir-Legierung in 5 m $HClO_4$ für verschiedene Temperaturen von $-45°$C bis $+40°$C [nach T. R. BECK u. R. W. MOULTON: J. electrochem. Soc. **103**, 247 (1956)]

Für die Theorie des Reaktionsmechanismus der Sauerstoffentwicklung

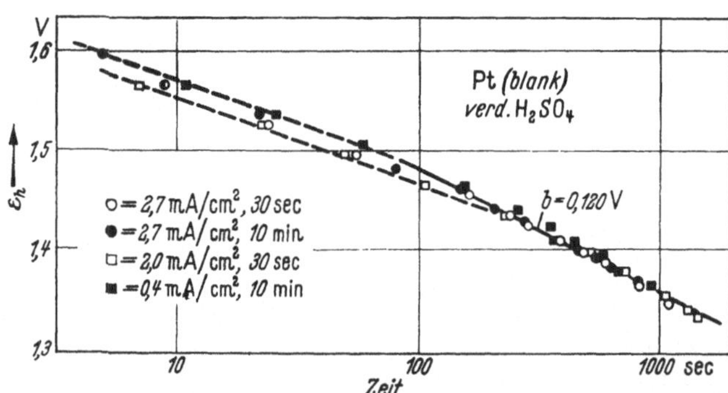


Abb. 254. Abfall der Sauerstoffüberspannung nach Ausschalten des Stromes an Pt in verdünnter Schwefelsäure gegen den Logarithmus der Zeit $t$ aufgetragen [nach G. ARMSTRONG u. J. A. V. BUTLER: Trans. Faraday Soc. **29**, 1261 (1933)]

ist es wichtig zu wissen, ob der Sauerstoff direkt aus dem Elektrolytwasser oder über den Umweg über ein Metalloxyd gebildet wird. Die

[42] FRUMKIN, A. N.: Acta physicochim. USSR **18**, 23 (1943).

[43] ARMSTRONG, G., u. J. A. V. BUTLER: Trans. Faraday Soc. **29**, 1261 (1933).

Tatsache, daß ein Metalloxyd existiert und die Überspannung auch von den Eigenschaften dieses Oxydes abhängt, besagt noch nicht, daß der entwickelte gasförmige Sauerstoff in einem Zwischenstadium an das Metall gebunden war. Aus einer sehr wichtigen Untersuchung von ROSENTAL u. VESELOWSKY[44] geht hervor, daß der am plat. Pt entwickelte Sauerstoff sehr wahrscheinlich aus dem Oberflächenoxyd stammt. Hierfür wurde zunächst in einem Elektrolyten, der $O^{18}$ angereichertes Wasser enthielt, anodisch ein Oberflächenoxyd auf dem Pt gebildet, das infolgedessen ebenfalls mit $O^{18}$ angereichert war. Nach Austausch gegen einen nicht angereicherten Elektrolyten wurden die ersten anodisch entwickelten Sauerstoffmengen massenspektrometrisch auf $O^{18}$ untersucht. Tatsächlich war eine wesentliche Erhöhung des normalen $O^{18}$-Gehaltes festzustellen. Hieraus sollte die unmittelbare chemische Beteiligung des Oberflächenoxydes an der Sauerstoffentwicklung abzuleiten sein. Es muß allerdings noch der Austausch von Sauerstoff zwischen angereichertem Oxyd und nicht angereichertem Elektrolyt aufgeklärt werden, da der Einwand, der schwere Sauerstoff $O^{18}$ könnte aus bereits ausgetauschtem Elektrolyten unmittelbar vor der Oberfläche stammen, von den Autoren[44] auch nicht entkräftet werden konnte.

## § 157. $O_2/H_2O_2$-Redoxelektrode

### α) *Kathodisch*

Bei der kathodischen Reduktion von molekularem Sauerstoff, der im Elektrolyten gelöst ist, wird $H_2O_2$ als Zwischenprodukt gebildet. Deshalb soll zunächst die Elektrodenbruttoreaktion $O_2 + 2H^+ + 2e^- \rightarrow$ $\rightarrow H_2O_2$ behandelt werden. Diese Reduktion zu $H_2O_2$ wurde bereits von TRAUBE[1] beobachtet, aber die Bildung von $H_2O_2$ als Zwischenprodukt der $O_2$-Reduktion wurde erst richtig durch die polarographischen Untersuchungen von HEYROWSKY[2] an Hg bekannt. Das Polarogramm (Abb. 255 bzw. Abb. 188, Kurve 1) zeigt zwei miteinander gekoppelte gleich große Stufen. Die erste Stufe wird dem bereits genannten Teilprozeß, der Reduktion bis zum $H_2O_2$, zugeordnet. Der Vorgang in der zweiten Stufe $H_2O_2 + 2H^+ + 2e^- \rightarrow 2H_2O$ wird in § 158 behandelt.

Die Untersuchungen der $O_2$-Reduktion wurden bevorzugt an Ag, Au, Pt und Hg, aber auch an anderen Metallen durchgeführt. Hierbei wurden von KRASILSHCHIKOW[3, 4] (Ag, Au), SIVER u. KABANOW[5] (Ag, Cu, $Hg_x$), KOLTHOFF u. JORDAN[6] (Au), WINKELMANN[7] (Pt, auch plat.) und TÖDT u. Mitarb.[8] rührabhängige Diffusionsgrenzströme

[44] ROSENTAL, K. J., u. V. J. VESELOWSKY: Dokl. Akad. Nauk USSR **111**, 637 (1956).

[1] TRAUBE, M.: Ber. dtsch. chem Ges. **15**, 2434 (1882).

[2] HEYROWSKY, J.: Čas. česk. Lékárn. **7**, 242 (1927).

[3] KRASILSHCHIKOW, A. I.: J. phys. Chem. USSR **21**, 849 (1947).

[4] KRASILSHCHIKOW, A. I.: J. phys. Chem. USSR **23**, 332 (1949).

[5] SIVER, G., u. B. N. KABANOW: J. phys. Chem. USSR **22**, 53 (1948).

[6] KOLTHOFF, I. M., u. J. JORDAN: J. Am. Soc. **74**, 4801 (1952).

[7] WINKELMANN, D.: Z. Elektrochem. **60**, 731 (1956).

[8] DAMASCHKE, K., L. ROTHBUHR u. F. TÖDT: Z. Naturf. **10b**, 215 (1955).

festgestellt, die der $O_2$-Konzentration bzw. dem über der Lösung befindlichen $O_2$-Partialdruck proportional sind. Auch an Hg treten reine Diffusionsströme auf, die die analytische Bestimmung des $O_2$-Gehaltes gestatten (z. B. v. STACKELBERG[9]). Hieraus ist zu entnehmen, daß keine chemischen Reaktionshemmungen in dem Reduktionsmechanismus vorliegen. Die auftretende Überspannung muß somit Durchtritts- und Diffusionsüberspannung sein. Ein gutes Beispiel für die Diffusion an einer rotierenden Scheibenelektrode wurde von SIVER u. KABANOW[5] an einer Kupferamalgam-($CuHg_x$) und einer Silberelektrode gegeben. Abb. 256 zeigt die Stromspannungskurven und die Grenzstromdichten $i_d$ in Abhängigkeit von der Umdrehungszahl $m$ der Elektrode.

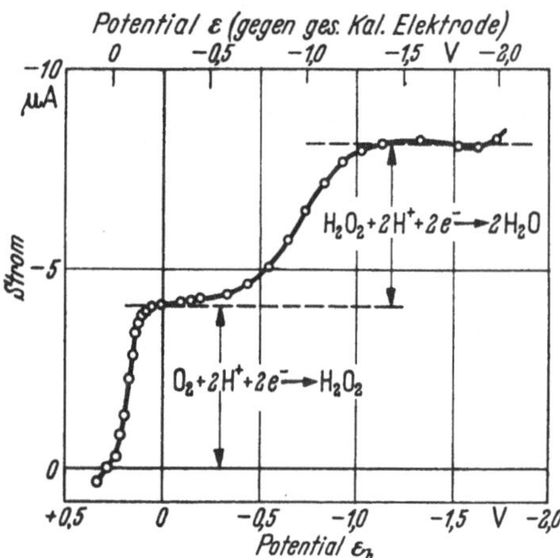


Abb. 255. Polarogramm der $O_2$-Reduktion an der Hg-Tropfelektrode $\vartheta = 4{,}0$ sec, $m = 2{,}863$ mg/sec in luftgesättigter 0,1 n KCl-Lösung bei 25° C [nach I. M. KOLTHOFF u. C. S. MILLER: J. Am. Soc. 63, 3110 (1941)]

Vor Erreichen des Grenzstrombereiches verläuft die Stromspannungsabhängigkeit der $O_2$-Reduktion nach einer Tafelschen Beziehung $\varepsilon = a - b \cdot \log|i|$, wie bereits HOAR[10] und ROITER u. JAMPOLSKAJA[11] feststellen konnten. Hierbei fanden HOAR[10] an Pt und KRASILSHCHI-

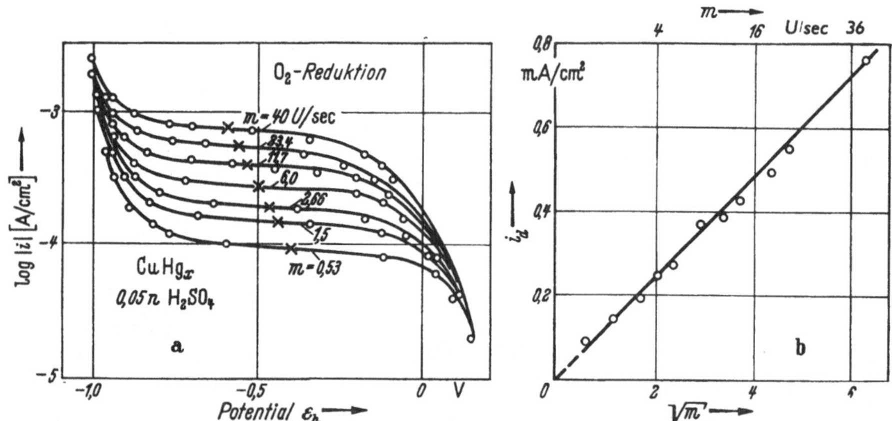


Abb. 256. Abhängigkeit der Stromspannungskurve (a) und der Diffusionsgrenzstromdichte $i_d$ (b) der $O_2$-Reduktion in luftgesättigter 0,05 n $H_2SO_4$ (2,67 · $10^{-4}$ Mol $O_2$/l) bei 20,0° C von der Umdrehungszahl $m$ einer rotierenden Kupferamalgan-Scheibenelektrode [nach G. SIVER u. B. N. KABANOW: J. phys. Chem. USSR 22, 53 (1948)]

[9] STACKELBERG, M. v.: Polarographische Arbeitsmethoden, W. DE GRUYTER 1950, S. 172.

[10] HOAR, T. P.: Proc. Roy. Soc. A 142, 628 (1933).

[11] ROITER, W. A., u. R. B. JAMPOLSKAJA: Acta physicochim. USSR 7, 247 (1937); J. phys. Chem. USSR 9, 763 (1937).

KOW[12, 4] an Ag, daß in saurer Lösung $b = 0{,}11$ bis 0,12 Volt und in alkalischer Lösung $b = 0{,}036$ bis 0,045 Volt ist. Auch die Beobachtungen von BAGOTZKY u. JABLOKOWA[13] sowie KORYTA[14] und KERN[15] an Hg und WINKELMANN[7] und KRASILSHCHIKOW u. ANDREJEWA[16] an Pt bestätigen diese Abhängigkeit. An Au[10, 12] und Ni[16] wurden entsprechende Tafelsche Beziehungen gefunden.

Nach HEYROWSKY[2], KOLTHOFF u. MILLER[17], BAGOTZKY u. JABLOKOWA[13] und BOCKRIS u. OLDFIELD[18] ist in saurer und neutraler Lösung an Hg das Potential unabhängig vom $p_H$-Wert, wie es die Messungen

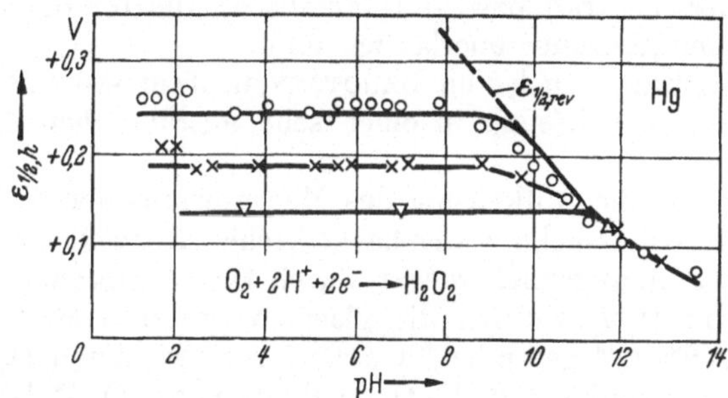


Abb. 257. Halbstufenpotential $\varepsilon_{1/2}$ (gegen Normalwasserstoffelektrode) der $O_2$-Reduktion zu $H_2O_2$ an der Hg-Tropfelektrode in Abhängigkeit vom $p_H$-Wert (in Pufferlösung) ohne Zusatz oberflächenaktiver Stoffe (○) und mit 0,9 m $Cl^-$- (×) bzw. 0,45 m $Br^-$-Zusatz (▽). Theoretisch berechnete Kurven [nach V. S. BAGOTZKY u. I. E. JABLOKOWA: J. phys. Chem. USSR 27, 1663 (1953)]

von BAGOTZKY u. JABLOKOWA[13] in Abb. 257 zeigen. In alkalischer Lösung bildet sich das reversible Potential aus, wie es auch KORYTA[14] nachweist. Das Potential stellt sich hier reversibel ein und hat die von BERL[19] an Kohle gefundene Abhängigkeit.

Aus den sehr ausführlichen Untersuchungen der $O_2$-Reduktion durch KRASILSHCHIKOW[12] ergab sich an Ag die Abhängigkeit des Elektrodenpotentials von Stromdichte, Wasserstoffionen- und Sauerstoffkonzentration in saurer und neutraler Lösung

$$\varepsilon = A + \frac{RT}{0{,}5\,F}\cdot \ln\,[O_2] - \frac{RT}{0{,}5\,F}\cdot \ln|i| \tag{4.209a}$$

und in alkalischen Elektrolyten

$$\varepsilon = A' + \frac{RT}{1{,}5\,F}\cdot \ln\,[O_2] + \frac{RT}{1{,}5\,F}\cdot \ln\,[H^+] - \frac{RT}{1{,}5\,F}\ln|i| \tag{4.209b}$$

innerhalb eines $O_2$-Druckbereiches von 0,21 bis 70 Atm. WINKELMANN[7]

[12] KRASILSHCHIKOW, A. I.: J. phys. Chem. USSR **26**, 216 (1952).
[13] BAGOTZKY, V. S., u. I. E. JABLOKOWA: J. phys. Chem. USSR **27**, 1665 (1953).
[14] KORYTA, J.: Coll. czech. chem. Comm. **18**, 21 (1953).
[15] KERN, D. M. H.: J. Am. Soc. **76**, 4208 (1954).
[16] KRASILSHCHIKOW, A. I., u. W. A. ANDREJEWA: J. phys. Chem. USSR **27**, 389 (1953).
[17] KOLTHOFF, I. M., u. C. S. MILLER: J. Am. Soc. **63**, 1013 (1941).
[18] BOCKRIS, J. O'M., u. L. F. OLDFIELD: Trans. Faraday Soc. **51**, 249 (1955).
[19] BERL, W. G.: Trans. electrochem. Soc. **83**, 253 (1943).

konnte Gl. (4.209a) an blankem Pt bestätigen*. Aus Gl. (4.209) folgen

$$i = -k_{-} \cdot [O_2] \cdot \exp\left(-\frac{(1-\alpha)F}{RT}\varepsilon\right) \tag{4.210a}$$

mit $\alpha = 0{,}5$ (sauer, neutral)

bzw.

$$i = -k'_{-} \cdot [O_2] \cdot [H^+] \cdot \exp\left(-\frac{(2-\alpha)F}{RT}\varepsilon\right) \tag{4.210b}$$

mit $\alpha = 0{,}5$ (alkalisch)

und daraus die elektrochemischen Reaktionsordnungen $z_{o,O_2} = +1$ und $z_{o,H^+} = 0$ (sauer, neutral) bzw. $+1$ (alkalisch), die für die Ermittlung des Reaktionsmechanismus unerläßlich sind.

Gl. (4.209a) wurde auch von BAGOTZKY u. JABLOKOWA[13] an Hg in saurer und neutraler Lösung in einer sehr ausführlichen Arbeit festgestellt.

Wesentlich für die Aufklärung des Mechanismus der $O_2$-Reduktion zu $H_2O_2$ ist die Untersuchung der kathodischen Reduktion von $O_2$, das mit dem $O^{18}$-Isotop angereichert war, durch DAVIES, CLARK, YEAGER u. HOVORKA[20]. Im $H_2O_2$ wurden die gleichen prozentualen Mengen an $O^{18}-O^{18}$ und $O^{18}-O^{16}$ gefunden, wie sie im verwendeten $O_2$ vorlagen. Hieraus folgt eindeutig, daß die O—O-Bindung der $O_2$-Molekel bei der Reduktion nicht aufgespalten wird.

### β) *Anodisch*

Die anodische $H_2O_2$-Oxydation zu $O_2$, also die Reaktion $H_2O_2 \rightarrow O_2 + 2H^+ + 2e^-$ wurde eingehend von KRASILSHCHIKOW, VOLCHKOWA, ANTONOWA[1], von R. u. H. GERISCHER[2] und von D. WINKELMANN[3] an Ni bzw. Pt untersucht, nachdem bereits S. TANATAR[4] den Ablauf dieser Reaktion qualitativ festgestellt hatte. Am plat. Pt liegt nach WINKELMANN[3], sowie auch vorwiegend bei den Messungen von HICKLING u. WILSON[5] nur reine Diffusionsüberspannung vor, aus der der Mechanismus nicht ermittelt werden kann. Aber an blankem Pt und Ni wurden zusätzliche Durchtrittsüberspannungen gefunden, die sich als Tafelsche Beziehungen bemerkbar machen.

Im Bereich der Tafelschen Geraden ergibt sich nach R. u. H. GERISCHER[2] und WINKELMANN[3] an Pt eine Proportionalität der anodischen Stromdichte zu der $H_2O_2$-Konzentration, wie es die Abb. 258 wiedergibt. Die $p_H$-Abhängigkeit ist noch nicht sicher bestimmt. R. u. H. GERISCHER[2] fanden nach Abb. 259 für die Reaktionsordnung im $p_H$-Bereich

* D. WINKELMANN[7] fand am *plat. Pt* noch ein $p_H$-abhängiges Glied mit einer Reaktionsordnung $z_{o,H^+} = +2/3$, die mehr dem Verhalten des blanken *Pt* in alkalischer Lösung entspricht.

[20] DAVIES, M. C., M. CLARK, E. YEAGER u. F. HOVORKA: J. electrochem. Soc. **106**, 56 (1959).

[1] KRASILSHCHIKOW, A. I., L. M. VOLCHKOWA u. L. G. ANTONOWA: J. phys. Chem. USSR **27**, 512 (1953).

[2] GERISCHER, R., u. H. GERISCHER: Z. physik. Chem. (N. F.) **6**, 178 (1956).

[3] WINKELMANN, D.: Z. Elektrochem. **60**, 731 (1956).

[4] TANATAR, S.: Ber. dtsch. chem. Ges. **36**, 199 (1903).

[5] HICKLING, A., u. W. H. WILSON: J. electrochem. Soc. **98**, 425 (1951).

von $p_H = 1$ bis 7 Werte der Größe $z_{r,H^+} = -0{,}5$ bis $-0{,}7$. Theoretisch ist der Wert $z_{r,H^+} = -1$ wahrscheinlich. WINKELMANN[3] kann keinen

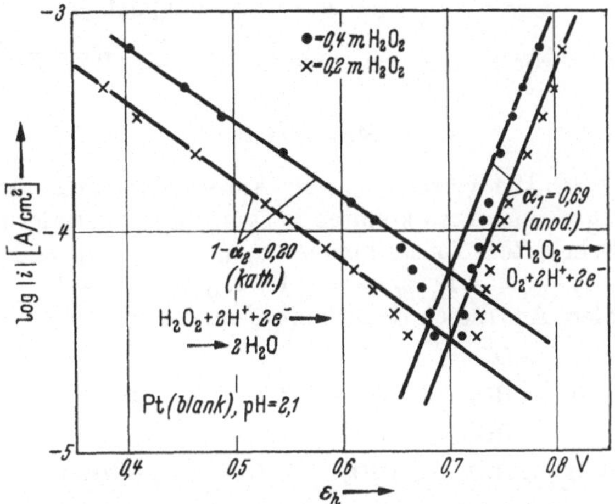


Abb. 258. Teilstromdichten der anodischen Oxydation und kathodischen Reduktion von $H_2O_2$ in Abhängigkeit vom Potential $\varepsilon_h$ und der $H_2O_2$-Konzentration in 1 n $K_2SO_4 + H_2SO_4$ ($p_H = 2{,}1$) an Pt (blank) [nach R. u. H. GERISCHER: Z. physik. Chem. (N. F.) 6, 178 (1956)]

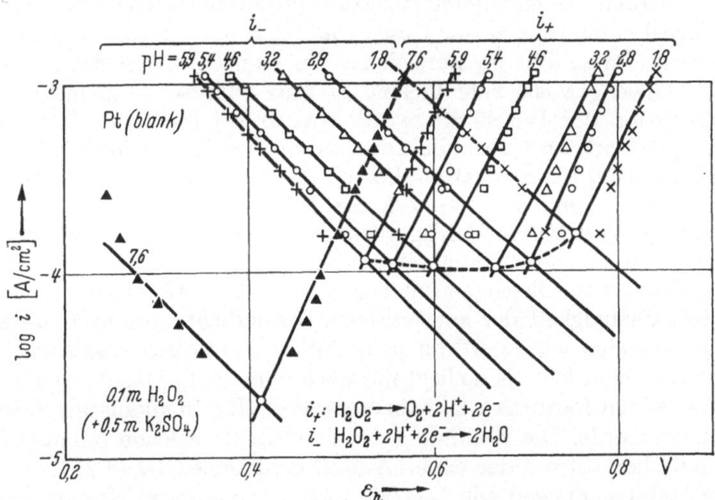


Abb. 259. Teilstromdichte der anodischen Oxydation ($i_+$) und kathodischen Reduktion ($i_-$) von $H_2O_2$ an Pt (blank) in Abhängigkeit vom Potential $\varepsilon_h$ und dem $p_H$-Wert bei 0,1 m $H_2O_2$ mit 0,5 m $K_2SO_4$-Fremdelektrolytzusatz [nach R. u. H. GERISCHER: Z. Physik. Chem. (N. F.) 6, 178 (1956)]

Wert hierfür angeben. Die Experimente lassen auf eine Beziehung

$$i_+ = k \cdot \frac{[H_2O_2]}{[H^+]} \cdot \exp\left(+\frac{\alpha F}{RT}\,\varepsilon\right) \qquad (4.211)$$

$$\text{mit } \alpha = 0{,}69$$

an Pt in saurer und neutraler Lösung schließen.

In alkalischer Lösung fanden KRASILSHCHIKOW u. Mitarb.[1] experimentell die Beziehung

$$\varepsilon = A + \frac{2}{3}\frac{RT}{F}\cdot \ln i - \frac{RT}{F}\cdot \ln [\mathrm{OH}^-] \qquad (4.212)$$

aber nicht das theoretisch zu erwartende Glied $-(2RT/3F)\cdot \ln [\mathrm{HO}_2^-]$.

### γ) *Mechanismus*

An den durch die verschiedensten Autoren untersuchten Metallen Ag, Pt, Ni, Hg und anderen konnten in saurer und neutraler Lösung die elektrochemischen Reaktionsordnungen $z_{o,\mathrm{O}_2} = +1$, $z_{o,\mathrm{H}^+} = 0$, $z_{o,\mathrm{H}_2\mathrm{O}_2} = 0$ (kath.) und $z_{r,\mathrm{H}_2\mathrm{O}_2} = +1$, $z_{r,\mathrm{H}^+} = -1$, $z_{r,\mathrm{O}_2} = 0$ (anod.) angenähert ermittelt werden. Aus diesen Reaktionsordnungen folgt ein Mechanismus

$$\begin{array}{lll}
\text{a)} & \mathrm{O_2} + e^- \leftrightarrows \mathrm{O_2^-} & \\
\text{b)} & \mathrm{O_2^-} + \mathrm{H^+} \leftrightarrows \mathrm{HO_2} & (\mathrm{O_2^-} + \mathrm{H_2O} \leftrightarrows \mathrm{HO_2} + \mathrm{OH^-}) \\
\text{c)} & \mathrm{HO_2} + e^- \leftrightarrows \mathrm{HO_2^-} & \\
\text{d)} & \mathrm{HO_2^-} + \mathrm{H^+} \leftrightarrows \mathrm{H_2O_2} & (\mathrm{HO_2^-} + \mathrm{H_2O} \leftrightarrows \mathrm{H_2O_2} + \mathrm{OH^-}) \\
\hline
 & \mathrm{O_2} + 2\mathrm{H^+} + 2e^- \leftrightarrows \mathrm{H_2O_2} & (\mathrm{O_2} + 2\mathrm{H_2O} \leftrightarrows \mathrm{H_2O_2} + 2\mathrm{OH^-})
\end{array} \qquad (4.213)$$

Der Hemmung der Reaktion a) entspricht die Gl. (4.210a) bei kathodischem Strom. Die gebildeten Reaktionsprodukte $\mathrm{O_2^-}$ bzw. $\mathrm{HO_2}$ werden sich hierbei entsprechend der Geschwindigkeit der Abreaktion des $\mathrm{HO_2}$ anreichern. Im sauren $p_\mathrm{H}$-Bereich ist die Konzentration des mit dem $\mathrm{HO_2}$ im Gleichgewicht befindlichen $\mathrm{O_2^-}$-Ions offenbar so klein, daß die Gegenreaktion der Durchtrittsreaktion a) unbedeutend ist. Mit wachsendem $p_\mathrm{H}$-Wert wird aber die Dissoziation des $\mathrm{HO_2}$ gefördert, so daß bei gleicher $\mathrm{HO_2}$-Konzentration die $\mathrm{O_2^-}$-Konzentration um viele Zehnerpotenzen ansteigen kann, so daß die Durchtrittsreaktion von einem gewissen $p_\mathrm{H}$-Wert ab im Gleichgewicht sein wird. Dann wird die Durchtrittsreaktion c) geschwindigkeitsbestimmend. Mit dem vorgelagerten elektrochemischen Gleichgewicht ergibt sich dann Gl. (4.210b) für die Potentialabhängigkeit der kathodischen Stromdichte, die in alkalischer Lösung gefunden wurde. Wenn jedoch diese Durchtrittsreaktion ebenfalls im Gleichgewicht ist, so liegt nur noch reine Diffusionsüberspannung vor, wie sie von BAGOTZKY u. JABLOKOWA[1] an Hg in alkalischer Lösung festgestellt wurde. Die Hemmung der Durchtrittsreaktion c) entspricht bei anodischem Strom der experimentell gefundenen Gl. (4.211).

Die Untersuchungen von DAVIES, CLARK, YEAGER u. HOVORKA[2] mit dem $\mathrm{O}^{18}$-Isotop stehen mit dem Mechanismus Gl. (4.213) in bester Übereinstimmung. Nach diesen Untersuchungen ist nur ein Mechanismus diskutabel, bei dem die *Bindung innerhalb der $O_2$-Molekel nicht aufgebrochen wird.*

Der in Gl. (4.213) angegebene Mechanismus wurde zuerst von KRASILSHCHIKOW[3,4,5] an Ag und Ni und von BAGOTZKY u. JABLOKOWA[1]

---

[1] BAGOTZKY, V. S., u. I. E. JABLOKOWA: J. phys. Chem. USSR **27**, 1665 (1953).

[2] DAVIES, M. C., M. CLARK, E. YEAGER u. F. HOVORKA: J. electrochem. Soc. **106**, 56 (1959).

an Hg angegeben, nachdem die Reaktion a) bereits von ROITER u. JAMPOLSKAJA[6] als geschwindigkeitsbestimmender Schritt erkannt worden war[7]. R. u. H. GERISCHER[8] und WINKELMANN[9] konnten diese Reaktion auch für das Pt bestätigen. Es soll jedoch noch bemerkt werden, daß andere Autoren, wie HICKLING u. WILSON[10], KOLTHOFF u. JORDAN[11], BOCKRIS u. OLDFIELD[12] und VIELSTICH[13] andere Mechanismen, meistens unter Einbeziehung von Metalloxyden ohne Verwendung von Reaktionsordnungen, diskutieren.

Das in diesem Mechanismus auftretende Radikal $HO_2$ (Perhydroxyl) wurde zuerst von CALVERT[14] genannt und von HABER[15], BONHOEFFER[16], WILLSTÄTTER[17] und WEISS[18, 19] in die chemische Reaktionskinetik eingeführt. Für das Radikal $O_2^-$, das als Anion des $HO_2$ anzusehen ist, gibt LATIMER[20] auf Grund unsicherer thermodynamischer Daten eine Dissoziationskonstante der Größenordnung $K = 10^{-7}$ (Mol/l) an. Als Größenordnung der Normalpotentiale der beiden Durchtrittsreaktionen nennt LATIMER[20] für $O_2^-$ (aq) $\leftrightharpoons O_2(g) + e^-$ den Wert $E_0 = -0{,}56$ Volt und für $HO_2^-$(aq) $\leftrightharpoons HO_2 + e^-$ den Wert $E_0 = +0{,}8$ Volt. Diese Werte stehen mit den experimentellen Ergebnissen im Einklang. Einen direkten experimentellen Beweis für die Existenz des $HO_2$-Radikals erbrachten FONER u. HUDSON[21] durch massenspektrometrische Untersuchungen.

## § 158. $H_2O_2/H_2O$-Redoxelektrode

### α) *Kathodisch*

Die zweite Stufe der $O_2$-Reduktion in Abb. 255 entspricht der kathodischen Reduktion des $H_2O_2$, also der Bruttoreaktion $H_2O_2 + 2\,H^+ + 2e^- \rightarrow 2\,H_2O$ in saurer bzw. $HO_2^- + H_2O + 2e^- \rightarrow 3\,OH^-$ in alkalischer Lösung. Das Normalpotential dieser Reaktion ist sehr positiv und liegt bei $E_{0,h} = +1{,}77$ bzw. $+0{,}88$ Volt (§ 154β). Dieses Normalpotential

³ KRASILSHCHIKOW, A. I.: J. phys. Chem. USSR **23**, 332 (1949).
⁴ KRASILSHCHIKOW, A. I.: J. phys. Chem. USSR **26**, 216 (1952).
⁵ KRASILSHCHIKOW, A. I., L. M. VOLCHKOWA u. L. G. ANTONOWA: J. phys. Chem. USSR **27**, 512 (1953).
⁶ ROITER, W. A., u. R. B. JAMPOLSKAJA: Acta physicochim. USSR **7**, 247 (1937); J. phys. Chem. USSR **9**, 763 (1937).
⁷ Zusammenfassend berichtet hierüber A. N. FRUMKIN: Fragen der chemischen Kinetik, Katalyse und Reaktionsfähigkeit. Akad. Wiss. USSR 1955, S. 402—419.
⁸ GERISCHER, R., u. H. GERISCHER: Z. physik. Chem. **6**, 178 (1956).
⁹ WINKEILMANN, D.: Z. Elektrochem. **60**, 731 (1956).
¹⁰ HICKLING, A., u. W. H. WILSON: J. electrochem. Soc. **98**, 425 (1951).
¹¹ KOLTHOFF, I. M., u. J. JORDAN: J. Am. Soc. **74**, 4801 (1952).
¹² BOCKRIS, J. O'M., u. L. F. OLDFIELD: Trans. Faraday Soc. **51**, 249 (1955).
¹³ VIELSTICH, W.: Z. physik. Chem. (N. F.) **15**, 409 (1958).
¹⁴ CALVERT, H. T.: Z. physik. Chem. **38**, 513 (1901).
¹⁵ HABER, F.: Naturwiss. **19**, 450 (1931).
¹⁶ BONHOEFFER, K. F., u. F. HABER: Z. physik. Chem. **A 137**, 263 (1928).
¹⁷ HABER, F., u. R. WILLSTÄTTER: Ber. Dtsch. chem. Ges. **64**, 2844 (1931).
¹⁸ WEISS, J.: Trans. Faraday Soc. **31**, 668 (1935).
¹⁹ WEISS, J.: Advances in Catalysis. Acad. Press. New York 1952, Bd. 4, S. 343.
²⁰ LATIMER, W. M.: The Oxidation States of the Elements and their Potentials in Aqueous Solutions, Prentice-Hall, Englewood Cliffs 1952 (1956), 2. Aufl., S. 47.
²¹ FONER, S. N., u. R. L. HUDSON: J. chem. Physics **21**, 1608 (1953).

liegt zwar wesentlich höher als das der $O_2$-Reduktion zum $H_2O_2$, aber die Überspannung der kathodischen $H_2O_2$-Reduktion ist an vielen Metallen viel größer, so daß sich in der Stromdichtepotentialkurve zwei Stufen ausbilden. DELAHAY[1] hat durch Bestimmung des elektrochemischen Umsatzes die in Abb. 260 wiedergegebenen Kurven ermittelt. In diesen Kurven ist die Anzahl der Elektronen angegeben, die in Abhängigkeit vom Potential pro $O_2$-Molekel verbraucht wurden. Bei der Reduktion bis zum $H_2O_2$ werden nur 2 Elektronen, dagegen bis zum $H_2O$ 4 Elektronen benötigt. Der Anstieg von 2 auf 4 Elektronen in Abb. 260 bedeutet also das Einsetzen der $H_2O_2$-Reduktion innerhalb eines von Metall zu Metall verschiedenen Potentialbereiches.

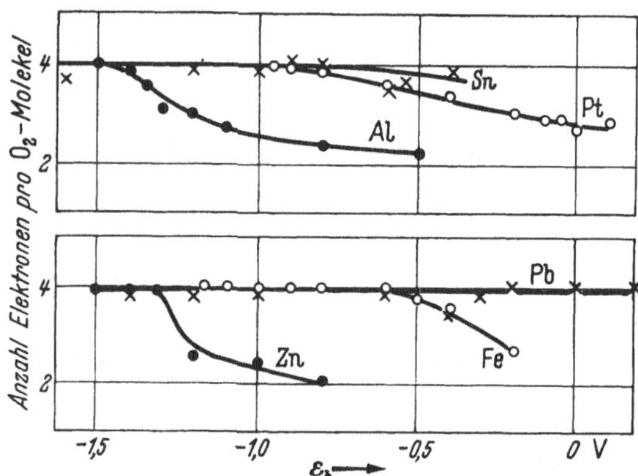


Abb. 260. Kathodische Reduktion von $O_2$ zu $H_2O_2$ bzw. $H_2O$. Anzahl der Elektronen pro $O_2$-Molekel aus dem elektrochemischen Umsatz in Abhängigkeit vom Potential $\varepsilon_h$ für verschiedene Metalle in phosphatgepufferter 0,2 m KCl-Lösung ($p_H$ = 6,9) [nach P. DELAHAY: J. electrochem. Soc. **97**, 198, 205 (1950)]

An Hg werden in der Polarographie[2–5], an Pt nach R. u. H. GERISCHER[6] und WINKELMANN[7] und an Au nach KOLTHOFF u. JORDAN[8] Diffusionsgrenzströme beobachtet, deren Größe proportional der $H_2O_2$-Konzentration ist. Die auftretende Überspannung kann sich deshalb nur aus einem Durchtritts- und einem Diffusionsanteil zusammensetzen.

In einer ausführlichen Arbeit stellten BAGOTZKI u. JABLOKOWA[9] an der Hg-Tropfelektrode die Stromspannungsbeziehung

$$i = -k \frac{c_{H_2O_2} \cdot [H^+]}{[H^+] + K} \cdot \exp\left(-\frac{(1-\alpha) F}{RT} \cdot (\varepsilon - \zeta)\right) \tag{4.214}$$

fest. Hierin bedeutet $c_{H_2O_2}$ die chemisch-analytische Konzentration an Peroxyd $c_{H_2O_2} = [H_2O_2] + [HO_2^-]$, $K = [H^+] \cdot [HO_2^-]/[H_2O_2]$ die Dissoziationskonstante des $H_2O_2$, und $\zeta$ die Potentialdifferenz innerhalb der diffusen Doppelschicht. Der Bruch in Gl. (4.214) bedeutet nichts anderes als die Konzentration an undissoziiertem Wasserstoffperoxyd $[H_2O_2]$

[1] DELAHAY, P.: J. electrochem. Soc. **97**, 205 (1950).
[2] HEYROWSKY, J.: Čas. česk. Lékárn. **7**, 242 (1927); auch J. HEYROWSKY: Polarographisches Praktikum. Springer 1946, S. 41.
[3] STACKELBERG, M. v.: Polarographische Arbeitsmethoden, W. de Gruyter, Berlin 1950, S. 172.
[4] KOLTHOFF, I. M., u. C. S. MILLER: J. Am. Soc. **63**, 1013 (1941).
[5] BOCKRIS, J. O'M., u. L. F. OLDFIELD: Trans. Faraday Soc. **51**, 249 (1955).
[6] GERISCHER, R., u. H. GERISCHER: Z. physik. Chem. (N. F.) **6**, 178 (1956).
[7] WINKELMANN, D.: Z. Elektrochem. **60**, 731 (1956).
[8] KOLTHOFF, I. M., u. J. JORDAN: J. Am. Soc. **74**, 4801 (1952).
[9] BAGOTZKY, V. S., u. I. E. JABLOKOWA: J. phys. Chem. USSR **27**, 1665 (1953).

$= c_{H_2O_2} \cdot [H^+]/([H^+] + K)$. Die kathodischen elektrochemischen Reaktionsordnungen sind also über den gesamten $p_H$-Bereich $z_{o,H_2O_2} = +1$ und $z_{o,H^+} = 0$. Dementsprechend ist das Halbstufenpotential $\varepsilon_{1/2}$ in saurer und neutraler Lösung konstant*, wie es bereits KOLTHOFF u. MILLER[4] festgestellt hatten. Abb. 261 zeigt den Verlauf von $\varepsilon_{1/2}$ nach BAGOTZKY u. JABLOKOWA[9] in Abhängigkeit vom $p_H$-Wert. Die eingezeichnete Kurve ist für konstantes $i = i_d/2$ nach Gl. (4.214) berechnet worden.

Aus den genannten Reaktionsordnungen ist zu entnehmen, daß die Substanz $S_o$, an der die Reduktion des $H_2O_2$ angreift, das undissoziierte $H_2O_2$ selbst sein muß. Aus der Tatsache, daß die Überspannung nach Abb. 261 unabhängig von Zusätzen oberflächenaktiver Substanzen ist, geht außerdem hervor, daß $S_o$ eine neutrale Molekel sein muß, deren Konzentration in der diffusen Doppelschicht nicht durch das $\zeta$-Potential beeinflußt wird. Daher ist mit BAGOTZKY u. JABLOKOWA[9] die von WEISS[10] vorgeschlagene Durchtrittsreaktion (4.215a) anzunehmen, der die Reaktion (4.215b) folgt. Der Mechanismus der $H_2O_2$-Reduktion wäre danach

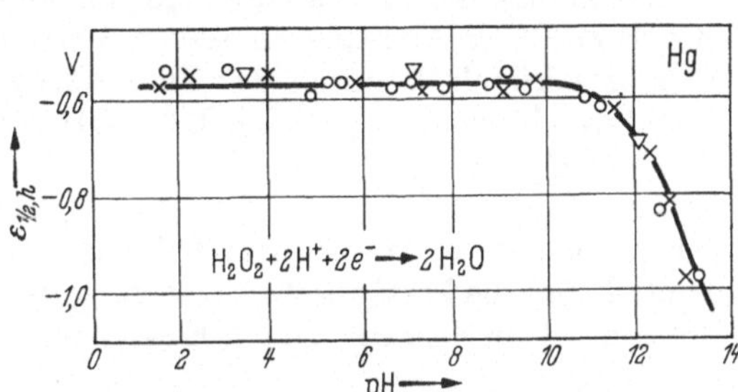


Abb. 261. Halbstufenpotential $\varepsilon_{1/2,h}$ (gegen Normalwasserstoffelektrode) der kathodischen $H_2O_2$-Reduktion an der Hg-Tropfelektrode in Abhängigkeit vom $p_H$-Wert und Zusatzen von 0,9 m $Cl^-$ (×) und 0,45 m $Br^-$ (▽). Theoretische Kurve nach Gl. (4.214) [nach V. S. BAGOTZKY u. I. E. JABLOKOWA: J. phys. Chem. USSR 27, 1663 (1953)]

$$H_2O_2 + e^- \rightarrow OH + OH^- \qquad (4.215a)$$

$$OH + e^- \rightarrow OH^- \qquad (4.215b)$$

Auch an Pt konnten R. u. H. GERISCHER[6] (vgl.** Abb. 259) sowie WINKELMANN[7] die gleichen Reaktionsordnungen feststellen, aus denen diese Autoren ebenfalls den genannten Mechanismus an Pt ableiteten.

Die Existenz des OH-Radikals wurde durch BONHOEFFER[11] als Dissoziationsprodukt im erhitzten Wasserdampf spektralanalytisch nachgewiesen. LATIMER[12] gibt als Normalpotential für die Reaktion $OH^- \rightleftharpoons OH + e^-$ einen ungefähren Wert von $E_0 = +2{,}0$ Volt an.

### β) *Anodisch*

Über eine anodische Reaktion $2\,H_2O \rightarrow H_2O_2 + 2\,H^+ + 2e^-$ ist in der Literatur nichts bekannt. Da das Gleichgewichtspotential wegen des

* Da die Stufenhöhe $i_d$ vom $p_H$-Wert praktisch unabhängig ist, ist beim Halbstufenpotential $\varepsilon_{1/2}$ die Stromdichte $i = i_d/2$ auch als konstant anzusehen.

10 WEISS, J.: Trans. Faraday Soc. 31, 1547 (1935).

11 BONHOEFFER, K. F.: Z. physik. Chem. 131, 363 (1928); s. auch K. F. BONHOEFFER u. F. HABER: Z. physik. Chem. 137, 263 (1928).

12 LATIMER, W. M.: Oxidation-Potentials (The Oxidation States of the Elements and their Potentials in Aqueous Solutions), Prentice-Hall, Englewood Cliffs 1952 (1956), S. 48.

** Die Reaktionsordnung $z_{o,H^+} = 0$ ist hier nur angenähert erfüllt.

sehr positiven Normalpotentials von $E_0 = +1{,}77$ Volt recht positiv ist, kann eine derartige $H_2O_2$-Bildung erst bei Potentialen einsetzen, bei denen bereits eine starke anodische Sauerstoffentwicklung vorliegt. Entstehendes $H_2O_2$ müßte dabei sehr schnell über die anodische Reaktion $H_2O_2 \rightarrow O_2 + 2H^+ + 2e^-$ weiterreagieren. Ob diese Reaktionsfolge der Mechanismus der anodischen $O_2$-Entwicklung selbst ist, kann noch nicht entschieden werden.

### γ) *Katalytischer* $H_2O_2$-*Zerfall*

Der katalytische Zerfall des $H_2O_2$ an Metalloberflächen wurde bereits von WEISS[10] in Analogie zu seinen Vorstellungen über die homogene Zerfallsreaktion[13–15] durch das Zusammenwirken der Metallelektronen-Donatorreaktion $H_2O_2 + e^- \rightarrow OH + OH^-$ und der Akzeptorreaktion $HO_2^- \rightarrow HO_2 + e^-$ gedeutet. ROITER u. JAMPOLSKAJA[16] wiesen auf die Potentialabhängigkeit der Geschwindigkeit dieser Reaktionen hin, jedoch erst R. u. H. GERISCHER[6] und WINKELMANN[7] zeigten experimentell, daß die katalytische Zersetzung des $H_2O_2$ ein elektrochemisches Problem ist, in dem die beiden Elektrodenbruttoreaktionen

(anodisch) $$H_2O_2 \rightarrow O_2 + 2H^+ + 2e^- \quad (4.216\,a)$$

(kathodisch) $$H_2O_2 + 2H^+ + 2e^- \rightarrow H_2O \quad (4.216\,b)$$

$$2H_2O_2 \rightarrow O_2 + 2H_2O$$

nebeneinander ablaufen. Abb. 258 und 259 demonstrieren deutlich das potentialabhängige Zusammenwirken beider Reaktionen und die Ausbildung des stromlosen Mischpotentials.

Da die Geschwindigkeiten (Teilstromdichten) sowohl der anodischen Reaktion (4.216a) nach Gl. (4.211) als auch die der kathodischen Reaktion (4.216b) nach Gl. (4.214) proportional der $H_2O_2$-Konzentration sind, wird das Mischpotential unabhängig von der $H_2O_2$-Konzentration, wie es BOCKRIS u. OLDFIELD[5] und R. u. H. GERISCHER[6] experimentell feststellten.

Die komplizierte $p_H$-Abhängigkeit hängt mit Gl. (4.211) und Gl. (4.214) und den möglicherweise verschiedenen $\alpha$-Werten beider Gleichungen zusammen*.

Wie stark die Radikale OH, $HO_2$ oder $O_2^-$ an der Metalloberfläche gebunden werden, läßt sich nicht entscheiden. Eine derartige Bindung wäre einer Oxydbildung auf der Metalloberfläche ähnlich. Insofern kann

---

13 HABER, F., u. J. WEISS: Naturwiss. **20**, 948 (1932).

14 WEISS, J.: Advances Catalysis. Acad. Press, New York 1952, Bd. 4, S. 343.

15 WEISS, J.: Naturwiss. **23**, 64 (1935).

16 ROITER, W. A., u. R. B. JAMPOLSKAJA: Acta physicochim. USSR **7**, 247 (1937); J. phys. Chem. USSR **9**, 763 (1937).

* Die von BOCKRIS u. OLDFIELD[5] gefundene $p_H$-Abhängigkeit 59 mV/$p_H$ wäre bei $\alpha_k = \alpha_a$ in Gl. (4.211) und Gl. (4.214) erfüllt. Nach R. u. H. GERISCHER schwankt die Abhängigkeit zwischen 40 mV/$p_H$ bis 85 mV/$p_H$.

die alte Vorstellung von HABER[17] einer intermediären Oxydbildung und Rückbildung eine gewisse Berechtigung behalten.

## § 159. Mechanismus der Sauerstoffelektrode

Zwei prinzipiell verschiedene Reaktionsmechansmen der Sauerstoffelektrode werden in der Literatur diskutiert, ohne daß bisher eine Entscheidung für den einen oder anderen Mechanismus gefällt werden konnte. Der eine Mechanismus wird bevorzugt bei der kathodischen Reduktion des Sauerstoffs behandelt. Durch ihn könnte auch die anodische Sauerstoffentwicklung erklärt werden. In diesem Mechanismus werden als Zwischenprodukte die Radikale OH und $HO_2$ verwendet. Er setzt sich aus den Mechanismen nach Gl. (4.213) und Gl. (4.215) zusammen[1]:

$$\left.\begin{array}{r} O_2 + e^- \leftrightharpoons O_2^- \\ O_2^- + H^+ \leftrightharpoons HO_2 \\ HO_2 + e^- \leftrightharpoons HO_2^- \\ HO_2^- + H^+ \leftrightharpoons H_2O_2 \end{array}\right\} O_2 + 2H^+ + 2e^- \leftrightharpoons H_2O_2$$

$$\left.\begin{array}{r} H_2O_2 + e^- \leftrightharpoons OH + OH^- \\ OH + e^- \leftrightharpoons OH^- \\ 2\times(OH^- + H^+ \leftrightharpoons H_2O) \end{array}\right\} H_2O_2 + 2H^+ + 2e^- \leftrightharpoons 2H_2O \qquad (4.217)$$

$$\overline{O_2 + 4H^+ + 4e^- \leftrightharpoons 2H_2O}$$

Auch anodisch wäre diese Reaktion möglich. Das Normalpotential von $H_2O_2 + 2H^+ + 2e^- \leftrightharpoons 2H_2O$ liegt bei $E_0 = +1{,}77$ V, so daß bei Potentialen von etwa $\varepsilon = +1{,}5$ Volt gegen die Wasserstoffelektrode in gleicher Lösung schon eine merkliche $H_2O_2$-Konzentration vor der Oberfläche thermodynamisch möglich ist. Die Tatsache, daß $H_2O_2$ bisher als Nebenprodukt bei der anodischen $O_2$-Entwicklung nicht gefunden wurde*, besagt nur, daß es sehr schnell weiter reagieren müßte, was den sonstigen Erfahrungen über die $H_2O_2$-Oxydation durchaus entspricht. Die gefundene Tafelsche Beziehung für die anodische $O_2$-Entwicklung mit $b = 0{,}11$ bis 0,12 Volt müßte in diesem Fall eine Eigenschaft der Reaktion $2H_2O \rightarrow H_2O_2 + 2H^+ + 2e^-$ sein, deren Verhalten anderweitig bisher nicht studiert werden konnte.

Der andere Mechanismus verläuft über die Bildung von Oberflächenoxyden, -hydroxyden oder -oxyhydraten der Elektrodenmetalle. Die Ausbildung von Sauerstoffchemisorptionsschichten auf den Metallen bei den in Frage kommenden Potentialen ist bekannt und in § 155 behandelt worden. Die experimentell festgestellten großen Sauerstoffüberspannungen entsprechen einem sehr großen Sauerstoffpartialdruck

[17] HABER, F., u. S. GRINBERG: Z. anorg. Chem. **18**, 37 (1898). — HABER, F.: Z. physik. Chem. **34**, 513 (1900); Z. Elektrochem. **7**, 44 (1901).

[1] Zusammenfassend A. N. FRUMKIN: In „Fragen der chemischen Kinetik, Katalyse und Reaktionsfähigkeit". Akad. Wiss. USSR 1955, S. 402—419.

* Nach unveröffentlichten Untersuchungen von K. J. VETTER u. D. BERNDT muß auf Grund der Nachweisempfindlichkeit die stationäre $H_2O_2$-Konzentration unmittelbar vor der Oberfläche auch bei stärkerer $O_2$-Entwicklung an Pt $[H_2O_2] < 10^{-7}$ Mol/l sein.

dieser Oxydschichten, so daß die Abspaltung von molekularem Sauerstoff aus dem Oberflächenoxyd möglich erscheint. Der Mechanismus wäre durch

$$\begin{array}{l} 2\times(\mathrm{Me} + \mathrm{H_2O} \leftrightharpoons \mathrm{Me{-}O} + 2\mathrm{H^+} + 2e^-) \\ \begin{matrix}\mathrm{Me{-}O}\\ + \\ \mathrm{Me{-}O}\end{matrix} \leftrightharpoons 2\mathrm{Me} + \mathrm{O_2} \\ \hline 2\mathrm{H_2O} \leftrightharpoons \mathrm{O_2} + 2\mathrm{H^+} + 2e^- \end{array} \qquad (4.218)$$

allgemein zu formulieren. Die Diskussion eines speziellen Mechanismus dürfte bei den noch unzureichenden Kenntnissen über die Eigenschaften der Chemisorptionsschichten, besonders auch der Bindungsenergien, zu spekulativ werden.

Die bemerkenswerte $p_H$-Unabhängigkeit der Sauerstoffüberspannung $\eta = \varepsilon - \varepsilon_0$ könnte auf ein vorgelagertes Metall/Metalloxyd-Gleichgewicht zurückzuführen sein. Dann wäre die Sauerstoffentwicklungsgeschwindigkeit nur eine Funktion des $O_2$-Partialdruckes. Die Deutung des $b$-Wertes erscheint so allerdings schwierig. Andererseits ist das Potential bei der anodischen Bildung von Chemisorptionsschichten nicht nur vom Bedeckungsgrad, sondern auch von der Stromdichte etwa nach einer Tafelschen Beziehung abhängig, wie die Ausführungen in § 155 zeigen. Das Bildungspotential verschiebt sich wie das Potential der Sauerstoffentwicklung um 59 mV/$p_H$ bei vorgegebener konstanter Stromdichte $i$ und konstantem Bedeckungsgrad $\Theta$. Hiernach wäre die Bildungsreaktion Gl. (4.218a) der geschwindigkeitsbestimmende Schritt. Aber die Kenntnisse über die Oxydbildung sind noch nicht ausreichend, um eine weitgehend spekulationsfreie Analyse dieses Vorganges zu gewährleisten.

Wesentlich für die Unterscheidung zwischen diesen beiden Gruppen von Mechanismen kann eine Untersuchung von ROSENTAL u. VESELOWSKY[2] unter Verwendung des $O^{18}$-Isotops werden. ROSENTAL u. VESELOWSKY haben plat. Pt mit einer elektrolytisch erzeugten $O^{18}$-angereicherten Sauerstoffchemisorptionsschicht bedeckt. Die massenspektrometrische Analyse der ersten anodisch an dieser Oberfläche entwickelten $O_2$-Mengen aus einer nichtangereicherten Elektrolytlösung ergab einen mit $O^{18}$ angereicherten Sauerstoff. Dieses Ergebnis würde die Mitwirkung eines Metalloxydes nach Gl. (4.218) beweisen, wenn sichergestellt wäre, daß zwischen dem Metalloxyd und dem neuen, unangereicherten Elektrolyten kein Austausch von $O^{18}$ besteht, worauf bereits ROSENTAL u. VESELOWSKY hingewiesen haben. Wenn ein derartiger Austausch bestünde, würde der Elektrolyt unmittelbar vor der Oberfläche reicher an $O^{18}$ werden. Gasförmiger Sauerstoff, der sich unmittelbar ohne Beteiligung einer Sauerstoffbindung an das Metall nach z. B. Gl. (4.217) bilden würde, wäre dann auch angereichert. Eine experimentelle Entscheidung zwischen beiden Möglichkeiten ist somit auch hier noch nicht sicher möglich.

---

[2] ROSENTAL, K. J., u. V. J. VESELOWSKY: Dokl. Akad. Nauk USSR **111**, 637 (1956).

In der Literatur wird noch eine größere Anzahl von Varianten sowohl zu Gl. (4.217) als auch besonders zum Mechanismus Gl. (4.218) angegeben. Da aber alle diese Möglichkeiten auf rein spekulativer Grundlage diskutiert werden, ist eine detailierte Behandlung hier leider verfrüht. Der Mechanismus der $O_2$-Elektrode muß als noch nicht geklärt angesehen werden.

## B. Metallionenelektroden

Während über den Verlauf und die Gesetzmäßigkeiten von Redoxreaktionen an Elektroden schon recht gesicherte und experimentell genau geprüfte Vorstellungen existieren, sind z. Z. unsere Kenntnisse über die Vorgänge an den Metallionenelektroden noch recht lückenhaft. Hier tritt für die Deutung der Vorgänge der Ein- und Ausbau der Metallatome in das Kristallgitter als besondere Komplikation auf. Trotz außerordentlich zahlreicher, oftmals technisch interessanter Arbeiten über die anodische Auflösung und die kathodische Abscheidung von Metallen, konnten zunächst über die grundlegenden Arbeiten von ERDEY-GRUZ u. VOLMER[1] und BRANDES[2] hinaus keine wesentlichen Fortschritte erzielt werden. ERDEY-GRUZ u. VOLMER führen das wesentlich kompliziertere Verhalten der Überspannung an Metallionenelektroden darauf zurück, daß ein Kristall nach der Kossel-Stranski-Theorie[3, 4] nur an bestimmten *Wachstumsstellen* wachsen oder sich auflösen kann. Hierbei dürften nach FRANCK[5] bevorzugt die Schrauben-*versetzungen* von Bedeutung sein, bei denen keine *Keimbildungsarbeit* aufgewendet werden muß. Erst in den letzten Jahren wurden besonders durch Arbeiten von GERISCHER, aber auch von LORENZ wesentliche Fortschritte erzielt, die experimentelle Bestätigungen der Vorstellungen über die Elektrokristallisation erbrachten, so daß nunmehr der Grundstein für den Beginn einer neuen erfolgreichen Periode der Untersuchungen der Metallionenelektroden gelegt sein dürfte.

### a) Elektroden ohne Deckschichten

### § 160. Durchtrittsüberspannung an flüssigen Elektrodenmetallen (insbesondere Amalgamen)

An flüssigen Elektrodenmetallen sind die genannten Schwierigkeiten beim Kristallwachstum und bei der Kristallauflösung nicht zu erwarten, wie die Untersuchungen von ERSHLER und GERISCHER an Hg und Amalgamen zeigten. Da jedoch an diesen Elektroden die Austauschstromdichten recht groß sind, war aus polarographischen Untersuchungen

[1] ERDEY-GRUZ, T., u. M. VOLMER: Z. physik. Chem. **A 157**, 165 (1931).

[2] BRANDES, H.: Z. physik. Chem. **142**, 97 (1929).

[3] KOSSEL, W.: Nachr. Ges. Wiss. Göttingen, math.-physik. Kl. **1927**, 135.

[4] STRANSKI, I. N.: Z. physik. Chem. **136**, 259 (1928). Zusammenfassend in O. KNACKE u. I. N. STRANSKI: Erg. exakt. Naturw. **26**, 383 (1952).

[5] FRANCK, F. C.: Disc. Faraday Soc. **5**, 48 (1949); Z. Elektrochem. **56**, 429 (1952); Advances in Physics **1**, 91 (1952).

zunächst nur eine reine Diffusionsüberspannung an Hg und Amalgamen bekannt*. Erst die Messung von Polarisationsimpedanzen in Abhängigkeit von der Frequenz und potentiostatische Einschaltmessungen brachten hier weitere Fortschritte.

### α) $Hg/Hg_2^{2+}$-*Elektrode*

Die Kinetik der $Hg/Hg_2^{2+}$-Elektrode mit dem Normalpotential $E_0 = +0{,}800$ Volt wurde zunächst durch die Messung der Wechselstromimpedanz zur Ermittlung der Austauschstromdichten $i_0$ aus dem Durchtrittswiderstand $R_D$ von ROSENTAL u. ERSHLER[1,2] und GERISCHER[3] untersucht. Hierbei wurde die lineare Abhängigkeit der ohmschen $(R_D + R_d)$ und der kapazitiven Komponente $(1/\omega C_d)$ der Faradayimpedanz $\mathfrak{R}_f$ von $1/\sqrt{\omega}$ nach Gl. (2.397) bestätigt. Das bedeutet, daß weder Reaktionsüberspannung noch Kristallisationsüberspannung (§ 75/76) auftreten und somit auch keine Kristallisationshemmung vorliegt. Aber die Differenz $R_D = R_f - 1/\omega C_f$ [Gl. (2.397a, b)] ist so gering, daß ROSENTAL u. ERSHLER[1] für die Größe der Austauschstromdichte nur einen unteren Wert $i_0 \geqq 0{,}4$ A/cm² und GERISCHER[3] $i_0 \geqq 5$ A/cm² angeben konnten.

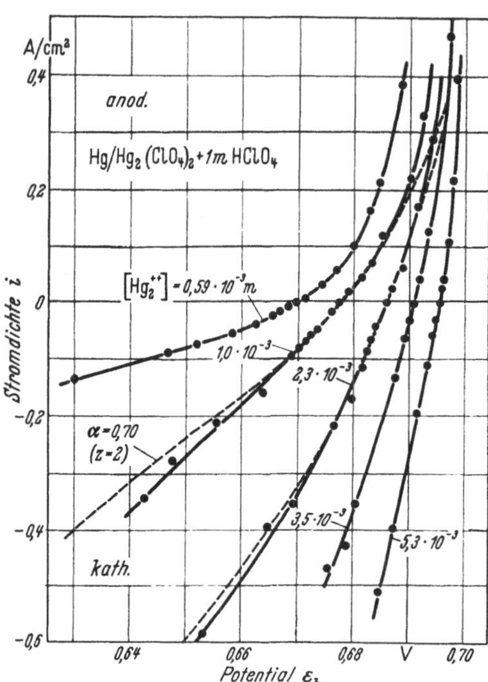


Abb. 262. Stromdichtepotentialkurven an der $Hg/Hg_2(ClO_4)_2 + 1$ m $HClO_4$-Elektrode bei 25° C in Abhängigkeit von der $Hg_2^{2+}$-Ionenkonzentration, nach der Doppelimpulsmethode bestimmt. Theoretische Kurven (gestrichelt) für reine Durchtrittsüberspannung mit $\alpha = 0{,}70$ bei $z = 2$ berechnet [nach H. GERISCHER u. M. KRAUSE: Z. physik. Chem. **14**, 184 (1958)]

Durch die Verbesserung der Wechselstrommeßmethode und vor allem durch die Anwendung potentiostatischer Einschaltmessungen[4] und ganz besonders durch die Einführung der Doppelimpulsmethode (§ 103) konnte GERISCHER[5,6] die Stromspannungs-

* Wenn nach Gl. (2.234) $\log (I_d - I)/I$ gegen $\varepsilon$ eine Gerade mit der Neigung $zF/RT$ ergibt, liegt reine Diffusionsüberspannung vor. Ein flacherer Verlauf der polarographischen Stufe deutet auf eine zusätzliche Überspannung (z. B. $\eta_D$) hin.

[1] ROSENTAL, K., u. B. ERSHLER: J. phys. Chem. USSR **22**, 1344 (1948).

[2] ERSHLER, B. W., u. K. ROSENTAL: Trudy Sov. Elektrokhim. Akad. Nauk **1950**, 446 (1953).

[3] GERISCHER, H.: Z. Elektrochem. **55**, 98 (1951).

[4] GERISCHER, H., u. K.-E. STAUBACH: Z. physik. Chem. (N. F.) **6**, 118 (1956).

[5] GERISCHER, H., u. M. KRAUSE: Z. physik. Chem. (N. F.) **10**, 264 (1957).

[6] GERISCHER, H., u. M. KRAUSE: Z. physik. Chem. (N. F.) **14**, 184 (1958).

abhängigkeit der Durchtrittsüberspannung $\eta_D(i)$ und die Austauschstromdichten $i_0$, sowie deren Konzentrationsabhängigkeit ermitteln. Abb. 262 gibt die nach der Doppelimpulsmethode galvanostatisch bestimmten Stromspannungskurven wieder, die innerhalb der Grenze der Meßgenauigkeit die Gl. (2.41) für reine Durchtrittsüberspannung $\eta_D$ mit dem Durchtrittsfaktor $\alpha = 0{,}70$ bei der Wertigkeit $z = 2$ des durchtretenden Ions erfüllen.

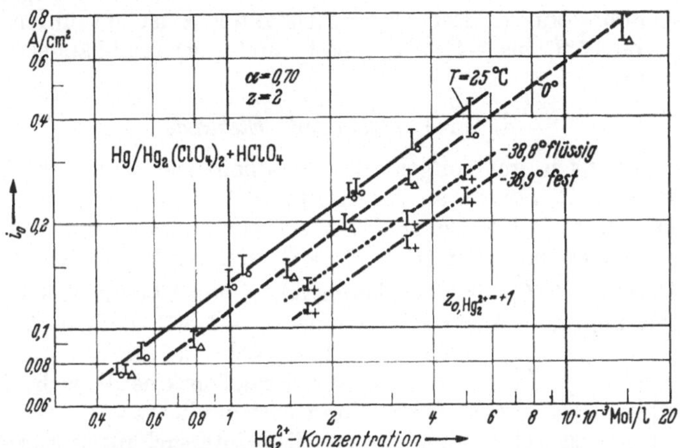


Abb. 263. Austauschstromdichte $i_0$ der $Hg_2^{2+}/Hg$-Elektrode in Abhängigkeit von der $Hg_2^{2+}$-Konzentration für verschiedene Temperaturen (doppelt logarithmische Auftragung). Elektrolyt: 1 m $HClO_4$ bei 25° u. 0°C, 45%ige $HClO_4$ bei —38,8 u. —38,9°C. Geraden für Durchtrittsfaktor $\alpha = 0{,}70$, Durchtrittswertigkeit $z = 2$ und kathodische elektrochemische Reaktionsordnung $z_{o,Hg_2^{2+}} = +1$ [nach H. Gerischer u. M. Krause: Z. physik. Chem. N. F. **14**, 184 (1958)]

Aus der Konzentrationsabhängigkeit der Austauschstromdichte $i_0$ von der $Hg_2^{2+}$-Ionenkonzentration, die in Abb. 263 dargestellt ist, ergibt sich der experimentelle Wert

$$\frac{\partial \log i_0}{\partial \log [Hg_2^{2+}]} = z_{o,Hg_2^{2+}} + \frac{1}{2}(1-\alpha)\,z = 0{,}70\,. \tag{4.219}$$

Der Beziehung (4.219) liegt Gl. (3.54) mit $\nu_{Hg_2^{2+}}/n = 1/2$* zugrunde. Mit $\alpha = 0{,}70$ und $z = 2$ ergibt sich hieraus die kathodische elektrochemische Reaktionsordnung $z_{o,Hg_2^{2+}} = +1$**. Die Konzentration der oxydierten Substanz $S_o$ in der Durchtrittsreaktion ist somit der Konzentration $[Hg_2^{2+}]$ proportional (oder auch gleich). Das bedeutet, daß diese Substanz $S_o = Hg_2^{2+}$ oder $Hg^{2+}$ ist. Gerischer u. Mitarb.[5, 6] nehmen die erste Substanz an, so daß die Durchtrittsreaktion

$$2\,Hg_{(Me)} \leftrightharpoons Hg_2^{2+} \cdot aq + 2e^- \tag{4.220}$$

* Der stöchiometrische Faktor $\nu_{Hg_2^{2+}}/n = +1/2$ folgt aus der Elektrodenbruttoreaktion $2\,Hg \leftrightharpoons Hg_2^{2+} + 2e^-$ mit $n = 2$ und $\nu_{Hg_2^{2+}} = +1$.

** $z = 1$ würde bedeuten, daß $Hg^+$ das durchtretende Ion ist. Dann müßte aber $z_{o,Hg_2^{2+}} = +1/2$ sein, was mit dem Wert $\partial \log i_0/\partial \log [Hg_2^{2+}] = 0{,}70$ nicht vereinbar ist, da prinzipiell $1 - \alpha > 0$ und $z > 0$ ist. Außerdem folgt aus den Stromspannungskurven $\alpha \cdot z = 1{,}4$, so daß wegen $0 < \alpha < 1$ der Wert $z > 1$ sein muß.

ist. Der Mechanismus über das $Hg^{2+}$-Ion

$$\begin{aligned} Hg_{(Me)} &\leftrightharpoons Hg^{2+}\cdot aq + 2e^- \\ Hg^{2+}\cdot aq + Hg_{(Me)} &\leftrightharpoons Hg_2^{2+}\cdot aq \end{aligned} \tag{4.221}$$

in zwei Schritten ergibt allerdings die gleiche Reaktionsordnung*.

Eine bemerkenswerte Tatsache ist noch aus Abb. 263 zu entnehmen. Flüssiges und festes Hg unterscheiden sich am Schmelzpunkt nur sehr wenig in der Austauschstromdichte und in der gesamten Stromspannungskurve. Der Durchtrittsfaktor $\alpha$ ist im untersuchten Bereich von 25° C bis $-38{,}9$° C (flüssig und fest) unabhängig von der Temperatur.

### β) Zn-*Amalgam*/$Zn^{2+}$-*Elektrode*

Eine kinetisch gut aufgeklärte Metallionenelektrode ist die Zn-Amalgam/$Zn^{2+}$-Elektrode, an der RANDLES[1, 2], ERSHLER u. ROSENTAL[3] und GERISCHER[4] bei Messung der Wechselstromimpedanz die lineare Abhängigkeit der ohmschen ($R_f = R_D + R_d$) und der kapazitiven Komponente ($1/\omega C_f = 1/\omega C_d$) der Faradayimpedanz von $1/\sqrt{\omega}$ nach Gl. (2.397) bestätigen konnten. Aus der Differenz $R_f - 1/\omega C_f = R_D = RT/zF\cdot i_0$ ergab sich die für die Aufklärung der Reaktionskinetik wichtige Austauschstromdichte $i_0$.

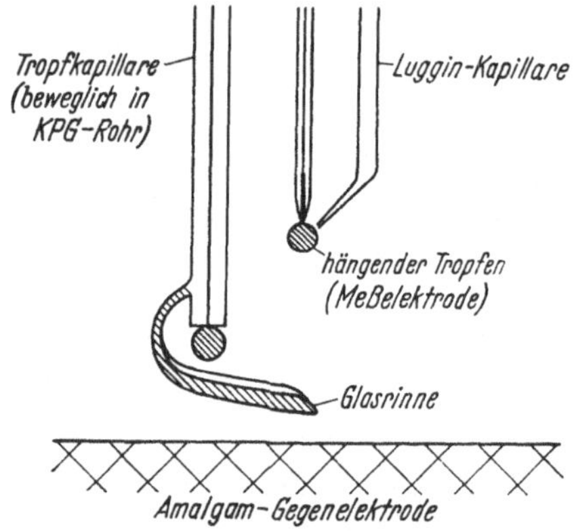

Abb. 264. Anordnung zur Messung an einem hängenden Amalgamtropfen nach H. GERISCHER: Z. physik. Chem. **202**, 302 (1953) und Z. Elektrochem. **59**, 604 (1955)

Die Untersuchungen wurden von GERISCHER[4, 5] an einem *hängenden Tropfen* ausgeführt, der nach Austropfen aus einer Kapillare in konstanter reproduzierbarer Größe an eine feine, vergoldete Pt-Spitze (eingeschmolzen in Glas) gehängt wurde. So konnte die Amalgamelektrode in reproduzierbarer Weise nach jeder Messung erneuert werden. Abb. 264 zeigt die von GERISCHER benutzte Anordnung.

Die Gültigkeit von Gl. (2.41) $i = i_0 [\exp(\alpha z F \eta_D/RT) - \exp(-(1-\alpha)\times zF\eta_D/RT)]$ für die Durchtrittsüberspannung $\eta_D$ wurde von GERISCHER[5, 6] und VIELSTICH u. GERISCHER[7] mit dem Durchtrittsfaktor $\alpha = 0{,}75$ und der Durchtrittswertigkeit $z = 2$

* Der Begründung für die Ablehnung der Reaktion $Hg^{2+}\cdot aq + Hg\cdot aq \leftrightharpoons Hg_2^{2+}\cdot aq$ durch GERISCHER und Krause[6] schließt sich der Autor an.

1 RANDLES, J. E. B.: Disc. Faraday Soc. 1, 11 (1947).

2 RANDLES, J. E. B., u. K. W. SOMERTON: Trans. Faraday Soc. **48**, 951 (1952).

3 ERSHLER, B. V., u. K. J. ROSENTAL: Trudy Sov. Elektrokhim. Akad. Nauk USSR **1950**, 446 (1953).

4 GERISCHER, H.: Z. physik. Chem. **202**, 302 (1953).

5 GERISCHER, H.: Z. Elektrochem. **59**, 604 (1955).

6 GERISCHER, H.: Angew. Chem. **68**, 20 (1956).

7 VIELSTICH, W., u. H. GERISCHER: Z. physik. Chem. (N. F.) **4**, 10 (1955).

sowohl durch galvanostatische (Abb. 126 u. 127) als auch durch potentiostatische Messungen (Abb. 130 u. 133) bestätigt*. Außerdem haben VIELSTICH u. GERISCHER[7] den zeitlichen Verlauf der Stromdichte $i(t)$ nach potentiostatischer Einschaltung der Überspannung (Abb. 130) in Übereinstimmung mit der Theorie [Gl. (2.431) und Gl. (2.432)] gefunden.

Aus der Konzentrationsabhängigkeit der Austauschstromdichte von der Amalgamkonzentration [Zn] und der Zinkionenkonzentration

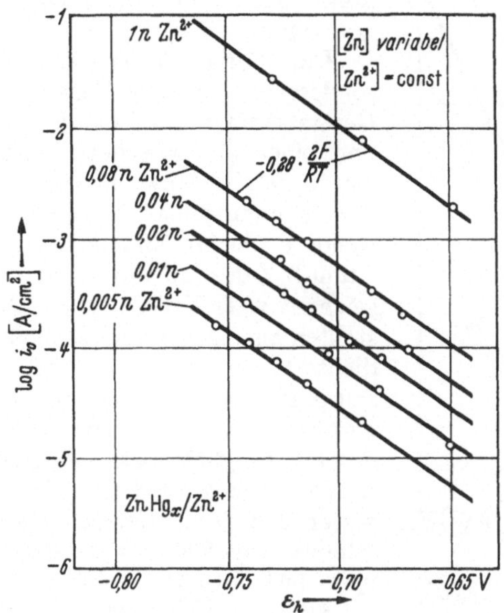


Abb. 265. Austauschstromdichte der Zn/ZnSO$_4$ + 2 n Na$_2$SO$_4$-Amalgam-Elektrode in Abhängigkeit vom Gleichgewichtspotential $\varepsilon_h$ (Variation der Amalgamkonzentration) für verschiedene Zinkionenkonzentrationen [nach B. V. ERSHLER u. K. J. ROSENTAL: Trudy Sov. Elektrokhim. Akad. Nauk USSR 1950, 446 (1953)]

[$Zn^{2+}$], wie sie von ERSHLER u. ROSENTAL[3] sowie GERISCHER[4] bestimmt wurde (Abb. 265), folgen die elektrochemischen Reaktionsordnungen $z_{o,j}$ und $z_{r,j}$. Aus der Variation der Amalgamkonzentration ergibt sich nach [Gl. (3.57)]

$$\left(\frac{\partial \ln i_0}{\partial \varepsilon_0}\right)_{\text{var. [Zn]}} = \frac{zF}{RT} \cdot \left(\alpha + \frac{z_{r,\text{Zn}}}{\nu_{\text{Zn}}} \cdot \frac{n}{z}\right) = -\,0{,}28 \cdot \frac{2F}{RT} \tag{4.222}$$

und aus der Variation der $Zn^{2+}$-Konzentration

$$\left(\frac{\partial \ln i_0}{\partial \varepsilon_0}\right)_{\text{var. [Zn}^{2+}]} = \frac{zF}{RT} \cdot \left(\alpha + \frac{z_{o,\text{Zn}^{2+}}}{\nu_{\text{Zn}^{2+}}} \cdot \frac{n}{z} - 1\right) = +\,0{,}72 \cdot \frac{2F}{RT}. \tag{4.223}$$

Mit der Durchtrittswertigkeit $z = 2$ und einem Durchtrittsfaktor $\alpha = 0{,}72$ folgen bei $\nu_{\text{Zn}} = -\,1$, $\nu_{\text{Zn}^{2+}} = +\,1$ und der Elektrodenreaktionswertigkeit $n = 2$ die elektrochemischen Reaktionsordnungen $z_{o,\text{Zn}^{2+}} = +\,1$

* Hierbei mußte auf die Einschaltzeit $t = 0$ extrapoliert werden.

und $z_{r,\mathrm{Zn}} = +1$. Die Durchtrittsreaktion ist infolgedessen

$$\mathrm{Zn_{(Hg)}} \leftrightarrows \mathrm{Zn^{2+}} \cdot \mathrm{aq} + 2e^-. \tag{4.224}$$

Sie ist mit der Elektrodenbruttoreaktion identisch.

Die elektrochemischen Reaktionsordnungen sind in Abb. 265 daran zu erkennen, daß die Austauschstromdichte bei festgehaltenem Potential $\varepsilon_h$ proportional $[\mathrm{Zn^{2+}}]$ (also $z_{o,\mathrm{Zn^{2+}}} = 1$) und wegen $\varepsilon_0 = E_0 + (RT/nF) \cdot \ln [\mathrm{Zn^{2+}}]/[\mathrm{Zn}] =$ konst. auch proportional [Zn] ist (also $z_{r,\mathrm{Zn}} = +1$).

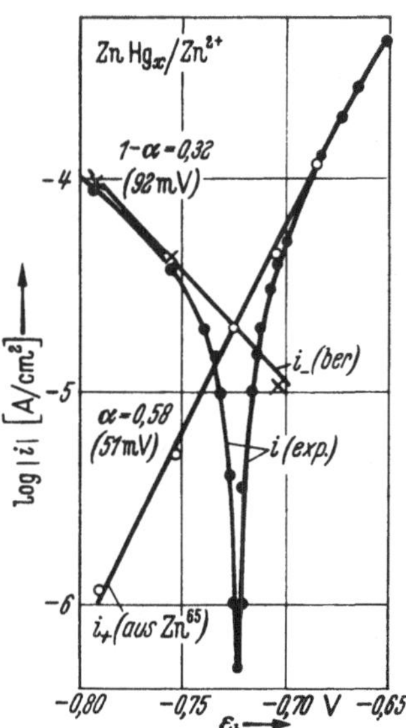


Abb. 266. Stromdichte-Potential-Kurve einer 0,1 n $\mathrm{ZnSO_4}$/0,6 Atom-% Zn-Amalgam-Elektrode mit $5 \times 10^{-5}$ m $[(\mathrm{C_4H_9})_4\mathrm{N}]_2\mathrm{SO_4}$-Zusatz. $i_+$ aus Zunahme der Radioaktivität ($\mathrm{Zn^{65}}$ des Amalgams), $i_-$ aus $i(exp) - i_+$. Nach W. W. Lossew: Dokl. Akad. Nauk USSR **100**, 111 (1955)

Die Gültigkeit der Gl. (2.41) und insbesondere die additive Zusammensetzung der Gesamtstromdichte $i$ aus einer anodischen ($i_+$) und einer kathodischen Teilstromdichte $i_-$ wurde von Lossew[8] in einer grundlegenden Arbeit unmittelbar bewiesen. Lossew verwendete hierfür Zn-Amalgam (0,02 bis 0,6 Atom-%), das mit radioaktivem $\mathrm{Zn^{65}}$ gekennzeichnet war. Neben der in Abb. 266 dargestellten anodischen und kathodischen Stromdichte-Potentialkurve $i(exp)$ wurde gleichzeitig die anodische Teilstromdichte $i_+$ durch Ermittlung der Zunahme der Radioaktivität des ursprünglich inaktiven Elektrolyten gemessen. Die kathodische Teilstromdichte $i_-$ wurde aus der Differenz beider Größen bestimmt. Abb. 266 gibt die Ergebnisse für eine spezielle Konzentrationskombination wieder*.

Aus den Neigungen folgt bei Annahme einer Durchtrittswertigkeit $z = 2$ für alle untersuchten Konzentrationen anodisch $\alpha = 0{,}58$ und kathodisch $1 - \alpha = 0{,}32$. Die anodische Teilstromspannungskurve zeigte eine parallele Verschiebung ($\alpha$ also konst.) zu höheren Stromdichten (bei konstantem Potential) mit Vergrößerung der Amalgamkonzentration (0,02 bis 0,6 Atom-%) und eine Unabhängigkeit von der $\mathrm{Zn^{2+}}$-Konzentration (0,02 n bis 0,3 n $\mathrm{ZnSO_4}$). Die Verschiebung der Stromdichte war proportional der Amalgamkonzentration. Diese Beobachtung ist eine Bestätigung der anderweitig ermittelten elektrochemischen Reaktionsordnungen $z_{r,\mathrm{Zn}} = +1$ (Proportionalität) und $z_{r,\mathrm{Zn^{2+}}} = 0$ (Unabhängigkeit) und somit eine Bestätigung der Gl. (4.224)**.

[8] Lossew, W. W.: Dokl. Akad. Nauk USSR **100**, 111 (1955).

* Der $[(\mathrm{C_4H_9})_4\mathrm{N}]_2\mathrm{SO_4}$-Zusatz hatte die Aufgabe, die Austauschstromdichte so weit zu senken, daß die Diffusionsüberspannung neben der Durchtrittsüberspannung zu vernachlässigen war. Im vorliegenden Fall wurde $i_0$ um den Faktor 100 herabgesetzt.

** W. Lossew[8] deutet die Ergebnisse durch den Reaktionsmechanismus $\mathrm{Zn} \leftrightarrows \mathrm{Zn^+} + e^-$, $\mathrm{Zn^+} \rightharpoonup \mathrm{Zn^{2+}} + e^-$ mit den Durchtrittswertigkeiten $z_o = z_r = 1$ und dem Durchtrittsfaktor $\alpha_r = 0{,}16$ $(1 + \alpha_r = 1{,}16)$ und $1 - \alpha_o = 0{,}64$. Eine Entscheidung zwischen beiden Mechanismen ist zur Zeit noch nicht möglich.

Der Einfluß von oberflächenaktiven Substanzen wie $[(C_4H_9)_4N]_2SO_4$ und $MgSO_4$, die die Austauschstromdichte stark herabsetzen, wurde von LOSSEW[9] ebenfalls untersucht.

### γ) Cd-*Amalgam*/$Cd^{2+}$-*Elektrode*

Auch die Überspannung der Cd-Amalgam-Elektrode ist nach den verschiedensten Methoden untersucht worden. Da die Austauschstromdichte groß ist, konnte RANDLES[1, 2] nur einen ganz groben Wert für $i_0$

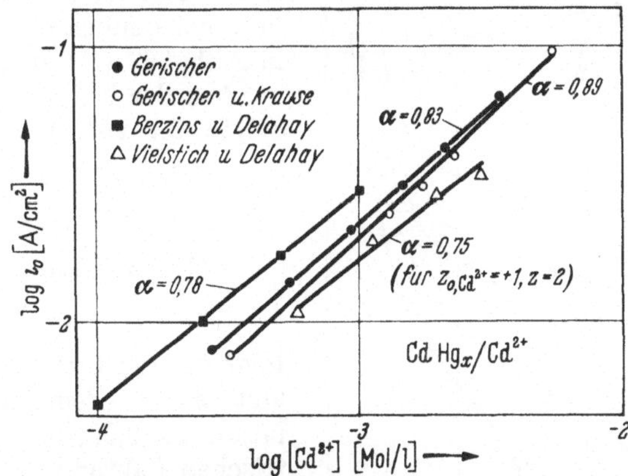


Abb. 267. Abhängigkeit der Austauschstromdichte $i_0$ an der Cd-Amalgam-Elektrode (0,6 Mol-% Cd ●, ■, △ bzw. 1 Mol-% Cd ○) in 0,5 m $Na_2SO_4$ von der $Cd^{2+}$-Konzentration aus Wechselstrommessungen [H. GERISCHER: Z. Elektrochem. **57**, 604 (1953)], galvanostatischen [T. BERZINS u. P. DELAHAY: J. Am. Soc. **77**, 6448 (1955); H. GERISCHER u. M. KRAUSE: Z. physik. Chem. (N. F.) **10**, 264 (1957)] und potentiostatischen Einschaltmessungen [W. VIELSTICH u. P. DELAHAY: J. Am. Soc. **79**, 1874 (1957)] bei 25° C

aus der Differenz $R_f - 1/\omega C_f$ der Komponenten der Faradayimpedanz angeben. $R_f$ und $1/\omega C_f$ zeigten auch hier die für überlagerte Durchtritts- und Diffusionsüberspannung $\eta = \eta_D + \eta_d$ nach Gl. (2.397a, b) zu erwartende lineare Frequenzabhängigkeit von $1/\sqrt{\omega}$, die auch GERISCHER[3] bestätigen konnte. Die hierbei von GERISCHER aus dem Durchtrittswiderstand $R_D$ erhaltene Konzentrationsabhängigkeit der Austauschstromdichte ist in Abb. 267 (●) wiedergegeben. Von BERZINS u. DELAHAY[4] sind aus galvanostatischen Einschaltmessungen nach Gl. (3.18) und von VIELSTICH u. DELAHAY[5] aus potentiostatischen Einschaltmessungen nach Gl. (2.431)* die in Abb. 267 ebenfalls eingetragenen Werte der Austauschstromdichte im gleichen Elektrolyten ermittelt worden. Die Überspannung wurde bei diesen Messungen im Bereich von 2 bis 5 mV

[9] LOSSEW, W. W.: Dokl. Akad. Nauk USSR **111**, 626 (1956).
[1] RANDLES, J. E. B.: Disc. Faraday Soc. **1**, 11 (1947).
[2] RANDLES, J. E. B., u. K. W. SOMERTON: Trans. Faraday Soc. **48**, 951 (1952).
[3] GERISCHER, H.: Z. Elektrochem. **57**, 604 (1953).
[4] BERZINS, T., u. P. DELAHAY: J. Am. Soc. **77**, 6448 (1955).
[5] VIELSTICH, W., u. P. DELAHAY: J. Am. Soc. **79**, 1874 (1957).
* Unter Berücksichtigung des ohmschen Widerstandes $R_\Omega$ der galvanischen Zelle.

gehalten, da die Theorie nur bei diesen kleinen Überspannungswerten eine Auswertung gestattet. Mit Hilfe der *Doppelimpulsmethode* haben dann GERISCHER u. KRAUSE[6] aus galvanostatischen Einschaltversuchen die anodische und kathodische Stromspannungskurve für reine Durchtrittsüberspannung bei größeren Überspannungen bestimmt. Abb. 268 gibt diese Messungen wieder. Die Konzentrationsabhängigkeit der aus diesen Kurven ermittelten Austauschstromdichten ist ebenfalls in Abb. 267 (○) zu finden.

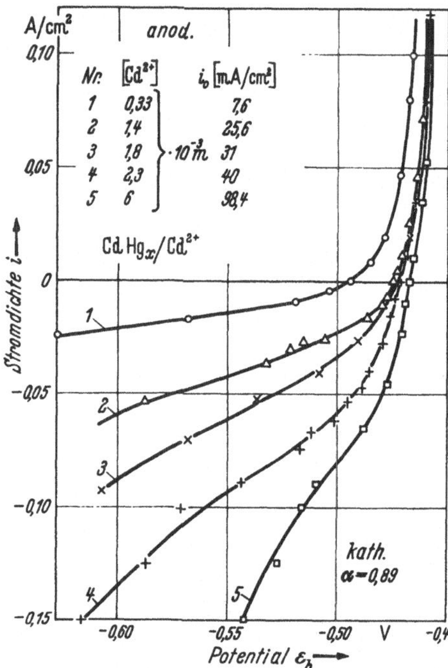


Abb. 268. Durchtrittsüberspannung $\eta_D$ in Abhängigkeit von der Stromdichte $i$ der Cd-Amalgam (1 Mol-% Cd)/$Cd^{2+}$ + 0,5 m $Na_2SO_4$-Elektrode aus galvanostatischen Einschaltmessungen nach der Doppelimpulsmethode für verschiedene $Cd^{2+}$-Konzentrationen [nach H. GERISCHER u. M. KRAUSE: Z. physik. Chem. (N. F.) **10**, 264 (1957)]

Aus der Neigung der Geraden in Abb. 267 [nach Gl. (3.54)]

$$\frac{\partial \log i_0}{\partial \log [Cd^{2+}]} = z_{o,Cd^{2+}} - (1-\alpha)\cdot \nu_{Cd^{2+}}\cdot \frac{z}{n} = 0{,}8 \qquad (4.225)$$

folgt mit der Durchtrittswertigkeit $z = 2$, dem Durchtrittsfaktor $\alpha \approx 0{,}80$, dem stöchiometrischen Faktor $\nu_{Cd^{2+}} = +1$ bei der Elektrodenreaktionswertigkeit $n = 2$ der Wert der kathodischen elektrochemischen Reaktionsordnung $z_{o,Cd^{2+}} = +1$. Die Durchtrittsreaktion ist infolgedessen

$$Cd_{(Hg)} \leftrightharpoons Cd^{2+}\cdot aq + 2e^-, \qquad (4.226)$$

also gleich der Elektrodenbruttoreaktion.

Den Einfluß oberflächenaktiver Stoffe wie $[(C_4H_9)_4N]_2SO_4$ auf die Überspannung der $Cd(Hg)/Cd^{2+}$-Elektrode untersuchte LOSSEW[7, 8]. Hierbei wurden merkwürdige kathodische Grenzströme beobachtet, die mit Steigerung der $[(C_4H_9)_4N]_2SO_4$-Konzentration und bei $MgSO_4$-Zusatz kleiner und mit wachsender $Cd^{2+}$-Konzentration größer wurden.

### δ) *Weitere Amalgam-Elektroden*

RANDLES u. SOMERTON[1, 2] haben auch an der $Tl(Hg)/Tl^+$-, der $Pb(Hg)/Pb^{2+}$-, der $Cu(Hg)/Cu^{2+}$-, der $Bi(Hg)/Bi^{3+}$-Elektrode und den

[6] GERISCHER, H., u. M. KRAUSE: Z. physik. Chem. (N. F.) **10**, 264 (1957).
[7] LOSSEW, W. W.: Dokl. Akad. Nauk USSR **107**, 432 (1956).
[8] LOSSEW, W. W.: Dokl. Akad. Nauk USSR **111**, 626 (1956).
[1] RANDLES, J. E. B.: Disc. Faraday Soc. **1**, 11 (1947).
[2] RANDLES, J. E. B., u. K. W. SOMERTON: Trans. Faraday Soc. **48**, 951 (1952).

Alkaliamalgamelektroden $Na(Hg)/Na^+$, $K(Hg)/K^+$ und $Cs(Hg)/Cs^+$ die lineare Abhängigkeit der ohmschen ($R_f = R_D + R_d$) und der kapazitiven Komponente ($1/\omega C_f = 1/\omega C_d$) der Faradayimpedanz von der Frequenz mit $1/\sqrt{\omega}$ nach Gl. (2.397a, b) festgestellt. Jedoch ist der Durchtrittswiderstand $R_D = R_f - 1/\omega C_f$ bei den meisten dieser Elektroden so klein, daß der Wert und damit die Austauschstromdichte gar nicht oder nur sehr unsicher erfaßt werden konnte. Nur $Cu(Hg)/Cu^{2+}$ und $Bi(Hg)/Bi^{3+} + HClO_4$ ergaben meßbare Werte von $R_D$ und $i_0$.

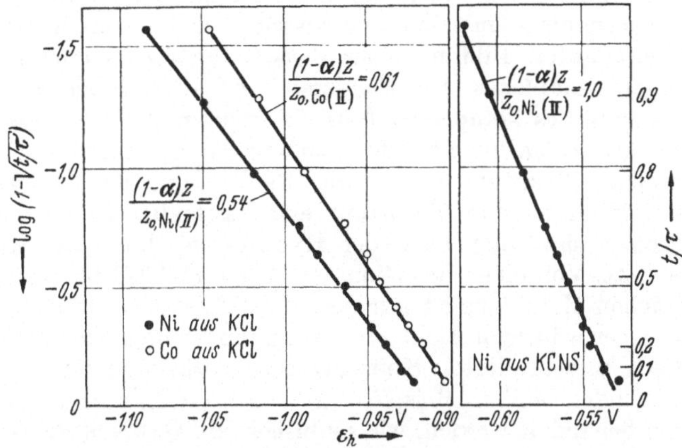


Abb. 269. Potentialzeitverlauf $\varepsilon(t)$ nach galvanostatischer Einschaltung eines kathodischen Stromes bei der Abscheidung von Ni und Co an Hg [nach Gl. (2.411)] bei 30° C, $\tau$ = Transitionszeit [nach P. DELAHAY u. T. MATTAX: J. Am. Soc. **76**, 874 (1954)]

Auch ESSIN, LOSCHKAREW u. SOFIYSKY[3] konnten an einer Hg-Strahlelektrode, an der die Diffusionsbedingungen außerordentlich günstig waren, bei der kathodischen Abscheidung von Na und K keinen Durchtrittsanteil $\eta_D$ in der Überspannung $\eta$ feststellen ($i_0 > 10$ A/cm²). Die gesamte Überspannung war dort Diffusionsüberspannung $\eta_d$.

Aus dem Potential-Zeit-Verlauf nach Einschalten eines konstanten kathodischen Stromes (galvanostatisch) konnten nach DELAHAY u. MATTAX[4, 5] die Größen der Durchtrittsreaktion für die Abscheidung von Ni und Co an Hg bestimmt werden. Hierbei folgt nach Gl. (2.411b) aus der Neigung der linearen Beziehung zwischen $\log(1 - \sqrt{t/\tau})$ und dem Potential $\varepsilon_h$ in Abb. 269 die Größe $(1-\alpha)\cdot z/z_{0,Me^{2+}}$. Sowohl beim Ni als auch beim Co dürfte $z = 2$ sein, so daß sich mit den elektrochemischen Reaktionsordnungen $z_{0,Me^{2+}} = 1$ die Durchtrittsfaktoren $\alpha = 0{,}50$ bzw. 0,73 für Ni aus KCNS bzw. KCl und $\alpha = 0{,}69$ für Co aus KCl-Lösung ergeben. Aus der Extrapolation nach $t/\tau = 0$ ($\log(1 - \sqrt{t/\tau}) = 0$) folgt der Anfangswert der Durchtrittsüberspannung bei der verwendeten Stromdichte $i$.

---

[3] ESSIN, O., M. LOSCHKAREW u. K. SOFIYSKY: Acta physicochim. USSR **7**, 433 (1937).
[4] DELAHAY, P., u. T. MATTAX: J. Am. Soc. **76**, 874 (1954).
[5] DELAHAY, P., u. G. MAMANTOV: Anal. Chem. **27**, 478 (1955).

## § 161. Durchtrittsüberspannung und Reaktionskinetik von flüssigen Elektroden (Amalgamen) in Lösungen komplexer Ionen

Der Mechanismus einer Elektrodenreaktion, bei der komplexe Ionen umgesetzt werden, muß nicht über die einfachen hydratisierten Metallionen erfolgen, sondern kann direkt an einem komplexen Ion angreifen. Hierauf hat bereits HABER[1] hingewiesen. Trotzdem hat sich diese Auffassung erst viel später[2] auf Grund experimenteller Ergebnisse durchgesetzt. Es wird bei der Auflösung gar nicht erst das hydratisierte einfache Ion gebildet, sondern das durchtretende Metallion reagiert direkt an der Phasengrenze mit einer gewissen Anzahl von Komplexbildner-Molekeln unter Bildung eines *Zwischenkomplexes* oder sogar des vollständigen Komplexes. Die Sonderstellung, die hierbei der Bildung oder Entladung des komplexen Ions eingeräumt wird, ist jedoch nur eine scheinbare. Tatsächlich hat das „einfache" hydratisierte Ion ebenfalls eine komplexe Struktur, denn durch die Bindung der Hydratwassermoleküle wird dieses Ion überhaupt erst beständig. In den „echten" Komplexionen sind nur Teile der Hydrathülle durch die Komplexbildner ersetzt. Von einer Reaktion der Wassermolekel bei der Bildung eines einfachen Metallions ist nur deshalb nichts zu bemerken, weil das Wasser in einer wäßrigen Elektrolytlösung immer im großen Überschuß in praktisch unveränderter Konzentration vorhanden ist.

Im folgenden sollen Beispiele kinetisch aufgeklärter Amalgam-Elektroden behandelt werden, wie sie bisher von GERISCHER[3, 4, 5] untersucht wurden. Die Meßmethode war in allen diesen Fällen die gleiche. Durch Extrapolation der ohmschen Komponente der Faradayimpedanz $R_f = R_D + R_d$ gegen $1/\sqrt{\omega} \to 0$ folgt der Durchtrittswiderstand aus dem die Austauschstromdichte $i_0$ berechnet werden kann. In allen Fällen waren die Komponenten der Faradayimpedanz $R_f$ und $1/\omega C_f = 1/\omega C_d$ von der Frequenz mit $1/\sqrt{\omega}$ linear abhängig. Hieraus ist zu schließen, daß keine chemischen Reaktionshemmungen oder Adsorptionserscheinungen den Elektrodenvorgang stören. An Kupferamalgam in Kupferäthylendiamin und Kupferammin-Lösungen konnte RANDLES[6, 7] schon zuvor die Gesetze der Polarisationsimpedanz bestätigen und einen Durchtrittswiderstand messen. Die Reaktionskinetik wurde von RANDLES jedoch nicht geklärt.

### α) Zn-*Amalgam*/Zn-*Hydroxo-Komplex*

In alkalischer Lösung wird bei Überschuß von $OH^-$-Ionen das Zink als $Zn(OH)_4^{2-}$-Komplex gelöst. Für das Gleichgewichtspotential $\varepsilon_0$ gilt die Nernstsche Gleichung $\varepsilon_0 = E_0 + (RT/2F) \cdot \log [Zn(II)]/[Zn] \cdot [OH^-]^4$,

[1] HABER, F.: Z. Elektrochem. **10**, 433 (1904).
[2] Vgl. hierzu auch K. J. VETTER: Z. Elektrochem. **56**, 931 (1952).
[3] GERISCHER, H.: Z. physik. Chem. **202**, 302 (1953).
[4] GERISCHER, H.: Z. Elektrochem. **57**, 604 (1953).
[5] GERISCHER, H.: Angew. Chem. **68**, 20 (1956).
[6] RANDLES, J. E. B.: Disc. Faraday Soc. **1**, 11 (1947).
[7] RANDLES, J. E. B., u. K. W. SOMERTON: Trans. Faraday Soc. **48**, 951 (1952).

so daß als Elektrodenbruttoreaktion

$$Zn(Hg) + 4\,OH^- \rightleftharpoons Zn(OH)_4^{2-} + 2e^- \quad (4.227)$$

abläuft.

Abb. 270 gibt die Konzentrationsabhängigkeiten der Austauschstromdichte $i_0$ von der Konzentration des Zinkkomplexes $[Zn(OH)_4^{2-}] = [Zn(II)]$, der $OH^-$-Ionen und des Zn im Amalgam nach GERISCHER[3] wieder. Nach Gl. (3.54) $\partial \log i_0 / \partial \log c_k = z_{o,k} - (1-\alpha) \cdot \nu_k \cdot z/n = z_{r,k} + \alpha \cdot \nu_k \cdot z/n$ folgt aus den Neigungen der Geraden in Abb. 270 mit

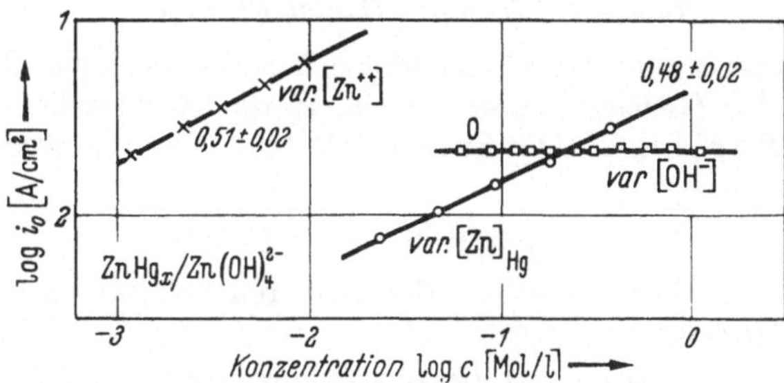


Abb. 270. Abhängigkeit der Austauschstromdichte $i_0$ der Zn-Amalgam/$Zn(OH)_4^{2-}$-Elektrode von den logarithmisch aufgetragenen Konzentrationen an $Zn(OH)_4^{2-}$ (= Zn(II)), $OH^-$ und $Zn_{Hg}$ in 5 m NaCl als Fremdelektrolyt aus Messung der Polarisationsimpedanz [nach H. GERISCHER: Z. physik. Chem. 202, 302 (1953)]

$z = 2$, $n = 2$, $\nu_{ZnII} = +1$, $\nu_{OH^-} = -4$ und $\nu_{Zn} = -1$ (Elektrodenbruttoreaktion)

$$\frac{\partial \log i_0}{\partial \log [Zn(II)]} = z_{o,Zn(II)} - (1-\alpha) \cdot 1 \cdot \frac{2}{2} = 0{,}51 \pm 0{,}02$$

$$\frac{\partial \log i_0}{\partial \log [OH^-]} = z_{o,OH^-} - (1-\alpha) \cdot (-4) \cdot \frac{2}{2} = 0 \quad (4.228\,a, b, c)$$

$$\frac{\partial \log i_0}{\partial \log [Zn]} = z_{r,Zn} + \alpha\,(-1) \cdot \frac{2}{2} = 0{,}48 \pm 0{,}02\,.$$

Mit $\alpha = 0{,}51$ ergeben sich hieraus die elektrochemischen Reaktionsordnungen $z_{o,j}$ und $z_{r,j}$

$$\begin{aligned} z_{o,ZnII} &= 1{,}00 \\ z_{o,OH^-} &= -2{,}04 \approx -2 \\ z_{r,Zn} &= +0{,}99 \approx +1\,. \end{aligned} \quad (4.229)$$

Für die oxydierte Substanz $S_o$ der Durchtrittsreaktion gilt somit das Gleichgewicht

$$[S_o] = K_o \cdot \frac{[Zn(OH)_4^{2-}]}{[OH^-]^2} \quad (4.230)$$

so daß die Substanz

$$S_o = Zn(OH)_4^{2-} - 2 \cdot OH^- = \underline{Zn(OH)_2}$$

ist. Die Konzentration der reduzierten Substanz $[S_r]$ ist proportional [Zn] im Hg. $S_r$ ist also das im Hg gelöste Zn. Als Durchtrittsreaktion ist infolgedessen

$$Zn(Hg) + 2\,OH^- \leftrightharpoons Zn(OH)_2 + 2e^- \qquad (4.231\,a)$$

mit dem Gleichgewicht

$$Zn(OH)_2 + 2\,OH^- \leftrightharpoons Zn(OH)_4^{2-} \qquad (4.231\,b)$$

anzusetzen. Die Elektrodenreaktion läuft also über den in kleiner Konzentration vorhandenen Komplex $Zn(OH)_2$, der mit dem *vorherrschenden Komplex* $Zn(OH)_4^{2-}$ im Gleichgewicht steht.

### β) Zn-*Amalgam*/Zn-*Oxalat-Elektrode*

Bei größerem Oxalatüberschuß bildet sich der Zinkkomplex $Zn(C_2O_4)_3^{4-}$ aus, da für das Gleichgewichtspotential $\varepsilon_0$ die Nernstsche Gleichung $\varepsilon_0 = E_0 + (RT/2F) \cdot \ln [ZnII]/[Zn]\cdot[Ox^{2-}]^3$ gilt. Die Elektrodenbruttoreaktion ist somit

$$Zn(Hg) + 3\,C_2O_4^{2-} \leftrightharpoons Zn(C_2O_4)_3^{4-} + 2e^- \qquad (4.232\,a)$$

bei höherer Oxalatkonzentration. Bei kleineren Oxalatkonzentrationen läuft die Bruttoreaktion

$$Zn(Hg) + 2\,C_2O_4^{2-} \leftrightharpoons Zn(C_2O_4)_2^{2-} + 2e^- \qquad (4.232\,b)$$

ab.

In Abb. 271 ist die Abhängigkeit der Austauschstromdichte $i_0$ von der Konzentration des Komplexes Zn(II) ($= Zn(Ox)_3^{4-}$ bzw. $Zn(Ox)_2^{2-}$)

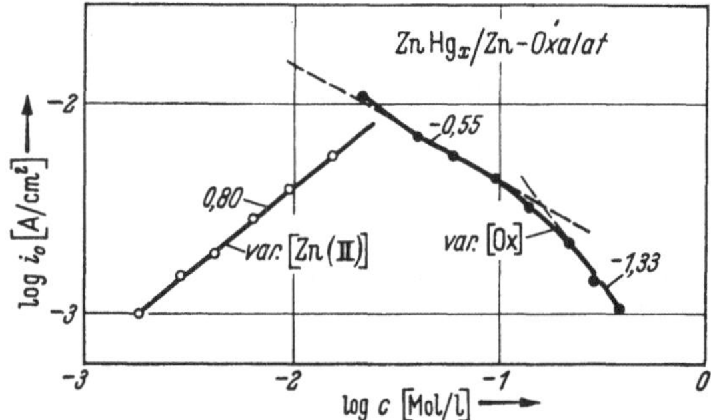


Abb. 271. Abhängigkeit der Austauschstromdichte $i_0$ an der Zn-Amalgam/Zn-Oxalat-Elektrode von den Konzentrationen an Zn(II) ($= Zn(Ox)_3^{4-}$ bzw. $Zn(Ox)_2^{2-}$) und Oxalat $[Ox^{2-}]$ in 2 m KCl bei 61°C aus Messungen der Polarisationsimpedanz [nach H. Gerischer: Z. physik. Chem. **202**, 302 (1953)]

und des Oxalats $[C_2O_4^{2-}] = [Ox^{2-}]$ dargestellt, die von Gerischer[3] zur Aufklärung der Reaktionskinetik gemessen wurde. Mit den Daten der Elektrodenbruttoreaktion $\nu_{ZnII} = +\,1$, $\nu_{Ox} = -\,3$ [Gl. (4.232a)] bzw. $\nu_{Ox} = -\,2$ [Gl. (4.232b)], $n = 2$ und der Durchtrittswertigkeit $z = 2$ (durchtretendes $Zn^{2+}$-Ion) folgt aus der experimentellen Konzentrationsabhängigkeit nach Abb. 271 und Gl. (3.54)

$$\frac{\partial \log i_0}{\partial \log [ZnII]} = z_{o,ZnII} - (1 - \alpha) \cdot (+\,1) \cdot \frac{2}{2} = 0{,}80 \pm 0{,}05\,. \qquad (4.233)$$

[3] Gerischer, H.: Z. physik. Chem. **202**, 302 (1953).

Für große Oxalatkonzentrationen ist nach Abb. 271

$$\frac{\partial \log i_0}{\partial \log [\mathrm{Ox}]} = z_{o,\mathrm{Ox}} \cdot (1-\alpha)\cdot(-3)\cdot\frac{2}{2} = -1{,}33 \qquad (4.234\,\mathrm{a})$$

und für kleine Oxalatkonzentrationen

$$\frac{\partial \log i_0}{\partial \log [\mathrm{Ox}]} = z_{o,\mathrm{Ox}} - (1-\alpha)\cdot(-2)\cdot\frac{2}{2} = -0{,}55\,. \qquad (4.234\,\mathrm{b})$$

Mit $\alpha = 0{,}80$ folgen hieraus die elektrochemischen Reaktionsordnungen

$$z_{o,\mathrm{Zn\,II}} = +1 \qquad (4.235)$$

$$z_{o,\mathrm{Ox}} = -2 \quad \text{bzw.} \quad z_{o,\mathrm{Ox}} = -1\,. \qquad (4.236\,\mathrm{a,\,b})$$

Aus diesen Reaktionsordnungen ergibt sich die gesuchte Substanz bei großer Oxalatkonzentration

$$S_o = \mathrm{Zn(Ox)}_3^{4-} - 2\cdot\mathrm{Ox}^{2-} = \underline{\mathrm{Zn(Ox)}}$$

und bei kleiner Oxalatkonzentration

$$S_o = \mathrm{Zn(Ox)}_2^{2-} - \mathrm{Ox}^{2-} = \underline{\mathrm{Zn(Ox)}}$$

In beiden Fällen liegt somit die gleiche Durchtrittsreaktion

$$\mathrm{Zn(Hg)} + \mathrm{C_2O_4^{2-}} \leftrightharpoons \mathrm{ZnC_2O_4} + 2e^- \qquad (4.237)$$

vor, der je nach der Größe der Oxalatkonzentration das vorherrschende Gleichgewicht

$$\mathrm{ZnC_2O_4} + 2\,\mathrm{C_2O_4^{2-}} \leftrightharpoons \mathrm{Zn(C_2O_4)_3^{4-}} \qquad (4.237\,\mathrm{a})$$

bzw.

$$\mathrm{ZnC_2O_4} + \mathrm{C_2O_4^{2-}} \leftrightharpoons \mathrm{Zn(C_2O_4)_2^{2-}} \qquad (4.237\,\mathrm{b})$$

folgt. Im Fall a) ist der Komplex $\mathrm{Zn(Ox)}_3^{4-}$ und im Fall b) $\mathrm{Zn(Ox)}_2^{2-}$ vorherrschend. Die Konzentration des Komplexes Zn(Ox) ist in jedem Fall klein.

### γ) Zn-*Amalgam*/Zn-*Cyanid-Elektrode*

Bei den höheren Cyanidkonzentrationen ist auf Grund der Abhängigkeit des Gleichgewichtspotentials der vorherrschende Cyanidkomplex $\mathrm{Zn(CN)}_4^{2-}$, so daß als Elektrodenbruttoreaktion

$$\mathrm{Zn(Hg)} + 4\,\mathrm{CN^-} \leftrightharpoons \mathrm{Zn(CN)_4^{2-}} + 2e^- \qquad (4.238)$$

abläuft.

Aus der Konzentrationsabhängigkeit der Austauschstromdichte $i_0$ wurde auch hier von GERISCHER[3] die Reaktionskinetik der Elektrode aufgeklärt. In Abb. 272 ist aber $\log i_0$ nicht gegen $\log c$ aufgetragen, sondern gegen das Gleichgewichtspotential $\varepsilon_0$, das sich bei der Konzentrationsänderung verschiebt. Zur Ermittlung der Reaktionsordnungen muß Gl. (3,57)* herangezogen werden. Mit den Daten der Elektrodenbruttoreaktion Gl. (4.238) $\nu_{\mathrm{Zn\,II}} = +1$, $\nu_{\mathrm{CN^-}} = -4$, $n = 2$ und der Durchtrittswertigkeit $z = 2$ folgt aus Abb. 272

$$\frac{RT}{2F}\left(\frac{\partial \ln i_0}{\partial \varepsilon_0}\right)_{\mathrm{var.\,Zn\,II}} = \alpha - 1 + \frac{z_{o,\mathrm{Zn\,II}}}{1}\cdot\frac{2}{2} = 0{,}55 \pm 0{,}03 \qquad (4.239\,\mathrm{a})$$

$$\frac{RT}{2F}\left(\frac{\partial \ln i_0}{\partial \varepsilon_0}\right)_{\mathrm{var.\,CN^-}} = \alpha - 1 + \frac{z_{o,\mathrm{CN^-}}}{-4}\cdot\frac{2}{2} = 0{,}55 \pm 0{,}03\,. \qquad (4.239\,\mathrm{b})$$

* Vergleiche auch Gl. (4.222) und Gl. (4.223).

Zusätzlich zu diesen Abhängigkeiten konnte GERISCHER[3] im vorliegenden Fall noch eine sehr interessante Besonderheit feststellen. Die Austauschstromdichte $i_0$ hat eine starke Abhängigkeit von der Konzentration der $OH^-$-Ionen, die in der Elektrodenbruttoreaktion gar nicht umgesetzt werden. Trotzdem haben diese Ionen einen Einfluß auf die Geschwindigkeit der Elektrodenreaktion. Es liegt hier also ein *katalytischer Einfluß* der $OH^-$-Ionen vor. Für die Abhängigkeit ergab sich mit $\nu_{OH^-} = 0$* in Gl. (3.54)

$$\left(\frac{\partial \log i_0}{\log [OH^-]}\right)_{[Zn\,II],[Zn],[CN^-]} = z_{o,OH^-} - (1-\alpha)\cdot 0 \cdot \frac{2}{2} = z_{o,OH^-} = +2^{**}. \tag{4.240}$$

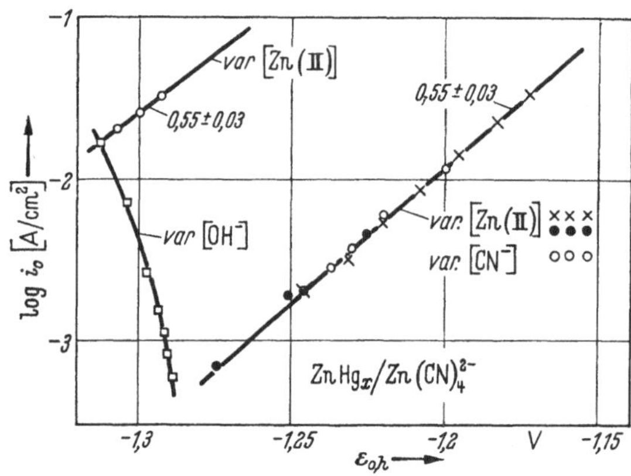


Abb. 272. Abhängigkeit der Austauschstromdichte $i_0$ der Zn-Amalgam (1 Mol-%)/Zn-Cyanid-Elektrode vom Gleichgewichtspotential $\varepsilon_{0,h}$ bei Variation der Zinkkomplexkonzentration $[Zn(CN)_4^{2-}]$ = [Zn(II)], der $CN^-$- und der $OH^-$-Ionenkonzentration in 2 m KCl bei 73°C aus Messungen der Polarisationsimpedanz [nach H. GERISCHER: Z. physik. Chem. **202**, 302 (1953)]

Mit $\alpha = 0{,}55$ folgen aus Gl. (4.239) und Gl. (4.240) die Elektrochemischen Reaktionsordnungen $z_{o,j}$

$$\begin{aligned} z_{o,ZnII} &= +1 \\ z_{o,CN^-} &= -4 \\ z_{o,OH^-} &= +2 \end{aligned} \tag{4.241}$$

aus denen sich über das hieraus folgende Gleichgewicht $c_o = [S_o] = K_o \cdot [Zn(CN)_4^{2-}] \cdot [OH^-]^2/[CN^-]^4$ die oxydierte Substanz $S_o$ der Durchtrittsreaktion

$$S_o = Zn(CN)_4^{2-} + 2\,OH^- - 4\,CN^- = \underline{Zn(OH)_2}$$

[3] GERISCHER, H.: Z. physik. Chem. **202**, 302 (1953).

* $\nu_{OH^-} = 0$ bedeutet, die $OH^-$-Ionen sind in der Elektrodenbruttoreaktion *nicht* enthalten.

** Bei $\nu_{OH} = 0$ kann $[OH^-]$ keinen unmittelbaren Einfluß auf das Gleichgewichtspotential haben. Der aus Abb. 272 folgende geringe Einfluß von $[OH^-]$ kommt mittelbar durch eine Verschiebung von [Zn(II)] und $[CN^-]$ gegenüber den analytischen Konzentrationen zustande. Diese Potential- und Konzentrationsverschiebung wurde bei der Ermittlung der Reaktionsordnung $z_{o,OH^-}$ berücksichtigt.

ergibt. Es läuft hier also die gleiche Durchtrittsreaktion ab wie bei dem Zn-Hydroxokomplex. Der Mechanismus der Zn-Cyanid-Elektrode ist also

$$\begin{aligned} Zn(Hg) + 2\,OH^- &\rightarrow Zn(OH)_2 + 2e^- \\ Zn(OH)_2 + 4\,CN^- &\rightleftharpoons Zn(CN)_4^{2-} + 2\,OH^- \end{aligned} \tag{4.242}$$

Beide Reaktionsgleichungen ergeben zusammen die Elektrodenbruttoreaktion, in der die katalytisch wirksamen $OH^-$-Ionen nicht auftreten.

### δ) Zn-*Amalgam*/Zn-*Ammin-Elektrode*

Beim Zinkamminkomplex sind zwei $p_H$-Bereiche zu unterscheiden. Wenn $[NH_3] \ll [OH^-]$ ist, so liegt vorherrschend der Komplex $Zn(OH)_4^{2-}$ vor. Dann läuft, wie die speziellen Untersuchungen von GERISCHER[3] zeigten, der bereits beschriebene Mechanismus der Zn-Hydroxo-Elektrode über den $Zn(OH)_2$-Komplex ab.

Wenn dagegen $[NH_3] \gg [OH^-]$ ist, so ist der Komplex $Zn(NH_3)_3(OH)^+$ vorherrschend, weil das experimentell festgestellte Gleichgewichtspotential $\varepsilon_0$ angenähert der Elektrodenbruttoreaktion

$$Zn(Hg) + 3\,NH_3 + OH^- \rightleftharpoons Zn(NH_3)_3(OH)^+ + 2e^- \tag{4.243}$$

entspricht. Die Bestimmung der elektrochemischen Reaktionsordnungen ermöglichte auch hier wieder die Aufklärung des Reaktionsmechanismus.

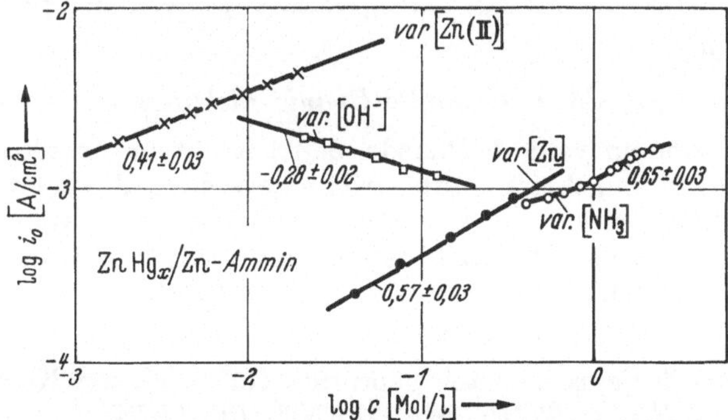


Abb. 273. Abhängigkeit der Austauschstromdichte $i_0$ an der Zn-Amalgam/Zinkammin-Elektrode von den Konzentrationen $[Zn(NH_3)_3(OH)^+] = [Zn(II)]$, $[OH^-]$, $[NH_3]$ und der Amalgamkonzentration [Zn] in 2 m NaCl aus Messungen der Polarisationsimpedanz [nach H. GERISCHER: Z. physik. Chem. **202**, 302 (1953)]

Mit den Werten der Elektrodenbruttoreaktion Gl. (4.243) $\nu_{Zn\,II} = +1$, $\nu_{Zn} = -1$, $\nu_{NH_3} = -3$, $\nu_{OH^-} = -1$ und $n = 2$, sowie mit der Durchtrittswertigkeit $z = 2$ ergeben sich aus Abb. 273 unter Verwendung von Gl. (3.54) die folgenden Beziehungen für die kathodischen Reaktionsordnungen $z_{o,j}$

$$\frac{\partial \log i_0}{\partial \log [ZnII]} = z_{o,ZnII} - (1-\alpha)\cdot(+1)\cdot\frac{2}{2} = +0{,}41 \pm 0{,}03 \tag{4.244a}$$

$$\frac{\partial \log i_0}{\partial \log [NH_3]} = z_{o,NH_3} - (1-\alpha)\cdot(-3)\cdot\frac{2}{2} = +0{,}65 \pm 0{,}03 \tag{4.244b}$$

$$\frac{\partial \log i_0}{\partial \log [OH^-]} = z_{o,OH^-} - (1-\alpha)\cdot(-1)\cdot\frac{2}{2} = -0{,}28 \pm 0{,}02 \tag{4.244c}$$

und für die anodische Reaktionsordnung $z_{r,j}$

$$\frac{\partial \log i_0}{\partial \log [\mathrm{Zn}]} = z_{r,\mathrm{Zn}} + \alpha \cdot (-1) \cdot \frac{2}{2} = +0{,}57 \pm 0{,}03\,. \qquad (4.245)$$

Aus diesen von GERISCHER[3] bestimmten Konzentrationsabhängigkeiten folgt mit $\alpha = 0{,}42$

$$\begin{aligned} z_{o,\mathrm{ZnII}} &= +0{,}99 \approx +1 \\ z_{o,\mathrm{NH_3}} &= -1{,}09 \approx -1 \qquad (4.246) \\ z_{o,\mathrm{OH^-}} &= -0{,}86 \approx -1 \\ z_{r,\mathrm{Zn}} &= +0{,}99 \approx +1 \qquad (4.247) \end{aligned}$$

Diese elektrochemischen Reaktionsordnungen führen auf das vorgelagerte Gleichgewicht $c_o = [S_o] = K_o \cdot [\mathrm{Zn(NH_3)_3(OH)^+}]/[\mathrm{NH_3}]\cdot[\mathrm{OH^-}]$ und somit auf die oxydierte Substanz $S_o$ der Durchtrittsreaktion

$$S_o = \mathrm{Zn(NH_3)_3(OH)^+} - \mathrm{NH_3} - \mathrm{OH^-} = \underline{\mathrm{Zn(NH_3)_2^{2+}}}\,.$$

Die Durchtrittsreaktion ist also

$$\mathrm{Zn(Hg)} + 2\,\mathrm{NH_3} \leftrightharpoons \mathrm{Zn(NH_3)_2^{2+}} + 2e^- \qquad (4.248\,\mathrm{a})$$

der das Gleichgewicht

$$\mathrm{Zn(NH_3)_2^{2+}} + \mathrm{NH_3} + \mathrm{OH^-} \leftrightharpoons \mathrm{Zn(NH_3)_3(OH)^+} \qquad (4.248\,\mathrm{b})$$

folgt. Beide Reaktionsgleichungen zusammen ergeben die Elektrodenbruttoreaktion.

#### $\varepsilon$) Cd-*Amalgam*/Cd-*Cyanid-Elektrode*

An der Cadmiumcyanid-Elektrode, deren Reaktionskinetik ebenfalls von GERISCHER[4] aufgeklärt wurde, tritt eine weitere Besonderheit auf. Die Durchtrittsreaktion ist bei kleinen und großen Cyanidkonzentrationen verschieden. Die Elektrodenbruttoreaktion ist aber im gesamten untersuchten Bereich der $\mathrm{CN^-}$-Konzentration

$$\mathrm{Cd(Hg)} + 4\,\mathrm{CN^-} \leftrightharpoons \mathrm{Cd(CN)_4^{2-}} + 2e^- \qquad (4.249)$$

Dies folgt aus der experimentell geprüften Gültigkeit der Nernstschen Gleichung $\varepsilon_0 = E_0 + (RT/2F)\cdot \log [\mathrm{Cd(CN)_4^{2-}}]/[\mathrm{Cd}]\cdot[\mathrm{CN^-}]^4$.

Mit den Daten der Elektrodenbruttoreaktion $\nu_{\mathrm{CdII}} = +1$, $\nu_{\mathrm{Cd}} = -1$, $\nu_{\mathrm{CN^-}} = -4$ und $n = 2$, sowie mit der Durchtrittswertigkeit $z = 2$ folgen nach Gl. (3.54) aus Abb. 274 die Beziehungen für die elektrochemischen Reaktionsordnungen

$$\frac{\partial \log i_0}{\partial \log [\mathrm{CdII}]} = z_{o,\mathrm{CdII}} - (1-\alpha)\cdot(+1)\cdot\frac{2}{2} = +0{,}70 \pm 0{,}02 \qquad (4.250\,\mathrm{a})$$

$$\begin{aligned} \frac{\partial \log i_0}{\partial \log [\mathrm{CN^-}]} = z_{o,\mathrm{CN^-}} - (1-\alpha)\cdot(-4)\cdot\frac{2}{2} &= +0{,}09 \text{ für } [\mathrm{CN^-}] \text{ groß} \\ &= -0{,}90 \text{ für } [\mathrm{CN^-}] \text{ klein} \end{aligned} \qquad (4.250\,\mathrm{b})$$

$$\frac{\partial \log i_0}{\partial \log [\mathrm{Cd}]} = z_{r,\mathrm{Cd}} + \alpha\cdot(-1)\cdot\frac{2}{2} = +0{,}25 \pm 0{,}02\,. \qquad (4.251)$$

[4] GERISCHER, H.: Z. Elektrochem. 57, 604 (1953).

Mit $\alpha_1 = 0{,}75$ für *kleine* und $\alpha_2 = 0{,}70$ für *große* Cyanidkonzentrationen berechnen sich hieraus

$$\begin{aligned} z_{r,\mathrm{Cd}} &= +1 \\ z_{o,\mathrm{CdII}} &= +1 \\ z_{o,\mathrm{CN^-}} &= -1{,}90 \approx -2 \quad ([\mathrm{CN^-}] < 0{,}05\ \mathrm{m}) \\ z_{o,\mathrm{CN^-}} &= -1{,}11 \approx -1 \quad ([\mathrm{CN^-}] > 0{,}05\ \mathrm{m}) \end{aligned} \tag{4.252}$$

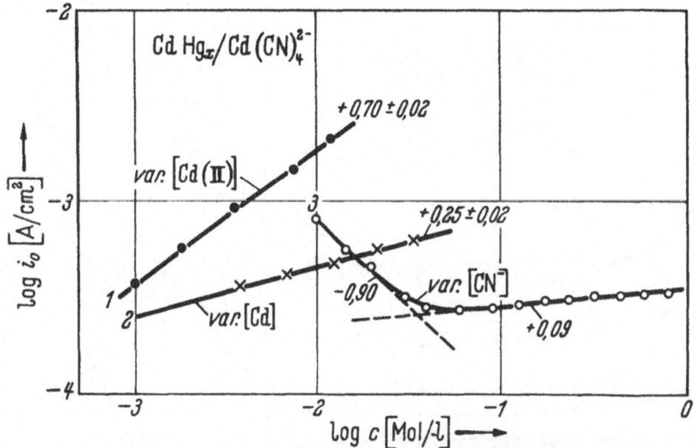


Abb. 274. Abhängigkeit der Austauschstromdichte $i_0$ an der Cd-Amalgam/Cd-Cyanid-Elektrode von den Konzentrationen $[\mathrm{Cd(CN)_4^{2-}}] = [\mathrm{CdII}]$, $[\mathrm{CN^-}]$ und der Amalgamkonzentration [Cd] in [NaCl] + + [NaCN] = 5 m Lösung aus Messungen der Polarisationsimpedanz. Kurve 1: 1,4 m NaCN; Kurve 2: $2 \cdot 10^{-3}$ m Cd(II) + $2 \cdot 10^{-2}$ m NaCN; Kurve 3: 0,8 Mol-% Cd [nach H. GERISCHER: Z. Elektrochem. 57, 604 (1953)]

Bei *kleinen* Cyanidkonzentrationen führen diese elektrochemischen Reaktionsordnungen auf

$$S_o = \mathrm{Cd(CN)_4^{2-}} - 2\,\mathrm{CN^-} = \underline{\mathrm{Cd(CN)_2}} \quad ([\mathrm{CN^-}] < 0{,}05\ \mathrm{m})$$

und bei *großen* Cyanidkonzentrationen

$$S_o = \mathrm{Cd(CN)_4^{2-}} - 1\,\mathrm{CN^-} = \underline{\mathrm{Cd(CN)_3^-}} \quad ([\mathrm{CN^-}] > 0{,}05\ \mathrm{m})$$

Der Mechanismus der Cadmiumcyanidelektrode ist also bei *großen* Cyanidkonzentrationen $[\mathrm{CN^-}] > 0{,}05$ m

$$\begin{aligned} \mathrm{Cd(Hg)} + 3\,\mathrm{CN^-} &\leftrightharpoons \mathrm{Cd(CN)_3^-} + 2e^- \\ \mathrm{Cd(CN)_3^-} + \mathrm{CN^-} &\leftrightharpoons \mathrm{Cd(CN)_4^{2-}} \end{aligned} \tag{4.253 a}$$

und bei *kleinen* Cyanidkonzentrationen $[\mathrm{CN^-}] < 0{,}05$ m

$$\begin{aligned} \mathrm{Cd(Hg)} + 2\,\mathrm{CN^-} &\leftrightharpoons \mathrm{Cd(CN)_2} + 2e^- \\ \mathrm{Cd(CN)_2} + 2\,\mathrm{CN^-} &\leftrightharpoons \mathrm{Cd(CN)_4^{2-}} \end{aligned} \tag{4.253 b}$$

Die Summe ergibt in beiden Mechanismen die Elektrodenbruttoreaktion Gl. (4.249). Es treten also hier zwei parallel zueinander ablaufende konkurrierende Durchtrittsreaktionen auf.

## § 162. Durchtrittsüberspannung an festen Elektrodenmetallen

### α) *Ältere Messungen an* Fe, Zn *und* Cu

Infolge der starken Hemmung der Kristallisationsvorgänge an festen Elektroden ist eine Erfassung der Durchtrittsüberspannung mit Hilfe von Gleichstrommessungen kaum möglich. Deshalb haben bereits ROITER, JUZA u. POLUJAN[1, 2] an Fe und Zn die oszillographische Beobachtung des zeitlichen Verlaufs des Elektrodenpotentials nach galvanostatischer Stromeinschaltung und Ausschaltung angewendet. Hierbei

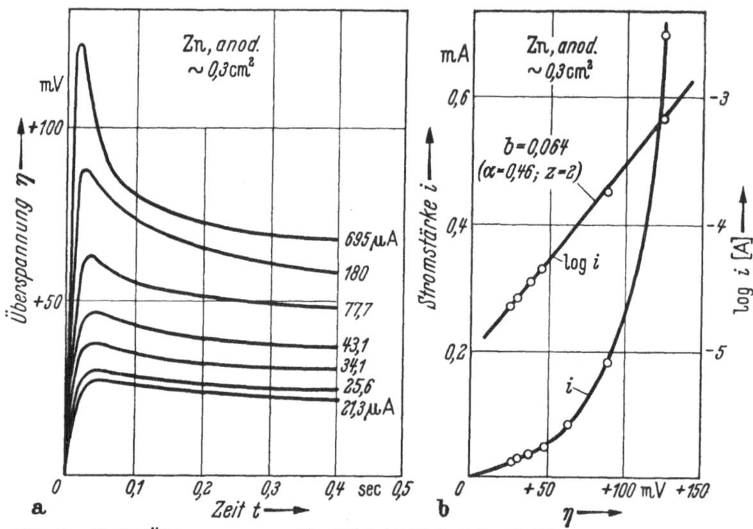


Abb. 275. Anodische Überspannung an Zn (Einkristall) in 0,5 n $ZnSO_4$ (+0,005 n $H_2SO_4$) in Abhängigkeit von der Zeit $t$ und der Stromdichte $i$ bei 30° C. Fläche der Zn-Elektrode etwa 0,3 cm². Erfüllung von Gl. (2.41) für reine $\eta_D$ mit $\alpha = 0{,}46$, $z = 2$. $i_0 = 20\ \mu A/cm^2$ [nach W. A. ROITER, E. S. POLUJAN u. W. A. JUZA: Acta physicochim. USSR **10**, 845 (1939)]

konnte Gl. (2.405) für $d\eta_D/dt$ unter Berücksichtigung der Doppelschichtkapazität $C_D$ für reine Durchtrittsüberspannung mit $\alpha = 0{,}50$, also einem Wert $b = 0{,}06$ Volt, angenähert bestätigt werden, wenn die Abweichung des stromlosen Potentials (Mischpotential) vom Gleichgewichtswert $\varepsilon_0$ berücksichtigt wurde. Als Austauschstromdichte wurde an Fe etwa $i_0 = 10^{-8}\ A/cm^2$ gefunden.

Abb. 275 gibt den Verlauf der Stromspannungskurve für die anodische Auflösung von Zn nach ROITER, POLUJAN u. JUZA[2] wieder. Hierbei wurden die Anfangswerte der Überspannung nach galvanostatischer Stromeinschaltung verwendet, die als Maxima in den Potentialzeitkurven der Abb. 275a auftreten*. Die Stromspannungsbeziehung ent-

[1] ROITER, W. A., W. A. JUZA u. E. S. POLUJAN: Acta physicochim. USSR **10**, 389 (1939).

[2] ROITER, W. A., E. S. POLUJAN u. W. A. JUZA: Acta physicochim. USSR **10**, 845 (1939).

* Der erste Anstieg wird durch die Aufladung der Doppelschichtkapazität hervorgerufen. Die Veränderung der Oberflächeneigenschaften während dieser kurzen Zeit blieben von ROITER, POLUJAN u. JUZA[2] unberücksichtigt.

spricht einer Tafelschen Geraden [Gl. (2.41)] für reine Durchtrittsüberspannung mit einem Durchtrittsfaktor $\alpha = 0{,}46$ bei der Durchtrittswertigkeit $z = 2$ und einer Austauschstromdichte von etwa $i_0 = 2 \cdot 10^{-5}$ A/cm$^2$.

Auch durch Messungen von MÜLLER u. BARCHMANN[3] an Zn und Cd gewonnene Stromspannungskurven deuten auf reine Durchtrittsüberspannung hin, obgleich eine exakte Auswertung hierüber nicht vorliegt. Kathodische Messungen von ERDEY-GRUZ u. FRANKL[4] an Cu ergeben eine Tafelsche Gerade, die auf Durchtrittsüberspannung hinweist.

### β) Cd/Cd$^{2+}$-*Elektrode*

Eine sichere Bestätigung von Gl. (2.41) $i = i_0\,[\exp(\alpha z F \eta_D/RT) - \exp(-(1-\alpha) zF\eta_D/RT)]$ für die Stromdichteabhängigkeit der Durchtrittsüberspannung $\eta_D$ ist an einer Metallionenelektrode zuerst von LORENZ[5–7] an Cd erhalten worden. LORENZ verwendete hierzu eine galvanostatische Einschaltmethode bei oszillographischer Beobachtung des Potential-Zeit-Verlaufs. In Abb. 276 sind die Meßwerte mit der theoretischen Stromdichteabhängigkeit der Durchtrittsüberspannung $\eta_D$ nach Gl. (2.41) verglichen. Die Extrapolation der anodischen und kathodischen Tafelgeraden führt auf den gleichen Wert der Austauschstromdichte $i_0$.

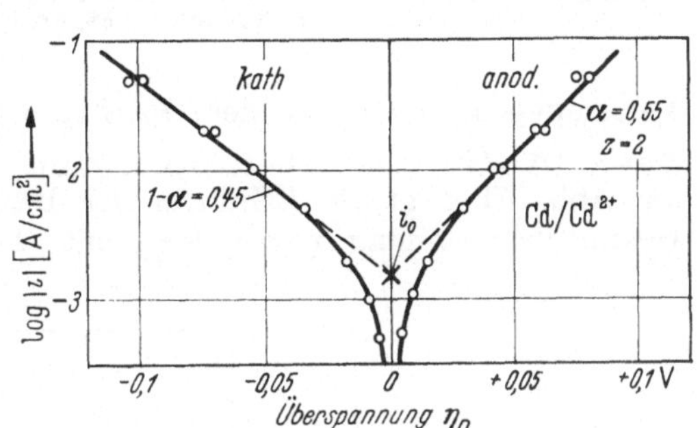


Abb. 276. Stromdichteabhängigkeit der Durchtrittsüberspannung $\eta_D$ an Cd in 0,01 n Cd$^{2+}$ + 0,8 n $K_2SO_4$ bei 20°C nach einer galvanostatischen Einschaltmethode. Ausgezogen: theoretische Kurve nach Gl. (2.41) für reine $\eta_D$ mit $\alpha = 0{,}55$, $z = 2$ und $i_0 = 1{,}5$ mA/cm$^2$ [nach W. LORENZ: Z. Elektrochem. 58, 912 (1954)]

Die Konzentrationsabhängigkeit von $i_0$, die in Abb. 277 nach den Messungen von LORENZ[5] wiedergegeben wird, führt auf die elektrochemischen Reaktionsordnungen. Nach Gl. (3.54) folgt mit den Werten $\nu_{Cd^{2+}} = +1$, $\nu_{Cd} = -1$ und $n = 2$ der Elektrodenbruttoreaktion Cd $\leftrightarrows$ Cd$^{2+}$ + $2e^-$ und der Durchtrittswertigkeit $z = 2$ (Durchtritt des zweiwertigen Cadmiumions) aus Abb. 277

$$\frac{\partial \log i_0}{\partial \log [Cd^{2+}]} = z_{o,Cd^{2+}} - (1-\alpha)\cdot(+1)\cdot\frac{2}{2} = 0{,}50\,. \tag{4.254}$$

Mit $\alpha = 0{,}55$ aus Abb. 276 folgt hieraus

$$z_{o,Cd^{2+}} = 0{,}95 \approx +1 \tag{4.255}$$

Aus dieser Reaktionsordnung ergibt sich die Durchtrittsreaktion

$$Cd \leftrightarrows Cd^{2+} + 2e^- \tag{4.256}$$

[3] MÜLLER, E., u. H. BARCHMANN: Z. Elektrochem. **39**, 341 (1933).
[4] ERDEY-GRUZ, T., u. FRANKL: Z. physik. Chem. **A 178**, 266 (1937).
[5] LORENZ, W.: Z. Elektrochem. **58**, 912 (1954).
[6] LORENZ, W.: Naturwiss. **40**, 778 (1953).
[7] LORENZ, W.: Z. Naturf. **9a**, 715 (1954).

die im vorliegenden Fall wie beim Cd-Amalgam gleich der Elektrodenbruttoreaktion ist.

Bei den von LORENZ[5] angewendeten galvanostatischen Einschaltmessungen steigt der Wert der kathodischen Überspannung infolge der

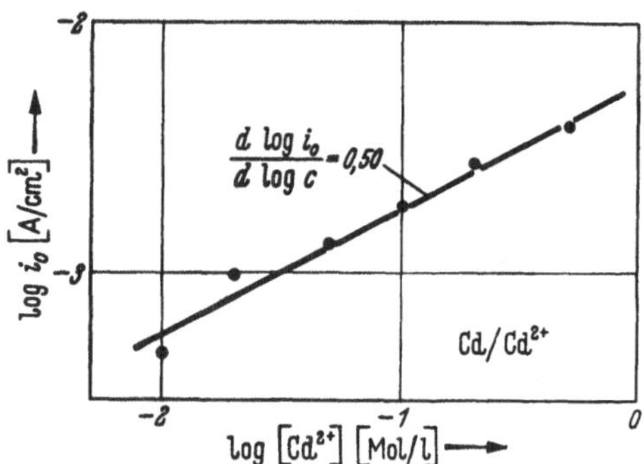


Abb. 277. Austauschstromdichte $i_0$ an der $Cd/Cd^{2+}$-Elektrode in Abhängigkeit von der $Cd^{2+}$-Konzentration in 1,5 n $K_2SO_4$ bei 20°C nach einer galvanostatischen Einschaltmethode [nach W. LORENZ: Z. Elektrochem. 58, 912 (1954)]

Verarmung an $Cd^{2+}$ vor der Oberfläche langsam nach Gl. (2.411 b) $\eta = -(RT/(1-\alpha)zF)\cdot\ln(|i|/i_0) + [z_{o,Cd^{2+}}\cdot RT/(1-\alpha)zF]\cdot\ln(1-\sqrt{t/\tau})$ an. Abb. 278 zeigt die Erfüllung der Beziehung Gl. (2.411 b) für die Gesamtüberspannung $\eta = \eta_D + \eta_d$ mit $(1-\alpha)z/z_{o,Cd^{2+}} = 1{,}00$. Mit der

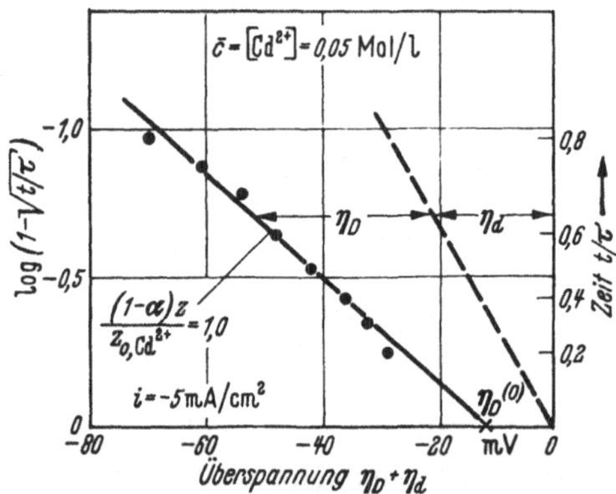


Abb. 278. Überspannung-Zeitverlauf $\eta(t)$ nach galvanostatischer Einschaltung einer kathodischen Stromdichte $i = -5$ mA/cm² an der Cd/0,05 n $CdSO_4$ + 1,5 n $K_2SO_4$-Elektrode bei 20°C. Transitionszeit $\tau$ etwa 10 sec. Aufteilung in Durchtritts- und Diffusionsüberspannung [nach W. LORENZ: Z. Elektrochem. 58, 912 (1954)]

Durchtrittswertigkeit $z = 2$ und einer Reaktionsordnung $z_{o,Cd^{2+}} = 1$ folgt hieraus ein Durchtrittsfaktor $\alpha = 0{,}50$ in Übereinstimmung mit den anderen Ergebnissen. Die gestrichelte Gerade gibt die reine Diffusionsüberspannung $\eta_d$ nach Gl. (2.187) an.

### γ) $Ag/Ag^+$-*Elektrode*

Die Überspannung an der festen Ag-Elektrode besteht nach GERISCHER u. TISCHER[8, 9] und MEHL u. BOCKRIS[10] im wesentlichen aus Kristallisations- und Diffusionsüberspannung, da die Austauschstromdichte an diesem System sehr groß ist. Trotzdem konnten diese Autoren mit Hilfe galvanostatischer Einschaltmessungen den kleinen Anteil an Durchtrittsüberspannung erfassen. GERISCHER u. TISCHER[8] fanden mit der Doppelimpulsmethode in 1 n $HClO_4$-Lösung Austauschstromdichten von

$$i_0 = 0{,}15 \pm 0{,}02\ \mathrm{A/cm^2} \quad \text{bei} \quad [Ag^+] = 0{,}001\ \mathrm{Mol/l}$$

$$i_0 = 4{,}5 \pm 0{,}5\ \mathrm{A/cm^2} \quad \text{bei} \quad [Ag^+] = 0{,}1\ \mathrm{Mol/l}$$

Aus diesen beiden Meßwerten folgt zur Bestimmung der elektrochemischen Reaktionsordnung ($\nu_{Ag^+} = +1$, $n = 1$, $z = 1$)

$$\frac{\partial \log i_0}{\partial \log [Ag^+]} = z_{o,Ag^+} - (1-\alpha)\cdot(+1)\cdot\frac{1}{1} = 0{,}74\,. \qquad (4.257)$$

Bei einem Durchtrittsfaktor $\alpha = 0{,}74$* ist $z_{o,Ag^+} = +1$, so daß als Durchtrittsreaktion

$$Ag \leftrightarrows Ag^+\cdot aq + e^- \qquad (4.258)$$

also die Elektrodenbruttoreaktion anzusehen ist. MEHL u. BOCKRIS[10] erhielten aus der Diskussion der Stromspannungskurve einen Durchtrittsfaktor $\alpha = 0{,}55$ und eine wesentlich kleinere Austauschstromdichte**.

In $AgNO_3$-Lösungen konnten PRICE u. VERMILYEA[11] mittels galvanostatischer Ein- und Ausschaltmessungen Austauschstromdichten der Größenordnung $i_0 = 1$ bis 7 A/cm² an Ag feststellen.

## § 163. Durchtrittsüberspannung und Reaktionskinetik von festen Elektroden in Lösungen komplexer Ionen

### α) $Ag/Ag(CN)_3^{2-}$-*Elektrode*

Neben den in § 161 an Amalgam-Elektroden behandelten Mechanismen haben VIELSTICH u. GERISCHER[1] auch die Mechanismen fester Elektroden mit komplexen Ionen im Elektrolyten aufgeklärt. Die Elektrodenbruttoreaktion der Ag-Elektrode in cyanidhaltigem Elektrolyten ist auf Grund der Konzentrationsabhängigkeit des Gleichgewichtspotentials

$$Ag + 3\,CN^- \leftrightarrows Ag(CN)_3^{2-} + e^- \qquad (4.259)$$

---

[8] GERISCHER, H., u. R. P. TISCHER: Z. Elektrochem. **61**, 1159 (1957).

[9] GERISCHER, H.: Z. Elektrochem. **62**, 256 (1958).

[10] MEHL, W., u. J. O'M. BOCKRIS: J. Chem. Phys. **27**, 818 (1957).

* Unter Berucksichtigung der spater festgestellten Abhängigkeit der Oberflachengleichgewichtskonzentration der ad-Atome (§ 164) von der $Ag^+$-Ionenkonzentration im Elektrolyten erhalt GERISCHER[9] einen korrigierten Wert $\alpha = 0{,}68$.

** MEHL u. BOCKRIS[10] verwendeten nicht die sehr viel leistungsfähigere Doppelimpulsmethode und erhielten den $i_0$-Wert unter Voraussetzung einer experimentell noch nicht bewiesenen Kinetik des Kristallisationsvorganges.

[11] PRICE, P. B., u. D. A. VERMILYEA: J. Chem. Phys. **28**, 720 (1958).

Der $Ag(CN)_3^{2-}$-Komplex ist der vorherrschende Komplex im Elektrolyten.

Unter Anwendung der *potentiostatischen Einschaltmethode* und aus der linearen Extrapolation des gegen $\sqrt{t}$ aufgetragenen $i(t)$-Verlaufs nach $t \to 0$ [nach Gl. (2.431)] bestimmten VIELSTICH u. GERISCHER[1] die Anfangs-Durchtrittsstromdichte $i(0)$ in Abhängigkeit vom potentiostatisch* vorgegebenen Potential $\varepsilon$. Hierbei wurde die theoretische Abhängigkeit $i(0) = i_0 [\exp(\alpha z F \eta / R T) - \exp(-(1-\alpha) z F \eta / R T)]$ nach Gl. (2.41) für die Durchtrittswertigkeit $z = 1$ mit $\alpha = 0{,}5$ (für $[CN^-] > 0{,}2$ m) bzw. $\alpha = 0{,}44$ (für $[CN^-] < 0{,}1$ m) gut bestätigt Abb. 279 gibt diese Abhängigkeit für den ersten Fall wieder.

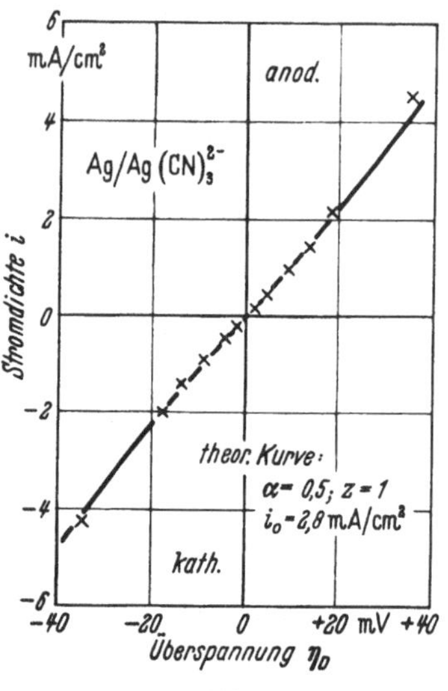


Abb. 279

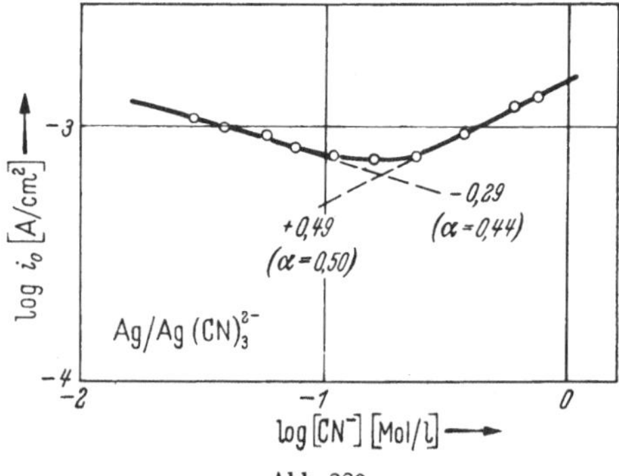


Abb. 280

Abb. 279. Durchtrittsüberspannung $\eta_D$ in Abhängigkeit von der (Anfangs-)Stromdichte $i$ an der $Ag/Ag(CN)_3^{2-}$-Elektrode bei 24°C nach der potentiostatischen Einschaltmethode (Extrapolation $\sqrt{t} \to 0$). $[CN^-] = 1$ Mol/l, $[Ag(CN)_3^{2-}] = 2{,}8 \cdot 10^{-2}$ Mol/l. $\varepsilon_{0,h} = -0{,}561$ Volt [nach W. VIELSTICH u. H. GERISCHER: Z. physik. Chem. (N.F.) **4**, 10 (1955)]

Abb. 280. Abhängigkeit der Austauschstromdichte $i_0$ der $Ag/Ag(CN)_3^{2-}$-Elektrode von der Cyanidkonzentration bei konstanter $Ag(CN)_3^{2-}$-Konzentration ($5 \cdot 10^{-3}$ m) und konstanter ionaler Konzentration (KCN + KCl) bei 24 °C [nach W. VIELSTICH u. H. GERISCHER: Z. physik. Chem. (N. F.) **4**, 10 (1955)]

Aus der Abhängigkeit der Austauschstromdichte $i_0$ von der Cyanidüberschußkonzentration, die in Abb. 280 wiedergegeben wird, folgen für verschiedene $CN^-$-Konzentrationsbereiche verschiedene Mechanismen. Für $[CN^-] < 0{,}1$ m ergibt sich mit den Daten der Elektrodenbruttoreaktion Gl. (4.259) $\nu_{CN^-} = -3$, $n = 1$ und der Durchtrittswertigkeit $z = 1$ aus der experimentellen Konzentrationsabhängigkeit und Gl. (3.54)

$$\frac{\partial \log i_0}{\partial \log [CN^-]} = z_{r,CN^-} + \alpha \cdot (-3) \cdot \frac{1}{1} = -0{,}29 \,. \qquad (4.260\,a)$$

Mit dem experimentellen Wert $\alpha = 0{,}44$ aus $\eta_D(i)$ folgt aus Gl. (4.260a) die anodische elektrochemische Reaktionsordnung

$$z_{r,CN^-} = +1{,}03 \approx +1 \,. \qquad (4.261\,a)$$

[1] VIELSTICH, W., u. H. GERISCHER: Z. physik. Chem. (N.F.) **4**, 10 (1955).

* Regelzeit des verwendeten Potentiostaten $10^{-4}$ sec.

Für $[CN^-] > 0{,}2$ m ist dagegen experimentell

$$\frac{\partial \log i_0}{\partial \log [CN^-]} = z_{r,CN^-} + \alpha \cdot (-3) \cdot \frac{1}{1} = +0{,}49 \qquad (4.260\text{b})$$

und mit $\alpha = 0{,}50$ (Abb. 279)

$$z_{r,CN^-} = +1{,}99 \approx +2 \qquad (4.261\text{b})$$

Aus diesen beiden Reaktionsordnungen folgen die Mechanismen

$$\left.\begin{array}{l} Ag + CN^- \rightarrow \underline{Ag(CN)} + e^- \\ Ag(CN) + 2\,CN^- \leftrightharpoons Ag(CN)_3^{2-} \end{array}\right\} [CN^-] < 0{,}1 \text{ m}$$
$$\left.\begin{array}{l} Ag + 2\,CN^- \rightarrow \underline{Ag(CN)_2} + e^- \\ Ag(CN)_2 + CN^- \leftrightharpoons Ag(CN)_3^{2-} \end{array}\right\} [CN^-] > 0{,}2 \text{ m} \qquad (4.262)$$

Es liegen hier also ähnliche Verhältnisse mit zwei konkurrierenden Durchtrittsreaktionen vor, wie bei der Cadmiumcyanid-Elektrode (§ 161).

### β) $Ag/Ag(NH_3)_2^+$-*Elektrode*

Die $Ag/Ag(NH_3)_2^+$-Elektrode ist ein interessanter Fall, weil hier, im Gegensatz zu allen anderen behandelten Komplexionenelektroden, die Durchtrittsreaktion auch die Elektrodenbruttoreaktion

$$Ag + 2\,NH_3 \leftrightharpoons Ag(NH_3)_2^+ + e^- \qquad (4.263)$$

ist. Nach den Untersuchungen von VIELSTICH u. GERISCHER[1] mittels der potentiostatischen Einschaltmethode und Extrapolation auf $\sqrt{t} \rightarrow 0$ ergibt sich auch hier angenähert* die Beziehung Gl. (2.41) für die reine Durchtrittsüberspannung mit dem Durchtrittsfaktor $\alpha = 0{,}5$.

Zur Bestimmung der Reaktionskinetik haben VIELSTICH u. GERISCHER[1] die Konzentrationsabhängigkeit der anodischen Teilstromdichte $i_+$ bei konstantem Potential untersucht**. Abb. 281 gibt die experimentellen Werte wieder, die mit Gl. (3.49a) die elektrochemische Reaktionsordnung

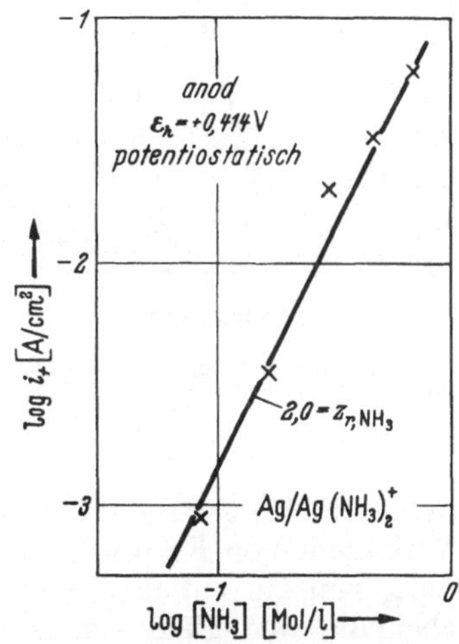


Abb. 281. Abhängigkeit der anodischen Anfangs-Teilstromdichte $i_+$ an der $Ag/Ag(NH_3)_2^+$-Elektrode von der $NH_3$-Konzentration bei konstantem Potential $\varepsilon_h = +0{,}414$ V. $[Ag(NH_3)_2^+] = 0{,}01$ Mol/l, Temp. 24°C [nach W. VIELSTICH u. H. GERISCHER: Z. physik. Chem. (N. F.) 4, 10 (1955)]

$$\frac{\partial \log i_+}{\partial \log [NH_3]} = z_{r,NH_3} = 2{,}0 \qquad (4.264)$$

ergeben. Die Durchtrittsreaktion ist also gleich der Elektrodenbruttoreaktion Gl. (4.263). Es wird in diesem Fall der vorherrschende Komplex $Ag(NH_3)_2^+$ direkt entladen und gebildet. Dieses und die vorangehenden Beispiele zeigen also deutlich, daß die Kinetik in jedem einzelnen Fall ermittelt werden muß. Analogieschlüsse dürften kaum möglich sein.

* Die Abweichungen sind hier größer als an der Silbercyanidelektrode.

** Es ist $i_+ = i/[1 - \exp(-F\eta_D/RT)]$.

## § 164. Experimentelle Kristallisationsüberspannung

### α) *Mit Keimbildungshemmung*

Der erste Hinweis für das Auftreten einer Kristallisationsüberspannung ist in den Untersuchungen von BRANDES[1] an Zn in $ZnSO_4$-Lösung mit periodischen anodischen und kathodischen Stromimpulsen bei oszillographischer Potential-Zeitauswertung zu finden.

ERDEY-GRUZ und VOLMER[2] versuchten, die von ihnen aufgestellten Gesetze für die Keimbildungshemmung [Gl. (2.362) und Gl. (2.363)] und die unmittelbare Abscheidung an Wachstumsstellen zu bestätigen. Ihre an verschiedenen Metallen mit der Gleichstrommethode durchgeführten Untersuchungen hatten in dieser Hinsicht keinen Erfolg.

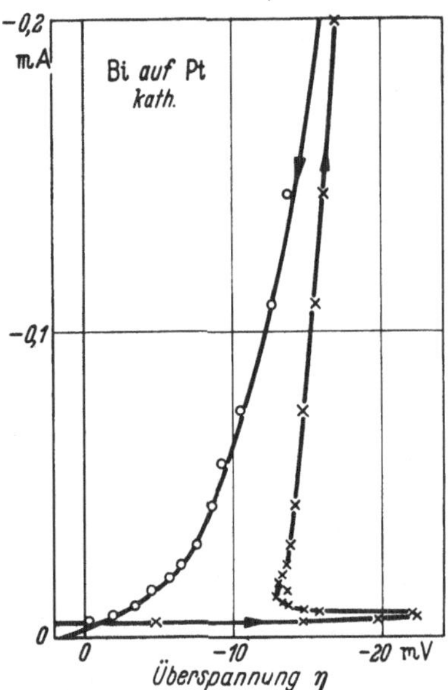


Abb. 282. Erscheinung der „Überpolarisation" bei der kathodischen Abscheidung von Bi auf Pt [nach T. ERDEY-GRUZ u. M. VOLMER: Z. physik. Chem. **157**, 182 (1931)]

Deutlich tritt die Hemmung der Keimbildung bei der Abscheidung von Metallen auf Fremdmetallelektroden hervor. Hierbei fanden ERDEY-GRUZ u. VOLMER[3] sowie ESSIN, ANTROPOW u. LEVIN[4], ROITER, POLUJAN u. JUZA[5,6] eine *sog. Überpolarisation* beim Durchlaufen der kathodischen Stromspannungskurven in Richtung steigender Stromdichte, wie es die Abb. 282 wiedergibt[7]. Für die Bildung der ersten dreidimensionalen Keime auf der fremden Metallunterlage ist eine hohe Überspannung notwendig. Sind diese Keime gebildet, so ist für das Weiterwachsen nur noch eine geringere Überspannung erforderlich. Abb. 282 zeigt dieses Verhalten. Von ERDEY-GRUZ u. WICK[8] wurde die kathodische Abscheidung von Hg auf nicht benetzenden Metallelektroden untersucht und ebenfalls anfänglich sehr große Überspannungen (etwa $\eta = -0{,}2$ bis $-0{,}3$ Volt) gefunden, die auf die große Keimbildungsarbeit* zurückgeführt werden.

[1] BRANDES, H.: Z. physik. Chem. **142**, 97 (1929).
[2] ERDEY-GRUZ, T., u. M. VOLMER: Z. physik. Chem. **157**, 165 (1931).
[3] ERDEY-GRUZ, T., u. M. VOLMER: Z. physik. Chem. **157**, 182 (1931).
[4] ESSIN, O., L. ANTROPOW u. A. LEVIN: Acta physicochim. USSR **6**, 447 (1937).
[5] ROITER, W. A., E. S. POLUJAN u. W. A. JUZA: Acta physicochim. USSR **10**, 845 (1939); J. phys. Chem. USSR **13**, 605 (1939).
[6] Vergleiche auch A. T. VAHRAMIAN: Acta physicochim. USSR **19**, 148 (1944).
[7] Vgl. H. FISCHER: Elektrolytische Abscheidung und Elektrokristallisation von Metallen. S. 135ff. Berlin-Göttingen-Heidelberg: Springer-Verlag 1954.
[8] ERDEY-GRUZ, T., u. H. WICK: Z. physik. Chem. **162**, 63 (1932).
* Für Metalle, die mit Hg keinerlei Wechselwirkung ausüben, berechnen ERDEY-GRUZ u. WICK[8] eine maximale Überspannung von $\eta = -0{,}34$ Volt.

Interessante Beobachtungen machte VERMILYEA[9] bei der kathodischen Cu-Abscheidung an Cu-*Whisker*oberflächen (Kristallnadeln). An sehr kleinen Whiskern von 3 $\mu$ Durchmesser konnte erst oberhalb einer kathodischen Überspannung von $\eta = -100$ mV eine Metallabscheidung mit neuer Keimbildung beobachtet werden. An größeren Whiskern und Cu-Drähten von 45 bis 75 $\mu$ Durchmesser war dagegen ein gleichmäßiges Wachsen bei $\eta = -10$ bis $-15$ mV möglich. Diese Erscheinung wird darauf zurückgeführt, daß die kleinen Whisker bei ihrer geringen Ausdehnung noch vollständig ungestörte Kristalle sind, an denen keinerlei Wachstum (Spiralwachstum) möglich ist, weil Störstellen (Versetzungen) nicht vorhanden sind. Bei anodischer Behandlung zeigen diese ungestörten Kristalle nur Auflösung an speziellen Stellen (Lochfraß, Pits), die bei folgender kathodischer Abscheidung wieder zuwachsen, ohne daß eine Abscheidung an den anderen Flächen stattfindet. Auch bei weiterer Metallabscheidung findet diese nur an den gestörten Stellen der vorangegangenen Lochbildung bei kleiner Überspannung statt.

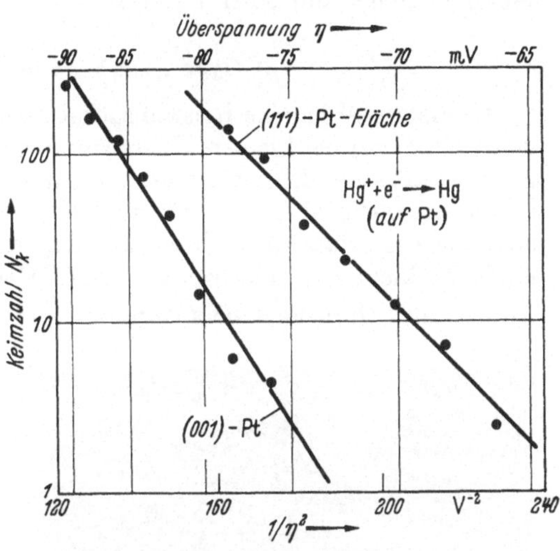


Abb. 283. Keimbildung bei der kathodischen Hg-Abscheidung an Pt-Einkristallflächen in Abhängigkeit von der Überspannung $\eta$ während einer Impulsdauer von 0,070 sec mit „Nachentwicklung", bei 30° C aus 2,7 n $HgNO_3$ + 0,3 n $HNO_3$ [nach R. KAISCHEW u. B. MUTAFTSCHIEW: Z. physik. Chem. **204**, 334 (1955)]

KAISCHEW u. Mitarb.[10] konnten durch Anwendung einer Impulsmethode die von ERDEY-GRUZ u. VOLMER[2] abgeleitete Beziehung Gl. (2.363) $N_k = a \cdot \exp(-b/\eta^2)$ mit $N_k$ = Anzahl der gebildeten Keime, $\eta$ = Überspannung, $a$, $b$ = konstante Faktoren für die *dreidimensionale Keimbildung* bei der kathodischen Abscheidung von Ag, Pb und Hg an Pt bestätigen. Hierbei wurde ein rechteckförmiger kathodischer Überspannungsimpuls der Dauer $\tau$ vorgegeben, dem sich eine kleinere kathodische Überspannung anschloß. Während des großen Überspannungsimpulses wurden die Keime gebildet, die bei der anschließenden kleineren Überspannung ohne Neubildung von Keimen weiter wuchsen, d. h. „entwickelt" wurden. Der Logarithmus der Zahl $N_k$ der gebildeten

[9] VERMILYEA, D. A.: J. Chem. Phys. **27**, 814 (1957).

[10] KAISCHEW, R., A. SCHELNDKO u. G. BLIZNAKOW: Ber. bulg. Akad. Wiss. physik. Ser. **1**, 137 (1950). — SCHELNDKO, A., u. G. BLIZNAKOW: Ber. bulg. Akad. Wiss. physik. Ser. **2**, 227 (1951). — SCHELNDKO, A., u. M. TODOROWA: Ber. bulg. Akad. Wiss. physik. Ser. **3**, 61 (1952). — MUTAFTSCHIEW, B., u. R. KAISCHEW: Ber. bulg. Akad. Wiss. physik. Ser. **5**, 77 (1955). — KAISCHEW, R., u. B. MUTAFTSCHIEW: Z. physik. Chem. **204**, 334 (1955).

Keime war entsprechend Gl. (2.363) umgekehrt proportional dem Quadrat der Überspannung, wie es die Abb. 283 wiedergibt. Abb. 283 zeigt außerdem, daß die Keimbildungsgeschwindigkeit von der kristallographischen Orientierung abhängt. Der Faktor $b$, der die Neigung der Geraden angibt, läßt sich theoretisch mit den bekannten Größen der Oberflächenenergien in Beziehung setzen, jedoch ist eine gute Übereinstimmung noch nicht erreicht.

Galvanostatische Untersuchungen von W. SCHOTTKY[11] über die kathodische Keimbildung von Ag an Ta-Oberflächen und anderen Metallen stehen mit einer Theorie von C. WAGNER in Übereinstimmung.

*β) Ohne Keimbildungshemmung*

GERISCHER[12] hat die Kristallisationsüberspannung an Ag in $AgClO_4 +$ $+ HClO_4$ (1 m) bei kleinen Überspannungen sehr ausführlich mit einer galvanostatischen Einschaltmethode untersucht. Aus früheren Messungen von GERISCHER u. TISCHER[13]* und aus weiteren Kontrollmessungen** geht hervor, daß der Anteil an Durchtrittsüberspannung vernachlässigbar klein ist. Gleichzeitig ist auf Grund von Abschätzungen der Anteil an Diffusionsüberspannung $\eta_d = (RT/F) \cdot \ln(1 \pm \sqrt{t/\tau})$ nach Gl. (2.187) unter Verwendung der Transitionszeit $\tau$ für die Diffusion des $Ag^+$-Ions vernachlässigbar klein. Hieraus schloß GERISCHER, daß unter seinen experimentellen Bedingungen nur Kristallisationsüberspannung $\eta_k$ auftritt.

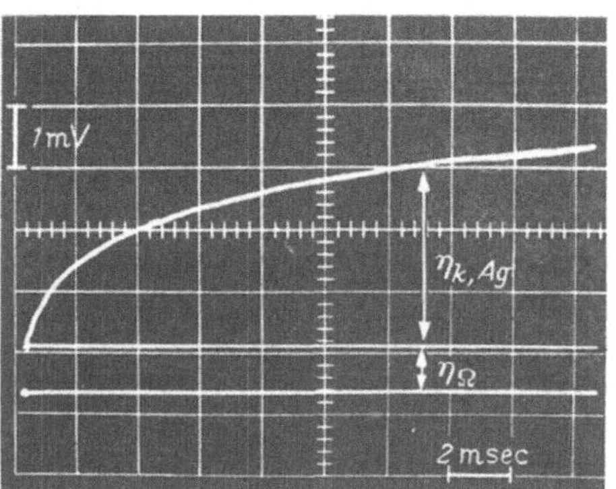


Abb. 284. Potential-Zeit-Kurve nach galvanostatischer Stromeinschaltung an Ag in 0,1 m $AgClO_4$ + 0,9 m $HClO_4$ bei 25°C. Anodische Stromdichte $i = +0{,}66$ mA/cm² ($\eta_d < 0{,}1$ mV) [nach H. GERISCHER: Z. Elektrochem. 62, 256 (1958)]

Ein Beispiel für den Verlauf der galvanostatischen Potential-Zeit-Kurven gibt Abb. 284 wieder. Die Ermittlung des ohmschen Potentialabfalls ist hier deutlich zu erkennen. Aus der Anfangsneigung $(d\eta_k/dt)_{t=0}$ läßt sich eine Polarisationskapazität $C_k$ entnehmen, die hier als *Adsorptionskapazität* $C_{ad}$ der ad-Atome gedeutet werden kann. $C_{ad}$ folgt experimentell aus

$$C_{ad} = \frac{i}{\left(\frac{d\eta_k}{dt}\right)_{t=0}} \tag{4.265}$$

[11] SCHOTTKY, JUN., W.: Unveröffentlicht.
[12] GERISCHER, H.: Z. Elektrochem. 62, 256 (1958).
[13] GERISCHER, H., u. R. P. TISCHER: Z. Elektrochem. 61, 1159 (1957).
* Vgl. auch W. MEHL, u. J. O'M. BOCKRIS: J. Chem. Phys. 27, 818 (1957).
** Unterbrechung der galvanostatischen Messung durch unmittelbaren Übergang zu potentiostatischen Bedingungen. Methode nach H. GERISCHER u. R. P. TISCHER[13].

und ist nach GERISCHER[12] unabhängig von der Stromdichte. Die Größenordnung liegt bei 400–800 $\mu F/\mathrm{cm}^2$ und ist auch bei Berücksichtigung eines Oberflächenfaktors um etwa eine Zehnerpotenz größer als die Doppelschichtkapazität $C_D$.

Eine Veränderung der Konzentration $c_M = c_{\mathrm{ad}}$ der ad-Atome auf der Metalloberfläche führt auf eine Kristallisationsüberspannung $\eta_k$ nach Gl. (2.364). Für eine derartige Konzentrationsänderung ist jedoch eine Elektrizitätsmenge nach Gl. (2.366) notwendig, so daß der kleinen Überspannung $\eta_k$ diese Elektrizitätsmenge $i \cdot \Delta t$ entspricht. Die hieraus resultierende Kapazität ist unter Anwendung der Gl. (2.364) und Gl. (2.366)

$$\boxed{C_{\mathrm{ad}} = \frac{i}{\left(\frac{d\eta_k}{dt}\right)_{t=0}} = \frac{z^2 F^2}{RT} \cdot \bar{c}_{\mathrm{ad}}} \tag{4.266}$$

Gl. (4.266) entspricht Gl. (2.317 b) bei Anwendung auf die *kapazitive Komponente der Kristallisationsimpedanz* (Reaktionsimpedanz) für große Frequenzen.

Bemerkenswert ist die in dieser Weise von GERISCHER[12] bestimmte Abhängigkeit der Adsorptionskapazität $C_{\mathrm{ad}}$ und der diesem Wert proportionalen ad-Atomgleichgewichtskonzentration $\bar{c}_{\mathrm{ad}}$ von der $Ag^+$-Ionenkonzentration im Elektrolyten. Es besteht, wie es die Abb. 285 wiedergibt, eine Beziehung

$$\log \bar{c}_{\mathrm{ad}} = A + \gamma \cdot \log [Ag^+] = A' + \gamma \cdot \frac{F}{RT} \cdot \varepsilon_0 \tag{4.267}$$

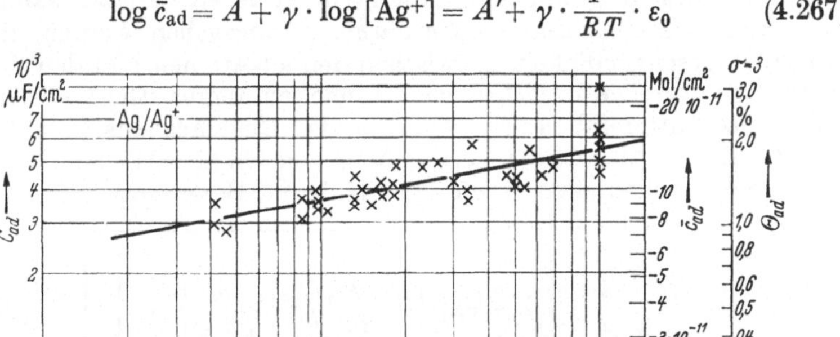


Abb. 285. Adsorptionskapazität $C_{\mathrm{ad}}$, ad-Atom-Gleichgewichtskonzentration $\bar{c}_{\mathrm{ad}}$ und Bedeckungsgrad $\theta_{\mathrm{ad}}$ mit ad-Atomen an Ag in $AgClO_4$ + $HClO_4$ (Gesamtkonzentration 1 m) bei 25° C in Abhängigkeit von der $Ag^+$-Ionenkonzentration im Elektrolyten nach der galvanostatischen Einschaltmethode [nach H. GERISCHER: Z. Elektrochem. **62**, 256 (1958)]

mit $\gamma = 0{,}19 \pm 0{,}07$. Die Größenordnung der Gleichgewichtskonzentration $\bar{c}_{\mathrm{ad}}$ konnte LORENZ[14] aus der Frequenzabhängigkeit der Kristallisationsimpedanz $\mathfrak{R}_k$ an Ag in $Ag(NH_3)_2^+$-Lösung bestätigen. Unter Berücksichtigung eines Rauhigkeitsfaktors $\sigma = 3$ folgt aus $\bar{c}_{\mathrm{ad}}$ ein Gleichgewichtsbedeckungsgrad $\theta_{\mathrm{ad}}$ der Silberelektrode mit ad-Atomen von etwa 1% (Abb. 285).

[14] LORENZ, W.: Z. physik. Chem. (N. F.) **17**, 136 (1958).

Aus der Beziehung (4.267) ist zu schließen, daß das chemische Potential der ad-Atome $\mu_{ad}$ vom Potential der Elektrode nach

$$\mu_{ad} = \mu_{ad}^0 + \gamma F \varepsilon \tag{4.268}$$

abhängt (experimenteller Wert $\gamma = 0{,}19$). Die Energie der ad-Atome ist somit nicht unabhängig vom Potential der Elektrode, wie es eine vereinfachte Theorie voraussetzen sollte. Diese Tatsache dürfte sich auch auf die Geschwindigkeit des Aus- und Einbaus der ad-Atome aus den bzw. in die Wachstumstellen des Gitters auswirken. Die Deutung dieser Erscheinung kann darin gesucht werden, daß die Lage der ad-Atome außerhalb der intakten Netzebene bereits zu einem Teil ($\gamma$) in die Doppelschicht hineinragt.

Für die Adsorptionskapazität $C_{ad}$ und damit $\bar{c}_{ad}$ und $\theta_{ad}$ gilt nach Gerischer[12] eine lineare Beziehung zwischen $\log \bar{c}_{ad}$ und der reziproken absoluten Temperatur $1/T$ mit der *Bildungsenthalpie der ad-Atome* von $10{,}5 \pm 1$ kcal/Mol.

Als Folge der Potentialabhängigkeit der ad-Atomkonzentration nach Gl. (4.267) ergibt sich nach Gerischer[12] bei der üblichen Auswertung der Potentialabhängigkeit der Austauschstromdichte $i_0$ nur ein *scheinbarer* Durchtrittsfaktor $\alpha^*$

$$\alpha^* = \alpha\,(1 - \gamma) + \gamma \tag{4.269}$$

der zur Ermittlung des wahren Faktors $\alpha$ mit $\gamma$ korrigiert werden muß*.

Mittels des in Abb. 284 dargestellten zeitlichen Verlaufs kann auch eine *Kristallisationsaustauschstromdichte* $i_k$ angegeben werden, die die Austauschgeschwindigkeit $v_0$ zwischen den ad-Atomen und den Atomen in Wachstumstellen in elektrischen Einheiten angibt. Die Geschwindigkeit $v$ des Gittereinbaus ($v < 0$) bzw. des Gitterausbaus ($v > 0$) nach Gl. (2.366) läßt sich unter Verwendung von Gl. (2.364) und Gl. (4.266) aus den experimentellen Werten mit Hilfe der Beziehung

$$\boxed{v = + \frac{i}{zF} \cdot \left[ 1 - \exp\left( - \frac{zF}{RT}\,\eta_k \right) \cdot \frac{\left(\frac{d\eta_k}{dt}\right)_t}{\left(\frac{d\eta_k}{dt}\right)_{t=0}} \right]} \tag{4.270}$$

berechnen. Die Messungen an Ag mit $z = 1$ und für $|\eta_k| \leq 5$ mV ergeben nach Gerischer[12] eine Proportionalität zwischen $v$ und $\eta_k$ und damit auch zwischen $v$ und $\Delta c_{ad}$ [Gl. (2.365)].

Diese lineare Beziehung kann durch die Beziehung

$$v = k_+ \cdot c_w - k_- \cdot c_w \cdot c_{ad} \tag{4.271}$$

gedeutet werden. Hierin wird angenommen, daß der Teilvorgang des Gittereinbaus proportional den Konzentrationen $c_w$ an Wachstumstellen und $c_{ad}$ an ad-Atomen ist. Die mehr oder weniger vorhandene Gegenreaktion, der Teilvorgang des Gitterausbaus, wird proportional zu $c_w$

* Hier ergab sich an der $Ag/AgClO_4$-Elektrode $\alpha^* = 0{,}74 \pm 0{,}02$, so daß mit $\gamma = 0{,}19 \pm 0{,}07$ der wahre Durchtrittsfaktor $\alpha = 0{,}68 \pm 0{,}06$ folgt.

sein. Mit den Gleichgewichtswerten

$$v_0 = k_- \cdot \bar{c}_w \cdot \bar{c}_{\mathrm{ad}} = k_+ \cdot \bar{c}_w \tag{4.272}$$

folgt

$$v = v_0 \cdot \frac{c_w}{\bar{c}_w} \cdot \left(1 - \frac{c_{\mathrm{ad}}}{\bar{c}_{\mathrm{ad}}}\right) = -\frac{v_0}{\bar{c}_{\mathrm{ad}}} \cdot \frac{c_w}{\bar{c}_w} \cdot \Delta c_{\mathrm{ad}}\,. \tag{4.273}$$

Die Konzentration der Wachstumstellen $c_w$ wird sich bei einem Stromstoß, bei dem nur ein Bruchteil einer Atomschicht auf- oder abgebaut wird, nur wenig ändern, so daß hierfür $c_w/\bar{c}_w \approx 1$ in Gl. (4.273) gesetzt werden kann.

Da nach Gl. (2.364) für kleine Überspannungen

$$\left(\frac{d\eta_k}{dc_{\mathrm{ad}}}\right)_{\eta=0} = -\frac{RT}{zF} \cdot \frac{1}{\bar{c}_{\mathrm{ad}}} \tag{4.274}$$

ist, ergibt sich mit $dv/dc_{\mathrm{ad}} = -v_0/\bar{c}_{\mathrm{ad}}$ aus Gl. (4.273) eine Kristallisationsaustauschstromdichte $i_k$

$$\boxed{i_k = zF \cdot v_0 = RT \cdot \left(\frac{dv}{d\eta_k}\right)_{\eta_k=0}} \tag{4.275}$$

aus der genannten linearen experimentellen Beziehung zwischen der Kristallisationsgeschwindigkeit $v$ [nach Gl. (4.270)] und der Kristallisationsüberspannung $\eta_k$.

GERISCHER[12] konnte in dieser Weise an Ag-Elektroden in $AgClO_4 + HClO_4$-Lösung eine Kristallisationsaustauschstromdichte ermitteln, deren Größe und Temperaturabhängigkeit aus Abb. 286 zu entnehmen ist*. Die gleiche Größenordnung der Geschwindigkeit des Gittereinbaus und Ausbaus haben GERISCHER u. TISCHER[15] durch Untersuchungen des Austausches radioaktiv markierter $Ag^+$-Ionen am Ag festgestellt.

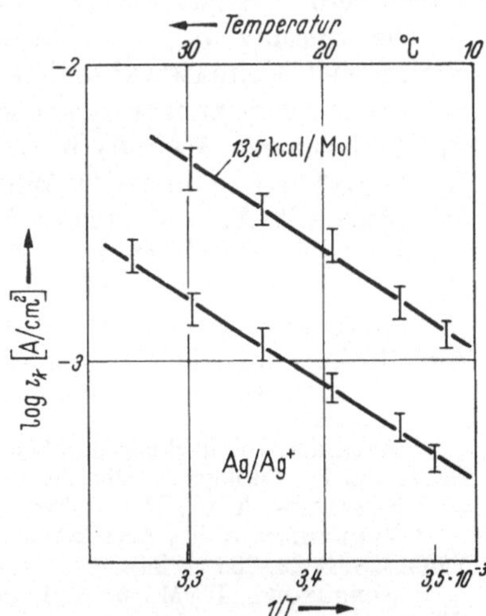


Abb. 286. Kristallisationsaustauschstromdichte $i_k$ und deren Temperaturabhängigkeit an der Ag-Elektrode in $AgClO_4 + HClO_4$-Lösung aus galvanostatischen Einschaltmessungen. Zwei verschiedene Elektrodenaktivitäten [nach H. GERISCHER: Z. Elektrochem. **62**, 256 (1958)]

Die Aktivierungsenergie von $E_a = 13{,}5 \pm 1{,}5$ kcal/Mol für den Gitterausbau (Wachstumstelle → ad-Atomlage), die aus der Neigung der Geraden in Abb. 286 folgt, steht in Einklang mit der Bildungsenthalpie $\Delta H = 10{,}5 \pm 1$ kcal/Mol der ad-Atome (Wachstumstelle ⇋ ad-Atomlage). Die Differenz von etwa 3 kcal/Mol ist als Aktivierungsenergie für den Gittereinbau (ad-Atomlage → Wachstumstelle) anzusehen**

* Die von W. MEHL u. J. O'M. BOCKRIS [J. Chem. Phys. **27**, 818 (1957)] gemessenen Werte weichen hiervon ab. Siehe die Diskussion bei H. GERISCHER[12].

[15] GERISCHER, H., u. R. P. TISCHER: Z. Elektrochem. **58**, 819 (1954).

** Eventuell die Aktivierungsenergie für die Oberflächendiffusion.

Die Vorgänge beim Gittereinbau und Ausbau werden [nach Gl. (4.273)] sehr stark von der Art und der Konzentration $c_w$ der Wachstumstellen beeinflußt. Deshalb sind die hiermit zusammenhängenden Vorgänge nur schlecht reproduzierbar und die Auswertung bei größeren Überspannungen sehr erschwert. Die ad-Atomkonzentration $\bar{c}_{ad}$ sollte dagegen weitgehend unabhängig von $\bar{c}_w$ sein und nur von der Art der Wachstumstellen ($\Delta H$) abhängen. Dementsprechend stellte GERISCHER[12] eine bessere Reproduzierbarkeit bei den $\bar{c}_{ad}$-Werten als bei den $v_0$ bzw. $i_k$-Werten fest*.

## § 165. Elektrolytisches Whisker-(Kristallfaden-)Wachstum

Unter gewissen Umständen scheidet sich ein Metall durch einen kathodischen Strom nicht kompakt auf der Metallunterlage ab, sondern in feinen, langen Kristallfäden, sog. Whiskern. Diese Whisker wachsen nur an der Stirnfläche der Spitze, während das Wachstum an den Seitenflächen blockiert ist. Die Untersuchung des Whiskerwachstums ist von großer theoretischer Wichtigkeit, weil hier die Größe der wachsenden Fläche genau bestimmt und die Wirkung von Elektrodengiften, den Inhibitoren, auf die Elektrokristallisation und auch Keimbildungsfragen besonders gut studiert werden können.

Die Bildung von Ag-Whiskern aus $AgNO_3$-Lösung untersuchten SAMARZEW[1], VAHRAMIAN[2] und GORBUNOWA u. Mitarb.[3, 4, 5] mit Zusätzen von organischen Substanzen, GRAF u. MORGENSTERN[6] aus „gealterten" $AgNO_3$-Lösungen. MEULEN u. LINDSTRON[7] sowie OVERSTON, PARKER u. ROBINSON[8] verfolgten die Cu-Whiskerbildung aus verschiedenen Kupferlösungen mit Zusatz organischer Substanzen. VERMILYEA u. Mitarb.[9, 10, 11, 12] haben sich auch mit dem Whiskerwachstum befaßt und eine Theorie für die vielfältigen Beobachtungen entwickelt[13].

SAMARZEW[1] beobachtete, daß der Querschnitt des wachsenden Ag-Whiskers mit der verwendeten Stromdichte größer wird. VAHRAMIAN[2] erweiterte diese Beobachtung mit der Feststellung, daß sich der

* Auch die Oberflächenrauhigkeit dürfte einen wesentlichen Einfluß auf die Größe von $\bar{c}_{ad}$ (Mol/geom. Oberfläche) ausüben.

[1] SAMARZEW, A. G.: Dokl. Akad. Nauk USSR **2**, 478 (1935).

[2] VAHRAMIAN, A. T.: Acta physicochim. USSR **19**, 148 (1944); Dokl. Akad. Nauk USSR **22**, 238 (1939).

[3] GORBUNOWA, K. M., u. A. I. SCHUKOWA: J. phys. Chem. USSR **22**, 1097 (1948).

[4] GORBUNOWA, K. M., u. A. I. SCHUKOWA: J. phys. Chem. USSR **23**, 605 (1949).

[5] GORBUNOWA, K. M., u. P. D. DANKOW: J. phys. Chem. USSR **23**, 616 (1949).

[6] GRAF, L., u. W. MORGENSTERN: Z. Naturf. **10a**, 345 (1955).

[7] MEULEN, P. A., u. H. V. LINDSTRON: J. electrochem. Soc. **103**, 390 (1956).

[8] OVERSTON, T. C. J., C. A. PARKER u. A. E. ROBINSON: J. elelctrochem. Soc. **104**, 607 (1957).

[9] VERMILYEA, D. A.: J. Chem. Phys. **27**, 814 (1957).

[10] VERMILYEA, D. A.: J. Chem. Phys. **28**, 717 (1958).

[11] PRICE, P. B., u. D. A. VERMILYEA: J. Chem. Phys. **28**, 720 (1958).

[12] PRICE, P. B., D. A. VERMILYEA u. M. B. WEBB: Acta met. **6**, 524 (1958).

[13] Einen Überblick gibt H. FISCHER: Elektrolytische Abscheidung und Elektrokristallisation von Metallen. Springer-Verlag Berlin-Göttingen-Heidelberg: 1954, S. 384—391.

Querschnitt $q$ so einstellt, daß die Stromdichte $i = I/q$ angenähert konstant ist. Eine Steigerung bzw. Verminderung der Stromstärke $I$ läßt den Durchmesser des Kristallfadens entsprechend steigen und fallen, wie es die Abb. 287 zeigt.

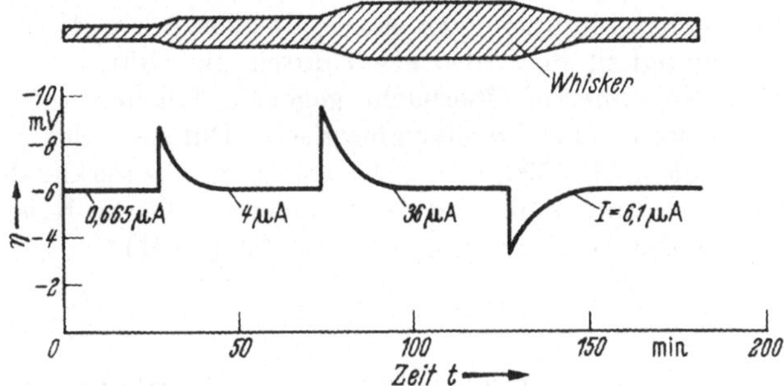


Abb. 287. Veränderung des Durchmessers von Ag-Kristallfäden (Whiskern), die sich kathodisch aus $AgNO_3$-Lösung abscheidenden, bei Steigerung bzw. Senkung der Stromstärke I [nach A. T. VAHRAMIAN: Acta physicochim. USSR **19**, 148 (1944)]

Die *kritische Stromdichte* $i_c$, mit der die Stirnfläche der Whisker wächst, wurde von GORBUNOWA u. Mitarb.[3, 4, 5] einer eingehenden Prüfung unterzogen. Hierbei stellten diese Autoren fest, daß $i_c$ stark mit der Konzentration $c_i$ an organischen Zusätzen, wie Ölsäure und Gelatine ansteigt, was qualitativ auch schon VAHRAMIAN[2] beobachtete. Bei ausreichend großer $AgNO_3$-Konzentration $c$ ist $i_c$ unabhängig von $c$. Dagegen zeigt $i_c$ noch eine geringe Abhängigkeit von dem Radius $r$ der Stirnfläche und zwar proportional zu $r^{-1/3}$. Abb. 288 gibt dieses Verhalten nach einer Auswertung von VERMILYEA[12] wieder.

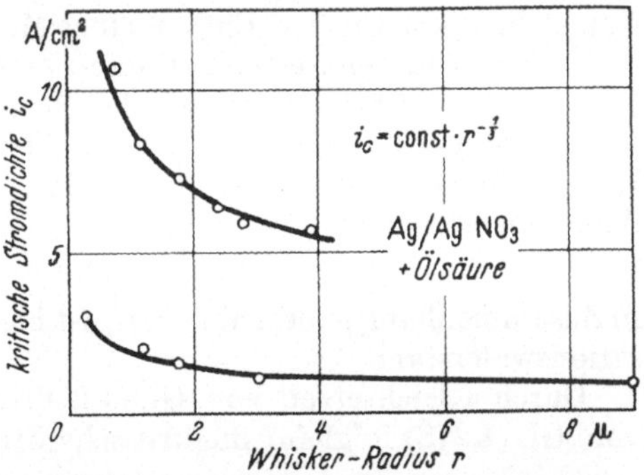

Abb. 288. Abhängigkeit der kritischen Minimalstromdichte $i_c$ für das Wachstum von Whisker-Stirnflächen (Ag in $AgNO_3$) mit zwei verschiedenen Zusätzen an Ölsäure [nach Messungen von K. M. GORBUNOWA, A. I. SCHUKOWA u. P. D. DANKOW: J. phys. Chem. USSR **23**, 605, 616 (1949), ausgewertet von P. B. PRICE, D. A. VERMILYEA u. M. B. WEBB: Acta met. **6**, 524 (1958)]

Bemerkenswert ist noch, daß eine Unterbrechung des Stromes für nur wenige Sekunden nach Beobachtung von VERMILYEA[10,12] auch das Wachstum der Stirnfläche endgültig blockiert. Ein Weiterwachsen ist dann nur durch Bildung eines neuen Whiskers oder eines Seitenfadens nach Überspannungserhöhung, also unter neuer Keimbildung möglich.

Für alle diese Erscheinungen geben PRICE, VERMILYEA u. WEBB[12] eine Theorie an, die den Einbau der adsorbierten großen organischen Molekel in das abgeschiedene Metall als Grundlage hat. Die organische

Substanz wird an der Kristalloberfläche adsorbiert. Die Stromdichte $i \geqq i_c$ muß so groß sein, daß diese adsorbierten Molekel schneller eingebaut werden als sie adsorbiert werden, so daß die stationäre Oberflächenkonzentration so klein gehalten wird, daß ein Weiterwachsen der Netzebenen bei der vorliegenden Überspannung $\eta$ noch möglich ist.

Unter der Voraussetzung einer sehr schnellen Adsorptionsreaktion ist die Geschwindigkeit der Adsorption durch die Diffusion der organischen großen Moleküle zur Oberfläche gegeben. Bei den auftretenden kleinen Flächen kann eine kugelsymmetrische Diffusion der zu adsorbierenden Moleküle nach § 59 angenommen werden. Die maximale Menge $dn_\iota/dt$ in Molen, die pro Zeit- und Oberflächeneinheit die Kristalloberfläche erreicht und adsorbiert wird, ist nach Gl. (2.151)

$$\frac{dn_i}{dt} = \frac{D_\iota \cdot c_\iota}{r} \tag{4.276}$$

wenn der Radius $r$ der Oberfläche klein gegen die Tiefe der Diffusionsschicht $\delta \gg r$ ist. $D_\iota$ ist die Diffusionskonstante und $c_\iota$ die Konzentration der adsorbierbaren Substanz im Elektrolyten.

Eine kathodische Stromdichte $i$ baut $dn_\iota/dt$ Mole dieser Molekel pro sec und cm²

$$\frac{dn_i}{dt} = \frac{i}{zF} \cdot \frac{c_{\iota,\mathrm{ad}}}{c_0 \cdot h} \tag{4.277}$$

ein, wenn die Oberflächenkonzentration an adsorbierten Molekeln $c_{\iota,\mathrm{ad}}$ (Mol/cm²) beträgt. $c_0$ ist die Oberflächenkonzentration (Mol/cm²) an Metallatomen in Gitterplätzen, $z$ deren Wertigkeit und $h$ die Anzahl von Netzebenen, die für den Einbau einer Molekel benötigt werden.

Die Oberflächenkonzentration $c_{i,\mathrm{ad}}$ soll die maximale Konzentration sein, bei der ein Weiterwachsen der Netzebenen noch möglich ist. Dieser Wert wird mit der angelegten Kristallisationsüberspannung $\eta_k$ und der Keimbildungsarbeit für Flächenkeime, die zwischen die adsorbierten Atome passen, nach

$$N_L \cdot c_{\iota,\mathrm{ad}} = \eta_k^2/4A^2 = i^2 \cdot R_k^2/4A^2 \tag{4.278}$$

in Zusammenhang gebracht*, [12]. $R_k$ ist hierin der experimentelle Kristallisationswiderstand.

Durch Gleichsetzen von Gl. (4.276) mit Gl. (4.277) und Einsetzen von Gl. (4.278) folgt für die kritische Stromdichte $i_c$

$$\boxed{\begin{gathered} i_c = k \cdot \left(\frac{c_\iota}{r}\right)^{1/3} \\ \text{mit } k = \sqrt{4zFN_L\, c_0\, h\, D_i\, A^2/R_k^2} \end{gathered}} \tag{4.279}$$

die nicht nur von der Größe ($r$) der Fläche, sondern auch von der kristallographischen Orientierung ($c_0$, $h$, $\sigma$, $R_k$) abhängt. Die kritischen Stromdichten werden daher von der kristallographischen und auch von der geometrischen Orientierung der Flächen (Diffusion) abhängen. Ein Kristallit, der sich aus einem dreidimensionalen Keim gebildet hat, wird

* $A = \sigma\, M/zFd \cdot 10^7$ mit $\sigma$ = Oberflächenspannung (erg · cm⁻²), $M$ = Molekulargewicht, $z$ = Wertigkeit und $d$ = Dichte des Metalls. $10^7$ erg = 1 Joule.

infolgedessen an den verschiedenen Flächen verschiedene $i_c$-Werte haben. Hierbei wird bei konstanter angelegter Stromstärke infolge des Wachsens des Kristallits in allen Richtungen die Stromdichte $i$ ständig kleiner, bis das Wachstum der Fläche ausfällt, deren $i_c$ am größten ist. Schließlich wächst nur noch eine Fläche weiter. Wenn diese Fläche die Stirnfläche ist, bildet sich ein Kristallfaden, der an der Stirnfläche ständig weiterwächst, während das Wachstum an den Seitenflächen blockiert ist.

Die Messungen von GORBUNOWA u. Mitarb.[4, 5] in Abb. 288 bestätigen die Abhängigkeit der kritischen Stromdichte $i_c$ vom Radius der Stirnfläche entsprechend Gl. (4.279). Die Erfüllung von Gl. (4.279) für verschiedene Ölsäure- und Gelatinekonzentrationen ist nicht ganz so eindeutig.

Die absoluten Werte der beobachteten kritischen Stromdichten werden größenordnungsmäßig gut durch Gl. (4.279) wiedergegeben. Aus reinen Metallösungen ohne Zusätze können ebenfalls Whisker abgeschieden werden. Die Stromstärke muß hier jedoch kleiner, etwa 0,05 A/cm$^2$ sein. Hieraus würde sich bei $r = 10^{-3}$ cm nach Gl. (4.279) für die Konzentration an Verunreinigungen $c_i \sim 10^{-7}$ Mol/l ergeben. Das ist eine durchaus noch mögliche Verunreinigung reiner Lösungen.

Auf Grund dieser Theorie ist auch verständlich, daß eine einmal durch Stromunterbrechung blockierte Whisker-Stirnfläche nicht mehr zum Weiterwachsen zu bringen ist. Nach Einschalten des Stromes beginnt sich ein neuer Whisker auf dem Unterlagemetall oder als Verzweigung des ersten Whisker zu bilden. Hierzu ist allerdings eine anfänglich große Überspannung notwendig. Nach sehr kurzer Stromunterbrechung ist ein Weiterwachsen möglich, wenn die während dieser Zeit adsorbierte Anzahl von Molekülen noch zu klein ist, um eine Blockierung zu verursachen. Die experimentell beobachteten Zeiten stehen mit der Theorie in Übereinstimmung, die als kritische Zeit $t_c = c_{i,\mathrm{ad}} \cdot r/D_i c_i$ angibt.

Mit diesen Vorstellungen ist auch die Beobachtung von VERMILYEA[12] zu erklären, nach der die anodische Auflösung eines Whiskers an der ganzen Oberfläche erfolgt. Die Blockierung des Elektrodenvorganges ist also nur für den kathodischen Vorgang vorhanden.

Eine Messung des spezifischen Widerstandes von Ag-Whiskern zeigt nach VERMILYEA u. Mitarb.[12] eine zwei- bis dreimal kleinere Leitfähigkeit als reines Silber. Auch die Untersuchungen der Kristallstruktur der Whisker mit Röntgenstrahlen nach der Laue-Methode ergeben diffuse Reflexe. Beide Beobachtungen deuten auf starke Verunreinigungen des Silbers hin.

Durch Erweiterung dieser Vorstellungen von VERMILYEA können möglicherweise viele ungeklärte Erscheinungen der kathodischen Kristallabscheidung gedeutet werden.

## § 166. Kristallorientierung und Gestalt polykristalliner Metallabscheidungen

Zur Struktur polykristalliner Metallabscheidungen liegen außerordentlich viele experimentelle Beobachtungen vor. Es ist aber z. Z.

noch recht schwer, in diese Beobachtungen eine Ordnung zu bringen, da die Struktur der Metallabscheidungen von vielen mehr oder weniger unbekannten Parametern abzuhängen scheint. H. FISCHER[1, 2] gibt darüber eine sehr ausführliche Übersicht.

### α) *Wachstumsschichten*

Das elektrolytische Wachstum eines Metallkristalles vollzieht sich nicht kontinuierlich, indem Netzebene auf Netzebene gebildet wird, sondern es wachsen periodisch mikroskopisch dicke Wachstumsschichten

Abb. 289. Wachstumsschichten eines elektrolytischen Cu-Niederschlages aus saurer $CuSO_4$-Losung nach J. B. HESS. Vergrößerung 250mal. Schichtdicke etwa 2 μ [nach H. FISCHER: Z. Elektrochem. 59, 612 (1955)]

auf. Dieses eigenartige Wachstum, das seit den Untersuchungen von ERDEY-GRUZ u. VOLMER[3], sowie KOHLSCHÜTTER u. TORRICELLI[4] bekannt ist, läuft so ab, daß Stufen mit einer konstanten Höhe von etwa $10^{-4}$ bis $10^{-5}$ cm, wie FISCHER[5, 6] angibt, über die Oberfläche wandern. Auch ERDEY-GRUZ u. KARDOS[7] und ERDEY-GRUZ u. FRANKL[8] haben derartige Stufen beobachtet. Abb. 289 zeigt solche Wachstumsschichten an einer elektrolytischen Kupferabscheidung nach HESS und FISCHER[6]. Das Auftreten von Wachstumsschichten ist allerdings nicht nur auf die Elektrokristallisation beschränkt, sondern ist nach GRAF[9] und MAHL u. STRANSKI[10] eine allgemeine Erscheinung bei der Kristallisation.

[1] FISCHER, H.: Elektrolytische Abscheidung und Elektrokristallisation von Metallen. S. 422ff. Berlin-Göttingen-Heidelberg: Springer-Verlag 1954.
[2] FISCHER, H.: Z. Elektrochem. **59**, 612 (1955).
[3] ERDEY-GRUZ, T., u. M. VOLMER: Z. physik. Chem. **A 157**, 165 (1931).
[4] KOHLSCHÜTTER, V., u. A. TORRICELLI: Z. Elektrochem. **38**, 213 (1932).
[5] FISCHER, H.: Z. Metallk. **39**, 161 (1948).
[6] FISCHER, H.: Z. Elektrochem. **59**, 612 (1955).
[7] ERDEY-GRUZ, T., u. R. F. KARDOS: Z. physik. Chem. **A 178**, 255 (1937).
[8] ERDEY-GRUZ, T., E. FRANKL: Z. physik. Chem. **A 178**, 266 (1937).
[9] GRAF, L.: Z. Elektrochem. **48**, 181 (1942).
[10] MAHL, H., u. I. N. STRANSKI: Z. Metallk. **35**, 147 (1943).

Nach FISCHER[5, 6, 11] sollten bei der Ausbildung der Wachstumsschicht zwei Stadien unterschieden werden. Zunächst bildet sich ein Flächenkeim, der nach allen Seiten dreidimensional wächst, bis eine gewisse Höhe, die Höhe der Wachstumsschicht, erreicht ist. Dann wird die Fläche parallel zur Unterlage „passiv"*, so daß der Keim im zweiten Stadium nur noch in tangentialer Richtung weiterwächst. Möglicherweise können hierauf auch die Vorstellungen von VERMILYEA u. Mitarb.[12] für das Wachstum der Fadenkristalle (Whisker) herangezogen werden, die auf einer Blockierung der Elektrokristallisation durch Adsorption und Einbau organischer Moleküle beruhen. Hiernach treten auf Grund der Eigenschaften der Kristallflächen und der Diffusionsbedingungen bestimmte kritische Stromdichten auf, bei deren Unterschreitung das Kristallwachstum an dieser Stelle aufhört. Beim Fadenwachstum hat die Stirnfläche, beim Auftreten der Wachstumsschichten dagegen offenbar die Fläche in der mikroskopischen Stufe die größere kritische Stromdichte, so daß der Kristallit nur noch in die Breite wächst.

Eine in dieser Hinsicht interessante Beobachtung konnten KOHLSCHÜTTER u. TORRICELLI[4] nach kurzen Stromunterbrechungen machen. Nach 1—2 sec Unterbrechung wächst die Stufe tangential weiter, nach längerer Unterbrechung (3—5 sec) bildet sich eine neue Stufe in Analogie zum Kristallfadenwachstum.

In diesem Zusammenhang ist eine Arbeit von SCHOTTKY JR. u. BEVER[13] interessant, die zwar nicht die genannten Blockierungen des Kristallwachstums zu erklären vermag, aber einen weiteren Einfluß von systematischen Gitterstörungen diskutiert. Beim Einbau von Fremdmolekeln oder aus anderen Gründen tritt eine gewisse Konzentration von primären Gitterstörungen auf, die sich beim weiteren Aufbau als Versetzungen zur Oberfläche fortsetzen. Die Oberflächenkonzentration an Versetzungen wird hierbei proportional der Schichtdicke wachsen und damit auch die mittlere Gitterenergie des oberflächennahen abgeschiedenen Metalls. Der kalorimetrisch gemessene Betrag von 10 cal/Mol (Mittelwert über die ganze Schicht) bedeutet allerdings nur eine Verschiebung des Gleichgewichtspotentials um $\Delta\varepsilon_0 \approx -1$ mV.

Über die Abhängigkeit der Dicke $h$ der Wachstumsschichten von der Stromdichte, der Ionenkonzentration und Inhibitorkonzentration liegen so gut wie keine systematischen Beobachtungen vor[11], so daß die Diskussion eines Bildungsmechanismus der Wachstumsschichten als verfrüht anzusehen ist. KOHLSCHÜTTER u. TORRICELLI[4] stellten charakteristische Dickenunterschiede an kristallographisch verschieden orientierten Flächen fest. Die Steigerung der Stromstärke scheint nach ERDEY-GRUZ u. Mitarb.[7, 8, 5] die Schichtdicke zu vergrößern. Eine mäßige Vergrößerung der Konzentration an Inhibitoren bewirkt nach FISCHER[11] vermutlich eine Senkung der Dicke $h$ der Wachstumsschicht.

[11] FISCHER, H.: Elektrolytische Abscheidung und Elektrokristallisation von Metallen. S. 391ff. Berlin-Gottingen-Heidelberg: Springer-Verlag 1954.

* Die Ursache fur die Blockierung des Wachstums in der Richtung senkrecht zur Unterlage ist noch ungeklart.

[12] PRICE, P. B., D. A. VERMILYEA u. M. B. WEBB: Acta met. 6, 524 (1958).

[13] SCHOTTKY, W. F., u. M. B. BEVER: Acta met. 7, 199 (1959).

Ein stärkerer Inhibitorenzusatz führt zum Kristallfadenwachstum. Aber alle diese Aussagen beziehen sich nur auf einige Einzelbeobachtungen, deren Verallgemeinerung noch gewagt erscheint.

Zwischen der linearen Ausbreitungsgeschwindigkeit $v$ (cm/sec) einer Stufe in tangentialer Richtung und der Höhe der Wachstumsschicht $h$ besteht die Beziehung

$$h = \frac{I \cdot M}{zF \cdot s \cdot l \cdot v} \qquad (4.280)$$

($I$ = Stromstärke, $M$ = Molekulargewicht, $z$ = Wertigkeit, $F$ = Faradaysche Zahl, $s$ = Dichte des Metalls, $l$ = Länge der sich ausbreitenden Stufe), wie sie ähnlich von FISCHER[5] unter Anwendung des Faradayschen Gesetzes und der geometrischen Bedingungen angegeben wurde. Aus der Beobachtung von $v$ und $l$ kann damit $h$ berechnet werden.

Abb. 290. Spiralwachstum bei der elektrolytischen Kupferabscheidung. Vergrößerung 450fach [nach H. SEITER, H. FISCHER u. L. ALBERT: Naturwiss. **45**, 127 (1958)]

### β) *Spiralwachstum*

Unter gewissen, allerdings noch nicht grundsätzlich geklärten Bedingungen wurde an verschiedenen elektrolytisch abgeschiedenen Metallen Spiralwachstum an Schraubenversetzungen beobachtet, wie es die Theorie von BURTON, CABRERA u. FRANK[14] fordert. Hier sind die Arbeiten von AMELINCKX, GROSJEAN u. DEKEYSER[15] an Au, von STEINBERG[16] an Ti, KAISCHEW u. Mitarb.[17] an Ag, von PICK[18] und SEITER, FISCHER u. ALBERT[19] an Cu, von RAUB[20] an Ag-In-Legierungen und von WRANGLEN[21] zu nennen. Abb. 290 gibt ein derartiges Spiralwachstum wieder. SEITER, FISCHER u. ALBERT haben pulsierenden Gleichstrom als

[14] BURTON, W. K., N. CABRERA u. F. C. FRANK: Nature **163**, 398 (1949); Phil. Trans. Roy. Soc. A **243**, 299 (1951). — FRANK, F. C.: Z. Elektrochem. **56**, 429 (1952).

[15] AMELINCKX, S., C. C. GROSJEAN u. W. DEKEYSER: Compt. rend. **234**, 113 (1952).

[16] STEINBERG, M. A.: Nature **170**, 1119 (1952).

[17] KAISCHEW, R., E. BUDEWSKI u. J. MALINOWSKI: Z. physik. Chem. **204**, 348 (1955). — KAISCHEW, R., B. MUTAFTSCHEW u. D. NENOW: Z. physik. Chem. **205**, 341 (1956).

[18] PICK, H. J.: Nature **176**, 693 (1955).

[19] SEITER, H., H. FISCHER u. L. ALBERT: Naturwiss. **45**, 127 (1958).

[20] RAUB, E.: Metalloberfläche **7**, 17 (1953).

[21] WRANGLEN, G.: Trans. Roy. Inst. Technol. [Stockholm] **94**, 1 (1955).

besonders vorteilhaft für die Auffindung von Spiralen festgestellt. VERMILYEA[22] gibt eine theoretische Diskussion über das Auftreten von Spiralwachstum.

### γ) *Polykristalline Metallabscheidungen*

Wenn ein Metall nicht unter besonderen Vorsichtsmaßnahmen kathodisch abgeschieden wird, wird der Niederschlag im allgemeinen polykristallin sein. Aus jedem gebildeten Kristallkeim entwickelt sich ein Kristallit, der in sich ein Einkristall ist und aus einer großen Zahl von Wachstumsschichten aufgebaut ist. Wenn nur ein Keim gebildet wird und dessen Wachstum ohne Neubildung weiterer Keime gefördert wird, sind größere Einkristalle zu erhalten.

Die Größe, Form und Verteilung der Kristallite einer polykristallinen Metallabscheidung hängt sehr stark von der Stromdichte, dem abzuscheidenden Metall, dessen Kristallstruktur und der Art des Unterlagemetalles, der Konzentration und der Zusammensetzung des Elektrolyten und von besonderen Zusätzen (Inhibitoren) ab. H. FISCHER[23, 24, 25] hat die polykristallinen Abscheidungen nach diesen Gesichtspunkten sehr ausführlich diskutiert und gewisse Typen unterschieden.

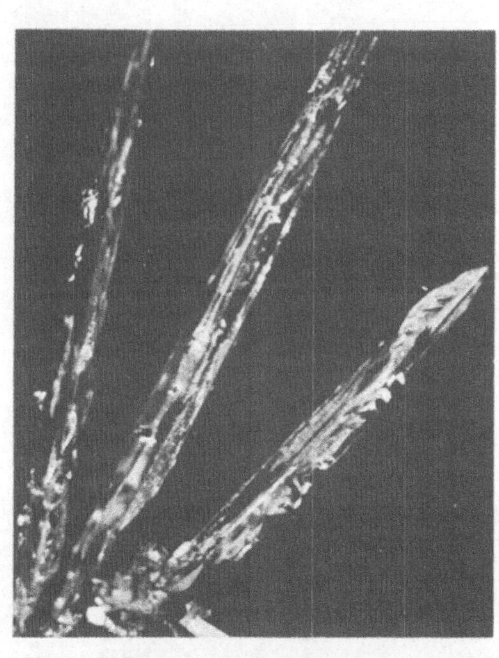

Abb. 291. FI-Typ. Feldorientierter Isolationstyp (Ag). Vergrößerung 6,5fach [nach H. FISCHER u. H. F. HEILING. Trans. Inst. Met. Finishing **31**, Adv. Copy 7 (1954)]

H. FISCHER definiert die folgenden vier Typen, zwischen denen allerdings oft auch Übergangsformen auftreten, folgendermaßen:

1. FI-Typ. *F*e*ldorientierter* I*solationstyp.* Isolierte Kristalle oder Kristallaggregate, meist in Richtung der Stromlinien orientiert, aber auch kristalliner Metallschwamm ohne Orientierung. Abb. 291 als Beispiel.

2. BR-Typ. B*asisorientierter* R*eproduktionstyp.* Fortsetzung der Kristalle der Unterlage. Meist grobkristallin in kompakter Form, aber auch isolierte Übergangsformen zum FI-Typ. Abb. 292 als Beispiel.

[22] VERMILYEA, D. A.: J. Chem. Phys. **25**, 1254 (1956).

[23] FISCHER, H.: Z. Elektrochem. **54**, 459 (1950).

[24] FISCHER, H.: Elektrolytische Abscheidung und Elektrokristallisation von Metallen. S. 422—518. Berlin-Göttingen-Heidelberg: Springer-Verlag 1954.

[25] FISCHER, H.: Z. Elektrochem. **59**, 612 (1955).

3. FT-Typ. *Feldorientierter Texturtyp.* Kompaktes Gefüge mit Bündeln feiner Fasern parallel den Stromlinien, mit nur noch undeutlichen Kristallitgrenzen. Nach dem BR-Typ hin ergeben sich Übergangsformen mit Zwillingskristallen. Abb. 293 als Beispiel.

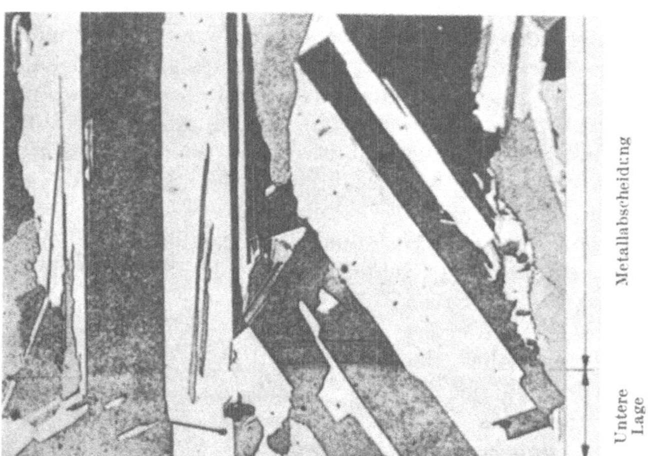


Abb. 292. BR-Typ. Basisorientierter Reproduktionstyp. Querschliff eines Cu-Niederschlages. Vergrößerung 650fach (nach H. MATSCHKE: Dipl.-Arbeit 1949, Techn. Univ. Berlin)

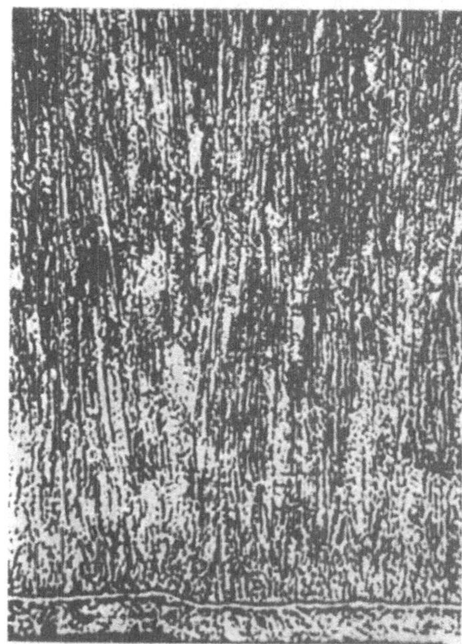

Abb. 293. FT-Typ. Feldorientierter Texturtyp. Querschliff eines Cu-Niederschlages aus saurer $CuSO_4$-Lösung mit $\beta$-Naphthochinolin-Zusatz. Vergrößerung 600fach [nach H. FISCHER: Z. Elektrochem. **54**, 459 (1950)]

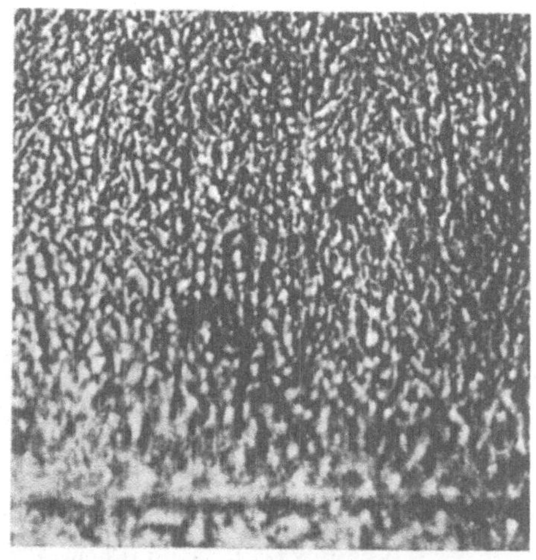

Abb. 294. UD-Typ. Unorientierter Dispersionstyp. Querschliff durch einen Cu-Niederschlag aus saurer $CuSO_4$-Lösung mit $\beta$-Naphthochinolin-Zusatz. Vergrößerung 1200fach [nach H. FISCHER: Z. Elektrochem. **54**, 459 (1950)]

4. UD-Typ. *Unorientierter Dispersionstyp.* Mikrogefüge, erscheint in feinste, regellos orientierte Subpartikelchen aufgeteilt, ohne Andeutung von Kristallitgrenzen. Abb. 294 als Beispiel.

Bei den feldorientierten Typen (FI und FT) tritt ein Wachstum an den Stirnflächen der Kristallite wie bei der Ausbildung von Kristallfäden auf, die auch zum FI-Typ gehören. Beim basisorientierten Typ (BR-Typ) liegt ein Wachsen in Wachstumsschichten in tangentialer Richtung vor. Im unorientierten Dispersionstyp (UD-Typ) kommt es nur zur Ausbildung der ersten dreidimensionalen Keime, die weder als Fäden noch als Wachstumsschicht weiterwachsen. Die Keimbildungshäufigkeit muß hier groß sein.

Die Wachstumsform hängt in sehr komplexer Weise von der Stromdichte, der Elektrolytzusammensetzung, der Textur des Unterlagemetalls und in besonders starkem Maße von Zusätzen an organischen Substanzen (Inhibitoren) ab, worüber H. FISCHER[24] ausführlich berichtet. Der starke Einfluß organischer Substanzen dürfte in der bereits diskutierten starken Beeinflussung der primären Wachstumsformen, nämlich der Abscheidung von Kristallnadeln und Wachstumsschichten, zu suchen sein.

## § 167. Diffusionsüberspannung an Metallionenelektroden

Die Diffusionsüberspannung an Metallionenelektroden ist vor allem unter nichtstationären Bedingungen untersucht worden. Die Durchmessung einer stationären Stromspannungskurve nach Gl. (2.93) mit Gleichstrom benötigt im allgemeinen so viel Zeit, daß sich besonders an festen Elektroden während dieser Messung die Größe der Oberfläche wesentlich geändert haben kann.

An flüssigen Metalloberflächen (Hg) wird dagegen unter potentiostatischen Bedingungen (Polarographie) sehr häufig die reine Diffusionsüberspannung beobachtet. Auch unter galvanostatischen Bedingungen nach Einschalten eines konstanten Stromes wird besonders unter Beobachtung der Transitionszeiten $\tau$ die Ausbildung der Diffusionsüberspannung verfolgt. Weiterhin kann der Anteil der Diffusionsüberspannung aus der Polarisationsimpedanz $\mathfrak{R}_p$ in Abhängigkeit von der Frequenz des Wechselstromes ermittelt werden.

### α) *Potentiostatische Bedingungen (Polarographie)*

Bei allen „reversiblen" Stufen[1, 2, 3] in der Polarographie von Metallionen nach Gl. (2.234) bzw. Gl. (2.235) oder auch Gl. (2.238 bzw. Gl. (2.239) liegt reine Diffusionsüberspannung $\eta_d$ vor. Während der Tropf-

[1] HEYROWSKY, J.: Polarographisches Praktikum. Berlin-Göttingen-Heidelberg: Springer-Verlag 1948.

[2] STACKELBERG, M. v.: Polarographische Arbeitsmethoden. Berlin: W. de Gruyter 1950.

[3] KOLTHOFF, I. M., u. J. J. LINGANE: Polarography. 2. Aufl. New York u. London: Interscience Publ. 1952.

zeit $\vartheta$ ist dabei das Potential weitgehend* konstant, so daß die Diffusionsüberspannung $\eta_d$ hier potentiostatisch vorgegeben wird. Auch die Ilkovič-Gleichung[4] (2.225) und (2.227) beruht auf der Voraussetzung der potentiostatischen Vorgabe einer reinen Diffusionsüberspannung $\eta_d$.

An der Zn-Amalgam/$Zn^{2+}$-, aber auch an der festen Ag/Ag-Cyanid- und Ag/Ag-Ammin-Elektrode konnten VIELSTICH u. GERISCHER[5] bei potentiostatischer Versuchsdurchführung nach einer Zeit $t \gg 1/\lambda^2$ die von ihnen[6] geforderte Abhängigkeit der Stromdichte nach Gl. (2.432) $i = i(0)/\sqrt{\pi} \cdot \lambda \cdot \sqrt{t}$ feststellen. Die Proportionalität von $i$ zu $1/\sqrt{t}$ entspricht einer reinen potentiostatisch vorgegebenen Diffusionsüberspannung $\eta_d$.

### β) *Galvanostatische Bedingungen*

Bei Verbrauch einer der Komponenten der Elektrodenbruttoreaktion tritt nach einer Transitionszeit $\tau$ nach Einschalten der konstanten Stromdichte $i$ eine vollständige Verarmung dieser Komponente ein. Diese Verarmung macht sich durch einen Potentialsprung bemerkbar. Bei einem kathodischen Strom ist die verarmende Komponente das gelöste, evtl. komplex gebundene Metallion, bei anodischem Strom ist es der hierbei verbrauchte Komplexbildner. Wenn kein Komplexbildner** vorhanden ist, kann anodisch keine Transitionszeit auftreten.

Die *Transitionszeit* $\tau$ ist nach BUTLER u. ARMSTRONG[7] umgekehrt proportional $i^2$ [Gl. (2.183)], so daß das Produkt

$$\boxed{i \cdot \sqrt{\tau} = \text{konst} = \frac{nF}{2\nu_j} \cdot \bar{c}_j \cdot \sqrt{\pi D_j}} \qquad (4.281)$$

konstant sein muß.

Von DELAHAY u. Mitarb. wurde die *Unabhängigkeit von* $i \cdot \sqrt{\tau}$ bei der kathodischen Abscheidung von Cu aus Cu-Äthylendiamin[8] und Zn aus Zn-Ammin-Lösung[9, 10] als Amalgame und auch bei der anodischen Auflösung von Ag in Bromidlösung[11] unter Bildung von AgBr bestätigt. LORENZ[12] konnte bei der Abscheidung von metallischem Cd aus $Cd^{2+}$-Lösung mit $K_2SO_4$-Zusatz die Konstanz von $i \cdot \sqrt{\tau}$ nur bei kleinen Stromdichten feststellen. Bei größeren Stromdichten bzw. bei Transitionszeiten $\tau < 1$ sec tritt hier ein Anstieg von $i \cdot \sqrt{\tau}$ auf, der von

* Die Potentialänderung liegt bei den meisten Polarographen in der Größenordnung von 5 mV/sec, so daß sich während der Tropfzeit das Potential um etwa 15 mV ändert.

[4] ILKOVIČ, D.: Coll. czech. chem. Comm. **6**, 498 (1934); J. chim. phys. **35**, 129 (1938).

[5] VIELSTICH, W., u. H. GERISCHER: Z. physik. Chem. (N. F.) **4**, 10 (1955).

[6] GERISCHER, H., u. W. VIELSTICH: Z. physik. Chem. (N. F.) **3**, 16 (1955).

[7] BUTLER, J. A. V., u. G. ARMSTRONG: Proc. Roy. Soc. **A 139**, 406 (1933).

[8] DELAHAY, P., u. T. BERZINS: J. Am. Soc. **75**, 2486 (1953).

** Außer Wasser.

[9] DELAHAY, P.: Disc. Faraday Soc. **17**, 205 (1954).

[10] DELAHAY, P., u. G. MAMANTOV: Anal. Chem. **27**, 478 (1955).

[11] DELAHAY, P., C. C. MATTAX u. T. BERZINS: J. Am. Soc. **76**, 5319 (1954).

[12] LORENZ, W.: Z. Elektrochem. **58**, 912 (1954).

LORENZ[12] auf die *Oberflächenrauhigkeit* des Cd zurückgeführt wird* (Abb. 295). Die Ausdehnung der Diffusion in den Elektrolyten hinein ist nach Gl. (2.185) mit Hilfe des mittleren Verschiebungsquadrats abzuschätzen und beträgt im vorliegenden Fall etwa 2 bis $3 \cdot 10^{-3}$ cm bei $D = 6 \cdot 10^{-6}$ cm²/sec [12]. Diese Größe stimmt mit der im Mikroskop sichtbaren Rauhigkeit überein.

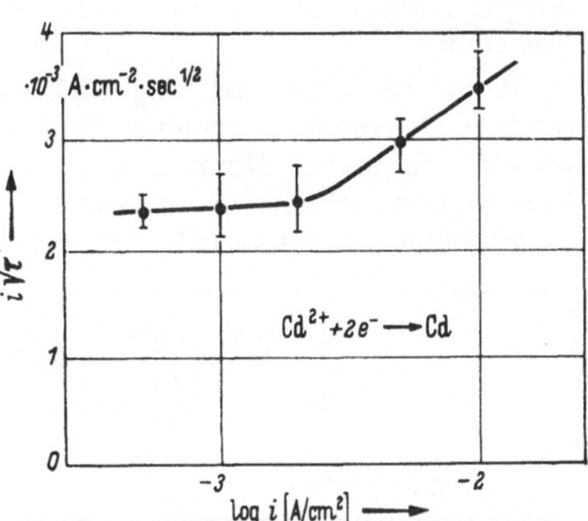


Abb. 295. Transitionszeit $\tau$ in Abhängigkeit von der Stromdichte $i$ (bezogen auf die geometrische Oberfläche) bei der kathodischen Abscheidung von Cd aus 0,01 n $CdSO_4$ + 0,8 n $K_2SO_4$ bei 20°C [nach W. LORENZ: Z. Elektrochem. 58, 912 (1954)]

Das zeitliche Anwachsen der Diffusionsüberspannung nach Einschalten einer konstanten Stromdichte (galvanostatisch) wird durch Gl. (2.187)

$$\eta_d = \frac{RT}{nF} \cdot \sum \nu_j \cdot \ln\left(1 \pm \sqrt{\frac{t}{\tau_j}}\right) \tag{2.187}$$

beschrieben. An festen Me/Me$^{z+}$-Elektroden, an denen sich die Konzentration nur einer Substanz Me$^{z+}$ ändert und somit nur ein Summand in Gl. (2.187) existiert, tritt meistens nicht nur Diffusionsüberspannung $\eta_d$ auf.

DELAHAY, MATTAX u. BERZINS[11] konnten Gl. (2.187) in einfacher Form an Elektroden zweiter Art bei der anodischen Bildung von AgCl und AgBr bestätigen. Bei einer anodischen Ag-Auflösung in KCl bzw. KBr laufen die Elektrodenbruttoreaktionen $Ag + Cl^- \rightarrow AgCl + e^-$ bzw. $Ag + Br^- \rightarrow AgBr + e^-$ ab. Hierbei tritt eine Transitionszeit für die Verarmung an $Cl^-$ bzw. $Br^-$ vor der Oberfläche auf.

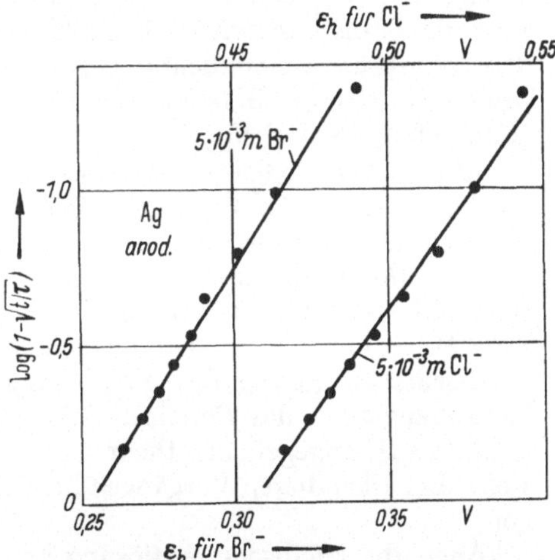


Abb. 296. Zeitliche Abhängigkeit der Diffusionsüberspannung $\eta_d(t)$ nach Stromeinschaltung (galvanostatisch) bei der anodischen Auflösung von Ag unter Bildung von AgCl bzw. AgBr in $5 \cdot 10^{-3}$ m $Cl^-$ bzw. $5 \cdot 10^{-3}$ m $Br^-$-Lösung nach Gl. (4.282). $\tau$ = Transitionszeit, Temp. 30°C [nach P. DELAHAY, C. C. MATTAX u. T. BERZINS: J. Am. Soc. 76, 5319 (1954)]

Andere Substanzen der Elektrodenbruttoreaktion verändern ihre Konzentration nicht, so daß nach Gl. (2.187) für die Zeitabhängigkeit mit $n = 1$ und $\nu_{Cl^-} = \nu_{Br^-} = -1$

$$\varepsilon - \varepsilon_0 = \eta_d = -\frac{RT}{F} \ln\left(1 - \sqrt{\frac{t}{\tau}}\right) \tag{4.282}$$

* KARAOGLANOFF, Z. [Z. Elektrochem. 12, 5 (1906)] hat an platiniertem Pt bereits diesen Effekt beobachtet.

zu erwarten ist. Abb. 296 bestätigt Gl. (4.282). Hier tritt also reine Diffusionsüberspannung auf. Die Extrapolation von $\log(1-\sqrt{t/\tau}) \to 0$, entsprechend $t \to 0$ führt auf das Potential der Ag/AgCl- bzw. Ag/AgBr-Elektrode*.

Wenn das kathodisch abgeschiedene Metall nicht in fester Form, sondern als Amalgam an einer Hg-Elektrode auftritt, dessen Konzentration sich in das Hg nach den gleichen Diffusionsgesetzen wie im Elektrolyten ausbreitet [Gl. (2.182)], so tritt nach DELAHAY u. MATTAX[13] an die Stelle von Gl. (2.187)

$$\varepsilon(t) = E_{1/2} + \frac{RT}{zF}\cdot\ln\frac{1-\sqrt{t/\tau}}{\sqrt{t/\tau}} = E_0 + \frac{RT}{zF}\cdot\ln\frac{f_i\cdot\sqrt{D_a}}{f_a\cdot\sqrt{D_i}} + \frac{RT}{zF}\cdot\ln\frac{\sqrt{\tau}-\sqrt{t}}{\sqrt{t}} \tag{4.283}$$

Gl. (4.283) entspricht der Gl. (4.52) für Redoxelektroden und wurde bereits von KARAOGLANOFF[14] angegeben. $D_i$ bzw. $D_a$ sind die Diffusionskonstanten des abzuscheidenden Metallions ($i$) bzw. des Metalls im Amalgam ($a$). $f_i$ und $f_a$ sind die dazugehörigen Aktivitätskoeffzienten. $\tau$ ist die Transitionszeit nach Gl. (2.183) des Metallions für die verwendete konstante Stromdichte (galvanostatisch). Die Summe der ersten beiden Glieder in Gl. (4.283) ist nach Gl. (2.235) das polarographische Halbstufenpotential $E_{1/2}$.

Abb. 297 zeigt eine Bestätigung der Zeitabhängigkeit nach Gl. (4.283) an den Metallen Tl, Pb und Bi mit verschiedenen Wertigkeiten $z$ auf Grund einer Auswertung der Messungen von REILLEY, EVERETT u. JOHNS[15] durch DELAHAY u. MAMANTOV[16]. DELAHAY u. MATTAX[13] bestätigten Gl. (4.283) für die Abscheidung von Cd und Tl an Hg als Amalgam. Eine Stromumkehr bei Erreichen der Transitionszeit $\tau$ mit folgender anodischer Auflösung des gerade abgeschiedenen Metalls ergibt eine Zeitabhängigkeit des Potentials, die mit einer ebenfalls von DELAHAY u. MATTAX[13] angegebenen theoretischen Beziehung in Übereinstimmung steht. Bei allen diesen Vorgängen liegt nur reine Diffusionsüberspannung vor.

Auch die anodische Auflösung von Ag in KCN unter Bildung von $Ag(CN)_2^-$ nach der Elektrodenbruttoreaktion $Ag + 2\,CN^- \to Ag(CN)_2^- + e^-$ hat die hierfür von DELAHAY, MATTAX u. BERZINS[11] unter Zugrundelegung reiner Diffusionsvorgänge abgeleitete Potential-Zeitabhängigkeit. Allgemein ist die galvanostatische Potential-Zeitabhängigkeit für die anodische Auflösung eines Metalls Me unter Bildung des Komplexes

* Eine auftretende Abweichung wird von DELAHAY auf die sehr kleinen Dimensionen der abgeschiedenen AgCl- bzw. AgBr-Kristallite zurückgeführt.

[13] DELAHAY, P., u. C. C. MATTAX: J. Am. Soc. 76, 874 (1954).

[14] KARAOGLANOFF, Z.: Z. Elektrochem. 12, 5 (1906).

[15] REILLEY, C. N., G. W. EVERETT u. R. H. JOHNS: Anal. Chem. 27, 483 (1955).

[16] DELAHAY, P., u. G. MAMANTOV: Anal. Chem. 27, 478 (1955).

$MeX_\nu$ nach der Elektrodenbruttoreaktion $Me + \nu X \rightleftharpoons MeX_\nu + n \cdot e^-$ *

$$\boxed{\begin{aligned}\varepsilon(t) = E_0 + \frac{RT}{nF} \cdot \ln\left(K \cdot \frac{f_K}{\nu \cdot f_X^\nu \cdot \bar{c}_X^{\nu-1}} \sqrt{\frac{D_X}{D_K}}\right) + \\ + \frac{RT}{nF} \cdot \ln \frac{\sqrt{t/\tau_X}}{(1 - \sqrt{t/\tau_X})^\nu}\end{aligned}} \tag{4.284}$$

mit der Komplexbildungkonstante $K = a_{Me^{z+}} \cdot a_X^\nu / a_{MeX_\nu}$, den Aktivitätskoeffizienten $f_K$ und $f_X$, der Konzentration des Komplexbildners $\bar{c}_X$,

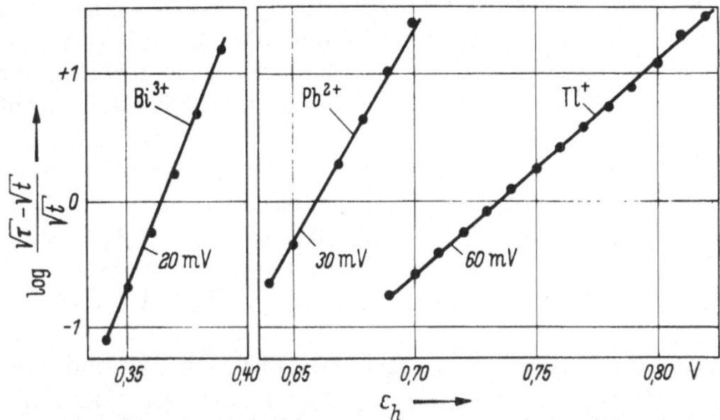


Abb. 297. Abhangigkeit des Potentials $\varepsilon_h$ von der Größe $\log [(1 - \sqrt{t/\tau})/\sqrt{t/\tau}]$ nach galvanostatischer Stromeinschaltung bei kathodischer Abscheidung von Tl, Pb und Bi an Hg als Amalgam bei 30° C. Lösungen: 0,1 m $TlNO_3$ + 0,01 m $KNO_3$; 0,1 m $Pb(NO_3)_2$ + 0,01 m $KNO_3$; 0,1 m $Bi(NO_3)_3$ + 1 n $H_2SO_4$. $\tau$ = Transitionszeit. Geraden nach Gl. (4.283). Nach P. DELAHAY u. G. MAMANTOV: Anal. Chem. **27**, 478 (1955) auf Grund von Messungen von C. N. REILLEY, G. W. EVERETT u. R. H. JOHNS: Anal. Chem. **27**, 483 (1955)

den Diffusionskonstanten $D_K$ und $D_X$ und der Transitionszeit für den Komplexbildner $\tau_X$. Die Konzentration des Komplexes $\bar{c}_K$ im Innern der Elektrolytlösung wird $\bar{c}_K = 0$ vorausgesetzt. $E_0$ ist das Normalpotential der nicht komplexen $Me/Me^{z+}$-Elektrode.

Für die von DELAHAY, MATTAX u. BERZINS[11] untersuchte $Ag/Ag(CN)_2^-$-Elektrode ist $\nu = 2$. Entsprechend fanden diese Autoren eine lineare Beziehung zwischen $\log [\sqrt{t/\tau_X}/(1 - \sqrt{t/\tau_X})^2]$ und dem Potential $\varepsilon(t)$ mit einer Neigung von 60 mV pro logarithmische Einheit bei 30° C ($n = 1$). Es liegt somit nur Diffusionsüberspannung vor, zu deren Berechnung nur der Elektrodenbruttovorgang und die Transitionszeiten bekannt sein müssen. Die Ermittlung eines Reaktionsmechanismus gestatten diese Untersuchungen nicht. Für eine Elimination der Diffusionseinflüsse sind sie jedoch außerordentlich wichtig.

### $\gamma$) *Wechselstrom-Diffusionsimpedanz $\mathfrak{R}_d$*

Für die Diffusionsimpedanz $\mathfrak{R}_d$ mit der ohmschen Komponente $R_d$ und der kapazitiven Komponente $1/\omega C_d$ besteht nach Gl. (2.178a, b) eine

* Die Ladungen des Komplexbildners X und des Komplexes $MeX_\nu$ sind hier nicht angegeben, da diese unwesentlich für die Betrachtungen sind.

lineare Beziehung zur reziproken Wurzel aus der Frequenz $1/\sqrt{\omega}$*, wie es aus Abb. 298 zu ersehen ist und auch an Redoxelektroden immer wieder bestätigt wurde. Eine derartige Abhängigkeit wurde zuerst von RANDLES[17] an den Amalgamelektroden des Cu, Zn, Cd und Tl gefunden. An den Amalgamelektroden des Pb, Bi, Na, K, Co bestätigten RANDLES u. SOMERTON[18] diese lineare Frequenzbeziehung. Hierbei ist $R_d$ die gemessene ohmsche Komponente $R_f = R_d + R_D$ der Faradayimpedanz vermindert um den Durchtrittswiderstand $R_D$ der Durchtrittsüberspannung.

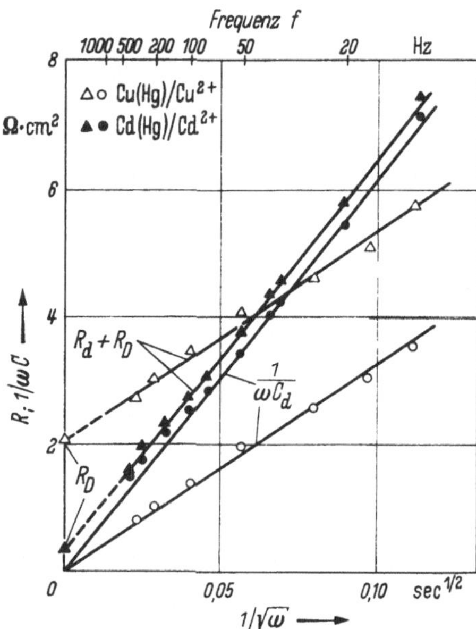


Abb. 298. Abhängigkeit der ohmschen ($R_d$) und der kapazitiven Komponente ($1/\omega C_d$) der Diffusionsimpedanz $\mathfrak{R}_d$ (+ Durchtrittswiderstand $R_D$) von der Frequenz $\omega/2\pi$ (Reihenschaltung) nach Gl. (2.178a) an der $Cu(Hg)/10^{-3}$ m $Cu^{2+}$- und der $Cd(Hg)/5 \cdot 10^{-4}$ m $Cd^{2+}$-Elektrode in 1 m $KNO_3$ [nach Messungen von J. E. B. RANDLES: Disc. Faraday Soc. **1**, 11 (1947)]

Die genannte Frequenzabhängigkeit und zum Teil auch die nach Gl. (2.178) zu erwartende Konzentrationsabhängigkeit von $R_d = 1/\omega C_d$ wurde von ERSHLER u. ROSENTHAL[19,20,21] an $Zn^{2+}/Zn(Hg)$ und von GERISCHER an der $Hg^+/Hg$-Elektrode[22,23], an der Cd-Cyanid/Cd(Hg)-Elektrode[24] und an der Zn(II)/Zn(Hg)-Elektrode[25] mit verschiedenen Komplexbildnern gefunden. Bei reiner Diffusionsüberspannung war $R_d = 1/\omega C_d$, was einer kapazitiven Phasenverschiebung der Faradayimpedanz von $\pi/4$ (= 45°) entspricht, wie es die Theorie verlangt.

## § 168. Reaktionshemmung an komplexen Metallionenelektroden

Die Abscheidung von Metallen aus ihren komplexen Verbindungen geht vielfach über einen niedrigeren Komplex, wie GERISCHER[1–4] an

* In Gl. (2.178) ist $\omega$ die Kreisfrequenz $\omega = 2\pi f$.

17 RANDLES, J. E. B.: Disc. Faraday Soc. **1**, 11 (1947).

18 RANDLES, J. E. B., u. K. W. SOMERTON: Trans. Faraday Soc. **48**, 951 (1952).

19 ERSHLER, B. V.: J. phys. Chem. USSR **22**, 683 (1948).

20 ROSENTHAL, K. J., u. B. V. ERSHLER: J. phys. Chem. USSR **22**, 1346 (1948).

21 ERSHLER, B. V., u. K. J. ROSENTHAL: Trudy Soveshchaniya Elektrokhim. Akad. Nauk USSR, Otdel Khim. Nauk **1950**, **446** (1953).

22 GERISCHER, H.: Z. Elektrochem. **55**, 98 (1951).

23 GERISCHER, H., u. K.-E. STAUBACH: Z. physik. Chem. (N. F.) **6**, 118 (1956).

24 GERISCHER, H.: Z. Elektrochem. **57**, 604 (1953).

25 GERISCHER, H.: Z. physik. Chem. **202**, 302 (1953).

1 GERISCHER, H.: Z. Elektrochem. **57**, 604 (1953).

2 GERISCHER, H.: Z. physik. Chem. **202**, 302 (1953).

3 VIELSTICH, W., u. H. GERISCHER: Z. physik. Chem. (N. F.) **4**, 10 (1955).

4 GERISCHER, H.: Angew. Chem. **68**, 20 (1956).

einer Reihe von Beispielen zeigen konnte. Es ist also hier eine Dissoziation des vorherrschenden Komplexes vorgelagert, deren Geschwindigkeit durch elektrochemische Polarisationsmessungen bestimmt werden kann, wenn die Geschwindigkeit in der erfaßbaren Größenordnung liegt.

### α) *Reaktion* $Cd(CN)_4^{2-} \cdot aq \leftrightarrows Cd(CN)_3^- \cdot aq + CN^- \cdot aq$

Die Geschwindigkeitskonstanten $k_z$ und $k_b$ in dem Geschwindigkeitsansatz

$$\frac{d\,[\mathrm{Cd(CN)_3^-}]}{dt} = k_z\,[\mathrm{Cd(CN)_4^{2-}}] - k_b\,[\mathrm{CN^-}]\cdot[\mathrm{Cd(CN)_3^-}] \qquad (4.285)$$

für die angegebene Reaktion wurden von GERISCHER[5] mit Hilfe *galvanostatischer Einschaltmessungen* bei der kathodischen Abscheidung von Cd an Cd-Amalgam aus $Cd(CN)_4^{2-}$-Lösungen ermittelt. Hierbei wurde die von DELAHAY u. BERZINS[6] entwickelte Methode verwendet, die auf einen Vorschlag von GIERST u. JULIARD[7] zurückgeht. Bei einer vorgelagerten Reaktion ist das Produkt $i \cdot \sqrt{\tau}$ ($\tau$ = Transitionszeit) nicht konstant, sondern nach Gl. (2.417) bzw. Gl. (3.19) linear von der Stromdichte $i$ abhängig. Diese lineare Abhängigkeit stellten am $Cd(CN)_4^{2-}$/Cd(Hg)-System bereits DELAHAY u. BERZINS[6] fest, konnten aber die Reaktionshemmung nicht einer bestimmten Reaktion zuordnen, weil der Reaktionsmechanismus der Elektrode zu dieser Zeit noch nicht bekannt war.

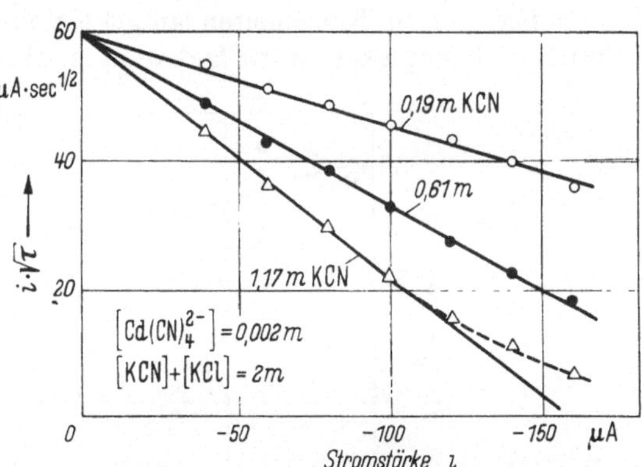


Abb. 299. Abhängigkeit der Transitionszeit $\tau$ von der kathodischen Stromstärke $i$ bei der Abscheidung von Cd an Cd-Amalgam aus 0,002 m $Cd(CN)_4^{2-}$-Losung mit KCN-Überschuß und KCl-Fremdelektrolytzusatz. Konstante ionale Konzentration [KCN] + [KCl] = 2,0 m [nach H. GERISCHER: Z. physik. Chem. (N. F.) **2**, 79 (1954)]

Auf Grund der Ermittlung des Mechanismus durch GERISCHER[1] muß $Cd(CN)_4^{2-} \rightarrow Cd(CN)_3^- + CN^-$ die gehemmte Reaktion sein. Die von GERISCHER[5] bestimmte Abhängigkeit des Produktes $i \cdot \sqrt{\tau}$ von der Stromstärke $i$ ist für einige $CN^-$-Konzentrationen in Abb. 299 dargestellt. Da die $CN^-$-Konzentration sehr groß gegenüber der Komplexkonzentration ist, tritt keine merkliche Veränderung von $[CN^-]$ auf, so daß die Reaktion als quasi-1. Ordnung bezüglich $Cd(CN)_3^-$ in Gl. (4.285) angesehen werden kann. Demzufolge sind in Gl. (2.417) bzw. G. (3.19)

$$k_, = k_z \quad \text{und} \quad k = k_b \cdot [\mathrm{CN^-}] \qquad (4.286)$$

[5] GERISCHER, H.: Z. physik. Chem. (N. F.) **2**, 79 (1954).

[6] DELAHAY, P., u. T. BERZINS: J. Am. Soc. **75**, 2486 (1953); **75**, 4205 (1953).

[7] GIERST, L., A. JULIARD: Proc. CITCE 1950 Mailand **2**, 117 (1951); J. Phys. Chem. **57**, 701 (1953).

Die Gleichgewichtskonstante $K$ steht daher mit der Dissoziationskonstante

$$K_D = \frac{[CN^-] \cdot [Cd(CN)_3^-]}{[Cd(CN)_4^{2-}]} = K \cdot [CN^-] = 2{,}5 \cdot 10^{-4}\ [Mol \cdot l^{-1}] \qquad (4.287)$$

des Komplexes[8] in der angegebenen Beziehung. Die Neigung der Geraden in Abb. 299 ergibt sich nach Gl. (2.417) zu

$$\frac{d\,(i \cdot \sqrt{\tau})}{di} = -\frac{\sqrt{\pi} \cdot [CN^-]}{2 \cdot K_D \cdot \sqrt{k_z + k_b \cdot [CN^-]}} \approx -\frac{\sqrt{\pi}}{2 K_D \cdot \sqrt{k_b}} \cdot \sqrt{[CN^-]} \qquad (4.288)$$

da $K_D/[CN^-] \ll 1$, also $k_z \ll k_b \cdot [CN^-]$ ist*.

Die in Gl. (4.288) abgeleitete Proportionalität zwischen $d(i\sqrt{\tau})/di$ und $\sqrt{[CN^-]}$ konnte von GERISCHER[5] im Bereich der Abb. 299 von 0,19 m bis 1,17 m $CN^-$ sehr gut mit einem Proportionalitätsfaktor $\sqrt{\pi}/2 K_D \sqrt{k_b} = 0{,}33\ sec^{1/2} \cdot l^{1/2} \cdot Mol^{-1/2}$ bestätigt werden. Aus diesem experimentellen Wert folgen die Geschwindigkeitskonstanten

$$k_b = 1{,}15 \cdot 10^8\ sec^{-1} \cdot Mol^{-1} \cdot l$$
$$k_z = 2{,}9 \cdot 10^4\ sec^{-1}.$$

### β) *Weitere Dissoziationsreaktionen von Komplexen*

Neben der in Einzelheiten aufgeklärten Dissoziationsreaktion des $Cd(CN)_4^{2-}$-Komplexes haben DELAHAY u. MAMANTOV[9, 10] für die Reduk-

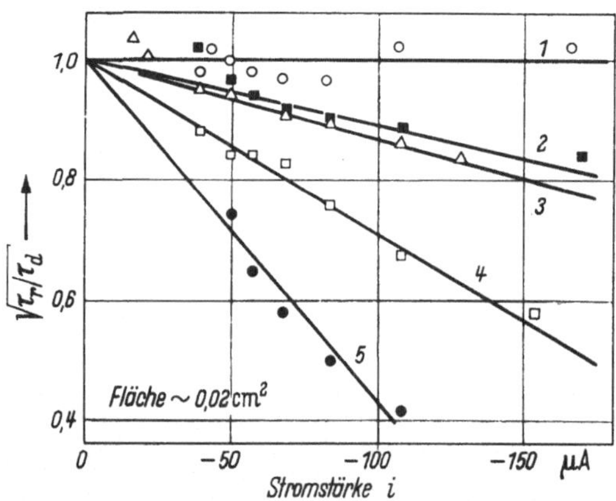


Abb. 300. Abhängigkeit der Transitionszeit $\tau_r$ bezogen auf den reinen Diffusionswert $\tau_d$ von der Stromstärke $i$ bei der kathodischen Abscheidung verschiedener Metalle an Hg aus Komplexlösungen bei 30°C. Hg-Fläche etwa 0,02 cm². 1: 0,001 m Zn(II) + 2 m $NH_4OH$ + 2 m $NH_4Cl$; 2: 0,001 m Cd(II) + + 1 m KJ + 1 m $KNO_3$; 3: 0,001 m Ni(II) + 1 m KCN + 1 m $KNO_3$; 4: 0,002 m Cd(II) + 0,5 m Na-tartrat + 1 m $NaNO_3$; 5: 0,001 m Cd(II) + 0,1 m Dipyridyl + 1 m $KNO_3$ [nach P. DELAHAY: Disc. Faraday Soc. 17, 205 (1954)]

[8] Wert von J. BJERRUM: Chem. Rev. 46, 381 (1950).

* Der Wert von $d(i\sqrt{\tau})/di$ ist unabhängig von der Größe der Oberfläche, auf die sich die Stromstärke $i$ bezieht. $i$ muß deshalb nicht auf die Stromdichte (A/cm²) umgerechnet werden.

[9] DELAHAY, P.: Disc. Faraday Soc. 17, 205 (1954).

[10] DELAHAY, P., u. G. MAMANTOV: Anal. Chem. 27, 478 (1955).

tion verschiedener Zn-, Cd- und Ni-Komplexe lineare Abhängigkeit des Produktes $i \cdot \sqrt{\tau}$ von $i$ gefunden, was auf eine Hemmung der Dissoziation der Komplexe hinweist. Abb. 300 zeigt diese Ergebnisse. Da jedoch die Reaktionskinetik dieser Elektroden noch nicht aufgeklärt ist, können nähere Einzelheiten nicht angegeben werden.

## b) Metallionenelektroden mit Deckschichten (Polarisation und Mechanismus von Elektroden zweiter Art)

### § 169. Reaktionswege

Als Elektroden zweiter Art (§ 23) sind besonders die Silber- und Quecksilberhalogenid- und die Oxydelektroden* von Wichtigkeit. Der Mechanismus dieser Elektrodenart kann über die hydratisierten Metallionen $Me^{z+} \cdot aq$ führen. Dieser Reaktionsweg entspricht der thermodynamischen Berechnung des Gleichgewichtspotentials unter Einführung des Löslichkeitsproduktes. Trotz dieser thermodynamisch völlig korrekten Berechnungsart wird der Reaktionsweg der Bildung und Reduktion der schwerlöslichen Deckschichten MeA kaum über $Me^{z+} \cdot aq$ gehen. In vielen Fällen ist die Gleichgewichtskonzentration $[Me^{z+} \cdot aq]$ so außerordentlich klein, daß die erforderlichen molekularkinetischen Stoßzahlen an den Grenzflächen nicht ausreichen. Außerdem müßten in diesem Fall die $Me^{z+} \cdot aq$-Ionen, die an einer unbedeckten Metalloberfläche gebildet werden, mit den $A^-$-Ionen auf elektrolytischem Wege zusammengeführt werden. Wenn die Deckschicht keine Poren hat, was häufig zutreffen dürfte, ist dies nicht möglich.

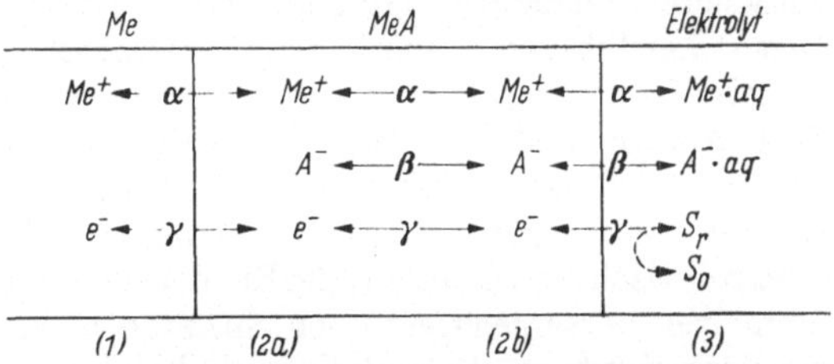

Abb. 301. Phasenschema mit Reaktionswegen einer Elektrode zweiter Art Me/MeA, $A^-$

Bei dem anderen Reaktionsweg werden aus dem Metall unmittelbar die Kationen der festen schwerlöslichen Metallverbindung MeA gebildet. Die Anionen dieser festen Metallverbindung $A^-$** entstehen bei diesem Reaktionsweg durch unmittelbaren Übergang aus dem Elektrolyten. Der Elektrolyt enthält diese Anionen $A^- \cdot aq$ in chemisch-analytisch faßbarer Konzentration, die beliebig vorgegeben werden kann. Hierbei treten die in Abb. 301 angegebenen Teilreaktionen auf, die sich aus einem Übergang Me $\leftrightharpoons$ MeA, einem Ionentransport in MeA und einem Übergang MeA $\leftrightharpoons$ Elektrolyt zusammensetzen. Bei guter Beweglichkeit

* Die Oxydelektroden sind fur die Erscheinungen der Passivität von Bedeutung.

** Der Einfachheit halber sollen hier $Me^+$ und $A^-$ einwertig behandelt werden. Eine Übertragung auf andere Wertigkeiten bringt keine prinzipiellen Veränderungen.

der Metallionen (Kationen) im festen MeA finden die Reaktionsfolgen

$$\alpha\,(1,2\mathrm{a}) \leftrightarrow \alpha\,(2\mathrm{a},2\mathrm{b}) \begin{cases} \nearrow \alpha\,(2\mathrm{b},3) & (4.289\,\mathrm{a}) \\ \searrow \beta\,(3,2\mathrm{b}) & (4.289\,\mathrm{b}) \end{cases}$$

und bei guter Anionenbeweglichkeit

$$\alpha\,(1,2\mathrm{a}) \leftrightarrow \beta\,(2\mathrm{b},2\mathrm{a}) \begin{cases} \nearrow \alpha\,(2\mathrm{b},3) & (4.289\,\mathrm{c}) \\ \searrow \beta\,(3,2\mathrm{b}) & (4.289\,\mathrm{d}) \end{cases}$$

statt. $\alpha\,(2\mathrm{b},3)$ wird bei sehr kleiner Konzentration der Metallionen $Me^+ \cdot aq$ im Gleichgewicht unbedeutend werden. Die Reaktionen $\alpha(2\mathrm{b},3)$ und $\beta\,(2\mathrm{b},3)$ sind Durchtrittsreaktionen, deren Geschwindigkeit von der Potentialdifferenz an der Phasengrenze Deckschicht/Elektrolyt abhängt. Diese Reaktionen werden in § 171, 173 und 174 ausführlicher behandelt.

## § 170. Leitfähigkeit der Deckschichten

Wenn bei der elektrolytischen Deckschichtbildung (anodisch) oder Deckschichtauflösung (kathodisch) einer der Mechanismen der Abb. 301 an einer *porenfreien* Deckschicht abläuft, ist die Ionenleitfähigkeit der Schicht für alle Überspannungserscheinungen wichtig. Deshalb muß zunächst die Leitfähigkeit derartiger elektrolytischer Deckschichten behandelt werden. Aus dem Verhalten des Schichtwiderstandes kann auch auf ein Vorliegen oder Nichtvorliegen von Poren geschlossen werden.

Die Silberhalogenide zeigen gegenüber den meisten oxydischen Deckschichten eine gute Ionenleitfähigkeit mit Werten bis $10^{-4}\,\Omega^{-1}\cdot\mathrm{cm}^{-1}$. Diese Leitfähigkeit wird nach PFEIFFER, HAUFFE u. JAENICKE[1] auf eine Ionenwanderung an Korngrenzen und interkristallinen Oberflächen zurückgeführt, da Feinkörnigkeit die Leitfähigkeit vergrößert. Die von LEHFELDT[2] gemessene Leitfähigkeit von AgBr-Einkristallen ist um etwa einen Faktor $10^{-2}$ kleiner als die von JAENICKE[3] an elektrolytisch gebildetem AgBr gefundenen Werte. Ein Zusammenschmelzen verschlechtert nach SHAPIRO u. KOLTHOFF[4] die Leitfähigkeit von elektrolytisch, thermisch und chemisch ausgefälltem AgBr um den Faktor 500. Die Untersuchungen der Oberflächendiffusion an AgBr von MITCHELL[5] und BERRY[6] und die Temperaturabhängigkeit der Leitfähigkeit nach MURIN[7] deuten auf die interkristalline Ionenwanderung an Korngrenzen hin. Aus Überführungsmessungen von HAUFFE[8, 1] an AgBr folgt für das Ag-Ion eine Überführungszahl von $t_{Ag} = 0{,}99$, so daß fast ausschließlich das Kation wandert.

[1] PFEIFFER, I., K. HAUFFE u. W. JAENICKE: Z. Elektrochem. **56**, 728 (1952).
[2] LEHFELDT, W.: Z. Physik **85**, 717 (1933).
[3] JAENICKE, W.: Z. Elektrochem. **55**, 186 (1951).
[4] SHAPIRO, I., u. I. M. KOLTHOFF: J. Chem. Phys. **15**, 41 (1947).
[5] MITCHELL, J. W.: Science et inds. phot. **23**, 218 (1952).
[6] BERRY, CH. R.: Optical Soc. Am. **40**, 615 (1950).
[7] MURIN, A. N.: Dokl. Akad. Nauk USSR **74**, 65 (1950).
[8] HAUFFE, K.: Erg. exakt. Naturwiss. **25**, 193 (1951).

JAENICKE, TISCHER u. GERISCHER[9] konnten in Übereinstimmung mit den Vorstellungen der interkristallinen Ionenwanderung an Korngrenzen feststellen, daß Schichten mit mehr als etwa 2 bis 4 $\mu$ Dicke porenfrei sind, was sich aus der Unabhängigkeit des Schichtwiderstandes von der Elektrolytleitfähigkeit* ergab. Schichten, die mit großer Stromdichte gebildet werden, waren nach diesen Messungen porös. Der spezifische Widerstand der porenfreien Schichten ist im wesentlichen unabhängig von der Schichtdicke[3, 9].

An AgBr-Einkristallen, an denen die Ionenleitfähigkeit wesentlich kleiner (Faktor $10^{-2}$) ist, konnten PFEIFFER, HAUFFE u. JAENICKE[1] das Redoxpotential $Br_2/Br^-$ eines $Br_2$-haltigen Elektrolyten messen. Hieraus folgt, daß die Einkristalle von AgBr, wie auch viele passivierende Oxyde, eine ausreichende Elektronenleitfähigkeit besitzen, so daß sich die in Abb. 301 gestrichelten Gleichgewichte und Reaktionen einstellen bzw. ablaufen können. Das Potential ist dann das gleiche wie am Pt in gleicher Redoxlösung.

## § 171. Elektrochemische Deutung des Ionenproduktes einer gesättigten Lösung auf kinetischer Grundlage

Die Gleichgewichte $\alpha$ (2b, 3) bzw. $\beta$ (2b, 3) (Abb. 301) zwischen den Metallionen $Me^{z+}$ (Kationen) mit der Ladung $z_+$ bzw. den Anionen $A^{z-}$ mit der Ladung $z_-$ in der Deckschicht $Me_aA_b$ und im Elektrolyten werden durch reine Durchtrittsreaktionen eingestellt. Nach einer Darstellung von JAENICKE[1, 2] bestimmen die Durchtrittsstromdichten $i_M$ und $i_A$ dieser Reaktionen die Geschwindigkeiten des Auflösungs- und Abscheidungsvorganges eines Ionenkristalles unmittelbar an der Phasengrenze.

Im Lösungsgleichgewicht findet ein ständiger Austausch zwischen den Kationen und zwischen den Anionen des Kristalls und der Lösung statt. Die Geschwindigkeit dieses Austausches kann für jeden Vorgang durch eine Austauschstromdichte $i_{0,M}$ bzw. $i_{0,A}$ dargestellt werden, die am gleichen Kristall sehr verschiedene Werte haben kann. Die Konzentrationen $c_{Me}$ und $c_A$ im Elektrolyten müssen aber solche Werte haben, daß *beide* Durchtrittsreaktionen auf das *gleiche* Gleichgewichtspotential $\varepsilon_0$ zwischen Elektrolyt und Kristall führen (Abb. 304). Aus dieser Bedingung ergibt sich die Konstanz des Ionenproduktes.

Die Geschwindigkeit der Durchtrittsreaktionen $\alpha$ (2b, 3) und $\beta$ (2b, 3) der Abb. 301 kann mit JAENICKE[2] für die *nichtkomplexe* Auflösung nach Gl. (2.39) angesetzt werden für die Kationen $Me^{z+}$**

$$\begin{aligned} i_M &= k_M^+ \cdot \exp\left(\frac{\alpha_+ \cdot z_+ \cdot F}{RT}\,\varepsilon\right) - k_M^- \cdot c_{Me} \cdot \exp\left(-\frac{(1-\alpha_+)\, z_+ \cdot F}{RT}\,\varepsilon\right) = \\ &= i_{0,M} \cdot \left[\exp\left(\frac{\alpha_+ \cdot z_+ \cdot F}{RT}\,\eta\right) - \exp\left(-\frac{(1-\alpha_+)\, z_+ \cdot F}{RT}\,\eta\right)\right] \end{aligned} \tag{4.290}$$

---

[9] JAENICKE, W., R. P. TISCHER u. H. GERISCHER: Z. Elektrochem. **59**, 448 (1955).

* Die Elektrolytleitfähigkeit wurde etwa um den Faktor 10 (0,2 bis 0,02 m $K_2SO_4$) geändert.

[1] JAENICKE, W.: Z. Elektrochem. **56**, 473 (1952).

[2] JAENICKE, W., u. M. HAASE: Z. Elektrochem. **63**, 521 (1959).

** Siehe Fußnote * S. 574.

und für die Anionen $A^{z-}$ **

$$i_A = k_A^+ \cdot c_A \cdot \exp\left(\frac{\alpha_- \cdot z_- \cdot F}{RT}\,\varepsilon\right) - k_A^- \cdot \exp\left(-\frac{(1-\alpha_-)\,z_- \cdot F}{RT}\,\varepsilon\right)$$
$$= i_{0,A} \cdot \left[\exp\left(\frac{\alpha_- \cdot z_- \cdot F}{RT}\,\eta\right) - \exp\left(-\frac{(1-\alpha_-)\,z_- \cdot F}{RT}\,\eta\right)\right] \qquad (4.291)$$

Für $i_M = 0$ und $i_A = 0$ ergeben sich die Gleichgewichtspotentiale $\varepsilon_0$

$$\varepsilon_0 = \frac{RT}{z_+ \cdot F} \cdot \ln\left(\frac{k_M^-}{k_M^+} \cdot c_{Me}\right) \qquad (4.292\,a)$$

für die Kationen, und

$$\varepsilon_0 = \frac{RT}{z_- \cdot F} \cdot \ln\left(\frac{k_A^-}{k_A^+} \cdot \frac{1}{c_A}\right) \qquad (4.292\,b)$$

für die Anionen. Diese Gleichgewichte bedeuten eine Konstanz der elektrochemischen Potentiale in beiden Phasen, sowohl für die Kationen als auch für die Anionen.

Wenn Lösungsgleichgewicht herrschen soll, müssen beide Gleichgewichtspotentiale in Gl. (4.292a, b) den gleichen Wert haben, da an der Phasengrenze nur eine Potentialdifferenz auftreten kann. Durch Gleichsetzen der Gleichungen (4.292a, b) folgt das Löslichkeitsprodukt $P$ der Substanz mit der stöchiometrischen Zusammensetzung $Me_aA_b$

$$\boxed{P = c_{Me}^a \cdot c_A^b = \left(\frac{k_M^+}{k_M^-}\right)^a \cdot \left(\frac{k_A^-}{k_A^+}\right)^b} \qquad (4.293)$$

wenn die Bedingung $a \cdot z_+ = b \cdot z_-$ berücksichtigt wird. $P$ läßt sich also durch die Geschwindigkeitskonstanten der vier Teilprozesse, der anodischen und kathodischen Durchtrittsreaktionen der Kationen und Anionen, angeben.

Wenn die feste Substanz im Lösungsgleichgewicht mit einer Lösung steht, die die Kationen des Kristalls in *komplex* gebundener Form $MeX_n$*** enthält, muß der Geschwindigkeitsgleichung (4.290) eine andere Form gegeben werden. Die Durchtrittsstromdichte für den Metallionendurchtritt ist dann nach JAENICKE[2] auf Grund der experimentellen Ergebnisse von GERISCHER[3] an komplexen Metallelektroden [Gl. (2.39)]

$$i_M = k_M^+ \cdot c^{n-m} \cdot \exp\left(\frac{\alpha_+ \cdot z_+ \cdot F}{RT}\,\varepsilon\right) - k_M^- \cdot c_X^{-m} \cdot c_M \cdot \exp\left(-\frac{(1-\alpha_+)\,z_+ \cdot F}{RT}\,\varepsilon\right)$$
$$= i_{0,M} \cdot \left[\exp\left(\frac{\alpha_+ \cdot z_+ \cdot F}{RT}\,\eta\right) - \exp\left(-\frac{(1-\alpha_+)\,z_+ \cdot F}{RT}\,\eta\right)\right]. \qquad (4.294)$$

Wenn der vorherrschende Komplex gleich dem Komplex $MeX_{(n-m)}$ ist,

* Die Konzentration $c_{Me}$ der Metallionen im Elektrolyten ist die Konzentration $c_0$ in Gl. (2.39). $c_r = [H_2O]$ und $c_M = [Me^{z+}]$ im Kristall sind als konstante Größen in der Konstante $k_M^+$ enthalten.

** Der anodische Vorgang ist hier die Anionenabscheidung.

*** Entsprechendes gilt für Gl. (4.291), wenn die Anionen komplex als $AX_n$ gebunden werden.

[3] GERISCHER, H.: Z. Elektrochem. **57**, 604 (1953); Z. physik. Chem. **202**, 292 (1953); Z. physik. Chem. (N. F.) **3**, 16 (1955).

der primär in der Durchtrittsreaktion auftritt, hat $m$ den Wert $m = 0$. $c_{\mathrm{M}}$ ist die Konzentration des vorherrschenden Metallkomplexes $\mathrm{MeX}_n$*.

Aus Gl. (4.294) folgt das Gleichgewichtspotential $\varepsilon_0$ auf kinetischer Grundlage

$$\varepsilon_0 = \frac{RT}{z_+ \cdot F} \cdot \ln\left(\frac{k_{\mathrm{M}}^-}{k_{\mathrm{M}}^+} \cdot \frac{c_{\mathrm{M}}}{c_{\mathrm{X}}^n}\right) \tag{4.292c}$$

wie es auch thermodynamisch für die Reaktion $\mathrm{Me}^{z+}(\text{Kristall}) + n\mathrm{X} \leftrightharpoons \leftrightharpoons \mathrm{MeX}_n$ zu fordern ist**. Mit Gl. (4.292b) ergibt sich dann das Lösungsgleichgewicht** der Reaktion $\mathrm{Me}_a A_b(f) + a \cdot n\mathrm{X} \leftrightharpoons a\,\mathrm{MeX}_n + b\,A$

$$\boxed{K = \frac{P}{K_{\mathrm{M}}^a} = \frac{c_{\mathrm{M}}^a \cdot c_{\mathrm{A}}^b}{c_{\mathrm{X}}^{an}} = \left(\frac{k_{\mathrm{M}}^+}{k_{\mathrm{M}}^-}\right)^a \cdot \left(\frac{k_{\mathrm{A}}^-}{k_{\mathrm{A}}^+}\right)^b} \tag{4.295}$$

mit der Komplexkonstante $K_{\mathrm{M}} = c_{\mathrm{Me}} \cdot c_{\mathrm{X}}^n / c_{\mathrm{M}}$ und mit dem Löslichkeitsprodukt $P = c_{\mathrm{Me}}^a \cdot c_{\mathrm{A}}^b$ unter Beachtung von $a \cdot z_+ = b \cdot z^-$***.

## § 172. Diffusionsbedingte Auflösung von Ionenkristallen

Im folgenden sollen die Durchtrittsreaktionen an der Phasengrenze als so schnell vorausgesetzt werden, daß trotz des Ablaufs eines Auflösungsvorganges das Lösungsgleichgewicht zwischen Kristall und Elektrolyt unmittelbar an der Oberfläche praktisch nicht gestört wird. Das bedeutet, daß die Äquivalentstromdichte $i_L$ der Auflösung klein gegen die Austauschstromdichten $i_{0,\mathrm{M}}, i_{0,\mathrm{A}} \gg i_L$ ist.

Abscheidungsvorgänge sind in diesem Zusammenhang nicht so von Interesse, da in einer übersättigten Lösung meistens die Bildung neuer Kristallkeime (Ausflockung) sehr viel schneller sein wird als das Weiterwachsen an einer vorhandenen größeren Kristalloberfläche. Die folgenden Betrachtungen treffen also für die Abscheidung nur dann zu, wenn infolge einer sehr geringen Übersättigung die Keimbildung sehr langsam ist.

### α) *Ohne Komplexbindung*

Schon von NOYES u. WHITNEY[1] wurde erkannt, daß in sehr vielen Fällen die Auflösungsgeschwindigkeit $i_L$ nur von der Fortführung der gelösten Substanz durch Diffusion durch eine adhärierende Diffusionsschicht der Dicke $\delta$ abhängt. Vor der Oberfläche ist eine gesättigte Lösung anzunehmen, in der $c_{\mathrm{Me}} \cdot c_{\mathrm{A}} = P$ (Löslichkeitsprodukt, binäres Salz) konstant ist.

Wenn *kein Fremdelektrolyt* anwesend ist, wird die Äquivalentstromdichte $i_L$ der Auflösungsgeschwindigkeit

$$i_L = z \cdot F \cdot D \cdot \frac{c_s - \bar{c}}{\delta} \tag{4.296}$$

* Es ist also die anodische elektrochemische Reaktionsordnung $z_{r,\mathrm{X}} = n - m$ und die kathodische elektrochemische Reaktionsordnung $z_{o,\mathrm{X}} = -m$. Außerdem ist $z_{o,\mathrm{M}} = +1$ gesetzt worden.

** Die Ladungen von X, A und $\mathrm{MeX}_n$ sind nicht berücksichtigt.

*** $k_{\mathrm{M}}^+$ und $k_{\mathrm{M}}^-$ haben in Gl. (4.295) andere Werte als in Gl. (4.293), da sie Geschwindigkeitskonstanten verschiedener Vorgänge sind.

[1] NOYES, A. A., u. W. R. WHITNEY: Z. physik. Chem. **23**, 689 (1897).

sein. Hierin ist $c_s = c_{\mathrm{Me}} = c_{\mathrm{A}} = \sqrt{P}$ vor der Oberfläche und $\bar{c}$ die Konzentration von MeA im Innern des Elektrolyten. Die Diffusionskonstante $D$ ist der Wert der ambipolaren Diffusion $D = \sqrt{D_{\mathrm{Me}} \cdot D_{\mathrm{A}}}$, da aus Elektroneutralitätsgründen überall $c_{\mathrm{Me}} = c_{\mathrm{A}}$ sein muß. Die *maximale Auflösungsgeschwindigkeit* ist für $\bar{c} = 0$

$$\boxed{i_L = zF \cdot \frac{\sqrt{D_{\mathrm{Me}} \cdot D_{\mathrm{A}} \cdot P}}{\delta}} \tag{4.297}$$

In einer gesättigten Lösung mit oder ohne Fremdelektrolytzusatz müssen äquivalente Konzentrationen $c_{\mathrm{Me}} = c_{\mathrm{A}}$ der Kationen und Anionen vorliegen. Wenn kein Fremdelektrolyt vorhanden ist, muß diese Bedingung $c_{\mathrm{Me}} = c_{\mathrm{A}}$ an der Oberfläche aus Elektroneutralitätsgründen auch während der Auflösung bestehen bleiben, obwohl ganz allgemein als Sättigungsbedingung nur $c_{\mathrm{Me}} \cdot c_{\mathrm{A}} = P =$ konst. anzusehen ist. Nach Gl. (4.292) bleibt daher bei der Auflösung die Potentialdifferenz an der Phasengrenze Kristall/Elektrolyt unverändert. Innerhalb der Diffusionsschicht kann aber nach Gl. (2.454), § 87 $\alpha$, eine bedeutende *Diffusionspotentialdifferenz* $\varepsilon_D$ auftreten. Eine Elektrode mit einer Deckschicht aus MeA müßte deshalb bei der Auflösung eine Potentialdifferenz $\varepsilon - \varepsilon_0 = \Delta\varepsilon$ gegenüber dem Fall der Sättigung des gesamten Elektrolyten $c_s = \bar{c}$ haben, die gleich dem Diffusionspotential $\varepsilon_D$ innerhalb der Diffusionsschicht ist. Die Messung dieser Potentialdifferenz ist nur möglich, wenn die Deckschicht eine ausreichende Leitfähigkeit besitzt. Für $\mathrm{Me}_a\mathrm{A}_b$ ergibt sich ein ganz ähnliches Resultat.

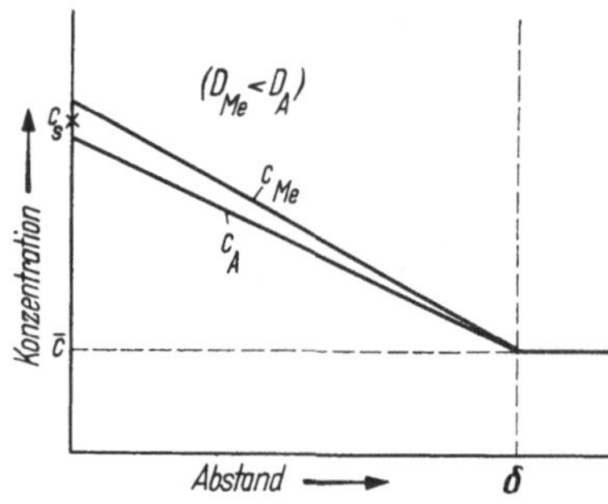

Abb. 302. Diffusion bei der Auflösung eines binären Salzes bei verschiedenen Diffusionskonstanten $D_{\mathrm{Me}}$ und $D_{\mathrm{A}}$ und Fremdelektrolytuberschuß. Keine Hemmung der Grenzflächenreaktionen

In Gegenwart von genügend *Fremdelektrolyt* sind die Diffusionsverhältnisse wesentlich anders. Hier diffundieren die Kationen $\mathrm{Me}^{z+}$ und die Anionen $\mathrm{A}^{z-}$ entsprechend ihrer individuellen Diffusionskonstante $D_{\mathrm{Me}}$ und $D_{\mathrm{A}}$ vollständig unabhängig. Bei $D_{\mathrm{Me}} \neq D_{\mathrm{A}}$ tritt trotz Einhaltung der Sättigungsbedingung $c_{\mathrm{Me}} \cdot c_{\mathrm{A}} = P =$ konst. eine Verschiebung von $c_{\mathrm{Me}}$ und $c_{\mathrm{A}}$ gegenüber dem Fall eines gesättigten Elektrolyten ein, wie es die Abb. 302 zeigt.

Da sich Kationen und Anionen in äquivalenter Menge bilden, muß

$$\frac{i_L}{zF} = D_{\mathrm{Me}} \cdot \frac{c_{\mathrm{Me}} - \bar{c}}{\delta} = D_{\mathrm{A}} \cdot \frac{c_{\mathrm{A}} - \bar{c}}{\delta} \tag{4.298}$$

sein. Unter Verwendung des Löslichkeitsproduktes $c_{\mathrm{Me}} \cdot c_{\mathrm{A}} = P$ und der Bedingung $c_s = \sqrt{P}$ folgt hieraus für die Potentialänderung der Elektrode zweiter Art

$$\Delta\varepsilon = \frac{RT}{zF}\ln\frac{c_{\mathrm{Me}}}{c_s} = \frac{RT}{zF}\cdot\ln\left[\frac{\bar c}{2\sqrt{P}}\left(1-\frac{D_{\mathrm{A}}}{D_{\mathrm{Me}}}\right) + \sqrt{\frac{\bar c^2}{4P}\cdot\left(1-\frac{D_{\mathrm{A}}}{D_{\mathrm{Me}}}\right)^2 + \frac{D_{\mathrm{A}}}{D_{\mathrm{Me}}}}\;\right] \tag{4.299}$$

Eine Diffusionspotentialdifferenz $\varepsilon_D$ wird bei größerem Fremdelektrolytgehalt sehr weit zurückgedrängt und ist nicht zu berücksichtigen.

Bei $\bar c = 0$ tritt die maximale Auflösungsgeschwindigkeit $i_L$ auf, bei der sich die Gl. (4.299) zu

$$\boxed{\Delta\varepsilon = \frac{RT}{zF}\cdot\ln\frac{c_{\mathrm{Me}}}{c_s} = \frac{RT}{2zF}\cdot\ln\frac{D_{\mathrm{A}}}{D_{\mathrm{Me}}} \quad \text{bei } i_{L,\,max}} \tag{4.300}$$

vereinfacht. Die Äquivalentstromdichte $i_L$ der maximalen Auflösungsgeschwindigkeit behält den gleichen Wert $i_L = zF\cdot\sqrt{D_{\mathrm{Me}}\cdot D_{\mathrm{A}}\cdot P}/\delta$, der nach Gl. (4.297) ohne Fremdelektrolytzusatz auftritt.

Experimentelle Überprüfungen dieser Gesetzmäßigkeiten liegen offenbar noch nicht vor.

*β) Mit Komplexbindung*

Komplizierter sind die Diffusionsverhältnisse, wenn die Substanz $\mathrm{Me}_a\mathrm{A}_b$ unter Bildung einer komplexen Verbindung $\mathrm{MeX}_n$ durch den Komplexbildner X gelöst wird*. Der Komplexbildner muß in diesem Fall zur Oberfläche herandiffundieren und der Komplex $\mathrm{MeX}_n$ und das Anion A müssen fortdiffundieren, so daß innerhalb der Diffusionsschicht eine Konzentrationsverteilung der in der Abb. 303 gezeigten Art vorliegt, wie sie von JAENICKE u. HAUFFE[2-5] bei der Auflösung schwerlöslicher Silbersalze durch Komplexbildner gefunden wurde.

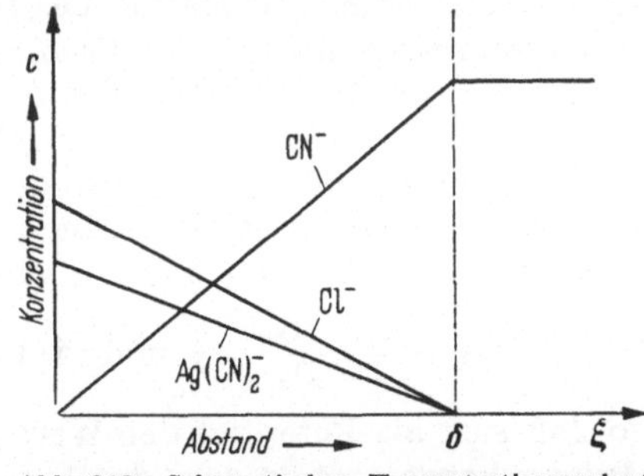


Abb. 303. Schematischer Konzentrationsverlauf innerhalb der Diffusionsschicht bei der Auflösung von AgCl mit CN⁻-Ionen. δ ist rührabhängig [nach W. JAENICKE u. K. HAUFFE: Z. Naturf. 4a, 353 (1949)]

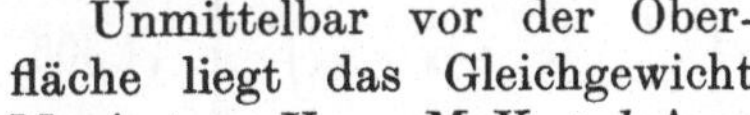

Unmittelbar vor der Oberfläche liegt das Gleichgewicht $\mathrm{Me}_a\mathrm{A}_b + an\,\mathrm{X} \leftrightarrows a\,\mathrm{MeX}_n + b\,\mathrm{A}$ nach Gl. (4.295) vor. Hieraus folgt für die Konzentration des Komplexbildners an der Oberfläche

$$c_{\mathrm{X}} = \sqrt[an]{\frac{K_{\mathrm{M}}^a}{P}}\cdot\sqrt[an]{c_{\mathrm{M}}^a\cdot c_A^b} \tag{4.301}$$

* Die Ladungen von $\mathrm{MeX}_n$ und X sollen nicht berücksichtigt werden.

[2] JAENICKE, W., u. K. HAUFFE: Z. Naturf. **4a**, 353 (1949).

[3] JAENICKE, W.: Z. Naturf. **4a**, 363 (1949).

[4] JAENICKE, W: Z. Elektrochem. **55**, 648 (1951).

[5] JAENICKE, W.: Z. Elektrochem. **57**, 843 (1953).

$c_M$ ist die Konzentration des Metallkomplexes $MeX_n$. Bei der Auflösung von AgCl mit $CN^-$-Ionen ist also mit $a = 1$, $b = 1$, $n = 2$

$$[CN^-] = \sqrt{\frac{K_M}{P}} \cdot \sqrt{[Ag(CN)_2^-] \cdot [Cl^-]} \qquad (4.302)$$

Wenn $K_M^a/P$ so klein ist, daß die Gleichgewichtskonzentration $c_X$ des Komplexbildners vor der Oberfläche sehr klein gegenüber der Konzentration $\bar{c}_X$ im Innern des Elektrolyten ist, wird $\bar{c}_X - c_X \approx \bar{c}_X$. Damit nimmt die *Auflösungsäquivalentstromdichte* $i_L$ einen Maximalwert

$$\boxed{i_L = \frac{z_+}{n} \cdot F \cdot D_X \cdot \frac{\bar{c}_X}{\delta}} \qquad (4.303)$$

an.

Bei der Auflösung von AgCl, AgBr und AgJ in KCN unter Bildung von $Ag(CN)_2^-$ konnten Jaenicke u. Hauffe[2, 3, 4] die Unabhängigkeit der Auflösungsgeschwindigkeit $i_L$ von der aufgelösten Substanz (AgCl, AgBr, AgJ) und von Zusätzen an Reaktionsprodukten feststellen, weil für diese Substanzen $K_M/P$ klein genug ist*. $i_L$ war hier entsprechend Gl. (4.303) $i_L = 0{,}5 \cdot F \cdot D_{CN^-} \cdot \bar{c}_{CN^-}/\delta$ proportional der Cyanidkonzentration.

In vielen anderen Fällen, wie bei der Auflösung von Silberhalogeniden in Ammoniak, Thioharnstoff, Thiosulfat, Rhodanid, die ebenfalls von Jaenicke u. Hauffe[2, 3, 5, 6] untersucht wurden, ist das entsprechende Verhältnis $K_M/P$ nicht klein gegen 1, so daß sich hier andere Abhängigkeiten von der Konzentration des komplex lösenden Ions ergeben, die in Übereinstimmung mit der Theorie[3] stehen.

Infolge der Anreicherung des Anions A ($= Cl^-$), die Abb. 303 zeigt, kann sich auch bei vollständig ungehemmter Auflösung an der Phasengrenze** das Potential der Elektrode zweiter Art in Abhängigkeit von der Auflösungsgeschwindigkeit verändern. Bei Berücksichtigung der Diffusionskonstanten $D_X$, $D_A$ und $D_M$ wird für $c_X \ll \bar{c}_X$ (vgl. Abb. 305b)

$$c_M = \frac{1}{n} \cdot \frac{D_X}{D_M} \cdot \bar{c}_X \quad \text{und} \quad \Delta c_A = c_A - \bar{c}_A = \frac{b}{a \cdot n} \cdot \frac{D_X}{D_A} \cdot \bar{c}_X \qquad (4.304)$$

so daß sich als Potential der Wert der Elektrode zweiter Art mit der Anionenkonzentration $c_A = \Delta c_A + \bar{c}_A$

$$\boxed{\varepsilon_0 = E_0 + \frac{RT}{a \cdot z_+ \cdot F} \cdot \ln P - \frac{RT}{z_- \cdot F} \cdot \ln\left(\frac{b}{an} \cdot \frac{D_X}{D_A} \cdot \bar{c}_X + \bar{c}_A\right)} \qquad (4.305)$$

ergibt.

Dieses Potential gibt den reinen Diffusionseinfluß bei der Auflösungshemmung wieder. Eine Abweichung von diesem Wert ist auf eine Hemmung der Durchtrittsreaktion des Auflösungsvorganges an der

* Werte bei W. Jaenicke: Z. Naturf. **4a**, 363 (1949).

[6] Jaenicke, W.: Z. physik. Chem. **195**, 88 (1950).

** Große Austauschstromdichten bei praktisch ungestörter Einstellung des Gleichgewichts $Me_aA_b + anX \rightleftharpoons a\,MeX_n + b\,A$ (ohne Angabe der Ladungen).

Phasengrenze zurückzuführen. Bei der Auflösung von AgJ in KCN beträgt diese Abweichung nach JAENICKE[4] bei einer bestimmten Rührintensität nur $-2$ mV und steigt bei sonst gleichen Bedingungen in der Reihenfolge AgBr, AgCl, $Ag_2C_2O_4$, $AgCrO_4$ bis $-100$ mV an. Dieser Effekt wird in § 174 näher behandelt werden.

Aus Gl. (4.305) ist zu entnehmen, daß das Potential $\varepsilon$ bei reiner Diffusionshemmung unabhängig von der Rührgeschwindigkeit ($\delta$) sein muß, obwohl die Auflösungsgeschwindigkeit $i_L$ nach Gl. (4.303) von $\delta$ abhängt.

## § 173. Durchtrittsüberspannung bei der nichtkomplexen Auflösung von Ionenkristallen

Die *stromlose* Auflösung eines Ionenkristalls in einer ungesättigten Elektrolytlösung ist nur dann möglich, wenn die Konzentration des Elektrolyten unmittelbar vor der Oberfläche kleiner ist als die Sättigungskonzentration. Die Größe der Auflösungsgeschwindigkeit hängt bei vorgegebener Abweichung von der Sättigungskonzentration mit der Hemmung in den Durchtrittsreaktionen $Me^{z+}(MeA) \leftrightharpoons Me^{z+} \cdot aq$ und $A^{z-}(MeA) \leftrightharpoons A^{z-} \cdot aq$ [$\alpha$ (2b, 3) bzw. $\beta$ (2b, 3), Abb. 301] zusammen.

Bei der stromlosen Auflösung oder Abscheidung eines Ionenkristalls sind die Durchtrittsstromdichten $i_M$ und $i_A$ [Gl. (4.290) und Gl. (4.291)] untereinander im Betrage gleich, haben aber auf Grund der Definition entgegengesetztes Vorzeichen, da die Auflösung der Kationen einen anodischen und die der Anionen einen kathodischen Strom darstellt. Gegenüber dem Potential $\varepsilon_0$ bei Sättigung des Elektrolyten $c_s = c_{Me} = c_A$ tritt wegen der Durchtrittshemmung eine Potentialabweichung $\eta = \varepsilon - \varepsilon_0$ auf, die von der Auflösungsgeschwindigkeit $i_L$ bzw. von der Untersättigung abhängt.

Diese Vorstellungen gehen auf grundsätzliche Gedankengänge von JAENICKE[1, 2] zurück, die an Abb. 304 erläutert werden sollen. Die in Abb. 304 eingezeichneten Kurven sind Stromspannungskurven für reine Durchtrittshemmung der Ionen durch die Phasengrenze nach Gl. (4.290) und Gl. (4.291). Dabei unterscheidet sich Abb. 304a von Abb. 304b nur in quantitativer Weise*. Die Kurven 1, 1′ und 1″ beschreiben den Durchtritt der Metallionen $Me^{z+}(MeA) \leftrightharpoons Me^{z+} \cdot aq$ und die Kurven 2, 2′ und 2″ den Durchtritt $A^{z-}(MeA) \leftrightharpoons A^{z-} \cdot aq$. Die ausgezogenen Kurven 1 und 2 entsprechen der Gleichgewichtskonzentration (Sättigungskonzentration) $c_{Me} = c_A = c_s$. Beide Kurven führen deshalb zu dem gleichen Gleichgewichtspotential $\varepsilon_0$ (§ 171). Wenn die Konzentrationen im Elektrolyten kleiner sind, also eine ungesättigte Lösung vorliegt und somit $c_{Me}, c_A < c_s$ ist, so verschieben sich die Kurven zu 1′ bzw. 2′ entsprechend Gl. (4.290) und Gl. (4.291). Das Gleichgewichtspotential der Metallionen wird hierbei nach Gl. (4.292a) negativer und das der Anionen nach Gl. (4.292b) positiver.

[1] JAENICKE, W.: Z. Elektrochem. **56**, 473 (1952).

[2] JAENICKE, W., u. M. HAASE: Z. Elektrochem. **63**, 521 (1959).

* In Abb. 304a sind die Austauschstromdichten $i_{0.M} < i_{0.A}$ und in Abb. 304b $i_{0.M} > i_{0.A}$.

Bei stromloser Auflösung des Salzes muß aber $i_{\mathrm{Me}} + i_{\mathrm{A}} = 0$, also $i_{\mathrm{Me}} = -i_{\mathrm{A}} = i_L$ sein. Diese Bedingung ist am Schnittpunkt der Kurven 1′ und 2′ bzw. 1″ und 2″ erfüllt. Die dazugehörige Stromdichte $i_L = z \cdot F \cdot v$ ist die *Auflösungsäquivalentstromdichte* und $v$ die Auflösungsgeschwindigkeit [mol/cm²·sec]. Hierbei kann sich das Potential sowohl nach positiven als auch nach negativen Werten hin verschieben, wie aus Abb. 304a

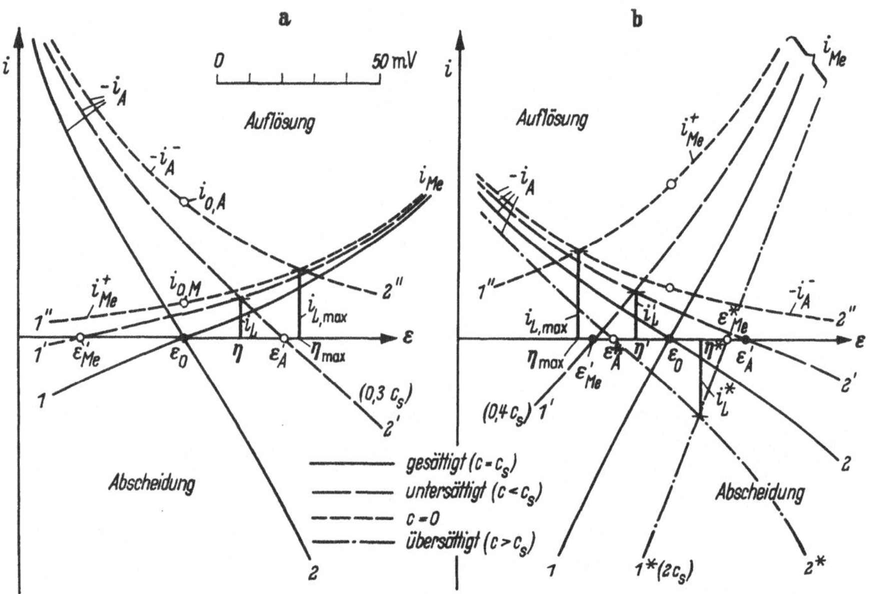


Abb. 304. Auflösung ($i_L$) von Ionenkristallen (MeA) auf Grund der Stromspannungskurven der Durchtrittsreaktionen $\mathrm{Me}^{z+}(\mathrm{MeA}) \leftrightharpoons \mathrm{Me}^{z+} \cdot \mathrm{aq}$ und $\mathrm{A}^{z-}(\mathrm{MeA}) \leftrightharpoons \mathrm{A}^{z-} \cdot \mathrm{aq}$. Ausgezogen: gesättigte Lösung

und Abb. 304b zu entnehmen ist. Diese Abweichung soll als Überspannung $\eta = \varepsilon - \varepsilon_0$ bezeichnet werden.

Wenn die Konzentrationen im Elektrolyten $c_{\mathrm{Me}} = c_{\mathrm{A}} = 0$ sind, gehen $i_{\mathrm{M}}$ in die anodische Teilstromdichte, Kurve 1″ und $i_{\mathrm{A}}$ in die kathodische Teilstromdichte Kurve 2″ nach Gl. (4.290) bzw. Gl. (4.291) über. Der Schnittpunkt dieser Kurven stellt den Fall einer *maximalen Auflösungsstromdichte* $i_{L,max}$ dar, dem eine *maximale* Überspannung $\eta_{max}$ zugeordnet ist.

Die Abscheidung des Salzes erfolgt in ganz analoger Weise, so wie es die Kurven 1* und 2* in Abb. 304b wiedergeben. $i_L^*$ ist die Abscheidungsstromdichte, der auch hier eine Überspannung $\eta^*$ entspricht.

Da die Auflösung oder auch die Abscheidung immer mit einem Diffusionsvorgang durch die adhärierende Diffusionsschicht der Dicke $\delta$ nach

$$i_L = i_{\mathrm{M}} = -i_{\mathrm{A}} = z \cdot F \cdot \frac{D}{\delta} \cdot c_{\mathrm{Me}} = z \cdot F \cdot \frac{D}{\delta} c_{\mathrm{A}} \tag{4.306}$$

gekoppelt ist, leiten JAENICKE u. HAASE[2] durch Kombination von

Gl. (4.306) mit der Gl. (4.290) und Gl. (4.291) die Beziehung Gl. (4.307) unter Berücksichtigung von $c_M = c_A$ (Elektronentralitätsbedingung)

$$z \cdot F \cdot \frac{D}{\delta} = \frac{k_M^- \cdot k_A^- \cdot \exp\left(-\frac{2 - \alpha_+ - \alpha_-}{RT} \cdot z \cdot F \cdot \varepsilon\right) - k_M^+ \cdot k_A^+ \cdot \exp\left(\frac{\alpha_+ + \alpha_-}{RT} z \cdot F \cdot \varepsilon\right)}{k_M^+ \cdot \exp\left(\frac{\alpha_+ \cdot zF}{RT} \varepsilon\right) - k_A^- \cdot \exp\left(-\frac{(1 - \alpha_-) zF}{RT} \varepsilon\right)} \tag{4.307}$$

ab*. Durch Einführung der Austauschstromdichten

$$i_{0,M} = k_M^+ \cdot \exp\left(\frac{\alpha_+ zF}{RT} \varepsilon_0\right) = k_M^- \cdot c_s \cdot \exp\left(-\frac{(1 - \alpha_+) zF}{RT} \varepsilon_0\right) \tag{4.308a}$$

$$i_{0,A} = k_A^- \cdot \exp\left(-\frac{(1 - \alpha_-) zF}{RT} \varepsilon_0\right) = k_A^+ \cdot c_s \cdot \exp\left(\frac{\alpha_- \cdot zF}{RT} \varepsilon_0\right) \tag{4.308b}$$

läßt sich die Gl. (4.307) von JAENICKE noch umformen in

$$\boxed{\frac{D}{\delta} = \frac{1}{zF \cdot c_s} \cdot \frac{\exp\left(\frac{zF}{RT}\eta\right) - \exp\left(-\frac{zF}{RT}\eta\right)}{\frac{1}{i_{0,M}} \cdot \exp\left(-\frac{\alpha_+ \cdot zF}{RT}\eta\right) - \frac{1}{i_{0,A}} \cdot \exp\left(\frac{(1 - \alpha_-) zF}{RT}\eta\right)}} \tag{4.309}$$

Für die Beziehung zwischen der Auflösungsstromdichte $i_L = i_M = -i_A$ und der Überspannung $\eta$ folgt ebenfalls aus Gl. (4.290) und Gl. (4.291)

$$\boxed{i_L = \frac{\exp\left(\frac{zF}{RT}\eta\right) - \exp\left(-\frac{zF}{RT}\eta\right)}{\frac{1}{i_{0,M}} \cdot \exp\left(\frac{(1 - \alpha_+) zF}{RT}\eta\right) - \frac{1}{i_{0,A}} \cdot \exp\left(-\frac{\alpha_- \cdot zF}{RT}\eta\right)}} \tag{4.310}$$

Das dazugehörige Konzentrationsverhältnis $c/c_s$ ergibt sich aus Gl. (4.309) und Gl. (4.310) zu

$$\frac{c}{c_s} = \exp\left(-\frac{zF}{RT} \cdot \eta\right) \cdot \frac{1 - \frac{i_{0,M}}{i_{0,A}} \cdot \exp\left(\frac{1 - \alpha_- + \alpha_+}{RT} \cdot z \cdot F \cdot \eta\right)}{1 - \frac{i_{0,M}}{i_{0,A}} \cdot \exp\left(-\frac{1 - \alpha_+ + \alpha_-}{RT} \cdot z \cdot F \cdot \eta\right)} \tag{4.311}$$

Bei $c/c_s = 0$ in Gl. (4.311) oder $D/\delta \to \infty$ in Gl. (4.309) ergibt sich eine maximale Auflösungsgeschwindigkeit $i_{L,max}$ bei einer *maximalen Überspannung* $\eta_0 = \eta_{max}$

$$\boxed{\eta_{max} = \eta_0 = \frac{RT}{(1 - \alpha_- + \alpha_+) zF} \cdot \ln \frac{i_{0,A}}{i_{0,M}}} \tag{4.312}$$

* Vorausgesetzt wird hierbei, daß $D_{Me} = D_A = D$ ist und ein Salz der Zusammensetzung MeA aufgelöst wird. Eine Erweiterung auf $Me_aA_b$ und $D_{Me} \neq D_A$ ist leicht durchführbar, muß dann aber den Einfluß eines Fremdelektrolytzusatzes berücksichtigen.

wie sie in einfacherer Form auch von JAENICKE[2] angegeben wird. Die dazugehörige *maximale Auflösungsgeschwindigkeit* bei $c/c_s = 0$ ist

$$i_{L,max} = i_{0,A}^{\frac{\alpha_+}{1-\alpha_-+\alpha_+}} \cdot i_{0,M}^{\frac{1-\alpha_-}{1-\alpha_-+\alpha_+}} \tag{4.313}$$

Für $\alpha_+ = \alpha_- = 0{,}5$ vereinfacht sich Gl. (4.313) zu

$$i_{L,max} = \sqrt{i_{0,A} \cdot i_{0,M}} \tag{4.314}$$

Die Kurven 1″ und 2″ in Abb. 304a, b geben den Fall für die maximale Auflösungsgeschwindigkeit $i_{L,max}$ wieder. Hierbei sind $i_M^+$ und $i_A^-$ die Teilstromdichten der Auflösung.

Aus Gl. (4.312) und Gl. (4.310) ist zu entnehmen, daß die Abweichung $\eta$ des Potentials $\varepsilon$ vom Gleichgewichtswert $\varepsilon_0$ von dem Verhältnis $i_{0,A}/i_{0,M}$ der Austauschstromdichten abhängt. Die Überspannung ist positiv, wenn $i_{0,A} > i_{0,M}$ ist, wie es in Abb. 304a gezeigt wird. Wenn dagegen $i_{0,M} > i_{0,A}$ ist, so liegt der Fall der Abb. 304b mit einer negativen Überspannung bei der Auflösung vor. Für $i_{0,M} = i_{0,A}$ ist bei allen Auflösungs- und Abscheidungsgeschwindigkeiten $\eta = 0$.

Auch bei der Abscheidung aus einer übersättigten Lösung $c/c_s > 1$ folgt für $c/c_s \to \infty$ ein Grenzwert der Überspannung $\eta_\infty$

$$\eta_\infty = -\frac{RT}{(1-\alpha_+ + \alpha_-)\,zF} \cdot \ln\frac{i_{0,A}}{i_{0,M}} \tag{4.315}$$

dem eine unendlich schnelle Abscheidung $i_L = -\infty$ zugeordnet ist. Es ist aus Gl. (4.315) weiter zu entnehmen, daß das Vorzeichen der Überspannung für die Abscheidung dem der Auflösung bei gleichem Verhältnis $i_{0,A}/i_{0,M}$ entgegengesetzt ist. Abb. 304b gibt dieses Verhalten wieder. Die Überspannung kann nur zwischen diesen beiden Werten $\eta_0$ und $\eta_\infty$ liegen, da nur in diesem Überspannungsbereich die $c/c_s$-Werte nach Gl. (4.311) positiv sind*.

Für *kleine* Überspannungen $\eta \ll RT/zF$ geht Gl. (4.310) in die einfache Form

$$\left(\frac{d\eta}{di_L}\right)_{\eta=0} = \frac{RT}{2\,zF} \cdot \left(\frac{1}{i_{0,M}} - \frac{1}{i_{0,A}}\right) \tag{4.316}$$

und Gl. (4.309) in die Beziehung

$$\frac{d\eta}{d(1/\delta)} = F \cdot D \cdot c_s \cdot \frac{RT}{2F} \cdot \left(\frac{1}{i_{0,M}} - \frac{1}{i_{0,A}}\right) \tag{4.317}$$

über. Auch hieraus folgt, daß für $i_{0,M} = i_{0,A}$ die Überspannung null wird.

Eine experimentelle Bestätigung dieser Beziehungen für die nichtkomplexe Auflösung von Ionenkristallen liegt noch nicht vor, wohl aber für die komplexe Auflösung (§ 174), wenn die Phasengrenzreaktion langsam im Vergleich zur Diffusion ist.

* Negative Konzentrationen haben keinen physikalischen Sinn. Deshalb kann Gl. (4.310) und Gl. (4.309) auch nur in diesem Überspannungsbereich zwischen $\eta_0$ und $\eta_\infty$ angewendet werden, obwohl mathematisch Gl. (4.310) auch für andere Überspannungen reelle Auflösungs- ($i_L > 0$) oder Abscheidungsgeschwindigkeiten ($i_L < 0$) ergeben würde.

## § 174. Durchtrittsüberspannung bei der komplexen Auflösung von Ionenkristallen

Bei der Auflösung eines Ionenkristalles durch komplexe Bindung des Metallions* treten zwei Grenzfälle auf, die verschieden behandelt werden müssen. Im ersten Fall ist die *Auflösungsgeschwindigkeit* an der Phasengrenze im Vergleich zur Diffusionsgeschwindigkeit so *groß*, daß bei einer vorausgesetzten recht kleinen Gleichgewichtskonstante nach Gl. (4.301) der Komplexbildner entsprechend Abb. 303 vor der Oberfläche stark verarmt.

Im anderen Fall ist die Auflösungsgeschwindigkeit so *klein*, daß praktisch keine Verarmung des Komplexbildners auftritt. Hier treten ähnliche Gesetzmäßigkeiten wie in § 173 auf.

### α) *Schnelle Auflösungsreaktion*

Für die beiden Durchtrittsreaktionen* $Me^{z+} + nX \leftrightharpoons MeX_n$ und $A^{z-}(MeA) \leftrightharpoons A^{z-} \cdot aq$ gelten Gl. (4.294) und Gl. (4.291). Die Konzentration $c_X$ vor der Oberfläche soll klein gegnüber $\bar{c}_X$ im Innern des Elektrolyten sein, so daß die Auflösungsgeschwindigkeit sehr gut angenähert

$$v = \frac{i_L}{a z_+ \cdot F} = \frac{i_L}{b z_- \cdot F} = \frac{1}{an} \cdot D_X \cdot \frac{\bar{c}_X}{\delta} = \frac{1}{a} \cdot D_M \cdot \frac{c_M}{\delta} = \frac{1}{b} \cdot D_A \cdot \frac{c_A}{\delta} \tag{4.318}$$

ist, wenn ein Ionenkristall der Stöchiometrie $Me_aA_b$ unter Bildung von $MeX_n$-Ionen aufgelöst wird. Hierin sind $c_M$ und $c_A$ die Konzentrationen des Komplexes bzw. des Anions vor der Oberfläche, wenn der Elektrolyt außerhalb der Diffusionsschicht diese Substanzen ($MeX_n$, A) nicht enthält ($\bar{c}_M \ll c_M$, $\bar{c}_A \ll c_A$). Vorausgesetzt muß hierbei werden, daß die Dissoziationskonstante des Komplexes so klein ist, daß die Gleichgewichtskonzentration $c_{0,X}$ sehr klein gegen $\bar{c}_X$ im Innern des Elektrolyten ist. Hiermit sind die Konzentrationen

$$c_M = \frac{1}{n} \cdot \frac{D_X}{D_M} \cdot \bar{c}_X \quad \text{und} \quad c_A = \frac{b}{an} \cdot \frac{D_X}{D_A} \cdot \bar{c}_X \tag{4.319a, b}$$

des Komplexes und der Anionen unmittelbar vor der Oberfläche festgelegt. Die Auflösung kann dann nur stattfinden, wenn die Konzentration des Komplexbildners $c_X$ unmittelbar vor der Oberfläche größer als die Gleichgewichtskonzentration $c_{0,X}$ ist, die dem Gleichgewicht $c_{0,X} = \sqrt[an]{K \cdot c_M^a \cdot c_A^b} < c_X$ entspricht. Durch geringfügige Änderung von $c_X$ relativ zu $\bar{c}_X$, die keinen wesentlichen Einfluß auf das Konzentrationsgefälle $\Delta c_X = \bar{c}_X - c_X$ hat, kann die Auflösungsgeschwindigkeit an der Phasengrenze sehr stark verändert werden, da sich trotz geringer absoluter Änderung der Wert von $c_X$ um ein Vielfaches ändern kann.

Abb. 305 soll diesen Einfluß von $c_X$ verdeutlichen. Durch die beschriebene Festlegung von $c_A$ [Gl. (4.319b) und Abb. 305b] ist nach

* Der Fall der komplexen Bindung des Anions tritt seltener auf. Dieser Fall kann in analoger Weise behandelt werden.

Gl. (4.291) auch die Stromspannungskurve 2 in Abb. 305a nahezu unabhängig von $c_X$ festgelegt. Dagegen verschiebt sich die Stromspannungskurve 1 für die Metallauflösung nach Gl. (4.294) trotz konstantem $c_M$ mit wachsendem $c_X$ in der in Abb. 305a beschriebenen Weise. Die dazugehörigen Auflösungsgeschwindigkeiten $i'_L$, $i''_L$ und $i'''_L$ passen sich mit $c_X < c'_X < c''_X < c'''_X$ den Auflösungsgeschwindigkeiten an, die durch den Konzentrationsgradienten nach Gl. (4.318) bestimmt sind.

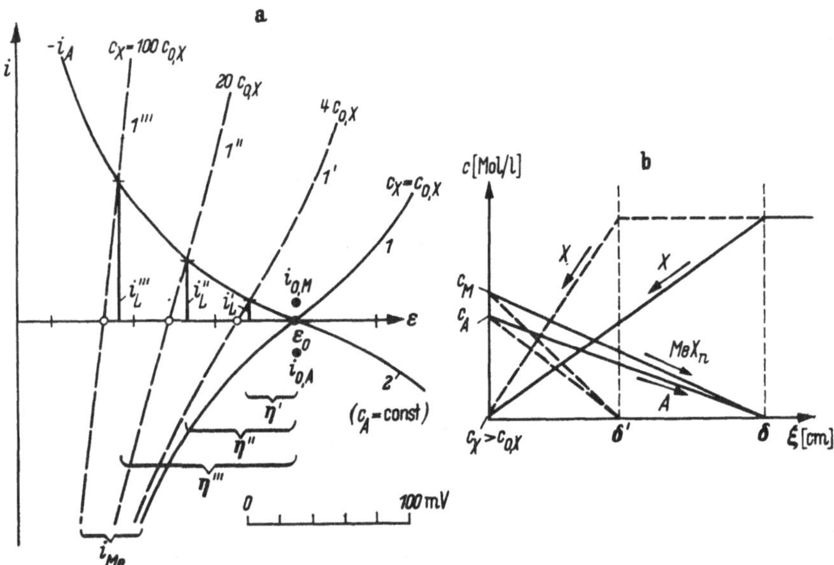


Abb. 305. a) Auflösung ($i_L$) von Ionenkristallen (MeA) auf Grund der Stromspannungskurven der Durchtrittsreaktionen $Me^{z+}(MeA) + nX \leftrightarrows MeX_n + A$ (1, 1', 1'', 1''' bei $c_M$ = konst. und variablem $c_X$) und $A^{z-}(MeA) \leftrightarrows A^{z-} \cdot aq$ (2) durch einen Komplexbildner X ($c_A$ = konst.). Ausgezogen: an der Oberfläche gesättigt. b) Diffusion von $MeX_n$, A und X vor der Oberfläche. δ, δ' = Diffusionsschichtdicken

Aus Abb. 305a ist zu entnehmen, daß die Überspannung in diesem Fall nur negativ sein kann und die Abhängigkeit der Überspannung $\eta$ von der Auflösungsgeschwindigkeit nur von der Stromspannungskurve des Vorganges $A^{z-}(MeA) \leftrightarrows A^{z-} \cdot aq$ nach Gl. (4.291)

$$\boxed{\begin{aligned} i_L &= k_A^- \cdot \exp\left(-\frac{(1-\alpha_-)\, z_- \cdot F}{RT}\, \varepsilon\right) - k_A^+ \cdot c_A \cdot \exp\left(\frac{\alpha_- \cdot z_- \cdot F}{RT}\, \varepsilon\right) \\ &= i_{0,A} \cdot \left[\exp\left(-\frac{(1-\alpha_-)\, z_- \cdot F}{RT}\, \eta\right) - \exp\left(\frac{\alpha_- \cdot z_- \cdot F}{RT}\, \eta\right)\right] \end{aligned}} \quad (4.320)$$

abhängt, wie es JAENICKE u. HAASE[1] ableiteten. Aus der Messung der Überspannung in Abhängigkeit von der Auflösungsgeschwindigkeit kann also unmittelbar die Stromspannungskurve der Anionenauflösung entnommen werden.

[1] JAENICKE, W., u. M. HAASE: Z. Elektrochem. **63**, 521 (1959).

Für kleine Überspannungen ergibt sich durch Differentiation von Gl. (4.320)

$$\left(\frac{d\eta}{d i_L}\right)_{\eta=0} = \frac{RT}{z_- \cdot F} \cdot \frac{1}{i_{0,\mathrm{A}}} \tag{4.321}$$

Da $i_L = (b/an)\, z_- \cdot F \cdot D_{\mathrm{X}} \cdot \bar{c}_{\mathrm{X}}/\delta$ ist, kann bei konstanter Komplexkonzentration $\bar{c}_{\mathrm{X}}$ die Rührabhängigkeit der Überspannung mit

$$\frac{d\eta}{d\,(1/\delta)} = \frac{b}{an} F \cdot D_{\mathrm{X}} \cdot \bar{c}_{\mathrm{X}} \cdot \frac{RT}{F} \cdot \frac{1}{i_{0,\mathrm{A}}} \tag{4.322}$$

angegeben werden.

Bei der Auflösung von AgCl in KCN unter Bildung von $Ag(CN)_2^-$ stellte JAENICKE[2] entsprechend der Abb. 305 tatsächlich eine kathodische Überspannung von $\eta = -40$ bis $-80$ mV gegenüber dem Gleichgewichtspotential der Ag/AgCl-Elektrode fest, das sich mit der $Cl^-$-Konzentration unmittelbar vor der Oberfläche ergibt, die mit Hilfe der Diffusionsbetrachtungen (Abb. 303 bzw. 305b) berechnet wurde. Abb. 306 zeigt die Abhängigkeit des Potentials $\varepsilon$ (nicht der Überspannung $\eta$) von der Auflösungsgeschwindigkeit in Form der Äquivalentstromdichte $i_L$. Der gemessene Wert $i_L = -i_{\mathrm{Cl}}$ ist angenähert gleich der kathodischen Teilstromdichte $i_- = -\bar{k_{\mathrm{Cl}}} \cdot \exp\,(-(1-\alpha_-) \cdot z_- \cdot F \cdot \varepsilon/RT)$ der Gl. (4.291) und Gl. (4.320), die einer Tafelschen Gleichung entsprechen muß, da die kathodische Überspannung bereits Werte $|\eta| \gg RT/F$ hat*. Die Kreuze in Abb. 306 sind die gemessenen $i_L$-Werte ($= -i_{\mathrm{Cl}}$). Die Punkte und Kreise stellen die nach Gl. (2.42)

$$i_- = i_{\mathrm{Cl}} \Big/ \left[1 - \exp\left(\frac{F}{RT} \cdot \eta\right)\right] \tag{4.323}$$

korrigierten kathodischen Teilstromdichten $i_-$ dar, die sehr gut auf einer Tafelschen Geraden liegen. Der kathodische Durchtrittsfaktor ergibt sich aus der Neigung der Geraden zu $1 - \alpha_- = 0{,}72$. Einen Hinweis für das Auftreten der hier ausführlich untersuchten Durchtrittshemmung fanden auch schon FIANDA u. NAGEL[3].

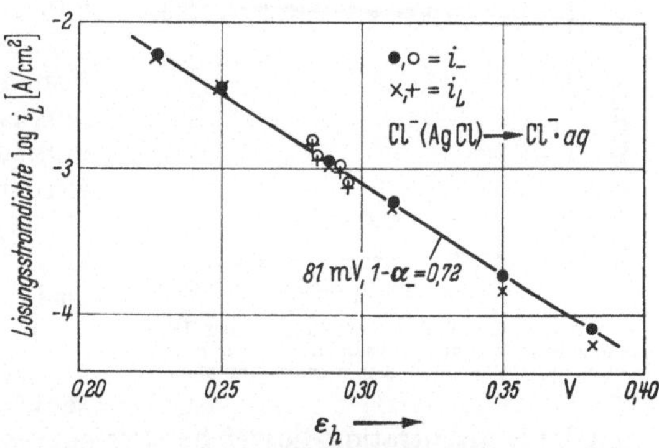


Abb. 306. Das Potential $\varepsilon_h$ einer Ag/AgCl-Elektrode bei der Auflosung in KCN nach $AgCl + 2\,CN^- \rightarrow Ag(CN)_2^- + Cl^-$ in Abhangigkeit von der Auflosungsgeschwindigkeit (Äquivalentstromdichte $i_L = \times, +$) bei 20° C. Erfüllung von Gl. (4.291) und Gl. (4.320). Änderung von $i_L$ durch $[CN^-]$-Änderung (×), durch Änderung der Rührgeschwindigkeit (+). ●, ○ zu $i_L$ gehörige kathodische Teilstromdichten $i_-$ nach Gl. (4.323). Nach Meßwerten von W. JAENICKE: Z. Elektrochem. **56**, 473 (1952)

---

[2] JAENICKE, W.: Z. Elektrochem. **56**, 473 (1952).

* Nach einer privaten Mitteilung von W. JAENICKE muß möglicherweise diese Gesetzmäßigkeit der Auflösung von Ag $[Ag(CN)_2]$ zugeordnet werden, da sich nach neueren Untersuchungen[1] Ag $[Ag(CN)_2]$ intermediär bildet.

[3] FIANDA, F., u. K. NAGEL: Z. Elektrochem. **55**, 606 (1951).

Bei der Auflösung von AgBr und AgJ durch KCN treten nach JAENICKE[1, 4] wesentlich kleinere Überspannungen auf, die nach Gl. (4.321) auf Austauschstromdichten $i_{0,\mathrm{A}}$ der Größenordnung A/cm² führen. Abb. 308 zeigt in den Kurven *a* und *b* die Überspannung an AgBr und AgCl bei der Auflösung in Thiosulfat nach JAENICKE u. HAASE[1] mit Austauschstromdichten $i_{0,\mathrm{A}} = 64$ mA/cm² (AgBr) und 43 mA/cm² (AgCl), die sich nach Gl. (4.322) berechnen lassen. Bei der Auflösung von $AgC_2O_4$ und $Ag_2CrO_4$ in KCN treten recht große Überspannungen auf[4].

### β) *Langsame Auflösungsreaktion*

Bei der im Vergleich zur Diffusionsgeschwindigkeit langsamen Auflösungsreaktion kann im Grenzfall $c_\mathrm{X} = \bar{c}_\mathrm{X}$ gesetzt werden, da für die langsame Auflösung $\Delta c_\mathrm{X} = \bar{c}_\mathrm{X} - c_\mathrm{X} \ll \bar{c}_\mathrm{X}$ sein wird (Abb. 307). Entsprechend sind die Konzentrationen $c_\mathrm{M}$ und $c_\mathrm{A}$ auf Grund der Diffusion durch die adhärierende Schicht $\delta$ und der Stöchiometrie $\mathrm{Me}_a\mathrm{A}_b + an\mathrm{X} \rightarrow a\,\mathrm{MeX}_n + b\mathrm{A}$

$$c_\mathrm{M} = \frac{a}{b} \cdot \frac{D_\mathrm{A}}{D_\mathrm{M}} \cdot c_\mathrm{A} = \frac{1}{n} \cdot \frac{D_\mathrm{X}}{D_\mathrm{M}} \cdot (\bar{c}_\mathrm{X} - c_\mathrm{X}) = \frac{i_L}{z_+ \cdot F} \cdot \frac{\delta}{D_\mathrm{M}} \tag{4.324}$$

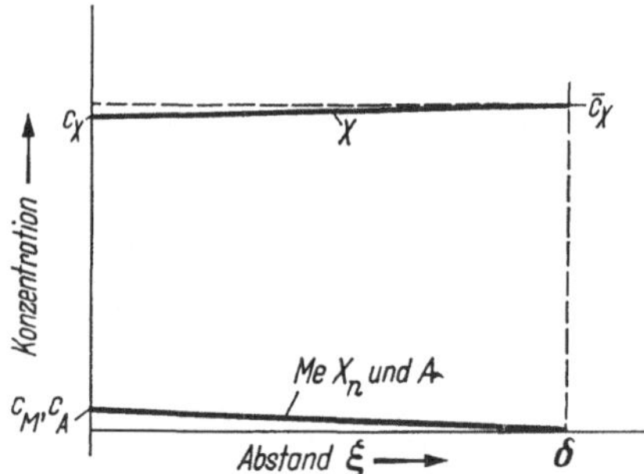


Abb. 307. Konzentrationsverteilung in der Diffusionsschicht bei der langsamen Auflösung eines Ionenkristalles unter Komplexbindung $\mathrm{MeX}_n$

durch die Auflösungsgeschwindigkeit $i_L$ bestimmt. Es liegen daher die gleichen Verhältnisse wie bei der nichtkomplexen Auflösung (§ 173) vor. In Gl. (4.294) müssen $c_\mathrm{X}$ unabhängig von $i_L$ und $c_\mathrm{M}$ proportional zu $i_L$ gesetzt werden. Hierdurch erhält Gl. (4.294) die Form von Gl. (4.290). In Gl. (4.291) ist $c_\mathrm{A}$ proportional zu $i_L$ anzusehen.

Es folgen daher für die Abhängigkeiten der Auflösungsgeschwindigkeit, der Überspannung und der Konzentration die gleichen Beziehungen Gl. (4.309) bis Gl. (4.317), die für die nichtkomplexe Auflösung gelten. Als Gleichgewichtspotential $\varepsilon_0$ ist

$$\varepsilon_0 = E_0 + \frac{RT}{(z_+ + z_-)F} \cdot \ln\left(P^{1/b} \cdot K \cdot \frac{a}{b} \cdot \frac{D_\mathrm{A}}{D_\mathrm{M}}\right) - \frac{n\,RT}{(z_+ + z_-)F} \cdot \ln \bar{c}_\mathrm{X} \tag{4.325}$$

und als Austauschstromdichten sind

$$i_{0,\mathrm{M}} = k_\mathrm{M}^+ \cdot \bar{c}_\mathrm{X}^{\,n-m} \cdot \exp\left(\frac{\alpha_+ \cdot z_+ \cdot F}{RT}\,\varepsilon_0\right) \tag{4.326a}$$

$$i_{0,\mathrm{A}} = k_\mathrm{A}^- \cdot \exp\left(-\frac{(1-\alpha_-)\,z_- \cdot F}{RT}\,\varepsilon_0\right) \tag{4.326b}$$

zu setzen. Zur Erläuterung des Auflösungsvorganges mit Hilfe der Stromspannungskurven ist daher auch Abb. 304 zu verwenden. Hier

[4] JAENICKE, W.: Z. Elektrochem. 55, 648 (1951).

treten ebenfalls die beiden Möglichkeiten $\eta > 0$ oder $\eta < 0$ auf, je nachdem $i_{0,A}/i_{0,M} > 1$ oder $< 1$ ist [Gl. (4.312)].

Den ersten Fall ($\eta > 0$) konnten JAENICKE u. HAASE[1] bei der Auflösung von AgCNS durch Rhodanid feststellen. Abb. 308 gibt die Abhängigkeit der Überspannung $\eta$ von der reziproken Dicke der Diffusionsschicht ($1/\delta$) wieder, die nach Gl. (4.309) voneinander abhängen. Vergrößerung von $1/\delta$ bedeutet eine Steigerung der Auflösungsgeschwindigkeit.

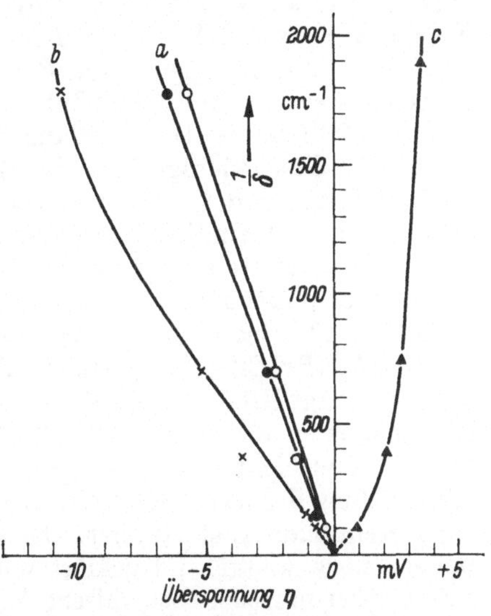


Abb. 308. Zusammenhang zwischen Überspannung $\eta$ und Auflösungsgeschwindigkeit in Form der variierten reziproken Diffusionsschichtdicke $1/\delta$ bei 20° C. •, ○ = Auflösung von AgBr in 0,0162 m Thiosulfat (schnelle Reaktion); × = Auflösung von AgCl in 0,0162 m Thiosulfat (schnelle Reaktion); ▲ = Auflösung von AgCNS in 0,400 m Rhodanid (langsame Reaktion) [nach W. JAENICKE u. M. HAASE: Z. Elektrochem 63, 521 (1959)]

Die Kurven $a$ und $b$ gehören zu schnellen Reaktionen (§ 174 $\alpha$). Für Kurve $c$ trifft jedoch der Fall einer langsamen Reaktion mit $i_{0,A} > i_{0,M}$ zu. Aus der Neigung der Kurve $c$ in Abb. 308 bei $\eta \approx 0$ und dem Maximalwert $\eta_{max}$ lassen sich mit Hilfe von Gl. (4.316) und Gl. (4.312) Austauschstromdichten $i_{0,A}$ und $i_{0,M}$ der Größenordnung 5 bis 10 mA/cm² ermitteln.

Alle bisher festgestellten Ergebnisse lassen sich gut mit der elektrochemischen Theorie des Auflösungsvorganges eines Ionenkristalles erklären. Allerdings müßten diese Betrachtungen noch auf den Gittereinbau und Gitterausbau von ad-Kationen und ad-Anionen erweitert werden, die wie an der freien Metalloberfläche zu Kristallisationsüberspannungen führen können.

Bei der Bildung von AgBr auf Ag unter der Einwirkung von $Br_2$ hat JAENICKE[5] eine anodische Überspannungskurve mit einer Tafelschen Geraden festgestellt. Die Verhältnisse sind hierbei jedoch wegen der Mischpotentialbildung zwischen den Vorgängen $Ag + Br^- \rightarrow AgBr + e^-$ und $1/2\,Br_2 + e^- \rightarrow Br^-$, die beide polarisiert sein können, schwer zu übersehen.

## § 175. Umwandlung von Deckschichten

In Jodidlösung werden AgCl und AgBr in AgJ, in Bromidlösung wird AgCl in AgBr mit der Diffusionsgeschwindigkeit des $J^-$ bzw. des $Br^-$ umgewandelt. JAENICKE[1,2] untersuchte die Kinetik dieses Vorganges durch Messung des Potential-Zeitverlaufs. Die festen Primärschichten wandelten sich dabei meistens in viel lockerere Schichten um. Aus

[5] JAENICKE, W.: Z. Elektrochem. **55**, 186 (1951).
[1] JAENICKE, W.: Z. Elektrochem. **57**, 843 (1953).
[2] JAENICKE, W., u. M. HAASE: Z. Elektrochem. **63**, 521 (1959).

Zwischenstufen in den Potentialkurven wurde auf intermediäre Mischkristallbildung Ag (Cl, Br), Ag (Br, J), Ag (Cl, J) geschlossen, die auch anderweitig bekannt ist. Bei der Reaktion von Silberhalogenid mit KCNS wird die Bildung von festem AgCNS als Zwischenstufe festgestellt.

Diese Umwandlungsreaktionen wurden von JAENICKE u. HAASE[2] ebenfalls als elektrochemische Vorgänge diskutiert. Bei der Reaktion $MeX + Y^- \cdot aq \rightarrow MeY + X^- \cdot aq$ treten zwei Durchtrittsreaktionen $X^-_{Salz} \rightarrow X^- \cdot aq$ und $Y^- \cdot aq \rightarrow Y^-_{Salz}$ auf, für deren Teilstromdichten $i_X$ und $i_Y$ in Abhängigkeit von Potential und Überspannung Ansätze gemacht werden, die Gl. (4.291) ähnlich sind. Im stromlosen Fall $i_X + i_Y = 0$ findet die Umwandlung bei einer gewissen Überspannung $\eta$ statt. Die Geschwindigkeit $v$ des Vorganges wird dabei wieder durch die Zudiffusion von $Y^- \cdot aq$ bzw. durch die Abdiffusion von $X^- \cdot aq$ gesteuert. Bei geschwindigkeitsbestimmender Zudiffusion ist $\eta$ nach JAENICKE u. HAASE[2] stets negativ und im anderen Fall immer positiv.

In Übereinstimmung hiermit hat die Reaktion $AgCl + Br^- \rightarrow AgBr + Cl^-$ eine negative Überspannung und die Reaktionen $AgBr + Cl^- \rightarrow Ag\,(Br, Cl) + Br^-$, $AgJ + Br^- \rightarrow Ag\,(J, Br) + J^-$ und $AgJ + CNS^- \rightarrow AgCNS + J^-$ positive Überspannungen. Bei diesen Vorgängen müssen allerdings auch Diffusionsvorgänge in den Kristallen auftreten, wenn nicht eine nichtkomplexe Auflösung wie in § 173 und eine Abscheidung des festen Reaktionsproduktes in unmittelbarer Nähe nach einer Keimbildung stattfindet. Die Einzelheiten bei diesen Reaktionen müssen noch weitgehend geklärt werden. Die Tatsache jedoch, daß es sich hierbei um elektrochemische Vorgänge handelt, dürfte auf Grund der Feststellung von Überspannungen durch JAENICKE[2] gesichert sein.

Bei der elektrochemischen Reduktion einer porenfreien AgCl-Schicht durch einen kathodischen Strom bilden sich nach JAENICKE, TISCHER u. GERISCHER[3] bald Poren. Offenbar setzt die Reduktion zuerst an den Korngrenzen an. Hierbei und auch während der Bildung von AgCl wurden von JAENICKE, TISCHER u. GERISCHER[3] aufschlußreiche mikroskopische Beobachtungen gemacht.

# 5. Mischpotentiale und elektrolytische Korrosion

## § 176. Mischpotentiale

Bisher wurde das Auftreten von jeweils nur einem Elektrodenprozeß an der betrachteten Metalloberfläche behandelt, der bei Stromlosigkeit das Gleichgewichtspotential $\varepsilon_0$ ausbildet, das thermodynamisch durch die Nernstsche Gleichung gegeben wird. Dies ist jedoch nur ein Spezialfall. Oftmals treten an der gleichen Metalloberfläche *zwei oder mehr*

---

[3] JAENICKE, W., R. P. TISCHER u. H. GERISCHER: Z. Elektrochem. **59**, 448 (1955).

*verschiedene, voneinander unabhängige Elektrodenprozesse* auf. So kann z. B. neben der Reaktion Me $\leftrightarrows$ $Me^{z+} + z \cdot e^-$ des Elektrodenmetalls noch ein Redoxvorgang wie die Wasserstoffentwicklung $2H^+ + 2e^- \leftrightarrows H_2$ oder die Sauerstoffreduktion $O_2 + 4H^+ + 4e^- \leftrightarrows 2H_2O$ ablaufen. Es können aber auch an einem unangreifbaren (edlen) Metall zwei oder mehr Redoxreaktionen gleichzeitig möglich sein, wenn im Elektrolyten die entsprechenden Substanzen vorhanden sind.

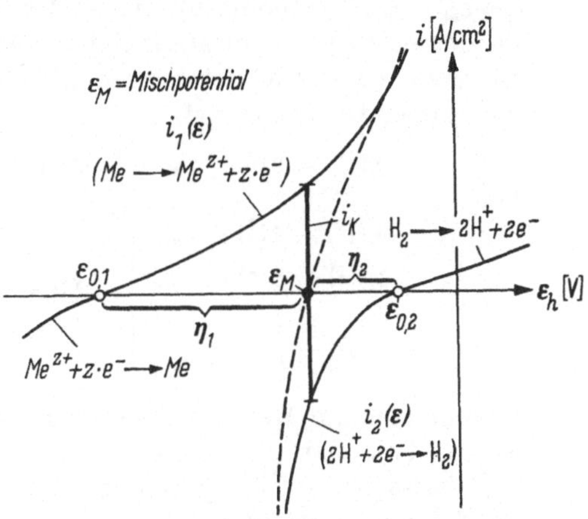


Abb. 309. Ausbildung des Mischpotentials $\varepsilon_M$ an einem unedlen Metall unter Wasserstoffentwicklung

Der Verlauf der Stromspannungskurve $i(\varepsilon)$ an einer unedlen Elektrode (Me $\leftrightarrows$ $Me^{z+} + z \cdot e^-$) unter Mitwirkung eines Redoxvorganges (hier $H_2 \leftrightarrows 2H^+ + 2e^-$) wird schematisch in Abb. 309 durch die gestrichelte Kurve dargestellt. $i(\varepsilon)$ setzt sich additiv aus den Stromdichten $i_1(\varepsilon)$ und $i_2(\varepsilon)$ der beiden unabhängigen Teilvorgänge beim jeweils gleichen Potential zusammen. Dieses so außerordentlich wichtige *Prinzip der additiven Zusammensetzung aller Teilvorgänge* an einer Elektrodenoberfläche zur Gesamtstromspannungskurve wurde von WAGNER u. TRAUD[1] aufgestellt.

Das Potential $\varepsilon$ im stromlosen Zustand ist weder das Gleichgewichtspotential $\varepsilon_{0,1}$ des Vorganges Me $\leftrightarrows$ $Me^{z+} + z \cdot e^-$ noch das Gleichgewichtspotential $\varepsilon_{0,2}$ des Redoxvorganges, hier der Wasserstoffelektrode $H_2 \leftrightarrows 2H^+ + 2e^-$, sondern ist ein sog. *Mischpotential* $\varepsilon_M$, bei dem die Gesamtstromspannungskurve $i(\varepsilon_M) = 0$ ist. Hier sind also die Werte der beiden Teilstromdichten $i_1(\varepsilon_M) = |i_2(\varepsilon_M)|$, jedoch haben diese beiden gleichgroßen Ströme das entgegengesetzte Vorzeichen. Das Mischpotential liegt zwischen den beiden Gleichgewichtspotentialen $\varepsilon_{0,1}$ und $\varepsilon_{0,2}$. Der Wert hängt wesentlich von der Lage der Teilstromspannungskurven ab, wie schematisch aus Abb. 310 zu ersehen ist. Das Mischpotential ist infolgedessen wie die Stromspannungskurven stark von den Eigenschaften der Oberfläche abhängig, während die Gleichgewichtspotentiale $\varepsilon_{0,1}$ und $\varepsilon_{0,2}$ überhaupt nicht vom Oberflächenzustand

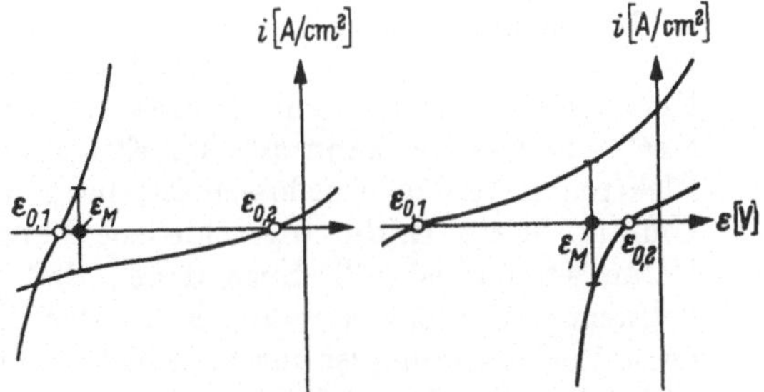


Abb. 310. Abhängigkeit des Mischpotentials von der Lage der Teilstromspannungskurven

[1] WAGNER, C., u. W. TRAUD: Z. Elektrochem. 44, 391 (1938).

und bei Redoxpotentialen auch nicht von der Art des Metalls abhängen. Mischpotentiale sind daher oftmals, ähnlich wie die Stromspannungskurven, schwer reproduzierbar.

Beim Mischpotential liegen, wenn zwei Elektrodenvorgänge ablaufen, auch zwei verschiedene Überspannungen $\eta_1 = \varepsilon_M - \varepsilon_{0,1}$ (anodisch) und $\eta_2 = \varepsilon_M - \varepsilon_{0,2}$ (kathodisch) trotz der Stromlosigkeit vor (Abb. 309). Die *Abweichung des Potentials* $\varepsilon(i)$ *vom Mischpotential* $\varepsilon_M$ soll dagegen als *Polarisation* $\eta$ bezeichnet werden, die ebenfalls stromdichteabhängig ist. Nach dieser Definition ist*

$$\eta(i) = \varepsilon(i) - \varepsilon_M = \text{Polarisation} \tag{5.1}$$

und

$$\left.\begin{aligned} \eta_1(i) &= \varepsilon(i) - \varepsilon_{0,1} \\ \eta_2(i) &= \varepsilon(i) - \varepsilon_{0,2} \\ &\cdots\cdots\cdots\cdots \\ \eta_n(i) &= \varepsilon(i) - \varepsilon_{0,n} \end{aligned}\right\} = \begin{array}{l}\text{Überspannungen an gleicher}\\ \text{Oberfläche}\end{array} \tag{5.2}$$

Die unmittelbare Messung der Stromspannungsabhängigkeit $i(\varepsilon)$ liefert also die Polarisation. Wenn nur ein Elektrodenprozeß möglich ist, so ist Polarisation = Überspannung. Ein Mischpotential kann sich in diesem Fall nicht ausbilden.

Abweichungen des stromlosen Potentials von dem durch die Nernstsche Gleichung gegebenen Wert beruhen vielfach auf der Ausbildung von Mischpotentialen, die durch einen zusätzlichen elektrochemischen Störprozeß meist infolge Verunreinigungen im Elektrolyten, wie z. B. Spuren $O_2$ im Elektrolyten beim Potential der Wasserstoffelektrode, verursacht werden.

## § 177. Stromausbeute

Die Stromausbeute bezieht sich auf die Größe des elektrolytischen Umsatzes, den ein Strom während einer gewissen Zeit verursacht. Bei Kenntnis der Elektrodenbruttoreaktion, z. B. einer Metallabscheidung $Me^{z+} + z \cdot e^- \rightarrow Me$, kann aus der Elektrizitätsmenge $i \cdot t$, die durch die Elektrodenoberfläche geflossen ist, nach dem *Faradayschen Gesetz* der Umsatz, hier z. B. die abgeschiedene Menge Metall, berechnet werden. Voraussetzung ist allerdings dabei, daß der Strom 100%ig für den betrachteten Elektrodenprozeß an der Elektrode verwendet wurde. Diese Voraussetzung ist durchaus nicht immer erfüllt. Die Stromausbeute gibt daher den Bruchteil $a$ des Stromes bzw. der Elektrizitätsmenge an, der für den betrachteten Elektrodenprozeß ausgenutzt wurde. Bei einer 100%igen Ausnutzung des Stromes ist $a = 1{,}00$.

Der restliche Strom, der nicht von dem betrachteten Elektrodenprozeß in Anspruch genommen wird, muß dann allerdings von einem oder auch mehreren anderen Elektrodenprozessen übernommen werden. Die Existenz dieser anderen Elektrodenprozesse beim gleichen Potential

* Diese Definition wird im vorliegenden Buch allgemein angewendet. Es sei jedoch darauf hingewiesen, daß diese Unterscheidung in der elektrochemischen Literatur nicht so allgemein und streng gehandhabt wird.

ist die Ursache für das Auftreten einer nicht 100%igen Stromausbeute $a < 1{,}00$, wie aus der Abb. 311 zu ersehen ist.

Die Stromausbeute bezieht sich jeweils auf eine bestimmte Elektrodenreaktion, so daß für jede der ablaufenden Elektrodenreaktionen eine spezielle Stromausbeute $a_j$ existiert (Abb. 311). Die Addition aller Stromausbeuten $a_j$ muß 1 ergeben (Gültigkeit des Faradayschen Gesetzes). Die Stromausbeute $a_j$ ist eine Funktion der Stromdichte und auch des Potentials, wie aus Abb. 311 folgt.

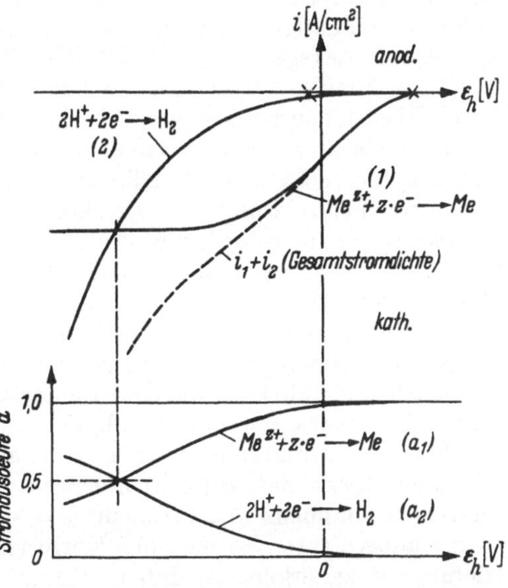


Abb. 311. Stromausbeute $a$, schematisch am Beispiel einer Metallabscheidung mit Wasserstoffentwicklung dargestellt. Die Stromausbeute $a$ ergibt sich aus den Stromspannungskurven der oberen Teilabbildung

Als Störprozesse, die die Stromausbeute infolge der eigenen Beteiligung am fließenden Strom von 1 auf einen kleineren Wert herabsetzen, treten vor allem die Wasserstoffentwicklung (kathodisch), die Sauerstoffentwicklung (anodisch) und die Sauerstoffreduktion (kathodisch) sowie Oxydationen bzw. Reduktionen anderer Redoxsubstanzen im Elektrolyten (evtl. in Spuren) auf.

Die Stromausbeute kann auch Werte $a > 1$ annehmen, wenn bei dem betrachteten Potential ein Störelektrodenprozeß abläuft, dessen Teilstromdichte der fließenden Stromdichte entgegengesetzt gerichtet ist.

## § 178. Begriff der elektrolytischen Korrosion

Ein Metall reagiert unter gewissen Umständen mit einem umgebenden Elektrolyten unter Bildung von hydratisierten bzw. solvatisierten oder komplex gebundenen Metallionen oder unter Bildung schwerlöslicher Verbindungen des Metalles mit Bestandteilen des Elektrolyten. Diese schwerlöslichen Verbindungen können unmittelbar auf der Oberfläche entstehen oder sich durch Konzentrationsfällungen im Elektrolyten als Bodenkörper absetzen. Diese Vorgänge werden als elektrolytische Korrosion des Metalles bezeichnet. Die Korrosion kann sowohl im stromlosen Zustand als auch bei Stromfluß durch die korrodierende Metalloberfläche stattfinden.

Die *elektrolytische Korrosion ist prinzipiell ein elektrochemischer Vorgang*, der in dem Übergang eines Metallions aus der Metallphase in die Elektrolytphase bzw. in die Phase des Reaktionsproduktes besteht.

Die Geschwindigkeit des Korrosionsvorganges wird infolgedessen durch die Gesetze der elektrochemischen Kinetik bestimmt. Die Beherrschung der Korrosionsvorgänge setzt somit die Kenntnis der Elektrodenkinetik voraus.

Die Größe der Korrosionsgeschwindigkeit kann sehr verschieden sein. Die Auflösungsgeschwindigkeit eines unedlen Metalls in einer starken Säure wird im allgemeinen groß sein (1 A/cm² und mehr), die eines Edelmetalls ist dagegen sehr klein ($\mu$A/cm²) oder sogar unmeßbar (etwa $i < 10^{-9}$ A/cm²). Unter Umständen kann das korrodierende Metall durch Reaktionsprodukte, wie z. B. Oxyde, porenfrei gegen den Elektrolyten abgedeckt werden, so daß eine unmittelbare Einwirkung durch den Elektrolyten nicht mehr stattfinden kann. In diesem Fall spricht man von einer Passivierung des Metalles. Die Passivität der Metalle soll jedoch in einem gesonderten Abschnitt behandelt werden*. Im vorliegenden Abschnitt wird vorausgesetzt, daß der Elektrolyt mit dem Metall unmittelbar in Berührung steht (*aktive* Korrosion).

Die Geschwindigkeit der Korrosion wird in g/cm²·sec oder meistens technisch in mg/dm²·min bzw. in g/m²·Std. oder auch, wie es in der Elektrochemie üblich ist, als Korrosionsstromdichte $i_K$ (A/cm²) gemessen. Auch die Abtragungsgeschwindigkeit senkrecht zur Oberfläche in mm/Std. oder mm/Jahr kann hierfür angegeben werden. Für einen mittleren Wert des Äquivalentgewichts $M/z = 40$ g/Äquiv und des Äquivalentvolumens $M/z{\cdot}s = 5$ cm³ ($s$ = spez. Gewicht) werden in Tab. 15 die äquivalenten Größen der Korrosionsgeschwindigkeit angegeben. Hieraus ist zu erkennen, daß eine Korrosion mit einer Stromdichte $i_K < 1$ $\mu$A/cm² praktisch kaum noch von Bedeutung und schwer nachweisbar ist.

Tabelle 15. *Beziehung zwischen Korrosionsstromdichte $i_K$ und Korrosionsgeschwindigkeit* (Äquivalentgewicht 40, Äquivalentvolumen 5 cm³)

| $i_K$ | Länge / Stunde (h) | Länge / Jahr (a) | Gewicht / dm² Min | Gewicht / m² Std. |
|---|---|---|---|---|
| 1 A/cm² | 1,8 mm/h | 15,7 m/a | 2,4 g | 14,4 kg |
| 1 mA/cm² | 1,8 $\mu$/h | 15,7 mm/a | 2,4 mg | 14,4 g |
| 1 $\mu$A/cm² | 18 AE/h | 15,7 $\mu$/a | 2,4 $\gamma$ | 14,4 mg |
| 0,01 $\mu$A/cm² | 0,18 AE/h | 0,16 $\mu$/a | 0,024 $\gamma$ | 0,14 mg |

## § 179. Korrosion an chemisch und physikalisch homogener Oberfläche

Bei einer chemisch und physikalisch homogenen Oberfläche kann mit einer örtlich konstanten Stromdichte bei vorgegebenem Potential $\varepsilon$ gerechnet werden. Die Stromdichte-Potentialkurven, wie sie in Abb. 309 oder auch Abb. 312 dargestellt sind, gelten dann nicht nur als Mittelwert über 1 cm², sondern treffen für jeden Ort der Oberfläche zu. Diese Voraussetzung ist ein Grenzfall, der in der Natur nur mehr oder weniger

* Gerade die Ausbildung von Passivzuständen spielt in der Korrosionsforschung eine sehr bedeutende Rolle, da in diesem Zustand die Korrosionsgeschwindigkeit meistens außerordentlich klein ist.

gut erfüllt ist. Der andere Grenzfall entspricht der älteren Lokalstromtheorie, auf die in den späteren Kapiteln eingegangen wird.

Im stromlosen Fall stellt sich das Mischpotential $\varepsilon_M$ nach Abb. 309 ein. Bei diesem Potential findet eine anodische Metallauflösung mit der Stromdichte $i_1(\varepsilon_M)$ und eine Wasserstoffentwicklung mit $i_2(\varepsilon_M)$ statt. Beide Ströme kompensieren sich vollständig, so daß $i = 0$ resultiert. Die Größe $i_1(\varepsilon_M)$ ist hierbei die *Korrosionsstromdichte* $i_K = i_1(\varepsilon_M)$, mit der das Metall unter Entwicklung von Wasserstoff in Lösung geht. Ein edleres Metall, dessen Gleichgewichtspotential positiver als das der Wasserstoffelektrode ist (z. B. Cu), kann mit der Wasserstoffelektrode in diesem Sinne kein Mischpotential bilden und auch nicht unter Wasserstoffentwicklung in Lösung gehen*. Hierauf beruht die Tatsache, daß Metalle mit einem Normalpotential etwa $E_{0,h} > 0$ auch in starken Säuren** nicht mehr unter Wasserstoffentwicklung in Lösung gehen.

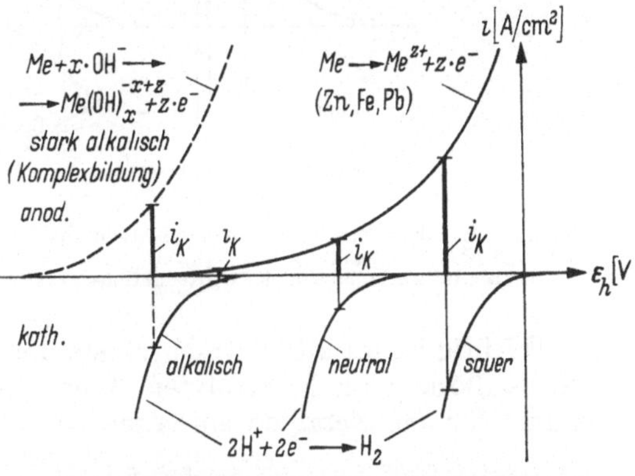


Abb. 312. $p_H$-Abhängigkeit der Korrosionsstromdichte $i_K$ eines unedlen Metalles bei der Auflösung unter Wasserstoffentwicklung. Im stark alkalischen $p_H$-Gebiet evtl. $Me(OH)_x^{-x+z}$-Komplexbildung

Der *Einfluß des $p_H$-Wertes* auf die Korrosion eines unedlen Metalles ($E_{0,h} < 0$) unter Wasserstoffentwicklung wird qualitativ durch Abb. 312 wiedergegeben. Infolge der Verschiebung der Stromspannungskurven der Wasserstoffentwicklung geht die Korrosion im allgemeinen mit $p_H$-Erhöhung wesentlich zurück***. Eine Komplexbindung kann die Korrosion jedoch wieder erhöhen.

Bei *Anwesenheit von Oxydationsmitteln*, wie z. B. $Cl_2$, $Br_2$, $J_2$, $Fe^{3+}$, $HNO_3$, aber auch gelöstem $O_2$ können auch edle Metalle korrodieren. In Abb. 313 ist schematisch die Korrosion von Metallen unter $O_2$-Reduktion (gelöst im Elektrolyten) dargestellt. Diese Darstellung kann auch auf jedes andere Redoxsystem wie z. B. $HNO_3/HNO_2$ übertragen werden. Hieraus ist zu erkennen, daß in Gegenwart von Sauerstoff auch edlere Metalle korrodieren können, wenn sie kein zu positives Normalpotential besitzen****. Eine Erhöhung der Konzentration des Oxydationsmittels

* Wenn eine Korrosion unter Wasserstoffentwicklung moglich sein soll, muß $\varepsilon_{0,Me} < \varepsilon_{0,H_2}$ sein. Diese Gleichgewichtspotentiale hängen aber vom Gehalt des Elektrolyten an $Me^{z+}$ und $H_2$ ab. Für ein edleres Metall sind diese Grenzkonzentrationen für $\varepsilon_{0,Me} \leqq \varepsilon_{0,H_2}$ so außerordentlich klein, wie eine Rechnung zeigt, daß bis zur Erreichung dieses Wertes nur ganz unwesentliche, kaum oder nicht nachweisbare Metallmengen korrodiert sein können.

** Nichtoxydierende Säuren.

*** Im allgemeinen viel starker als in der Darstellung gezeigt werden kann.

**** Für das Verständnis der korrodierenden Wirkung des gelösten Sauerstoffs ist nicht die oft in der Literatur der Korrosionsvorgänge vorhandene rein hypothetische Annahme der Bildung von oxydischen Oberflächenteilen notwendig, die wird im allgemeinen die Korrosion vergrößern. Salpetersäure löst z. B. Kupfer und Silber nicht auf Grund seiner sauren Eigenschaften auf, sondern allein als Redoxsystem mit hohem, positivem Redoxpotential.

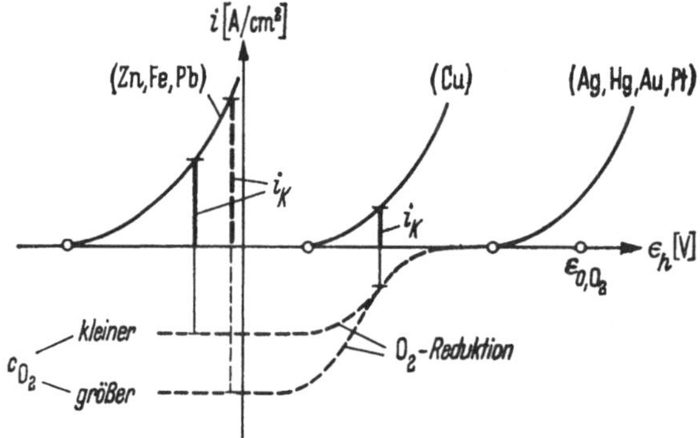


Abb. 313. Metallkorrosion (unedle, edlere Metalle und Edelmetalle) unter Reduktion von gelöstem Sauerstoff (Oxydationsmittel). Abhängigkeit von der Konzentration des Oxydationsmittels. In den horizontalen Abschnitten der $O_2$-Reduktionskurven ist der Diffusionsgrenzstrom erreicht

Wichtig ist für alle Betrachtungen der Korrosion die Art der Metallionenauflösung im Elektrolyten. Wenn im Elektrolyten ein *Komplexbildner* für das Metallion enthalten ist, wird bei Komplexen mit fester

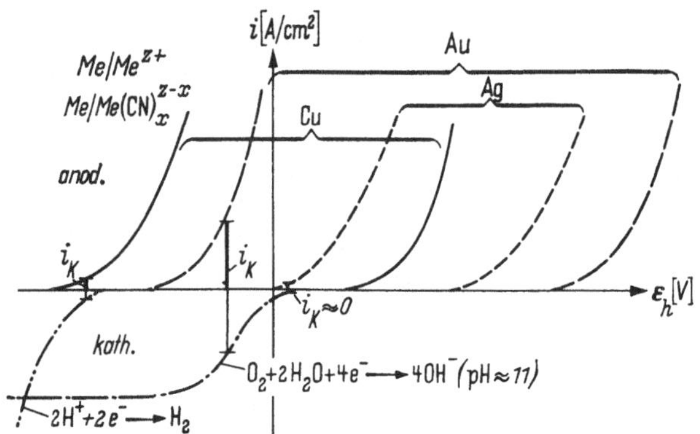


Abb. 314. Edelmetallkorrosion unter Komplexbildung (KCN) bei $O_2$-Reduktion bzw. Wasserstoffentwicklung (schematische Darstellung)

Bindung (kleine Komplexdissoziationskonstante) die Stromspannungskurve der Metallauflösung stark nach negativeren Potentialen hin verschoben, wie es in Abb. 312 für die Bildung der Hydroxokomplexe in stark alkalischer Lösung gezeigt wird. Abb. 314 gibt die Verhältnisse in schematischer Darstellung bei der Korrosion von Cu, Ag und Au in KCN-Lösung ($p_H \sim 11$) wieder. Als Folge der verschiedenen Lage der Normalpotentiale, aber auch der Größe der Komplexbildungskonstanten, kann Cu sogar in Abwesenheit von Sauerstoff sehr langsam unter Wasser-

durch Lokalströme wieder reduziert werden. Über derartige Oxydbildungen können zur Zeit noch keine Aussagen gemacht werden.

stoffentwicklung gelöst werden. Au wird in Gegenwart von Sauerstoff gelöst*. Ag kann dagegen trotz seines viel negativeren Normalpotentials nicht gelöst werden, da die Komplexbildungskonstante sehr viel größer als beim Au ist. Obwohl Königswasser ein negativeres Redoxpotential** als die entsprechende Salpetersäure hat, ist es infolge der Lösung des Goldes als Chlorokomplex imstande, dieses aufzulösen.

Außerdem ist die Bindung des Metalls in *Legierungen* von Wichtigkeit. Hierbei wird die Stromspannungskurve der Metallauflösung im Gegensatz zu den Erscheinungen bei der Komplexbildung nach positiven Werten hin verschoben. So ist die Korrosion von Alkali-Amalgamen in alkalischer Lösung verhältnismäßig gering, während die Korrosion des reinen Metalles auch bei alkalischem $p_H$-Wert noch außerordentlich heftig ist.

Bei allen Untersuchungen dieser Art, die bei genauerer Kenntnis der Stromspannungskurven auch quantitativ durchgeführt werden können, darf die Ausbildung von Passivzuständen nicht unberücksichtigt bleiben. Die Passivzustände bilden sich oberhalb eines gewissen Potentials aus, das wiederum vom Elektrolyten, besonders dem $p_H$-Wert, abhängig ist. Dieser Effekt wurde in den Abb. 312—314 nicht berücksichtigt. Ebenfalls wurden alle Stromspannungskurven ähnlich dargestellt. Auch hierin treten sehr weitgehende Unterschiede auf. Es sollte jedoch hier nur das Prinzipielle dargelegt werden.

Weiterhin sollte besonders gezeigt werden, daß eine *Korrosion auch ohne Lokalstromtätigkeit möglich ist* und daß diese Korrosion bereits die typischen Eigenschaften der aktiven Korrosion zeigt.

## § 180. Pourbaix-Diagramme

Um einen Überblick über die Korrosionsmöglichkeiten der Metalle in Abhängigkeit vom $p_H$-Wert zu erhalten, haben POURBAIX, DELAHAY und VAN RYSSELBERGHE u. Mitarb.[1–9] für viele Metalle aus thermody-

* Technische Goldgewinnung (Goldlaugerei).

** Ein Teil der Salzsäure wird unter Reduktion von Salpetersäure oxydiert. Reduktion eines Teiles der Salpetersäure bedeutet aber Erniedrigung des Redoxpotentials.

[1] POURBAIX, M.: Thesis, Delft 1945.

[2] DELAHAY, P., M. POURBAIX u. P. VAN RYSSELBERGHE: Proc. CITCE 1950 Mailand **2**, 15 (1951), Pb; **2**, 29 (1951), Ag: **2**, 34 (1951), Zn; **2**, 42 (1951), $O_2$; Proc. CITCE 1951 Bern, **3**, 15 (1952), Al, As, Au, Be, Cd, Co, Hg, Se, Sn, Ti, Tl; J. electrochem. Soc. **98**, 57 (1951), Pb; **98**, 65 (1951), Ag; **98**, 101 (1951), Zn.

[3] DELTOMBE, E., u. M. POURBAIX: Proc. CITCE 1954 Poitiers, **6**, 118 (1955), Fe; **6**, 124 (1955), Fe; **6**, 133 (1955), Cd; **6**, 153 (1955), Co.

[4] SCHMETS, J., u. M. POURBAIX: Proc. CITCE 1954 Poitiers **6**, 167 (1955), Ti.

[5] MOUSSARD, A. M., J. BRENET, F. JOLAS, M. POURBAIX u. J. VAN MUYLDEN: Proc. CITCE 1954 Poitiers **6**, 190 (1955), Mn.

[6] POURBAIX, M.: Proc. CITCE 1955 Lindau **7**, 189 (1957), Fe, Mn.

[7] BROWN, M. G.: Proc. CITCE 1955 Lindau **7**, 244 (1957), Jod-Verb.

[8] DELTOMBE, E., N. DE ZOUBOV u. M. POURBAIX: Proc. CITCE 1955, Lindau **7**, 193 (1957), Ni; **7**, 216 (1957), Sn; Proc. CITCE 1956, Madrid **8**, 238 (1958), Mo; **8**, 250 (1958), W; **8**, 258 (1958), U.

[9] MUYLDEN, J. VAN., u. M. POURBAIX: Proc. CITCE 1956 Madrid **8**, 218 (1958), Mg; Proc. CITCE 1954 Poitiers **6**, 334 (1955), Pb.

namischen Daten Diagramme in der Art der Abb. 315 berechnet, deren Kurven die $p_H$-Abhängigkeit von Gleichgewichtspotentialen darstellen. Diese Potential-$p_H$-Diagramme geben unter gewissen Voraussetzungen theoretische Resistenzgrenzen bezüglich Korrosion, Passivität, Immunität usw. wieder. Vielfach müssen jedoch die Kurven für ganz bestimmte Konzentrationen der Metallionen berechnet werden. Für die Grenzen

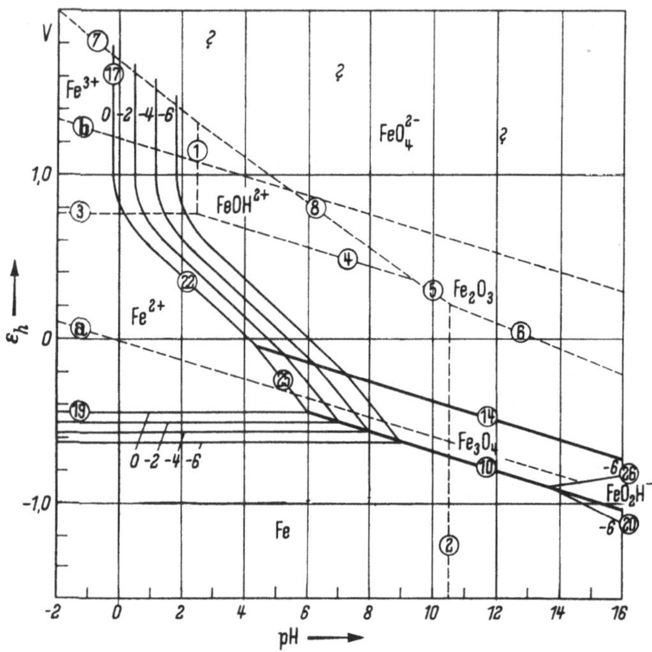


Abb. 315. Potential-$p_H$-Diagramm nach POURBAIX für $Fe/H_2O$ bei 25°C [POURBAIX, M., u. E. DELTOMBE: Proc. CITCE. 1954 Poitiers, 6, 118 (1955)]

zwischen Immunität, Korrosion und Passivität müssen dann maximale Konzentrationen (z. B. $10^{-6}$ oder $10^{-8}$ Mol/l) angenommen werden. Damit kommt eine gewisse Willkür in die Begrenzungen hinein*. Diese Tatsache muß bei der Benutzung der Diagramme berücksichtigt werden.

Die Diagramme geben nur über die Möglichkeiten von Elektrodenreaktionen in thermodynamischer Hinsicht Auskunft. Aus den Diagrammen kann nicht entnommen werden, ob durch kinetische Hemmungen die Korrosion verhindert wird oder ob wegen großer Lösungsgeschwindigkeit der Deckschicht die Passivität praktisch nicht eintreten kann.

Auf die Bedeutung der Einzelheiten in den Diagrammen kann im Rahmen dieses Buches nicht eingegangen werden.

* Für die Wahl dieser Grenzkonzentrationen (z. B. $10^{-8}$ Mol/l) wurde der Gedanke zugrunde gelegt, daß sich bei einer anfänglichen Korrosion sehr schnell eine Konzentration von z. B. $10^{-8}$ Mol/l an Metallionen im Elektrolyten einstellen würde, und daß die Auffüllung dieser Konzentration noch keinen nennenswerten Metallverlust darstellt, wenn der Elektrolyt nicht ständig erneuert wird.

## § 181. Korrosion an chemisch inhomogenen Oberflächen (Lokalstrom)

Chemisch inhomogene Oberflächen treten dann auf, wenn es sich um eine Legierung handelt, die nicht als homogener Mischkristall vorliegt. Die Legierungsmetalle können dabei unter Umständen nur als Verunreinigungen im Grundmetall vorhanden sein. Für alle chemisch verschiedenen, in sich aber homogenen Oberflächenarten müssen deshalb Stromdichte-Potentialdiagramme entsprechend Abb. 309 oder Abb. 312 bis 314 unter Beachtung des Anteils $q$ betrachtet werden. $q$ ist der Anteil, den diese Oberflächenart an der Gesamtoberfläche hat. Hierbei können an den verschiedenen Flächenarten auch unterschiedliche Elektrodenreaktionen ablaufen.

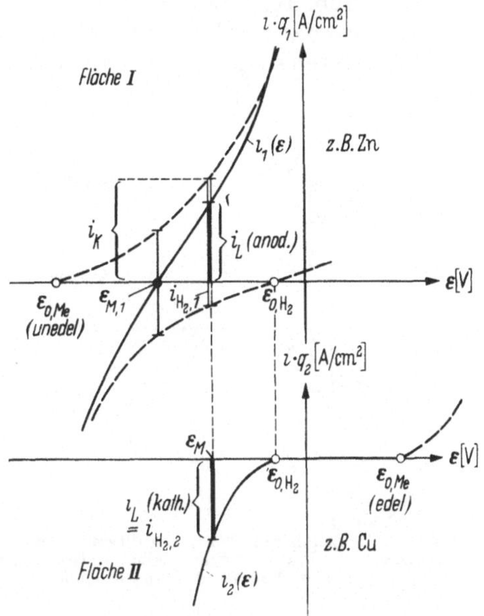


Abb. 316. Korrosion an chemisch inhomogener Oberfläche unter Wasserstoffentwicklung an einer unedlen (I) und einer edlen (II) Flächenart mit den Flächenanteilen $q_1$ bzw. $q_2$. $i_L$ = Lokalstrom

Als Beispiel wird in Abb. 316 die Korrosion eines unedlen Metalles (Zn) in Säure unter Wasserstoffentwicklung behandelt, das durch ein edleres Metall (Cu) verunreinigt ist*. Die örtlichen Stromdichten $i$ an der Zn-Fläche ($I$) sind mit dem Flächenanteil $q_1 (\approx 1)$ und die örtlichen Stromdichten $i$ an der kleinen Cu-Fläche ($II$) sind mit dem Flächenanteil $q_2 (\ll 1)$ multipliziert in Abb. 316 aufgetragen. Pro 1 cm² Gesamtoberfläche fließt $i \cdot q_1$ durch die Flächen der Art $I$ (Zn) und $i \cdot q_2$ entsprechend durch die Flächen der Art $II$ (Cu).

Die Stromspannungskurve $i_1(\varepsilon)$ am unedlen Metall setzt sich additiv aus den Teilströmen der beiden Elektrodenprozesse $Me \rightarrow Me^{z+} + z \cdot e^-$ und $2H^+ + 2e^- \rightarrow H_2$ an dieser Flächenart in der Weise zusammen, wie es die Abb. 309 für den homogenen Fall behandelt. An der edlen Metallfläche (Cu) ist in dem fraglichen Potentialbereich keine Metallauflösung möglich, da diese erst bei positiverem Potential einsetzt. Daher findet im vorliegenden Fall nur die kathodische Wasserstoffentwicklung an der edlen Flächenart statt.

An der unedlen Metalloberfläche wird die Einstellung des Mischpotentials $\varepsilon_{M,1}$ und an der edlen Oberfläche die des Gleichgewichtspotentials $\varepsilon_{0,H_2}$ angestrebt. Da beide Metalle in metallischer Verbindung sind, müssen sie aber das gleiche Potential annehmen. Das ist nur möglich, wenn

* Zn verunreinigt mit Cu, Pb und einigen anderen Metallen war das erste experimentell geprüfte Beispiel, an dem die Lokalstromtheorie von DE LA RIVE[1] und PALMAER[2, 3] entwickelt wurde.

durch die Fläche der Art II (Cu) ein kathodischer Strom $i_L$ fließt, der durch einen gleichgroßen anodischen Strom $i_L$ an der unedlen Flächenart *I* (Zn) kompensiert wird, wenn kein äußerer Strom fließen soll. Es stellt sich infolgedessen ein Mischpotential $\varepsilon_M$ (Abb. 316) ein, bei dem $i_1 = |i_2| = i_L$ ist. Dieser Strom $i_L$ fließt durch den oberflächennahen Elektrolyten von der unedlen Fläche (Zn) zur edlen Fläche (Cu), wie es die Abb. 317 erläutert. In der Abb. 316 ist dabei als ein Grenzfall vorausgesetzt worden, daß der Spannungsabfall bei guter Leitfähigkeit im Elektrolyten so gering ist, daß er nicht berücksichtigt werden muß.

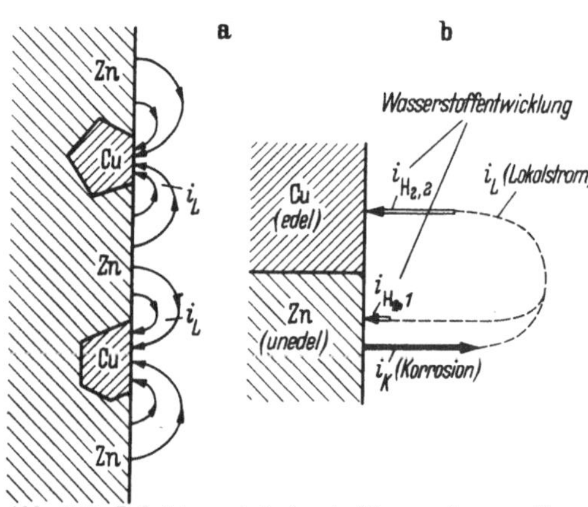


Abb. 317. Lokalstrom bei der Auflösung eines unedlen Metalles unter Wasserstoffentwicklung in Gegenwart eines edlen Metalles als Verunreinigung

Dieser Strom $i_L$ wird als *Lokalstrom* und die Kombination der Lokalstromanode (Zn) und Kathode (Cu) als *Lokalelement* bezeichnet. Diese schon von DE LA RIVE[1] eingeführte und besonders von PALMAER[2,3] ausgebaute *Lokalstromtheorie* war bis zur Auffindung des *Prinzips der Mischpotentialbildung* durch WAGNER u. TRAUD[4] die einzige Möglichkeit einer Deutung der elektrochemischen Korrosion*. Im derzeitigen modernen Bild ist die Lokalstromtheorie eine sehr wichtige Erweiterung der nach WAGNER u. TRAUD[4] mit der Mischpotentialbildung zusammenhängenden Vorgänge. Die Lokalstromtheorie gibt aber nicht den eigentlichen Grundvorgang wieder. Die Lokalelemente stellen vielmehr nur eine häufig auftretende Komplizierung des Grundvorganges dar, deren Berücksichtigung sehr wichtig ist. Die Lokalstromtheorie sollte daher nicht für sich, sondern nur in Verbindung mit den Stromspannungskurven, die zur Mischpotentialbildung führen, diskutiert werden. Gewiß stellt dies eine wesentliche Komplizierung der Theorie dar, aber die Verhältnisse an der korrodierenden Elektrode sind nicht einfacher. Die ad hoc-Annahme anodischer und kathodischer Oberflächenelemente in der Lokalstromtheorie alter Art bringt keinen Fortschritt in der Deutung, sondern nur eine Verschiebung der Problemstellung auf diese Annahmen.

[1] RIVE, DE LA: Ann. Chim. Phys. **43**, 425 (1830).
[2] ERICSON-AUREN, T., u. W. PALMAER: Z. physik. Chem. **39**, 1 (1901); **45**, 182 (1903); **56**, 689 (1906).
[3] PALMAER, W.: The Corrosion of Metals. Bd. 1 u. 2, Stockholm 1929 u. 1931.
[4] WAGNER, C., u. W. TRAUD: Z. Elektrochem. **44**, 391 (1938).
* Dieser Umstand und die einfachere, der Natur allerdings nicht entsprechende Konzeption der Lokalstromtheorie alter Art sind als Ursache dafür anzusprechen, daß die Vorstellungen, die sich aus den Aussagen nach WAGNER u. TRAUD[4] ableiten, auch nach 20 Jahren noch keine allgemeine Verbreitung in der Korrosionsforschung gefunden haben.

Die in Abb. 316 und 317 dargestellten Vorgänge sollen noch etwas erläutert werden. Es findet nicht nur an der Lokalstromkathode, dem edlen Oberflächenanteil (Cu), Wasserstoffentwicklung statt, sondern auch an den unedlen, korrodierenden Flächenteilen (Zn). Welcher Anteil der Wasserstoffentwicklung dabei überwiegt oder ob überhaupt der eine oder der andere Anteil so gering ist, daß er unberücksichtigt bleiben kann, hängt von den örtlichen Stromspannungskurven in Verbindung mit den Flächenanteilen $q_1$ und $q_2$ ab. Im vorliegenden Fall bewirkt der Lokalstrom eine Erhöhung der Korrosion von $i_K(\varepsilon_{M,1})$ auf $i_K(\varepsilon_M)$ (Abb. 316). Dadurch wird die bekannte Verkleinerung der Auflösungsgeschwindigkeit ($i_K$) von Zn mit der Steigerung des Reinheitsgrades erklärt. Aber auch reinstes Zn besitzt noch eine sehr beachtliche Auflösungsgeschwindigkeit in Säuren, die nur mit der Mischpotentialbildung zu erklären ist.

## § 182. Korrosion an physikalisch inhomogenen Oberflächen (Lokalstrom)

Als physikalisch inhomogene Oberflächen sollen *polykristalline Elektrodenoberflächen* bezeichnet werden, deren einzelne Kristallitflächen *verschiedene kristallographische Orientierung* aufweisen. Infolge verschiedener Überspannungen an den kristallographisch unterschiedlichen Oberflächenarten werden sich verschiedene Mischpotentiale an diesen Flächen ausbilden, die dann zu einem Lokalstrom führen.

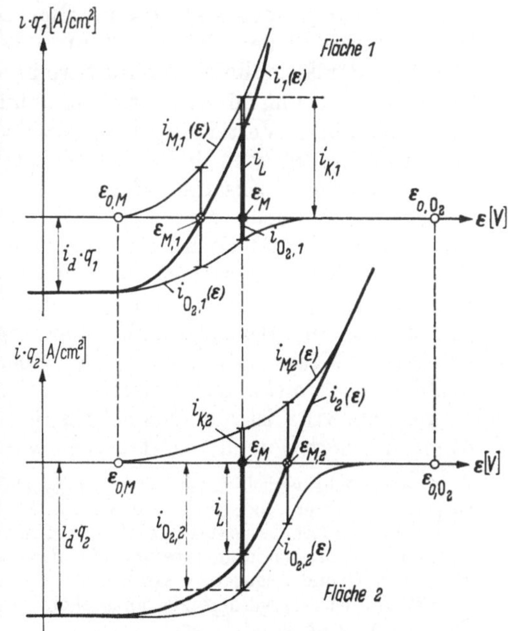


Abb. 318. Korrosion an physikalisch inhomogener (polykristallin) aber chemisch einheitlicher Oberfläche eines Metalls unter $O_2$-Reduktion (aber keine $H_2$-Entwicklung). $q_1$ und $q_2$ = Flachenanteile ($< 1$), $i_L$ = Lokalstrom

In Abb. 318 ist eine Lokalelementausbildung bei der Korrosion unter Reduktion des im Elektrolyten gelösten Sauerstoffs dargestellt. Hierbei wurden zwei verschiedene kristallographische Orientierungen der Kristallitoberflächen angenommen. $q_1$ und $q_2$ sind wiederum die Flächenanteile, $i_{M,1}$ und $i_{M,2}$ die örtlichen Stromdichten des Vorganges $Me \rightarrow Me^{z+} + z \cdot e^-$ multipliziert mit $q_1$ bzw. $q_2$ und $i_{O_2,1}$ bzw. $i_{O_2,2}$ die örtlichen Stromdichten der $O_2$-Reduktion ebenfalls multipliziert mit $q_1$ bzw. $q_2$. Durch Überlagerung (Addition) von $i_{M,1}$ und $i_{O_2,1}$ ergibt sich $i_1(\varepsilon)$ und aus $i_{M,2}$ und $i_{O_2,2}$ folgt $i_2(\varepsilon)$. Es ist aus Abb. 318 ersichtlich, daß sich im allgemeinen verschiedene Werte $\varepsilon_{M,1}$ und $\varepsilon_{M,2}$ der Mischpotentiale an beiden Flächen ausbilden werden*.

Zum Ausgleich dieser Potentialdifferenz muß zwischen den Flächenarten *I* und *II* auch hier ein Lokalstrom $i_L$ (Abb. 318) fließen. Die Flächenart mit dem negativeren Mischpotential wird dabei zur Anode und die andere zur Kathode. Es hängt also in komplizierter Weise vom Zusammenwirken aller vier Stromdichten $i_{M,1}$, $i_{M,2}$, $i_{O_2,1}$ und $i_{O_2,2}$ ab, wie die Polung des Lokalstroms ist**. Die Metallauflösung $i_{K,1} + i_{K,2}$ verteilt sich dadurch auf die Gesamtfläche anders als die $O_2$-Reduktion $i_{O_2,1} + i_{O_2,2}$, obwohl die Summe bei fehlendem Außenstrom gleich sein muß. Der Einfluß des Lokalstroms $i_L$ auf die Gesamtkorrosion $i_K = i_{K,1} + i_{K,2}$ läßt sich allgemein kaum angeben. Durch die Verschiedenheit von $i_{M,1}/q_1$ gegenüber $i_{M,2}/q_2$ findet eine chemische Anätzung statt, bei der die Kristallitstruktur sichtbar wird.

## § 183. Lokalstromwiderstand $R_L$

Bisher wurde davon ausgegangen, daß der ohmsche Widerstand $R_L$ im geschlossenen Lokalstromkreis so klein ist, daß kein Spannungsabfall auftritt, der beachtet werden muß***. Für den Widerstand innerhalb des Metalls wird diese Voraussetzung immer erfüllt sein. Anders liegen die Dinge allerdings im Elektrolyten. Hier ist oft ein mittlerer ohmscher Spannungsabfall der Größenordnung $\Delta\varepsilon = i_L \cdot R_L$ zu berücksichtigen. Die Form der Stromlinien und die Stromdichteverteilung in gegenseitiger Zusammenwirkung mit den Stromspannungskurven wird allerdings schon bei regelmäßiger Verteilung der verschiedenen Flächenarten so außerordentlich kompliziert, daß eine exakte mathematische Behandlung aussichtslos erscheint. Zusammenfassend wird dieses Problem von C. WAGNER[1] diskutiert. Versuche zu einer exakten theoretischen Erfassung der Lokalströme wurden auch von LEVICH u. FRUMKIN[2] gemacht****. Die Potentialdifferenz zwischen zwei zusammengehörigen Stellen auf der Lokalanode und Kathode muß als Linienintegral der Feldstärke aufgefaßt werden. Hinzu kommt noch die statistische Verteilung der Oberflächeneigenschaften und die Oberflächenrauhigkeit, die dieses Problem noch mehr komplizieren.

In Abb. 319a ist ein Beispiel für den Potentialverlauf an der Oberfläche skizziert. Für die Leitfähigkeit $\varkappa = \infty$ liegt der Fall von § 181 u.

* Auch sehr verschiedene $i_M(\varepsilon)$ und $i_{O_2}(\varepsilon)$-Kurven können zufälligerweise auf $\varepsilon_{M,1} \approx \varepsilon_{M,2}$ führen, aber dieser Fall wird nicht die Regel sein.

** In der Lokalstromtheorie alter Art müssen ad hoc anodische und kathodische Flächen angenommen werden. Für das anodische und kathodische Verhalten kann kein Grund angegeben werden.

*** $R_L$ ist als geringfügig anzusehen, wenn $R_L$ sehr viel kleiner als der Polarisationswiderstand $R_p$ ist.

[1] WAGNER, C.: Die chemische Reaktion der Metalle, Hdb. d. Metallphysik I, 2, S. 165—206. Leipzig 1940.

[2] LEVICH, B., u. A. FRUMKIN: Acta physicochim. USSR **18**, 325 (1943).

**** Es sei hier auf die experimentelle Ermittlung der Verteilung von Strom und Potential an Lokalelementmodellen (Größenordnung cm) durch W. JAENICKE [Z. physik. Chem. *A* **191**, 350 (1943)] und W. JAENICKE u. K. F. BONHOEFFER [Z. physik. Chem. **193**, 301 (1944)] verwiesen.

§ 182 vor. Hier ist das Potential trotz Fließen eines Lokalstroms über der ganzen Oberfläche kostant. Im anderen Grenzfall, ganz ohne Elektrolytleitfähigkeit ($\varkappa = 0$) kann trotz der Potentialdifferenz $\Delta\varepsilon = \varepsilon_{M,2} - \varepsilon_{M,1}$

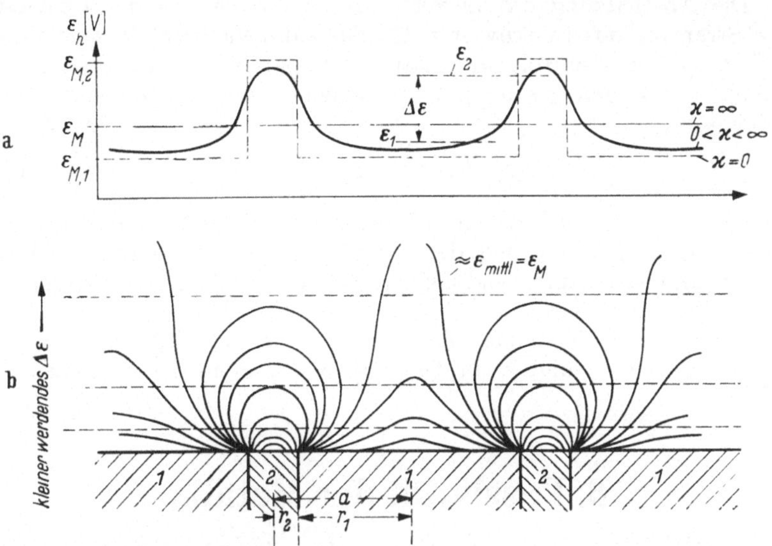


Abb. 319. Schematischer Potentialverlauf, a) an der Oberfläche bei Elektrolytleitfähigkeit $\varkappa = \infty$ (Abb. 316 u. 318), bei endlicher Leitfähigkeit $0 < \varkappa < \infty$ und bei $\varkappa = 0$ (kein Lokalstrom); b) in Abhängigkeit vom Oberflächenabstand (Äquipotentialflächen) in Anlehnung an die Messungen von W. JAENICKE u. K. F. BONHOEFFER: Z physik. Chem. **191**, 350 (1943), **193**, 301 (1944)

kein Lokalstrom fließen (gestrichelt). Bei einer mittleren Leitfähigkeit hat das Potential den (ausgezogen) „verschmierten" Verlauf. In einiger Entfernung von der Oberfläche ist jedoch nichts mehr von dieser Potentialschwankung an der Oberfläche zu bemerken. Es wird ein mittleres Potential $\varepsilon_{mittl}$ gemessen. Aus den skizzierten Äquipotentialkurven in Abb. 319b folgt, daß dieser Ausgleich im Abstand $a = r_1 + r_2$ bis $2a$ weitgehend abgeklungen ist. Potentialkurven in der Art der Abb. 319a konnten von W. JAENICKE[3] mittels einer Mikromethode über Legierungen abgetastet werden.

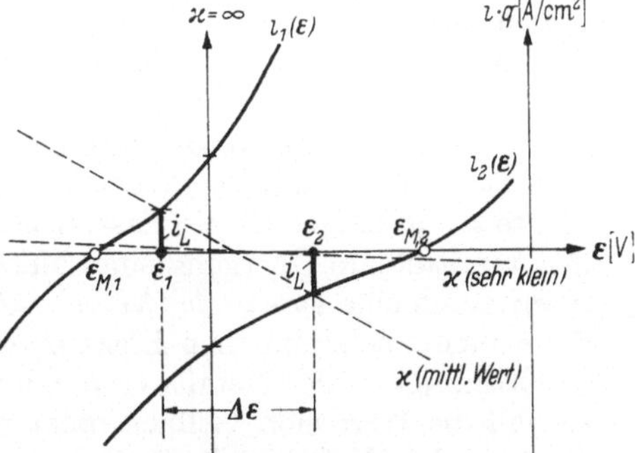


Abb. 320. Lokalstrom $i_L$ bei Berücksichtigung des elektrolytischen Widerstandes $R_L$. Neigung der gestrichelten Geraden $2/R_L$

Zur Abschätzung des Einflusses der Leitfähigkeit auf den Lokalstrom soll in grober Näherung ein mittleres Potential $\varepsilon_1$ auf Fläche *I* und $\varepsilon_2$ auf Fläche *II*, Abb. 319a und Abb. 320 verwendet werden. Die verbleibende Potentialdifferenz muß $\Delta\varepsilon = i_L \cdot R_L$ sein. In Abb. 320 sind $i_1(\varepsilon)$ und

[3] JAENICKE, W.: Z. physik. Chem. *A* **191**, 350 (1943).

$i_2(\varepsilon)$ die Gesamtstromspannungskurven an den einzelnen Flächenarten der Abb. 316 u. 318. Die gestrichelten Geraden, die für die Konstruktion des Lokalstromes verwendet werden, haben eine Neigung von $2/R_L$.

Die Abschätzung des Lokalstromwiderstandes aus der Geometrie des Stromverlaufs ist schwierig. Hierfür kann vielleicht in sehr grober Näherung der Elektrolytwiderstand von parallel geschalteten Kegelstümpfen mit den gesamten Stirnflächen $q_1$ und $q_2$ und einer Höhe $h = r_1 + r_2$

$$R_L \approx \frac{2}{\varkappa} \cdot \frac{r_1 + r_2}{\sqrt{q_1 \cdot q_2}} \tag{5.3}$$

herangezogen werden[4]. Bei einer feineren Aufteilung der anodischen und kathodischen Flächen sind die Lokalstromwege viel kürzer und der Widerstand ist entsprechend kleiner, was durch Gl. (5.3) wiedergegeben wird. Wenn ein Flächenanteil sehr klein ist, bedeutet das eine starke Erhöhung des Widerstandes. Auch dieser Umstand wird durch Gl. (5.3) wiedergegeben. $r_1$ und $r_2$ in Gl. (5.3) sind die mittleren Radien der Flächen.

# 6. Passivität der Metalle

## § 184. Charakterisierung und Ursachen der Passivität

Die sehr allgemeine Erscheinung der Passivität der Metalle ist bisher bevorzugt am Eisen untersucht worden. An diesem Metall haben schon HISINGER u. BERZELIUS[1] sowie SCHÖNBEIN[2] die ersten Beobachtungen über die Passivität gemacht. Die heute noch anerkannte Oxydhauttheorie der Passivität wurde bereits in dieser Zeit von FARADAY[3, 4] entwickelt.

Im aktiven Zustand gehen die Metalle unter der Voraussetzung, daß das Potential positiv genug ist, unmittelbar nach der Reaktion $Me \rightarrow Me^{z+} + z \cdot e^-$ unter Hydratation in Lösung. In einem stark oxydierenden Elektrolyten oder bei einer ausreichend großen anodischen Stromdichte kann sich jedoch ein Passivzustand des Metalls ausbilden, bei dem der unmittelbare Übergang eines Metallions vom Metall in den Elektrolyten durch eine *porenfreie Deckschicht* verhindert wird. Das Metall steht dann nicht mehr mit dem Elektrolyten in Berührung. Die Korrosionsgeschwindigkeit des Metalls vermindert sich hierbei meistens sehr stark, so daß die Korrosion vielfach nicht mehr nachweisbar ist. Auf dieser Tatsache beruht die große Bedeutung der Passivität in der Technik. Am deutlichsten wird das Eintreten der Passivität beim Eintauchen von

---

[4] VETTER, K. J.: Z. Elektrochem. **55**, 274 (1951).

[1] HISINGER, W., u. J. J. BERZELIUS: Gilb. Ann. **27**, 275 (1807).

[2] SCHÖNBEIN, CH. F.: Pogg. Ann. **37**, 490 (1836).

[3] SCHÖNBEIN, CH. F., u. M. FARADAY: Phil. Mag. (3) **9**, 53, 57, 122 (1836).

[4] Ein Überblick über die geschichtliche Entwicklung der Passivität ist in Gmelins Hdb. d. anorg. Chem., Verlag Chemie, Weinheim, 8. Aufl., Bd. 59 (Fe)A, S. 314 zu finden.

Eisen in konz. Salpetersäure bemerkt, die das Fe fast gar nicht mehr angreift und in der das Eisenstück wochenlang mit vollständig blanker Oberfläche wie ein Edelmetall* liegen bleiben kann. Verdünnte Salpetersäure greift Fe dagegen außerordentlich stark an.

Charakteristisch ist die Form der Stromdichte-Potentialkurve (Abb. 321) beim Übergang vom aktiven in den passiven Zustand. Oberhalb eines Potentials $\varepsilon_F$, des *Flade-Potentials*[5], bildet sich die schützende oxydische Deckschicht aus, wobei meistens ein starker Sprung in der Stromdichte $i$ auftritt. Diesen Abfall der Korrosionsstromdichte schlägt C. WAGNER[6] zur phänomenologischen Definition der Passivität vor. Aber nicht in allen Fällen einer porenfreien Deckschichtbildung tritt dieser Abfall der Korrosionsstromdichte auf, jedoch wird ein derartiger Abfall bei anderen elektrochemischen Vorgängen beobachtet. Eine allseitig befriedigende Definition der Passivität konnte bisher noch nicht gefunden werden.

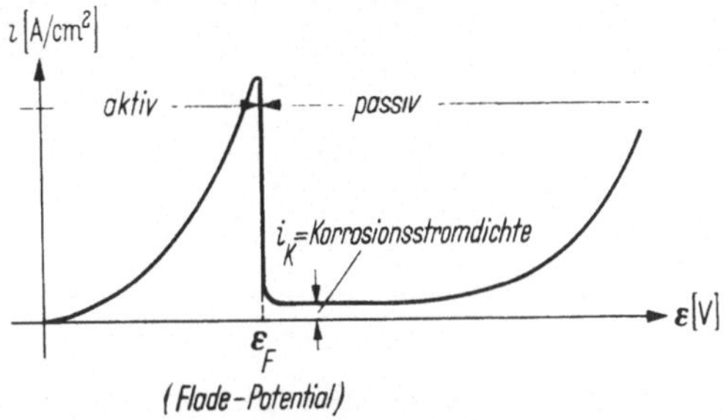

Abb. 321. Charakteristischer schematischer Stromspannungsverlauf beim Übergang vom aktiven in den passiven Zustand eines Metalls

Wesentlich für die Eigenschaften des passiven Metalls sind nach K. J. VETTER[7] noch die *Korrosionsstromdichte* $i_K$, die als *Auflösungsgeschwindigkeit der Passivschicht* im Elektrolyten gedeutet wird, weiterhin die *Ionen-* und die *Elektronenleitfähigkeit* der Passivschicht. Die *Dicke* der Passivschichten ist sehr verschieden und nimmt Werte einer monomolekularen Schicht bis zu größenordnungsmäßig 1000 AE an.

## § 185. Fladepotential

Das Fladepotential der Passivität ist bisher vor allem am Eisen untersucht worden. Es ist das Potential, oberhalb dessen Wert der Aufbau der Passivschicht und unterhalb dessen Wert der Abbau dieser Schicht vor sich geht. Zuerst wurde dieses Potential von FLADE[1] und später ausführlich von U. F. FRANCK[2] als Haltepotential der *Ausschalt-*

* Auch die Edelmetalle schützt bei stärker positiven Potentialen eine passivierende Oxydhaut, nur wird diese Tatsache im allgemeinen wenig beachtet.

[5] Nach F. FLADE: Z. physik. Chem. **76**, 513 (1911), der dieses kritische Potential zuerst beobachtete.

[6] WAGNER, C.: Diskussionsbemerkung beim intern. Kolloquium über die Passivität der Metalle. Heiligenberg 1957.

[7] VETTER, K. J.: Passivierende Filme und Deckschichten. Herausg. H. FISCHER, K. HAUFFE u. W. WIEDERHOLT. S. 72—89. Springer-Verlag: Berlin-Göttingen-Heidelberg 1956.

[1] FLADE, F.: Z. physik. Chem. **76**, 513 (1911).

[2] FRANCK, U. F.: Z. Naturf. **4a**, 378 (1949).

*aktivierung** in Schwefelsäure beobachtet. Auch bei der *kathodischen Stromaktivierung* in Salpetersäure stellten BONHOEFFER u. Mitarb.[3–9] dieses Fladepotential als Haltepunkt fest. Anodisch konnte das Fladepotential erstmals von BONHOEFFER und VETTER[7–9] bei der spontanen Repassivierung in konzentrierter Salpetersäure als Haltepotential beobachtet werden. Von FRANCK[10] wurde dann durch Aufnahme der potentiostatischen Stromspannungskurve (Abb. 322) die weitgehende

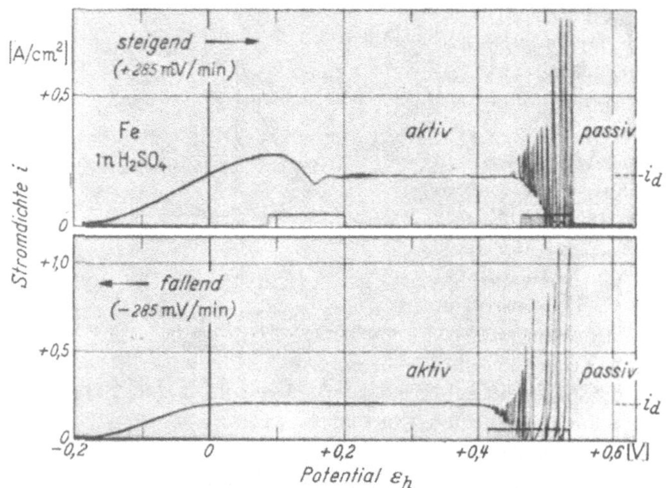


Abb. 322. Potentiostatische quasi-stationäre Stromspannungskurve der Passivierung und Aktivierung von Eisen in 1 n $H_2SO_4$ bei 25° C (und Rühren des Elektrolyten) nach U. F. FRANCK[10] bei steigendem und fallendem Potential

Übereinstimmung des Fladepotentials bei der Passivierung mit dem bei der Aktivierung festgestellt, wie es auf Grund der Messungen von BONHOEFFER und VETTER[7–9] in Salpetersäure schon nahegelegt und für die Deutung des Mechanismus angenommen wurde. Die potentiostatische Methode ist zuvor schon von BARTLETT[11] ebenfalls an Eisen angewendet worden, wobei ähnliche Kurven erhalten wurden.

---

* Nach Ausschalten des passivitätserhaltenden anodischen Stroms sinkt das Potential über einen Haltepunkt am „Flade-Potential" bis auf das aktive Potential ab (§ 192).

[3] BONHOEFFER, K. F.: Z. Elektrochem. **47**, 147 (1941).

[4] BEINERT, H., u. K. F. BONHOEFFER: Z. Elektrochem. **47**, 536 (1941).

[5] BONHOEFFER, K. F., E. BRAUER u. G. LANGHAMMER: Z. Elektrochem. **52**, 29 (1948).

[6] BONHOEFFER, K. F., V. HAASE u. G. LANGHAMMER: Z. Elektrochem. **52**, 60 (1948).

[7] BONHOEFFER, K. F., u. K. J. VETTER: Z. physik. Chem. **196**, 127 (1950).

[8] VETTER, K. J.: Z. Elektrochem. **55**, 675 (1951).

[9] VETTER, K. J.: Z. Elektrochem. **56**, 106 (1952).

[10] FRANCK, U. F.: Habilitationsschrift. Göttingen 1954.

[11] BARTLETT, J. H.: Trans. electrochem. Soc. **87**, 521 (1945). — BARTLETT, J. H., u. L. STEPHENSON: J. electrochem. Soc. **99**, 504 (1952).

Für die $p_H$-*Abhängigkeit des Fladepotentials* an Eisen gilt nach U. F. FRANCK[2] ($p_H = 0{,}3 - 4$) die Beziehung

$$\text{(Fe)} \qquad \varepsilon_F = 0{,}58 - 0{,}058 \cdot p_H \qquad (6.1)$$

die mit den Ergebnissen von FLADE ($p_H$ 0 – 2)[1] übereinstimmt (Abb. 323). K. G. WEIL u. K. F. BONHOEFFER[12] konnten Gl. (6.1) bis $p_H = 6$ bestätigen und auf Grund der Untersuchungen von HEUSLER, WEIL u.

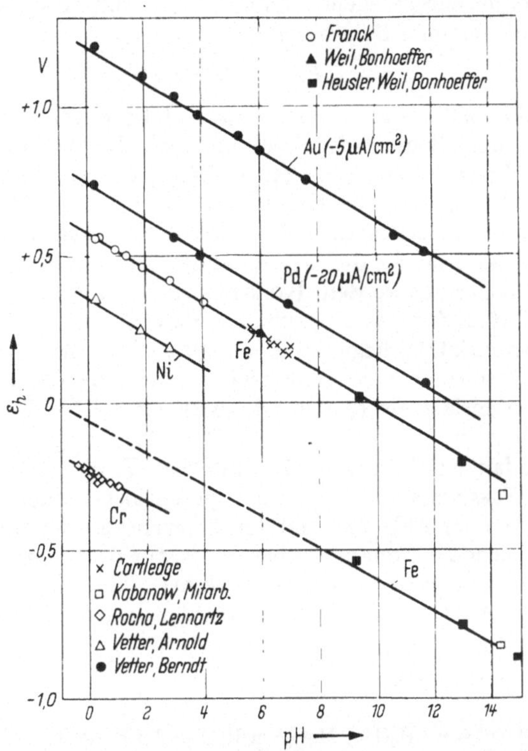


Abb 323. Experimentelle Fladepotentiale $\varepsilon_F$ verschiedener Metalle in Abhängigkeit vom $p_H$-Wert

BONHOEFFER[13] ist das Fladepotential nach Gl. (6,1) in alkalischer Lösung am Ende der Aufoxydation eines primären Oxydes bzw. am Beginn der Reduktion des Passivoxydes zu finden. Diese Beobachtung ist für die spezielle theoretische Deutung des Fladepotentials an Fe (§ 193) sehr wichtig. Auch die Beobachtungen von KABANOW u. LEIKIS[14] und LOSSEW u. KABANOW[15] widersprechen diesen Ergebnissen nicht. Die Beobachtungen von CARTLEDGE[16] im schwach sauren und neutralen $p_H$-Bereich

[12] WEIL, K. G., u. K. F. BONHOEFFER: Z. physik. Chem. (N. F.) **4**, 175 (1955).

[13] HEUSLER, K., K. G. WEIL u. K. F. BONHOEFFER: Z. physik. Chem. (N. F.) **15**, 149 (1958).

[14] KABANOW, B., u. D. LEIKIS: Acta physicochim. USSR **21**, 769 (1946).

[15] LOSSEW, B. B., u. B. N. KABANOW: J. phys. Chem. USSR **28**, 824, 914 (1954).

[16] CARTLEDGE, G. H., u. R. F. SYMPSON: J. Phys. Chem. **61**, 973 (1957). — CARTLEDGE, G. H.: Z. Elektrochem. **62**, 684 (1958).

in Gegenwart von Chromat, Molybdat, Wolframat und Pertechnitat bestätigen ebenfalls Gl. (6.1). Aus Abb. 323 sind alle diese Werte in Abhängigkeit vom $p_H$-Wert zu entnehmen. Darüber hinaus konnte in alkalischer Lösung[13–15] die Bildung einer primären Passivschicht ungefähr beim Potential der Wasserstoffelektrode in gleicher Lösung festgestellt werden (Abb. 323).

An Nickel wurden von ARNOLD u. VETTER[17] potentiostatische Stromspannungskurven entsprechend Abb. 321 u. 322 festgestellt, deren Maxima der allgemeinen Beziehung

$$\varepsilon_F = E_0 - 0{,}058 \cdot p_H \tag{6.2}$$

genügten* (Abb. 323). Auch an Pd, Au und Pt wurde von VETTER u. BERNDT[18] für den Beginn der Bildung bzw. Reduktion von Oxydschichten aus Ladekurven (Abb. 243 u. 247) eine $p_H$-Abhängigkeit des Potentials nach Gl. (6.2) beobachtet (Abb. 323). An Chrom stellten MÜLLER u. ČUPR[19] und ROCHA u. LENNARTZ[20] Aktivierungs- und Passivierungspotentiale fest, die dicht beieinander liegen und die mit steigendem $p_H$-Wert negativer werden. KOLOTYRKIN[21] konnte in 1 n bis 0,01 n $H_2SO_4$ die Gl. (6.2) für das Passivierungspotential an Cr bestätigen**. Das Normalpotential $E_0$ liegt bei $E_0 = -0{,}25$ Volt. An Ti bestimmten RÜDIGER u. FISCHER[22] eine sehr viel stärkere $p_H$-Abhängigkeit des Aktivierungspotentials als es der Gl. (6.2) entspricht. Die Messungen wurden allerdings in komplex lösender Flußsäure ausgeführt. In reiner Schwefelsäure fanden VETTER u. OELSNER[23] an Ti die für den Übergang Aktivzustand/Passivzustand typischen potentiostatischen Stromspannungskurven, die der Abb. 321 und den Kurven[17] am Ni ähneln.

Die naheliegendste Annahme über die Natur des Fladepotentials ist die *Deutung als Potential einer Oxydelektrode*, also als Potential einer Elektrode zweiter Art. Derartigen Elektroden liegen Elektrodenbruttoreaktionen

$$\mathrm{Me} + \mathrm{n\,H_2O} \rightleftharpoons \mathrm{MeO}_n + 2\,\mathrm{n\,H^+} + 2\,\mathrm{n} \cdot e^- \tag{6.3a}$$

bzw.

$$\mathrm{Me} + (\mathrm{n} + \mathrm{m})\,\mathrm{H_2O} \rightleftharpoons \mathrm{MeO}_n \cdot \mathrm{m\,H_2O} + 2\,\mathrm{n\,H^+} + 2\,\mathrm{n} \cdot e^- \tag{6.3b}$$

zugrunde. Aus diesen Elektrodenbruttoreaktionen folgt nach Gl. (1.47) in jedem Fall einer oxydischen bzw. hydroxydischen Schichtbildung die $p_H$-Abhängigkeit von Gl. (6.2). Dabei ist es ganz gleich, welche Zusammensetzung das Oxyd oder Oxyhydrat hat. In Tab. 16 sind errechnete Normalpotentiale $E_0$ von Oxydelektroden auf Grund der

* Bisher nur im $p_H$-Bereich 0,3 bis 3 untersucht.

** ROCHA u. LENNARTZ[20] geben allerdings 116 mV pro $p_H$-Einheit an. Aus den Messungen kann aber auch 58 mV pro $p_H$-Einheit entnommen werden, wie Abb. 323 zeigt.

[17] ARNOLD, K., u. K. J. VETTER: Z. Elektrochem. **64**, 407 (1960).

[18] VETTER, K. J., u. D. BERNDT: Z. Elektrochem. **62**, 378 (1958).

[19] MÜLLER, E., u. V. ČUPR: Z. Elektrochem. **43**, 42 (1937).

[20] ROCHA, H. J., u. G. LENNARTZ: Arch. Eisenhüttenw. **26**, 117 (1955).

[21] KOLOTYRKIN, Y. M.: Z. Elektrochem. **62**, 664 (1958).

[22] RÜDIGER, O., u. W. R. FISCHER: Z. Elektrochem. **62**, 803 (1958).

[23] VETTER, K. J., u. G. OELSNER: Unveröffentlicht.

Bildungsenthalpien und der Entropien der beteiligten Substanzen angegeben. Da diese thermodynamischen Größen teilweise nur sehr ungenau bekannt sind, sind auch viele der angegebenen Werte recht unsicher.

Tabelle 16. *Berechnete Normalpotentiale* $E_{0,h}$ *von Oxydelektroden* (aus $\Delta G$)*

| Elektrode | $E_{0,h}$(Volt) | Elektrode | $E_{0,h}$(Volt) | Elektrode | $E_{0,h}$(Volt) |
|---|---|---|---|---|---|
| $Au/Au_2O_3$ | +1,45 | Co/CoO | +0,10 | $Si/SiO_2$ | —0,86 |
| $Ag/Ag_2O$ | +1,18 | Ni/NiO | +0,08 | $Ti/TiO_2$ | —0,86 |
| $Pt/Pt(OH)_2$ | +0,98 | $Mn/MnO_2$ | +0,03 | $V/V_2O_3$ | —1,02 |
| $Ir/IrO_2$ | +0,93 | Cd/CdO | +0,01 | Ge/GeO | —1,12 |
| Hg/HgO | +0,926 | $Mo/MoO_2$ | —0,04 | $Ce/CeO_2$ | —1,13 |
| Pd/PdO | +0,87 | $Fe/Fe_3O_4$ | —0,08 | $Al/Al_2O_3$ | —1,35 |
| $Os/OsO_4$ | +0,85 | $Sn/SnO_2$ | —0,11 | $Zr/ZrO_2$ | —1,43 |
| $Cu/Cu_2O$ | +0,42 | Zn/ZnO | —0,42 | $Hf/HfO_2$ | —1,57 |
| $Bi/Bi_2O_3$ | +0,38 | $Cr/Cr_2O_3$ | —0,60 | Be/BeO | —1,76 |
| Pb/PbO | +0,25 | $Nb/Nb_2O_5$ | —0,65 | Mg/MgO | —1,77 |
| $As/As_2O_3$ | +0,23 | $Na/Na_2O$ | —0,74 | $Th/ThO_2$ | —1,79 |
| $Sb/Sb_2O_3$ | +0,15 | $Ta/Ta_2O_5$ | —0,81 | Ca/CaO | —1,90 |

Einige der in Tab. 16 angegebenen Elektroden werden zur Bestimmung des $p_H$-Wertes verwendet. Die experimentellen $E_{0,h}$-Werte stimmen mit Tab. 16 befriedigend überein, wie $Ag/Ag_2O$ $E_{0,h} = +1{,}180$ Volt, Hg/HgO $E_{0,h} = +0{,}9255$ Volt, $Sb/Sb_2O_3$ $E_{0,h} = +0{,}1445$ Volt und auch $Bi/Bi_2O_3$ $E_{0,h} = +0{,}388$ Volt. Die Werte von Au, Pd (und auch Pt) stimmen einigermaßen mit den Angaben in Abb. 323 überein. Auch der Wert für Fe in Tab. 16 stimmt mit der Bildung des primären Passivoxyds in alkalischer Lösung (Abb. 323) gut überein. Das eigentliche Fladepotential $\varepsilon_F$ in saurer Lösung weicht jedoch um $+0{,}64$ Volt davon ab, worauf bereits BONHOEFFER[4] hinwies. Diese Abweichung ist Anlaß umfangreicher Untersuchungen geworden (§ 193).

Nicht alle in Tab. 16 aufgeführten Elektroden werden sich realisieren lassen. Die Voraussetzung hierfür ist, daß die Auflösungsgeschwindigkeit der Oxyde im Elektrolyten so klein ist, daß durch einen anodischen Strom (Korrosionsstromdichte $i_K$) der durch diese Auflösung entstehende Verlust zu ersetzen ist. Die Auflösungsgeschwindigkeit ist dann $i_K = 0$, wenn sich das Oxyd (Oxyhydrat) in einem Elektrolyten befindet (z.B. HgO in alkalischer Lösung), der an diesem Oxyd gesättigt ist. Einen Extremfall dürften die Oxyde der Alkalimetalle darstellen, die sich überall sehr schnell lösen.

Auch wenn der betreffende Elektrolyt an Oxyd nicht gesättigt ist, kann die Auflösung so stark gehemmt sein, daß $i_K$ sehr klein wird. Dieser Fall dürfte bei den meisten Passivschichten besonders in saurer Lösung vorliegen. Hier ist also das Oxyd mit dem Elektrolyten nicht vollständig im Gleichgewicht. Trotzdem können nach K. J. VETTER[24, 25]

---

* Vielfach wurden für die Berechnung Werte aus W. M. LATIMER: Oxidation Potentials, Prentice-Hall Inc. Englewood Cliffs, 2. Aufl. 1956 verwendet.

[24] VETTER, K. J.: Z. physik. Chem. **202**, 1 (1953).

[25] VETTER, K. J.: Z. physik. Chem. N. F. **4**, 165 (1955).

die $p_H$-Abhängigkeit und das reversible Potential nach Gl. (6.2) erhalten bleiben. Dieser scheinbare Widerspruch ist so wichtig, daß die Einzelheiten noch behandelt werden sollen.

Für diese Diskussion soll das Phasendiagramm (Abb. 301) für eine Elektrode zweiter Art mit $A = O^{2-}$ bzw. $A = OH^-$ herangezogen werden. Die Potentialdifferenz Metall/Oxyd $\varepsilon_{1,2a} = \varphi_1 - \varphi_{2a}$ stellt sich ein, wenn sich der Übergang der Metallionen $\alpha$ (1,2a) im Gleichgewicht befindet. Die Potentialdifferenz Oxyd/Elektrolyt muß allgemein bei einem an Oxyd (Oxyhydrat) ungesättigten Elektrolyten nach dem Vorbild (Abb. 304) von JAENICKE[26] behandelt werden. Unter der Voraussetzung, daß die Austauschstromdichte des Sauerstoffgleichgewichtes $O^{2-}$ (Oxyd) $+ 2H^+ \cdot aq \leftrightharpoons H_2O \cdot aq$ [$\beta$ (2b, 3)] sehr viel größer als die des Metallionengleichgewichtes $Me^{z+}$ (Oxyd) $\leftrightharpoons Me^{z+} \cdot aq$ [$\alpha$ (2b, 3)] ist, bleibt die Gleichgewichtspotentialdifferenz $\varepsilon_{2b,3} = \varphi_{2b} - \varphi_3$ der Reaktion $O^{2-}$ (Oxyd) $+ 2H^+ \cdot aq \leftrightharpoons H_2O \cdot aq$ auch bei deutlicher, feststellbarer Auflösungsgeschwindigkeit $i_K$ bestehen*. Das bedeutet aber, daß unter der Voraussetzung eines Gleichgewichtes innerhalb der Passivschicht (2a, 2b) die Gl. (6.2) mit den Normalpotentialen $E_0$ der Tab. 16 auch bei einem an Oxyd ungesättigten Elektrolyten ($i_K \neq 0$) bestehen bleibt. In diesem Fall spricht das Potential der Oxydelektrode nicht auf die Metallionenkonzentration im Elektrolyten an, wie es am passiven Eisen von VETTER[24, 27] und am passiven Nickel von VETTER u. ARNOLD[28] beobachtet wurde.

## § 186. Korrosion im Passivzustand

Die Korrosion passiver Metalle ist nach VETTER[1] *nicht* auf eine *aktive Auflösung des Metalls in Poren* zurückzuführen. Dafür sprechen quantitative Betrachtungen, die auf „subatomare" Dimensionen von „Poren" führen[1], sowie der qualitative Zustand der Korrosionsprodukte oder der Zusammenhang zwischen Schichtdicke, Potential und Korrosionsgeschwindigkeit (§ 187). Demzufolge ist die Korrosion als *Auflösung der porenfreien Passivschicht* im Elektrolyten zu verstehen, wobei im stationären, stromlosen Fall ein kathodisch ablaufender Redoxvorgang für die anodische Ergänzung der Passivschicht sorgt (z. B. passives Fe in $HNO_3$ oder in $O_2$-haltigem, alkalischem Elektrolyten).

In redoxsystemfreien Elektrolyten kann die Korrosionsgeschwindigkeit im stationären Fall durch eine *anodische Korrosionsstromdichte* $i_K$ nach VETTER[1] gemessen werden, die zur Erhaltung des Zustandes durch die passive Oberfläche fließen muß. Diese anodische Stromdichte $i_K$ bildet die Schicht mit der gleichen Geschwindigkeit nach, mit der sie sich

---

[26] JAENICKE, W.: Z. Elektrochem. **56**, 473 (1952).

* In Abb. 304a entspräche die Lösungsgeschwindigkeit $i_L = i_K$ bei Abwesenheit von Metallionen im Elektrolyten ($c_{Me} = 0$) dem Schnittpunkt der Kurven 2 und 1''. Wenn die Kurve 1 sehr flach, Kurve 2 sehr steil ist, entspricht dem Schnittpunkt nur eine sehr kleine Überspannung mit einer entsprechend kleinen Abhängigkeit von $c_{Me}$.

[27] VETTER, K. J.: Z. Elektrochem. **58**, 230 (1954).

[28] VETTER, K. J., u. K. ARNOLD: Z. Elektrochem. **64**, 244 (1960).

[1] VETTER, K. J.: Z. Elektrochem. **55**, 274 (1951).

auflöst. Der Vorgang kann anhand der Abb. 301 (S. 571) so interpretiert werden, daß die Anzahl der Metallionen, die auf Grund ihrer Bewegung durch die Schicht* an der Phasengrenze Oxyd/Elektrolyt ankommen, durch die Phasengrenze in den Elektrolyten weiterwandern (elektrochemische Durchtrittsreaktion**). Der Bruttovorgang $O^{2-}$ (Oxyd) + + $2H^+ \cdot aq \leftrightharpoons H_2O \cdot aq$ läuft dabei makroskopisch nicht ab, bestimmt aber die Einstellung der Potentialdifferenz an der Phasengrenze Oxyd/Elektrolyt.

Am passiven Eisen ist nach FRANCK u. WEIL[2], aber auch nach VETTER[1] die Korrosionsstromdichte $i_K$ in einem weiten Bereich unabhängig vom Potential $\varepsilon_h$, wie es die Abb. 324 zeigt. Auch HEUSLER, WEIL u. BONHOEFFER[3] stellten diese Unabhängigkeit in alkalischer Lösung fest. Zur Deutung dieser Konstanz werden zwei Möglichkeiten diskutiert, zwischen denen experimentell noch nicht unterschieden werden konnte. VETTER[4] erklärt die Konstanz damit, daß die Potentialdifferenz $\varepsilon_{2b,3}$ (Abb. 301, S. 571) nur durch die Reaktion $O^{2-}$ (Oxyd) + $2H^+ \cdot aq \leftrightharpoons$ $\leftrightharpoons H_2O \cdot aq$ festgelegt ist und damit unabhängig vom Gesamtpotential $\varepsilon_h$ der Passivelektrode ist***. Damit wird auch die Geschwindigkeit $i_K$ der Durchtrittsreaktion $Fe^{3+}$ (Oxyd) $\rightarrow Fe^{3+} \cdot aq$ unabhängig von $\varepsilon_h$. SCHOTTKY[5] nimmt an der Oberfläche eine Sättigung des Elektrolyten mit $FeO^+$ nach $Fe_2O_3 + 2H^+ \cdot aq \leftrightharpoons 2FeO^+ \cdot aq + H_2O$ an, worauf $FeO^+$ nach $FeO^+ + 2H^+ \rightarrow Fe^{3+} + H_2O$ oder nach einer anderen Reaktion homogen im Elektrolyten in einer dünnen Reaktionsschicht $\delta_r$ vor der Oberfläche abreagiert. Nach dieser Deutung ist $i_K$ eine homogene Reaktionsgrenzstromdichte $i_r$ (§ 68 u. 70).

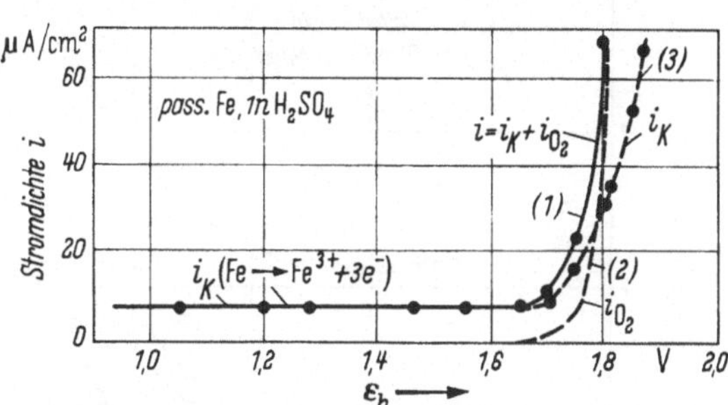

Abb. 324. Stationäre Stromspannungskurve (1) und Teilstromspannungskurven $i_{O_2}$ der $O_2$-Entwicklung (2) und der Korrosion $i_K$ (3) des passiven Eisens in 1 n $H_2SO_4$ bei 25°C [nach U. F. FRANCK u. K. G. WEIL: Z. Elektrochem. **56**, 814 (1952)]

Die Korrosionsstromdichte hängt experimentell nach VETTER[4] mit

$$\log i_K = -0{,}84 \cdot p_H + \log i_{K,0} \tag{6.4}$$

vom $p_H$-Wert (0,5 bis 4) ab. In stark alkalischer Lösung wird $i_K$ wieder

* In einem starken elektrischen Feld.

** Hiermit soll nicht behauptet werden, daß es die gleichen Ionen als „Individuen" sind.

[2] FRANCK, U. F., u. K. G. WEIL: Z. Elektrochem. **56**, 814 (1952).

[3] HEUSLER, K., K. G. WEIL u. K. F. BONHOEFFER: Z. physik. Chem. N. F. **15**, 149 (1958).

[4] VETTER, K. J.: Z. Elektrochem. **59**, 67 (1955).

[5] SCHOTTKY, W.: Halbleiterprobleme **II**, 233 (1955). Herausgeg. von W. SCHOTTKY.

*** Eine Änderung von $\varepsilon_h$ kommt durch eine Änderung der Potentialdifferenz innerhalb der Schicht zustande.

größer[3]. $i_K$ ist auch von den Anionen abhängig, wie HEUSLER, WEIL u. BONHOEFFER feststellten[3] *. Bei der Korrosion in sauren Lösungen löst sich nach VETTER[4] das passive Eisen zu 100 ± 2% als $Fe^{3+}$. Hierbei konnte durch Zusatz von $Fe^{2+}$ experimentell nachgewiesen werden, daß das $Fe^{3+}$-Ion auch das primäre Korrosionsprodukt ist**.

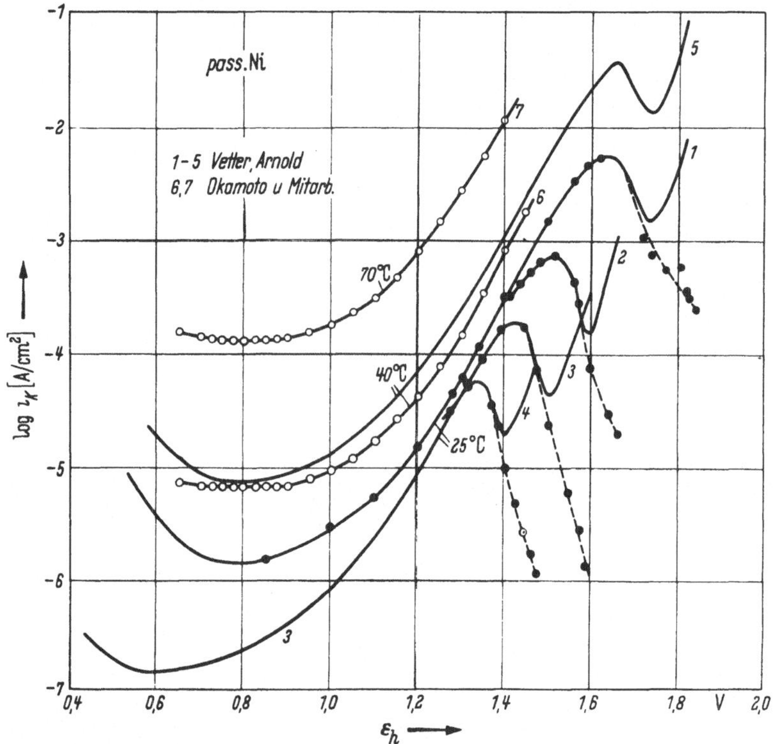


Abb. 325. Stationäre Korrosionsstromdichte $i_K$ von passivem Ni in Abhängigkeit vom Potential $\varepsilon_h$ für verschiedene Temperaturen und $p_H$-Werte [nach K. J. VETTER, K. ARNOLD: Z. Elektrochem. **64**, 244 (1960) und G. OKAMOTO, H. KOBAYASHI, M. NAGAYAMA u. N. SATO: Z. Elektrochem. **62**, 775 (1958)]. Ausgezogene Kurven: gemessene stationäre Stromdichten (mit Anstieg zur $O_2$-Entwicklung). Meßpunkte in Kurven 1—5: analytisch-chemisch bestimmte $i_K$-Werte (mit gestrichelter Kurve). Kurve (1), (5), (6), (7): 1 n $H_2SO_4$ ($p_H$ = 0,3); Kurve (2): 0,1 n $H_2SO_4$ + 0,45 m $K_2SO_4$ ($p_H$ = 1,85); Kurve (3): 0,01 n $H_2SO_4$ + 0,495 m $K_2SO_4$ ($p_H$ = 2,93); Kurve (4): 0,001 n $H_2SO_4$ + 0,5 m $K_2SO_4$ ($p_H$ = 3,93)

Der starke Einfluß der $Cl^-$-Ionen auf die Passivität des Eisens und auf $i_K$[6,1] ist nach ENGELL[7] auf eine Zerstörung der Passivschicht durch Lochfraßbildung zurückzuführen.

Zur Klärung der Vorgänge bei der Auflösung von Eisenoxyden wurden unter verschiedensten Bedingungen interessante Versuche

* In beiden Fällen dürfte eine Komplexbindung der Eisenionen die Vergrößerung von $i_K$ hervorrufen.

** Eine Reaktionsfolge $Fe^{2+}$ (Oxyd) → $Fe^{2+} \cdot aq$; $Fe^{2+} \cdot aq \rightarrow Fe^{3+} \cdot aq + e^-$ konnte somit ausgeschlossen werden.

[6] BONHOEFFER, K. F., u. U. F. FRANCK: Z. Elektrochem. **55**, 180 (1951).

[7] ENGELL, H.-J., u. N. D. STOLICA: Arch. Eisenhüttenwesen **30**, 239 (1959).

von PRYOR u. EVANS[8], H. J. ENGELL[9] und M. u. V. PRAŽAK[10] durchgeführt.

Das dem Eisen chemisch sehr ähnliche *Nickel* zeigt im passiven Zustand starke Abweichungen im Verhalten der Korrosionsstromdichte $i_K$. VETTER u. ARNOLD[11] stellten hier eine starke Potentialabhängigkeit von $i_K$ fest, wie es die Abb. 325 für verschiedene $p_H$-Werte zeigt. Dabei tritt ein bemerkenswertes Maximum im Bereich

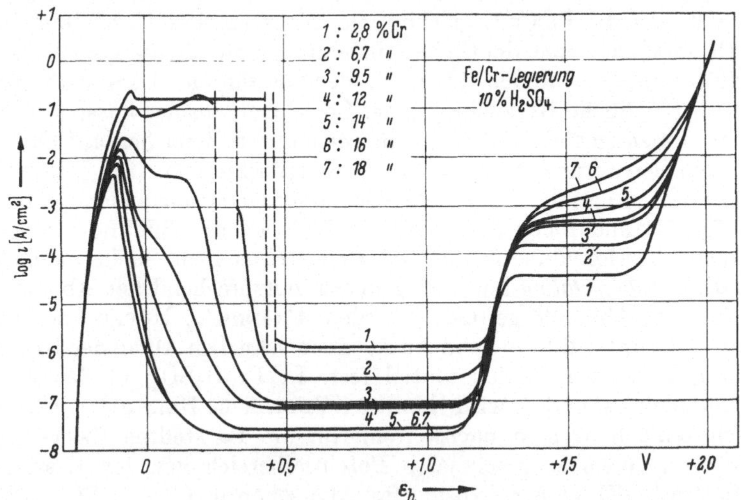


Abb. 326. Potentiostatische Stromdichte-Potentialkurven $i(\varepsilon_h)$ für verschiedene Fe-Cr-Legierungen in 10%iger $H_2SO_4$ (~2 n) (nach R. OLIVIER: Passiviteit van Ijzer en Ijzer-Chroom Legeringen, Dissertation Leiden 1955)

des Beginns der $O_2$-Entwicklung auf. An verschiedenen Chrom-Nickel-Stählen fanden M. u. V. PRAŽAK u. ČIHAL[12] ein sehr ähnliches Verhalten. OKAMOTO u. Mitarb.[13] fanden auch am passiven Ni bei 40°C und 70°C in einem kleinen Potentialbereich eine Unabhängigkeit der Korrosionsstromdichte $i_K$, die jedoch von VETTER u. ARNOLD[11] nicht bestätigt werden konnte. Es sei noch bemerkt, daß KOLOTYRKIN[14] eine wesentlich größere Korrosionsstromdichte $i_K$ feststellte*.

*Cr- und Fe-Cr-Legierungen* sind von OLIVIER[15] und PRAŽAK[12] eingehend potentiostatisch untersucht worden. Abb. 326 zeigt potentio-

[8] PRYOR, M. J., u. U. R. EVANS: J. chem. Soc. **1949**, 3330; **1950**, 1259; **1950**, 1267. — PRYOR, M. J.: J. chem. Soc. **1950**, 1274.

[9] ENGELL, H.-J.: Z. physik. Chem. N. F. **7**, 158 (1956).

[10] PRAŽAK, M., u. V. PRAŽAK: Coll. czech. chem. Comm. **21**, 63, 73 (1956.)

[11] VETTER, K. J., u. K. ARNOLD: Z. Elektrochem. **64**, **244** (1960).

[12] PRAŽAK, M., V. PRAŽAK u. V. ČIHAL: Z. Elektrochem. **62**, 739 (1958).

[13] OKAMOTO, G., H. KOBAYASHI, M. NAGAYAMA u. N. SATO: Z. Elektrochem. **62**, 775 (1958).

[14] KOLOTYRKIN, Y. M.: Z. Elektrochem. **62**, 664 (1958).

* Vielleicht ist hierbei die viele Stunden andauernde stationäre Einstellung nicht abgewartet worden.

[15] OLIVIER, R.: Passiviteit van Ijzer en Ijzer-Chroom Legeringen, Dissertation Leiden 1955.

statische Stromspannungskurven von OLIVIER[15], die mit Messungen von KOLOTYRKIN[14] an reinem Cr qualitativ übereinstimmen. Galvanostatische Stromspannungskurven an Fe-Cr-Legierungen in neutraler Lösung sind von UHLIG u. WOODSIDE[16] gemessen worden*. Die beiden Passivitätsbereiche unterhalb und oberhalb etwa $\varepsilon_h = 1{,}2$ Volt unterscheiden sich, wie OLIVIER[15] und PRAŽAK[12] feststellten, durch die Korrosionsprodukte. Neben $Fe^{3+}$ entsteht bei $\varepsilon_h < 1{,}2$ Volt $Cr^{3+}$ (Passivität) und bei $\varepsilon_h > 1{,}2$ Volt $CrO_4^{2-}$ (Transpassivität). Oberhalb von 30 bis 35% Cr verhält sich die Fe-Cr-Legierung wie reines Cr. Bei 16 bis 18% Cr ist nach PRAŽAK[12] eine deutliche Ausbildung von Maxima im Transpassivitätsbereich zu finden. M. u. V. PRAŽAK führen dieses Verhalten auf die oberflächliche Herauslösung der $Cr^{3+}$-Ionen aus der Passivschicht als $CrO_4^{2-}$-Ionen zurück, wobei sich in bestimmten Bereichen auf Grund einer Spinellstruktur[17]** intakte Ferrioxydschichten (Cr < 15,5%; $Cr^{3+} : Fe^{3+} = 1:3$) an der Oberfläche der Passivschicht ausbilden können. Ab 30,7% Cr und mehr ($Cr^{3+} : Fe^{3+} \geqq 1:1$) ist die Bildung von geschlossenen Ferrioxydoberflächen stöchiometrisch nicht mehr möglich.

Auch an *Edelmetallen* konnten Kurven, entsprechend der Abb. 321, Abb. 322 oder Abb. 326 gefunden werden. FRANCK u. HOPPÉ[18] stellten an Au in HCl unter Bildung von $AuCl_4^-$ einen schnellen Abfall der Korrosionsstromdichte am Fladepotential fest. In 1 n $H_2SO_4$, in der $Au^{3+}$ nicht komplex gebunden wird, konnten VETTER u. BERNDT[19] spektroskopisch keine Korrosion nachweisen. Nur am Pd stellten VETTER u. BERNDT[19] in einem sehr schmalen Potentialbereich vor der Passivierung in 1 n $H_2SO_4$ eine Korrosion fest. die schon in 0,1 n $H_2SO_4$ nicht mehr zu finden war, da sich $\varepsilon_F$ mit der Erhöhung des $p_H$-Wertes nach negativeren Werten verschob. Auch TISCHER u. GERISCHER[20] fanden an Ag in ammoniakalischer Lösung ein derartiges Verhalten angedeutet. Erst bei sehr positiven Potentialen im Bereich der $O_2$-Entwicklung setzt oftmals wieder eine Korrosion im passiven Zustand ein. Unterhalb dieses Potentials konnten VETTER u. BERNDT[19] an Au, Pd und Pt in $H_2SO_4$ keine Korrosion nachweisen.

Die Passivschicht des *Al*, die nach PRYOR[21] aus $\gamma$-$Al_2O_3$ besteht, hat offenbar in nicht extrem sauren oder stärker alkalischen Elektrolyten eine so geringe Auflösungsgeschwindigkeit, daß eine Korrosionsgeschwindigkeit hier noch nicht gemessen werden konnte. In stark alkalischem Elektrolyten ist jedoch Al unter $H_2$-Entwicklung im hier

---

[16] UHLIG, H. H., u. G. E. WOODSIDE: J. Phys. Chem. 57, 280 (1953).

* Diese Messungen überspringen allerdings infolge der galvanostatischen Versuchsdurchfuhrung das interessante Gebiet der geringen Korrosion.

[17] YEARIAN, H. J., E. C. RANDELL u. T. A. LONGO: Corrosion 12, 515t (1956). — YEARIAN, H. J., H. E. BOREN JR. u. R. E. WARR: Corrosion 12, 561t (1956). — RHODIN, T. N.: Corrosion 12, 123t (1956).

** Spinelle haben die Zusammensetzung $MeO \cdot Me_2O_3$, also der gemischte Chromeisenspinell $FeO \cdot (Fe,Cr)_2O_3$.

[18] FRANCK, U. F., u. K. HOPPÉ: Unveröffentlicht. — FRANCK, U. F.: Z. Elektrochem. 62, 649 (1958).

[19] VETTER, K. J., u. D. BERNDT: Z. Elektrochem. 62, 378 (1958).

[20] TISCHER, R. P., u. H. GERISCHER: Z. Elektrochem. 62, 50 (1958).

[21] PRYOR, M. J.: Z. Elektrochem. 62, 782 (1958).

noch vorhandenen Passivzustand schnell löslich. Die Korrosion des passiven Al in $Cl^-$-haltigen Elektrolyten ist von MASING u. ERGANG[22] studiert worden.

Auch die Passivschicht ($TiO_2$) des *Ti* ist in nicht komplex lösenden Säuren, wie STRAUMANIS[23] angibt, nur außerordentlich schwer löslich. VETTER u. OELSNER[24] fanden aber trotzdem in 1 n $H_2SO_4$ ein Verhalten des Ti, das Abb. 321 entspricht. In HF ist dieses Passivoxyd des Ti allerdings mit einer ganz bedeutenden Korrosionsstromdichte $i_K$ löslich, wie aus den Untersuchungen von RÜDIGER u. FISCHER[25] hervorgeht. Dabei bilden sich potentiostatische Stromdichte-Potentialkurven entsprechend Abb. 321 oder Abb. 326 aus. $i_K$ steigt mit der Flußsäure-Konzentration.

## § 187. Ionenleitfähigkeit von Passivschichten und Schichtaufbau

Das Wachstum einer porenfreien Schicht, wie sie die Passivschicht darstellt, kann nur durch eine Wanderung der diese Schicht aufbauenden Kationen oder Anionen oder beider Ionensorten durch diese Schicht geschehen. Hierfür muß ein Konzentrations- oder genauer Aktivitätsgefälle $da_j/d\xi$ oder auch eine elektrische Feldstärke $d\varphi/d\xi$ innerhalb der Schicht vorhanden sein. Auf dieser Grundlage hat C. WAGNER[1-3, 4] die *Anlauftheorie der Metalle* entwickelt, die auch für die Vorgänge des Wachstums von Passivschichten im Elektrolyten zugrunde gelegt werden muß. Maßgebend für die Bewegung der Ionen in der Passivschicht ist ein Gradient $d\eta/d\xi$

$$\frac{d\eta_j}{d\xi} = \frac{d\mu_j}{d\xi} + z_j \cdot F \cdot \frac{d\varphi}{d\xi} \tag{6.5}$$

des elektrochemischen Potentials $\eta_j$ des Ions $S_j$ innerhalb der Passivschicht. Praktisch sind bei Zimmertemperatur nicht so sehr Konzentrationsgradienten als vielmehr elektrische Potentialdifferenzen innerhalb der Schichten für die Bewegung maßgebend.

Bei den nachgewiesenen, sehr *starken Feldstärken* der Größenordnung $10^6$ bis $10^7$ Volt/cm gilt für die Ionenströme innerhalb der Schichten nicht mehr das Ohmsche Gesetz. VERWEY[5] und später MOTT[6, 7] und CABRERA[8, 9] haben hierfür auf Grund der experimentellen Ergebnisse

---

[22] MASING, G.: Z. Metallk. **37**, 97 (1946). — ERGANG, R., u. G. MASING: Z. Metallk. **40**, 311 (1949); **41**, 272 (1950).
[23] STRAUMANIS, M. E., u. P. C. CHEN: Metall **7**, 85 (1953).
[24] VETTER, K. J., u. G. OELSNER: Unveröffentlicht.
[25] RÜDIGER, O., u. W. R. FISCHER: Z. Elektrochem. **62**, 803 (1958).
[1] WAGNER, C.: Z. physik. Chem. **B 21**, 25 (1933).
[2] WAGNER, C.: Z. physik. Chem. **B 32**, 447 (1936).
[3] WAGNER, C., u. K. GRÜNEWALD: Z. physik. Chem. B **40**, 455 (1938).
[4] Vgl. auch W. SCHOTTKY: Wiss. Abh. Siemens-Konzern **14**, Heft 2, S. 1 (1935).
[5] VERWEY, E. J. W.: Physica **2**, 1059 (1935).
[6] MOTT, N. F.: Trans. Faraday Soc. **43**, 429 (1947).
[7] MOTT, N. F.: J. Chim. Phys. **44**, 172 (1947).
[8] CABRERA, N.: Phil. Mag. **40**, 175 (1949).
[9] CABRERA, N., u. N. F. MOTT: Rep. Progr. Physics **12**, 163 (1949).

von GÜNTERSCHULZE u. BETZ[10] ein exponentielles Gesetz in der Art

$$
\begin{aligned}
i &= i_0 \cdot \exp\left(\beta \cdot \frac{\Delta\varphi}{\delta}\right) = i_0 \cdot \exp\left(\frac{\alpha z F}{RT} \cdot a \cdot \frac{\Delta\varphi}{\delta}\right) \\
&= \nu \cdot n \cdot V \cdot \exp\left(-\frac{E_0 - \alpha z F \cdot a\, \Delta\varphi/\delta}{RT}\right)
\end{aligned}
\tag{6.6}
$$

für die Ionenstromdichte $i$ in Abhängigkeit von der Feldstärke $\Delta\varphi/\delta$ ($\Delta\varphi$ = Potentialdifferenz innerhalb der Schicht, $\delta$ = Schichtdicke) zur Deutung der Wachstumsgesetze herangezogen. Nach Abb. 327 wird die Aktivierungsenergie für den Platzwechsel um $\alpha z F \cdot \Delta\varphi \cdot a/\delta$ durch das elektrische Feld verkleinert. Die Entfernung $a$ ist die Sprungentfernung beim Platzwechsel, $z$ die Ladung (Wertigkeit) des Ions und $\alpha$ (meistens $\alpha \sim 0{,}5$) entspricht einem „Durchtrittsfaktor".

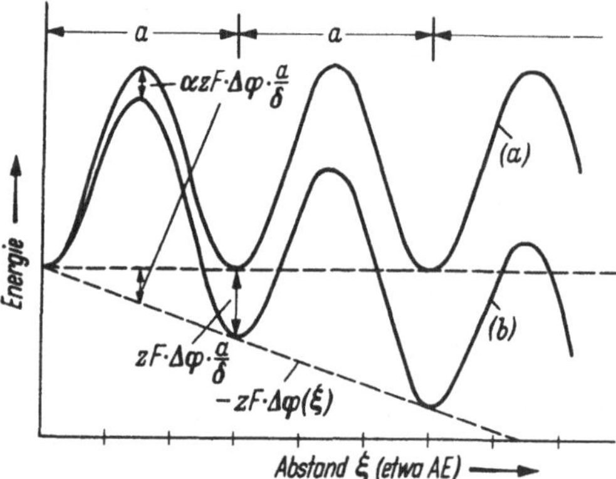


Abb. 327. Schematische Darstellung der Energie des wandernden Ions in Abhängigkeit vom Oberflachenabstand mit (b) und ohne (a) elektrischem Feld zur Deutung von Gl. (6.6) (reziprok-logarithmisches Wachstumsgesetz)

Zur Beurteilung der Abhängigkeit des Ionenstroms und der Schichtdicke $\delta$ vom Potential $\varepsilon_h$ der Passivelektrode muß zunächst die Auswirkung einer Potentialdifferenz $\Delta\varphi$ im Innern der Passivschicht auf das Elektrodenpotential $\varepsilon_h$ behandelt werden. Hierzu dient das Phasenschema Abb. 328, das dem der Abb. 301 sehr ähnlich ist. Die Gleichgewichte $\alpha$(1,2a) und $\beta$(2b, 3) führen beim Vorhandensein der Gleichgewichte $\alpha$ (2a, 2b) und $\beta$ (2a, 2b) auf das Fladepotential nach § 185

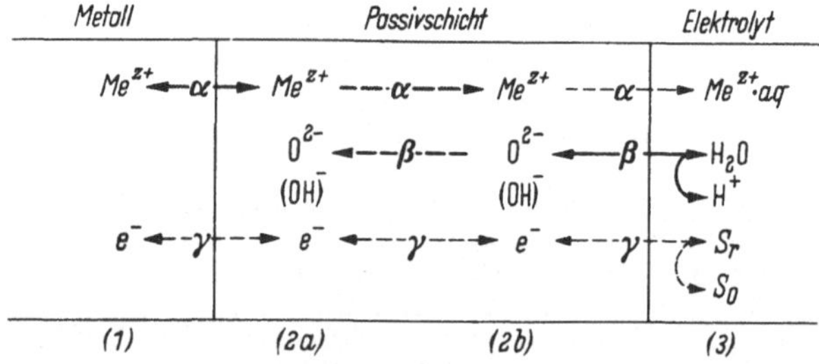


Abb. 328. Phasenschema Metall/Passivschicht/Elektrolyt mit den verschiedenen, möglichen Bruttoreaktionen [nach K. J. VETTER: Z. physik. Chem. N. F. 4, 165 (1955)]

als Potential einer Oxydelektrode. Gleichgewicht zwischen den Gebieten 2a und 2b bedeutet dabei, daß keine Potentialdifferenz im Oxyd auftritt ($\Delta\varphi = 0$). Eine unter Beibehaltung der *Gleichgewichte* $\alpha$*(1, 2a) und* $\beta$*(2b, 3)*

[10] GÜNTHERSCHULZE, A., u. H. BETZ: Z. Physik **91**, 70 (1934); **92**, 367 (1934).

an den Phasengrenzen innerhalb der Passivschicht auftretende *Potentialdifferenz* $\Delta\varphi$ muß nach K. J. VETTER[11, 12] zu dem reversiblen Potential der Oxydelektrode ($\varepsilon_F$) addiert werden. Es ist also

$$\varepsilon_h = \varepsilon_F + \Delta\varphi \tag{6.7}$$

wie es auch der Potentialverlauf in Abb. 329 darstellt.

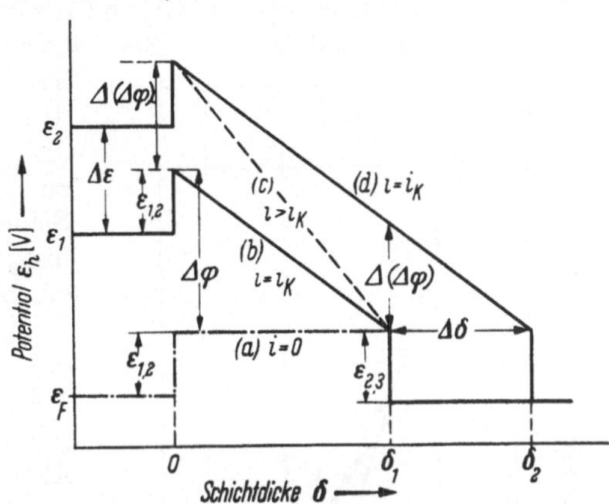


Abb. 329. Schematischer Potentialverlauf durch die Passivschicht. (a) beim Fladepotential $\varepsilon_F$ ($i = 0$); (b) beim Potential $\varepsilon_1 > \varepsilon_F$ ($i = i_K$, stationäre Schichtdicke $\delta_1$); (c) nach Potentialerhöhung auf $\varepsilon_2 > \varepsilon_1 > \varepsilon_F$ ($i > i_K$, Schichtwachstum); (d) bei $\varepsilon_2$ ($i = i_K$, stationäre Schichtdicke $\delta_2$ nach dem Schichtzuwachs $\Delta\delta$). Vorzeichen und Beträge sind willkürlich gewählt [nach K. J. VETTER: Z. Elektrochem. **58**, 230 (1954)]

Eine Erhöhung $\delta_2 - \delta_1$ der Schichtdicke $\delta$ bedeutet bei konstantem Ionenstrom nach Gl. (6.6) und Gl. (6.7) eine Erhöhung $\Delta(\Delta\varphi)$ der Potentialdifferenz $\Delta\varphi$ und damit des Potentials $\varepsilon_h$ der Elektrode nach Abb. 329, da der Konstanz von $i$ die Konstanz der Feldstärke $\Delta\varphi/\delta$ entspricht. Ein anodischer Ionenstrom bewirkt einen Aufbau der Schicht nach dem Faradayschen Gesetz. Löst sich die Schicht gleichzeitig mit der Korrosionsstromdichte $i_K$ auf, so wird nur $i - i_K$ für den Schichtaufbau verwendet. Die Geschwindigkeit des Schichtdicken- und Potentialanstiegs ist dann

$$\frac{d\delta}{dt} = (i - i_K)\,\frac{M}{n\cdot F\cdot s\cdot\sigma} = \frac{1}{E}\cdot\frac{d\varepsilon}{dt} \tag{6.8}$$

mit $M$ = Molekulargewicht, $n$ = Elektrodenreaktionswertigkeit, $s$ = Dichte der Schicht, $\sigma$ = Oberflächenfaktor, $E$ = Feldstärke. In Gl. (6.8) wurde vorausgesetzt, daß $i$ nur ein Ionenstrom und kein Elektronenstrom ist.

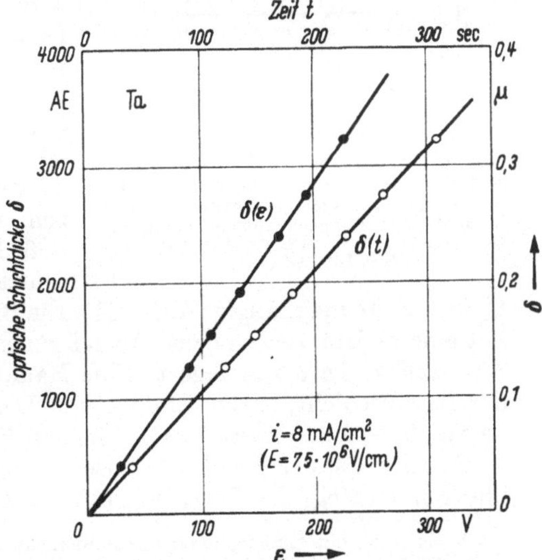


Abb. 330. Abhängigkeit der optisch ermittelten Dicke $\delta$ der anodisch ($i$ = 8 mA/cm²) an Ta bei 19°C gebildeten Passivschicht ($Ta_2O_5$) vom Potential $\varepsilon$ (Volt) und der Zeit $t$ (Sek) [nach D. A. VERMILYEA: Acta met. **1**, 282 (1953)]

Für potentialunabhängige Korrosionsstromdichten $i_K$ bzw. $i_K = 0$ bedeutet Gl. (6.8) in redoxsystemfreien

[11] VETTER, K. J.: Z. physik. Chem. **202**, 1 (1953).
[12] VETTER, K. J.: Z. physik. Chem. N. F. **4**, 165 (1955).

Elektrolyten* einen linearen Anstieg des Potentials mit der Zeit. GÜNTHER-SCHULZE u. BETZ[10] stellten dieses Verhalten bei der anodischen Oxydation von Al, Bi, Nb, Ta, Ti und Ce fest. Die Feldstärken, die unmittelbar aus der geflossenen Elektrizitätsmenge unter stöchiometrischer Umrechnung auf die Schichtdicke [Gl. (6.8)] und aus der Potentialerhöhung (Abb. 329) zu entnehmen sind, liegen im Bereich von $10^6$ bis $10^7$ Volt/cm. An Tantal hat VERMILYEA[13, 14] sehr ausführlich dieses Verhalten der Passivschicht ($Ta_2O_5$) studiert und die nach Gl. (6.8) zu fordernde Linearität zwischen Schichtdicke und Zeit bzw. Potential festgestellt. Abb. 330 gibt hierfür ein Beispiel.

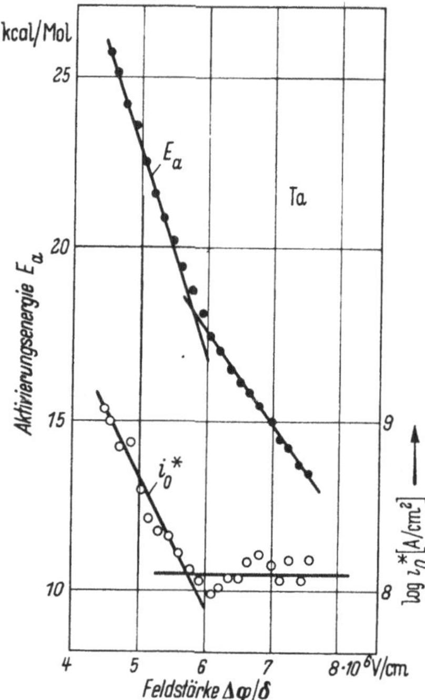


Abb. 331. Scheinbare Aktivierungsenergie $E_a$ und Häufigkeitsfaktor [Gl. (6.6)] $i_0^*$ bei der Ionenleitung in der Passivschicht des Ta($Ta_2O_5$) bei 0°C in Abhängigkeit von der Feldstärke $\Delta\varphi/\delta$ [nach D. A. VERMILYEA: J. electrochem. Soc. **102**, 655 (1955)]

Aus der Temperaturabhängigkeit der Stromdichte $i$ folgt nach der Theorie von MOTT u. CABRERA[6–9] [Gl. (6.6)] eine feldstärkeabhängige Aktivierungsenergie $E_a = E_0 - \alpha \times \times zFa \cdot \Delta\varphi/\delta$. Weitere Untersuchungen von VERMILYEA[15] bestätigten in gewissem Sinne diese Abhängigkeit. Abb. 331 zeigt jedoch bei $6 \cdot 10^6$ Volt/cm einen Knick in dieser linearen Abhängigkeit, der sich auch in dem Faktor $i_0^* = \nu \cdot n \cdot V = i_0 \cdot \exp(+E_0/RT)$ der Gl. (6.6) bemerkbar macht. VERMILYEA u. Mitarb.[16] führen dieses Verhalten quantitativ auf eine feldstärkeabhängige Konzentration $n$ [Gl. (6.6)] der wandernden Tantalionen in Zwischengitterplätzen zurück. Oberhalb von $\Delta\varphi/\delta = 6 \cdot 10^6$ Volt/cm werden diese Konzentrationen und infolgedessen auch $i_0^*$ feldstärkeunabhängig (Abb. 331). Die Bildung der Zwischengitterionen hat eine feldstärkeabhängige Aktivierungsenergie $E_z$, die sich dem Wert $E_0 - \alpha zF \cdot a \cdot \Delta\varphi/\delta$ überlagert. Eine Raumladung in den Randschichten der Passivschicht, deren Einfluß von DEWALD[17] theoretisch untersucht wurde, hat nach VERMILYEA[15, 16] keinen Einfluß.

An der Passivschicht des Eisens konnte VETTER[18] auf Grund des linearen Anstiegs des Potentials mit der Zeit nach Gl. (6.8) ein ebenfalls

* Es soll kein Elektronenstrom fließen, also im betrachteten Potentialbereich keine Redoxreaktion ablaufen.

13 VERMILYEA, D. A.: Acta met. **1**, 282 (1953).

14 VERMILYEA, D. A.: Acta met. **2**, 476 (1954).

15 VERMILYEA, D. A.: J. electrochem. Soc. **102**, 655 (1955).

16 BEAN, C. P., J. C. FISHER u. D. A. VERMILYEA: Phys. Rev. **101**, 551 (1956).

17 DEWALD, J. F.: Acta met. **2**, 340 (1954); J. electrochem. Soc. **102**, 1 (1955).

18 VETTER, K. J.: Z. Elektrochem. **58**, 230 (1954).

sehr starkes Potentialgefälle der Größenordnung $3 \cdot 10^6$ Volt/cm innerhalb der Passivschicht nachweisen. Abb. 332 gibt verbesserte Messungen

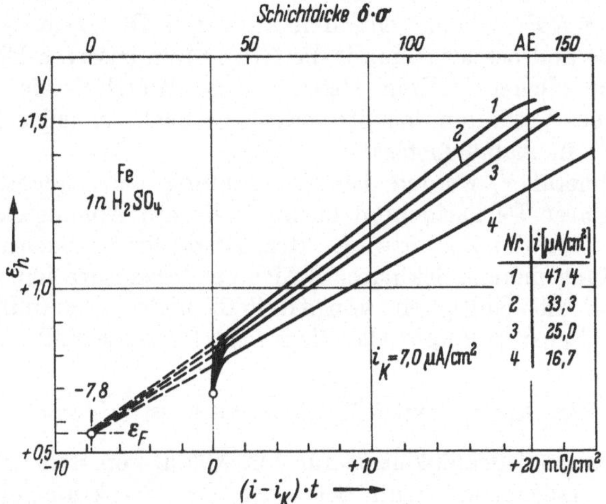


Abb. 332. Potential $\varepsilon_h$ (Volt) des passiven Eisens in 1n $H_2SO_4$ nach 25° C beim anodischen Aufbau der Passivschicht in Abhängigkeit von der anodischen Elektrizitätsmenge $\Delta Q = (i-i_K) \cdot t$ nach Ausgang vom stationären Zustand $\varepsilon_h = +0{,}68$ Volt, $i = i_K = 7{,}0\ \mu A/cm^2$ für verschiedene Stromdichten $i$ [nach Messungen von K. G. WEIL: Z. Elektrochem. **59**, 711 (1955), vgl. K. J. VETTER[19]]

von WEIL[20] zu diesem Nachweis wieder. Die Geraden schneiden sich nach VETTER[19] in der Nähe des Fladepotentials $\varepsilon_F$. Abb. 332 gibt auch

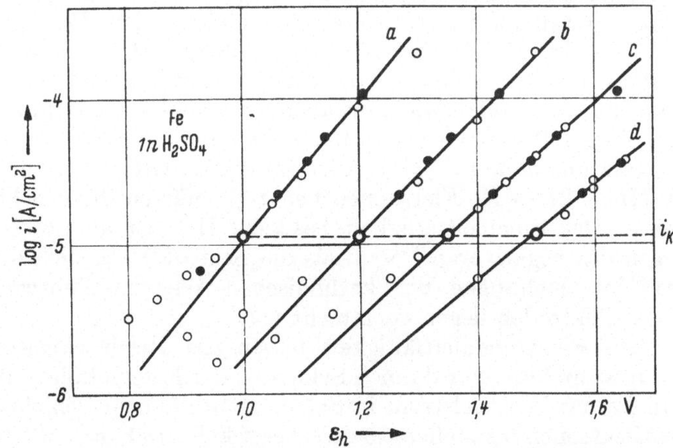


Abb. 333. Abhängigkeit der Stromdichte $i$ vom Potential $\varepsilon_h$ des Passiveisens bei verschiedenen Schichtdicken (stationäre Ausgangszustände $\varepsilon_s$ (Doppelkreise) bei $i = i_K$) bei 25°C in 1 n $H_2SO_4$. a) $\varepsilon_s = 1{,}0$, b) 1,2, c) 1,35, d) 1,5 Volt [nach K. J. VETTER: Z. Elektrochem. **58**, 230 (1954)]

die aus der Elektrizitätsmenge $\Delta Q = (i - i_K) \cdot t$ folgende Schichtdicke $\delta$ an, die bis auf den Rauhigkeitsfaktor $\sigma$ (vielleicht 2–3) bestimmt ist.

[19] VETTER, K. J.: Z. Elektrochem. **62**, 642 (1958).
[20] WEIL, K. G.: Z. Elektrochem. **59**, 711 (1955).

Die Feldstärkeabhängigkeit der Ionenstromdichte $i$ nach Gl. (6.6) konnte von VETTER[18] an der Passivschicht des Eisens bestätigt werden, wie es die Abb. 333 zeigt. Der aus der Neigung der Geraden folgende Faktor $(\alpha \cdot zF/RT) \cdot a/\delta$ hat eine den atomaren Dimensionen entsprechende Größe und bestätigt damit die Gl. (6.6) am passiven Eisen. Auch am passiven Nickel stellten OKAMOTO u. Mitarb.[21] ein ähnliches logarithmisches Verhalten der Stromdichte $i$ nach schneller Potentialänderung wie in Abb. 333 fest.

An Edelmetallen werden bei der Bildung passivierender, meist monomolekularer Deckschichten ebenfalls lineare Abhängigkeiten des Potentials $\varepsilon_h$ von der Zeit bzw. Elektrizitätsmenge beobachtet (§ 155). Bei der Bildung monomolekularer Schichten (Chemisorptionsschichten) ist allerdings die Gültigkeit von Gl. (6.6) nicht verständlich. Eine Deutung des linearen Potentialanstiegs liegt für diese Fälle noch nicht vor.

## § 188. Elektronenleitfähigkeit von Passivschichten

Die Elektronenleitfähigkeit ist für den Ablauf von Redoxreaktionen $S_r \leftrightarrows S_o + e^-$ maßgebend, denn bei einer Redoxreaktion nimmt der Elektrolyt kathodisch Elektronen auf und gibt anodisch Elektronen an die Oberfläche der Passivschicht ab. Diese Reaktionen können aber nur ablaufen, wenn diese Elektronen durch die Passivschicht transportiert werden können. Ionenleitung kann diesen Elektrizitätstransport nicht ersetzen.

So ist die anodische Sauerstoffentwicklung nur möglich, wenn die Elektronen der Reaktion $2H_2O \rightarrow 4H^+ + O_2 + 4e^-$ durch die Passivschicht vom Metall aufgenommen werden können. Die Passivschicht des Al, Bi, Nb, Ta, Ti, Ce, die GÜNTHERSCHULZE u. BETZ[1] sowie VERMILYEA[2] untersucht haben, können diese Elektronen nicht transportieren, so daß dort die Sauerstoffentwicklung auch nicht bei Überspannungen der Größenordnung 100 Volt einsetzen kann und somit die Stromausbeute der Schichtbildung nahe 100% ist. Auch für die Wasserstoffentwicklung, die nach $2H^+ + 2e^- \rightarrow H_2$ Elektronen benötigt, müssen diese Schichten eine gewisse Elektronenleitfähigkeit besitzen. Hier ist allerdings nach § 187 wegen des negativeren Potentials, die Schicht wesentlich dünner. Genauere Untersuchungen der kathodischen Wasserstoffentwicklung an passiven Elektroden liegen noch nicht vor.

Eine gute Elektronenleitfähigkeit haben die Passivschichten des Fe, Ni, Cr usw. und die sehr dünnen Schichten der Edelmetalle. VETTER[3] konnte an Fe mit Wechselstrom in Salpetersäure keinen Schichtwiderstand für Elektronen feststellen, so daß dieser kleiner als $R < 0{,}1\ \Omega \cdot \mathrm{cm}^2$

---

[21] OKAMOTO, G., M. NAGAYAMA u. N. SATO: J. chem. Soc. Japan **93**, 238 (1957). — OKAMOTO, G., H. KOBAYASHI, M. NAGAYAMA u. N. SATO: Z. Elektrochem. **62**, 775 (1958).

[1] GÜNTHERSCHULZE, A., u. H. BETZ: Z. Physik **91**, 70 (1954); **92**, 367 (1934).

[2] VERMILYEA, D. A.: Acta met. **1**, 282 (1953); **2**, 476 (1954); J. electrochem. Soc. **102**, 655 (1955). — BEAN, C. P., C. P. FISHER u. D. A. VERMILYEA: Phys. Rev. **101**, 551 (1956).

[3] VETTER, K. J.: Z. Elektrochem. **55**, 274 (1951).

ist. Aus den Abb. 324, 325 und 326 ist zu entnehmen, daß eine Sauerstoffentwicklung bei den üblichen Überspannungen möglich ist.

VETTER[4, 5] zeigte zunächst theoretisch, daß sich reversible Redoxpotentiale an einer Passivschicht mit Potentialsprüngen an den Phasengrenzen Metall/Oxyd und Oxyd/Elektrolyt trotz eines Potentialgefälles innerhalb der Schicht bei ausreichend guter Elektronenleitfähigkeit konzentrationsrichtig einstellen können. An der Phasengrenze Metall/Elektrolyt herrscht dann bezüglich eines im Elektrolyten gelösten Redoxsystems Gleichgewicht, wenn die Potentialdifferenz so bemessen ist, daß das elektrochemische Potential $\eta_e = \mu_e - F \cdot \varphi$ der Elektronen im Metall gleich dem der Elektronen im Elektrolyten ist (§ 13). Wenn eine Passivschicht dazwischen geschaltet ist, so muß bei einem elektronischen Gleichgewicht vom Metall bis zum Elektrolyten auch überall in der Passivschicht das elektrochemische Potential der Elektronen $\eta_e$ konstant und gleich dem im Metall und dem im Elektrolyten mit Redoxsystem sein. Hierbei ist der Verlauf des elektrischen Potentials $\varphi$ vom Metall bis zum Elektrolyten unwesentlich. Aus Abb. 328 kann dieses Verhalten unmittelbar abgeleitet werden.

Die Konstanz von $\eta_e$ bedeutet bei größeren Potentialsprüngen oder Potentialgradienten eine wesentliche Veränderung des chemischen Potentials der Elektronen $\mu_e = \bar{\mu}_e + RT \cdot \ln a_e$*. Diese Änderung von $\mu_e$ wird eine starke Änderung der Elektronenkonzentration $c_e$, aber vor allem wegen der Größe der Aktivitätsunterschiede $a_e$ auch eine Änderung im Anregungszustand bedeuten. Dadurch lassen sich Änderungen der Aktivität um 20 oder 30 Zehnerpotenzen gut verstehen. Trotz der Feldstärken von $10^6$ bis $10^7$ Volt/cm in den Passivschichten und trotz guter Elektronenleitfähigkeit findet bei Einstellung des Redoxpotentials des Elektrolyten keine Elektronenwanderung innerhalb der Passivschicht statt. Die Wirkung des elektrischen Feldes wird durch einen entsprechend starken Aktivitätsgradienten $da_e/d\xi$ gerade kompensiert.

In einem redoxhaltigen Elektrolyten setzt sich die äußere Stromdichte $i$ additiv aus einem Ionen- ($i_\iota$) und einem Elektronenstrom ($i_e$) innerhalb der Passivschicht zusammen. Ist die äußere Stromdichte $i$ gleich der Korrosionsstromdichte ($i = i_K$), so wird die Schicht mit der Stromdichte $i_\iota - i_K = i - i_K - i_e = -i_e$ aufgebaut ($i_e < 0$, $\varepsilon < \varepsilon_{\text{redox}}$) bzw. abgebaut ($i > 0$, $\varepsilon > \varepsilon_{\text{redox}}$). Es wird sich infolgedessen bei $i = i_K$ stationär ein Potential mit der dazugehörigen stationären Schichtdicke einstellen, das gleich dem reversiblen Redoxpotential $\varepsilon = \varepsilon_{\text{redox}}$ ist, wie VETTER[3] an einer Reihe von Redoxreaktionen am passiven Eisen zeigen konnte. FRANCK u. WEIL[6] untersuchten in $Ce^{4+}/Ce^{3+}$-haltigem Elektrolyten die Aufteilung der Teilstromspannungskurven. Bei einem Strom $i_{\text{ges}} = i_K$ stellt sich nach Abb. 334 das reversible $Ce^{4+}/Ce^{3+}$-Redoxpotential und bei $i_{\text{ges}} = 0$ ein Mischpotential $\varepsilon_M$ ein. Ein derartiges Misch-

[4] VETTER, K. J.: Z. physik. Chem. **202**, 1 (1953).
[5] VETTER, K. J.: Z. physik. Chem. N. F. **4**, 165 (1955).
* $\mu_e$ ist mit dem Fermi-Potential der Metalle identisch.
[6] FRANCK, U. F., u. K. G. WEIL: Z. Elektrochem. **56**, 814 (1952).

potential ist nach BONHOEFFER u. VETTER[3, 7] auch das Potential des passiven Eisens in Salpetersäure*. Bleibt dieses Mischpotential bei der kathodischen Polarisation des Redoxvorganges mit $i_K$ im Bereich $\varepsilon_M > \varepsilon_F$, so kann das Redoxsystem das Metall im passiven Zustand erhalten**. Das Metall kann sich nicht spontan aktivieren. Diese Verhältnisse liegen vielleicht auch bei der von CARTLEDGE[8] festgestellten passivierenden

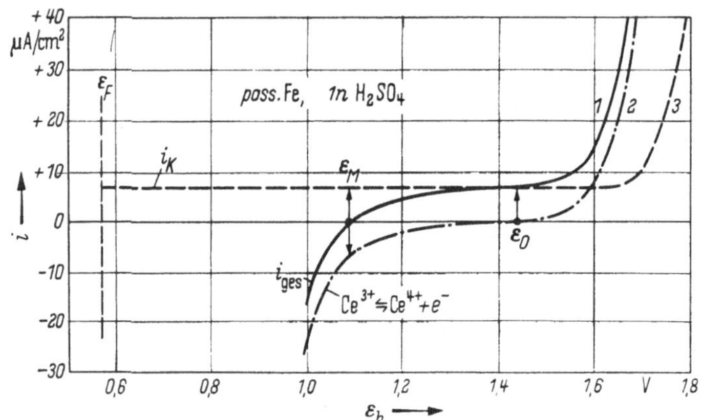


Abb. 334. Aufteilung der stationären Stromspannungskurve (1) $i_{ges}(\varepsilon_h)$ auf Grund analytisch-chemischer Bestimmung der Umsätze am passiven Eisen bei 25°C in 1 n $H_2SO_4$ + 0,0125 m $Ce^{4+}$ + + 0,0125 m $Ce^{3+}$. Kurve (2): $Ce^{3+} \leftrightarrows Ce^{4+} + e^-$; Kurve (3): Korrosion $Fe \rightarrow Fe^{3+} + 3e^-$ (und $O_2$-Entwicklung) [nach U. F. FRANCK u. K. G. WEIL: Z. Elektrochem. **56**, 814 (1952)]

Wirkung von $CrO_4^{2-}$-, $MoO_4^{2-}$-, $WO_4^{2-}$-, $TcO_4^{2-}$- und $OsO_4^-$-Ionen vor (§191). Diese Wirkung kann noch durch kathodische Abscheidung des Metalls auf der Oberfläche verstärkt werden.

## § 189. Dicke der Passivschichten

### α) *Theorie*

Die Dicke $\delta$ der Passivschichten von monomolekularen Dimensionen *(Chemisorptionsschichten)* bis zu einigen 1000 AE hängt nach Gl. (6.6) und Gl. (6.8) von dem Potential $\varepsilon_h$ der Passivelektrode und der Korrosionsstromdichte $i_K$ nach Untersuchungen von VETTER[1–3] ab. Aus beiden

---

[7] BONHOEFFER, K. F., u. K. J. VETTER: Z. physik. Chem. **196**, 127 (1950).

* Ein kathodisch mit $i_K$ polarisiertes $HNO_3/HNO_2$-Redoxpotential.

** Zum Beispiel Fe in $HNO_3$ oder Fe in alkalischem, $O_2$-haltigem Elektrolyten.

[8] CARTLEDGE, G. H.: J. phys. Chem. **59**, 979 (1955); **60**, 28, 1037, 1571 (1956); Z. Elektrochem. **62**, 684 (1958).

[1] VETTER, K. J.: Z. Elektrochem. **58**, 230 (1954).

[2] VETTER, K. J.: Passivierende Filme und Deckschichten. Herausg. von FISCHER, HAUFFE u. WIEDERHOLT. S. 72—89. Berlin-Göttingen-Heidelberg. Springer-Verlag 1956.

[3] VETTER, K. J.: Z. Elektrochem. **62**, 642 (1958).

Gln. (6.6) und (6.8) folgt die Beziehung

$$\boxed{\begin{aligned} \frac{d\delta}{dt} &= A\,(i - i_K) = A\left[i_0 \cdot \exp\left(\beta \cdot \frac{\Delta\varphi}{\delta}\right) - i_K\right] \\ &= A\left[i_0 \cdot \exp\left(\beta \cdot \frac{\varepsilon_h - \varepsilon_F - \eta_{2,3}(i - i_K)}{\delta}\right) - i_K\right] \\ &\text{mit } A = M/zFs \quad \text{und} \quad \beta = \alpha \cdot zF \cdot a/RT \end{aligned}} \tag{6.9}$$

Hierin ist die Überspannung $\eta_{2,3}(i - i_K)$ als Funktion von $i - i_K$ an der Phasengrenze Oxyd/Elektrolyt der Reaktion $H_2O \cdot aq \rightarrow 2H^+ \cdot aq + O^{2-}$(Oxyd) bei der Stromdichte $i - i_K$ nach den Darlegungen von § 173 und § 174 über die Auflösung von Ionenkristallen zu berücksichtigen. An passivem Eisen ist $\eta_{2,3}(i - i_K)$ nach K. J. VETTER[1, 3–5] vernachlässigbar klein.

Das Elektrodenpotential $\varepsilon_h$ des passiven Metalls wird entweder durch eine elektrische Außenschaltung bestimmt oder wird bei ausreichender Elektronenleitfähigkeit der Schicht durch eine Mischpotentialbildung $\varepsilon_M$ mit einem Redoxvorgang (z. B. $HNO_3/HNO_2$ oder $O_2$-Reduktion) nach Abb. 334 festgelegt.

Bei Unlöslichkeit der Passivschicht im Elektrolyten, also bei $i_K = 0$, bleibt $d\delta/dt$ nach Gl. (6.9) immer positiv, solange $\varepsilon_h > \varepsilon_F$ ist. Das Wachstum der Schicht kommt also theoretisch niemals zum Stillstand, und die Dicke nähert sich auch keinem Endwert. Diese Verhältnisse liegen am Al, Ta und ähnlichen Metallen, aber wahrscheinlich auch an den Edelmetallen in Elektrolyten vor, in denen sich diese Metalle nicht nachweisbar auflösen. Die Dicke der Schicht nimmt dann in Näherung* nach einem *reziprok-logarithmischen Gesetz*

$$\boxed{\begin{aligned} \frac{1}{\delta} &= a - b \cdot \ln t \\ \text{mit } b &= 1/(\beta\Delta\varphi) \end{aligned}} \tag{6,10}$$

zu. Dieses von MOTT u. CABRERA[6] angegebene Gesetz wurde besonders beim Anlaufen von Metallen in Gasen vielfach bestätigt**. Die Messungen in Abb. 335 bestätigen Gl. (6.10) bei potentiostatischem Wachstum der Passivschicht des Ta nach VERMILYEA[7]. Die gestrichelte Kurve gibt die exakte Integration von Gl. (6.9) wieder.

---

[4] VETTER, K. J.: Z. Elektrochem. **55**, 675 (1951); **56**, 106 (1952).

[5] VETTER, K. J.: Z. physik. Chem. **202**, 1 (1953); Z. physik. Chem. N. F. **4**, 165 (1955).

* Die diesem Gesetz zugrunde liegende Differentialgleichung wäre $d\delta/dt = A \cdot \delta^2 \cdot \exp(B/\delta)$. Infolge des Faktors $\delta^2$ treten bei größeren relativen Veränderungen von $\delta$ schon bedeutende Abweichungen auf.

[6] CABRERA, N., u. N. F. MOTT: Rep. Progr. Physics **12**, 163 (1949).

** Vgl. hierzu K. HAUFFE: Oxydation von Metallen und Metallegierungen. S. 110—116. Berlin-Göttingen-Heidelberg: Springer-Verlag 1956.

[7] VERMILYEA, D. A.: Acta met. **1**, 282 (1953).

Etwas anders liegen die Verhältnisse an Passivschichten mit einer Korrosionsstromdichte $i_K$ ($\neq 0$). Hier existiert eine vom *Potential abhängige stationäre Schichtdicke* $\delta$, deren Wert asymptotisch mit der Zeit sowohl von kleinerer als auch von größerer Schichtdicke erreicht wird,

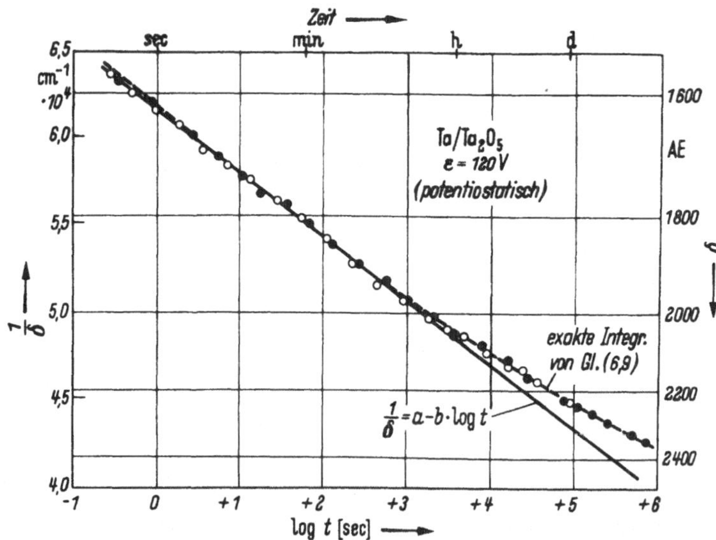


Abb. 335. Dicke $\delta$ der Passivschicht des Ta ($Ta_2O_5$) (nicht elektronenleitend, keine Korrosion) in Abhängigkeit von der Zeit $t$ (sec) unter potentiostatischen Bedingungen ($\varepsilon = 120$ Volt) in 1%iger $Na_2SO_4$-Lösung bei 19°C. Erfüllung des reziprok-logarithmischen Gesetzes [nach Messungen von D. A. VERMILYEA: Acta met. **1**, 282 (1953)]

wie VETTER[1] am passiven Eisen zeigen konnte. Die stationäre Schichtdicke $\delta_0$ berechnet sich dabei aus Gl. (6.9) für $d\delta/dt = 0$ nach*

$$\delta_0 = \frac{a \cdot zF}{RT} \cdot a \cdot \frac{\varepsilon_h - \varepsilon_F}{\ln i_K - \ln i_0} \,. \tag{6.11}$$

Da bei elektronenleitenden Schichten das Potential $\varepsilon_h$ wegen der starken $O_2$-Entwicklung nicht über etwa 2 Volt gegen die Wasserstoffelektrode in gleicher Lösung ansteigen kann, sind diese Schichten nicht so dick (bis etwa 100 AE) wie die nicht elektronenleitenden Passivschichten (bis zu einigen 1000 AE).

Die Zeiten für die Ausbildung der stationären Schichtdicken $\delta_0$ werden allerdings bei kleinen Korrosionsstromdichten von etwa $i_K \leqq$ $\leqq 10^{-8}$ A/cm² so groß (Halbwertszeit $\tau > 10$ Tage), daß die Ausbildung von $\delta_0$ kaum abzuwarten ist[8].

* Bei $i_K = i$ ist $\eta_{2,3}(i - i_K) = 0$. Die Größenordnung von $\delta_0$ ist 20 bis 100 AE, wenn $\varepsilon_h - \varepsilon_F$ die Größenordnung Volt und $a$ die Größenordnung $AE$ haben, denn der Faktor $\ln i_K/i_0$ kann den Wert nicht entscheidend beeinflussen.

[8] VETTER, K. J.: Z. Elektrochem. **59**, 67 (1955).

### β) *Messung der Schichtdicke*

Die Dicke der Passivschicht auf Eisen beträgt etwa 20 bis 100 AE unter den verschiedensten Bedingungen. TRONSTAD[9] stellte die Werte mit einer optischen Methode fest, bei der die optische Polarisation des an der passiven Eisenoberfläche reflektierten Lichtes verfolgt wird. Diese Methode wurde von WINTERBOTTOM[10] noch verfeinert. VETTER[1] und in gleicher Weise WEIL[11] entnahmen aus dem linearen Potentialanstieg während des anodischen Schichtaufbaus (Abb. 332 u. 329) Schichtdicken von 20 bis 60 AE. Aus der Untersuchung der Stromaktivierung des Passiveisens in Salpetersäure erhielten BONHOEFFER u. VETTER[4, 12] etwa 25 AE. SCHWARZ[13] fand aus Lösungsversuchen bei der Aktivierung des passiven Eisens 80 AE und UHLIG[14] entnahm aus dem Umfang der $CrO_4^{2-}$-Bildung bei $Cr^{3+}$-Zusatz 20 bis 30 AE. Aus den Elektrizitätsmengen, die zur Passivierung in alkalischen Lösungen benötigt werden, ermittelten HEUSLER, WEIL u. BONHOEFFER[15] ebenfalls diese Schichtdicken. GULBRANSEN[16] bestimmte den Gewichtsverlust bei der Reduktion von Eisen, das in $HNO_3$ passiviert wurde, auf einer sehr empfindlichen Mikrowaage. Aus diesem Gewichtsverlust folgt (bei $\sigma = 1$) eine Schichtdicke von 78 AE.

Die Kenntnisse über die Schichtdicke am passiven Nickel sind gering. TRONSTAD[17] hat nach der optischen Methode an anodisch in saurer Sulfatlösung passiviertem Ni die Schichtdicke auf 50 bis 80 AE geschätzt. Nach einer Arbeit von PFISTERER, POLITYCKI u. FUCHS[18] haben Passivschichten an dünnsten Nickelfolien nur etwa 15 AE Dicke. Aus oszillographischen Elektrizitätsmengenmessungen bestimmten ARNOLD u. VETTER[19] die Größenordnung zu etwa 50 AE.

Das passive Chrom besitzt anscheinend nur sehr dünne Passivschichten. Nach Untersuchungen von ROBERTS u. SHUTT[20] und neueren Messungen von HEUMANN u. DIEKÖTTER[21] werden bei anodischer Polarisation bis zum Eintritt der Passivität 2 bis 2,5 m Coulb/cm²

---

[9] TRONSTAD, L.: Z. physik. Chem. **A 142**, 241 (1929); **A 158**, 369 (1932); Trans. Faraday Soc. **29**, 502 (1933). — TRONSTADT, L., u. C. W. BORGMANN: Trans. Faraday Soc. **30**, 349 (1934); TRONSTAD, L., u. C. G. P. FEACHEM Proc. Roy. Soc. **145 A**, 115, 127 (1934). — TRONSTAD, L., u. T. HÖVERSTAD: Z. physik. Chem. **A 170**, 172 (1934). — Zur Theorie des Verfahrens L. TRONSTAD: Trans. Faraday Soc. **31**, 1151 (1935).

[10] WINTERBOTTOM, A. B.: Trans. Faraday Soc. **42**, 487 (1946); J. Opt. Soc. Amer. **38**, 1074 (1948); J. Iron Steel Inst. **165**, 9 (1950); Z. Elektrochem. **62**, 181 (1958).

[11] WEIL, K. G.: Z. Elektrochem. **59**, 711 (1955).

[12] BONHOEFFER, K. F., u. K. J. VETTER: Z. physik. Chem. **196**, 127 (1950).

[13] SCHWARZ, W.: Z. Elektrochem. **55**, 170 (1951).

[14] UHLIG, H. H., T. L. O'CONNOR: J. electrochem. Soc. **102**, 562 (1955).

[15] HEUSLER, K., K. G. WEIL u. K. F. BONHOEFFER: Z. physik. Chem. N. F. **15**, 149 (1958).

[16] GULBRANSEN, E. A.: Trans. electrochem. Soc. **82**, 375 (1942).

[17] TRONSTAD, L. Z. physik. Chem. **142**, 241 (1929), spez. S. 265.

[18] PFISTERER, H., A. POLITYCKI u. E. FUCHS: Z. Elektrochem. **63**, 257 (1959).

[19] ARNOLD, K., u. K. J. VETTER: Z. Elektrochem. **64**, 407 (1960).

[20] ROBERTS, R. H., u. W. J. SHUTT: Trans. Faraday Soc. **34**, 1455 (1938).

[21] HEUMANN, TH., u. F. W. DIEKÖTTER: Z. Elektrochem. **62**, 745 (1958).

benötigt. Diese Elektrizitätsmenge ist unabhängig von der Stromdichte und vom $p_H$ (0,63 bis 2,22) im sauren Gebiet. Bis zum Erreichen eines Potentials, bei dem die Chromatbildung (Abb. 326) einsetzt, sind 5 bis 6,5 mCoulb/cm² nötig. Diese Elektrizitätsmengen bedeuten eine Schichtdicke von etwa 2 bis 5 Atomlagen. Die Schichten an Fe-Cr-Legierungen sind nach OLIVIER[22] nur wenig dicker (10 bis 20 AE), wie aus Tab. 17 (§ 191) zu entnehmen ist. NIELSEN und RHODIN[23] stellten dagegen an nichtrostenden Stählen Passivschichten von 30 bis 50 AE Dicke fest.

Die Passivschichten an Al, Bi, Nb, Ta, Ti, Ce nehmen nach GÜNTHERSCHULZE u. BETZ[24] Dicken bis zu 5000 AE bei einem Potential von mehreren 100 Volt an. Insbesondere konnte unter potentiostatischen Bedingungen das reziprok-logarithmische Wachstumsgesetz Gl. (6.10) von PRYOR[25] an Al und von VERMILYEA[7] an Ta (Abb. 335) festgestellt werden.

Die Dicken an der gutleitenden Passivschicht des Pb ($PbO_2$) sind je nach den Bedingungen 1 $\mu$ und mehr. Zusammenfassend berichtet hierüber FEITKNECHT[26].

Die Schichten an den Edelmetallen Pt, Pd, Au usw. sind außerordentlich dünn, wie aus den Darlegungen in § 155 $\alpha$ hervorgeht.

## § 190. Chemische Zusammensetzung und Struktur der Passivschichten

Die Schwierigkeiten bei der Erfassung der chemischen Zusammensetzung und der Struktur der Passivschichten liegen in der geringen Dicke und den damit zusammenhängenden nur sehr geringen Substanzmengen, die zur Verfügung stehen. Außerdem ist die Untersuchung der Passivschichten im getrockneten oder von dem Unterlagemetall abgetrennten Zustand erforderlich. Ein derartiges Vorgehen bringt die Gefahr mit sich, daß der untersuchte Zustand nicht mehr mit dem Passivzustand identisch ist.

Zur Untersuchung von Passivschichten hat EVANS[1, 2] an Eisen die wichtige *Jod-Methode zur Ablösung der Passivfilme* vom Metall entwickelt. Eine Lösung von Jod in Kaliumjodid dringt durch Einritzungen zwischen Eisen und Passivschicht und löst dort bevorzugt das Eisen auf, worauf sich die sehr dünne Passivschicht abspülen läßt. Diese Methode wurde später noch von VERNON, WORMWELL u. NURSE[3] durch Verwendung von trockener Jod-Methanollösung verbessert.

---

[22] OLIVIER, R.: Passiviteit van Ijzer en Ijzer-Chroom Legeringen, Dissertation Leiden 1955.

[23] MAHLA, E. M., u. N. A. NIELSEN: Trans. electrochem. Soc. **93**, 1 (1948). — RHODIN, T. N.: Ann. N. Y. Akad. Sci. **58**, 855 (1954). — RHODIN, T. N.: Corr. **12**, 123t (1956). — NIELSEN, N. A., u. T. N. RHODIN: Z. Elektrochem. **62**, 707 (1958).

[24] GÜNTHERSCHULZE, A., u. H. BETZ: Z. Physik. **91**, 70 (1934); **92**, 367 (1934).

[25] PRYOR, M. J.: Z. Elektrochem. **62**, 782 (1958).

[26] FEITKNECHT, W.: Z. Elektrochem. **62**, 795 (1958).

[1] EVANS, U. R.: J. chem. Soc. **1927**, 1020; Nature **120**, 584 (1927).

[2] EVANS, U. R., u. J. STOCKDALE: J. chem. Soc. **1929**, 2651.

[3] VERNON, W. H. J., F. WORMWELL u. T. J. NURSE: J. chem. Soc. **1939**, 621; J. Iron Steel Inst. **150**, 281 (1944).

Durch Elektronenbeugung wurde die Struktur der abgelösten Passivschichten des Eisens, die sich unter den verschiedensten Bedingungen gebildet hatten, von IITAKA, MIYAKE u. IIMORI[4] und von MAYNE, PRYOR und MENTER[5–7] zu $\gamma$-$Fe_2O_3$ oder $Fe_3O_4$ bestimmt. Beide Substanzen haben das gleiche Kristallgitter mit fast der gleichen Gitterkonstante*. Die chemische Analyse der abgelösten Passivschicht ergibt nach MAYNE u. PRYOR[5] nur $Fe^{3+}$ und kein $Fe^{2+}$ (Nachweisgrenze 2,5%**). EVANS[1] und MAYNE u. PRYOR[5] stellten außerdem fest, daß sich die abgetrennten Passivschichten fast gar nicht in 0,1 n oder 2 n HCl oder 1 m $H_2CrO_4$ lösten, während sich gefälltes $Fe(OH)_3$ bzw. $Cr(OH)_3$ und sogar ROST (FeOOH) schnell lösten. Hieraus wird geschlossen, daß kein hydratisiertes Ferrioxyd vorliegen kann. An nicht abgelösten Passivschichten stellten MAYNE u. PRYOR[5] im Reflexionsverfahren und DANKOW u. SHISHAKOW[8] an sehr dünnen passivierten Fe-Folien durch Elektronenbeugung im Durchstrahlungsverfahren ebenfalls $\gamma$-$Fe_2O_3$ oder $Fe_3O_4$ fest***. Auf Grund aller dieser Untersuchungen ist somit anzunehmen, daß die Passivschicht des Eisens aus $\gamma$-$Fe_2O_3$ besteht.

Nach PRYOR u. EVANS[9–11] sollen Oxydschichten mit einem Sauerstoffunterschuß gegenüber der Zusammensetzung $Fe_2O_3$ von Säuren angegriffen werden. Die kathodische Reduktion des Ferrioxyds ist in Säure nach diesen Untersuchungen von PRYOR u. EVANS[9, 10] mit einer gleichzeitigen Auflösung als $Fe^{2+}$-Ion nach $Fe_2O_3 + 6H^+ + 2e^- \rightarrow 2Fe^{2+} + 3H_2O$ verbunden (reduktive Auflösung)****. Diese Beobachtung ist für die spezielle Deutung des Fladepotentials am Eisen sehr wichtig (§ 193).

An nichtrostenden Stählen haben zuerst VERNON, WORMWELL u. NURSE[3] mit der *Jod-Methanol-Methode* und danach MAHLA u. NIELSEN[12] und RHODIN[13–15] nach einer Brom-Methanol-Methode unsichtbare

[4] IITAKA, I., S. MIYAKE u. T. IIMORI: Nature **139**, 156 (1937).

[5] MAYNE, J. E. O., u. M. J. PRYOR: J. chem. Soc. **1949**, 1831.

[6] MAYNE, J. E. O., J. W. MENTER u. M. J. PRYOR: J. chem. Soc. **1950**, 3229.

[7] MAYNE, J. E. O., u. J. W. MENTER: J. chem. Soc. **1954**, 99, 103.

* Im $\gamma$-$Fe_2O_3$ fehlt gegenuber dem $Fe_3O_4$ jedes neunte Fe-Ion. Die $O^{2-}$-Ionen haben das gleiche Gitter. Gewisse Anzeichen in den Beugungsaufnahmen von MAYNE u. PRYOR[5] deuten darauf hin, daß $\gamma$-$Fe_2O_3$ vorliegt.

** In einem Kontrollversuch mit $Fe_3O_4$ ist $Fe^{2+}$ nachzuweisen.

[8] DANKOW, P. D., u. N. A. SHISHAKOW: Dokl. Akad. Nauk USSR **24**, 553 (1939).

*** Der Chromgehalt der Passivschicht des Eisens, das in Chromatlösung oder Chromsäure passiviert wurde, hangt sicher mit der sekundären kathodischen Bildung von $Cr_2O_3$ aus $CrO_4^{2-}$ während der Passivierung zusammen und ist nicht als Eigenschaft des Passivzustandes und der Passivschicht anzusehen. HOAR u. EVANS [J. chem. Soc. **1932**, 2476]; POWERS u. HACKERMAN [J. electrochem. Soc. **100**, 314 (1953)]; BRASHER u. STOVE [Chem. and Ind. 171 (1952)] und COHEN u. BECK [Z. Elektrochem. **62**, 696 (1958)] stellten einen Chromgehalt fest.

[9] PRYOR, M. J., u. U. R. EVANS: J. chem. Soc. **1949**, 3330; **1950**, 1259, 1266, 1274.

[10] EVANS, U. R.: J. chem. Soc. **1930**, 478.

[11] EVANS, U. R.: Z. Elektrochem. **62**, 619 (1958).

**** Die Untersuchungen wurden jedoch nicht am $\gamma$-$Fe_2O_3$, sondern am $\alpha$-$Fe_2O_3$ durchgeführt.

[12] MAHLA, E. M., u. N. A. NIELSEN: Trans. electrochem. Soc. **93**, 1 (1948).

[13] RHODIN, T. N.: Ann. N. Y. Akad. Sci. **58**, 855 (1954).

[14] RHODIN, T. N.: Corr. **12**, 123t (1956).

[15] NIELSEN, N. A., u. T. N. RHODIN: Z. Elektrochem. **62**, 707 (1958).

Passivschichten isoliert (etwa 30 AE) und deren chemische Zusammensetzung bestimmt. Hierbei stellte sich heraus, daß der Chromgehalt der Passivschichten etwa dem der Legierung entspricht, während eine sehr starke Anreicherung von Si als $SiO_2$ in der Passivschicht zu verzeichnen war[14, 16].

Die Passivschicht des Al besteht nach PRYOR[17] auf Grund von Elektronenbeugungsaufnahmen aus einer porenfreien $\gamma$-$Al_2O_3$-Schicht, der eine ebenfalls recht dünne, jedoch poröse Schicht aus $\beta$-$Al_2O_3 \cdot 3\,H_2O$ zum Elektrolyten hin überlagert ist. Die Schichten wurden nach einer Jod-Methanol-Methode von PRYOR u. KEIR[18] vom Al abgetrennt. Die Zusammensetzung ist davon unabhängig, ob die Passivität durch Chromat-Zusatz zum Elektrolyten oder durch einen anodischen Strom verursacht wurde.

Die Passivschicht des Ta besteht nach VERMILYEA[19] auf Grund von Röntgen- und Elektronenbeugungsaufnahmen aus $Ta_2O_5$.

Bei der Bildung der gut ionen- und elektronenleitenden Passivschicht des Pb aus $PbSO_4$ stellte FEITKNECHT[20] die Entstehung von $\beta$-$PbO_2$ fest, während aus metallischem Pb nach RÜETSCHI u. CAHAN[21] intermediär $\alpha$-$PbO_2$ gebildet wird. Aus Potential-Zeitkurven schloß BURBANK[22] auf die Bildung von $Pb_2OSO_4$ und PbO als Zwischenprodukt.

Die Annahme einer planparallelen Passivschicht kann dabei nur eine allererste Näherung darstellen. Aus Elektronenbeugungsuntersuchungen und elektronenmikroskopischen Abdruckaufnahmen an Oxydschichten des Zn, Al, Cd und Mg durch HUBER[23] ist zu entnehmen, daß die wahre Struktur der Schichten weit von diesem Idealfall entfernt ist. Gelegentlich treten elektrolytseitige Poren auf, die jedoch nicht bis auf das Metall reichen. Es sind also keine aktiven Poren.

## § 191. Passivierung

Damit der Passivierungsvorgang ablaufen kann, muß bei Abwesenheit von Redoxsubstanzen an der aktiven Oberfläche eine Stromdichte $i$ fließen, die größer als die Stromdichte $i_{max}$ der aktiven Korrosion am Fladepotential (Abb. 321 oder 336) ist. Nach Überschreiten dieses Maximums der Stromspannungskurve kann die Stromdichte wieder gesenkt werden.

Diese Grundvorstellung muß auch bei der Passivierung in einem oxydierenden Elektrolyten erfüllt sein. Nur tritt hier zur Teilstromspannungskurve (1) der Metallauflösung im aktiven und passiven Zustand (Abb. 321 und 336) noch die Teilstromspannungskurve (2a, b) der Reduktion bzw. Oxydation des Redoxsystems (Abb. 336) hinzu. Wenn

[16] RHODIN, T. N.: Corr. **12**, 465 t (1956).
[17] PRYOR, M. J.: Z. Elektrochem. **62**, 782 (1958).
[18] PRYOR, M. J., u. D. S. KEIR: J. electrochem. Soc. **102**, 370 (1955).
[19] VERMILYEA, D. A.: Acta met. **1**, 282 (1953).
[20] FEITKNECHT, W.: Z. Elektrochem. **62**, 795 (1958).
[21] RÜETSCHI, P., u. B. D. CAHAN: J. electrochem. Soc. **104**, 406 (1957).
[22] BURBANK, J.: J. electrochem. Soc. **103**, 87 (1956).
[23] HUBER, K.: Z. Elektrochem. **62**, 675 (1958).

die *passivitätserzeugende Bedingung*

$$\boxed{\begin{array}{c} |i_{\text{red}}(\varepsilon_F)| > i_{\max}(\varepsilon_F) \\ \varepsilon_F < \varepsilon_{0,\text{red}} \end{array}} \tag{6.12}$$

erfüllt ist (Kurve 2a), so ist der Elektrolyt befähigt, das aktive Metall ohne äußeren Strom zu passivieren. Diese Bedingung bedeutet gleichzeitig, daß das Fladepotential $\varepsilon_F$ negativer als das Redoxpotential

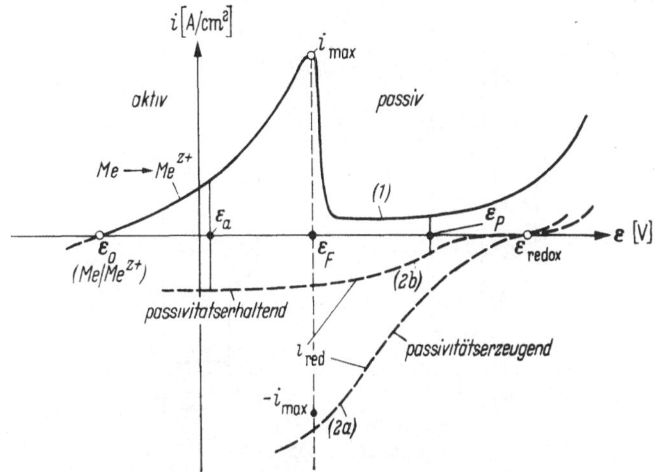


Abb. 336. Bedingungen für die Passivierung eines Metalls durch einen anodischen Strom bzw. durch Redoxsubstanzen im Elektrolyten (nach K. J. VETTER[1])

$\varepsilon_{0,\text{red}}$ ist. Dieser Fall liegt nach VETTER[2] bei Eisen in konz. $HNO_3$ oder in lufthaltiger alkalischer Lösung auf Grund der geringen anodischen Teilstromdichten in alkalischer Lösung nach HEUSLER, WEIL u. BONHOEFFER[3] vor. Andere Oxydationsmittel, wie $Ce^{4+}$, $CrO_4^{2-}$, $Fe^{3+}$ usw. können Eisen in saurer Lösung nicht passivieren, weil Gl. (6.12) nach Vetter[4] nicht erfüllt wird (Kurve 2b). Diese Redoxsysteme können jedoch einen vorhandenen Passivzustand unter Mischpotentialbildung $\varepsilon_P$ erhalten. Sie haben also eine *passivitätserhaltende* Wirkung. Aktives Metall kann von dem Redoxsystem 2b allerdings nur bis $\varepsilon_a$ polarisiert werden.

Eine weitere Wirkung von $CrO_4^{2-}$-Ionen als Passivatoren wird von COHEN u. BECK[5] beschrieben. Bei der Reduktion des $CrO_4^{2-}$ nach Abb. 336 wird das entstehende $Cr_2O_3$ in die Passivschicht eingebaut. Die von

[1] VETTER, K. J.: „Über den Mechanismus der elektorlytischen Passivschichtbildung" in „Passivierende Filme und Deckschichten". Herausg: H. FISCHER, K. HAUFFE u. W. WIEDERHOLT. S. 72—89. Berlin-Göttingen-Heidelberg: Springer-Verlag 1956.

[2] VETTER, K. J.: Z. Elektrochem. **56**, 106 (1952).

[3] HEUSLER, K., K. G. WEIL u. K. F. BONHOEFFER: Z. physik. Chem. N. F. **15**, 149 (1958).

[4] VETTER, K. J.: Z. Elektrochem. **55**, 274 (1951).

[5] COHEN, M., u. A. F. BECK: Z. Elektrochem. **62**, 696 (1958).

CARTLEDGE[6] angegebene passivierende Wirkung von $MoO_4^{2-}$, $WO_4^{2-}$, $TcO_4^{2-}$ und $OsO_4^{2-}$ kann wahrscheinlich ähnlich erklärt werden*.

Bei Metallen, deren Fladepotential $\varepsilon_F$ negativer als das Potential $\varepsilon_{0,H}$ der Wasserstoffelektrode in gleicher Lösung ist, kann die Reduktion der $H^+$-Ionen zu $H_2$ als ein Vorgang der Kurve 2a, b in Abb. 336 gelten. Deshalb werden diese Metalle, wie z. B. Al, Ti, Ta in wäßrigen, sogar $O_2$-freien Elektrolyten unter Wasserstoffentwicklung passiviert. Diese

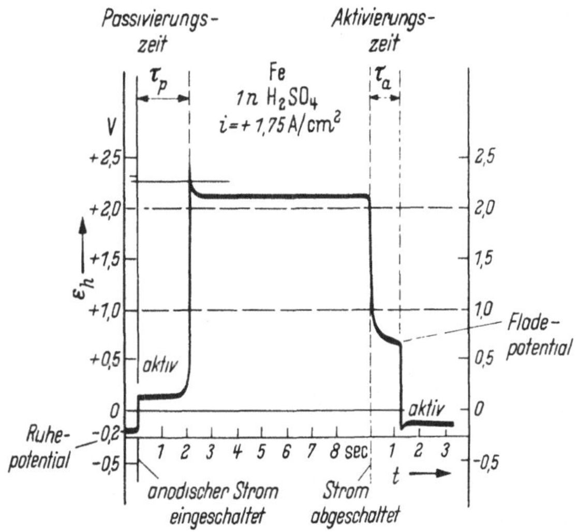


Abb. 337. Anodische Strompassivierung und Ausschaltaktivierung von Eisen in 1 n $H_2SO_4$ bei starkem Rühren des Elektrolyten. Stromdichte $i = +1,75$ A/cm² [nach U. F. FRANCK: Z. Naturf. **4a**, 378 (1949)]

Metalle, zu denen auch die Cr- und Ni-haltigen Stähle (z. B. V2A) gehören, werden daher in Berührung mit Wasser passiv.

Bei der anodischen Strompassivierung können noch weitere Komplikationen eintreten. Durch die anodische Metallauflösung kann sich der pH-Wert des Elektrolyten unmittelbar vor der Oberfläche vergrößern. Dadurch kann die Passivierung erleichtert oder bei dieser Stromdichte überhaupt erst möglich werden. Eine andere Komplikation ist eine *Konzentrationsfällung* eines schwerer löslichen Metallsalzes als *poröse Deckschicht* auf der aktiven Oberfläche.

An Eisen ist in Schwefelsäure nach FRANCK[7] die Bildung einer porösen $FeSO_4 \cdot 7H_2O$-Schicht zu beobachten, bevor sich die eigentliche Passivschicht in den Poren bildet. Nach Einschalten einer Stromdichte $i$, die größer als die *minimale Passivierungsstromdichte* $i_P$ ist, verbleibt das Eisen noch einige Zeit im aktiven Zustand, bevor es passiv wird. Nach

---

[6] CARTLEDGE, G. H.: Z. Elektrochem. **62**, 684 (1958); J. Phys. Chem. **59**, 979 (1955); **60**, 28, 1037, 1571 (1956); **61**, 973 (1957).

* G. H. CARTLEDGE spricht von Adsorption dieser Ionen. Unmittelbarer Einbau bzw. unmittelbare Abscheidung der Reduktionsprodukte, wie beim Chromat, dürften wahrscheinlicher sein.

[7] FRANCK, U. F.: Z. Naturf. **4a**, 378 (1949).

der *Passivierungszeit* $\tau_P$ steigt das Potential sprunghaft an, wie aus Abb. 337 zu entnehmen ist.

Für die Passivierungszeit $\tau_P$ besteht nach FRANCK[7] die Beziehung

$$(i - i_P) \cdot \tau_P = Q \text{ [Coulb/cm}^2\text{]} \qquad (6.13)$$

die auch schon von SHUTT u. WALTON[8] bei der Passivierung von Au in HCl aufgefunden wurde. WEIL u. BONHOEFFER[9] bestätigten diese Beziehung am Eisen für den $p_H$-Bereich 3 bis 6. FRANCK[7] deutete diese Gesetzmäßigkeit durch die Bildung einer porösen Deckschicht ($FeSO_4 \times 7\,H_2O$) bestimmter Dicke, für die die Elektrizitätsmenge $Q$ benötigt wird. $i_P$ ist die Stromdichte, mit der sich die Deckschicht ständig auflöst und stellt eine Diffusionsgrenzstromdichte $i_d = i_P$ für die Abdiffusion des $FeSO_4$ dar (Abb. 322), an dem die Lösung in Oberflächennähe gesättigt ist (Abb. 338). $i_P$ hat die übliche Rührabhängigkeit von Diffusionsgrenzstromdichten und nach VETTER u. ABEND[10]* die entsprechende Abhängigkeit von der Sättigungskonzentration $c_s$ nach $i_P = zF \cdot D \cdot c_s/\delta$ in verschieden konzentrierter $H_2SO_4$. Die verbleibende Fläche an aktiven Poren in dieser Primärschicht muß so klein werden, daß in diesen Poren eine örtliche Stromdichte $i > i_{max}$ (Abb. 336) herrscht, die dort zur Passivierung führt. Durch Fluktuation

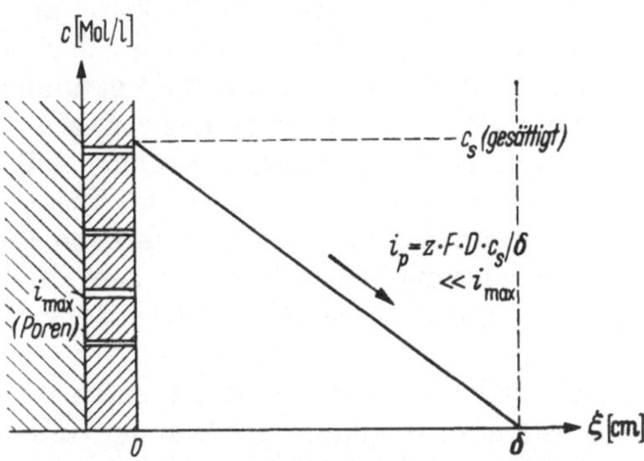


Abb. 338. Schematische Darstellung des Konzentrationsverlaufs bei Bildung einer porösen Deckschicht. Erreichen der Sättigung vor der Oberfläche bei der Passivierungsstromdichte $i_P$ = Lösungsäquivalentstromdichte. $i_P \ll \ll i_{max}$ innerhalb der Poren

Tabelle 17. *Elektrizitätsmenge* $Q$ (in $10^{-3}$ Coulb/cm²) *nach* $(i - i_P) \cdot \tau_P = Q$ *zur Passivierung von Cr-Fe-Legierungen*

| % Cr | Q (mCoulb/cm²) | Literatur |
|---|---|---|
| 0 | 1700—1800 | U. F. FRANCK[7] |
| 2,8 | 620 | R. OLIVIER[12] |
| 6,7 | 70 | R. OLIVIER[12] |
| 9,5 | 14 | R. OLIVIER[12] |
| 12 | 15 | R. OLIVIER[12] |
| 14 | 9 | R. OLIVIER[12] |
| 16 | 9 | R. OLIVIER[12] |
| 18 | 8 | R. OLIVIER[12] |
| 100 | 2,3 | HEUMANN u. DIEKÖTTER[11] |
| 100 | 1,4 bis 2 | ROBERTS u. SHUTT[13] |

[8] SHUTT, W. J., u. A. WALTON: Trans. Faraday Soc. **28**, 740 (1932); **29**, 1209 (1933); **30**, 914 (1934). — SHUTT, W. J.: Trans. Faraday Soc. **31**, 636 (1935).

[9] WEIL, K. G., u. K. F. BONHOEFFER: Z. physik. Chem. N. F. **4**, 175 (1955).

[10] VETTER, K. J., u. R. ABEND: Jb. Oberflächentech. **15**, 146 (1959).

* Größenordnung von $Q = 1$ bis 2 Coulb/cm.

[11] HEUMANN, TH., u. F. W. DIEKÖTTER: Z. Elektrochem. **62**, 745 (1958).

[12] OLIVIER, R.: Passiviteit van Ijzer en Ijzer-Chroom Legeringen, Dissertation Leiden 1955.

[13] ROBERTS, R. H., u. W. J. SHUTT: Trans. Faraday Soc. **34**, 1455 (1938).

der aktiven Poren* wird schließlich die Oberfläche vollständig passiviert.

An Cr stellten HEUMANN u. DIEKÖTTER[11] und an Cr-Fe-Legierungen OLIVIER[12] eine Gesetzmäßigkeit nach Gl. (6.13) für die Passivierungszeit $\tau_P$ fest. $Q$ hat dabei am reinen Cr den sehr viel kleineren Wert $Q = 2{,}3 \cdot 10^{-3}$ Coulb/cm², eine Elektrizitätsmenge, die 2 bis 3 Atomschichten entspricht. Dieses Ergebnis ist in angenäherter Übereinstimmung mit den von ROBERTS u. SHUTT[13] gefundenen Werten. Tab. 17 gibt die zur Passivierung von Cr-Fe-Legierungen von OLIVIER ermittelten $Q$-Werte [Gl. (6.13)] nach einer Zusammenstellung von HEUMANN u. DIEKÖTTER in Abhängigkeit vom Cr-Gehalt wieder. Die kleineren Elektrizitätsmengen oberhalb etwa 6,7% Cr dürften allerdings bei einer viel kleineren Passivierungsstromdichte $i_P$ zur direkten Bildung der Passivschicht ohne poröse Deckschicht benötigt werden (§ 189).

In alkalischer Lösung fanden HEUSLER, WEIL u. BONHOEFFER[3] Stromdichtepotentialkurven entsprechend Abb. 336. Die Passivierung des Eisens in alkalischer Lösung wurde ebenfalls von KABANOW, LEIKIS, LOSSEW u. WANJUKOWA[14–16] untersucht.

Die Passivierungsstromdichten $i_P$ an Ni sind nach Untersuchungen von LANDSBERG u. HOLLNAGEL[17], VETTER u. ARNOLD[18], KOLOTYRKIN[19] und VOLCHOWA, ANTONOWA u. KRASILSCHCHIKOW[20] wesentlich kleiner als an Eisen. LANDSBERG u. HOLLNAGEL[17] untersuchten die Abhängigkeit der Passivierungszeit $\tau_P$ von der anodischen Stromdichte. Hierbei wurde eine Konstanz von $i \cdot \sqrt{\tau_P}$ festgestellt, die einer Deutung von $\tau_P$ als Transitionszeit (§ 63) entspricht. Die Diskussion dieser Befunde hat aber noch zu keinem befriedigenden Ergebnis geführt.

An Cr sind die Passivierungsstromdichten noch viel kleiner. Nach HEUMANN u. RÖSENER[21]** zeigt $i_P$ in saurer Lösung eine starke, etwa proportionale Abhängigkeit von der $H^+$-Ionenkonzentration und kaum eine Abhängigkeiten von den Anionen, was auch bereits die Untersuchungen von GRUBE[22] andeuten.

Kleinere Mengen an Cr (einige %) im Eisen verkleinern nach UHLIG u. WOODSIDE[23] und OLIVIER[12] die Passivierungsstromdichte bedeutend.

---

* Schließen der alten und Aufbrechen neuer Poren.

[14] KABANOW, B. N., u. D. LEIKIS: Acta physicochim. USSR **21**, 769 (1946); Dokl. Akad. Nauk USSR **58**, 1685 (1947).

[15] LOSSEW, W. W., u. B. N. KABANOW: J. phys. Chem. USSR **28**, 824 (1954); **28**, 914 (1954).

[16] WANJUKOWA, L. W., u. B. N. KABANOW: J. phys. Chem. USSR **28**, 1025 (1954).

[17] LANDSBERG, R., u. M. HOLLNAGEL: Z. Elektrochem. **58**, 680 (1954); **60**, 1098 (1956).

[18] VETTER, K. J., u. K. ARNOLD: Z. Elektrochem. **64**, 407 (1960).

[19] KOLOTYRKIN, Y. M.: Z. Elektrochem. **62**, 664 (1958).

[20] VOLCHOWA, L. M., L. G. ANTONOWA u. A. I. KRASILSCHCHIKOW: J. phys. Chem. USSR **23**, 14 (1949).

[21] HEUMANN, TH., u. W. RÖSENER: Z. Elektrochem. **59**, 722 (1955).

** Vergleiche auch [11].

[22] GRUBE, G.: Z. Elektrochem. **33**, 389 (1927).

[23] UHLIG, H. H., u. G. E. WOODSIDE: J. phys. Chem. **57**, 280 (1953).

Bei der Passivierung von Zn in NaOH fanden LANDSBERG u. BARTELT[24] sowohl das Gesetz Gl. (6.13) $(i - i_P) \cdot \tau_P =$ konst als auch $i\sqrt{\tau_P} =$ konst. Auch hier sind die Verhältnisse noch nicht vollständig geklärt.

An den Edelmetallen sind im allgemeinen die minimalen Werte der Passivierungsstromdichten $i_P = 0$, da die Passivierung bereits bei einem Potential einsetzt, bei dem sich das Metall noch nicht lösen kann (§ 155). An Pd konnten aber VETTER u. BERNDT[25] auch in nicht komplex bindenden, allerdings sauren Elektrolyten eine kleine Stromdichte $i_P$ feststellen, da hier die aktive Korrosion kurz vor dem Fladepotential einsetzt.

## § 192. Aktivierung

Der Passivzustand kann nur aufrecht erhalten werden, wenn eine anodische Stromdichte $i$ fließt, die größer oder gleich der Korrosionsstromdichte ist, oder wenn eine oxydierende Substanz im Elektrolyten enthalten ist, die mit einer Äquivalentstromdichte[1] $|i| \geqq i_K$ elektrochemisch reduziert werden kann (Abb. 336).

Bei Abschalten dieses anodischen Stromes $i \geqq i_K$ löst sich die Passivschicht im Elektrolyten auf, und das Metall wird nach einer gewissen Zeit aktiv. Dieser Vorgang wird *Ausschaltaktivierung* oder Selbstaktivierung genannt. In Abb. 337 wird die Potential-Zeitkurve für diesen Vorgang an passivem Eisen gezeigt. Derartige Kurven wurden zuerst von FLADE[2] beobachtet. Die Aktivierungszeit hängt von der Korrosionsstromdichte $i_K$ und der Schichtdicke $\delta$ ab[3]. Auch an anderen Metallen, wie z. B. am Cr durch MÜLLER u. ČUPR[4] und ROCHA u. LENNARTZ[5] und am Ni durch ARNOLD u. VETTER[6] wurde die Ausschaltaktivierung beobachtet.

Wesentlich mehr ist über die kathodische Stromaktivierung bekannt. Ein kathodischer Strom kann nach zwei verschiedenen Mechanismen aktivieren. Der theoretisch einfachste Fall ist die Reduktion des Oxyds unter Rückbildung des Metalls nach der Reaktion

$$\mathrm{MeO}_n + 2\,\mathrm{n\,H}^+ + 2\,\mathrm{n}\,e^- \rightarrow \mathrm{Me} + \mathrm{n\,H_2O} \tag{6.14}$$

bei einem Potential $\varepsilon < \varepsilon_F$, dem reversiblen Bildungspotential des Oxyds. Beim Fe in stark alkalischer Lösung scheint nach den Untersuchungen von HEUSLER, WEIL u. BONHOEFFER[7] und KABANOW u. LEIKIS[8] dieser Fall vorzuliegen. Das Metall wird hier erst etwa 0,5 Volt unter (negativer) dem Fladepotential, also etwa beim theoretischen

[24] LANDSBERG, R.: Z. physik. Chem. **206**, 291 (1957). — LANDSBERG, R., u. H. BARTELT: Z. Elektrochem. **61**, 1162 (1957).

[25] VETTER, K. J., u. D. BERNDT: Z. Elektrochem. **62**, 378 (1958).

[1] BONHOEFFER, K. F., u. U. F. FRANCK: Z. Elektrochem. **55**, 180 (1951).

[2] FLADE, F.: Z. physik. Chem. **76**, 513 (1911).

[3] Nach unveröffentlichten Untersuchungen von K. J. VETTER.

[4] MÜLLER, E., u. V. ČUPR: Z. Elektrochem. **43**, 42 (1937).

[5] ROCHA, H. J., u. G. LENNARTZ: Arch. Eisenhüttenwesen **26**, 117 (1955).

[6] ARNOLD, K., u. K. J. VETTER: Z. Elektrochem. **64**, 407 (1960).

[7] HEUSLER, K., K. G. WEIL u. K. F. BONHOEFFER: Z. physik. Chem. N. F. **15**, 149 (1958).

Bildungspotential des $Fe_3O_4$ aktiv. An anderen Metallen wie Ni, Cr, Al, Ti, die ebenfalls durch mehr oder weniger große kathodische Stromdichten aktiviert werden können, ist die Art der Schichtrückbildung noch nicht geklärt. Pt, Pd und Au werden nach BOWDEN[9], BUTLER u. Mitarb.[10], HICKLING[11] und VETTER u. BERNDT[12] unterhalb des anodischen Bildungspotentials durch kathodische Ströme aktiviert. Hier dürfte die Reduktion zum Metall nach Gl. (6.14) vorliegen.

Die andere Möglichkeit für die kathodische Aktivierung ist die von EVANS u. PRYOR[13, 14] untersuchte *reduzierende Auflösung* desPassivoxyds. Hierbei wird zumindest oberflächlich ein höherwertiges Passivoxyd $MeO_n$ zu einem niederwertigen Oxyd $MeO_m$ reduziert, das im Elektrolyten viel schneller löslich ist, so daß durch diese teilweise Reduktion

$$MeO_n + 2\,(n - m)\,H^+ + 2\,(n - m)\,e^- \rightarrow MeO_m + (n - m)\,H_2O \qquad (6.15)$$

das ganze Passivoxyd schnell aufgelöst und das Metall aktiv wird. Am passiven Eisen in saurer Lösung muß dieser Vorgang angenommen werden*. Die Passivschicht des Eisens wird danach unterhalb des Fladepotentials $\varepsilon_F$ zu $Fe_3O_4$ reduziert, das sich in saurer Lösung im Gegensatz zum Verhalten in alkalischer Lösung[7] sehr schnell auflöst.

Bei der kathodischen Aktivierung wird ein sehr ähnlicher Potential-Zeitverlauf wie er in Abb. 337 gezeigt ist, beobachtet. Nur die Aktivierungszeit $\tau_a$ ist wesentlich kürzer. FRANCK[15] hat die Abhängigkeit der Aktivierungszeit $\tau_a$ von der anodischen Dauerstromdichte $i^+$, der ein kathodischer Stromimpuls mit der Stromdichte $i^-$ überlagert wird, zu

$$\tau_a = A \cdot \log \frac{|i^-|}{|i^-| - i^+} \qquad (6.16)$$

ermittelt. $\tau_a$ ist hierbei die Minimalzeit für den kathodischen Stromimpuls, die benötigt wird, um eine Aktivierung zu verursachen, obwohl nach Abschalten von $i^-$ die anodische Dauerstromdichte $i^+$ weiterfließt. Gl. (6.16) hat Ähnlichkeit mit dem in der Physiologie bekannten Blairschen Gesetz der Nervenerregung[16]. Gl. (6.16) kann durch einen Lokalstrommechanismus gedeutet werden, nach dem während der kathodischen Reduktion der Schicht mit $(|i^-| - i^+) \cdot \tau_a$ Coulb/cm² aktive

---

8 KABANOW, B. N., u. D. LEIKIS: Acta physicochim. USSR **21**, 769 (1946); Dokl. Akad. Nauk USSR **58**, 1685 (1947).

9 BOWDEN, F. P.: Proc. Roy. Soc. [London] **A 125**, 446 (1929).

10 BUTLER, J. A. V., u. G. ARMSTRONG: Proc. Roy. Soc. **A 137**, 604 (1932). — ARMSTRONG, G., F. R. HIMSWORTH u. J. A. V. BUTLER: Proc. Roy. Soc. **A 143**, 89 (1934). — BUTLER, J. A. V., u. G. DREWER: Trans. Faraday Soc. **32**, 427 (1936) — PEARSON, J. D., u. J. A. V. BUTLER: Trans. Faraday Soc. **34**, 1163 (1938).

11 HICKLING, A.: Trans. Faraday Soc. **41**, 333 (1945); **42**, 518 (1946).

12 VETTER, K. J., u. D. BERNDT: Z. Elektrochem. **62**, 378 (1958).

13 EVANS, U. R.: J. chem. Soc. [London] **1930**, 478; Z. Elektrochem. **62**, 619 (1958).

14 PRYOR, M. J., u. U. R. EVANS: J. chem. Soc. **1949**, 3330; **1950**, 1259; **1950**, 1266.

* Vergleiche die Zusammenfassung von H. GERISCHER: Angew. Chem. **70**, 285 (1958).

15 FRANCK, U. F.: Z. Naturf. **4a**, 378 (1949).

16 BLAIR, H. A.: J. gen. Physiol. **15**, 709 (1932); **16**, 177 (1932).

Löcher in der Passivschicht gebildet werden, die oberhalb eines bestimmten Flächenanteils $q_a$ durch die anodische Dauerstromdichte $i^+$ nicht wieder ausgeheilt werden können. Derartige Lokalstrommechanismen spielen bei Aktivierungen oftmals eine wichtige Rolle. Anritzen von passiven Eisenoberflächen bewirkt nach U. F. FRANCK[15] auf der Grundlage der Lokalstromausbildung eine Aktivierung, wenn $q_a$ einen bestimmten Wert überschreitet. In 1 n $H_2SO_4$ hat $q_a$ die Größenordnung $10^{-3}$. Die Bildung einer außerordentlich kleinen aktiven Fläche führt also bereits zur spontanen Aktivierung. Die kathodische Aktivierung in Salpetersäure, die von BONHOEFFER und VETTER ausführlich untersucht wurde, wird erst in § 193 behandelt.

Die Aktivierung kann auch durch Zusatz gewisser „aktivierender" Substanzen zum Elektrolyten hervorgerufen werden. Als derartige Substanzen seien ganz besonders die $Cl^-$-Ionen genannt*, die nach BONHOEFFER u. FRANCK[17] und VETTER[18] die Korrosionsstromdichte $i_K$ wesentlich vergrößern. Nach ENGELL[19] ist diese Vergrößerung mit einer Lochfraßbildung eng verknüpft.

## § 193. Spezielle Probleme der Passivität des Eisens

### α) *Das Fladepotential des Eisens*

In § 185 wurde schon darauf hingewiesen, daß das Fladepotential $\varepsilon_F$ des Eisens in saurer Lösung um $\Delta\varepsilon = +0{,}66$ Volt vom theoretischen Wert des Potentials einer Eisenoxydelektrode zweiter Art mit der Elektrodenbruttoreaktion $Fe + nH_2O \rightarrow FeO_n + 2nH^+ + 2n \cdot e^-$ abweicht. Hierauf machte zuerst BONHOEFFER[1] aufmerksam. Alle drei bekannten Eisenoxyde FeO ($n = 1$), $Fe_3O_4$ ($n = 4/3$) und $Fe_2O_3$ ($n = 3/2$) führen zufällig auf sehr ähnliche Potentiale $\varepsilon_h \approx -0{,}05 - 0{,}059 \cdot p_H$**. In einem energiereicheren, unbekannten Eisenoxyd der Passivschicht müßte die Bindungsenthalpie pro Sauerstoffatom im Oxyd auf Grund des Fladepotentials um etwa 30 kcal/Mol geringer sein. Der $O_2$-Partialdruck eines derartigen Oxyds wäre aber trotzdem noch außerordentlich klein, so daß dieses Oxyd existenzfähig sein sollte. Auch durch eine besonders starke Fehlordnung ist dieser Betrag nicht zu erklären.

Diese theoretischen Schwierigkeiten in der Deutung des Fladepotentials wurden von VETTER[2] und LANGE u. GÖHR[3] durch Annahme des Aufbaus der Passivschicht aus einer metallseitigen $Fe_3O_4$-Schicht und einer elektrolytseitigen $\gamma$-$Fe_2O_3$-Schicht überwunden. Da sowohl die

* Der Einfluß der $Cl^-$-Ionen auf die Passivität wird allgemein beobachtet. Vgl. K. F. BONHOEFFER, E. BRAUER u. G. LANGHAMMER: Z. Elektrochem. **52**, 29 (1948).

[17] BONHOEFFER, K. F., u. U. F. FRANCK: Z. Elektrochem. **55**, 180 (1951).

[18] VETTER, K. J.: Z. Elektrochem. **55**, 274 (1951).

[19] ENGELL, H.-J., u. N. D. STOLICA: Arch. Eisenhüttenwesen **30**, 239 (1959).

[1] BEINERT, H., u. K. F. BONHOEFFER: Z. Elektrochem. **47**, 536 (1941).

** Die Normalpotentiale sind für FeO $E_0 = -0{,}060$ Volt, für $Fe_3O_4$ $E_0 = -0{,}082$ Volt, für $\alpha$-$Fe_2O_3$ $E_0 = -0{,}040$ Volt und fur $\gamma$-$Fe_2O_3$ $E_0 \approx -0{,}015$ Volt bzw. $-0{,}010$ Volt[2].

[2] VETTER, K. J.: Z. Elektrochem. **62**, 642 (1958).

[3] GÖHR, H., u. E. LANGE: Naturwiss. **43**, 12 (1956).

Reaktion $Fe + 4Fe_2O_3 \rightarrow 3Fe_3O_4$ mit $\Delta G = -23$ kcal[2] als auch $4FeO \rightarrow$ $\rightarrow Fe_3O_4 + Fe$ mit $\Delta G = -4{,}1$ kcal[2] negative freie Reaktionsenthalpien haben, kann von den bekannten Oxyden nur $Fe_3O_4$ im Gleichgewicht mit dem metallischen Eisen stehen. Bei diesem Gleichgewicht besteht thermodynamisch ein Sauerstoffpartialdruck, der dem Potential $\varepsilon_h = -0{,}082 - 0{,}059 \cdot p_H$* entspricht.

Die beiden Eisenoxyde $Fe_3O_4$ und $Fe_2O_3$ können miteinander nur bei einem bestimmten, sehr kleinen $O_2$-Partialdruck im Gleichgewicht stehen, der sich aus der Reaktionsenthalpie der Reaktion

$$3\,Fe_2O_3 \rightarrow 2\,Fe_3O_4 + {}^1/_2\,O_2 \tag{6.17}$$

ergibt. Eine Potentialerhöhung der $Fe/Fe_3O_4$-Elektrode gegenüber dem Gleichgewichtswert bedeutet bei der guten Elektronenleitfähigkeit der Schicht[4,2] eine Erhöhung des $O_2$-Partialdruckes. Wenn hierbei der $O_2$-Partialdruck des Gleichgewichtes $Fe_2O_3/Fe_3O_4$ erreicht ist, dem damit ein bestimmtes Potential entspricht, wird die Bildung von $Fe_2O_3$ auf der Elektrolytseite des $Fe_3O_4$ thermodynamisch möglich. Dieses Potential ist nach VETTER[2] und GÖHR u. LANGE[3] das experimentell bestimmte Fladepotential. Am Fladepotential besteht hiernach die von VETTER[2] angegebene schematische Potentialverteilung der Abb. 339a.

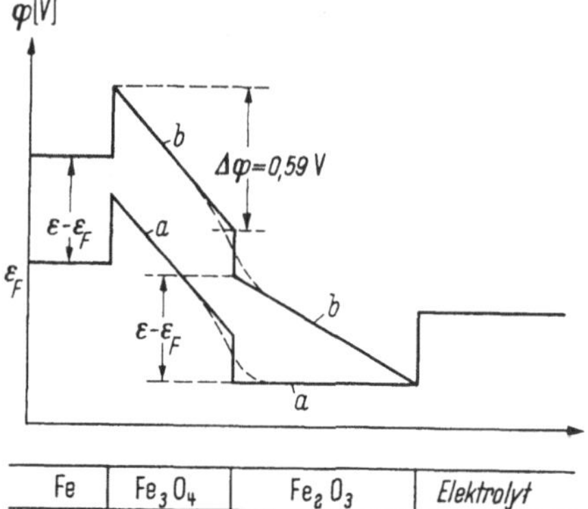


Abb. 339. Schematischer Potentialverlauf durch die Passivschicht des Eisens a) beim Fladepotential $\varepsilon_F$ und b) oberhalb des Fladepotentials $\varepsilon > \varepsilon_F$ nach K. J. VETTER: Z. Elektrochem. 62, 642 (1958). Vorzeichen und Größe der Potentialsprünge beliebig. Gestrichelter Potentialverlauf bei Bildung einer $Fe_3O_4/Fe_2O_3$-Mischphase

Maßgebend für das Fladepotential ist hiernach die Elektrodenbruttoreaktion

$$2\,Fe_3O_4 + H_2O \leftrightharpoons 3\ \gamma\text{-}Fe_2O_3 + 2\,H^+ + 2e^- \tag{6.18}$$

die von rechts nach links der *reduktiven Auflösung* des Passivoxyds entspricht, wenn $Fe_3O_4$ im Elektrolyten schnell löslich ist. Diese zusätzliche Bedingung, über die experimentell bisher wenig bekannt ist, muß zur Deutung des Fladepotentials nach Gl. (6.18) noch erfüllt sein[5,6]. Mit der Bildungsenthalpie des $\gamma$-$Fe_2O_3$ $\Delta H = -193{,}1$ bzw. $-190$ kcal /Mol** folgt aus Gl. (6.18) ein Fladepotential $\varepsilon_F = +0{,}43 - 0{,}059 \cdot p_H$

* Siehe Fußnote ** S. 633.

[4] VETTER, K. J.: Z. Elektrochem. **55**, 274 (1951); Z. physik. Chem. **202**, 1 (1953); Z. physik. Chem. N. F. **4**, 165 (1955).

[5] VETTER, K. J.: Z. physik. Chem. N. F. **4**, 165 (1955).

[6] WEIL, K. G., u. K. F. BONHOEFFER: Z. physik. Chem. N. F. **4**, 175 (1955).

** Für $\alpha$-$Fe_2O_3$ ist $\Delta H = -195{,}2$ kcal/Mol nach W. A. ROTH u. F. WIENERT: Arch. Eisenhüttenw. **7**, 459 (1934) der neueste Wert. LE CHATELIER: Compt. rend. **120**, 624 (1895); Bull Soc. chim. [3] **13**, 648 (1883) gibt für $\gamma$-$Fe_2O_3 \rightarrow \alpha$-$Fe_2O_3$ $\Delta H = -2{,}1$ kcal/Mol an. Nach R. FRICKE u. W. ZERRWECK: Z. Elektrochem. **43**, 52 (1937) ist für $\gamma$-$Fe_2O_3$ $\Delta H = -190$ kcal/Mol.

bzw. $+0{,}63 - 0{,}059 \cdot p_H$. Es ist hieraus zu entnehmen, daß das Fladepotential sehr stark von geringen Änderungen der Bildungsenergie $\Delta H$ des $Fe_2O_3$ abhängt*. In allen Fällen, in denen eine reduktive Auflösung[7, 8] möglich ist, dürfte eine derartige Abweichung im Wert des Fladepotentials auftreten.

Die Potentialdifferenz $\Delta\varphi = \varepsilon_F - \varepsilon_0$ zwischen $\varepsilon_F$ und dem Potential der reversiblen Oxydelektrode $\varepsilon_0$ tritt bei dieser Deutung als konstantes elektrisches Potentialgefälle $\Delta\varphi = 0{,}59$ in der $Fe_3O_4$-Schicht auf, wie es Abb. 339 zeigt. Diese Potentialdifferenz $\Delta\varphi$ kommt durch den thermodynamisch vollständig irreversiblen Ablauf der Reaktion $Fe + 4\,\gamma\text{-}Fe_2O_3 \rightarrow 3\,Fe_3O_4$ mit $\Delta G = -31{,}43$ kcal bzw. $-40{,}8$ kcal** zustande. $\Delta\varphi = \varepsilon_F - \varepsilon_0$ kann bei dieser Deutung auch als Diffusionspotentialdifferenz $\varepsilon_D$ der ambipolaren Diffusion (§ 30) von Eisenionen und Elektronen durch die $Fe_3O_4$- Schicht aufgefaßt werden. Eine weitere Erhöhung des Potentials tritt dann, wie in § 187 behandelt, als Potentialdifferenz $\varepsilon - \varepsilon_F$ innerhalb der $\gamma\text{-}Fe_2O_3$-Schicht auf. An der Darstellung des § 185 ändert sich somit nichts. Da $Fe_3O_4$ und $\gamma\text{-}Fe_2O_3$ miteinander Mischphasen bilden[9] ***, ist mit einem ,,verschmierten“ Potentialverlauf[2] (Abb. 339, gestrichelt) zu rechnen.

In alkalischer Lösung haben KABANOW u. LEIKIS[10] und HEUSLER, WEIL u. BONHOEFFER[11] aus dem Verbrauch anodischer und kathodischer Elektrizitätsmengen beim Aufbau und Abbau der Schicht die Bildung einer primären, niederwertigeren Passivschicht festgestellt, deren Aufoxydation am Fladepotential beendet ist. Eine Reduktion der höherwertigen Passivschicht beginnt am Fladepotential. In saurer Lösung versuchten VETTER u. KLEIN[12] aus oszillographisch aufgenommenen anodischen Ladekurven bei hohen Stromdichten und kurzen Zeiten die Bildung einer primären Passivschicht festzustellen, jedoch ohne Erfolg. Lediglich die intermediäre Chemisorption von $O^{2-}$ oder $OH^-$ bei der aktiven Eisenauflösung, die von HEUSLER[13] festgestellt wurde, konnte von VETTER u. KLEIN bestätigt werden. Die Auflösung des

---

* Wegen der beteiligten 9 O-Atome in Gl. (6.18) bei der Elektrodenreaktionswertigkeit $n = 2$ (2 Elektronen) bedeutet 1 Volt in Gl. (6.18) ein $\Delta H = 2/9 \cdot 23{,}06 = 5{,}12$ kcal/O-Atom.

[7] EVANS, U. R.: J. chem. Soc. [London] **1930**, 478; Z. Elektrochem. **62**, 619 (1958).

[8] PRYOR, M. J., u. U. R. EVANS: J. chem. Soc. **1949**, 3330; **1950**, 1259; **1950**, 1266.

[9] HÄGG, G.: Z. physik. Chem. **B 29**, 95 (1935).

** $\Delta G = -31{,}43$ bezieht sich auf $\gamma\text{-}Fe_2O_3$ mit $\Delta H = -193{,}1$ kcal/Mol. $\Delta G = -40{,}8$ wäre der Wert für das experimentelle Fladepotential mit $\Delta\varphi = 0{,}59$ Volt. Die Differenz der $\Delta G$-Werte bedeutet 0,8 kcal/O-Atom im $Fe_2O_3$.

*** Die Kristallgitter beider Stoffe unterscheiden sich nur dadurch, daß jeder neunte Eisenionengitterplatz des $Fe_3O_4$ im $\gamma\text{-}Fe_2O_3$ frei ist.

[10] KABANOW, B. N., u. D. LEIKIS: Acta physicochim. USSR **21**, 769 (1946); Dokl. Akad. Nauk USSR **58**, 1685 (1947).

[11] HEUSLER, K., K. G. WEIL u. K. F. BONHOEFFER: Z. physik. Chem. N. F. **15**, 149 (1958).

[12] VETTER, K. J., u. G. KLEIN: Unveröffentlicht; Diplomarbeit G. KLEIN, Techn. Univ. Berlin 1959.

[13] HEUSLER, K.: Z. Elektrochem. **62**, 582 (1958).

$Fe_3O_4$ ist also offenbar so schnell, daß es nicht einmal zur Bildung einer monomolekularen Schicht im stationären Fall kommt. Erst wenn die nur sehr langsam lösliche $Fe_2O_3$-Schicht gebildet ist, wird die darunterliegende $Fe_3O_4$-Schicht vor der Auflösung im Elektrolyten geschützt. Dann erst tritt in saurer Lösung die Passivität des Eisens auf.

*β) Passivierung und Aktivierung in konz. Salpetersäure*

Die Passivierung des Eisens in konz. Salpetersäure ist das älteste Beispiel der Passivierung eines Metalls[14, 15]. Prinzipiell ist die Passivierung auf die oxydierende Wirkung der Salpetersäure zurückzuführen, die durch eine kathodische Stromspannungskurve 2a der Abb. 336 dargestellt werden kann. Infolge der sehr komplizierten Reaktionskinetik der $HNO_3/HNO_2$-Redoxelektrode (§ 127) sind jedoch die Passivierungs- und Aktivierungsprozesse recht verwickelt. Durch einen kathodischen Strom kann passives Fe in $HNO_3$ aktiviert werden. Aber nach kurzer Zeit (Größenordnung: Sek.) tritt trotz Weiterfließen des kathodischen Stromes eine spontane Repassivierung ein, der nach einiger Zeit bei ständigem Fließen des kathodischen Stroms eine Aktivierung folgt. Die hierbei ablaufenden Vorgänge wurden von Bonhoeffer u. Mitarb.[16–21] und Vetter[22–26] weitgehend aufgeklärt. Abb. 340 zeigt eine typische Potential-Zeitkurve für die kathodische Stromaktivierung mit spontaner Repassivierung. In Abb. 342d sind mehrere derartige Zyklen (Oszillationen) bei kathodischem Dauerstrom wiedergegeben. Vetter[23, 24, 26] deutet die Kurve folgendermaßen:

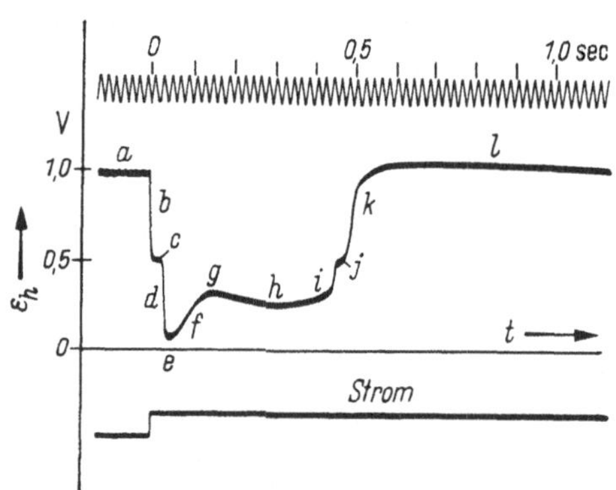


Abb. 340. Potential-Zeit-Kurve der Stromaktivierung und spontanen Repassivierung von Eisen in Salpetersäure (12 n) nach K. F. Bonhoeffer u. K. J. Vetter: Z. physik. Chem. **196**, 127 (1950)

---

[14] Schönbein, Ch. F.: Pogg. Ann. **37**, 394 (1836).
[15] Gmelins Hdb. anorg. Chem., 8. Aufl., Bd. **59** (Fe) A, S. 314.
[16] Bonhoeffer, K. F.: Z. Elektrochem. **47**, 147 (1941).
[17] Beinert, H., u. K. F. Bonhoeffer: Z. Elektrochem. **47**, 441 (1941); **47**, 536 (1941).
[18] Bonhoeffer, K. F., u. W. Renneberg: Z. Physik **118**, 389 (1941).
[19] Bonhoeffer, K. F.: Naturwiss. **31**, 270 (1943); Ber. Sächs. Akad. Wiss. **95**, 57 (1943).
[20] Bonhoeffer, K. F., E. Brauer u. G. Langhammer: Z. Elektrochem. **52**, 29 (1948).
[21] Bonhoeffer, K. F., V. Haase u. G. Langhammer: Z. Elektrochem. **52**, 60 (1948).
[22] Bonhoeffer, K. F., u. K. J. Vetter: Z. physik. Chem. **196**, 127 (1950).
[23] Vetter, K. J.: Z. Elektrochem. **55**, 274 (1951).
[24] Vetter, K. J.: Z. Elektrochem. **55**, 675 (1951).
[25] Vetter, K. J., u. H.-J. Booss: Z. Elektrochem. **56**, 16 (1952).
[26] Vetter, K. J.: Z. Elektrochem. **56**, 106 (1952).

a) Kathodisch mit der Korrosionsstromdichte $i_K$ polarisiertes $HNO_3/HNO_2$-Redoxpotential unter Mischpotentialbildung[23].

b) Nach Stromeinschalten Vergrößerung der Überspannung unter Umladung der Doppelschichtkapazität[24].

c) Erreichen des Fladepotentials und Reduktion eines Teils der Passivschicht[24].

d) Vollständiger Zusammenbruch der Passivschicht durch Lokalstromtätigkeit zwischen passiven und aktiven Flächen[24].

e) Aktiver Zustand erreicht. $H_2$-Entwicklung und $HNO_2$-Bildung unter Fe-Auflösung. Aktives Mischpotential[26].

f) Anstieg der $HNO_2$-Konzentration, dadurch Verminderung der Polarisierbarkeit der $HNO_3/HNO_2$-Redoxelektrode mit Anstieg des Mischpotentials. Auflösungsgeschwindigkeit in der Größenordnung $A/cm^2$ [26].

g) Maximum von $\varepsilon_h$ infolge Minimums der Polarisierbarkeit, da $HNO_2$-Anstieg und $HNO_3$-Verarmung gegeneinander wirken[26].

h) Gewisser stationärer Zustand der $HNO_3$-Reduktion unter Fe-Auflösung im aktiven Zustand[26].

i) Aufoxydation der $Fe^{2+}$-Ionen durch $HNO_3$ zu $Fe^{3+}$ unter Bildung von $HNO_2$. Hierdurch autokatalytische Verminderung der kathodischen Polarisierbarkeit des $HNO_3/HNO_2$- und des $Fe^{3+}/Fe^{2+}$-Redoxsystems und Anstieg des Mischpotentials im aktiven Zustand[26].

j) Mit Erreichen des Fladepotentials tritt Passivierung ein[26].

k) Anstieg im ganz frisch passiven Zustand zum schwach polarisierten $HNO_3/HNO_2$-Potential[26].

l) Mit der kathodischen Dauerstromdichte schwach polarisiertes Mischpotential zwischen $i_K$ und $HNO_3/HNO_2$-Redoxpotential. Abdiffusion der gebildeten $HNO_2$ [26].

Zur Aktivierung ist nach Bonhoeffer u. Mitarb.[17, 20] eine *Mindeststromdichte* notwendig, die gleich der Reaktionsgrenzstromdichte $i_r$ des $HNO_3/HNO_2$-Redoxsystems ist*. Da das Reaktionsprodukt $HNO_2$ die Grenzstromdichte vergrößert (§ 127), tritt mit dem Fließen des kathodischen Stromes ein autokatalytischer Anstieg von $[HNO_2]$ und damit ein Anstieg von $i_r$ auf. Mit Erreichen des Endes von Kurventeil c) bilden sich aktive Löcher, die mit oder ohne Dauerstrom nunmehr über eine Lokalstromwirkung die ganze Oberfläche aktivieren. Maßgebend für die Aktivierung und Repassivierung sind die zu diesem Zeitpunkt erreichte $HNO_2$-Konzentration und die hiermit zusammenhängende Größe der Reaktionsgrenzstromdichte $i_r$. Die kathodische Stromdichte $i_a$ muß größer als die am Ende des Kurventeils c auftretende Reaktionsgrenzstromdichte $i_r$ des $HNO_3/HNO_2$-Redoxsystems sein. Durch langsame Steigerung der Stromdichte kann die Stromdichte, bei der gerade noch keine Aktivierung erfolgt, erhöht werden. Es können sich hierdurch größere Stromdichten „einschleichen“[21]. Ein $HNO_2$-Zusatz erhöht dementsprechend die Mindeststromdichte erheblich[20].

* Die Verminderung um die Korrosionsstromdichte $i_K \ll |i_r|$ ist unbedeutend.

Die Aktivierung kann nach BEINERT u. BONHOEFFER[17] auch durch einen kathodischen Stromimpuls $Q = i \cdot t$ erreicht werden, der die erforderliche Fläche an aktiven Löchern bildet, die zur spontanen Aktivierung ausreicht*. Für größere Stromdichten $|i| \gg |i_a|$ gilt ein Gesetz $Q = i \cdot t =$ konst. ($i \cdot t$-Gesetz). $Q$ hat etwa die Größe von 100 bis 200 $\mu$Coulb/cm$^2$, steigt mit der $HNO_3$-Konzentration und ebenfalls mit der $HNO_2$-Konzentration [17, 18].

Sofort und auch noch einige Zeit (Minuten) nach einer Repassivierung sind nach Untersuchungen von BONHOEFFER u. Mitarb.[21] die *Mindeststromdichte* $i_a$ und die *Mindestelektrizitätsmenge* $Q$ wesentlich erhöht. Diese Erscheinung wird auf eine vorübergehende Erhöhung der $HNO_2$-Konzentration vor der Oberfläche zurückgeführt. Kohlenstoffhaltige Eisensorten zeigen diese Erscheinung besonders ausgeprägt. Nach VETTER u. BOOSS[25] wird nach der Repassivierung das $Fe_3C$ durch $HNO_3$ langsam aufoxydiert, das während der kurzen Aktivzeit ungelöst auf der Oberfläche schwammig schwarz zurückgeblieben ist. Hierbei entsteht Salpetrigsäure, die $i_a$ und $Q$ bis zum Verbrauch des $Fe_3C$ (einige Minuten) heraufsetzt. Mit dem Abklingen dieser Erhöhung[18, 21] kann bei Dauerstrom nach einiger Zeit eine erneute Aktivierung einsetzen. Hierdurch wird eine periodische Aktivierung und Passivierung ausgelöst.

Auf Eisendrähten in Salpetersäure breiten sich nach HEATHCOTE[27] und LILLIE[28] bei Aktivierung einer Stelle durch Lokalstromwirkung längs des Drahtes Aktivierungswellen aus, die phänomenologisch Ähnlichkeit mit der Nervenleitung haben. Auf dieser Grundlage ist das *Ostwald-Lilliesche Nervenmodell* entwickelt worden. BONHOEFFER u. RENNEBERG[18] und FRANCK[29] stellten eine Vergrößerung der Ausbreitungsgeschwindigkeit mit der Elektrolytleitfähigkeit, der Vergrößerung der Rohrweite und der Temperatur fest. Die Größenordnung der Ausbreitungsgeschwindigkeit liegt im Bereich von 10 bis 100 cm/sec.

Alle diese Erscheinungen, wie Mindeststromdichte $i_a$ (= Rheobase), Mindestelektrizitätsmenge $Q$ (= Schwelle), „Einschleichen" von kathodischen Strömen (= Akkommodation) und die vorübergehende Erhöhung von $i_a$ und $Q$ nach der Repassivierung (= Refraktarität) haben viele Parallelen in der Physiologie der Nervenleitung.

## § 194. Periodische Elektrodenvorgänge

An passivierbaren Elektroden treten vielfach unter galvanostatischen bzw. potentiostatischen Bedingungen periodische Schwankungen im Potential bzw. in der Stromdichte auf. Auch ohne jeden äußeren Strom werden regelmäßige Potentialschwankungen beobachtet. Diese Erscheinungen sind mit einem regelmäßigen Übergang vom aktiven in den passiven Zustand und umgekehrt verbunden.

* Der Lokalstrom $i_L$ muß größer als $i_r$ der $HNO_3$-Reduktion sein.

[27] HEATHCOTE, H. L.: Z. physik. Chem. **37**, 368 (1901); J. Soc. chem. Ind. **26**, 899 (1907).

[28] LILLIE, R. S.: Science [New York] **48**, 51 (1918); J. gen. Physiol. **3**, 107 (1920); **7**, 473 (1925); **13**, 1 (1929); **14**, 349 (1931); **19**, 109 (1935).

[29] FRANCK, U. F.: Z. Elektrochem. **55**, 154 (1951); Angew. Chem. **61**, 332 (1949).

Bonhoeffer u. Langhammer[1] und Franck[2–4] haben sich ausführlich mit der Theorie derartiger periodischer Vorgänge und den damit zusammenhängenden Instabilitätserscheinungen befaßt. Die Beziehung zwischen dem Strom $i$ und dem Potential $\varepsilon$ einer Elektrode ist durch die Stromdichte-Potentialkurve $i(\varepsilon)$ festgelegt. Damit kann aber noch kein bestimmtes Wertepaar $i_1(\varepsilon_1)$ angegeben werden. Dieser spezielle Zustand

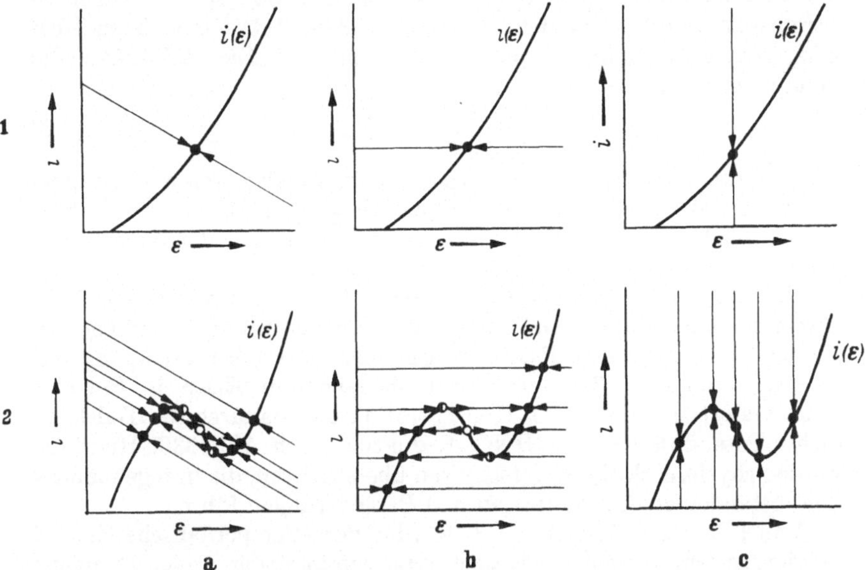


Abb. 341. Stabilität von Elektrodenzuständen in Abhängigkeit von der Form der Stromspannungskurven $i(\varepsilon)$ (Fall 1 und 2) und der Lage der Widerstandsgeraden [nach U. F. Franck: Z. physik. Chem. N. F. **3**, 183 (1955)]. b) galvanostatische Schaltung $di/d\varepsilon = 0$, c) potentiostatische Schaltung $di/d\varepsilon = \infty$

wird vielmehr erst durch die Außenschaltung festgelegt. Wenn $U$ die Spannung der Stromquelle, $\Delta\varepsilon = \varepsilon - \varepsilon_B$ die Zellspannung, $R$ der gesamte ohmsche Widerstand des Stromkreises ist, so wird die Stromdichte $i$ durch

$$i \cdot q \cdot R = U - \Delta\varepsilon = U + \varepsilon_B - \varepsilon \tag{6.19}$$

gegeben ($q$ = Elektrodenfläche, $\varepsilon_B$ = konstantes Potential der Gegenelektrode). Die auf Grund der Außenschaltung realisierbaren $i(\varepsilon)$-Zustände liegen also auf einer *Widerstandsgeraden*, die durch Gl. (6.19) wiedergegeben wird. Die Neigung dieser Widerstandsgeraden ist prinzipiell negativ $di/d\varepsilon < 0$.

Abb. 341 zeigt eine Darstellung von Franck[4], in der Widerstandsgeraden verschiedener Neigung enthalten sind. Der Fall b) mit der Neigung $1/R = di/d\varepsilon = 0$ ist eine galvanostatische und der Fall c) mit

---

[1] Bonhoeffer, K. F.: Z. Elektrochem. **52**, 24 (1948). — Bonhoeffer, K. F., u. G. Langhammer: Z. Elektrochem. **52**, 67 (1948).
[2] Franck, U. F.: Z. physik. Chem. N. F. **3**, 183 (1955).
[3] Franck, U. F.: Habilitationsschrift Göttingen 1954.
[4] Franck, U. F.: Z. Elektrochem. **62**, 649 (1958).

$1/R = di/d\varepsilon = \infty$ eine potentiostatische Schaltung. In a) ist $1/R$ beliebig ($-\infty > 1/R < 0$). Bei Stromspannungskurven mit immer positiver Steigung $di(\varepsilon)/d\varepsilon > 0$ (Fall 1, Abb. 341) bestehen immer stabile Verhältnisse. Anders ist es allerdings, wenn die Stromspannungskurve auch Teile mit negativer Charakteristik $di(\varepsilon)/d\varepsilon < 0$, wie im Fall 2 (Abb. 341) hat. Hierbei liegen entsprechend der Neigung der Widerstandsgeraden stabile und instabile Zustände vor, wie aus Abb. 341 zu entnehmen ist. Stromspannungskurven der zweiten Art (Abb. 341) treten beim Übergang vom aktiven in den passiven Zustand auf*. Die Stabilitätsbedingung ist dabei

$$-\frac{di(\varepsilon)}{d\varepsilon} < \frac{1}{R}. \tag{6.20}$$

Die Neigung der Stromspannungskurve kann also unter Umständen sogar negativ werden. Diese negative Neigung muß nur im Betrage kleiner bleiben als der Betrag der negativen Neigung der Widerstandsgeraden, um den stabilen Zustand zu erhalten.

Potential- oder Stromschwingungen treten nur auf, wenn sich die Stromspannungskurven $i(\varepsilon)$ infolge von Konzentrationsänderungen im Elektrolyten, die beim Passivierungs- oder Aktivierungsvorgang auftreten, verändern. Bei dem bereits behandelten Eisen in Salpetersäure ändert sich die $HNO_2$-Konzentration und dadurch die Teilstromdichte-Potentialkurve der $HNO_2$-Reduktion nach Abb. 336. Hierdurch werden rhythmisch Stabilitätsgrenzen überschritten, die in regelmäßigen Zeitabständen zu Aktivierungen und Passivierungen führen.

Von FRANCK u. Mitarb.[3, 5–10] wurden derartige periodische Erscheinungen an sehr verschiedenartigen Systemen in einem großen Frequenzbereich beobachtet. Abb. 342 gibt experimentelle Potential-Zeit- bzw. Strom-Zeitkurven von verschiedenen Systemen wieder. Kurve a) gibt eine potentiostatische Stromoszillation bei dem Potential $\varepsilon_h = +0{,}49$ V wieder, das wenig unterhalb des Fladepotentials des Fe in 1 n $H_2SO_4$ liegt. Der passive Zustand ist infolgedessen nicht stabil, so daß sich das Eisen aktiviert, was an dem starken Anstieg des Korrosionsstromes zu erkennen ist. Bei dieser starken Korrosion geht die Konzentration der $H^+$-Ionen zurück, so daß wegen der $p_H$-Abhängigkeit des Fladepotentials der potentiostatisch eingestellte Potentialwert jetzt oberhalb von $\varepsilon_F$ liegt. Das Eisen passiviert sich daher, wobei der Strom sehr klein wird. Nachdem sich die Wasserstoffionenkonzentration durch Diffusion wieder

* C. WAGNER hat sogar diese Form der Stromspannungskurve zur Charakterisierung des passiven Zustands auf dem intern. Kolloquium über die Passivität der Metalle, Heiligenberg 1958, vorgeschlagen.

5 FRANCK, U. F., u. L. MEUNIER: Z. Naturf. 8b, 396 (1956).

6 FRANCK, U. F.: Progress in Biophysics 6, 171 (1956).

7 FRANCK, U. F., u. H. LÜDERING: Unveröffentlicht; Diss. H. LÜDERING, Göttingen 1955.

8 FRANCK, U. F., u. H. SCHURIG: Unveröffentlicht; Diplomarbeit H. SCHURIG, Göttingen 1955.

9 FRANCK, U. F.: „Elektronen- und Ionenleitung in elektrolytischen Deckschichten und ihre Bedeutung für die Passivität der Metalle" in „Halbleiterprobleme II". Herausg. v. W. SCHOTTKY. S. 214—232. Vieweg 1955.

10 MEUNIER, L.: Proc. CITCE 1951 Bern 3, 247 (1952).

ausgeglichen hat, beginnt der ganze Vorgang von neuem. Die in Abb. 342a gezeigten Schwingungen treten auch in Abb. 322 auf.

Beim Gold (Abb. 342b) ändert sich die $Cl^-$-Ionenkonzentration und beim Zink (Abb. 342c) die $OH^-$-Ionenkonzentration mit der Oszillation.

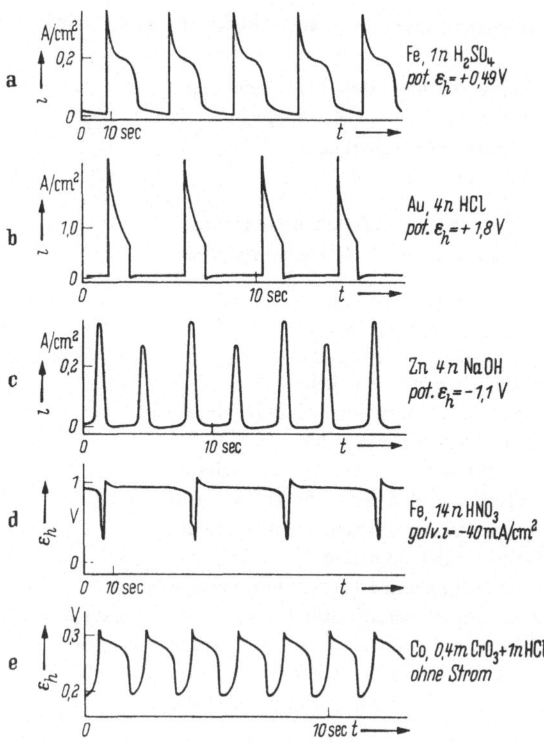


Abb. 342. Potentiostatische und galvanostatische Oszillationen verschiedener elektrochemischer Systeme [nach U. F. FRANCK: Z. Elektrochem. **62**, 649 (1958)]

Abb. 342d ist der bereits an Fe in $HNO_3$ ausführlich diskutierte Fall (Abb. 340). Hier ändert sich $[HNO_2]$ rhythmisch. Beim Kobalt in $CrO_3$/HCl-Lösung schwankt die kathodische Teilstromdichte der $CrO_3$-Reduktion mit dem Gehalt an Korrosionsprodukten. Auch die Lage der Widerstandsgeraden hat einen Einfluß auf die Oszillationen.

Auch gekoppelte periodische Vorgänge wurden von FRANCK u. MEUNIER[5] in großer Zahl untersucht.

## Druckfehlerberichtigung

S. 167, Gl. (2.155) und Gl. (2.155a) $D^{1/3}$ (an Stelle von $D^{1/2}$)

S. 524, Gl. (4.218) $2H_2O \leftrightharpoons O_2 + 4H^+ + 4e^-$
(an Stelle von $2H_2O \leftrightharpoons O_2 + 2H^+ + 2e^-$)

## Zusammenstellung der häufiger verwendeten Zeichen

$a$ Konstante der Tafelschen Gleichung
$a$ Atomanzahl in $Me_a A_b$-Ionenkristallen
$a_j$, $a$ Aktivität der Substanz $S_j$, $S$
$\bar{a}_j$ Aktivität $a_j$ im Gleichgewicht

$b$ Konstante der Tafelschen Gleichung
$b$ Atomanzahl in $M_a A_b$-Ionenkristallen

$c_{\text{ad}}$, $c_M$ ad-Atom-Konzentration
$c_j$, $c$ Konzentration der Substanz $S_j$, $S$
$c_o$, $c_r$, $c_M$ Konzentration der oxydierten ($S_o$) bzw. reduzierten Substanzen ($S_r$, $S_M$) in der Durchtrittsreaktion
$\bar{c}_{\text{ad}}$, $\bar{c}_j$, $\bar{c}_o$, $\bar{c}_r$, $\bar{c}_M$ Konzentrationen im Gleichgewicht
$c_s$ Sättigungskonzentration
$C_{\text{ad}}$ Adsorptionskapazität ($= C_k$) (siehe Kristallisationskapazität)
$C_d$ Diffusionskapazität (siehe Diffusionsimpedanz)
$C_d$ Kapazität der diffusen Doppelschicht
$C_D$ Doppelschichtkapazität
$C_f$ Faradaykapazität (siehe Faradayimpedanz)
$C_k$ Kristallisationskapazität ($= C_{\text{ad}}$) (siehe Kristallisationsimpedanz)
$C_p$ Polarisationskapazität (siehe Polarisationsimpedanz)
$C_r$ Reaktionskapazität (siehe Reaktionsimpedanz)
$C_s$ Kapazität der starren Doppelschicht

$D_j$, $D$ Diffusionskoeffizient der Substanz $S_j$, $S$
$D$ Dielektrizitätskonstante

$e^-$ Elementarladung, Elektron
$E$, $E_+$, ${}_0E_+$, $E_-$, ${}_0E_-$ Aktivierungsenergien
$E_0$ Normalpotential
$E_{0,h}$ Normalpotential auf die Normalwasserstoffelektrode bezogen
$E_H$, $E_V$ Normalpotential der Heyrowsky- bzw. Volmer-Reaktion
${}_0E_{1/2}$ reversibles Halbstufenpotential
$E_{1/2}$ irreversibles Halbstufenpotential

$f_j$ Aktivitätskoeffizient der Substanz $S_j$
$f_\pm$ mittlerer Aktivitätskoeffizient
$F$ Faradaykonstante, Faradaysche Zahl

$G$ Freie Enthalpie
$\Delta G$ Freie Reaktionsenthalpie

$H$ Enthalpie
$\Delta H$ Reaktionsenthalpie

| | |
|---|---|
| $i$ | Stromdichte |
| $i_*$ | Gesamtstromdichte als Summe von Durchtrittsstromdichte ($i_D$, $i$) und kapazitiver Stromdichte ($i_c$) |
| $i_0$ | Austauschstromdichte |
| $i_{0,o}$, $i_{0,r}$ | oxydations- bzw. reduktionsseitige Austauschstromdichte |
| $i_{0,H}$, $i_{0,V}$ | Austauschstromdichte der Heyrowsky- bzw. Volmer-Reaktion |
| $i_{0,A}$, $i_{0,M}$ | Austauschstromdichten der Anionen bzw. Metallionen bei der Auflösung von Ionenkristallen |
| $i_0^*$ | scheinbare Austauschstromdichte |
| $i_+$, $i_-$ | anodische bzw. kathodische Teilstromdichte |
| $i_A$, $i_M$ | Auflösungsäquivalentstromdichten der Anionen bzw. Metallionen von Ionenkristallen |
| $i_A^+$, $i_A^-$, $i_M^+$, $i_M^-$ | anodische und kathodische Teilstromdichten von $i_A$, $i_M$ |
| $i_H$, $i_V$ / $i_{\eta,H}$, $i_{\eta,V}$ | Teilstromdichten der Heyrowsky- bzw. Volmer-Reaktion |
| $i_{\eta,H}^+$, $i_{\eta,V}^+$ | anodische Teilstromdichte der Heyrowsky- bzw. Volmer-Reaktion |
| $i_{\eta,H}^-$, $i_{\eta,V}^-$ | kathodische Teilstromdichte der Heyrowsky- bzw. Volmer-Reaktion |
| $i_{d,j}$, $i_d$ | Diffusionsgrenzstromdichte der Substanz $S_j$, $S$ |
| $i_C$ | kapazitive Stromdichte |
| $i_D$, $i$ | Durchtrittsstromdichte |
| $i_{gr}$ | Grenzstromdichte |
| $i_k$ | Kristallisations(austausch)stromdichte |
| $i_K$ | Korrosionsstromdichte |
| $i_L$ | Auflösungsäquivalentstromdichte |
| $i_P$ | Passivierungsstromdichte |
| $i_r$ | Reaktionsgrenzstromdichte, Reaktionsaustauschstromdichte |
| $\bar{i}_r$ | Reaktionsgrenzstromdichte bei $\eta_d = 0$ |
| $i_r$ | Reaktionsaustauschstromdichte } Wasserstoffelektrode |
| $i_r^*$ | Reaktionsgrenzstromdichte } Wasserstoffelektrode |
| $i_{r,a}$, $i_{r,k}$ | anodische bzw. kathodische Reaktionsgrenzstromdichte |
| $I$ | Stromstärke |
| $I_d$ | Diffusionsgrenzstromstärke (Polarographie) |
| $\bar{I}$, $\bar{I}_d$ | mittlere Stromstarken |
| $k$, $k_j$ | Reaktionsgeschwindigkeitskonstante |
| $K$ | Gleichgewichtskonstante |
| $K_d$ | integrale Kapazitat der Doppelschicht |
| $m$ | Drehzahl ($sec^{-1}$) rotierender Elektroden |
| $m$ | Ausflußgeschwindigkeit (g/sec) des Hg bei Tropfelektroden |
| $n$ | Elektrodenreaktionswertigkeit |
| $p$ | Druck |
| $p$, $p_j$ | chemische Reaktionsordnung bezüglich der Substanz $S$, $S_j$ |
| $P$ | Löslichkeitsprodukt |
| $Q$ | Elektrizitätsmenge |
| $q$ | Fläche, Flächenanteil |
| $r$ | Krümmungsradius |

$\delta$
$\delta$
$\delta_a$
$\delta_r$
$\delta_s$
$\varepsilon$
$\varepsilon_0$
$\varepsilon_d$
$\varepsilon_D$
$\varepsilon_B$
$\varepsilon_F$
$\varepsilon_h$
$\varepsilon_{max}$
$\varepsilon_M$
$\varepsilon_M$
$\varepsilon_N$
$\zeta$
$\zeta_0$
$\eta$
$\eta$
$\eta$
$\eta_c$
$\eta_d$
$\eta_D$
$\eta_k$
$\eta_r$
$\eta_\Omega$
$\eta_\Omega^*$
$\theta$
$\theta_0$
$\vartheta$
$\varkappa$
$\Lambda$
$\mu$
$\mu_j$
$\nu$
$\nu$
$\nu_j$
$\xi$
$\xi_0$
$\varrho$

| | |
|---|---|
| $R$ | allgemeine Gaskonstante |
| $R$ | ohmscher Widerstand |
| $R_c$ | Konzentrationswiderstand, ohmsche Komponente der Konzentrationsimpedanz |
| $R_d$ | Diffusionswiderstand, ohmsche Komponente der Diffusionsimpedanz |
| $R_D$ | Durchtrittswiderstand |
| $R_f$ | Faradaywiderstand, ohmsche Komponente der Faradayimpedanz |
| $R_k$ | Kristallisationswiderstand, ohmsche Komponente der Kristallisationsimpedanz |
| $R_{k,st}$ | Gleichstrom-Kristallisationswiderstand (stationär) |
| $R_p$ | Polarisationswiderstand, ohmsche Komponente der Polarisationsimpedanz |
| $R_r$ | Reaktionswiderstand, ohmsche Komponente der Reaktionsimpedanz |
| $R_{r,st}$ | Gleichstrom-Reaktionswiderstand (stationär) |
| $R_\Omega$ | ohmscher Elektrolytwiderstand |
| $\mathfrak{R}_c$ | Konzentrationsimpedanz |
| $\mathfrak{R}_d$ | Diffusionsimpedanz |
| $\mathfrak{R}_f$ | Faradayimpedanz |
| $\mathfrak{R}_k$ | Kristallisationsimpedanz |
| $\mathfrak{R}_p$ | Polarisationsimpedanz |
| $\mathfrak{R}_r$ | Reaktionsimpedanz |
| | |
| $s$ | Dichte |
| $S_j$ | Substanz $j$ |
| $S_M$ | ad-Atom, Zwischenzustand der Metallatome bei der Elektrokristallisation (Substanzen der Durchtrittsreaktion) |
| $S_o$ | oxydierte Substanz (Substanzen der Durchtrittsreaktion) |
| $S_r$ | reduzierte Substanz (Substanzen der Durchtrittsreaktion) |
| $\Delta S$ | Entropieänderung, Reaktionsentropie |
| | |
| $t$ | Zeit |
| $t_0$, $t_\delta$ | Zeitkonstanten der Diffusion |
| $t_j$ | Überführungszahl der Substanz $S_j$ |
| $T$ | absolute Temperatur |
| | |
| $u$ | Ionenbeweglichkeit (cm²/Volt · sec) |
| | |
| $v$ | Ausflußgeschwindigkeit (cm³/sec) des Hg bei Tropfelektroden |
| $v$ | Reaktionsgeschwindigkeit |
| $v_0$ | Reaktions-Austauschgeschwindigkeit |
| $v_{0,k}$ | Reaktions-Austauschgeschwindigkeit bei Kristallisation |
| $V$ | Volumen |
| | |
| $W$ | Wärmemenge |
| | |
| $z$ | Durchtrittswertigkeit |
| $z_j$ | Ladungszahl von $S_j$ |
| $z_{o,j}$, $z_{r,j}$, $z_{M,j}$ | elektrochemische Reaktionsordnungen bezüglich $S_j$ |
| | |
| $\alpha$ | Durchtrittsfaktor |
| $\alpha_+$, $\alpha_-$ | Durchtrittsfaktor der anodischen bzw. kathodischen Reaktion |
| $\alpha_H$, $\alpha_V$ | Durchtrittsfaktor der Heyrowsky- bzw. Volmer-Reaktion |

|  |  |
|---|---|
| $\delta$ | Phasenwinkel (Wechselstrom) |
| $\delta$ | Dicke der Diffusionsgrenzschicht |
| $\delta_a$ | Dicke der diffusen Doppelschicht |
| $\delta_r$ | Dicke der Reaktionsschicht |
| $\delta_s$ | Dicke der starren Doppelschicht |
| $\varepsilon$ | Zellspannung, Potentialdifferenz |
| $\varepsilon_0$ | Gleichgewichtspotential |
| $\varepsilon_d$ | Donnan-Potential |
| $\varepsilon_D$ | Diffusionspotential |
| $\varepsilon_B$ | Billiter-Potential |
| $\varepsilon_F$ | Flade-Potential |
| $\varepsilon_h$ | Potential gegen die Normalwasserstoffelektrode |
| $\varepsilon_{max}$ | Potential des elektrokapillaren Maximums |
| $\varepsilon_M$ | Mischpotential |
| $\varepsilon_M$ | Membranpotential |
| $\varepsilon_N$ | Lippmann-Potential |
| $\zeta$ | Zeta-Potential |
| $\zeta_0$ | Zeta-Potential beim Gleichgewichtspotential $\varepsilon_0$ |
| $\eta$ | Überspannung |
| $\eta$ | elektrochemisches Potential |
| $\eta$ | innere Reibung |
| $\eta_c$ | Konzentrationsüberspannung |
| $\eta_d$ | Diffusionsüberspannung |
| $\eta_D$ | Durchtrittsüberspannung |
| $\eta_k$ | Kristallisationsüberspannung |
| $\eta_r$ | Reaktionsüberspannung |
| $\eta_\Omega$ | Widerstandspolarisation |
| $\eta_\Omega^*$ | ohmscher Anteil der Widerstandspolarisation |
| $\theta$ | Bedeckungsgrad |
| $\theta_0$ | Gleichgewichtsbedeckungsgrad |
| $\vartheta$ | Tropfzeit (Hg-Elektrode) |
| $\varkappa$ | spezifische Leitfähigkeit |
| $\Lambda$ | Äquivalentleitfähigkeit |
| $\mu$ | stöchiometrischer Faktor nach HORIUTI-BOCKRIS (vgl. Polarisationswiderstand) |
| $\mu_j$ | chemisches Potential der Substanz $S_j$ |
| $\nu$ | kinematische Zähigkeit |
| $\nu$ | stöchiometrischer Faktor der Substanz $S$ der Elektrodenteilreaktion |
| $\nu_j$ | stöchiometrischer Faktor der Substanz $S_j$ in der Elektrodenbruttoreaktion |
| $\xi$ | Abstandskoordinate |
| $\xi_0$ | Eindringtiefe von Konzentrationswellen |
| $\varrho$ | Raumladungsdichte |

| | |
|---|---|
| $\sigma$ | Oberflächenspannung |
| $\sigma$ | Oberflächenfaktor, Rauhigkeitsfaktor |
| | |
| $\varphi$ | Galvanipotential |
| $\Delta\varphi$ | Galvanipotentialdifferenz |
| | |
| $\tau$ | Zeitkonstante |
| $\tau, \tau_d, \tau_r$ | Transitionszeiten, diffusions- bzw. reaktionsbedingt |
| $\tau_a$ | Aktivierungszeit |
| $\tau_p$ | Passivierungszeit |
| | |
| $\chi$ | Oberflächenpotential |
| | |
| $\psi$ | Volta-Potential |
| | |
| $\omega$ | $= 2\pi f$ Kreisfrequenz |
| $\omega$ | $= 2\pi m$ Winkelgeschwindigkeit |

# Namenverzeichnis

# Sachverzeichnis

*Kursiv* = wichtige Seiten; (→) als Stichwort behandelt; → Verweis auf anderes Stichwort; s. a. = siehe auch. Bei experimentellen Ergebnissen: (Red) an Redoxelektroden; ($H_2$) an der Wasserstoffelektrode; ($O_2$) an der Sauerstoffelektrode; (Me) an Metallionenelektroden; (Pass) an passiven Elektroden